4판

KRANE
현대물리학

**상대성 이론과 양자역학,
그리고 그 응용들**

KB194750

4판

KRANE
현대물리학

상대성 이론과 양자역학, 그리고 그 응용들

Kenneth S. Krane 지음

강창종 · 김봉재 · 김지완 · 유석재 · 임성현 · 최은서 옮김

이항모 감수

 교문사　　WILEY

옮긴이

강창종 충남대학교 물리학과
김봉재 경북대학교 물리학과
김지완 군산대학교 물리학과
유석재 인하대학교 물리학과
임성현 울산대학교 나노반도체공학과·일반대학원 물리학과
최은서 조선대학교 물리학과(융합수리과학부)

감수

이항모 숭실대학교 물리학과

| 4판 |

KRANE
현대물리학

4판 발행 2025년 2월 28일

지은이 Kenneth S. Krane
옮긴이 강창종, 김봉재, 김지완, 유석재, 임성현, 최은서
감　수 이항모
펴낸이 류원식
펴낸곳 교문사

편집팀장 성혜진 | **책임진행** 김성남 | **디자인** 신나리 | **본문편집** 파워기획

주소 10881, 경기도 파주시 문발로 116
대표전화 031-955-6111 | **팩스** 031-955-0955
홈페이지 www.gyomoon.com | **이메일** genie@gyomoon.com
등록번호 1968.10.28. 제406-2006-000035호

ISBN 978-89-363-2616-6 (93420)
정가 42,000원

잘못된 책은 바꿔 드립니다.

불법 복사·스캔은 지적재산을 훔치는 범죄행위입니다.
저작권법 제136조의 제1항에 따라 위반자는 5년 이하의 징역 또는 5천만 원 이하의 벌금에 처하거나 이를 병과할 수 있습니다.

머리말

이 책은 현대물리학에 관한 첫 강좌에서 사용할 수 있도록 만들어졌으며, 상대성 이론과 양자역학, 그리고 그 응용들을 담고 있다. 현대물리학은 보통 미적분 기반의 고전물리학 표준 입문 강좌 다음에 공부하게 되는데, 그 대상은 다음과 같이 두 부류이다. (1) 물리학 전공자로서 나중에 더 엄격한 양자역학 과정을 수강할 학생들에게는 곧 배우게 될 고전역학, 열역학, 전자기학과 같은 본격적인 전공 강좌의 배경 지식을 제공해 주는 입문 형식의 현대물리학 강좌가 큰 도움이 될 것이다. (2) 물리학 비전공자로서 이후에 더 이상 물리학 관련 과목을 수강하지 않을 학생들은 각자의 전공 영역에서 현대물리학 개념을 점점 더 많이 만나게 되면서, 화학자, 컴퓨터 공학자, 원자력 공학자, 전기 공학자, 분자 생물학자가 되기 위해서는 고전물리학 입문 강좌만으로는 부족하다는 것을 느끼게 될 것이다.

이 책을 이해하기 위해서는 미적분 기반으로 역학, 전자기학, 열역학, 광학을 다루는 표준 기초 강좌들을 먼저 수강해야 한다. 이 책에서 미적분이 광범위하게 사용되긴 하지만, 미분방정식, 복소수, 편미분 등을 사전에 반드시 알 필요까지는 없다. (다만 어느 정도 알고 있으면 도움은 될 것이다.)

1~8장은 이 교재의 핵심부분에 해당하는데, 특수 상대성 이론과 양자역학, 그리고 원자 구조를 다룬다. 거기까지 공부를 마쳤다면 그 뒤로는 9~11장(분자, 양자 통계, 고체)을 이어서 공부하거나, 아니면 12~14장(핵, 소립자)으로 건너뛰어도 무방하다. 마지막 15장에서는 우주론을 다루는데, 상대성 이론으로부터 시작해서 앞에서 나온 모든 주제를 아우르기 때문에 현대물리학의 정점이라고 할 수 있다.

이 책을 관통하는 통일된 주제가 있다면 그것은 현대물리학이 실증적인 토대 위에서 있다는 것이다. 이 책에는 파생된 속성들을 실험으로 검증하는 얘기가 계속해서 나오는데 그중에는 특수 상대성 이론과 일반 상대성 이론, 그리고 광자와 다른 입자들의 파동-입자 이중성에 대한 최신 검증도 있다. 또한 기본 현상들의 응용을 광범위하게 보여주고 있으며, 여러 문헌에 나오는 자료들을 활용하여 이런 현상들을 설명할 뿐 아니라 '실제' 물리학이 어떻게 이루어지는지에 대한 통찰을 제공한다. 학생들은 이 교재를 사용하면서 Bose-Einstein 응축, 고체의 비열, 상자성, 우주 배경 복사, 엑스선 스펙트럼, ^{4}He 안에 희석된 ^{3}He 혼합물, 그리고 성간 매질의 분자 스펙트럼에 이르기까지 다양한 주제를 밝히고 설명하기 위해, 실험실에서 얻은 결과와 양자 이론에 기반한 분석이 어떻게 서로 긴밀히 연결되어 쓰이는지를 배우게 될 것이다. 이번 개정판에서는 다음과 같은 내용을 새로 추가하거나 수정하여 논의한다.

- 입자 파동 이중성과 지연 선택 실험
- 그래핀의 구조와 속성
- 쿼코늄의 에너지 준위
- 중력파와 LIGO(레이저 간섭계 중력파 관측소)
- Higgs 보손
- 잡힌 원자를 이용한 상대론적 Doppler 효과의 검증
- 장벽 투과의 예시로서 별의 핵융합과 Josephson 접합
- 네온과 아르곤을 이용한 Franck-Hertz 실험
- 원자번호 118번까지의 원자 구조와 예상되는 속성

이번 제4판은 최근의 PER(physics education research)이 제시하는 좋은 교수법 관행을 계속해서 강조하고 촉진한다. PER에서 나온 주요 논제 중 하나는 학생들이 때로 문제 해결 방법은 잘 찾아내는데도 불구하고 배경 개념의 기초적 이해가 부족하다는 것이다. 이러한 결점을 극복하기 위한 많은 접근법이 있는데, 그중에는 식에 단순히 숫자를 대입해서는 풀 수 없는 다양한 문제를 학생들에게 주고 수업 전의 개념 연습 문제 풀이나 수업 중의 개인 또는 그룹 활동을 통해 고민하게 만드는 방법이 있다. 이렇게 개념적 연습문제에 수업 시간을 할애하고, 그와 비슷한 형태의 시험 문제를 출제하여 개념적 추론을 분석하고 조리 있게 표현하도록 하는 것이 절대적으로 필요하다.

개념 문제를 공략하는 효과적인 방법을 보여주기 위해 이번 개정판에서는 개념 연습문제를 각 장마다 평균 두 문제 정도 추가하였다. 따라서 각 장에는 많은 수치 계산 문제들에 더해서 개념적인 문제들이 포함되어 있다. 현대물리학 교육에 PER을 적용하는 방법에 대한 자세한 설명은 PER 문헌과 함께 강사 안내서를 참조할 수 있다. 또한 강사 안내서에는 수업 내 토론과 시험을 위한 더 많은 개념 질문의 예시들도 포함되는데 국립과학재단(National Science Foundation)의 강좌·교과과정·실험실습 개선을 위한 보조금 지원을 통해 개발하고 검증한 것들이다.

제4판에서 새로이 추가된 75개가 넘는 장 마무리 문제 중 일부는 자신감을 키우

기 위한 연습용 문제이지만, 대부분은 물리학 연구의 실제 상황을 활용하고 실제 또는 모의 자료를 제시하여 분석하는 문제들이다. 새로운 문제가 다루고 있는 주제는 다음과 같다.

- 태양 돛
- 역Compton 산란
- 아르곤을 이용한 Franck-Hertz 실험
- 수소 원자의 Humphreys 계열
- Rydberg 원자
- 엑스선 미세 구조
- 엑스선 에너지 준위 도표
- 분자 안의 시그마 및 파이 결합
- 일산화탄소의 회전–진동 구조
- Wieman-Cornell BEC 실험
- '안정' Bi-209 원자의 알파 붕괴
- 이중 베타 붕괴
- 완전 이온화된 Fe-52 원자의 붕괴
- 과중 원소의 생성
- LHC 충돌 실험
- Hawking 복사

이전 판을 강의 교재로 사용하면서 제4판을 준비하는 데 도움이 되는 제안과 조언을 해준 분들께 감사드린다.

- Thomas Greenlee(Bethel University, Saint Paul Campus)
- Dawn Hollenbeck(Rochester Institute of Technology)
- Denis Leahy(University of Calgary)
- Jiali Li(University of Arkansas, Fayetteville)
- Andreas Piepke(University of Alabama, Tuscaloosa)
- Jean Quashnock(Carthage College)

또한 시험장에서 원고를 사용해 보고 많은 의견을 보내준 익명의 수많은 학생들에게도 감사드린다. 이 프로젝트에 기여해 주신 모든 감수자들과 사용자들에게도 감사드린다.

강사 안내서의 보충 연습문제를 개발하고 검증하기 위한 비용을 지원해 준 국립과학재단에도 감사의 말씀을 전한다. 교과과정 개편을 검증하고 구현하는 과정에서 이 프로젝트에 많은 도움을 준 Oregon State University의 전 대학원생인 K. C. Walsh와 Pornrat Wattasinawich에도 고마운 마음을 전한다.

연구나 업무 관련 활동을 하다 보면 이 교재의 이전 판을 사용했던 물리학자들을 종종 만나곤 한다. 그중 어떤 이들은 처음 현대물리학을 접했던 경험이 자신을 물리학자의 길로 이끈 계기가 되었다고 말한다. 많은 학생들은 이 강좌를 통해서 물리학자가 실제로 무슨 일을 하며 물리학자라는 직업에서 무엇이 그렇게 흥미진진하고 까다롭고 도전의식을 불러일으키는지 처음으로 들여다보게 될 것이다. 이 책을 만난 학생들이 그러한 영감을 계속해서 얻을 수 있기를 희망한다.

Kenneth S. Krane(Oregon State University)

요약 차례

차례

고전 물리학의 결점들

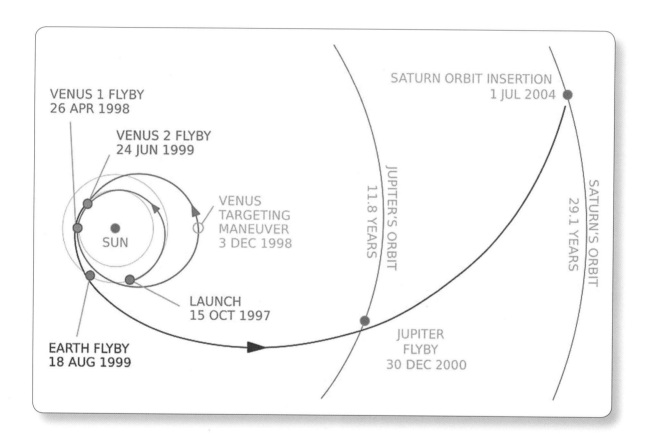

VENUS 1 FLYBY
26 APR 1998

VENUS 2 FLYBY
24 JUN 1999

VENUS
TARGETING
MANEUVER
3 DEC 1998

SUN

LAUNCH
15 OCT 1997

EARTH FLYBY
18 AUG 1999

SATURN ORBIT INSERTION
1 JUL 2004

JUPITER'S ORBIT
11.8 YEARS

SATURN'S ORBIT
29.1 YEARS

JUPITER
FLYBY
30 DEC 2000

Newton의 고전 물리학은 복잡한 기동을 포함하는 항로, 예를 들어 토성으로의 Cassini 임무로 우주 탐사선을 보내는 것을 가능하게 했다. Cassini 임무에서는 1997년에 우주선을 발사했고, 이 우주선은 금성(2회), 지구, 목성에 의한 네 번의 '중력 도움' 근접 비행(flyby)에 의해 토성으로 향할 수 있는 속력을 얻었다. 우주선은 2004년에 토성에 도착했고, 2017년에 토성 대기로 추락하며 임무를 마쳤다. 항성 간 여행과 같은 것을 계획하고 실행하는 것은 Newton 물리학의 큰 성공이었지만, 물체가 광속에 가까워지거나 원자나 아원자 수준의 물질을 조사할 때, 이 장에서 논의할 것과 같이 Newton 역학은 측정 결과를 설명하기에 적당하지 않다. © NASA.

당신이 19세기 말에 살았던 물리학자라면, 아마 자연을 지배하는 법칙을 이해하기 위한 물리학의 발전에 기뻐했을 것이다. 물리학자들은 중력을 포함한 Newton의 역학 법칙을 신중하게 시험했고, 그 결과 역학 법칙의 성공은 물체 간 상호 작용에 대한 이해의 틀을 제공했다. 전기와 자기는 Maxwell의 이론 작업에 의해 통합되었고, Maxwell 방정식에 의해 예측된 전자기파가 Hertz에 의해 발견되고 연구되었다. 열역학 법칙과 동역학 이론은 열과 온도를 포함한 다양한 현상에 대한 통합적 설명을 제공하는 데서 특히 성공적이었다. 이러한 세 가지 성공적인 이론, 즉 역학, 전자기학, 열역학은 우리가 "고전 물리학"이라고 부르는 것의 기초를 형성했다.

19세기 물리학 실험실 너머에서 세계는 급격히 변화했다. 산업혁명은 공장에서 노동자의 수요를 불러일으켰고, 시골 농경사회에서 도시사회로의 전이를 가속화했다. 이러한 노동자들은 부상하는 중산층의 핵심을 형성했으며 새로운 경제질서를 구축했다. 정치세계 또한 변했다. 군국주의의 부상, 국가주의와 혁명의 힘, 점차 증가하는 마르크스주의의 힘에 의해 곧 정부들은 전복될 것이었다. 순수미술은 비슷한 혁명적 변화를 겪고 있었고, 새로운 개념이 회화, 조각, 음악 분야를 지배하기 시작했다. 인간 행동에 대한 아주 기본적인 측면에 대한 이해는 Freud와 심리학자에 의해 중대하고 결정적인 수정이 이루어졌다.

물리학의 세계에서도 수면 아래에서 혁명적 변화를 일으킬 조류가 흐르고 있었다. 실험적 증거의 대부분이 고전 물리학과 일치했지만, 다른 한편으로는 성공적이었던 고전 이론으로는 설명되지 않는 결과를 여러 실험들이 제공하고 있었다. 고전 전자기학 이론은 전자기파가 진행하기 위해서 매질이 필요하다고 제안했지만, 정밀한 실험을 통하더라도 이 매질을 측정하는 데 실패했다. 전자기파의 방출을 뜨겁고 빛이 나는 물체로 연구했던 실험가들은 열역학과 전자기학의 고전 이론으로 설명할 수 없는 결과들을 발견했다. 빛을 쬐인 표면에서 전자 방출에 대한 실험 또한 고전 이론으로는 이해할 수 없었다.

특히 19세기에 성공적이며 잘 설명되었던 실험들에 비추어 보았을 때, 이러한 몇몇 실험들은 중요해 보이지 않을 수도 있다. 그러나 이러한 실험은 물리학의 세계뿐만 아니라 모든 과학, 세계의 정치적 구조, 우주에서 우리의 공간과 우리 자신을 보는 방법에 대해 심원하고 영속적인 효과를 가져왔다. 1905년에서 1925년 사이의 20년이라는 짧은 기간 동안 고전 물리학의 한계들이 특수 및 일반 상대성 이론과 양자 이론으로 이어지는 길을 제공했다.

현대 물리학(modern physics)이라는 명칭은 1900년경 시작된 발전을 의미하고, 상대성 이론과 양자 이론과 이러한 이론에 대한 적용으로 이어진다. 또한 현대 물리학은 원자, 원자 핵, 그것을 이루고 있는 입자, 분자와 고체 안의 원자 집합, 우주적 스케일에서 우주의 탄생과 진화에 대해 이해하고자 하는 상대론과 양자 이론의 적용을 포함한다. 이 책의 현대 물리학에 대한 논의에서는 이러한 각 영역을 다룰 것이다.

이 장에서는 고전 물리학의 몇몇 중요한 원리에 대해 복습하고 고전 물리학이 부정확하거나 틀린 결론을 주는 몇몇 경우에 대해 논의하는 것으로 현대 물리학에 대한 공부를 시작할 것이다. 이러한 상황에 대해 논의하는 것은 처음 상대성 이론과 양자 이론을 탄생하도록 하는 데 필수적이지는 않지만, 왜 고전 물리학이 자연에 대해 완전한 설명을 주는 데 실패하는지를 이해하는 데는 도움을 줄 수 있다.

1.1 고전 물리학 복습

현대 물리학이 고전 물리학과 급격하게 달라지는 여러 영역이 있긴 하지만 우리는 고전 물리학의 개념을 자주 필요로 한다. 아래에서 우리가 필요로 할지도 모르는 고전 물리학의 개념 몇 가지에 대해 간단하게 복습한다.

역학

속도 v로 움직이는 질량 m의 입자는 다음과 같이 정의되는 **운동 에너지**(kinetic energy)를 가진다.

$$K = \frac{1}{2}mv^2 \tag{1.1}$$

선운동량(linear momentum) $\vec{\mathbf{p}}$는 다음과 같이 정의된다.

$$\vec{\mathbf{p}} = m\vec{\mathbf{v}} \tag{1.2}$$

운동 에너지는 선운동량에 대해 다음과 같이 쓰일 수 있다.

$$K = \frac{p^2}{2m} \tag{1.3}$$

한 입자가 다른 입자와 충돌할 때, 다음과 같은 두 가지 근본적인 보존 법칙을 적용해서 충돌을 분석할 수 있다.

I. **에너지 보존**. (외력이 작용하지 않는) 고립된 계의 총에너지는 일정하다. 입자 간 충돌의 경우, 이는 입자들의 충돌 전 총에너지가 충돌 후 총에너지와 같음을 의미한다.

II. **선운동량 보존**. 고립된 계의 총선운동량은 일정하다. 충돌에 대해, 충돌 전 입자들의 총선운동량은 충돌 후 입자들의 총선운동량과 같다. 선운동량은 벡터이므로, 이 법칙을 적용할 때 보통 2개의 방정식을 얻는다. 하나는 x성분이고, 다른 하나는 y성분이다.

이러한 두 가지 보존 법칙은 고전 물리학의 다양한 문제를 이해하고 분석하는 데 가장 기본적인 중요성을 가진다. 이 장 끝의 연습문제 1~4번과 11~14번에서 이러한 법칙을 사용하는 방법에 대해 복습해 볼 수 있다.

이러한 보존 법칙의 중요성은 아주 크고 근본적인 것이다. 2장에서 특수 상대성 이론이 식 (1.1)~(1.3)을 수정하더라도 에너지 보존 법칙과 선운동량 보존 법칙은 여전히 유효하다.

▌ 예제 1.1

속도 $v_{He} = 1.518 \times 10^6$ m/s로 움직이는 헬륨 원자($m = 6.6465 \times 10^{-27}$ kg)가 정지해 있는 질소 원자($m = 2.3253 \times 10^{-26}$ kg)와 충돌했다. 충돌 이후, 헬륨 원자는 원래 헬륨 원자의 운동 방향에 대해 $\theta_{He} = 78.75°$의 각도로 $v'_{He} = 1.199 \times 10^6$ m/s의 속도로 움직이는 것으로 관찰됐다. (a) 충돌 이후 질소 원자의 속도(크기와 방향)를 구하시오. (b) 충돌 전 운동 에너지와 충돌 후 원자의 총 운동 에너지를 비교하시오.

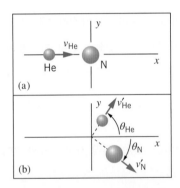

그림 1.1 예제 1.1의 (a) 충돌 전과 (b) 충돌 후.

풀이

(a) 이 충돌에 대한 운동량 보존 법칙은 $\vec{p}_{initial} = \vec{p}_{final}$의 형태로 쓸 수 있고, 이는 다음과 같다.

$$p_{x,initial} = p_{x,final}, \quad p_{y,initial} = p_{y,final}$$

그림 1.1에 충돌 상황이 그려져 있다. x축을 헬륨 원자의 처음 운동 방향으로 하면, 총운동량의 초깃값은 다음과 같다.

$$p_{x,initial} = m_{He}v_{He}, \quad p_{y,initial} = 0$$

최종 총운동량은 다음과 같이 쓸 수 있다.

$$p_{x,final} = m_{He}v'_{He}\cos\theta_{He} + m_N v'_N \cos\theta_N$$
$$p_{y,final} = m_{He}v'_{He}\sin\theta_{He} + m_N v'_N \sin\theta_N$$

θ_{He}과 θ_N가 x축에서 반대편에 있을 것으로 예측한다고 해도 $p_{y,final}$에 대한 표현식은 +부호를 가지는 일반 형태로 쓸 수 있다. 방정식이 이러한 방식으로 쓰인다면, θ_N은 음수로 나올 것이다. x성분에 대한 운동량 보존 법칙은 $m_{He}v_{He} = m_{He}v'_{He}\cos\theta_{He} + m_N v'_N \cos\theta_N$이고, y성분에 대해서는 $0 = m_{He}v'_{He}\sin\theta_{He} + m_N v'_N \sin\theta_N$이다. 미지수에 대해서 풀면 다음을 얻을 수 있다.

$$
\begin{aligned}
v'_N \cos\theta_N &= \frac{m_{He}(v_{He} - v'_{He}\cos\theta_{He})}{m_N} \\
&= \{(6.6465 \times 10^{-27} \text{ kg})[1.518 \times 10^6 \text{ m/s} \\
&\quad - (1.199 \times 10^6 \text{ m/s})(\cos 78.75°)]\} \\
&\quad \times (2.3253 \times 10^{-26} \text{ kg})^{-1} \\
&= 3.6704 \times 10^5 \text{ m/s}
\end{aligned}
$$

$$v'_N \sin\theta_N = -\frac{m_{He} v'_{He} \sin\theta_{He}}{m_N}$$
$$= -(6.6465 \times 10^{-27} \text{ kg})(1.199 \times 10^6 \text{ m/s})$$
$$\times (\sin 78.75°)(2.3253 \times 10^{-26} \text{ kg})^{-1}$$
$$= -3.3613 \times 10^5 \text{ m/s}$$

이제 v'_N과 θ_N에 대해 다음과 같이 풀 수 있다.

$$v'_N = \sqrt{(v'_N \sin\theta_N)^2 + (v'_N \cos\theta_N)^2}$$
$$= \sqrt{(-3.3613 \times 10^5 \text{ m/s})^2 + (3.6704 \times 10^5 \text{ m/s})^2}$$
$$= 4.977 \times 10^5 \text{ m/s}$$

$$\theta_N = \tan^{-1} \frac{v'_N \sin\theta_N}{v'_N \cos\theta_N}$$
$$= \tan^{-1} \left(\frac{-3.3613 \times 10^5 \text{ m/s}}{3.6704 \times 10^5 \text{ m/s}} \right) = -42.48°$$

(b) 초기 운동 에너지는

$$K_{initial} = \frac{1}{2} m_{He} v_{He}^2$$
$$= \frac{1}{2}(6.6465 \times 10^{-27} \text{ kg})(1.518 \times 10^6 \text{ m/s})^2$$
$$= 7.658 \times 10^{-15} \text{ J}$$

총 최종 운동 에너지는

$$K_{final} = \frac{1}{2} m_{He} v'^2_{He} + \frac{1}{2} m_N v'^2_N$$
$$= \frac{1}{2}(6.6465 \times 10^{-27} \text{ kg})(1.199 \times 10^6 \text{ m/s})^2$$
$$+ \frac{1}{2}(2.3253 \times 10^{-26} \text{ kg})(4.977 \times 10^5 \text{ m/s})^2$$
$$= 7.658 \times 10^{-15} \text{ J}$$

초기와 최종 에너지가 같음에 주의하라. 이는 어떤 에너지도 잃어버리지 않는 탄성 충돌의 특성이다. 예를 들어, 입자 내부의 들뜸이 그 한 예이다.

예제 1.2

정지해 있는 우라늄 원자($m = 3.9529 \times 10^{-25}$ kg)가 헬륨 원자 ($m = 6.6465 \times 10^{-27}$ kg)와 토륨 원자($m = 3.8864 \times 10^{-25}$ kg)로 자발적으로 붕괴한다. 헬륨 원자가 속도 1.423×10^7 m/s로 양의 x 방향으로 움직이는 것으로 관찰됐다(그림 1.2). (a) 토륨 원자의 속도(크기와 방향)를 구하시오. (b) 붕괴 후 두 원자의 총 운동 에너지를 구하시오.

풀이

(a) 다시 운동량 보존 법칙을 사용하자. 붕괴 전 초기 운동량은 0이고, 붕괴 후 두 원자의 총운동량 또한 0이어야 한다.

$$p_{x,initial} = 0 \qquad p_{x,final} = m_{He} v'_{He} + m_{Th} v'_{Th}$$

$p_{x,initial} = p_{x,final}$라 하고 v'_{Th}에 대해 풀면 다음을 얻는다.

$$v'_{Th} = -\frac{m_{He} v'_{He}}{m_{Th}}$$
$$= -\frac{(6.6465 \times 10^{-27} \text{ kg})(1.423 \times 10^7 \text{ m/s})}{3.8864 \times 10^{-25} \text{ kg}}$$
$$= -2.432 \times 10^5 \text{ m/s}$$

토륨 원자는 음의 x 방향으로 움직인다.

(b) 붕괴 후 총 운동 에너지는

$$K = \frac{1}{2} m_{He} v'^2_{He} + \frac{1}{2} m_{Th} v'^2_{Th}$$
$$= \frac{1}{2}(6.6465 \times 10^{-27} \text{ kg})(1.423 \times 10^7 \text{ m/s})^2$$
$$+ \frac{1}{2}(3.8864 \times 10^{-25} \text{ kg})(-2.432 \times 10^5 \text{ m/s})^2$$
$$= 6.844 \times 10^{-13} \text{ J}$$

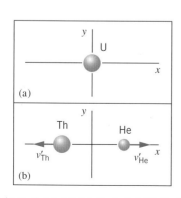

그림 1.2 예제 1.2의 (a) 붕괴 전과 (b) 붕괴 후.

우라늄 원자의 초기 운동 에너지는 0이므로, 분명 이 붕괴 과정에서 운동 에너지는 보존되지 않는다. 그러나 총에너지는 **보존**된다. 만약 총에너지를 운동 에너지와 핵 에너지의 합으로 쓴다면, 총 초기 에너지(운동+핵)는 총 최종 에너지(운동+핵)와 같다. 분명, 운동 에너지의 이득은 핵 에너지 손실의 결과로 나타난다. 이는 12장에서 더 자세히 배울 알파 붕괴라는 방사능 붕괴의 한 종류에 대한 예이다.

입자가 외력 F를 겪으면서 운동하는 상황에서 에너지 보존 원리의 또 다른 예를 찾을 수 있다. 외력에 대응하는 퍼텐셜 에너지 U를 다음과 같이 정의할 수 있다(일차원 운동에 대해).

$$F = -\frac{dU}{dx} \tag{1.4}$$

총에너지 E는 운동 에너지와 퍼텐셜 에너지의 합이다.

$$E = K + U \tag{1.5}$$

입자가 움직이면 K와 U가 바뀌지만, E는 일정하다. (2장에서 특수 상대성 이론이 총에너지에 대한 새로운 정의를 제공한다는 것을 배울 것이다.)

선운동량 $\vec{p}$로 움직이는 입자가 원점 O로부터 변위 $\vec{r}$에 위치할 때, 원점 O에 대한 **각운동량**(angular momentum) $\vec{L}$은 다음과 같이 정의된다(그림 1.3 참조).

$$\vec{L} = \vec{r} \times \vec{p} \tag{1.6}$$

선운동량의 경우와 마찬가지로, 각운동량에도 보존 법칙이 있다. 실제로 이는 중요한 여러 곳에 응용된다. 예를 들어, 대전된 입자가 다른 대전 입자 근처로 이동하여 방향이 휘어질 때, 계에 알짜 외부 돌림힘이 작용하지 않으면 계(두 입자)의 총각운동량은 일정하게 유지된다. 두 번째 입자의 질량이 첫 번째 입자의 것보다 훨씬 더 커서 첫 번째 입자의 영향으로 그 운동이 본질적으로 변하지 않는 경우(두 번째 입자는 각운동량을 얻지 않기 때문에) 첫 번째 입자의 각운동량은 일정하게 유지된다. 각운동량 보존의 또 다른 적용은 혜성과 같은 물체가 태양의 중력장에서 이동할 때 발생하는 경우에서 찾을 수 있다. 각운동량을 보존하려면 혜성의 궤도가 타원이 되어야 한다. 이 경우 혜성의 $\vec{r}$과 $\vec{p}$가 동시에 변해야 $\vec{L}$이 일정하게 유지된다.

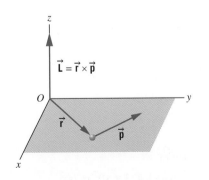

그림 1.3 원점 O에 대해 선운동량 $\vec{p}$로 움직이는 벡터 위치 $\vec{r}$에 있는 질량 m의 입자는 O에 대해 각운동량 $\vec{L}$을 가진다.

속도 더하기

고전 물리학의 또 다른 중요한 특징은 속도를 조합하는 규칙이다. 예를 들어, 제트 비행기가 지상의 관측자에 대해 $v_{PG} = 650\,\mathrm{m/s}$의 속도로 움직이고 있다고 하자. 속도의 아래 첨자는 '지상(ground)에 대한 비행기(plane)의 속도'를 의미한다. 비행기가 전방을 향해 미사일을 발사했다. 비행기(plane)에 대한 미사일(missile)의 속도는 $v_{MP} = 250\,\text{m/s}$ 이다. 지상(ground)에 있는 관측자에 대해 미사일(missile)의 속도는 $v_{MG} = v_{MP} + v_{PG} = 250\,\text{m/s} + 650\,\text{m/s} = 900\,\text{m/s}$이다.

이 규칙을 다음과 같이 일반화할 수 있다. $\vec{\mathbf{v}}_{AB}$가 B에 대한 A의 속도를 나타낸다고 하고, $\vec{\mathbf{v}}_{BC}$가 C에 대한 B의 속도를 나타낸다고 하자. 그러면 C에 대한 A의 속도는 다음과 같다.

$$\vec{\mathbf{v}}_{AC} = \vec{\mathbf{v}}_{AB} + \vec{\mathbf{v}}_{BC} \tag{1.7}$$

이 방정식은 속도가 서로 다른 방향을 가리키는 경우를 포함하기 위해 벡터로 쓰일 수 있다. 예를 들어, 미사일은 비행기의 속도 방향으로 발사되지 않고 다른 특정 방향으로 발사될 수 있다. 이는 속도를 조합하는 매우 '상식적인' 방법처럼 보이지만, 속도가 광속에 가까울 때 이 상식적인 규칙이 측정 결과와 상반되는 결과를 준다는 것을 나중에 이 장에서 보게 될 것이다(그리고 2장에서 더 자세히 다룰 것이다).

충돌이 관측되는 것과 다른 기준틀에서 운동량과 에너지 보존을 분석하고자 할 때, (광속에 비해 작은 속력에 대한) 이 규칙의 흔한 적용 사례를 충돌에서 찾을 수 있다. 예를 들어, 예제 1.1의 충돌을 질량 중심과 함께 움직이는 기준틀에서 분석해 보자. He 원자의 초기 속도가 x축 방향을 정의한다. (실험실에 대한) 질량 중심의 속도는 $v_{CL} = (v_{He}m_{He} + v_N m_N)/(m_{He} + m_N) = 3.374 \times 10^5\,\text{m/s}$이다. 만약 $v_{HeL} = v_{HeC} + v_{CL}$과 $v_{NL} = v_{NC} + v_{CL}$에서 출발하면,

$$v_{HeC} = v_{HeL} - v_{CL} = 1.518 \times 10^6\,\text{m/s} - 3.374 \times 10^5\,\text{m/s} = 1.181 \times 10^6\,\text{m/s}$$

$$v_{NC} = v_{NL} - v_{CL} = 0 - 3.374 \times 10^5\,\text{m/s} = -0.337 \times 10^6\,\text{m/s}$$

비슷한 방식으로 He와 N의 최종 속도를 계산할 수 있다. 이 기준틀에서 본 충돌 결과는 그림 1.4에 나타나 있다. 충돌에 대한 이러한 관점에는 실험실 기준틀(그림 1.1)에서 본 동일한 충돌에서는 나타나지 않는 특별한 대칭성이 있다. 각각의 속도가 크기는 바뀌지 않은 채 단순히 방향만 바뀌고, 원자는 반대 방향으로 움직인다. 이 경우 속도 더하기가 x성분에만 적용되고 y성분은 바뀌지 않아서 각도가 바뀌어야 하므로, 이러한 충돌 관점에서의 각도는 그림 1.1에 나타난 것과 다르다.

전기와 자기

점전하 q로부터 거리 r만큼 떨어진 곳(또는 r보다 작은 반지름으로 구형 대칭을 가지는

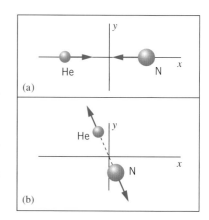

그림 1.4 질량 중심과 함께 움직이는 기준틀에서 본 그림 1.1의 충돌. (a) 충돌 전. (b) 충돌 후. 이 틀에서 두 입자는 항상 반대 방향으로 움직이고, 탄성 충돌인 경우 각 입자 속도의 크기는 변하지 않는다.

그림 1.5 두 대전된 입자는 각자의 중심을 지나는 선을 따라 크기가 같고 방향은 반대인 정전기력을 받는다. 만약 전하가 같은 부호라면(둘 다 양수거나 둘 다 음수거나) 힘은 척력이다. 만약 부호가 다르다면, 힘은 인력이다.

전하 분포의 중심에서 r만큼 떨어진 곳)에서의 전기장 E는 다음과 같은 크기를 가진다.

$$E = \frac{1}{4\pi\varepsilon_0} \frac{|q|}{r} \tag{1.8}$$

대전된 입자 q_1이 다른 입자 q_2에 가하는 정전기력(Coulomb 힘)의 크기는 다음과 같다.

$$F = \frac{1}{4\pi\varepsilon_0} \frac{|q_1||q_2|}{r^2} \tag{1.9}$$

F의 방향은 두 입자를 잇는 선의 방향이다(그림 1.5). SI 단위계에서 상수 $1/4\pi\varepsilon_0$는 다음 값을 가진다.

$$\frac{1}{4\pi\varepsilon_0} = 8.988 \times 10^9 \text{ N} \cdot \text{m}^2/\text{C}^2$$

대응되는 퍼텐셜 에너지는

$$U = \frac{1}{4\pi\varepsilon_0} \frac{q_1 q_2}{r} \tag{1.10}$$

시작점으로 잡은 식 (1.8)에서 (1.10)까지 구한 모든 방정식에는 $1/4\pi\varepsilon_0$ 계수가 반드시 **등장한다**. 몇몇 문헌과 참고도서에서 이 상수가 등장하지 않는 정전기 물리량을 볼 수도 있을 것이다. 이러한 경우, 아마 $1/4\pi\varepsilon_0$을 1로 **정의하는** CGS 단위계(centimeter-gram-second system)가 사용되었을 것이다. 따라서 서로 다른 참고문헌에서 정전기 물리량을 비교할 때에는 조심해야 하고 단위가 같은지 확인해야 한다.

정전기 퍼텐셜 차이 ΔV는 전하 분포에 의해 결정된다. 퍼텐셜 차이의 가장 흔한 예는 건전지의 두 단자 사이에 형성되는 것이다. 전하 q가 퍼텐셜 차이 ΔV를 지날 때, 전기 퍼텐셜 에너지의 변화 ΔU는 다음과 같다.

$$\Delta U = q\Delta V \tag{1.11}$$

원자나 핵 수준에서는 보통 $e = 1.602 \times 10^{-19}$ C의 크기를 가진 전자나 양성자의 기본 전하의 단위로 측정을 하게 된다. 만약 이러한 전하가 수 볼트의 퍼텐셜 차이 ΔV로 가속되면, 그 결과로 얻게 되는 운동 에너지의 이득과 그에 대응되는 퍼텐셜 에너지의 손실은 10^{-19}에서 10^{-18} J 수준일 것이다. 이렇게 작은 수를 가지고 계산하는 것을 피하기 위해서 원자 물리나 핵 물리에서는 에너지를 **전자볼트**(electron-volts, eV)로 측정하는 것이 보편적이다. 전자볼트는 1 V의 전위차를 지나는 전자의 에너지로 다음과 같이 정의된다.

$$\Delta U = q\Delta V = (1.602 \times 10^{-19} \text{ C})(1 \text{ V}) = 1.602 \times 10^{-19} \text{ J}$$

그러므로

$$1\,\text{eV} = 1.602 \times 10^{-19}\,\text{J}$$

사용하기 편리한 eV의 배수는 다음과 같다.

$$\text{keV} = 킬로\ 전자볼트 = 10^3\,\text{eV}$$
$$\text{MeV} = 메가\ 전자볼트 = 10^6\,\text{eV}$$
$$\text{GeV} = 기가\ 전자볼트 = 10^9\,\text{eV}$$

[오래된 문헌에서 BeV, 빌리언(billion) 전자볼트라는 표현을 찾을 수 있을 텐데, 이는 혼동의 원인이 된다. 미국에서 빌리언은 10^9인 반면, 유럽에서는 10^{12}을 뜻한다.]

2개의 기초 전하가 보통의 원자 또는 핵 크기로 떨어져 있을 때의 퍼텐셜 에너지를 구하고자 하면, 결과를 전자볼트로 표현하고 싶을 것이다. 이때 편리한 방법이 있다. 먼저 $e^2/4\pi\varepsilon_0$을 다음과 같이 편리한 형태로 표현한다.

$$\frac{e^2}{4\pi\varepsilon_0} = (8.988 \times 10^9\,\text{N}\cdot\text{m}^2/\text{C}^2)(1.602 \times 10^{-19}\,\text{C})^2 = 2.307 \times 10^{-28}\,\text{N}\cdot\text{m}^2$$
$$= (2.307 \times 10^{-28}\,\text{N}\cdot\text{m}^2)\left(\frac{1}{1.602 \times 10^{-19}\,\text{J/eV}}\right)\left(\frac{10^9\,\text{nm}}{\text{m}}\right)$$
$$= 1.440\,\text{eV}\cdot\text{nm}$$

이 유용한 상수 조합을 이용하면 정전기 퍼텐셜 에너지를 매우 쉽게 계산할 수 있다. 보통 원자 크기인 1.00 nm만큼 떨어진 두 전자에 대해 식 (1.10)은 다음 결과를 준다.

$$U = \frac{1}{4\pi\varepsilon_0}\frac{e^2}{r} = \frac{e^2}{4\pi\varepsilon_0}\frac{1}{r} = (1.440\,\text{eV}\cdot\text{nm})\left(\frac{1}{1.00\,\text{nm}}\right) = 1.44\,\text{eV}$$

핵과 관련된 계산에 대해서 펨토미터(femtometer)는 거리를 표현하기 위해 더 편리한 단위이고, MeV는 더 적당한 에너지 단위이다.

$$\frac{e^2}{4\pi\varepsilon_0} = (1.440\,\text{eV}\cdot\text{nm})\left(\frac{1\,\text{m}}{10^9\,\text{nm}}\right)\left(\frac{10^{15}\,\text{fm}}{1\,\text{m}}\right)\left(\frac{1\,\text{MeV}}{10^6\,\text{eV}}\right) = 1.440\,\text{MeV}\cdot\text{fm}$$

보통의 원자 에너지와 크기(eV·nm) 또는 보통의 핵 에너지와 크기(MeV·fm)를 다룰 때 물리량 $e^2/4\pi\varepsilon_0$은 똑같이 1.440으로 표현된다는 것은 주목할 만한(그리고 기억하기에 편리한) 사실이다.

자기장 $\vec{\mathbf{B}}$는 전류 i에 의해 생성된다. 예를 들어, 반지름 r의 원형 전류 고리 중앙의 자기장 크기는(그림 1.6a 참조) 다음과 같다.

$$B = \frac{\mu_0 i}{2r} \tag{1.12}$$

자기장의 SI 단위는 테슬라(tesla, T)이고, 이는 N/A·m와 같다. 상수 μ_0는

$$\mu_0 = 4\pi \times 10^{-7}\,\text{N}\cdot\text{s}^2/\text{C}^2$$

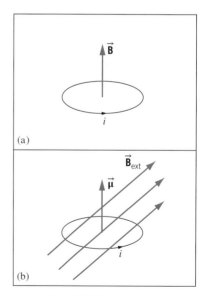

그림 1.6 (a) 원형 전류 고리는 중심에 자기장 $\vec{\mathbf{B}}$를 만든다. (b) 외부 자기장 $\vec{\mathbf{B}}_{\text{ext}}$ 안의 자기 모멘트 $\vec{\boldsymbol{\mu}}$를 가진 전류 고리. $\vec{\boldsymbol{\mu}}$가 $\vec{\mathbf{B}}_{\text{ext}}$에 맞춰 정렬되도록 자기장은 고리에 돌림힘을 가한다.

i는 금속 도선에서 전류를 생성하는 음으로 대전된 전자의 실제 진행 방향과 반대인 통상적인(양의) 전류 방향을 가진다는 것을 기억하라. $\vec{\mathbf{B}}$의 방향은 오른손 법칙에 따라 결정된다. 도선을 오른손에 들고 엄지 손가락을 전류의 방향으로 향하면, 나머지 손가락이 자기장의 방향을 가리킨다.

전류 고리의 **자기 모멘트**(magnetic moment) $\vec{\boldsymbol{\mu}}$를 정의하면 편리한 경우가 많다.

$$|\vec{\boldsymbol{\mu}}| = iA \tag{1.13}$$

이때 A는 고리에 의해 형성되는 면적이다. $\vec{\boldsymbol{\mu}}$의 방향은 오른손 법칙을 따라 고리 평면에 수직이다.

전류 고리가 균일한 외부 자기장 $\vec{\mathbf{B}}_{ext}$에 놓여 있다면(그림 1.6b와 같이), $\vec{\boldsymbol{\mu}}$이 $\vec{\mathbf{B}}_{ext}$에 따라 정렬되고자 하므로, 고리에 걸리는 돌림힘(torque) $\vec{\tau}$가 발생한다.

$$\vec{\tau} = \vec{\boldsymbol{\mu}} \times \vec{\mathbf{B}}_{ext} \tag{1.14}$$

이 상호 작용을 기술하는 또 다른 방법은 외부 자기장 안의 자기 모멘트 $\vec{\boldsymbol{\mu}}$에 퍼텐셜 에너지 $\vec{\mathbf{B}}_{ext}$를 할당하는 것이다.

$$U = -\vec{\boldsymbol{\mu}} \cdot \vec{\mathbf{B}}_{ext} \tag{1.15}$$

자기장 $\vec{\mathbf{B}}_{ext}$가 가해지면, $\vec{\boldsymbol{\mu}}$와 $\vec{\mathbf{B}}_{ext}$가 평행할 때 에너지가 최소가 되므로 $\vec{\boldsymbol{\mu}}$는 회전한다. 전자나 양성자와 같은 입자들이 자기 모멘트를 가지므로 자기 모멘트의 성질을 이해하는 것은 중요하다. 이러한 입자들을 작은 전류 고리로 생각할 수는 없지만, 그들의 자기 모멘트는 식 (1.14)와 (1.15)를 따른다.

전자기학에서 특히 중요한 부분은 **전자기파**(electromagnetic waves)이다. 3장에서는 이러한 파동의 몇몇 성질에 대해 자세히 다룰 것이다. 전자기파는 자유 공간을 속력 c(광속)로 진행하고, 이 값은 전자기 상수 ε_0, μ_0와 다음과 같은 관계에 있다.

$$c = (\varepsilon_0 \mu_0)^{-1/2} \tag{1.16}$$

광속은 정확한 값 $c = 299{,}792{,}458\,\text{m/s}$를 가진다.

전자기파는 주파수 f와 파장 λ를 가지며, 이들은 다음과 같은 관계를 가진다.

$$c = \lambda f \tag{1.17}$$

파장은 매우 짧은 길이(핵 감마선)부터 매우 긴 길이(라디오파)의 범위를 가진다. 그림 1.7은 전자기 스펙트럼과 서로 다른 파장 범위에 따라 정해진 통상의 스펙트럼 영역 이름을 보여준다.

물질의 동역학 이론

물질의 구조에 대한 고전 물리학의 성공적인 적용 사례는 (기체가 액체로 응집되기 시

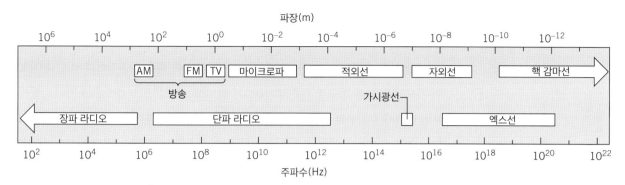

그림 1.7 전자기 스펙트럼. 각 영역의 경계는 명확히 정의되지 않는다.

작하는 압력과 온도 영역으로부터 멀리 떨어진) 높은 온도와 상대적으로 낮은 온도에서 기체의 성질을 이해하는 것이다. 이러한 조건에서 대부분의 실제 기체들은 이상 기체로 생각할 수 있고 다음과 같은 **이상 기체 상태 방정식**(ideal gas equation of state)에 의해 잘 기술된다.

$$PV = NkT \tag{1.18}$$

이때 P는 압력이고, V는 기체가 점유하고 있는 부피, N은 분자의 개수, T는 온도, k는 **Boltzmann 상수**(Boltzmann constant)이고 그 값은 다음과 같다.

$$k = 1.381 \times 10^{-23} \, \text{J/K}$$

이 방정식과 이 절의 대부분의 방정식을 사용할 때, 온도는 반드시 켈빈(kelvin, K)의 단위로 표현된다. 온도 단위의 기호 K와 운동 에너지의 기호 K를 혼동하지 않도록 조심하자.

이상 기체 상태 방정식은 다음과 같은 형태로도 표현될 수 있다.

$$PV = nRT \tag{1.19}$$

이때 n은 몰수이고 R은 **보편 기체 상수**(universal gas constant)이며 그 값은 다음과 같다.

$$R = 8.315 \, \text{J/mol} \cdot \text{K}$$

1몰의 기체는 기본 입자(원자 또는 분자)가 Avogadro 상수 N_A개만큼 있음을 뜻한다.

$$N_A = 6.022 \times 10^{23} \, \text{(몰당)}$$

즉, 1몰의 헬륨은 N_A개의 He을 담고 있고, 1몰의 질소는 N_A개의 N_2를(그러므로 $2N_A$개의 N 원자를), 1몰의 수증기는 N_A개의 H_2O를(그러므로 $2N_A$개의 H와 N_A개의 O 원자를) 담고 있다.

$N = nN_A$이므로(분자 개수는 몰수에 몰당 분자 수를 곱한 것과 같음), Boltzmann 상수

와 보편 기체 상수 사이의 관계는 다음과 같다.

$$R = kN_A \tag{1.20}$$

이상 기체 모형은 여러 기체의 성질을 기술하는 데 매우 성공적이다. 이는 분자들이 무시할 수 있을 정도로 작은 부피(즉, 기체는 거의 대부분 빈 공간이다)를 가지고 상자 부피 안에서 무작위로 움직인다고 가정한다. 분자는 다른 분자와 우연히 충돌할 수 있고, 상자의 벽과도 우연히 충돌할 수 있다. 이러한 충돌은 Newton 법칙을 따르고 탄성 충돌에 해당하며 매우 짧은 시간 동안만 일어난다. 분자는 다른 분자에 충돌 도중에만 힘을 가한다. 이러한 가정을 통해 운동 에너지가 고려해야 하는 에너지의 유일한 형태가 되도록 하면 퍼텐셜 에너지는 고려하지 않아도 된다. 충돌이 탄성 충돌이므로, 충돌 동안 운동 에너지의 알짜 손실이나 이득은 없다.

각 분자는 충돌에 의해 속력이 올라갈 수도 느려질 수도 있지만, 상자 안의 모든 분자의 평균 운동 에너지는 변하지 않는다. 분자의 평균 운동 에너지는 사실 온도만의 함수이다.

$$K_{av} = \frac{3}{2}kT \,(\text{분자당}) \tag{1.21}$$

대략적인 추산을 위해, 물리량 kT는 입자당 평균 운동 에너지에 대한 측정치로 쓰인다. 예를 들어, 상온에서(20°C = 293 K) 입자당 평균 운동 에너지는 근사적으로 4×10^{-21} J(약 1/40 eV)인 반면, 별 내부의 온도 $T \sim 10^7$ K에서 평균 에너지는 근사적으로 10^{-16} J(약 1,000 eV)이다.

평균 운동 에너지를 다음과 같이 기체 1몰의 에너지로 표현하는 것은 종종 유용하다.

몰당 평균 K = 분자당 평균 K × 몰당 분자 수

Boltzmann 상수와 보편 기체 상수 사이의 관계를 구하기 위해 식 (1.20)을 사용하면, 평균 몰 운동 에너지는 다음과 같아진다.

$$K_{av} = \frac{3}{2}RT \,(\text{몰당}) \tag{1.22}$$

K_{av}가 분자당 평균이나 몰당 평균 둘 중 어떤 것을 의미하는지는 문맥에 따라 달라짐에 유의하라.

1.2 시간과 공간에 대한 고전적 이해의 결점

1905년에 Albert Einstein은 공간과 시간을 바라보는 새로운 방법인 특수 상대성 이론을 제안했다. 이는 Galileo와 Newton 물리 이론의 기초가 되었던 '고전적인' 공간과

시간을 대체했다. Einstein의 제안은 '사고 실험'에 기초했지만, 그 후 몇 년 동안 실험적 데이터들이 공간과 시간의 고전적 개념은 특정 상황에서 부적절해진다는 것을 보여줬다. 이 절에서는 어떻게 실험 결과들이 공간과 시간에 대한 새로운 접근에 대한 필요성을 지지하는지 볼 것이다.

시간에 대한 고전적 개념의 결점

두 양성자의 고에너지 충돌에서 새로운 입자 다수가 생성되는데, 그중 하나는 [파이온(pion)이라고도 알려진] **파이 중간자**(pi meson)이다. 실험실에서 파이온이 정지된 상태로 만들어질 때, 이들은 26.0 ns (나노초, 즉, 10^{-9}초)의 평균 수명(파이온이 생성되고 다른 입자로 붕괴될 때까지의 시간)을 가진다. 다른 한편으로는, 움직이는 파이온은 매우 다른 수명을 가지는 것으로 관측된다. 한 실험에서 2.737×10^8 m/s (광속의 91.3 %)의 속력으로 움직이는 파이온은 63.7 ns의 수명을 가졌다.

이 실험이 서로 다른 두 관측자에 의해 관찰된다고 해보자(그림 1.8). 실험실에서 정지해 있는 관측자 #1은 파이온이 실험실에 대해 광속의 91.3 %로 움직인다고 측정했다. 관측자 #2는 파이온과 정확히 같은 속도로 실험실에 대해 움직이고 있고, 관측자 #2에 따르면 파이온은 정지해 있고 26.0 ns의 수명을 가진다. 두 관측자는 같은 두 사건, 즉 파이온의 생성과 붕괴에 대해 서로 다른 시간 간격을 측정한다.

Newton에 따르면 시간은 모든 관측자에 대해 동일하다. Newton 법칙은 이 가정에 기초한다. 파이온 실험은 모든 관측자에 대해 시간이 같지 **않음**을 분명하게 보여준다. 이는 서로에 대해 움직이고 있는 관측자들에 의해 측정된 시간 간격 사이의 관계를 설명하는 새로운 이론이 필요함을 의미한다.

공간에 대한 고전적 개념의 결점

파이온 실험은 공간에 대한 고전적 개념을 수정해야 한다는 것을 알려준다. 관측자 #1이 실험실에 2개의 표시를 했다고 하자. 하나는 파이온이 생성된 지점이고 다른 하나는 파이온이 붕괴된 지점이다. 두 표시 사이의 거리 D_1은 파이온의 속력과 생성에서 붕괴까지의 시간 간격을 곱한 것이다. 즉, $D_1 = (2.737 \times 10^8 \text{ m/s})(63.7 \times 10^{-9} \text{ s}) = 17.4$ m 이다. 파이온과 같은 속도로 움직이는 관측자 #2에게는 실험실이 2.737×10^8 m/s의 속력으로 움직이고 있는 것처럼 보이고, 실험실에서 파이온이 생성되고 붕괴되는 것을 보여주는 첫 번째 표시와 두 번째 표시를 지나는 시간은 26.0 ns이다. 관측자 #2에 따르면, 두 표시 사이의 거리는 $D_2 = (2.737 \times 10^8 \text{ m/s})(26.0 \times 10^{-9} \text{ s}) = 7.11$ m이다. 다

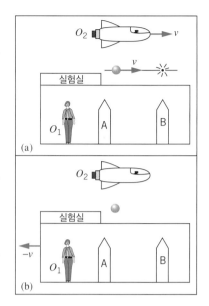

그림 1.8 (a) O_1에 따른 파이온 실험. A와 B 표시는 각각 파이온의 생성 지점과 붕괴 지점을 나타낸다. (b) 파이온이 정지해 있고 실험실이 속도 $-v$로 움직인다고 보는 O_2에 의해 관찰된 같은 실험.

시 한번, 상대적 운동 상태에 있는 두 관측자가 같은 간격, 즉 실험실의 두 표시 사이의 거리에 대해 다른 값을 측정하는 상황을 볼 수 있다. Galileo와 Newton의 물리 이론은 공간이 모든 관측자에 대해 동일하다는 가정에 기초하므로, 길이 측정은 상대적 운동에 의존하지 않아야 한다. 파이온 실험은 고전 물리학의 이 주춧돌이 현대 실험 결과와 일관적이지 않음을 다시 한번 보여준다.

속도에 대한 고전적 개념의 결점

고전 물리학은 입자가 가질 수 있는 최대 속도에 한계를 두지 않는다. 운동학의 기초 방정식 중 하나인 $v = v_0 + at$는 입자가 충분히 긴 시간 t 동안 a로 가속되면, 속도는 원하는 만큼 커질 수 있음을 보여준다. 또 다른 예로, 지상의 관측자에 대해 $200\,\mathrm{m/s}$의 속력으로 나는 비행기가 있고, 그 비행기에 대해 $250\,\mathrm{m/s}$의 속력으로 미사일을 발사하면, 지상의 관측자는 고전적 속도 더하기 규칙[식 (1.7)]에 따라 미사일이 $200\,\mathrm{m/s} + 250\,\mathrm{m/s} = 450\,\mathrm{m/s}$의 속력으로 운동한다고 관측할 것이다. 같은 방법을 (우주 정거장의 관측자에 대해) $2.0 \times 10^8\,\mathrm{m/s}$로 움직이는 우주선이 있고, 그 우주선에 대해 $2.5 \times 10^8\,\mathrm{m/s}$의 속력으로 미사일을 발사하는 상황에 적용해 볼 수 있다. 우주 정거장의 관측자는 미사일의 속력이 $4.5 \times 10^8\,\mathrm{m/s}$로 측정될 것이라 기대할 수 있다. 이 속력은 광속($3.0 \times 10^8\,\mathrm{m/s}$)을 초과한다. 광속보다 큰 속력을 허용하면 특정 관측자에 대해 원인과 결과의 순서가 뒤집히는 것과 같은 수많은 개념적인 어려움과 논리적 어려움에 부딪힌다.

여기서 다시 한번 현대 실험 결과는 고전적 개념과 일치하지 않는다. 실험실을 $2.737 \times 10^8\,\mathrm{m/s}$로 통과하는 파이온 실험으로 돌아가보자. 파이온은 **뮤온**(muon)이라고 불리는 다른 입자로 붕괴하고, 뮤온은 전방 방향(파이온 속도의 방향)으로 파이온에 대해 $0.813 \times 10^8\,\mathrm{m/s}$의 속력으로 방출된다. 식 (1.7)에 따르면, 실험실의 관찰자는 뮤온이 광속을 초과하는 $2.737 \times 10^8\,\mathrm{m/s} + 0.813 \times 10^8\,\mathrm{m/s} = 3.550 \times 10^8\,\mathrm{m/s}$의 속도로 움직일 것으로 관측해야 한다. 그러나 뮤온의 속도 측정값은 $2.846 \times 10^8\,\mathrm{m/s}$이고, 이는 광속보다 낮다. 분명히 속도 더하기에 대한 고전적 규칙은 이 실험에서 맞지 않는다.

시간과 공간의 성질과 속도를 조합하는 규칙은 Newton의 고전 물리학의 핵심적 개념이다. 이러한 개념은 Newton 시대에 가능했던 낮은 속력의 관찰 결과만으로 얻어진 것이다. 2장에서는 특수 상대성 이론이 서로 다른 관찰자에 따른 시간, 거리, 속도를 비교하는 것에 대한 보정 절차를 어떻게 제공하는지 보고, 높은 속력에서 고전 물리의 결점을 어떻게 제거할 수 있는지 볼 것이다(한편 특수 상대성 이론은 낮은 속력에서

Newton의 이론이 매우 잘 작동하는 고전 법칙으로 환원된다).

1.3 입자 통계에 대한 고전적 이론의 결점

열역학과 통계역학은 19세기 물리학에서 큰 성공을 거뒀다. 예를 들어, 온도, 압력, 열용량과 같은 작은 수의 응집체나 평균 성질을 사용하면 여러 입자로 이루어진 복잡한 계의 운동을 기술하는 것이 가능했다. 이 분야의 최고 성취는 온도와 같은 거시적(macroscopic) 성질과 분자 운동 에너지와 같은 미시적(microscopic) 성질 사이의 관계를 밝힌 것일 것이다.

이러한 큰 성공에도 불구하고, 기체와 고체의 행동을 이해하기 위한 통계적 접근은 매우 큰 실패를 겪었다. 고전 이론이 고온에서 기체의 열용량을 잘 설명했다고 하더라도, 저온에서 여러 기체에 대해 정확한 열용량 값을 주지는 못했다. 이 절에서는 고전 이론을 요약하고 이들이 어떻게 저온에서 실패했는지 설명할 것이다. 이 실패 사례들은 고전 물리학의 부정확성과 현대 물리학의 두 번째 위대한 이론인 양자 이론에 기초한 접근의 필요성을 보여줄 것이다.

분자 에너지 분포

평균 운동 에너지와 더불어, 운동 에너지 분포를 분석하는 것은 중요하다. 즉, 상자 안 분자의 어떤 비율만큼의 분자가 특정 K_1과 K_2 두 값 사이의 운동 에너지를 가질 수 있다. 절대 온도 T(켈빈 단위)에서 열평형을 이룬 기체에 대해 분자 에너지의 분포는 다음과 같이 **Maxwell-Boltzmann 분포**(Maxwell-Boltzmann distribution)에 의해 주어진다.

$$N(E) = \frac{2N}{\sqrt{\pi}} \frac{1}{(kT)^{3/2}} E^{1/2} e^{-E/kT} \tag{1.23}$$

이 방정식에서 N은 분자의 총개수(순수한 숫자)이고, $N(E)$는 분포 함수이며(에너지의 역수 단위), $N(E)\,dE$는 E에서 에너지 구간 dE 안에 있는 분자의 개수 dN을 뜻하도록 정의된다(다르게 표현하면, E와 $E+dE$ 사이의 에너지를 가지는 분자의 개수이다).

$$dN = N(E)\,dE \tag{1.24}$$

분포 $N(E)$는 그림 1.9에 그려져 있다. 개수 dN은 E와 $E+dE$ 사이의 얇은 띠의 면적으로 표현된다. 만약 전체 수평축을 무수히 많은 아주 작은 구간으로 나누고 모든 얇은 띠의 면적을 더한다면, 기체의 총 분자 개수를 다음과 같이 구할 수 있다.

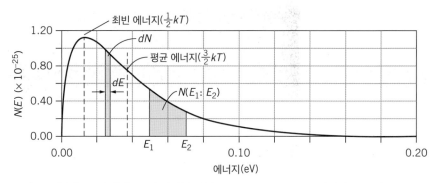

그림 1.9 상온(300 K)에서 1몰의 기체에 대한 Maxwell-Boltzmann 에너지 분포 함수.

$$\int_0^\infty dN = \int_0^\infty N(E)\, dE = \int_0^\infty \frac{2N}{\sqrt{\pi}} \frac{1}{(kT)^{3/2}} E^{1/2} e^{-E/kT}\, dE = N \qquad (1.25)$$

이 계산의 최종 과정은 적분표에서 찾을 수 있는 정적분 $\int_0^\infty x^{1/2} e^{-x} dx$를 포함한다. 미적분 기법을 이용하면(연습문제 8번 참조), 분포 함수의 꼭짓점 값(최빈 에너지)이 $\frac{1}{2}kT$임을 보일 수 있다.

분자 분포의 평균 에너지는 분포를 띠로 나눔으로써 찾을 수도 있다. 기체 에너지에 대한 각 띠의 기여도를 구하기 위해, 각 띠에 있는 분자의 에너지 E에 각 띠에 있는 분자 개수를 곱한다. 즉, $dN = N(E)dE$이다. 그러고 나서 에너지에 대한 적분을 통해 모든 띠의 기여도를 더한다. 이 계산은 기체의 총에너지를 줄 것이다. 평균을 구하기 위해서는 이를 분자의 총개수 N으로 다음과 같이 나눠주면 된다.

$$E_{\text{av}} = \frac{1}{N} \int_0^\infty EN(E)\, dE = \int_0^\infty \frac{2}{\sqrt{\pi}} \frac{1}{(kT)^{3/2}} E^{3/2} e^{-E/kT}\, dE \qquad (1.26)$$

다시 한번 적분표에서 위의 정적분을 찾을 수 있을 것이다. 적분 결과는 다음과 같다.

$$E_{\text{av}} = \frac{3}{2}kT \qquad (1.27)$$

식 (1.27)은 기체 안에 있는 분자의 평균 에너지를 주고, 이는 운동 에너지가 유일한 에너지 종류인 기체인 이상 기체에 대한 식 (1.21)의 결과와 정확히 일치한다.

종종 분자 분포에서 두 값 E_1과 E_2 사이의 에너지를 가지는 분자의 개수에 관심이 생길 수 있다. 만약 E_1과 E_2 사이 간격이 매우 작다면, $dE = E_2 - E_1$이라 하고 구간의 중간에서 계산한 $N(E)$를 이용해서 식 (1.24)를 쓸 수 있다. 이 근사는 $N(E)$가 구간 안에서 평평하거나 선형적이도록 구간이 매우 작을 때 매우 잘 작동한다. 만약 구간이 충분히 커서 이 근사가 유효하지 않으면, 구간 안의 분자 개수를 구하기 위해 적분이 필요하다.

$$N(E_1 : E_2) = \int_{E_1}^{E_2} N(E)\,dE = \int_{E_1}^{E_2} \frac{2N}{\sqrt{\pi}} \frac{1}{(kT)^{3/2}} E^{1/2} e^{-E/kT}\,dE \qquad (1.28)$$

이 숫자는 그림 1.9에 색칠된 영역으로 표현되어 있다. 이 적분은 바로 계산될 수 없고, 수치적으로 구해야 한다.

예제 1.3

(a) 650 K의 온도($kT = 8.97 \times 10^{-21}$ J = 0.0560 eV)에 기체 1몰 안에 있는 에너지 0.0105 eV와 0.0135 eV 사이의 분자 개수를 계산하시오. (b) 이 기체에서 최빈 에너지$\left(\frac{1}{2}kT\right)$의 ±2.5% 범위의 에너지 구간 안에 있는 분자의 비율을 계산하시오.

풀이

(a) 그림 1.10a는 $E_1 = 0.0105$ eV와 $E_2 = 0.0135$ eV 사이 영역의 분포 $N(E)$를 보여준다. 그래프가 이 영역에서 선형에 가까우므로 식 (1.24)를 사용해서 이 범위 안의 분자 개수를 구할 수 있다. dE를 범위의 폭 $dE = E_2 - E_1 = 0.0135\,\text{eV} - 0.0105\,\text{eV} = 0.0030\,\text{eV}$라고 하면, E에 대해 범위의 중간값(0.0120 eV) 에너지를 사용해서 다음을 얻을 수 있다.

$$
\begin{aligned}
dN &= N(E)\,dE \\
&= \frac{2N}{\sqrt{\pi}} \frac{1}{(kT)^{3/2}} E^{1/2} e^{-E/kT}\,dE \\
&= 2(6.022 \times 10^{23})(0.0120\ \text{eV})^{1/2} \pi^{-1/2} (0.0560\ \text{eV})^{-3/2} \\
&\quad \times e^{-(0.0120\ \text{eV})/(0.0560\ \text{eV})}(0.0030\ \text{eV}) \\
&= 1.36 \times 10^{22}
\end{aligned}
$$

(b) 그림 1.10b는 이 영역의 분포를 보여준다. 이 에너지 구간의 분자 비율을 구하기 위해서 dN/N을 구해야 한다. 최빈 에너지는 $\frac{1}{2}kT$, 즉 0.0280 eV이고, 이 값의 ±2.5%는 ±0.0007 eV, 즉 0.0273 eV에서 0.0287 eV까지의 범위에 대응된다. 분자 비율은 다음과 같다.

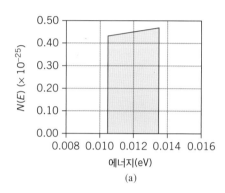

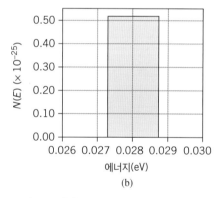

그림 1.10 예제 1.3.

$$
\begin{aligned}
\frac{dN}{N} &= \frac{N(E)\,dE}{N} = \frac{2}{\sqrt{\pi}} \frac{1}{(kT)^{3/2}} E^{1/2} e^{-E/kT}\,dE \\
&= 2(0.0280\ \text{eV})^{1/2} \pi^{-1/2} (0.0560\ \text{eV})^{-3/2} \\
&\quad \times e^{-(0.0280\ \text{eV})/(0.0560\ \text{eV})}(0.0014\ \text{eV}) \\
&= 0.0121
\end{aligned}
$$

이러한 예제에서 어떻게 분포 함수를 사용하는지에 주의하라. 식 (1.23)을 특정 에너지에서의 분자 개수를 계산하는 데 쓰지 **않았다**. 이와 같이 $N(E)$는 이전에 물리나 수학 시간에 사용했던 다른 함수들과 다르다. 분포 함수는 얼마나 많은 사건이 특정 값의 **구간** 안에서 일어나는지에 대해서는 사용하지만, 정확한 특정 값을 얻기 위해서는 사용하지 않는다. 여기에는 두 가지 이유가 있다. (1) 얼마나 많은 분자가 에너지의 특정 값을 가지는지 묻는 것은 에너지를 (무한대 소숫점 자리에서)정확히 안다는 것을 의미한다. (2) 모든 측정 장치는 정확한 단일 값을 측정하기보다 유한한 에너지(또는 속력)의 범위를 측정하므로, 구간을 묻는 것은 실험실에서 측정하는 것에 대해 더 나은 표현이다.

$N(E)$는 에너지의 역수 차원을 가지는 것에 주의하라. 이는 **단위 에너지 구간당**(per unit energy interval) 분자 개수를 준다(예를 들어, eV당 분자 수). 실험과 비교할 수 있는 실제 개수를 구하기 위해 $N(E)$는 에너지 구간과 곱해져야 한다. 현대 물리학에서는 $N(E)$와 유사하게 사용되고 해석되는 여러 다른 분포 함수 종류를 만날 것이다. 이러한 함수는 일반적으로 개수나 특정 종류의 구간당 확률(예를 들어, 부피당 확률)을 주며, 결과를 계산하기 위해 분포 함수를 사용하려면 항상 적당한 구간(예를 들어, 부피 조각)을 곱해야 한다. 종종 예제 1.3에서 했던 것처럼 식 (1.24)와 비슷한 관계를 사용해서 작은 구간에서 계산할 수 있을 것이다. 그러나 다른 경우에는 식 (1.28)에서 했던 것처럼 적분을 해야 할 필요가 있을 것이다.

다원자 분자와 에너지 등분배

지금까지 기체를 분자당 하나의 원자만 있는 기체(단원자 기체)로 생각했다. 내부 구조가 없는 '점' 분자에 대해 단 하나의 에너지 형태, 즉 '병진' 운동 에너지(translational kinetic energy) $\frac{1}{2}mv^2$만이 중요했다. (기체 입자가 한 지점에서 다른 지점으로 이동하는 운동을 기술하기 때문에 이를 '병진' 운동 에너지라고 부른다. 곧 회전 운동 에너지도 고려할 것이다.)

병진 운동 에너지가 유일한 에너지 형태이므로, 즉 $E = K = \frac{1}{2}mv^2$이므로, 식 (1.27)을 더욱 이해하기 쉬운 형태로 다시 써보자. $v^2 = v_x^2 + v_y^2 + v_z^2$임을 이용하면, 에너지를 다음과 같이 쓸 수 있다.

$$E = \tfrac{1}{2}mv_x^2 + \tfrac{1}{2}mv_y^2 + \tfrac{1}{2}mv_z^2 \tag{1.29}$$

그러면 평균 에너지는 다음과 같다.

$$\tfrac{1}{2}m(v_x^2)_{\text{av}} + \tfrac{1}{2}m(v_y^2)_{\text{av}} + \tfrac{1}{2}m(v_z^2)_{\text{av}} = \tfrac{3}{2}kT \tag{1.30}$$

기체 분자에 대해 x, y, z 방향에는 아무런 차이도 없고, 좌변의 세 항은 같고 각 항은 $\tfrac{1}{2}kT$와 같다. 좌변의 세 항은 분자 에너지에 대한 **독립적인** 세 기여도를 나타낸다. 예를 들어, x 방향의 운동은 y나 z 방향 운동에 의해 영향을 받지 않는다.

기체의 **자유도**(degree of freedom)를 에너지 표현식에서 하나의 제곱 항에 대응되는 분자 에너지에 대한 각각의 독립적 기여도로 정의할 수 있다. 식 (1.29)에는 3개의 제곱 항이 있고, 이 경우 3개의 자유도가 있다. 식 (1.30)에서 볼 수 있듯이 기체 분자의 세 자유도 각각은 평균 에너지에 $\tfrac{1}{2}kT$의 에너지만큼 기여한다. 이 특별한 경우에 얻은 관계는 **에너지 등분배 정리**(equipartition of energy theorem)라고 불리는 일반 정리의 적용에 대한 한 예이다.

한 계의 입자 수가 크고 입자들이 Newton 역학을 따를 때, 각 분자 자유도는 $\tfrac{1}{2}kT$의 평균 에너지에 대응된다.

그러면 분자당 평균 에너지는 자유도 개수에 $\tfrac{1}{2}kT$를 곱한 것이고, 총에너지는 분자 개수 N에 분자당 평균 에너지를 곱한 것이다. 즉, $E_{\text{total}} = NE_{\text{av}}$이다. 이 총에너지를 **내부 에너지** 기체 분자의 무작위 운동을 나타내는 E_{int}라고 부를 것이다(반대로, 예를 들어 기체 분자를 담고 있는 전체 상자의 운동과 관련된 에너지이다).

$$E_{\text{int}} = N\left(\tfrac{3}{2}kT\right) = \tfrac{3}{2}NkT = \tfrac{3}{2}nRT \quad (\text{병진 운동만}) \tag{1.31}$$

이때 식 (1.31)을 분자의 개수나 몰수의 항으로 표현하기 위해 식 (1.20)이 쓰였다.

그림 1.11에서와 같이, **이원자**(diatomic) 기체(분자당 원자 2개)의 경우 상황은 달라진다. 여전히 분자의 병진 운동과 관련된 3개의 자유도가 있지만, 회전과 진동이라는 새로운 2개의 에너지 형태가 등장한다.

먼저 회전 운동을 고려해 보자. 그림 1.11에 나타난 분자는 x'나 y'축에 대해 회전할 수 있다(그러나 원자를 점처럼 생각하면 이원자 분자에 대해서 z'에 대한 회전 관성은 0이므로 z'축에 대해서는 회전할 수 없다). 회전 운동 에너지에 대한 일반 형태 $\tfrac{1}{2}I\omega^2$을 사용하면, 분자의 에너지를 다음과 같이 쓸 수 있다.

$$E = \tfrac{1}{2}mv_x^2 + \tfrac{1}{2}mv_y^2 + \tfrac{1}{2}mv_z^2 + \tfrac{1}{2}I_{x'}\omega_{x'}^2 + \tfrac{1}{2}I_{y'}\omega_{y'}^2 \tag{1.32}$$

이제 에너지에서 5개의 제곱 항이 있으므로, 5개의 자유도가 있다. 등분배 정리에 따

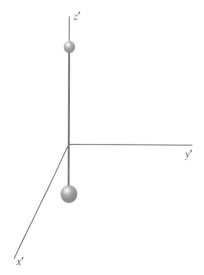

그림 1.11 질량 중심에 원점을 두는 이원자 분자. x'와 y'축에 대해 회전할 수 있고, z'축을 기준으로 진동할 수 있다.

르면, 분자당 평균 총에너지는 $5 \times \frac{1}{2}kT = \frac{5}{2}kT$이고, 기체 n몰의 총 내부 에너지는 다음과 같다.

$$E_{int} = \frac{5}{2}nRT \quad \text{(병진+회전)} \tag{1.33}$$

분자가 진동도 할 수 있다면, 그림 1.11에서와 같이 원자를 잇는 딱딱한 막대기를 스프링으로 교체한다고 상상할 수 있다. 그러면 두 원자는 분자의 질량 중심은 고정된 채로 z'축에 대해 반대 방향으로 진동할 수 있다. 진동 운동은 진동 퍼텐셜 에너지 $\left(\frac{1}{2}kz'^2\right)$와 진동 운동 에너지 $\left(\frac{1}{2}mv_{z'}^2\right)$에 대응되는 2개의 제곱 항을 에너지에 추가한다. 진동 운동을 포함하면, 이제 7개의 자유도가 있으므로 다음을 얻는다.

$$E_{int} = \frac{7}{2}nRT \quad \text{(병진+회전+진동)} \tag{1.34}$$

이상 기체의 열용량

이제 대부분의 상황에서 분자 행동을 매우 잘 설명하는 고전적 분자 분포 이론이 한 특별한 종류의 실험에서 실패하는 것을 볼 것이다. 고정된 부피에 기체를 담은 상자가 있다고 해보자. 상자를 높은 온도의 계에 접촉함으로써 기체에 에너지를 전달한다. 전달된 모든 에너지는 기체의 내부 에너지를 ΔE_{int}만큼 증가시키고, 대응되는 온도의 증가 ΔT가 있을 것이다.

이 등적 과정(constant-volume process)의 **몰 열용량**(molar heat capacity)을 다음과 같이 정의하자.

$$C_V = \frac{\Delta E_{int}}{n\,\Delta T} \tag{1.35}$$

(아래 첨자 V는 부피를 일정하게 하며 이 실험을 한다는 것을 나타낸다.) 식 (1.31), (1.33), (1.34)로부터 몰 열용량이 다음과 같이 기체의 종류에 의존한다는 것을 볼 수 있다.

$$\begin{aligned}
C_V &= \frac{3}{2}R \quad \text{(단원자 또는 비회전, 비진동 이원자 이상 기체)} \\
C_V &= \frac{5}{2}R \quad \text{(회전하는 이원자 이상 기체)} \\
C_V &= \frac{7}{2}R \quad \text{(회전하고 진동하는 이원자 이상 기체)}
\end{aligned} \tag{1.36}$$

기체에 에너지를 추가하면, 등분배 정리는 추가된 에너지가 가능한 에너지의 모든 형태에 평균적으로 균일하게 분포될 것임을 말해준다(자유도의 개수에 대응해서). 그러나 [식 (1.21)과 (1.22)에서 보이는 것과 같이] 병진 운동 에너지만이 온도에 기여한다. 그러므로 회전하고 진동하는 이원자 기체의 에너지에 7단위의 에너지를 추가하면, 평균적으로 3단위의 에너지만이 병진 운동 에너지로 가고 추가한 에너지의 3/7이 온도를 증가시키는 데 쓰인다. (온도 증가를 측정하기 위해 기체 분자는 온도계에 충돌해야 하고, 회전 운동과 진동 운동은 온도계에 기록되지 않는다.) 다른 식으로 말하면, 같은 온도 증가 ΔT를 얻기 위해 이원자 기체 1몰은 단원자 기체 1몰에 필요한 에너지의 7/3배를 필요로 한다.

실험과의 비교 어떻게 이러한 열용량 값이 실험과 잘 맞을 수 있을까? 단원자 기체에 대해 이론과 실험은 매우 잘 맞는다. 등분배 정리는 $C_V = 3R/2 = 12.5\,\text{J/mol·K}$ 값을 예측한다. 이는 (이상 기체 모형의 조건을 충족하는 한) 모든 온도에서 같아야 하고 모든 단원자 기체에 대해 같아야 한다. He 기체의 열용량은 100 K에서, 300 K(상온)에서, 1,000 K에서 12.5 J/mol·K이고, 계산 결과는 이 경우 실험과 완전히 일치한다. 다른 불활성 기체(Ne, Ar, Xe 등)도 같은 값을 가지고, 금속 증기(Cu, Na, Pb, Bi 등)와 보통 이원자 분자(H, N, O, Cl, Br 등)를 이루는 원소의 단원자(분해된) 상태도 같은 값을 가진다. 그러므로 서로 다른 원소의 매우 다양한 종류와 넓은 온도 범위에 대해 고전 통계역학은 실험과 매우 잘 일치한다.

이원자 분자에 대해 상황은 훨씬 덜 만족스럽다. 회전하고 진동하는 이원자 분자에 대해, 고전 계산은 $C_V = 7R/2 = 29.1\,\text{J/mol·K}$을 준다. 표 1.1은 서로 다른 이원자 기체에 대해 다양한 온도 범위에 대한 열용량 값을 보여준다.

고온에서 여러 이원자 기체는 정말 예측치 $7R/2$에 접근하지만, 저온에서 이 값은 훨씬 더 작다. 예를 들어, 불소는 100 K에서 5개의 자유도($C_V = 20.8\,\text{J/mol·K}$)를 가지

표 1.1 이원자 기체의 열용량

원소	C_V(J/mol·K)		
	100 K	300 K	1,000 K
H_2	18.7	20.5	21.9
N_2	20.8	20.8	24.4
O_2	20.8	21.1	26.5
F_2	20.8	23.0	28.8
Cl_2	21.0	25.6	29.1
Br_2	22.6	27.8	29.5
I_2	24.8	28.6	29.7
Sb_2		28.1	29.0
Te_2		28.2	29.0
Bi_2		28.6	29.1

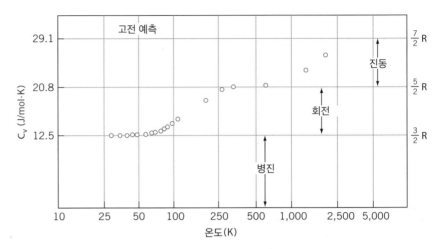

그림 1.12 서로 다른 온도에서 수소 분자의 열용량. 데이터 포인트는 고전적 예측과 일치하지 않는다.

는 것처럼 행동하지만, 1,000 K에서는 7개의 자유도($C_V = 29.1$ J/mol·K)를 가지는 것처럼 행동한다.

수소는 상온에서 5개의 자유도를 가지는 것처럼 행동하지만, 충분히 높은 온도 (3,000 K)에서는 H_2의 열용량이 7개의 자유도에 대응하는 29.1 J/mol·K에 접근한다. 반면 낮은 온도(40 K)에서 열용량은 3개의 자유도에 대응되는 12.5 J/mol·K이다. H_2 열용량의 온도 의존성은 그림 1.12에 나타나 있다. 그래프에는 3개, 5개, 7개의 자유도에 대응되는 3개의 평원이 있다. 가장 낮은 온도에서 회전 및 진동 운동은 '얼어붙고' 열용량에 기여하지 않는다. 100 K에서 분자들은 회전 운동이 일어나기에 충분한 에너지를 가지고, 300 K에서 열용량은 5개의 자유도 특성을 보인다. 1,000 K에서 시작해서 진동 운동이 일어나고, 약 3,000 K에서 진동 문턱 위로 충분한 분자들이 생기며 7개의 자유도를 허용한다.

여기서 무슨 일이 벌어지고 있는 것일까? 고전 계산은 C_V가 기체의 종류와 온도에 무관하게 일정해야 함을 요구한다. 여러 열역학 성질을 성공적으로 예측했던 에너지 등분배 정리는 열용량을 설명하는 데 있어 비참하게 실패한다. 이 정리는 기체에 추가된 에너지가 평균적으로 모든 서로 다른 에너지 형태에 동등하게 나뉘어야 함을 요구하고, 고전 물리학은 어떤 운동에 대해서도 문턱 에너지를 허용하지 않는다. 회전 또는 진동 운동에 대응되는 2개의 자유도가 온도가 증가함에 따라 '켜지는 것(turned on)'이 어떻게 가능한 것일까?

이 딜레마의 해법은 회전 운동과 진동 운동에 대해 최소 또는 문턱 에너지가 있는 양자역학에서 찾을 수 있다. 5장과 9장에서 이 운동에 대해 논할 것이다. 11장에서는 고체의 열용량에 대한 등분배 정리의 실패와 고전적 Maxwell-Boltzmann 에너지 분포 함수를 양자역학과 일관적인 다른 분포 함수로 교체해야 할 필요성에 대해 논할 것이다.

1.4 이론, 실험, 법칙

초등학교나 고등학교에서 과학을 처음 공부할 때, 과학적 진보를 성취했던 어떤 종류의 과정을 뜻하는 '과학적 방법'에 대해 배운 적이 있을 것이다. '과학적 방법'의 기초 개념은 자연의 어떤 특정 측면에 대해 고민해서 과학자가 **실험**(experiment)으로 증명한 뒤, 만약 성공적이었다면 **법칙**(law)의 상태로 끌어올려지는 **가설**(hypothesis)이나 **이론**(theory)을 세우는 것을 의미한다. 이 과정은 가설을 시험하고 시험에서 통과하지 못하면 가설을 폐기하는 방법으로서의 실험 수행의 중요성을 강조하기 위한 것이다. 예를 들어, 고대 그리스인들은 투사체와 같은 지구 중력하에서의 물체의 운동에 대한 뚜렷한 개념을 가졌다. 그러나 그들은 이들 중 어떤 것도 실험으로 검증하지 않았고, 그들이 확신한 것은 논리적 연역의 힘만으로 자연의 숨겨진 신비한 법칙을 찾을 수 있다고 생각한 것이었고, 문제를 이해하는 데 논리가 한번 적용되면 실험이 필요하지 않다고 생각한 것이었다. 만약 이론과 실험이 일치하지 않으면 그들은 논쟁했고, 그러고 나서 실험에서 무언가 잘못된 것을 찾았다! 이러한 분석과 믿음의 주도권은 널리 퍼져서, 기울어진 평면과 조악한 타이머(이전의 그리스인들의 능력으로 충분히 만들 수 있는 장비)를 사용했던 Galileo가 나중에 Newton에 의해 체계화되고 분석할 운동 법칙을 발견하기 전까지 또 다른 2,000년이 필요했다.

현대 물리학의 경우, 근본적인 개념 중 어떤 것도 이유 자체만으로는 명백하지 않다. 종종 어렵고 필연적으로 정밀한 실험을 수행해야만, 상대론과 양자 물리와 같은 현대 물리 개념과 연관된 예상치 못하고 매혹적인 효과에 대해 배울 수 있다. 이러한 실험들은 10^6분의 1 또는 그보다 나은 수준의 전인미답의 정밀도 수준으로 이루어졌고, 이는 이전 시대에서 검증되었던 고전 물리학보다 현대 물리학이 20세기에 훨씬 잘 검증되었다고 확실히 결론 내릴 수 있다.

그럼에도 불구하고 현대 물리학과 관련된 끊임없고 종종 당혹스러운 문제가 있다. 하나는 '과학적 방법'에 대한 이전의 지식 습득 과정으로부터 직접 발생한다. 이는 '상대성 이론' 또는 '양자 이론' 또는 심지어 '원자 이론' 또는 '진화 이론'과 같이 '이론'이라는 단어의 사용에 관한 것이다. 사전에는 다음과 같이 '이론'이라는 단어에 대한 대조되고 상충되는 두 가지 정의가 있다.

1. 가정 또는 추측
2. 사실과 설명의 체계화된 구조

우리가 '상대성 이론'이라고 할 때는 두 번째 종류를 지칭하는 반면, '과학적 방법'은 첫 번째 종류의 '이론'을 뜻한다. 하지만 종종 두 정의 사이에 혼동이 있고, 그러므로 상대론과 양자 물리는 종종 어떤 종류의 국제적(또는 은하계 간) 법정에 어느 날 증거를 제출하여 그 '이론'을 '법칙'으로 격상시킬 수 있는 희망으로 여전히 증거를 수집하고 있는 단순한 가설로 받아들여진다. 그러므로 '상대성 이론'은 '중력 법칙'과 같이 어느 날 '상대성 법칙'이 되어야 한다. 진실보다 더 먼 것은 없다!

원자 이론이나 진화 이론과 같이, 상대성 이론과 양자 이론은 정말로 '사실과 설명의 체계화된 구조'이지 '가설'이 아니다. 이러한 '이론'이 '법칙'이 되는 데는 의문이 없다. 원자나 진화에 대한 사실들과 같이 상대론과 양자 물리의 그 '사실들'(실험, 관측)은 실제로 오늘날 모든 과학자들에 의해 받아들여진다. 이러한 모든 과정에 대한 실험적 증거는 너무 강력해서 자유롭고 개방적인 탐구정신으로 접근하는 어느 누구도 관찰 증거나 그 추론을 의심할 수 없다. 이러한 증거 모음을 이론이라고 부르는지 법칙이라고 부르는지는 단지 의미론의 문제일 뿐이며 과학적 이득과는 아무런 상관도 없다. 모든 과학적 원리와 마찬가지로, 이 이론들은 새로운 발견이 이루어짐에 따라 계속해서 발전하고 변화할 것이다. 이것이 과학적 진보의 본질이다.

요약

		절			절
고전적 운동 에너지	$K = \frac{1}{2}mv^2 = \frac{p^2}{2m}$	1.1	전하 사이의 전기력과 퍼텐셜 에너지	$F = \frac{1}{4\pi\varepsilon_0}\frac{|q_1||q_2|}{r^2}$	1.1
고전적 선운동량	$\vec{\mathbf{p}} = m\vec{\mathbf{v}}$	1.1		$U = \frac{1}{4\pi\varepsilon_0}\frac{q_1 q_2}{r}$	
고전적 각운동량	$\vec{\mathbf{L}} = \vec{\mathbf{r}} \times \vec{\mathbf{p}}$	1.1			
고전적 보존 법칙	고립 계에서 에너지, 선운동량, 각운동량은 일정하다.	1.1	전기 퍼텐셜 에너지와 퍼텐셜 사이의 관계	$\Delta U = q\Delta V$	1.1

		절			절
전류 고리의 자기장	$B = \dfrac{\mu_0 i}{2r}$	1.1	Maxwell-Boltzmann 분포	$N(E) = \dfrac{2N}{\sqrt{\pi}} \dfrac{1}{(kT)^{3/2}} E^{1/2} e^{-E/kT}$	1.3
자기 쌍극자의 퍼텐셜 에너지	$U = -\vec{\mu} \cdot \mathbf{B}_{\text{ext}}$	1.1	에너지 등분배	자유도당 에너지 $= \dfrac{1}{2} kT$	1.3
기체의 평균 운동 에너지	$K_{\text{av}} = \dfrac{3}{2} kT$ (분자당) $= \dfrac{3}{2} RT$ (몰당)	1.1			

질문

1. 어떤 조건에서 에너지 보존 법칙을 적용할 수 있는가? 선운동량 보존에 대한 조건은 무엇인가? 각운동량 보존에 대한 조건은 무엇인가?

2. 보존되는 물리량 중 어떤 것이 스칼라이고 어떤 것이 벡터인가? 스칼라 물리량과 벡터 물리량에 대해 보존 법칙을 적용할 때 어떠한 차이가 있는가?

3. (에너지, 선운동량, 각운동량 이외에) 다른 보존되는 물리량 중 어떤 것에 이름을 붙일 수 있는가?

4. 퍼텐셜과 퍼텐셜 에너지 사이에 어떤 차이가 있는가? 다른 차원을 가지는가? 다른 단위를 가지는가?

5. 1.1절에서 두 전하 사이의 전기력과 전류의 자기장을 정의했다. 이 물리량을 단일 전하의 전기장과 움직이는 전하의 자기력을 정의하는 데 써보시오.

6. 그림 1.7에 나타난 파장 범위를 이용하지 않고 적외선파와 라디오파를 구분하는 방법을 생각할 수 있는가? 적외선으로부터 가시광선을 구분하는 방법을 생각할 수 있는가? 즉, 적외선파로 작동될 수 있는 라디오를 설계할 수 있는가? 생명체가 적외선 영역을 '볼' 수 있는가?

7. 몰 질량이 m_1과 m_2인 서로 다른 두 가지 기체 분자가 온도 T의 완전한 열평형 상태로 같은 수의 분자 N개로 혼합되어 있다고 하자. 두 기체의 분자 에너지 분포를 어떻게 비교할 수 있는가? 분자당 평균 운동 에너지를 어떻게 비교할 수 있는가?

8. 대부분의 기체에서(수소의 경우와 같이), 회전 운동은 진동 운동이 일어나는 온도보다 더 낮은 온도에서 잘 일어난다. 이는 기체 분자의 성질에 대해 무엇을 말해주는가?

9. 투수가 광속보다 빠른 공을 던질 수 있다고 해보자. 투수의 손을 떠나 포수의 글러브로 가는 공의 비행은 포수 뒤에 서 있는 심판에게는 어떻게 보이겠는가?

10. 낮은 온도에서 이산화탄소(CO_2)의 몰 열용량은 약 $5R/2$이고, 상온에서 $7R/2$까지 상승한다. 그러나 1.3절에서 논의한 기체들과는 달리, CO_2의 열용량은 온도가 증가함에 따라 계속 증가하여 1,000 K에서 $11R/2$까지 도달한다. 이 행동을 어떻게 설명할 수 있는가?

11. 기체의 온도를 두 배로 증가시킨다면, 최빈 에너지 근처의 좁은 구간 dE 안에 있는 분자의 개수는 원래 온도 대비 거의 같은가, 두 배가 되는가, 절반이 되는가?

연습문제

1.1 고전 물리학 복습

1. 수소 원자($m = 1.674 \times 10^{-27}$ kg)가 1.1250×10^7 m/s의 속도로 움직이고 있다. 이 수소 원자는 정지해 있는 헬륨 원자($m = 6.646 \times 10^{-27}$ kg)와 탄성 충돌했다. 충돌 후 수소 원자는 -6.724×10^6 m/s의 속도로 (원래 운동 방향의 반대 방향으로) 움직이는 것으로 관찰되었다. 충돌 후 헬륨 원자의 속도를 (a) 운동량 보존 법칙과 (b) 에너지 보존 법칙을 이용하여 구하시오.

2. 헬륨 원자($m = 6.6465 \times 10^{-27}$ kg)가 정지해 있는 산소 원자($m = 2.6560 \times 10^{-26}$ kg)와 탄성 충돌했다. 충돌 이후 헬륨 원자는 원래 운동 방향 대비 $84.7°$의 각도를 이루며 6.636×10^6 m/s의 속도로 운동하는 것으로 관찰되었다. 산소 원자는 $-40.4°$의 각도를 이루며 운동하는 것으로 관찰되었다. (a) 산소 원자의 속력과 (b) 충돌 이전 헬륨 원자의 속력을 구하시오.

3. 헬륨-3 원자($m = 3.016$ u) 빔이 정지해 있는 질소-14 원자($m = 14.003$ u) 타깃에 조사되었다. 충돌하는 동안 헬륨-3 핵의 양성자가 질소 핵을 통과해서 충돌 이후 2개의 원자, 즉 '무거운 수소'(중수소, $m = 2.014$ u) 원자와 산소-15 원자($m = 15.003$ u)가 생긴다. 입사하는 헬륨 원자는 6.346×10^6 m/s의 속도로 움직인다. 충돌 이후 중수소 원자는 전방 방향(초기 헬륨 원자의 운동 방향과 같은 방향)으로 1.531×10^7 m/s의 속도로 움직이는 것으로 관찰되었다. (a) 산소-15 원자의 최종 속도는 무엇인가? (b) 충돌 전후의 총 운동 에너지를 비교하시오.

4. 베릴륨 원자($m = 8.00$ u)가 92.2 keV의 에너지를 방출하며 2개의 헬륨 원자($m = 4.00$ u)로 쪼개졌다. 초기 베릴륨 원자가 정지해 있었다면, 두 헬륨 원자의 속력과 운동 에너지를 구하시오.

5. 4.15 V 건전지가 평행판 축전기에 연결되었다. 평행판에 자외선을 쬐면 전자가 판으로부터 1.76×10^6 m/s의 속력으로 방출된다. (a) 전자가 음으로 대전된 판 중앙 근처에서 방출되어 반대쪽 판을 향해 수직으로 진행한다고 하자. 전자가 양으로 대전된 판으로 도달할 때의 속력을 구하시오. (b) 전자가 양으로 대전된 판에서 수직으로 방출된다고 해보자. 전자가 음으로 대전된 판으로 도달할 때의 속력을 구하시오.

1.2 시간과 공간에 대한 고전적 이해의 결점

6. 실험실에 정지해 있는 관측자 A가 $0.624c$의 속력으로 실험실을 지나가는 입자를 연구해서 입자의 수명이 159 ns라고 판단했다. (a) 관측자 A가 실험실에 입자가 생성되는 위치와 붕괴하는 위치를 표시했다. 실험실에서 두 표시는 서로 얼마나 떨어져 있는가? (b) $0.624c$의 속력으로 입자와 평행하게 운동하는 관측자 B는 입자가 정지해 있다고 볼 것이고, 입자의 수명은 124 ns라고 측정할 것이다. B에 따르면 실험실의 두 표시는 서로 얼마나 떨어져 있는가?

1.3 입자 통계에 대한 고전적 이론의 결점

7. 아르곤 기체 샘플이 35.0℃의 온도와 1.22 atm 압력을 가진 상자에 들어 있다. 아르곤 원자의 반지름(원자는 구형이라고 가정한다)은 0.710×10^{-10} m이다. 원자에 의해 실제로 점유된 상자의 부피 비율을 계산하시오.

8. Maxwell-Boltzmann 에너지 분포의 표현식을 미분해서 분포의 꼭짓점이 $\frac{1}{2}kT$의 에너지에서 나타남을 보이시오.

9. 상자가 $T = 280$ K에서 N개의 질소 기체를 담고 있다. 0.0300 eV와 0.0312 eV 사이 운동 에너지를 가지는 분자의 수를 구하시오.

10. 2.37몰의 이상 이원자 기체 샘플이 샘플의 부피가 일정하게 유지되며 65.2 K의 온도 상승을 겪는다. (a) 병진 운동과 회전 운동만 가능할 때 내부 에너지의 증가를 구하시오. (b) 병진, 회전, 진동 운동이 모두 가능할 때 내부 에너지의 증

가를 구하시오. (c) (a)와 (b)의 경우 얼마만큼의 에너지가 병진 운동 에너지인가?

일반 문제

11. x 방향으로 $v_1 = v$의 속력을 가지고 운동하는 질량 $m_1 = m$ 인 원자가 정지해 있는 질량 $m_2 = 3m$의 질량을 가진 원자와 탄성 충돌한다. 충돌 이후 첫 번째 원자는 y 방향으로 움직인다. 충돌 이후 두 번째 원자의 운동 방향과 두 원자의 속력을 (v의 항으로) 구하시오.

12. 양의 x 방향으로 $v_1 = v$의 속력을 가지고 운동하는 질량 $m_1 = m$인 원자가 있다. 이 원자는 양의 y 방향으로 $v_2 = 2v/3$의 속력으로 운동하는 $m_2 = 2m$의 질량을 가진 원자에 붙는다. 합쳐진 입자의 운동 방향과 속력을 구하고, 비탄성 충돌에서 잃어버리는 운동 에너지를 구하시오.

13. 연습문제 4번의 베릴륨 원자가 정지해 있지 않고, 대신 양의 x 방향으로 움직이며 40.0 keV의 운동 에너지를 가진다고 하자. 헬륨 원자 중 하나가 양의 x 방향으로 움직이는 것으로 관찰되었다. 두 번째 헬륨 원자의 운동 방향을 찾고, 2개의 각 헬륨 원자의 속도를 구하시오. 이 문제를 (a) 운동량과 에너지 보존을 직접 적용하여 풀어보고, (b) 연습문제 4번의 결과를 초기 베릴륨 원자와 함께 움직이는 기준틀에 적용하고, 베릴륨 원자가 움직이는 기준틀로 바꿔서 풀어보시오.

14. 연습문제 4번의 베릴륨 원자가 정지해 있지 않고, 대신 양의 x 방향으로 움직이며 60.0 keV의 운동 에너지를 가진다고 하자. 헬륨 원자 중 하나가 x축에 대해 30°의 각도로 움직이는 것으로 관찰되었다. 두 번째 헬륨 원자의 운동 방향을 찾고, 각 헬륨 원자의 속도를 구하시오. 이 문제를 13번 연습문제에서 적용했던 두 가지 방법으로 풀어보시오. (힌트: 한 헬륨은 베릴륨의 정지 틀에 대해 v_x와 v_y의 속도 성분을 가지며 방출된다고 생각하자. v_x와 v_y 사이의 관계는 무엇인가? 속력 v로 x 방향으로 움직일 때 v_x와 v_y가 어떻게 바뀌는가?)

15. 기체 실린더가 아르곤 원자($m = 40.0$ u)를 담고 있다. 온도가 293 K(20°C)에서 373 K(100°C)로 증가했다. (a) 원자당 평균 운동 에너지의 변화는 무엇인가? (b) 기체 실린더가 지구의 중력을 받는 테이블에 놓여 있다. (a)에서 구한 원자당 평균 에너지의 변화와 같은 변화를 주는 기체 실린더의 수직 위치 변화를 구하시오.

16. 0.02kT와 0.04kT 사이 병진 운동 에너지를 가지며 운동하는 기체 분자의 비율을 계산하시오.

17. 상온(300 K)에서 O_2 분자에 대해 x'축과 y'축에 대한 회전의 평균 각속도를 계산하시오. 분자에서 O 원자 간 거리는 0.121 nm이다.

Chapter 2

특수 상대성 이론

12피트(약 3.6 m) 높이의 이 Albert Einstein 동상은 워싱턴 D.C.의 미국국립과학원 본부에 자리해 있다. 그의 손에 있는 페이지에는 그가 발견한 세 가지 방정식이 표시되어 있다. 중력에 대한 이해를 혁신적으로 바꾼 일반 상대론의 기본 방정식, 양자역학의 발전을 열어준 광전 효과에 대한 방정식, 그리고 특수 상대성 이론의 초석이 되는 질량-에너지 등가성에 대한 방정식이 그것이다. ROGER L. WOLLENBERG/UPI/Newscom

20세기 처음 10년 동안 Einstein의 특수 상대성 이론(special theory of relativity)과 Planck의 양자 이론(quantum theory)이 물리학 전면에 거의 동시에 등장했다. 두 이론은 가장 근본적인 수준에서 우주를 바라보는 방식에 깊은 변화를 일으켰다.

이 장에서는 특수 상대성 이론을 공부한다.* 이 이론은 매우 독특해서 이해할 수 있는 사람이 거의 없다고 악명이 높다. 그러나 사실 이와는 달리 특수 상대론은 기본적으로 고전 물리학과는 다른 일련의 가설을 기반으로 한 운동학 및 역학 체계로 볼 수 있다. 결과적인 형식은 Newton의 법칙보다 그다지 복잡하지 않지만, 몇 가지 예측이 우리의 상식에 반하는 것으로 보인다. 그럼에도 불구하고 특수 상대성 이론은 실험적으로 신중하고 철저하게 검증되어 왔고, 모든 예측에서 옳은 것으로 밝혀졌다.

먼저 Galileo와 Newton의 고전 상대론(classical relativity)을 검토하고 나서, 왜 Einstein이 그것의 대체를 제안했는지를 설명한다. 그런 다음, 특수 상대론의 수학적 측면, 이론의 예측, 마지막으로 몇 가지 실험적 검증에 대해 논의한다.

2.1 고전 상대론

'상대성 이론'은 서로 다른 기준틀의 관측자가 서로의 관측 결과를 비교하기 위한 사실상 하나의 방법이다. 예를 들어, 큰 바위 근처의 고속도로 옆에 주차된 차 안의 관측자를 생각해 보자. 이 관측자에게는 바위가 정지해 있으나, 고속도로를 따라 이동하는 차 안의 다른 관측자는 차가 지나갈 때 바위가 빠르게 지나가는 것을 본다. 이 관측자에게는 바위가 움직이는 것처럼 보인다. 상대성 이론은 두 관찰자가 한 기준틀의 "바위는 정지해 있다"의 설명을 다른 기준틀의 "바위가 움직인다"라는 설명으로 변환하는 것을 가능하게 하는 개념적 체계와 수학적 도구를 제공한다. 더 일반적으로, 상대성은 서로 다른 기준틀에서 물리 법칙을 표현하는 수단을 제공한다.

두 상황을 비교하기 위한 수학적 기초를 **변환**(transformation)이라고 한다. 그림 2.1은 상황의 추상적 표현을 보여준다. 두 관측자 O와 O'은 각각 자신의 기준틀에서 정지해 있지만 일정한 상대 속도 $\vec{u}$로 움직이고 있다. (O와 O'은 관측자와 이들의 기준틀 또는 좌표계를 동시에 의미한다.) 이들은 두 입자의 충돌과 같이 어떤 특정 공간과 시간에서 발생하는 동일한 **사건**(event)을 관측한다. O에 따르면 사건의 공간과 시간 좌표는 $x, y,$

---

* 15장에서 간략하게 다룰 일반(general) 상대성 이론은 중력이 원인인 '휘어진' 좌표계를 다룬다. 이 장에서는 보다 익숙한 '평평한' 좌표계인 **특수한**(special) 경우를 논의한다.

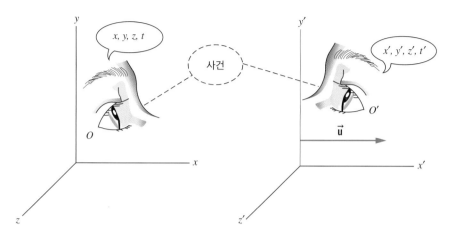

그림 2.1 두 관측자 O와 O'는 같은 사건을 목격한다. O'는 O에 대해 일정한 상대 속도 $\vec{u}$로 움직이고 있다.

z, t인 데 반해, O'에 따르면 **동일한 사건**(same event)의 좌표는 x', y', z', t'이다. 두 관측자는 보정된 미터 막대와 동기화된 시계를 사용하기 때문에 두 사건의 좌표 간 차이는 측정 과정이 아닌 서로 다른 기준틀 때문에 발생한다. 논의를 간단히 하기 위해 그림 2.1에 나타난 것처럼 상대 속도 $\vec{u}$가 항상 공통의 xx' 방향을 따른다고 가정하고, O에 의해 측정된 O'의 속도를 $\vec{u}$로 나타낸다(따라서 O'는 O에 대해 속도 $-\vec{u}$로 측정할 것이다).

이 논의에서는 O와 O'가 위치하는 기준틀의 종류를 특별히 선택한다. 또한 각 관측자가 Newton 법칙을 검증할 능력이 있고, 그 법칙이 각 기준틀에서 성립한다는 것을 안다고 가정한다. 예를 들어, 각 관측자는 정지해 있거나 일정한 속도로 움직이는 물체가 외부 힘이 작용하지 않는 한 그 상태를 유지한다는 것을 안다(Newton의 제1법칙, 관성의 법칙). 이러한 기준틀을 **관성 기준틀**(inertial frame)이라고 부른다. 성간 공간에서 엔진이 꺼져 있는, 회전하지 않는 로켓 안에서 유영하고 있는 관측자는 관성 기준틀에 있게 된다. 반면, 지표면에 정지한 관측자는 관성 기준틀에 있지 않은데, 그 이유는 지구가 자전하는 것과 동시에 태양 주위를 공전하기 때문이다. 그러나 해당 운동과 관련된 가속도는 매우 작아 우리의 기준틀을 근사적으로 관성 기준틀로 간주할 수 있다. (지표면에서의 비관성 기준틀은 고기압 또는 저기압 중심 주변의 공기 순환과 같이 중요하고 종종 극적인 효과를 일으킨다.) 가속하는 차 안, 회전하는 회전목마 또는 하강하는 롤러코스터 안의 관측자는 관성 기준틀에 있지 않다!

이제 좌표 x, y, z, t를 x', y', z', t'에 연결하는 고전적 또는 Galilei 변환을 유도하려 한다. 여기서 고전 물리학의 가설로서 $t = t'$, 즉 모든 관측자에게 시간이 동일하다고 가정하고, 간결성을 위해 이들 좌표계의 원점이 $t = 0$에서 일치한다고 가정한다. O'의 좌표

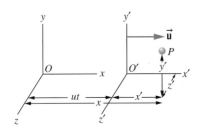

그림 2.2 점 P에서의 물체 또는 사건이 O'에 대해 좌표 x', y', z'에 있다. O에 의해 측정된 x 좌표는 $x = x' + ut$이다. O에서의 y 및 z 좌표는 O'의 좌표와 동일하다.

x', y', z'에 물체가 놓여 있다고 생각하자(그림 2.2). O에 따르면, y와 z 좌표는 O'와 동일하며, x 방향을 따라 O는 물체가 $x = x' + ut$ 위치에 있는 것을 관측하게 된다. 따라서 다음의 **Galilei 좌표 변환**(Galilean coordinate transformation)을 쓸 수 있다.

$$x' = x - ut \qquad y' = y \qquad z' = z \tag{2.1}$$

O와 O'에 의해 관측된 물체의 속도를 구하기 위해 이 표현식의 좌변을 t'에 대해, 우변을 t에 대해 미분한다($t' = t$라고 가정했기 때문에 가능하다). 이렇게 얻은 **Galilei 속도 변환**(Galilean velocity transformation)은 다음과 같다.

$$v'_x = v_x - u \qquad v'_y = v_y \qquad v'_z = v_z \tag{2.2}$$

비슷한 방식으로, 식 (2.2)를 시간에 대해 미분하면 가속도 사이의 관계를 얻을 수 있다.

$$a'_x = a_x \qquad a'_y = a_y \qquad a'_z = a_z \tag{2.3}$$

식 (2.3)은 Newton 법칙이 두 관측자 모두에게 유효하다는 것을 다시 한번 보여준다. u가 상수인 한($du/dt = 0$), 관측자들은 동일한 가속도를 측정하고 $\vec{F} = m\vec{a}$를 적용한 결과에 동의한다.

예제 2.1

두 대의 자동차가 같은 방향으로 도로를 따라 일정한 속도로 이동하고 있다. 지면 위의 관측자에게 상대적으로, 자동차 A는 60 km/h로, 자동차 B는 40 km/h로 이동하고 있다(그림 2.3a). 자동차 A의 자동차 B에 대한 상대 속도는 얼마인가?

풀이

지면 위의 관측자 O는 자동차 A가 $v_x = 60$ km/h로 이동하는 것을 관측한다. O'를 $u = 40$ km/h로 움직이는 자동차 B와 같이 이동한다고 가정하면,

$$v'_x = v_x - u = 60 \text{ km/h} - 40 \text{ km/h}$$
$$= 20 \text{ km/h}$$

그림 2.3b는 O'에 의해서 관측된 상황을 보여준다.

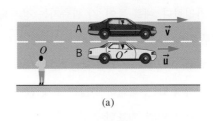

(a)

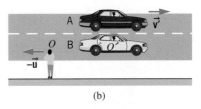

(b)

그림 2.3 예제 2.1. (a) 지면에 정지해 있는 O에 의해 관측되었을 때, (b) 자동차 B에 있는 O'에 의해 관측되었을 때.

예제 2.2

한 비행기가 정지한 공기를 기준으로 정동쪽으로 320 km/h의 속도로 비행하고 있다. 지면에 정지해 있는 관측자가 북쪽으로 65 km/h의 바람이 불고 있다는 것을 측정했다면, 이 관찰자가 측정한 비행기의 속도는 얼마인가?

풀이

지면 위의 관측자를 O, 바람과 함께 움직이는 관측자, 예를 들어 열기구 탑승자(그림 2.4)를 O'이라고 하자. 그렇다면 $u = 65$ km/h이고(방정식은 $\vec{u}$가 xx' 방향으로 설정되어 있으므로) xx' 방향을 북쪽으로 선택해야 한다. 이 경우 O'를 기준으로 속도를 알고 있으며, y 방향을 동쪽으로 취할 때 $v'_x = 0$과 $v'_y = 320$ km/h이 된다. 식 (2.2)를 사용하여 다음을 얻을 수 있다.

$$v_x = v'_x + u = 0 + 65 \text{ km/h} = 65 \text{ km/h}$$
$$v_y = v'_y = 320 \text{ km/h}$$

지면에 대해서 비행기는 $\phi = \tan^{-1}(65\,\text{km/h})/(320\,\text{km/h}) = 11.5°$ 방향으로 혹은 동쪽에서 $11.5°$ 북쪽 방향으로 비행한다.

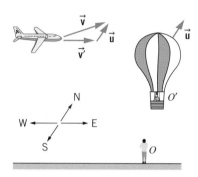

그림 2.4 예제 2.2의 지면에 정지해 있는 관측자 O는 열기구가 바람과 함께 북쪽으로 떠내려가고, 비행기는 동북쪽 방향으로 비행하는 것을 관측하게 된다.

예제 2.3

정지한 물에서 속력 c로 수영 가능한 선수가 물살의 속력이 u인 강에서 수영하고 있다(u는 c보다 크지 않다고 가정한다). 선수가 상류(upstream)로 거리 L을 수영한 후 하류(downstream) 시작 지점으로 돌아온다. 왕복에 필요한 시간을 구하고, 강의 수직 방향으로 횡단하여 거리 L을 왕복했을 때 걸리는 시간과 비교하시오.

풀이

O의 기준틀을 지면으로, O'의 기준틀을 속도 u로 이동하고 있는 물로 설정하자(그림 2.5a). 수영 선수는 항상 물에 상대속력 c로 이동하기 때문에 상류로 이동할 때의 속도는 $v'_x = -c$가 된다. [u는 항상 양(positive)의 x 방향으로 정의된다는 것을 기

억하라.] 식 (2.2)에 따르면, $v'_x = v_x - u$이며, $v_x = v'_x + u = u - c$가 된다. [예상한 것처럼, 수영 선수는 음(negative)의 x 방향으로 수영하므로, 지면에 대한 상대 속도 크기는 c보다 작아 음수가 되며, $|v_x| = c - u$가 된다.] 따라서 $t_{\text{up}} = L/(c-u)$를 얻는다. 하류로의 수영 시 $v'_x = c$, $v_x = u + c$, $t_{\text{down}} = L/(c+u)$가 되므로, 총 걸린 시간은 다음과 같다.

$$t = \frac{L}{c+u} + \frac{L}{c-u} = \frac{L(c-u) + L(c+u)}{c^2 - u^2}$$
$$= \frac{2Lc}{c^2 - u^2} = \frac{2L}{c} \frac{1}{1 - u^2/c^2} \tag{2.4}$$

수영 선수가 강을 수직 방향으로 횡단하기 위해서는 선수의 노력이 어느 정도 상류 방향으로 향해야 한다(그림 2.5b). 즉,

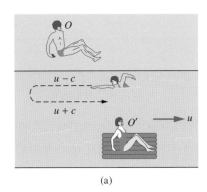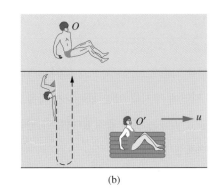

(a)   (b)

그림 2.5 예제 2.3의 강둑의 정지한 관측자 O가 보는 선수의 운동. 관측자 O'는 속도 u로 이동하는 강과 함께 움직이고 있다.

O의 기준틀에서 $v_x = 0$이 되어야 하며, 이는 식 (2.2)에 따라 $v'_x = -u$의 조건을 만족시켜야 한다. 물에 대한 선수의 상대 속도가 항상 c, $\sqrt{v'^2_x + v'^2_y} = c$이므로, $v'_y = \sqrt{c^2 - v'^2_x} = \sqrt{c^2 - u^2}$을 얻을 수 있으며, 왕복하는 데 걸리는 시간은

$$t = 2t_{\text{across}} = \frac{2L}{\sqrt{c^2 - u^2}} = \frac{2L}{c}\frac{1}{\sqrt{1 - u^2/c^2}} \quad (2.5)$$

이 결과와 상류–하류 수영 결과인 식 (2.4) 사이의 **형식**(form) 차이에 주목하라.

2.2 Michelson-Morley 실험

하나의 기준틀에서의 물체의 운동을 다른 기준틀로 바꾸는 Galilei 변환에 대하여 어떻게 Newton의 법칙이 여전히 유효한지에 대해 살펴보았다. 그렇다면 빛의 움직임에도 동일한 변환 규칙이 적용되는지 여부가 흥미로운 질문이 된다. Galilei 변환에 따르면, 관측자 O'에 대해 x' 방향으로 상대적인 속도 $c = 299{,}792{,}458\,\text{m/s}$로 움직이는 빛은 O를 기준으로 $c + u$의 속도를 갖게 될 것이다. 최근 몇 년 사이 광속에 대한 직접적인 고정밀 측정이 가능해졌으나(이 장 뒷부분에서 논의할 것이다), 19세기에는 상대적 운동에 있는 다른 관찰자에 따른 간접적인 광속 측정법을 고안할 필요가 있었다.

예제 2.3의 수영 선수를 빛으로 대체한다고 가정하자. 관측자 O'는 광속이 c인 기준틀에 있으며, 관측자 O에 대해 상대적인 운동을 한다. 그렇다면 O에 의해 측정된 광속은 얼마인가? 만약 Galilei 변환이 옳다면, O와 O'에 따른 광속에 차이가 예상되며, 따라서 예제 2.3과 같이 상류–하류 및 횡단류(cross-stream)에 걸리는 시간 간의 차이가 나타나야 한다.

19세기 물리학자들은, 광속이 정확히 c인 선택된 기준틀과 광속이 c가 아닌 Galilei 변환을 따라 상대적으로 움직이는 다른 기준틀, 이 두 상황을 가정했다. 예제 2.3의 관

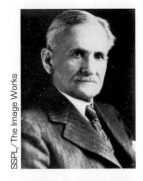

Albert A. Michelson(1852~1931, 미국). 그가 50년 동안 빛에 대해 수행한 실험들은 점차적으로 정교해졌으며, 이를 통해 그는 1907년 노벨 물리학상을 수상한 첫 번째 미국 시민이 되었다.

측자 O'의 기준틀과 마찬가지로, 선택된 기준틀은 빛이 c의 속도로 전파되는 매질에 대해 정지 상태이다(예제의 물과 같다). 빛의 파동에 대한 전달 매질은 무엇인가? 19세기 물리학자들에게 파동이 매질 없이 전파될 수 있다는 것은 상상할 수 없었다(예를 들어, 음파나 지진파와 같이 매질 내에서 기계적인 힘에 의해 전달되는 기계적 파동을 생각해 보라). 따라서 그들은 에테르(ether)라 불리는 눈에 보이지 않고 질량이 없는 매질의 존재를 상상했다. 이러한 에테르는 모든 공간을 채우고 있으며, 어떤 기계적인 수단으로도 감지할 수 없고, 오직 빛의 파동을 전달하기 위해 존재한다고 가정했다. 에테르를 통과하여 움직이는 지구의 속도를 측정함으로써 에테르에 대한 증거를 얻는 것이 합리적인 것으로 보였다. 따라서 그림 2.5와 같은 기하학적 구조에서 빛의 파동에 대한 상류-하류, 횡단류 시간의 차이를 측정함으로써 해결할 수 있었다. Galilei 상대론에 기반한 계산은 O(지구의 기준틀)와 에테르 사이의 상대 속도 $\vec{u}$를 제공한다.

선택된 기준틀에 대한 상세하고 정확한 첫 번째 탐색은 1887년 미국 물리학자 Albert A. Michelson과 그의 동료 Edward W. Morley에 의해 수행되었다. 그들의 장비는 그림 2.6에 나와 있는 것처럼, 특별히 설계된 Michelson 간섭계(Michelson interferometer)로 구성되어 있다. 단색광 빔이 2개로 분리되고, 2개의 빔은 각각 다른 경로를 따라 이동한 후 재결합한다. 결합된 빔 사이의 위상 차이는 그림 2.7에 나타낸 것처럼 보강 및 상쇄 간섭에 해당하는 밝고 어두운 대역, 혹은 '무늬(fringe)'를 나타내게 된다.

두 빔 간 위상 차이에는 다음 두 가지 원인이 있다. 첫 번째 원인은 경로 차이 $AB - AC$에서 기인하는데, 두 빔 중 하나가 더 긴 거리를 이동하기 때문이다. 두 번째 원인은 상류-하류 및 횡단류 경로 사이의 시간 차이에서 오며, 이는 경로 길이가 동일한 경우에도 존재하게 된다(예제 2.3에서와 같이). 이는 에테르를 통과하는 지구의 이동을 의미하는 것이다. Michelson과 Morley는 이 두 번째 원인을 분리하기 위한 영리한 방법을 사용했는데, 전체 장치를 90°로 회전시키는 것이었다! 이 회전은 위상 차이에 대한 첫 번째 원인을 변경하지 않으나(AB와 AC의 길이가 변경되지 않기 때문), 두 번째 원인에 의한 기여도는 부호가 반대로 되는데, 그 이유는 회전 전에 상류-하류였던 경로가 회전 후에는 횡단류 경로로 바뀌기 때문이다. 장치가 90° 회전할 때, 위상 차이가 변함에 따라 무늬 역시 밝음에서 어두움을 거쳐 다시 밝음으로 변해야 한다. 밝음에서 어두움으로의 변화는 180°(반주기)의 위상 변화를 나타내며, 반주기 시간 차이(가시광선의 경우 약 10^{-15}초)에 해당한다. 따라서 무늬 변화의 개수를 세는 것으로 경로 사이의 시간 차를 알 수 있으며, 이를 통해 상대 속도 u를 얻을 수 있다(연습문제 3번 참조).

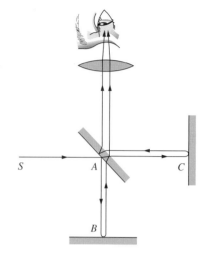

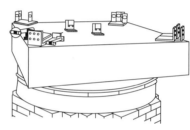

그림 2.6 (위) Michelson 간섭계의 빔 경로 그림. 광원 S에서 나오는 빛은 반(half)-은거울 A에서 분리된다. 한 부분은 B에서 거울에 의해 반사되고, 다른 한 부분은 C에서 반사된다. 빔은 간섭무늬 관측을 위해 재결합된다. (아래) Michelson 장치. 민감도를 향상하기 위해 빔은 각 장치의 각 다리를 두 번이 아니라 여덟 번 통과하도록 반사되었다. 주변으로부터 오는 진동을 줄이기 위해 간섭계는 수은 웅덩이에 떠 있는 $1.5\,\mathrm{m}^2$ 돌판 위에 마련되었다.

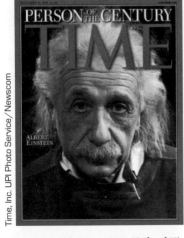

그림 2.7 그림 2.6의 Michelson 간섭계로 측정한 간섭 무늬. 경로 길이 ACA가 ABA에 비해 반 파장만큼 변경될 때, 모든 밝은 영역은 어둡게 변하고 모든 어두운 영역은 밝게 변한다.

Michelson과 Morley가 실험을 수행한 결과, 줄무늬에 변화가 거의 관측되지 않아서 결과적으로 줄무늬 편이가 0.01보다 작다는 결론을 내렸는데, 이는 에테르를 통과하는 지구의 최대 속도가 겨우 5 km/s에 해당하는 수치였다. 마지막 방법으로, 아마도 지구의 공전 운동이 에테르를 통과하는 전반적인 운동을 우연히 상쇄했을 것이라고 추론했다. 만약 이것이 사실이라면, 여섯 달 후(지구가 공전궤도를 반대 방향으로 움직일 때) 상쇄가 발생하지 않아야 한다. 그런데 여섯 달 후에 실험을 반복했을 때, 다시 어떠한 결과도 얻을 수 없었다. Michelson과 Morley는 지구가 에테르 속을 움직이고 있다는 것을 어떠한 실험에서도 측정할 수 없었다.

요약하면, 우리는 Galileo의 관성의 원리부터 시작하여, 공간과 시간에 관한 암묵적 가정을 포함한 Newton의 법칙을 거쳐, 에테르에 대한 지구의 상대적 운동을 관측하려는 Michelson-Morley 실험의 실패로 끝나게 되는 추론의 직접적인 연쇄 과정을 보았다. 에테르의 관측 불가능성과 이에 따른 상류-하류 및 횡단류 속도 합산의 실패에 대한 몇 가지 설명이 제안되었지만, 가장 새롭고 혁신적이며 최종적으로 성공적인 설명은 Einstein의 특수 상대성 이론에 의해 제시되었다. 이는 공간과 시간에 대한 우리의 전통적인 개념을 심각하게 재조정해야 하며, 결과적으로 물리학의 근본까지도 일부 변경이 필요함을 요구하고 있다.

2.3 Einstein의 가설

특수 상대성 이론(special theory of relativity)은 1905년 Albert Einstein이 제안한 두 가지 가설에 기초한다.

> **상대성 원리:** 물리학의 법칙은 모든 관성 기준틀에서 동일하다.
>
> **광속의 불변성 원리:** 진공에서 빛의 속력은 모든 관성 기준틀에서 동일한 값 c를 갖는다.

첫 번째 가설은 물리학 법칙이 모든 관성 기준틀의 관측자에게 절대적이고 보편적이며 동일해야 한다고 이야기한다. 어떤 관성 기준틀의 관측자에게 적용되는 법칙이 다른 관성 기준틀의 관측자에게 위배될 수 없다는 것을 의미한다.

두 번째 가설은 우리가 일상생활에서 보는 Galilei 운동론에 기초한 '상식(common sense)'에 반하는 것으로 보여 받아들이기 더 어렵다. 세 관측자 A, B, C를 생각해 보자. 관측자 B는 정지 상태이며, A와 C는 $c/4$의 속력으로 B로부터 서로 반대 방향으로 멀어지고 있다. B가 A 방향으로 빛을 발사할 때, Galilei 변환에 따라 B가 광속을 c로

Albert Einstein(1879~1955, 독일-미국). 온화한 철학자이자 평화주의자로, 이론 물리학자들의 두 세대에 걸친 지적 지도자였으며 현대 물리학의 거의 모든 분야에 흔적을 남겼다.

측정하면 A는 $c-c/4=3c/4$의 속력을 측정하고, C는 $c+c/4=5c/4$의 속력을 측정해야 한다. 그러나 Einstein의 두 번째 가설은 세 관측자가 모두 광속을 c로 측정해야 한다고 주장하고 있다! 이 가정은 바로 상류-하류 및 횡단류 속력의 동일성(모두 속력 c로 같음), 이에 따른 두 빔 사이의 위상 차이가 없음을 나타내는 Michelson-Morley 실험의 실패를 즉각적으로 설명하고 있다.

두 가설은 에테르 가설이 틀리다고 얘기하고 있다. 첫 번째 가설은 선택된 기준틀을 허용하지 않는다는 것이고(모든 관성 기준틀은 동등하다), 두 번째 가설은 빛이 모든 기준틀에서 속력 c로 이동하기 때문에 광속이 c인 유일한 기준틀을 허용하지 않는다는 것이다. 따라서 빛이 고유한 속도로 이동하는 선택된 기준틀인 에테르는 불필요하게 된다.

2.4 Einstein 가설의 결과

여러 가지 결과 중 하나로, Einstein 가설은 시간과 공간의 근본적인 본질에 대한 새로운 시각을 필요로 한다는 것이다. 이 절에서는 이러한 가정이 서로 다른 기준틀에 있는 관측자에 의한 시간과 길이 간격의 측정에 어떻게 영향을 미치는지에 대해 논의한다.

시간의 상대성

시간의 상대성을 설명하기 위해 그림 2.8에 설명된 타이밍 장치를 사용한다. 이 장치는 거울 M으로부터 거리 L_0만큼 떨어져 있는 깜빡이는 광원 S로 구성된다. 광원에서 나온 섬광이 거울에 반사되고, S로 돌아오면 시계가 째깍하며 다시 광원이 깜빡인다. 째깍하는 사이의 시간 간격은 거리 $2L_0$(빛이 거울에 수직으로 이동하는 것을 가정)를 속력 c로 나눈 것이다.

$$\Delta t_0 = 2L_0/c \tag{2.6}$$

이것은 시계가 관측자에 대해 정지 상태일 때 측정되는 시간 간격이다.

두 관측자를 고려해 보자. O는 지면을 기준으로 정지해 있고, O'는 속력 u로 이동하고 있다. 각 관측자는 타이밍 장치를 가지고 있다. 그림 2.9는 O'와 같이 이동하는 시계에 대해 O가 관찰하는 사건 순서를 보여준다. O에 따르면, O'의 시계가 A에 있을 때 섬광이 방출되고, B에 있을 때 반사되며, C에서 감지된다. 이 간격 Δt 동안 O는 섬광이 방출된 지점으로부터 $u\Delta t$만큼 시계가 전진한다고 관측하고, 빛이 거리 $2L$을 이동한다고 결론을 내린다. 여기서 $L=\sqrt{L_0^2+(u\Delta t/2)^2}$로 주어지고, 그림 2.9에 나타나

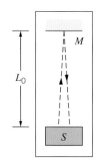

그림 2.8 시계는 광원 S에서 거울 M까지의 왕복 거리 $2L_0$을 빛이 이동하는 데 걸리는 시간인 Δt_0 간격마다 째깍한다. (빛의 방출과 검출이 동일한 위치에서 발생한다고 가정하므로, 빔은 거울에 수직으로 이동한다.)

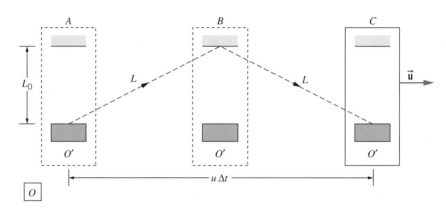

그림 2.9 O의 기준틀에서 O'가 지닌 시계는 속력 u로 움직인다. $2L$ 길이의 점선은 O의 기준틀에서 본 빛의 경로를 나타낸다.

있다. O는 빛이 속력 c로 이동한다고 관측하기 때문에(Einstein의 두 번째 가설에 따라), O가 측정하는 시간 간격은 다음과 같다.

$$\Delta t = \frac{2L}{c} = \frac{2\sqrt{L_0^2 + (u\Delta t/2)^2}}{c} \tag{2.7}$$

식 (2.6)의 L_0를 사용하여 Δt에 대해 식 (2.7)을 풀면 다음을 얻는다.

$$\Delta t = \frac{\Delta t_0}{\sqrt{1 - u^2/c^2}} \tag{2.8}$$

식 (2.8)에 따르면 관측자 O는 O'보다 더 긴 시간 간격을 측정한다. 이것은 **시간 지연**(time dilation)이라고 알려진 특수 상대성 이론의 일반적인 결과이다. 관측자 O'가 시간 간격 Δt_0을 발생시키는 장치에 대해 정지해 있다. 이 관측자에게는 시간 간격의 시작과 끝이 같은 위치에서 발생하므로, 간격 Δt_0을 **고유 시간**(proper time)이라고 한다. 그에 비해 관측자 O는 동일한 장치에 대해 더 긴 시간 간격 Δt를 측정하게 된다. 지연된 시간 간격 Δt는 $\vec{u}$의 크기나 방향에 관계없이 항상 고유 시간 간격 Δt_0보다 큰 값을 갖는다.

　이것은 빛에 기반한 시계뿐만 아니라 시간 자체에도 적용되는 실제 효과이다. 움직이는 관측자의 모든 시계는 느리게 움직이며, 생물학적 시계도 포함된다. 심지어 생체 내의 성장, 노화 및 부패도 시간 지연 효과에 의해 느려진다. 그러나 일반적인 환경에서($u \ll c$), Δt와 Δt_0의 차이는 측정할 수 없을 정도로 작으므로 일상적인 활동에서 이 효과를 눈치채지 못한다. 시간 지연은 소립자 붕괴 및 항공기에 탑재된 정밀한 원자시계 실험으로 검증되었다. 이 장의 마지막 절에서 몇 가지 실험적 결과를 논의한다.

예제 2.4

뮤온(muon)은 (고유)수명이 2.2 μs인 소립자이며, 우주선 (cosmic rays, 우주에서 온 고에너지 입자)이 대기 분자와 충돌할 때 고층 대기에서 매우 빠른 속력을 갖고 생성된다. 지구의 기준틀에서 대기의 높이 L_0를 100 km로 가정하고 뮤온이 지표면에 도달하는 여정에서 살아남을 수 있는 최소 속력을 구하시오.

풀이

뮤온의 탄생과 붕괴는 시계의 '째깍(tick)'으로 간주할 수 있다. 지구의 기준틀(관측자 O)에서 이 시계는 움직이고, 따라서 그 째깍은 시간 지연 효과로 인해 느려진다. 뮤온이 c에 가까운 속력으로 움직인다면, 대기의 꼭대기에서 지표면까지 도달하는 데 필요한 시간은 다음과 같다.

$$\Delta t = \frac{L_0}{c} = \frac{100 \text{ km}}{3.00 \times 10^8 \text{ m/s}} = 333 \ \mu s$$

뮤온이 지표면에서 관측되기 위해서는 지구의 기준틀에서 적어도 333 μs 동안 살아 있어야 한다. 뮤온의 기준틀에서 그 탄생과 붕괴 사이의 간격은 고유 시간 간격인 2.2 μs이다. 두 시간 간격은 식 (2.8)에 의해 계산된다.

$$333 \ \mu s = \frac{2.2 \ \mu s}{\sqrt{1 - u^2/c^2}}$$

이 관계식을 풀면,

$$u = 0.999978c$$

가 얻어진다. 시간 지연 효과가 없었다면, 뮤온은 지표면에 도달하기까지 살아남지 못했을 것이다. 이러한 뮤온의 관측은 특수 상대론의 시간 지연 효과의 직접적인 검증이다.

길이의 상대성

이 논의에서는, O'의 움직이는 타이밍 장치가 옆으로 돌려져 있어 빛이 O'의 이동 방향과 평행하게 움직인다. 그림 2.10은 움직이는 시계에 대해 O가 관측하는 사건의 순서를 보여준다. O에 따르면 시계의 길이(광원과 거울 사이의 거리)는 L이지만, 시계가 정지해 있는 O'의 관점에서 측정된 길이 L_0와는 다르다는 것을 곧 보게 될 것이다.

섬광은 O'의 시계가 A일 때 방출되며 Δt_1 시간 이후에 거울에 도달한다(B 위치). 이 시간 간격 동안 빛은 $c \Delta t_1$ 거리를 이동하는데, 시계의 길이 L에 추가 거리 $u \Delta t_1$을 더한 거리와 같다. 즉,

$$c \Delta t_1 = L + u \Delta t_1 \tag{2.9}$$

섬광은 거울에서 검출기까지 이동하는 데 Δt_2 시간이 걸리며, 그동안 $c \Delta t_2$ 거리를 이동하게 된다. 이는 시계의 길이 L에서 이 간격 동안 시계가 앞쪽으로 이동한 거리 $u \Delta t_2$를 뺀 길이와 같다. 즉,

$$c \Delta t_2 = L - u \Delta t_2 \tag{2.10}$$

Δt_1과 Δt_2에 대해 식 (2.9)와 (2.10)을 풀면, 총 시간 간격은 다음과 같이 얻을 수 있다.

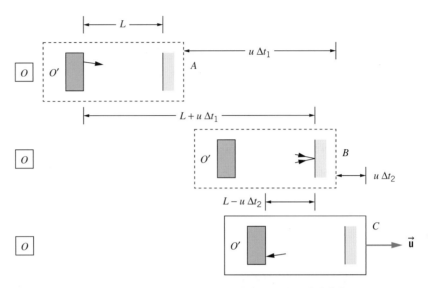

그림 2.10 여기서 O'와 함께 움직이는 시계는 이동 방향으로 빛을 발산한다.

$$\Delta t = \Delta t_1 + \Delta t_2 = \frac{L}{c-u} + \frac{L}{c+u} = \frac{2L}{c}\frac{1}{1-u^2/c^2} \tag{2.11}$$

식 (2.8)로부터,

$$\Delta t = \frac{\Delta t_0}{\sqrt{1-u^2/c^2}} = \frac{2L_0}{c}\frac{1}{\sqrt{1-u^2/c^2}} \tag{2.12}$$

을 얻을 수 있고, 식 (2.11)과 (2.12)를 서로 같게 놓으면 다음의 관계식이 도출된다.

$$L = L_0\sqrt{1-u^2/c^2} \tag{2.13}$$

식 (2.13)은 **길이 수축**(length contraction)이라고 알려져 있는 효과를 나타낸다. 물체

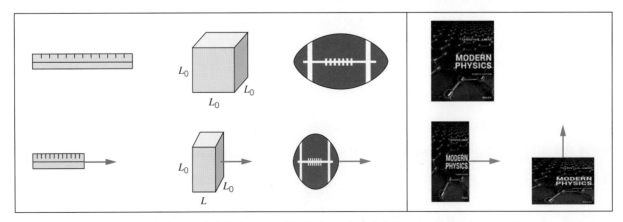

그림 2.11 길이가 수축된 물체의 몇 가지 예시. 수축이 오직 이동 방향으로만 발생한다는 것에 주목하라.

에 대해 정지한 관측자 O'은 **정지 길이**(rest length) L_0[고유 시간과 유사하게, 고유 길이 (proper length)로도 불린다]를 측정한다. 상대적으로 O'이 움직이는 것으로 보이는 모든 관측자는 오직 이동 방향을 따라 더 짧은 길이를 측정하게 되고, 이동 방향에 수직인 길이에는 영향을 받지 않는다(그림 2.11).

일반적인 속도($u \ll c$)에서는 길이 수축의 영향이 너무 작아서 관측되지 않는다. 예를 들어, 지구로부터 탈출 속도(11.2 km/s)로 이동하는 100 m 길이의 로켓은 지구의 관측자에게는 약 두 원자 지름만큼 수축된 것처럼 보인다!

길이 수축은 움직이는 물체가 정지한 상태보다 더 짧은 길이로 측정된다는 것을 시사한다. 물체는 실제로 줄어들지 않고, 다만 서로 다른 관측자가 측정한 길이에 차이가 있을 뿐이다. 예를 들어, 지구의 관측자에게는 고속 로켓선이 이동 방향으로 수축된 것으로 보이지만(그림 2.12a), 로켓선 내의 관측자에게는 지나가는 지구가 수축된 것으로 보인다(그림 2.12b).

길이가 수축된 물체라는 표현은 다소 비현실적이다. 빠르게 이동하는 물체의 실제 모습은 빛이 물체의 다양한 부분에서 나와 눈이나 카메라로 들어오는 시간에 의해 결정된다. 그 결과, 물체는 모양이 왜곡되고 다소 회전된 것처럼 보이는 것이다.

한 기준틀(지구의 관측자)에서의 **시간 지연**(time dilation)처럼 보이는 것이 다른 기준틀(뮤온과 함께 움직이는 관측자)에서는 **길이 수축**(length contraction)으로 간주될 수 있음에 유의하라. 이 효과의 또 다른 예로서, 1.2절에서 논의된 파이온(pion) 붕괴를 다시 살펴보자. 정지 상태의 파이온은 수명이 26.0 ns이다. 실험실 기준틀에서 정지한

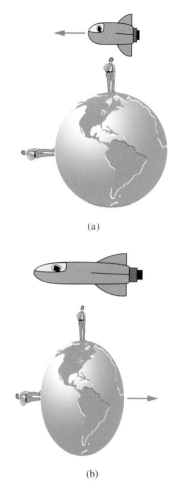

그림 2.12 (a) 지구는 지나가는 수축된 로켓을 본다. (b) 로켓의 기준틀에서 지구는 수축된 것으로 보인다.

예제 2.5

예제 2.4에서 뮤온과 동일한 속도로 지구를 향해 이동하는 관측자의 시점을 생각하자. 이 기준틀에서 지구 대기의 두께는 얼마로 보이는가?

풀이

이 관측자의 기준틀에서 뮤온은 정지해 있고, 예제 2.4에 나와 있는 것처럼 지구는 속도 $u = 0.999978c$로 다가오고 있다. 지구의 관측자에게 대기의 높이는 고유 길이 $L_0 = 100$ km이다.

뮤온의 정지 기준틀에 있는 관측자에게 움직이는 지구의 대기 높이는 식 (2.13)에 의해 다음과 같이 주어진다.

$$L = L_0\sqrt{1 - u^2/c^2}$$
$$= (100 \text{ km})\sqrt{1 - (0.999978)^2} = 0.66 \text{ km} = 660 \text{ m}$$

이 거리는 뮤온이 그들의 수명 내에 지표면에 도달할 수 있는 충분히 짧은 거리이다.

관측자 O_1에 따르면, 실험실을 통과하는 속도가 $0.913c$인 파이온은 63.7 ns라는 더 긴 수명을 갖게 된다[시간 지연의 식 (2.8) 사용]. 파이온과 동일한 속도로 실험실을 통과하는 관측자 O_2에 따르면, 파이온은 정지한 것처럼 보이고 그의 고유 수명인 26.0 ns를 갖는다. 따라서 O_1은 시간 지연 효과를 보게 된다.

O_1은 파이온이 생성되고 붕괴되는 실험실 내의 위치에 2개의 표식을 세운다고 가정하자. O_1에게는 두 표식 사이의 거리가 파이온의 속도와 수명의 곱에 해당하며, 이는 17.4 m로 계산된다. O_1이 실험실에 2개의 표식을 연결하는, 길이가 17.4 m인 막대를 배치했다고 생각해 보자. 그 막대는 실험실 기준틀에서 정지해 있으므로 해당 기준틀에서 고유 길이를 갖는다. 반면, O_2의 기준틀에서는 그 막대가 속도 $0.913c$로 움직이고 길이 7.1 m를 가지며, 이는 길이 수축 공식[식 (2.13)]으로 계산할 수 있다. 따라서 O_2는 파이온이 생성되고 붕괴된 실험실 내의 두 위치 사이의 거리를 7.1 m로 측정한다.

O_1은 고유 길이와 지연된 시간을 측정하는 반면, O_2는 고유 시간과 수축된 길이를 측정한다. 고유 시간과 고유 길이는 언제나 같은 기준틀에 있지 않은 특정한 관측자들에게 적용되어야 한다. 고유 시간은 항상 시간 간격의 시작과 끝이 동일한 위치에서 발생하는 관측자에 의해 측정된다. 만약 시간 간격이 파이온의 수명인 경우, O_2(상대적으로 파이온이 움직이지 않는 기준틀 및 관측자)는 생성과 붕괴를 동일한 위치에서 보게 되고, 따라서 고유 시간 간격을 측정한다. 반면에 고유 길이는 항상 측정 막대가 정지해 있는 관측자(이 경우에는 O_1이 해당)에 의해 측정된다.

예제 2.6

관측자 O가 우주 정거장에서 $D_0 = 65\,\mathrm{m}$ 길이의 플랫폼 위에서 있다. 상대 속도가 $0.80c$인 한 로켓이 플랫폼 가장자리와 평행하게 지나가고 있다. 관측자 O는 특정 순간에 로켓의 전면과 후면이 플랫폼의 양 끝과 동시에 일치하는 것을 관찰한다(그림 2.13a). (a) O를 기준으로, 로켓 길이 전체가 플랫폼의 특정 지점을 완전히 통과하는 데 필요한 시간은 얼마인가? (b) 로켓의 고유 길이 L_0은 무엇인가? (c) 로켓 내 관측자 O'를 기준으로 플랫폼의 길이 D는 얼마인가? (d) O'에 따르면, 관측자 O가 로켓의 전체 길이를 통과하는 데 걸리는 시간은 얼마인가? (e) O에 따르면, 로켓의 끝이 플랫폼의 양 끝과 동시에 일치한다. 이러한 사건이 O'에게도 동시적으로 발생하는가?

풀이

(a) O에 따르면, 로켓의 길이 L은 플랫폼의 길이 D_0와 일치한다. O에 의해 측정된, 로켓이 플랫폼의 특정 지점을 완전히 통과하는 데 걸리는 시간은

$$\Delta t_0 = \frac{L}{0.80c} = \frac{65\,\mathrm{m}}{2.40 \times 10^8\,\mathrm{m/s}} = 0.27\,\mu\mathrm{s}$$

O의 기준틀의 동일한 지점에서 발생하는 두 사건 사이의 간격을 관측자 O가 측정하는 것이므로, 이는 고유 시간 간격이

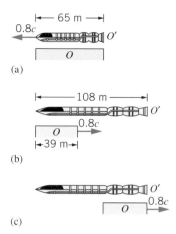

그림 2.13 예제 2.6의 (a) 플랫폼 위에 정지한 상태의 관측자 O의 기준틀로 볼 때 이동하는 로켓이 플랫폼의 전면과 후면에 동시에 일치한다. (b, c) 로켓 내 관측자 O'의 기준틀로 볼 때 이동하는 플랫폼은 먼저 로켓의 전면과 일치하고 나중에 후면과 일치하게 된다. 2개의 다른 기준틀에서 길이 수축의 서로 다른 효과에 주목하라.

된다(로켓의 전면이 한 지점을 지나간 후, 로켓의 뒷면이 같은 지점을 지나간다).

(b) O는 로켓의 수축된 길이 L을 측정한다. 식 (2.13)을 사용하여 고유 길이 L_0를 다음과 같이 구할 수 있다.

$$L_0 = \frac{L}{\sqrt{1 - u^2/c^2}} = \frac{65 \text{ m}}{\sqrt{1 - (0.80)^2}} = 108 \text{ m}$$

(c) O에 따르면 플랫폼은 정지 상태이므로 65 m는 고유 길이 D_0가 된다. 따라서 O'에서 측정한 플랫폼의 수축된 길이는 다음과 같다.

$$D = D_0 \sqrt{1 - u^2/c^2} = (65 \text{ m}) \sqrt{1 - (0.80)^2} = 39 \text{ m}$$

(d) O가 로켓의 전체 길이를 통과하기 위해서 관측자 O'은 O가 로켓의 고유 길이와 같은 108 m 거리를 이동해야 한다고 결론을 내린다. 따라서 이에 걸리는 시간은

$$\Delta t' = \frac{108 \text{ m}}{0.80c} = 0.45 \ \mu s$$

O가 로켓 전면을 통과할 때의 시간 측정을 위해 전면에 있는 한 시계를 사용하고, 후면 통과 시의 시간 측정을 위해 후면에 있는 다른 시계를 사용하여 두 시계의 시간 간격을 결정하는 O'에게는 이것이 고유 시간 간격이 아니라는 것에 주목하라. 따라서 두 사건은 O'의 다른 지점에서 발생하고, O'에서 고유 시간에 의해 분리될 수 없다. (a)에서 계산된, O가 측정한 동일한 두 사건에 대응되는 시간 간격은 O에게는 고유 시간 간격이 되는데, 두 사건이 O의 같은 지점에서 발생했기 때문이다. O와 O'에 의해 측정된 시간 간격은 시간 지연 공식에 의해 연결되어야 한다.

(e) O'에 따르면, 로켓은 고유 길이 $L_0 = 108$ m를 가지며, 플랫폼은 수축된 길이 $D = 39$ m를 갖는다. 따라서 O'가 두 물체의 끝이 동시에 일치하도록 관찰하는 방법은 없다. O'에 따른 사건의 순서가 그림 2.13b와 c에 설명되어 있다. O에서 동시적인 두 사건에 대해, O'에서 측정하는 시간 간격 $\Delta t'$는 그림 2.13b와 c에 나타난 상황 사이의 시간 간격과 같으며, 이는 플랫폼이 108 m – 39 m = 69 m의 거리를 이동하는 데 필요한 시간 간격이어야 함을 알 수 있다. 따라서 $\Delta t'$는 다음과 같이 계산된다.

$$\Delta t' = \frac{69 \text{ m}}{0.80c} = 0.29 \ \mu s$$

이 결과는 동시성의 상대성을 보여준다. 관측자 O에 대해 동시에 다른 위치에서 발생하는 두 사건(로켓의 두 끝이 플랫폼의 두 끝과 일치함)이 관측자 O'에 대해서는 동시적일 수가 없다는 것이다.

예제 2.7

$x'y'$ 평면에 놓여 있는 미터 막대는 x'축 및 y'축과 각각 45° 각도를 이루고 있다. O'과 미터 막대는 x 방향으로 O로부터 멀어진다. O를 기준으로, 미터 막대가 x축과 이루는 각도는 어떤지 판별하시오. (a) 45°보다 작다. (b) 45°와 같다. (c) 45° 보다 크다.

풀이

O'에 따르면 막대 길이의 x' 및 y'성분은 동일하고, O에 따르면 길이 수축은 y 방향으로는 일어나지 않으며, 오직 x 방향으로만 발생한다. 막대 길이의 x성분이 y성분보다 작아지게 되므로, 막대가 x축과 이루는 각도의 탄젠트(y성분을 x성분으로 나눈 비) 값은 1보다 크다. 따라서 각도는 45°보다 크다.

상대론적 속도 덧셈

타이밍 장치는 이제 그림 2.14와 같이 변형되었다. 소스 P는 장치에 대해 정지해 있는 관측자 O'를 기준으로 속력 v'로 이동하는 입자를 방출한다. 전구 F는 입자가 도달할 때 깜빡이도록 동작한다. 깜빡인 빛은 검출기 D로 돌아가고 시계가 째깍한다. O'가 측정한 째깍 사이의 시간 간격 Δt_0는 두 부분으로 구성된다. 하나는 입자가 속력 v'로 거리 L_0를 이동하는 시간이며, 다른 하나는 빛이 같은 거리를 속력 c로 이동하는 시간이다.

$$\Delta t_0 = L_0/v' + L_0/c \tag{2.14}$$

상대적으로 O'가 속력 u로 움직이는 것으로 보이는 관측자 O에 따르면, 사건의 순서는 그림 2.10에 표시된 것과 유사하다. O에 대해 속력 v로 움직이는 방출 입자는 시간 간격 Δt_1 동안 거리 $v\Delta t_1$를 이동하여 F에 도달한다. 이 거리는 (수축된) 길이 L에 이 시간 간격 동안 이동한 추가 거리 $u\Delta t_1$을 더한 것과 같다.

$$v\,\Delta t_1 = L + u\,\Delta t_1 \tag{2.15}$$

시간 간격 Δt_2 동안 빛은 거리 $c\Delta t_2$를 이동하는데, 이번엔 길이 L에 그 시간 동안 이동한 거리 $u\Delta t_2$를 제외한 길이와 같다.

$$c\,\Delta t_2 = L - u\,\Delta t_2 \tag{2.16}$$

이제 식 (2.15)와 (2.16)을 Δt_1과 Δt_2에 대해 풀 수 있다. 둘을 더하여 O를 기준으로 한 시계의 째깍에 해당하는 총 시간 간격 Δt를 구하고, 이를 시간 지연 공식 (2.8)을 사용하면 식 (2.14)의 Δt_0과 연관시킬 수 있다. 최종적으로, 길이 수축 공식 (2.13)을 사용하여 L을 L_0과 연관시키면, 다음 결과를 얻을 수 있다.

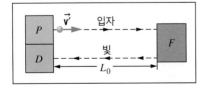

그림 2.14 이 타이밍 장치에서 입자는 P에서 속도 v'로 방출된다. 입자가 F에 도달하면, 검출기 D로 향하는 섬광이 방출될 수 있도록 동작한다.

$$v = \frac{v' + u}{1 + v'u/c^2} \qquad (2.17)$$

식 (2.17)은 방향이 u인 속도 성분에 대한 **상대론적 속도 덧셈 법칙**(relativistic velocity addition law)이다. 이 장 후반부에서는 다른 방향으로의 운동에 대하여 해당 결과를 유도하기 위해 다른 방법을 사용한다.

식 (2.17)을 속도 변환으로도 생각할 수 있는데, O'가 측정한 속도 v'를 O가 측정한 속도 v로 변환할 때 사용할 수 있다. 이에 대응되는 고전 법칙은 식 (2.2)로 주어진다: $v = v' + u$. 고전적 결과와 상대론적 결과의 차이는 식 (2.17)의 분모에 있으며, 이는 속도가 c에 비해 작을 때는 1로 수렴하게 된다. 예제 2.8은 측정된 속력이 어떻게 이 분모 부분에 의해 c를 초과할 수 없는지 보여준다.

식 (2.17)은 O'가 빛을 관찰할 때 다음의 중요한 결과를 제공한다. $v' = c$에 대해,

$$v = \frac{c + u}{1 + cu/c^2} = c \qquad (2.18)$$

즉, $v' = c$일 때, u의 값에 관계없이 $v = c$이다. 모든 관측자는 빛에 대해 동일한 속력 c로 측정하는데, 이는 정확히 Einstein의 두 번째 가설에서 요구하는 바이다.

▌ 예제 2.8

지구로부터 속력 $0.80c$로 멀어지는 우주선이 이동 방향과 평행하게 미사일을 발사하였다(그림 2.15). 미사일은 상대적으로 우주선에 대해 속도 $0.60c$로 움직인다. 지구의 관측자가 측정한 미사일의 속도는 얼마인가?

풀이

O'은 우주선에 있고 O는 지구에 있으므로, O'는 O에 대해 속력 $u = 0.80c$로 움직인다. 미사일은 O'에 대해 속도 $v' = 0.60c$로 이동하고 있고, O에 대한 속도 v는 식 (2.17)을 사용하여 다음과 같이 얻을 수 있다.

$$v = \frac{v' + u}{1 + v'u/c^2} = \frac{0.60c + 0.80c}{1 + (0.60c)(0.80c)/c^2}$$
$$= \frac{1.40c}{1.48} = 0.95c$$

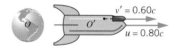

그림 2.15 예제 2.8. 우주선이 지구에서 $0.80c$의 속력으로 멀어지고 있다. 우주선에 탑승한 관측자 O'은 미사일을 발사하고, 그 속력이 우주선에 대해 $0.60c$임을 측정한다.

고전 운동론에 따르면[식 (2.17)의 분자 부분], 지구의 관측자는 미사일이 $0.60c + 0.80c = 1.40c$로 이동하는 것을 보게 될 것이므로, 상대성 이론이 허용하는 최대 속력 c를 초과하게 된다. 식 (2.17)이 어떻게 이 속력을 제한하는지 확인할 수 있다. 심지어 v'가 $0.9999\cdots c$이고 u가 $0.9999\cdots c$라 하더라도, O에 의해 측정된 상대 속도 v는 여전히 c보다 작을 것이다.

상대론적 Doppler 효과

음파에 대한 고전적 Doppler 효과에서는 파동(예: 소리)의 원천에 대해 상대적으로 움직이는 관측자는 파원이 방출한 진동수와 다른 진동수를 검출하게 된다. 관측자 O가 듣는 진동수 f'는 파원 S가 방출한 진동수 f와 다음과 같이 연관되어 있다.

$$f' = f \frac{v \pm v_O}{v \mp v_S} \tag{2.19}$$

여기서 v는 매질(음파의 경우 정지한 공기)에서 파동의 속력, v_S는 매질에 대해 상대적인 파원의 속력, v_O는 매질에 대해 상대적인 관측자의 속력이다. 분자와 분모의 상단 기호는 S가 O를 향해 이동하거나 O가 S를 향해 이동할 때 적용되고, 하단 기호는 O와 S가 서로 멀어질 때 적용된다.

파원의 움직임에 대한 고전적 Doppler 편이는 관측자의 움직임에 대한 경우와 다르다. 예를 들어, 파원이 1,000 Hz의 진동수로 음파를 방출한다고 가정하자. 음원이 매질(음파의 속력이 $v = 340$ m/s인 공기의 경우)에 대해 정지한 관측자를 향해 30 m/s로 움직인다면, 진동수 f'은 1,097 Hz가 되는 반면, 음원이 매질 내에 정지해 있고 관측자가 음원을 향해 30 m/s 속력으로 이동하는 경우, 진동수는 1,088 Hz가 된다. 또한 서로 15 m/s씩 이동하는 경우와 같이 S와 O의 상대 속도가 30 m/s인 여러 상황도 여전히 다른 진동수를 나타내고 있다.

여기서 우리가 알 수 있는 사실은 Doppler 편이를 결정하는 것은 파원과 관측자의 상대 속도가 아니라 매질에 대한 각각의 속력이라는 것이다. 이는 빛의 파동에 대해서는 일어날 수 없는 현상으로, 그 이유는 매질(또는 '에테르')이 없고, Einstein의 첫 번째 가설에 따라 선호하는 기준틀이 없기 때문이다. 따라서 빛의 Doppler 효과에 대해, 광원과 관측자를 구별하지 않고 오직 광원과 관측자 사이의 상대적 운동으로만 기술하는 접근 방식이 필요하게 된다.

관측자 O의 기준틀에서 정지한 파원을 생각해 보자. 관측자 O'는 파원과 상대 속력 u로 움직인다고 하고, 그림 2.16에 나타난 것처럼 O'의 기준틀에서 상황을 고려한다. O가 파원이 진동수 f의 파동 N개를 방출하는 것을 관측한다면, 파동 사이의 시간 간격은 $\Delta t_0 = N/f$가 된다. 이는 O의 기준틀에서의 고유 시간 간격이다. O'의 기준틀에서 이에 해당하는 시간 간격은 $\Delta t'$이며, 이 시간 동안 O는 거리 $u\Delta t'$를 이동하게 된다. O'에 따르면, 파장은 이러한 파동이 차지하는 총길이를 파동의 수로 나눈 것이다.

$$\lambda' = \frac{c\Delta t' + u\Delta t'}{N} = \frac{c\Delta t' + u\Delta t'}{f\Delta t_0} \tag{2.20}$$

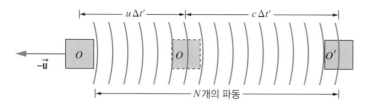

그림 2.16 O의 기준틀에서 파원은 속력 u로 관측자 O'으로부터 멀어지고 있다. 시간 $\Delta t'(O'$ 기준틀에 따른) 동안 O는 거리 $u\Delta t'$를 이동하고 N개의 파동을 방출한다.

O'에 따르면, 진동수는 $f' = c/\lambda'$이므로, 따라서

$$f' = f \frac{\Delta t_0}{\Delta t'} \frac{1}{1 + u/c} \tag{2.21}$$

이 되고, 또한 시간 지연 공식인 식 (2.8)을 사용하여 $\Delta t'$와 Δt_0를 연관시키면, 다음을 얻을 수 있다.

$$f' = f \frac{\sqrt{1 - u^2/c^2}}{1 + u/c} = f \sqrt{\frac{1 - u/c}{1 + u/c}} \tag{2.22}$$

이것이 파동이 $\vec{u}$에 평행한 방향으로 관측되는 경우에 대한, **상대론적 Doppler 편이** (relativistic Doppler shift) 공식이다. 고전 공식과는 달리 파원과 관측자의 움직임을 구별하지 않으며, 상대론적 Doppler 효과는 오직 파원과 관측자 사이의 상대 속도 u에만 의존한다.

식 (2.22)는 파원과 관측자가 서로 멀어지고 있는 경우를 가정했다. 파원과 관측자가 서로 접근하는 경우는 u를 $-u$로 대체하면 된다.

▌ 예제 2.9

먼 은하가 지구로부터 빠른 속도로 멀어지고 있어서, 434 nm 파장의 파란색 수소 선이 스펙트럼의 빨간 영역인 600 nm에서 기록되었다. 은하의 지구에 대한 속도는 얼마인가?

풀이

식 (2.22)와 $f = c/\lambda$, $f' = c/\lambda'$를 사용하면

$$\frac{c}{\lambda'} = \frac{c}{\lambda} \sqrt{\frac{1 - u/c}{1 + u/c}}$$

$$\frac{c}{600 \text{ nm}} = \frac{c}{434 \text{ nm}} \sqrt{\frac{1 - u/c}{1 + u/c}}$$

이를 u에 대해 풀면, $u/c = 0.31$이 얻어진다.

따라서 은하는 지구로부터 속도 $0.31c = 9.4 \times 10^7$ m/s로 멀어지고 있다. 이 방법으로 얻은 증거는 우리가 관측하는 거의 모든 은하가 우리로부터 멀어지고 있다는 것을 나타낸다. 이는 우주는 팽창하고 있음을 제안하며, 이는 우주론의 빅뱅 이론(Big Bang theory)을 지지하는 증거로 보통 사용된다(15장 참조).

2.5 Lorentz 변환

우리는 좌표, 시간 및 속도의 Galilei 변환이 Einstein의 가설과 일치하지 않음을 보았다. Galilei 변환은 낮은 속력에서는 우리의 '상식'적인 경험과 일치하지만, 높은 속력에서는 실험과 일치하지 않는다. 따라서 Galilei 변환을 대체할 수 있으며, 시간 지연, 길이 수축, 속도 덧셈 및 Doppler 편이와 같은 상대론적 효과를 예측할 수 있는 새로운 변환 방정식이 필요하다.

이전과 마찬가지로, 상대적 운동에 있는 관측자 O와 O'이 동일한 사건에 대한 공간 및 시간 좌표의 측정값을 서로 비교할 수 있는 변환을 찾고 있다. 변환 방정식은 O의 측정값(즉, x, y, z, t)과 O'의 측정값(즉, x', y', z', t')을 연관시킨다. 이 새로운 변환은 몇 가지 특성을 가져야 한다. 공간과 시간의 균질성으로부터 이 변환은 선형이어야 하고(공간 및 시간 좌표의 1승에만 의존), Einstein의 가설과 일관되어야 하며, O와 O'의 상대 속력이 작을 때 Galilei 변환으로 수렴해야 한다. O에 대한 O'의 상대 속도가 양의 xx' 방향에 있다고 가정한다.

특수 상대론과 일치하는 새로운 변환을 **Lorentz 변환**(Lorentz transformation)[*]이라고 하며, 그 식은 다음과 같다.

$$x' = \frac{x - ut}{\sqrt{1 - u^2/c^2}} \tag{2.23a}$$

$$y' = y \tag{2.23b}$$

$$z' = z \tag{2.23c}$$

$$t' = \frac{t - (u/c^2)x}{\sqrt{1 - u^2/c^2}} \tag{2.23d}$$

여기에서 각 좌표를 해당 **간격**(interval)으로 변경함으로써 공간과 시간 간격의 관점으로 다시 쓰는 것이 유용하다(x를 Δx, x'을 $\Delta x'$, t를 Δt, t'을 $\Delta t'$으로 교체).

이 식들은 O'가 xx' 방향으로 O로부터 멀어진다고 가정하여 작성되었으므로, O'가 O로 향하는 경우는 단순히 방정식에서 u를 $-u$로 대체하면 된다.

---

[*] Hendrik. A. Lorentz(1853~1928)는 자기장이 빛에 미치는 영향에 대한 연구로 1902년 노벨 물리학상을 공동 수상한 네덜란드의 물리학자이다. Michelson-Morley 실험의 실패를 설명하기 위한 노력에서, Lorentz는 1904년 Einstein이 특수 상대성 이론을 발표하기 1년 전, 자신의 이름을 딴 변환 방정식을 개발했다. Lorentz 변환의 유도에 대한 자세한 내용은 R. Resnick와 D. Halliday의 *Basic Concepts in Relativity*(New York, Macmillan, 1992)를 참조하라.

처음 3개의 식은 $u \ll c$일 때 공간 좌표에 대한 Galilei 변환 방정식인 식 (2.1)로 바로 수렴한다. 또한 시간 좌표를 연결하는 네 번째 식은 Galilei-Newton 세계의 기본 가설인 $t' = t$로 수렴된다.

이제 특수 상대론이 했던 예측의 일부를 보이기 위해 Lorentz 변환 방정식을 사용하고자 한다. 이 장 끝에 몇 가지 문제를 제시함으로써 다른 증명들을 소개할 것이다. 여기서 유도된 결과는 Einstein의 가설을 사용하여 얻은 이전의 결과와 동일하며, 이는 Lorentz 변환 방정식이 특수 상대론의 가설과 일관적이라는 것을 의미한다.

길이 수축

길이 L_0의 막대가 관측자 O'의 기준틀에서 정지해 있다. 막대는 x'축을 따라 x_1'에서 x_2'까지 이어져 있다. 즉, O'는 고유 길이 $L_0 = x_2' - x_1'$을 측정하게 된다. 상대적으로 막대가 움직이는 것으로 보이는 관측자 O는 막대의 끝이 각각 좌표 x_1과 x_2에 있다고 측정한다. 이동하는 막대의 길이를 알기 위해 O는 x_1과 x_2의 값을 **동시에** 결정해야 하고, 그 길이는 $L = x_2 - x_1$가 된다. 첫 번째 사건으로 O'에서 막대의 한쪽 끝 좌표 x_1'과 t_1'에서 전구를 깜빡일 때, 이것을 O는 x_1과 t_1에서 관측하고, 두 번째 사건으로 O'에서 막대의 다른 쪽 끝 좌표 x_2'와 t_2'에서 전구를 깜빡일 때, O는 x_2와 t_2에서 관측한다고 가정하자. 이 좌표들은 Lorentz 변환 방정식에 의해 다음과 같은 관계식으로 연결된다.

$$x_1' = \frac{x_1 - ut_1}{\sqrt{1 - u^2/c^2}} \qquad x_2' = \frac{x_2 - ut_2}{\sqrt{1 - u^2/c^2}} \tag{2.24}$$

이 두 방정식을 빼면 다음을 얻는다.

$$x_2' - x_1' = \frac{x_2 - x_1}{\sqrt{1 - u^2/c^2}} - \frac{u(t_2 - t_1)}{\sqrt{1 - u^2/c^2}} \tag{2.25}$$

O'은 전구를 깜빡일 때 O에게 동시처럼 보이도록 설정해야 한다. (나중에 논의하겠지만, O'에게는 이것이 동시가 아닐 것이다.) 이는 O가 막대의 끝점 좌표를 동시에 결정할 수 있게 하는데, 만약 O가 깜빡임을 동시에 관측한다면, $t_2 = t_1$이 되고, 식 (2.25)는 다음 식으로 간략해진다.

$$x_2' - x_1' = \frac{x_2 - x_1}{\sqrt{1 - u^2/c^2}} \tag{2.26}$$

여기에서 $x_2' - x_1' = L_0$이고, $x_2 - x_1 = L$이므로,

$$L = L_0\sqrt{1 - u^2/c^2} \qquad (2.27)$$

이는 Einstein의 가설을 통해 유도된 식 (2.13)과 동일하다.

속도 변환

만약 O가 속도 v(성분 v_x, v_y, v_z)로 이동하는 입자를 관측한다면, O'가 관측하게 되는 입자의 속도 v'는 무엇인가? O와 O'가 측정한 속도 사이의 관계는 다음의 **Lorentz 속도 변환**(Lorentz velocity transformation)에 의해 주어진다.

$$v'_x = \frac{v_x - u}{1 - v_x u/c^2} \qquad (2.28a)$$

$$v'_y = \frac{v_y\sqrt{1 - u^2/c^2}}{1 - v_x u/c^2} \qquad (2.28b)$$

$$v'_z = \frac{v_z\sqrt{1 - u^2/c^2}}{1 - v_x u/c^2} \qquad (2.28c)$$

식 (2.28a)를 v_x에 대해 풀면, Einstein의 가설을 기초로 유도한 결과인 식 (2.17)과 동일함을 보일 수 있다. 낮은 속력에서($u \ll c$), Lorentz 속도 변환은 Galilei 속도 변환 식 (2.2)로 귀결된다는 사실과, $y' = y$임에도 불구하고 $v'_y \neq v_y$임을 유의하라. 이는 Lorentz 변환이 시간 좌표를 처리하는 방식 때문에 발생한다.

　Lorentz 좌표 변환으로부터 위와 같은 속도에 대한 변환 방정식을 유도할 수 있다. 예를 들어, $v'_y = dy'/dt'$의 속도 변환을 유도해 보자. 좌표 변환 $y' = y$에 대한 미소 변화는 $dy' = dy$인 것과 비슷하게, 시간 좌표 변환[식 (2.23d)]의 미소 변화를 취하면 다음과 같은 식을 얻을 수 있다.

$$dt' = \frac{dt - (u/c^2)dx}{\sqrt{1 - u^2/c^2}}$$

따라서

$$v'_y = \frac{dy'}{dt'} = \frac{dy}{[dt - (u/c^2)\,dx]/\sqrt{1 - u^2/c^2}} = \sqrt{1 - u^2/c^2}\,\frac{dy}{dt - (u/c^2)\,dx}$$

$$= \sqrt{1 - u^2/c^2}\,\frac{dy/dt}{1 - (u/c^2)\,dx/dt} = \frac{v_y\sqrt{1 - u^2/c^2}}{1 - uv_x/c^2}$$

　비슷한 방법으로 v'_x와 v'_z에 대한 변환 방정식도 얻을 수 있다. 이 유도는 연습문제로 남겨두었다(연습문제 16).

동시성과 시계 동기화

일반적 환경에서 하나의 시계와 다른 시계를 동기화하는 것은 간단한 문제이다. 그러나 나노초 영역 이하의 정밀도로 시간을 유지해야 하는 과학적 작업에서는 시계 동기화가 상당히 도전적인 일이 될 수 있다. 최소한 한 시계에서 읽은 신호가 다른 시계로 전송되는 데 걸리는 시간을 보정해야 한다. 그러나 서로에 대해 움직이는 관측자들에게 특수 상대론은 시계가 동기화되지 않은 것처럼 보이는 또 다른 방법을 보여준다.

그림 2.17에 나와 있는 장치를 보자. 2개의 시계가 $x = 0$과 $x = L$에 위치해 있다. 섬광 램프가 $x = L/2$에 위치하고, 램프에서 나온 빛을 받으면 시계가 작동하게 되어 있다. 빛은 2개의 시계에 도달하는 데 같은 시간이 걸리므로, 빛이 방출된 후 두 시계가 정확히 시간 $L/2c$에 함께 시작되고, 정확히 동기화된다.

이제 운동하는 관측자 O'의 관점에서 동일한 상황을 살펴보자. O의 기준틀에서는 두 사건이 발생한다. $x_1 = 0$, $t_1 = L/2c$에서 시계 1이 빛 신호를 받는 것과 $x_2 = L$, $t_2 = L/2c$에서 시계 2가 빛 신호를 받는 것이다. 식 (2.23d)를 사용하여 O'가 관측한 시계 1이 신호를 받는 시각을 다음과 같이 얻을 수 있고,

$$t_1' = \frac{t_1 - (u/c^2)x_1}{\sqrt{1 - u^2/c^2}} = \frac{L/2c}{\sqrt{1 - u^2/c^2}} \tag{2.29}$$

반면, 시계 2가 신호를 받는 시각은

$$t_2' = \frac{t_2 - (u/c^2)x_2}{\sqrt{1 - u^2/c^2}} = \frac{L/2c - (u/c^2)L}{\sqrt{1 - u^2/c^2}} \tag{2.30}$$

과 같다. 따라서 t_2'가 t_1'보다 작으므로 시계 2가 시계 1보다 신호를 먼저 받는 것처럼 보이며, O'에 따르면 두 시계는

$$\Delta t' = t_1' - t_2' = \frac{uL/c^2}{\sqrt{1 - u^2/c^2}} \tag{2.31}$$

만큼의 시간 차이로 동작하게 된다. 이것은 시간 지연 효과가 아니라는 것에 유의하라. 시간 지연은 t'에 대한 Lorentz 변환[식 (2.23d)]의 **첫 번째** 항에서 나오지만, 동기화 부재는 **두 번째** 항에서 나오기 때문이다. O'는 시간 지연에 의해 **양쪽** 시계 모두 느리게 움직이는 것을 관측하고, 또한 시계 2가 시계 1보다 앞서 있는 것을 관측한다.

따라서 다음 결론에 도달하게 된다. 한 기준틀에서 동시에 발생하는 두 사건은 동일한 공간에서 발생하지 않는 한 상대 운동하는 다른 기준틀에서는 동시에 발생하지 않는다. [$L = 0$인 경우, 식 (2.31)은 모든 기준틀에서 시계가 동기화된다는 것을 보여준다.] 한 기준틀에서 동기화된 것으로 보이는 시계는 상대 운동하는 다른 기준틀에서 반드

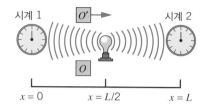

그림 2.17 O에 따르면, 두 시계 사이의 중간 지점에서 방출된 빛이 두 시계를 동시에 동작시킨다. 그러나 관측자 O'는 시계 2가 시계 1보다 먼저 동작하는 것을 볼 것이다.

시 동기화되지는 않는다.

시계 동기화 효과는 관측자 O'의 **위치**(location)에 의존하는 것이 아니라 오직 O'의 **속도**(velocity)에만 의존함을 주목하는 것이 중요하다. 그림 2.17에서 O'의 위치는 시계 1의 먼 왼쪽이나 시계 2의 먼 오른쪽에 있을 수 있다 하더라도 결과는 동일할 것이다. 다른 위치에서도 시계 1의 시작을 나타내는 빛 신호의 전파 시간은 시계 2의 시작을 나타내는 빛 신호의 전파 시간과 다를 것이다. 그러나 O'는 시계의 위치와 관련하여 두 시계의 시작을 나타내는 빛 신호가 수신되는 위치를 알고 있는 '지능적인(intelligent)' 관측자로 가정된다. O'는 빛 신호의 전파 시간에만 기인하는 이 시간 차이를 **보정하고 나서도 시계가 여전히 동기화되어 보이지 않는다!**

식 (2.31)에 O'의 위치가 나타나지 않음에도 불구하고, O'의 속도의 **방향**(direction)이 중요하다. 만약 O'가 반대 방향으로 움직이는 경우, 두 시계의 시작 순서는 바뀌어 관측된다.

예제 2.10

우주 정거장의 관측자는, 2개의 로켓이 서로 수직 경로 방향으로 우주 정거장을 떠나고 있는 것을 본다. 우주 정거장에서 로켓 1은 $0.60c$, 로켓 2는 $0.80c$로 움직인다고 측정했을 때 로켓 1에서 측정한 로켓 2의 속도는 무엇인가?

풀이

관측자 O는 우주 정거장, 관측자 O'는 로켓 1 ($u = 0.60c$로 이동)에 있고, 각각 로켓 1과 (우주 정거장 기준에 따르면) 수직 방향으로 이동하는 로켓 2를 관측하고 있다고 하자. 이를 O의 기준틀에서 y 방향으로 정의하면, O는 로켓 2가 그림 2.18a와 같이 $v_x = 0$, $v_y = 0.80c$의 속도 성분을 갖는다고 관측한다.

Lorentz 속도 변환을 사용하여 다음과 같이 v'_x와 v'_y를 찾을 수 있다.

$$v'_x = \frac{v_x - u}{1 - v_x u/c^2} = \frac{0 - 0.60c}{1 - 0(0.60c)/c^2} = -0.60c$$

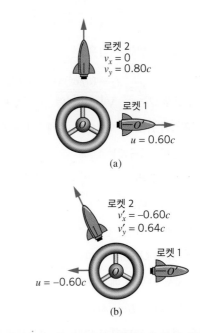

그림 2.18 예제 2.10의 (a) O의 기준틀에서 본 경우, (b) O'의 기준틀에서 본 경우.

$$v'_y = \frac{v_y\sqrt{1-u^2/c^2}}{1-v_x u/c^2} = \frac{0.80c\sqrt{1-(0.60c)^2/c^2}}{1-0(0.60c)/c^2} = 0.64c$$

따라서 O'를 기준으로, 상황은 그림 2.18b처럼 보인다.

O'에 따르면, 로켓 2의 속력은 $\sqrt{(0.60c)^2+(0.64c)^2} = 0.88c$

이며, c보다 작다. Galilei 변환에 따르면, v'_y는 v_y와 동일할 것이므로 속도는 $\sqrt{(0.60c)^2+(0.80c)^2} = c$일 것이다. 다시 한번, Lorentz 변환은 상대 속도가 빛의 속도에 도달하거나 넘어서는 것을 허용하지 않는다.

▌예제 2.11

예제 2.6에서 O에게 동시에 발생한 두 사건(로켓의 전면과 후면이 플랫폼의 끝과 정렬됨)은 O'에게는 동시가 아니었다. O'를 기준으로 이러한 두 사건 사이의 시간 간격을 찾으시오.

풀이

O에 따르면, 두 동시적 사건은 $L = 65$ m의 거리만큼 떨어져 있다. $u = 0.80c$인 경우, 식 (2.31)은 다음과 같이 쓸 수 있고,

$$
\begin{aligned}
\Delta t' &= \frac{uL/c^2}{\sqrt{1-u^2/c^2}} \\
&= \frac{(0.80)(65\text{ m})/(3.00\times10^8\text{ m/s})}{\sqrt{1-(0.80)^2}} = 0.29\ \mu s
\end{aligned}
$$

이는 예제 2.6의 (e)에서 계산된 결과와 일치한다.

▌예제 2.12

우주 비행사 후보생 O는 우주 플랫폼의 정중앙에 서 있다. 갑자기 O는 2개의 소행성이 플랫폼의 전면과 후면에 정확히 동시에 충돌하는 것을 보았다. 이 사건은 즉시 보험회사에 자동으로 보고가 올라가게 되며, 이중 충격으로 인한 손해에 대해 추가 보상금을 지급한다. 운 좋게도 보험 감정관 O'는 뒤에서 앞으로 플랫폼을 따라 날고 있으며, 보고가 제출된 순간 O의 정확히 위에 있다. O'는 이 충돌이 동시에 발생했다고 인지하는가?

풀이

O가 두 충돌로부터 동시에 빛 신호를 수신할 때 O'가 O 바로 위에 있더라도 두 사건은 O'에게 동시가 아니다. O'의 기준틀에서 보면, 먼저 플랫폼의 뒤쪽 끝이 O' 아래로 지나가고, 그 다음에는 플랫폼의 중심에 있는 O가 지나가며, 마지막으로는 플랫폼의 앞쪽이 지나간다. 상대적인 플랫폼의 움직임으로 인해, O'은 전면 충돌을 나타내는 빛 신호가 동일한 속력으로 중간 지점에 도달하기 위해 더 긴 거리를 이동해야 했기 때문에 이것이 더 일찍 방출되었을 것으로 생각하고, 전면 충돌이 후면 충돌보다 먼저 발생했다고 결론을 내린다.

2.6 쌍둥이 역설

이제 쌍둥이 역설(twin paradox)로 알려진 것을 간단히 살펴보겠다. 쌍둥이 한 쌍이 지구에 있다고 가정해 보자. 쌍둥이 오빠 캐스퍼(Casper)는 지구에 남고, 쌍둥이 여동생 아멜리아(Amelia)는 먼 행성으로의 여행을 위해 로켓에 승선한다. 캐스퍼는 특수 상대성 이론에 대한 이해를 기초로, 여동생의 시계가 자신의 것보다 느리게 움직일 것이라는 사실을 알고 있으며, 따라서 시간 지연에 대한 논의가 시사하는 바대로 그녀가 돌아올 때 그녀는 자신보다 더 어려야 한다는 것을 알고 있다. 그러나 그 논의를 돌이켜보면, 두 관찰자의 상대적인 운동에서 각 관찰자는 다른 관측자의 시계가 느리게 동작한다고 생각한다는 것을 알고 있다. 따라서 우리는 캐스퍼와 지구(태양계와 은하계를 동반함)가 아멜리아로부터 멀어졌다가 돌아오는 왕복 여행을 하는 그녀의 관점에서 이 문제를 바라볼 수 있다. 이러한 상황에서 그녀는 오빠의 시계(이제 그녀의 시계에 대해 상대적으로 움직이고 있다)가 느린 것으로 생각하므로, 다시 만났을 때 그녀보다 나이가 어린 오빠를 기대할 것이다. 누구의 시계가 더 느리게 움직이는지에 대해 의견이 갈릴 수 있지만, 이것은 단순히 기준틀의 문제에 불과하다. 아멜리아가 지구로 돌아올 때(또는 지구가 아멜리아로 돌아갈 때), 모든 관측자는 어떤 쌍둥이가 더 천천히 나이 들었는지에 대해 동의해야 한다. 이것이 각 쌍둥이가 서로를 더 어리다고 예상하는 역설이다.

이 역설은 두 쌍둥이의 비대칭인 역할을 고려해야 해결된다. 특수 상대론의 법칙은 서로 일정한 속도로 움직이는 관성 기준틀에만 적용된다. 우리는 아멜리아의 로켓에 충분한 추진력을 제공하여 매우 짧은 시간 동안의 가속으로 로켓을 행성까지 운항할 수 있는 속도에 도달하고, 따라서 아멜리아의 떠나는 여정 중 대부분 시간을 일정한 속도로 움직이는 기준틀에서 보내도록 할 수 있다. 그러나 지구로 돌아가기 위해선 아멜리아는 감속함으로써 움직임을 되돌려야 한다. 이 역시 매우 짧은 시간 동안에 이루어질 수 있지만, 아멜리아의 귀환 여정은 떠나는 여정과 비교해 완전히 다른 관성 기준틀에서 발생한다. 하나의 기준틀에서 다른 기준틀로의 점프는 두 쌍둥이 나이의 비대칭성을 발생시킨다. 아멜리아만이 귀환하기 위해 새로운 기준틀로 점프할 필요를 가지며, 따라서 아멜리아가 '진짜로' 움직이고 그녀의 시계가 '진짜로' 느리게 흐르고 있다고 **모든 관측자들은 동의**할 것이다. 따라서 그녀가 돌아오면 실제로 어려지게 된다.

이 토론을 수치를 통해 정량화해 보자. 앞에서 논의한 것처럼, 가속과 감속이 무시할 만큼의 짧은 시간 간격 동안 일어나고, 아멜리아의 모든 노화는 관성으로 움직이는 운행 동안 이루어진다고 가정하자. 단순화를 위해 먼 행성이 지구와 정지 상태에 있다고 생각한다. 이 가정은 문제를 바꾸지 않으며, 또 다른 기준틀을 도입할 필요가 없게 한다. 지구로부터 먼 행성이 6광년 떨어져 있다고 가정하고, 아멜리아가 $0.6c$의 속력으로 여행한다고 가정해 보자. 캐스퍼에 따르면 여동생이 행성에 도착하는 데 10년이 걸리고(10년 × $0.6c$ = 6광년), 돌아오는 데 10년이 걸리므로, 그녀는 총 20년 동안 떠나 있다. (그러나 캐스퍼는 여동생이 도착했다는 소식을 전하는 빛 신호가 지구에 도달하기 전까지 아멜리아가 행성에 도착했다는 사실을 알지 못한다. 빛 신호가 도달하는 데 6년이 걸리기 때문에, 캐스퍼가 여동생이 행성에 도착한 사실을 아는 시기는 출발 후 16년이 지나서이고, 그로부터 4년 후 여동생은 지구로 돌아온다.) 로켓에서의 아멜리아 기준틀에서는 행성까지의 거리가 $\sqrt{1-(0.6)^2}=0.8$의 비율로 수축되어 있으며, 0.8×6광년 = 4.8광년이 된다. $0.6c$의 속도로 아멜리아는 행성까지의 여행에 8년이 걸리며, 총 왕복 시간은 16년이 걸린다. 따라서 캐스퍼는 20년의 나이를 먹고, 아멜리아는 16년의 나이를 먹어, 돌아오면 실제 젊다.

캐스퍼가 매년 자신의 생일에 여동생에게 빛 신호를 보내는 방법으로 이 해석을 확인할 수 있다. 우리는 아멜리아가 받은 신호의 진동수가 Doppler 편이를 일으킨다는 것을 알고 있다. 떠나는 여정 동안 그녀는 신호를 다음의 진동수 비율로 받을 것이다.

$$(1/\text{연})\sqrt{\frac{1-u/c}{1+u/c}} = 0.5/\text{연}$$

귀환 여정 동안에는 다음의 Doppler 편이가 일어난 진동수 비율을 얻을 것이다.

$$(1/\text{연})\sqrt{\frac{1+u/c}{1-u/c}} = 2/\text{연}$$

따라서 아멜리아의 떠나는 여정인 처음 8년 동안 그녀는 4개의 신호를 받고, 8년 동안의 귀환 여정 동안 16개의 신호를 받아 총 20개의 신호를 받게 된다. 이는 16년 여정 동안 오빠가 20번의 생일을 축하했다는 것을 나타낸다.

시공간 도표

캐스퍼와 아멜리아의 여정을 시각화하는 특히 유용한 방법 중 하나는 **시공간**(space-time) 도표를 사용하는 것이다. 그림 2.19는 일차원 운동에 대한 시공간 도표의 예를 보여준다.

물리학 입문 과정에서 아마도 거리는 수직축, 시간은 수평축으로 나타나는 그래프에 운동을 기술하는 것에 익숙해졌을 것이다. 이러한 그래프에서 직선은 등속도

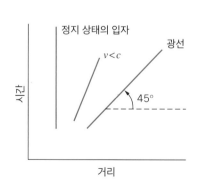

그림 2.19 시공간 도표.

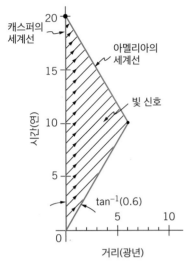

그림 2.20 캐스퍼와 아멜리아의 세계선을 보여주는 캐스퍼 기준틀에서의 시공간 도표.

운동을 나타내며, 직선의 기울기는 속도와 같다. 시공간 도표에서 주의할 점은 축이 전통적인 그래프와 바뀌어 있다는 것인데, 수직축에 시간이, 수평축에 공간이 나타난다.

시공간 도표에서 입자의 운동을 나타내는 그래프를 입자의 **세계선**(worldline)이라고 한다. 세계선의 기울기의 **역수**(inverse)는 그 입자의 속도가 된다. 마찬가지로, 속도는 입자의 세계선이 **수직축**과 이루는 각도의 탄젠트 값으로 주어진다(거리 대 시간의 전통적인 그래프에서처럼 수평축과의 각도가 아니다). 보통 x와 t의 단위는 빛의 속도로의 운동을 45° 기울기의 직선으로 나타나도록 선택한다. 수직선은 모든 시간에 같은 위치에 있는 입자(즉, 정지한 입자)를 의미한다. 등속도로 허용된 운동은 최대 속도를 나타내는 45° 선과 수직선 사이에 위치하는 직선으로 나타낸다.

캐스퍼의 기준틀에서 캐스퍼와 아멜리아의 세계선을 그려보자. 캐스퍼는 이 기준틀에서 정지하고 있기 때문에 그의 세계선은 수직선이다(그림 2.20). 캐스퍼의 기준틀에서 아멜리아의 출발과 귀환 사이에 20년이 지나고, 따라서 우리는 캐스퍼의 수직 세계선을 20년 동안 따라갈 수 있다.

아멜리아는 $0.6c$의 속도로 여행하고 있으므로, 그녀의 세계선은 수직선과 탄젠트 값이 0.6(31°)인 각도를 만든다. 캐스퍼의 기준틀에서 아멜리아가 방문하는 행성은 지구로부터 6광년 떨어져 있다. 아멜리아는 (캐스퍼에 따르면) 10년 동안 6광년의 거리를 여행하여 $v = 6$광년/10년 $= 0.6c$가 된다.

캐스퍼가 빛으로 아멜리아에게 보내는 생일 신호는 그림 2.20에서 45° 선의 연속으로 나타난다. 아멜리아는 떠나는 여정 동안 4개의 생일 신호를 받는다(4번째 신호는 그녀가 행성에 도착하는 시점에 도착한다). 그리고 복귀 여정 동안 16개의 생일 신호를 받는다(16번째 신호는 지구로 도착하는 시점에 딱 받는다).

신호를 보내는 쪽이 아멜리아인 경우가 연습문제로 나와 있다(연습문제 24와 26).

2.7 상대론적 동역학

우리는 Einstein의 가설로 인해 이전에는 절대적인 개념으로 여겨졌던 길이와 시간과 같은 개념들이 새로운 '상대적(relative)' 해석으로 어떻게 이어지고, 절대 속도라는 고전적 개념이 유효하지 않다는 것을 보았다. 따라서 이러한 혁명적 변화가 물리적 개념의 해석을 바꾸는 데 있어 얼마나 더 나아갈 수 있는지에 대한 질문은 바람직하다. 운동량 및 운동 에너지와 같은 동역학적 양은 길이, 시간 및 속도에 의존한다. 그렇다면

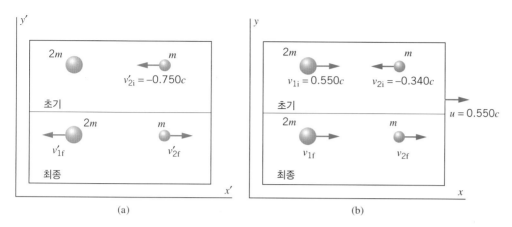

그림 2.21 (a) O'의 기준틀에서 관찰된 두 입자 사이의 충돌. (b) O의 기준틀에서 관찰된 동일한 충돌.

운동량 및 에너지 보존과 같은 고전 법칙이 Einstein의 상대성 이론에서도 유효할까?

그림 2.21a에 나타낸 것처럼 충돌을 조사함으로써 보존 법칙을 테스트해 보자. O'의 기준틀에서 관측된 바와 같이, 두 입자는 탄성 충돌한다. 질량 $m_1 = 2m$인 입자 1은 초기에 정지해 있으며, 질량 $m_2 = m$인 입자 2는 초기 속도 $v'_{2i} = -0.750c$로 $-x$ 방향으로 이동하고 있다. 이 충돌을 분석하기 위해 운동량 보존의 고전 법칙을 사용하면 O'는 입자의 최종 속도를 $v'_{1f} = -0.500c$ 및 $v'_{2f} = +0.250c$로 계산할 것이다. O'에 따르면, 입자들의 초기 및 최종 총운동량은 다음과 같을 것이다.

$$p'_i = m_1 v'_{1i} + m_2 v'_{2i} = (2m)(0) + (m)(-0.750c) = -0.750mc$$
$$p'_f = m_1 v'_{1f} + m_2 v'_{2f} = (2m)(-0.500c) + (m)(0.250c) = -0.750mc$$

초기 및 최종 운동량은 O'의 관점에서 동일하며, 따라서 운동량이 보존된다는 것을 보여준다.

그림 2.21b와 같이 O'의 기준틀이 O 관찰자에 대해 x 방향으로 $+0.550c$의 속도로 이동한다고 가정하자. O 관찰자는 이 충돌을 어떻게 분석하는가? 식 (2.17)의 속도 변환을 사용하여 두 입자의 O에 대한 초기(그림에 표시) 및 최종 속도 $v_{1f} = +0.069c$ 및 $v_{2f} = +0.703c$를 구할 수 있으며, 관측자 O는 이제 두 입자의 초기 및 최종 운동량 값을 다음과 같이 계산할 수 있다.

$$p_i = m_1 v_{1i} + m_2 v_{2i} = (2m)(+0.550c) + (m)(-0.340c) = +0.760mc$$
$$p_f = m_1 v_{1f} + m_2 v_{2f} = (2m)(+0.069c) + (m)(+0.703c) = +0.841mc$$

따라서 운동량은 관측자 O에 대해서는 **보존되지 않는다.**

이 충돌 실험은 $\vec{p} = m\vec{v}$로 정의된 운동량을 갖는 선운동량 보존 법칙이 Einstein의 첫 번째 가설(법칙은 모든 관성 기준틀에서 동일해야 함)을 만족시키지 않는다는 것을 보여주었다. 일부 관찰자에게는 유효하나 다른 관측자에게는 유효하지 않은 법칙을 가질 수는 없다. 그러므로 운동량 보존을 Einstein의 첫 번째 가설과 일치하는 일반 법칙으로 유지하려면 운동량에 대한 새로운 정의를 찾아야 한다. 운동량에 대한 이 새로운 정의는 두 가지 특성을 가져야 한다. (1) 상대성 원리를 충족하는 운동량 보존 법칙이어야 한다. 즉, 한 관성 기준틀의 관측자에 대해 운동량이 보존되면 모든 관성 기준틀의 관측자에 대해서도 운동량이 보존되어야 한다는 것이며, (2) 낮은 속도에서, 비상대론적 사례에서 완벽하게 작동하는 $\vec{p} = m\vec{v}$로 수렴해야 한다는 것이다.

이러한 조건은 속도 $\vec{v}$로 움직이는 질량 m인 입자에 대해 상대론적 운동량을 정의함으로써 만족시킬 수 있다.

$$\vec{p} = \frac{m\vec{v}}{\sqrt{1 - v^2/c^2}} \tag{2.32}$$

식 (2.32)의 각 성분은 다음과 같이 쓸 수 있다.

$$p_x = \frac{mv_x}{\sqrt{1 - v^2/c^2}}, \quad p_y = \frac{mv_y}{\sqrt{1 - v^2/c^2}} \tag{2.33}$$

분모에 나타나는 v는 특정 관성 기준틀에서 측정된 입자의 속도이다. 이것은 관성 기준틀의 속도가 아니다. 분자에 나타나는 속도는 속도 벡터의 성분 중 하나가 된다.

이제 운동량의 상대론적 정의를 사용하여 그림 2.21에 나타난 충돌을 재해석할 수 있다. O'에 따른 초기 상대론적 운동량은

$$p_i' = \frac{m_1 v_{1i}'}{\sqrt{1 - v_{1i}'^2/c^2}} + \frac{m_2 v_{2i}'}{\sqrt{1 - v_{2i}'^2/c^2}} = \frac{(2m)(0)}{\sqrt{1 - 0^2}} + \frac{(m)(-0.750c)}{\sqrt{1 - (0.750)^2}} = -1.134mc$$

O'에 따른 두 입자의 최종 속도는 $v_{1f}' = -0.585c$ 및 $v_{2f}' = +0.294c$이며, 총 최종 운동량은

$$p_f' = \frac{m_1 v_{1f}'}{\sqrt{1 - v_{1f}'^2/c^2}} + \frac{m_2 v_{2f}'}{\sqrt{1 - v_{2f}'^2/c^2}}$$

$$= \frac{(2m)(-0.585c)}{\sqrt{1 - (0.585)^2}} + \frac{(m)(0.294c)}{\sqrt{1 - (0.294)^2}} = -1.134mc$$

따라서 $p_i' = p_f'$이고, 관측자 O'는 운동량이 보존된다고 결론짓는다. O에 따르면 초기 상대론적 운동량은

$$p_i = \frac{m_1 v_{1i}}{\sqrt{1 - v_{1i}^2/c^2}} + \frac{m_2 v_{2i}}{\sqrt{1 - v_{2i}^2/c^2}} = \frac{(2m)(+0.550c)}{\sqrt{1 - (0.550)^2}} + \frac{(m)(-0.340c)}{\sqrt{1 - (0.340)^2}} = 0.956mc$$

속도 변환을 사용하여 O가 측정한 두 입자의 최종 속도는 $v_{1f} = -0.051c$ 및 $v_{2f} = +0.727c$이며, 따라서 O는 최종 운동량을 다음과 같이 계산한다.

$$p_f = \frac{m_1 v_{1f}}{\sqrt{1 - v_{1f}^2/c^2}} + \frac{m_2 v_{2f}}{\sqrt{1 - v_{2f}^2/c^2}} = \frac{(2m)(-0.051c)}{\sqrt{1 - (0.051)^2}} + \frac{(m)(+0.727c)}{\sqrt{1 - (0.727)^2}} = 0.956mc$$

관측자 O 역시 $p_i = p_f$ 및 운동량 보존 법칙이 유효하다고 결론을 내린다. 식 (2.32)에 따라 운동량을 정의하면 상대성 원칙에서 요구하는 대로, 모든 기준틀에서의 운동량을 보존할 수 있다.

▌ 예제 2.13

속력 $v = 0.86c$로 움직이는 양성자의 운동량은 얼마인가?

풀이

식 (2.32)를 사용하면 다음을 얻을 수 있다.

$$p = \frac{mv}{\sqrt{1 - v^2/c^2}}$$

$$= \frac{(1.67 \times 10^{-27} \text{ kg}) (0.86) (3.00 \times 10^8 \text{ m/s})}{\sqrt{1 - (0.86)^2}}$$

$$= 8.44 \times 10^{-19} \text{ kg·m/s}$$

kg·m/s의 단위는 이러한 문제를 푸는 데 있어 대체적으로 편리하지 않다. 대신 다음과 같이 바꿀 수 있다.

$$pc = \frac{mvc}{\sqrt{1 - v^2/c^2}} = \frac{mc^2(v/c)}{\sqrt{1 - v^2/c^2}} = \frac{(938 \text{ MeV}) (0.86)}{\sqrt{1 - (0.86)^2}}$$

$$= 1{,}580 \text{ MeV}$$

여기에서 이 절의 뒷부분에 언급될 양성자의 **정지 에너지**(rest energy) mc^2을 사용했다. 운동량은 해당 결과에서 기호 c(숫자로 나누면 안 된다)로 나누면 얻을 수 있다. 이로써

$$p = 1{,}580 \text{ MeV}/c$$

가 된다. 운동량의 단위인 MeV/c는 종종 상대론적 계산에서 사용되는데, 이러한 계산에서 pc라는 양이 자주 나타나기 때문이다. MeV/c를 kg·m/s로 변환하는 것과 p에 대한 두 결과가 같다는 것을 보일 수 있어야 한다.

상대론적 운동 에너지

운동량의 고전적 정의와 마찬가지로, 운동 에너지의 고전적 정의는 서로 다른 관측자의 해석을 비교하려 할 때 문제가 드러난다. O'에 따르면 그림 2.21a에 묘사된 충돌 전, 후의 운동 에너지는 다음과 같다.

$$K_i' = \frac{1}{2}m_1 v_{1i}'^2 + \frac{1}{2}m_2 v_{2i}'^2 = (0.5)(2m)(0)^2 + (0.5)(m)(-0.750c)^2 = 0.281mc^2$$

$$K_f' = \tfrac{1}{2}m_1 v_{1f}'^2 + \tfrac{1}{2}m_2 v_{2f}'^2 = (0.5)(2m)(-0.500c)^2 + (0.5)(m)(0.250c)^2 = 0.281mc^2$$

O'의 기준에서는 에너지가 보존된다. 반면, O의 기준틀(그림 2.21b)에서 관측된 충돌 전, 후의 운동 에너지는 다음과 같다.

$$K_i = \tfrac{1}{2}m_1 v_{1i}^2 + \tfrac{1}{2}m_2 v_{2i}^2 = (0.5)(2m)(0.550c)^2 + (0.5)(m)(-0.340c)^2 = 0.360mc^2$$

$$K_f = \tfrac{1}{2}m_1 v_{1f}^2 + \tfrac{1}{2}m_2 v_{2f}^2 = (0.5)(2m)(0.069c)^2 + (0.5)(m)(0.703c)^2 = 0.252mc^2$$

따라서 고전적인 운동 에너지 공식을 사용하면 O의 기준틀에서는 에너지가 **보존되지 않는다**. 이는 심각한 모순으로 이어지며, 한 관측자에 대한 탄성 충돌은 다른 관측자에게는 탄성이 아닐 수 있게 된다. 운동량의 경우와 마찬가지로, 모든 관측자에 대해 에너지 보존 법칙을 유지하고 싶다면 고전적인 운동 에너지 공식을 상대론적인 경우에도 유효한 식으로 대체해야 한다(하지만 낮은 속도에서는 고전적인 공식으로 수렴해야 한다).

고전 물리학에서 운동 에너지 공식을 얻기 위해 일-에너지 정리를 사용했다. 이 정리는 입자의 운동 에너지의 변화는 입자에 작용하는 힘 F에 의해 한 일 W와 같다는 것이다. 일차원에서 일을 다음과 같이 쓸 수 있고 $W = \int F\,dx = \int (dp/dt)\,dx = \int (dx/dt)\,dp = \int v\,dp = pv - \int p\,dv$, 이 부분에서 마지막 단계는 부분 적분으로 얻는다. 만약 일-에너지 정리가 상대론 영역으로 확장될 수 있다고 가정하면, 운동량에 대한 식 (2.32)를 사용하여 다음의 운동 에너지를 얻을 수 있다.

$$K = \frac{mv}{\sqrt{1 - v^2/c^2}}v - \int_0^v \frac{mv}{\sqrt{1 - v^2/c^2}}\,dv = \frac{mv^2}{\sqrt{1 - v^2/c^2}} + mc^2\sqrt{1 - v^2/c^2} - mc^2$$

항을 결합하면 간단하게 다음과 같이 얻어진다.

$$K = \frac{mc^2}{\sqrt{1 - v^2/c^2}} - mc^2 \tag{2.34}$$

이것이 운동 에너지의 상대론적 형태이다. 식 (2.34)를 사용하면 O와 O' 모두 운동 에너지가 보존된다는 결론을 내릴 수 있다. 사실 모든 관측자는 운동 에너지의 상대론적 정의를 사용할 때 에너지 보존 법칙이 유효하다는 데 동의할 것이다.

식 (2.34)는 운동 에너지의 고전적 형태와 매우 다르게 보이며, $v \ll c$일 때 상대론적 공식이 고전적 공식으로 수렴하는 것이 명확해 보이지 않을 수 있다. 이것이 맞다는 것을 보이기 위해 이항 전개 $(1 + x)^n \approx 1 + nx$를 사용하여 식 (2.34)의 분모를 근사하면 다음과 같다.

$$K \approx mc^2 \left(1 + \frac{1}{2}\frac{v^2}{c^2} \right) - mc^2 = \frac{1}{2}mv^2$$

운동 에너지에 대한 고전적 표현은 광속을 초과하는 속력을 허용함으로써 상대성 이론의 두 번째 가설을 위반하고 있다. 입자에 줄 수 있는 에너지에는 (고전적 역학이든 상대론적 역학이든) 제한이 없으나, 운동 에너지가 제한 없이 증가하도록 허용하면 고전적인 표현인 $K = \frac{1}{2}mv^2$에서의 속력도 그에 따라 제한 없이 증가해야 한다는 것을 의미하므로 두 번째 가설을 위반하게 된다. 반면, 식 (2.34)에서는 첫 번째 항에서 볼 수 있듯이, $v \to c$일 때 $K \to \infty$로 나타난다. 따라서 우리는 입자의 속력이 c를 초과하지 않은 상태로 상대론적 운동 에너지를 제한 없이 증가시킬 수 있다.

상대론적 총에너지 및 정지 에너지

식 (2.34)를 다음으로 표현할 수도 있다.

$$K = E - E_0 \tag{2.35}$$

여기서 **상대론적 총에너지**(relativistic total energy) E는 다음과 같이 정의되며,

$$E = \frac{mc^2}{\sqrt{1 - v^2/c^2}} \tag{2.36}$$

정지 에너지 E_0는 다음과 같이 정의된다.

$$E_0 = mc^2 \tag{2.37}$$

정지 에너지는 사실상 입자가 정지해 있는 기준틀에서 측정된 입자의 상대론적 총에너지이다.

때로는 식 (2.37)의 질량 m을 **정지 질량**(rest mass) m_0이라고 부르고 $m_0/\sqrt{1 - v^2/c^2}$으로 정의되는 '상대론적 질량'과 구분한다. 오해를 일으킬 수 있는 개념이어서 상대론적 질량을 사용하지 않기로 한다. 지금부터 질량에 대해 언급할 때마다 항상 정지 질량을 의미하는 것으로 정한다.

식 (2.37)은 질량은 에너지를 c^2으로 나눈 단위(즉 MeV/c^2)로 표현할 수 있다는 것을 가리키고 있다. 예를 들어, 한 양성자의 정지 에너지는 $938\,\text{MeV}$이며, 질량은 $938\,\text{MeV}/c^2$이다. 운동량을 MeV/c로 표현하는 것과 마찬가지로, 질량을 MeV/c^2으로 표현하는 것은 계산에 매우 유용하다.

상대론적 총에너지는 다음과 같이 식 (2.35)로 주어진다.

$$E = K + E_0 \tag{2.38}$$

고에너지 입자의 충돌은 종종 새로운 입자의 생성으로 이어지며, 따라서 최종 정지 에

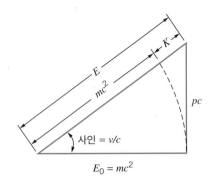

그림 2.22 E_0, p, K, 그리고 E 사이의 관계를 기억하는 유용한 방법. 모든 변수를 에너지 단위로 표현하고, 운동량 역시 pc를 사용한다는 점에 유의하라.

너지는 초기 정지 에너지와 동일하지 않을 수 있다(예제 2.21 참고). 이러한 충돌은 전체 상대론적 에너지 E의 보존을 사용하여 분석해야 하는데, 충돌 시 정지 에너지가 바뀔 때 운동 에너지는 보존되지 않기 때문이다. 이 절의 탄성 충돌이라는 특별한 예에서는 입자의 종류가 변경되지 않았으므로 운동 에너지가 보존되었는데, 일반적으로 충돌은 운동 에너지를 보존하지 않는다. 충돌에서 보존되는 것은 상대론적 총에너지이다.

식 (2.32)와 (2.36)을 약간 변형하면, 다음의 총에너지, 운동량, 그리고 정지 에너지 사이의 유용한 관계식을 얻을 수 있다.

$$E = \sqrt{(pc)^2 + (mc^2)^2} \tag{2.39}$$

그림 2.22의 직각 삼각형에 대한 Pythagoras 정리는 이 관계식을 기억하는 데 아주 유용한 방법이다.

고에너지 입자 가속기에서 자주 발생하는 것처럼, 입자가 광속에 가까운 속력으로 ($v > 0.99c$) 이동할 때, 입자의 운동 에너지는 정지 에너지보다 훨씬 크다(즉 $K \gg E_0$). 이 경우, 식 (2.39)는 매우 좋은 근사식으로 다음과 같이 쓸 수 있다.

$$E \cong pc \tag{2.40}$$

이를 극한 상대론적 근사(extreme relativistic approximation)라고 하며, 계산을 단순화하는 데 유용하다. v가 c에 접근함에 따라 그림 2.22의 삼각형 밑변(mc^2)과 빗변(E) 사이의 각도는 90°에 가까워진다. 이를 상상해 보면, 수직 높이(pc)와 빗변(E)이 거의 같은 길이가 된다.

질량이 없는 입자(광자와 같은)의 경우, 식 (2.39)는 정확히 다음과 같이 된다.

$$E = pc \tag{2.41}$$

질량이 없는 모든 입자는 광속으로 이동한다. 그렇지 않으면 식 (2.34)와 (2.36)에 따라 운동 에너지와 총에너지가 0이 될 것이다.

예제 2.14

$v = 0.86c$로 이동하는 양성자($E_0 = 938\,\text{MeV}$)의 운동 에너지와 상대론적 총에너지는 얼마인가?

풀이

예제 2.13에서 이 입자의 운동량은 $p = 1{,}580\,\text{MeV}/c$임을 구했다. 총에너지는 식 (2.39)로부터 구할 수 있다.

$$E = \sqrt{(pc)^2 + (mc^2)^2} = \sqrt{(1{,}580 \text{ MeV})^2 + (938 \text{ MeV})^2}$$
$$= 1{,}837 \text{ MeV}$$

운동 에너지는 식 (2.35)를 사용하여 다음과 같이 계산된다.

$$K = E - E_0 = 1{,}837 \text{ MeV} - 938 \text{ MeV}$$
$$= 899 \text{ MeV}$$

또한 식 (2.34)에서 직접 운동 에너지를 구할 수도 있다.

예제 2.15

운동 에너지가 10.0 MeV인 전자($E_0 = 0.511$ MeV)의 속도와 운동량을 구하시오.

풀이

총에너지는 $E = K + E_0 = 10.0 \text{ MeV} + 0.511 \text{ MeV} = 10.51 \text{ MeV}$ 이다. 그렇다면 식 (2.39)에서 운동량을 찾을 수 있다.

$$p = \frac{1}{c}\sqrt{E^2 - (mc^2)^2} = \frac{1}{c}\sqrt{(10.51 \text{ MeV})^2 - (0.511 \text{ MeV})^2}$$
$$= 10.5 \text{ MeV}/c$$

이 문제에서 극한 상대론적 근사를 사용한 식 (2.40)의 $p \cong E/c$ 를 사용할 수도 있다. 이 경우 오차는 겨우 0.1% 정도가 된다.

식 (2.36)을 v에 대해 풀면 다음과 같이 속도를 구할 수 있다.

$$\frac{v}{c} = \sqrt{1 - \left(\frac{mc^2}{E}\right)^2} = \sqrt{1 - \left(\frac{0.511 \text{ MeV}}{10.51 \text{ MeV}}\right)^2}$$
$$= 0.9988 \tag{2.42}$$

예제 2.16

Stanford 선형 충돌기(Stanford Linear Collider)에서 전자는 50 GeV의 운동 에너지로 가속된다. 전자의 속력을 (a) c를 사용하여 나타내고, (b) c와의 차를 구하시오. 전자의 정지 에너지는 $0.511 \text{ MeV} = 0.511 \times 10^{-3} \text{ GeV}$이다.

풀이

(a) 먼저 식 (2.34)를 v에 대해 풀면 다음을 얻는다.

$$v = c\sqrt{1 - \frac{1}{(1 + K/mc^2)^2}} \tag{2.43}$$

그러므로

$$v = c\sqrt{1 - \frac{1}{[1 + (50 \text{ GeV})/(0.511 \times 10^{-3} \text{ GeV})]^2}}$$

$$= 0.999\,999\,999\,948c$$

계산기는 12자리의 유효 숫자를 신뢰할 수 없다. 이 문제를 피하는 한 가지 방법은 식 (2.43)을 $v = c(1 + x)^{1/2}$로 쓰는 것이다. 여기서 $x = -1/(1 + K/mc^2)^2$이다. $K \gg mc^2$에 따라 $x \ll 1$이므로, 이항 전개를 사용하여 $v \cong c(1 + \frac{1}{2}x)$로 쓸 수 있다. 따라서

$$v \cong c\left[1 - \frac{1}{2(1 + K/mc^2)^2}\right]$$

이고, 이를 계산하면 다음과 같다.

$$v \cong c(1 - 5.2 \times 10^{-11})$$

이는 위에서 얻은 v와 동일한 값이다.

(b) 위의 결과로부터 다음을 얻을 수 있다.

$$c - v = 5.2 \times 10^{-11}c = 0.016 \text{ m/s} = 1.6 \text{ cm/s}$$

예제 2.17

지구 궤도 반경(1.5×10^{11} m)과 동일한 거리에서 태양의 복사 강도는 약 1.4×10^3 W/m²이다. 태양의 질량이 매초 감소하는 비율을 구하시오.

풀이

태양 복사가 반지름이 1.5×10^{11} m인 구의 표면적 $4\pi r^2$에 균일하게 분포된다고 가정하면, 태양에서 방출되는 총 복사 일률은 다음과 같다.

$$4\pi (1.5 \times 10^{11} \text{m})^2 (1.4 \times 10^3 \text{ W/m}^2)$$
$$= 4.0 \times 10^{26} \text{ W} = 4.0 \times 10^{26} \text{ J/s}$$

에너지 보존 법칙에 따라 태양 복사를 통해 잃는 에너지는 정지 에너지의 손실로 대응되어야 한다. 매초 발생하는 4.0×10^{26} J의 정지 에너지 변화 ΔE_0에 해당하는 질량 변화 Δm은 다음과 같이 계산된다.

$$\Delta m = \frac{\Delta E_0}{c^2} = \frac{4.0 \times 10^{26} \text{ J}}{9.0 \times 10^{16} \text{ m}^2/\text{s}^2} = 4.4 \times 10^9 \text{ kg}$$

태양은 초당 약 40억 kg의 질량을 잃는다! 이 비율이 일정하게 유지된다면, 현재 태양(질량 2×10^{30} kg)은 앞으로 '단' 10^{13}년 밖에 빛나지 않을 것이다.

2.8 상대론적 붕괴와 충돌에서의 보존 법칙

모든 붕괴와 충돌에서 운동량 보존 법칙을 적용해야 한다. 충돌에 대한 이 법칙을 (예제 1.1과 같이) 낮은 속력과 높은 속력에서 적용하는 것의 차이점은 운동량에 대한 식 (1.2) 대신 상대론적 표현[식 (2.32)]을 사용하는지 여부이다. 이 법칙은 상대론적 운동에 대한 운동량 보존을 고전적 운동에 대한 것과 완전히 동일한 방식으로 설명할 수 있다.

입자들이 고립된 계에서 전체 선운동량은 일정하게 유지된다.

고전적인 경우 운동 에너지는 탄성 충돌에 존재하는 유일한 에너지 형태이므로 에너지 보존은 운동 에너지 보존과 같다. 비탄성 충돌이나 붕괴 과정에서는 운동 에너지가 일정하게 유지되지 않는다. 고전적인 비탄성 충돌에서는 총에너지가 보존되지만 중요할 수 있는 다른 형태의 에너지는 고려하지 않았다. 없어진 에너지는 보통 원자 또는 핵 에너지의 형태로 입자에 저장된다.

상대론적 사례에서는 내부에 저장된 에너지가 입자의 정지 에너지에 기여한다. 일반적으로 정지 에너지와 운동 에너지는 우리가 원자 또는 핵반응 과정에서 고려하는 유일한 두 가지 형태의 에너지이다(나중에 여기에 복사 에너지를 추가할 것이다). 따라서 충돌로 인한 운동 에너지 손실은 정지 에너지의 증가를 가져오지만, 충돌 과정에 연관된 모든 입자의 전체 상대론적 에너지(운동 에너지 + 정지 에너지)는 변하지 않는다. 예를 들어, 새로운 입자가 생성되는 과정에서 반응에 참여하는 본래 입자들의 운동 에너지 손실은 생성 입자들의 정지 에너지를 증가시킨다. 반면, 알파 붕괴와 같은 핵붕괴 과정에서는 붕괴 생성물에 의해 전달되는 운동 에너지를 설명하기 위해 초기의 핵이 정지 에너지의 일부를 포기한다.

상대론적 경우의 에너지 보존 법칙은 다음과 같다.

입자들이 고립된 계에서 상대론적 총에너지(운동 에너지 + 정지 에너지)는 일정하게 유지된다.

이 법칙을 상대론적 충돌에 적용할 때, 충돌이 탄성인지 비탄성인지 걱정할 필요가 없다. 정지 에너지를 포함하면 운동 에너지의 손실분이 모두 설명되기 때문이다.

다음 예제는 상대론적 운동량과 에너지에 대한 보존 법칙의 적용 사례이다.

▌ 예제 2.18

각각 질량 m인 두 입자가 기준틀 O에서 동일한 속력 v로 서로를 향해 움직이고 있다. 이들은 충돌하여 질량 M의 새로운 입자를 만든다. (a) 질량 M은 $2m$보다 큰가, $2m$과 같은가, 아니면 $2m$보다 작은가? (b) 관측자 O'는 입자 중 하나와 동일한 방향으로 O에 대해 속력 v로 운동하므로 O'에서 입자는 정지한 것처럼 보인다. O'는 질문 (a)에 대한 답에 동의하겠는가?

풀이

(a) O에서는 전체 운동량이 0이므로, 형성된 입자 M은 정지 상태에 있다. 충돌하는 각 입자의 총에너지(정지 에너지 + 운동 에너지)의 합과 같은 새로운 입자의 총에너지는 정지 에너지와 같다. 따라서 정지 에너지 Mc^2은 $2mc^2$보다 크며, 그 차이는 두 입자의 운동 에너지가 된다. (b) 관측자 O'에게는 원래 두 입자의 운동량과 운동 에너지가 O 값들과 다르며, 새로운 입자도 마찬가지로 운동량과 에너지 값이 다를 것이다. 그러나 특수 상대론에서는 질량이 불변이며, 모든 관측자는 그 질량 값에 동의할 것이다. 사실 O와 O'의 상대 속도에 관계없이 둘 다 $M > 2m$라는 데 동의한다.

▌ 예제 2.19

중성인 K 중간자(meson, 질량 497.7 MeV/c^2)는 77.0 MeV의 운동 에너지로 움직이고 있다. 이 입자는 파이 중간자(pi, 질량 139.6 MeV/c^2)와 질량을 알 수 없는 또 다른 입자로 붕괴된다. 파이 중간자는 381.6 MeV/c의 운동량으로 K 중간자의 방향으로 움직이고 있다. (a) 미지 입자의 운동량과 전체 상대론적 에너지를 구하시오. (b) 미지 입자의 질량을 구하시오.

풀이

(a) 중성의 K 중간자의 총에너지와 운동량은

$$E_K = K_K + m_K c^2 = 77.0 \text{ MeV} + 497.7 \text{ MeV} = 574.7 \text{ MeV}$$

$$\begin{aligned}
p_K &= \frac{1}{c} \sqrt{E_K^2 - (m_K c^2)^2} \\
&= \frac{1}{c} \sqrt{(574.7 \text{ MeV})^2 - (497.7 \text{ MeV})^2} \\
&= 287.4 \text{ MeV}/c
\end{aligned}$$

그리고 파이 중간자에 대한 총에너지

$$\begin{aligned}
E_\pi &= \sqrt{(c p_\pi)^2 + (m_\pi c^2)^2} \\
&= \sqrt{(381.6 \text{ MeV})^2 + (139.6 \text{ MeV})^2} \\
&= 406.3 \text{ MeV}
\end{aligned}$$

상대론적 운동량 보존($p_{\text{initial}} = p_{\text{final}}$)에 의하면 $p_K = p_\pi + p_x$ 이므로(여기서 x는 미지 입자를 나타낸다),

$$\begin{aligned}
p_x &= p_K - p_\pi = 287.4 \text{ MeV}/c - 381.6 \text{ MeV}/c \\
&= -94.2 \text{ MeV}/c
\end{aligned}$$

그리고 전체 상대론적 에너지 보존($E_{\text{initial}} = E_{\text{final}}$)을 적용하면 $E_K = E_\pi + E_x$이므로 다음을 얻을 수 있다.

$$\begin{aligned}
E_x &= E_K - E_\pi = 574.7 \text{ MeV} - 406.3 \text{ MeV} \\
&= 168.4 \text{ MeV}
\end{aligned}$$

(b) 질량을 구하기 위해 mc^2에 대한 식 (2.39)를 풀면,

$$\begin{aligned}
m_x c^2 &= \sqrt{E_x^2 - (c p_x)^2} \\
&= \sqrt{(168.4 \text{ MeV})^2 - (94.2 \text{ MeV})^2} \\
&= 139.6 \text{ MeV}
\end{aligned}$$

따라서 미지 입자의 질량은 139.6 MeV/c^2이며, 이것은 또 다른 파이 중간자임을 나타낸다.

예제 2.20

그림 2.23과 같이, $K^- + p \rightarrow \Lambda^0 + \pi^0$ 반응에서 전하를 띤 K 중간자(질량 493.7 MeV/c^2)가 정지 상태의 양성자(938.3 MeV/c^2)와 충돌하여 람다(lambda) 입자(1,115.7 MeV/c^2)와 중성인 파이 중간자(135.0 MeV/c^2)를 생성한다. K 중간자의 초기 운동 에너지는 152.4 MeV이며, 상호 작용 후 파이 중간자는 254.8 MeV의 운동 에너지가 되었다. (a) 람다 입자의 운동 에너지를 구하시오. (b) 람다와 파이 중간자의 운동 방향을 구하시오.

풀이

(a) 초기와 최종 총에너지는 다음과 같다.

$$E_{\text{initial}} = E_K + E_p = K_K + m_K c^2 + m_p c^2$$

$$E_{\text{final}} = E_\Lambda + E_\pi = K_\Lambda + m_\Lambda c^2 + K_\pi + m_\pi c^2$$

이 두 방정식에서 람다 입자의 운동 에너지를 제외한 각 항의 값은 알려져 있다. 전체 상대론적 에너지 보존 $E_{\text{initial}} = E_{\text{final}}$

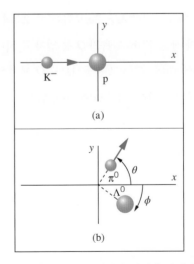

그림 2.23 예제 2.20의 (a) K^- 중간자가 정지한 양성자와 충돌하고 있다. (b) 충돌 후, π^0 중간자와 Λ^0 입자가 생성된다.

을 사용하여 K_Λ를 다음과 같이 풀 수 있다.

$$K_\Lambda = K_K + m_K c^2 + m_p c^2 - m_\Lambda c^2 - K_\pi - m_\pi c^2$$
$$= 152.4 \text{ MeV} + 493.7 \text{ MeV} + 938.3 \text{ MeV}$$
$$- 1,115.7 \text{ MeV} - 254.8 \text{ MeV} - 135.0 \text{ MeV}$$
$$= 78.9 \text{ MeV}$$

(b) 방향 정보를 찾기 위해서는 운동량 보존 법칙을 적용해야 한다. 초기 운동량은 K 중간자의 값과 같으며, 총에너지 $E_K = K_K + m_K c^2 = 152.4$ MeV + 493.7 MeV = 646.1 MeV로부터 운동량을 다음과 같이 구할 수 있다.

$$p_{\text{initial}} = p_K = \frac{1}{c}\sqrt{(E_K)^2 - (m_K c^2)^2}$$
$$= \frac{1}{c}\sqrt{(646.1 \text{ MeV})^2 - (493.7 \text{ MeV})^2}$$
$$= 416.8 \text{ MeV}/c$$

두 최종 입자에 대해 비슷한 절차를 적용하면 $p_\Lambda = 426.9$ MeV/c 및 $p_\pi = 365.7$ MeV/c를 얻는다. 두 최종 입자의 전체 운동량은 $p_{x,\text{final}} = p_\Lambda \cos\theta + p_\pi \cos\phi$ 및 $p_{y,\text{final}} = p_\Lambda \sin\theta - p_\pi \sin\phi$이 되며, x 및 y 방향에서 운동량 보존은 $p_\Lambda \cos\theta + p_\pi \cos\phi = p_{\text{initial}}$과 $p_\Lambda \sin\theta - p_\pi \sin\phi = 0$으로 표현된다. 여기에서 두 미지수$(\theta, \phi)$를 포함한 식 2개를 얻게 되며, θ를 제거하기 위해 첫 번째 식을 $p_\Lambda \cos\theta = p_{\text{initial}} - p_\pi \cos\phi$로 작성하고, 두 방정식을 제곱한 다음 더하면 ϕ에 대해 다음과 같이 풀 수 있다.

$$\phi = \cos^{-1}\left(\frac{p_{\text{initial}}^2 + p_\pi^2 - p_\Lambda^2}{2 p_\pi p_{\text{initial}}}\right)$$
$$= \cos^{-1}\left(\frac{\begin{array}{c}(416.8 \text{ MeV}/c)^2 + (365.7 \text{ MeV}/c)^2 \\ -(426.9 \text{ MeV}/c)^2\end{array}}{2(365.7 \text{ MeV}/c)(416.8 \text{ MeV}/c)}\right)$$
$$= 65.7°$$

y 성분에 대한 운동량 보존 방정식으로부터 θ를 얻을 수 있다.

$$\theta = \sin^{-1}\left(\frac{p_\pi \sin\phi}{p_\Lambda}\right)$$
$$= \sin^{-1}\left(\frac{(365.7 \text{ MeV}/c)(\sin 65.7°)}{426.9 \text{ MeV}/c}\right) = 51.3°$$

▌예제 2.21

반양성자(antiproton) $\bar{\text{p}}$(양성자와 동일한 정지 에너지 938 MeV를 갖지만 전하량은 반대인 입자)의 발견은 1956년에 다음과 같은 반응을 통해 일어났다.

$$\text{p} + \text{p} \rightarrow \text{p} + \text{p} + \text{p} + \bar{\text{p}}$$

여기에서 가속된 양성자는 실험실에서 정지한 양성자의 표적에 입사되었다. 반응을 일으키는 데 필요한 최소 입사 운동 에너지를 **문턱**(threshold) 운동 에너지라고 하며, 이 에너지에서는 최종 입자가 마치 하나의 단위인 것처럼 함께 움직이게 된다(그림 2.24). 이 반응에서 반양성자를 생성하는 문턱 운동 에너지를 구하시오.

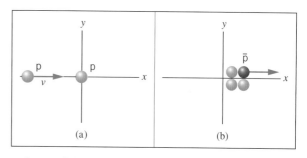

그림 2.24 예제 2.21의 (a) 속도 v로 움직이는 양성자가 정지한 다른 양성자와 충돌한다. (b) 이 반응은 3개의 양성자와 반양성자를 생성하며, 이들은 함께 하나의 단위처럼 이동한다.

풀이

이 문제는 에너지와 운동량 보존의 적용으로 손쉽게 해결할 수 있다. E'_p와 p_p를 입사하는 양성자의 총에너지와 운동량으로 하면, 두 양성자의 초기 총에너지는 $E_p + m_p c^2$이다. E'_p와 p'_p가 4개의 최종 입자 각각의 총에너지와 운동량을 나타낸다고 하자(이들은 함께 이동하므로 같은 에너지와 운동량을 갖는다). 따라서 다음의 총에너지 보존식,

$$E_p + m_p c^2 = 4E'_p$$

그리고 운동량 보존을 적용할 수 있다.

$$p_p = 4p'_p$$

운동량 방정식을 $\sqrt{E_p^2 - (m_p c^2)^2} = 4\sqrt{E_p'^2 - (m_p c^2)^2}$으로 쓸 수 있으며, 이제 2개의 방정식과 2개의 미지수(E_p와 E'_p)가 있다. E'_p에 대한 에너지 보존 방정식을 풀어 운동량 방정식에

대입함으로써 E'_p를 제거한 결과는 다음과 같다.

$$E_p = 7m_p c^2$$

여기서 입사하는 양성자의 운동 에너지를 계산할 수 있다.

$$K_p = E_p - m_p c^2 = 6m_p c^2 = 6(938 \text{ MeV}) = 5,628 \text{ MeV}$$
$$= 5.628 \text{ GeV}$$

Lawrence Berkeley 연구소의 Bevatron 가속기는 이 실험을 고려하여 설계되었으므로, 5.6 GeV를 초과하는 에너지의 양성자 빔을 생성할 수 있다. 이 반응에서 반양성자의 발견으로 실험물리학자 Emilio Segrè와 Owen Chamberlain은 1959년 노벨상을 수상했다.

2.9 특수 상대성 이론의 실험적 검증

특수 상대성 이론은 고전 물리학에서의 공간과 시간 개념과는 급격한 차이가 있기 때문에, 특수 상대성 이론의 예측과 고전 물리학의 예측을 명확히 구별할 수 있는 상세한 실험적 검증이 중요하다. 이 이론이 처음으로 제시된 이후로 많은 정밀한 실험 검증을 시도하였으며, 모든 경우에 특수 상대성 이론의 예측이 확인되었다. 여기서는 이러한 검증 중 일부에 대해 논의하고자 한다.

광속도의 보편성

두 번째 상대성 이론의 가설은 광속이 모든 관측자에게 동일한 값 c를 갖는다고 주장한다. 이를 위해 실험적으로 여러 유형의 검증이 필요하며, 그중 다음 두 가지를 논의하겠다. (1) 광속이 이동 방향에 따라 변하는가? (2) 광속이 광원과 관측자 사이의 상대 운동에 따라 변하는가?

Michelson-Morley 실험은 첫 번째 질문을 검증하는 데 사용되었다. 이 실험에서는 빛의 상류-하류 및 횡단류 속력을 비교하여 실험 오차 내에서 동일하다는 결론을 내렸다. 같은 말로, 광속 측정 시 선호하는 기준틀이 없다(에테르 없음)는 것이 실험을 통해 입증되었다고 할 수 있다. 에테르가 있다면 에테르를 통과하는 지구의 속도는 5 km/s 미만으로, 이는 태양 주위의 지구의 공전 속도인 30 km/s보다 훨씬 작은 수치

이다. 그 결과를 상류-하류 속력과 횡단류 속력 사이의 차이 Δc로 표현할 수 있으며, 실험은 $\Delta c/c < 3 \times 10^{-10}$임을 보였다.

Michelson-Morley의 실험 결과와 고전 물리학을 조화시키기 위해 Lorentz는 '에테르 항력(ether drag)'이라는 가설을 제안했는데, 이는 에테르를 통과하는 지구의 운동이 간섭계의 팔을 운동 방향으로 수축시키는 전자기적 항력을 일으킨다는 주장이었다. 이 수축은 Galilei 변환이 예측한 상류-하류 및 횡단류 시간 차이를 보상하기에 충분했다. 이 가설은 간섭계의 두 팔 길이가 같은 경우에만 유효하다. 이 가설을 테스트하기 위해 1932년 Kennedy와 Thorndike가 유사한 실험을 수행했다. 실험에서 간섭계 팔의 길이는 약 16 cm 정도 달랐는데, 이는 당시 사용 가능한 광원이 결맞음을 유지할 수 있는 최대 거리였다. Kennedy-Thorndike 실험은 상대 운동으로 인해 광속이 변하는지 여부에 대한 두 번째 질문을 검증했다. 그들의 결과는 $\Delta c/c < 3 \times 10^{-8}$였으며, 이는 Michelson-Morley 실험에 대한 Lorentz의 수축 가설을 일축시켰다.

최근에는 레이저 광원을 사용하여 정밀도가 크게 향상되면서 이러한 근본적인 실험이 반복되었다. 콜로라도주 볼더에 있는 천체물리학 실험실 공동 연구소(Joint Institute for Laboratory Astrophysics)에서 일하는 실험 연구자들은 회전하는 화강암 플랫폼에 2개의 헬륨-네온(He-Ne) 레이저로 구성된 장치를 만들었다. 레이저를 전자적으로 안정화함으로써 장치의 감도를 수백, 수천 배나 향상시켰다. 장치의 두 팔을 따라 이동하는 광속의 차이로 결과를 다시 표현하면 $\Delta c/c < 8 \times 10^{-15}$에 해당하고, 원래의 Michelson-Morley 실험에 비해 정확도가 약 10만 배나 향상된 것이다. 헬륨-네온 레이저를 사용한 Kennedy-Thorndike 실험의 유사한 반복에서 그들은 $\Delta c/c < 1 \times 10^{-10}$을 얻었으며 이는 원래 실험보다 300배 향상된 것이다[A. Brillet and J. L. Hall, *Physical Review Letters* **42**, 549 (1979); D. Hils and J. L. Hall, *Physical Review Letters* **64**, 1697 (1990) 참조]. Kennedy-Thorndike 유형의 실험은 크리스탈의 진동 진동수를 수소 메이저의 진동수와 비교함으로써 상당한 개선이 가능해졌다(메이저는 레이저와 유사하지만 가시광선이 아닌 마이크로파를 사용한다). 실험 연구자들은 지구의 속도가 변할 때, 진동수의 상대적 변화를 찾기 위해 거의 1년 동안 측정했다. 그러나 아무런 효과도 관측되지 않았으며, $\Delta c/c < 2 \times 10^{-12}$의 한계 조건이 도출되었다[P. Wolf et al., *Physical Review Letters* **90**, 060402 (2003) 참조].

두 번째 질문을 검증하는 또 다른 방법은 움직이는 광원에서 방출되는 빛의 속력을 측정하는 것이다. 우리 쪽으로 향하거나 혹은 멀어지는 광원을 따라 이 빛을 관측한다고 가정해 보자. 광원의 정지 기준틀에서 방출된 빛은 속력 c로 이동한다. 우리의 기준틀에서 광속을 $c' = c + \Delta c$로 표현할 수 있으며, 여기서 Δc는 특수 상대성 이론에 따라 $0(c' = c)$이거나 고전 물리학에 따라 $\pm u$이다(Galilei 변환에서 움직임이 관찰자 쪽을 향하는지 또는 멀어지는지에 따라 $c' = c \pm u$로 표현함).

이러한 유형의 어떤 실험에서는 파이 중간자(파이온)가 감마선(c로 이동하는 전자기파의 한 형태)으로 붕괴되는 것이 관찰되었다. 파이온(대형 가속기에서 생성됨)이 이러한 감마선을 방출할 때, 파이온은 실험실에 상대적으로 광속에 가까운 속력으로 이동한다. 따라서 Galilei 상대론이 타당하다면, 우리는 특수 상대성 이론이 예측한, 항상 c가 아닌 c'의 속력으로 이동하는 붕괴하는 파이온과 같은 방향으로 방출되는, 실험실 기준으로 거의 $2c$로 움직이는 감마선을 예상해야 한다. 한 실험에서 관측된 이러한 감마선의 실험실에서의 속도는, 붕괴하는 파이온이 $u/c = 0.99975$로 움직일 때 $(2.9977 \pm 0.0004) \times 10^8$ m/s였다. 이 결과는 $\Delta c/c < 2 \times 10^{-4}$를 나타내며, 상대성 이론이 예상한 바와 같이 $c' = c$임을 얻었다. 이 실험은 실험실에 대해 c에 가까운 속도로 이동하는 물체가 물체와 실험실 모두에 대해 c의 속도로 이동하는 '빛'을 방출한다는 것을 직접적으로 보여주며, 이는 Einstein의 두 번째 가설에 대한 직접적 증거를 제공하는 것이다[T. Alvagar et al., *Physical Letters* **12**, 260 (1964) 참조].

또 다른 실험은 쌍성 펄서에서 방출되는 엑스선을 연구하는 것이다. 이 쌍성 펄서는 다른 별 주위를 공전할 때 빠르게 맥동하는 엑스선 광원으로, 공전 시 펄서를 가릴 수 있다. 펄서가 공전 시 처음에는 지구를 향해 움직였다가 나중에는 지구로부터 멀어질 때, 빛(이 경우 엑스선)의 속력이 변한다면 식(eclipse)의 시작과 끝은 중간점으로부터 같은 시간 간격에 있지 않을 것이다. 하지만 그러한 효과는 관측되지 않았으며, 이러한 관측으로부터 특수 상대성 이론의 예측과 일치하는 $\Delta c/c < 2 \times 10^{-12}$라는 결론이 나왔다. 이 실험은 $u/c = 10^{-3}$에서 수행되었다[K. Brecher, *Physical Review Letters* **39**, 1051 (1977) 참조].

이동 방향에 따라 광속이 변하는지에 대한 다른 유형의 측정 한계 검증은 GPS (Global Positioning System)를 구성하는 지구 위성 네트워크에 탑재된 시계를 사용하여 수행할 수 있다. 하루 중 서로 다른 시간에(위성이 지상국에 상대적으로 이동할 때) GPS 위성의 시계 판독값을 지상의 시계와 비교함으로써, 이동 방향의 변화가 시계의 동기화에 영향을 미치는지 여부를 검증할 수 있다. 이 또한 어떤 효과도 관측되지 않았으며 실험 연구자들은 빛의 한 방향 속력과 왕복 속력 간의 차이에 대해 $\Delta c/c < 5 \times 10^{-9}$의 측정 한계를 설정할 수 있었다[P. Wolf and G. Petit, *Physical Review A* **56**, 4405 (1997) 참조].

시간 지연

우리는 이미 우주선에 의해 생성된 뮤온 붕괴에 대한 시간 지연 효과에 대해 논의했다. 뮤온 붕괴는 실험실에서도 확인할 수 있다. 뮤온은 고에너지 가속기의 충돌 후에 생성될 수 있으며, 뮤온의 붕괴는 붕괴 생성물(보통의 전자)을 관찰함으로써 추적할 수 있다. 이러한 뮤온은 갇혀서 정지 상태에서 붕괴되거나, 빔 안에 놓여져 비행 중에 붕괴될 수도 있다. 뮤온이 정지 상태에서 관찰될 때는, 붕괴 수명은 2.198 μs이다. (12장에서 논의할 것으로, 붕괴는 일반적인 지수 법칙을 따르며, 본래 뮤온의 $1/e = 0.368$이 남아 있을 때의 시간을 수명이라고 한다.) 이것이 뮤온이 정지해 있는 기준틀에서 측정된 **고유 수명**(proper lifetime)이 된다. 한 특정 실험에서 뮤온은 고리에 갇혀 운동량 $p = 3{,}094$ MeV/c으로 순환했다. 비행 중 붕괴는 64.37 μs의 수명으로 측정되었으며(실험실 기준틀에서 측정), 이 운동량을 가진 뮤온에 대해서 식 (2.8)의 계산은 64.38 μs의 늘어난 수명을 제시하였다(연습문제 49 참조). 이는 측정된 값과 매우 일치하며 시간 지연 효과를 검증하였다[J. Bailey et al., *Nature* **268**, 301 (1977) 참조].

파이온을 사용한 유사한 실험이 수행되었다. 정지 상태의 파이온에 대해 측정된 고유 수명은 26.0 ns로 알려져 있다. 한 실험에서는 $u/c = 0.913$의 속력으로 비행하는 중에 파이온이 관측되었으며, 수명은 63.7 ns로 측정되었다. (파이온은 뮤온으로 붕괴하므로 붕괴의 결과로 방출되는 뮤온을 관찰함으로써 파이온의 기하급수적인 방사성 붕괴를 추적할 수 있다.) 이 속력으로 움직이는 파이온의 경우 늘어난 예상 수명은 측정된 값과 정확히 일치하여, 시간 지연 효과를 다시 한번 확인하였다[D. S. Ayres et al., *Physical Review D* **3**, 1051 (1971) 참조].

Doppler 효과

상대론적 Doppler 효과는 Ives와 Stilwell이 1938년 수행한 실험에서 처음으로 확인되었다. 그들은 그림 2.25에 보이는 것처럼 가스 방전으로 생성된 수소 원자 빔을 속력 u로 튜브로 보냈으며, u에 평행한 방향(원자 1)과 반대 방향(원자 2, 거울에서 반사됨)으로 원자에서 방출되는 빛을 동시에 관측할 수 있었다. 분광기를 사용하여 실험 연구자들은 이러한 원자와 정지 원자의 특성 스펙트럼 선을 촬영할 수 있었다. 고전적인 Doppler 공식이 유효하다면 원자 1과 2에서 나오는 선의 파장은 그림 2.25b와 같이 정지 원자에서 나오는 선(파장 λ_0)의 양쪽에 $\Delta\lambda_1 = \pm\lambda_0(u/c)$으로 대칭적으로 배치될 것이다. 반면 상대론적 Doppler 공식은 그림 2.25c에서와 같이 추가적인 비대칭 이동 $\Delta\lambda_2 = +\frac{1}{2}\lambda_0(u/c)^2$이 생기게 된다($u \ll c$에 대해 계산할 경우, u/c의 고차 항은 무시할

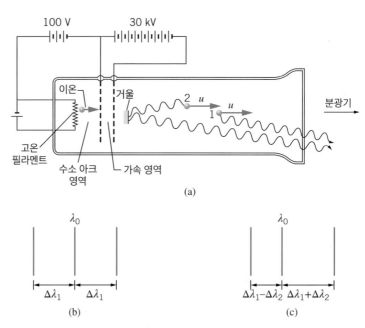

그림 2.25 (a) Ives-Stilwell 실험에 사용된 장치. (b) 고전적인 Doppler 효과로 예상되는 선 스펙트럼. (c) 상대론적 Doppler 효과로 예상되는 선 스펙트럼.

수 있다). 그림 2.26은 수소 선 중 하나($\lambda_0 = 486$ nm에서 Balmer 계열의 파란색 선)에 대한 Ives와 Stilwell의 결과를 보여준다. 관측된 값과 상대론 공식에 의해 예측된 값의 일치는 상당히 놀랍다.

최근 레이저 실험을 통해 상대론 공식이 더욱 높은 정확도로 검증되었다. 이 실험은 원자에 의한 레이저 빛 흡수를 기반으로 한다. 빛이 흡수되면 원자는 가장 낮은 에너지 상태(바닥 상태)에서 여러 여기 상태 중 하나로 변한다. 실험은 본질적으로 정지 상태의 원자를 여기시키는 데 필요한 레이저 파장과 움직이는 원자를 여기시키는 데 필요한 레이저 파장을 비교하는 것으로 이루어진다. 한 실험에서는 고에너지 양성자 가속기에서 생성된 운동 에너지 800 MeV($u/c = 0.84$에 해당)를 갖는 수소 원자 빔을 사용했다. 원자를 여기시키기 위해 자외선 레이저가 사용되었다. 이 실험에서는 상대론적 Doppler 효과를 약 3×10^{-4}의 정확도로 검증했다[D. W. MacArthur et al., *Physical Review Letters* **56**, 282 (1986) 참조]. 또 다른 실험에서는 $u = 0.0036c$의 속력으로 움직이는 네온 원자 빔에 파장 가변의 염료 레이저 빛을 조사함으로써, 상대론적 Doppler 편이를 2×10^{-6}의 정밀도로 확인하였다[R. W. McGowan et al., *Physical Review Letters* **70**, 251 (1993) 참조]. 보다 최근의 연구에서는 파장 가변의 2개의 염료 레이저를 $0.064c$로 이동하는 리튬 원자 빔에 평행 및 반평행으로 조사하였고, 이 실험 결과는 2×10^{-7}

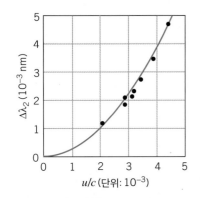

그림 2.26 Ives-Stilwell 실험의 결과. 고전 이론에 따르면 $\Delta\lambda_2 = 0$인 반면, 특수 상대성 이론에 따르면 $\Delta\lambda_2$는 $(u/c)^2$에 의존한다. 상대론 공식을 나타내는 실선은 데이터 포인트와 매우 일치한다.

의 정밀도 내에서 상대론적 Doppler 공식과 일치하여 이전 최고의 결과를 10배나 향상시켰다[G. Saathoff et al., *Physical Review Letters* **91**, 190403 (2003) 참조].

　　개별적으로 갇힌 원자를 사용한 실험을 통해 심지어 일반적인 속력에서도 전례 없는 수준의 정밀도로 특수 상대성 이론 검증이 가능해졌다. 한 실험에서는 인가된 전기장에서 진동하는 알루미늄 이온이 방출하는 빛의 진동수를 정지한 갇힌 이온에서 방출한 빛과 비교하였다. Doppler 공식 (2.22)에 따르면, 진동수 변화는 $\Delta f = f' - f \cong -(u^2)_{\text{av}}/2c^2$이며, 이는 진동하는 원자에 대해 u_{av}가 0이기 때문이다. 약 10 m/s의 속력(일반적인 단거리 육상 선수)에서 진동수의 상대적 변화는 $\Delta f/f = 10^{-15}$ 정도이지만, 갇힌 원자들로 구성된 원자시계의 정밀도는 10^{-17} 정도로 매우 정확한 확인이 가능하다. 이러한 낮은 속도에서 특수 상대성 이론과 매우 뛰어나게 일치한다[C. W. Chou et al., *Science* **329**, 1630 (2010) 참조].

상대론적 운동량과 에너지

에너지와 운동량의 상대론적 관계에 대한 최초의 직접적인 확인은 Einstein의 1905년 논문 이후 불과 몇 년이 걸리지 않았다. 특정 방사성 붕괴 과정(12장에서 논의될 핵 베타 붕괴)에서 방출되는 고에너지 전자의 운동량과 속도에 대한 동시 측정이 이루어진 것이다. 그림 2.27은 p/mv로 표시된 여러 가지 조사 결과를 보여주는데, 고전 물리학에 따르면 1의 값을 가져야 한다. 결과는 상대론적 공식과 일치하지만, 고전적 공식과는 일치하지 않는다. 상대론적 공식과 고전적 공식은 낮은 속도에서 동일한 결과가 나오며 실제로 0.1c 미만의 속도에서는 두 가지를 구별할 수 없다는 것을 주목하자. 이

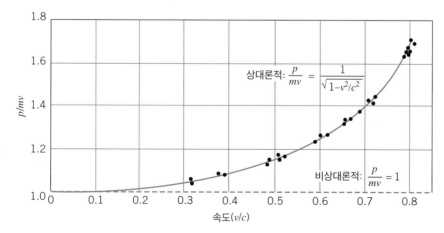

그림 2.27 다양한 속도의 전자에 대한 p/mv의 값. 데이터는 상대론적 결과와 일치하지만 비상대론적 결과($p/mv = 1$)와는 전혀 일치하지 않는다.

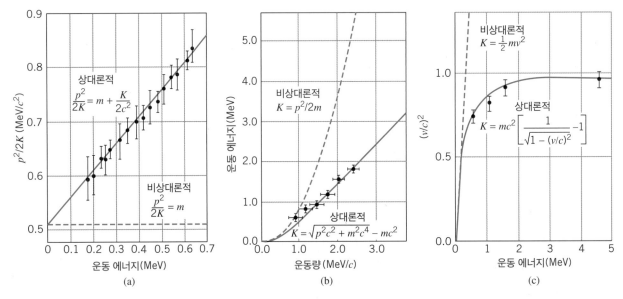

그림 2.28 상대론적 운동 에너지 관계의 확인 결과. (a)와 (b)에서 방사성 붕괴 전자의 운동량과 에너지는 동시에 측정되었다. 두 독립적인 실험에서 데이터는 서로 다른 방식으로 나타내었지만 결과는 비상대론적이 아닌 상대론적 관계와 잘 일치함을 보여준다. (c)에서 전자는 큰 전기장(그림과 같이 최대 450만 볼트까지)을 통해 정해진 에너지까지 가속되었으며 전자의 속도는 8.4 m의 비행 시간을 측정하여 결정되었다. 작은 운동 에너지($K \ll mc^2$)에서는 상대론적 관계와 비상대론적 관계가 동일해진다는 것을 주목하라. [출처: (a) K. N. Geller and R. Kollarits, *Am. J. Phys.* **40**, 1125 (1972); (b) S. Parker, *Am. J. Phys.* **40**, 241 (1972); (c) W. Bertozzi, *Am. J. Phys.* **32**, 551 (1964).]

것이 일반적으로 실험실에 있는 물체를 사용한 실험에서 상대론적 효과를 관찰하지 못한 이유이다.

빠른 전자의 운동 에너지를 측정한 다른 최근 실험들을 그림 2.28에 나타내었다. 다시 한번, 고속에서 측정한 데이터는 특수 상대성 이론과 일치하고 고전 방정식과는 일치하지 않는다. 좀 더 극단적인 예로, Stanford 선형 가속기 센터의 실험 연구자들은 빛 속도와의 차이가 5×10^{-10} 이내(또는 c보다 약 0.15 m/s 작은 정도)에 해당하는 20 GeV 전자의 속도를 측정했는데, 측정 결과는 이 수준의 정밀도를 따라갈 수 없었지만, 전자의 속도와 빛의 속도의 차이가 2×10^{-7} 이내(60 m/s)라는 것을 확인했다[Z. G. T. Guiragossian et al., *Physical Review Letters* **34**, 355 (1975) 참조].

핵물리학자나 입자물리학자가 실험실에 들어갈 때마다 거의 매번 특수 상대성 이론의 운동량과 에너지 관계에 대한 직간접적인 테스트가 이루어진다. 특수 상대성 원리는 핵물리학자와 입자물리학자가 사용하는 고에너지 가속기의 설계에 포함되어야 하므로, 이러한 가속기 프로젝트의 건설조차도 특수 상대성 이론 공식의 타당성을 입증하는 결과가 된다.

예를 들어, '중수소(heavy hydrogen)'를 형성하기 위해 수소 원자가 중성자를 포획하는 것을 생각해 보자. 이 과정에서 에너지는 대부분 전자기 복사(감마선)의 형태로 방출된다. 감마선의 에너지는 2.224 MeV로 측정된다. 이 에너지는 어디에서 오는가? 이는 수소와 중성자가 결합하여 중수소를 형성할 때 질량의 차이에서 기인한다. 초기 질량과 최종 질량의 차이는

$$\Delta m = m(수소) + m(중성자) - m(중수소)$$
$$= 1.007825\ u + 1.008665\ u - 2.014102\ u = 0.002388\ u$$

수소와 중성자를 더한 초기 질량은 중수소의 최종 질량보다 0.002388 u만큼 더 크다. 이 질량 변화에 해당하는 에너지는

$$\Delta E = (\Delta m)c^2 = 2.224\ MeV$$

으로, 감마선으로 방출되는 에너지와 같다.

　$E = mc^2$ 관계를 테스트하기 위해 유사한 실험이 진행되었으며, 실리콘과 황 원자가 중성자를 포획한 후 감마선으로 방출되는 에너지를 측정하고, 감마선 에너지를 초기 질량과 최종 질량의 차이와 비교함으로써 수행되었다. 실험 결과는 약 4×10^{-7}의 정밀도까지 $E = mc^2$과 일치함을 확인하였다[S. Rainville et al., *Nature* **438**, 1096 (2006) 참조].

쌍둥이 역설

우리가 설명한 바와 똑같이 쌍둥이 역설을 검증하는 실험을 할 수는 없지만 동등한 의미의 다른 실험을 수행할 수 있다. 먼저 실험실에서 2개의 시계를 가져와 정확하게 동기화한다. 그런 다음 시계 하나를 비행기에 놓고 지구 주위를 비행한다. 시계를 다시 실험실로 가져와 두 시계를 비교할 때, 특수 상대성 이론이 맞다면 실험실을 떠난 시계가 '더 젊은' 시계라고 기대할 것이다. 즉, 그 시계는 더 적은 시간이 흘러 정지한 쌍둥이 뒤에서 동작하는 것처럼 보일 것이다. 이 실험에서는 약 10^{-7}초에 불과한 시간 차이를 측정하기 위해 세슘의 원자 진동을 기반으로 하는 매우 정밀한 시계를 사용해야 한다. 이 실험은 여러 요소로 인해 복잡해지나, 모든 요소는 꽤 정확하게 계산될 수 있다. 여기에서 회전하는 지구는 관성 기준틀이 아니고(구심 가속도가 있음), 지표면상의 시계는 지구의 회전으로 인해 이미 움직이고 있으며, 일반 상대성 이론은 중력장 세기의 변화(움직이는 시계가 비행기의 고도를 변화시킬 때 나타남)가 시계가 동작하는 속도도 변화시킬 것이라고 예측한다. 이 실험에서는 우리가 논의한 다른 실험에서와 마찬가지로, 결과가 특수 상대성 이론의 예측과 완전히 일치한다[J. C. Hafele and R. E.

Keating, *Science* **177**, 166 (1972) 참조].

비슷한 실험에서 우주왕복선에 탑재된 세슘 원자시계를 지구의 동일한 시계와 비교하였고, 이는 왕복선과 지상국 사이의 무선 연결을 통해 이루어졌다. 약 328 km의 궤도 높이에서 왕복선은 약 7,712 m/s, 즉 $2.5 \times 10^{-5} c$의 속력으로 움직였으며, 이 속력으로 움직이는 시계는 정지 상태의 시계보다 시간 지연 인자만큼 느리게 동작한다. 궤도에 있는 시계는 지구의 시계에 비해 매초 330 ps 느리게 가며, 같은 얘기로, 궤도당 약 1.8 μs 느리게 간다. 이러한 시간 간격은 매우 정밀하게 측정할 수 있으며 예측된 비대칭 노화는 약 0.1%의 정밀도로 검증되었다[E. Sappl, *Naturwissenschaften* **77**, 325 (1990) 참조].

요약

		절			절
Galilei 상대론	$x' = x - ut, v_x' = v_x - u$	2.1	Lorentz 속도 변환	$v_x' = \dfrac{v_x - u}{1 - v_x u/c^2}$,	2.5
Einstein의 가설	(1) 물리법칙은 모든 관성 기준틀에서 동일하다. (2) 광속은 모든 관성 기준틀에서 동일한 값 c를 갖는다.	2.3		$v_y' = \dfrac{v_y \sqrt{1 - u^2/c^2}}{1 - v_x u/c^2}$,	
				$v_z' = \dfrac{v_z \sqrt{1 - u^2/c^2}}{1 - v_x u/c^2}$	
시간 지연	$\Delta t = \dfrac{\Delta t_0}{\sqrt{1 - u^2/c^2}}$ ($\Delta t_0 =$ 고유 시간)	2.4	시계 동기화	$\Delta t' = \dfrac{uL/c^2}{\sqrt{1 - u^2/c^2}}$	2.5
길이 수축	$L = L_0 \sqrt{1 - u^2/c^2}$ ($L_0 =$ 고유 길이)	2.4	상대론적 운동량	$\vec{\mathbf{p}} = \dfrac{m\vec{\mathbf{v}}}{\sqrt{1 - v^2/c^2}}$	2.7
속도 덧셈	$v = \dfrac{v' + u}{1 + v'u/c^2}$	2.4	상대론적 운동 에너지	$K = \dfrac{mc^2}{\sqrt{1 - v^2/c^2}} - mc^2$	2.7
Doppler 효과 (광원과 관측자가 멀어질 때)	$f' = f\sqrt{\dfrac{1 - u/c}{1 + u/c}}$	2.4	정지 에너지	$E_0 = mc^2$	2.7
Lorentz 변환	$x' = \dfrac{x - ut}{\sqrt{1 - u^2/c^2}}$, $y' = y, z' = z,$ $t' = \dfrac{t - (u/c^2)x}{\sqrt{1 - u^2/c^2}}$	2.5	상대론적 총에너지	$E = K + E_0 = \dfrac{mc^2}{\sqrt{1 - v^2/c^2}}$	2.7
			운동량-에너지 관계	$E = \sqrt{(pc)^2 + (mc^2)^2}$	2.7
			극한 상대론적 근사	$E \cong pc$	2.7
			보존 법칙	입자의 고립계에서 전체 운동량과 상대론적 총에너지는 일정하게 유지된다.	2.8

1. '상대성(relativity)'이라는 용어가 무엇을 의미하는지 자신의 언어로 설명하시오. 상대성에 대한 다른 이론들이 있는가?

2. 2.1절의 첫 번째 단락에 설명된 2명의 관측자와 바위가 성간 공간에 고립되어 있다고 가정하자. 바위의 움직임에 대한 두 관측자의 서로 다른 인식에 대해 토론하시오. 절대적인 관점에서 바위가 움직이는지 여부를 결정하기 위해 그들이 할 수 있는 실험이 있는가?

3. O'의 기준틀에서 나타나는 그림 2.4의 상황을 설명하시오.

4. Michelson-Morley 실험은 에테르가 존재하지 않거나 불필요하다는 것을 보여주는가?

5. 절단 날이 손잡이보다 훨씬 더 긴 한 쌍의 큰 가위를 만들었다고 가정해 보자. 실제로 손잡이를 각속도 ω로 움직일 때 블레이드 끝의 한 점이 c보다 큰 접선 속도 $v = \omega r$을 갖도록 길게 만들 때, 특수 상대론과 모순되는가? 설명하시오.

6. 빛이 물을 통과할 때 약 2.25×10^8 m/s의 속력을 갖는다. 입자가 2.25×10^8 m/s보다 큰 속력 v로 물 속에서 이동하는 것이 가능한가?

7. 광속으로 이동하는 입자가 있을 수 있는가? 그러한 입자에 대해 식 (2.36)이 요구하는 것은 무엇인가?

8. 상대론은 어떻게 공간과 시간 좌표를 시공간으로 결합하는가?

9. Einstein은 속력 c로 광선과 함께 이동하는 관측자에게 광선이 어떻게 보일지 상상하는 데 실패한 후 상대성 이론을 발전시켰다. 왜 이것을 상상하기가 그렇게 어려운가?

10. 시간 지연(time dilation)과 길이 수축(length contraction)이라는 용어를 자신의 언어로 설명하시오.

11. $v = 0.99c$로 달에 접근하는 우주 여행자가 볼 때 달의 원반은 같은 위치에 정지해 있는 사람이 볼 때와 비교하여 크기가 다르게 보이는가?

12. 시간 지연 효과에 따르면 적도에 사는 사람의 기대 수명은 북극에 사는 사람보다 얼마만큼 길거나 짧을까?

13. 다음 주장을 비판하시오. "여기에 빛보다 빠르게 여행할 수 있는 방법이 있다. 별이 10광년 떨어져 있다고 하자. 지구에서 전송된 무선 신호가 별까지 왕복하려면 20년이 필요하다. $v = 0.8c$의 로켓을 타고 별까지 여행한다면, 내가 볼 때 별까지의 거리는 $\sqrt{1-(0.8)^2}$ 만큼 짧아져 6광년으로 수축되고, 그 속도로 그곳까지 여행하는 데는 6광년/$0.8c = 7.5$년이 걸릴 것이다. 왕복하는 데 15년밖에 걸리지 않으므로 20년이 걸리는 빛보다 빨리 여행할 수 있다."

14. 서로 상대적인 움직임을 보이는 두 시계를 동기화하는 것이 가능한가? 그렇게 하기 위한 방법을 설계해 보시오. 어떤 관측자가 시계가 동기화되었다고 믿겠는가?

15. 사건 A가 사건 B를 일으킨다고 가정해 보자. 한 관측자에게는 사건 A가 사건 B보다 먼저 온다. 다른 기준틀에서 사건 B가 사건 A보다 먼저 올 수 있는가? 논의해 보시오.

16. 질량이 보존량인 것은 고전 물리학에서인가, 특수 상대성 이론에서인가?

17. "특수 상대론에서는 질량과 에너지가 동일하다." 이 진술에 대해 토론하고 예를 들어보시오.

18. 저온의 물체와 동일한 고온의 물체 중 어느 것이 더 질량이 큰가? 원래 길이의 스프링과 압축된 동일한 스프링, 저압 또는 고압의 가스 용기, 충전된 커패시터 또는 충전되지 않은 커패시터의 경우는 어떠한가?

19. 충돌이 한 기준틀에서는 탄성적이면서 다른 기준틀에서는 비탄성적일 수 있는가?

20. (a) 전하에 대한 상대론적 변환 법칙이 있다면 자연의 어떤 특성이 달라지겠는가? (b) 전하는 속도에 따라 변하지 않는다는 것을 증명하기 위해 어떤 실험을 할 수 있는가?

연습문제

2.1 고전 상대성 이론

1. 출발지에서 정북쪽으로 750 km 떨어진 목적지에 도달하기 위해 소형 비행기를 조종하고 있다. 일단 이륙하면, 북쪽 방향으로 유지하기 위해(강하지만 계속되는 바람으로 인해) 비행기의 기수를 진북에서 서쪽으로 22° 각도로 틀어야 한다는 것을 알게 된다. 이전 비행에서 바람이 불지 않은 상태에서 이 경로를 비행하는 데 3.14시간이, 바람이 불면 4.32시간이 걸린다는 것을 알고 있다. 동료 조종사가 전화로 풍속(크기와 방향)에 대해 문의해 온다면, 무엇이라고 답할 것인가?

2. 길이 95 m의 무빙워크는 0.53 m/s의 속도로 승객을 운반한다. 승객 1명의 정상 보행 속도는 1.24 m/s이다. (a) 승객이 걷지 않고 무빙워크 위에 서 있는 경우 전체 길이를 이동하는 데 시간이 얼마나 걸리는가? (b) 만약 그녀가 무빙워크에서 정상적인 속도로 걷는다면 전체 길이를 이동하는 데 시간이 얼마나 걸리는가? (c) 그녀가 무빙워크 끝에 도달했을 때, 그녀는 갑자기 반대편 끝에 소포를 두고 왔다는 것을 깨달았다. 그녀는 소포를 회수하기 위해 평소 걷는 속도의 두 배로 무빙워크를 따라 되돌아갔다. 그녀가 소포에 도달하는 데 시간이 얼마나 걸리는가?

2.2 Michelson-Morley 실험

3. Michelson-Morley 실험에서 무늬 1개의 이동은 장치가 90°만큼 회전할 때 간섭계의 한쪽 팔을 따라 왕복 이동 시간이 빛의 한 주기(약 2×10^{-15}초)만큼 변경되는 것과 같다. 예제 2.3의 결과를 바탕으로, 1개의 무늬 이동으로부터 에테르를 통과하는 속도는 얼마로 추정할 수 있는가? (간섭계 팔의 길이를 11 m로 한다.)

2.4 Einstein 가설의 결과

4. 뉴욕에서 로스앤젤레스까지의 거리는 약 4,000 km이며, 시속 100 km로 운전하는 자동차로 약 40시간이 소요된다. (a) 자동차 여행자에 따르면 거리는 4,000 km보다 얼마나 짧은가? (b) 여행하는 동안 40시간보다 얼마나 덜 늙는가?

5. 물체의 길이가 고유 길이의 절반으로 수축되는 것처럼 보이려면 물체가 얼마나 빨리 움직여야 하는가?

6. 우주 비행사가 지구에서 300광년 떨어진 머나먼 행성으로 여행을 떠나야 한다. 왕복 여행 동안 12년만 나이를 먹고 싶다면 어떤 속도로 움직여야 하는가?

7. 어떤 입자의 고유 수명은 120.0 ns이다. (a) $v = 0.950c$에서 움직인다면 실험실에서 얼마나 오래 살 수 있는가? (b) 그 시간 동안 실험실에서는 얼마나 멀리 이동하는가? (c) 입자와 함께 움직이는 관측자에 따르면 실험실에서 이동한 거리는 얼마인가?

8. 고에너지 입자는 실험실의 특정 탐지기에 남겨진 흔적을 촬영하여 관측된다. 궤적의 길이는 입자의 속도와 수명에 따라 달라진다. $0.993c$로 움직이는 입자는 1.15 mm 길이의 궤적을 남긴다. 입자의 고유 수명은 얼마인가?

9. 식 (2.17)의 유도 과정에서 빠진 단계를 완성하시오.

10. 두 우주선이 반대 방향에서 지구에 접근한다. 지구의 관측자에 따르면 우주선 A는 $0.743c$의 속력으로 움직이고 우주선 B는 $0.831c$의 속력으로 움직이고 있다. 우주선 B에서 본 우주선 A의 속도는 얼마인가? 우주선 A에서 본 우주선 B의 속도는 얼마인가?

11. 로켓 A가 속력 $0.811c$로 우주 정거장을 떠난다. 이후에, 로켓 B가 동일한 방향으로 속력 $0.665c$로 떠난다. 로켓 B에서 본 로켓 A의 속도는 얼마인가?

12. 먼 은하로부터 관측된 가장 강한 방출선 중 하나는 수소에서 나오며 122 nm(자외선 영역)의 파장을 갖는다. (a) 그 선이 366 nm의 가시 영역에서 관측되려면 은하가 얼마나 빠르게 멀어져야 하는가? (b) 만약 해당 은하가 같은 속도로 우리에게 다가오고 있다면 그 선의 파장은 어떻게 되는가?

13. 한 물리학 교수는 법정에서 빨간 불($\lambda=650$ nm)에 지나간 이유로서, 그의 움직임으로 인해 빨간색이 Doppler 효과로 녹색($\lambda=550$ nm)으로 보였기 때문이라고 주장했다. 얼마나 빨리 달린 것인가?

14. 3개의 막대를 연결하여 만든 45–45–90 삼각형이 $x'y'$ 평면에 있으며 빗변은 x'축에 따라 놓여 있다. O'는 x 방향으로 O에서 멀어지며 속도는 $0.92c$이다. O에 따른 삼각형의 각도는 얼마인가?

15. 뉴욕의 Brookhaven 국립 연구소에 있는 가속기인 상대론적 중이온 충돌기(Relativistic Heavy Ion Collider)에서 금 원자핵이 속도 $0.99995c$로 가속되어 정면 충돌을 하려고 한다. 금 원자 반경이 약 7.0 fm라고 하면, 이 속도로 이동하는 금 핵의 밀도는 본래의 밀도에 비해 얼마가 되겠는가?

2.5 Lorentz 변환

16. v'_x와 v'_z에 대한 Lorentz 속도 변환식을 유도하시오.

17. 관측자 O는 y 방향으로 빛을 발사한다($v_y=c$). Lorentz 속도 변환을 사용하여 v'_x와 v'_y를 찾고 관측자 O' 역시 광속을 c로 측정함을 보이시오. O'는 O에 대해 x 방향으로 속도 u로 이동하고 있다고 가정한다.

18. O의 기준틀에서 x 위치에 놓인 전구는 시간 간격 $\Delta t=t_2-t_1$로 깜박이고 있다. O에 상대 속력 u로 이동하는 관측자 O'는 간격을 $\Delta t'=t'_2-t'_1$로 측정한다. Lorentz 변환을 사용하여 Δt와 $\Delta t'$를 연관시키는 시간 지연 식을 유도하시오.

19. 정지해 있는 중성의 K 중간자는 2개의 π 중간자로 붕괴되어 x축을 따라 각각 반대 방향으로 $0.815c$의 속도로 이동한다. 대신 K 중간자가 양의 x 방향으로 속도 $0.453c$로 이동한다면 2개의 π 중간자의 속도는 얼마인가?

20. 관측자 O의 기준틀에서 막대는 x축과 34°의 각도를 이루고 있다. x 방향으로 속도 u로 이동하는 관측자 O'에게 막대가 x축과 52°의 각도를 이룰 때, 속도 u를 구하시오.

21. 관측자 O에 따르면 거리가 49.5 m로 분리된 두 이벤트가 발생했으며, 시간 간격은 $0.528\,\mu$s이다. 관측자 O'는 x 방향

으로 속도 $0.685c$로 O에서 멀어지고 있다. O'에 따르면 두 이벤트의 공간적 및 시간적 간격은 어떻게 되는가?

22. 관측자 O에 따르면 위치 $x_b=10.4$ m, 시간 $t_b=0.124\,\mu$s에 파란색 섬광이 번쩍하고, 위치 $x_r=23.6$ m, 시간 $t_r=0.138\,\mu$s에서 빨간색 섬광이 번쩍한다. O에 대해 상대 속도 u로 이동하는 관측자 O'에게 두 번쩍임은 동시에 발생하는 것으로 보인다. 속도 u를 찾으시오.

2.6 쌍둥이 역설

23. 광속이 1,000 mi/h라고 가정해 보자. 당신은 로스앤젤레스에서 보스턴까지 3,000 mi 떨어진 거리를 비행기로 여행하고 있다. 비행기의 속력은 시속 600 mi로 일정하다. 손목시계와 공항 시계에 표시된 대로 오전 10시에 로스앤젤레스를 떠난다. (a) 손목시계를 기준으로, 보스턴에 도착한 시간은 몇 시인가? (b) 보스턴 공항에는 로스앤젤레스 공항의 시계와 정확히 같은 시간을 가리키도록 동기화된 시계가 있다. 보스턴에 도착하면 그 시계는 몇 시를 가리키는가? (c) 로스앤젤레스 시간을 기록하는 보스턴 시계가 다음 날 오전 10시를 가리키면 같은 비행기를 타고 보스턴을 출발하여 로스앤젤레스로 돌아간다. 로스앤젤레스에 도착하면 손목시계와 공항 시계의 시간이 어떻게 표시되겠는가?

24. 로켓을 타고 여행하는 아멜리아가 지구에서 만든 시계를 가지고 있다고 하자. 매년 그녀의 생일에 그녀는 지구에 있는 오빠 캐스퍼에게 빛 신호를 보낸다. (a) 캐스퍼는 아멜리아가 지구로부터 멀어지는 여정 동안 신호를 얼마나 자주 수신하는가? (b) 귀환 여정 중에 캐스퍼는 얼마나 자주 신호를 받는가? (c) 캐스퍼는 아멜리아의 여행 20년 동안 생일 신호 중 몇 개를 수신하는가?

25. 아멜리아가 8.0광년 떨어진 별까지 (지구의 캐스퍼에 따르면) $0.80c$의 속력으로 여행했다고 가정하자. 캐스퍼는 아멜리아의 왕복 여행 동안 나이를 20년 더 먹었다. 아멜리아가 지구로 돌아올 때 캐스퍼보다 얼마나 젊은가?

26. 캐스퍼의 기준틀에서 캐스퍼와 아멜리아의 세계선을 보여

주는 그림 2.20과 유사한 그림을 그리시오. 아멜리아의 떠나는 여정에 대한 세계선을 8개의 동일한 부분으로 나눈다 (아멜리아가 축하하는 8개의 생일에 대응된다). 각 생일마다 아멜리아가 그녀의 생일날 캐스퍼에게 보내는 빛 신호를 나타내는 선을 그리고 아멜리아의 귀환 여정에도 동일한 작업을 수행한다. (a) 캐스퍼의 시간에 따르면, 아멜리아가 지구를 떠난 후 그가 8번째 생일을 자축하는 신호를 받는 시간은 언제인가? (b) 캐스퍼가 9번째부터 16번째까지의 생일을 자축하는 아멜리아의 신호를 수신하는 데 시간이 얼마나 걸리는가?

27. 두 쌍둥이가 지구에서 12광년 떨어진 별까지 왕복 여행을 한다. 앨리스는 0.6c의 속도로 이동하고, 밥은 앨리스보다 10년 후에 출발하여 0.8c의 속도로 이동한다. (a) 두 쌍둥이가 동시에 지구로 돌아오는 것을 보이시오. (b) 돌아올 때 어느 쌍둥이가 더 젊은가?

28. 아그네스는 지구에서 16광년 떨어진 별을 향해 일정한 속력으로 왕복 여행을 하고, 쌍둥이 형제 버트는 지구에 남아 있다. 아그네스가 지구로 돌아왔을 때, 그녀는 여행 중에 20번째 생일을 축하했다고 보고한다. (a) 여행하는 동안 그녀의 속력은 무엇이었는가? (b) 그녀가 돌아왔을 때 버트는 몇 살인가?

2.7 상대론적 동역학

29. (a) 그림 2.21a에 나타난 충돌에 대해 상대론적으로 수정된 최종 속도를 사용하여($v'_{1f} = -0.585c$, $v'_{2f} = +0.294c$), 상대론적 운동 에너지가 관측자 O'에 대해 보존됨을 보이시오. (b) 그림 2.21b에 표시된 충돌에 대해 상대론적으로 수정된 최종 속도를 사용하여($v_{1f} = -0.051c$, $v_{2f} = +0.727c$), 상대론적 운동 에너지가 관측자 O에 대해 보존됨을 보이시오.

30. 0.835c의 속력으로 움직이는 양성자의 운동량, 운동 에너지 및 총에너지를 구하시오.

31. 전자는 0.923 MeV의 운동 에너지로 움직인다. 속력은 얼마나 되는가?

32. 일-에너지 정리는 입자의 운동 에너지 변화를 외부 힘이 입자에 한 일과 연관시킨다: $\Delta K = W = \int F \, dx$. Newton의 제2법칙을 $F = dp/dt$로 써서 $W = \int v \, dp$임을 보여주고, 상대론적 운동량을 사용하여 부분 적분함으로써 식 (2.34)를 얻으시오.

33. 질량이 m인 입자가 어떤 속도 범위일 때, 운동 에너지에 대한 고전적 표현인 $\frac{1}{2}mv^2$을 1%의 정확도 내에서 사용할 수 있는가?

34. 질량이 m인 입자가 어떤 속도 범위일 때, 극한 상대론적 근사식인 $E = pc$를 1%의 정확도 내에서 사용할 수 있는가?

35. 식 (2.32)와 (2.36)을 사용하여 식 (2.39)를 유도하시오.

36. 이항 전개를 한 번 더 진행하여 상대론적 운동 에너지의 고전적 근사인 $\frac{1}{2}mv^2$ 이후의 다음 항을 찾으시오. 이 항이 고전적인 값에서 0.1%만큼 벗어나게 되는 속력은 얼마인가?

37. (a) 관측자 O에 따르면, 어떤 입자는 1,256 MeV/c의 운동량과 1,351 MeV의 전체 상대론적 에너지를 가지고 있다. 이 입자의 정지 에너지는 얼마인가? (b) 다른 기준틀에 있는 관측자 O'는 이 입자의 운동량을 857 MeV/c로 측정한다. O'이 측정하는 입자의 전체 상대론적 에너지는 얼마인가?

38. 전자가 0.85c의 속력으로 움직이고 있다. 속력이 0.91c에 도달하려면 운동 에너지를 얼마나 증가시켜야 하는가?

39. 구리 1 g을 0°C에서 100°C로 가열할 때 질량 변화는 얼마인가? 구리의 비열 용량(specific heat capacity)은 0.40 J/g·K 이다.

40. 전자의 운동 에너지를 다음의 속력에서 각각 구하시오. (a) $v = 1.00 \times 10^{-4}c$, (b) $v = 1.00 \times 10^{-2}c$, (c) $v = 0.300c$, (d) $v = 0.999c$.

41. 전자와 양성자는 정지 상태에서 시작하여 각각 1,200만 볼트의 전위차를 거쳐 가속된다. 각각의 운동량(MeV/c)과 운동 에너지(MeV)를 구하고, 고전적 공식을 사용한 결과와 비교하시오.

42. 원자로에서 우라늄 원자(원자 질량 235 u)는 핵분열할 때 약 210 MeV를 방출한다. 1.50 kg의 우라늄-235이 핵분열될 때 질량 변화는 얼마인가?

43. (a) ^{2}H가 중성자를 포획하여 ^{3}H를 형성할 때 감마선으로 방출되는 에너지를 구하시오. 모든 운동 에너지는 무시할 수 있을 정도로 작다고 가정한다. 원자 질량은 부록 D에서 확인할 수 있다. (b) ^{3}He가 중성자를 포획하여 ^{4}He를 형성할 때, 위의 문제를 다시 계산하시오.

2.8 상대론적 붕괴와 충돌의 보존 법칙

44. 139.6 MeV의 정지 에너지를 갖는 π 중간자가 $0.921c$의 속력으로 움직여 938.3 MeV의 정지 에너지를 갖는 정지 상태의 양성자와 충돌하여 달라붙는다. (a) 생성된 복합 입자의 전체 상대론적 에너지를 구하시오. (b) 복합 입자의 전체 선운동량을 구하시오. (c) (a)와 (b)의 결과를 이용하여 복합 입자의 정지 에너지를 구하시오.

45. 각각 $v = 0.99999c$로 움직이는 전자와 양전자(반전자)가 정면 충돌을 일으킨다. 충돌 시 전자는 사라지고 2개의 뮤온($mc^2 = 105.7$ MeV)으로 대체되어 반대 방향으로 이동한다. 각 뮤온의 운동 에너지는 얼마인가?

46. 동일한 속력으로 이동하는 양성자와 반양성자(각각 938.3 MeV/c^2의 질량을 가짐) 사이의 정면 충돌에서 질량이 9,460 MeV/c^2인 입자를 생성하고자 한다. 이를 위해 얼마의 속력이 필요한가?

47. 정지 에너지 mc^2의 입자가 양의 x 방향으로 속도 v로 움직이고 있다. 입자는 정지 에너지가 140 MeV인 2개의 입자로 붕괴된다. 운동 에너지가 282 MeV인 한 입자는 양의 x 방향으로, 운동 에너지가 25 MeV인 다른 입자는 음의 x 방향으로 움직인다. 원래 입자의 정지 에너지와 속력을 구하시오.

48. 2개의 양성자가 충돌하여 반양성자를 형성하는 예제 2.21에 대해 다른 접근 방식을 고려해 보자. 두 양성자가 동일한 속력으로 정면 충돌할 때, (a) 이 기준틀에서 문턱 에너지는 무엇인가? (b) 문턱 에너지에 해당하는 속도를 구하시오. (c) 이제 초기 양성자 중 하나가 정지해 있는 기준틀로 변환한다. 다른 양성자의 속력과 에너지를 구하시오.

2.9 특수 상대성 이론의 실험적 검증

49. 시간 지연의 검증을 위해 2.9절에서 논의된 뮤온 붕괴 실험에서 뮤온은 실험실에서 3,094 MeV/c의 운동량으로 움직인다. 실험실 기준틀에서 연장된 수명은 얼마인가? (고유 수명은 2.198 μs이다.)

50. 그림 2.28a에 표시된 상대론적 표현 $p^2/2K = m + K/2c^2$를 유도하시오.

일반 문제

51. 지구로부터 200광년 떨어져 있고 정지한 별을 방문하기 위해 우주 비행사를 왕복 여행으로 보내고 싶다고 가정하자. 우주선의 생명 유지장치를 통해 비행사는 최대 20년 동안 생존할 수 있다. (a) 비행사가 우주선 시간으로 20년 동안 왕복 여행을 하려면 어떤 속도로 여행해야 하는가? (b) 왕복하는 동안 지구에서는 얼마나 많은 시간이 흐르는가?

52. '원인(cause)'은 지점 $1(x_1, t_1)$에서 발생하고 그 '결과(effect)'는 지점 $2(x_2, t_2)$에서 발생한다. Lorentz 변환을 사용하여 $t_2' - t_1'$을 구하고 $t_2' - t_1' > 0$, 즉 O'는 '원인' 앞에 '결과'가 오는 것을 결코 볼 수 없다는 것을 보이시오.

53. 관측자 O는 원점 위치에서 시간 $t = 0$일 때 빨간색 섬광을 보고 $x = 3.65$ km 위치에서 시간 $t = 8.24$ μs일 때 파란색 섬광을 본다. O에 대해서 $0.534c$의 속도로 x가 증가하는 방향으로 움직이는 관측자 O'가 있다고 하면, 그에게는 두 섬광 사이의 거리와 시간 간격이 어떻게 되겠는가? 두 좌표계의 원점이 $t = t' = 0$에 정렬되어 있다고 가정한다.

54. 여러 우주선이 동시에 우주 정거장을 떠난다. 정거장에 있는 관측자를 기준으로 A는 x 방향으로 $0.65c$, B는 y 방향으로 $0.50c$, C는 음의 x 방향으로 $0.50c$, D는 y와 음의 x 방향 사이 45° 방향으로 $0.50c$로 이동한다. A에서 관찰한 B, C, D의 속도 성분, 방향 및 속력을 구하시오.

55. 관측자 O는 $t = 1.52\ \mu s$일 때 $x = 524$ m에서 조명이 켜지는 것을 본다. 관측자 O'는 양의 x 방향으로 $0.563c$의 속도로 움직이고 있다. 두 기준틀은 $t = t' = 0$에서 원점이 일치하도록$(x = x' = 0)$ 동기화된다. (a) O'가 볼 때 조명은 언제 켜지는가? (b) O'의 기준틀에서 빛이 켜진 위치는 어디인가?

56. 관측자 O가 속력 v, 에너지 E, 운동량 p를 갖기 위해 x 방향으로 움직이는 질량 m인 입자를 측정한다고 생각해 보자. x 방향으로 속력 u로 움직이는 관측자 O'는 동일한 물체에 대해 v', E' 및 p'를 측정한다. (a) Lorentz 속도 변환을 사용하여 E'와 p'를 m, u, v로 나타내시오. (b) $E'^2 - (p'c)^2$를 가장 간단한 형태로 줄이고 결과를 해석하시오.

57. O를 기준으로 y 방향으로 움직이는 질량에 대해 연습문제 56을 반복하시오. O'의 속도 u는 여전히 x 방향을 따른다고 생각한다.

58. 2.6절에 묘사된 상황을 다시 고려해 보자. 아멜리아의 친구 버니스는 아멜리아와 동시에 지구를 떠나 같은 속력, 같은 방향으로 여행하지만 아멜리아가 행성에 도착해 우주선을 회항할 때 버니스는 원래 방향으로 계속 유지해 나아간다. (a) 버니스의 기준틀에서 캐스퍼는 $-0.60c$의 속도로 움직이고 있다. 버니스의 기준틀에 캐스퍼의 세계선을 그리시오. (b) 캐스퍼는 아멜리아의 여행 중에 20번째 생일을 축하한다. 버니스의 기준틀에서 캐스퍼가 20번째 생일을 축하하는 데 얼마만큼의 시간이 걸리는가? (c) 버니스의 기준틀에서 아멜리아가 행성으로 향하는 여행을 나타내는 세계선을 그리시오. (d) 버니스의 기준틀에서 관측된 것을 기준으로, 아멜리아의 귀환 여정에서의 그녀의 속도를 계산하고, 아멜리아의 귀환 여정을 보여주는 세계선을 그리시오. 아멜리아와 캐스퍼의 세계선은 아멜리아가 지구로 돌아올 때 교차해야 한다. (e) 캐스퍼의 세계선을 그의 생일을 나타내는 20개의 부분으로 나눈다. 그는 매 생일마다 아멜리아에게 빛 신호를 보낸다. 아멜리아는 행성에 도착하자마자 캐스퍼로부터 빛 신호를 받는다. 이 신호는 캐스퍼가 몇 번째 생일 때 보낸 것인가? (f) 아멜리아는 캐스퍼에게 그녀의 8

번째 생일에 빛 신호를 보낸다. 도표에 이 빛 신호를 나타내는 선을 그리시오. 캐스퍼는 언제 이 신호를 받는가?

59. 전자는 2단계로 구성된 기계 장치에 의해 고속으로 가속된다. 첫 단계에서는 전자를 정지 상태에서 $v = 0.99c$까지 가속한다. 두 번째 단계에서는 전자를 $0.99c$에서 $0.999c$까지 가속한다. (a) 첫 번째 단계에서 전자에 얼마나 많은 에너지를 공급해야 하는가? (b) 두 번째 단계에서 속도를 단지 0.9 퍼센트만 증가시키는 데 얼마나 많은 에너지가 공급되어야 하는가?

60. $0.813c$의 속력으로 움직이는 2.14×10^{11} 전자/초의 빔이 정지 장치로 사용되는 구리 덩어리에 부딪친다. 구리 덩어리는 한 변의 길이가 2.54 cm인 정육면체이다. 1시간 후 구리 덩어리의 상승 온도는 얼마인가?

61. 양의 x 방향으로 $v_i = 0.960c$의 속력으로 움직이는 전자가 정지한 다른 전자와 충돌한다. 충돌 후 전자 하나가 x축과 $\theta_1 = 9.7°$ 각도로 $v_{1f} = 0.956c$의 속력으로 움직이는 것이 관측된다. (a) 운동량 보존을 이용하여 두 번째 전자의 속도 (크기와 방향)를 구하시오. (b) 문제에 주어진 원래 데이터에만 기초하여 에너지 보존을 이용하여 두 번째 전자의 속력을 구하시오.

62. 파이온의 정지 에너지는 135 MeV이다. 그 입자는 광속으로 이동하는 전자기 복사로 폭발하여 2개의 감마선 광자로 붕괴된다. $v = 0.98c$로 실험실을 통과하는 파이온은 동일한 에너지를 갖는 2개의 감마선 광자로 붕괴되고 원래 운동 방향과 동일한 각도 θ를 만든다. 각도 θ와 두 감마선 광자의 에너지를 구하시오.

63. 예제 2.19와 같이 K 중간자 붕괴를 고려하고, K 중간자가 정지해 있는 기준틀로 변환을 생각한다. (a) 원래 기준틀에서 K 중간자의 속력은 얼마인가? (b) (a)의 속력을 사용하여 K 중간자가 정지한 기준틀로 변환하고, 이 기준틀에서 파이 중간자의 속력, 운동량, 에너지를 구하시오. (c) 붕괴 중에 생성된 미지 입자의 질량을 구하시오.

64. 전자와 양전자(반전자)가 서로를 향해 각각 $+0.834c$와

−0.428*c*의 속도로 이동하고 있다. 두 입자는 충돌하고 서로 달라붙어 새로운 복합 입자를 형성한다. (a) 새로운 입자의 운동량과 에너지를 구하시오. (b) 새로운 입자의 질량은 얼마인가? (c) 충돌에서 운동 에너지의 변화를 구하시오. 운동 에너지의 변화는 새로운 입자의 질량과 어떤 관련이 있는가? (d) 위의 답변 중 다른 기준틀에 있는 관측자에 따라 달라지는 답변은 무엇인가?

Chapter 3

전자기 복사의 입자적 특성

온도로 인해 모든 물체에서 방출되는 복사인 열 방출은 20세기 초 양자역학 발전의 토대를 마련했다. 오늘날 우리는 건물의 열 손실 연구, 의료 진단, 야간 투시 및 기타 감시, 잠재적 화산 모니터링 등 다양한 응용 분야에 열화상 측정을 사용한다. Ted Kinsman/Getty Images

이제 우리는 현대 물리학의 기초가 되는 두 번째 이론인 **파동 역학**(wave mechanics)에 대해 논의한다. 파동 역학의 한 가지 결과는 입자와 파동의 고전적 구분이 무너지는 것이다. 이 장에서는 우리가 일반적인 파동 현상으로 간주한 빛이 입자와 연관되는 특성을 가지고 있다는 증거를 제공한 세 가지 초기 실험을 논의할 것이다. 여기서 에너지가 파면 위로 부드럽게 퍼지는 대신 입자처럼 집중된 묶음으로 전달될 때, 전자기 에너지의 개별 묶음[**양자**(quantum)]을 **광자**(photon)라고 한다.

광자의 존재와 빛의 입자와 같은 특성을 뒷받침하는 실험적 증거에 대해 논의하기에 앞서 전자기파의 일부 특성을 확인할 것이다.

3.1 전자기파의 검토

전하 분포는 전기장 $\vec{E}$를 만들고 전류를 운반하는 전선은 자기장 $\vec{B}$를 만든다. 전하가 움직이지 않고 전류가 변하지 않으면, $\vec{E}$와 $\vec{B}$는 위치에 따라 변하나 시간에 따라 변하지 않는 정적인 장이 된다. 그러나 충전이 가속되고 전류가 시간에 따라 변하면, 전자기파가 생성되어 $\vec{E}$와 $\vec{B}$가 위치와 시간 모두에 따라 변한다.

이러한 파를 기술하는 수학적 표현은 파원의 성질 및 파동이 지나가는 매질의 특성에 따라 여러 다른 형태를 가질 수 있다. 하나의 특별한 형태는 파면이 평면인 **평면파**(plane wave)이다(반면에 점원은 파면이 구 형태인 구면파를 생성한다). 양의 z 방향으로 이동하는 평면 전자기파는 다음 표현으로 설명된다.

$$\vec{E} = \vec{E}_0 \sin(kz - \omega t), \qquad \vec{B} = \vec{B}_0 \sin(kz - \omega t) \tag{3.1}$$

여기에서 **파수**(wave number) k는 파장 λ($k = 2\pi/\lambda$)로부터 얻으며, **각진동수**(angular frequency) ω는 진동수 f에서 구할 수 있다($\omega = 2\pi f$). λ와 f는 $c = \lambda f$로 연관되기 때문에, k와 ω도 $c = \omega/k$로 연관시킬 수 있다.

파동의 편광은 벡터 $\vec{E}_0$로 표현된다. 편광면은 $\vec{E}_0$의 방향과 전파 방향(이 경우 z축)에 의해 결정된다. 전파 방향과 편광 $\vec{E}_0$의 방향을 정하면, $\vec{B}_0$의 방향은 $\vec{B}$가 $\vec{E}$와 전파 방향 모두에 수직이고, 벡터 곱 $\vec{E} \times \vec{B}$가 전파 방향으로 향해야 하는 조건에 의해 결정된다. 예를 들어, 만약 $\vec{E}_0$가 x 방향에 있다면($\vec{E}_0 = E_0 \hat{\mathbf{i}}$, 여기서 $\hat{\mathbf{i}}$는 x 방향의 단위 벡터), $\vec{B}_0$는 y 방향에 있어야 한다($\vec{B}_0 = B_0 \hat{\mathbf{j}}$). 게다가 $\vec{B}_0$의 크기는 다음과 같이 결정된다.

$$B_0 = \frac{E_0}{c} \tag{3.2}$$

여기서 c는 광속이다.

전자기파는 한 곳에서 다른 곳으로 에너지를 전송한다. 에너지 흐름은 **Poynting 벡터**(Poynting vector) $\vec{\mathbf{S}}$에 의해 기술된다.

$$\vec{\mathbf{S}} = \frac{1}{\mu_0} \vec{\mathbf{E}} \times \vec{\mathbf{B}} \qquad (3.3)$$

평면파의 경우, 이는 다음과 같이 간단히 쓸 수 있다.

$$\vec{\mathbf{S}} = \frac{1}{\mu_0} E_0 B_0 \sin^2(kz - \omega t)\hat{\mathbf{k}} \qquad (3.4)$$

여기서 $\hat{\mathbf{k}}$는 z 방향의 단위 벡터이다. Poynting 벡터는 단위 면적당 일률(단위 시간당 에너지)의 차원을 갖는다. 예를 들어, $J/s/m^2$ 또는 W/m^2이다. 그림 3.1은 이 특별한 경우에 대한 $\vec{\mathbf{E}}$, $\vec{\mathbf{B}}$, $\vec{\mathbf{S}}$ 벡터의 방향을 보여준다.

다음 실험을 상상해 보자. z축의 어느 점에 전자기 복사 검출기(라디오 수신기 또는 사람 눈)를 배치하고, 이 평면파가 수신기에 전달하는 전자기 일률을 결정하도록 한다. 수신기는 민감도가 높은 면적 A가 z축과 수직으로 배치되어 신호의 최대치를 수신하도록 방향이 설정되어 있다. 따라서 $\vec{\mathbf{S}}$의 벡터 표현 대신, 크기 S만 사용한다. 수신기에 들어가는 일률 P는 다음과 같다.

$$P = SA = \frac{1}{\mu_0} E_0 B_0 A \sin^2(kz - \omega t) \qquad (3.5)$$

이를 식 (3.2)를 사용하여 다시 쓰면

$$P = \frac{1}{\mu_0 c} E_0^2 A \sin^2(kz - \omega t) \qquad (3.6)$$

이 표현에서 반드시 알아야 할 두 가지 중요한 특성이 있다.

1. 세기(단위 면적당 평균 일률)는 E_0^2에 비례한다. 이는 파동의 일반적인 특성으로, 세**기는 진폭의 제곱에 비례한다.** 나중에 이 동일한 특성이 물질 입자의 거동을 묘사하는 파동의 특징이기도 함을 알게 될 것이다.

2. 세기는 시간에 따라 진동수 $2f = 2(\omega/2\pi)$로 변동한다. 우리는 보통 이처럼 빠른 변동을 관찰하지 못하는데, 가시광선은 초당 약 10^{15}회 진동하며, 우리 눈이 그렇게 빠르게 반응하지 않기 때문에 많은(아마도 10^{13}회) 주기의 시간 평균을 관측하게 된다. 만약 T가 관측 시간이라면(눈의 경우 약 10^{-2}초), 평균 일률은 다음과 같다.

$$P_{\text{av}} = \frac{1}{T} \int_0^T P \, dt \qquad (3.7)$$

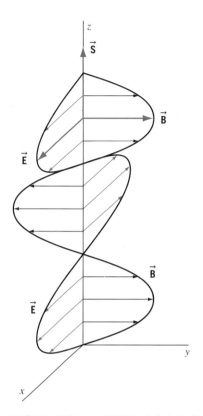

그림 3.1 z 방향으로 이동하는 전자기파. 전기장 $\vec{\mathbf{E}}$는 xz 평면에 있고, 자기장 $\vec{\mathbf{B}}$는 yz 평면에 있다.

그리고 식 (3.6)을 사용하면 세기 I는 다음과 같다.

$$I = \frac{P_{\mathrm{av}}}{A} = \frac{1}{2\mu_0 c}E_0^2 \tag{3.8}$$

여기에서 $\sin^2\theta$의 평균값 $^1/_2$을 사용하였다.

간섭 및 회절

파동을 독특한 물리적 현상으로 만드는 속성은 **중첩의 원리**(principle of superposition)이다. 이 원리는 예를 들어 두 파동이 한 점에서 만나 각 파동이 홀로 일으키는 교란보다 크거나 작을 수 있는 겹쳐진 교란을 일으키기도 하며, 결국 각 파동의 모든 속성이 만나기 전과 같이 전혀 바뀌지 않은 상태로 '충돌(collision)' 지점을 나오게 된다. 물체와 파동 사이의 이 중요한 차이를 이해하기 위해, 두 대의 자동차로 그 트릭을 한번 상상해 보자.

파동의 이 특별한 속성은 **간섭**(interference)과 **회절**(diffraction) 현상으로 이어진다. 간섭의 가장 간단하고 잘 알려진 예는 **Young의 이중 슬릿 실험**(Young's double-slit experiment)이다. 이 실험에서는 단색 평면파가 2개의 좁은 슬릿이 있는 장애물에 입사한다. (이 실험은 빛으로 처음 시도되었지만, 사실 마이크로파와 같은 다른 전자기파뿐만 아니라 물결파나 음파와 같은 기계적 파동으로도 가능하다. 우리는 이 실험이 빛으로 수행되고 있다고 가정한다.)

그림 3.2는 이 실험의 개략도이다. 평면파는 각 슬릿에 의해 **회절**되어, 각 슬릿을 통과하는 빛은 스크린 위에서 기하학적 그림자보다 훨씬 큰 영역을 덮는다. 이로 인해 두 슬릿에서 나온 빛이 스크린에서 겹쳐져 간섭이 발생한다. 만약 스크린의 중심에서 멀어져 적절한 거리로 이동하면, 한 슬릿을 통과하는 파동의 마루와 다른 슬릿을 통과하는 파동의 이전 마루가 정확히 같은 시간에 도착한다. 이 경우 세기가 최대가 되며, 스크린에 밝은 영역이 나타난다. 이를 **보강 간섭**(constructive interference)이라 하며, 스크린에서 한 슬릿이 다른 슬릿까지의 거리보다 정확히 한 파장 떨어진 지점마다 발생한다. 즉, X_1과 X_2가 스크린의 한 지점에서 각 슬릿까지의 거리라고 하면, 최대 보강 간섭을 위한 조건은 $|X_1 - X_2| = \lambda$가 된다. 보강 간섭은 한 슬릿으로부터 나온 어떤 파동의 마루가 다른 슬릿으로부터 나온 파동의 마루와 동시에 도달할 때 발생하며, 그것이 다음이든, 4번째이든, 47번째이든 상관없다. 완전한 보강 간섭의 일반적 조건은 다음과 같이 X_1과 X_2의 차이가 파장의 정수배일 때가 된다.

$$|X_1 - X_2| = n\lambda \qquad n = 0, 1, 2, \ldots \qquad (3.9)$$

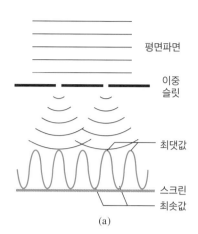

또한 한 슬릿에서 나온 파의 마루가 다른 슬릿에서 나온 파의 골과 동시에 도착할 수도 있다. 이런 경우에는 두 파가 상쇄되어 스크린에 어두운 영역이 나타난다. 이를 **소멸 간섭**(destructive interference)이라고 한다. (최소 세기에서 상쇄 간섭이 존재한다는 것은 두 슬릿에서 나오는 파동의 일률 P가 아닌 전기장 벡터 $\vec{E}$를 더해야 한다는 것을 보여준다. 왜냐하면 P는 결코 음수가 될 수 없기 때문이다.) 상쇄 간섭은 거리 X_1과 X_2가 다음 식과 같이 항상 한 파동의 위상이 다른 파동에 비해 반 파장, 한 파장 반, 혹은 두 파장 반이 되도록 할 때 발생한다.

$$|X_1 - X_2| = \frac{1}{2}\lambda, \frac{3}{2}\lambda, \frac{5}{2}\lambda, \ldots = \left(n + \frac{1}{2}\right)\lambda \qquad n = 0, 1, 2, \ldots \qquad (3.10)$$

스크린에서 보강 간섭이 발생하는 위치를 다음과 같이 찾을 수 있다. d가 슬릿 사이의 거리이고 D가 슬릿에서 스크린까지의 거리라고 하자. y_n이 스크린 중심으로부터 n번째 최대까지의 거리이면, 그림 3.3의 기하학적 구조에서 다음을 구할 수 있다($X_1 > X_2$를 가정한다).

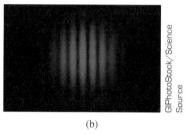

그림 3.2 (a) Young의 이중 슬릿 실험. 평면파의 파면이 두 슬릿을 통과한다. 파는 슬릿에서 회절되며, 스크린상의 회절된 파가 겹치는 곳에서 간섭이 발생한다. (b) 스크린에서 관측된 간섭무늬.

$$X_1^2 = D^2 + \left(\frac{d}{2} + y_n\right)^2, \qquad X_2^2 = D^2 + \left(\frac{d}{2} - y_n\right)^2 \qquad (3.11)$$

이 두 식을 빼서 y_n을 구하면 다음과 같다.

$$y_n = \frac{X_1^2 - X_2^2}{2d} = \frac{(X_1 + X_2)(X_1 - X_2)}{2d} \qquad (3.12)$$

빛으로 한 이 실험에서 D는 약 1 m, y_n과 d는 최대 1 mm 정도이므로, $X_1 \cong D$, $X_2 \cong D$, 따라서 $X_1 + X_2 \cong 2D$이므로, y_n은 다음으로 근사할 수 있다.

$$y_n = (X_1 - X_2)\frac{D}{d} \qquad (3.13)$$

식 (3.9)를 사용하여 보강 간섭에서의 $X_1 - X_2$의 값은 다음과 같다.

$$y_n = n\frac{\lambda D}{d} \qquad (3.14)$$

엑스선의 결정 회절

빛의 간섭을 관측하는 또 하나의 장치는 **회절 격자**(diffraction grating)이다. 이 장치에서 파면은 많은 수의 슬릿(흔히 수천에서 수만 개)으로 구성된 장애물을 통과한 다음 재결합된다. 이 장치의 동작은 그림 3.4에 설명되어 있다. 서로 다른 파장에 해당하는 간섭 최댓값은 다음과 같이 서로 다른 각도 θ에서 나타난다.

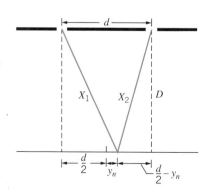

그림 3.3 이중 슬릿 실험의 기하학적 구조.

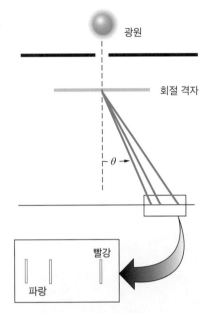

그림 3.4 빛을 여러 구성 파장으로 분석하기 위한 회절 격자의 이용.

$$d \sin \theta = n\lambda \qquad (3.15)$$

여기서 d는 슬릿 사이의 간격이고 n은 최댓값의 순서를 나타낸 번호이다 ($n = 1, 2, 3, \ldots$).

회절 격자의 장점은 뛰어난 해상도이다. 서로 인접한 파장을 매우 잘 분리할 수 있어 파장을 측정하는 데 매우 유용한 장치이다. 그러나 합리적인 각도 θ의 값을 얻기 위해서는 (예: $\sin \theta = 0.3 \sim 0.5$), 슬릿 사이의 간격 d가 파장의 수 배 정도가 되어야 한다. 가시광선의 경우, 특별히 어렵지 않지만 매우 짧은 파장의 방사선의 경우 격자를 기계적으로 구성하는 것이 불가능하다. 예를 들어, 파장이 0.1 nm 정도인 엑스선의 경우, 슬릿 간격이 대부분 물질의 원자 간 간격인 1 nm 미만으로 격자를 구성해야 한다.

이 문제에 대한 해결책은 Laue와 Bragg[*]의 선구적인 발견 이래로 잘 알려져 왔다. 원자 자체를 회절 격자로 사용한다는 것이다! 엑스선 빔은 결정 구조 안의 원자들의 규칙적인 간격을 일종의 삼차원 회절 격자로 간주한다.

그림 3.5에 나타난 것처럼, 결정의 이차원 절편에서 부분적인 원자 집합을 생각해 보자. 엑스선은 개별 원자에서 모든 방향으로 반사되지만, 오직 한 방향에서만 산란된 '잔물결(wavelets)'이 보강 간섭하여 반사된 빔을 생성하고, 이 경우 반사는 원자 열을 통해 그려진 평면에서 발생하는 것으로 간주할 수 있다. (이 상황은 거울에서 빛이 반사되는 것과 동일하다. 한 방향으로만 반사된 빛이 있을 것이며, 그 방향에서는 입사각이 반사각과 같은 평면에서 반사가 발생하는 것으로 간주할 수 있다.)

결정 내에서 원자 열이 거리 d만큼 떨어져 있다고 하자. 빔의 일부는 첫 번째 면에서 반사되고, 나머지 일부는 두 번째 면에서 반사되는 식이다. 두 번째 면에서 반사된 빔의 파면은 첫 번째 면에서 반사된 파동보다 시간적으로 뒤처진다. 왜냐하면 두 번째 면에서 반사된 파동은 $2d \sin \theta$의 추가 거리를 이동해야 하기 때문이다. 여기서 θ는 **결정면으로부터 측정된** 입사각이다. (일반적으로 광학에서 표면의 **법선**에 대해 각도가 정의되는 것과 다르다는 점에 유의하라.) 이 경로 차이가 파장의 정수배라면 반사된 빔들은 보강 간섭하여 최대 세기가 된다. 따라서 결정의 엑스선 회절에서 최대 간섭 세기에 대한 기본 표현은 다음과 같다.

$$2d \sin \theta = n\lambda \qquad n = 1, 2, 3, \ldots \qquad (3.16)$$

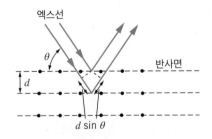

그림 3.5 간격이 d인 결정면 묶음에서 반사된 엑스선 빔. 두 번째 면에서 반사된 빔은 첫 번째 면에서 반사된 빔보다 $2d \sin \theta$ 더 긴 거리를 이동한다.

---

[*] Max von Laue (1879~1960, 독일)는 결정 구조 연구를 위해 엑스선 회절 방법을 개발했으며, 이 공로로 1914년 노벨상을 받았다. Lawrence Bragg (1890~1971, 영국)는 케임브리지대학교 학생이었을 때 엑스선 회절에 대한 Bragg 법칙을 발전시켰다. 그는 엑스선을 사용하여 결정 구조를 결정하는 연구로 아버지 William Bragg와 함께 1915년 노벨상을 공동 수상했다.

이 결과는 엑스선 회절에 대한 **Bragg 법칙**(Bragg's law)으로 알려져 있다. 식 (3.16)에 나타나는 2의 인자가 일반 회절 격자에 대한 식 (3.15)와 유사한 표현에는 나타나지 않는다는 것을 주목하라.

예제 3.1

식염(NaCl) 단결정에 파장 0.250 nm의 엑스선을 조사하면 1차 Bragg 반사가 각도 26.3°에서 관찰된다. NaCl의 원자 간격은 얼마인가?

풀이

간격 d에 대한 Bragg 법칙을 풀면 다음을 얻는다.

$$d = \frac{n\lambda}{2\sin\theta} = \frac{0.250\ \text{nm}}{2\sin 26.3°} = 0.282\ \text{nm}$$

그림 3.5의 그림은 매우 임의적이다. 반사면을 위한 원자 묶음을 선택할 기준이 없다. 그림 3.6은 결정의 더 큰 부분을 나타내었는데, 보다시피 θ와 d의 서로 다른 값을 갖는 가능한 반사 평면이 상당히 많이 존재한다. (물론 d_i와 θ_i는 서로 연관되어 있어 독립적으로 변할 수 없다.) 단일 파장의 엑스선을 사용한다면 간섭을 관측하기 위한 적절한 각도와 결정면 묶음을 찾는 것이 어려울 수 있다. 그러나 연속적 파장 범위의 엑스선을 사용하면 각 d_i 및 θ_i에 대해 특정 파장 λ_i에 대해 간섭이 발생하므로 그림 3.6과 같이 서로 다른 반사 각도에서 최대 간섭이 나타난다. 최대 간섭 무늬는 결정 내 원자의 배열 간격과 유형에 따라 달라진다.

그림 3.7은 2개의 서로 다른 결정에서 엑스선 산란을 통해 얻은 무늬(**Laue 무늬**)를

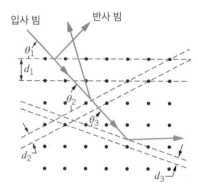

그림 3.6 엑스선의 입사 빔은 다양한 결정면에서 반사될 수 있다.

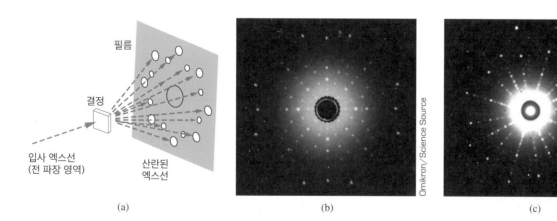

그림 3.7 (a) 결정에 의한 엑스선 산란을 관측하는 장치. 간섭 최대 세기(점)는 결정면 묶음이 특정 파장에 대한 Bragg 조건을 충족할 때마다 필름에 나타난다. (b) TiO_2 결정의 Laue 패턴. (c) $CuIn_4Se_6$ 결정의 Laue 패턴. 두 Laue 패턴의 차이는 두 결정의 기하학적 구조의 차이로 인해 발생한다. (출처: E. Arushanov et al., Journal of Physics D: Applied Physics **34**, 3480 (2001))

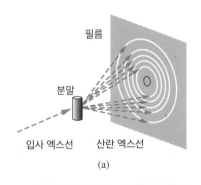

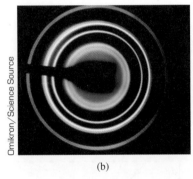

그림 3.8 (a) 분말 또는 다결정 시료의 엑스선 산란 측정 장치. 각 결정은 다양한 방향을 갖고 있기 때문에 그림 3.7의 각 산란 광선은 필름에서 원을 형성하는 원뿔이 된다. (b) 다결정 금의 회절 무늬(Debye-Scherrer 무늬로 알려짐).

보여준다. 밝은 점은 범위를 갖는 입사 빔 중 식 (3.16)을 만족시키는 파장에 대한 최대 간섭 세기에 해당한다. 삼차원 무늬는 이차원 그림보다 더 복잡하지만 각각의 점은 동일하게 해석된다. 그림 3.8은 하나의 단결정이 아닌 여러 개의 작은 결정으로 구성된 시료에서 얻은 무늬를 보여준다. (마치 그림 3.7b나 c가 중심을 기준으로 빠르게 회전한 것처럼 보인다.) 이러한 사진에서 결정 구조와 격자 간격을 추론하는 것도 가능하다.

이 절에서 논의한 모든 예는 전자기 복사의 파동성이 그 이유이다. 그러나 이제 논의를 시작하면서 전자기 복사를 파동으로 간주하면 설명할 수 없는 다른 실험들이 있다.

3.2 광전 효과

이제 빛의 파동 이론으로 설명할 수 없는 세 가지 실험 중 첫 번째 논의를 살펴보겠다. 금속 표면에 빛을 비추면 표면에서 전자가 방출될 수 있다. **광전 효과**(photoelectric effect)로 알려진 이 현상은 1887년 Heinrich Hertz가 전자기 복사를 연구하던 중 발견되었다. 방출된 전자는 **광전자**(photoelectron)라고 불린다.

광전 효과를 관측하기 위한 실험 구성이 그림 3.9에 나와 있다. 금속 표면(방출체, emitter)에 조사된 빛은 전자를 방출할 수 있으며, 이 전자는 모으개(collector)로 이동한다. 실험은 전자가 공기 분자와 충돌할 때 에너지를 잃지 않도록 진공관에서 진행되어야 한다. 측정할 수 있는 특성은 전자 방출률과 광전자의 최대 운동 에너지이다.[*]

전자 방출률은 외부 회로에 연결한 전류계로 전류 i를 측정함으로써 알 수 있다. 전자의 최대 운동 에너지는 가장 높은 에너지의 전자를 밀어내는 데 충분한 음의 전위를 모으개에 인가하여 퍼텐셜 에너지 언덕을 '등반(climb)'할 만큼 충분한 에너지를 갖지 못하게 함으로써 측정된다. 즉, 방출체와 모으개 사이의 전위차가 ΔV(음수)이면 방출체에서 모으개로 이동하는 전자는 $\Delta U = q\Delta V = -e\Delta V$(양수)의 퍼텐셜 에너지를 얻고 같은 양의 운동 에너지를 잃어버린다. 이 ΔU보다 작은 운동 에너지로 방출체를 떠나는 전자는 모으개에 도달할 수 없으며 방출체 쪽으로 다시 밀려나게 된다.

전위차의 크기가 증가함에 따라 어떤 시점에서는 가장 높은 에너지의 전자조차

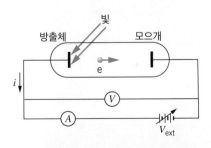

그림 3.9 광전 효과 측정 장치. 방출체에서 모으개로의 전자 흐름은 외부 회로로 연결된 전류계 A에 의해 전류 i로 측정된다. 가변 전원 V_{ext}는 방출체와 모으개 사이의 전위차를 형성하며 전압계 V로 측정된다.

---

[*] 전자는 금속에 얼마나 단단히 결합되어 있는지에 따라 다양한 운동 에너지로 방출될 수 있다. 여기서는 **최대** 운동 에너지에만 관심이 있으며, 이는 금속 표면에서 가장 느슨하게 묶인 전자를 제거하는 데 필요한 에너지에 의존한다.

도 모으개에 도달할 만큼 충분한 운동 에너지를 갖지 못하게 된다. **저지 전위**(stopping potential) V_s라고 불리는 이 전위는 전류가 0으로 떨어질 때까지 전압의 크기를 증가시킴으로써 결정된다. 이 시점에서 전자가 방출체를 떠날 때 전자의 최대 운동 에너지 K_{max}는 언덕을 '등반'하면서 전자가 손실한 운동 에너지 eV_s와 같다.

$$K_{max} = eV_s \tag{3.17}$$

여기서 e는 전자의 전하 크기이다. V_s는 일반적으로 수 볼트의 값을 갖는다.[*]

고전적 관점에서는 금속 표면은 세기 I를 갖는 전자기파에 의해 조사되고, 표면은 금속에 대한 전자의 결합 에너지를 초과하여 전자가 방출될 때까지 파동에서 에너지를 흡수한다. 전자를 제거하는 데 필요한 에너지의 최솟값을 물질의 **일함수**(work function) ϕ라고 한다. 표 3.1에는 몇몇 재료의 일함수 값이 나열되어 있다. 일반적으로 수 전자볼트임을 알 수 있다.

표 3.1 몇몇 물질의 광전자 일함수

물질	ϕ (eV)
Na	2.28
Al	4.08
Co	3.90
Cu	4.70
Zn	4.31
Ag	4.73
Pt	6.35
Pb	4.14

광전 효과의 고전적 이론

고전 파동 이론은 방출된 광전자의 특성에 대해 무엇을 예측하는가?

1. 전자의 최대 운동 에너지는 복사 세기에 비례해야 한다. 광원의 밝기가 증가할수록 더 많은 에너지가 표면으로 전달되고(전기장이 더 커짐), 더 큰 운동 에너지를 갖는 전자가 방출되어야 한다. 마찬가지로, 광원의 세기가 증가하면 파동의 전기장 $\vec{E}$가 증가하고, 전자에 가해지는 힘 $\vec{F} = -e\vec{E}$ 또한 증가되어 전자가 표면을 떠날 때의 운동 에너지도 증가하게 된다.

2. 광전 효과는 어떠한 진동수나 파장의 빛에 대해서도 발생해야 한다. 파동 이론에 따르면, 빛이 전자를 방출할 만큼 강하면 진동수나 파장에 관계없이 광전 효과가 발생해야 한다.

3. 첫 번째 전자는 빛이 표면에 도달하고 몇 초 정도의 시간 간격 이후 방출되어야 한다. 파동 이론에서는 파동의 에너지가 파면에 균일하게 분포된다. 전자가 파동으로부터 직접 에너지를 흡수한다면, 전자에 전달되는 에너지의 양은 전자가 갇혀 있는 표면적에 얼마나 많은 복사 에너지가 입사되는지에 따라 결정된다. 이 면적이 원자 크기

---

[*] 방출체와 모으개가 다른 재질로 만들어졌을 때, 전압계로 읽은 전위차 ΔV는 저지 전위와 동일하지 않다. 이 경우 방출체와 모으개 사이의 **접촉 전위차**(contact potential difference)를 고려하여 보정을 적용해야 한다.

정도라고 가정하면 대략적인 계산을 통해 빛을 켠 후, 첫 번째 광전자가 관측되는 사이의 시간 지연이 몇 초 정도가 되어야 한다는 추정이 가능하다(예제 3.2 참조).

예제 3.2

120 W/m² 세기(대략 작은 헬륨-네온 레이저 세기)의 레이저 빔이 나트륨 표면에 입사된다. 나트륨으로부터 전자를 방출시키기 위해서 최소 2.3 eV의 에너지가 필요하다(나트륨의 일함수 ϕ). 전자가 나트륨 원자와 동일한 반경(0.10 nm)에 갇혀 있다고 가정하면, 전자를 방출하기에 충분한 에너지를 표면이 흡수하는 데 얼마나 걸리는가?

풀이

세기 I의 파동이 면적 A에 전달되는 평균 일률 P_{av}는 IA이다. 표면의 원자는 면적 $A = \pi r^2 = \pi(0.1 \times 10^{-9}\text{m})^2 = 3.1 \times 10^{-20}$ m²의 '표적 영역(target area)'을 나타내며, 전체 전자기 일률이 전자에 전달될 때, 에너지는 $\Delta E/\Delta t = P_{av}$ 비율로 흡수된다. 에너지 $\Delta E = \phi$를 흡수하는 데 필요한 시간 간격 Δt는 다음으로 표현될 수 있다.

$$\Delta t = \frac{\Delta E}{P_{av}} = \frac{\phi}{IA}$$

$$= \frac{(2.3 \text{ eV})(1.6 \times 10^{-19} \text{ J/eV})}{(120 \text{ W/m}^2)(3.1 \times 10^{-20} \text{ m}^2)} = 0.10\text{초}$$

실제로는, 금속 전자는 항상 개별 원자에 묶여 있는 것이 아니라 금속 전체를 자유롭게 돌아다닐 수 있다. 그러나 에너지가 흡수되는 영역에 대해 합리적 추정이 무엇이든 간에 광전자 방출의 특성 시간은 쉽게 측정할 수 있는 범위인 수 초 정도의 크기를 갖는 것으로 추정된다.

광전 효과의 실험 특성은 1902년에도 잘 알려져 있었다. 고전 이론의 예측과 실험 결과를 비교하면 어떤가?

1. 광원의 파장 또는 진동수 값이 고정된 경우, 방출된 광전자의 최대 운동 에너지(저지 전위로 결정됨)는 광원의 세기와 완전히 독립적이다. 그림 3.10은 실험 결과를 대표적인 그림으로 표현하였다. 광원의 세기를 두 배로 늘리면 저지 전위가 변하지 않아 전자의 최대 운동 에너지에 변화가 없음을 나타낸다. 이 실험 결과는 최대 운동 에너지가 빛의 세기에 따라 달라져야 한다고 예측하는 파동 이론과 일치하지 않는다.

2. 광원의 진동수가 일정 값 이하일 때는 광전 효과가 전혀 발생하지 않는다. 이 값은 실험에 사용된 금속 표면 종류의 특성을 나타내며, **차단 진동수**(cutoff frequency) f_c라고 한다. f_c 이상에서는 아무리 약한 세기의 광원이라도 광전자 방출이 일어나고,

f_c 미만에서는 광원의 세기가 아무리 강하더라도 광전자 방출이 일어나지 않는다. 이 실험 결과는 파동 이론의 예측과 일치하지 않는다.

3. 첫 번째 광전자는 광원이 켜진 후 순간적으로(10⁻⁹초 이내) 방출된다. 파동 이론은 실험적으로 측정 가능한 시간 지연을 예측하므로 이 결과도 파동 이론과 일치하지 않는다.

이 세 가지 실험 결과는 모두 광전 효과를 설명하는 파동 이론이 완전히 실패했음을 의미한다.

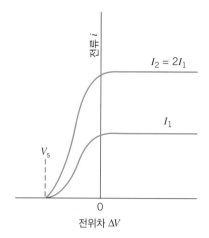

그림 3.10 빛의 다른 두 세기에 대한 전위차 ΔV에 대한 광전류 i. 세기 I가 두 배로 증가하면 전류는 두 배로 증가하지만(방출되는 광전자 수의 두 배) 저지 전위 V_s는 동일하다.

광전 효과의 양자 이론

광전 효과에 대한 성공적인 이론은 1905년 Albert Einstein에 의해 정립되었다. 이보다 5년 전인 1900년에 독일의 물리학자 Max Planck는 뜨겁고 빛나는 물체[**열복사**(thermal radiation)라고 불리며, 다음 절에서 논의된다]에서 방출되는 빛의 파장 분포를 설명하는 이론을 제시했다. Planck의 아이디어를 일부 채용하여, Einstein은 전자기 복사의 에너지가 파면에 연속적으로 분포되는 것이 아니라, 대신 국소화된 묶음 또는 양자(quanta, 또는 광자로 알려짐)에 집중되어 있고 제안했다. 진동수 f의 전자기파와 연관된 광자의 에너지는

$$E = hf \tag{3.18}$$

이며, h는 **Planck 상수**(Planck's constant)로 알려진 비례 상수이다. 광자 에너지는 $f = c/\lambda$를 대입함으로써 전자기파의 파장으로 다음과 같이 표현할 수 있다.

$$E = \frac{hc}{\lambda} \tag{3.19}$$

우리는 종종 광자가 입자인 것처럼 언급하며, 집중된 에너지 묶음으로서 입자성을 갖고 있다고 말한다. 전자기파와 같이 광자는 광속으로 이동하므로 상대론적 관계인 $p = E/c$를 따라야 한다. 이것을 식 (3.19)와 결합하면,

$$p = \frac{h}{\lambda} \tag{3.20}$$

을 얻는다. 광자는 에너지뿐 아니라 선운동량을 전달하므로 이러한 입자 특성도 갖고 있다.

광자는 광속으로 이동하므로 질량이 0이어야 한다. 그렇지 않으면 그 에너지와 운동량은 무한대로 발산하게 된다. 마찬가지로, 광자의 정지 에너지 $E_0 = mc^2$도 0이

어야 한다.

Einstein의 해석에 따르면, 단일 광자(single photon)와의 충돌로 인해 1개의 광전자가 방출되는데, 광자의 모든 에너지는 단일 광전자(single photoelectron)에 순간적으로 전달된다. 광자 에너지 hf가 물질의 일함수 ϕ보다 크면 광전자가 방출되며, 광자 에너지가 일함수보다 작으면 광전 효과는 발생하지 않을 것이다. 따라서 이 설명은 파동 이론의 두 가지 실패, 차단 진동수의 존재와 측정 가능한 시간 지연의 부재를 설명한다.

광자 에너지 hf가 일함수보다 클 때, 초과 에너지는 전자의 운동 에너지로 나타난다.

$$K_{\max} = hf - \phi \tag{3.21}$$

이 표현에서는 광원의 세기가 나타나지 않는다! 고정된 진동수에 대해 빛의 세기가 두 배로 증가한다는 것은 두 배의 광자가 표면에 충돌하고 두 배의 광전자가 방출된다는 것을 의미하지만 모두 정확히 동일한 최대 운동 에너지를 갖는다.

에너지 사이의 관계를 나타내는 식 (3.21)을 상점에서 물건을 구매하는 경우와 유사하게 생각할 수 있다. hf는 계산대에 지불하는 금액을 나타내고, ϕ는 물건의 비용을 나타내며, $K_{\max}$는 잔돈을 나타낸다. 광전 효과에서 hf는 표면에서 전자를 '구매(purchase)'하기 위한 가용 에너지양이고, 일함수 ϕ는 표면에서 가장 느슨하게 결합된 전자를 제거하는 '비용(cost)'이며, 가용 에너지와 제거 비용의 차이가 방출된 전자의 운동 에너지로 나타나게 되는 남은 에너지이다. (더 높은 결합도를 가진 전자들은 '비용'이 더 높기 때문에 더 작은 운동 에너지로 나타난다.)

전자를 제거하는 데 필요한 최소량인 일함수 ϕ와 같은 에너지를 공급하는 광자는 차단 진동수 f_c와 같은 빛의 진동수에 해당한다. 이 진동수에서는 운동 에너지에 대한 여분의 에너지가 없으므로, 식 (3.21)은 $hf_c = \phi$ 또는

$$f_c = \frac{\phi}{h} \tag{3.22}$$

가 된다. 해당하는 차단 파장 $\lambda_c = c/f_c$는 다음과 같다.

$$\lambda_c = \frac{hc}{\phi} \tag{3.23}$$

차단 파장은 일함수 ϕ를 가진 표면에서 광전 효과를 관찰할 수 있는 가장 긴 파장을 나타낸다.

광자 이론은 광전 효과의 관측된 모든 특징을 설명하는 것으로 보인다. 1915년

Robert A. Millikan(1868~1953, 미국). 그 시대 최고의 실험가였던 그의 업적에는 광전 효과를 사용한 Planck 상수의 정밀한 측정(1923년 노벨상 수상)과 전자 전하의 측정이 포함된다[그 유명한 '오일 낙하(oil-drop)' 장치를 사용하였다].

Robert Millikan은 이 이론에 대해 가장 상세한 검증을 시도하였다. Millikan은 빛의 다른 진동수에 대한 최대 운동 에너지(저지 전위)를 측정하고 식 (3.21)에 대한 데이터를 얻었다. 일부 결과가 그림 3.11에 제시되어 있는데, 이 직선의 기울기에서 다음의 Planck 상수의 값을 구할 수 있었다.

$$h = 6.57 \times 10^{-34} \text{ J} \cdot \text{s}$$

광전 효과에 대한 부분적이지만 상세한 실험으로 인해, Millikan은 1923년 노벨 물리학상을 수상했다. Einstein은 광전 효과를 설명한 광자 이론에 대해 1921년 노벨 물리학상을 수상하였다.

다음 절에서 논의할 것처럼, 열복사의 파장 분포 역시 Planck 상수 값을 얻는 데 사용되는데, 이 값은 광전 효과로부터 유도된 Millikan의 값과 잘 일치한다. Planck 상수는 자연의 기본 상수 중 하나이며, c가 상대성 이론의 특성 상수인 것처럼, h는 양자역학의 특성 상수이다. Planck 상수 값은 다양한 실험에서 매우 정밀하게 측정되었다. 현재 인정되는 값은 다음과 같다.

$$h = 6.6260704 \times 10^{-34} \text{ J} \cdot \text{s}$$

이는 상대적 불확실성이 약 1×10^{-8}(마지막 자릿수에서 ±8 단위)인 조건에서 실험적으로 결정된 값이다.

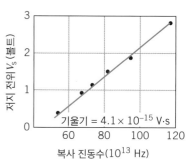

그림 3.11 나트륨의 광전 효과에 대한 Millikan의 결과. 선의 기울기는 h/e이며, 실험적으로 얻은 기울기로부터 Planck 상수를 결정할 수 있다. 절편은 차단 진동수를 의미해야 하지만, Millikan의 시기에는 전극의 접촉 전위가 정확하게 알려져 있지 않았기 때문에, 수직축으로 수십분의 1볼트만큼 이동되었다. 이 보정에도 불구하고 기울기는 영향을 받지 않는다.

예제 3.3

(a) 파장 650 nm의 적색광 광자의 에너지와 운동량은 얼마인가? (b) 에너지가 2.40 eV인 광자의 파장은 얼마인가?

풀이

(a) 식 (3.19)를 사용하여 다음을 얻을 수 있다.

$$E = \frac{hc}{\lambda} = \frac{(6.63 \times 10^{-34} \text{ J} \cdot \text{s})(3.00 \times 10^{8} \text{ m/s})}{650 \times 10^{-9} \text{ m}}$$
$$= 3.06 \times 10^{-19} \text{ J}$$

전자볼트로 변환하면,

$$E = \frac{3.06 \times 10^{-19} \text{ J}}{1.60 \times 10^{-19} \text{ J/eV}} = 1.91 \text{ eV}$$

이러한 유형의 문제는 hc 조합을 eV·nm 단위로 표현하면 간단해진다.

$$E = \frac{hc}{\lambda} = \frac{1,240 \text{ eV} \cdot \text{nm}}{650 \text{ nm}} = 1.91 \text{ eV}$$

운동량은 식 (3.20)을 사용하여 비슷한 방식으로 구할 수 있다.

$$p = \frac{h}{\lambda} = \frac{1}{c}\frac{hc}{\lambda} = \frac{1}{c}\left(\frac{1,240 \text{ eV} \cdot \text{nm}}{650 \text{ nm}}\right) = 1.91 \text{ eV}/c$$

운동량은 또한 에너지로부터 직접 구할 수 있다.

$$p = \frac{E}{c} = \frac{1.91 \text{ eV}}{c} = 1.91 \text{ eV}/c$$

(이 운동량 단위에 대해서는 예제 2.13 참조)

(b) λ에 대해 식 (3.19)를 풀면 다음을 얻는다.

$$\lambda = \frac{hc}{E} = \frac{1,240 \text{ eV} \cdot \text{nm}}{2.40 \text{ eV}} = 517 \text{ nm}$$

예제 3.4

텅스텐 금속의 일함수는 4.52 eV이다. (a) 텅스텐의 차단 파장 λ_c는 얼마인가? (b) 파장 198 nm의 복사선을 사용할 때 전자의 최대 운동 에너지는 얼마인가? (c) 이 경우 저지 전위는 얼마인가?

풀이

(a) 식 (3.23)으로 얻은 파장은

$$\lambda_c = \frac{hc}{\phi} = \frac{1,240 \text{ eV} \cdot \text{nm}}{4.52 \text{ eV}} = 274 \text{ nm}$$

이며, 자외선 영역에 있다.

(b) 짧은 복사 파장의 경우, 최대 운동 에너지는 다음과 같다.

$$K_{\max} = hf - \phi = \frac{hc}{\lambda} - \phi$$
$$= \frac{1,240 \text{ eV} \cdot \text{nm}}{198 \text{ nm}} - 4.52 \text{ eV}$$
$$= 1.74 \text{ eV}$$

(c) 저지 전위는 $K_{\max}$에 해당하는 전압이므로,

$$V_s = \frac{K_{\max}}{e} = \frac{1.74 \text{ eV}}{e} = 1.74 \text{ V}$$

예제 3.5

그림 3.10은 광전 효과에서 광원의 원래 세기와 두 배 세기에 해당하는 2개의 곡선을 보여준다. 원래 광원에 대한 그래프와 비교하여 (a) 광자 방출 비율을 유지하면서 광원의 진동수를 두 배로 증가시킬 때와 (b) 광원을 유지하고 더 큰 일함수를 갖는 금속 표면으로 교체할 때 곡선은 어떻게 나타나겠는가?

풀이

(a) 광자의 진동수가 증가하면 광자 에너지가 증가하고, 이는 다시 광전자의 운동 에너지를 증가시킨다. 광전류를 정지시키려면 더 큰 전압차가 필요하므로, 더 큰 저지 전위가 필요하다.

광원의 광자 방출 비율에는 변화가 없기 때문에 전류의 크기도 변하지 않을 것이다. 따라서 새 곡선은 수직 방향으로 동일한 고원(plateau)을 가지지만 x절편(저지 전위)은 왼쪽(더 큰 음수 값)으로 이동할 것이다.

(b) 동일한 광원에 대해 일함수가 크다는 것은 광전자의 운동 에너지가 더 작다는 것을 의미하지만 방출 비율이 동일하면 전류의 크기도 동일할 것이다. 따라서 고원은 유지되나, 새 일함수 값이 너무 커서 광자 에너지를 초과하지 않는 한(전류가 사라지는 경우) x절편(저지 전위)은 더 작은 음수 값으로 이동할 것이다.

3.3 열복사

고전 파동 이론으로 설명할 수 없는 두 번째 유형의 실험은 **열복사**(thermal radiation) 이다. 이는 온도로 인해 모든 물체에서 방출되는 전자기 복사를 의미하며, 실온에서 열 복사는 대부분 우리의 눈이 민감하지 않은 스펙트럼의 적외선 영역에 있다. 물체를 더 높은 온도로 가열하면 가시광선이 방출될 수 있다.

일반적인 실험 배치도는 그림 3.12와 같다. 물체는 온도 T_1으로 유지되고 있고, 물 체에서 방출되는 복사는 파장에 민감한 장치에 의해 검출된다. 예를 들어, 프리즘과 같은 분산 매질을 사용하면 서로 다른 파장이 서로 다른 각도 θ에서 나타나도록 할 수 있 다. 복사선 검출기를 다른 각도 θ로 이동함으로써, 특정 파장에서 복사선의 세기*를 측 정할 수 있다. 검출기는 기하학적으로 점이 아니라(거의 효율적이지 않다!) 작은 범위의 각도 $\Delta\theta$를 차지하므로, 우리가 실제로 측정하는 것은 θ를 중심으로 한 범위 $\Delta\theta$ 또는 λ를 중심으로 한 범위 $\Delta\lambda$에 있는 복사선의 양이다.

19세기 후반, 열복사의 파장 스펙트럼을 연구하기 위해 많은 실험이 수행되었다. 앞으로 살펴보겠지만 이러한 실험은 열역학과 전자기학에 대한 고전 이론의 예측과 전혀 일치하지 않는 결과를 보여주었다. 대신, 실험 결과를 성공적으로 분석함으로써 에너지 양자화의 첫 번째 증거를 제시했으며, 이는 결국 새로운 양자 이론의 기초로 인식되었다.

먼저 실험 결과를 검토해 보자. 이 실험의 목적은 물체에서 방출되는 복사선의 세 기를 파장의 함수로 측정하는 것이었다. 그림 3.13은 물체의 온도 $T_1 = 1,000\,\mathrm{K}$의 전 형적인 실험 결과이다. 이제 물체의 온도를 T_2로 변경하면, 그림 3.13에 나타난 것처럼 $T_2 = 1,250\,\mathrm{K}$에 해당하는 다른 곡선을 얻게 된다. 다양한 온도에 대해 측정을 반복하 면 두 가지 중요한 특성을 나타내는 복사 세기에 대한 체계적인 결과를 얻을 수 있다.

1. 모든 파장에 걸쳐 복사하는 총세기(즉, 각 곡선 아래의 면적)는 온도가 증가함에 따라 증가한다. 이는 놀라운 결과가 아니다. 우리는 보통 물체의 온도를 올리면 더 밝

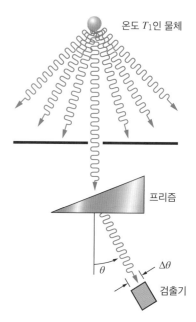

그림 3.12 열복사 스펙트럼 측정. 프리즘 과 같은 장치는 물체에서 방출되는 파장 을 분리하는 데 사용된다.

---

* 항상 그렇듯, 세기는 식 (3.8)에서와 같이 단위 면적당 단위 시간당 에너지(또는 단위 면적당 일률)를 의미한다. 이전에는 특정 면적을 갖는 안테나로 파동을 기록할 때의 파편을 '단위 면적(unit area)'으로 지칭했으나, 여기서 '단위 면적'은 열을 방출하는 물체 표면의 각 단위 면적에서 방출되는 전자기 복사 를 가리킨다.

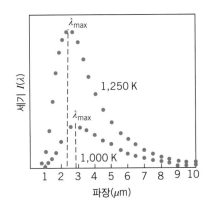

그림 3.13 다양한 파장에 걸쳐 복사선 세기를 측정하여 얻은 결과. 방출체의 각기 다른 온도는 서로 다른 봉우리 λ_{max}를 제공한다.

게 빛나고 더 많은 에너지를 방출한다는 것을 알고 있기 때문이다. 주의 깊게 측정한 결과, 총세기는 절대 온도 또는 켈빈 온도의 4승으로 증가한다는 사실을 발견하게 된다.

$$I = \sigma T_4 \qquad (3.24)$$

여기에서 σ는 비례 상수이다. 식 (3.24)는 **Stefan 법칙**(Stefan's law)이라고 하며, 상수 σ는 **Stefan-Boltzmann 상수**(Stefan-Boltzmann constant)라고 불린다. 이 값은 그림 3.13에 설명된 것과 같은 실험 결과로부터 결정될 수 있다.

$$\sigma = 5.67037 \times 10^{-8} \ \text{W/m}^2 \cdot \text{K}^4$$

2. 방출 세기가 최댓값에 도달하는 파장 λ_{max}는 온도가 증가함에 따라 온도의 반비례로 감소한다: $\lambda_{max} \propto 1/T$. 그림 3.13과 같은 결과로부터 비례 상수를 결정할 수 있다.

$$\lambda_{max} T = 2.8978 \times 10^{-3} \ \text{m} \cdot \text{K} \qquad (3.25)$$

이 결과는 **Wien의 변위 법칙**(Wien's displacement law)이라고 알려져 있으며, '변위(displacement)'라는 용어는 온도가 변화함에 따라 봉우리가 이동되거나 옮겨진다는 의미를 나타낸다. 가열된 물체가 먼저 빨간색으로 빛나기 시작하고, 더 높은 온도에서 노란색이 된다는 점에서, Wien의 법칙은 우리의 일반적인 관측과 정성적으로 일치한다. 온도가 증가함에 따라 방출되는 대부분의 파장은 가시광선 영역의 긴 파장(빨간색)에서 중간 파장으로 이동한다. '백열(white hot)'이라는 용어는 가시광선 영역의 모든 파장의 혼합으로 흰색 빛을 만들어낼 수 있는 충분히 뜨거운 물체를 의미한다.

예제 3.6

(a) 실온($T = 20$℃) 물체는 어떤 파장에서 열복사를 최대로 방출하는가? (b) 최대 열복사가 스펙트럼의 빨간색 영역($\lambda = 650$ nm)에 도달하려면 몇 도까지 가열해야 하는가? (c) (b)에서 구한 높은 온도에서는 몇 배나 많은 열복사가 방출되는가?

풀이

(a) 절대 온도 $T_1 = 273 + 20 = 293$ K를 사용하면 Wien의 변위 법칙은 다음으로 계산된다.

$$\lambda_{max} = \frac{2.8978 \times 10^{-3} \ \text{m} \cdot \text{K}}{T_1}$$
$$= \frac{2.8978 \times 10^{-3} \ \text{m} \cdot \text{K}}{293 \ \text{K}} = 9.89 \ \mu\text{m}$$

이 파장은 전자기 스펙트럼의 적외선 영역에 있다.

(b) $\lambda_{max} = 650$ nm의 경우, Wien의 변위 법칙을 다시 사용하여 새로운 온도 T_2를 찾는다.

$$T_2 = \frac{2.8978 \times 10^{-3} \text{ m} \cdot \text{K}}{\lambda_{\max}}$$

$$= \frac{2.8978 \times 10^{-3} \text{ m} \cdot \text{K}}{650 \times 10^{-9} \text{ m}}$$

$$= 4{,}460 \text{ K}$$

총열방출의 비율은

$$\frac{I_2}{I_1} = \frac{\sigma T_2^4}{\sigma T_1^4} = \frac{(4{,}460 \text{ K})^4}{(293 \text{ K})^4}$$

$$= 5.37 \times 10^4$$

이 예제에서는 절대(켈빈) 온도를 사용한다는 점에 유의하라.

(c) 총 복사 세기는 T^4에 비례하므로 2개의 다른 온도에서의

임의의 물체로부터 열복사의 이론적 분석은 매우 복잡하다. 이는 물체 표면의 세부적 특성에 의존하며, 또한 물체가 주변으로부터의 복사를 얼마나 많이 반사하는지에 따라 달라진다. 분석을 간단히 하기 위해 들어오는 모든 입사 복사를 흡수하여 전혀 반사하지 않는 **흑체**(blackbody)라는 특수한 물체를 고려하자.

한 단계 더 나아가, 특별한 종류의 흑체를 고려해 보자. 이 물체는 온도 T에서 열적 평형에 있는 속이 빈 금속 상자이며 구멍 하나가 뚫려 있다. 상자 내부는 벽면으로부터 방출되고 반사된 전자기 복사선으로 가득 차 있으며, 벽에 있는 작은 구멍을 통해 일부 복사가 빠져나간다(그림 3.14). 상자 자체가 아닌 **구멍이 흑체가 된다.** 구멍에 입사한 외부 복사는 상자 내부에서 소실되고 구멍에서 재방출될 가능성은 무시할 수 있으므로 흑체(구멍)에서 반사가 발생하지 않는다고 생각할 수 있다. 구멍에서 나오는 복사는 상자 안 복사의 일부이므로 상자 안 복사의 성격을 이해하면 구멍을 통해 떠나는 복사를 이해할 수 있다.

이제 상자 안의 복사를 고려해 보자. 단위 파장 간격당 에너지 밀도(단위 부피당 에너지) $u(\lambda)$를 가지고 있다. 즉, 우리가 상자 내부의 작은 부피 요소에서 파장 범위가 λ와 $\lambda + d\lambda$ 사이를 갖는 전자기 복사의 에너지 밀도를 측정할 수 있다면, 결과는 $u(\lambda)d\lambda$가 될 것이다. 이 파장 간격에서의 복사에 대해, 구멍으로부터 방출되는 세기(단위 면적당 일률)는 어떻게 되겠는가? 어느 특정 시점, 상자의 복사 절반은 구멍에서 멀어지고 있고, 다른 절반은 크기 c의 속도로 구멍으로 가까워지고 있지만 다양한 각도를 갖는다. 구멍에 수직으로 흐르는 에너지를 계산하기 위해 이 각도 범위에 대한 평균을 내면 1/2이 되므로, 구멍을 통과하는 이 작은 파장 간격에서 세기에 대한 복사의 기여도는 다음과 같다.

$$I(\lambda) = \frac{c}{4}u(\lambda) \qquad (3.26)$$

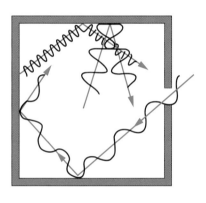

그림 3.14 온도 T에서 벽과 열평형을 이루는 전자기 복사로 채워진 공동(cavity). 일부 복사는 구멍을 통해 빠져나가는데, 이는 이상적인 흑체를 나타낸다.

$I(\lambda)d\lambda$는 파장 λ에서 간격 $d\lambda$의 복사 세기이다. 이에 대한 측정 결과가 그림 3.13에 나타난 양이며, 각 데이터 점들은 작은 파장 간격에서의 측정된 세기값을 나타낸다. 이론적 분석의 목표는 그림 3.13의 데이터 점들을 부드러운 피팅으로 연결할 수 있는 수학 함수 $I(\lambda)$를 찾는 것이다.

만약 파장 λ_1과 λ_2 사이의 영역에서 방출되는 전체 세기를 구하고 싶다면, 영역을 좁은 간격 $d\lambda$로 나누고 각 간격에서의 세기를 더하면 된다. 이는 두 간격 사이에서의 다음의 적분과 동일하다.

$$I(\lambda_1 : \lambda_2) = \int_{\lambda_1}^{\lambda_2} I(\lambda) \, d\lambda \tag{3.27}$$

이것은 두 범위 사이의 에너지를 가진 분자 수를 구하기 위한 식 (1.28)과 유사하다. 전체 방출 세기는 모든 파장에 대해 적분하여 얻을 수 있다.

$$I = \int_0^\infty I(\lambda) \, d\lambda \tag{3.28}$$

이 전체 세기는 Stefan 법칙[식 (3.24)]에서 보여준 것처럼 온도의 4승에 비례해야 한다.

열복사의 고전 이론

열복사의 양자 이론을 논의하기 전에 전자기학과 열역학의 고전 이론이 λ에 대한 I의 의존성에 관하여 어떤 정보를 주는지 살펴보자. 여기서는 완벽한 유도보다는 이론의 간략한 개요만 제공한다.* 유도과정은 먼저 각 파장에서 복사의 양(파동의 개수)을 계산한 후, 상자 내 총에너지에 대한 각 파동의 기여도를 찾는 순서로 이루어져 있다.

1. 상자는 전자기 정상파로 채워져 있다. 상자의 벽이 금속인 경우, 복사선은 앞뒤로 반사되며 각 벽에 전기장 마디를 형성한다(전기장은 도체 내부에서 사라져야 하기 때문). 이는 당겨진 줄이나 오르간 파이프의 공기 기둥과 같은 다른 정상파에 적용되는 것과 동일한 조건이다.

2. λ와 $\lambda + d\lambda$ 사이의 파장을 갖는 정상파의 수는

$$N(\lambda) \, d\lambda = \frac{8\pi V}{\lambda^4} d\lambda \tag{3.29}$$

---

* 보다 완벽한 유도를 위해서는 R. Eisberg and R. Resnick, *Quantum Theory of Atoms, Molecules, Solids, Nuclei, and Particles*, 2nd edition (Wiley, 1985), pp. 9-13 참조.

이며, 여기서 V는 상자의 부피이다. 길이 L의 당겨진 끈과 같은 일차원 정상파에 대해 허용되는 파장은 $\lambda = 2L/n\,(n = 1, 2, 3, \ldots)$이다. λ_1과 λ_2 사이의 파장을 갖는 가능한 정상파의 수는 $n_2 - n_1 = 2L(1/\lambda_2 - 1/\lambda_1)$이 된다. λ에서 $\lambda + d\lambda$까지의 간격에서 정상파 수는 $N(\lambda)\,d\lambda = |dn/d\lambda|\,d\lambda = (2L/\lambda^2)\,d\lambda$이다. 식 (3.29)는 이 방법을 삼차원으로 확장하여 얻을 수 있다.

3. 각각의 개별 파동은 상자 내 복사에 대해 kT의 평균 에너지를 기여한다. 이 결과는 가스 분자의 통계 역학에 대한 1.3절의 분석과 유사하다. 여기서는 공동 내의 전자기 정상파를 만드는 역할을 하는, 내부 벽의 진동 원자의 통계에 관심이 있다. 일차원 진동자의 경우 에너지는 Maxwell-Boltzmann 분포(Maxwell-Boltzmann distribution)에 따라 분배된다.*

$$N(E) = \frac{N}{kT} e^{-E/kT} \tag{3.30}$$

1.3절을 떠올려보면, $N(E)$는 E와 $E + dE$ 사이의 에너지를 갖는 진동자의 수가 $dN = N(E)dE$가 되도록 정의되었으므로, 모든 에너지에서 진동자의 전체 개수는 $\int dN = \int_0^\infty N(E)dE$로 (보여야 하겠지만) 결국 N으로 계산된다. 그러면 진동자당 평균 에너지는 가스 분자의 평균 에너지[식 (1.26)]와 같은 방식으로 구할 수 있다.

$$E_{\text{av}} = \frac{1}{N} \int_0^\infty E\,N(E)\,dE = \frac{1}{kT} \int_0^\infty E\,e^{-E/kT}\,dE \tag{3.31}$$

이는 실제로 $E_{\text{av}} = kT$임을 보여준다.

이러한 모든 요소를 종합하면, 파장 간격 $d\lambda$에서 공동 내부 복사선의 에너지 밀도를 찾을 수 있다. 에너지 밀도 = (단위 부피당 정상파 개수) × (정상파당 평균 에너지) 또는

$$u(\lambda)\,d\lambda = \frac{N(\lambda)\,d\lambda}{V} kT = \frac{8\pi}{\lambda^4} kT\,d\lambda \tag{3.32}$$

단위 파장 간격 $d\lambda$당 해당 세기는 다음과 같다.

$$I(\lambda) = \frac{c}{4} u(\lambda) = \frac{c}{4} \frac{8\pi}{\lambda^4} kT = \frac{2\pi c}{\lambda^4} kT \tag{3.33}$$

---

* 이 식의 지수 부분은 가스 분자에 대한 식 (1.23)과 같으나, 나머지 부분이 다르다. 일차원 진동자의 통계적 거동이 삼차원으로 움직이는 기체 분자의 경우와는 다르기 때문이다. 10장에서 이러한 계산을 더욱 자세히 고려할 것이다.

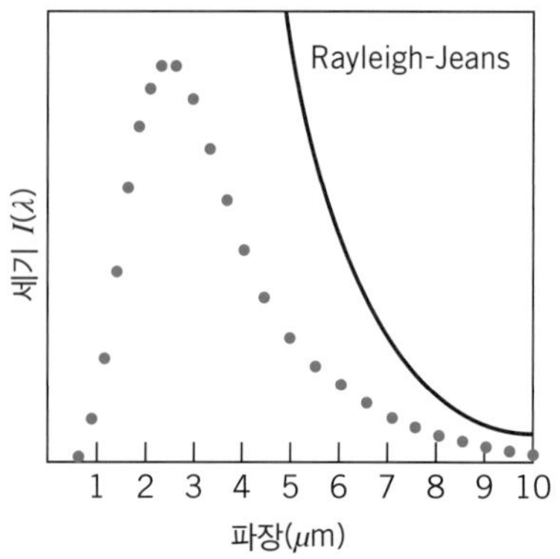

그림 3.15 측정된 세기와 비교한 고전적인 Rayleigh-Jeans 공식의 실패. 긴 파장에서는 이론이 데이터에 접근하지만, 짧은 파장에서는 고전 공식이 비참할 정도로 맞지 않는다.

이 결과는 **Rayleigh-Jeans 공식**(Rayleigh-Jeans formula)으로 알려져 있다. 전자기학과 열역학의 고전 이론에 확고히 기초하여, 흑체 복사 문제를 이해하기 위해 고전 물리학을 적용한 최선의 노력을 보여주었다. 그림 3.15에서는 Rayleigh-Jeans 공식으로 계산된 세기를 일반적인 실험 결과와 비교하였다. 식 (3.33)으로 계산된 세기는 장파장에서 실험 데이터에 접근하지만 단파장에서는 고전 이론($\lambda \rightarrow 0$일 때 $u \rightarrow \infty$으로 예측하는)이 비참하게 실패함을 알 수 있다. 단파장에서 Rayleigh-Jeans 공식의 실패는 **자외선 파국**(ultraviolet catastrophe)으로 알려져 있으며 고전 물리학의 심각한 문제 중 하나이다. 왜냐하면 Rayleigh-Jeans 공식의 기초가 되는 열역학과 전자기학 이론은 다른 많은 상황에서 까다롭게 검증되었고 지금까지 실험 결과와 매우 잘 일치한다고 밝혀졌기 때문이다. 흑체 복사의 경우 고전 이론이 작동하지 않으며 새로운 종류의 물리 이론이 필요하다는 것이 확실해 보인다.

열복사의 양자 이론

열복사에 대한 정확한 해석을 제공하는 새로운 물리학은 1900년 독일 물리학자 Max Planck에 의해 제안되었다. 자외선 파국은 Rayleigh-Jeans 공식이 짧은 파장(또는 고진동수)에서 너무 큰 세기를 예측하기 때문에 발생한다. 필요한 것은 $\lambda \rightarrow 0$이거나 $f \rightarrow \infty$일 때 $u \rightarrow 0$으로 만드는 것이다. 공동(cavity) 벽에 있는 원자의 진동으로 인해 발생하는 전자기 정상파를 다시 고려하여, Planck는 고주파 진동자 수를 줄임으로써 고주파 정상파 수를 줄이는 방법을 찾으려고 노력했다. 그는 새로운 물리 이론인 **양자 물리학**(quantum physics)의 초석을 이루게 된, 대담한 가정을 통해 이를 해결했다. 이 이론과 관련된 것은 **파동 역학**(wave mechanics) 또는 **양자역학**(quantum mechanics)으로 알려진, 새로운 버전의 역학이다. 5장에서 파동 역학의 체계에 대해 논의할 것이다. 지금은 Planck의 이론이 어떻게 열복사의 방출 스펙트럼을 올바로 해석할 수 있는지를 설명할 것이다.

Planck는 진동하는 원자가 불연속적 다발로만 에너지를 흡수하거나 방출할 수 있다고 제안했다. 이 대담한 제안은 저주파(장파장) 진동자의 평균 에너지를 kT와 동일하게 유지하기 위해 필요했지만(장파장에서 Rayleigh-Jeans 법칙과 일치), 또한 고주파(단파장) 진동자의 평균 에너지를 거의 0으로 만들었다. 이러한 놀라운 일을 Planck가 어떻게 해낼 수 있었는지 살펴보자.

Planck의 이론에서 각 진동자는 특정 기본 에너지양인 ε의 정수배만큼만 에너지를 흡수하거나 방출할 수 있다.

$$E_n = n\varepsilon \qquad n = 1, 2, 3, \ldots \tag{3.34}$$

여기서 n은 양자 개수를 나타낸다. 더 나아가, 각 양자의 에너지는 다음과 같이 진동수에 의해 결정된다.

$$\varepsilon = hf \tag{3.35}$$

여기서 h는 비례 상수이며, Planck 상수로 알려져 있다. 수학적 관점에서, Planck의 계산과 Maxwell-Boltzmann 통계를 사용한 고전적인 계산의 차이점은 특정 파장이나 진동수에서 진동자의 에너지가 더 이상 연속적인 변수가 아니라는 것이다. 이제 그 값은 오직 식 (3.34)에서 주어진 불연속적 값을 갖는다. 고전적인 계산에서의 적분은 이제 합으로 대체되며, 에너지 E_n을 갖는 진동자의 개수는 다음과 같다.

$$N_n = N(1 - e^{-\varepsilon/kT})e^{-n\varepsilon/kT} \tag{3.36}$$

[이 결과를 연속적인 경우의 식 (3.30)과 비교해 보라.] 여기서 N_n은 에너지 E_n을 갖는 진동자의 개수를 나타내며, N은 전체 개수를 나타낸다. 모든 가능한 에너지에 대해 합산하면 다시 진동자의 전체 개수 $\sum_{n=0}^{\infty} N_n = N$임을 보일 수 있어야 한다. Planck는 다음과 같이 평균 에너지를 계산하였다.

$$E_{\mathrm{av}} = \frac{1}{N}\sum_{n=0}^{\infty} N_n E_n = (1 - e^{-\varepsilon/kT})\sum_{n=0}^{\infty}(n\varepsilon)e^{-n\varepsilon/kT} \tag{3.37}$$

이를 계산하면(연습문제 14 참조),

$$E_{\mathrm{av}} = \frac{\varepsilon}{e^{\varepsilon/kT} - 1} = \frac{hf}{e^{hf/kT} - 1} = \frac{hc/\lambda}{e^{hc/\lambda kT} - 1} \tag{3.38}$$

이 방정식에서 작은 진동수 f(큰 파장 λ)에서 $E_{\mathrm{av}} \cong kT$이지만, 큰 진동수 f(작은 파장 λ)에서 $E_{\mathrm{av}} \to 0$임을 주목하라. 따라서 짧은 파장의 진동자는 에너지를 거의 전달하지 않으며, 자외선 파국이 해결된다!

Planck의 결과를 기반으로 복사 세기는 다음과 같이 정리된다[식 (3.26), (3.29) 사용].

$$I(\lambda) = \frac{c}{4}\left(\frac{8\pi}{\lambda^4}\right)\left[\frac{hc/\lambda}{e^{hc/\lambda kT} - 1}\right] = \frac{2\pi hc^2}{\lambda^5}\frac{1}{e^{hc/\lambda kT} - 1} \tag{3.39}$$

(이를 유도하는 대안적인 방법이 10.6절에 소개되어 있다.) 실험과 Planck 공식 간의 완벽한 일치가 그림 3.16에 나와 있다.

이 장 끝에 제시된 연습문제 15와 16에서 Planck 공식을 사용하여 Wien의 변위 법칙과 Stefan의 법칙을 유도할 수 있음을 보일 것이다. 사실 Planck 공식으로부터 Stefan의 법칙을 유도하면 Stefan-Boltzmann 상수와 Planck 상수 사이의 관계가 도출된다.

© SSPL / Science Museum / The Image Works.

Max Planck(1858~1947, 독일). 양자 이론으로 이어진 복사선의 스펙트럼 분포에 관한 연구로 1918년 노벨상을 수상했다. 말년에 그는 종교적, 철학적으로 광범위한 주제에 대해 글을 남겼다.

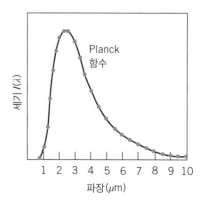

그림 3.16 Planck 함수는 관측된 데이터와 완벽하게 일치한다.

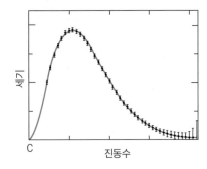

그림 3.17 COBE 위성이 측정한 데이터. COBE 위성은 초기 우주에서 나오는 우주 마이크로파 배경 복사의 온도를 결정하기 위해 1989년에 발사되었다. 데이터는 2.725 K에 해당하는 Planck 함수와 정확히 일치한다. 이 실험의 놀라운 정밀도를 나타내기 위해, 오차 막대의 크기가 보이도록 400배 증가시켜 표시한 것을 주목하라! (출처: NASA Office of Space Science)

$$\sigma = \frac{2\pi^5 k^4}{15c^2 h^3} \qquad (3.40)$$

1900년에 측정된 세기 데이터로부터 Stefan-Boltzmann 상수 값을 결정함으로써, Planck는 상수 h의 값을 구할 수 있었다.

$$h = 6.56 \times 10^{-34} \text{ J} \cdot \text{s}$$

이 값은 15년 뒤 광전 효과의 데이터 분석을 기반으로 Millikan이 유도한 h의 값과 매우 일치한다. 이 두 값이 매우 일치한다는 것은 주목할 만하다. 그 이유는 한 실험은 전자기 복사의 **방출**(emission)에서, 다른 실험은 **흡수**(absorption)와 관련된 서로 매우 다른 종류의 실험에서 얻어진 값이기 때문이다. 이것은 양자화 속성이 특정 실험의 분석에서 우연히 발생한 것이 아니라 전자기장 자체의 속성임을 시사한다. 그 시대의 많은 과학자들뿐 아니라 Planck 역시 이 해석을 즉각적으로 받아들이지 않았다. 그러나 이후의 실험적 증거(Compton 효과를 포함)는 Einstein의 광자 이론과 전자기장의 입자와 같은 구조에 대해 의심할 여지가 없음을 증명했다.

Planck 공식은 오늘날에도 온도를 측정하는 중요한 응용 분야에 사용된다. 특정 파장(또는 실제 실험에서와 같이 작은 파장 간격)에서 물체가 방출하는 복사선 세기를 측정함으로써 식 (3.39)는 물체의 온도를 추정하는 데 사용될 수 있으며, 놀랍게도 어떤 파장에서든 한 번만 측정하면 온도를 얻을 수 있다. **복사 계측기**(radiometer)는 선택된 파장에서 열복사 세기를 측정하여 온도를 결정하는 장치이다. 궤도 위성의 복사 계측기는 지구의 육지와 바다, 그리고 구름의 상부 표면 온도를 측정하는 데 사용된다. 다른 궤도의 복사 계측기는 우주 초기 역사에서 복사 온도를 측정하기 위해 '빈 우주 공간'을 향해 발사되었다(그림 3.17).

예제 3.7

온도 1,278 K으로 유지되는 물체의 열복사를 관측하기 위해 복사 계측기를 사용하고 있다. 계측기는 12.6 nm의 파장 간격으로 복사를 기록한다. 계측기가 물체에서 방출되는 가장 강한 복사선을 기록하도록 측정 파장을 설정한다. 이 간격에서 방출되는 복사선의 세기는 얼마인가?

풀이

가장 강렬한 방사선에 대한 파장 설정은 Wien의 변위 법칙에 따라 결정된다.

$$\lambda_{\max} = \frac{2.8978 \times 10^{-3} \text{ m} \cdot \text{K}}{T} = \frac{2.8978 \times 10^{-3} \text{ m} \cdot \text{K}}{1,278 \text{ K}}$$
$$= 2.267 \times 10^{-6} \text{ m} = 2,267 \text{ nm}$$

주어진 온도는 $kT = (8.6174 \times 10^{-5}\,\text{eV/K})(1{,}278\,\text{K}) = 0.1101$ eV에 해당한다. 파장 간격 내의 복사 세기는 다음과 같다.

$$I(\lambda)d\lambda = \frac{2\pi hc^2}{\lambda^5}\frac{1}{e^{hc/\lambda kT}-1}d\lambda$$

$$\begin{aligned}
&= 2\pi(6.626 \times 10^{-34}\,\text{J}\cdot\text{s})(2.998 \times 10^8\,\text{m/s})^2 \\
&\quad \times (12.6 \times 10^{-9}\,\text{m})(2.267 \times 10^{-6}\,\text{m})^{-5} \\
&\quad \times (e^{(1{,}240\,\text{eV}\cdot\text{nm})/(2{,}267\,\text{nm})(0.1101\,\text{eV})}-1)^{-1} \\
&= 552\,\text{W/m}^2
\end{aligned}$$

3.4 Compton 효과

복사선이 물질과 상호 작용하는 또 다른 방법은 Compton 효과에 의한 것이다. 여기서 복사선은 느슨하게 결합된, 준(nearly)자유 전자로부터 산란된다. 복사 에너지의 일부가 전자에 전달되고, 나머지 에너지는 전자기 복사로 재복사된다. 파동 관점에 따르면, 산란된 복사는 입사한 복사선보다 에너지가 작지만(전자의 운동 에너지만큼의 차이) 파장은 같다. 곧 보게 되겠지만, 광자 개념은 산란된 복사에 대해 매우 다른 예측을 이끌어낸다.

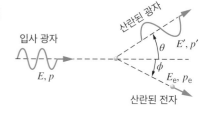

그림 3.18 Compton 산란의 도식.

산란 과정은 단순히 단일 광자와 정지 상태에 있는 전자 사이의 상호 작용(입자에 대한 고전적 의미로의 '충돌')으로 분석된다. 그림 3.18은 그 과정을 보여주는데, 처음에 광자는 다음으로 주어진 에너지 E와 선운동량 p를 갖는다.

$$E = hf = \frac{hc}{\lambda}, \qquad p = \frac{E}{c} \tag{3.41}$$

전자는 초기에 정지해 있으며, 정지 에너지 $m_e c^2$을 갖는다. 산란 후 광자는 에너지 $E' = hc/\lambda'$와 운동량 $p' = E'/c$를 가지며, 입사 광자의 방향에 대해 각도 θ의 방향으로 움직인다. 전자는 전체 최종 에너지 E_e와 운동량 p_e를 가지며 초기 광자에 대해 각도 ϕ의 방향으로 움직인다. (고에너지 입사 광자에 의한 고에너지 산란 전자의 가능성을 고려하기 위해 전자에 상대론적 운동학을 적용한다.) 전체 상대론적 에너지 및 운동량 보존 법칙을 적용하여 다음 식을 얻을 수 있다.

$$E_{\text{initial}} = E_{\text{final}}: \qquad E + m_e c^2 = E' + E_e \tag{3.42a}$$

$$p_{x,\text{initial}} = p_{x,\text{final}}: \qquad p = p_e \cos\phi + p' \cos\theta \tag{3.42b}$$

$$p_{y,\text{initial}} = p_{y,\text{final}}: \qquad 0 = p_e \sin\phi - p' \sin\theta \tag{3.42c}$$

4개의 미지수(θ, ϕ, E_e, E'. p_e와 p'는 독립적인 미지수가 아님)에 3개의 방정식을 가지고 있어 해를 구할 수 없지만, 4개의 미지수 중 2개를 제거할 수 있다. 산란된 광자의 에너지와 방향을 측정하기로 선택하면 E_e와 ϕ가 제거된다. 각도 ϕ는 먼저 운동량 방정식을 다음과 같이 기술하여 제거된다.

$$p_e \cos \phi = p - p' \cos \theta, \quad p_e \sin \phi = p' \sin \theta \qquad (3.43)$$

이 방정식을 제곱하고 결과를 더하면,

$$p_e^2 = p^2 - 2pp' \cos \theta + p'^2 \qquad (3.44)$$

에너지와 운동량 사이의 상대론적 관계는, 식 (2.39)에 따르면 $E_e^2 = c^2 p_e^2 + m_e^2 c^4$이다. 이 방정식에 식 (3.42a)의 E_e와 식 (3.44)의 p_e^2를 넣으면 다음을 얻을 수 있으며,

$$(E + m_e c^2 - E')^2 = c^2 (p^2 - 2pp' \cos \theta + p'^2) + m_e^2 c^4 \qquad (3.45)$$

약간의 계산 후, 다음을 얻을 수 있다.

$$\frac{1}{E'} - \frac{1}{E} = \frac{1}{m_e c^2}(1 - \cos \theta) \qquad (3.46)$$

파장의 관점에서 이 방정식을 다음과 같이 쓸 수 있다.

$$\lambda' - \lambda = \frac{h}{m_e c}(1 - \cos \theta) \qquad (3.47)$$

여기서 λ는 입사하는 광자의 파장이고 λ'는 산란된 광자의 파장이다. $h/m_e c$의 값은 **전자의 Compton 파장**(Compton wavelength of the electron)으로 알려져 있으며, 0.002426 nm의 값을 갖는다. 그러나 이것은 실제 파장이 아니라 파장의 변화 값임을 명심하라.

식 (3.46)과 (3.47)은 광자의 에너지나 파장의 변화를 **산란각**(scattering angle) θ의 함수로 나타낸다. 우변의 값은 절대로 음수가 되지 않으므로, E'은 항상 E보다 작으며, 산란된 광자는 원래 입사 광자의 에너지보다 작다. 에너지 차이 $E - E'$는 전자에게 주어진 운동 에너지인 $E_e - m_e c^2$와 같다. 마찬가지로, λ'은 λ보다 길며, 산란된 광자는 항상 입사 광자보다 더 긴 파장을 갖는다. 파장의 변화는 $\theta = 0°$일 때 0이고, $\theta = 180°$일 때는 Compton 파장의 두 배이다. 물론 에너지와 파장의 관점에서 설명은 동등하며, 어떤 것을 사용할지는 단지 편의성의 문제이다.

$E_e = K_e + m_e c^2$를 사용하면, 에너지 보존[식 (3.42a)]은 $E + m_e c^2 = E' + K_e + m_e c^2$으로 쓸 수 있다. 여기서 K_e는 전자의 운동 에너지를 의미한다. K_e에 대해 풀면, 다음을 얻을 수 있다.

$$K_e = E - E' \qquad (3.48)$$

즉, 전자가 획득한 운동 에너지는 초기와 최종 광자 사이의 에너지 차와 같다.

또한 식 (3.43)의 두 운동량 관계식을 나누면 간단하게 전자의 운동 방향을 찾을 수 있다.

Moffett Studio, courtesy AIP Emilio Segrè Visual Archives, Weber Collection, W. F. Meggers Gallery of Nobel Laureates/Science Source

Arthur H. Compton(1892~1962, 미국). 엑스선 산란에 관한 연구로 Einstein의 광자 이론을 검증하고 1927년 노벨상을 수상했다. 그는 엑스선과 우주선에 관한 연구에서 선구적인 역할을 했으며, 제2차 세계 대전 동안 미국 원자 폭탄 연구의 일부를 지휘하기도 했다.

$$\tan\phi = \frac{p_e \sin\phi}{p_e \cos\phi} = \frac{p' \sin\theta}{p - p' \cos\theta} = \frac{E' \sin\theta}{E - E' \cos\theta} \qquad (3.49)$$

여기에서 마지막 결과는 $p = E/c$와 $p' = E'/c$을 사용하여 얻는다.

▌예제 3.8

파장 λ의 엑스선이 얇은 탄소 표적에 입사된다. 입사된 엑스선에 대해 각도 θ의 방향에서 표적으로부터 나오는 파장 λ'의 산란된 엑스선이 관측되고, 운동 에너지 K_e의 산란된 전자가 각도 ϕ에서 측정된다. 엑스선 광원을 더 긴 파장의 다른 광원으로 교체하면 (a) 파장 변화 $\Delta\lambda = \lambda' - \lambda$일 경우와 (b) 산란된 광자와 전자가 원래 각도에서 관찰될 경우 전자 운동 에너지에 미치는 영향은 어떻게 되는가?

풀이

(a) 식 (3.47)에 따르면, 산란된 엑스선의 파장 변화는 입사 파장에 의존하지 않으므로 $\Delta\lambda$는 두 광원 모두에서 동일한 값을 갖는다. (b) 입사 파장이 클수록 전자 운동 에너지는 **작아진다.** $\Delta\lambda = \lambda' - \lambda$가 동일한 값을 갖는다고 해서 $K_e = E - E'$가 동일한 값을 갖는다는 의미는 아니다. 식 (3.46)의 좌변은 $(E - E')/EE'$이며, E와 E' 모두 더 큰 입사 파장에서 더 작아지기 때문에 분자에서의 차이도 더 작아야 한다.

▌예제 3.9

파장 0.2400 nm의 엑스선은 Compton 산란되며, 산란된 빔은 입사 빔에 대해 각도 60.0°에서 관측된다. (a) 산란된 엑스선의 파장, (b) 산란된 엑스선의 광자 에너지, (c) 산란된 전자의 운동 에너지, (d) 산란된 전자의 이동 방향을 구하시오.

풀이

(a) 식 (3.47)로부터 λ'을 즉시 찾을 수 있다.

$$\begin{aligned}\lambda' &= \lambda + \frac{h}{m_e c}(1 - \cos\theta) \\ &= 0.2400 + (0.00243 \text{ nm})(1 - \cos 60°) \\ &= 0.2412 \text{ nm}\end{aligned}$$

(b) 에너지 E'은 λ'으로부터 직접 구할 수 있다.

$$E' = \frac{hc}{\lambda'} = \frac{1{,}240 \text{ eV}\cdot\text{nm}}{0.2412 \text{ nm}} = 5{,}141 \text{ eV}$$

(c) 초기의 광자 에너지 E는 $hc/\lambda = 5{,}167$ eV이므로,

$$K_e = E - E' = 5{,}167 \text{ eV} - 5{,}141 \text{ eV} = 26 \text{ eV}$$

(d) 식 (3.49)로부터 산란된 전자의 각도 ϕ는 다음과 같이 구할 수 있다.

$$\begin{aligned}\phi &= \tan^{-1}\frac{E' \sin\theta}{E - E' \cos\theta} \\ &= \tan^{-1}\frac{(5{,}141 \text{ eV})(\sin 60°)}{(5{,}167 \text{ eV}) - (5{,}141 \text{ eV})(\cos 60°)} \\ &= 59.7°\end{aligned}$$

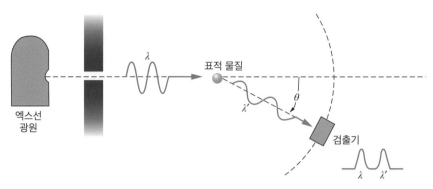

그림 3.19 Compton 산란 장치의 개략도. 산란된 엑스선의 파장 λ'는 다양한 각도 θ로 검출기를 이동하여 측정되며, 파장 차이 $\lambda' - \lambda$는 θ에 따라 달라진다.

이러한 산란 실험에 대한 최초 검증은 1923년 Arthur Compton에 의해 수행되었다. 그가 했던 실험 배치도가 그림 3.19에 나와 있다. 단일 파장 λ의 엑스선 빔이 탄소 산란 표적에 입사된다. (산란 표적에는 실제 '자유' 전자가 포함되어 있지 않지만 많은 물질에서 최외각 또는 원자가 전자는 원자에 매우 약하게 부착되어 준자유 전자처럼 행동한다. 원자에서 이러한 전자의 결합 에너지는 엑스선 광자의 에너지에 비해 너무 작아 준'자유' 전자로 간주될 수 있다.) 이동식 검출기는 다양한 각도 θ에서 산란된 엑스선의 에너지를 측정하였다.

Compton의 원본 데이터 결과가 그림 3.20에 그려져 있다. 각 각도에서 2개의 봉우리가 나타나는데, 2개의 서로 다른 에너지 또는 파장을 갖는 산란된 엑스선 광자에 해당한다. 한 봉우리의 파장은 각도가 변해도 변하지 않는다. 이 봉우리는 원자의 '내부(inner)' 전자와 관련된 산란에 해당하며, 원자에 더 단단히 결합되어 광자가 에너지 손

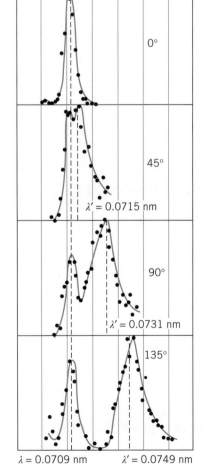

$\lambda = 0.0709$ nm $\lambda' = 0.0749$ nm

그림 3.20 엑스선 산란에 대한 Compton의 원본 결과 데이터.

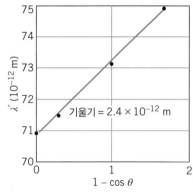

그림 3.21 그림 3.20으로부터 얻은 산란각에 따른 산란된 엑스선 파장 λ'. 예상되는 기울기는 2.43×10^{-12} m이며 Compton 데이터의 기울기와 일치한다.

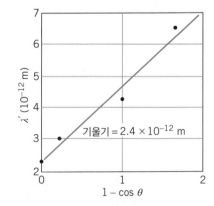

그림 3.22 감마선 산란에 대한 Compton 결과. 파장은 엑스선보다 훨씬 작지만 기울기는 Compton 공식인 식 (3.47)이 예측한, 그림 3.21에서의 기울기와 같다.

실 없이 산란될 수 있다. 그러나 다른 봉우리의 파장은 각도에 따라 크게 변한다. 그림 3.21에서 볼 수 있듯이, 이 변화는 Compton 공식이 예측한 것과 정확히 일치한다.

다양한 방사성 붕괴에서 방출되는 더 높은 에너지(더 짧은 파장) 광자인 감마선 산란에 대해서도 비슷한 결과를 얻을 수 있다. Compton은 그림 3.22에 설명된 것처럼 산란된 감마선의 파장 변화를 측정했으며, 파장 변화가 입사 파장에 의존하지 않는다고 예측한 식 (3.47)과 같이 엑스선 측정의 파장 변화와 동일함을 얻었다.

3.5 기타 광자 과정

열복사, 광전 효과 및 Compton 산란이 전자기 복사의 양자화(입자와 같은 거동)를 뒷받침하는 최초의 실험적 증거를 제공했지만, 이 외에도 광자의 존재를 전자기 복사의 불연속적 양자로 가정하는 경우에만 올바르게 해석되는 다른 실험도 많이 존재한다. 이 절에서는 전자기 복사의 파동 특성만 고려했을 때 이해할 수 없는 이러한 몇몇 과정에 대해 논의하고자 한다. 이러한 과정을 공부하면서 에너지가 연속적으로 도착하는 것으로 간주할 수 있는 파동 해석과 달리 어떻게 광자가 불연속적 다발로 에너지를 전달하여 원자 또는 전자와 상호 작용하는지 주목하라.

광자와 원자의 상호 작용

원자로부터 전자기 복사의 방출은 하나 혹은 그 이상의 광자로 특정되는 불연속적인 양으로 발생한다. 원자가 에너지 E의 광자를 방출하면 원자는 동등한 양의 에너지를 잃는다. 초기 에너지가 E_i인 정지 원자를 생각해 보자. 원자는 에너지 E의 광자를 방출한다. 방출 후 원자는 최종 에너지 E_f로 남게 되며, 이는 원자의 내부 구조와 관련된 에너지로 취급할 것이다. 운동량 보존에 의해 최종 원자는 방출된 광자의 운동량과 크기는 같고 방향은 반대여야 하므로 원자는 '되튐(recoil)' 운동 에너지 K를 가져야 한다. (보통 이 운동 에너지는 매우 작다.) 에너지 보존으로 인해 다음 식이 성립한다.

$$E_i = E_f + K + E \quad \text{또는} \quad E = (E_i - E_f) - K \tag{3.50}$$

방출된 광자의 에너지는 원자가 잃은 알짜 에너지에 무시할 수 있을 정도로 작은, 원자의 되튐 운동 에너지를 뺀 것과 같다.

역과정에서 원자는 에너지 E의 광자를 흡수(absorb)할 수 있다. 원자가 처음에 정지 상태라면 운동량 보존에 의해 다시 작은 되튐 운동 에너지를 얻게 된다. 이제 에너지 보존은 다음 식으로 쓸 수 있다.

$$E_i + E = E_f + K \quad \text{또는} \quad E_f - E_i = E - K \tag{3.51}$$

원자의 내부 에너지에 추가 공급할 수 있는 에너지는 광자 에너지에서 보통 무시할 만큼 작은 원자의 되튐 운동 에너지를 제외한 것이다.

광자 방출 및 흡수 실험은 6장에서 논의하는 것처럼, 원자 내부 구조에 대한 정보를 얻는 데 사용하는 가장 중요한 기술 중 하나이다.

제동 복사 및 엑스선 생성

전자와 같은 전하가 가속되거나 감속될 때 전자기 에너지를 방출한다. 양자 해석에 따르면, 광자를 방출한다고 말할 수 있다. 전위차 ΔV를 통해 가속된 전자빔을 생각하고, 이 전자가 $-e\Delta V$의 퍼텐셜 에너지를 잃고 $K = e\Delta V$의 운동 에너지를 얻는다고 가정해 보자(그림 3.23). 전자가 표적에 부딪칠 때 표적 물질의 원자와 충돌하기 때문에 속도가 느려지고 결국 정지하게 된다. 이러한 충돌에서는 운동량이 원자로 전달되고 전자의 속도가 느려지며 광자가 방출된다. 원자의 되튐 운동 에너지는 작으므로(원자가 너무 무겁기 때문에) 충분히 무시할 수 있다. 전자가 충돌 전 운동 에너지 K로 시작하여, 충돌 후에 더 작은 운동 에너지 K'로 벗어난다면 광자 에너지 $hf = hc/\lambda$는

$$hf = \frac{hc}{\lambda} = K - K' \tag{3.52}$$

손실된 에너지양, 즉 방출된 광자의 에너지와 파장은 유일한 값으로 결정되지 않는다. 왜냐하면 이 식에서 K만이 식 (3.52)에서 알려진 유일한 에너지 값이기 때문이다. 전자는 보통 많은 충돌을 일으키기 때문에 정지할 때까지 다양한 많은 광자를 방출한다. 그런 다음 광자는 작은 에너지 손실에 해당하는 매우 작은 에너지(큰 파장)부터 단일 충

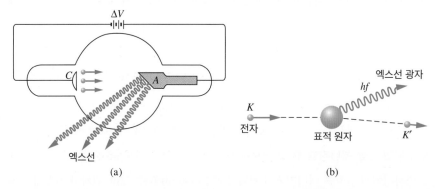

그림 3.23 (a) 제동 복사 생성 장치. 음극 C에서 전자는 전위차 ΔV를 통해 양극 A로 가속된다. 전자가 양극의 표적 원자에 충돌할 때, 엑스선 광자의 방출과 함께 에너지를 잃을 수 있다. (b) 제동 복사 과정의 개략도.

돌에서, 모든 운동 에너지 K를 잃는 전자에 해당하는 최대 광자 에너지 hf_{max} 까지(즉, $K' = 0$일 때) 분포할 것이다. 따라서 가장 짧은 방출 파장 λ_{min}은 최대 에너지 손실로 결정되며, 다음과 같이 쓸 수 있다.

$$\lambda_{min} = \frac{hc}{K} = \frac{hc}{e\,\Delta V} \qquad (3.53)$$

10,000 V 범위의 일반적인 가속 전압의 경우, λ_{min}은 수십 나노미터 범위에 있으며 이는 스펙트럼의 엑스선 영역에 해당한다. 이러한 엑스선의 **연속**(continuous) 분포[원자 전이에서 방출되는 **불연속적**(discrete) 엑스선 에너지와는 매우 다르다. 자세한 내용은 8장 참조]를 **제동 복사**(bremsstrahlung)라고 하며 이는 독일어로 제동 또는 감속을 의미한다. 일부 제동 스펙트럼이 그림 3.24에 나와 있다.

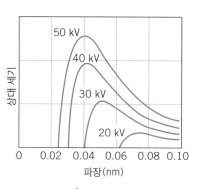

그림 3.24 몇몇 전형적인 제동 복사 스펙트럼. 각 스펙트럼에는 가속 전압 ΔV의 값이 표시되어 있다.

기호를 사용하여 제동 복사 과정을 다음과 같이 쓸 수 있다.

전자 → 전자 + 광자

이는 아래와 같이 기술할 수 있는 광전 효과의 역과정에 불과하다.

전자 + 광자 → 전자

그러나 자유 전자에 대해서는 두 과정이 모두 발생하지 않는다. 두 경우 모두에 대해, 되튐 운동량을 감당하려면 근처에 무거운 원자가 있어야 한다.

쌍생성과 소멸

광자가 원자를 만날 때 발생할 수 있는 또 다른 과정은 **쌍생성**(pair production)이다. 이 과정에서 광자는 모든 에너지를 잃고 전자와 양전자라는 2개의 입자가 생성된다. [양전자는 전자와 질량이 같으나 양전하를 갖는 입자이다. 반입자(antiparticle)에 대한 자세한 내용은 14장 참조] 여기에서 정지 에너지가 생성되는 예를 들 수 있다. 전자는 원자와 광자가 만나기 전에는 존재하지 않았다(전자는 원자의 일부가 아니었다). 광자 에너지 hf는 양전자와 전자의 상대론적 총에너지 E_+ 및 E_-로 변환된다.

$$hf = E_+ + E_- = (m_e c^2 + K_+) + (m_e c^2 + K_-) \qquad (3.54)$$

K_+와 K_-는 항상 양수이므로, 이 과정이 일어나려면 광자는 최소한 $2m_e c^2 = 1.02$ MeV의 에너지를 가져야 한다. 그러한 고에너지 광자는 **핵 감마선**(nuclear gamma rays) 영역에 있다. 기호를 사용하면,

광자 → 전자 + 양전자

로 나타낼 수 있다. 제동 복사와 같은 이 과정은 필수적인 되튐 운동량을 주는 원자가

근처에 있지 않으면 발생하지 않는다. 역과정으로,

전자 + 양전자 → 광자

또한 발생한다. 이 과정은 **전자-양전자 소멸**(electron-positron annihilation)로 알려져 있으며 적어도 2개의 광자가 생성되는 한 자유 전자와 양전자에 대해 발생할 수 있다. 이 과정에서 전자와 양전자는 사라지고 2개의 광자로 대체된다. 에너지 보존에 의해 다음을 만족시켜야 한다.

$$(m_e c^2 + K_+) + (m_e c^2 + K_-) = E_1 + E_2 \tag{3.55}$$

여기서 E_1과 E_2는 광자 에너지이다. 보통 운동 에너지 K_+와 K_-는 무시할 수 있을 정도로 작으므로 양전자와 전자는 실질적으로는 정지 상태에 있다고 할 수 있다. 운동량 보존에 의해 두 광자가 크기는 같고 방향은 반대인 운동량을 가져야 하므로, 에너지가 동일해야 한다. 2개의 소멸 광자는 0.511 MeV($= m_e c^2$)의 같은 에너지를 가지며 정확히 반대 방향으로 움직인다.

3.6 입자 또는 파동

몇몇 실험(예를 들어, 간섭 및 회절)에서 빛은 익숙한 파동 성질을 나타내며, 이러한 실험을 다른 방식으로 이해하는 것은 불가능하다. 이 장에서 논의되는 다른 실험(광전 효과, 열복사, Compton 산란)에서는 빛이 입자처럼 행동하므로 파동 개념으로는 이러한 실험을 설명할 수 없다.

불행히도 '파동(wave)'과 '입자(particle)'는 매우 다른 특성이며 공통 요소가 없다. 파동은 에너지를 넓은 파면에 분산시키는 반면, 입자의 에너지는 한 위치에 집중된다. 이중 슬릿 실험은 파면이 두 슬릿을 모두 통과하는 경우에만 설명할 수 있는데, 이는 입자로는 분명히 할 수 없는 일이다. 반면에 빛 에너지가 파면에 분산되어 있다면 광전 효과가 발생할 수 없다. 전자가 방출되려면 빛 에너지가 작은 다발에 집중되어야 한다.

동일한 광원이 이중 슬릿 간섭과 광전 효과를 모두 입증하는 데 사용될 수 있다. 광원이 입자와 파동을 모두 방출하고 있는가? 자연은 우리가 하는 실험의 종류가 빛을 파동으로 방출할지 입자로 방출할지의 정보를 알도록 광원에 신호를 돌려보내는 일종의 비밀 코드가 있는가? 그러나 두 가지 실험을 모두 수행하기 위해 먼 은하계의 빛을 사용할 수 있는데, 이중 슬릿을 광전 효과 장치로 교체하는 시간 사이에 우주 반대편으로 신호를 보내 파동에서 입자로 전환하는 것은 확실히 불가능하다.

그림 3.25는 파동과 입자를 구별하려는 실험을 보여준다. 광원은 신호를 받아 개별

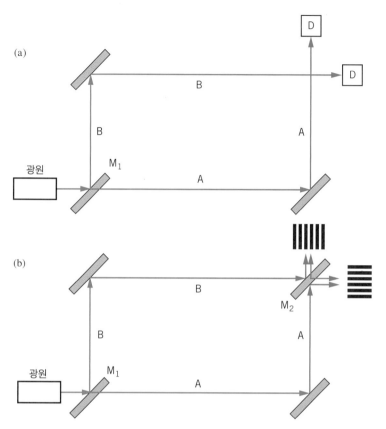

그림 3.25 지연 선택 실험 장치. (a) 빔 분할 거울 M_1에 입사한 빛은 검출기 D에 도달하기 위해 경로 A 또는 B를 이동할 수 있다. (b) 두 번째 빔 분할 거울 M_2를 설치하면 빔이 재결합하여 간섭한다.

광자를 방출할 수 있도록 하고, 빔 분할기(빛의 절반은 반사하고 나머지 절반은 투과하는 은 코팅된 거울)에 부딪치면 빛은 그림 3.25a에서와 같이 경로 A 또는 경로 B로 이동할 수 있다. 경로를 따라 설치된 검출기 D(아마 광전 효과를 통해 작동)는 한쪽 또는 다른 경로로 이동하는 광자를 기록한다. 두 검출기가 동시에 동작하는 경우는 없다. 그림 3.25b와 같이 은 코팅된 빔 분할기를 빔 경로에 추가하면, 마치 두 슬릿을 통과하는 빔이 재결합하는 것처럼 빔이 재결합하여 간섭할 수 있다. 따라서 최종 거울이 없으면 빛은 결코 두 경로 A, B 모두로 이동하지 않고 이 중 하나의 경로로 이동하지만, 마지막 거울이 삽입되면 빛은 두 경로 모두를 이동해야 한다. 달리 말해, 빛이 어떤 경로를 지나갔는지 알 수 있다면 빛은 입자처럼 행동한다는 것이다. 그러나 그러한 지식이 없다면, 빛이 파동처럼 두 경로에 모두 존재할 가능성이 열리고, 이는 간섭으로 나타난다.

　약한 빛을 장치에 입사시켜 빛이 첫 번째 빔 분할기를 만난 후, 매우 빠른 전자 스위치를 사용하여 두 번째 빔 분할기의 삽입 여부를 무작위로 결정한다고 하자. 결정이

내려질 때, 빛은 이미 장치 내에서 아마도 한 경로 또는 다른 경로를 따라 이동하고 있을 것이다. 두 번째 빔 분할기를 삽입하면 빛이 두 경로 모두 이동했다는 결과가 나오는데, 이러한 유형의 실험을 '지연 선택(delayed choice)' 실험이라고 한다. 입자 또는 파동 유형 중 어떤 것을 조사할지에 대한 선택이 빛이 장치에 들어간 후에 이루어지기 때문이다. 이는 '양자 지우개(quantum eraser)' 실험으로도 알려져 있는데, 두 번째 빔 분할기를 삽입하면 빛이 어느 경로를 따라가는지에 대한 이미 정해진 정보가 본질적으로 지워지기 때문이다.

이런 종류의 실험에서 피할 수 없는 결론은 빛의 파동성과 입자성을 분리할 수 없다는 것이다. 둘 다 동시에 존재하므로 파동 유형 실험은 빛의 본질의 한 측면을 드러내고 입자 유형 실험은 다른 측면을 드러내는 것이다. '파동(wave)'과 '입자(particle)'라는 용어는 빛의 구성 요소(우리는 빛이 파동이나 입자를 포함한다고 생각하지 않는다.)가 아니라 물질과의 상호 작용을 설명하는 것이다. 따라서 빛은 원자에서 전자 전이에 의해 개별 광자로 방출될 수 있으며, 이중 슬릿 장치를 만나 파동으로 이동할 수 있으며, 스크린의 개별 픽셀을 자극하여 다시 광자로 감지될 수도 있다.

이러한 상황은 종종 **입자-파동의 이중성**(particle-wave duality)으로 알려져 있다. 빛을 완전히 이해하려면 둘 다 필요하며, 둘은 서로 **보완적**(complementary)이다. 그러나 물리학자들이 이러한 철학적 견해를 받아들이는 데는 시간이 좀 걸렸다. Einstein은 양자화에 대한 Planck의 생각을 바탕으로 1905년에 광전 효과 해석을 내놓았지만, Planck는 전자기파에 대한 19세기 생각을 고수하려고 노력한 많은 사람 중 한 명이었다. 광전 효과 실험을 통해 Einstein의 이론을 검증한 Millikan은 그 이론이 근본적으로 정확한지에 대해 의문을 제기했다. 이후 광자가 전달하는 운동량에 대한 Einstein의 제안도 비슷하게 의심을 받았으며, 양자 이론의 창시자 중 한 명인 Niels Bohr조차 Compton 산란을 설명하기 위해 파동에 기반한 이론을 찾으려고 노력했었다(그러나 실패했다).

이중 슬릿 실험 실행 후 광자의 사건이 스크린에 기록될 때 무엇이 광자를 스크린의 적절한 위치로 결정하는 것인가? 무엇이 광자를 간섭 최댓값 쪽으로 유도하고 간섭 최솟값에서 멀어지게 하는 것인가? 이중 슬릿 간섭의 파동 해석에서는 두 슬릿을 통과하는 빛의 전기장이 합쳐지는 곳에서 최댓값이 발생하고 상쇄되는 곳에서 최솟값이 발생한다. 따라서 전기장과 광자 축적 사이에는 어떤 연관성이 있어야 한다. 식 (3.8)에서 볼 수 있듯이 빛의 세기는 전기장의 제곱에 의존하므로 다음의 결론을 내릴 수 있다.

$$\text{광자를 관측할 확률} \propto |\text{전기장 진폭}|^2$$

전기장이 큰 곳에서 파동의 세기는 크고 많은 광자가 발견된다. 반면, 파동의 세기가 작은 곳에서는 광자가 거의 관측되지 않는다. 이 표현은 파동과 입자 거동 사이의 궁극적인 연결을 제공한다. 이어지는 두 장에서는 전자와 같이 이전에 고전 입자로만 행동한다고 믿었던 다른 물체에 대해, 파동과 입자 거동이 위와 같은 유사한 관계로 연결되는 것을 확인할 것이다.

요약

		절
이중 슬릿 최댓값 위치	$y_n = n\dfrac{\lambda D}{d} \quad n = 0, 1, 2, 3, \ldots$	3.1
엑스선 회절의 Bragg 법칙	$2d \sin\theta = n\lambda \quad n = 1, 2, 3, \ldots$	3.1
광자 에너지	$E = hf = hc/\lambda$	3.2
광전자의 최대 운동 에너지	$K_{\max} = eV_s = hf - \phi$	3.2
차단 파장	$\lambda_c = hc/\phi$	3.2
Stefan 법칙	$I = \sigma T^4$	3.3
Wien의 변위 법칙	$\lambda_{\max} T = 2.8978 \times 10^{-3}\ \mathrm{m \cdot K}$	3.3

		절
Rayleigh-Jeans 공식	$I(\lambda) = \dfrac{2\pi c}{\lambda^4} kT$	3.3
Planck의 흑체 복사 분포	$I(\lambda) = \dfrac{2\pi hc^2}{\lambda^5} \dfrac{1}{e^{hc/\lambda kT} - 1}$	3.3
Compton 산란	$\dfrac{1}{E'} - \dfrac{1}{E} = \dfrac{1}{m_e c^2}(1 - \cos\theta),$ $\lambda' - \lambda = \dfrac{h}{m_e c}(1 - \cos\theta)$	3.4
제동 복사	$\lambda_{\min} = hc/K = hc/e\Delta V$	3.5
쌍생성	$hf = E_+ + E_- = (m_e c^2 + K_+) + (m_e c^2 + K_-)$	3.5
전자–양전자 소멸	$(m_e c^2 + K_+) + (m_e c^2 + K_-) = E_1 + E_2$	3.5

질문

1. 원자핵의 직경은 약 10×10^{-15} m이다. 핵에 의한 광자의 회절을 연구하고 싶다고 가정한다면 어떤 광자 에너지를 선택하겠는가? 그 이유는 무엇인가?

2. 빛의 파동성이 광전 효과의 관측된 성질을 설명할 수 없는 이유는 무엇인가?

3. 광전 효과에서 일부 전자의 운동 에너지가 $K_{\max}$보다 작은 이유는 무엇인가?

4. 왜 자유 전자에는 광전 효과가 작용하지 않는가?

5. 일함수는 금속의 성질에 대해 무엇을 말해주는가? 표 3.1에 나열된 금속 중 전자가 가장 느슨하게 결합된 금속은 무엇인가? 가장 단단하게 결합된 금속은 무엇인가?

6. 전류는 단위 시간당 흐르는 전하이다. 광전자의 운동 에너지를 증가시키면(입사하는 광자의 에너지를 증가시킴으로써) 전하가 더 빠르게 흐르기 때문에 전류가 증가해야 하지 않는가? 그런데 왜 그러지 않는가?

7. 입사하는 빛의 진동수를 두 배로 늘리면 광전 효과 실험에 어떤 영향을 미칠 수 있는가? 파장을 두 배로 늘리면? 세기를 두 배로 높이면?

8. 광전 효과에서 한 방향으로 움직이는 광자가 어떻게 다른 방향으로 움직이는 전자를 방출할 수 있는가? 운동량 보존

은 어떻게 되겠는가?

9. 그림 3.10에서 전위차가 V_s보다 클 때, 광전류가 포화 값까지 빠르게 상승하지 않고 천천히 상승하는 이유는 무엇인가? 이 그림을 통해 V_s를 이런 방식으로 결정하려고 할 때 발생할 수 있는 실험적 어려움에는 어떤 것들이 있는가?

10. 특정 광원의 진동수가 방출체의 차단 진동수보다 약간 높아 광전 효과가 발생한다고 가정하자. 상대적으로 움직이는 관찰자에게 진동수는 차단 진동수보다 낮은 값으로 Doppler 편이를 일으킬 수 있다. 움직이는 관찰자는 광전 효과가 발생하지 않는다고 결론을 내릴 수 있겠는가? 설명하시오.

11. 장작에 생긴 빈 공동이 타고 있는 장작보다 더 밝게 빛나는 것처럼 보이는 이유는 무엇인가? 이 공동의 온도가 타고 있는 나무의 표면 온도보다 더 높은가?

12. 흑체 복사에 관한 고전 이론의 기초가 되는 고전 물리학 분야는 무엇인가? '자외선 파국'이 고전 이론 중 하나에 문제가 있음을 시사한다고 보는 것은 어떠한가?

13. 상온의 물체가 방출하는 전자기 스펙트럼은 어떤 영역인가? 우리의 눈이 그 영역에 민감하다면 어떤 문제가 생기겠는가?

14. 물체의 온도가 두 배로 증가하면 열복사의 전체 세기는 어떻게 변하는가?

15. 파장 λ'의 Compton 산란 광자가 90°에서 관찰된다. 180°에서 관찰되는 산란 파장을 λ'로 표현하면 어떻게 되겠는가?

16. Compton 산란 공식에 따르면, 서로 다른 각도에서 본 물체는 다른 파장의 산란된 빛을 보여야 한다. 보는 각도에 따라 물체의 색상 변화를 관찰하면 어떻겠는가?

17. 에너지 84 keV를 갖는 단일 에너지 엑스선 광원이 있지만, 실험에는 70 keV의 엑스선이 필요하다. 엑스선 에너지를 84 keV에서 70 keV로 어떻게 변환할 수 있는가?

18. 브라운관이 있는 TV 세트는 엑스선의 중요한 방출원이 될 수 있다. 이 엑스선의 근원은 무엇인가? 파장을 추정하시오.

19. 그림 3.20의 엑스선 봉우리는 날카롭지 않고 넓은 파장에 걸쳐 퍼져 있다. 이렇게 퍼지게 된 원인은 무엇으로 설명할 수 있는가?

20. 광자 빔이 물질 덩어리를 통과한다. 물질과 상호 작용하면서 광자가 에너지를 잃을 수 있는 방법으로 이 장에서 논의된 세 가지 방법은 무엇인가?

21. 이 장에서 논의된 광자 과정(광전 효과, 열복사, Compton 산란, 제동 복사, 쌍생성, 전자-양전자 소멸) 중 어떤 과정이 운동량, 에너지, 질량, 광자의 수, 전자의 수, 전자 수에서 양전자 수를 뺀 수를 보존하는가?

연습문제

3.1 전자기 파동의 검토

1. 나트륨 빛($\lambda = 589.0\,nm$)을 사용하여 이중 슬릿 실험을 진행한다. 슬릿은 1.25 mm만큼 떨어져 있고, 스크린은 슬릿에서 2.604 m 떨어져 있다. 스크린에서 인접한 최댓값 사이의 간격을 구하시오.

2. 예제 3.1에서 입사각이 얼마가 되어야 2차 Bragg 봉우리가 생성되겠는가?

3. 그림 3.5의 구조에서 단색 엑스선이 결정에 입사된다. 1차 Bragg 봉우리는 입사각이 38.0°일 때 관찰된다. 결정 간격은 0.327 nm로 알려져 있다. (a) 엑스선의 파장은 얼마인가?

(b) 이제 결정 표면과 45°의 각도를 이루는 결정면을 생각하자(그림 3.6 참조). 동일한 파장의 엑스선에 대해 1차 Bragg 봉우리를 생성하는 입사 각도는 결정 표면으로부터 얼마인가? 이 경우 빔이 나타나는 각도는 표면으로부터 몇 도인가?

4. 전자기 복사선을 분석하는 어떤 장치는 결정으로부터의 Bragg 산란을 기반으로 한다. 파장이 0.149 nm인 복사선의 경우 1차 Bragg 봉우리는 15.15° 각도의 중심에 나타난다. 분석기의 구멍은 0.015°의 각도 범위로 복사선을 통과시킨다. 분석기를 통과하는 해당 파장 범위는 무엇인가?

3.2 광전 효과

5. 다음 경우의 운동량을 구하시오. (a) 10.0 MeV 감마선, (b) 25 keV 엑스선, (c) 1.0 μm 적외선 광자, (d) 150 MHz 라디오파 광자. 운동량을 kg·m/s와 eV/c로 표현하시오.

6. 1~100 MHz의 라디오 진동수에 해당하는 광자 에너지의 범위를 구하시오. 우리 몸은 이러한 광자에 의해 지속적으로 폭격을 받고 있다. 왜 이 광자들은 우리에게 위험하지 않은가?

7. (a) 에너지가 10.0 keV인 엑스선 광자의 파장은 얼마인가? (b) 에너지가 1.00 MeV인 감마선 광자의 파장은 얼마인가? (c) 파장이 350~700 nm인 가시광선의 광자 에너지 범위는 얼마인가?

8. 알루미늄 표면에서 광전 효과의 차단 파장은 얼마인가?

9. 파장 304.2 nm의 빛으로 차단 파장이 352.8 nm인 금속 표면을 비추고 있다. 저지 전위는 얼마인가?

10. 파장 λ의 빛이 구리 표면을 비출 때 저지 전위는 V이다. 동일한 파장을 사용하여 나트륨 표면을 비출 때 저지 전위를 V를 사용하여 나타내시오.

11. 광전 효과에 대한 어떤 금속의 차단 파장은 254 nm이다. (a) 그 금속의 일함수는 무엇인가? (b) 광전 효과는 $\lambda > 254$ nm에서 관측되는가, 아니면 $\lambda < 254$ nm에서 관측되는가?

12. 아연(zinc) 표면에 빛을 비추면 광전자가 관측된다. (a) 광전자 방출이 가능한 가장 긴 파장은 무엇인가? (b) 파장 252.0 nm의 빛을 사용할 때 저지 전위는 얼마인가?

3.3 흑체 복사

13. (a) 공동 벽 진동자의 에너지 분포에 대한 고전적 결과[식 (3.30)]에서 모든 에너지에서의 진동자의 전체 합이 N임을 보이시오. (b) 고전적 진동자에 대해 $E_{avg} = kT$임을 보이시오.

14. (a) Planck의 공동 벽 진동자에 대한 불연속 Maxwell-Boltzmann 분포를 $N_n = Ae^{-E_n/kT}$로 쓰고(A는 결정해야 할 상수), 식 (3.36)에서처럼 조건 $\sum_{n=0}^{\infty} N_n = N$이 $A = N(1 - $

$e^{-\epsilon/kT})$으로 됨을 보이시오. [힌트: $\sum_{n=0}^{\infty} e^{nx} = 1/(1 - e^x)$를 사용하시오.] (b) 힌트에서 제공된 식을 x에 대해 미분하여 $\sum_{n=0}^{\infty} ne^{nx} = e^x/(1 - e^x)^2$임을 보이시오. (c) 이 결과를 사용하여 식 (3.37)로부터 식 (3.38)을 유도하시오. (d) 긴 파장λ에서 $E_{av} \cong kT$이고 짧은 파장 λ에서 $E_{av} \to 0$임을 보이시오.

15. 식 (3.39)를 미분하여 Wien의 변위 법칙 식 (3.25)가 예측한 곳에서 $I(\lambda)$이 최댓값을 갖는지 보이시오.

16. 식 (3.39)를 적분하여 식 (3.24)를 구하시오. 정적분 $\int_0^{\infty} x^3 dx/(e^x - 1) = \pi^4/15$를 사용하여 Stefan-Boltzmann 상수와 Planck 상수를 연결하는 식 (3.40)을 얻으시오.

17. Stefan-Boltzmann 상수의 수치 값을 사용하여 식 (3.40)에서 Planck 상수의 수치 값을 구하시오.

18. 태양의 표면 온도는 약 6,000 K이다. 태양이 최대 세기로 방출하는 파장은 얼마인가? 이는 인간의 눈의 최대 감도와 어떻게 비교할 수 있는가?

19. 우주는 유효 온도 2.7 K에 해당하는 흑체 스펙트럼을 가진 열복사로 가득히 채워져 있다(15장 참조). 이 복사의 봉우리 파장은 무엇인가? 봉우리 파장에서 양자 에너지는 eV 단위로 얼마인가? 이 봉우리 파장은 전자기 스펙트럼의 어느 영역인가?

20. (a) 인간의 몸(피부 온도 34°C)을 이상적인 열복사체로 가정할 때, 몸에서 방출되는 최대 세기의 파장을 찾으시오. 이 파장의 복사는 전자기 스펙트럼의 어느 영역에 있는가? (b) (필요하다면 무엇이든) 합리적 가정을 하여 보통 사람이 주변 환경으로부터 격리된 상태에서 방출하는 복사 일률을 추정하시오. (c) 20°C인 방에서 사람이 흡수하는 복사 일률을 추정하시오.

21. 공동은 1,750 K의 온도로 유지되어 있다. 공동 내부의 에너지가 벽에 뚫린 지름 1.24 mm의 구멍을 통해 빠져나가는 비율을 구하시오.

22. 열복사 분석기가 1.74 nm의 파장 구간을 받아들이도록 제작되어 있다. 온도가 1,546 K인 발광체에서 방출된 파장이

932 nm인 경우, 이 구간에서의 복사 세기는 얼마인가?

23. (a) 태양이 온도 6,000 K의 이상적인 열원처럼 복사한다고 가정할 때, 530.0~532.0 nm 범위에서 방출된 태양 복사의 세기는 얼마인가? (b) 이것은 전체 태양 복사 중 얼마의 비율을 나타내는가?

3.4 Compton 효과

24. 식 (3.45)에서 식 (3.46)이 도출되는 과정을 보이시오.

25. 11.32 keV의 에너지로 입사하는 광자는 Compton 산란되고, 산란된 광선은 입사 광선에 대해 62.9° 방향에서 관측된다. (a) 해당 각도로 산란된 광자의 에너지는 얼마인가? (b) 산란된 전자가 갖는 운동 에너지는 얼마인가?

26. 파장 0.02218 nm의 엑스선 광자가 표적에 입사하고 Compton 산란 광자가 90.0°에서 관측된다. (a) 산란된 광자의 파장은 얼마인가? (b) 입사된 광자와 산란된 광자의 운동량은 얼마인가? (c) 산란된 전자의 운동 에너지는 얼마인가? (d) 산란된 전자의 운동량(크기와 방향)은 얼마인가?

27. 그림 3.26에 그려진 것처럼, 고에너지 감마선은 주위로부터의 Compton 산란을 통해 복사 검출기에 도달할 수 있다. 이 효과를 후방 산란이라고 한다. $E \gg m_e c^2$일 때, 산란각이 180° 근처에서 후방 산란된 광자는 원래 광자의 에너지와 관계없이 약 0.25 MeV의 에너지를 갖는다는 것을 보이시오.

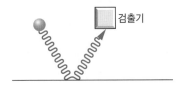

검출기

그림 3.26 연습문제 27.

28. 에너지 0.662 MeV를 갖는 감마선이 Compton 산란된다. (a) 산란각 52.2°에서 관찰되는 산란된 광자의 에너지는 얼마인가? (b) 산란된 전자의 운동 에너지는 얼마인가?

29. Compton의 본래 연구에서 그는 식 (3.47)을 얻을 때 약간 다르게 유도했다. (a) 그림 3.18에서 운동량 p, p', p_e를 나타내는 3개의 벡터가 $\vec{p} = \vec{p}' + \vec{p}_e$가 되는 닫힌 삼각형을 만들어야 운동량 보존이 된다. 이 삼각형을 그리고 $\vec{p}$와 $\vec{p}'$ 사이의 각도 θ에 코사인 법칙을 적용하시오. 광자 운동량을 파장으로, 전자 운동량을 속력으로 표현하시오. (b) 에너지 보존식으로서, 광자 에너지를 파장으로, 전자 에너지를 속력으로 표현하는 두 번째 방정식을 쓰시오. (c) 식 (3.47)을 얻기 위해 두 식 사이의 전자 속력을 제거하시오.

30. 광자가 검출기 내부로 들어가고 Compton 산란을 겪는다. 산란된 전자는 검출기 내에 포착되어 운동 에너지가 측정된다. 산란된 광자는 두 번째 검출기로 이동하여 포착되고 에너지가 측정된다. 한 특정 실험에서 전자 에너지는 2.302 MeV, 산란된 광자 에너지는 0.239 MeV로 결정되었다. 산란된 광자를 기준으로 원래 광자의 에너지와 방향을 결정하시오. 이는 지구에 도달하는 고에너지 감마선이 오는 상공 위치를 알기 위해, Compton 감마선 관측선(그림 3.27)에서 사용하는 방법이다.

3.5 기타 광자 과정

31. 정지한 금 원자가 69 keV 에너지를 갖는 엑스선 광자를 방출한다고 가정하자. 원자의 '되튐' 운동량과 운동 에너지를 계산하시오. (힌트: 원자에 대해 고전적 또는 상대론적 운동 에너지 중 어느 것이 필요하다고 예상하는가? 운동 에너지가 원자의 정지 에너지보다 훨씬 작을 수 있는가?)

32. 7.5×10^4 V로 가속된 전자에 의해 제동 복사로 생성되는 파장 중 가장 짧은 엑스선 파장은 얼마인가?

33. 원자는 파장 425 nm의 광자를 흡수하고, 즉시 파장 643 nm의 다른 광자를 방출한다. 이 과정에서 원자가 흡수한 알짜 에너지는 얼마인가?

일반 문제

34. 어떤 녹색 전구는 550 nm의 단일 파장을 방출한다. 55 W의 전력을 소비하며 75% 효율로 전기 에너지를 빛으로 변환하고 있다. (a) 전구는 1시간에 몇 개의 광자를 방출하는가?

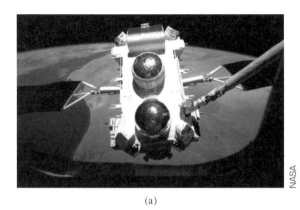
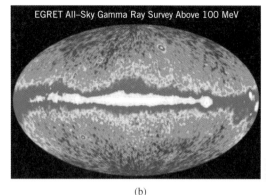

(a)   (b)

그림 3.27 (a) 1991년 우주 왕복선(Space Shuttle)에서 발사된 NASA Compton 감마선 관측선(NASA Compton Gamma-Ray Observatory). 은하계의 감마선 지도 작성이 목적이며, Compton 산란을 사용한 4개의 장비로 구성되었다. (b) 100 MeV보다 큰 에너지 감마선 사진. 중앙의 은하면, 그리고 (맨 오른쪽 가장자리)게 성운(Crab Nebula)에서도 강렬한 신호를 보여준다.

(b) 방출된 광자가 공간에 균일하게 분포된다고 가정할 때, 전구에서 1.0 m 거리에 있는 10 cm × 10 cm 크기의 종이에 초당 몇 개의 광자가 충돌하는가?

35. 나트륨 금속을 파장 4.2 × 10² nm의 빛으로 조사할 때 저지 전위는 0.65 V로 밝혀졌다. 파장을 3.10 × 10² nm로 바꾸면 저지 전위는 1.69 V이다. 오직 이 데이터만 사용하고, 빛의 속력과 전자 전하 값을 사용하여 나트륨의 일함수와 Planck 상수 값을 구하시오.

36. 파장 157 nm의 광자가 알루미늄 표면에 수직인 선을 따라 충돌하여 반대 방향의 광전자를 방출한다. 되튐 운동량이 알루미늄 표면의 단일 원자에 의해 흡수된다고 가정한다. 원자의 되튐 운동 에너지를 계산하시오. 이 되튐 에너지가 광전자의 운동 에너지에 큰 영향을 미치는가?

37. 어떤 공동의 온도는 1,325 K이다. (a) 공동 내 복사 세기는 어느 파장에서 최댓값을 보이는가? (b) (a)에서 얻은 값의 두 배 파장에서의 세기를, 최대 세기의 비율로 나타낸다면 어떻게 되겠는가?

38. Compton 산란에서 주어진 광자 에너지에 대해 산란된 전자가 가질 수 있는 최대 운동 에너지를 계산하시오.

39. COBE 위성은 우주 배경 복사를 연구하고 온도를 측정하기 위해 1989년 발사되었다. 연구자들은 다양한 파장을 측정함으로써 배경 복사가 흑체에 대한 예상 스펙트럼 분포를 정확히 따른다는 것을 보였다. 0.133 cm의 파장 및 0.00833 cm의 파장 구간에서 측정한 복사 세기는 1.440×10^{-7} W/m²이다. 이 데이터에서 추론할 수 있는 복사 온도는 얼마인가?

40. 2001년에 발사된 WMAP 위성은 우주 마이크로파 배경 복사를 연구했으며 영역에 따른 배경 복사 온도의 작은 요동을 도표로 제작할 수 있었다. 이러한 온도 요동은 초기 우주의 크고 작은 밀도 영역에 해당한다. 위성은 2.7250 K의 온도에서 2×10^{-5} K의 온도 차이를 측정할 수 있었다. 봉우리 파장에서 배경 복사의 '뜨거운(hot)' 영역과 '차가운(cold)' 영역 사이의 단위 파장 간격당 복사 세기의 차는 얼마인가?

41. 우주 배경 복사를 측정하기 위한 궤도 임무에서 마이크로파 분광계를 설계하는 NASA 프로젝트의 엔지니어로 고용되었다고 가정하자. 우주 배경 복사는 유효 온도 2.725K의 흑체 스펙트럼을 따르고 있다. (a) 분광계는 0.50 mm와 5.0 mm 사이의 파장을 설정하여 상공을 스캔하고, 각 파장에서 3.0×10^{-4} mm 파장 범위의 복사선을 받아들인다. 이 영역에서 나타날 것으로 예상되는 최대 및 최소 복사 세기는 얼마인가? (b) 분광계의 광자 검출기는 직경 0.86 cm의 디스크 형태이다. 최대 및 최소 세기에서 분광계는 초당 얼마나 많은 광자를 기록하는가?

42. 파장 6.13 pm의 광자가 정지한 자유 전자로부터 산란된다. 상호 작용 후, 전자는 원래 광자의 방향으로 움직이는 것으로 관측된다. 전자의 운동량을 구하시오.

43. 수소 원자가 125.0 m/s의 속력으로 움직이고 있으며, 반대 방향으로 움직이는 파장 97 nm의 광자를 흡수한다. 광자를 흡수한 결과로, 원자의 속력이 얼마나 변하는가?

44. 양전자와 전자가 소멸되기 전, 각각 동일한 속력으로 공통 질량 중심 주위를 공전하는 일종의 '원자'를 형성한다. 이 운동의 결과로 소멸 시 방출되는 광자는 작은 Doppler 편이를 나타낸다. 한 실험에서 광자 에너지의 Doppler 편이는 2.41 keV인 것으로 측정되었다. (a) 이러한 Doppler 편이를 만들기 위한 소멸 전 전자 또는 양전자의 속력은 얼마인가? (b) 양전자는 고체에서 준'자유' 전자를 갖는 원자와 같은 구조를 형성한다. 이 구조를 형성하기 위한 양전자와 전자의 속력이 같음을 가정하여, 전자의 운동 에너지를 구하시오. 'Doppler 확장(Doppler broadening)'이라고 불리는 이 기술은 물질 내 전자 에너지를 배우는 데 있어 중요한 방법이다.

45. 다음 상황에서 운동량과 전체 상대론적 에너지를 모두 보존하는 것이 가능하지 않음을 증명하시오: 속도 $\vec{v}$로 움직이는 자유 전자가 광자를 방출한 다음 더 느린 속도 $\vec{v}'$로 움직이는 경우.

46. 에너지 E를 갖는 광자는 정지 전자와 상호 작용하여 쌍생성을 거쳐 양전자와 전자(원래 전자에 추가로)를 생성한다.

$$\text{광자} + e^- \rightarrow e^+ + e^- + e^-$$

두 전자와 양전자는 초기 광자의 방향으로 같은 운동량으로 이동한다. 세 최종 입자의 운동 에너지를 구하고 광자의 에너지 E를 구하시오. (힌트: 운동량 보존과 전체 상대론적 에너지 보존을 사용하시오.)

47. 행성 간 여행을 목적으로 햇빛의 운동량을 사용하는 태양 돛을 분석하기 위해 NASA에 고용되었다고 가정하자. 1 km² 면적의 테스트용 돛이 개발되었으며 한쪽 면이 고반사율의 알루미늄 코팅된 얇고 가벼운 고분자로 만들어졌다. 이 소재의 두께는 2 μm이고 밀도는 0.29 g/cm²이다. 지지 뼈대와 화물의 무게가 필름 자체보다 크지 않아야 한다는 설계 제한이 있다. 계산에 사용되는 매개변수에 대해 필요한 가정을 하고 지구에서 화성까지 이 우주선의 이동 시간을 추정하시오.

48. 전자는 +x 방향으로 0.46c의 속력으로 움직이고 있으며, 어떤 방향으로 움직이는 0.172 MeV의 에너지를 갖는 광자가 뒤에서 부딪혔다. 산란된 전자와 광자의 에너지를 구하시오. (힌트: 산란된 광자는 +x 혹은 −x 방향 중 어느 쪽으로 움직일 것으로 예상하는가?)

49. 어느 감마선 검출기는 Compton 상호 작용을 통해 광자 에너지를 측정한다. 검출기 물질 내에서 광자는 Compton 산란되고, 산란된 전자의 운동 에너지는 흡수된다. 산란된 전자의 흡수된 에너지는 검출기의 반응으로 나타난다. 에너지 E의 광자가 이 검출기에 입사한다고 가정하자. (a) 이 검출기의 최대 에너지 반응 E_{max}에 대한 식을 구하고, E_{max}가 광자의 원래 에너지보다 작다는 것을 보이시오. (b) 입사하는 1.5 MeV의 광자 에너지에 대한 E_{max}를 예상하시오. (c) 종종 검출기는 E_{max}보다 크고 E보다 작은 에너지로 사건을 기록할 수 있다. 이러한 사건의 원인이 되는 과정에는 어떤 것들이 있는가? (d) 검출기가 광자의 총에너지 E를 보고한다면, 어떤 과정이 기여할 수 있겠는가?

50. 전자가 0.95c의 속력으로 −x 방향으로 움직이며, +x 방향으로 움직이는 12.4 keV 에너지를 갖는 광자와 충돌했다. 산란 후의 광자와 전자의 에너지를 구하시오. 광자가 매우 활동적인 전자로부터 산란되어 에너지를 얻는 이 과정을 **역Compton 산란**(inverse Compton scattering)이라 하며, 우주에서 지구에 도달하는 매우 높은 에너지 감마선(1 GeV 이상)을 생성하는 과정으로 생각된다. Compton 감마선 관측선은 1991년 NASA에 의해 발사되어 2000년까지 운영되면서 감마선을 찾기 위해 상공을 조사하였다(그림 3.27).

Chapter 4

입자의 파동적 특성

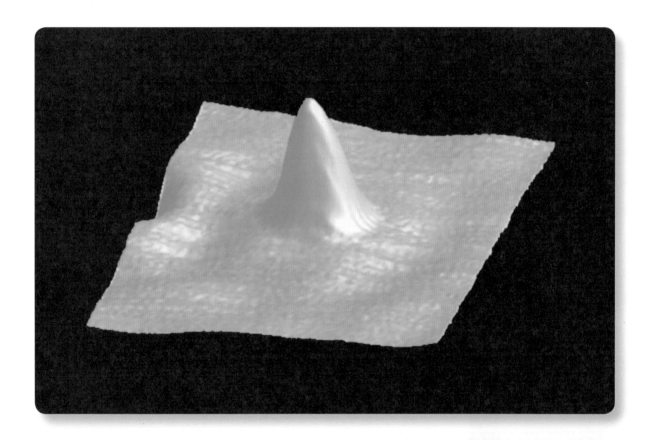

물체에서 산란하는 광파로부터 상이 생성되듯이 '입자파'로도 상을 형성할 수 있다. 전자 현미경은 전자파로부터 상을 생성하여 빛의 파장보다 훨씬 작은 크기의 물체를 볼 수 있게 한다. 개별 인간 세포는 물론 염색체와 같은 세포 내부의 물체까지 관찰할 수 있게 되면서 생물학적 과정에 대한 이해에 혁명을 일으켰다. 심지어 금 표면의 코발트 원자와 같은 단일 원자의 상을 형성하는 것도 가능하다. 표면의 파문은 금 원자의 전자에 의해 발생한다. Drs. Ali Yazdani & Daniel J. Hornbaker/Science Source

고전 물리학에서 파동과 입자의 거동을 설명하는 법칙은 근본적으로 다르다. 발사체는 Newton 역학과 같은 입자 형태의 법칙을 따른다. 파동은 간섭과 회절을 겪는데, 이는 입자와 관련된 Newton 역학으로는 설명할 수 없다. 입자가 전달하는 에너지는 공간의 작은 영역에 국한되지만, 파동은 파면을 따라 공간 전체에 에너지를 퍼트린다. 입자의 거동을 설명할 때 종종 입자의 위치를 특정하고자 하지만, 파동의 경우 그렇게 하기가 쉽지 않다. 음파나 물결의 정확한 위치를 어떻게 설명할 수 있을까?

고전 물리학에서 발견되는 이러한 명확한 구분과 달리 양자 물리학에서는 입자가 때때로 파동에 대해 이전에 정한 규칙을 따라야 하며, 입자를 설명할 때 파동과 관련된 언어를 사용해야 한다. 양자역학적 계와 관련된 역학 체계는 입자의 파동적인 거동을 다루기 때문에 "파동 역학"이라고도 불린다. 이 장에서는 전자와 같은 입자의 이러한 파동적 거동을 뒷받침하는 실험적 증거에 대해 다룰 것이다.

이 장을 공부하면서 측정 결과의 **확률**(probability), 여러 측정 반복의 **평균**(average), 계의 **통계적**(statistical) 거동과 같은 용어가 자주 언급되는 것에 주목하자. 이러한 용어는 양자역학의 기본이며, 고정된 궤적이나 결과의 확실성과 같은 고전적인 개념을 버리고 확률 및 통계적으로 분포된 결과라는 양자역학적 개념으로 대체하는 데 익숙해져야 양자 거동을 이해할 수 있다.

4.1 de Broglie의 가설

물리학의 진보는 종종 오랜 기간의 실험과 이론적 고단함 속에서 때때로 우주를 보는 방식에 심오한 변화를 일으키는 번뜩이는 통찰로 설명할 수 있다. 때때로 통찰이 심오할수록 그리고 초기 단계가 대담할수록 역사적 관점에서 보면 더 단순해 보이며, "왜 내가 그 생각을 하지 못했을까?"라는 생각을 하게 될 가능성이 더 커진다. Einstein의 특수 상대성 이론은 그러한 통찰력의 한 예이며, 프랑스인 Louis de Broglie의 가설은 또 다른 예이다.[*]

이전 장에서는 빛이 파동으로 거동할 때만 이해할 수 있는 이중 슬릿 실험과 빛이 입자로 거동할 때만 이해할 수 있는 광전 효과와 Compton 효과에 대해 설명했다. 이 이중 입자-파동 특성은 빛만의 속성인가, 아니면 물질 물체도 마찬가지인가? 1924년

Louis de Broglie(1892~1987, 프랑스). 귀족 가문의 일원이었던 그의 연구는 양자 이론의 초기 발전에 크게 기여했다.

---

[*] de Broglie의 이름은 "deh-BROY" 또는 "deh-BROY-eh"로 발음해야 하지만 "deh-BROH-lee"로 발음하는 경우가 많다.

박사 학위 논문에서 대담하고 과감한 가설을 제시한 de Broglie는 후자를 선택했다. 식 (3.18), $E = hf$와 식 (3.20), $p = h/\lambda$를 살펴보면 입자의 경우 첫 번째 식을 적용하는 데 어려움이 있다. 왜냐하면 E가 운동 에너지인지, 총에너지인지, 총 상대론적 에너지 인지(물론 빛의 경우 모두 동일하다.) 확신할 수 없기 때문이다. 두 번째 관계식에서는 이러한 어려움이 발생하지 않는다. de Broglie는 자신의 가설을 뒷받침하는 실험적 증거가 부족하지만, 운동량 p로 움직이는 모든 물질 입자에는 다음과 같이 p와 관련된 파장 λ를 가지는 파동이 존재한다고 제안했다.

$$\lambda = \frac{h}{p} \tag{4.1}$$

여기서 h는 Planck 상수이다. 식 (4.1)에 따라 계산된 입자의 파장 λ를 **de Broglie 파장** (de Broglie wavelength)이라고 한다.

예제 4.1

다음의 de Broglie 파장을 계산하시오. (a) 100 m/s(약 200 mi/h)로 진행하는 1,000 kg의 자동차, (b) 500 m/s로 진행하는 10 g의 총알, (c) 1 cm/s로 움직이는 질량 10^{-9} g의 연기 입자, (d) 운동 에너지가 1 eV인 전자, (e) 운동 에너지가 100 MeV인 전자.

풀이

(a) 속도와 운동량 사이의 고전적인 관계를 사용하면 다음과 같다.

$$\lambda = \frac{h}{p} = \frac{h}{mv} = \frac{6.6 \times 10^{-34}\,\text{J·s}}{(10^3\,\text{kg})(100\,\text{m/s})} = 6.6 \times 10^{-39}\,\text{m}$$

(b) (a)에서와 같이 계산하면 다음과 같다.

$$\lambda = \frac{h}{mv} = \frac{6.6 \times 10^{-34}\,\text{J·s}}{(10^{-2}\,\text{kg})(500\,\text{m/s})} = 1.3 \times 10^{-34}\,\text{m}$$

(c) $$\lambda = \frac{h}{mv} = \frac{6.6 \times 10^{-34}\,\text{J·s}}{(10^{-12}\,\text{kg})(10^{-2}\,\text{m/s})} = 6.6 \times 10^{-20}\,\text{m}$$

(d) 전자의 정지 에너지(mc^2)는 5.1×10^5 eV다. 운동 에너지 (1 eV)가 정지 에너지보다 훨씬 작기 때문에 비상대론적 운동학을 사용할 수 있다.

$$p = \sqrt{2mK}$$
$$= \sqrt{2(9.1 \times 10^{-31}\,\text{kg})(1\,\text{eV})(1.6 \times 10^{-19}\,\text{J/eV})}$$
$$= 5.4 \times 10^{-25}\,\text{kg·m/s}$$

그러면 다음과 같다.

$$\lambda = \frac{h}{p} = \frac{6.6 \times 10^{-34}\,\text{J·s}}{5.4 \times 10^{-25}\,\text{kg·m/s}}$$
$$= 1.2 \times 10^{-9}\,\text{m} = 1.2\,\text{nm}$$

$p = \sqrt{2mK}$와 $hc = 1,240$ eV·nm를 이용하면 다음과 같은 방식으로도 같은 결과를 얻을 수 있다.

$$cp = c\sqrt{2mK} = \sqrt{2(mc^2)K}$$
$$= \sqrt{2(5.1 \times 10^5\,\text{eV})(1\,\text{eV})} = 1.0 \times 10^3\,\text{eV}$$
$$\lambda = \frac{h}{p} = \frac{hc}{pc} = \frac{1,240\,\text{eV·nm}}{1.0 \times 10^3\,\text{eV}} = 1.2\,\text{nm}$$

이 방법은 처음에는 인위적으로 보일 수 있지만, 원자 및 핵 물리학에서 에너지는 일반적으로 전자볼트로 쓰기 때문에 연습해서 익숙해지면 매우 유용하다.

(e) 이 경우 운동 에너지가 정지 에너지보다 훨씬 크기 때문에 식 (2.40)에서와 같이 $K \cong E \cong pc$인 극단적인 상대성 영역에 있다. 파장은 다음과 같다.

$$\lambda = \frac{hc}{pc} = \frac{1{,}240 \text{ MeV·fm}}{100 \text{ MeV}} = 12 \text{ fm}$$

(a), (b), (c)에서 계산된 파장은 실험실에서 관찰하기에는 너무 작다는 점을 기억하라. 파장이 원자 또는 핵 크기와 같은 정도인 마지막 두 경우에만 파장을 관찰할 수 있다. Planck 상수 h가 매우 작기 때문에 원자나 원자핵 크기의 입자에서만 파동적 거동을 관찰할 수 있다.

두 가지 질문이 생각날 수 있을 것이다. 첫째는 이 de Broglie 파장을 가지는 파동은 어떤 종류의 파동인가? 즉, de Broglie파의 진폭은 어떻게 측정되는가? 이 질문에 대한 답은 이 장 뒷부분에서 설명하겠다. 지금은 입자가 움직일 때 입자와 관련된 파장 λ의 de Broglie파가 있다고 가정하자. 이 파는 파동을 이용한 회절 같은 실험을 수행할 때 나타난다. 파동을 이용한 실험 결과는 이 파장에 따라 달라진다. 입자의 파동적 거동을 특징짓는 de Broglie 파장이 양자 이론의 핵심이다.

다음으로 두 번째 질문이 떠오른다. 왜 de Broglie 시대 이전에는 이 파장이 직접 관찰되지 않았을까? 예제 4.1의 (a), (b), (c)에서 보았듯이 일반적인 물체의 경우 de Broglie 파장은 매우 짧다. 이중 슬릿 유형의 실험을 통해 이러한 물체의 파동적 특성을 증명하려고 한다고 하자. 식 (3.14)에서 이중 슬릿 실험에 인접한 간섭 무늬 사이의 간격은 $\Delta y = \lambda D/d$라는 것을 기억할 것이다. 슬릿 간격 d와 슬릿과 스크린 사이의 거리 D에 대한 적절한 값을 대입하면 간섭 무늬 간격을 관찰할 수 있는 실험의 구성이 어렵다는 것을 알 수 있다(연습문제 9번 참조). 거시적 실험실 크기의 물체가 가지는 파동 특성을 밝힐 수 없다. de Broglie의 가설에 대한 실험적 검증은 원자 규모의 물체를 대상으로 한 실험을 통해서만 가능하다. 이 내용은 다음 절에서 다룬다.

4.2 de Broglie 파장의 실험적 증거

파동의 특징은 대부분 간섭 및 회절 실험을 통해 나타난다. 3.1절에서 살펴본 이중 슬릿 간섭은 아마도 가장 익숙한 형태의 간섭 실험이지만, 원자 또는 아원자 입자의 빔으로 간섭 실험을 하기 위해 이중 슬릿을 구성하는 것은 de Broglie의 가설이 나온 지한참 후에야 가능했다. 이 절 뒷부분에서 이러한 실험에 대해 설명하겠다. 먼저 전자를 이용한 회절 실험에 대해 알아본다.

입자 회절 실험

광파의 회절은 대부분의 기초 물리학 교재에서 다루고 있다. 그림 4.1에서 단일 슬릿에 의해 회절된 빛을 볼 수 있다. 폭이 a인 슬릿에 파장 λ인 빛이 입사하는 경우 회절 최소는 중앙 최대 양쪽에 다음 조건에 의해 주어진 각도에 위치한다.

$$a\sin\theta = n\lambda \qquad n = 1, 2, 3, \dots \tag{4.2}$$

대부분의 빛의 세기는 중앙 최대에 집중된다.

de Broglie의 가설을 처음 검증한 실험은 인위적으로 만든 단일 슬릿(그림 4.1의 회절 무늬에 대한)이 아닌 결정 원자를 통한 **전자 회절**(electron diffraction)이었다. 이 실험의 결과는 3.1절에서 보여진 이와 유사한 엑스선 회절 실험에서 얻은 결과와 비슷하다.

전자 회절 실험에서 전자 빔은 전위차 ΔV를 통해 정지 상태에서 가속되어 비상대론적 운동 에너지 $K = e\Delta V$와 운동량 $p = \sqrt{2mK}$를 얻게 된다. 파동 역학에서는 전자 빔을 파장 $\lambda = h/p$인 파동으로 설명할 수 있다. 빔이 결정에 부딪치면 산란된 빔이 사진으로 찍힌다(그림 4.2). 전자 회절 무늬(그림 4.2)와 엑스선 회절 무늬(그림 3.7) 사이의 유사성은 전자가 파동과 같이 거동함을 강력하게 나타낸다.

다결정 물질의 엑스선 회절에서 생성되는 '고리'(그림 3.8b)는 그림 4.3에 표시된 것처럼 전자 회절에서도 생성되어 전자와 엑스선의 파동적 거동이 유사하다는 강력한 증거를 다시 한번 제공한다. 그림 4.3에 보여진 유형의 실험은 1927년에 G. P. Thomson에 의해 처음으로 수행되었으며, 이 연구로 1937년 노벨상을 공동 수상했다. (Thomson의 아버지인 J. J. Thomson은 전자를 발견하고 전하 대 질량비를 측정한 공로

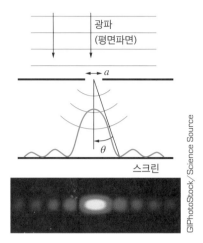

그림 4.1 평면파면으로 주어진 광파가 폭 a의 좁은 슬릿에 입사하면 슬릿을 통과한 후 회절로 인해 파가 퍼지고 스크린의 위치에 따라서 세기가 달라진다. 사진은 세기 무늬를 보여준다.

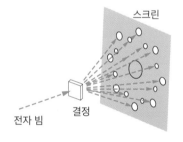

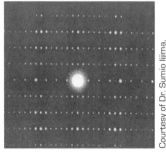

그림 4.2 (위) 전자 회절 장치. (아래) 전자 회절 무늬. 각 밝은 점은 그림 3.7의 엑스선 회절 무늬에서와 같이 보강 간섭 영역이다. 타깃은 $Ti_2Nb_{10}O_{29}$의 결정이다.

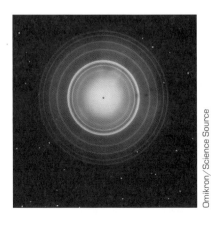

그림 4.3 다결정 베릴륨의 전자 회절. 이 무늬와 다결정 물질의 엑스선 회절 무늬의 유사성에 주목하자(그림 3.8b).

로 1906년 노벨상을 받았다. 따라서 아버지 Thomson은 전자의 입자적 특성을 발견했고, 아들 Thomson은 전자의 파동적 특성을 발견했다고 할 수 있다.)

전자 회절 실험은 de Broglie의 가설이 나온 직후 전자의 파동 특성을 처음 실험적으로 확인하고 de Broglie 관계 $\lambda = h/p$를 정량적으로 확인했다. 1926년 Bell 전화 연구소(Bell Telephone Laboratories)에서 Clinton Davisson과 Lester Germer는 니켈 결정 표면에서 전자 빔의 반사를 조사하고 있었다. 이들의 실험 장치 개략도는 그림 4.4와 같다. 가열된 필라멘트에서 나온 전자 빔은 전위차 ΔV를 통해 가속된다. 작은 구멍을 통과한 후 빔은 단결정 니켈에 부딪친다. 전자는 결정 원자에 의해 모든 방향으로 산란되고 그중 일부는 검출기에 부딪친다. 검출기는 입사 빔에 대해 임의의 각도 ϕ로 이동할 수 있어 그 각도에서 산란된 전자 빔의 세기를 측정한다.

그림 4.5는 Davisson과 Germer의 실험 결과 중 하나를 보여준다. 가속 전압을 54 V로 설정하면 $\phi = 50°$ 각도에서 강렬한 빔의 반사가 나타난다. 이 결과가 de Broglie 파장과 어떻게 연관되는지 알아보자.

결정의 각 원자는 산란자로 작용하여 산란된 **전자파**(electron wave)가 간섭할 수 있기 때문에 이것은 전자에 대한 결정 회절 격자가 된다. 그림 4.6은 Davisson-Germer 실험에 사용된 니켈 결정의 단순화된 표현이다. 전자는 에너지가 낮기 때문에 결정 깊숙이 침투하지 않았고, 표면의 원자 평면에서 회절이 일어나는 것으로 간주하기에 충분하다. 이 상황은 빛에 대해서 반사형 회절 격자를 이용하는 것과 완전히 유사하다. 결정의 원자 열 사이의 간격 d는 광학 격자의 슬릿 사이의 간격과 유사하다. 회절 격

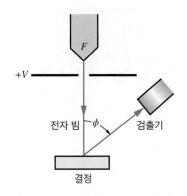

그림 4.4 Davisson과 Germer가 전자 회절을 연구하기 위해 사용한 장치. 전자는 필라멘트 F를 떠나 전압 V에 의해 가속되고 빔이 결정에 부딪치면 입사 빔에 대해 ϕ 각도로 산란된 빔이 감지된다. 검출기는 0~90° 범위에서 움직일 수 있다.

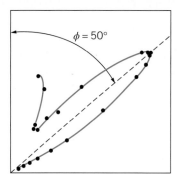

그림 4.5 Davisson과 Germer의 실험 결과. 그림에서의 각 점은 그림 4.4의 검출기가 수직축에서 측정한 해당 각도 ϕ에 위치할 때의 상대적 세기를 나타낸다. 보강 간섭으로 인해 반사된 빔의 세기는 $V = 54$ V의 경우 $\phi = 50°$에서 최대가 된다.

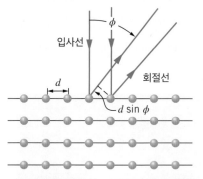

그림 4.6 결정 표면은 간격이 d인 회절 격자처럼 작동한다.

자의 최대는 ϕ 각도에서 발생하며, 인접한 광선 사이의 경로 차이 $d \sin \phi$는 파장의 정수배와 같다.

$$d \sin \phi = n\lambda \qquad n = 1, 2, 3, \ldots \qquad (4.3)$$

여기서 n은 최댓값의 차수이다.

이 실험과 별개로 수행된 실험을 통해서 니켈 결정의 원자 열 사이의 간격은 $d = 0.215$ nm로 알려져 있다. 더 작은 각도에서 봉우리가 관찰되지 않았으므로 $\phi = 50°$에서 관찰된 봉우리는 1차 봉우리($n = 1$)여야 한다. 이것이 실제로 간섭의 최대인 경우 해당 파장은 식 (4.3)으로부터 다음과 같이 계산된다.

$$\lambda = d \sin \phi = (0.215 \text{ nm})(\sin 50°) = 0.165 \text{ nm}$$

이 값을 de Broglie 이론으로부터 예상되는 값과 비교할 수 있다. 54 V의 전위차를 통해 가속된 전자의 운동 에너지는 54 eV이므로 다음과 같은 운동량을 갖는다.

$$p = \sqrt{2mK} = \frac{1}{c}\sqrt{2mc^2K} = \frac{1}{c}\sqrt{2(511{,}000 \text{ eV})(54 \text{ eV})} = \frac{1}{c}(7{,}430 \text{ eV})$$

de Broglie 파장은 $\lambda = h/p = hc/pc$이다. $hc = 1{,}240$ eV·nm를 사용하면 다음과 같다.

$$\lambda = \frac{hc}{pc} = \frac{1{,}240 \text{ eV} \cdot \text{nm}}{7{,}430 \text{ eV}} = 0.167 \text{ nm}$$

이는 회절 최대로부터 발견한 값과 매우 잘 일치하며 de Broglie 이론을 지지하는 강력한 증거이다. 이 실험 연구로 Davisson은 1937년 노벨상을 G. P. Thomson과 공동 수상했다.

입자의 파동적 특성은 전자에만 국한된 것이 아니며, 운동량 p를 가지는 모든 입자는 de Broglie 파장 h/p를 갖는다. 중성자는 원자로에서 약 0.1 nm의 파장에 해당하는 운동 에너지를 가지고 생성되며, 이 또한 결정에 의해 회절되기에 적절하다. 그림 4.7은 소금 결정에 의한 중성자 회절이 전자 또는 엑스선의 회절과 동일한 특징적인 무늬를 생성한다는 것을 보여준다. Clifford Shull은 중성자 회절 기법을 개발한 공로로 1994년 노벨상을 공동 수상했다.

원자의 핵을 연구하려면 10^{-15} m 정도의 훨씬 더 작은 파장이 필요하다. 그림 4.8은 1 GeV 운동 에너지를 가지는 양성자가 산소 핵에 의해 산란되어 생성된 회절 무늬를 보여준다. 회절 세기의 최대와 최소가 그림 4.1에 보이는 단일 슬릿 회절과 유사한 무늬에서 보인다. (핵은 명확한 표면 대신 분포 형태를 가지기 때문에 최소 세기는 0으로 떨어지지 않는다. 이러한 회절 무늬로부터 핵 크기를 결정하는 방법은 12장에서 설명한다.)

Oak Ridge National Laboratory, courtesy AIP ESVA / Science Source

그림 4.7 염화나트륨 결정에 의한 중성자의 회절.

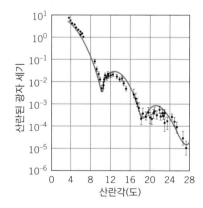

산란된 광자 세기

산란각(도)

그림 4.8 산소 핵에 의한 1 GeV 양성자의 회절. 최대와 최소의 무늬는 광파의 단일 슬릿 회절과 유사하다. [출처: H. Palevsky et al., *Physical Review Letters*, **18**, 1200 (1967).]

예제 4.2

운동량 p를 가지는 전자 빔이 폭 a의 좁은 슬릿을 통과한다. 슬릿을 통과한 후, 빔은 스크린에 부딪쳐 밝은 중앙 띠를 생성한다. 전자 빔의 운동량이 감소하면 화면의 중앙 띠의 세기가 증가, 감소 또는 동일하게 유지되는가?

풀이

스크린의 중앙 띠(두 회절 최소 사이)의 폭은 식 (4.2)에 따라 전자 빔의 파장과 슬릿 폭에 의해 결정된다. 운동량이 작을수록 파장은 더 커지고 중앙 영역의 폭을 제한하는 각도는 더 커진다. 같은 양의 빔이 더 넓은 영역에 퍼지게 되므로 중심 세기(단위 면적당 초당 입자 수)는 감소한다.

예제 4.3

운동 에너지 1.00 GeV의 양성자를 반경 3.0 fm의 산소 원자핵에 회절시켜 그림 4.8에 보이는 데이터를 생성했다. 처음 3개의 회절 최소가 나타날 것으로 예상되는 각도를 계산하시오.

풀이

양성자의 총 상대론적 에너지는 $E = K + mc^2 = 1.00\,\text{GeV} + 0.94\,\text{GeV} = 1.94\,\text{GeV}$이며, 그 운동량은 다음과 같다.

$$p = \frac{1}{c}\sqrt{E^2 - (mc^2)^2}$$
$$= \frac{1}{c}\sqrt{(1.94\,\text{GeV})^2 - (0.94\,\text{GeV})^2} = 1.70\,\text{GeV}/c$$

해당되는 de Broglie 파장은 다음과 같다.

$$\lambda = \frac{h}{p} = \frac{hc}{pc} = \frac{1{,}240\,\text{MeV}\cdot\text{fm}}{1{,}700\,\text{MeV}} = 0.73\,\text{fm}$$

산소 핵을 원형 원반으로 표현할 수 있는데, 이 경우 회절 공식은 식 (4.2)와 약간 다르다: $a\sin\theta = 1.22\,n\lambda$, 여기서 a는 회절하는 물체의 지름이다. 이 공식에 따르면 첫 번째 회절 최소($n = 1$)는 다음과 같은 각도에서 나타난다.

$$\sin\theta = \frac{1.22\,n\lambda}{a} = \frac{(1.22)\,(1)\,(0.73\,\text{fm})}{6.0\,\text{fm}} = 0.148$$

$\theta = 8.5°$다. 회절 각도의 사인은 지수 n에 비례하므로, $\sin\theta = 2 \times 0.148 = 0.296(\theta = 17.2°)$인 각도에서 $n = 2$ 최소가 나타나고, $\sin\theta = 3 \times 0.148 = 0.444(\theta = 26.4°)$에서 $n = 3$ 최소가 나타난다.

그림 4.8의 데이터에서 첫 번째 회절 최소 각도는 약 $10°$, 두 번째는 약 $18°$, 세 번째는 약 $27°$로 모두 예상 값과 매우 잘 일치하는 것을 볼 수 있다. 핵은 원판처럼 행동하지 않기 때문에 데이터는 원판에 의한 회절 공식을 정확히 따르지 않는다. 특히 핵은 날카로운 모서리가 아닌 확산 모서리를 가지고 있어 회절 최솟값의 강도가 0으로 떨어지는 것을 방지하고 최솟값의 위치도 약간 변경된다.

입자를 이용한 이중 슬릿 실험

빛의 파동성에 대한 결정적인 증거는 1801년 Thomas Young이 수행한 이중 슬릿 실험에서 찾을 수 있었다(3.1절에서 설명됨). 원칙적으로 **입자**를 대상으로 이중 슬릿 실험을 수행하여 입자의 파동적 거동을 직접 관찰하는 것이 가능해야 한다. 그러나 입자를 위한 이중 슬릿을 만드는 것은 기술적으로 무척 어려웠고, 이러한 실험은 de Broglie 시대 이후 한참이 지나서야 가능해졌다. 전자를 이용한 최초의 이중 슬릿 실험은 1961년에 이루어졌다. 장치의 개략적인 모습은 그림 4.9에서 볼 수 있다. 뜨거운 필라멘트에서 나온 전자를 50 kV($\lambda = 5.4$ pm에 해당)로 가속한 다음 간격 2.0 μm, 폭 0.5 μm의 이중 슬릿을 통과시켰다. 실험을 통해 얻은 세기 무늬 사진은 그림 4.10에서 볼 수 있다. 빛을 가지고 얻은 이중 슬릿 무늬(그림 3.2)와 유사하다는 점이 매우 놀랍다.

중성자에 대해서도 비슷한 실험을 할 수 있다. 원자로에서 나오는 중성자 빔은 실온의 '열' 에너지 분포(평균 $K \approx kT \approx 0.025$ eV) 정도로 느려질 수 있으며, Bragg 회절과 유사한 산란 과정을 통해 특정 파장이 선택될 수 있다[식 (3.16) 및 이 장 연습문제 35번 참조]. 한 실험에서 운동 에너지가 0.00024 eV이고, de Broglie 파장이 1.85 nm인 중성자가 지름 148 μm의 간격을 가진 물질을 통과했다. 이 물질은 입사하는 중성자의 거의 대부분을 흡수한다(그림 4.11). 간격의 중앙에는 역시 중성자를 매우 잘 흡수하는 직경 104 μm의 붕소로 된 가는 선이 있었다. 중성자는 22 μm의 폭을 가진 슬릿을 통해 붕소 선의 양쪽을 통과할 수 있었다. 이중 슬릿을 통과한 중성자의 세기는 또 다른 빔을 가로지르며 이동시키고, 이 '스캐닝 슬릿'을 통과하는 중성자의 세기를 측정하여 관찰했다. 그림 4.12는 간섭이 발생하여 중성자가 해당 파동 특성을 가지고 있음을 확실하게 보여주는 최대 및 최소 세기의 무늬를 보여준다. 인접한 최댓값 사이의 간격 $\Delta y = y_{n+1} - y_n$을 구할 수 있는 식 (3.14)를 이용하여 슬릿 간격으로부터 파장을 얻을 수 있다. 그림 4.12에서 간격 Δy를 약 75 μm로 추정하면 다음과 같다.

$$\lambda = \frac{d\Delta y}{D} = \frac{(126\,\mu m)(75\,\mu m)}{5\,m} = 1.89\,nm$$

이 결과는 중성자 빔에서 선택된 1.85 nm의 de Broglie 파장과 매우 잘 일치한다.

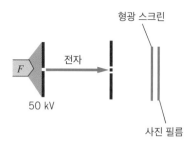

그림 4.9 전자를 위한 이중 슬릿 장치. 필라멘트 F에서 나온 전자는 50 kV로 가속되어 이중 슬릿을 통과한다. 전자가 형광 스크린(예: TV 화면)에 부딪치면 눈에 보이는 무늬가 생성되고 이 무늬는 사진으로 찍힌다. 찍힌 사진은 그림 4.10에 나와 있다. [C. Jönsson, *American Journal of Physics* **42**, 4 (1974) 참조]

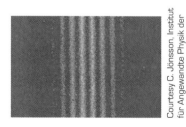

그림 4.10 전자의 이중 슬릿 간섭 무늬.

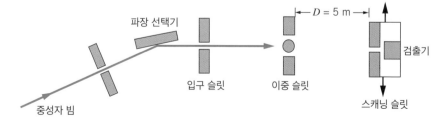

그림 4.11 중성자를 위한 이중 슬릿 장치. 반응기에서 나온 열 중성자가 결정에 입사되고, 중성자가 이중 슬릿을 통과한 후, 스캐닝 슬릿 장치가 가로 방향으로 움직이며 중성자를 계수한다.

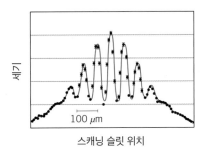

그림 4.12 중성자를 이용한 이중 슬릿 실험에서 관찰된 간섭 무늬 세기. 최대 사이의 간격은 약 75 μm이다. [출처: R. Gahler and A. Zeilinger, *American Journal of Physics* **59**, 316(1991).]

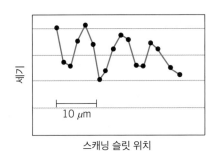

그림 4.13 헬륨 원자를 이용한 이중 슬릿 실험에서 관찰된 간섭 무늬 세기. [출처: O. Carnal and J. Mylnek, *Physical Review Letters* **66**, 2689(1991).]

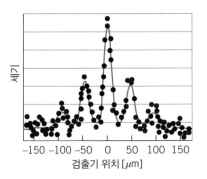

그림 4.14 C_{60} 분자에 의해 생성된 회절 격자 무늬. [출처: O. Nairz, M. Arndt, and A. Zeilinger, *American Journal of Physics* **71**, 319(2003).]

원자를 가지고도 비슷한 실험을 할 수 있다. 이 경우, 헬륨 원자 원천은 간격 8 μm, 폭 1 μm의 이중 슬릿을 통과하는 운동 에너지 0.020 eV에 해당하는 속도를 가지는 빔을 방출한다. 다시 스캐닝 슬릿을 사용하여 이중 슬릿을 통과하는 빔의 강도를 측정했다. 그림 4.13은 측정된 세기 무늬를 보여준다. 결과는 전자와 중성자에 대한 결과만큼 극적이지는 않지만 간섭으로 인한 최대와 최소가 잘 드러나고 최대 간격은 de Broglie 파장과 잘 일치한다(연습문제 8번 참조).

회절은 더 큰 물체에서도 관찰할 수 있다. 그림 4.14는 풀러렌 분자(C_{60})가 간격 $d=100$ nm인 회절 격자를 통과할 때 생성되는 무늬를 보여준다. 회절 무늬는 격자에서 1.2 m 떨어진 거리에서 관찰되었다. 그림 4.14에서 최댓값의 간격을 50 μm로 예측하면 최대 각도 차이는 $\theta \approx \tan\theta = (50\ \mu m)/(1.2\ m) = 4.2 \times 10^{-5}$ rad이므로 $\lambda = d\sin\theta = 4.2$ pm를 구할 수 있다. 이 실험에 사용된 속력은 117 m/s인 C_{60} 분자의 경우 예상되는 de Broglie 파장은 4.7 pm로, 회절 무늬를 통해 계산된 예상값과 잘 일치한다.

이 장에서는 전자, 양성자, 중성자, 원자, 분자 등 다양한 입자를 이용한 몇 가지 간섭 및 회절 실험에 대해 설명했다. 이러한 실험은 특정 유형의 입자나 특정 유형의 관찰에 제한되지 않는다. 실험 결과는 입자의 파동 특성이라는 **일반적인 현상**의 예이다. 1920년 이전에는 필요한 실험이 아직 이루어지지 않았기 때문에 관찰되지 않았다. 오늘날 이 파동 특성은 과학자들의 기본 도구로 사용된다. 예를 들어, 중성자 회절은 고체 결정과 복잡한 분자의 구조에 대한 자세한 정보를 제공한다(그림 4.15). 전자 현미경은 전자파를 물체에 비추고 상을 구현한다. 파장을 가시광선보다 수천 배 작게 만들 수 있기 때문에 가시광선으로는 관찰할 수 없는 작은 세부사항까지 구분해서 관찰

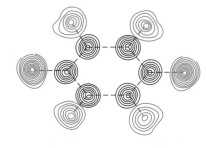

그림 4.15 중성자 회절로 추론한 고체 벤젠의 원자 구조. 원은 밀도가 일정한 윤곽을 나타낸다. 검은색 원은 익숙한 벤젠 고리를 형성하는 탄소 원자 6개의 위치를 나타낸다. 파란색 원은 수소 원자의 위치를 나타낸다.

할 수 있다(그림 4.16).

입자는 어느 슬릿을 통과하는가

전자와 같은 입자로 이중 슬릿 실험을 할 때 입자가 어느 슬릿을 통과하는지 궁금하다. 예를 들어, 각 슬릿을 전자기 고리로 둘러싸서 하전 입자 또는 자기 모멘트를 가진 입자가 고리를 통과할 때마다 측정기가 움직이게 만들 수 있다(그림 4.17). 슬릿을 통해 입자를 충분히 느린 속도로 발사하면 입자가 둘 중 어느 슬릿을 통과하여 스크린에 나타날 때 각 입자를 추적할 수 있다.

이 가상의 실험을 수행하면 스크린에 더 이상 간섭 무늬가 나타나지 않을 것이다. 대신 그림 4.17에 표시된 것과 유사한 무늬가 관찰되며, 각 슬릿 앞에 '부딪'치면서 간섭 무늬가 보이지 않는다. 입자가 어느 슬릿을 통과하든 어떤 종류의 장치를 사용하든 간섭 무늬는 사라진다. 고전적인 **입자**는 두 슬릿 중 하나를 통과해야 한다. 파동만이 간섭을 나타낼 수 있는데 이는 파면의 일부가 두 슬릿을 통과한 후 재결합하는 것에 따라 달라진다.

입자가 어느 슬릿을 통과했는지 물어보면 입자 거동 측면만 조사하는 것이므로 입자의 파동 특성인 간섭 무늬를 관찰할 수 없다. 반대로 파동의 성질을 연구할 때는 입자의 성질을 동시에 관찰할 수 없다. 전자는 입자 또는 파동으로 행동하지만, 그 두 가지 측면을 동시에 관찰할 수 없다. 광자에 대한 양자역학의 이 흥미로운 측면은 3.6절에서도 논의했는데, 실험을 통해 광자의 입자 특성 또는 파동 특성 중 하나를 밝힐 수

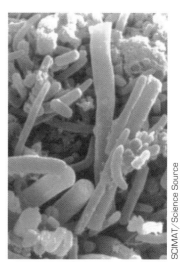

그림 4.16 사람 혀 표면에 있는 박테리아의 전자 현미경 사진. 배율은 약 5,000배이다.

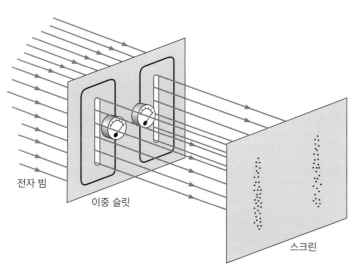

전자 빔

이중 슬릿

스크린

그림 4.17 슬릿을 통과한 전자를 기록하는 장치. 각 슬릿은 전자가 슬릿을 통과한 것을 알려주는 측정기가 있는 고리로 둘러싸여 있다. 스크린에는 간섭 무늬가 보이지 않는다.

는 있지만 두 가지 측면을 동시에 관찰할 수는 없다는 것을 발견하였다.

이는 광자나 전자 같은 입자에 대한 완전한 설명은 단지 입자 특성이나 파동 특성만으로는 불가능하며, 그 거동의 두 가지 측면을 모두 고려해야 한다는 **상보성 원리**(principle of complementarity)의 기초가 된다. 또한 입자와 파동의 특징은 동시에 관찰할 수 없으며, 입자형 실험에서는 입자와 같은 거동만, 파동형 실험에서는 파동과 같은 거동만 관찰하는 등 실험의 종류에 따라 관찰하는 거동의 유형이 달라진다.

4.3 고전파의 불확정성 관계

양자역학에서는 입자를 설명하기 위해 de Broglie파를 사용하고자 한다. 특히 파동의 진폭을 통해 입자의 위치에 대한 무엇인가를 알 수 있다. 그림 4.18a에서와 같이 순수한 정현파는 입자의 위치를 나타내는 데 큰 도움이 되지 않는다. 파동이 −∞에서 +∞까지 펼쳐지므로 입자는 해당 영역의 어느 곳에서나 발견될 수 있다. 반면에 그림 4.18b와 같은 좁은 파동 펄스는 공간의 작은 영역에서 입자의 위치를 정하는 데 매우 효과적이지만 이 파동은 쉽게 식별할 수 있는 파장을 가지고 있지 않다. 첫 번째 경우는 파장은 정확히 알지만 입자의 위치는 모르는 경우이고, 두 번째 경우는 입자의 위치는 잘 알지만 파장에 대한 지식은 부족한 경우이다. 파장은 식 (4.1)의 de Broglie 관계에 의해 운동량과 연관되므로 파장에 대한 지식이 부족하면 입자의 운동량에 대한 지식도 부족하다. 고전 입자의 경우, 입자의 위치와 운동량을 가능한 한 정확하게 알고 싶다. 양자 입자의 경우, 입자의 운동량(또는 파장)을 더 잘 알수록 입자의 위치에 대해서는 덜 알 수 있으므로 어느 정도 타협을 해야 한다. 운동량에 대한 지식을 희생해야만 위치에 대한 지식을 향상할 수 있다.

위치에 대한 지식과 파장에 대한 지식 사이의 이러한 경쟁은 de Broglie파에만 한정되지 않으며, 고전파도 같은 효과를 보인다. 모든 실제 파동은 공간의 유한한 영역에 국한된 교란인 **파동 묶음**(wave packets)으로 표현할 수 있다. 파동 묶음을 만드는 것에 대해서는 4.5절에서 자세히 설명한다. 이 절에서는 고전파의 위치와 파장을 특정하는 것 사이의 상호 경쟁을 더 자세히 살펴본다.

그림 4.19a는 매우 작은 파동 묶음을 보여준다. 이 교란은 길이 Δx의 작은 공간 영역에 제한되어 있다. (파동의 높낮이나 진동수를 인식하기 어려울 정도로 짧은 지속 시간을 가지는 매우 짧은 소리를 듣는다고 상상해 보자.) 이 파동 묶음의 파장을 측정해 보자. 파동을 따라 측정 막대를 놓으면 파동의 시작과 끝을 정확히 정의하기 어렵다. 따라서 파

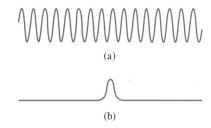

그림 4.18 (a) −∞에서 +∞까지 펼쳐진 순수 사인파. (b) 좁은 파동 펄스.

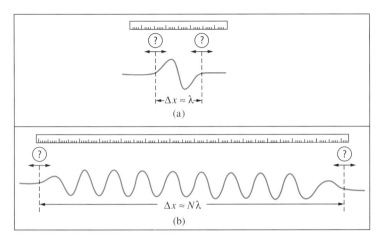

그림 4.19 (a) 대략 한 파장 길이의 작은 파동 묶음으로 주어지는 파의 파장 측정. (b) N개의 파동으로 구성된 큰 파동 묶음으로 표현되는 파의 파장 측정.

장의 측정에는 작은 **불확정성**(uncertainty) $\Delta\lambda$가 있다. 이 불확정성을 파장 λ의 일부분 ε으로 표현하면 $\Delta\lambda \sim \varepsilon\lambda$가 된다. 일부분 ε은 확실히 1보다 작지만 0.01보다 클 수 있으므로 $\varepsilon \sim 0.1$로 추정한다. (불확정성에 대한 논의에서는 대략적인 추정치를 나타내기 위해 ~ 기호를 사용한다.) 즉, 파장 측정의 불확정성은 파장의 대략 10% 정도일 수 있다.

이 파동 교란의 크기는 대략 한 파장이므로 $\Delta x \approx \lambda$이다. 이 논의에서는 $\Delta x \approx \lambda$ 및 $\Delta\lambda \sim \varepsilon\lambda$를 사용하여 파동 묶음의 크기와 파장의 불확정성의 곱 $\Delta x \Delta\lambda$를 살펴보고자 한다.

$$\Delta x \Delta\lambda \sim \varepsilon\lambda^2 \tag{4.4}$$

이 표현은 파동 묶음의 크기와 파장의 불확정성 사이의 반비례 관계를 나타낸다. 주어진 파장에 대해 파동 묶음의 크기가 작을수록 파장에 대한 지식의 불확정성이 커진다. 즉, Δx가 작아질수록 $\Delta\lambda$는 커져야 한다.

더 큰 파동 묶음을 만드는 것은 전혀 도움이 되지 않는다. 그림 4.19b는 같은 파장을 가진 더 큰 파동 묶음을 보여준다. 더 큰 파동 묶음에 파동의 N 주기가 포함되어 있으므로 $\Delta x \approx N\lambda$가 된다고 가정한다. 다시 측정 막대를 사용하여 N 파장의 크기를 측정하고 이 길이를 N으로 나누면 파장을 결정할 수 있다. 이 파동 묶음의 시작과 끝을 찾을 때 $\varepsilon\lambda$의 불확정성은 여전히 같지만, 파장을 찾기 위해 N으로 나누면 한 파장의 불확정성은 $\Delta\lambda \sim \varepsilon\lambda/N$이 된다. 이 큰 파동 묶음의 경우 Δx와 $\Delta\lambda$의 곱은 $\Delta x \Delta\lambda \sim (N\lambda)(\varepsilon\lambda/N) = \varepsilon\lambda^2$으로, 작은 파동 묶음의 경우와 정확히 같다. 식 (4.4)는 파동의 유형이나 파장을 측정하는 방법에 관계없이 고전파의 기본 속성이다. 이것이 고전파의 첫 번째 **불확정성 관계**(uncertainty relationships)이다.

예제 4.4

물결파의 파장을 측정할 때, 196 cm 거리에서 10번의 파동 주기가 나타난다. 이 실험에서 얻을 수 있는 파장의 최소 불확정성을 계산하시오.

풀이

196 cm 거리에 10개의 파고가 있는 경우 파장의 길이는 약 (196 cm)/10 = 19.6 cm다. $\varepsilon \sim 0.1$을 얻을 수 있는 일반적인 정밀도에 대한 좋은 추정치로 고려할 수 있다. 식 (4.4)로부터 파장의 불확정성을 구할 수 있다.

$$\Delta\lambda \sim \frac{\varepsilon\lambda^2}{\Delta x} = \frac{(0.1)(19.6 \text{ cm})^2}{196 \text{ cm}} = 0.2 \text{ cm}$$

불확정도가 0.2 cm인 경우 '실제' 파장의 범위는 19.5 cm에서 19.7 cm일 수 있으므로 이 결과를 19.6 ± 0.1 cm로 표현할 수 있다.

진동수–시간 불확정성 관계

파동 묶음을 구성하는 파동의 파장이 아닌 주기 측정을 고려하여 고전파의 불확정성에 대해 다른 접근 방식을 취할 수 있다. 그림 4.20에서와 같이 파동 묶음의 지속 시간을 측정하는 데 사용하는 그림 4.20과 같은 시간 장치가 있다고 가정해 보자. 여기에서는 파동 교란을 위치가 아닌 시간의 함수로 그리고 있다. 이제 파동 묶음의 '크기'는 지속 시간이며, 이 파동 묶음의 대략적인 주기는 T이므로 $\Delta t \approx T$가 된다. 어떤 측정 장치를 사용하든 한 주기의 시작과 끝을 정확히 찾는 데 어려움이 있으므로 주기 측정에 불확정성 ΔT가 생긴다. 이전과 마찬가지로 이 불확정성을 주기의 일부분이라고 가정하겠다: $\Delta T \sim \varepsilon T$. 파동 묶음의 지속 시간과 주기 측정 능력 간의 상관성을 조사하기 위해 Δt와 ΔT의 곱을 계산한다.

$$\Delta t \Delta T \sim \varepsilon T^2 \tag{4.5}$$

이것은 고전파에 대한 두 번째 불확정성 관계이다. 이는 주어진 주기의 파동에 대해 파동 묶음의 지속 시간이 짧을수록 주기 측정의 불확정성이 커진다는 것을 보여준다. 하나는 공간에서의 관계를 나타내고 다른 하나는 시간에서의 관계를 나타내는 식 (4.4)와 식 (4.5)의 유사성에 주목하자.

식 (4.5)를 주기 대신 진동수로 나타내면 더 유용하다. 주기 T와 진동수 f가 $f = 1/T$의 관계를 가지면 Δf는 ΔT와 어떻게 관련될까? 올바른 관계는 $\Delta f = 1/\Delta T$가 아니다. 이것은 주기의 불확정성이 매우 작으면 진동수의 불확정성이 매우 커진다는 것을 의미한다. 이 둘은 직접적으로 연관되어 있어야 한다. 즉, 주기를 잘 알수록 진동수를 더 잘 알 수 있다. 이 관계를 구하는 방법은 다음과 같다: $f = 1/T$로 시작하여 양변에 미

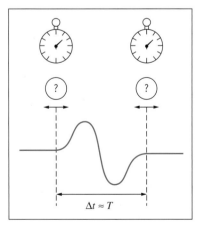

그림 4.20 약 1주기의 작은 파동 묶음으로 표현되는 파동의 주기 측정.

분을 취한다.

$$df = -\frac{1}{T^2}\,dT$$

다음으로 무한소 미분을 유한 간격으로 변환하고, 불확정성의 크기에만 관심이 있으므로 음의 부호는 무시할 수 있다.

$$\Delta f = \frac{1}{T^2}\Delta T \tag{4.6}$$

식 (4.5)와 (4.6)을 결합하면 다음을 얻을 수 있다.

$$\Delta f\,\Delta t \sim \varepsilon \tag{4.7}$$

식 (4.7)은 파동 묶음의 지속 시간이 길수록 그 진동수를 더 정확하게 측정할 수 있음을 보여준다.

▌ 예제 4.5

전자제품 판매원이 진동수 측정 장치 판매를 제안한다. 정현파 신호에 연결하면 자동으로 신호의 진동수를 표시하고, 진동수 변화를 고려하여 1초마다 진동수를 다시 측정하고 다시 보여진다. 판매원은 이 장치가 0.01 Hz까지 정확하다고 주장한다. 이 주장이 타당한가?

풀이

식 (4.7)을 기반으로 ε을 다시 약 0.1로 추정하면 $\Delta t = 1$초의 시간 동안 진동수를 측정할 때 관련 불확정성은 다음과 같다.

$$\Delta f \sim \frac{\varepsilon}{\Delta t} = \frac{0.1}{1초} = 0.1 \text{ Hz}$$

판매원이 이 장치의 정밀도를 과장하고 있는 것 같다.

4.4 Heisenberg 불확정성 관계

이전 절에서 설명한 불확정성 관계는 모든 파동에 적용되므로 de Broglie파에도 적용된다. 식 (4.6)을 구할 때와 같은 과정을 거치면 기본적인 de Broglie 관계 $\lambda = h/p$를 사용하여 운동량 Δp의 불확정성을 파장 $\Delta\lambda$의 불확정성과 연관시킬 수 있다. $p = h/\lambda$로 시작하여 양변에 미분을 취하면 $dp = (-h/\lambda^2)\,d\lambda$를 구할 수 있다. 이제 미분에서 차로 변경하고 음의 기호를 무시한다.

$$\Delta p = \frac{h}{\lambda^2}\Delta\lambda \tag{4.8}$$

입자의 운동량의 불확정성은 입자의 de Broglie 파동 묶음과 관련된 파장의 불확정성

Werner Heisenberg(1901~1976, 독일). 불확정성 원리로 가장 잘 알려진 그는 행렬을 기반으로 양자 이론의 완전한 공식을 개발하였다.

과 직접적으로 관련된다.

식 (4.8)과 식 (4.4)를 결합하면 다음과 같은 결과를 얻을 수 있다.

$$\Delta x \Delta p \sim \varepsilon h \tag{4.9}$$

식 (4.4)와 마찬가지로 이 식은 Δx와 Δp 사이의 반비례 관계를 보여준다. 입자의 파동 묶음의 크기가 작을수록 입자의 운동량(따라서 속도)의 불확정성이 커진다.

양자역학은 다양한 물리적 상황과 입자를 가두는 다양한 방식에 해당하는 파동 묶음에 대해 Δx와 Δp를 계산하는 공식적인 과정을 제공한다. 이러한 계산 결과 중 하나는 파동 묶음의 $\Delta x \Delta p$의 곱으로 가능한 가장 작은 값이 $h/4\pi$라는 것이다. 이 내용은 다음 장에서 설명할 것이다. 따라서 이 경우에는 $\varepsilon = 1/4\pi$이다. 다른 모든 파동 묶음은 $\Delta x \Delta p$가 더 큰 값을 가질 것이다.

$h/2\pi$ 조합은 양자역학에서 자주 나타나기 때문에 특수 기호 $\hbar$("h-bar")로 쓴다.

$$\hbar = \frac{h}{2\pi} = 1.05 \times 10^{-34} \text{ J} \cdot \text{s} = 6.58 \times 10^{-16} \text{ eV} \cdot \text{s}$$

$\hbar$를 이용하여 불확정성 관계를 다음과 같이 쓸 수 있다.

$$\Delta x \Delta p_x \geq \frac{1}{2} \hbar \tag{4.10}$$

식 (4.10)이 주어진 방향의 운동에만 적용되며 해당 방향의 위치 및 운동량의 불확정성만이 관련된다는 점을 강조하기 위해 운동량에 아래 첨자 x를 추가했다. 필요에 따라 다른 방향에도 유사하고 독립적인 관계를 적용할 수 있다: $\Delta y \Delta p_y \geq \hbar/2$ 또는 $\Delta z \Delta p_z \geq \hbar/2$.

식 (4.10)은 첫 번째 **Heisenberg 불확정성 관계**(Heisenberg uncertainty relationships)이다. 이 식은 입자의 위치와 운동량을 **동시에** 측정하는 실험에서 최선의 한계를 설정한다. 이 식을 해석하는 또 다른 방법은 입자를 더 제한하려고 할수록 그 운동량에 대해 알 수 있는 것이 줄어든다고 하는 것이다.

극한값인 $\hbar/2$는 곱 $\Delta x \Delta p_x$의 최솟값을 나타내므로 대부분의 경우 이 한계보다 더 나쁜 결과를 얻게 된다. 따라서 다음 관계를 위치의 불확정성과 운동량의 불확정성 사이의 관계에 대한 대략적인 추정치로 사용할 수 있다.

$$\Delta x \Delta p_x \sim \hbar \tag{4.11}$$

예를 들어 그림 4.21에서와 같이 단일 슬릿에 입사하는 전자 빔을 생각해 보자. 이 실험은 단일 슬릿 회절이며, 그림 4.1과 같이 특징적인 회절 무늬를 생성한다. 입자가 처음에 y 방향으로 움직이고 있고 그 방향으로의 운동량을 매우 정확하게 알고 있다고 가정하자. 전자가 처음에 x 방향으로의 운동량 성분이 없다면, p_x를 정확히 알고 있으

그림 4.21 전자의 단일 슬릿 회절. 넓은 전자 빔이 좁은 슬릿에 입사된다. 슬릿을 통과하는 전자는 x 방향으로 운동량 성분을 얻는다.

므로(정확히 0이다.) $\Delta p_x = 0$이 되고, 따라서 전자의 x 좌표($\Delta x = \infty$)에 대해서는 아무 것도 모른다. 이 상황은 매우 넓은 전자 빔을 나타내며, 그중 극히 일부만 슬릿을 통과한다.

일부 전자가 슬릿을 통과하는 순간 전자의 x 위치에 대해 훨씬 잘 알게 된다. 슬릿을 통과하기 위해 전자의 x 위치의 불확정성은 슬릿의 폭인 a보다 크지 않으므로 $\Delta x = a$이다. 그러나 전자의 위치에 대한 이러한 지식이 향상된 것은 전자의 운동량에 대한 지식을 희생한 대가이다. 식 (4.11)에 따르면, 운동량의 x 성분의 불확정성은 이제 $\Delta p_x \sim \hbar/a$가 된다. 슬릿 너머에서 측정하면 더 이상 입자가 정확하게 $p_x = 0$인 y 방향으로 움직이는 것을 알 수 없다. 운동량은 이제는 작지만 x 성분도 가지며, 그 값은 0에 가깝게 분포하지만 대략 $\pm\hbar/a$의 범위를 가진다. 슬릿을 통과할 때 입자는 불확정성 원리에 따라 평균적으로 대략 $\hbar/a$ 정도의 x 방향 운동량을 얻게 된다.

이제 이 운동량 p_x을 가지는 입자가 스크린에 도달하는 각도를 구해 보자. 작은 각도의 경우 $\sin\theta \approx \tan\theta$이므로 전자의 de Broglie 파장 $\lambda = h/p_y$를 사용하면 다음과 같다.

$$\sin\theta \approx \tan\theta = \frac{p_x}{p_y} = \frac{\hbar/a}{p_y} = \frac{\lambda}{2\pi a}$$

단일 슬릿의 회절 무늬의 첫 번째 최소는 대부분의 입자가 회절되는 확산 각도보다 큰 $\sin\theta = \lambda/a$에 위치한다. 이 계산은 불확정성 원리에 의해 주어진 횡방향 운동량의 분포가 빔이 중앙 회절 봉우리로 확산되는 것과 거의 같다는 것을 보여주며, 파동 거동과 입자 위치의 불확정성 사이의 밀접한 연관성을 다시 한번 보여준다.

슬릿을 통과한 빔의 회절(확산)은 입자의 위치를 정하려는 시도에 대한 불확정성 원리의 효과일 뿐이다. 슬릿을 더 좁게 만들면 p_x가 증가하고 빔이 더 많이 퍼진다. 슬릿을 더 좁게 만들어 입자의 위치에 대한 더 정확한 지식을 얻으려고 할 때, 입자의 이동 방향에 대한 지식을 잃게 된다. 위치와 운동량 관측 사이의 이러한 상충 관계는 Heisenberg 불확정성 원리의 핵심이다.

또한 두 번째 고전적인 불확정성 관계[식 (4.7)]를 de Broglie파에 적용할 수 있다. 빛에 대한 에너지-진동수 관계인 $E = hf$를 입자에 적용할 수 있다고 가정하면 $\Delta E = h\Delta f$를 즉시 얻을 수 있다. 이것을 식 (4.7)과 결합하면 다음과 같다.

$$\Delta E \Delta t \sim \varepsilon h \qquad (4.12)$$

다시 한번, 최소 불확정성 파동 묶음은 $\varepsilon = 1/4\pi$의 관계를 가진다. 그러므로 다음과 같다.

$$\Delta E \Delta t \geq \frac{1}{2}\hbar \qquad\qquad (4.13)$$

이것은 두 번째 Heisenberg 불확정성 관계이다. 이 관계는 입자의 시간 좌표를 더 정확하게 결정하려고 할수록 입자의 에너지를 더 정확하게 알 수 없다는 것을 알려준다. 예를 들어 입자의 생성에서 붕괴까지의 수명이 매우 짧은 경우($\Delta t \rightarrow 0$), 이 입자의 정지 에너지(따라서 질량)를 측정하는 것은 매우 부정확하다($\Delta E \rightarrow \infty$). 반대로 안정 입자(수명이 무한대이므로 $\Delta t = \infty$인 입자)의 정지 에너지는 원칙적으로 무제한의 정밀도로 측정할 수 있다($\Delta E = 0$).

첫 번째 Heisenberg 관계의 경우와 마찬가지로, 다음의 관계를 대부분의 파동 묶음에 대한 합리적인 추정치로 사용할 수 있다.

$$\Delta E \Delta t \sim \hbar \qquad\qquad (4.14)$$

Heisenberg 불확정성 관계는 **Heisenberg 불확정성 원리**(Heisenberg uncertainty principle)의 수학적 표현이다. 이 관계는 다음과 같이 말할 수 있다.

입자의 위치와 운동량을 무한한 정밀도로 동시에 결정할 수 없다.

그리고

입자의 에너지와 시간 좌표를 무한한 정밀도로 동시에 결정하는 것은 불가능하다.

이러한 관계는 모든 실험에서 발생할 수 있는 최소 불확정성의 추정치를 제공한다. 입자의 위치와 운동량을 측정하면 퍼짐 폭 Δx와 Δp_x를 알 수 있다. 다른 이유로 식 (4.10)과 (4.13)보다 훨씬 더 나쁠 수도 있지만, 이보다 더 나쁠 수는 없다.

이러한 관계는 자연을 바라보는 시각에 지대한 영향을 미친다. 물결의 위치를 찾는 데 불확정성이 있다고 말하는 것은 충분히 받아들일 수 있다. 하지만 입자의 위치에는 그에 상응하는 불확정성이 포함되어 있기 때문에 de Broglie 파동에 대해서도 같은 말을 하는 것은 완전히 다른 문제이다. 식 (4.10)과 (4.13)은 자연이 실험에서의 정확도에 제한을 가한다는 것을 말해준다. 이 점을 강조하기 위해 Heisenberg 관계는 '불확정성 (uncertainty)' 원리 대신 '불확실성(indeterminacy)'이라고 불리기도 하는데, 불확정성이라는 개념은 더 나은 장비나 기술을 사용하면 실험적 한계를 줄일 수 있음을 암시할 수 있기 때문이다. 실제로 이러한 좌표는 식 (4.10)과 (4.13)이 제공하는 한계까지 **불확실적**이며, 아무리 노력해도 더 정밀하게 측정하는 것은 불가능하다.

예제 4.6

운동량 p_x를 가지고 x 방향으로 이동하는 전자 빔은 빔의 진행 방향에 횡방향으로 폭 a의 좁은 구멍을 통과한다. 슬릿을 통과하면 p_x에 대해 알고 있는 지식이 어떻게 바뀌는가?

풀이

Heisenberg 불확정성 원리는 $\Delta x \Delta p_x \sim \hbar$ 및 $\Delta y \Delta p_y \sim \hbar$로 표현할 수 있다. 슬릿은 영역 $\Delta y = a$를 정의하는데 이것은 우리에게 전자의 y 위치를 보다 정확하게 결정할 수 있게 한다. 그 과정에서 전자의 운동에 불확정성 Δp_y가 주어진다(슬릿을 통과하기 전에는 p_y가 0이었음). 여기서 x 운동과 y 운동은 독립적이므로 불확정성 원리를 y 운동에 적용해도 x 방향의 운동에는 영향을 미치지 않는다. 전자가 y 방향의 운동량 성분을 얻을 수 있지만, 전자의 x 운동량은 슬릿 통과 전후에 같은 값인 p_x를 유지한다.

예제 4.7

전자는 3.6×10^6 m/s의 속력으로 x 방향으로 이동한다. 그 속력을 1%의 정밀도로 측정할 수 있다. 전자의 x 좌표를 동시에 측정할 수 있는 정밀도는 어느 정도일까?

풀이

전자의 운동량은 다음과 같다.

$$p_x = mv_x = (9.11 \times 10^{-31} \text{ kg})(3.6 \times 10^6 \text{ m/s})$$
$$= 3.3 \times 10^{-24} \text{ kg} \cdot \text{m/s}$$

불확정성 Δp_x는 이 값의 1%, 즉 3.3×10^{-26} kg·m/s이다. 그러면 위치의 불확정성은 다음과 같다.

$$\Delta x \sim \frac{\hbar}{\Delta p_x} = \frac{1.05 \times 10^{-34} \text{ J} \cdot \text{s}}{3.3 \times 10^{-26} \text{ kg} \cdot \text{m/s}} = 3.2 \text{ nm}$$

이것은 원자 지름의 약 10배 정도이다.

예제 4.8

95 mi/h(42.5 m/s)의 속도로 던져진 야구공($m = 0.145$ kg)의 경우에 대해서 앞의 예에서와 같은 계산을 반복하시오. 다시 속도를 1%의 정밀도로 측정할 수 있다고 가정한다.

풀이

야구의 운동량은 다음과 같다.

$$p_x = mv_x = (0.145 \text{ kg})(42.5 \text{ m/s}) = 6.16 \text{ kg} \cdot \text{m/s}$$

운동량의 불확정성은 6.16×10^{-2} kg·m/s이며, 이에 대응되는 위치의 불확정성은 다음과 같다.

$$\Delta x \sim \frac{\hbar}{\Delta p_x} = \frac{1.05 \times 10^{-34} \text{ J} \cdot \text{s}}{6.16 \times 10^{-2} \text{ kg} \cdot \text{m/s}} = 1.7 \times 10^{-33} \text{ m}$$

이 불확정성은 원자핵의 크기보다 19배나 작다. 타자가 타구를 놓쳤다고 해서 불확정성 원리를 탓할 수는 없다! Planck 상수의 크기가 작기 때문에 일반 물체에서는 양자 효과를 관찰할 수 없다는 것을 다시 한번 알 수 있다.

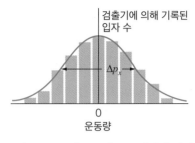

그림 4.22 그림 4.21의 스크린상의 여러 위치에서 주어진 시간 간격 동안 전자의 수를 측정하여 얻을 수 있는 결과. 이 분포는 $p_x = 0$을 중심으로 폭 Δp_x를 가진다.

불확정성에 대한 통계적 해석

그림 4.21에서 보이는 것과 같은 회절 무늬는 슬릿을 통해 많은 입자 또는 광자가 통과한 결과이다. 지금까지는 입자의 거동에 대해서만 논의했다. 이제 많은 입자가 슬릿을 한 번에 하나씩 통과하는 실험을 하고, 슬릿을 통과한 후 각 입자의 횡방향(x 성분) 운동량을 측정한다고 가정해 보자. 이 실험은 회절 무늬를 관찰하는 스크린의 여러 위치에 검출기를 배치하면 간단히 수행할 수 있다. 검출기는 실제로 스크린의 유한한 영역에 대해서만 입자를 받아들이기 때문에 다양한 편향 각도에 대해서 또는 이에 상응하는 횡방향 운동량 범위에서 측정한다. 실험 결과는 그림 4.22와 같을 것이다. 수직축은 스크린에서 검출기의 다른 위치에 해당하는 각각의 간격에서의 운동량을 가진 입자의 수를 나타낸다. 값은 0을 중심으로 대칭적으로 배열되어 있으며, 이는 p_x의 평균값이 0임을 나타낸다. 이 분포의 폭은 Δp_x가 된다.

그림 4.22는 통계 분포와 유사하며, 실제로 Δp_x의 정확한 정의는 평균값 A_{av}를 갖는 수 A의 표준편차 σ_A와 유사하다.

$$\sigma_A = \sqrt{(A^2)_{\mathrm{av}} - (A_{\mathrm{av}})^2}$$

A의 개별 측정값이 N개이면 $A_{\mathrm{av}} = N^{-1}\Sigma A_i$, $(A^2)_{\mathrm{av}} = N^{-1}\Sigma A_i^2$가 된다.

이와 유사하게 운동량의 불확정성을 다음과 같이 엄격하게 정의할 수 있다.

$$\Delta p_x = \sqrt{(p_x^2)_{\mathrm{av}} - (p_{x,\mathrm{av}})^2} \tag{4.15}$$

그림 4.22에서 보이는 상황에 대한 횡방향 운동량의 평균값은 0이다. 그러므로 다음과 같다.

$$\Delta p_x = \sqrt{(p_x^2)_{\mathrm{av}}} \tag{4.16}$$

이것은 사실상 p_x의 제곱근 평균값이다. 이것을 p_x 크기의 대략적인 척도로 간주할 수 있다. 따라서 흔히 Δp_x를 입자의 운동량 크기의 척도로 말한다. 그림 4.22에서 볼 수 있듯이 이는 실제로 사실이다.*

---

* 식 (4.16)에서 계산된 Δp_x 값과 그림 4.22에 표시된 분포의 폭 사이의 관계는 분포의 정확한 모양에 따라 달라진다. 식 (4.16)의 값은 분포의 폭에 대한 대략적인 추정치로 간주해야 한다.

예제 4.9

핵 베타 붕괴에서는 전자가 원자핵에서 방출되는 것이 관찰된다. 전자가 어떻게든 핵 안에 갇혀 있고 가끔 전자가 빠져나와 실험실에서 관찰된다고 가정해 보자. 일반적인 원자핵의 지름을 1.0×10^{-14} m로 가정하고 불확정성 원리를 사용하여 이러한 전자가 가져야 하는 운동 에너지의 범위를 추정하시오.

풀이

전자가 폭 $\Delta x \approx 10^{-14}$ m의 영역에 갇혀 있다면, 그 운동량의 해당 불확정성은 다음과 같다.

$$\Delta p_x \sim \frac{\hbar}{\Delta x} = \frac{1}{c} \frac{\hbar c}{\Delta x} = \frac{1}{c} \frac{197 \text{ MeV} \cdot \text{fm}}{10 \text{ fm}} = 19.7 \text{ MeV}/c$$

이 계산에서 $\hbar c = 197$ MeV·fm을 사용하였다. 이 운동량은 분명히 전자의 상대론적 영역에 속하므로 상대론적 공식을 사용하여 운동량 19.7 MeV/c의 입자의 운동 에너지를 찾아야 한다.

$$K = \sqrt{p^2 c^2 + (mc^2)^2} - mc^2$$
$$= \sqrt{(19.7 \text{ MeV})^2 + (0.5 \text{ MeV})^2} - 0.5 \text{ MeV} = 19 \text{ MeV}$$

여기서 식 (4.16)을 사용하여 Δp_x를 p_x^2와 연관시켰다. 이 결과는 19.7 MeV/c 운동량의 퍼짐이 운동 에너지의 퍼짐이 됨을 나타낸다.

핵 베타 붕괴에서 핵으로부터 방출되는 전자는 일반적으로 약 1 MeV의 운동 에너지를 가지며, 이는 핵 내부에 갇힌 전자의 불확정성 원리에 의해 요구되는 일반적인 에너지 퍼짐보다 훨씬 작다. 이것은 이렇게 낮은 에너지의 베타 붕괴 전자는 핵 크기의 영역에 갇혀 있을 수 없으며, 핵 베타 붕괴에서 관찰되는 전자에 대해 다른 설명을 찾아야 함을 나타낸다. (12장에서 논의하겠지만, 이러한 전자는 원자핵 내에 미리 존재할 수 없다. 이는 불확정성 원리를 위반하기 때문이며, 대신 붕괴 순간에 원자핵에 의해 '생성'된다.)

예제 4.10

(a) 하전된 파이 중간자의 정지 에너지는 140 MeV이고 수명은 26 ns이다. 파이 중간자의 에너지 불확정성을 MeV로 표현하고 정지 에너지의 비율로도 구하시오. (b) 정지 에너지가 135 MeV이고 수명이 8.3×10^{-17}초인 하전되지 않은 파이 중간자에 대해 반복하시오. (c) 정지 에너지가 765 MeV이고 수명이 4.4×10^{-24}초인 로(rho) 중간자에 대해 반복하시오.

풀이

(a) 파이 중간자가 26 ns 동안 산다면, 그 정도의 시간 동안만 정지 에너지를 측정할 수 있으며, 식 (4.8)은 시간 Δt 동안 수행된 모든 에너지 측정이 적어도 다음의 양만큼 불확실하다는 것을 알려준다.

$$\Delta E = \frac{\hbar}{\Delta t} = \frac{6.58 \times 10^{-16} \text{ eV} \cdot \text{s}}{26 \times 10^{-9} \text{ s}}$$
$$= 2.5 \times 10^{-8} \text{ eV}$$
$$= 2.5 \times 10^{-14} \text{ MeV}$$

$$\frac{\Delta E}{E} = \frac{2.5 \times 10^{-14} \text{ MeV}}{140 \text{ MeV}}$$
$$= 1.8 \times 10^{-16}$$

(b) 비슷한 방식으로,

$$\Delta E = \frac{\hbar}{\Delta t} = \frac{6.58 \times 10^{-16} \text{ eV} \cdot \text{s}}{8.3 \times 10^{-17} \text{ s}} = 7.9 \text{ eV}$$

$$= 7.9 \times 10^{-6} \text{ MeV}$$

$$\frac{\Delta E}{E} = \frac{7.9 \times 10^{-6} \text{ MeV}}{135 \text{ MeV}} = 5.9 \times 10^{-8}$$

(c) 로 중간자의 경우,

$$\Delta E = \frac{\hbar}{\Delta t} = \frac{6.58 \times 10^{-16} \text{ eV} \cdot \text{s}}{4.4 \times 10^{-24} \text{ s}} = 1.5 \times 10^{8} \text{ eV}$$

$$= 150 \text{ MeV}$$

$$\frac{\Delta E}{E} = \frac{150 \text{ MeV}}{765 \text{ MeV}} = 0.20$$

첫 번째 경우에서는 불확정성 원리가 측정할 수 있을 만큼 큰 영향을 주지 못한다. 입자 질량을 10^{-16}의 정밀도로 측정할 수 없다(약 10^{-6}이 최고의 정밀도다). 두 번째 예에서는 불확정성 원리가 약 10^{-7} 수준에서 기여하는데, 이는 측정 기기의 한계에 근접하므로 실험실에서 관찰할 수 있다. 세 번째 예에서는 불확정성 원리가 로 중간자의 정지 에너지에 대한 지식의 정밀도에 크게 기여할 수 있음을 알 수 있다. 정지 에너지의 측정은 약 765 MeV를 중심으로 150 MeV의 확산을 가지는 통계적 분포를 나타낼 것이다.

정지 에너지를 측정하는 데 아무리 정밀한 기기를 사용하더라도 그 확산을 줄일 수는 없다. 로 중간자와 같이 수명이 매우 짧은 입자의 수명은 직접 측정할 수 없다. 실제로는 이 예제의 계산 절차를 반대로 하여 그림 4.22와 유사한 분포를 가지는 정지 에너지를 측정하고, 분포의 '폭' ΔE로부터 식 (4.8)을 사용하여 수명을 추론한다. 이 과정은 14장에서 설명한다.

예제 4.11

1 m 크기의 당구대에 갇힌 당구공(m ≈ 100 g)에 대해 측정할 수 있는 최소 속도를 추정하시오.

풀이

$\Delta x \approx 1 \text{ m}$의 경우 다음과 같다.

$$\Delta p_x \sim \frac{\hbar}{\Delta x} = \frac{1.05 \times 10^{-34} \text{ J} \cdot \text{s}}{1 \text{ m}} = 1 \times 10^{-34} \text{ kg} \cdot \text{m/s}$$

그러므로

$$\Delta v_x = \frac{\Delta p_x}{m} = \frac{1 \times 10^{-34} \text{ kg} \cdot \text{m/s}}{0.1 \text{ kg}} = 1 \times 10^{-33} \text{ m/s}$$

따라서 양자 효과로 인해 당구공은 약 1×10^{-33} m/s의 퍼짐을 가지는 속력 분포를 갖는 운동을 할 것이다. 이 속력에서 공은 우주의 나이와 같은 시간 동안 원자핵 지름의 1%의 거리를 움직일 것이다! 다시 한번, 양자 효과는 거시적 범위의 물체에서는 관찰할 수 없다는 것을 알 수 있다.

4.5 파동 묶음

4.3절에서는 파동 묶음의 파장 또는 진동수를 측정하는 방법을 설명했으며, 파동 묶음을 유한한 파동의 진동 집합으로 고려했다.

논의를 시작하기 전에, 일정한 속력으로 한 방향으로 움직이는 **진행파**(traveling waves)에 대해 논의하고 있다는 점을 명심할 필요가 있다. (파동 묶음의 속력은 나중에 설명한다.) 파동 묶음이 이동함에 따라 파동이 지나가는 경로상의 모든 지점에서는 파동 묶음을 특징짓는 진동수 또는 파장에 따라 진동하게 된다. 파동 묶음의 정적인 모습을 볼 때, 파동 묶음 내의 어떤 지점은 양의 변위를, 어떤 지점은 음의 변위를, 심지어 어떤 지점은 0의 변위를 갖는 것처럼 보이는데 이것은 중요한 것이 아니다. 파가 진행함에 따라 이러한 위치는 진동하고 있으며, 이 파를 그린 것은 그 진동을 '정지'시킨 것과 같다. 중요한 것은 파동이 전파되는 공간에서 파동 묶음 전체가 가지는 가장 큰 진폭과 가장 작은 진폭을 가지는 각각의 위치이다.*

이 절에서는 파를 합쳐서 파동 묶음을 만드는 방법에 대해 설명한다. 순수한 정현파는 입자를 표현하는 데 아무런 소용이 없다. 파동은 $-\infty$에서 $+\infty$까지 확장되므로 입자는 어디에서나 발견될 수 있다. 입자가 원자나 핵과 같이 공간의 특정 영역에 어떻게 국한되어 있는지를 설명하는 파동 묶음으로 입자를 표현하고 싶다.

파동 묶음을 만드는 과정의 핵심은 서로 다른 파장의 파를 합치는 것이다. 파를 $A\cos kx$로 나타내보자. 여기서 k는 파수($k=2\pi/\lambda$)이고 A는 진폭이다. 예를 들어 2개의 파를 더해보자.

$$y(x) = A_1\cos k_1 x + A_2\cos k_2 x = A_1\cos(2\pi x/\lambda_1) + A_2\cos(2\pi x/\lambda_2) \quad (4.17)$$

$A_1=A_2$이고 $\lambda_1=9$, $\lambda_2=11$인 경우 두 파의 합은 그림 4.23a와 같다. 음파의 경우 합쳐진 파동은 **맥놀이**(beats)라고 알려진 현상이 된다. 지금까지는 원하는 파동 묶음과 같은 결과가 나오지 않았지만, 서로 다른 두 파를 합치면 어떤 위치에서는 파동 묶음의 진폭이 줄어든다는 것을 알 수 있다. 이 형태는 $-\infty$에서 $+\infty$까지 끝없이 반복되므로 입자는 여전히 국소화되지 않는다.

더 많은 파를 더해보자. 그림 4.23b는 파장이 9, 9.5, 10, 10.5, 11인 5개의 파를 합한 결과를 보여준다. 결과를 볼 때 파동 묶음의 진폭을 일부 영역으로 제한하는 데 조금 더 성공했다. 파장 범위가 더 넓은 파를 더 합하면 더 좁은 영역에서 더 큰 진폭을 얻을 수 있다. 그림 4.23c는 파장이 $8, 8.5, 9, \ldots, 12$인 9개의 파를 합한 결과를 보여준

---

* 유추하자면, 방송국에서 수신기까지 전파가 이동한다고 생각해 보자. 특정 순간에 공간의 일부 지점에서 순간 전자기장 값이 0이 될 수 있지만 신호 수신에는 영향을 미치지 않는다. 중요한 것은 이동하는 진행파의 전체 진폭이다.

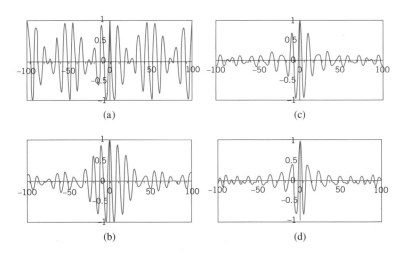

그림 4.23 (a) 파장이 9와 11인 두 파를 더하면 맥놀이가 발생한다. (b) 파장이 9~11인 파 5개를 더하기. (c) 파장이 8~12인 파 9개를 더하기. (d) 파장이 7~13인 파 13개를 더하기. 모든 신호는 −∞에서 +∞까지 반복된다.

다. 그리고 그림 4.23d는 파장이 7, 7.5, 8, … 13인 13개의 파를 합한 결과를 보여준다. 불행히도 이 모든 형태(진폭이 큰 영역 포함)는 −∞에서 +∞까지 끝없이 반복된다. 그래서 파동 묶음의 진폭이 작은 영역이 점점 커지더라도 특정 영역에 국한된 입자를 나타낼 수 있는 파동 묶음을 아직 만들지 못한다. 만약 이러한 파동 묶음이 입자를 표현한다면 입자는 어떤 유한한 영역에 국한되지 않을 것이다.

그림 4.23b, c, d에서 큰 진폭을 가지는 영역은 더 넓은 파장 범위의 파를 더하면 파동 묶음의 크기를 제한하는 데 어떻게 도움이 되는지 보여준다. 그림 4.23b에서 큰 진폭의 범위는 대략 x가 −40에서 +40까지이며, 그림 4.23c에서는 −20에서 +20까지, 그림 4.23d에서는 −15에서 +15까지이다. 이것은 식 (4.4)에서 주어진 파동 묶음에 대해 예상되는 Δx와 $\Delta \lambda$ 사이의 반비례 관계를 다시 한번 보여준다. 파장 범위가 2에서 4, 6으로 증가함에 따라 '허용' 영역의 크기는 약 80에서 40, 30으로 감소한다. 다시 한번 우리는 파동 묶음의 크기를 좁히려면 파장에 대한 정확한 정보에 대해 알기를 포기해야 한다는 것을 확인할 수 있다.

이 네 가지 파 형태 모두에서 교란은 파동 묶음을 구성한 파장들의 중심 파장과 같은 약 10의 파장을 갖는 것으로 보인다. 따라서 이러한 함수는 각각의 함수에 포함된 코사인파에 의해 형성되거나 **변조된** 파장 10의 코사인파로 간주할 수 있다. 예를 들어 $A_1 = A_2 = A$의 경우, 식 (4.17)은 삼각함수 공식을 이용하면 다음과 같이 다시 쓸 수 있다.

$$y(x) = 2A \cos\left(\frac{\pi x}{\lambda_1} - \frac{\pi x}{\lambda_2}\right) \cos\left(\frac{\pi x}{\lambda_1} + \frac{\pi x}{\lambda_2}\right) \tag{4.18}$$

λ_1과 λ_2가 서로 가까운 경우(즉, $\Delta\lambda = \lambda_2 - \lambda_1 \ll \lambda_1, \lambda_2$), 다음과 같이 근사할 수 있다.

$$y(x) = 2A \cos\left(\frac{\Delta\lambda\pi x}{\lambda_{av}^2}\right) \cos\left(\frac{2\pi x}{\lambda_{av}}\right) \tag{4.19}$$

여기서 $\lambda_{av} = (\lambda_1 + \lambda_2)/2 \approx \lambda_1, \lambda_2$. 두 번째 코사인 항은 파장이 10인 파동을 나타내고, 첫 번째 코사인 항은 맥놀이를 생성하는 포락선 모양을 제공한다.

불연속적인 파장을 가진 파동의 유한한 조합은 $-\infty$에서 $+\infty$ 사이에서 반복되는 형태를 생성하므로 파를 더하는 방법은 유한한 파동 묶음을 만들지 못한다. 폭이 유한한 파동 묶음을 만들려면 식 (4.19)의 첫 번째 코사인 항을 입자를 한정하려는 영역에서는 크지만 $x \to \pm\infty$인 영역에서는 0으로 떨어지는 함수로 대체해야 한다. 예를 들어, 이 속성을 갖는 가장 간단한 함수는 $1/x$이므로 수학적 형태가 다음과 같은 파동 묶음을 생각해 볼 수 있다.

$$y(x) = \frac{2A}{x} \sin\left(\frac{\Delta\lambda\pi x}{\lambda_0^2}\right) \cos\left(\frac{2\pi x}{\lambda_0}\right) \tag{4.20}$$

여기서 λ_0은 중심 파장을 나타내며, λ_{av}를 대체한다. [식 (4.19)에서 식 (4.20)으로 이동하면서 코사인 변조 항이 사인으로 변경되었다. 그렇지 않으면 함수가 $x = 0$에서 발산한다.] 이 함수는 그림 4.24a에 그려져 있다. 공간의 작은 영역에서만 진폭이 크고, 그 영역을 벗어나면 진폭이 0으로 급격히 떨어지는, 찾고자 하는 함수의 모습과 비슷해 보인다. 이러한 특성을 가진 또 다른 함수는 **Gauss** 변조 함수이다.

$$y(x) = A e^{-2(\Delta\lambda\pi x/\lambda_0^2)^2} \cos\left(\frac{2\pi x}{\lambda_0}\right) \tag{4.21}$$

이 함수는 그림 4.24b에서 볼 수 있다.

이 두 함수는 모두 임의로 정의된 파동 묶음의 크기 Δx와 파동 묶음을 구성하는 데 사용되는 파장 범위 매개변수 $\Delta\lambda$ 사이의 특징적인 반비례 관계를 보여준다. 예를 들어, 그림 4.24a에서 보이는 파동 묶음을 생각해 보자. 파동 묶음의 폭을 중앙 영역의 진폭이 $1/2$로 떨어지는 거리로 임의로 정의해 보자. 이는 대략 사인의 인수가 $\pm\pi/2$ 값을 갖는 곳에서 발생하며 $\Delta x \Delta\lambda \sim \lambda_0^2$가 되는데 고전적인 불확정성 추정치와 일치한다.

이러한 파동 묶음은 진폭과 파장이 다른 파를 합쳐서 구성할 수도 있지만 파장의 불연속적인 집합이 아닌 연속적인 집합을 이용할 수도 있다. 파장이 아닌 파수 $k = 2\pi/\lambda$를 이용하면 이를 나타내기가 조금 더 쉽다. 지금까지는 $A \cos kx$의 형태를 가지는 파

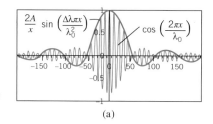

(a)

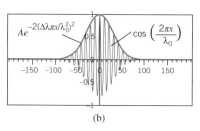

(b)

그림 4.24 (a) 변조 포락선이 $1/x$처럼 진폭이 감소하는 파동 묶음. (b) Gauss 변조 함수를 가진 파동 묶음. 두 곡선 모두 $\lambda_0 = 10$과 $\Delta\lambda = 0.58$에 대해 그려졌으며, 이는 거의 그림 4.23b와 같다.

를 더하였다.

$$y(x) = \sum A_i \cos k_i x \qquad (4.22)$$

여기서 $k_i = 2\pi/\lambda_i$이다. 그림 4.23에 그려진 파는 식 (4.22)의 일반 공식을 다양한 수의 불연속적인 파동에 대해 적용한 것이다. 연속적인 파수 집합을 고려하면 식 (4.22)의 합은 다음과 같은 적분식이 된다.

$$y(x) = \int A(k) \cos kx \, dk \qquad (4.23)$$

여기서 적분은 파수가 허용되는 범위(아마도 무한대)에 걸쳐 수행된다.

예를 들어, 파수 범위가 $k_0 - \Delta k/2$에서 $k_0 + \Delta k/2$까지라고 가정하면, 이는 k_0를 중심으로 폭 Δk인 파수가 연속적으로 분포하는 것이다. 모든 파가 같은 진폭 A_0을 갖는다면 식 (4.23)으로부터 파동 묶음의 형태는 다음과 같이 쓸 수 있다(이 장 마지막에 있는 연습문제 27번 참조).

$$y(x) = \frac{2A_0}{x} \sin\left(\frac{\Delta k}{2}x\right) \cos k_0 x \qquad (4.24)$$

이 결과는 식 (4.20)에 $k_0 = 2\pi/\lambda_0$, $\Delta k = 2\pi\Delta\lambda/\lambda_0^2$를 적용한 것과 같다. Δk와 $\Delta\lambda$ 사이의 이러한 관계는 식 (4.6)을 구하는 데 사용된 것과 유사한 절차에서 비롯된다. $k = 2\pi/\lambda$에 미분을 취하면 $dk = -(2\pi/\lambda^2)d\lambda$가 된다. 미분을 차로 바꾸고 음의 부호를 무시하면 Δk와 $\Delta\lambda$의 관계를 얻는다.

더 유사한 파동 묶음의 모양은 $A(k)$를 Gauss 분포 $A(k) = A_0 e^{-(k-k_0)^2/2(\Delta k)^2}$를 따르도록 하면 얻을 수 있다. 이것은 중심 파수 k_0에서 가장 큰 기여도를 갖는 파수의 범위를 제공하고 특성 폭 Δk보다 더 크거나 작은 파수에 대해서는 기여도가 0으로 떨어지는 파수 범위를 제공한다. 이 경우에 k가 $-\infty$에서 $+\infty$인 범위에서 식 (4.23)을 적용하면 다음과 같이 된다(연습문제 28번 참조).

$$y(x) = A_0 \Delta k \sqrt{2\pi} e^{-(\Delta k x)^2/2} \cos k_0 x \qquad (4.25)$$

이것은 식 (4.21)의 형태가 어떻게 생겨났는지 보여준다.

파장 분포를 지정하면 원하는 모양의 파동 묶음을 만들 수 있다. 입자를 너비 Δx의 공간 영역으로 제한하는 파동 묶음은 너비 $\Delta\lambda$로 특징지어지는 파장 분포를 갖는다. Δx를 작게 만들수록 파장 분포의 확산 $\Delta\lambda$가 커진다. 수학적으로 계산된 결과는 고전 파의 불확정성 관계와 일치하는 결과를 제공한다[식 (4.4)].

4.6 파동 묶음의 움직임

식 (4.17)로 표현되고 그림 4.23a에 표시된 '맥놀이' 파동 묶음을 다시 생각해 보자. 이제 '정적' 파를 진행파로 바꾸고자 한다. 이 논의에서는 파장 대신 파수 k를 이용하는 것이 더 편리할 것이다. 정지파 $y(x) = A\cos kx$를 양의 x 방향으로 움직이는 진행파로 바꾸려면, kx를 $kx - \omega t$로 바꾸고 진행파를 $y(x, t) = A\cos(kx - \omega t)$로 쓴다. (음의 x 방향으로 운동하는 경우, kx를 $kx + \omega t$로 대체한다.) 여기서 ω는 파동의 **원형 진동수**(circular frequency)이다: $\omega = 2\pi f$. 그러면 결합된 진행파는 다음과 같이 표현된다.

$$y(x, t) = A_1 \cos(k_1 x - \omega_1 t) + A_2 \cos(k_2 x - \omega_2 t) \tag{4.26}$$

개별 파동의 경우, 파동의 속력은 $v = \lambda f$에 의해 진동수 및 파장과 연관된다. 파수와 원형 진동수를 이용하여 $v = (2\pi/k)(\omega/2\pi)$, 즉 $v = \omega/k$로 쓸 수 있다. 이 양은 종종 **위상 속력**(phase speed)이라고도 하며, 파동 묶음의 특정 위상 또는 구성 요소의 속력을 나타낸다. 일반적으로 파동 묶음의 각 개별 요소는 다른 위상 속력을 가진다. 따라서 파동 묶음의 모양은 시간에 따라 변할 수 있다.

　그림 4.23a에서는 $A_1 = A_2$, $\lambda_1 = 9$, $\lambda_2 = 11$을 선택했다. $v_1 = 6$단위/s, $v_2 = 4$단위/s를 선택하겠다. 그림 4.25는 $t = 1$초일 때의 파형을 보여준다. 이 시간 동안 파동 1은 양의 x 방향으로 6단위, 파동 2는 양의 x 방향으로 4단위 이동할 것이다. 그러나 결합된 파동은 그 시간 동안 훨씬 더 큰 거리를 이동하여 이전에 $x = 0$에 있던 맥놀이의 중심이 $x = 15$단위로 이동했다. 어떻게 결합된 파형이 두 구성 파동보다 빠르게 움직일 수 있을까?

　$x = 0$ 및 $t = 0$에서 봉우리를 생성하기 위해 두 구성 파동은 정확히 같은 위상이다. 두 최대가 정확히 같게 정렬되어 결합된 최대를 생성한다. $x = 15$단위와 $t = 1$초에서 2개의 개별 최대가 다시 한번 정렬되어 결합된 최대를 생성한다. $t = 0$에서 최

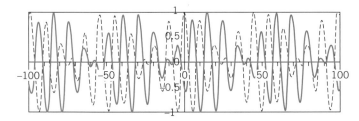

그림 4.25 실선은 $t = 1$초에서의 그림 4.23a에서 보이는 파형을 나타내고 점선은 $t = 0$에서의 같은 파형을 나타낸다. 원래 $x = 0$에 있던 봉우리가 $t = 1$초에서 $x = 15$로 이동한 것을 알 수 있다.

대를 생성하기 위해 정렬된 2개의 최대가 같지는 않지만, 2개의 다른 최대가 $x = 15$ 단위와 $t = 1$초에서 위상이 같게 되어 합산된 최대를 생성한다. 파를 동영상으로 보면 원래 $x = 0$에 있던 최대가 $t = 0$에서 $t = 1$초 사이에 $x = 15$로 서서히 이동하는 것을 볼 수 있다.

삼각함수 항등식을 사용하여 식 (4.26)을 식 (4.18)과 유사한 형태로 쓰면 이것이 어떻게 발생하는지 이해할 수 있다. 결과는 [식 (4.18)에서와 같이 $A_1 = A_2 = A$라고 가정하면] 다음과 같다.

$$y(x, t) = 2A \cos \left(\frac{\Delta k}{2} x - \frac{\Delta \omega}{2} t \right) \cos \left(\frac{k_1 + k_2}{2} x - \frac{\omega_1 + \omega_2}{2} t \right) \quad (4.27)$$

식 (4.18)에서와 같이 식 (4.27)의 두 번째 항은 첫 번째 항에 의해 주어진 포락선 내에서 파동의 급격한 변화를 나타낸다. 파형의 전체 모양을 결정하는 것은 첫 번째 항이므로 이 항이 파형의 이동 속력을 결정한다. $\cos(kx - \omega t)$로 표현되는 파동의 속력은 ω / k이다. 이 파동의 포락선 속력은 $(\Delta \omega / 2) / (\Delta k / 2) = \Delta \omega / \Delta k$이다. 이 속력을 파동 묶음의 **군속력**(group speed)이라고 한다. 앞서 살펴본 바와 같이 파동 묶음의 군속력은 구성 파동의 위상 속력과 매우 다를 수 있다. 2개의 구성 요소로 이루어진 '맥놀이' 파형보다 더 복잡한 상황의 경우에 군속력은 차를 미분으로 바꾸어 일반화할 수 있다.

$$v_{\text{group}} = \frac{d\omega}{dk} \quad (4.28)$$

군속력은 구성파의 진동수와 파장 사이의 관계에 따라 달라진다. 모든 구성파의 위상 속력이 동일하고 진동수나 파장에 독립적인 경우(예: 빈 공간의 광파), 군속력은 위상 속력과 동일하며 파동 묶음은 진행하는 동안 원래의 모양을 유지한다. 일반적으로 구성파의 전파는 매체의 특성에 따라 달라지며, 서로 다른 구성파는 서로 다른 속력으로 이동한다. 유리 속의 광파나 대부분의 고체 속의 음파는 진동수나 파장에 따라 다른 속력으로 진행하기 때문에 파동 묶음은 진행하면서 모양이 변한다. 일반적으로 de Broglie 파는 다른 위상 속력을 가지기 때문에 파동 묶음이 진행하면서 퍼진다.

예제 4.12

어떤 파도가 위상 속력 $v_{\text{phase}} = \sqrt{g\lambda/2\pi}$ 로 진행한다. 여기서 g는 중력에 의한 가속도이다. 이러한 파도의 '파동 묶음'의 군속력은 어떻게 될까?

풀이

$k = 2\pi/\lambda$를 사용하면 위상 속력을 k의 함수로 다음과 같이 쓸 수 있다.

$$v_{phase} = \sqrt{g/k}$$

그러나 $v_{phase} = \omega/k$를 이용하면 $\omega/k = \sqrt{g/k}$ 이므로 $\omega = \sqrt{gk}$ 이고 식 (4.28)은 다음과 같다.

$$v_{group} = \frac{d\omega}{dk} = \frac{d}{dk}\sqrt{gk} = \frac{1}{2}\sqrt{\frac{g}{k}} = \frac{1}{2}\sqrt{\frac{g\lambda}{2\pi}}$$

파장이 증가함에 따라 파동 묶음의 군속력이 증가한다는 점에 유의하라.

de Broglie파의 군속력

de Broglie파의 단체로 표현되는 국소화된 입자가 있다고 가정해 보자. 각 구성파에 대해 입자의 에너지는 de Broglie파의 진동수와 $E = hf = \hbar\omega$의 관계를 가진다. 그러므로 $dE = \hbar d\omega$이다. 마찬가지로 입자의 운동량은 de Broglie파의 파장과 $p = h/\lambda = \hbar k$의 관계를 가지므로 $dp = \hbar dk$이다. 그러면 de Broglie파의 군속력은 다음과 같이 표현할 수 있다.

$$v_{group} = \frac{d\omega}{dk} = \frac{dE/\hbar}{dp/\hbar} = \frac{dE}{dp} \qquad (4.29)$$

운동 에너지 $E = K = p^2/2m$만 갖는 고전 입자의 경우, dE/dp는 다음과 같이 구할 수 있다.

$$\frac{dE}{dp} = \frac{d}{dp}\left(\frac{p^2}{2m}\right) = \frac{p}{m} = v \qquad (4.30)$$

이것은 입자의 속도이다.

식 (4.29)와 (4.30)을 결합하면 중요한 결과를 얻을 수 있다.

$$v_{group} = v_{particle} \qquad (4.31)$$

입자의 속력은 해당하는 파동 묶음의 군속력과 같다. 파동 묶음과 입자는 함께 움직인다. 입자가 어디로 가든지 그림자처럼 de Broglie 파동 묶음이 따라 움직인다. 입자에 대해 파동 형태의 실험을 수행하면 de Broglie 파동 묶음이 항상 존재하여 입자의 파동 거동을 드러낸다. 입자는 파동의 성질을 절대 벗어날 수 없다!

움직이는 파동 묶음의 확산

$t = 0$에서 갇혀 있는 입자를 나타내는 파동 묶음이 있다고 가정하자. 예를 들어 입자가 단일 슬릿 장치를 통과했을 수 있다. 위치의 초기 불확정성은 Δx_0이고 운동량의 초기 불확정성은 Δp_{x0}이다. 파동 묶음은 속도 v_x로 x 방향으로 이동하지만 그 속도는 정확하게 알려져 있지 않다. 운동량의 불확정성은 이에 상응하는 속도의 불확정성을 제공

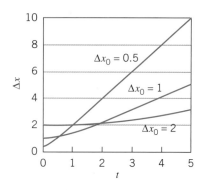

그림 4.26 초기 파동 묶음이 작을수록 더 빠르게 증가한다.

한다: $\Delta v_{x0} = \Delta p_{x0}/m$. 파동 묶음의 속도에 불확정성이 있기 때문에 시간 t에 어디에 위치할 것인지 확신할 수 없다. 즉, 시간 t에서의 위치는 $x = v_x t$이고 속도 $v_x = v_{x0} \pm \Delta v_{x0}$이다. 따라서 시간 t에서의 위치의 불확정성에는 두 가지 요소가 있다. 초기 불확정성 Δx_0와 파동 묶음의 확산을 나타내는 $\Delta v_{x0}t$. 이 두 가지 기여가 실험적 불확정성처럼 제곱 형태로 합쳐져 입자 위치의 전체 불확정성은 다음과 같다고 가정한다.

$$\Delta x = \sqrt{(\Delta x_0)^2 + (\Delta v_{x0}t)^2} = \sqrt{(\Delta x_0)^2 + (\Delta p_{x0}t/m)^2} \tag{4.32}$$

불확정성 원리에 따라 $\Delta p_{x0} = \hbar/\Delta x_0$을 취하면 다음과 같다.

$$\Delta x = \sqrt{(\Delta x_0)^2 + (\hbar t/m\Delta x_0)^2} \tag{4.33}$$

$t=0$에서 파동 묶음을 매우 작게(Δx_0는 작음) 만들려고 하면 제곱근 아래의 두 번째 항은 해당 항의 분모에 Δx_0이 있기 때문에 파동 묶음을 빠르게 확장시킨다. **파동 묶음을 잘 제한할수록 파동 묶음은 더 빨리 퍼진다.** 이는 4.4절에서 논의한 단일 슬릿 실험을 생각나게 한다. 슬릿을 좁게 만들수록 파동이 슬릿을 통과한 후 더 많이 발산된다. 그림 4.26은 세 가지 다른 초기 크기에 대해 파동 묶음의 크기가 시간에 따라 어떻게 퍼지는지 보여주며, 더 작은 초기 파동 묶음이 더 큰 초기 묶음보다 더 빠르게 증가하는 것을 볼 수 있다.

4.7 확률과 무작위성

입자의 위치나 운동량에 대한 단일 측정은 실험 기술이 허용하는 한 최대한의 정밀도로 이루어질 수 있다. 그러면 입자의 파동적인 거동이 관찰 가능한가? 위치나 운동량의 불확정성이 실험에 어떤 영향을 미치는가?

핵에 전자를 부착하여 원자를 만든다고 가정해 보자. (이 예에서는 핵이 공간에 고정되어 있다고 간주한다.) 원자를 준비한 뒤 얼마 후, 전자의 위치를 측정한다. 그런 다음 같은 방식으로 원자를 준비하고 과정을 반복하여 전자 위치를 다시 측정하면 첫 번째 측정에서 찾은 값과 다른 값이 된다는 것을 알게 된다. 실제로 측정을 반복할 때마다 다른 결과를 얻을 수도 있다. 측정을 여러 번 반복하면 고전 물리학의 기본 개념에 도달하게 된다. **동일한 방식으로 준비된 계는 동일한 후속 거동을 나타내지 않는다.** 그렇다면 결과가 완전히 무작위인 경우에 결과를 예측하는 데 유용한 수학적 이론을 만들 수는 없는 것인가?

이 딜레마에 대한 해결책은 가능한 결과가 통계 법칙의 적용을 받는 실험에서 주어진 결과를 얻을 **확률**을 고려하는 것이다. 임의의 **단일 결과**가 다른 **단일 결과**와 같을 가능성이 높기 때문에 동전을 한 번 던지거나 주사위를 굴린 결과를 예측할 수 없다. 그러나 다수의 개별 측정값의 **분포**를 예측할 수 있다. 예를 들어, 동전을 한 번 던지는 경우 결과가 '앞면'인지 '뒷면'인지 예측할 수 없다. 둘의 확률은 동등하다. 많은 수의 시행을 수행하면 약 50%가 '앞면'이 나오고 50%는 '뒷면'이 나올 것으로 예상된다. 동전을 한 번 던진 결과를 예측할 수는 없지만, 많이 던진 후 결과는 합리적으로 잘 예측할 수 있다.

양자 물리학의 법칙에 의해 지배되는 계에 대한 연구는 비슷한 상황으로 이끈다. 준비한 원자 내 전자 위치에 대한 **단일 측정**의 결과를 예측할 수는 없지만, 많은 수의 측정을 수행하면 측정 결과의 통계적 분포를 찾을 수 있을 것이다. 단일 측정 결과를 예측하는 수학적 이론을 개발할 수는 없지만 하나의 계(또는 다수의 동일한 계)의 통계적 거동을 예측하는 수학적 이론은 있다. 양자 이론은 측정의 평균 또는 예상 결과와 평균에 대한 개별 결과의 분포를 계산할 수 있는 수학적 절차를 제공한다. 이것은 단점처럼 보일 수 있지만, 한 예로 양자 물리학에서는 단일 원자로 측정을 수행하는 경우가 드물기 때문에 실제로는 그렇지 않다. 복사계에 의한 빛의 방출이나 고체의 성질, 핵입자의 산란 등을 연구한다면 많은 수의 원자를 다루게 될 것이므로 통계적 평균이라는 개념은 매우 유용하다.

예를 들어, 수소 원자의 전자가 시계 방향으로 순환할 확률이 50%라고 한다면, 비슷하게 준비된 원자의 큰 집합을 관찰할 때 50%가 시계 방향으로 순환한다는 것을 의미한다. 물론 **단일 측정**에서는 시계 방향 또는 반시계 방향의 순환 중 하나가 관측된다.

동전 던지기나 주사위 굴리기는 무작위적인 과정이 아니라 겉보기에 무작위로 보이는 결과는 단순히 계의 상태에 대한 지식 부족을 반영하는 것이라고 주장할 수 있다. 예를 들어, 주사위가 어떻게 던져졌는지(초기 속도의 크기와 방향, 초기 방향, 회전 속도), 테이블 위에서의 튕김을 규제하는 법칙이 정확히 무엇인지 알았다면 어떻게 착지할지 정확히 예측할 수 있어야 한다. 대신 확률 측면에서 결과를 분석하면 실제로 분석을 정확하게 수행할 수 없다는 점을 인정하는 것이다. 양자 물리학에도 동일한 상황이 존재한다고 주장하는 학파가 있다. 이 해석에 따르면, 운동을 결정하는 소위 '숨겨진 변수' 집합의 특성을 알면 원자 내 전자의 거동을 정확하게 예측할 수 있다. 하지만 실험적 증거는 이 이론과 일치하지 않는다. 따라서 양자 물리학 법칙에 의해 지배되는 계의 무작위 거동이 자연의 근본적인 측면이지 계의 속성에 대한 제한된 지식의 결과가 아니라고 결론을 내려야 한다.

확률 진폭

de Broglie파의 진폭은 무엇을 나타내는가? 모든 파동 현상에서 변위나 압력과 같은 물리량은 위치와 시간에 따라 달라진다. de Broglie파가 전파되면서 변화하는 물리적 특성은 무엇인가?

국소화된 입자는 파동 묶음으로 표시된다. 입자가 크기 Δx 공간 영역에 제한되면 입자의 파동 묶음은 크기 Δx 공간 영역에서만 큰 진폭을 가지며 다른 곳에서는 작은 진폭을 갖는다. 즉, 입자가 발견될 가능성이 있는 곳에서는 진폭이 크고, 입자가 발견될 가능성이 적은 곳에서는 진폭이 작다. 임의의 지점에서 입자를 발견할 확률은 해당 지점에서의 de Broglie파의 진폭에 따라 달라진다. 파동의 세기는 진폭의 제곱에 비례한다는 고전 물리학과 유사하게 다음과 같이 말할 수 있다.

입자를 관찰할 확률 $\propto$ |de Broglie파 진폭|^2

이것을 3.6절에서 논의된 광자에 대한 유사한 관계와 비교하자.

광자를 관찰할 확률 $\propto$ |전기장 진폭|^2

전자기파의 전기장 진폭이 광자를 관찰할 확률이 높은 영역과 낮은 영역을 나타내는 것처럼 de Broglie파는 입자에 대해 같은 기능을 수행한다. 그림 4.27은 이 효과를 보여준다. 이중 슬릿 실험에서 개별 전자는 결국 특유의 간섭 무늬를 만든다. 각 전자의 경로는 de Broglie파에 의해 허용된 확률이 높은 영역으로 유도된다. 이 통계적 효과는 적은 수의 전자에 대해서는 뚜렷하지 않지만, 많은 수의 전자가 검출되면 매우 분명해진다.

다음 장에서는 다양한 상황에서 입자의 파동 진폭을 계산하기 위한 수학적 틀을 논의하고 확률에 대한 보다 엄격한 수학적 정의를 개발한다.

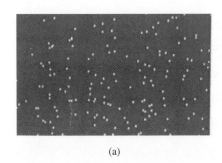 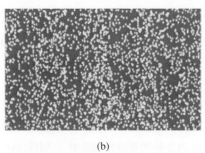 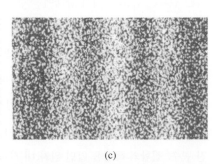

(a) (b) (c)

그림 4.27 전자 수가 증가함에 따라 전자 간섭 무늬가 만들어지는 모습. (a) 100개의 전자, (b) 3,000개의 전자, (c) 70,000개의 전자가 감지되는 경우. Reprinted with permission from A. Tonomura, J. Endo, T. Matsuda, and T. Kawasaki, Demonstration of single-electron buildup of an interference pattern, *American Journal of Physics* **57**, 117(1989). Reproduced with permission from American Association of Physics Teachers publications.

		절			절
de Broglie 파장	$\lambda = h/p$	4.1	Heisenberg 에너지–시간 불확정성	$\Delta E \Delta t \sim \hbar$	4.4
단일 슬릿 회절	$a \sin \theta = n\lambda$ $n = 1, 2, 3, \ldots$	4.2	통계적 운동량 불확정성	$\Delta p_x = \sqrt{(p_x^2)_{av} - (p_{x,av})^2}$	4.4
고전적인 위치–파장 불확정성	$\Delta x \Delta \lambda \sim \epsilon \lambda^2$	4.3	파동 묶음(불연속 k)	$y(x) = \sum A_i \cos k_i x$	4.5
고전적인 진동수–시간 불확정성	$\Delta f \Delta t \sim \epsilon$	4.3	파동 묶음(연속 k)	$y(x) = \int A(k) \cos kx \, dk$	4.5
Heisenberg 위치–운동량 불확정성	$\Delta x \Delta p_x \sim \hbar$	4.4	파동 묶음의 군속력	$v_{\text{group}} = \dfrac{d\omega}{dk}$	4.6

질문

1. 전자가 특정 de Broglie 파장을 가지고 이동할 때, 그 파장에 따라 전자 운동의 어떤 측면이 달라지는가?

2. 양자 물리학의 법칙이 여전히 적용되지만 $h = 1$ J·s인 다른 세계를 상상해 보라. 그런 세계에서의 삶의 어려움은 무엇인가? (그런 세상에 대한 상상은 George Gamow의 『미지의 세계로의 여행-톰킨스씨의 물리학적 모험(Mr. Tompkins in Paperback)』참고)

3. f와 알려진(그리고 제어 가능한) 진동수 f' 사이의 맥놀이를 들어 미지의 진동수 f를 측정하려고 한다고 가정하자. (f'는 불확정성이 임의로 작은 것으로 알려져 있다고 가정한다.) 맥놀이 진동수는 $|f' - f|$다. 맥놀이가 들리지 않으면 $f = f'$라고 생각한다. (a) 맥놀이가 들리는 시간은 얼마나 될까? (b) 1초 안에 맥놀이가 들리지 않는다면 얼마나 정확하게 f를 결정했겠는가? (c) 10초 안에 맥놀이가 들리지 않는다면 얼마나 정확하게 f를 결정했겠는가? 100초 안에는? (d) 이 실험은 식 (4.7)과 어떤 관련이 있는가?

4. 한 쌍의 집게로 전자를 집어 올리려고 할 때 불확정성 원리

는 어떤 어려움을 일으키는가?

5. 불확정성 원리는 자연 자체에만 적용되는가 아니면 실험 결과에만 적용되는가? 즉, 실제로 불확실한 것은 위치와 운동량인가, 아니면 단지 그것들에 대한 지식인가? 이 두 해석의 차이점은 무엇인가?

6. 불확정성 원리는 물체를 가두려고 할수록 더 빨리 움직이는 것을 발견할 가능성이 높다는 것을 말한다. 그래서 주머니에 돈을 오래 보관할 수 없는 것일까? 정량적으로 추정해 보시오.

7. 용기에 갇힌 기체 분자의 집합을 생각해 보자. 용기의 벽을 서로 가깝게 움직이면(기체를 압축하면) 분자가 더 빨리 움직인다(온도가 상승). 기체가 불확정성 원리 때문에 이런 식으로 행동하는 것일까? 몇 가지 수치적 예상을 통해 답이 옳다는 것을 설명하시오.

8. 많은 핵은 불안정하며 방사능 붕괴를 통해 다른 핵이 된다. 이러한 붕괴의 수명은 일반적으로 며칠에서 몇 년 정도이다. 불확정성 원리가 이러한 핵의 원자 질량을 측정할 수 있는 정

밀도에 측정 가능한 영향을 미칠 것으로 예상할 수 있는가?

9. 상대성 이론의 고전적인 극한은 $c \to \infty$로 하면 얻을 수 있는 것처럼, 양자 거동의 고전적 극한은 $h \to 0$으로 하면 얻을 수 있다. $h \to 0$ 극한에서 다음이 어떻게 고전적으로 거동하는지 설명하시오. 전자기파의 에너지 양자의 크기, 전자의 de Broglie 파장, Heisenberg 불확정성 관계.

10. 텔레비전 튜브의 전자 빔이 25 kV의 전위차를 통해 가속된 후 내부 폭 1 cm의 편향 축전기를 통과한다고 가정해 보자. 이 경우 회절 효과가 중요한가? 계산을 통해 답을 제시하시오.

11. 결정의 구조는 엑스선 회절(그림 3.7과 3.8), 전자 회절(그림 4.2), 중성자 회절(그림 4.7)로 밝힐 수 있다. 이러한 실험은 어떤 방법으로 비슷한 구조를 보여주는가? 어떤 방식에서 차이가 있는가?

12. 물리학에서는 종종 실수로 위대한 발견을 하는 경우가 있다. Davisson과 Germer가 가속 전압을 32 V 미만으로 설정했다면 어떤 일이 일어났을까?

13. 전자가 통과할 때마다 광자를 방출하는 매우 얇은 형광 물질 판으로 2개의 슬릿 전자 실험의 슬릿 중 하나를 덮었다고 가정하자. 그런 다음 이중 슬릿에 전자를 한 번에 하나씩 쏘아 빛의 섬광이 보이는지 여부에 따라 전자가 어느 슬릿을 통과했는지 알 수 있다. 이것이 간섭 무늬에 어떤 영향을 미치는가? 왜 그런가?

14. 전자가 어느 슬릿을 통과하는지 확인하기 위한 또 다른 시도로, 이중 슬릿 자체를 매우 미세한 용수철 저울에 매달고 전자가 통과할 때 슬릿의 '반동' 운동량을 측정한다. 중앙 근처의 스크린에 충돌하는 전자는 통과하는 슬릿에 따라 반대 방향으로 반동을 일으켜야 한다. 이러한 장치를 스케치하고 간섭 무늬에 미치는 영향을 설명하시오. (힌트: 용수철에 매달린 슬릿의 움직임에 불확정성 원리 $\Delta x \Delta p_x \sim \hbar$가 적용되는 것을 고려하자. 슬릿의 위치를 얼마나 정확하게 알 수 있는가?)

15. v_{phase}가 c보다 클 수 있는가? v_{group}이 c보다 클 수 있는가?

16. 비분산성 매질에서 $v_{group} = v_{phase}$이다. 이것은 파장에 상관없이 모든 파동이 동일한 위상 속도로 이동한다는 것의 다른 표현이다. 다음의 경우에도 그럴까? (a) de Broglie 파동, (b) 유리 속에서의 광파, (c) 진공 속에서의 광파, (d) 공기 속에서의 음파. 예를 들어, 강하게 분산되는 매체에서 (음성이나 무선 신호로) 통신을 시도할 때 어떤 어려움이 있을까?

연습문제

4.1 de Broglie의 가설

1. (a) 7 MeV 양성자, (b) 45 GeV 전자, (c) $v = 1.35 \times 10^6$ m/s로 움직이는 전자의 de Broglie 파장을 구하시오.

2. 원자로에서 생성되는 중성자는 (충돌에 의해) 운동 에너지가 $K = \frac{3}{2}kT$까지 감소하기 때문에 열 중성자라고 한다. 여기서 T는 실온(293 K)이다. (a) 이러한 중성자의 운동 에너지는 얼마인가? (b) 이들의 de Broglie 파장은 얼마인가? 이 파장은 고체 원자의 격자 간격과 같은 크기이기 때문에 (엑스선 및 전자 회절과 같은) 중성자 회절은 고체 격자를 연구하는 데 유용한 수단이다.

3. 핵 회절 실험을 통해 양성자의 de Broglie 파장을 8.29 fm로 측정했다. (a) 양성자의 속력은 얼마인가? (b) 그 속력에 도달하려면 전위차를 얼마로 가속해 주어야 하는가?

4. 양성자는 -3.26×10^5 V의 전위차를 통해 정지 상태에서 가속된다. de Broglie 파장은 무엇인가?

4.2 de Broglie 파장의 실험적 증거

5. 다음 입자를 분해하려면 전자를 얼마의 전위차로 가속해야 하는가? (a) 지름 15 nm의 바이러스, (b) 지름 0.096 nm의 원자, (c) 지름 1.2 fm의 양성자.

6. 전자 현미경으로 지름이 약 0.10 μm(단일 원자 크기의 약 1,000배)인 입자를 연구하고자 한다. (a) 전자의 de Broglie 파장은 얼마인가? (b) 전자가 이 de Broglie 파장을 가지려면 얼마의 전위차를 통해 전자를 가속시켜야 하는가?

7. 원자핵을 연구하기 위해 납과 같은 무거운 핵의 경우 de Broglie 파장이 핵 지름과 거의 같은 크기인 약 14 fm인 입자의 회절을 관찰하고자 한다. 회절 입자가 (a) 전자, (b) 중성자, (c) 알파 입자($m = 4$ u)인 경우 어느 정도의 운동 에너지를 사용해야 하는가?

8. 헬륨 원자에 대한 이중 슬릿 간섭 무늬(그림 4.13)에서 원자 빔은 0.020 eV의 운동 에너지를 가지고 있다. (a) 이 운동 에너지를 가진 헬륨 원자의 de Broglie 파장은 얼마인가? (b) 그림 4.13의 간섭 무늬 간격으로부터 원자의 de Broglie 파장을 추정하고 (a)에서 구한 값과 비교해 보시오. 이중 슬릿에서 스캐닝 슬릿까지의 거리는 64 cm이다.

9. 예제 4.1c의 연기 입자 빔으로 이중 슬릿 실험을 하고 싶다고 가정해 보자. 입자와 거의 같은 크기의 간격을 가지는 이중 슬릿을 만들 수 있다고 가정한다. 이중 슬릿과 스크린이 미국의 반대편 해안에 있는 경우 간섭 무늬 간의 거리를 추정하시오.

10. 니켈 결정을 사용한 Davisson-Germer 실험에서 55° 각도에서 이차 빔이 관찰된다. 어떤 가속 전압에서 이런 현상이 발생하는가?

11. 특정 결정을 절단하여 그 표면의 원자 열(row)이 0.352 nm의 거리만큼 분리되도록 한다. 전자 빔은 175 V의 전위차를 통해 가속되고 표면에 수직으로 입사된다. 가능한 모든 회절 차수를 관찰할 수 있다면, 입사 빔을 기준으로 어느 각도에서 회절된 빔을 찾을 수 있을까?

12. 전자의 이중 슬릿 간섭 무늬 관찰의 어려움을 이해하기 위해 그림 4.9에서 보이는 장치로 얻은 그림 4.10이 보여주는 간섭 무늬의 간격을 계산하시오. 이중 슬릿과 스크린 사이의 거리는 35 cm이다.

4.3 고전파의 불확정성 관계

13. 이동하는 진행파의 속력이 v라고 가정하자(여기서 $v = \lambda f$). 거리 Δx에 걸쳐 파를 측정하는 대신 한곳에 머무르면서 시간 Δt 동안 통과하는 파의 파고 수를 세어보자. 이 경우 식 (4.7)이 식 (4.4)와 같음을 보이시오.

14. 음파는 330 m/s의 속도로 공기를 통해 이동한다. 약 1.2 kHz의 진동수를 가진 호루라기 소리는 2.5초 동안 지속된다. (a) 이 소리를 나타내는 '파동 열차'는 우주에서 어느 정도의 거리까지 퍼져가는가? (b) 소리의 파장은 얼마인가? (c) 관찰자가 파장을 측정할 수 있는 정밀도를 추정하시오. (d) 관찰자가 진동수를 측정할 수 있는 정밀도를 추정하시오.

15. 수역에 던져진 돌은 충격 지점에서 5.2초 동안 지속되는 교란을 일으킨다. 파의 속력은 29 cm/s이다. (a) 이 파동은 수면에서 얼마나 뻗어나가는가? (b) 관찰자가 이 파동에서 12개의 파고를 보았다. 파장을 결정할 수 있는 정밀도를 예측하시오.

16. 레이더 송신기는 파장 0.275 m의 전자기 방사 펄스를 방출한다. 펄스의 지속 시간은 1.27 μs이다. 수신기는 중심 진동수에 대한 진동수 범위를 수용하도록 설정되어 있다. 수신기는 어떤 진동수 범위로 설정해야 하는가?

17. 10,000 Hz 이하의 정밀도로 진동수를 측정하는 장치를 설계하려는 경우 필요한 신호 처리 시간을 예측하시오.

18. 36개의 진동으로 이루어진 파동 열차의 길이는 148 m이다. 파장에 대해 측정할 수 있는 최소 불확정도는 얼마인가?

4.4 Heisenberg 불확정성 관계

19. 전자의 속력은 2.8×10^4 m/s의 오차 범위 내에서 측정된다. 전자를 가둘 수 있는 가장 작은 공간 영역의 크기는 얼마인가?

20. 전자는 원자 크기(0.1 nm)의 공간 영역에 갇혀 있다. (a) 전자의 운동량의 불확정성은 얼마인가? (b) Δp의 운동량을 가진 전자의 운동 에너지는 얼마인가? (c) 이 값은 원자 내 전자의 운동 에너지에 대한 합리적인 값을 제공하는가?

21. Σ^* 입자의 정지 에너지는 1,385 MeV이고 수명은 2.0×10^{-23} 초이다. Σ^* 정지 에너지의 측정 결과의 일반적인 범위는 어떻게 되는가?

22. 파이 중성자(파이온)와 양성자가 잠시 결합하여 Δ 입자를 형성할 수 있다. πp 계의 에너지를 측정한 결과(그림 4.28)는 Δ 입자의 정지 에너지에 해당하는 1,236 MeV에서 봉우리가 나타나며 폭이 120 MeV이다. Δ의 수명은 어떻게 되는가?

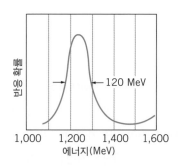

그림 4.28 연습문제 22.

23. 원자핵은 2.1 ns의 수명을 가진 상태에서 1.2 MeV의 에너지를 가지는 감마선을 방출한다. 감마선 에너지의 불확정성은 무엇인가? 최고의 감마선 검출기는 감마선 에너지를 몇 eV 이하의 정밀도로 측정할 수 있다. 이 불확정성을 직접 측정할 수 있는가?

24. 특수한 조건(12.9절 참조)에서는 감마선 광자의 에너지를 10^{15}분의 1까지 측정할 수 있다. 광자 에너지가 75 keV인 경우, 광자 에너지 퍼짐을 직접 측정하여 결정할 수 있는 최대 수명을 추정하시오.

25. 알파 입자는 핵 붕괴 과정에서 5 MeV의 일반적인 에너지를 가지고 방출된다. 예제 4.9와 유사하게, 핵 크기의 영역에 갇힌 알파 입자의 운동 에너지의 범위를 결정하고 알파 입자가 핵 내부에 존재할 수 있는지 예측하시오.

26. 금 원자의 핵의 반지름은 7.0 fm이다. 금 원자핵에 갇혀 있는 양성자 또는 중성자의 운동 에너지를 추정하시오.

4.5 파동 묶음

27. k_0을 중심으로 Δk 범위 안에서 일정한 진폭의 파수 분포를 사용하여

$$A(k) = A_0 \qquad k_0 - \frac{\Delta k}{2} \leq k \leq k_0 + \frac{\Delta k}{2}$$
$$= 0 \qquad \text{그 외}$$

식 (4.23)으로부터 식 (4.24)를 구하시오.

28. 파수 분포 $A(k) = A_0 e^{-(k-k_0)^2/2(\Delta k)^2}$를 사용하여 $k = -\infty$에서 $+\infty$의 범위에 대해 식 (4.25)를 유도하시오.

29. 식 (4.18)을 구하는 데 필요한 삼각법 조작을 수행하시오.

4.6 파동 묶음의 움직임

30. 그림 4.25에 사용된 데이터가 식 (4.27)과 일치하는지 보이시오. 즉, $\lambda_1 = 9$ 및 $\lambda_2 = 11$, $v_1 = 6$ 및 $v_2 = 4$를 사용하여 $v_{\text{group}} = 15$임을 보인다.

31. (a) 군속도와 위상 속도는 다음과 같이 관련되어 있음을 보이시오.

$$v_{\text{group}} = v_{\text{phase}} - \lambda \frac{dv_{\text{phase}}}{d\lambda}$$

(b) 백색광이 유리를 통과해 진행할 때 각 파장의 위상 속도는 파장에 따라 달라진다. (이것은 분산과 백색광이 구성 색상으로 분해되는 원리이다. 서로 다른 파장은 서로 다른 속력으로 이동하고 서로 다른 굴절률을 가진다.) v_{phase}는 λ에 어떻게 의존하는가? $dv_{\text{phase}}/d\lambda$는 양수인가, 음수인가? 따라서 $v_{\text{group}} > v_{\text{phase}}$ 또는 $< v_{\text{phase}}$인가?

32. 유체 내의 특정 표면파는 위상 속력 $\sqrt{b/\lambda}$로 이동한다. 여기서 b는 상수이다. 위상 속도를 이용해 표면파의 파동 묶음의 군속력을 구하시오.

33. 식 (4.30)과 유사한 계산을 통해 E가 입자의 상대론적 운동 에너지를 나타낼 때 $dE/dp = v$가 유효함을 증명하시오.

일반 문제

34. 자유 전자는 $L = 0.50$ nm 떨어져 있는 두 벽 사이에서 일차원으로 탄력적으로 앞뒤로 튕겨지고 있다. (a) 전자가 각 벽

에 마디가 있는 de Broglie 정상파로 표현된다고 가정하고, 허용되는 de Broglie 파장이 $\lambda_n = 2L/n(n=1, 2, 3, \ldots)$임을 보이시오. (b) $n=1, 2, 3$일 때 전자의 운동 에너지의 값을 구하시오.

35. 그림 4.29와 같이 열 중성자 빔(연습문제 2번 참조)이 원자로에서 나와 결정에 입사된다. 이 빔은 그림 3.5에서와 같이 산란면이 0.247 nm 떨어져 있는 결정에서 Bragg 산란된다. 빔의 연속 에너지 스펙트럼에서 0.0105 eV 에너지를 가지는 중성자를 선택하고자 한다. 이 에너지의 산란 빔을 생성하는 Bragg 산란각을 구하시오. 이 각도에서 산란된 빔이 다른 에너지를 가질 수 있는가?

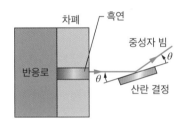

그림 4.29 연습문제 35.

36. (a) 실온(293 K)에서 공기 중의 질소 분자의 de Broglie 파장을 구하시오. (b) 실온과 대기압에서 공기의 밀도는 1.292 kg/m³이다. 이 온도에서 공기 분자 사이의 평균 거리를 구하고 de Broglie 파장과 비교하시오. 실온의 공기에서 양자 효과의 중요성에 대해 어떤 결론을 내릴 수 있는가? (c) 양자 효과가 중요해질 수 있는 온도를 추정하시오.

37. 실험을 설계할 때, NaCl 결정에서 Na 이온과 Cl 이온이 떨어져 있는 거리와 같은 0.281 nm의 파장을 가진 광자 빔과 전자 빔이 필요하다. 광자의 에너지와 전자의 운동 에너지를 구하시오.

38. 질량이 5 u인 헬륨 원자핵은 정지 상태에서 일반 헬륨 원자핵(질량 = 4 u)과 중성자(질량 = 1 u)로 분해된다. 이 붕괴 이전 정지 에너지는 0.89 MeV이며, 붕괴된 생성물들이 균등하지 않게 이 에너지를 나누어 가진다. (a) 에너지와 운동량 보존을 사용하여 중성자의 운동 에너지를 구하시오. (b)

원래 핵의 수명은 1.0×10^{-21}초이다. 불확정성 관계의 결과로 실험실에서 측정되는 중성자 운동 에너지의 범위는 얼마나 되는가?

39. 금속에서 전도 전자는 어느 한 원자에 붙어 있지 않고 금속 전체에서 비교적 자유롭게 움직인다. 각 모서리의 길이가 1.0 cm인 구리 정육면체를 생각해 보자. (a) 금속에 구속된 전자의 운동량의 한 구성 요소의 불확실성은 얼마인가? (b) 금속에 있는 전자의 평균 운동 에너지를 예측하시오. ($\Delta p = [(\Delta p_x)^2 + (\Delta p_y)^2 + (\Delta p_z)^2]^{1/2}$이라고 가정한다.) (c) 구리의 열용량이 24.5 J/mole·K라고 가정할 때, 실온에서 이 운동이 구리의 내부 에너지에 기여하는 정도가 중요할까? 이로부터 어떤 결론을 내릴 수 있는가? (연습문제 41번도 참조)

40. 양성자 또는 중성자는 때때로 질량이 135 MeV/c^2인 파이 중간자를 방출했다가 재흡수함으로써 에너지의 보존을 '위반'할 수 있다. 이는 파이 중간자가 불확정성 원리에 따라 충분히 짧은 시간 Δt 내에 재흡수되는 한 가능하다. (a) $p \to p + \pi$를 고려하자. 에너지 보존이 위반되는 ΔE는 어느 정도인가? (운동 에너지는 무시한다.) (b) 파이 중간자는 얼마의 시간 Δt 동안 존재할 수 있는가? (c) 파이 중간자가 빛의 속도에 매우 가깝게 이동한다고 가정할 때, 양성자로부터 얼마나 멀리 이동할 수 있는가? (12장에서 설명한 것처럼 이 과정을 통해 핵력의 **범위**를 추정할 수 있다. 양성자와 중성자는 파이 중간자를 교환함으로써 핵에서 함께 붙잡혀 있기 때문이다.)

41. 결정에서 원자는 L만큼 떨어져 있다. 즉, 각 원자는 최대 L만큼의 거리 내에 위치해야 한다. (a) 0.20 nm 떨어져 있는 고체 원자들의 운동량의 최소 불확실성은 얼마인가? (b) 질량이 65 u인 원자의 평균 운동 에너지는 얼마인가? (c) 그러한 원자들의 집합이 구리와 같은 전형적인 고체의 내부 에너지에 얼마나 기여하는가? 이 기여도는 실온에서 중요한가? (연습문제 39번도 참조)

42. 원자 집합을 온도 T로 가열하고 빔이 오븐의 한쪽에 있는 직경 d의 구멍을 통해 나오도록 하는 원자 빔이 방출되는

장치를 준비한다. 그런 다음 빔은 길이 L의 직선 경로를 진행한다. 불확정성 원리로 인해 경로 끝에서 빔의 직경이 d보다 $L\hbar/d\sqrt{3mkT}$ 정도 크게 될 것임을 보이시오. 여기서 m은 원자의 질량을 나타낸다. $T = 1,500$ K, $m = 7$ u(리튬 원자), $d = 3$ mm, $L = 2$ m를 이용하여 추정치를 계산하시오.

43. 한 전자가 길이 $x = 1.25$ nm, 너비 $y = 2.76$ nm의 직사각형 영역에 갇혀 있다. 측정할 수 있는 운동 에너지의 최솟값은 얼마인가?

44. 삼각함수를 사용하지 않고도 진동파 다발을 만들 수 있다. 함수 $y(x) = (64x^6 - 240x^4 + 180x^2 - 15)e^{-x^2}$를 생각해 보자. 다항식을 사용하는 파동 묶음은 이 교재의 뒷부분에서 설명하는 것처럼 양자역학에서 단순 조화 진동자와 수소 원자에 대한 해로 주어진다. (a) 진폭이 상당히 큰 영역에서 이 함수를 그리시오. (b) 이 파동 묶음의 폭은 얼마인가? 그림에서 대략적인 추정치를 구하시오. (c) 평균 파장을 추정하시오. (d) 파장의 불확정성을 추정하시오.

Chapter 5

Schrödinger 방정식

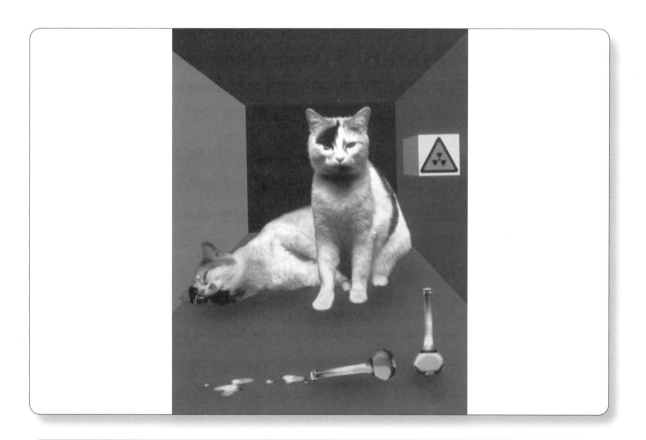

양자역학은 종종 서로 다르고 모순될 수 있는 결과를 설명할 수 있는 수학적 틀을 제공한다. 그러한 상황을 가장 잘 보여주는 사례는 Schrödinger의 고양이이다. 이 고양이는 방사성 원자가 있는 방에 갇혀 있는데, 방사성 원자가 붕괴되면 약병에서 독이 방출된다. 언제 방사선 붕괴가 일어날지 정확히 알지 못하기 때문에 고양이의 상태를 관찰할 때까지 고양이에 대한 양자역학적 설명에는 '살아 있는 고양이'와 '죽은 고양이'가 모두 포함되어야 한다. Mehau Kulyk/Science Source

---

고전적(비상대론적, 비양자적) 상황에서 입자의 미래 거동은 Newton의 법칙을 사용하여 절대적으로 확실하게 예측할 수 있다. 입자가 퍼텐셜 에너지 U와 연관될 수 있는 알려진 힘 $\vec{F}$를 통해 환경과 상호 작용하는 경우 Newton의 제2법칙 $\vec{F} = d\vec{p}/dt$(2차 선형 미분 방정식)를 푸는 데 필요한 수학을 적용할 수 있고, 미래의 모든 시간 t에서 입자의 위치 $\vec{r}(t)$와 속도 $\vec{v}(t)$를 구한다. 수학은 어려울 수 있으며 실제로 방정식을 닫힌 형태로 푸는 것이 불가능할 수 있다(이 경우 컴퓨터의 도움으로 근사적인 해를 얻을 수 있다). 그러한 수학적 어려움 외에도 물리학적으로 문제를 푼다는 것은 원래 방정식 $\vec{F} = d\vec{p}/dt$를 작성하고 그 해인 $\vec{r}(t)$와 $\vec{v}(t)$를 해석하는 것으로 구성된다. 예를 들어, $1/r^2$ 중력의 영향을 받아 움직이는 위성이나 행성은 방정식을 푼 후에 정확히 타원 경로를 따르는 것으로 보여줄 수 있다.

비상대론적 양자물리학의 경우, 풀어야 할 기본 방정식은 **Schrödinger 방정식**(Schrödinger equation)으로 알려진 이차 미분 방정식이다. Newton의 법칙과 마찬가지로 Schrödinger 방정식은 환경과 상호 작용하는 입자에 대해 작성된다. 하지만 힘보다는 퍼텐셜 에너지의 관점에서 상호 작용을 설명한다. Newton의 법칙과 달리 Schrödinger 방정식은 입자의 궤적을 제공하지 않는다. 대신, 그 해는 입자의 파동적 거동에 대한 정보를 전달하는 입자의 **파동 함수**(wave function)를 제공한다. 이 장에서는 Schrödinger 방정식을 소개하고, 특정 퍼텐셜 에너지에 대한 해를 구하고, 이러한 해를 해석하는 방법을 배운다.

5.1 경계에서 파동의 거동

파동 운동을 연구할 때 파동이 한 지역이나 매체에서 파동의 특성이 변할 수 있는 다른 지역이나 매체로 이동할 때 어떤 일이 발생하는지 분석해야 하는 경우가 많다. 예를 들어, 광파가 공기에서 유리로 이동하면 파장과 전기장의 진폭이 모두 감소한다. 이러한 모든 경계에서 입사파 세기의 일부는 두 번째 매질로 전달되고 일부는 다시 첫 번째 매질로 반사된다.

그림 5.1a와 같이 유리판에 광파가 입사하는 경우를 생각해 보자. 경계 A에서 광파는 공기(영역 1)에서 유리(영역 2)로 이동하고, 경계 B에서는 광파가 유리에서 공기(영역 3)로 이동한다. 영역 3에서 공기에서의 파장은 영역 1에서 입사파의 원래 파장과 같지만 세기의 일부가 A와 B에서 반사되기 때문에 영역 3에서의 진폭은 영역 1의 진폭보다 작다.

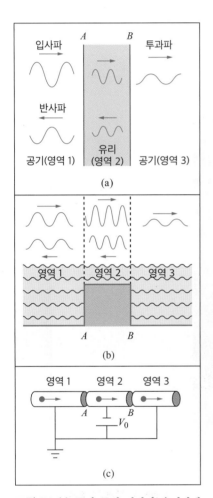

그림 5.1 (a) 공기 중의 광파가 유리판에 입사되었을 때 두 경계(A와 B)에서의 투과파와 반사파를 보여준다. (b) 수심이 더 낮은 영역에 입사하는 물 속의 표면파도 마찬가지로 투과파와 반사파가 발생한다. (c) 일정한 0 전위를 가지는 영역에서 일정한 음의 전위 V_0의 영역으로 이동하는 전자의 de Broglie파도 투과 및 반사 성분을 가지고 있다.

다른 유형의 파동도 비슷한 거동을 보인다. 예를 들어, 그림 5.1b는 덜 깊은 영역으로 이동하는 수면파를 보여준다. 해당 영역에서는 원래 입사파에 비해 파장이 더 작다(그러나 진폭은 더 크다). 파동이 영역 1과 깊이가 같은 영역 3에 진입하면 파장은 원래 값으로 돌아가지만, 두 경계에서 일부 세기가 반사되어 영역 1보다 영역 3에서 파동의 진폭이 더 작아진다.

입자를 특징짓는 de Broglie파에서도 동일한 유형의 거동이 발생한다. 예를 들어 그림 5.1c에 표시된 장치를 생각해 보자. 전자는 왼쪽에서 입사하여 접지($V = 0$)되어 있는 좁은 금속 튜브 내부로 이동한다. 영역 2의 또 다른 좁은 튜브는 배터리의 음극 단자에 연결되어 $-V_0$의 균일한 전위를 유지한다. 영역 3은 접지되어 있는 영역 1에 연결된다. 튜브 사이의 간격은 너무 작아서 A와 B의 전위 변화가 갑자기 발생하는 것으로 간주할 수 있다. 영역 1에서 전자는 운동 에너지 K, 운동량 $p = \sqrt{2mK}$, de Broglie 파장 $\lambda = h/p$를 갖는다. 영역 2에서 전자의 퍼텐셜 에너지는 $U = qV = (-e)(-V_0) = +eV_0$ 이다. 영역 1에 있는 전자의 원래 운동 에너지가 eV_0보다 크다고 가정한다. 따라서 전자는 더 작은 운동 에너지($K - eV_0$와 동일), 더 작은 운동량, 따라서 더 큰 파장을 가지고 영역 2로 이동한다. 전자가 영역 2에서 영역 3으로 이동할 때 잃어버린 운동 에너지를 다시 얻고 원래의 운동 에너지 K와 원래 파장으로 이동한다. 광파나 물결파의 경우와 마찬가지로 영역 3의 de Broglie파의 진폭은 영역 1보다 작다. 전자는 경계 A와 B에서 반사되기 때문에 영역 3의 전자 전류가 입사 전류보다 작다는 것을 의미한다.

따라서 세 영역에서 움직이는 총 5개의 파동을 정할 수 있다. (1) 영역 1에서 오른쪽으로 이동하는 파(입사파), (2) 영역 1에서 왼쪽으로 이동하는 파(경계 A에서 반사된 파와 경계 B에서 반사된 후 경계 A를 통해 다시 영역 1로 전송되는 파의 알짜 조합을 나타냄), (3) 영역 2에서 오른쪽으로 이동하는 파(경계 A를 통해 투과된 파동과 B에서 반사된 후 다시 A에서 반사된 파를 나타냄), (4) 영역 2에서 왼쪽으로 이동하는 파(B에서 반사된 파), (5) 영역 3에서 오른쪽으로 이동하는 파(경계 B에서 투과된 파). 영역 1에서 파가 입사한다고 가정하므로 영역 3에서 파가 왼쪽으로 이동하는 것은 불가능하다.

반사파의 침투

고전파의 또 다른 특성으로, 양자파에서도 나타나는 것은 전반사된 파가 금지 영역으로 침투한다는 것이다. 광파가 경계에서 전반사되면 **에베네센트 파**(evanescent wave)라고 불리는 기하급수적으로 감소하는 파가 두 번째 매질에 침투한다. 광파 세기는 100% 반사되기 때문에 에베네센트 파는 에너지를 전달하지 않고 두 번째 매질에서는 직접 관찰할 수 없다. 그러나 두 번째 매질을 매우 얇게 만들면(아마도 빛의 파장 몇 개 정도와 같은), 광파는 두 번째 매질의 반대편에서 나타날 수 있다. 이 현상에 대해서는 이 장 끝에서 더 자세히 논의한다.

de Broglie파에서도 같은 효과가 발생한다. 그림 5.1c에서 배터리 전압을 증가시켜 영역 2의 퍼텐셜 에너지(eV_0와 동일)가 영역 1의 초기 운동 에너지보다 크다고 가정하자. 전자는 영역 2(거기서는 음의 운동을 하므로)에 들어가기에 충분한 에너지를 갖지 않는다. 모든 전자는 영역 1로 다시 반사된다.

광파와 마찬가지로 de Broglie파도 진폭이 기하급수적으로 감소하면서 금지 영역에 침투할 수 있다. 그러나 de Broglie파는 전자의 운동과 연관되어 있기 때문에 전자도 금지 영역으로 짧은 거리를 침투해야 한다는 것을 의미한다. 해당 영역에서는 전자가 음의 운동 에너지를 갖기 때문에 전자를 직접 관찰할 수 없다. 또한 그 영역을 통과하는 속도를 측정하거나 움직임으로 인해 생성될 수 있는 자기장을 감지하는 것과 같은 그들의 '실제'를 알 수 있는 어떤 실험도 할 수 없다.

금지 영역으로 전자가 침투하는 것에 대한 설명은 불확정성 원리에 의존한다. 입사하는 전자의 에너지를 정확히 알 수 없기 때문에 전자가 침투하기에 충분한 운동 에너지를 가지고 있지 않다고 확신할 수 없다. 충분히 짧은 시간 Δt 동안, 에너지 불확정성 $\Delta E \sim \hbar/\Delta t$는 전자가 금지 영역에서 짧은 거리를 진행하도록 허용할 수 있지만, 이 여분의 에너지는 영구적인 의미에서 전자에 '속하지' 않는다. 이 장 뒷부분에서 금지된 영역으로의 침투에 대한 설명으로서 보다 수학적인 접근 방식을 논의할 것이다.

경계에서의 연속성

광파나 물결파와 같은 파가 그림 5.1과 같이 경계를 교차할 때 파를 설명하는 수학적 함수는 각 경계에서 두 가지 속성을 가져야 한다.

1. 파동 함수는 연속적이어야 한다.
2. 경계 높이가 무한한 경우를 제외하고는 파동 함수의 기울기는 연속적이어야 한다.

그림 5.2a는 불연속 파동 함수를 보여준다. 파의 변위가 한 위치에서 갑자기 바뀐다. 이러한 유형의 거동은 허용되지 않는다. 그림 5.2b는 불연속적인 기울기를 갖는 연속파 함수(간격 없음)를 보여준다. 경계의 높이가 무한하지 않는 한 이러한 유형의 거동도 허용되지 않는다. 그림 5.2c, d는 함수와 기울기가 모두 연속되도록 2개의 사인

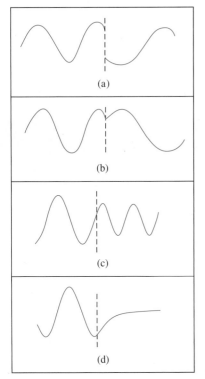

그림 5.2 (a) 불연속 파동. (b) 불연속적인 기울기를 가진 연속 파동. (c) 2개의 사인파가 부드럽게 연결. (d) 사인파와 지수파가 부드럽게 연결.

곡선과 지수 및 사인 곡선을 연결하는 방법을 보여준다.

무한하지 않은 경계를 가로지르는 파동은 매끄러워야 한다. 함수에 틈이 없고 기울기에 급격한 변화가 없어야 한다. 파동 함수를 수학적으로 풀 때 일반적으로 파동의 진폭 및 위상과 같은 결정되지 않은 매개변수가 있다. 경계에서 파를 매끄럽게 만들기 위해 함수와 함수의 기울기가 연속되도록 두 가지 **경계 조건**(boundary conditions)을 적용하여 해당 계수 값을 구한다. 예를 들어, 그림 5.1의 경계 A에서 고려해 보자. 먼저 영역 1의 A에서 총 파동 함수를 구하고 이를 영역 2의 A에서 파동 함수와 같게 한다. 이는 총 파동 함수가 A에서 연속임을 보장한다. 그런 다음 영역 1의 파동 함수에 도함수를 취한 뒤 A에서 구하고 이를 영역 2에서 구한 파동 함수에 도함수를 취한 뒤 A에서 구한 것과 같게 한다. 이 단계를 통해 영역 1의 기울기가 영역 2의 기울기와 일치하게 된다. 이 두 단계는 파동의 매개변수와 관련된 두 가지 방정식을 제공하고 영역 1과 2에서 파동의 진폭과 위상 사이의 관계를 찾을 수 있도록 해준다. 이 과정은 모든 경계에서 적용되어야 하며 그림 5.1의 B에서도 영역 2와 3의 파동을 일치시켜야 한다.

무한한 경계에서 기울기의 연속성에 대한 예외적인 경우를 고전 물리학에서 찾아볼 수 있다. $y=0$에 있는 늘어난 고무판 위 $y=H$ 높이에서 공을 떨어뜨렸다고 상상해 보자. 공은 중력에 의해 고무판에 닿을 때까지 자유 낙하하며, 고무판은 탄성 용수철처럼 작동한다고 가정하자. 공이 정지할 때 고무판은 늘어나고 그 후 복원력이 공을 위로 밀어낸다. 공의 움직임은 그림 5.3과 같이 표현할 수 있다. 고무판 위에서($y>0$) 움직임은 포물선으로 표시되고 공이 고무판과 접촉하는 동안($y<0$) 움직임은 사인 곡선으로 표현된다. 두 곡선이 $y=0$에서 어떻게 부드럽게 결합되는지 그리고 $y(t)$와 해당 도함수 $v(t)$가 어떻게 연속적인지 주목하자.

반면에 완벽하게 단단하다고 가정하는 강철 표면에 공이 부딪치는 것을 상상해 보자. 공은 탄력적으로 반동하며, 표면에 닿는 순간 속도의 방향을 바꾼다. 공의 움직임은 그림 5.4에 나와 있다. 표면과 접촉하는 지점에서는 속도의 급격한 변화가 발생하는데 이는 무한한 가속도에 대응되고 그러므로 무한한 힘이 작용한 것과 같다. 함수 $y(t)$는 연속이지만 기울기는 연속적이지 않다. 함수에는 간격은 없지만 기울기가 갑자기 변하는 날카로운 '위치'가 있다.

완벽하게 견고한 표면에 대한 가정은 상황을 이해하고 수학을 단순화하는 데 도움이 되도록 이상화한 것이다. 실제로 강철 표면은 약간 휘어지며 결국엔 훨씬 더 단단한 고무판처럼 작동한다. 양자역학에서는 더 복잡한 물리적 상황에 대한 분석을 이해

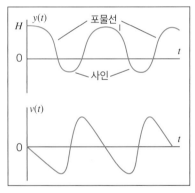

그림 5.3 용수철과 같은 고무판 위 높이 H에서 $y=0$으로 낙하한 공의 위치와 속도.

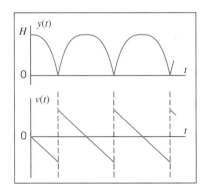

그림 5.4 딱딱한 표면 위 높이 H에서 떨어진 공의 위치와 속도.

하고 단순화하는 데 도움을 주기 위해 때때로 완벽하게 견고하거나 뚫을 수 없는 경계를 가정한다.

이 절에서는 양자파에도 적용되는 고전파의 여러 특성을 정립하였다.

1. 파가 두 영역의 경계를 통과할 때 파 세기의 일부는 반사되고 일부는 전달된다.
2. 파가 금지된 영역의 경계에 부딪칠 때 파는 반사되기 전에 아마도 파장 몇 개만큼의 거리를 침투할 것이다.
3. 유한 경계에서 파는 그 기울기가 연속적이다. 무한 경계에서 파는 연속적이지만 기울기는 불연속적이다.

예제 5.1

그림 5.1의 구조에서 영역 1의 파는 $y_1(x) = C_1 \sin(2\pi x/\lambda_1 - \phi_1)$로 주어진다. 여기서 $C_1 = 11.5$, $\lambda_1 = 4.97\,\text{cm}$, $\phi_1 = -65.3°$이다. 영역 2에서는 파장이 $\lambda_2 = 10.5\,\text{cm}$이다. 경계 A는 $x = 0$에 위치하고 경계 B는 $x = L$에 위치한다. 여기서 $L = 20.0\,\text{cm}$이다. 영역 2와 3에서 파동 함수를 구하시오.

풀이

영역 2의 파의 일반적인 형태는 영역 1의 파와 유사한 형태로 표현될 수 있다: $y_2(x) = C_2 \sin(2\pi x/\lambda_2 - \phi_2)$. 영역 2에서 완전한 파동 함수를 찾으려면 경계 $A(x=0)$에서 경계 조건을 함수와 그 기울기에 적용하여 진폭 C_2와 위상 ϕ_2를 찾아야 한다. $y_1(x=0) = y_2(x=0)$로 두면 다음과 같다.

$$-C_1 \sin \phi_1 = -C_2 \sin \phi_2$$

기울기는 $x=0$에서 계산된 일반적인 형태의 도함수 $dy/dx = (2\pi/\lambda)C \cos(2\pi x/\lambda - \phi)$로부터 찾을 수 있다.

$$\frac{2\pi}{\lambda_1} C_1 \cos \phi_1 = \frac{2\pi}{\lambda_2} C_2 \cos \phi_2$$

첫 번째 식을 두 번째 식으로 나누면 C_2가 제거되고 ϕ_2에 대해서 풀 수 있다.

$$\begin{aligned}
\phi_2 &= \tan^{-1}\left(\frac{\lambda_1}{\lambda_2} \tan \phi_1\right) \\
&= \tan^{-1}\left(\frac{4.97\,\text{cm}}{10.5\,\text{cm}} \tan(-65.3°)\right) \\
&= -45.8°
\end{aligned}$$

첫 번째 경계 조건을 적용한 결과를 사용하여 C_2를 풀 수 있다.

$$C_2 = C_1 \frac{\sin \phi_1}{\sin \phi_2} = 11.5 \frac{\sin(-65.3°)}{\sin(-45.8°)} = 14.6$$

$y_3(x) = C_3 \sin(2\pi x/\lambda_1 - \phi_3)$과 같은 형태를 갖는다고 가정하는 영역 3에서 파동 함수를 찾으려면 $x=L$에서 y_2와 y_3에 경계 조건을 적용해야 한다. 두 가지 경계 조건을 $x=0$에서 했던 것과 같은 방식으로 적용하면 다음의 결과를 얻는다.

$$C_2 \sin\left(\frac{2\pi L}{\lambda_2} - \phi_2\right) = C_3 \sin\left(\frac{2\pi L}{\lambda_1} - \phi_3\right)$$

$$\frac{2\pi}{\lambda_2} C_2 \cos\left(\frac{2\pi L}{\lambda_2} - \phi_2\right) = \frac{2\pi}{\lambda_1} C_3 \cos\left(\frac{2\pi L}{\lambda_1} - \phi_3\right)$$

이전과 마찬가지로 이 두 식을 나누면 $\phi_3 = 60.9°$를 구할 수 있다. 그런 다음 두 식 중 하나로부터 $C_3 = 7.36$을 찾게 된다. 그 결과, 두 해는 $y_2(x) = 14.6 \sin(2\pi x/10.5 + 45.8°)$ 및 $y_3(x) = 7.36 \sin(2\pi x/4.97 + 60.9°)$이며 x는 cm 단위로 측정된다. 그림

5.5는 세 영역 모두에서의 파를 보여준다. 파가 경계에서 어떻게 부드럽게 연결되는지 살펴보자.

y_2의 진폭이 y_1의 진폭보다 클 수 있다는 것이 어떻게 가능한가? y_1은 입사파와 반사파를 포함하는 영역 1의 전체 파동을 나타낸다. 이들 사이의 위상차에 따라 입사파와 반사파를 더해 y_1을 구하면 진폭은 두 파동의 진폭보다 작아질 수 있다.

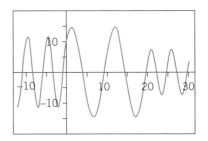

그림 5.5 예제 5.1.

5.2 입자 가두기

자유 입자(즉, 어디에서도 힘이 작용하지 않는 입자)는 정의상 갇히지 않으므로 어디에나 위치할 수 있다. 4장에서 논의한 것처럼 그것은 명확한 파장, 운동량 및 에너지(어떤 값이든 선택할 수 있음)를 갖는다.

반면에 제한된 입자는 크기 Δx의 공간 영역에서만 발견될 가능성이 높은 파동 묶음으로 표시된다. 원하는 수학적 형태를 얻기 위해 다양한 사인파 또는 코사인파를 합하여 그러한 파동 묶음을 만들 수 있다.

양자역학에서는 특정 원자나 분자에 부착된 전자와 같이 갇혀 있는 입자의 거동을 분석하려는 경우가 많다. 6장부터 원자에 속한 전자의 특성을 고려한다. 하지만 지금은 더 간단한 문제인 전자가 일차원에서 움직이고 일련의 전기장에 의해 국한되는 문제를 살펴보겠다. 그림 5.6은 그림 5.1c의 장치가 이 목적에 맞게 수정된 것이다. 중앙 부분은 접지($V=0$)되어 있고 두 측면 부분은 배터리에 연결되어 중앙 부분에 비해 $-V_0$ 전위를 가진다. 이전과 마찬가지로 중앙 부분과 측면 부분 사이의 간격을 최대한 좁힐 수 있다고 가정하여 경계 A와 B에서 퍼텐셜 에너지가 순간적으로 변하는 것으로 생각할 수 있다. 이러한 배열을 흔히 **퍼텐셜 에너지 우물**(potential energy well)이라고 한다.

이 상황에서 전자의 퍼텐셜 에너지는 그림 5.6에서 볼 수 있듯이 중앙 부분에서 0이고 두 측면 부분에서 $U_0 = qV = (-e)(-V_0) = +eV_0$이다. 전자를 가두기 위해, U_0보다 작은 운동 에너지 K로 중앙 부분에서 움직이는 경우를 고려하고자 한다. 예를 들어, 전자는 중앙 부분에서 5 eV의 운동 에너지를 가지며 측면 부분은 10 eV의 퍼텐셜 에너지를 가지고 있다. 따라서 전자는 중앙 부분과 측면 부분 사이의 퍼텐셜 에너지 언덕을 '등반'할 만큼 충분한 에너지를 갖고 있지 않으며(적어도 고전적인 관점에서 볼 때) 전자

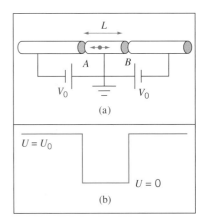

그림 5.6 (a) 전자를 길이 L의 중심 영역에 구속시키는 장치. (b) 이 장치에서 전자의 퍼텐셜 에너지.

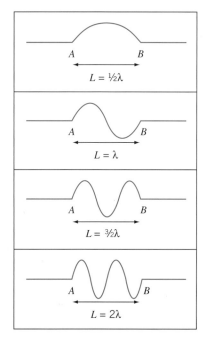

그림 5.7 무한 퍼텐셜 에너지 장벽에 의해 길이 L인 영역에 갇힌 전자를 설명하는 데 사용할 수 있는 몇 가지 가능한 파동.

는 중앙 부분에 갇히게 된다.

이 장 뒷부분에서 이 문제에 대한 완전한 해를 논의한다. 그러나 지금은 더 단순화하여 A와 B에서 무한히 높은 퍼텐셜 에너지 장벽의 경우를 고려하겠다. 중앙 부분에 있는 전자의 운동 에너지는 배터리에서 공급되는 퍼텐셜 에너지보다 훨씬 작은 상황과 매우 비슷하다. 이 경우 5.1절에서 논의한 금지 영역으로의 침투는 발생할 수 없다. 따라서 측면 영역 중 하나에서 전자를 발견할 확률은 해당 영역의 모든 곳에서는 정확히 0이고, 따라서 파동 진폭은 경계(위치 A 및 B)를 포함하여 해당 영역의 모든 곳에서 0이다. 파동 함수가 연속이 되려면 중앙 부분의 파동 함수가 A와 B에서 0의 값을 가져야 한다.

이 중앙 부분의 입자를 설명하는 데 사용할 수 있는 모든 가능한 파 중에서 연속성 조건은 경계에서 진폭이 0인 파만 가능하다. 이러한 파 중 일부가 그림 5.7에서 보여진다. 파동 함수는 연속적이지만 기울기는 그렇지 않다(A와 B에서 함수에 뚜렷한 경계가 있다). 이는 두 번째 경계 조건에 대한 예외에 해당한다. 무한 장벽에서 기울기는 불연속적일 수 있다.

파장이 임의의 값을 가질 수 있는 자유 입자와 달리 **특정 파장 값만 허용된다**. 그러면 de Broglie 관계식은 특정한 운동량 값만 허용되고 결과적으로 특정한 에너지 값만 허용된다는 것을 알려준다. 에너지는 임의의 값을 자유롭게 취할 수 있는 연속 변수가 아니다. 대신 에너지가 특정 값의 집합으로 제한되는 불연속적인 변수이다. 이것을 **에너지의 양자화**(quantization of energy)라고 한다.

그림 5.7에서 허용되는 파장이 $2L, L, 2L/3, \cdots$임을 직접 확인할 수 있다. 여기서 L은 중앙 부분의 길이이다. 이러한 파장을 다음과 같이 쓸 수 있다.

$$\lambda_n = \frac{2L}{n} \qquad n = 1, 2, 3, \cdots \tag{5.1}$$

이 파장은 두 지점 사이에 평평하게 연결되어 있는 줄의 정상파에 대한 고전적인 문제의 파장과 같다. de Broglie 관계식 $\lambda = h/p$로부터 다음 관계를 얻을 수 있다.

$$p_n = n\frac{h}{2L} \tag{5.2}$$

중앙 부분에 있는 입자의 에너지는 단지 운동 에너지 $p^2/2m$이므로 다음과 같다.

$$E_n = n^2 \frac{h^2}{8mL^2} \tag{5.3}$$

이것은 전자의 허용된 또는 양자화된 에너지 값이다.

이 영역의 전자를 설명하는 파동 묶음은 허용되는 파장을 가지는 파의 조합이어야 한다. 그러나 이 갇힌 입자를 설명하기 위해 파동의 조합으로 파동 묶음을 구성할 필요는 없다. 금지된 영역에서는 파동 함수가 0이어야 하기 때문에 이러한 파동 중 단 하나만으로도 제한된 입자를 나타낸다. 따라서 그림 5.7에 표시된 파형은 갇힌 전자의 파동 묶음을 나타낼 수 있으며, 각 파동 묶음은 단 하나의 파로 구성된다.

에너지 양자화는 입자를 유한한 공간 영역에 가두려는 모든 경우에 나타난다. 에너지의 양자화는 양자 이론의 주요 특징 중 하나이며, 계의 양자화된 에너지 준위를 연구하는 것(방출된 광자의 에너지 관찰 등)은 원자와 핵의 특성에 대한 정보를 제공하는 실험 물리학의 중요한 기술이다.

구속된 입자에 불확정성 원리 적용하기

4장에서 파동 묶음을 구성하고 불확정성 원리가 파동 묶음의 크기와 그 구성에 사용된 파장 범위와 어떻게 연관되는지 보여주었다. 이제 구속된 입자의 경우 Heisenberg 불확정성 관계가 어떻게 적용되는지 살펴보자.

양쪽에 무한히 높은 장벽이 있는 그림 5.6에서 입자는 장치의 중앙 부분 어딘가에 있는 것으로 알려져 있으므로 $\Delta x \sim L$은 해당 위치의 불확정성에 대한 합리적인 추정치이다. 운동량의 불확정성을 찾기 위해 식 (4.15)에서 주어진 불확정성의 엄격한 정의를 사용한다: $\Delta p_x = \sqrt{(p_x^2)_{av} - (p_{x,av})^2}$. 중앙 부분에서 움직이고 있는 입자는 동일한 확률로 왼쪽 또는 오른쪽으로 이동하는 것으로 고려할 수 있다(고전적인 정상파 문제를 왼쪽과 오른쪽으로 이동하는 동일한 파동의 중첩으로 분석할 수 있는 것과 마찬가지로). 따라서 $p_{x,av} = 0$이다. 입자가 식 (5.2)로 주어지는 운동량을 가지고 움직인다면, $p_x^2 = (nh/L)^2$, $\Delta p_x = nh/L$이다. 위치와 운동량의 불확정성을 결합하여 다음과 같이 쓸 수 있다.

$$\Delta x \Delta p_x \sim L \frac{nh}{L} = nh \tag{5.4}$$

불확정성의 곱은 확실히 $\hbar/2$보다 크므로 입자를 구속한 결과는 Heisenberg의 불확정성 관계와 완전히 일치한다. 불확정성의 곱의 가능한 가장 작은 값(n = 1에 대해 구한)조차도 여전히 불확정성 원리에 의해 주어진 최솟값보다 훨씬 크다.

이 장 뒷부분에서는 식 (4.15)와 유사한 공식을 사용하여 위치의 불확정성을 구하는 더 엄격한 방법을 사용하여 위치의 불확정성을 찾을 것이고, 식 (5.4)로 예상한 값과 크게 다르지 않음을 볼 것이다.

AIP / Science Source

Erwin Schrödinger(1887~1961, 오스트리아). 그는 나중에 자신의 연구에 대한 확률론적 해석에 동의하지 않았지만, 처음으로 물리계의 파동 거동을 계산할 수 있는 파동 역학의 수학적 이론을 개발했다.

5.3 Schrödinger 방정식

입자의 파동 거동을 알려주는 미분 방정식을 **Schrödinger 방정식**(Schrödinger equation)이라고 한다. 이것은 1926년 오스트리아 물리학자 Erwin Schrödinger가 개발했다. 이 식은 이전의 법칙이나 가정으로부터 유도될 수 없다. Newton의 운동 방정식이나 Maxwell의 전자기 방정식처럼 예측값과 실험 결과를 비교해야만 정확성을 결정할 수 있는 새롭고 독립적인 결과이다. 비상대론적 운동의 경우 Schrödinger 방정식은 원자 및 아원자 수준에서의 관측 결과를 정확하게 설명한다.

자유 입자에 대해 예상되는 해를 조사함으로써 Schrödinger 방정식의 형식이 맞는지 확인이 가능할 것이다. 이 해는 **파동 함수**(wave function) $\psi(x)$로 특정되는 임의의 특정 시간에서의 파형이 $\psi(x) = A \sin kx$와 같이 단순한 de Broglie파의 모양을 가지는 파가 되어야 한다. 여기서 A는 파동의 진폭이고 $k = 2\pi/\lambda$이다. 미분 방정식을 얻으려면 몇 가지 미분을 취해야 한다.

$$\frac{d\psi}{dx} = kA\cos kx, \quad \frac{d^2\psi}{dx^2} = -k^2 A \sin kx = -k^2\psi(x)$$

이차 도함수는 다시 원래 함수가 된다. 운동 에너지 $K = p^2/2m = (h/\lambda)^2/2m = \hbar^2 k^2/2m$을 사용하면 다음과 같이 쓸 수 있다.

$$\frac{d^2\psi}{dx^2} = -k^2\psi(x) = -\frac{2m}{\hbar^2}K\psi(x) = -\frac{2m}{\hbar^2}(E - U)\psi(x)$$

여기서 $E = K + U$는 입자의 비상대론적 총에너지이다. 자유 입자의 경우 $U = 0$이므로 $E = K$이다. 그러나 자유 입자의 경우에서 퍼텐셜 에너지 $U(x)$가 있는 보다 일반적인 경우로 확장하고자 한다면 다음 식과 같다.

$$-\frac{\hbar^2}{2m}\frac{d^2\psi}{dx^2} + U(x)\psi(x) = E\psi(x) \tag{5.5}$$

식 (5.5)는 일차원 운동에 대한 **시간 독립적인 Schrödinger 방정식**(time-independent Schrödinger equation)이다.

식 (5.5)의 해는 시간 $t = 0$에서의 파형이다. 일차원 진행파를 설명하는 수학적 함수는 x와 t 모두를 포함해야 한다. 이 파동은 함수 $\Psi(x, t)$로 표현된다.

$$\Psi(x, t) = \psi(x)e^{-i\omega t} \tag{5.6}$$

시간 의존성은 $\omega = E/\hbar$를 갖는 복소 지수 함수 $e^{-i\omega t}$에 의해 제공된다. 시간 의존성

에 대해서는 이 장 뒷부분에서 논의한다. 지금은 시간에 독립적인 함수 $\psi(x)$에 집중
한다.

퍼텐셜 에너지 $U(x)$를 알고 있다고 가정하고 파동 함수 $\psi(x)$와 해당 퍼텐셜 에너지
에 대한 에너지 E를 얻고자 한다. 이것은 **고유값**(eigenvalue) 문제로 알려진 문제 유형
의 일반적인 예이다. **에너지 고유값**(energy eigenvalues)으로 알려진 특정한 E에 대해
서만 방정식의 해를 구할 수 있다.

Schrödinger 방정식을 푸는 일반적인 과정은 다음과 같다.

1. 적절한 $U(x)$를 가지는 식 (5.5)를 작성하면서 시작한다. 만약 퍼텐셜 에너지가 불
   연속적으로 변한다면[$U(x)$는 불연속 함수로 표현될 수 있다. $\psi(x)$는 그렇지 않을 수 있
   다], 공간의 다른 영역에 대해 다른 방정식을 작성해야 할 수도 있다. 이러한 종류
   의 예는 5.4절에 나와 있다.
2. 방정식의 형태에 적합한 일반적인 수학 기법을 사용하여 미분 방정식의 해가 되는
   수학 함수 $\psi(x)$를 찾는다. 미분 방정식을 푸는 데는 특정한 기법이 없기 때문에, 해
   를 찾는 방법을 배우기 위해 몇 가지 예를 알아볼 것이다.
3. 일반적으로 몇 가지 해결 방법을 찾을 수 있다. 경계 조건을 적용하면 이들 중 일
   부가 제거될 수 있고 일부 임의의 상수가 결정될 수 있다. 일반적으로 허용된 에너
   지를 선택하는 경계 조건을 적용한다.
4. 불연속적으로 변화하는 퍼텐셜 에너지에 대한 해를 구하려면 서로 다른 영역 간의
   경계에서 $\psi(x)$(그리고 일반적으로 $d\psi/dx$)에 연속 조건을 적용해야 한다.

Schrödinger 방정식은 선형이므로 해에 상수를 곱하는 것도 해가 된다. 파동 함수의
진폭을 결정하는 방법은 다음 절에서 논의한다.

확률과 규격화

Schrödinger 방법을 적용하는 과정의 나머지 단계는 미분 방정식에 대한 해의 물리적
해석에 따라 달라진다. Schrödinger 방정식을 푸는 원래 목표는 입자의 파동 특성을
얻는 것이었다. $\psi(x)$의 진폭은 무엇을 나타내고, 진동하는 물리적 변수는 무엇인가?
그것은 확실히 물결파나 당겨진 피아노선(piano wire)의 파동에서와 같은 변위도 아니
고, 소리의 경우처럼 압력파도 아니다. 이는 매우 다른 종류의 파동으로, 절대 진폭의 제곱
이 주어진 공간 영역에서 입자를 찾을 확률을 제공한다.

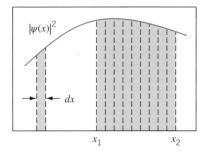

그림 5.8 폭 dx의 작은 영역에서 입자를 찾을 확률은 $|\psi(x)|^2$ 곡선 아래 띠의 면적과 같다. x_1과 x_2 사이에서 입자를 찾을 총 확률은 띠 면적의 합으로 이 두 극한 사이의 적분과 같다.

$P(x)$를 **확률 밀도**(probability density, 일차원의 단위 길이당 확률)로 정의하면 Schrödinger 방법에 따라 그림 5.8에 표시된 것과 같다.

$$P(x)\,dx = |\psi(x)|^2\,dx \tag{5.7}$$

식 (5.7)에서 $|\psi(x)|^2\,dx$는 x에서 간격 dx 안에서(즉, x와 $x+dx$ 사이) 입자를 찾을 확률을 제공한다.* 파동 함수 $\psi(x)$는 복소 함수일 수 있으므로, 확률이 양의 실수인지 확인하려면 절대 크기를 제곱해야 한다.

일반적인 시간 의존적인 파동 함수[식 (5.6)]의 제곱 크기는 다음과 같다.

$$|\Psi(x,t)|^2 = |\psi(x)|^2 |e^{-i\omega t}|^2 = |\psi(x)|^2 \tag{5.8}$$

여기서 시간 의존 요소의 크기는 1이다. 이러한 이유로 허용된 E에 대한 Schrödinger 방정식의 해와 관련된 확률 밀도는 시간과 무관하다. 이러한 특별한 양자 상태를 **정상 상태**(stationary states)라고 한다.

$|\psi(x)|^2$의 이러한 해석은 $\psi(x)$의 연속 조건을 이해하는 데 도움이 된다. 확률이 불연속적으로 변화하도록 두어서는 안 되며, 잘 정의된 파동과 마찬가지로 입자를 찾을 확률은 부드럽고 연속적으로 변화해야 한다.

$\psi(x)$의 이러한 해석을 통해 이제 Schrödinger 방정식의 활용법을 완성하고 파동 함수를 사용하여 실험실에서 측정할 수 있는 양을 계산하는 방법을 설명할 수 있다. 1~4단계는 앞에 알려진 것이고 Schrödinger 과정은 다음과 같이 이어진다.

5. 단일 입자를 설명하는 파동 함수의 경우 모든 위치에 걸쳐 합산된 확률은 100%가 되어야 한다. 즉, 입자는 $x=-\infty$와 $x=+\infty$ 사이 **어딘가**에 위치해야 한다. 작은 간격에서 입자를 찾을 확률은 식 (5.7)로 주어진다. 이러한 모든 간격에서 입자를 찾을 전체 확률은 정확히 1이어야 한다.

$$\int_{-\infty}^{+\infty} |\psi(x)|^2\,dx = 1 \tag{5.9}$$

Schrödinger 방정식은 선형이다. 즉, $\psi(x)$가 해이면 임의의 상수와 $\psi(x)$의 곱도 해가 된다. 확률이 의미 있는 개념이 되기 위해서는 이 상수가 식 (5.9)를 만족시켜야

---

* "x 지점에서 입자를 찾을 확률"이라고 말하는 것은 옳지 않다. 단일 점은 물리적 차원이 없는 수학적인 개념이다. 한 점에서 입자를 찾을 확률은 0이지만, 이 간격에서 입자를 찾을 확률은 0이 아닐 수 있다.

한다. 이러한 방식으로 선택된 곱셈 상수를 갖는 파동 함수는 **규격화**되었다고 하며 식 (5.9)를 **규격화 조건**(normalization condition)이라고 한다.

6. Schrödinger 방정식의 해는 확률을 나타내기 때문에 무한이 되는 해는 없애야 한다. 어떤 간격에서 입자를 찾을 수 있는 무한 확률을 갖는 것은 의미가 없다. 실제로 곱셈 상수를 0으로 설정해 해를 없앨 수 있다. 예를 들어, 미분 방정식에 대한 수학적 해가 $x > 0$인 **전체** 영역에 대해 $\psi(x) = Ae^{kx} + Be^{-kx}$인 경우 해가 물리적으로 의미가 있으려면 $A = 0$이 필요하다. 그렇지 않으면 $|\psi(x)|^2$은 x가 무한대로 갈수록 무한해진다. 반면, 이 해가 $x < 0$인 **전체** 영역에서 유효하려면 $B = 0$으로 설정해야 한다. 그러나 해가 x 범위 중 작은 부분인 $0 < x < L$에서만 유효하려면 $A = 0$ 또는 $B = 0$으로 설정할 수 없다.

7. 두 점 x_1과 x_2 사이의 간격이 폭 dx를 가지는 일련의 무한소 간격으로 나누어진다고 가정한다(그림 5.8). 입자가 x_1과 x_2 사이에 위치할 전체 확률 $P(x_1 : x_2)$을 찾기 위해 각각의 간격 dx에서 모든 확률 $P(x)\,dx$의 합을 계산한다. 이 합은 적분으로 표현될 수 있다.

$$P(x_1 : x_2) = \int_{x_1}^{x_2} P(x)\,dx = \int_{x_1}^{x_2} |\psi(x)|^2\,dx \qquad (5.10)$$

파동 함수가 적절하게 규격화되면 식 (5.10)은 항상 0과 1 사이의 확률을 가진다.

8. 입자의 위치에 대해 더 이상 확실하게 말할 수 없기 때문에 위치에 따라 달라지는 모든 물리량에 대한 단일 측정 결과를 더 이상 보장할 수 없다. 대신, 수많은 측정의 **평균** 결과를 찾을 수 있다. 예를 들어, 좌표 x를 측정하여 입자의 평균 위치를 찾으려 한다고 가정해 보자. 많은 수의 측정에서 x_1이 n_1번, x_2이 n_2번 등의 값을 얻으면 다음과 같은 일반적인 방법으로 평균값을 찾을 수 있다.

$$x_{\mathrm{av}} = \frac{n_1 x_1 + n_2 x_2 + \cdots}{n_1 + n_2 + \cdots} = \frac{\sum n_i x_i}{\sum n_i} \qquad (5.11)$$

각 x_i를 측정하는 n_i 횟수는 x_i에서 간격 dx에서 입자를 찾을 확률 $P(x_i)\,dx$에 비례한다. 대입을 하고 합을 적분으로 바꾸면 다음과 같다.

$$x_{\mathrm{av}} = \frac{\displaystyle\int_{-\infty}^{+\infty} P(x)x\,dx}{\displaystyle\int_{-\infty}^{+\infty} P(x)\,dx} = \int_{-\infty}^{+\infty} |\psi(x)|^2 x\,dx \qquad (5.12)$$

파동 함수가 규격화되어 있어 식 (5.12)의 분자는 1과 같다.

유사하게 모든 x의 함수의 평균값을 찾을 수 있다.

$$[f(x)]_{\text{av}} = \int_{-\infty}^{+\infty} P(x)f(x)\,dx = \int_{-\infty}^{+\infty} |\psi(x)|^2 f(x)\,dx \tag{5.13}$$

식에 따라 계산된 평균값, 식 (5.12) 또는 식 (5.13)은 **기댓값**(expectation values)으로 알려져 있다.

5.4 Schrödinger 방정식의 응용

일정한 퍼텐셜 에너지에 대한 해

먼저 일정한 퍼텐셜 에너지 U_0를 가지는 특별한 경우에 대한 Schrödinger 방정식의 해를 알아보자. 식 (5.5)는 다음과 같다.

$$-\frac{\hbar^2}{2m}\frac{d^2\psi}{dx^2} + U_0\psi(x) = E\psi(x) \tag{5.14}$$

또는 (지금은 $E > U_0$라고 가정하면)

$$\frac{d^2\psi}{dx^2} = -k^2\psi(x) \quad \text{with} \quad k = \sqrt{\frac{2m(E - U_0)}{\hbar^2}} \tag{5.15}$$

이 방정식의 매개변수 k는 파수 $2\pi/\lambda$와 같다.

식 (5.15)의 해는 x의 함수로 두 번 미분하면 음의 상수 $-k^2$을 곱한 원래 함수로 반환된다. 이 속성을 갖는 함수는 $\sin kx$ 또는 $\cos kx$이다. 방정식의 가장 일반적인 해는 다음과 같다.

$$\psi(x) = A\sin kx + B\cos kx \tag{5.16}$$

상수 A와 B는 연속성 및 규격화 요구 사항을 적용하여 결정한다. 두 번 미분하면 식 (5.16)은 식 (5.15)를 만족시키는 것을 증명할 수 있다.

$$\frac{d\psi}{dx} = kA\cos kx - kB\sin kx$$
$$\frac{d^2\psi}{dx^2} = -k^2 A\sin kx - k^2 B\cos kx = -k^2(A\sin kx + B\cos kx) = -k^2\psi(x)$$

따라서 원래 방정식은 실제로 만족된다.

입자가 금지된 영역으로 침투하는 것을 분석하려면 입자의 에너지 E가 퍼텐셜 에너지 U_0보다 작은 경우를 고려해야 한다. 이 경우 식 (5.14)를 다음과 같이 쓸 수 있다.

$$\frac{d^2\psi}{dx^2} = k'^2\psi(x) \quad \text{with} \quad k' = \sqrt{\frac{2m(U_0 - E)}{\hbar^2}} \tag{5.17}$$

이 경우 금지된 영역에서의 일반 해는 다음과 같다.

$$\psi(x) = Ae^{k'x} + Be^{-k'x} \tag{5.18}$$

다시 한번, 식 (5.18)이 식 (5.17)의 해라는 것을 두 번 미분을 취함으로써 확인할 수 있다.

$$\frac{d\psi}{dx} = k'Ae^{k'x} - k'Be^{-k'x}$$

$$\frac{d^2\psi}{dx^2} = k'^2 Ae^{k'x} + k'^2 Be^{-k'x} = k'^2(Ae^{k'x} + Be^{-k'x}) = k'^2\psi(x)$$

식 (5.16)과 식 (5.18)을 허용($E > U_0$) 및 금지 영역($E < U_0$)에서 일정한 퍼텐셜 에너지에 대한 Schrödinger 방정식의 해로 사용하겠다.

자유 입자

자유 입자의 경우 힘이 0이므로 퍼텐셜 에너지는 일정하다. 일정한 에너지로 임의의 값을 선택할 수 있으므로 편의상 $U_0 = 0$을 선택하겠다. 해는 식 (5.16), $\psi(x) = A\sin kx + B\cos kx$로 주어진다. 입자의 에너지는 다음과 같다.

$$E = \frac{\hbar^2 k^2}{2m} \tag{5.19}$$

해가 k에 제한을 두지 않았으므로 에너지는 어떤 값이라도 가질 수 있다(양자 물리학의 언어에서는 에너지가 양자화되지 않는다고 말한다). 식 (5.19)는 운동량 $p = \hbar k$ 또는 동등하게 $p = h/\lambda$인 입자의 운동 에너지이다. 자유 입자는 어떤 파장의 de Broglie파로도 표현할 수 있기 때문에 예상했던 것과 같다.

규격화 적분인 식 (5.9)를 이 파동 함수에 대해 $-\infty$에서 $+\infty$까지 계산할 수 없기 때문에 A와 B를 푸는 데 어려움이 있다. 그러므로 식 (5.16)의 파동 함수로부터 자유 입자에 대한 확률을 결정할 수 없다.

$\sin kx = (e^{ikx} - e^{-ikx})/2i$ 및 $\cos kx = (e^{ikx} + e^{-ikx})/2$를 사용하여 복소수 지수로 파동 함수를 쓰는 것이 유용하다.

$$\psi(x) = A\left(\frac{e^{ikx} - e^{-ikx}}{2i}\right) + B\left(\frac{e^{ikx} + e^{-ikx}}{2}\right) = A'e^{ikx} + B'e^{-ikx} \tag{5.20}$$

여기서 $A' = A/2i + B/2$이고 $B' = -A/2i + B/2$이다. 이 해를 파로 해석하기 위해 식 (5.6)을 사용하여 완전한 시간 의존 파동 함수를 구성한다.

$$\Psi(x,t) = (A'e^{ikx} + B'e^{-ikx})e^{-i\omega t} = A'e^{i(kx-\omega t)} + B'e^{-i(kx+\omega t)} \qquad (5.21)$$

첫 번째 항의 $kx - \omega t$에 대한 의존성은 이 항이 진폭 A'를 가지고 있고 오른쪽(양의 x 방향)으로 이동하는 파동을 나타내고, $kx + \omega t$와 관련된 두 번째 항은 진폭이 B'이고 왼쪽(음의 x 방향)으로 이동하는 파동을 나타낸다.

파동이 $+x$ 방향으로 움직이는 입자 빔을 나타내도록 하려면 $B' = 0$으로 설정한다. 그러면 식 (5.7)에 따라 이 파동과 관련된 확률 밀도는 다음과 같이 주어진다.

$$P(x) = |\psi(x)|^2 = |A'|^2 e^{ikx}e^{-ikx} = |A'|^2 \qquad (5.22)$$

확률 밀도는 일정한데 이것은 입자가 x축을 따라 어디에서나 발견될 가능성이 동일하다는 의미이다. 이는 4장에서 자유 입자 de Broglie파에 대해 논의한 내용과 일치한다. 정확하게 정의된 파장을 가지는 파동은 $x = -\infty$에서 $x = +\infty$까지 확장되어 완전히 비국소화된 입자가 된다.

무한 퍼텐셜 에너지 우물

이제 5.2절에서 논의한 문제에 대한 공식적인 해를 고려해 보겠다. 입자는 무한히 높은 퍼텐셜 에너지 장벽에 의해 $x = 0$과 $x = L$ 사이의 영역에 갇혀 있다. 입자가 이 영역에서 자유롭게 움직이고 그것을 가두는 완벽하게 견고한 장벽과 탄성 충돌을 일으키는 그림 5.6과 같은 장치를 상상해 보자. 이 문제를 '상자 속의 입자'라고도 한다. 지금은 입자가 일차원에서만 움직인다고 가정하며, 나중에 이차원과 삼차원으로 확장하겠다.

퍼텐셜 에너지는 다음과 같이 표현될 수 있다.

$$\begin{aligned} U(x) &= 0 \qquad 0 \le x \le L \\ &= \infty \qquad x < 0, x > L \end{aligned} \qquad (5.23)$$

퍼텐셜 에너지는 그림 5.9와 같다. $0 \le x \le L$ 영역에서 U에 대한 상수 값을 자유롭게 선택할 수 있다. 편의상 0으로 선택한다.

우물 내부와 외부 영역의 퍼텐셜 에너지가 다르기 때문에 각 영역에서 별도의 해를 찾아야 한다. 두 가지 방법 중 하나로 외부 영역을 분석할 수 있다. 우물 외부 영역에 대해 식 (5.5)를 적용해 보면 $U \to \infty$일 때 식이 무의미하게 되는 것을 막을 수 있는 유일한 방법은 $\psi = 0$을 취해 $U\psi$가 무한해지지 않도록 하는 것이다. 또는 문제에 대한 설명으로 돌아가 보는 것이다. 우물 경계의 벽이 완전히 단단하다면 입자는 항상 우물 안에 있어야 하며 밖에서 발견할 확률은 0이 되어야 한다. 우물 외부의 모든 곳에서 확률을 0으로 만들려면 우물 외부의 모든 곳에서 $\psi = 0$이 되어야 한다. 따라서 다음과 같다.

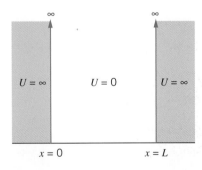

그림 5.9 $0 \le x \le L$ 영역에서는 자유롭게 $(U=0)$ 이동하지만, $x < 0$ 및 $x > L$ 영역에서는 완전히 배제된$(U=\infty)$ 입자의 퍼텐셜 에너지.

$$\psi(x) = 0 \qquad x < 0, x > L \tag{5.24}$$

$U(x) = 0$일 때 $0 \leq x \leq L$에 대한 Schrödinger 방정식은 $U_0 = 0$인 경우의 식 (5.14)와 동일한 해를 갖는다.

$$\psi(x) = A \sin kx + B \cos kx \qquad 0 \leq x \leq L \tag{5.25}$$

$$k = \sqrt{\frac{2mE}{\hbar^2}} \tag{5.26}$$

A 또는 B를 구하지 않았고 허용되는 에너지 E 값도 찾지 못했기 때문에 해는 아직 완전하지 않다. 이를 위해서는 $\psi(x)$가 모든 경계에서 연속적이라는 요구 사항을 적용해야 한다. 이 경우 $x < 0$ 및 $x > 0$에 대한 해가 $x = 0$에서 일치해야 한다. 마찬가지로 $x > L$ 및 $x < L$에 대한 해는 $x = L$에서 일치해야 한다.

$x = 0$에서부터 시작하겠다. $x < 0$에서 $\psi = 0$이라는 것을 알았으므로 식 (5.25)의 $\psi(x)$를 $x = 0$에서 0으로 설정해야 한다.

$$\psi(0) = A \sin 0 + B \cos 0 = 0 \tag{5.27}$$

그러므로 $B = 0$이다. $x > L$에 대해 $\psi = 0$이므로 두 번째 경계 조건은 $\psi(L) = 0$이다. 그러므로

$$\psi(L) = A \sin kL + B \cos kL = 0 \tag{5.28}$$

이미 $B = 0$이므로 $A \sin kL = 0$이다. $A = 0$이거나, 이 경우 모든 곳에서 $\psi = 0$, $\psi^2 = 0$이다. 이것은 입자가 없거나(의미 없는 해) 그렇지 않으면 $\sin kL = 0$이다. 이는 $kL = \pi, 2\pi, 3\pi, \cdots$일 때 또는

$$kL = n\pi \qquad n = 1, 2, 3, \cdots \tag{5.29}$$

일 때만 참이다. $k = 2\pi/\lambda$이면 $\lambda = 2L/n$이 된다. 이는 5.2절[식 (5.1)]에서 이미 얻은 양쪽 끝이 고정된 길이 L인 줄에서 정상파의 파장에 대한 기초 역학을 통해서 얻은 결과와 동일하다. 따라서 길이 L의 선형 영역에 갇힌 입자에 대한 Schrödinger 방정식의 해는 일련의 정상 de Broglie파이다! 모든 파장이 허용되는 것은 아니다. 식 (5.29)에서 결정된 특정 값만 가능하다.

식 (5.29)에 의해 어떤 k 값만이 허용되기 때문에 식 (5.26)으로부터 특정한 E 값만이 가능하다. 에너지는 양자화된다! k에 대해 식 (5.29)를 풀고 식 (5.26)에 대입하면 다음 결과를 얻을 수 있다.

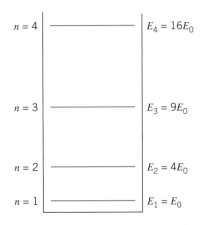

$$E_n = \frac{\hbar^2 k^2}{2m} = \frac{\hbar^2 \pi^2 n^2}{2mL^2} = \frac{h^2 n^2}{8mL^2} \qquad n = 1, 2, 3, \cdots \qquad (5.30)$$

편의상 $E_0 = \hbar^2\pi^2/2mL^2 = h^2/8mL^2$로 하자. 이 에너지 단위는 입자의 질량과 우물의 폭에 의해 결정된다. 그러면 $E_n = n^2 E_0$이고 입자에 허용되는 유일한 에너지는 E_0, $4E_0$, $9E_0$, $16E_0$ 등이다. $3E_0$ 또는 $6.2E_0$과 같은 모든 중간 값은 금지된다. 그림 5.10은 허용되는 에너지 준위를 보여준다. $n = 1$인 가장 낮은 에너지 상태는 **바닥 상태**(ground state)로 알려져 있고, 더 높은 에너지($n > 1$)를 가진 상태는 **들뜬 상태**(excited states)로 알려져 있다.

이 경우 에너지는 순수하게 운동 에너지이기 때문에 이 결과는 입자에 대해 특정 속력만 허용된다는 것을 의미한다. 이는 입자에 임의의 초기 속도가 주어질 수 있고 동일한 속력으로 영원히 앞뒤로 움직일 수 있는 고전적인 갇힌 입자의 경우와 매우 다르다. 양자의 경우에는 이것이 불가능하다. 특정 초기 속력만이 지속적인 운동 상태가 가능하다. 이러한 특별한 조건은 '정상 상태'를 나타낸다. 식 (5.13)에 의해 계산된 평균 값은 시간이 지나도 변하지 않는다.

한 에너지 상태에서 입자는 두 상태 사이의 에너지 차이와 동일한 양의 에너지를 흡수하거나 방출하여 다른 에너지 상태로 도약하거나 전이할 수 있다. 에너지를 흡수하면 입자는 더 높은 에너지 상태로 이동하고, 에너지를 방출하면 더 낮은 에너지 상태로 이동한다. 비슷한 효과가 원자의 전자에서도 발생하며, 흡수되거나 방출된 에너지는 일반적으로 가시광선이나 기타 전자기 방사선의 광자 형태이다. 예를 들어, $n = 3(E_3 = 9E_0)$ 상태에서 입자는 $\Delta E = 7E_0$의 에너지를 흡수하여 $n = 4$ 상태($E_4 = 16E_0$)로 올라가거나 $\Delta E = 5E_0$의 에너지를 방출하여 $n = 2$ 상태($E_2 = 4E_0$)로 내려갈 수 있다.

예제 5.2

전자는 길이가 1.00×10^{-10} m(일반적인 원자 지름)인 일차원 영역에 갇혀 있다. (a) 바닥 상태와 처음 두 들뜬 상태의 에너지를 구하시오. (b) 전자를 바닥 상태에서 두 번째 들뜬 상태로 여기시키기 위해서는 얼마나 많은 에너지가 공급되어야 하는가? (c) 두 번째 들뜬 상태에서 전자는 첫 번째 들뜬 상태로 떨어진다. 이 과정에서 얼마나 많은 에너지가 방출되는가?

풀이

(a) 이 계산에 필요한 기본 에너지양은 다음과 같다.

$$E_0 = \frac{h^2}{8mL^2} = \frac{(hc)^2}{8mc^2 L^2}$$

$$= \frac{(1{,}240 \text{ eV} \cdot \text{nm})^2}{8(511{,}000 \text{ eV})(0.100 \text{ nm})^2} = 37.6 \text{ eV}$$

$E_n = n^2 E_0$를 이용하여 상태 에너지를 찾을 수 있다.

$$n = 1: \quad E_1 = E_0 = 37.6 \text{ eV}$$
$$n = 2: \quad E_2 = 4E_0 = 150.4 \text{ eV}$$
$$n = 3: \quad E_3 = 9E_0 = 338.4 \text{ eV}$$

(b) 바닥 상태와 두 번째 들뜬 상태 사이의 에너지 차이는 다음과 같다.

$$\Delta E = E_3 - E_1 = 338.4 \text{ eV} - 37.6 \text{ eV} = 300.8 \text{ eV}$$

이는 전자가 이동하기 위해 흡수해야 하는 에너지이다.

(c) 두 번째 들뜬 상태와 첫 번째 들뜬 상태 사이의 에너지 차이는 다음과 같다.

$$\Delta E = E_3 - E_2 = 338.4 \text{ eV} - 150.4 \text{ eV} = 188.0 \text{ eV}$$

이것은 전자가 이동할 때 방출되는 에너지이다.

$\psi(x)$에 대한 해를 완성하려면 식 (5.9), $\int_{-\infty}^{+\infty} |\psi(x)|^2 dx = 1$로 주어진 규격화 조건을 사용하여 상수 A를 결정해야 한다. $-\infty < x \leq 0$와 $L \leq x < +\infty$ 영역에서 적분값은 0이므로 남은 것은 다음과 같다.

$$\int_0^L A^2 \sin^2 \frac{n\pi x}{L} \, dx = 1 \tag{5.31}$$

이로부터 $A = \sqrt{2/L}$이다. $0 \leq x \leq L$에 대한 완전한 파동 함수는 다음과 같다.

$$\psi_n(x) = \sqrt{\frac{2}{L}} \sin \frac{n\pi x}{L} \quad n = 1, 2, 3, \cdots \tag{5.32}$$

그림 5.11은 가장 낮은 몇 개의 상태에 대한 파동 함수와 확률 밀도 ψ^2를 보여준다.

바닥 상태에서 입자는 우물 중앙 부근($x = L/2$)에서 발견될 확률이 가장 높으며 우물 중앙과 측면 사이에서는 확률이 0으로 떨어진다. 이는 고전적인 입자의 거동과는 매우 다르다. 일정한 속력으로 움직이는 고전적인 입자는 우물 내부의 모든 위치에서 동일한 확률로 발견된다. 양자 입자 역시 일정한 속력을 갖고 있지만 여전히 우물의

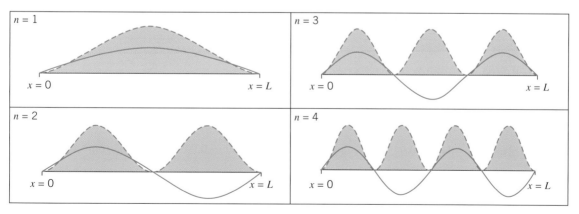

그림 5.11 일차원 무한 퍼텐셜 에너지 우물의 처음 4개 상태에 대한 파동 함수(실선)와 확률 밀도(음영 영역).

다양한 위치에서 서로 다른 확률로 발견된다. 이것이 매우 비고전적인 거동을 보이는 양자 입자의 파동 특성이다.

비고전적 거동의 또 다른 예는 첫 번째 들뜬 상태에서 발생한다. 확률 밀도는 $x = L/4$ 에서 최댓값을 가지며 $x = 3L/4$에서 또 다른 최댓값을 갖는다. 두 최댓값 사이에서 $x = L/2$인 우물 중심에서 입자를 찾을 확률은 0이다. 입자가 $x = L/2$에 있지 않으면서 어떻게 $x = L/4$에서 $x = 3L/4$까지 이동할 수 있는가? 물론 어떤 고전적인 입자도 그런 식으로 행동할 수 없지만 파동에서는 일반적인 행동이다. 예를 들어, 진동하는 줄의 첫 번째 배음은 중간점에 마디가 있고 $1/4$ 및 $3/4$ 위치에 배(진동 최댓값)가 있다.

예제 5.3

입자는 폭 L인 무한 퍼텐셜 에너지 우물의 바닥 상태에 있다. 우물 벽 중 하나가 $x = L$에서 $x = 2L$로 천천히 이동한 후 입자가 새로운 퍼텐셜 에너지 우물의 바닥 상태에 있음을 알게 되었다. 벽이 갑자기 $x = L$에서 $x = 2L$로 이동했다고 가정하자. (여기서 "갑자기"는 입자가 우물을 가로질러 진행하는 데 걸리는 시간에 비해 짧은 시간을 의미한다.) 새로운 우물의 어떤 상태에서 입자가 발견되는가?

풀이

입자는 새로운 우물에서 마디와 배의 동일한 행태를 유지하려

고 할 것이다. 원래 우물의 바닥 상태에서의 마디와 배의 위치는 새 우물의 첫 번째 들뜬 상태의 위치와 일치하며(예: $x = L/2$ 및 $x = 3L/2$의 배), 입자가 그곳으로 이동한다. 원래 우물의 $n = 1$ (바닥) 상태의 에너지는 새로운 우물의 첫 번째 들뜬($n = 2$) 상태의 에너지와 같기 때문에 입자의 에너지는 변하지 않는다.

손가락으로 기타 줄을 잡아당겨서 가운데를 지그시 눌러도 비슷한 효과를 볼 수 있다. 손가락이 줄을 따라 천천히 미끄러지면 음의 음높이가 점차 감소하지만, 손가락을 갑자기 떼면 음높이는 그대로 유지된다.

예제 5.4

길이가 1.00×10^{-10} m $= 0.100$ nm인 일차원 영역에 갇혀 있는 전자를 다시 생각해 보자. (a) 바닥 상태에서 $x = 0.0090$ nm 에서 0.0110 nm 사이의 영역에서 전자를 발견할 확률은 얼마인가? (b) 첫 번째 들뜬 상태에서 $x = 0$과 $x = 0.025$ nm 사이에서 전자를 발견할 확률은 얼마인가?

풀이

(a) 구간이 작을 때는 적분법을 이용하는 것보다 식 (5.7)을 이용하는 것이 확률을 구하는 데 더 간단하다. 작은 간격의 폭은 $dx = 0.0110$ nm $- 0.0090$ nm $= 0.0020$ nm이다. 간격의 중간점($x = 0.0100$ nm)에서 파동 함수를 구하면 식 (5.7)과 $n = 1$ 파동 함수를 이용하여 확률을 찾을 수 있다.

$$P(x)\, dx = |\psi_1(x)|^2\, dx = \frac{2}{L}\sin^2\frac{\pi x}{L}\, dx$$

$$= \frac{2}{0.100\ \text{nm}}\sin^2\frac{\pi(0.0100\ \text{nm})}{0.100\ \text{nm}}(0.002\ \text{nm})$$

$$= 0.0038 = 0.38\%$$

(b) 넓은 구간의 경우 적분법을 사용하여 확률을 찾아야 한다.

$$P(x_1:x_2) = \int_{x_1}^{x_2} |\psi_2(x)|^2\, dx$$

$$= \frac{2}{L}\int_{x_1}^{x_2}\sin^2\frac{2\pi x}{L}\, dx$$

$$= \left(\frac{x}{L} - \frac{1}{4\pi}\sin\frac{4\pi x}{L}\right)\Big|_{x_1}^{x_2}$$

$x_1 = 0$ 및 $x_2 = 0.025\ \text{nm}$ 극한을 사용하여 이 식을 계산하면 0.25 또는 25%의 확률을 얻을 수 있다. 물론 이 결과는 그림 5.11에서 $n=2$에 대한 ψ^2 그래프로부터 예상할 수 있는 결과이다. $x=0$에서 $x=L/4$의 구간에는 ψ^2 곡선 아래 총면적의 25%가 포함된다.

예제 5.5

x의 평균값은 양자 상태와 무관하게 $L/2$임을 보이시오.

풀이

식 (5.12)를 사용한다. $0 \le x \le L$을 제외하고 $\psi = 0$이기 때문에 적분 극한은 0과 L이다.

$$x_{\text{av}} = \int_0^L |\psi(x)|^2 x\, dx = \frac{2}{L}\int_0^L \sin^2\frac{n\pi x}{L}x\, dx$$

이 적분은 부분 적분을 통해서 계산할 수 있고 결과는 다음과 같다.

$$x_{\text{av}} = \frac{L}{2}$$

이 결과는 n과 무관하다. 따라서 입자의 평균 위치를 측정하면 양자 상태에 대한 정보가 제공되지 않는다.

이제 이 같힌 입자의 운동에 불확정성 원리가 어떻게 적용되는지 살펴보자. 연습 문제 38번과 39번을 풀면 무한 퍼텐셜 우물에 있는 입자의 위치와 운동량의 불확정성이 $\Delta x = L\sqrt{1/12 - 1/2\pi^2 n^2}$이고 $\Delta p = hn/2L$이라는 것을 알 수 있다. 불확정성의 곱은 다음과 같다.

$$\Delta x \Delta p = \frac{hn}{2}\sqrt{\frac{1}{12} - \frac{1}{2\pi^2 n^2}} = \frac{h}{2}\sqrt{\frac{n^2}{12} - \frac{1}{2\pi^2}}$$

분명히, 불확정성의 곱은 n이 커짐에 따라 커진다. 최솟값은 $n=1$인 경우 발생하며, 이 경우 $\Delta x \Delta p = 0.090h = 0.57\hbar$이다. 바닥 상태는 상당히 '작은' 파동 묶음을 나타내지만 가능한 최소 한계인 $0.50\hbar$[식 (4.10)]보다 다소 덜 작다. 그림 5.11에서 n이 증가함에 따라 파동이 어떻게 덜 작아지는지(더 많이 퍼지는지) 볼 수 있다. $n=2$인 경우에도 불확정성의 곱은 $1.67\hbar$로 빠르게 증가한다.

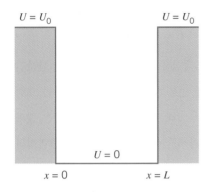

그림 5.12 $x=0$ 및 $x=L$에서 유한 장벽 U_0에 의해 $0 \leq x \leq L$ 영역에 갇힌 입자의 퍼텐셜 에너지.

유한 퍼텐셜 에너지 우물

무한 퍼텐셜 에너지 우물은 입자를 가두는 기술을 이상화한 것이므로 우물 측면의 장벽이 무한이 아닌 유한일 때 해를 알아볼 필요가 있다. 퍼텐셜 에너지 우물은 다음과 같이 설명할 수 있다.

$$U(x) = 0 \qquad 0 \leq x \leq L$$
$$= U_0 \qquad x < 0, x > L \qquad (5.33)$$

이 상황은 그림 5.12와 같다. 입자가 이 우물에 갇혀 있는 해를 찾고 있으므로 입자의 에너지는 U_0보다 작아야 한다.

중앙 영역($x=0$과 $x=L$ 사이)의 해는 무한 우물의 해와 정확히 같다[식 (5.25)].

$$\psi(x) = A \sin kx + B \cos kx \qquad (0 \leq x \leq L) \qquad (5.34)$$

하지만 이전에 계수 A와 B에 대해 얻은 값은 이 계산에서 유효하지 않다. $x < 0$ 영역은 입자의 에너지 E가 퍼텐셜 에너지 U_0보다 작은 상황의 예이므로 식 (5.17)에서 주어진 k'을 이용해 식 (5.18), $\psi(x) = Ce^{k'x} + De^{-k'x}$의 형태로 해를 사용해야 한다. 이 영역에는 $x = -\infty$가 포함되므로 계수 D를 갖는 항이 무한대가 된다. 확률이 무한해지는 것을 허용할 수 없기 때문에 $D=0$으로 설정하여 이 항을 제거해야 한다. 그러면 $x < 0$에 대한 해는 다음과 같다.

$$\psi(x) = Ce^{k'x} \qquad (x < 0) \qquad (5.35)$$

$x > L$ 영역에서 에너지 E는 다시 한번 U_0보다 작으므로 해는 또한 식 (5.18), $\psi(x) = Fe^{k'x} + Ge^{-k'x}$의 형태가 된다. 여기서 영역은 이제 $x = +\infty$를 포함하며, 이에 대해 계수 F를 갖는 항은 무한대가 된다. 이러한 가능성을 차단하기 위해 $F=0$으로 설정하여 이 영역의 해는 다음과 같다.

$$\psi(x) = Ge^{-k'x} \qquad (x > L) \qquad (5.36)$$

이제 에너지 E와 함께 결정해야 하는 4개의 계수(A, B, C, G)가 있다. 이 계수들을 결정하기 위해 경계 조건($x=0$과 $x=L$에서 ψ 및 $d\psi/dx$의 연속성)으로부터 4개의 방정식과 규격화 조건으로부터 1개의 방정식을 이용할 수 있다. 생각해 볼 수 있듯이, 5개의 미지수에서 5개의 방정식을 푸는 것은 간단하지만 매우 지루한 대수학 문제이다. 더욱이 에너지에 대한 해는 식 (5.30)과 같은 식으로부터 바로 얻을 수 없다. 대신에 초월 방정식을 풀어 수치적으로 찾아야 한다. 그 결과 값이 증가하는 일련의 에너지이지만 에너지 값은 U_0 값을 초과할 수 없으므로 에너지 값의 수는 무한하지 않고 유한하다.

예제 5.2에서 무한 퍼텐셜 에너지 우물에 대해 했던 것처럼, 폭 $L = 0.100\,\text{nm}$인 우물을 생각해 보자. 우물의 깊이를 $U_0 = 400\,\text{eV}$로 선택하자. $x=0$ 및 $x=L$에서 경계 조건을 적용하면 모든 계수를 제거하고 k 및 k'(둘 다 에너지 E에 의존적임)만 포함하는 방정식을 찾을 수 있다. 해당 식을 수치적으로 풀면 $E_1 = 26\,\text{eV}$, $E_2 = 104\,\text{eV}$, $E_3 = 227\,\text{eV}$, $E_4 = 375\,\text{eV}$로 네 가지 가능한 에너지 값을 찾을 수 있다. 여기서 아래 첨자는 바닥 상태에서 시작하는 에너지 값의 번호를 매긴 것이다. 무한 우물의 경우처럼 양자수 n에 대한 에너지의 단순한 함수적 의존성은 없다. 허용되는 에너지 준위는 그림 5.13에서 볼 수 있다.

이 네 가지 상태에 대한 확률 밀도(파동 함수의 제곱)를 그림 5.14에서 볼 수 있다. 어떤 면에서 이는 무한 우물의 확률 밀도와 유사하다. 각 상태는 무한 우물과 마찬가지로 확률 밀도에서 n개의 최댓값을 가진다(그림 5.11 참조). 무한 우물과 달리 이러한 확률 밀도는 고전적으로 금지된 영역으로 침투하는 특성을 보여준다. $x = 0$ 및 $x = L$에서 파동 함수의 연속성과 기울기를 주의 깊게 살펴보자. 우물 내부의 사인과 코사인 함수가 금지된 영역의 지수 함수와 얼마나 원활하게 연결되는지 보자.

유한 우물의 에너지 준위는 같은 폭의 무한 우물($38\,\text{eV}$, $150\,\text{eV}$, $338\,\text{eV}$, $602\,\text{eV}$)보다 작고, 더 높은 상태로 갈수록 그 차이는 커진다. 이는 불확정성 원리와 일치한다. 즉, 금지 영역으로의 침투로 인해 유한 우물의 경우 Δx가 더 크므로 Δp_x는 더 작아야 한다. 결과적으로, 유한 우물의 운동 에너지는 더 작다. 그림 5.14로부터 에너지가 증가함에 따라 침투 거리가 증가하므로 유한 우물과 무한 우물의 Δx 차이가 증가하고 에너지 차이도 증가하는 것을 알 수 있다.

E_4와 같이 우물 상단과 가까운 에너지의 경우 우물 상단에 도달하려면 더 작은 불확정성 ΔE가 필요하므로 $\Delta t \sim \hbar / \Delta E$가 더 커지고 침투 거리가 더 길어진다. 우물 바

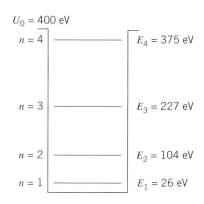

그림 5.13 깊이가 $400\,\text{eV}$인 퍼텐셜 에너지 우물의 에너지 준위. 이 우물에는 4개의 에너지 상태만 존재한다.

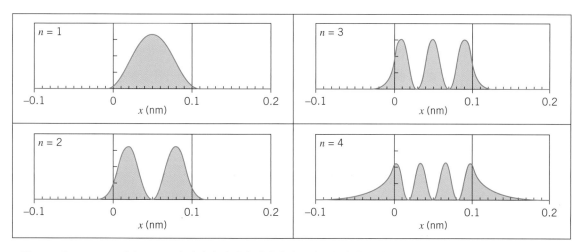

그림 5.14 폭 $0.100\,\text{nm}$, 깊이 $400\,\text{eV}$의 일차원 퍼텐셜 에너지 우물의 4개 상태에 대한 확률 밀도.

닥에서 상태 E_1은 우물 꼭대기에 도달하기 위해 훨씬 더 많은 에너지가 필요하므로 훨씬 더 큰 ΔE가 필요하다. Δt가 작아질수록 금지된 영역으로의 침투 거리가 짧아진다.

이차원 무한 퍼텐셜 에너지 우물

이전 계산을 이차원과 삼차원으로 확장하면 해의 주요 기능은 동일하게 유지되지만 중요한 새로운 기능이 도입된다. 이 절에서는 이것이 어떻게 발생하는지 알아본다. **겹침**(degeneracy)이라고 알려진 이 새로운 특징은 원자 물리학 연구에서 매우 중요한 것이다.

우선, 일차원 이상의 차원에서 유효한 Schrödinger 방정식이 필요하다. 이전 식 (5.5)에는 오직 하나의 공간 차원만 포함되었다. 퍼텐셜 에너지가 x와 y의 함수인 경우 ψ도 x와 y 모두에 의존하고 x에 대한 도함수는 x와 y에 대한 도함수로 대체되어야 한다. 그 결과 이차원에서는 다음과 같다.*

$$-\frac{\hbar^2}{2m}\left(\frac{\partial^2\psi(x,y)}{\partial x^2}+\frac{\partial^2\psi(x,y)}{\partial y^2}\right)+U(x,y)\psi(x,y)=E\psi(x,y) \qquad (5.37)$$

이차원 퍼텐셜 에너지 우물은 다음과 같다.

$$
\begin{aligned}
U(x,y) &= 0 \qquad 0\leq x\leq L; 0\leq y\leq L\\
&= \infty \qquad \text{그 외}
\end{aligned}
\qquad (5.38)
$$

입자는 그림 5.15에 표시된 것처럼 꼭짓점 $(x,y)=(0,0),(L,0),(L,L),(0,L)$을 갖는 정사각형 영역에 대한 무한히 높은 장벽에 의해 구속된다. 고전적으로 유사한 것은 테이블 위에서 마찰 없이 미끄러지고 $x=0$, $x=L$, $y=0$ 및 $y=L$에서 벽과 탄성적으로 충돌하는 작은 판일 수 있다. (단순하게 허용된 영역을 정사각형으로 만들었다. $0\leq x\leq a$, $0\leq y\leq b$에 대해서 $U=0$으로 설정하여 직사각형으로 만들 수 있다.)

편미분 방정식을 푸는 데는 고려해야 할 것보다 더 복잡한 기술이 필요하므로 해에 대한 자세한 설명은 하지 않겠다. 이전 경우와 마찬가지로 허용된 영역 밖에서 확률을 0으로 만들기 위해 $\psi(x,y)=0$이라고 생각한다. 우물 내부에서는 변수 **분리**가 가능한 해를 고려한다. 즉, x와 y의 함수는 x에만 의존하는 함수와 y에만 의존하는 다른 함수의 곱으로 표현될 수 있다.

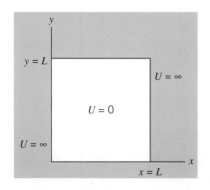

그림 5.15 입자는 $0<x<L$, $0<y<L$의 이차원 영역에서 자유롭게 이동하지만 그 영역을 넘으면 무한한 장벽에 부딪친다.

---

* 이 방정식의 좌변에 있는 처음 두 항에는 편미분 함수가 필요하다. 잘 정의된(well-behaved) 함수의 경우 다른 변수는 일정하게 유지하면서 한 변수에 대해 도함수를 구하는 작업이 포함된다. 따라서 $f(x,y)=x^2+xy+y^2$이면 $\partial f/\partial x=2x+y$, $\partial f/\partial y=x+2y$이다.

$$\psi(x, y) = f(x)g(y) \tag{5.39}$$

여기서 함수 f와 g는 식 (5.16)과 유사하다.

$$f(x) = A\sin k_x x + B\cos k_x x, \qquad g(y) = C\sin k_y y + D\cos k_y y \tag{5.40}$$

일차원 문제의 파수 k는 $f(x)$에 대한 별도의 파수 k_x와 $g(y)$에 대한 k_y가 되었다. 나중에 이것이 어떻게 연관되어 있는지 볼 것이다(이 장 끝부분의 연습문제 20번 참조).

$\psi(x, y)$의 연속 조건에서는 내부와 외부의 해가 경계에서 일치해야 한다. 외부 모든 곳에서 $\psi = 0$이므로 연속 조건에서는 경계의 모든 곳에서 $\psi = 0$이 되어야 한다. 즉,

$$\psi(0, y) = 0, \qquad \psi(L, y) = 0 \qquad\quad \text{모든 } y \text{에 대해}$$
$$\psi(x, 0) = 0, \qquad \psi(x, L) = 0 \qquad\quad \text{모든 } x \text{에 대해}$$

일차원 문제와 유사하게 $x = 0$에서의 조건은 $f(0) = 0$이고 이것은 식 (5.40)에서 $B = 0$이 된다. 마찬가지로, $y = 0$에서의 조건은 $g(0) = 0$이고 이것은 $D = 0$이 되어야 한다. $f(L) = 0$은 $\sin k_x L = 0$이 되고 $k_x L$은 π의 정수배가 된다. $g(L) = 0$은 마찬가지로 $k_y L$이 π의 정수배여야 한다. 이 두 정수는 반드시 같을 필요는 없으므로 n_x와 n_y로 부른다. 식 (5.39)에 모두 대입하면 다음과 같다.

$$\psi(x, y) = A' \sin\frac{n_x \pi x}{L} \sin\frac{n_y \pi y}{L} \tag{5.41}$$

여기서 A와 C를 A'로 대신하였다. 계수 A'은 규격화 조건에 의해 다시 한번 보게 될 것이다. 이차원 규격화 조건은 다음과 같다.

$$\iint \psi^2 dx\, dy = 1 \tag{5.42}$$

이번 경우에는 다음과 같다.

$$\int_0^L dy \int_0^L A'^2 \sin^2\frac{n_x \pi x}{L} \sin^2\frac{n_y \pi y}{L}\, dx = 1 \tag{5.43}$$

이 조건으로부터 얻게 되는 결론은 다음과 같다.

$$A' = \frac{2}{L} \tag{5.44}$$

(이차원 표면에 정상 de Broglie파를 발생시키는 이 문제에 대한 해는 고막과 같이 당겨진 막의 진동과 같은 고전적인 문제에 대한 해와 유사하다.)

마지막으로 $\psi(x, y)$에 대한 해를 다시 식 (5.41)에 대입하면 에너지를 구할 수 있다.

$$E = \frac{\hbar^2\pi^2}{2mL^2}(n_x^2 + n_y^2) = \frac{h^2}{8mL^2}(n_x^2 + n_y^2) \qquad (5.45)$$

이 결과를 식 (5.30)과 비교해 보자. 다시 한번 $E_0 = \hbar^2\pi^2/2mL^2 = h^2/8\,mL^2$로 두면 $E = E_0\,(n_x^2 + n_y^2)$가 되도록 한다. 그림 5.16에 들뜬 상태의 에너지가 표시되어 있다. 그림 5.10에 표시된 일차원 경우의 에너지와 얼마나 다른지 확인할 수 있다.

그림 5.17은 **양자수**(quantum numbers) n_x와 n_y의 여러 다른 조합에 대한 확률 밀도 ψ^2를 보여준다. 확률에는 일차원 문제의 확률과 마찬가지로 최댓값과 최솟값이 있다. 예를 들어, 입자가 에너지 $8E_0$를 가질 때 그 위치를 여러 번 측정하면 입자가 네 점 $(x, y) = (L/4, L/4), (L/4, 3L/4), (3L/4, L/4), (3L/4, 3L/4)$ 근처에서 가장 자주 발견될 것으로 예상된다. $x = L/2$ 또는 $y = L/2$ 근처에서는 절대로 발견되지 않을 것으로 예상된다. 확률 밀도의 모양은 양자수와 에너지에 대한 무엇인가를 알려준다. 따라서 그림 5.17에서처럼 확률 밀도를 측정해 최댓값 6개를 구하면 입자의 에너지는 $n_x = 2$, $n_y = 3$ 이거나 $n_x = 3$, $n_y = 2$인 $13E_0$의 에너지를 갖는다고 예상할 수 있다.

최근에는 이차원 영역에 갇힌 전자의 확률 밀도를 촬영하는 것이 가능하다. 그림

(5,2) 또는 (2,5)	$29E_0$
(5,1) 또는 (1,5)	$26E_0$
(4,3) 또는 (3,4)	$25E_0$
(4,2) 또는 (2,4)	$20E_0$
(3,3)	$18E_0$
(4,1) 또는 (1,4)	$17E_0$
(3,2) 또는 (2,3)	$13E_0$
(3,1) 또는 (1,3)	$10E_0$
(2,2)	$8E_0$
(2,1) 또는 (1,2)	$5E_0$
(1,1)	$2E_0$
(n_x, n_y)	$E = 0$

그림 5.16 무한 이차원 퍼텐셜 에너지 우물에 갇힌 입자의 낮은 허용 에너지 준위.

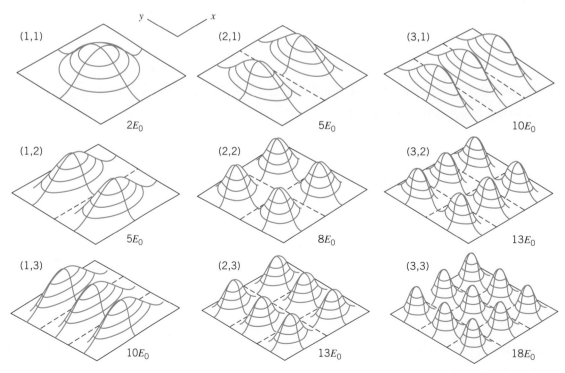

그림 5.17 무한 이차원 퍼텐셜 에너지 우물에 갇힌 입자의 낮은 에너지 준위에 대한 확률 밀도. 개별 그림에는 양자수 (n_x, n_y) 와 에너지 E의 값이 표시되어 있다.

5.18에 보이는 것과 같이 전자 현미경의 탐침을 사용하여 48개의 철 원자를 금속 표면 위에 반경 7.13 nm의 고리 또는 '울타리'가 퍼텐셜 우물의 벽을 형성하도록 배치하였다. 고리 내부에는 퍼텐셜 우물에 갇힌 전자의 확률 밀도 파동이 선명하게 보인다. 퍼텐셜 우물은 정사각형이 아니라 원형이다. 그렇지 않은 경우 분석은 이 절에 설명된 절차를 따른다. Schrödinger 방정식을 원형 우물의 퍼텐셜 에너지를 사용하여 원통형 극좌표에서 풀면 계산된 확률 밀도가 관찰된 결과와 거의 일치한다. 이러한 아름다운 결과는 이차원 퍼텐셜 에너지 우물에 대해 얻은 파동 함수를 극적으로 확인한 놀라운 것이다.

그림 5.18 구리 표면의 철 원자 고리는 갇힌 전자의 확률 밀도를 명확하게 볼 수 있는 '울타리'를 형성한다. 이 영상은 주사 터널링 전자 현미경으로 촬영한 것이다.

겹침 때때로 2개의 서로 다른 양자수 집합 n_x와 n_y가 정확히 동일한 에너지를 갖는 경우가 있다. 이러한 상황을 **겹침**(degeneracy)이라고 하며, 에너지 준위가 겹쳐 있다(degenerate)고 한다. 예를 들어, $E = 13E_0$에서의 에너지 준위는 겹쳐 있다. 왜냐하면 $n_x = 2$, $n_y = 3$과 $n_x = 3$, $n_y = 2$ 모두 $E = 13E_0$이기 때문이다. 이러한 겹침은 n_x와 n_y를 교환함으로써 발생하므로(이는 x축과 y축을 교환하는 것과 동일함) 두 경우의 확률 분포는 크게 다르지 않다. 그러나 $E = 50E_0$인 상태를 고려하면 세 가지 양자수 쌍이 있다. $n_x = 7$, $n_y = 1$; $n_x = 1$, $n_y = 7$; $n_x = 5$, $n_y = 5$. 처음 두 쌍의 양자수는 n_x와 n_y의 교환으로 인해 발생하므로 비슷한 확률 분포를 가지지만, 세 번째 쌍은 그림 5.19에 표시된 것처럼 매우 다른 운동 상태를 나타낸다. $E = 13E_0$의 준위는 **이중 겹침**이라고 하며, $E = 50E_0$의 준위는 **삼중 겹침**이라고 한다. 앞의 준위의 겹침은 2이고 뒤의 겹침은 3이라고 말할 수도 있다.

겹침은 일반적으로 계가 2개 이상의 양자수로 표시될 때마다 발생한다. 위의 계산에서 보았듯이 양자수의 다양한 조합은 종종 동일한 에너지 값을 제공할 수 있다. 주어진 물리적 문제에 필요한 서로 다른 양자수의 수는 문제가 해결되는 차원의 수와 정

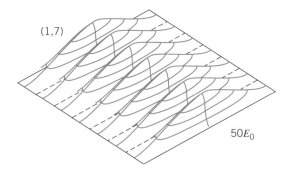

(1,7)

$50E_0$

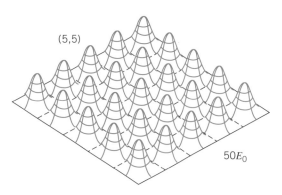

(5,5)

$50E_0$

그림 5.19 정확히 같은 에너지를 가진 2개의 매우 다른 확률 밀도.

확히 일치한다. 일차원 문제에는 단 하나의 양자수가 필요하고, 이차원 문제에는 2개가 필요하다. 이 장 끝부분의 연습문제 21번에서와 같이 그리고 특히 7장의 수소 원자에서와 같이 삼차원을 다루게 되면 겹침의 영향이 더욱 중요해진다. 원자 물리학의 경우 겹침은 원자의 구조와 특성에 큰 영향을 미친다.

5.5 단순 조화 진동자

Schrödinger 방정식을 이용하여 분석할 수 있는 또 다른 상황은 일차원 단순 조화 진동자이다. 고전 진동자는 용수철 상수가 k인 용수철에 붙어 있는 질량 m인 물체이다. 용수철은 물체에 복원력 $F = -kx$를 가한다. 여기서 x는 평형 위치로부터의 변위이다. Newton의 법칙을 사용하여 진동자를 분석할 수 있고 (원형 또는 각)진동수 $\omega_0 = \sqrt{k/m}$ 및 주기 $T = 2\pi\sqrt{m/k}$를 갖는다는 것을 알 수 있다. 평형 위치에서 진동하는 물체의 최대 거리는 진동의 진폭인 x_0이다. 진동자는 $x = 0$에서 최대 운동 에너지를 갖는다. 운동 에너지는 전환점 $x = \pm x_0$에서 사라진다. 전환점에서 진동자는 잠시 정지한 다음 운동 방향을 바꾼다. 물론 운동은 $-x_0 \leq x \leq +x_0$ 영역으로 한정된다.

왜 양자역학을 사용하여 그러한 계의 운동을 분석하는가? 자연에서는 일차원 양자 진동자의 예를 찾을 수 없지만 진동하는 이원자 분자와 같은 계는 이를 근사적으로 나타낸다. 사실 최솟값 근처에서 부드럽게 변하는 퍼텐셜 에너지를 가지는 모든 계는 대략 단순 조화 진동자처럼 동작한다.

힘 $F = -kx$는 이와 연관된 퍼텐셜 에너지 $U = \frac{1}{2}kx^2$을 가지므로 Schrödinger 방정식은 다음과 같다.

$$-\frac{\hbar^2}{2m}\frac{d^2\psi}{dx^2} + \frac{1}{2}kx^2\psi = E\psi$$

(5.46)

(일차원을 다루고 있기 때문에 U와 ψ는 x만의 함수이다.) 여기에는 퍼텐셜 에너지가 서로 다른 영역 사이에 경계가 없으므로 파동 함수는 $x \to +\infty$과 $x \to -\infty$에 대해 모두 0으로 떨어져야 한다. 이러한 조건을 만족시키는 올바른 바닥 상태 파동 함수로 밝혀진 가장 간단한 함수는 $\psi(x) = Ae^{-ax^2}$이다. 상수 a와 에너지 E는 이 함수를 식 (5.46)에 대입하여 구할 수 있다. $d^2\psi/dx^2$을 계산하는 것부터 시작한다.

$$\frac{d\psi}{dx} = -2ax(Ae^{-ax^2})$$

$$\frac{d^2\psi}{dx^2} = -2a(Ae^{-ax^2}) - 2ax(-2ax)Ae^{-ax^2} = (-2a + 4a^2x^2)Ae^{-ax^2}$$

식 (5.46)을 대입하고 공통인수 Ae^{-ax^2}을 지우면 다음과 같은 결과를 얻는다.

$$\frac{\hbar^2 a}{m} - \frac{2a^2\hbar^2}{m}x^2 + \frac{1}{2}kx^2 = E \qquad (5.47)$$

식 (5.47)은 x에 대해 풀어야 할 식이 아니다. 하나의 특정 값뿐만 아니라 모든 x에 대해 유효한 해를 찾고 있기 때문이다. 이것이 임의의 x에 대해 유지되려면 x^2의 계수가 지워져야 하고 나머지 상수는 같아야 한다. (즉, 방정식 $bx^2 = c$를 고려한다. $b=0$과 $c=0$인 경우에만 임의의 그리고 모든 x에 대해 참이 된다.)

$$-\frac{2a^2\hbar^2}{m} + \frac{1}{2}k = 0, \qquad \frac{\hbar^2 a}{m} = E \qquad (5.48)$$

그 결과는 다음과 같다.

$$a = \frac{\sqrt{km}}{2\hbar}, \qquad E = \frac{1}{2}\hbar\sqrt{k/m} \qquad (5.49)$$

또한 고전적인 진동수 $\omega_0 = \sqrt{k/m}$로 에너지를 다음과 같이 쓸 수도 있다.

$$E = \frac{1}{2}\hbar\omega_0 \qquad (5.50)$$

계수 A는 규격화 조건으로 얻을 수 있다(이 장 끝에 있는 연습문제 22번 참조). 이 결과는 $A = (m\omega_0/\hbar\pi)^{1/4}$인데, 바닥 상태 파동 함수에만 유효하다. 그러면 바닥 상태의 완전한 파동 함수는 다음과 같다.

$$\psi(x) = \left(\frac{m\omega_0}{\hbar\pi}\right)^{1/4} e^{-(\sqrt{km}/2\hbar)x^2} \qquad (5.51)$$

이 파동 함수에 대한 확률 밀도는 그림 5.20에서 볼 수 있다. 유한 퍼텐셜 에너지 우물의 경우와 마찬가지로 확률 밀도는 $x=\pm x_0$에서 고전적인 전환점을 넘어 금지 영역으로 침투할 수 있다(이 영역에서 퍼텐셜 에너지는 E보다 크다).

이 해는 진동자의 **바닥 상태**에만 해당한다. 일반적인 해는 $\psi_n(x) = Af_n(x)e^{-ax^2}$형태이다. 여기서 $f_n(x)$는 x의 최고 거듭제곱이 x^n인 다항식이다. 해당 에너지는 다음과 같다.

$$E_n = \left(n + \frac{1}{2}\right)\hbar\omega_0 \quad n = 0, 1, 2, \cdots \qquad (5.52)$$

이러한 준위는 그림 5.21에서 볼 수 있다. 일차원 무한 퍼텐셜 에너지 우물과 달리 **균일한 간격**으로 배치되어 있다. 확률 밀도는 그림 5.22에서 볼 수 있다. 모든 해는 고전적 전환점을 넘어 금지 영역으로 확률 밀도가 침투하는 특성을 가지고 있다. 확률 밀

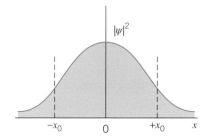

그림 5.20 단순 조화 진동자의 바닥 상태에 대한 확률 밀도. 고전적인 전환점은 $x = \pm x_0$이다.

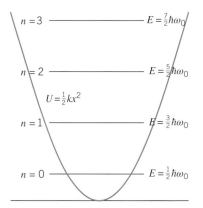

그림 5.21 단순 조화 진동자의 에너지 준위. 준위는 같은 간격을 가지며 에너지에 따라 고전적인 전환점 사이의 거리가 증가한다는 점에 유의하자.

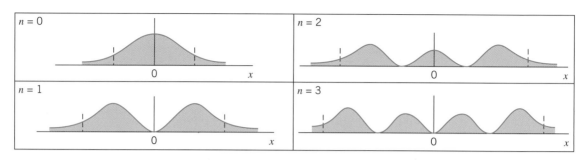

그림 5.22 단순 조화 진동자의 확률 밀도. 에너지에 따라 고전적인 전환점(짧은 수직선으로 표시) 사이의 거리가 어떻게 증가하는지 주목하자. 유한 퍼텐셜 에너지 우물에 대한 확률 밀도와 비교하자(그림 5.14).

도는 전환점 사이에서 사인파처럼 진동하고 전환점을 지나면 $e^{-\alpha x^2}$처럼 0으로 감소한다. 양자 진동자의 확률 밀도와 유한 퍼텐셜 에너지 우물의 확률 밀도 사이의 높은 유사성에 주목하자(그림 5.14).

그림 5.21과 유사한 일련의 진동 들뜬 상태는 HCl과 같은 이원자 분자에서 흔히 발견된다(9장 참조). 상태 사이의 간격은 일반적으로 0.1~1 eV이다. 분자가 한 상태에서 다른 상태로 이동할 때 스펙트럼의 적외선 영역의 광자가 방출되거나 흡수될 때 이러한 상태가 관측된다. 간격이 0.1~1 MeV이고 복사선이 스펙트럼의 감마선 영역에 있는 핵에서도 비슷한 결과가 관찰된다.

예제 5.6

다음의 퍼텐셜 에너지에 의해서 $x > 0$ 영역으로 제한되는 '반(half)진동자'를 고려하자.

$$U(x) = \infty \qquad x \leq 0$$
$$U(x) = \frac{1}{2}kx^2 \qquad x > 0$$

바닥 상태와 첫 번째 들뜬 상태의 에너지는 무엇인가?

풀이

$x \leq 0$에 대해 $\psi(x) = 0$이기 때문에 $x = 0$에서 $\psi(x)$의 연속 조건은 $x > 0$에 대한 해가 $\psi(x) = 0$을 요구한다. 그림 5.22에서 보이는 조화 진동자 확률 분포로부터 $n = 1$과 $n = 3$ 파동 함수만이 이 조건을 만족시킨다는 것을 알 수 있다. 따라서 바닥 상태($n = 1$) 에너지는 $\frac{3}{2}\hbar\omega_0$이고 첫 번째 들뜬 상태($n = 3$) 에너지는 $\frac{7}{2}\hbar\omega_0$이다.

예제 5.7

전자는 $k = 95.7$ eV/nm^{2}의 유효 용수철 상수를 갖는 용수철과 같은 힘에 의해 공간의 특정 영역에 묶여 있다. (a) 바닥 상태 에너지는 무엇인가? (b) 전자가 바닥 상태에서 두 번째 들뜬 상태로 도약하려면 얼마나 많은 에너지를 흡수해야 하는가?

풀이

(a) 바닥 상태 에너지는 다음과 같다.

$$E = \frac{1}{2}\hbar\omega_0 = \frac{1}{2}\hbar\sqrt{\frac{k}{m}} = \frac{1}{2}\hbar c\sqrt{\frac{k}{mc^2}}$$

$$= \frac{1}{2}(197\,\text{eV}\cdot\text{nm})\sqrt{\frac{95.7\,\text{eV/nm}^2}{0.511\times10^6\,\text{eV}}}$$

$$= 1.35\,\text{eV}$$

(b) 모든 에너지 준위에서 인접한 에너지 준위의 차이는 $\hbar\omega_0 = 2.70\,\text{eV}$이므로 바닥 상태에서 두 번째 들뜬 상태로 가기 위해 흡수해야 하는 에너지는 $\Delta E = 2\times2.70\,\text{eV} = 5.40\,\text{eV}$ 이다.

예제 5.8

바닥 상태에 있는 예제 5.7의 전자에 대해 평형 위치와 고전적 전환점 사이의 중간에 위치한 폭 0.004 nm의 좁은 간격에서 전자를 찾을 확률은 얼마인가?

풀이

먼저 전환점의 위치를 찾아야 한다. 고전적인 전환점 $x = \pm x_0$ 에서 운동 에너지는 0이므로 총에너지는 모두 퍼텐셜 에너지이다. 따라서 $E = \frac{1}{2}kx_0^2$이므로 다음과 같은 결과를 얻을 수 있다.

$$x_0 = \sqrt{\frac{2E}{k}} = \sqrt{\frac{2(1.35\,\text{eV})}{95.7\,\text{eV/nm}^2}} = 0.168\,\text{nm}$$

파동 함수 Ae^{-ax^2}의 매개변수(규격화 상수 A 및 지수 계수 a)를 구해보면 다음과 같다.

$$A = \left(\frac{m\omega_0}{\hbar\pi}\right)^{1/4} = \left(\frac{mc^2\hbar\omega_0}{\hbar^2c^2\pi}\right)^{1/4}$$

$$= \left(\frac{(0.511\times10^6\,\text{eV})(2.70\,\text{eV})}{(197\,\text{eV}\cdot\text{nm})^2\pi}\right)^{1/4} = 1.83\,\text{nm}^{-1/2}$$

$$a = \frac{\sqrt{km}}{2\hbar} = \frac{\sqrt{kmc^2}}{2\hbar c}$$

$$= \frac{\sqrt{(95.7\,\text{eV/nm}^2)(0.511\times10^6\,\text{eV})}}{2(197\,\text{eV}\cdot\text{nm})}$$

$$= 17.74\,\text{nm}^{-2}$$

$x = x_0/2 = 0.084\,\text{nm}$에서 $dx = 0.004\,\text{nm}$ 구간 안에서 확률은 다음과 같다.

$$P(x)\,dx = |\psi(x)|^2\,dx = A^2 e^{-2ax^2}\,dx$$

$$= (1.83\,\text{nm}^{-1/2})^2 e^{-2(17.74\,\text{nm}^{-2})(0.084\,\text{nm})^2}(0.004\,\text{nm})$$

$$= 0.0104 = 1.04\%$$

무한 퍼텐셜 에너지 우물의 경우와 마찬가지로 조화 진동자로 표현되는 파동 묶음에 불확정성 원리를 적용해 보자. 진동자의 바닥 상태에 대한 위치 및 운동량의 불확정성 $\Delta x = \sqrt{\hbar/2m\,\omega_0}$ 및 $\Delta p = \sqrt{\hbar\omega_0 m/2}$에 대한 연습문제 24번과 25번의 결과를 사용하면 불확정성의 곱은 $\Delta x\Delta p = \hbar/2$이다. 이는 식 (4.10)에 따르면 이 곱에 대해 가능한 최솟값이다. 따라서 진동자의 바닥 상태는 불확정성의 곱이 가장 작은 값을 갖는 가장 '작은' 파동 묶음을 나타낸다. 그림 5.22로부터 진동자의 들뜬 상태가 바닥 상태보다 훨씬 덜 작게(더 넓게 퍼짐) 되는 것을 볼 수 있다.

5.6 계단과 장벽

일반적인 유형의 문제에서는 일정한 퍼텐셜 에너지 영역에서 이동하는 (역시 일차원) 입자가 갑자기 다르지만 여전히 일정한 퍼텐셜 에너지 영역으로 이동할 때 어떤 일이 발생하는지 분석한다. 이러한 문제에 대한 해를 자세히 논의하지는 않겠지만, 각 문제의 풀이 방법은 매우 유사하므로 풀이 방법을 간략하게 설명할 수 있다. 이 논의에서 E를 입자의 (고정된) 총에너지라고 하고 U_0를 일정한 퍼텐셜 에너지의 값이라고 가정한다. 이 계산에서는 입자가 구속되지 않으므로 에너지가 양자화되지 않는다. 입자 에너지에 대한 값을 자유롭게 선택할 수 있다.

퍼텐셜 에너지 계단, $E > U_0$

그림 5.23에서 보이는 퍼텐셜 에너지 계단을 고려하자.

$$U(x) = 0 \qquad x < 0$$
$$\quad\;\; = U_0 \qquad x \geq 0 \qquad\qquad (5.53)$$

입자의 총에너지 E가 U_0보다 크면 식 (5.16)의 일반적인 형태를 기반으로 두 영역에서 Schrödinger 방정식의 해를 다음과 같이 쓸 수 있다.

$$\psi_0(x) = A \sin k_0 x + B \cos k_0 x \qquad k_0 = \sqrt{\frac{2mE}{\hbar^2}} \qquad x < 0 \quad (5.54a)$$

$$\psi_1(x) = C \sin k_1 x + D \cos k_1 x \qquad k_1 = \sqrt{\frac{2m}{\hbar^2}(E - U_0)} \quad x > 0 \quad (5.54b)$$

4개의 계수 A, B, C, D 간의 관계는 $\psi(x)$ 및 $\psi'(x) = d\psi/dx$가 경계에서 연속이어야 한다는 조건을 적용하여 찾을 수 있다. 따라서 $\psi_0(0) = \psi_1(0)$ 및 $\psi_0'(0) = \psi_1'(0)$이다. 일반적인 해는 그림 5.24와 같다. 연속성 조건을 적용한 결과 $x = 0$에서 해의 부드러운 전환에 주목하자.

계수 A, B, C, D는 일반적으로 복소수이므로 완전한 파동을 시각화하려면 ψ의 실수 부분과 허수 부분이 모두 필요하다. $e^{i\theta} = \cos\theta + i\sin\theta$를 사용하여 해를 사인과 코사인 형태에서 복소수 지수로 변환할 수 있다.

$$\psi_0(x) = A' e^{ik_0 x} + B' e^{-ik_0 x} \qquad x < 0 \qquad (5.55a)$$

$$\psi_1(x) = C' e^{ik_1 x} + D' e^{-ik_1 x} \qquad x > 0 \qquad (5.55b)$$

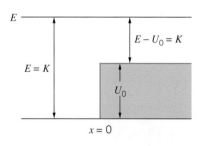

그림 5.23 높이 U_0의 계단. 입자는 에너지 E를 가지고 왼쪽에서 입사한다. 운동 에너지는 $x < 0$ 영역에서는 E와 같고, $x > 0$ 영역에서는 $E - U_0$으로 감소한다.

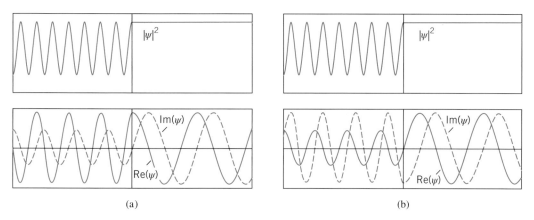

그림 5.24 $E > U_0$인 퍼텐셜 에너지 계단의 왼쪽에서 입사하는 전자의 파동 함수. 확률 밀도와 파동 함수의 실수 및 허수 부분이 (a) $t = 0$ 및 (b) $t = \frac{1}{4}$ 주기에 대해 표시되어 있다. 수직선은 계단의 위치를 표시한다.

계수 A', B', C', D'는 계수 A, B, C, D에서 찾을 수 있다. 시간에 의존적인 파동 함수는 각 항에 $e^{-i\omega t}$를 곱하여 얻는다.

$$\Psi_0(x,t) = A' e^{i(k_0 x - \omega t)} + B' e^{-i(k_0 x + \omega t)} \tag{5.56a}$$

$$\Psi_1(x,t) = C' e^{i(k_1 x - \omega t)} + D' e^{-i(k_1 x + \omega t)} \tag{5.56b}$$

$(kx - \omega t)$는 양의 x 방향으로 이동하는 파동의 위상이고, $(kx + \omega t)$는 음의 x 방향으로 이동하는 파동의 위상이며, 각 계수의 크기 제곱이 해당 성분 파동의 세기라고 가정하면 개별 구성 파동을 다음과 같이 구분할 수 있다. $x < 0$ 영역에서 식 (5.56a)는 양의 x 방향($-\infty$에서 0까지)으로 움직이는 세기가 $|A'|^2$인 파동 $e^{i(k_0 x - \omega t)}$와 세기가 음의 x 방향으로 움직이는 세기가 $|B'|^2$인 파동 $e^{-i(k_0 x + \omega t)}$의 중첩을 설명한다. 이 계단의 왼쪽에서 입사되는 입자를 설명하기 위한 해를 가정하겠다. 그러면 $|A'|^2$는 입사파(보다 정확하게는 입자의 입사 빔을 설명하는 de Broglie파)의 세기이고 $|B'|^2$는 반사파의 세기이다. 비율 $|B'|^2/|A'|^2$는 입사파 세기의 반사 비율을 알려준다.

　$x > 0$ 영역에서 식 (5.56b)는 오른쪽으로 이동하는 세기 $|C'|^2$인 투과된 파동 $e^{i(k_1 x - \omega t)}$와 왼쪽으로 이동하는 세기 $|D'|^2$인 파동 $e^{-i(k_1 x + \omega t)}$를 설명한다. 입자가 $-\infty$에서 입사하는 경우 $x > 0$ 영역에서 왼쪽으로 이동하는 것이 불가능하므로 이 특정 실험 상황에서는 D'를 0으로 설정하는 것이 적절하다.

　그림 5.24a는 확률 밀도가 $x > 0$인 영역 어디에서나 동일한 값을 갖는다는 것을 보여준다. 이는 식 (5.56b)에 $D' = 0$을 적용하면 즉시 확인할 수 있다. 나머지 항의 크기를 제곱하면 x와 t에 관계없이 일정한 결과를 얻는다. 이는 자유 입자의 de Broglie파에 대해 예상하는 것과 일치한다. 입자는 $x > 0$ 영역 어디에서나 같은 확률로 발견될

수 있다.

　$x < 0$ 영역에서 입사파와 반사파는 결합되어 정상파를 생성하며, 확률 밀도는 고정된 최댓값과 최솟값을 갖는다. 그림 5.24에 표시된 서로 다른 두 시간($t = 0$ 및 $t = 1/4$ 주기)에 대한 그림에서 보이는 것과 같이 이 영역의 확률 밀도는 시간에 따라 변하지 않는다.

　de Broglie파의 전파를 나타내기 위해서는 그림 5.24와 같이 파동 함수의 실수부와 허수부를 그리는 것도 도움이 된다. 여기에서 계단을 건너는 동안 파장의 변화(운동 에너지 또는 운동량의 변화에 해당하는)를 볼 수 있다. 또한 시간 의존성을 볼 수 있다. 파동은 두 영역 모두에서 전파되지만 실수 부분과 허수 부분이 결합되어 시간에 따라 변하지 않는 확률 밀도를 제공하는 방식으로 전파된다.

퍼텐셜 에너지 계단, $E < U_0$

입자의 에너지가 퍼텐셜 에너지 단계의 높이보다 작으면 $x > 0$인 영역의 해는 식 (5.18)의 형태를 가진다.

$$\psi_0(x) = A \sin k_0 x + B \cos k_0 x \qquad k_0 = \sqrt{\frac{2mE}{\hbar^2}} \qquad x < 0 \qquad (5.57a)$$

$$\psi_1(x) = C e^{k_1 x} + D e^{-k_1 x} \qquad k_1 = \sqrt{\frac{2m}{\hbar^2}(U_0 - E)} \quad x > 0 \qquad (5.57b)$$

$\psi_1(x)$가 $x \to \infty$일 때 무한대가 되는 것을 방지하기 위해 $C = 0$으로 설정하고 $x = 0$에서 $\psi(x)$ 및 $\psi'(x)$에 경계 조건을 적용한다. 결과적으로 얻는 해를 그림 5.25에서 볼 수 있

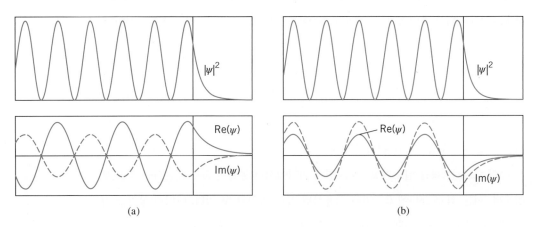

그림 5.25 $E < U_0$인 퍼텐셜 에너지 단계의 왼쪽에서 입사하는 전자의 파동 함수. 확률 밀도와 파동 함수의 실수 및 허수 부분이 (a) $t = 0$ 및 (b) $t = \frac{1}{4}$ 주기에 대해 표시되어 있다. 수직선은 계단의 위치를 표시한다.

다. $x > 0$에 대한 확률 밀도는 고전적으로 금지된 영역으로 침투하는 것을 보여준다. 모든 입자는 장벽에서 반사된다. 즉, $\Psi_0(x, t)$를 식 (5.56a)와 같이 쓴다면 $|A'| = |B'|$이어야 한다. $x < 0$ 영역에서 오른쪽(입사파)과 왼쪽(반사파)으로 움직이는 파동의 진폭이 같아야 한다.

그림 5.25는 서로 다른 두 시간에서의 확률 밀도이다. 확률 밀도는 시간에 따라 변하지 않음을 보여준다. $x < 0$ 영역에서는 고정된 최댓값과 최솟값을 갖는 정상파가 다시 나타난다. 서로 다른 두 시간($t = 0$ 및 $t = 1/4$주기)에서 실수부와 허수부를 보면 확률 밀도가 시간에 따라 변히지 않음에도 불구하고 파동이 진파되고 있음을 알 수 있다.

금지된 영역으로의 침투는 입자의 파동 특성 및 입자 에너지나 위치의 불확정성과 관련이 있다. $x > 0$ 영역의 확률 밀도는 $|\psi_1|^2$이고 식 (5.57b)에 따르면 $e^{-2k_1 x}$에 비례한다. 대표 침투 거리 Δx를 확률이 $1/e$만큼 떨어지는 거리로 정의하면 $e^{-2k_1 \Delta x} = e^{-1}$이 된다. 따라서 다음과 같이 쓸 수 있다.

$$\Delta x = \frac{1}{2k_1} = \frac{1}{2} \frac{\hbar}{\sqrt{2m(U_0 - E)}} \tag{5.58}$$

$x > 0$인 영역에 들어갈 수 있으려면 입자는 퍼텐셜 에너지 계단을 극복하기 위해 최소한 $U_0 - E$의 에너지를 얻어야 한다. $x > 0$ 영역에서 움직이려면 추가로 약간의 운동 에너지를 얻어야 한다. 물론 입자가 자발적으로 어떤 에너지를 얻는 것은 에너지 보존 위반이지만 불확정성 관계 $\Delta E \Delta t \sim \hbar$에 따르면 Δt보다 작은 시간에는 에너지 보존이 적용되지 않고, 이 경우 $\Delta E \sim \hbar / \Delta t$만큼의 에너지 변화를 허용한다. 즉, 입자가 ΔE의 에너지를 '빌리고' $\Delta t \sim \hbar / \Delta E$ 시간 내에 빌린 에너지를 '반환'한다면 관찰자들은 여전히 에너지가 보존된다고 생각할 것이다. 입자가 금지 영역에서 운동 에너지 K를 제공하기에 충분한 에너지를 빌린다고 가정하자. 입자가 금지 영역으로 얼마나 침투하겠는가?

'빌려온' 에너지는 $(U_0 - E) + K$이다. 에너지 $(U_0 - E)$는 입자를 계단의 맨 위로 놓고, 여분의 운동 에너지 K는 입자가 이동하게 한다. 에너지는 다음 시간 내에 반환되어야 한다.

$$\Delta t = \frac{\hbar}{U_0 - E + K} \tag{5.59}$$

입자는 속력 $v = \sqrt{2K/m}$으로 이동하므로 이동할 수 있는 거리는 다음과 같다.

$$\Delta x = \frac{1}{2} v \Delta t = \frac{1}{2} \sqrt{\frac{2K}{m}} \frac{\hbar}{U_0 - E + K} \tag{5.60}$$

(1/2이 있는 이유는 시간 Δt에서 입자가 금지 영역으로 거리 Δx를 침투하고 같은 거리를 통해 허용 영역으로 돌아와야 하기 때문이다.)

$K \to 0$인 극한에서 입자의 속도가 0이기 때문에 침투 거리 Δx는 식 (5.60)에 의해 0이 된다. 마찬가지로, 소실 시간 간격 Δt 동안 움직이기 때문에 $K \to \infty$인 극한에서 $\Delta x \to 0$이다. 이러한 극한 사이에는 특정 K에 대한 Δx의 최댓값이 있어야 한다. 식 (5.60)을 K에 대해서 미분하면 최댓값을 찾을 수 있다.

$$\Delta x_{\max} = \frac{1}{2} \frac{\hbar}{\sqrt{2m(U_0 - E)}} \tag{5.61}$$

이 Δx는 식 (5.58)과 같다. 이는 Schrödinger 방정식의 해에 의해 주어진 금지 영역으로의 침투가 불확정성 관계와 완전히 일치한다는 것을 보여준다. [식 (5.58)과 식 (5.61)이 일치하는 것은 다소 우연인데 식 (5.58)을 얻기 위해 사용된 $1/e$이라는 요소가 임의로 선택되었기 때문이다. 실제로 입증한 것은 Heisenberg 관계에 의해 주어진 불확정성의 추정치는 Schrödinger 방정식에서 얻은 입자의 파동 특성과 일치한다는 것이다. 불확정성 원리는 Schrödinger 방정식의 결과로 도출될 수 있으므로 이는 놀라운 일이 아니다.]

퍼텐셜 에너지 장벽

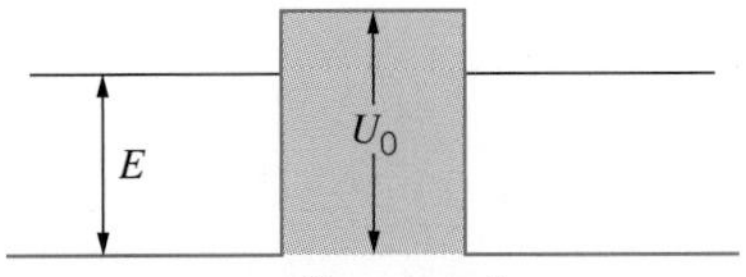

이제 그림 5.26에 주어진 퍼텐셜 에너지 장벽을 고려하자.

$$\begin{aligned} U(x) &= 0 && x < 0 \\ &= U_0 && 0 \leq x \leq L \\ &= 0 && x > L \end{aligned} \tag{5.62}$$

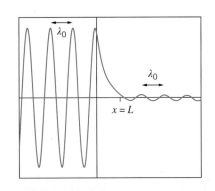

그림 5.26 높이 U_0, 폭 L의 장벽.

그림 5.27 장벽에 부딪친 $E < U_0$인 에너지를 가지는 입자의 파동 함수의 실수 부분 (입자는 그림의 왼쪽에서 입사하고 있다). 파장 λ_0은 장벽의 양쪽에서 같지만 장벽 너머의 진폭은 원래 진폭보다 훨씬 작다.

에너지 E가 U_0보다 작은 입자가 왼쪽에서 입사된다. 그러면 그동안의 경험을 통해 그림 5.27에 주어진 형태의 해를 기대할 수 있다. $x < 0$ 영역(입사파와 반사파)에서는 정현파 진동, $0 \leq x \leq L$ 영역의 지수 함수, 영역 $x > L$(투과파)에서는 정현파 진동. 투과된 ($x > L$) 파동의 세기는 입사파와 반사파 합의 세기($x < 0$)보다 훨씬 작다. 이는 대부분의 입자가 반사되고 장벽을 통해 거의 투과되지 않음을 의미한다. 또한 파장은 장벽 양쪽에서 동일하다(운동 에너지가 같기 때문이다).

연속성 조건을 적용하여 알 수 있는 투과파의 세기는 입자의 에너지와 장벽의 높이와 두께에 따라 달라진다. 고전적으로는 입자는 장벽을 극복할 만큼 충분한 에너지를 갖고 있지 않기 때문에 $x > L$에 나타나지 않아야 한다. 이 상황은 **양자역학적 터널링**(tunneling)이라고도 불리는 **장벽 침투**(barrier penetration)의 한 예이다. 입자는 고전적으로 금지된 영역인 $0 \leq x \leq L$에 있는 동안에는 관찰할 수 없지만 해당 영역을 통과하

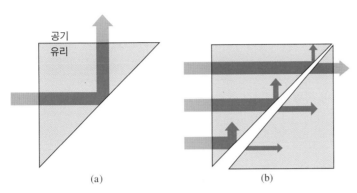

그림 5.28 (a) 유리-공기 경계에서 광파의 전반사. (b) 부분 전반사. 공기 간격이 두꺼울수록 투과 확률이 작아진다. 광선이 이 간격에서는 보이지 않는다는 점에 유의하자.

는 '꿰뚫기'를 할 수 있고 $x > L$에서는 관찰할 수 있다.

그림 5.26의 장벽에 입사하는 모든 입자는 반사되거나 투과된다. 입사된 입자의 수는 $x < 0$으로 다시 반사된 수와 $x > L$로 투과된 수를 더한 것과 같다. 금지 영역 $0 < x < L$에서는 아무것도 '갇히거나' 보이지 않는다. $x < 0$에서 입사한 입자를 $x > L$인 곳에서 어떻게 확인할 수 있나? 고전적인 입자로서는 **그럴 수 없다!** 그러나 입자를 나타내는 파동은 장벽을 통과할 수 있으므로 고전적으로 **허용되는** 영역 $x > L$에서 입자를 관찰할 수 있다.

금지된 영역을 통과하는 이러한 현상은 고전파의 잘 알려진 특성이다. 양자 물리학은 입자를 파동과 연관시켜 입자가 고전적으로 금지된 영역을 통과하도록 함으로써 이 현상에 새로운 면을 제공한다. 고전 파동에 대한 침투 효과의 예는 광파의 내부 전반사*에서 발생한다. 그림 5.28a는 유리 안의 빛이 공기와의 경계면에 입사하는 모습을 보여준다. 광선은 유리에서 전반사된다. 그러나 그림 5.28b와 같이 두 번째 유리 조각을 첫 번째 유리 조각에 가까이 가져가면 두 번째 유리 조각에 빔이 나타날 수 있다. 이 효과를 **부분 내부 반사**(frustrated total internal reflection)라고 한다. 그림 5.28b의 화살표 폭으로 표시되는 두 번째 조각에서의 빔의 세기는 간격의 두께가 증가함에 따라 급격히 감소한다.

금지된 영역에 몇 개의 파장만 침투하는 관찰 불가능한 양자 파동처럼, 진폭이 기하급수적으로 감소하는 관측 불가능한 광파인 **에베네센트 파**는 유리에서 전반사를 겪어도 공기 중으로 침투한다. 에베네센트 파는 경계면에서 에너지를 전달하지 않으므

---

* 유리와 공기 등 두 물질의 경계면에 굴절률이 높은 쪽에서 광선이 입사하면 내부 전반사가 발생한다. 유리 내부의 입사각이 특정 임계값을 초과하면 광선이 유리 안으로 완전히 반사된다.

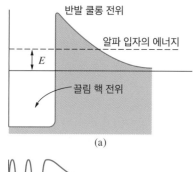

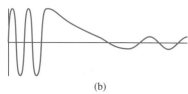

그림 5.29 (a) 에너지 E의 알파 입자가 핵 퍼텐셜 에너지 장벽에 침투한다. (b) 알파 입자의 파동 함수의 실수 부분의 표현. 장벽을 통과할 확률은 알파 입자의 에너지에 따라 크게 달라진다.

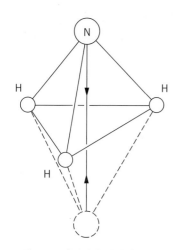

그림 5.30 암모니아 분자의 모식도. 세 수소 원자의 쿨롱 반발력은 수소 평면의 반대편에 있는 대칭 위치(점선으로 표시)로 이동하는 질소 원자에 대한 장벽을 형성한다.

로 공기 중에서 직접 관찰할 수는 없지만 첫 번째 유리 조각 가까이에 배치된 두 번째 유리 조각과 같은 다른 매질에서는 관찰할 수 있다. 에베네센트 파는 현미경에 응용되어 개별 분자 영상을 구현할 수 있다.

그림 5.26의 퍼텐셜 에너지 장벽은 다소 인위적이지만 양자 터널링의 실제 사례가 많이 있다.

1. **알파 붕괴.** 원자핵은 일정한 운동 상태에 있는 양성자와 중성자로 구성된다. 때때로 이러한 입자는 알파 입자라고 불리는 2개의 양성자와 2개의 중성자의 집합체를 형성한다. 방사성 붕괴의 한 형태로, 핵은 실험실에서 검출할 수 있는 알파 입자를 방출할 수 있다. 그러나 핵에서 탈출하려면 알파 입자가 그림 5.29에 표시된 형태의 장벽을 통과해야 한다. 알파 입자가 장벽을 통과하여 실험실에서 검출될 확률은 알파 입자의 에너지와 장벽의 높이 및 두께를 기반으로 계산할 수 있다. 붕괴 확률은 실험실에서 측정할 수 있으며 장벽 투과에 기초한 양자역학적 계산을 통해 얻은 값과 매우 잘 일치하는 것으로 나타났다.

2. **별의 핵융합.** 별은 2개의 핵 입자가 충돌하고 융합하여 더 무거운 핵을 형성하는 핵융합에 의해 복사 에너지를 생성한다. 이는 여러 면에서 그림 5.29a에서 보이는 상황과 반대이다. 여기서는 내부가 아닌 외부로부터 장벽으로 입자가 입사한다. 이제 장벽은 두 입자가 융합되는 것을 방지하는 역할을 한다. 별에서 입자의 열에너지는 일반적으로 keV 영역에 있는데, 이는 양으로 하전된 두 입자의 쿨롱 반발력으로 인해 MeV 장벽을 극복하기에는 불충분하다. 터널링이 없었다면 별의 융합도 일어나지 않았고 별도 빛나지 않았을 것이다.

3. **암모니아 반전.** 그림 5.30은 암모니아 분자 NH_3를 나타낸 것이다. 수소 원자 평면을 향해 분자 축을 따라 질소 원자를 이동하려고 하면 3개의 수소 원자에 의한 반발력이 발생하여 그림 5.31에 표시된 형태의 퍼텐셜 에너지가 생성된다. 고전 역학에 따르면, 질소 원자에 충분한 에너지를 주지 않으면 질소 원자는 장벽을 넘어 수소 평면 반대편에 나타날 수 없다. 양자역학에 따르면 질소는 장벽을 통과하여 분자의 반대편에 나타날 수 있다. 사실 질소 원자는 실제로 초당 10^{10}회의 진동을 초과하는 빈도로 앞뒤로 터널링한다.

4. **터널 다이오드.** 터널 다이오드는 터널링 현상을 이용한 전자소자이다. 개략적으로 터널 다이오드에서 전자의 퍼텐셜 에너지는 그림 5.32와 같이 표시된다. 장치를 통해 흐르는 전류는 장벽을 통과하는 전자 터널링에 의해 생성된다. 터널링 비율,

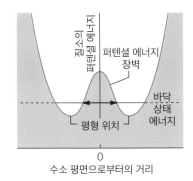

그림 5.31 암모니아 분자에서 질소 원자가 느끼는 퍼텐셜 에너지. 질소는 장벽을 통과하여 한 평형 위치에서 다른 평형 위치로 이동할 수 있다.

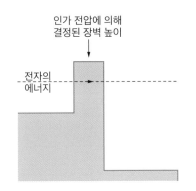

그림 5.32 터널 다이오드에서 전자가 느끼는 퍼텐셜 에너지 장벽. 소자의 전도도는 전자가 장벽을 통과할 확률에 의해 결정되며, 이는 장벽 높이에 따라 달라진다.

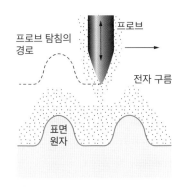

그림 5.33 주사 터널링 현미경에서 바늘 모양의 프로브가 표면을 스캔한다. 수직으로 이동한 프로브가 측면으로 스캔할 때 표면과의 거리를 일정하게 유지한다.

즉 전류는 단지 인가된 전압으로 장벽의 높이를 변경하는 것만으로도 조절할 수 있다. 이는 신속하게 행해질 수 있어서 10^9 Hz를 초과하는 스위칭 진동수를 얻을 수 있다. 일반적인 반도체 다이오드는 접합을 통한 전자의 확산에 의존하므로 훨씬 더 긴 시간 범위(즉, 낮은 진동수)에서 작동한다.

5. **Josephson 접합.** 초전도체에서는 연결된 전자쌍이 전기 저항 없이 이동할 수 있다. 얇은 절연층이 2개의 초전도체 사이에 끼어 있으면 전자쌍은 절연체를 통해 한 초전도체에서 다른 초전도체로 터널링될 수 있다. Josephson 접합의 응용 분야에는 매우 약한 자기장(뇌 활동으로 인한 자기장)의 민감한 측정, 전압의 국제 표준 정의 및 양자 효과를 기반으로 하는 컴퓨터가 포함된다. Josephson 접합에 대한 자세한 내용은 11.5절에서 확인할 수 있다.

6. **주사 터널링 현미경.** 재료 표면의 개별 원자 영상(그림 5.18)은 주사 터널링 현미경을 사용하여 만들 수 있다. 전자는 퍼텐셜 에너지 장벽(재료의 일함수)에 의해 표면에 갇히게 된다. 바늘 모양의 탐침을 표면의 약 1 nm 내에 배치하면(그림 5.33) 전자가 표면과 탐침 사이의 장벽을 통과하여 외부 회로에 기록될 수 있는 전류를 생성할 수 있다. 전류는 장벽의 폭(프로브에서 표면까지의 거리)에 매우 민감하다. 실제로 피드백 메커니즘은 탐침을 위아래로 움직여 전류를 일정하게 유지한다. 탐침의 움직임은 원자 직경의 약 1/100인 0.01 nm보다 작은 세부 사항을 나타내는 표면 지도를 제공한다! 주사 터널링 현미경을 개발한 Gerd Binnig와 Heinrich Rohrer는 1986년 노벨 물리학상을 수상했다.

요약

		절			절
시간 의존적인 Schrödinger 방정식	$-\dfrac{\hbar^2}{2m}\dfrac{d^2\psi}{dx^2} + U(x)\psi(x) = E\psi(x)$	5.3	무한 퍼텐셜 에너지 우물	$\psi_n(x) = \sqrt{\dfrac{2}{L}}\sin\dfrac{n\pi x}{L},$ $E_n = \dfrac{h^2 n^2}{8mL^2}\ (n = 1, 2, 3, \cdots)$	5.4
시간 독립적인 Schrödinger 방정식	$\Psi(x, t) = \psi(x)e^{-i\omega t}$	5.3	이차원 무한 우물	$\psi(x, y) = \dfrac{2}{L}\sin\dfrac{n_x\pi x}{L}\sin\dfrac{n_y\pi y}{L}$ $E = \dfrac{h^2}{8mL^2}(n_x^2 + n_y^2)$	5.4
확률 밀도	$P(x) = \lvert\psi(x)\rvert^2$	5.3			
규격화 조건	$\displaystyle\int_{-\infty}^{+\infty} \lvert\psi(x)\rvert^2\, dx = 1$	5.3	단순 조화 진동자 바닥 상태	$\psi(x) = (m\omega_0/\hbar\pi)^{1/4}\, e^{-(\sqrt{km}/2\hbar)x^2}$	5.5
x_1과 x_2 사이에서의 확률	$P(x_1{:}x_2) = \displaystyle\int_{x_1}^{x_2} \lvert\psi(x)\rvert^2 dx$	5.3	단순 조화 진동자 에너지	$E_n = \left(n + \dfrac{1}{2}\right)\hbar\omega_0\ (n = 0, 1, 2, \dots)$	5.5
$f(x)$의 평균 또는 기댓값	$[f(x)]_{\text{av}} = \displaystyle\int_{-\infty}^{+\infty} \lvert\psi(x)\rvert^2 f(x)\, dx$	5.3			
일정한 퍼텐셜 에너지, $E > U_0$	$\psi(x) = A\sin kx + B\cos kx,$ $k = \sqrt{2m(E - U_0)/\hbar^2}$	5.4	퍼텐셜 에너지 계단, $E > U_0$	$\psi_0(x<0) = A\sin k_0 x + B\cos k_0 x$ $\psi_1(x>0) = C\sin k_1 x + D\cos k_1 x$	5.6
일정한 퍼텐셜 에너지, $E < U_0$	$\psi(x) = Ae^{k'x} + Be^{-k'x},$ $k' = \sqrt{2m(U_0 - E)/\hbar^2}$	5.4	퍼텐셜 에너지 계단, $E < U_0$	$\psi_0(x<0) = A\sin k_0 x + B\cos k_0 x$ $\psi_1(x>0) = Ce^{k_1 x} + De^{-k_1 x}$	5.6

질문

1. Newton의 법칙을 풀면 입자의 미래 거동을 예측할 수 있다. Schrödinger 방정식도 어떤 의미에서는 이런 역할을 할 수 있을까? 어떤 의미에서 그렇지 않은가?

2. 파동 함수를 규격화하는 것이 중요한 이유는 무엇인가? 규격화되지 않은 파동 함수가 Schrödinger 방정식의 해인가?

3. $\displaystyle\int_{-\infty}^{+\infty} \lvert\psi\rvert^2 dx = 1$의 물리적 의미는 무엇인가?

4. $\psi(x)$의 차원은 어떻게 되는가? $\psi(x, y)$의 차원은 어떻게 되는가?

5. 다음 중 어느 것도 Schrödinger 방정식의 해로 허용되지 않는다. 각 경우에 대한 이유를 제시하시오.

   (a) $\psi(x) = A\cos kx \quad x < 0$
   $\psi(x) = B\sin kx \quad x > 0$

   (b) $\psi(x) = Ax^{-1}e^{-kx} \quad -L \le x \le L$

   (c) $\psi(x) = A\sin^{-1} kx$

   (d) $\psi(x) = A\tan kx \quad x > 0$

6. $n \to \infty$일 때 무한 우물에서 확률 밀도는 어떻게 되는가? 이것이 고전 물리학에 부합하는가?

7. 우물이 $x = x_0$에서 $x = x_0 + L$로 확장될 때, 여기서 x_0이 x의 0이 아닌 값이면 무한 퍼텐셜 에너지 우물에 대한 해는 어떻게 달라지는가? 측정 가능한 특성 중 어떤 것이 달라지는가?

8. 퍼텐셜 에너지가 $0 \le x \le L$ 구간에서 0이 아니라 일정한 값 U_0을 갖는다면 일차원 무한 퍼텐셜 에너지 우물에 대한 해는 어떻게 달라지는가? 들뜬 상태의 에너지는 어떻게 되는가? 정상파 de Broglie파의 파장은 어떻게 되는가? 가장 낮

은 두 파동 함수의 거동을 그리시오.

9. 진자가 양자 진동자처럼 거동한다고 가정할 때, 길이 1 m의 진자의 양자 상태 사이의 에너지 차이는 어느 정도인가? 이러한 차이를 관찰할 수 있는가?

10. 그림 5.26의 퍼텐셜 에너지 장벽에 대해 $x > L$에서의 파장은 $x < 0$에서의 파장과 같은가? 진폭은 동일한가?

11. 입자가 양의 x 방향에서 퍼텐셜 에너지 계단에 입사한다고 가정하자. 식 (5.56)의 네 가지 계수 중 0으로 설정할 수 있는 계수는 무엇인가? 그 이유는?

12. 이 장에서 논의한 계의 들뜬 상태의 에너지는 정확하며 에너지 불확정성이 없다. 이것은 들뜬 상태 입자의 수명에 대해 무엇을 의미하는가? 입자를 그대로 두면 입자가 한 상태에서 다른 상태로 전환할 수 있는가?

13. 일차원 무한 우물에서 입자의 거동을 정상 de Broglie파의 관점에서 어떻게 고려할 수 있는지 설명하시오.

14. 음파로 장벽 투과를 관찰하는 실험을 어떻게 설계하겠는가? 장벽의 두께 범위는 어느 정도로 선택하겠는가?

15. 그림 5.26에서 U_0이 음수인 경우, $E > 0$에 대한 파동 함수는 어떻게 나타나는가?

16. 식 (5.2)는 입자의 운동량을 정확히 알고 있다는 것을 의미하는가? 그렇다면 불확정성 원리는 입자의 위치에 대해 무엇을 제시하는가? 입자가 우물 안에 있어야 한다는 것과 어떻게 연관 지어 설명할 수 있는가?

17. 자연에서 퍼텐셜 에너지의 날카로운 경계와 불연속적인 도약이 발생하는가? 그렇지 않다면 퍼텐셜 에너지 계단과 장벽에 대한 분석은 어떻게 달라져야 하는가?

연습문제

5.1 경계에서 파동의 거동

1. 공이 호수 위 높이 H에서 정지 상태에서 떨어진다. 호수 표면을 $y = 0$이라고 가정하자. 공이 떨어지면서 중력 $-mg$를 경험한다. 물속으로 들어갈 때, 공은 부력 B를 경험하므로 물속의 알짜힘은 $B - mg$이다. (a) 공이 공중에서 낙하하는 동안의 $v(t)$와 $y(t)$에 대한 표현식을 쓰시오. (b) 물속에서 $v_2(t) = at + b$, $y_2(t) = \frac{1}{2}at^2 + bt + c$로 놓는다. 여기서 $a = (B - mg)/m$이다. 수면에서의 연속성 조건을 사용하여 상수 b와 c를 구하시오.

2. 파동은 $x < 0$일 때 $y = A\cos(2\pi x/\lambda + \pi/3)$의 형태를 갖는다. $x > 0$의 경우 파장은 $\lambda/2$이다. $x = 0$에서 연속성 조건을 적용하여 $x > 0$ 영역에서 파동의 진폭(A에 의한)과 위상을 구하시오. $x < 0$과 $x > 0$에서의 파동을 그리시오.

5.2 입자 가두기

3. 무한 일차원 우물에서 입자의 최저 에너지는 5.6 eV이다. 우물의 폭이 두 배가 되면 그 우물의 최저 에너지는 얼마인가?

4. 폭 0.144 nm의 무한 우물 안에 갇혀 있는 전자를 설명하는 de Broglie 파동의 가장 긴 파장 세 가지는 무엇인가?

5. 전자가 너비 0.062 nm의 일차원 영역에 갇혀 있다. 허용 가능한 가장 작은 전자 에너지 값 3개를 구하시오.

6. 핵 크기(1.2×10^{-14} m)의 공간에 국한된 중성자($mc^2 = 940$ MeV)의 최소 에너지는 얼마인가?

5.3 Schrödinger 방정식

7. $0 \leq x \leq a$ 영역에서 입자는 파동 함수 $\psi_1(x) = -b(x^2 - a^2)$으로 기술된다. $a \leq x \leq w$ 영역에서 입자의 파동 함수는 $\psi_2(x) = (x - d)^2 - c$이다. $x \geq w$의 경우, $\psi_3(x) = 0$이다. (a) $x = a$에서 연속성 조건을 적용하여, a와 b에 의해 c와 d를 구하시오. (b) w를 a와 b를 가지고 표현하시오.

8. 입자는 $-a \leq x \leq +a$의 경우 $\psi(x) = b(a^2 - x^2)$, $x \leq -a$ 및 $x \geq +a$의 경우 $\psi(x) = 0$으로 기술된다. 여기서 a와 b는 양

의 실수인 상수이다. (a) 규격화 조건을 사용하여 b를 a를 이용하여 표현하시오. (b) $x=+a/2$에서 폭 $0.010a$의 작은 간격 안에서 입자를 찾을 확률은 얼마인가? (c) $x=+a/2$와 $x=+a$ 사이에서 입자를 발견할 확률은 얼마인가?

9. 공간의 특정 영역에서 입자는 파동 함수 $\psi(x)=Cxe^{-bx}$로 기술된다. 여기서 C와 b는 실수 상수이다. Schrödinger 방정식에 대입하여 이 영역의 퍼텐셜 에너지를 구하고 입자의 에너지도 구하시오. (힌트: 해는 이 영역의 모든 곳에서 x에 관계없이 상수인 에너지를 제공한다.)

10. 입자는 다음과 같은 파동 함수로 표현된다.

$$
\begin{aligned}
\psi(x) &= 0 & x &< -L/2 \\
&= C(2x/L+1) & -L/2 &< x < 0 \\
&= C(-2x/L+1) & 0 &< x < +L/2 \\
&= 0 & x &> +L/2
\end{aligned}
$$

(a) 규격화 조건을 사용하여 C를 구하시오. (b) $x=L/4$에서 폭 $0.010L$의 간격(즉, $x=0.245L$에서 $x=0.255L$ 사이)에서 입자를 찾을 확률을 구하시오. (이 계산에는 적분이 필요 없다.) (c) $x=0$과 $x=+L/4$ 사이의 입자를 찾을 확률을 구하시오. (d) x의 평균값과 x의 rms($x_{rms}=\sqrt{(x^2)_{av}}$) 값을 구하시오.

11. (a) 파동 함수 $\psi(x)=Axe^{-bx}$와 (b) $\psi(x)=Ae^{-b|x|}$에 대한 규격화 상수를 구하시오.

12. 입자의 파동 함수는 $x>0$에서는 $\psi(x)=Ae^{-bx}$이고 $x<0$의 경우 $\psi(x)=Ae^{bx}$이다. 각 위치에서의 퍼텐셜 에너지와 에너지 고유값을 구하시오.

5.4 Schrödinger 방정식의 응용

13. 전자가 폭 0.285 nm의 무한히 깊은 일차원 우물 안에 갇혀 있다. 처음에 전자는 $n=4$ 상태에 있다. (a) 전자가 광자를 방출하면서 바닥 상태로 도약한다고 가정하자. 광자의 에너지는 얼마인가? (b) 전자가 $n=4$ 상태와 바닥 상태 사이에서 다른 경로를 택할 경우 방출될 수 있는 다른 광자의 에너지를 구하시오.

14. 무한 우물 속 입자의 바닥 상태 에너지가 1.54 eV이다. 입자

가 두 번째 들뜬 상태($n=3$)에 도달하려면 입자에 얼마나 많은 에너지가 더해져야 하는가? 세 번째 들뜬 상태($n=4$)에 대한 답도 구하시오.

15. 식 (5.31)을 가지고 $A=\sqrt{2/L}$임을 보이시오.

16. 입자가 폭 L의 무한 일차원 우물 안에 갇혀 있다. 입자가 바닥 상태일 때, (a) $x=0$과 $x=L/3$ 사이, (b) $x=L/3$과 $x=2L/3$ 사이, (c) $x=2L/3$과 $x=L$ 사이에서 입자를 찾을 확률을 구하시오.

17. 입자가 $L=0.189$ nm의 거리만큼 떨어져 있는 단단한 벽 사이에 갇혀 있다. 입자는 두 번째 들뜬 상태($n=3$)에 있다. (a) $x=0.188$ nm, (b) $x=0.031$ nm, (c) $x=0.079$ nm에 위치한 폭 1.00 pm의 간격에서 입자를 찾을 확률을 계산하시오. [힌트: 이 문제에는 적분이 필요하지 않으니 식 (5.7)을 직접 사용한다.] (d) 고전 입자에 해당하는 결과는 무엇인가?

18. 겹침이 2보다 큰 상자 안의 이차원 입자가 가질 수 있는 다음 에너지 준위($E=50E_0$ 이상)는 무엇인가?

19. 입자는 길이 L, 폭이 $2L$인 이차원 상자에 갇혀 있다. 에너지 값은 $E=(\hbar^2\pi^2/2mL^2)(n_x^2+n_y^2/4)$이다. 가장 낮은 2개의 겹침이 있는 준위를 구하시오.

20. 직접 치환을 통해 식 (5.39)가 이차원 Schrödinger 방정식 (5.37)의 해를 제공함을 증명하시오. k_x, k_y, E 사이의 관계를 구하시오.

21. 입자는 $L \times L \times L$ 크기의 삼차원 공간 영역에 갇혀 있다. 에너지 준위는 $E=(\hbar^2\pi^2/2mL^2)(n_x^2+n_y^2+n_z^2)$이다. 여기서 n_x, n_y, n_z는 1 이상의 정수이다. 에너지 준위 도표를 그려 가장 낮은 10개의 에너지 준위에 대한 에너지, 양자수 및 겹침 수를 나타내시오.

5.5 단순 조화 진동자

22. 규격화 조건을 사용하여 상수 A가 접지 상태의 일차원 단순 조화 진동자에 대한 값 $(m\omega_0/\hbar\pi)^{1/4}$을 가짐을 보이시오.

23. (a) 단순 조화 진동자의 고전적인 전환점 $\pm x_0$에서 $K=0$이므로 $E=U$이다. 이 관계로부터 바닥 상태의 진동자에 대해

$x_0 = (\hbar\omega_0/k)^{1/2}$임을 증명하시오. (b) 첫 번째와 두 번째 들뜬 상태에서 전환점을 구하시오.

24. 단순 조화 진동자의 바닥 상태 파동 함수를 사용하여 x_{av}, $(x^2)_{av}$, Δx를 구하시오. 규격화 상수 $A = (m\omega_0/\hbar\pi)^{1/4}$를 사용한다.

25. (a) 계산이 아닌 대칭 인수를 사용하여 단순 조화 진동자에 대한 p_{av}의 값을 구하시오. (b) 조화 진동자의 에너지 보존을 사용하여 p^2과 x^2을 연관시킬 수 있다. 이 관계를 연습문제 24의 $(x^2)_{av}$의 값과 함께 사용하여 바닥 상태의 진동자에 대한 $(p^2)_{av}$를 구하시오. (c) (a)와 (b)의 결과를 이용하여 $\Delta p = \sqrt{\hbar\omega_0 m/2}$임을 보이시오.

26. 진동하는 전자의 바닥 상태 에너지는 1.24 eV이다. 전자를 두 번째 들뜬 상태로 이동시키려면 전자에 얼마나 많은 에너지를 추가해야 하는가? 네 번째 들뜬 상태에 대해서도 답하시오.

27. 바닥 상태의 진동 입자가 우물 중앙과 고전적인 전환점에서 폭 dx의 작은 간격으로 발견될 확률을 비교하시오.

28. 모든 진동계에는 $\frac{1}{2}\hbar\omega_0$의 최소 에너지가 존재하며, 이 에너지를 **영점 운동**(zero-point motion)이라고도 한다. (a) 불확정성 원리에 근거한 논증을 사용하여 진동계가 왜 $E = 0$을 가질 수 없는지 설명하시오. (b) 수소 분자 H_2는 유효 힘 상수 $k = 3.5 \times 10^3$ eV/nm^{2}인 진동계로 취급할 수 있다. H_2의 양성자 중 하나의 영점 에너지를 계산하시오. 이 값은 분자 결합 에너지 4.5 eV와 비교할 때 어떠한가? (c) 영점 운동의 진폭을 계산하고 0.074 nm의 원자 간격과 비교하시오.

29. 단순 조화 진동자의 두 번째 들뜬 상태를 나타내는 파동 함수 $\psi(x) = A(2ax^2 - 1)e^{-ax^2/2}$의 확률 밀도가 최댓값을 갖는 위치를 구하시오.

5.6 계단과 장벽

30. 식 (5.60)이 최댓값을 갖는 K의 값을 구하고 식 (5.61)이 Δx의 최댓값임을 증명하시오.

31. 퍼텐셜 에너지 계단에 입사하는 에너지 $E < U_0$인 입자의

경우, 식 (5.57)의 $\psi_0(x)$와 $\psi_1(x)$를 사용하고, $x = 0$에서 경계 조건을 적용하여 상수 B와 D를 A를 이용해 표현하시오.

32. 퍼텐셜 에너지 계단에 대해 식 (5.55)의 파동 함수를 사용하여 입자가 음의 x 방향에서 입사할 때의 퍼텐셜 계단에 대해 ψ와 $d\psi/dx$의 경계 조건을 적용하여 B'과 C'을 A'으로 표현하시오. 비율 $|B'|^2/|A'|^2$와 $|C'|^2/|A'|^2$를 구하고 해석하시오.

33. (a) $E < U_0$에 대한 퍼텐셜 에너지 장벽의 세 영역(그림 5.25)에 대한 파동 함수를 쓰시오. 모두 6개의 계수가 필요하다. 복소 지수 표기법을 사용한다. (b) $x = 0$과 $x = L$에서의 경계 조건을 사용하여 6개의 계수 사이의 네 가지 관계를 구하시오. (이 관계들을 풀려고 하지 않는다.) (c) 입자가 장벽의 왼쪽에서 입사한다고 가정하자. 어떤 계수를 0으로 설정해야 하는가? 그 이유는?

34. $E > U_0$일 때 퍼텐셜 에너지 장벽에 대해 연습문제 33을 반복하고 파동 함수의 여러 주기를 나타내는 대표적인 확률 밀도를 그리시오. 그림에서 각 영역의 진폭과 파장이 상황을 정확하게 설명하는지 확인하시오.

일반 문제

35. 전자가 폭 0.132 nm의 일차원 우물 안에 갇혀 있다. 전자는 $n = 10$ 상태에 있다. (a) 전자의 에너지는 얼마인가? (b) 전자의 운동량의 불확정성은 얼마인가? [힌트: 식 (4.10)을 사용한다.] (c) 전자의 위치의 불확정성은 얼마인가? 이 결과는 $n \to \infty$에 따라 어떻게 변하는가? 이것은 고전적인 거동과 일치하는가?

36. 그림 5.34에 표시된 각 퍼텐셜 에너지에 대한 Schrödinger 방정식의 가능한 해의 형태를 그리시오. 퍼텐셜 에너지는 경계에서 무한대로 간다. 각각의 경우에 파동 함수의 여러 주기를 나타내시오. 그림에서 연속성 조건(해당되는 경우)과 파장 및 진폭의 변화에 주의한다.

37. 일차원 무한 퍼텐셜 에너지 우물에서 x^2의 평균값이 $L^2(1/3 - 1/2n^2\pi^2)$임을 보이시오.

그림 5.34 연습문제 36.

38. 연습문제 37의 결과를 사용하여 무한 일차원 우물의 경우, $\Delta x = \sqrt{(x^2)_{av} - (x_{av})^2}$는 $\Delta x = L\sqrt{1/12 - 1/2\pi^2 n^2}$라는 것을 증명하시오.

39. (a) 무한 일차원 우물에서 p_{av}는 무엇인가? (대칭 인수를 사용한다.) (b) $(p^2)_{av}$는 무엇인가? [힌트: $(p^2/2m)_{av}$는 무엇인가?] (c) $\Delta p = \sqrt{(p^2)_{av} - (p_{av})^2}$를 이용하여 $\Delta p = hn/2L$임을 보이시오.

40. 조화 진동자의 첫 번째 들뜬 상태는 $\psi(x) = Axe^{-ax^2}$ 형태의 파동 함수를 갖는다. (a) 5.5절에 설명된 방법에 따라 a와 에너지 E를 구하시오. (b) 규격화 조건을 사용하여 $A = \pi^{-1/4}\sqrt{2}(m\omega_0/\hbar)^{3/4}$를 증명하시오.

41. 연습문제 22의 규격화 상수 A와 식 (5.49)의 a 값을 사용하여, 고전적인 전환점 $\pm x_0$을 넘어 바닥 상태의 진동자를 찾을 확률을 구하시오. 이 문제는 닫힌 형태의 해석적인 방법으로는 풀 수 없다. 그래프, 계산기 또는 컴퓨터를 사용하여 근사적인 수치 해법을 개발하시오. 전자가 원자 크기 영역 ($x_0 = 0.1\,\text{nm}$)에 갇혀 있고 유효 힘 상수가 $1.0\,\text{eV}/\text{nm}^2$라고 가정한다.

42. 이차원 조화 진동자는 에너지 $E = \hbar\omega_0(n_x + n_y + 1)$을 가지며, 여기서 n_x와 n_y는 0으로 시작하는 정수이다. (a) 일차원 진동자의 에너지에 근거하여 이 결과를 설명하시오. (b) 그림 5.20과 유사한 에너지 준위 도표를 그려 가장 낮은 4개의 에너지 준위를 표시하시오. 각 준위에 대해 $E(\hbar\omega_0$ 단위로), 양자수 n_x와 n_y, 그리고 겹침을 표시하시오. (c) 각 준위의 겹침은 $n_x + n_y + 1$과 같음을 보이시오.

43. 규격화된 파동 함수 $\psi(x) = b^{-1/2}e^{-|x|/b}$를 고려하자. (a) 이 파동 함수에 대해 Δx를 구하시오. (b) 최댓값의 절반으로 떨어지는 확률 분포의 폭에서 Δx를 구하시오.

44. (a) 조화 진동자의 첫 번째 들뜬 상태에 대한 규격화된 파동 함수를 사용하여(연습문제 40과 그림 5.22 참조), 확률 밀도에서 최댓값의 위치를 구하시오. (b) 두 최댓값에 대해 확률 밀도가 최댓값의 절반으로 떨어지는 위치를 구하시오. 수치적 또는 그래픽 방법을 사용하시오. (c) (b)의 결과를 사용하여 입자가 위치할 가능성이 가장 높은 영역의 폭을 추정하시오. (d) (c)의 결과를 계산된 Δx의 값과 비교하시오.

Rutherford-Bohr 원자 모델

Rutherford와 Bohr의 연구에 기초한 이 원자 모델은 태양 주위를 순환하는 행성처럼 핵 주위를 순환하는 전자를 보여준다. 이것은 어떤 목적에서는 유용한 모델이 될 수 있지만 실제 원자의 구조와 매우 차이가 크다. 7장과 8장에서 원자 내 전자의 거동과 특성에 대해 더 많은 것을 배울 것이다. Michael Dunning/Science Source

이 장의 목표는 원자에 대한 실험적 연구를 통해 알 수 있는 원자 구조의 세부 사항 중 일부를 이해하는 것이다. 특히 원자 구조 이론의 발전에 중요한 두 가지 실험, 즉 원자의 전하 분포에 대해 알려주는 원자에 의한 하전 입자의 산란 그리고 원자의 들뜬 상태에 대해 알려주는 원자에 의한 복사선의 방출 또는 흡수에 대해 설명한다.

이러한 실험에서 얻은 정보를 사용하여 **원자 모델**(atomic model)을 만든다. 이는 원자의 특성을 이해하고 설명하는 데 도움이 된다. 모델은 일반적으로 보다 복잡한 계를 과도하게 단순화한 그림으로, 그것의 작동에 대한 통찰력을 제공하지만 모든 속성을 설명할 만큼 충분히 상세하지 않을 수 있다.

이 장에서는 전자가 태양 주위를 도는 행성처럼 핵 주위를 공전하는 친숙한 '행성' 구조를 기반으로 하는 **Rutherford-Bohr 모델**(Rutherford-Bohr model, 간단히 Bohr 모델이라고도 함)로 이어진 실험에 대해 논의한다. 비록 이 모델이 파동 역학의 관점에서 엄격히 보면 유효하지는 않지만, 많은 원자 특성, 특히 가장 단순한 원자인 수소의 들뜬 상태를 이해하는 데 도움이 된다. 7장에서는 파동 역학이 수소 원자의 모습을 어떻게 바꾸는지 보여주고, 8장에서는 더 복잡한 원자의 구조를 고려한다.

6.1 원자의 기본 성질

원자 모델을 만들기 전에 원자의 기본 특성 중 일부를 요약해 보는 것이 도움이 될 것이다.

1. **원자는 매우 작다.** 반지름이 약 0.1 nm(0.1×10^{-9} m)이다. 따라서 가시광선($\lambda = 500$ nm)을 사용하여 원자를 '보려고' 하는 시도는 회절 효과로 인해 성공할 수 없다. 다음과 같은 방식으로 원자의 최대 크기를 대략적으로 예측할 수 있다. 예를 들어 철과 같은 원소 물질의 입방체를 생각해 보자. 철의 밀도는 약 8 g/cm³이고 몰질량은 56 g이다. 철 1몰(56 g)에는 아보가드로의 원자 수인 약 6×10^{23}개가 포함되어 있다. 따라서 6×10^{23}개의 원자는 약 7 cm³를 차지하고 원자 1개는 약 10^{-23} cm³를 차지한다. 단단한 구체가 맞닿는 것처럼 고체의 원자가 가장 효율적인 방식으로 채워져 있다고 가정하면 원자 하나의 직경은 약 $\sqrt[3]{10^{-23} \mathrm{cm}^3} = 2 \times 10^{-8}$ cm $= 0.2$ nm이다.

2. **원자는 안정적이다.** 자발적으로 더 작은 조각으로 부서지거나 붕괴되지 않는다. 그러므로 원자를 결합시키는 내부 힘은 평형 상태에 있어야 한다. 이는 원자를 끌어

당기는 힘이 있다면 어떤 방식으로든 그 반대되는 힘이 있어야 함을 의미한다. 그렇지 않으면 원자가 붕괴할 것이다.

3. 원자는 음전하를 띤 전자를 가지고 있지만 전기적으로 **중성**이다. 원자나 원자 집합을 충분한 힘으로 교란하면 전자가 방출된다. Compton 효과와 광전 효과를 연구함으로써 이 사실을 알게 된다. 또한 4장에서 특정 방사성 붕괴 과정에서 전자가 원자핵에서 방출되기는 하지만 전자는 해당 핵에 '존재'하지 않고 어떤 과정을 통해 그곳에서 만들어진다는 사실도 배웠다. 실험실에서 관찰된 에너지를 볼 때 방출된 전자가 핵에 존재하는 것이 허용되지 않는다는 불확정성 원리에 기초하여 전자는 핵에 포함되어 있지 않다(예제 4.9 참조). 불확정성 원리는 원자만큼 큰 부피 안에 전자가 존재하는 것은 허용하고 있다(연습문제 1번 참조).

또한 덩어리 상태의 물질이 전기적으로 중성이라는 것을 쉽게 관찰할 수 있으며, 이것이 마찬가지로 원자의 특성이라고 가정한다. 개별 원자 빔을 이용한 실험은 이러한 가정을 뒷받침한다. 이러한 실험적 사실로부터 Z 음전하 전자를 가진 원자는 Ze의 순 양전하도 포함해야 한다는 것을 생각할 수 있다.

4. 원자는 전자기 복사선을 방출하고 흡수한다. 이 복사선은 가시광선($\lambda \sim 500$ nm), 엑스선($\lambda \sim 1$ nm), 자외선($\lambda \sim 10$ nm), 적외선($\lambda \sim 0.1~\mu$m) 등 다양한 형태를 가질 수 있다. 사실 원자에 대해 알고 있는 대부분의 정보는 매우 정밀하게 측정할 수 있는 방출 및 흡수된 복사선을 관찰함으로써 얻을 수 있다. 일반적인 방출 복사선 측정에서는 연구 대상 원소의 기체 상태의 작은 샘플이 들어 있는 유리관을 통해 전류가 흐르고 여기된 원자가 바닥 상태로 돌아갈 때 복사선이 방출된다. 흡수 파장은 백색광 빔을 기체 샘플에 통과시키고 기체의 흡수로 인해 백색광에서 제거되는 색상을 확인하여 측정할 수 있다. 원자 복사선의 특히 흥미로운 특징 중 하나는 원자가 항상 같은 파장의 복사선을 방출하고 흡수하지 않는다는 것이다. **방출** 실험에서 나타난 일부 파장은 **흡수** 실험에서는 나타나지 않는다. 성공적인 원자 구조 이론은 이러한 방출 및 흡수 파장을 설명할 수 있어야 한다.

6.2 산란 실험과 Thomson 모델

원자 구조의 초기 모델은 J. J. Thomson에 의해 제안되었다(1904년). Thomson은 전자를 확인하고 전자의 질량에 대한 전하비 e/m을 측정한 것으로 유명했다. Thomson 모델은 크기, 질량, 전자 수, 전기적 중성 등 원자의 알려진 많은 특성을 통합한다. 이 모

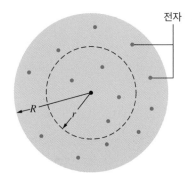

그림 6.1 원자의 Thomson 모델. Z 전자는 양전하 Ze와 반지름 R의 균일한 구에 포함되어 있다. 반지름 r의 가상의 구면에는 양전하의 r^3/R^3만큼이 포함되어 있다.

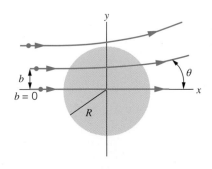

그림 6.2 양전하를 띤 입자가 Thomson 모델 원자에서 주어지는 양전하 구를 통과할 때 θ 각도만큼 편향된다. 산란각은 0에서 R까지 변하는 충격 변수 b의 값에 따라 달라진다.

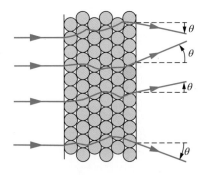

그림 6.3 얇은 박에 의한 산란. 일부 개별 산란은 θ를 증가시키는 경향이 있는 반면, 다른 산란은 θ를 감소시키는 경향이 있다.

델에서 원자는 균일한 양전하 구체에 박혀 있는 Z개의 전자를 포함한다(그림 6.1). 구의 총양전하는 Ze이고, 구의 질량은 본질적으로 원자의 질량이며(전자는 총질량에 크게 기여하지 않음), 구의 반경 R은 원자의 반경이다. (이 모델은 때때로 '자두-푸딩' 모델로 알려져 있는데, 그 이유는 전자가 자두 푸딩의 건포도처럼 원자 전체에 분포하기 때문이다.) 앞으로 살펴보겠지만 Thomson 모델은 실험과 일치하지 않는 예측을 하게 되어 원자의 구조를 이해하는 올바른 방법이 아니다.

원자를 연구하는 한 가지 방법은 원자에 전하를 띤 입자를 충돌시키고 입자가 원래 방향에서 편향되는 각도를 관찰함으로써 내부의 전하 분포를 조사하는 것이다. 이러한 유형의 실험을 **산란 실험**(scattering experiment)이라고 한다. 이상적으로는 그림 6.2에 표시된 것처럼 단일 원자를 사용하여 이 실험을 수행한다. 산란각 θ는 발사체가 편향되지 않고 통과할 원자 중심으로부터의 거리인 **충격 변수**(impact parameter) b에 따라 달라진다. 충격 변수의 값이 다르면 산란각도 달라진다.

입자는 원자가 입자에 가하는 전기적 힘에 의해 원래 궤도에서 편향된다. 양전하를 띤 입자의 경우 이러한 힘은 (1) 원자의 양전하로 인한 척력과 (2) 음전하를 띤 전자로 인한 인력이다. 편향된 입자의 질량이 전자의 질량보다 훨씬 크지만 원자의 질량보다 훨씬 작다고 가정한다. 발사체와 전자 사이에서 서로에 의해 가해지는 힘은 (Newton의 제3법칙에 따라) 같으면서 반대이므로, 질량이 훨씬 작은 전자가 발사체에 미치는 영향은 미미하다. (탁구공이 가득한 공간에 볼링공을 굴린다고 상상해 보라!) 따라서 입자 편향은 양전하에 의해서만 일어난다. 같은 주장으로 발사체의 통과로 인해 발생하는 질량이 더 큰 원자의 가능한 모든 운동은 무시한다. 그렇다면 기본적인 실험은 양전하를 띠고 있는 원자의 거대한 부분에 의해 양전하를 띤 발사체가 산란되는 것이다.

실제로 하나의 원자로는 실험을 할 수 없다. 대신 그림 6.3에서처럼 얇은 박의 여러 원자들과 상호 작용하게 한다. 실험실에서 관찰하는 산란각 θ는 알지 못하고 제어할 수 없는 충격 변수를 가진 많은 원자에 의한 산란의 결과이다. 단일 원자에 대해 평균 산란각이 θ_{av}라고 가정해 보자. 이는 0부터 원자 반경 R까지 가능한 모든 충격 변수에 대한 평균을 나타낸다. 일반적인 박 두께가 $1~\mu m (10^{-6}\,m)$인 경우 발사체는 약 10^4개의 원자에 의해서 산란된다.

전체 산란각 θ는 통계적으로 고려함으로써 결정된다. 그림 6.3에 표시된 것처럼 개별 산란 중 일부는 발사체를 더 큰 산란각 쪽으로 이동하고 일부는 더 작은 각도 쪽으로 이동하기 때문이다. 이는 '무작위 걷기(random walk)' 문제의 예이다. N 산란의 경우 가장 가능성이 높게 관측되는 알짜 산란각 θ는 평균 개별 산란각과 다음과 같이 관련된다.

$$\theta \simeq \sqrt{N}\,\theta_{av} \qquad (6.1)$$

Thomson 모델에 따르면 단일 원자의 평균 산란각은 0.01° 정도이고, 원자 10^4개 두께인 박의 경우 알짜 산란각은 약 1°여야 한다. 이는 실험적 관찰과 일치한다.

Thomson 모델이 완전히 실패하는 가장 중요한 시험은 큰 각도에서 산란 가능성을 조사할 때 발생한다. 각 개별 산란이 약 0.01°의 각도로 발사체를 편향시킨다면 90°보다 큰 전체 각도로 산란된 발사체를 관찰하려면 약 10^4개의 연속 산란이 있어야 하며, 매번 발사체를 더 큰 각도로 밀어내야 한다. 더 큰 각도나 더 작은 각도를 가질 개별 산란 확률이 동일하기 때문에, 동전을 던질 때 10^4번 연속 앞면이 나올 확률과 같이 더 큰 각도를 향해 10^4번 연속 산란이 일어날 확률은 약 $(1/2)^{10,000} = 10^{-3,000}$이다.

이 산란을 관찰하기 위한 실험은 Hans Geiger와 Ernest Marsden이 1910년 맨체스터대학교의 Ernest Rutherford의 실험실에서 수행했다. 그들은 발사체로 방사성 붕괴에서 방출되는 헬륨(전하 $+2e$)의 핵인 알파 입자를 사용했다. 그들의 결과는 90°보다 큰 각도에서 알파 입자 산란 확률이 약 10^{-4}라는 것을 보여주었다. Thomson 모델을 기반으로 한 기댓값($10^{-3,000}$)과 관측값(10^{-4}) 사이의 이러한 놀라운 불일치는 Rutherford에 의해 다음과 같이 설명되었다.

> 그것은 내 인생에서 나에게 일어난 가장 놀라운 사건이었다. 마치 휴지 조각에 15인치 포탄을 발사했는데 그것이 다시 돌아와서 당신을 때리는 것만큼이나 놀라운 일이었다.

이러한 산란 실험 결과를 분석한 Rutherford는 원자의 질량과 양전하가 원자의 부피 전체에 균일하게 분포되지 않고 원자의 중심에서 약 10^{-14} m의 지름을 가지는 극히 작은 영역에 집중되어 있다는 것을 제안하게 되었다. 6.3절에서는 이 제안이 큰 각 산란 결과와 어떻게 일치하는지 살펴볼 것이다.

Ernest Rutherford(1871~1937, 영국). 핵 물리학의 창시자인 그는 알파 입자 산란과 방사능 붕괴에 대한 선구적인 연구로 유명하다. 그의 고무적인 리더십은 한 세대를 아우르는 영국 핵 및 원자 과학자들에게 영향을 미쳤다.

Thomson 모델의 산란(선택사항)

양전하 ze의 발사체가 Thomson 모델에 따라 양전하 Ze의 균일한 구로 표현되는 반경 R의 원자에 입사한다고 가정해 보자. 원자 중심으로부터 거리 r에 있을 때 발사체에 가해지는 힘은 Gauss 법칙을 사용하여 계산할 수 있다(연습문제 2번 참조).

$$F = \frac{zZe^2}{4\pi\varepsilon_0 R^3}r \qquad (6.2)$$

산란을 논의하기 전에, 이 식은 ($z=1$로 두면) 중심으로부터 거리 r만큼 떨어진 Thomson 원자에 내장된 전자에 가해지는 힘을 설명할 수도 있다는 점에 유의해야 한다. 이 힘은 $k = Ze^2/4\pi\varepsilon_0R^3$를 이용하여 $F = kr$로 쓸 수 있다. 이 선형 복원력은 선형 복원력 $F = kx$를 받는 용수철에 매달린 질량과 마찬가지로 전자가 평형 위치를 중심으로 진동하도록 한다. 따라서 Thomson 원자의 전자가 진동수 $f = (2\pi)^{-1}\sqrt{k/m}$ (여기서 k는 힘 상수)로 평형 위치를 중심으로 진동할 것으로 예상된다. 진동하는 전하는 진동 진동수와 동일한 진동수를 갖는 전자기파를 방출하기 때문에 Thomson 모델에 기초하여 원자에 의해 방출되는 복사선이 이러한 특성 진동수를 나타낼 것으로 예상할 수 있다. 하지만 이것은 사실이 아닌 것으로 밝혀졌다(연습문제 3번 참조). 계산된 진동수는 원자에서 방출되는 복사선에 대해 관찰된 진동수와 일치하지 않는다.

원자의 Thomson 모델에서 충격 변수의 다양한 값에 대한 산란각의 정확한 계산은 상당히 복잡하지만 목적을 위해서는 각도의 평균값에 대한 추정치만 필요하다. 나중에 알게 되겠지만, 추정치가 약간 차이가 난다고 해도 크게 문제 되지 않는다.

처음에 발사체는 그림 6.2의 기하학적 구조에서 x 방향으로 움직이지만 원자는 y 방향으로 힘을 가하여 해당 방향으로 작은 운동량 p_y 성분을 생성한다. Newton의 제2 법칙을 사용하여 정전기력으로 인해 발사체가 받은 **충격량**(impulse)으로부터 운동량을 얻을 수 있다.

$$p_y = \int F_y \, dt \qquad (6.3)$$

발사체가 이동할 때 크기와 방향이 변하는 힘에 대해 이 복잡한 적분을 수행하는 대신 충격 변수의 평균값, 즉 $b = R/2$(그림 6.2의 중간 궤적을 나타내는)를 선택하여 평균 산란각을 추정한다. 그리고 발사체가 대략 R에 해당하는 길이를 따라 비행하는 Δt 동안 힘이 y 방향으로 작용한다고 가정한다. 이는 힘이 작용하는 동안의 시간을 과하게 작게 잡게 한다. 그러나 힘의 효과(전체 궤적을 따라 순전히 y 방향으로 작용하지 않음)를 과하게 고려하므로 이 두 효과는 어느 정도 서로 상쇄될 것이다.

이러한 근사를 통해 다음과 같은 결과를 얻는다.

$$p_y \cong F\Delta t \cong \frac{zZe^2(R/2)}{4\pi\varepsilon_0R^3}\frac{R}{v} = \frac{zZe^2}{8\pi\varepsilon_0Rv} \qquad (6.4)$$

각도 θ가 작으므로 $\tan\theta \cong \theta$로 근사할 수 있다. p_x는 초기 값 mv에서 거의 변하지 않는다고 가정할 수 있으므로 평균 산란각은 비상대론적 운동 에너지 $K = \frac{1}{2}mv^2$을 사용하면 다음과 같다.

$$\theta_{\mathrm{av}} \cong \tan\theta_{\mathrm{av}} = \frac{p_y}{p_x} = \frac{p_y}{mv} = \frac{zZe^2}{8\pi\varepsilon_0Rv}\frac{1}{mv} = \frac{zZe^2}{16\pi\varepsilon_0RK} \qquad (6.5)$$

이는 충격 변수 b가 반경 R의 절반과 같을 때 산란각의 추정치이다. b 값이 작을수록 편향 각도가 작아지고 b 값이 클수록 각도가 커진다. 이것은 Thomson 모델 원자의 평균 산란각에 대한 합리적인 추정치이다.

█ 예제 6.1

Thomson 모델을 사용하여 운동 에너지가 3 MeV인 알파 입자($z = 2$)가 금($Z = 79$)에서 산란될 때 평균 산란각을 추정하시오. 금의 원자 반지름은 0.179 nm이다.

$$\theta_{av} \cong \frac{zZe^2}{16\pi\varepsilon_0 RK} = \frac{1}{4}\frac{e^2}{4\pi\varepsilon_0}\frac{zZ}{RK}$$

$$= \frac{0.25(1.44\ \text{eV}\cdot\text{nm})(2)(79)}{(0.179\ \text{nm})(3\times10^6\ \text{eV})}$$

$$= 1\times10^{-4}\ \text{rad} = 0.01°$$

풀이

$e^2/4\pi\varepsilon_0 = 1.44$ eV·nm를 사용하면 다음과 같다.

이 결과가 원자 Thomson 모델의 평균 산란각에 대한 대략적인 추정치를 나타내더라도 그 정확성은 모델이 틀렸다는 결론에는 크게 영향을 미치지 않는다. 추정치가 10배 정도 너무 작더라도(가능성은 거의 없음), 예상 확률 $10^{-300}(10^{-3,000}$ 대신)을 관찰된 10^{-4}와 비교하게 되면 여전히 극심한 불일치를 보여준다. 모든 합리적인 추정값을 고려할 때 Thomson 모델은 이러한 산란 실험 결과를 설명하는 데 완전히 실패했음을 보여준다.

6.3 Rutherford 핵 원자

알파 입자의 산란을 분석하면서 Rutherford는 알파 입자($m = 4$ u)가 큰 각도로 편향될 수 있는 가장 가능성 있는 방법은 더 무거운 물체와의 단일 충돌에 의한 것이라고 결론지었다. 따라서 Rutherford는 원자의 전하와 질량이 **핵**(nucleus)이라고 불리는 영역의 중심에 집중되어 있다고 제안했다. 그림 6.4는 이 경우의 산란 경로를 보여준다. ze 전하의 발사체는 양전하를 띤 핵으로 인해 반발력을 받는다.

$$F = \frac{1}{4\pi\varepsilon_0}\frac{|q_1||q_2|}{r^2} = \frac{(ze)(Ze)}{4\pi\varepsilon_0 r^2} \tag{6.6}$$

[이를 전하 Ze 영역 내부에 있어 양전하의 일부만 느끼는 발사체를 설명하는 식 (6.2)와 비교

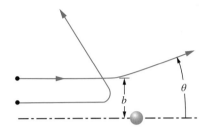

그림 6.4 핵 원자에 의한 산란. 산란된 입자의 경로는 쌍곡선이다. 충격 변수가 작을수록 산란각이 커진다.

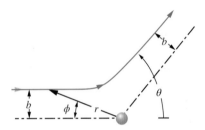

그림 6.5 산란된 입자의 쌍곡선 궤적.

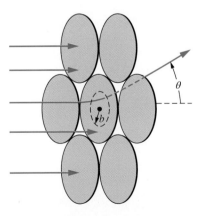

그림 6.6 다수의 원자에 대한 산란 기하학. 충격 변수 b의 경우 산란각은 θ이다. 입자가 면적 πb^2의 원반 내에 있는 원자에 들어가면 산란각은 θ보다 커진다.

해 보라. 이제 발사체가 항상 핵 외부에 있으므로 완전한 핵 전하 Ze를 느낀다고 가정한다.] 질량이 작은 원자 전자는 발사체의 경로에 눈에 띄게 영향을 미치지 않으며 산란에 미치는 영향을 무시한다. 또한 핵이 발사체보다 훨씬 더 무거워서 산란 과정에서 움직이지 않는다고 가정한다. 핵에 반동 운동이 주어지지 않기 때문에 발사체의 초기 및 최종 운동 에너지 K는 동일하다.

그림 6.4에서 볼 수 있듯이 각 충격 변수 b에 대해 특정 산란각 θ가 있으므로 b와 θ 사이의 관계식이 필요하다. 발사체는 쌍곡선 경로를 따르는 것으로 표시될 수 있다.* 극좌표 r과 ϕ에서 쌍곡선 방정식은 다음과 같다.

$$\frac{1}{r} = \frac{1}{b}\sin\phi + \frac{zZe^2}{8\pi\varepsilon_0 b^2 K}(\cos\phi - 1) \tag{6.7}$$

그림 6.5에서 볼 수 있듯이 입자의 초기 위치는 $\phi = 0$, $r \to \infty$, 최종 위치는 $\phi = \pi - \theta$, $r \to \infty$이다. 최종 위치 좌표를 사용하면 식 (6.7)은 다음과 같다.

$$b = \frac{zZe^2}{8\pi\varepsilon_0 K}\cot\tfrac{1}{2}\theta = \frac{zZ}{2K}\frac{e^2}{4\pi\varepsilon_0}\cot\tfrac{1}{2}\theta \tag{6.8}$$

(이 결과는 $e^2/4\pi\varepsilon_0 = 1.44$ eV·nm 또는 MeV·fm이 쉽게 삽입될 수 있도록 이런 형식으로 작성된다.) 충격 변수 b로 핵에 접근하는 발사체는 각도 θ로 산란된다. 그림 6.4에 표시된 것처럼 더 작은 b 값으로 접근하는 발사체는 더 큰 각도로 산란된다.

핵에 의한 전하 발사체의 산란[일반적으로 **Rutherford 산란**(Rutherford scattering)이라고 함]에 대한 연구는 세 부분으로 나뉜다. (1) θ보다 큰 각도로 산란된 발사체의 비율 계산, (2) Rutherford 산란 공식 그리고 그것의 실험적 검증, (3) 핵에 대한 발사체의 가장 가까운 접근.

1. θ보다 큰 각도로 산란된 발사체의 비율. 그림 6.4에서 주어진 b 값보다 작은 충격 변수를 가진 모든 발사체가 해당 θ보다 큰 각도로 산란된다는 것을 바로 알 수 있다. 주어진 b 값보다 작은 충격 변수를 갖는 발사체의 가능성은 얼마나 되는가? 그림 6.6에서와 같이 박이 원자 하나 두께로 서로 촘촘하게 모여 있는 원자 단일 층이라고 가정해 보자. 각 원자는 면적 πR^2의 원형판으로 표시된다. 박에 N 원자가 포함되어 있으면 전체 면적은 $N\pi R^2$이다. θ보다 큰 각도에서의 산란의 경우 충격 변수는 0과 b 사이에

---

* 한 예로 다음을 참고하라. R. M. Eisberg and R. Resnick, *Quantum Physics of Atoms, Molecules, Solids, Nuclei, and Particles*, 2nd ed. (New York, Wiley, 1985).

있어야 한다. 즉, 발사체는 면적 πb^2의 원형판 내의 원자에 접근해야 한다. 발사체가 판 영역 전체에 균일하게 퍼져 있으면 해당 영역에 속하는 발사체의 비율은 $\pi b^2/\pi R^2$이다.

실제 산란 박은 수천 또는 수만 개의 원자 두께를 가질 수 있다. 박막의 두께를 t, 면적을 A라고 하고, ρ와 M을 박을 구성하는 물질의 밀도와 몰질량이라고 하자. 박의 부피는 At, 질량은 ρAt, 몰수는 $\rho At/M$, 단위 부피당 원자 또는 핵의 수는 다음과 같다.

$$n = N_A \frac{\rho At}{M}\frac{1}{At} = \frac{N_A \rho}{M} \tag{6.9}$$

여기서 N_A는 아보가드로수(몰당 원자 수)이다. 입사 발사체에서 볼 수 있듯이 단위 면적당 핵 수는 $nt = N_A \rho t/M$이다. 즉, 평균적으로 각 핵은 발사체의 시야에 $(N_A \rho t/M)^{-1}$의 면적을 제공한다. θ보다 큰 각도로 산란하는 경우 발사체가 원자 중심의 영역 πb^2 내에 있어야 한다는 것을 다시 한번 기억하자. θ보다 큰 각도로 산란된 비율은 면적 πb^2 내의 원자에 접근하는 비율일 뿐이다.

$$f_{<b} = f_{>\theta} = nt\pi b^2 \tag{6.10}$$

입사 입자가 박 영역 전체에 균일하게 퍼진다고 가정한다.

예제 6.2

두께가 2.0×10^{-4} cm인 금박($\rho = 19.3$ g/cm^3, $M = 197$ g/몰)이 운동 에너지 8.0 MeV의 알파 입자를 산란시키는 데 사용된다. (a) 90°보다 큰 각도로 산란되는 알파 입자의 비율은 얼마인가? (b) 90°와 45° 사이의 각도로 산란되는 알파 입자의 비율은 얼마인가?

풀이

(a) 이 경우 단위 부피당 핵의 수는 다음과 같이 계산할 수 있다.

$$n = \frac{N_A \rho}{M} = \frac{(6.02 \times 10^{23}\text{ 원자/몰})(19.3\text{ g/cm}^3)}{(197\text{ g/몰})(1\text{ m}/10^2\text{ cm})^3}$$
$$= 5.9 \times 10^{28}\text{ m}^{-3}$$

90° 산란의 경우 충격 변수 b는 식 (6.8)에서 찾을 수 있다.

$$b = \frac{zZ}{2K}\frac{e^2}{4\pi\varepsilon_0}\cot\frac{1}{2}\theta = \frac{(2)(79)}{2(8.0\text{ MeV})}(1.44\text{ MeV·fm})\cot 45°$$
$$= 14\text{ fm} = 1.4 \times 10^{-14}\text{ m}$$

그리고 식 (6.10)을 이용하면 다음과 같은 결과를 얻는다.

$$\begin{aligned}f_{>90°} &= nt\pi b^2 \\ &= (5.9 \times 10^{28}\text{ m}^{-3})(2.0 \times 10^{-6}\text{ m})\pi(1.4 \times 10^{-14}\text{ m})^2 \\ &= 7.5 \times 10^{-5}\end{aligned}$$

(b) $\theta = 45°$에 대한 계산을 반복하면 다음과 같다.

$$\begin{aligned}b &= \frac{zZ}{2K}\frac{e^2}{4\pi\varepsilon_0}\cot\frac{1}{2}\theta \\ &= \frac{(2)(79)}{2(8.0\text{ MeV})}(1.44\text{ MeV·fm})\cot 22.5° \\ &= 34\text{ fm} = 3.4 \times 10^{-14}\text{ m}\end{aligned}$$

$$f_{>45°} = nt\pi b^2$$
$$= (5.9 \times 10^{28}\ \text{m}^{-3})(2.0 \times 10^{-6}\ \text{m})\pi(3.4 \times 10^{-14}\ \text{m})^2$$
$$= 4.4 \times 10^{-4}$$

비율 4.4×10^{-4}만큼이 45°보다 큰 각도로 산란되고 그중

7.5×10^{-5}이 90°보다 큰 각도로 산란되면 45°와 90° 사이에 산란된 비율은 다음과 같다.

$$4.4 \times 10^{-4} - 7.5 \times 10^{-5} = 3.6 \times 10^{-4}$$

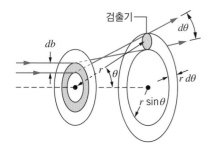

그림 6.7 b와 $b+db$ 사이의 고리로 들어오는 입자는 각 너비 $d\theta$의 고리를 따라 균일하게 분산된다. 검출기는 산란 박으로부터 거리 r에 있다.

2. Rutherford 산란 공식과 실험적 검증. 발사체가 θ에서 작은 각도 범위(θ와 $\theta + d\theta$ 사이)로 산란될 확률을 찾으려면 충격 변수가 b에서 작은 범위의 값 db 내에 있어야 한다(그림 6.7 참조). df는 식 (6.10)으로부터 다음과 같다.

$$df = nt(2\pi b\, db) \tag{6.11}$$

식 (6.8)에 미분을 취하면 $d\theta$로 db를 쓸 수 있다.

$$db = \frac{zZ}{2K}\frac{e^2}{4\pi\varepsilon_0}\left(-\csc^2\tfrac{1}{2}\theta\right)\left(\tfrac{1}{2}\,d\theta\right) \tag{6.12}$$

그러므로 다음과 같이 쓸 수 있다.

$$|df| = \pi nt\left(\frac{zZ}{2K}\right)^2\left(\frac{e^2}{4\pi\varepsilon_0}\right)^2\csc^2\tfrac{1}{2}\theta\cot\tfrac{1}{2}\theta\,d\theta \tag{6.13}$$

[식 (6.12)의 음의 기호는 중요하지 않다. 단지 b가 감소함에 따라 θ가 증가한다.] 핵으로부터 거리 r만큼 떨어지고 각도 θ로 산란된 발사체를 위해 탐지기를 배치한다고 가정한다. 발사체가 검출기로 산란될 확률은 df에 따라 달라지며, 이는 산란된 입자가 반지름 $r\sin\theta$ 및 폭 $r\,d\theta$의 고리를 통과할 확률을 제공한다. 고리의 면적은 $dA = (2\pi r\sin\theta)\,r\,d\theta$이다. 발사체가 탐지기로 산란되는 비율을 계산하려면 단위 **면적당** 고리로 산란되는 확률을 알아야 한다. 이것은 $|df|/dA$이며 $N(\theta)$라고 부른다. 이것은 다음과 같이 쓸 수 있다.

$$N(\theta) = \frac{nt}{4r^2}\left(\frac{zZ}{2K}\right)^2\left(\frac{e^2}{4\pi\varepsilon_0}\right)^2\frac{1}{\sin^4\tfrac{1}{2}\theta} \tag{6.14}$$

이것이 **Rutherford 산란 공식**(Rutherford scattering formula)이다.

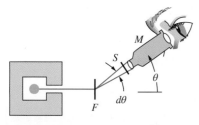

그림 6.8 Geiger와 Marsden의 알파 입자 산란 실험 개략도. 차폐된 원천에서 나온 알파 입자가 박 F에 충돌하여 섬광체 S에서 관찰된다.

Rutherford의 실험실에서 Hans Geiger와 Ernest Marsden은 다양한 얇은 금속 박에서 알파 입자($z=2$)가 산란되는 것과 관련된 놀라운 일련의 실험을 통해 이 공식으로 예측되는 결과를 시험했다. 전자 기록 및 처리 장비가 사용되기 이전 시기에 Geiger와 Marsden은 알파 입자가 황화아연 스크린에 부딪칠 때 생성되는 섬광(빛의 섬광)을 세어 알파 입자를 관찰하고 기록했다. 해당 장치의 개략도를 그림 6.8에서 확인할 수

있다. 차폐된 방사성 원천의 알파 입자는 박 F에 의해 좁은 각도 범위 $d\theta$로 산란되었다. 섬광체 S에 부딪친 각 입자는 작은 빛의 섬광을 생성했는데, 이는 다양한 각도 위치 θ로 이동할 수 있는 현미경 M을 이용하여 관찰하였다. 전체적으로 Rutherford 산란 공식에 대한 네 가지 예측에 대해서 시험을 수행하였다.

(a) $N(\theta) \propto t$. 방사성 붕괴로 인한 8 MeV 알파 입자 원천을 사용하여 Geiger와 Marsden은 산란각 θ를 약 25°로 유지하면서 다양한 두께 t의 산란 박을 사용했다. 그 결과는 그림 6.9에 요약되어 있으며 $N(\theta)$의 t에 대한 선형 의존성을 명확하게 확인할 수 있다. 이는 이 적당한 산란각에서도 **단일** 산란이 **다중** 산란보다 훨씬 더 중요하다는 증거이기도 하다. (다중 산란에 대한 무작위 통계 이론에서 큰 각도에서 산란 확률은 단일 산란 수의 제곱근에 비례하며 $N(\theta) \propto t^{1/2}$을 기대할 수 있다. 그림 6.9는 이는 사실이 아니라는 것을 명확하게 보여준다.)

이 결과는 Thomson 모델 원자와 Rutherford 핵 원자에 의한 산란 사이의 중요한 차이를 강조하고 있다. Thomson 모델에서 발사체는 박을 통과할 때 경로를 따라 **모든** 원자에 의해 산란되는 반면(그림 6.3 참조) Rutherford 핵 모델에서는 핵이 너무 작아서 단 한 번 마주치는 것도 어려우며 2개 이상의 핵과 만날 가능성도 무시할 수 있다.

(b) $N(\theta) \propto Z^2$. 이 실험에서 Geiger와 Marsden은 두께가 대략 동일한(정확하지는 않음) 다양한 산란 물질을 사용했다. 따라서 이 비례성은 서로 **다른 재료**의 서로 **다른 두께**를 비교하는 것과 관련되므로 이전보다 시험하기가 훨씬 더 어렵다. 그러나 그림 6.10에서 볼 수 있듯이 결과는 $N(\theta)$가 Z^2에 대해 비례한다.

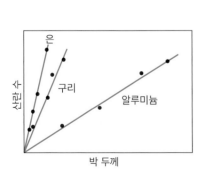

그림 6.9 세 가지 산란 박에 대한 박의 두께에 따른 산란율의 의존성.

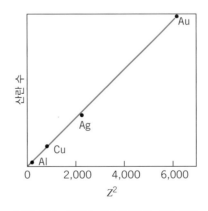

그림 6.10 다양한 재료의 박에 대한 산란율의 핵 전하 Z에 대한 의존성. 데이터는 Z^2에 대해 그려진다.

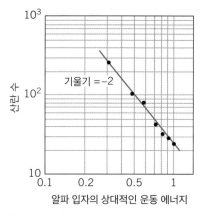

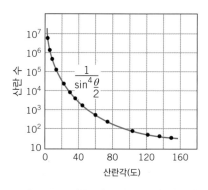

그림 6.11 단일 박에 의한 산란의 경우 입사된 알파 입자의 운동 에너지에 대한 산란율. 로그-로그 범위에서 −2의 기울기는 Rutherford 공식에서 예상한 대로 $N \propto K^{-2}$임을 보여준다.

그림 6.12 금박을 사용했을 때의 산란각 θ에 대한 산란율. $\sin^{-4}(\theta/2)$ 의존성은 Rutherford 공식에서 예측한 것과 정확히 일치한다.

(c) $N(\theta) \propto K^{-2}$. Rutherford 산란 공식의 이러한 결과를 확인하기 위해 Geiger와 Marsden은 산란 박의 두께를 일정하게 유지하고 알파 입자의 속력을 변경했다. 그들은 방사성 물질에서 방출되는 알파 입자를 얇은 운모판에 통과시켜 속도를 늦출 수 있었다. 별개의 실험을 통해 그들은 운모의 두께가 알파 입자의 속도에 미치는 영향을 알았다. 실험 결과는 그림 6.11에 나타나 있다. 다시 한번 예상한 결과와 매우 잘 일치함을 확인할 수 있다.

(d) $N(\theta) \propto \sin^{-4}\frac{1}{2}\theta$. θ에 대한 N의 의존성은 아마도 Rutherford 산란 공식의 가장 중요하고 독특한 특징일 것이다. 실험을 통해 접근할 수 있는 범위에서 N의 가장 큰 변화를 나타낸다. 지금까지 논의된 시험에서 N은 아마도 가장 큰 규모로 변했다. 이 경우 N은 작은 각도에서 큰 각도까지 약 다섯 배 정도 달라진다. Geiger와 Marsden은 그림 6.12에 표시된 N과 θ 사이의 관계를 얻기 위해 금박을 사용하고 θ를 5°에서 150°까지 변경했다. 그 결과 Rutherford 공식과 다시 일치했다.

그리하여 Rutherford 산란식의 모든 예측은 실험으로 확인되었고, '핵 원자'가 검증되었다.

3. 핵에 대한 발사체의 가장 가까운 접근. 양전하를 띤 발사체는 핵에 접근할 때 속도가 느려지고 핵 반발로 인해 초기 운동 에너지의 일부가 정전기적 퍼텐셜 에너지로 바뀐다. 다음 식에 따라서 발사체가 핵에 가까울수록 더 많은 퍼텐셜 에너지를 얻는다.

예제 6.3

알파 입자는 금 원자 25%와 구리 원자 75%로 구성된 합금인 얇은 박에서 산란된다. 35°에서 관찰된 알파 입자의 몇 퍼센트가 금에 의한 산란으로 인한 것인가?

풀이

산란율은 수 밀도 n과 Z^2에 따라 달라지므로 금과 구리 산란의 비율은 산란각에 관계없이 $(1/3)(79^2/29^2) = 2.47$이다. 금에 의한 비율(모든 각도에서)은 $2.47/(2.47 + 1) = 0.71$, 즉 71%다.

$$U = \frac{1}{4\pi\varepsilon_0}\frac{q_1 q_2}{r} = \frac{1}{4\pi\varepsilon_0}\frac{zZe^2}{r} \tag{6.15}$$

최대 퍼텐셜 에너지, 즉 최소 운동 에너지는 r의 최솟값에서 발생한다. 발사체가 핵에서 멀리 떨어져 있을 때 $U = 0$이라고 가정한다. 여기서 총에너지는 $E = K = \frac{1}{2}mv^2$ 이다. 발사체가 핵에 접근하면 K는 감소하고 U는 증가하지만 $U + K$는 일정하게 유지된다. 거리 $r_{\min}$에서 속력은 $v_{\min}$이고

$$E = \frac{1}{2}mv_{\min}^2 + \frac{1}{4\pi\varepsilon_0}\frac{zZe^2}{r_{\min}} = \frac{1}{2}mv^2 \tag{6.16}$$

(그림 6.13 참조)

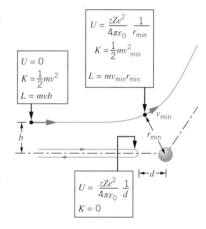

그림 6.13 발사체가 핵에 가장 가까운 접근.

각운동량도 보존된다. 핵으로부터 멀리 떨어져 있을 때 각운동량 L은 mvb이고, $r_{\min}$에서 각운동량은 $mv_{\min}r_{\min}$이므로 다음과 같다.

$$mvb = mv_{\min}r_{\min} \tag{6.17}$$

이것은 $v_{\min} = bv/r_{\min}$을 제공한다. 이 결과를 식 (6.16)에 대입하면, 다음 결과를 얻는다.

$$\frac{1}{2}mv^2 = \frac{1}{2}m\left(\frac{b^2 v^2}{r_{\min}^2}\right) + \frac{1}{4\pi\varepsilon_0}\frac{zZe^2}{r_{\min}} \tag{6.18}$$

이 표현식은 $r_{\min}$에 대해서 풀 수 있다.

$b = 0$이 아니면 발사체의 운동 에너지는 $r_{\min}$에서 0이 아니다(그림 6.13 참조). 이 경우 발사체는 모든 운동 에너지를 잃어 핵에 가장 가까워진다. 이때 핵으로부터의 거리는 가장 가까운 접근 거리인 d이다. $b = 0$일 때 $r_{\min}$에 대해 식 (6.18)을 구하면 거리에 대한 결과를 얻는다.

$$d = \frac{1}{4\pi\varepsilon_0}\frac{zZe^2}{K} \tag{6.19}$$

예제 6.4

금박에 입사된 8.0 MeV 알파 입자의 가장 가까운 접근 거리를 구하시오.

풀이

$$d = \frac{zZe^2}{4\pi\varepsilon_0}\frac{1}{K} = (2)(79)(1.44 \text{ MeV} \cdot \text{fm})\frac{1}{8.0 \text{ MeV}} = 28 \text{ fm}$$

28 fm의 거리는 매우 작지만(예를 들어 원자 반경보다 훨씬 작음) 금의 핵 반지름(약 7 fm)보다는 크다. 따라서 발사체는 항상 핵 전하 분포 외부에 있으며, 발사체가 핵 외부에 남아 있다고 가정하여 유도된 Rutherford 산란 법칙은 산란을 정확하게 설명한다. 발사체의 운동 에너지를 높이거나 Z가 낮은 표적 핵을 사용하여 정전기 반발력을 감소시키는 경우에는 그렇지 않을 수 있다. 특정 상황에서는 가장 가까운 접근 거리가 핵 반지름보다 작을 수 있다. 이런 일이 발생하면 발사체는 더 이상 완전한 핵 전하를 느끼지 않으며 Rutherford 산란 법칙은 더 이상 유지되지 않는다. 실제로 12장에서 논의하는 것처럼 이는 핵의 크기를 측정하는 편리한 방법을 제공한다.

6.4 선 스펙트럼

원자로부터의 복사선은 연속 스펙트럼과 불연속 스펙트럼 또는 선 스펙트럼으로 분류될 수 있다. 연속 스펙트럼에서는 최솟값(아마도 0)부터 최댓값(아마도 ∞)까지의 모든 파장이 방출된다. 뜨겁고 빛나는 물체의 복사선이 이 범주의 예이다. 백색광은 가시광선의 다양한 색상이 모두 혼합된 것이다. 하얗고 뜨겁게 빛나는 물체는 가시 스펙트럼의 모든 파장에서 빛을 방출한다. 반면에 수은, 나트륨, 네온과 같은 특정 원소의 기체나 증기가 소량 들어 있는 튜브에 강제로 전기 방전을 가하면 빛은 몇 가지 개별 파장으로 방출되고 다른 어떤 파장도 방출되지 않는다. 이러한 방출 '선' 스펙트럼의 예가 그림 6.14에서 보인다. 수은 방출 스펙트럼의 강한 436 nm(파란색) 및 546 nm(녹색) 선은 수은 증기 가로등에서 청록색 색조를 나타낸다. 나트륨 스펙트럼에서 590 nm의 강한 노란색 선(실제로는 **이중선**, 매우 촘촘하게 간격을 둔 2개의 선)은 나트륨 증기 가로등에 더 부드럽고 노란 빛을 띠게 한다. 네온의 강렬한 붉은색 라인이 '네온 사인'의 붉은색을 담당한다.

또 다른 가능한 실험은 모든 파장을 포함하는 백색광 광선을 기체 샘플에 통과시키는 것이다. 그렇게 하면 특정 파장이 빛에서 흡수되어 다시 선 스펙트럼이 생성되는

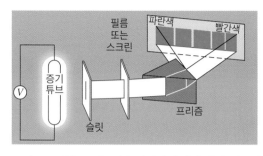
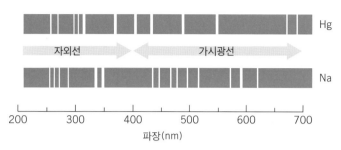

그림 6.14 방출 스펙트럼을 관찰하기 위한 장치. 원소의 증기가 들어 있는 튜브에서 방전이 발생하면 빛이 방출된다. 빛은 프리즘이나 회절 격자와 같은 분산 매체를 통과하여 필름이나 스크린의 여러 위치에 개별 구성 파장을 표시한다. 수은과 나트륨에 대한 샘플 선 스펙트럼이 가시광선 및 근자외선 영역에서 보여진다.

것을 알 수 있다. 이 경우 흡수가 발생한 파장에는 밝은 연속 스펙트럼에서 어두운 선으로 나타난다. 이러한 파장은 방출 스펙트럼에서 볼 수 있는 많은 파장(전부는 아님)에 해당한다. 흡수 스펙트럼의 예가 그림 6.15에 나와 있다.

일반적으로 복잡한 원자에서는 선 스펙트럼을 해석하기가 매우 어렵다. 따라서 지금은 가장 간단한 원자인 수소의 선 스펙트럼을 다루겠다. 그림 6.16에서 볼 수 있듯이 방출 스펙트럼과 흡수 스펙트럼 모두에 규칙성이 나타난다. 수은 및 나트륨 스펙트럼과 마찬가지로 방출 스펙트럼에 존재하는 일부 선이 흡수 스펙트럼에서는 나타나지 않는다.

1885년에 스위스의 수학 교사인 Johann Balmer는 (주로 시행착오를 통해) 가시광선 영역의 수소 방출선 그룹의 파장이 다음 공식을 통해 매우 정확하게 계산될 수 있다는 사실을 알아냈다.

$$\lambda = (364.5 \text{ nm})\frac{n^2}{n^2 - 4} \qquad (n = 3, 4, 5, \ldots) \qquad (6.20)$$

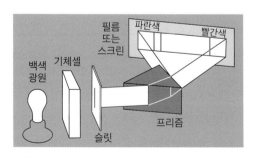
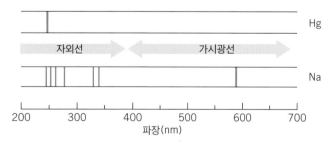

그림 6.15 흡수 스펙트럼을 관찰하기 위한 장치. 광원은 연속적인 범위의 파장을 생성하며, 그중 일부는 기체 원소에 의해 흡수된다. 그림 6.14에서와 같이 빛은 분산된다. 그 결과 빛이 기체에 흡수된 파장에 어두운 선이 있는 연속적인 '무지개' 스펙트럼이 나타난다.

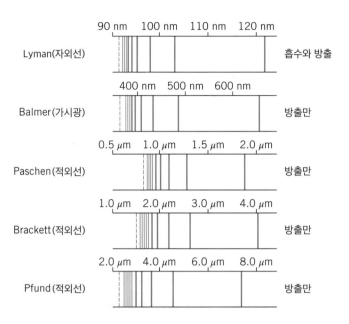

그림 6.16 수소의 방출 및 흡수 스펙트럼 계열. 스펙트럼 선 간격의 규칙성에 주목하자. 각 계열의 한계(점선)에 가까워질수록 선들이 서로 가까워진다. 흡수 스펙트럼에는 Lyman 계열만 나타나고 방출 스펙트럼에는 모든 계열이 나타난다.

예를 들어, $n=3$인 경우 공식은 $\lambda=656.1$ nm로 나타나며 이는 가시광선 영역의 일련의 수소선 중 가장 긴 파장과 정확히 일치한다(그림 6.16 참조). 이 공식은 이제 **Balmer 공식**(Balmer formula)으로 알려져 있으며, 이에 대응하는 일련의 선을 **Balmer 계열**(Balmer series)이라고 한다. $n \to \infty$에 해당하는 파장 364.5 nm를 **계열 극한**(series limit)이라고 한다(그림 6.16에서 Balmer 계열의 왼쪽 끝에 점선으로 표시됨).

수소 스펙트럼의 모든 선 그룹이 다음과 같은 유사한 공식에 적합할 수 있다는 사실이 곧 발견되었다.

$$\lambda = \lambda_{\text{limit}} \frac{n^2}{n^2 - n_0^2} \qquad (n = n_0 + 1, n_0 + 2, n_0 + 3, \dots) \qquad (6.21)$$

여기서 λ_{limit}는 해당 계열 극한의 파장이다. Balmer 계열의 경우 $n_0=2$이다. 다른 계열은 오늘날 Lyman($n_0=1$), Paschen($n_0=3$), Brackett($n_0=4$) 및 Pfund($n_0=5$)로 알려져 있다. 이러한 일련의 수소 스펙트럼 선이 그림 6.16에 나와 있다.

수소 파장의 또 다른 흥미로운 특성은 **Ritz 결합 원리**(Ritz combination principle)에 요약되어 있다. 수소 방출 파장을 진동수로 변환하면 특정 진동수 쌍이 합쳐져 스펙트럼에 나타나는 다른 진동수를 제공한다는 흥미로운 특성을 발견한다.

성공적인 수소 원자 모델은 방출 스펙트럼에서 이러한 흥미로운 산술 규칙성이 나타나는 것을 설명할 수 있어야 한다.

예제 6.5

Paschen 계열($n_0 = 3$)의 계열 극한은 820.1 nm이다. Paschen 계열의 세 가지 가장 긴 파장은 무엇인가?

풀이

식 (6.21)로부터 파장은 다음과 같다.

$$\lambda = (820.1 \text{ nm}) \frac{n^2}{n^2 - 3^2} \quad (n = 4, 5, 6, \dots)$$

세 가지 가장 긴 파장은 다음과 같다.

$$n = 4: \quad \lambda = (820.1 \text{ nm}) \frac{4^2}{4^2 - 3^2} = 1{,}875 \text{ nm}$$

$$n = 5: \quad \lambda = (820.1 \text{ nm}) \frac{5^2}{5^2 - 3^2} = 1{,}281 \text{ nm}$$

$$n = 6: \quad \lambda = (820.1 \text{ nm}) \frac{6^2}{6^2 - 3^2} = 1{,}094 \text{ nm}$$

이러한 전이는 전자기 스펙트럼의 적외선 영역에 속한다.

예제 6.6

Balmer 계열의 가장 긴 파장과 Lyman 계열의 가장 긴 두 파장이 Ritz 결합 원리를 만족시킴을 보이시오. Lyman 계열의 경우 $\lambda_{\text{limit}} = 91.13$ nm이다.

풀이

$n = 3$인 경우 식 (6.20)을 사용하면 Balmer 계열의 가장 긴 파장이 656.1 nm임을 알 수 있다. 이것을 진동수로 변환하면 다음과 같다.

$$f = \frac{c}{\lambda} = \frac{2.998 \times 10^8 \text{ m/s}}{(656.1 \text{ nm})(10^{-9} \text{ m/nm})}$$
$$= 4.57 \times 10^{14} \text{ Hz}$$

$n_0 = 1$이고 $n = 2$와 3에 대해 식 (6.21)을 사용하면 Lyman 계열의 가장 긴 두 파장과 해당 진동수는 다음과 같다.

$$n = 2: \quad \lambda = (91.13 \text{ nm}) \frac{2^2}{2^2 - 1^2} = 121.5 \text{ nm}$$
$$f = \frac{c}{\lambda} = \frac{2.998 \times 10^8 \text{ m/s}}{(121.5 \text{ nm})(10^{-9} \text{ m/nm})}$$
$$= 24.67 \times 10^{14} \text{ Hz}$$

$$n = 3: \quad \lambda = (91.13 \text{ nm}) \frac{3^2}{3^2 - 1^2} = 102.5 \text{ nm}$$
$$f = \frac{c}{\lambda} = \frac{2.998 \times 10^8 \text{ m/s}}{(102.5 \text{ nm})(10^{-9} \text{ m/nm})}$$
$$= 29.24 \times 10^{14} \text{ Hz}$$

Lyman 계열의 가장 작은 진동수를 Balmer 계열의 가장 작은 진동수에 더하면 다음으로 가장 작은 Lyman 진동수가 된다.

$$24.67 \times 10^{14} \text{ Hz} + 4.57 \times 10^{14} \text{ Hz} = 29.24 \times 10^{14} \text{ Hz}$$

이 결과는 Ritz 결합 원리를 나타낸다.

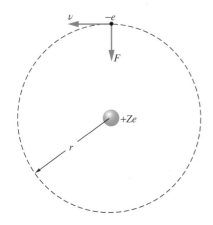

그림 6.17 원자의 Bohr 모델(수소의 경우 $Z = 1$).

Niels Bohr(1885~1962, 덴마크). 그는 원자 수소의 복사 스펙트럼에 대한 성공적인 이론을 개발했으며, 양자역학에 정상 상태와 상보성 개념을 제시하였다. 나중에 그는 핵분열에 대한 성공적인 이론을 개발했다. 그가 코펜하겐에 설립한 이론 물리학 연구소는 전 세계 학자들을 끌어모으고 있다.

6.5 Bohr 모델

질량과 양전하가 원자 중심의 아주 작은 영역에 집중되어 있다는 Rutherford의 제안에 따라, 1913년 덴마크 물리학자 Niels Bohr는 Rutherford의 연구실에서 일하던 중 원자가 행성이 태양 주위를 도는 것처럼 전자가 핵 주위를 도는 미니 행성계를 닮았다고 제안했다. 따라서 태양계가 행성에 미치는 태양의 중력의 영향으로 붕괴되지 않는 것과 같은 이유로 원자는 전자에 대한 핵의 정전기 쿨롱 힘의 영향으로 붕괴되지 않는다. 두 경우 모두 인력은 궤도 운동을 유지하는 데 필요한 구심 가속도를 제공한다.

나중에 논의하겠지만 Bohr 모델은 원자의 실제 구조와 특성에 대한 정확한 견해를 제공하지는 않지만 원자를 이해하는 데 중요한 첫 번째 단계를 제시한다. 올바른 관점을 가지려면 7장에서 논의하는 양자역학 방법이 필요하다.

단순화를 위해 그림 6.17에서와 같이 단일 양전하를 갖는 핵 주위를 순환하는 단일 전자를 갖는 수소 원자를 고려한다. 원형 궤도의 반경은 r이고, 전자(질량 m)는 일정한 접선 속력 v로 움직인다. 인력 쿨롱 힘은 구심 가속도 v^2/r을 제공한다.

$$F = \frac{1}{4\pi\varepsilon_0} \frac{|q_1||q_2|}{r^2} = \frac{1}{4\pi\varepsilon_0} \frac{e^2}{r^2} = \frac{mv^2}{r} \tag{6.22}$$

이 식으로부터면 전자의 운동 에너지를 찾을 수 있다(더 무거운 핵이 정지 상태로 유지된다고 가정한다. 이에 대해서는 나중에 자세히 설명한다).

$$K = \frac{1}{2}mv^2 = \frac{1}{8\pi\varepsilon_0} \frac{e^2}{r} \tag{6.23}$$

전자-핵 계의 퍼텐셜 에너지는 쿨롱 퍼텐셜 에너지이다.

$$U = \frac{1}{4\pi\varepsilon_0} \frac{q_1 q_2}{r} = -\frac{1}{4\pi\varepsilon_0} \frac{e^2}{r} \tag{6.24}$$

총에너지 $E = K + U$는 식 (6.23)과 식 (6.24)를 합하여 얻는다.

$$E = K + U = \frac{1}{8\pi\varepsilon_0} \frac{e^2}{r} + \left(-\frac{1}{4\pi\varepsilon_0} \frac{e^2}{r}\right) = -\frac{1}{8\pi\varepsilon_0} \frac{e^2}{r} \tag{6.25}$$

지금까지 이 모델의 심각한 문제점 하나를 무시했다. 고전 물리학에서는 궤도를 도는 전자와 같은 가속된 전하가 지속적으로 전자기 에너지를 방출해야 한다. 이 에너지를 방출하면 총에너지가 감소하고 전자는 핵을 향해 나선형으로 떨어져 원자는 붕괴된다. 이러한 어려움을 극복하기 위해 Bohr는 대담하고 과감한 가설을 세웠다. 그는 전자가 전자기 에너지를 방출하지 않고도 존재할 수 있는 **정상 상태**(stationary states)

라고 불리는 특별한 운동 상태가 있다고 제안했다. Bohr에 따르면 이러한 상태에서 전자의 각운동량 L은 $\hbar$의 정수배 값을 취한다. 정상 상태에서 전자의 각운동량은 $\hbar$, $2\hbar$, $3\hbar$, ...의 크기를 가질 수 있지만 2.5$\hbar$ 또는 3.1$\hbar$와 같은 값은 절대 가질 수 없다. 이를 **각운동량의 양자화**(quantization of angular momentum)라고 한다.

원형 궤도에서 핵에 대한 전자의 위치를 지정하는 위치 벡터 $\vec{r}$은 항상 선형 운동량 $\vec{p}$에 수직이다. $\vec{L} = \vec{r} \times \vec{p}$로 정의되는 각운동량은 $\vec{r}$이 $\vec{p}$에 수직일 때 크기 $L = rp = mvr$을 갖는다. 따라서 Bohr의 가정은 다음과 같다.

$$mvr = n\hbar \qquad (6.26)$$

여기서 n은 정수이다($n = 1, 2, 3, \ldots$). 이 식을 운동 에너지에 대한 식 (6.23)에 적용하여 다음과 같이 쓸 수 있다.

$$\frac{1}{2}mv^2 = \frac{1}{2}m\left(\frac{n\hbar}{mr}\right)^2 = \frac{1}{8\pi\varepsilon_0}\frac{e^2}{r} \qquad (6.27)$$

반지름 r의 허용되는 일련의 값은 다음과 같다.

$$r_n = \frac{4\pi\varepsilon_0\hbar^2}{me^2}n^2 = a_0 n^2 \qquad (n = 1, 2, 3, \ldots) \qquad (6.28)$$

여기서 **Bohr 반경**(Bohr radius) a_0은 다음과 같이 정의된다.

$$a_0 = \frac{4\pi\varepsilon_0\hbar^2}{me^2} = 0.0529 \text{ nm} \qquad (6.29)$$

이 중요한 결과는 고전 물리학에서 기대하는 것과 매우 다르다. 위성을 적절한 고도로 끌어올린 다음 적절한 접선 속도를 제공함으로써 원하는 반경의 지구 궤도에 배치할 수 있다. 이는 전자의 궤도에는 해당되지 않는다. Bohr 모델에서는 특정 반지름만 허용된다. 전자 궤도의 반경은 a_0, $4a_0$, $9a_0$, $16a_0$ 등이 될 수 있지만 결코 $3a_0$ 또는 $5.3a_0$은 될 수 없다. r에 대한 식 (6.28)을 식 (6.25)에 대입하면 에너지를 얻을 수 있다.

$$E_n = -\frac{me^4}{32\pi^2\varepsilon_0^2\hbar^2}\frac{1}{n^2} = \frac{-13.60 \text{ eV}}{n^2} \qquad (n = 1, 2, 3, \ldots) \qquad (6.30)$$

식 (6.30)에 따라서 계산된 전자의 **에너지 준위**(energy levels)를 그림 6.18에서 볼 수 있다. 전자의 에너지는 **양자화**(quantized)된다. 특정 에너지 값만 가능하다. 가장 낮은 준위인 $n = 1$에서 전자는 에너지 $E_1 = -13.60$ eV를 가지며 반지름 $r_1 = 0.0529$ nm인 궤도를 돌고 있다. 이 상태가 **바닥 상태**(ground state)이다. 더 높은 상태($E_2 = -3.40$ eV인 $n = 2$, $E_3 = -1.51$ eV인 $n = 3$ 등)는 **들뜬 상태**(excited states)이다.

들뜬 상태 n의 **들뜬 에너지**(excitation energy)는 바닥 상태 위의 에너지 $E_n - E_1$이

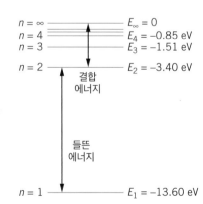

그림 6.18 $n = 1$에서 $n = 2$로 전자가 여기될 때 필요한 들뜬 에너지와 $n = 2$인 전자의 결합 에너지를 보여주는 원자 수소의 에너지 준위.

다. 따라서 첫 번째 들뜬 상태($n = 2$)는 다음의 들뜬 에너지를 갖는다.

$$\Delta E = E_2 - E_1 = -3.40 \text{ eV} - (-13.60 \text{ eV}) = 10.20 \text{ eV}$$

두 번째 들뜬 상태는 다음과 같은 들뜬 에너지를 가지고 있다.

$$\Delta E = E_3 - E_1 = -1.51 \text{ eV} - (-13.60 \text{ eV}) = 12.09 \text{ eV}$$

들뜬 에너지는 전자가 위로 이동하기 위해 원자가 흡수해야 하는 에너지의 양으로도 생각할 수 있다. 예를 들어, 전자가 바닥 상태($n = 1$)에 있을 때 원자가 10.20 eV의 에너지를 흡수하면 전자는 첫 번째 들뜬 상태($n = 2$)로 올라간다.

전자 에너지의 크기 $|E_n|$는 때로는 **결합 에너지**(binding energy)라고도 한다. 예를 들어, $n = 2$ 상태에서 전자의 결합 에너지는 3.40 eV이다. 원자가 전자의 결합 에너지와 같은 양의 에너지를 흡수하면 전자는 원자에서 제거되어 자유 전자가 된다. 전자를 제거한 원자를 **이온**(ion)이라고 한다. 원자에서 전자를 제거하는 데 필요한 에너지의 양을 **이온화 에너지**(ionization energy)라고도 한다. 일반적으로 원자의 이온화 에너지는 바닥 상태에서 전자를 제거하는 에너지를 나타낸다. 원자가 전자를 제거하는 데 필요한 최소 에너지보다 더 많은 에너지를 흡수하면 초과 에너지는 이제 자유 전자의 운동 에너지로 나타난다.

결합 에너지는 초기에 멀리 떨어져 있던 전자와 핵이 원자를 구성할 때 방출되는 에너지로도 간주할 수 있다. 먼 거리($E = 0$)에서 전자를 가져와 에너지가 음의 E_n 값을 갖는 n 상태의 궤도에 놓으면 에너지 $|E_n|$은 일반적으로 하나 이상의 광자 형태로 방출된다.

Bohr 모델의 수소 파장

이전에 원자 수소의 방출 및 흡수 스펙트럼에 대해 논의했으며, Bohr 모델에 대한 논의는 이러한 스펙트럼의 기원에 대해 이해가 필요하다. Bohr는 전자가 특정 정지 상태에 있을 때는 전자를 방출하지 않지만, 더 낮은 에너지 준위로 이동하면 전자를 방출할 수 있다고 가정했다. 낮은 준위에서 전자는 원래 준위보다 적은 에너지를 가지며 에너지 차이는 에너지 hf가 준위 간의 에너지 차이와 같은 복사선의 양자로 나타난다. 즉, 그림 6.19와 같이 전자가 $n = n_1$에서 $n = n_2$로 도약하면 다음 에너지를 가진 광자가 나타난다.

$$hf = E_{n_1} - E_{n_2} \tag{6.31}$$

또는 에너지에 대한 식 (6.30)을 이용하면 다음과 같다.

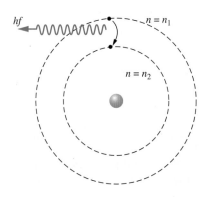

그림 6.19 전자는 광자가 방출되면서 n_1 상태에서 n_2 상태로 이동한다.

$$f = \frac{me^4}{64\pi^3\varepsilon_0^2\hbar^3}\left(\frac{1}{n_2^2} - \frac{1}{n_1^2}\right) \tag{6.32}$$

방출된 방사선의 파장은 다음과 같다.

$$\lambda = \frac{c}{f} = \frac{64\pi^3\varepsilon_0^2\hbar^3 c}{me^4}\left(\frac{n_1^2 n_2^2}{n_1^2 - n_2^2}\right) = \frac{1}{R_\infty}\left(\frac{n_1^2 n_2^2}{n_1^2 - n_2^2}\right) \tag{6.33}$$

여기서 R_∞은 **Rydberg 상수**(Rydberg constant)라고 불리며 다음과 같이 주어진다.

$$R_\infty = \frac{me^4}{64\pi^3\varepsilon_0^2\hbar^3 c} \tag{6.34}$$

현재 허용되는 값은 다음과 같다.

$$R_\infty = 1.097373 \times 10^7 \ \text{m}^{-1}$$

▌ 예제 6.7

원자 수소에서 $n_1 = 3$에서 $n_2 = 2$로, 그리고 $n_1 = 4$에서 $n_2 = 2$로의 전이에 대한 파장을 구하시오.

풀이

식 (6.33)에 $n_1 = 3$ 그리고 $n_2 = 2$를 대입하면 다음과 같다.

$$\lambda = \frac{1}{R_\infty}\left(\frac{n_1^2 n_2^2}{n_1^2 - n_2^2}\right)$$

$$= \frac{1}{1.097 \times 10^7 \ \text{m}^{-1}}\left(\frac{3^2 2^2}{3^2 - 2^2}\right) = 656.1 \ \text{nm}$$

그리고 $n_1 = 4$ 그리고 $n_2 = 2$인 경우는 다음과 같다.

$$\lambda = \frac{1}{R_\infty}\left(\frac{n_1^2 n_2^2}{n_1^2 - n_2^2}\right)$$

$$= \frac{1}{1.097 \times 10^7 \ \text{m}^{-1}}\left(\frac{4^2 2^2}{4^2 - 2^2}\right)$$

$$= 486.0 \ \text{nm}$$

이 파장은 Balmer 계열의 가장 긴 두 파장의 값에 매우 가깝다(그림 6.16). 실제로 임의의 상태 n_1에서 $n_2 = 2$로의 전이 파장에 대해 식 (6.33)은 다음과 같다.

$$\lambda = (364.5 \ \text{nm})\left(\frac{n_1^2}{n_1^2 - 4}\right)$$

이는 Balmer 계열에 대한 식 (6.21)과 같다. 따라서 Balmer 계열로 확인된 복사가 더 높은 준위에서 $n = 2$ 준위로의 전이에 해당함을 알 수 있다. 그림 6.20에 표시된 것처

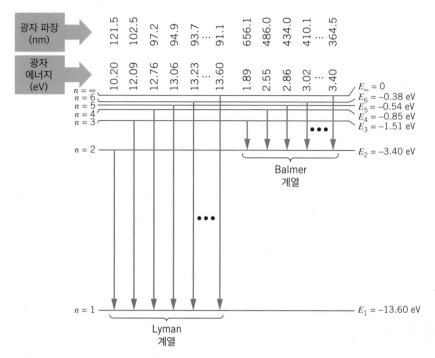

그림 6.20 수소에서의 Lyman 및 Balmer 계열의 전이. 계열 극한은 각 그룹의 오른쪽에 표시
된다.

럼 다른 일련의 복사에 대해서도 유사한 구분이 이루어질 수 있다. Bohr 모델에 따라
예상되는 전이와 관측된 파장(그림 6.16 참조) 사이의 이러한 연관성은 이 모델이 매
우 성공적임을 나타낸다.

   Bohr 공식은 또한 방출 스펙트럼의 특정 진동수를 합하여 다른 진동수를 제공할 수
있는 Ritz 결합 원리를 설명한다. 상태 n_3에서 상태 n_2로의 전이, 이어서 n_2에서 n_1로의
전이를 생각해 보자. 이 경우 식 (6.32)를 사용하여 다음을 얻을 수 있다.

$$f_{n_3 \to n_2} = cR_\infty \left(\frac{1}{n_3^2} - \frac{1}{n_2^2} \right)$$

$$f_{n_2 \to n_1} = cR_\infty \left(\frac{1}{n_2^2} - \frac{1}{n_1^2} \right)$$

$$f_{n_3 \to n_2} + f_{n_2 \to n_1} = cR_\infty \left(\frac{1}{n_3^2} - \frac{1}{n_2^2} \right) + cR_\infty \left(\frac{1}{n_2^2} - \frac{1}{n_1^2} \right) = cR_\infty \left(\frac{1}{n_3^2} - \frac{1}{n_1^2} \right)$$

이것은 n_3에서 n_1로의 직접 전이에서 방출되는 단일 광자의 진동수와 동일하므로

$$f_{n_3 \to n_2} + f_{n_2 \to n_1} = f_{n_3 \to n_1} \qquad (6.35)$$

따라서 Bohr 모델은 Ritz 결합 원리와 완전히 일치한다. 방출된 광자의 진동수는

$E = hf$로 에너지와 관련되므로 진동수의 합은 에너지의 합과 동일하다. 따라서 에너지 측면에서 Ritz 결합 원리를 다시 설명할 수 있다. 하나 이상의 상태를 건너뛰거나 교차하는 전이에서 방출되는 광자의 에너지는 모든 개별 상태를 연결하는 전이의 단계별 에너지의 합과 같다(연습문제 26번 참조).

Bohr 모델은 또한 원자가 동일한 파장의 복사선을 흡수하거나 방출하지 않는 이유를 이해하는 데 도움이 된다. 고립된 원자는 일반적으로 바닥 상태에서만 발견된다. 들뜬 상태는 바닥 상태로 붕괴되기 전에 매우 짧은 시간(10^{-9}초 미만) 동안 지속된다. 따라서 흡수 스펙트럼에는 바닥 상태로부터의 전이만 포함된다. 그림 6.20으로부터 Lyman 계열의 복사만 수소 흡수 스펙트럼에서 발견될 수 있음을 알 수 있다. 바닥 상태의 수소 원자는 10.20 eV의 방사선을 흡수하여 첫 번째 들뜬 상태에 도달하거나, 12.09 eV의 복사선을 흡수하여 두 번째 들뜬 상태에 도달할 수 있다. 수소 원자는 원래 $n = 2$ 준위에 있지 않기 때문에 에너지 1.89 eV(Balmer 계열의 첫 번째 줄)의 광자를 흡수할 수 없다. 따라서 Balmer 계열은 흡수 스펙트럼에서 발견되지 않는다.

Z > 1인 원자

수소에 대한 Bohr 이론은 핵 전하 Z가 1보다 큰 경우에도 단일 전자를 가진 모든 원자에 사용할 수 있다. 예를 들어, 단일 이온화된 헬륨(전자가 하나 제거된 헬륨), 이중 이온화된 리튬 등의 에너지 준위를 계산할 수 있다. 핵 전하가 Bohr 이론에 등장하는 곳은 핵과 전자 사이의 정전기력인 식 (6.22) 한 곳뿐이다. 전하 Ze를 가지는 핵의 경우 전자에 작용하는 Coulomb 힘은 다음과 같다.

$$F = \frac{1}{4\pi\varepsilon_0}\frac{|q_1||q_2|}{r^2} = \frac{1}{4\pi\varepsilon_0}\frac{Ze^2}{r^2} \tag{6.36}$$

즉, 이전에는 e^2가 있었지만 이제는 Ze^2가 있다. 최종 결과에서 이와 같이 대체를 하면 허용되는 반지름을 찾을 수 있다.

$$r_n = \frac{4\pi\varepsilon_0\hbar^2}{Ze^2m}n^2 = \frac{a_0n^2}{Z} \tag{6.37}$$

그리고 에너지는 다음과 같다.

$$E_n = -\frac{m(Ze^2)^2}{32\pi^2\varepsilon_0^2\hbar^2}\frac{1}{n^2} = -(13.60\text{ eV})\frac{Z^2}{n^2} \tag{6.38}$$

더 큰 Z를 가지는 원자의 궤도는 핵에 더 가깝고 더 큰(음의) 에너지를 가진다. 즉, 전자는 핵에 더 단단히 결합된다.

예제 6.8

그림 6.16에 표시된 다섯 가지 방출 복사선 중 Be^{+++}의 가시광선을 생성하는 것은 무엇인가?

풀이

Be의 경우, $Z=4$인 상태의 에너지는 H 에너지 준위의 $Z^2=16$

배이다. 이에 따라 방출되는 파장은 1/16만큼 작아진다. 수소 Brackett 계열의 가장 큰 파장인 약 4,000 nm는 자외선 영역인 Be에서 약 250 nm로 줄어들 것이다. Pfund 계열의 가장 긴 파장($n=6$에서 $n=5$로)만이 가시광 영역(7,460 nm/16 = 466 nm)에 속한다.

예제 6.9

삼중 이온화된 베릴륨($Z=4$)의 Balmer 계열의 가장 긴 두 파장을 계산하시오.

풀이

Balmer 계열의 복사는 $n=2$ 준위로 끝나므로 가장 긴 2개의 파장은 $n=3 \rightarrow n=2$ 및 $n=4 \rightarrow n=2$에 해당하는 복사이다. 복사의 에너지와 그 해당 파장은 다음과 같다.

$$E_3 - E_2 = -(13.60 \text{ eV})(4^2)\left(\frac{1}{3^2} - \frac{1}{2^2}\right) = 30.2 \text{ eV}$$

$$\lambda = \frac{hc}{E} = \frac{1{,}240 \text{ eV} \cdot \text{nm}}{30.2 \text{ eV}} = 41.0 \text{ nm}$$

$$E_4 - E_2 = -(13.60 \text{ eV})(4^2)\left(\frac{1}{4^2} - \frac{1}{2^2}\right) = 40.8 \text{ eV}$$

$$\lambda = \frac{hc}{E} = \frac{1{,}240 \text{ eV} \cdot \text{nm}}{40.8 \text{ eV}} = 30.4 \text{ nm}$$

이러한 복사선은 자외선 영역에 속한다.

식 (6.33)은 수소($Z=1$)에만 적용되기 때문에 이 식을 이용해 파장을 구할 수 없다.

6.6 Franck-Hertz 실험

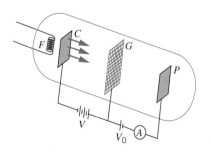

그림 6.21 Franck-Hertz 장치. 전자는 음극 C를 떠나 전압 V에 의해 그리드 G쪽으로 가속되어 전류계 A에 기록되는 판 P에 도달한다.

그림 6.21에 개략적으로 표시된 장치를 사용하여 수행되는 다음 실험을 상상해 보자. 필라멘트는 음극을 가열하여 전자를 방출한다. 이들 전자는 가변 전위차 V에 의해 그리드를 향해 가속된다. V가 그리드와 플레이트 사이의 작은 감속 전압인 V_0를 초과하면 전자는 그리드를 통과하여 판에 도달한다. 전류계 A를 사용하여 판에 도달하는 전류를 측정한다.

이제 튜브가 낮은 압력에서 원자 수소 기체로 채워져 있다고 가정한다. 전압이 0에서 증가함에 따라 점점 더 많은 전자가 판에 도달하고 그에 따라 전류가 증가한다. 튜

브 내부의 전자는 수소 원자와 충돌할 수 있지만 이러한 충돌에서는 에너지를 잃지 않는
다. 충돌은 완전히 탄성적이다. 충돌 시 전자가 에너지를 잃는 유일한 방법은 전자가
수소 원자를 들뜬 상태로 전환시킬 만큼 충분한 에너지를 갖고 있는 경우이다. 따라서
전자의 에너지가 10.2 eV에 도달하거나 이를 거의 초과할 때(또는 전압이 10.2 V에 도
달할 때) 전자는 **비탄성** 충돌을 일으켜 원자에 10.2 eV의 에너지를 넘겨주고(현재 $n=2$
준위), 원래의 전자는 아주 적은 에너지로 움직인다. 그리드를 통과해야 하는 경우 전
자는 작은 감속 전위를 극복하고 판에 도달할 만큼 충분한 에너지를 갖지 못할 수 있
다. 따라서 $V=10.2$ V일 때 전류 강하가 관찰된다. V가 더 증가함에 따라 다중 충돌
의 효과가 나타나기 시작한다. 즉, $V=20.4$ V일 때 전자는 비탄성 충돌을 일으키고 원
자는 $n=2$ 상태가 된다. 이 과정에서 전자는 10.2 eV의 에너지를 잃는다. 따라서 충
돌 후 남은 10.2 eV의 에너지로 이동한다. 이는 비탄성 충돌에서 두 번째 수소 원자를
여기시키는 데 충분하다. 따라서 V에서 전류 강하가 관찰되면 $2\,V$, $3\,V$, …에서도 유
사한 강하가 관찰된다.

따라서 이 실험은 원자 들뜬 상태의 존재에 대한 직접적인 증거를 제공한다. 불행하
게도 수소를 가지고 이 실험을 하는 것은 쉽지 않다. 왜냐하면 수소는 자연적으로 분자
형태인 H_2로 발생하기 때문이다. 분자는 다양한 방식으로 에너지를 흡수할 수 있으며,
이는 실험의 해석을 혼란스럽게 할 수 있다. 1914년 James Franck와 Gustav Hertz는
수은 증기로 채워진 튜브를 사용하여 유사한 실험을 수행했다. 그 결과는 그림 6.22에
나와 있으며, 이는 4.9 eV의 들뜬 상태에 대한 명확한 증거를 제공한다. 전압이 4.9 V
의 배수가 될 때마다 전류 강하가 나타난다. 공교롭게도 수은의 **방출** 스펙트럼은 4.9 eV
의 에너지에 해당하는 254 nm 파장의 강렬한 자외선 선을 보여준다. 이는 똑같은 4.9 eV
들뜬 상태와 바닥 상태 사이의 전이로 인해 발생한다. Franck-Hertz 실험은 전자가 원
자와 비탄성 충돌을 일으키려면 특정한 최소 에너지를 가져야 함을 보여주었다. 이제
그 최소 에너지를 원자의 들뜬 상태의 에너지로 해석한다. Franck와 Hertz는 이 연구
로 1925년 노벨 물리학상을 수상했다.

학부 실험실에서 수행할 수 있는 현대 버전의 Franck-Hertz 실험에서는 튜브가 네
온 기체로 채워져 있다. 전자의 에너지가 18.7 eV에 도달하면 네온 원자와 충돌하여
해당 에너지에서 네온을 들뜬 상태로 올릴 수 있다. 거기에서 원자는 16.6 eV의 상태
로 전이하며, 이 과정에서 에너지 2.1 eV의 광자를 방출하는데, 이는 기체에 의해 방
출되는 주황색 빛으로 나타난다. 가속 전압이 충분히 높으면 전자는 음극에서 그리드
를 향해 이동할 때 두 번째, 심지어 세 번째 네온 원자를 여기시키기에 충분한 에너지

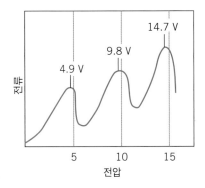

그림 6.22 4.9 V의 배수에서 전류가 감소
하는 것을 보여주는 수은 증기를 사용한
Franck-Hertz 실험의 결과.

그림 6.23 음극에서 위로 이동하는 전자는 네온 원자를 불연속적인 들뜬 상태로 여기시키면서 네온 가스의 3개의 발광 영역을 생성하기에 충분한 에너지로 가속된다.

를 얻을 수 있다. 그림 6.23은 사진 하단 근처의 음극에서 상단의 그리드까지 위쪽으로 이동하는 전자가 네온 가스의 3개의 빛나는 영역을 만드는 실험 결과를 보여준다.

6.7 대응 원리*

Bohr 모델이 방출 및 흡수 스펙트럼에서 관찰된 파장과 매우 일치하는 원자 수소의 전이 파장을 계산하는 방법을 살펴보았다. 그러나 이렇게 잘 일치하기 위해서 Bohr는 고전 물리학에서 근본적으로 벗어난 가정을 도입해야 했다. 특히 고전 물리학에 따르면 가속된 하전 입자는 전자기 에너지를 방출하지만 Bohr의 원자 모델에서 전자는 원형 궤도에서 움직일 때 가속되어 다른 궤도로 도약하지 않는 한 방출하지 않는다. 여기서 특수 상대성 이론 연구에서 했던 것과는 매우 다른 경우를 보게 된다. 예를 들어 상대성 이론은 운동 에너지에 대한 한 가지 표현인 $K = E - E_0$을 제공하고, 고전 물리학에서는 또 다른 표현인 $K = \frac{1}{2}mv^2$을 제공한다는 것을 기억할 것이다. 그러나 $v \ll c$일 때 $E - E_0$가 $\frac{1}{2}mv^2$이 된다는 것을 보여주었다. 따라서 이 두 표현은 실제로 크게 다르지 않다. 이 한 가지는 다른 경우에 대한 특별한 예일 뿐이다. 가속된 전자와 관련된 딜레마는 단순히 고전 물리학의 특별한 경우인 원자 물리학(양자 물리학의 예)만의 문제가 아니다. 가속 전하가 복사하거나 또는 복사하지 않는다! 이 심각한 딜레마에 대한

---

* 이 부분은 선택 사항이며 생략해도 내용의 일관성은 유지된다.

Bohr의 해결책은 **대응 원리**(correspondence principle)를 제안하는 것이었다.

양자 이론은 고전 이론이 실험과 일치한다고 알려진 극한에서 고전 이론과 일치해야 한다.

또는 이와 같이,

양자 이론은 큰 양자수의 극한에서 고전 이론과 일치해야 한다.

이 원리를 Bohr 원자에 어떻게 적용할 수 있는지 살펴보겠다. 고전 물리학에 따르면 원을 그리며 움직이는 전하는 회전 진동수와 동일한 진동수로 복사한다. 원자 궤도의 경우, 회전 주기는 한 궤도에서 이동한 거리인 $2\pi r$을 궤도 속력 $v = \sqrt{2K/m}$로 나눈 값이다. 여기서 K는 운동 에너지이다.

$$T = \frac{2\pi r}{\sqrt{2K/m}} = \frac{\sqrt{16\pi^3\varepsilon_0 mr^3}}{e} \tag{6.39}$$

여기서 운동 에너지에 대한 식 (6.23)을 사용한다. 진동수 f는 주기의 역수이다.

$$f = \frac{1}{T} = \frac{e}{\sqrt{16\pi^3\varepsilon_0 mr^3}} \tag{6.40}$$

허용된 궤도의 반경에 대한 식 (6.28)을 이용하면 다음 결과를 얻을 수 있다.

$$f_n = \frac{me^4}{32\pi^3\varepsilon_0^2\hbar^3}\frac{1}{n^3} \tag{6.41}$$

반경 r_n의 궤도에서 움직이는 '고전적인' 전자는 이 진동수 f_n에서 복사한다.

Bohr 원자의 반경을 매우 크게 만들어 양자 크기의 물체(10^{-10} m)에서 실험실 크기의 물체(10^{-3} m)로 변하게 한다면 원자는 고전적으로 행동해야 한다. 반지름은 n^2처럼 n이 증가함에 따라 증가하므로 이 고전적 동작은 $10^3 \sim 10^4$ 범위의 n에 대해 발생한다. 그러면 전자가 궤도 n에서 궤도 $n-1$로 떨어질 때 원자에서 방출되는 복사선의 진동수를 계산해 보자. 식 (6.32)에 따르면, 진동수는

$$f = \frac{me^4}{64\pi^3\varepsilon_0^2\hbar^3}\left(\frac{1}{(n-1)^2} - \frac{1}{n^2}\right) = \frac{me^4}{64\pi^3\varepsilon_0^2\hbar^3}\frac{2n-1}{n^2(n-1)^2} \tag{6.42}$$

n이 매우 크면 $n-1$을 n으로, $2n-1$을 $2n$으로 근사할 수 있다.

$$f \cong \frac{me^4}{64\pi^3\varepsilon_0^2\hbar^3}\frac{2n}{n^4} = \frac{me^4}{32\pi^3\varepsilon_0^2\hbar^3}\frac{1}{n^3} \tag{6.43}$$

'고전적인' 진동수의 경우 식 (6.41)과 같다. '고전적인' 전자는 핵을 향해 천천히 나선을 그리며 식 (6.41)에 주어진 진동수로 복사한다. '양자' 전자는 동일한 식 (6.43)에 의

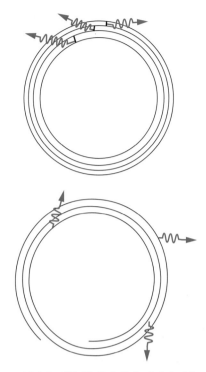

해 주어진 진동수로 복사하면서 궤도 n에서 궤도 $n-1$로, 그런 다음 궤도 $n-2$로 이동한다. (원형 궤도가 매우 클 경우, 한 원형 궤도에서 다음 작은 원형 궤도로 이동하는 것은 그림 6.24에서와 같이 나선형과 매우 유사해 보인다.)

고전 물리학과 양자 물리학이 중첩되는 큰 n의 영역에서는 복사 진동수에 대한 고전 물리학과 양자 표현이 동일하다. 이는 Bohr의 대응 원리를 적용한 예이다. 대응 원리의 적용은 Bohr 원자를 훨씬 넘어서며, 이 원리는 고전 물리학의 법칙이 유효한 영역에서 양자 물리학의 법칙이 유효한 영역으로 어떻게 넘어가는지 이해하는 데 중요하다.

6.8 Bohr 모델의 결함

Bohr 모델은 전자가 핵 주위를 어떻게 움직이는지에 대한 그림을 제공하며, 원자의 행동을 설명하려는 많은 시도는 엄밀히 말하면 정확하지는 않지만 이 그림을 참조한다. 제시한 내용에서는 모델의 정확도를 향상하기 위해 포함되어야 하는 두 가지 효과를 무시했다. 모델의 다른 결함은 7장에 제시된 올바른 양자역학 그림과 일치하지 않기 때문에 쉽게 수정할 수 없다.

1. 양성자의 운동. 이 모델은 고정된 양성자 주위를 공전하는 전자를 기반으로 했지만 실제로는 전자와 양성자 둘 다 질량 중심을 중심으로 궤도를 돌고 있다(지구와 태양이 질량 중심을 중심으로 궤도를 그리는 것처럼). 따라서 운동 에너지에는 양성자의 운동을 설명하는 항이 포함되어야 한다. 에너지 준위 식[식 (6.30)]에 나타나는 질량이 전자 질량이 아니라 전자 질량 m_e와 양성자 질량 m_p로부터 계산된 양성자–전자 계의 **환산 질량**(reduced mass)이라면 이 효과를 설명할 수 있다.

$$m = \frac{m_e m_p}{m_e + m_p} \tag{6.44}$$

환산 질량은 전자 질량보다 약간 작으며 에너지와 진동수를 감소시키거나 파장을 약 0.05% 증가시키는 효과가 있다. 또한 파장에 대한 식 (6.33)에서 Rydberg 상수 R_∞(양성자 질량이 무한하다면 정확할 것이기 때문에 이렇게 불림)을 $R = R_\infty(1 + m_e/m_p)$로 대체할 수 있다.

2. 공기 중의 파장. Bohr 에너지 준위에서 직접 계산된 진동수[식 (6.32)]를 파장[식 (6.33)]으로 변환할 때 작지만 쉽게 수정할 수 있는 또 다른 오류가 발생한다. 파장 측정은 일반적으로 공기 중에서 수행되므로 파장을 $\lambda = v_{air}/f$로 계산해야 한다. 여기서

그림 6.24 (위) 큰 양자 원자. 전자가 낮은 상태로 이동할 때 광자는 불연속적인 전이를 통해 방출된다. (아래) 고전적인 원자. 광자는 가속된 전자에 의해 연속적으로 방출된다.

v_{air}는 공기 중 빛의 속력이다. 이는 계산된 파장을 약 0.03% 감소시키는 효과가 있다 (양성자의 운동을 무시하여 발생한 오류를 어느 정도 상쇄함).

3. 각운동량. Bohr 모델의 심각한 실패는 전자의 각운동량에 대한 잘못된 예측을 제공한다는 것이다. Bohr의 이론에서 궤도 각운동량은 $\hbar$의 정수배로 양자화되는데, 이는 정확하다. 그러나 수소의 바닥 상태($n=1$)에 대해 Bohr 이론은 $L=\hbar$를 제공하는 반면, 실험에서는 $L=0$임을 명확하게 보여준다.

4. 불확정성. 이 모델의 또 다른 결함은 불확정성 관계를 위반한다는 것이다. (Bohr를 변론하자면 이 모델은 파동 역학이 도입되기 10년 전에 불확정성에 대한 아이디어와 함께 개발되었다.) 전자가 xy 평면에서 궤도를 돌고 있다고 가정하자. 이 경우 z 좌표(xy 평면에서 $z=0$이므로 $\Delta z=0$)와 운동량의 z성분(또한 정확하게 0이므로 $\Delta p_z=0$)을 정확히 알고 있다. 따라서 그러한 원자는 불확실성 관계 $\Delta z \Delta p_z \geq \hbar$를 위반하게 된다. 사실 7장에서 논의할 때, 양자역학은 단일 평면의 어떤 궤도와도 일치하지 않는 원자 내 전자의 행동에 어느 정도 '모호함'을 도입한다.

성공에도 불구하고 Bohr 모델은 기껏해야 불완전한 모델에 불과하다. 이는 하나의 전자를 포함하는 원자(수소, 단일 이온화 헬륨, 이중 이온화 리튬 등)에만 유용하고 2개 이상의 전자를 포함하는 원자에는 유용하지 않다. 핵으로 인해 전자에 가해지는 힘만 고려했지 각 전사가 다른 전자에 미치는 힘은 고려하지 않았다. 더욱이 방출 스펙트럼을 매우 주의 깊게 살펴보면 많은 선이 실제로 단일 선이 아니라 2개 이상의 선이 매우 밀접하게 간격을 둔 조합이라는 것을 알 수 있다. Bohr 모델은 이러한 이중 스펙트럼 선을 설명할 수 없다. 이 모델은 또한 원자의 다른 특성을 계산하는 기초로서 유용성이 제한된다. 스펙트럼 선의 에너지는 정확하게 계산할 수 있지만 세기는 계산할 수 없다. 예를 들어, $n=3$ 상태의 전자가 $n=1$ 상태로 직접 이동하여 해당 광자를 방출하는 빈도와 먼저 $n=2$ 상태로 도약한 다음 $n=1$ 상태로 이동하는 빈도는 얼마인가? 2개의 광자를 방출하는가? 완전한 이론은 이 특성을 계산하는 방법을 제공해야 한다.

그러나 모델을 완전히 폐기하고 싶지 않다. Bohr 모델은 원자 연구에 유용한 출발점을 제공하며 Bohr는 올바른 양자역학 계산에 적용되는 몇 가지 아이디어(정상 상태, 각운동량의 양자화, 대응 원리)를 도입했다. Bohr 궤도를 기반으로 간단히 모델링할 수 있는 원자 특성, 특히 자성과 관련된 특성이 많이 있다. 가장 놀랍게도 7장에서 양자역학을 사용하여 수소 원자를 올바르게 다루면 Schrödinger 방정식을 풀어 계산한 에너지 준위가 실제로 Bohr 모델의 에너지 준위와 같다는 것을 알 수 있다.

요약

		절			절
산란 충돌 파라미터	$b = \dfrac{zZ}{2K}\dfrac{e^2}{4\pi\varepsilon_0}\cot\dfrac{1}{2}\theta$	6.3	준위 n에서의 들뜬 에너지	$E_n - E_1$	6.5
$> \theta$ 각도에서의 산란 비율	$f_{>\theta} = nt\pi b^2$	6.3	준위 n에서의 결합 (또는 이온화) 에너지	$\lvert E_n \rvert$	6.5
Rutherford 산란 공식	$N(\theta) =$ $\dfrac{nt}{4r^2}\left(\dfrac{zZ}{2K}\right)^2\left(\dfrac{e^2}{4\pi\varepsilon_0}\right)^2\dfrac{1}{\sin^4\frac{1}{2}\theta}$	6.3	Bohr 모델에서 수소 파장	$\lambda = \dfrac{64\pi^3\varepsilon_0^2\hbar^3 c}{me^4}\left(\dfrac{n_1^2 n_2^2}{n_1^2 - n_2^2}\right)$ $= \dfrac{1}{R_\infty}\left(\dfrac{n_1^2 n_2^2}{n_1^2 - n_2^2}\right)$	6.5
최대 근접 거리	$d = \dfrac{1}{4\pi\varepsilon_0}\dfrac{zZe^2}{K}$	6.3	$Z > 1$인 단일 전자 원자	$r_n = \dfrac{a_0 n^2}{Z}, E_n = -(13.60\text{ eV})\dfrac{Z^2}{n^2}$	6.5
Balmer 공식	$\lambda = (364.5\text{ nm})\dfrac{n^2}{n^2 - 4}$ $(n = 3, 4, 5, \dots)$	6.4	양성자-전자 계의 환산 질량	$m = \dfrac{m_e m_p}{m_e + m_p}$	6.8
수소에서 Bohr 궤도 반지름	$r_n = \dfrac{4\pi\varepsilon_0\hbar^2}{me^2}n^2 = a_0 n^2$ $(n = 1, 2, 3, \dots)$	6.5			
수소에서 Bohr 궤도 에너지	$E_n = -\dfrac{me^4}{32\pi^2\varepsilon_0^2\hbar^2}\dfrac{1}{n^2}$ $= \dfrac{-13.60\text{ eV}}{n^2}\ (n = 1, 2, 3, \dots)$	6.5			

질문

1. Thomson 모델은 큰 산란각에서 실패하는가, 아니면 작은 산란각에서 실패하는가? 왜 그런가?

2. 정지 상태의 단일 표적 원자에서 단일 충격 변수를 가진 알파 입자 빔을 산란시킨다면 어떤 물리학 원리를 위반하는가?

3. Rutherford 산란 공식을 사용하여 (a) 철에 입사하는 양성자의 산란을 분석할 수 있는가? (b) 리튬($Z=3$)에 입사하는 알파 입자의 산란을 분석할 수 있는가? (c) 금에 입사하는 은 핵에 대해서는? (d) 금에 입사하는 수소 원자에 대해서는? (e) 금에 입사하는 전자에 대해서는?

4. 알파 입자 산란 실험(그림 6.8)에서 각도 범위 $d\theta$를 결정하는 것은 무엇인가?

5. Bohr는 왜 자신의 이론에 de Broglie파의 개념을 사용하지 않았는가?

6. 전자의 속도가 가장 큰 Bohr 궤도는 어느 궤도인가? 이 경우 전자를 비상대론적으로 취급하는 것이 타당한가?

7. 수소의 전자는 어떻게 중간 단계 없이 $r=4a_0$에서 $r=a_0$으로 이동할 수 있는가?

8. 수소 원자의 에너지 양자화는 5장에서 설명한 계의 양자화와 어떻게 유사한가? 어떻게 다른가? 양자화는 비슷한 원인

에서 비롯된 것일까?

9. Bohr 원자에서 전자는 각운동량 $n_1\hbar$를 갖는 상태 n_1에서 각운동량 $n_2\hbar$를 갖는 상태 n_2로 도약한다. 고립된 계는 어떻게 각운동량을 바꿀 수 있는가? (고전 물리학에서 각운동량의 변화에는 외부 돌림힘이 필요하다.) 광자가 각운동량의 차이를 없앨 수 있는가? 원자의 중심을 기준으로 광자가 가질 수 있는 최대 각운동량을 구하시오. 이것은 Bohr 모델의 또 다른 실패를 나타내는 것인가?

10. 수소 원자에 대해 곱 $E_n r_n$은 (1) Planck 상수와 무관하고, (2) 양자수 n과 무관하다. 이 결과는 어떤 의미도 없는 것인가? 이것은 고전적인 효과인가 아니면 양자 효과인가?

11. (a) Bohr 원자는 어떻게 위치–운동량 불확정성 관계를 위반하는가? (b) Bohr 원자는 어떻게 에너지–시간 불확정성 관계를 위반하는가? (ΔE란 무엇인가? 이것은 Δt에 대해 무엇을 의미하는가? 준위 사이의 전이에 대해 어떤 결론을 내릴 수 있는가?)

12. Bohr 이론을 도출하는 데 사용된 가정을 나열하시오. 이 중 소량을 무시한 결과는 어느 것인가? 이 중 상대성 이론 또는 양자 물리학의 기본 원리를 위반하는 것은 어떤 것인가?

13. Rutherford 산란 공식을 도출하는 데 사용된 가정을 나열하시오. 이 중 소량을 무시한 결과는 어느 것인가? 이 중 상대성 이론 또는 양자 물리학의 기본 원리를 위반하는 것은 어

떤 것인가?

14. Rutherford 이론과 Bohr 이론 모두 운동 에너지에 대한 고전적인 식을 사용했다. 전형적인 산란 실험에서 Bohr 원자와 알파 입자의 전자의 속도를 추정하고, 고전 공식을 사용하는 것이 적절한지 결정하시오.

15. Rutherford 이론과 Bohr 이론 모두 입자의 파동 특성을 무시했다. Bohr 원자에 있는 전자의 de Broglie 파장을 구하고 원자의 크기와 비교하시오. 알파 입자의 de Broglie 파장을 구하고 핵의 크기와 비교하시오. 두 경우 모두 파동 거동이 중요할 것으로 예상되는가?

16. 결합 에너지와 이온화 에너지의 차이점은 무엇인가? 결합 에너지와 들뜬 에너지의 차이점은? 수소의 한 준위의 결합 에너지 값이 주어지면 어떤 준위인지 몰라도 그 들뜬 에너지를 찾을 수 있는가?

17. Franck-Hertz 실험에서 전류의 감소가 급격하지 않은 이유는 무엇인가?

18. Franck-Hertz 실험에서 알 수 있듯이 수은의 첫 번째 들뜬 상태는 4.9 eV의 에너지에 있다. 수은이 가시 스펙트럼에서 흡수선을 보일 것으로 예상하는가?

19. 대응 원리는 양자 물리학에서 필수적인 부분인가, 아니면 두 공식의 우연한 일치에 불과한가? 양자 물리학의 세계와 고전적인 비양자 물리학의 세계 사이의 경계는 어디인가?

연습문제

6.1 원자의 기본 성질

1. 원자의 전자는 수 전자볼트 범위의 운동 에너지를 갖는 것으로 알려져 있다. 불확정성 원리에 의해 이 에너지의 전자를 원자 크기(0.1 nm)의 공간 영역에 가둘 수 있음을 보이시오.

6.2 산란 실험과 Thomson 모델

2. 그림 6.1의 전자가 포함되어 있는 원자의 구 모양의 양전하

Ze에 의한 전기장의 영향을 받는다고 가정하자. (a) Gauss의 법칙을 사용하여, 양전하로 인한 전자의 전기장은 다음과 같음을 보이시오.

$$E = \frac{1}{4\pi\varepsilon_0} \frac{Ze}{R^3} r$$

(b) 이 전기장에 대해 전자가 받는 힘이 식 (6.2)로 주어짐을 보이시오.

3. (a) Thomson 모형 수소 원자에서 전자의 진동 진동수와 예상되는 흡수 또는 방출 파장을 계산하시오. $R = 0.053$ nm를 사용한다. 수소에서 가장 강한 방출 및 흡수 선의 관찰된 파장인 122 nm와 비교하시오. (b) 나트륨($Z = 11$)에 대해 반복하시오. $R = 0.18$ nm를 사용한다. 관찰된 파장 590 nm와 비교하시오.

4. 2개의 전자를 가진 원자에 대한 Thomson 모델을 생각해 보자. 전자가 구의 중심에서 반대편에 있는 지름을 따라 각각 중심에서 x만큼 떨어진 곳에 위치하도록 한다. (a) $x = R/2$일 때 이 구성이 안정적임을 보이시오. (b) 전자가 3개, 4개, 5개, 6개인 원자에 대해서도 비슷한 안정적 구성을 찾아보시오.

6.3 Rutherford 핵 원자

5. 운동 에너지 6.250 MeV의 알파 입자가 금박에 의해 90°로 산란된다. (a) 충격 변수는 무엇인가? (b) 알파 입자와 금 핵 사이의 최소 거리는 얼마인가? (c) 그 최소 거리에서 운동 에너지와 퍼텐셜 에너지를 구하시오.

6. 알파 입자가 금 원자핵에 가장 가까이 접근한 거리가 핵 반경(7.0×10^{-15} m)과 같아지려면 어떤 운동 에너지를 가져야 하는지 구하시오.

7. 운동 에너지 7.4 MeV의 알파 입자가 얇은 구리 박에 의해 산란될 때 가장 가까운 접근 거리는 얼마인가?

8. 에너지 5.4 MeV의 양성자가 두께 3.6×10^{-6} m의 은박지에 입사된다. 입사된 양성자의 몇 퍼센트가 다음 각도로 산란되는가? (a) 90°보다 큰 각, (b) 10°보다 큰 각, (c) 5°와 10° 사이의 각, (d) 5°보다 작은 각.

9. 운동 에너지 K의 알파 입자가 같은 두께의 금박 또는 은박에서 산란된다. 금박에서 90°보다 큰 각도로 산란된 입자의 수와 은박에서 같은 수로 산란된 입자의 수의 비율은 얼마인가?

10. 과녁핵(target nucleus)에 주어지는 최대 운동 에너지는 $b = 0$인 정면 충돌에서 발생한다. (왜?) 8.0 MeV의 알파 입자가 금박에 입사할 때 과녁핵에 주어지는 최대 운동 에너지를 추정하시오. 이 에너지를 무시하는 것이 맞는가?

11. 알파 입자가 전자에 전달할 수 있는 최대 운동 에너지는 정면 충돌 중에 발생한다. 운동 에너지가 8.0 MeV인 알파 입자가 정지 상태의 전자와 정면 충돌할 때 손실되는 운동 에너지를 계산하시오. Rutherford 이론에서 이 에너지를 무시하는 것이 정당한가?

12. 에너지 8.4 MeV의 알파 입자가 두께 $6.5\,\mu$m의 은박지에 입사한다. 충격 변수의 특정 값에 대해 알파 입자는 핵으로부터 최소 거리에 도달하면 입사 운동 에너지의 정확히 절반을 잃는다. 최소 간격, 충격 변수 및 산란각을 구하시오.

13. 운동 에너지 6.0 MeV의 알파 입자가 두께 3.0×10^{-6} m의 금박에 초당 3.0×10^{7}의 비율로 입사한다. 지름 1.0 cm의 원형 검출기를 알파 입자가 입사하는 방향 30° 각도에서 박에서 12 cm 떨어진 곳에 배치한다. 검출기는 산란된 알파 입자를 어떤 비율로 측정하는가?

14. 금박에서 6.5 MeV 알파 입자의 산란을 관찰하는 실험이 진행 중이다. 검출기는 산란 박으로부터 동일한 거리를 유지하면서 다른 각도로 이동한다. 검출기가 10° 산란각에 있을 때, 계수율은 초당 11.3으로 관찰된다. 150°에서 계수율은 어떻게 되는가?

6.4 선 스펙트럼

15. 수소 Lyman 계열의 가장 짧은 파장은 91.13 nm이다. 이 계열에서 가장 긴 파장 3개를 구하시오.

16. Brackett 계열의 선 중 하나(계열 극한 1,458 nm)의 파장은 1,944 nm이다. 이 계열에서 다음으로 높은 파장과 낮은 파장을 구하시오.

17. Pfund 계열에서 가장 긴 파장은 7,459 nm이다. 계열 극한을 구하시오.

18. 수소에 의해 방출되는 특정 선 스펙트럼의 파장은 1,005 nm이다. 이 선에 해당하는 초기 상태와 최종 상태는 무엇인가?

6.5 Bohr 모델

19. 수소가 $n=3$ 상태에 있을 때 전자의 속도, 운동 에너지, 퍼텐셜 에너지를 구하시오.

20. Bohr 이론을 사용하여 수소의 Lyman 계열과 Paschen 계열의 파장 극한을 구하시오.

21. (a) 수소의 n번째 Bohr 궤도에 있는 전자의 속력이 $\alpha c/n$임을 보이시오. 여기서 α는 미세 구조 상수이다. (b) 핵 전하가 Ze인 수소와 같은 원자의 속력은 얼마인가?

22. 수소의 $n=5$ 상태에서 시작하여 전자가 어떤 상태로 전이할 수 있으며 방출되는 복사 에너지는 무엇인가?

23. 그림 6.20을 계속하여 Paschen 계열의 전이를 보여주고 에너지와 파장을 계산하시오.

24. 바닥 상태의 수소 원자들에 파장 59.0 nm의 자외선을 비춘다. 방출된 전자의 운동 에너지를 구하시오.

25. (a) $n=3$ 준위의 수소, (b) $n=2$ 준위의 He$^+$(단일 이온화된 헬륨), (c) $n=4$ 준위의 Li^{++}(이중 이온화된 리튬)의 이온화 에너지를 구하시오.

26. Bohr 공식을 사용하여 에너지 차이 $E(n_1 \rightarrow n_2) = E_{n_1} - E_{n_2}$를 구하고 다음을 보이시오. (a) $E(4 \rightarrow 2) = E(4 \rightarrow 3) + E(3 \rightarrow 2)$, (b) $E(4 \rightarrow 1) = E(4 \rightarrow 2) + E(2 \rightarrow 1)$. (c) Ritz 조합 원리에 근거하여 이 결과를 해석하시오.

27. 단일 이온화된 헬륨의 Lyman 계열의 최단 파장과 최장 파장을 구하시오.

28. 단일 이온화된 헬륨의 가장 낮은 네 준위를 나타내는 에너지 준위 도표를 그리시오. 각 준위로부터 가능한 모든 전이를 표시하고 각 전이에 파장을 표시하시오.

29. 아주 오래 전, 아주 먼 은하계에서는 아직 전하가 발명되지 않았고 원자들은 중력에 의해 서로 붙잡혀 있었다. 중력에 의해 묶인 수소 원자의 Bohr 반경과 $n=2$에서 $n=1$로의 전이 에너지를 계산하시오.

30. Bohr 이론을 유도하는 다른 방법은 정상 상태에서 궤도 둘레가 de Broglie 파장의 정수인 상태라고 가정하는 것으로 시작된다. (a) 이 조건이 궤도 주위에 정상 상태의 de Broglie 파동을 유도함을 보이시오. (b) 이 조건이 Bohr 이론에서 사용되는 각운동량 조건 식 (6.26)을 제공함을 보이시오.

6.6 Franck-Hertz 실험

31. 가상의 원자는 4.0과 7.0 eV의 두 가지 들뜬 상태만 가지고 있으며, 바닥 상태 이온화 에너지는 9.0 eV이다. Franck-Hertz 실험에 이러한 원자의 증기를 사용한다면, 어떤 전압에서 전류가 감소할 것으로 예상할 수 있는가? 최대 20 V까지의 모든 전압을 나열하시오.

32. 나트륨은 파장 590 nm의 광자를 방출하여 첫 들뜬 상태에서 기저 상태로 돌아간다. Franck-Hertz 실험에 나트륨 증기를 사용하는 경우, 첫 번째 전류 강하가 기록되는 전압은 어느 전압인가?

33. 그림 6.25는 튜브에 아르곤 기체를 사용한 Franck-Hertz 실험의 결과를 보여준다. 데이터를 분석하여 들뜬 상태의 에너지에 대한 최적의 값을 찾고 아르곤의 에너지 상태의 알려진 값과 비교하시오. 아르곤의 에너지 상태에 근거하여, 원자가 여기될 때 아르곤이 그림 6.23의 네온과 같이 가시광선을 방출할 것으로 예상하는가?

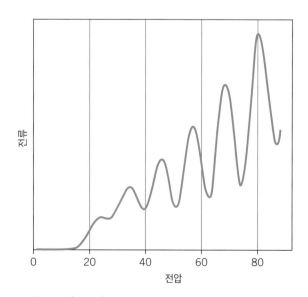

그림 6.25 연습문제 33.

6.7 대응 원리

34. 수소의 모든 들뜬 상태는 수명이 10^{-8}초라고 가정한다. 점점 더 높은 들뜬 상태로 갈수록 서로 가까워지고, 곧 각 상태의 에너지 불확정성이 상태 사이의 에너지 간격만큼 커져서 더 이상 개별 상태를 해결할 수 없게 된다. 이런 현상이 발생하는 n의 값을 구하시오. 이러한 원자의 반지름은 얼마인가?

35. (a) $n=10$, (b) $n=100$, (c) $n=1,000$, (d) $n=10,000$일 때 전자의 공전 진동수와 n에서 $n-1$로 전이할 때 방출되는 광자의 진동수를 비교하시오.

6.8 Bohr 모델의 결함

36. 일반 수소($M=1.007825$ u)와 '무거운' 수소($M=2.014102$ u) 각각의 Balmer 계열에서 첫 번째 분광선 간의 파장 차이는 얼마인가?

일반 문제

37. 수소 원자는 $n=6$ 상태에 있다. (a) 가능한 모든 경로를 세어볼 때, 원자가 바닥 상태에서 끝날 경우 방출될 수 있는 광자 에너지는 몇 개인가? (b) $\Delta n=1$ 전이만 허용된다고 가정한다. 몇 개의 다른 광자 에너지가 방출되는가? (c) Thomson 모델 수소 원자에서 몇 개의 다른 광자 에너지가 발생하는가?

38. 한 전자가 $n=8$ 준위의 이온화된 헬륨에 있다. (a) 전자가 $n=8$ 준위에서 더 낮은 준위로 전이할 때 방출되는 가장 긴 파장 3개를 구하시오. (b) 방출될 수 있는 가장 짧은 파장을 구하시오. (c) 그 준위를 **흡수**할 만큼 충분히 오래 유지할 수 있다면, $n=8$ 준위의 전자가 광자를 흡수하여 더 높은 상태로 이동할 수 있는 가장 긴 파장 3개를 구하시오. (d) 흡수할 수 있는 가장 짧은 파장을 구하시오.

39. 수소 원자의 준위의 수명은 10^{-8}초 정도이다. 첫 번째 들뜬 상태의 에너지 불확정성을 구하고 이를 상태의 에너지와 비교하시오.

40. 단일 이온화된 헬륨이 방출하는 많은 복사 중에서 24.30 nm, 25.63 nm, 102.5 nm, 320.4 nm의 파장이 발견된다. 수소에서와 마찬가지로 헬륨의 전이를 최종 상태 n_0과 초기 상태 n을 식별하여 그룹화하면 각 전이는 어느 계열에 속하는가?

41. 이중 이온화된 리튬이 방출하는 복사 중에서 인접한 파장 72.90 nm와 54.00 nm가 한 계열의 전이에서 발견된다. 이 계열의 n_0 값을 구하고 이 계열의 다음 파장을 구하시오.

42. 원자가 에너지 E_1 상태에서 에너지 E_2 상태로 전환하면서 광자를 방출할 때, 광자 에너지는 E_1-E_2와 정확히 같지 않다. 운동량 보존을 위해서는 원자가 되튀어야 하므로 되튐 운동 에너지 K_R에 일부 에너지가 들어가야 한다. $K_R \cong (E_1-E_2)^2/2Mc^2$를 보이시오. 여기서 M은 원자의 질량이다. 수소가 $n=2$에서 $n=1$로 전이할 때 이 되튐 에너지를 구하시오.

43. 뮤온 원자에서 전자는 뮤온이라는 음전하를 띤 입자로 대체된다. 뮤온 질량은 전자 질량의 207배이다. (a) 유한한 핵 질량에 대한 보정을 무시하고, 뮤온 수소 원자에서 Lyman 계열의 최단 파장은 무엇인가? 이것은 전자기 스펙트럼의 어느 영역에 속하는가? (b) 이 경우 유한 핵 질량에 대한 보정은 얼마나 큰가? (6.8절 시작 부분의 논의 참조)

44. 단일 전자가 음전하를 띤 뮤온($m_\mu=207m_e$)으로 대체된 원자를 생각해 보자. 뮤온 납 원자의 첫 번째 Bohr 궤도($Z=82$)의 반지름은 얼마인가? 약 7 fm 정도의 핵 반경과 비교하시오.

45. 양성자가 12 μm 두께의 구리 박에 입사된다. (a) 가장 가까운 접근 거리가 핵 반경(5.0 fm)과 같아지려면 양성자 운동 에너지는 얼마가 되어야 하는가? (b) 양성자 에너지가 7.5 MeV라면, 120°에서 산란될 때 충격 변수는 얼마인가? (c) 이 경우 양성자와 핵 사이의 최소 거리는 얼마인가? (d) 양성자의 몇 퍼센트가 120° 이상으로 산란되는가?

46. 원자가 실험실 크기일 정도로 양자수가 매우 높은 원자는 Rydberg 원자로 알려져 있다. (a) 반지름이 1 μm인 수소 원자의 양자수는 얼마인가? (b) 이 원자의 이온화 에너지는

얼마인가? (c) 다음으로 가장 낮은 준위로의 전이 파장은 얼마인가?

47. 수소의 Humphreys 계열은 1953년 미국의 물리학자 Curtis Humphreys에 의해 발견되었다. 이 계열은 Pfund 계열의 다음 계열로서, $n=6$ 준위에서 끝나는 전이로 구성된다. Humphreys 계열의 계열 극한과 가장 긴 파장 3개를 구하시오. 전자기 스펙트럼의 어느 영역에서 이러한 현상이 발생하는가?

48. 알파 입자가 얇은 알루미늄 박에서 산란된다. 알파 입자가 알루미늄 핵에 들어가기 때문에 Rutherford 공식이 실패할 것으로 예상되는 알파 입자 운동 에너지는 어느 정도인가? 알파 입자의 경우 $r=1.9$ fm, 알루미늄 핵의 경우 3.6 fm라고 가정한다.

파동 역학으로 본 수소 원자

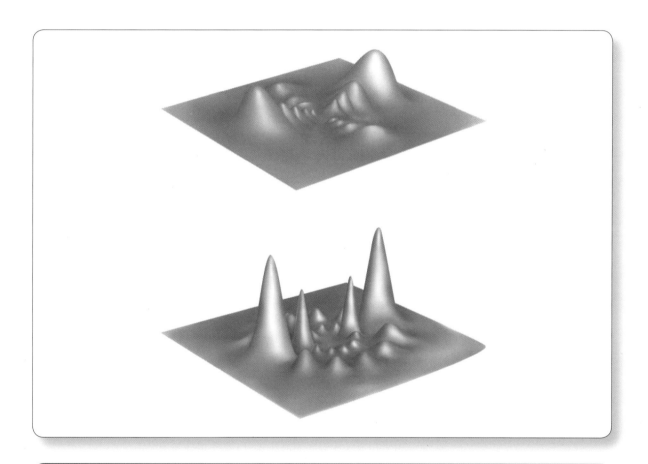

위의 컴퓨터로 계산한 분포는 수소의 $n = 8$ 상태에서 각운동 양자수 $l = 2$(위) 및 $l = 6$(아래)에 대한 전자의 확률분포를 나타낸다. 핵은 중심에 있으며, 임의 지점에서의 높이는 xz평면에서 해당 위치의 작은 부피 요소에서 전자를 찾을 확률을 제공한다. 수소에서 전자의 움직임을 설명하는 이러한 방법은 Bohr 모델의 원형 궤도와는 매우 다르다. © John Wiley & Sons, Inc.

이 장에서는 수소 원자에 대한 Schrödinger 방정식의 해를 공부한다. 우리는 이러한 해가 Bohr 모델에서 계산된 에너지 준위와 같다는 것을 확인할 수 있지만, 전자의 위치에 불확정성을 허용함으로써 Bohr 모델과 차이가 있다는 것을 살펴볼 것이다.

Bohr 모델의 다른 결점들은 Schrödinger 방정식을 푸는 것으로 쉽게 해결되지 않는다. 첫째, 스펙트럼 선들의 '미세 구조'(선들을 가까이 놓인 이중선으로 분할)는 우리의 해로는 설명할 수 없다. 이 효과를 올바르게 설명하려면 전자의 새로운 특성, 즉 **내재적인 스핀**(intrinsic spin)의 도입이 필요하다. 둘째, 2개 혹은 그 이상의 전자를 포함하는 원자에 대한 Schrödinger 방정식을 풀기에는 수학적 어려움이 엄청나므로, 이 장에서는 단일 전자 원자에 관한 토론으로 제한하여 파동 역학이 어떻게 몇 가지 기본 원자의 특성을 이해할 수 있게 하는지를 살펴본다. 8장에서는 다수 전자를 포함한 원자의 구조를 논의한다.

7.1 일차원 원자

양자역학은 우리에게 Bohr 모델과는 매우 다른 수소 원자 구조의 관점을 제공한다. Bohr 모델에서는 전자가 양성자 주위를 원형 궤도를 따라 움직인다. 반면 양자역학은 고정된 반지름이나 고정된 궤도 평면을 허용하지 않고 대신 전자를 확률 밀도로 설명하여 전자의 위치를 불확실하게 만든다.

양자역학에 따른 수소 원자를 분석하려면, 양성자와 전자의 Coulomb 퍼텐셜 에너지에 대한 Schrödinger 방정식을 풀어야만 한다.

$$U(r) = -\frac{e^2}{4\pi\varepsilon_0 r} \tag{7.1}$$

최종적으로는 구면 극좌표를 사용하여 수소 원자의 삼차원 문제에 대한 해를 논의할 것이다. 그러나 현재로서는 좀 더 간단한 일차원 문제를 살펴보겠다. 여기서 양성자는 원점($x=0$)에 고정되어 있고 전자가 양의 x축을 따라 움직이는 상황이다. (이것은 실제 원자를 나타내는 것은 아니지만, 이러한 Schrödinger 방정식을 해결함으로써 원자 내 전자 파동 함수의 몇 가지 특성이 어떻게 나타나는지 보여준다.)

일차원에서 퍼텐셜 에너지 $U(x) = -e^2/4\pi\varepsilon_0 x$를 가지는 전자에 대한 Schrödinger 방정식은 다음과 같다.

$$-\frac{\hbar^2}{2m}\frac{d^2\psi}{dx^2} - \frac{e^2}{4\pi\varepsilon_0 x}\psi(x) = E\psi(x) \tag{7.2}$$

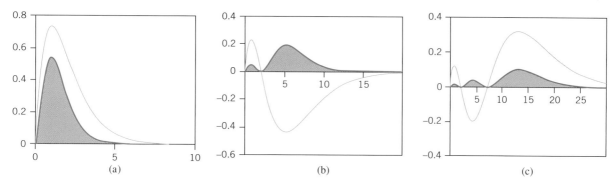

그림 7.1 일차원 Coulomb 퍼텐셜 에너지에 묶인 전자에 대한 파동 함수(파란 선) 및 확률 밀도(음영 영역). 수평축은 양성자와 전자 간의 거리를 a_0 단위로 나타낸다. (a) 바닥 상태. (b) 첫 번째 들뜬 상태. (c) 두 번째 들뜬 상태.

속박 상태(bound state)의 경우, 파동 함수는 $x \rightarrow \infty$에서 0으로 수렴해야 한다. 게다가 위 수식의 좌변 두 번째 항이 $x = 0$에서 유한한 값을 가지기 위해서는 파동 함수가 $x = 0$에서 0이어야 한다. 이러한 두 요건을 모두 충족하는 가장 간단한 함수는 $\psi(x) = Axe^{-bx}$이며, 여기서 A는 규격화(normalization) 상수이다. 이러한 시행(trial) 파동 함수를 식 (7.2)에 대입함으로써 $b = me^2/4\pi\varepsilon_0\hbar^2 = 1/a_0$[여기서 a_0는 식 (6.29)에서 정의된 Bohr 반지름]일 때 해를 찾을 수 있다. 이 파동 함수에 해당하는 에너지는 $E = -\hbar^2 b^2/2m = -me^4/32\pi^2\varepsilon_0^2\hbar^2$인데, 이 값은 우연히도 Bohr 모델에서의 바닥 상태 에너지[$n = 1$에 대한 방정식 (6.30)]와 동일하다.

그림 7.1a는 이 파동 함수와 그에 해당하는 확률 밀도 $|\psi(x)|^2$를 보여준다. 전자의 위치를 명확하게 지정하는 데에 불확정성이 분명히 있다. 전자를 찾을 확률이 가장 높은 지역은 $x = a_0$ 근처이지만, $0 < x < \infty$ 범위 어디에서든 전자가 있을 확률은 0이 아니다. 이는 Bohr 모델과 매우 다르며, Bohr 모델에서는 양성자와 전자 간의 거리가 a_0 값으로 고정되어 있다.

또한 그림에서 첫 번째와 두 번째 들뜬 상태에 해당하는 파동 함수 및 확률 밀도도 보여준다. 이러한 파동 함수들은 양자 파동 함수에 기대되는 파동 또는 파동과 같은 특성을 가지고 있다. 더 높은 들뜬 상태로 이동함에 따라 확률 밀도에는 더 많은 봉우리가 있고 최대 확률 지역은 더 큰 거리로 이동한다. 이러한 특징은 삼차원 문제의 해에서도 나타난다. 이러한 간단한 일차원 계산으로부터(이것은 실제 삼차원 수소 원자를 묘사하지는 않음), 양자역학이 Bohr 모델과 관련된 몇 가지 어려움을 어떻게 해결하는지를 알 수 있다.

예제 7.1

일차원 Coulomb 퍼텐셜 에너지에 갇힌 입자에 대해 바닥 상태 파동 함수의 규격화 상수를 구하시오.

풀이

규격화 적분식(여기서 $b = 1/a_0$)은 다음과 같다.

$$\int_0^\infty |\psi(x)|^2 \, dx = A^2 \int_0^\infty x^2 e^{-2x/a_0} \, dx = 1$$

이 적분은 표준 형태로, 적분 표에서 찾을 수 있으며 수소 파동 함수를 분석하는 데 자주 사용하게 될 것이다.

$$\int_0^\infty x^n e^{-cx} \, dx = \frac{n!}{c^{n+1}} \tag{7.3}$$

이 표준 형태를 $n=2$와 $c=2/a_0$을 이용하여 나타내면, 이 규격화 적분은 다음과 같다.

$$A^2 \frac{2!}{(2/a_0)^3} = 1 \quad \text{또는} \quad A = 2a_0^{-3/2}$$

예제 7.2

일차원 Coulomb 퍼텐셜 에너지에 묶인 전자의 바닥 상태에서 전자가 $x=0$과 $x=a_0$ 사이에서 발견될 확률은 얼마인가?

풀이

확률은 식 (5.10)을 사용하여 계산할 수 있다.

$$P(0:a_0) = \int_0^{a_0} |\psi(x)|^2 \, dx = \frac{4}{a_0^3} \int_0^{a_0} x^2 e^{-2x/a_0} \, dx$$

위 수식에서 예제 7.1의 규격화 상수를 이용하였다. 이 적분은 표준 형태로, 나중에 수소 파동 함수를 분석하는 데 유용하게 사용될 예정이다.

$$\int x^n e^{-cx} \, dx = -\frac{e^{-cx}}{c}$$
$$\times \left(x^n + \frac{nx^{n-1}}{c} + \frac{n(n-1)x^{n-2}}{c^2} + \cdots + \frac{n!}{c^n} \right) \tag{7.4}$$

따라서 확률은 다음과 같다.

$$P(0:a_0) = \frac{4}{a_0^3} \left[-\frac{e^{-2x/a_0}}{2/a_0} \left(x^2 + \frac{2x}{2/a_0} + \frac{2}{(2/a_0)^2} \right) \right]_0^{a_0}$$
$$= 0.323$$

7.2 수소 원자에서의 각운동량

각운동량은 Bohr가 수소 원자의 구조를 분석하는 데 중요한 역할을 하였다. Bohr는 양자수 n으로 주어진 궤도에서 전자의 각운동량이 $n\hbar$와 같다고 가정함으로써 올바른 에너지 준위를 얻을 수 있었다. Bohr의 '각운동량 양자화'에 대한 아이디어는 몇 가지 올바른 특성을 가지고 있었지만, 그의 분석은 실제 양자역학적인 각운동량의 본질과 일치하지 않는다.

고전적 궤도의 각운동량

궤도 전자의 각운동량을 고려하기 전에 행성이나 태양 주위의 소행성과 같은 고전적 궤도에 각운동량이 어떻게 영향을 미치는지 복습하는 것이 도움이 된다. 고전적으로 입자의 각운동량은 벡터 $\vec{L} = \vec{r} \times \vec{p}$로 나타내지며, 여기서 $\vec{r}$은 입자의 위치를 나타내는 위치 벡터이고 $\vec{p}$는 선형 운동량이다. $\vec{L}$의 방향은 궤도의 평면에 수직이다. 에너지와 함께 각운동량은 행성이 궤도를 돌아가는 동안 일정하다.

궤도 운동의 총에너지는 태양으로부터 행성의 평균 거리를 결정한다. 주어진 총에너지에 대해, 지구와 같은 거의 원형 궤도부터 소행성과 같은 고도로 늘어진 타원 궤도까지 다양한 궤도가 가능하다. 이러한 궤도들은 각운동량 L에서 차이를 보이는데, 주어진 에너지에 대해 원형 궤도에서 가장 크고 길쭉한 타원에서 가장 작다. 그림 7.2는 동일한 총에너지를 가지지만 서로 다른 각운동량을 가지는 다양한 행성 궤도를 보여준다. 궤도의 완전한 명시는 각운동량 벡터의 크기뿐만 아니라 방향도 제공해야 한다. 여기서 방향은 궤도의 평면을 식별한다. 각운동량 벡터를 완전히 기술하려면 세 가지 숫자가 필요하다. 예를 들어, $\vec{L}$의 세 성분(L_x, L_y, L_z)을 들 수 있다. 또는 벡터의 크기 L과 방향을 나타내는 두 각도도 가능하다(구상에서의 위도 및 경도와 유사).

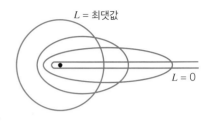

그림 7.2 동일한 에너지를 가지지만 서로 다른 각운동량 L을 가진 행성 궤도들. L이 감소함에 따라 타원 궤도가 더 길고 얇아진다.

양자역학에서의 각운동량

양자역학은 우리에게 각운동량에 대해 매우 다른 시각을 제공한다. 삼차원 파동 함수의 각운동량 특성은 2개의 양자수에 의해 기술된다. 첫 번째는 **각운동량 양자수**(angular momentum quantum number) l이다. 이 양자수는 각운동량 벡터의 길이를 결정한다.

$$|\vec{L}| = \sqrt{l(l+1)}\hbar \qquad (l = 0, 1, 2, \dots) \tag{7.5}$$

이것은 Bohr의 조건 $|\vec{L}| = n\hbar$와 매우 다르다. 특히 양자 벡터에서 길이가 0인 경우가 가능하지만 Bohr 모델에서는 최소 길이가 $\hbar$이다.

양자역학에서 각운동량을 설명하는 데 사용되는 두 번째 숫자는 **자기 양자수**(magnetic quantum number) m_l이다. 이 양자수는 각운동량 벡터의 하나의 성분에 대한 정보를 제공하는데, 통상적으로 z성분으로 선택한다. $\vec{L}$의 z성분과 자기 양자수 간의 관계는 다음과 같다.

$$L_z = m_l \hbar \qquad (m_l = 0, \pm 1, \pm 2, \ldots, \pm l) \qquad (7.6)$$

각각의 l값에 대해 m_l의 가능한 값이 $2l + 1$개가 있음에 유의해야 한다.

우리가 3개의 숫자를 주어 정확한 명시를 하는 고전적인 각운동량 벡터와는 달리, 양자 각운동량은 오직 2개의 숫자로만 기술된다. 분명히 2개의 숫자만으로는 삼차원 공간에서 벡터를 완전히 식별할 수 없으므로, 양자 각운동량에 대한 설명에서 뭔가 부족한 것이 있다. 추후에 논의하겠지만, 양자 각운동량 벡터의 이 부족한 부분은 각운동량에 대한 불확정성 원리의 적용과 직접적으로 관련이 있다.

▌ 예제 7.3

전자의 궤도 운동을 나타내는 각운동량 벡터의 크기를 계산하시오. 여기서 양자 상태는 $l = 1$과 다른 상태 $l = 2$이다.

풀이

식 (7.5)는 벡터의 길이와 각운동량 양자수 l 간의 관계를 제공

한다. $l = 1$인 경우에는

$$|\vec{L}| = \sqrt{1(1+1)}\hbar = \sqrt{2}\hbar$$

또한 $l = 2$인 경우에는

$$|\vec{L}| = \sqrt{2(2+1)}\hbar = \sqrt{6}\hbar$$

▌ 예제 7.4

$l = 2$인 상태의 궤도 각운동량을 나타내는 벡터 $\vec{L}$의 가능한 z 성분은 무엇인가?

풀이

$l = 2$인 경우 가능한 m_l 값은 $+2, +1, 0, -1, -2$이므로, 벡터 $\vec{L}$

는 다섯 가지 가능한 z성분 중 하나를 가질 수 있다: $L_z = 2\hbar$, $\hbar$, 0, $-\hbar$, 또는 $-2\hbar$. 벡터 $\vec{L}$의 길이는 이전에 우리가 찾은 공식에 의해 $\sqrt{6}\hbar$이다.

$l = 2$인 경우 벡터 $\vec{L}$의 성분은 그림 7.3에 나와 있다. 공간에서 벡터 $\vec{L}$의 각 방향은 다른 m_l 값에 해당한다. 벡터 $\vec{L}$이 z축과 이루는 극각 θ는 그림을 참고하여 찾을 수 있다. $L_z = |\vec{L}| \cos \theta$의 관계를 이용하면,

$$\cos \theta = \frac{L_z}{|\vec{L}|} = \frac{m_l}{\sqrt{l(l+1)}} \qquad (7.7)$$

L_z에 대한 식 (7.6)과 $|\vec{L}|$에 대한 식 (7.5)를 사용하여 위의 관계식을 얻는다.

이는 **공간 양자화**(spatial quantization)라 불리는 양자역학의 특이한 측면을 나타내는데, 각운동량 벡터의 특정 방향만 허용된다. 이러한 방향의 수는 $2l + 1$(가능한 m_l 값의 수)과 같으며, 그들의 연속된 z성분의 크기는 항상 $\hbar$만큼 차이가 난다. 예를 들어, $l = 1$인 각운동량 상태는 $+1$, 0 또는 -1의 m_l 값을 가질 수 있으며(z성분 $L_z = +\hbar, 0, -\hbar$에 해당), 따라서 $\cos\theta = +1/\sqrt{2}$, 0 또는 $-1/\sqrt{2}$ 이다. 이 경우 $\vec{L}$ 벡터는 z축에 대해 $45°$, $90°$ 또는 $135°$에 해당하는 세 가지 가능한 방향 중 하나를 가질 수 있다. 이는 공간에서 가능한 모든 방향을 가질 수 있는 고전적인 각운동량 벡터와 대조적이다. 즉, 고전적인 각운동량 벡터와 z축 간의 각도는 $0°$에서 $180°$ 사이의 모든 값을 가질 수 있다.

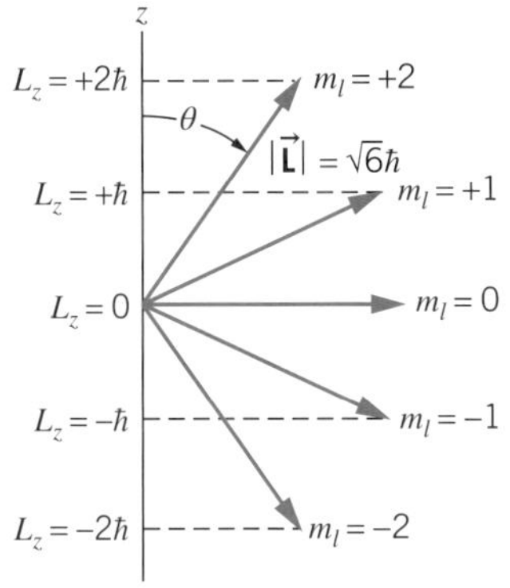

그림 7.3 $l = 2$인 벡터의 공간상의 방향 및 z성분. 다섯 가지 다른 가능한 방향이 있다.

각운동량 불확정성 관계

양자역학에서 각운동량 벡터에 대한 허용된 정보의 최대량은 그 길이[식 (7.5)에 의해 주어짐]와 z성분[식 (7.6)에 의해 주어짐]이다. 벡터의 완전한 기술에는 3개의 숫자가 필요하기 때문에 양자 상태의 각운동량에 대한 일부 정보가 누락되어 있다. 만약 $|\vec{L}|$과 L_z를 정확하게 지정한다면, $\vec{L}$의 다른 성분인 L_x와 L_y에 대한 정보는 가질 수 없다. 따라서 L_x 또는 L_y의 어떠한 측정 결과든 가능하다(단, $|\vec{L}|^2 = L_x^2 + L_y^2 + L_z^2$여야 하는 조건 하에서). 그래픽적으로 말하면, $\vec{L}$벡터의 끝이 z축을 기준으로 회전하거나 혹은 **세차운동**(precess)하여 L_z가 고정되지만 L_x와 L_y는 결정되지 않는 것으로 생각할 수 있다(그림 7.4 참조). 이 회전은 직접적으로 측정될 수 없으며, 우리가 관측할 수 있는 것은 L_x와 L_y의 '퍼져 있는' 값의 분포이다.

따라서 $\vec{L}$을 결정하는 데 불확정성 또는 결정 불가능성이 있으며, 이는 불확정성 원리의 다른 형태로 요약된다.

$$\Delta L_z \Delta\phi \geq \hbar \qquad (7.8)$$

여기서 ϕ는 그림 7.4에 나와 있는 방위각이다. 만약 우리가 L_z를 정확하게 알고 있다면($\Delta L_z = 0$), ϕ 각도에 대한 어떠한 정보도 가질 수 없다. 즉, 모든 ϕ값은 동등하게 가능하다. 이는 우리가 L_x와 L_y에 대해 아무것도 모르는 것과 동일하다. $\vec{L}$의 한 성분이 결정되면 다른 성분들은 완전히 결정되지 않은 상태이다.

반면, 만약 우리가 다른 성분(예를 들어, L_x)이 완전히 명시된 각운동량 상태를 구성하려고 한다면(이로써 ϕ가 알려진 상태), 해당 상태는 서로 다른 L_z 값들의 혼합 또는 중첩이 된다. 사실상 L_z에 대한 불확정성을 증가시키는 대가로 ϕ에 대한 불확정성을 줄일 수 있다. 이는 불확정성 원리의 다른 형태로 기술되는 양상과 정확히 동일한 형태이다. 예를 들어 x에 대한 불확정성을 줄이면 항상 p_x에 대한 불확정성이 증가하

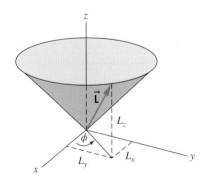

그림 7.4 $\vec{L}$ 벡터는 z축 주변으로 빠르게 세차운동하여 L_z는 일정하게 유지되지만, L_x와 L_y는 결정되지 않는다.

는 것과 같다.

이러한 논의로부터 각운동량의 길이가 식 (7.5)에 따라 정의되는 이유와, 예를 들어 길이를 $|\vec{L}| = l\hbar$로 간단히 정의할 수 없는 이유를 이해할 수 있다. 만약 그것이 가능했다면, m_l이 최댓값을 가질 때$(m_l = +l)$, $L_z = m_l\hbar = l\hbar$가 될 것이다. 그러면 벡터의 길이는 그 z성분과 동일하게 될 것이고, 이는 z축을 따라 놓여 있어야 하기 때문에 $L_x = L_y = 0$이 되어야 한다. 그러나 $\vec{L}$의 세 성분에 대한 동시적이며 정확한 정보는 각운동량 불확정성 원리를 위배하며, 따라서 이 상황은 허용되지 않는다. 따라서 $\vec{L}$의 길이는 $l\hbar$보다 커야만 한다.

7.3 수소 원자의 파동 함수

수소 원자에서 전자의 완전한 공간적 기술을 찾고자 한다면 삼차원 파동 함수를 얻어야 한다. 삼차원 직교 좌표계에서의 Schrödinger 방정식은 다음과 같은 형태를 가지고 있다.

$$-\frac{\hbar^2}{2m}\left(\frac{\partial^2\psi}{\partial x^2} + \frac{\partial^2\psi}{\partial y^2} + \frac{\partial^2\psi}{\partial z^2}\right) + U(x,y,z)\psi(x,y,z) = E\psi(x,y,z) \qquad (7.9)$$

여기서 ψ는 x, y, z의 함수이다. 이 유형의 편미분 방정식을 해결하는 통상적인 절차는, 예를 들어 $\psi(x,y,z) = X(x)Y(y)Z(z)$와 같이 세 변수의 함수를 각각 한 변수의 함수의 곱으로 대체하여 변수를 분리하는 것이다. 그러나 직교 좌표계에서 기술된 Coulomb 퍼텐셜 에너지 $U(x,y,z) = -e^2/4\pi\varepsilon_0\sqrt{x^2+y^2+z^2}$[식 (7.1)]는 분리 가능한 해로 이끌어내지 못한다.

이 계산에서는 직교 좌표계(x, y, z) 대신 구면 극좌표계(r, θ, ϕ)에서 작업하는 것이 더 편리하다. 구면 극좌표계의 변수들은 그림 7.5에 나와 있다. 이러한 풀이에서의 간소화는 Schrödinger 방정식의 복잡성이 증가하는 대가가 있는데, 다음과 같이 표현된다.

$$-\frac{\hbar^2}{2m}\left[\frac{\partial^2\psi}{\partial r^2} + \frac{2}{r}\frac{\partial\psi}{\partial r} + \frac{1}{r^2\sin\theta}\frac{\partial}{\partial\theta}\left(\sin\theta\frac{\partial\psi}{\partial\theta}\right) + \frac{1}{r^2\sin^2\theta}\frac{\partial^2\psi}{\partial\phi^2}\right] \qquad (7.10)$$
$$+ U(r)\psi(r,\theta,\phi) = E\psi(r,\theta,\phi)$$

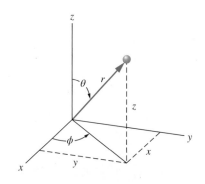

그림 7.5 수소 원자에 대한 구면 극좌표계. 양성자는 원점에 있으며 전자는 반경 r과 극각 θ, 방위각 ϕ에 의해 결정된 곳에 있다.

여기서 ψ는 이제 구면 극좌표계 r, θ, ϕ의 함수이다. 만약 퍼텐셜 에너지가 r에만 의존하고 θ나 ϕ에는 의존하지 않는 경우, 이는 Coulomb 퍼텐셜 에너지의 경우와 같으며, 다음과 같이 변수 분리 가능한 해를 찾을 수 있다.

$$\psi(r,\theta,\phi) = R(r)\Theta(\theta)\Phi(\phi) \tag{7.11}$$

여기서 **지름 함수**(radial function) $R(r)$, **극각 함수**(polar function) $\Theta(\theta)$, **방위각 함수**(azimuthal function) $\Phi(\phi)$는 각각 단일 변수의 함수이다. 이 절차는 각각 단일 변수(r, θ, ϕ)의 3개의 편미분 방정식을 제공한다.

퍼텐셜 에너지가 r에만 의존하는 입자의 양자 상태는 각운동량 양자수 l과 m_l에 의해 기술된다. 극각과 방위각의 해는 표준 삼각함수의 조합으로 주어진다. 나머지 지름 함수는 다음의 지름 방정식을 풀어서 얻어진다.

$$-\frac{\hbar^2}{2m}\left(\frac{d^2R}{dr^2} + \frac{2}{r}\frac{dR}{dr}\right) + \left(-\frac{e^2}{4\pi\varepsilon_0 r} + \frac{l(l+1)\hbar^2}{2mr^2}\right)R(r) = ER(r) \tag{7.12}$$

이 방정식에 나타난 질량은 식 (6.44)에서 정의된 양성자–전자 계의 **환산 질량**(reduced mass)이다.

양자수와 파동 함수

Schrödinger 방정식과 같은 삼차원 방정식을 해결하고자 할 때, 5.4절에서 일차원 무한 우물의 풀이에서 n이라는 단일 색인이 나온 것처럼, 세 가지 변수가 해에 대한 색인 또는 라벨로서 자연스럽게 나타난다. 이러한 색인은 해를 레이블링하는 3개의 **양자수**(quantum number)이다. 해로부터 나온 세 가지 양자수와 그 허용 값은 다음과 같다.

n 주양자수 $1, 2, 3, \ldots$

l 각운동량 양자수 $0, 1, 2, \ldots, n-1$

m_l 자기 양자수 $0, \pm 1, \pm 2, \ldots, \pm l$

주양자수 n은 Bohr 모델에서 얻은 양자수 n과 동일하다. 이는 양자화된 에너지 준위를 결정한다.

$$E_n = -\frac{me^4}{32\pi^2\varepsilon_0^2\hbar^2}\frac{1}{n^2} \tag{7.13}$$

이는 식 (6.30)과 동일하다. 에너지가 n에만 의존하며 다른 양자수 l이나 m_l에는 의존하지 않음에 유의하자. 각운동량 양자수 l의 허용 값은 n에 의해 제한되며(l은 0에서 $n-1$까지 범위), 자기 양자수 m_l의 허용 값은 l에 의해 제한된다.

식 (7.10)의 분리된 해를 양자수와 함께 다음과 같이 쓸 수 있다.

$$\psi_{n,l,m_l}(r,\theta,\phi) = R_{n,l}(r)\Theta_{l,m_l}(\theta)\Phi_{m_l}(\phi) \tag{7.14}$$

(n, l, m_l)은 해를 기술하는 데 필요한 세 가지 양자수이다. 양자수의 일부 값을 가지

표 7.1 일부 수소 원자의 파동 함수

n	l	m_l	$R(r)$	$\Theta(\theta)$	$\Phi(\phi)$
1	0	0	$\dfrac{2}{a_0^{3/2}} e^{-r/a_0}$	$\dfrac{1}{\sqrt{2}}$	$\dfrac{1}{\sqrt{2\pi}}$
2	0	0	$\dfrac{1}{(2a_0)^{3/2}} \left(2 - \dfrac{r}{a_0}\right) e^{-r/2a_0}$	$\dfrac{1}{\sqrt{2}}$	$\dfrac{1}{\sqrt{2\pi}}$
2	1	0	$\dfrac{1}{\sqrt{3}(2a_0)^{3/2}} \dfrac{r}{a_0} e^{-r/2a_0}$	$\sqrt{\dfrac{3}{2}} \cos\theta$	$\dfrac{1}{\sqrt{2\pi}}$
2	1	± 1	$\dfrac{1}{\sqrt{3}(2a_0)^{3/2}} \dfrac{r}{a_0} e^{-r/2a_0}$	$\mp\dfrac{\sqrt{3}}{2} \sin\theta$	$\dfrac{1}{\sqrt{2\pi}} e^{\pm i\phi}$
3	0	0	$\dfrac{2}{(3a_0)^{3/2}} \left(1 - \dfrac{2r}{3a_0} + \dfrac{2r^2}{27a_0^2}\right) e^{-r/3a_0}$	$\dfrac{1}{\sqrt{2}}$	$\dfrac{1}{\sqrt{2\pi}}$
3	1	0	$\dfrac{8}{9\sqrt{2}(3a_0)^{3/2}} \left(\dfrac{r}{a_0} - \dfrac{r^2}{6a_0^2}\right) e^{-r/3a_0}$	$\sqrt{\dfrac{3}{2}} \cos\theta$	$\dfrac{1}{\sqrt{2\pi}}$
3	1	± 1	$\dfrac{8}{9\sqrt{2}(3a_0)^{3/2}} \left(\dfrac{r}{a_0} - \dfrac{r^2}{6a_0^2}\right) e^{-r/3a_0}$	$\mp\dfrac{\sqrt{3}}{2} \sin\theta$	$\dfrac{1}{\sqrt{2\pi}} e^{\pm i\phi}$
3	2	0	$\dfrac{4}{27\sqrt{10}(3a_0)^{3/2}} \dfrac{r^2}{a_0^2} e^{-r/3a_0}$	$\sqrt{\dfrac{5}{8}}(3\cos^2\theta - 1)$	$\dfrac{1}{\sqrt{2\pi}}$
3	2	± 1	$\dfrac{4}{27\sqrt{10}(3a_0)^{3/2}} \dfrac{r^2}{a_0^2} e^{-r/3a_0}$	$\mp\sqrt{\dfrac{15}{4}} \sin\theta \cos\theta$	$\dfrac{1}{\sqrt{2\pi}} e^{\pm i\phi}$
3	2	± 2	$\dfrac{4}{27\sqrt{10}(3a_0)^{3/2}} \dfrac{r^2}{a_0^2} e^{-r/3a_0}$	$\dfrac{\sqrt{15}}{4} \sin^2\theta$	$\dfrac{1}{\sqrt{2\pi}} e^{\pm 2i\phi}$

는 파동 함수는 표 7.1에 나와 있다. 이 파동 함수는 식 (6.29)에서 정의된 Bohr 반지름 a_0으로 표시된다.

바닥 상태($n=1$)에서는 $l=0$과 $m_l=0$만 허용된다. 바닥 상태의 전체 양자수 집합은 $(n, l, m_l) = (1, 0, 0)$이며, 이 상태의 파동 함수는 표 7.1의 첫 번째 줄에 나와 있다. 첫 번째 들뜬 상태($n=2$)에서는 $l=0$ 또는 $l=1$이 가능하다. $l=0$인 경우에는 $m_l=0$만 허용된다. 이 상태는 $(2, 0, 0)$의 양자수를 가지며, 파동 함수는 표 7.1의 두 번째 줄에 나와 있다. $l=1$인 경우에는 $m_l=0$ 또는 ± 1이 가능하다. 따라서 세 가지 가능한 양자수 집합 $(2, 1, 0)$과 $(2, 1, \pm 1)$이 있다. 이러한 상태의 파동 함수는 표 7.1의 세 번째와 네 번째 줄에 나와 있다. 두 번째 들뜬 상태($n=3$)에서는 $l=0(m_l=0)$, $l=1(m_l=0, \pm 1)$, 또는 $l=2(m_l=0, \pm 1, \pm 2)$가 가능하다.

$n=2$ 준위에서는 네 가지 서로 다른 양자수 집합과 이에 상응하는 네 가지 서로 다른 파동 함수가 있다. 이 모든 파동 함수는 동일한 에너지에 해당하므로 $n=2$ 준위는 겹침 상태(degenerate state)에 있다(겹침은 5.4절에서 소개되었다). $n=3$ 준위는 아홉 가

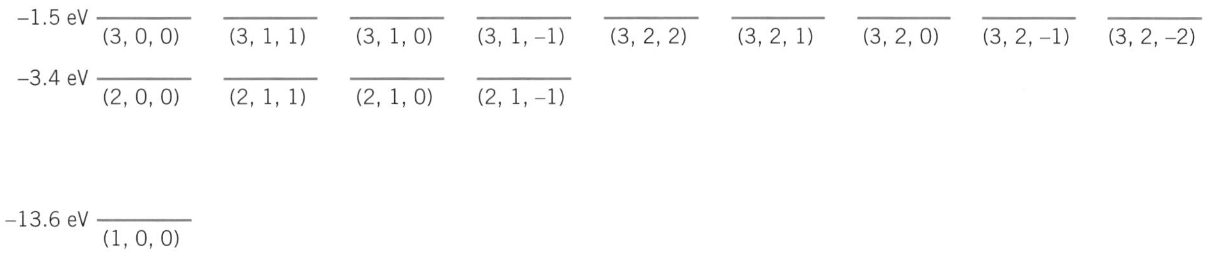

| −1.5 eV | (3, 0, 0) | (3, 1, 1) | (3, 1, 0) | (3, 1, −1) | (3, 2, 2) | (3, 2, 1) | (3, 2, 0) | (3, 2, −1) | (3, 2, −2) |

| −3.4 eV | (2, 0, 0) | (2, 1, 1) | (2, 1, 0) | (2, 1, −1) |

| −13.6 eV | (1, 0, 0) |

그림 7.6 양자수 (n, l, m_l)로 표시한 수소의 낮은 에너지 준위. 첫 번째 들뜬 상태는 네 겹 겹침 상태에 있으며, 두 번째 들뜬 상태는 아홉 겹 겹침 상태에 있다.

지 가능한 양자수 집합으로 겹침 상태에 있다. 일반적으로, 주양자수 n을 가진 준위는 n^2의 겹침을 가지고 있다. 그림 7.6은 처음 세 준위의 레이블링을 보여준다.

만약 양자수의 다양한 조합이 정확히 동일한 에너지를 가진다면, 그들을 별도로 나열하는 목적은 무엇일까? 첫째, 이 장 마지막 절에서 논의하듯이, 그 준위들은 정확하게 겹침 상태에 있지 않고 매우 작은 에너지(대략 10^{-5} eV)로 나뉘어 있다. 둘째, 준위 간의 전이 연구에서 개별 전이의 강도는 전이가 시작된 특정 준위의 양자수에 의존한다는 것을 알게 된다. 셋째, 아마도 가장 중요한 것은 각각의 이러한 양자수 집합들이 매우 다른 파동 함수에 해당하고, 따라서 전자의 운동 상태를 매우 다르게 나타낸다는 것이다. 이러한 상태는 전자의 위치에 대한 서로 다른 공간 확률 분포를 가지고 있으며, 따라서 두 원자가 분자 결합을 형성하는 방식의 예와 같이 많은 원자 특성에 영향을 미치게 된다.

표 7.1에 나열된 상태들의 지름 파동 함수들은 그림 7.7에 나타나 있다. 서로 다른 상태에 대한 전자의 운동에서 차이점을 쉽게 볼 수 있다. 예를 들어, $n = 2$ 준위에서

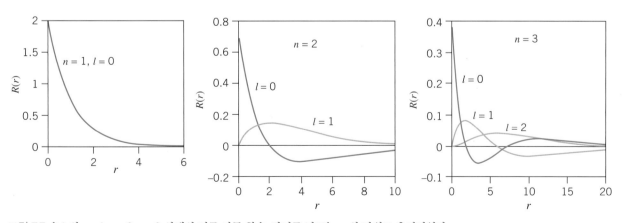

그림 7.7 수소의 $n = 1$, $n = 2$, $n = 3$ 상태의 지름 파동 함수. 반지름 좌표는 a_0의 단위로 측정되었다.

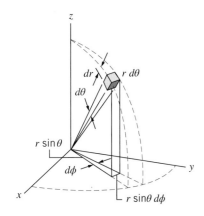

그림 7.8 구면 극좌표계에서의 부피 요소.

$l=0$ 및 $l=1$ 파동 함수는 동일한 에너지를 가지지만 그 행동은 매우 다르다. $l=1$ 파동 함수는 $r=0$에서 0으로 떨어지지만, $l=0$ 파동 함수는 $r=0$에서 계속해서 0이 아닌 값을 가지고 있다. 따라서 $l=0$ 전자는 원자핵 근처(또는 심지어 내부)에서 발견될 확률이 훨씬 높으며, 이는 특정 방사성 붕괴 과정의 속도를 결정하는 데 중요한 역할을 한다.

확률 밀도

5장에서 배운 대로, 전자를 어떤 공간 간격에서 찾을 확률은 파동 함수의 제곱으로 결정된다. 수소 원자의 경우, $|\psi(r, \theta, \phi)|^2$는 위치 (r, θ, ϕ)에서의 **부피 확률 밀도**(volume probability density, 단위 부피당 확률)를 제공한다. 전자를 찾을 실제 확률을 계산하려면 단위 부피당 확률을 (r, θ, ϕ)에서의 부피 요소 dV와 곱해야 한다. 구면 극좌표계(그림 7.8 참조)에서 부피 요소는 다음과 같다.

$$dV = r^2 \sin \theta \, dr \, d\theta \, d\phi \tag{7.15}$$

따라서 해당 위치의 부피 요소에서 전자를 찾을 확률은 다음과 같다.

$$|\psi_{n,l,m_l}(r, \theta, \phi)|^2 \, dV = |R_{n,l}(r)|^2 |\Theta_{l,m_l}(\theta)|^2 |\Phi_{m_l}(\phi)|^2 r^2 \sin \theta \, dr \, d\theta \, d\phi \tag{7.16}$$

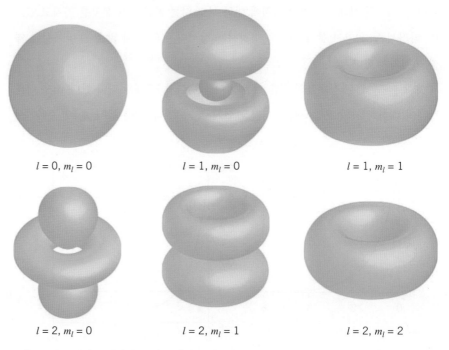

$l=0, m_l=0$ 　　　　 $l=1, m_l=0$ 　　　　 $l=1, m_l=1$

$l=2, m_l=0$ 　　　　 $l=2, m_l=1$ 　　　　 $l=2, m_l=2$

그림 7.9 다른 양자수 집합에 대한 $|\psi|^2$의 표현. z축은 수직 방향이다. 이 도표는 확률이 동일한 값을 가지는 표면을 나타낸다.

확률 밀도 $|\psi(r,\theta,\phi)|^2$의 몇 가지 표현이 그림 7.9에 나와 있다. 이러한 그림은 전자 위치의 불확정성에서 나오는 원자 내 전자의 '흩어진' 전하 분포를 나타낸 것으로 간주할 수 있다. 또한 이것은 원자 내 전자의 위치를 대상으로 한 많은 측정의 통계 결과를 나타낸다. 예를 들어, $l=1$, $m_l=1$인 상태에서 전자는 xy평면에 가장 가까이 위치할 가능성이 크다. 반면에 $l=1$, $m_l=0$인 경우에 전자는 양의 혹은 음의 z축을 따라 더 자주 발견될 것이다. 이러한 공간 분포는 8장에서 논의하는 많은 전자를 가진 원자 구조에 중요한 영향을 미치며, 또한 9장에서 논의하는 원자들이 결합하여 분자를 형성하는 데에도 영향을 미친다.

다음 두 절에서는 확률 밀도가 지름 좌표계와 각도 좌표계에 각각 어떻게 의존하는지 개별적으로 살펴본다.

7.4 지름 확률 밀도

전자의 위치에 대한 완전한 확률 밀도를 구하는 대신, θ와 ϕ이 어떠한 값을 가지든 상관없이 핵으로부터의 특정 거리에서 전자를 찾을 확률을 알고 싶을 때가 있다. 즉, 반지름이 r이고 두께가 dr인 얇은 구 형태의 구조물을 상상해 보자. 반지름이 r과 $r+dr$인 두 구 사이의 껍질에서 전자를 찾을 확률은 무엇인가? **지름 확률 밀도**(radial probability density) $P(r)$를 해당 껍질 내에서 전자를 찾을 확률 $P(r)dr$이 되도록 정의한다. 전체 확률[식 (7.16)]에서 θ와 ϕ좌표에 대해 적분함으로써 지름 확률을 결정할 수 있다. 실제로 이는 특정 r에서 모든 θ와 ϕ에 대한 부피 요소에 대한 확률을 합산하는 것이다.

$$P(r)\,dr = |R_{n,l}(r)|^2 r^2\,dr \int_0^\pi |\Theta_{l,m_l}(\theta)|^2 \sin\theta\,d\theta \int_0^{2\pi} |\Phi_{m_l}(\phi)|^2\,d\phi \qquad (7.17)$$

각각의 함수 R, Θ, Φ가 개별적으로 규격화되었기 때문에 θ와 ϕ 적분은 각각 1이 된다. 따라서 지름 확률 밀도는 다음과 같다.

$$P(r) = r^2 |R_{n,l}(r)|^2 \qquad (7.18)$$

그림 7.10은 수소의 몇 가지 최하위 준위에 대한 지름 확률 밀도 함수를 보여준다.

r^2 요인 때문에 $R(r)$이 0이 아닐지라도 $P(r)$가 $r=0$에서 0이어야 함을 주목하자. 즉, 전자를 구 껍질에 위치시킬 확률은 $r\to0$으로 갈 때 항상 0으로 수렴하는데, 이는 껍질의 부피가 0으로 수렴하나 확률 밀도 $|\psi|^2$는 $r=0$에서 0이 아닐 수 있기 때문이다. 더군다나 그림 7.7과 7.10의 비교에서 확인할 수 있듯이, $P(r)$과 $|R(r)|^2$는 전자의

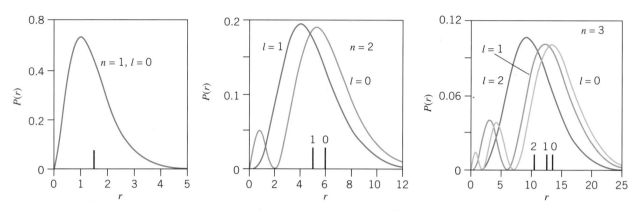

그림 7.10 수소의 $n=1, n=2, n=3$ 상태에 대한 지름 확률 밀도 $P(r)$. 반지름 좌표는 a_0의 단위로 측정되었다. 수평축의 마커는 l값과 함께 표시된 평균 반지름 r_{av}의 값을 나타낸다.

행동에 대해 서로 다른 정보를 전달한다. 예를 들어, $n=1, l=0$의 경우 지름 파동 함수 $R(r)$은 $r=0$에서 최댓값을 가지지만 해당 상태의 지름 확률 밀도 $P(r)$는 $r=a_0$에서 최댓값을 가진다.

지름 확률 밀도를 사용하면 지름 좌표계의 평균값, 즉 원자핵과 전자 간의 평균 거리를 찾을 수 있다(연습문제 33번과 34번 참조). 이러한 값은 그림 7.10에서 마커로 표시되어 있다. 평균 반지름은 $n=1$ 파동 함수에 대해 약 $1.5a_0$이고, $n=2$ 파동 함수에 대해 약 $5a_0$이다. 평균 반지름은 $n=3$ 상태에 대해 약 $12a_0$로 여전히 크다. 이러한 그래프에서 알 수 있듯이 평균 반지름은 주로 n에 따라 달라지며 l에는 그렇게 많이 의존하지 않는 것으로 보인다. 따라서 주양자수 n은 전자의 에너지 준위뿐만 아니라 전자와 핵 사이의 평균 거리를 상당 부분 결정한다. Bohr 모델과 마찬가지로 이 평균 반지름은 대략 n^2에 비례하여 변하며, $n=2$ 전자는 평균적으로 $n=1$ 전자보다 핵으로부터 약 네 배 더 멀리 있으며, $n=3$ 전자는 $n=1$ 전자보다 약 아홉 배 더 멀리 있다.

전자의 위치를 측정하는 또 다른 방법은 $P(r)$가 최댓값을 가지는 위치에서 결정되는 가장 가능성 있는 반지름이다. 각 n에 대해 $l=n-1$ 상태에 대한 $P(r)$은 Bohr 궤도의 위치 $r=n^2a_0$에서만 단일 최댓값을 가진다. 예제 7.6은 $n=2$ 상태에 대해 이를 설명한다.

예제 7.5

그림 7.10은 $n=3, l=0$ 확률 밀도의 봉우리들이 r 값이 커짐에 따라 높이가 증가하는 것을 보여준다. 그 이유는 무엇일까? 정말로 더 큰 r 값에서 전자를 더 자주 찾을 수 있다는 것을 의미하는가?

풀이

이 효과는 식 (7.18)에서 정의된 지름 확률 밀도의 r^2 요인 때문이다. $r = 13a_0$ 근처의 봉우리는 $r = 4a_0$ 근처 봉우리 높이의 약 세 배이며, 후자의 높이는 $r = a_0$ 근처 봉우리 높이의 세 배정도이다. 사실 그림 7.7은 거의 역의 관계를 보여준다. $|R(r)|$은 $r = a_0$에서보다 $r = 4a_0$에서 더 작고, $r = 13a_0$에서는 더 작다. 지름 확률 밀도 $P(r)$는 r과 $r+dr$ 사이의 구 껍질에서 전자를 찾을 확률을 결정하며, 껍질의 부피는 r과 함께 빠르게 증가한다. 따라서 $|\psi|^2$이 r과 관련이 없더라도 $P(r)$은 여전히 r이 증가함에 따라 증가할 것이다.

예제 7.6

$n = 2, l = 1$ 상태에서 원점으로부터의 전자의 가장 가능성 있는 거리가 $4a_0$임을 증명하시오.

풀이

$n = 2, l = 1$ 준위에서 지름 확률 밀도는 다음과 같다.

$$P(r) = r^2|R_{2,1}(r)|^2 = r^2 \frac{1}{24a_0^3}\frac{r^2}{a_0^2}e^{-r/a_0}$$

우리는 이 함수가 최댓값을 갖는 지점을 찾고자 한다. 일반적인 방식으로 $P(r)$의 일계 도함수를 구하고, 이를 0과 같다고 설정하면 다음과 같다.

$$\frac{dP(r)}{dr} = \frac{1}{24a_0^5}\frac{d}{dr}(r^4e^{-r/a_0})$$
$$= \frac{1}{24a_0^5}\left[4r^3e^{-r/a_0} + r^4\left(-\frac{1}{a_0}\right)e^{-r/a_0}\right] = 0$$

또는

$$\frac{1}{24a_0^5}e^{-r/a_0}\left(4r^3 - \frac{r^4}{a_0}\right) = 0$$

최댓값을 주는 유일한 해는 $r = 4a_0$이다.

예제 7.7

$n = 2$ 상태($l = 0$과 $l = 1$)에 대해서, 전자가 Bohr 반지름 내에서 발견될 확률을 비교하시오.

풀이

$n = 2, l = 0$ 준위에 대해

$$P(r)dr = r^2|R_{2,0}(r)|^2dr = r^2\frac{1}{8a_0^3}\left(2 - \frac{r}{a_0}\right)^2e^{-r/a_0}dr$$

$r = 0$과 $r = a_0$ 사이에서 전자를 찾을 총확률은 다음과 같다.

$$P(0:a_0) = \int_0^{a_0} P(r)\,dr$$

$$= \frac{1}{8a_0^3}\int_0^{a_0}\left(4r^2 - \frac{4r^3}{a_0} + \frac{r^4}{a_0^2}\right)e^{-r/a_0}dr$$

식 (7.4)를 사용하여 적분을 계산하면 결과는 다음과 같다.
$$P(0:a_0) = 0.034$$

$n = 2, l = 1$ 준위에 대해

$$P(r)dr = r^2|R_{2,1}(r)|^2dr = r^2\frac{1}{24a_0^3}\frac{r^2}{a_0^2}e^{-r/a_0}dr$$

$r = 0$과 $r = a_0$ 사이의 총확률은 다음과 같다.

$$P(0:a_0) = \int_0^{a_0} P(r)\,dr$$
$$= \frac{1}{24a_0^3}\int_0^{a_0}\frac{r^4}{a_0^2}e^{-r/a_0}\,dr = 0.0037$$

예제 7.7의 결과는 그림 7.10에서 보여주는 지름 확률 밀도와 일관성이 있다. $l=0$ 상태에서 전자를 a_0 내에서 찾을 확률은 $l=1$ 상태보다 약 10배 큰데, 이는 작은 r에서 $n=2$, $l=0$에 대한 지름 확률 밀도의 작은 봉우리에 의해 시사된다. $n=2$, $l=0$에 대해 $r=0$과 $r=a_0$ 사이의 $P(r)$ 곡선 아래의 영역은 $l=1$, $n=2$보다 명확히 더 크다.

흥미롭게도 그림 7.10에서 $n=2$에 대해서 큰 r에서 $l=0$의 지름 확률 밀도가 $l=1$의 확률 밀도보다 크다는 것도 보여준다. 따라서 $l=0$ 전자는 $l=1$ 전자보다 더 많은 시간을 핵 가까이에서 보내며, 또한 더 멀리 떨어진 곳에서도 더 많은 시간을 보낸다. 이는 어떠한 n의 값에도 적용되는 일반적인 결과이다. 즉, l 값이 작아질수록 전자를 핵 근처와 핵에서 멀리 떨어진 곳에서 발견할 확률이 더 커진다. 그림 7.2의 고전적인 행성 궤도도 같은 유형의 행동을 보여준다. L이 더 큰 궤도와 비교하였을 때 $L=0$인 궤도는 중심 체계 가까이에서 더 많은 시간을 보내며, 또한 중심 체계에서 멀리 떨어져 있는 시간도 더 많다.

7.5 각 확률 밀도

이 절에서는 파동 함수의 각(angular) 부분 크기의 제곱으로부터 얻은 확률 밀도의 각 부분을 고려한다.

$$P(\theta, \phi) = |\Theta_{l,m_l}(\theta)\Phi_{m_l}(\phi)|^2 \qquad (7.19)$$

그림 7.11은 표 7.1에 나열된 $l=0$과 $l=1$ 파동 함수의 각 확률 밀도를 보여준다.

모든 확률 밀도가 **원통 대칭**(cylindrically symmetric)임에 유의하자. 여기에는 방위각 ϕ에 대한 의존성이 없다. $l=0$ 파동 함수는 또한 **구면 대칭**(spherically symmetric)이다. 즉, 확률 밀도가 방향에 독립적이다.

$l=1$ 확률 밀도는 두 가지 다른 형태를 가진다. $m_l=0$의 경우 전자는 양의 혹은 음

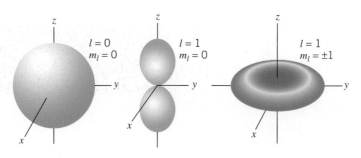

그림 7.11 $l=0$과 $l=1$ 확률 밀도의 각 의존성.

의 z축을 따라 생기는 최대 확률 영역 두 군데에서 주로 발견되고, $m_l = \pm 1$의 경우 전자는 xy평면 근처에서 주로 발견된다. $m_l = 0$의 경우 전자의 각운동량 벡터는 xy평면에 놓인다(그림 7.3). 고전적으로 각운동량 벡터는 궤도 평면에 수직이므로 전자가 xy평면에서 떨어진 위치, 즉 z축을 따라 가장 많이 발견되는 것은 놀라운 일이 아니다. $m_l = \pm 1$의 경우 각운동량 벡터는 z축을 따라 최대 투영을 갖는다. 다시 말해, $\vec{L}$에 수직인 궤도의 전자는 대부분의 시간을 xy평면 근처에서 보낸다. 이러한 전자의 위치에 대한 확률 밀도는 각운동량 벡터의 방향에 의한 정보와 일맥상통하며, 확률 밀도의 원통 대칭성은 그림 7.4에 나타난 $\vec{L}$의 방향의 불확정성과 일치한다.

예제 7.8

$n = 2, l = 1$ 파동 함수의 경우, $m_l = 0$ 및 $m_l = \pm 1$일 때 최대 확률이 발생하는 공간상의 방향을 찾으시오.

풀이

$l = 1, m_l = 0$의 경우, $P(\theta, \phi) = |\Theta_{2,0}(\theta)\Phi_0(\phi)|^2 = \frac{3}{4\pi}\cos^2\theta$이다. 최대 확률 위치를 찾기 위해 $dP/d\theta$를 0으로 설정한다.

$$\frac{dP}{d\theta} = \frac{3}{4\pi}(-2\cos\theta\,\sin\theta) = 0$$

이 방정식에는 두 가지 해가 있다. 하나는 $\cos\theta = 0$인 경우로 이는 $\theta = \pi/2$이며, 다른 하나는 $\sin\theta = 0$인 경우로 $\theta = 0$ 또는 π이다. 이계 도함수를 취함으로써 $\theta = \pi/2$에서 최솟값을 가지고, $\theta = 0$ 또는 π에서 최댓값을 가지는 것을 확인할 수 있다.

따라서 2개의 최대 확률 지역이 생기는데, 그림 7.11에서 나타난 것처럼 하나는 양의 z축을 따라($\theta = 0$), 다른 하나는 음의 z축을 따라($\theta = \pi$) 생긴다.

$l = 1, m_l = \pm 1$의 경우, 각 확률 밀도는

$$P(\theta, \phi) = |\Theta_{2,\pm 1}(\theta)\Phi_{\pm 1}(\phi)|^2 = \frac{3}{8\pi}\sin^2\theta$$

이 확률 밀도의 최댓값 위치를 찾아보면 다음과 같다.

$$\frac{dP}{d\theta} = \frac{3}{4\pi}(\sin\theta\,\cos\theta) = 0$$

다시 두 가지 해가 있다. $\theta = 0, \pi$ 또는 $\theta = \pi/2$이다. 그러나 이 경우에는 그림 7.11에 나타낸 것처럼, 최댓값이 $\theta = \pi/2$에서 발생하며, 최대 확률이 xy평면에서 발생한다.

7.6 고유 스핀

공간 양자화를 관찰하는 한 가지 방법은 원자를 외부 자기장 안에 놓는 것이다. 자기장과 원자의 **자기 쌍극자 모멘트**(magnetic dipole moment) 간의 상호 작용을 통해(이는 전자의 궤도 각운동량과 관련이 있음), $\vec{L}$의 개별 성분을 관찰할 수 있을 뿐만 아니라 z성분의 개수를 세어 l을 결정할 수도 있다(이는 $2l+1$과 같음). 그러나 이 실험을 진행

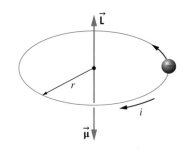

그림 7.12 순환하는 음전하는 전류 고리로 나타낸다. 전하가 음전하이기 때문에 $\vec{L}$과 $\vec{\mu}$는 서로 반대 방향을 가리킨다.

할 때 예상치 못한 전자의 특성인 **고유 스핀**(intrinsic spin)이라고 불리는 뜻밖의 결과가 나타난다.

궤도 자기 쌍극자 모멘트

그림 7.12는 전류 고리 또는 전하를 띠는 물체의 궤도 운동에서 발생할 수 있는 고전적인 자기 쌍극자 모멘트를 보여준다. 고전적인 자기 쌍극자 모멘트 $\vec{\mu}$는 그 크기가 순환 전류와 궤도 고리에 의해 둘러싸인 면적의 곱으로 나타나는 벡터로 정의된다. $\vec{\mu}$의 방향은 궤도 평면에 수직이며, 오른손 법칙에 따라 결정된다. 여기서 그림 7.12에 표시된 것처럼, 전자와 같이 순환하는 음전하를 가진 입자의 경우, 오른손의 네 손가락을 전통적인 (양의) 전류 방향으로 향하게 하면 엄지는 $\vec{\mu}$의 방향을 나타낸다.

앞서 보았듯이, 양자역학은 $\vec{L}$의 방향에 대한 정확한 지식을 금지하며, $\vec{\mu}$에 대해서도 마찬가지다. 그림 7.13은 양자역학과 일치하는 $\vec{L}$과 $\vec{\mu}$ 간의 관계를 제안한다. 이러한 벡터들은 오직 z성분만 지정할 수 있다. 전자가 음전하를 가지고 있기 때문에 $\vec{L}$과 $\vec{\mu}$는 서로 반대 부호의 z성분을 갖는다.

원형 궤도를 갖는 Bohr 모델을 사용하여 $\vec{L}$과 $\vec{\mu}$ 간의 관계를 얻을 수 있는데, 이는 정확히 양자역학 결과와 일치함을 알게 된다. 우리는 순환하는 전자를 전류의 원형 고리로 간주한다. 여기서 전류 $i = dq/dt = q/T$이며, q는 전자의 전하$(-e)$이고, T는 고리 주위를 한 번 회전하는 데 걸리는 시간이다. 전자가 반지름이 r인 고리 주위를 속도 $v = p/m$으로 이동한다면, $T = 2\pi r/v = 2\pi rm/p$이다. 자기 모멘트의 크기는 $|\vec{L}| = rp$ 관계식을 이용하면 다음과 같다.

$$\mu = iA = \frac{q}{2\pi rm/p}\pi r^2 = \frac{q}{2m}rp = \frac{q}{2m}|\vec{L}| \qquad (7.20)$$

식 (7.20)의 전자의 전하에 $-e$를 넣고 벡터 식으로 표현하면 다음과 같다.

$$\vec{\mu}_{\mathrm{L}} = -\frac{e}{2m}\vec{L} \qquad (7.21)$$

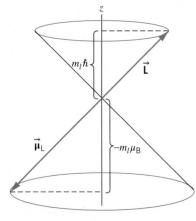

그림 7.13 양자역학에 따르면 벡터는 z축을 중심으로 세차운동하는 것으로 볼 수 있으며, 따라서 오직 $\vec{L}$과 $\vec{\mu}$의 z성분만 지정할 수 있다.

여기서 음의 부호는 전자가 음전하를 가지고 있기 때문인데, 이는 벡터 $\vec{L}$과 $\vec{\mu}_{\mathrm{L}}$이 서로 반대 방향을 가리킨다는 것을 의미한다. $\vec{\mu}_{\mathrm{L}}$에 붙은 아래 첨자 L은 이 자기 모멘트가 전자의 궤도(orbital) 각운동량 $\vec{L}$에서 비롯되었음을 상기시킨다.

이 자기 모멘트의 z성분은 다음과 같다.

$$\mu_{\mathrm{L},z} = -\frac{e}{2m}L_z = -\frac{e}{2m}m_l\hbar = -\frac{e\hbar}{2m}m_l = -m_l\mu_{\mathrm{B}} \qquad (7.22)$$

$e\hbar/2m$의 양은 **Bohr 마그네톤**(Bohr magneton)으로 정의된다.

$$\mu_{\mathrm{B}} = \frac{e\hbar}{2m} \tag{7.23}$$

μ_{B}의 값은 다음과 같다.

$$\mu_{\mathrm{B}} = 9.274 \times 10^{-24} \ \mathrm{J/T}$$

Bohr 마그네톤은 원자의 자기 모멘트를 표현하는 편리한 단위로, 일반적으로 원자의 자기 모멘트는 μ_{B} 정도의 크기를 가지고 있다.

외부 자기장에서의 쌍극자

$\boldsymbol{\mu}_{\mathrm{L}}$의 행동을 더 살펴보기 전에, 크기는 q로 같지만 서로 반대 전하를 가지면서 r만큼 떨어진 **전기 쌍극자**(electric dipole)의 비슷한 행동을 논의한다. 전기 쌍극자 모멘트 $\vec{\mathbf{p}}$는 크기가 qr이고, 음전하에서 양전하로 향하는 방향을 가지고 있다. 그림 7.14a에서 보듯이, 균일한 전기장하에서 양전하에 작용하는 수직힘 $\vec{\mathbf{F}}_{+}$와 음전하에 작용하는 수직힘 $\vec{\mathbf{F}}_{-}$는 크기가 동일하다. 이 쌍극자는 $\vec{\mathbf{E}}$와 일직선으로 정렬되도록 돌리는 돌림힘을 받지만 쌍극자에 작용하는 **알짜힘**(net force)은 0이다. 이제 전기장이 균일하지 않다고 가정하자. 예를 들어, 그림 7.14b와 같이 전기장의 세기가 아래에서 위로 갈수록 감소하는 경우를 생각해 보자. 이제 음전하에 작용하는 아래쪽 힘 $\vec{\mathbf{F}}_{-}$가 양전하에 작용하는 위쪽 힘 $\vec{\mathbf{F}}_{+}$보다 크다. 여전히 쌍극자에 회전을 일으키는 알짜 돌림힘이 존재하지만, 쌍극자를 아래쪽으로 이동시키는 알짜힘도 있다. 반면에 두 전하의 위치를 반전시

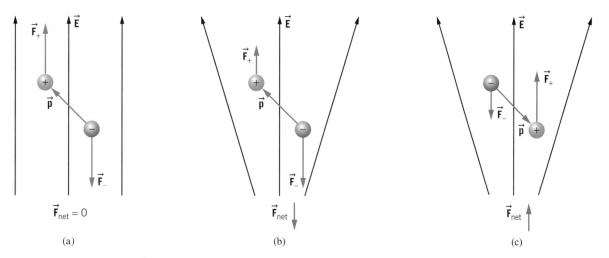

그림 7.14 (a) 균일한 전기장 $\vec{\mathbf{E}}$에서 전기 쌍극자는 알짜힘을 경험하지 않는다. (b) 균일하지 않은 전기장(그림 하단에서 상단으로 감소)에서 힘 $\vec{\mathbf{F}}_{-}$이 힘 $\vec{\mathbf{F}}_{+}$보다 크다. 쌍극자에는 알짜 아래쪽 힘이 있다. (c) 쌍극자 모멘트가 반전되면 알짜힘은 반대 방향으로 향한다.

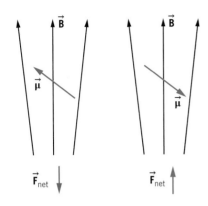

그림 7.15 균일하지 않은 자기장에서의 두 자기 쌍극자. 반대로 향한 쌍극자는 서로 반대 방향의 알짜힘을 경험한다.

키면(그림 7.14c), 이는 전기 쌍극자 모멘트 $\vec{p}$를 반전시키는 것과 동등하며, 이제 양전하에 작용하는 위쪽 힘 $\vec{F}_+$이 음전하에 작용하는 아래쪽 힘 $\vec{F}_-$보다 크기 때문에 쌍극자에 작용하는 알짜힘은 위로 향한다.

이 결과를 자기(magnetic) 쌍극자 모멘트에 대한 토론과 더 연관 지어 다른 방식으로 설명할 수 있다. 장 방향을 z축으로 정의하자. 그런 다음 $p_z > 0$인 쌍극자(그림 7.14b와 같음)는 알짜 음의 힘을 경험하여 음의 z 방향으로 이동하며, $p_z < 0$인 쌍극자(그림 7.14c와 같음)는 알짜 양의 힘을 경험하여 양의 z 방향으로 이동한다.

자기 쌍극자 모멘트 $\vec{\mu}$도 동일한 방식으로 작동한다. (사실 허구의 N극과 S극을 상상해 보면 자기 모멘트의 행동은 그림 7.14와 유사한 그림으로 설명될 것이다.) 자기 모멘트에 작용하는 균일하지 않은 자기장은 균형 잡히지 않은 힘을 제공하여 변위를 초래한다. 그림 7.15는 균일하지 않은 자기장에서 서로 다른 방향을 가진 자기 쌍극자 모멘트의 행동을 보여준다. 두 가지 다른 방향은 반대 방향의 알짜힘을 제공한다. μ_z가 양수이면 쌍극자에 작용하는 힘은 음수이고, μ_z가 음수이면 쌍극자에 작용하는 힘은 양수이다.

Stern-Gerlach 실험

그림 7.16에 개략적으로 나타난 다음의 실험을 상상해 보자. 수소 원자 빔이 $n = 2$, $l = 1$ 상태로 준비되어 있다. 이 빔은 $m_l = -1, 0, +1$ 상태의 동일한 개수의 원자로 구성되어 있다. (실제로는 $n = 2$ 상태가 $n = 1$ 상태로 붕괴되지 않도록 실험을 충분히 빠르게 수행할 수 있다고 가정한다. 실제로는 이게 가능하지 않을 수 있다.) 이 빔은 균일하지 않은 자기장이 있는 영역을 통과한다. $m_l = +1(\mu_{L,z} = -\mu_B)$ 상태의 원자는 알짜 윗방향의 힘을 경험하고 위쪽으로 편향되지만, $m_l = -1(\mu_{L,z} = +\mu_B)$ 상태의 원자는 아래쪽으로 편

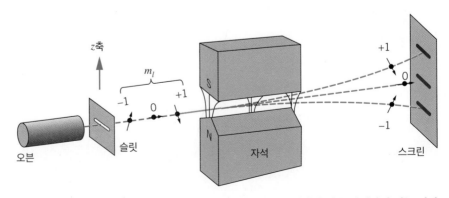

그림 7.16 Stern-Gerlach 실험의 개략적인 도표. 원자 빔이 균일하지 않은 자기장이 있는 영역을 통과한다. 반대 방향의 자기 쌍극자 모멘트를 가진 원자는 서로 다른 방향의 힘을 경험한다.

향된다. $m_l = 0$ 상태의 원자는 편향되지 않는다.

자기장을 통과한 후에 빔은 스크린에 도달하여 시각적인 상을 생성한다. 자기장이 꺼져 있을 때는 확실히 어떠한 편향도 없으므로 스크린 중앙에 하나의 가는 선모양 상이 나타날 것으로 예상할 수 있다. 자기장이 켜져 있을 때는 스크린에 3개의 가는 선모양 상이 나타날 것이다. 하나는 중앙에 위치한 것($m_l = 0$에 해당)이며, 다른 하나는 중앙 위($m_l = +1$), 나머지 하나는 중앙 아래($m_l = -1$)에 위치한다. 원자가 바닥 상태에 있다면($l = 0$), 자기장이 켜져 있든 꺼져 있든 스크린에 하나의 상이 나타날 것이다 ($m_l = 0$ 원자는 편향되지 않음을 상기하자). 만약 빔을 $l = 2$ 상태로 준비했다면 자기장이 켜져 있을 때 5개의 상이 나타날 것이다. 나타나는 상의 개수는 다른 m_l 값의 수인 $2l + 1$과 동일하다. l의 가능한 값이 0, 1, 2, 3, ...이기 때문에 $2l + 1$은 1, 3, 5, 7, ...의 값을 가지게 된다. 따라서 화면에는 항상 홀수개의 상이 나타날 것이다. 그러나 실제로 $l = 1$ 상태의 수소를 실험하면 화면에는 3개가 아닌 6개의 상이 나타난다! 더 혼란스러운 것은 $l = 0$ 상태의 수소를 실험하면 하나가 아닌 2개의 상이 나타나며, 하나는 상승 편향을 나타내고 다른 하나는 하강 편향을 나타낸다는 것이다! $l = 0$ 상태에서 벡터 $\vec{L}$의 길이가 0이므로 자기장이 편향시킬 **자기 모멘트가 없다**고 예상할 수 있다. 그러나 이것은 사실이 아니다. $l = 0$일 때도 원자는 여전히 자기 모멘트를 가지고 있으며, 이는 식 (7.21)과 모순된다.

이 유형의 첫 실험은 Otto Stern과 Walther Gerlach에 의해 1921년에 수행되었다. 그들은 은 원자 빔을 사용했는데, 은의 전자 구조는 수소보다 복잡하지만(8장에서 논의), 동일한 기본 원리가 적용된다. 은 원자는 반드시 $l = 0, 1, 2, 3, ...$을 가져야 하며, 따라서 화면에 **홀수개**의 상이 나타날 것으로 예상할 수 있다. 실제로 그들은 빔이 두 성분으로 분리되어 화면에 2개의 가는 선모양 상을 생성하는 것을 관찰하였다(그림 7.17 참조).

이 분리된 상의 관측은 **공간 양자화**에 대한 첫 번째 결정적인 증거였다. 고전적인 자기 모멘트는 모든 가능한 방향을 가지며 화면에 연속적으로 퍼져 있는 무늬를 만들겠지만, 화면상의 일부 불연속적인 상을 관측한 것은 원자 자기 모멘트가 공간에서 특정한 불연속적인 방향만을 가질 수 있다는 것을 의미한다. 이는 자기 모멘트(또는 각운동량과 동등함)의 방향이 불연속적이라는 것을 의미한다.

그러나 화면에 나타난 불연속적인 상의 **개수**가 $2l + 1$일 거라는 우리의 기대와 일치하지 않는다. 2개의 상인 경우 $l = \frac{1}{2}$이어야 하며, 이는 Schrödinger 방정식에 의해 허용되지 않는다. 전자의 **고유 각운동량**(intrinsic angular momentum)으로서 원자의 각운

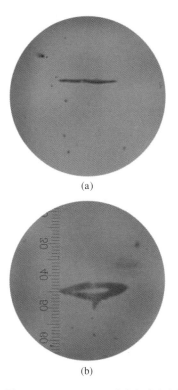

그림 7.17 Stern-Gerlach 실험의 결과. (a) 자기장을 끈 상태의 가는 선모양 상. (b) 자기장을 켠 상태에서 나타나는 2개의 가는 선모양 상. 왼쪽의 작은 구분선은 0.05 mm를 나타낸다. [출처: W. Gerlach and O. Stern, *Zeitschrift für Physik* **9**, 349 (1922).]

표 7.2 원자 내 전자의 궤도 및 스핀 각운동량

구분	궤도	스핀
양자수	$l = 0, 1, 2, \ldots$	$s = 1/2$
벡터의 길이	$\lvert\vec{\mathbf{L}}\rvert = \sqrt{l(l+1)}\hbar$	$\lvert\vec{\mathbf{S}}\rvert = \sqrt{s(s+1)}\hbar = \sqrt{3/4}\,\hbar$
z성분	$L_z = m_l\hbar$	$S_z = m_s\hbar$
자기 양자수	$m_l = 0, \pm1, \pm2, \ldots, \pm l$	$m_s = \pm 1/2$
자기 모멘트	$\vec{\boldsymbol{\mu}}_L = -(e/2m)\vec{\mathbf{L}}$	$\vec{\boldsymbol{\mu}}_S = -(e/m)\vec{\mathbf{S}}$

동량에 대한 다른 기여가 있다면, 이 딜레마를 해결할 수 있다. 원자 내의 전자는 태양 주위를 공전하면서 동시에 자전축을 중심으로 회전하는 지구와 같이 두 종류의 각운동량이 있다. 전자는 핵을 중심으로 공전하는 운동을 기술하는 **궤도 각운동량**(orbital angular momentum) $\vec{\mathbf{L}}$과 마치 자전축 중심으로 회전하는 것처럼 행동하는 **고유 각운동량** $\vec{\mathbf{S}}$를 가지고 있다. 이러한 이유로 $\vec{\mathbf{S}}$는 통상적으로 **고유 스핀**이라고 부른다. (그러나 고전적인 비유를 사용하여 전자를 자전축을 중심으로 회전하는 작은 전하 구체로 생각하는 방식은 올바르지 않다. 왜냐하면 전자는 물리적 크기가 없는 점 입자이기 때문이다.) 전자의 스핀은 1925년에 Samuel Goudsmit와 George Uhlenbeck에 의해 제안되었으며, Paul Dirac은 1928년에 전자의 **상대론적** 양자 이론이 전자 스핀을 직접적으로 제공한다는 것을 보여주었다.

Stern-Gerlach 실험의 결과를 설명하기 위해 전자에 $^1/_2$의 고유 스핀 양자수 s를 할당해야 한다. 고유 스핀은 궤도 각운동량과 매우 유사하게 작동한다. 양자수 s(수학에서 나오는 표지로 볼 수 있음), 각운동량 벡터 $\vec{\mathbf{S}}$, z성분 $\mathbf{S}_z$, 이와 관련된 자기 모멘트 $\vec{\boldsymbol{\mu}}_S$ 및 스핀 자기 양자수 m_s가 있다. 그림 7.18은 $\vec{\mathbf{S}}$의 벡터 성질을 보여주며, 표 7.2는 원자 내 전자의 궤도 및 스핀 각운동량의 성질을 비교하여 보여준다.

스핀의 포함은 Stern-Gerlach 유형의 실험에 대한 직접적인 설명을 제공한다. 은 원자의 최외각 전자는 $l = 0$인 상태를 차지한다. (다른 전자들은 은 원자의 자기 특성에 기여하지 않는다.) 따라서 자기 특성은 전적으로 스핀 자기 모멘트에 의해 결정되며, 이는 자기장에서 두 가지 가능한 방향만 가지고 있으며($m_s = \pm^1/_2$에 해당) 관찰된 2개의 빔을 생성한다.

모든 기본 입자는 특정한 고유 스핀과 이에 해당하는 스핀 자기 모멘트를 가진다. 예를 들어, 양성자와 중성자도 $^1/_2$의 스핀 양자수를 가지고 있다. 광자는 1의 스핀 양자수를 가지고 있으며, 파이 중간자(파이온)는 $s = 0$을 가지고 있다.

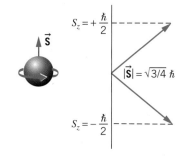

$S_z = +\dfrac{\hbar}{2}$

$\vec{\mathbf{S}}$

$\lvert\vec{\mathbf{S}}\rvert = \sqrt{3/4}\,\hbar$

$S_z = -\dfrac{\hbar}{2}$

그림 7.18 전자의 스핀 각운동량 및 스핀 각운동량 벡터의 공간상의 방향.

예제 7.9

Stern–Gerlach 유형의 실험에서 자기장은 z 방향으로 거리에 따라 변하며 $dB_z/dz = 1.4\,\text{T/mm}$이다. 은 원자들은 자석을 통과하여 $x = 3.5\,\text{cm}$의 거리를 이동한다. 오븐에서 나온 원자의 가장 가능성 있는 속도는 $v = 750\,\text{m/s}$이다. 자석을 통과하여 나온 두 광선의 갈라진 간격의 크기를 구하시오. 은 원자의 질량은 $1.8 \times 10^{-25}\,\text{kg}$이며 그 자기 모멘트는 약 1 Bohr 마그네톤이다.

풀이

자기 모멘트의 위치에 따른 퍼텐셜 에너지는 다음과 같다.

$$U = -\vec{\mu} \cdot \vec{B} = -\mu_z B_z$$

이는 자석의 중앙축을 따라 나아갈 때 자기장은 오직 z성분만 가지기 때문이다. 원자에 작용하는 힘은 퍼텐셜 에너지로부터 다음과 같이 구할 수 있다.

$$F_z = -\frac{dU}{dz} = \mu_z \frac{dB_z}{dz}$$

자석을 통과하는 은 원자의 질량이 m일 때 해당 원자의 가속도는 다음과 같다.

$$a = \frac{F_z}{m} = \frac{\mu_z(dB_z/dz)}{m}$$

각 빔의 수직 이탈 Δz는 $\Delta z = \frac{1}{2}at^2$으로 계산된다. 여기서 t는 자석을 통과하는 데 걸리는 시간으로 x/v와 같다. 각 빔은 이 양만큼 편향되므로 알짜 갈라진 간격 d는 $2\Delta z$, 또는 다음과 같다.

$$
\begin{aligned}
d &= \frac{\mu_z(dB_z/dz)x^2}{mv^2} \\
&= \frac{(9.27 \times 10^{-24}\,\text{J/T})(1.4 \times 10^3\,\text{T/m})(3.5 \times 10^{-2}\,\text{m})^2}{(1.8 \times 10^{-25}\,\text{kg})(750\,\text{m/s})^2} \\
&= 1.6 \times 10^{-4}\,\text{m} = 0.16\,\text{mm}
\end{aligned}
$$

이는 그림 7.17의 척도에서 읽을 수 있는 갈라진 간격과 일치한다.

예제 7.10

두 가지 종류의 입자인 메손과 바리온은 쿼크 및 반쿼크라는 기본 입자로 구성되어 있는데, 쿼크와 반쿼크는 전자와 같이 1/2의 스핀 양자수를 가지고 있다. (a) 쿼크와 반쿼크로 이루어진 가장 일반적인 메손들은 0과 1의 스핀을 가지고 있다. 어떻게 쿼크 스핀을 결합하여 이러한 값이 나오는지 설명하시오. (b) 3개의 쿼크로 이루어진 가장 일반적인 바리온들은 1/2 또는 3/2의 스핀을 가지고 있다. 어떻게 이 세 쿼크의 스핀 조합으로부터 이러한 값이 나오는지 설명하시오. (c) 유한한 궤도 각운동량이 있는 몇 가지 조합에서 실험은 입자의 총 내부 스핀에 기여하는 l의 홀수와 짝수 값을 구별할 수 있다. 홀수 l 혹은 짝수 l을 가진 총스핀 2의 메손이 어떻게 가능한가?

풀이

(a) 두 쿼크 스핀은 평행(총스핀=1) 혹은 반대 방향(총스핀=0)으로 배열될 수 있다. 또한 이러한 조합은 0의 궤도 각운동량을 가져야 한다.

(b) 처음 2개의 쿼크는 메손과 같이 총스핀이 0 또는 1이 되도록 결합할 수 있다. 세 번째 쿼크는 스핀 0 조합과 결합하여 총

1/2을 얻을 수 있거나, 혹은 스핀 1 조합과 결합하여 총 3/2을 얻을 수 있다. 메손과 마찬가지로 이러한 조합에서 궤도 각운동량은 0이어야 한다.

(c) 총스핀 2는 두 쿼크 스핀이 평행이고 궤도 각운동량 $l = 1$ 이거나, 혹은 두 쿼크 스핀이 반대 방향이고 $l = 2$일 때 얻을 수 있다.

7.7 에너지 준위 및 분광 표기

이전에 수소의 모든 가능한 전자 상태를 세 양자수 (n, l, m_l)로 설명했지만, 전에 살펴보았듯이 전자의 네 번째 특성인 고유 각운동량 혹은 스핀을 네 번째 양자수로 도입할 필요가 있다. 우리는 스핀 s의 값을 지정할 필요가 없다. 왜냐하면 이는 항상 $1/2$이기 때문이다(전자의 전하나 질량과 같이 기본적인 특성으로 간주된다). 그러나 양자수 m_s ($+1/2$ 또는 $-1/2$)의 값을 지정해야 하며, 이는 스핀의 z성분에 대한 정보를 제공한다. 따라서 원자의 전자 상태를 완전히 기술하려면 4개의 양자수 (n, l, m_l, m_s)가 필요하다.

예를 들어, 수소의 바닥 상태는 이전에 $(n, l, m_l) = (1, 0, 0)$으로 표기하였다. m_s가 추가되면 이는 $(1, 0, 0, +1/2)$ 또는 $(1, 0, 0, -1/2)$ 중 하나로 바뀔 것이다. 바닥 상태의 겹침은 이제 2이다. 첫 번째 들뜬 상태는 다음과 같이 여덟 가지 가능한 표기를 가진다: $(2, 0, 0, +1/2)$, $(2, 0, 0, -1/2)$, $(2, 1, +1, +1/2)$, $(2, 1, +1, -1/2)$, $(2, 1, 0, +1/2)$, $(2, 1, 0, -1/2)$, $(2, 1, -1, +1/2)$ 및 $(2, 1, -1, -1/2)$. 기존의 각 단일 표기에 대해 이제는 두 가지 가능한 표기가 존재한다(각각의 n, l, m_l은 $n, l, m_l, +1/2$ 혹은 $n, l, m_l, -1/2$이 된다). 따라서 각각의 준위의 겹침은 n^2이 아니라 $2n^2$이 된다.

원자가 자기장 안에 있을 때 각운동량 벡터의 방향(z성분)을 아는 것이 중요하지만, 대부분의 다른 응용에서 m_l 및 m_s의 값은 중요하지 않으며, 매번 특정 원자의 준위를 쓰는 것이 번거롭다. 따라서 준위를 표기하기 위해 다른 표기법을 사용하며, 이를 **분광학적 표기법**(spectroscopic notation)이라고 한다. 이러한 체계에서는 서로 다른 l 값에 문자를 사용한다. $l = 0$인 경우 문자 s를 사용하고(양자수 s와 혼동하지 말라), $l = 1$인 경우 문자 p를 사용한다. 완전한 표기법은 다음과 같다.

l의 값	0	1	2	3	4	5	6
명칭	s	p	d	f	g	h	i

(처음 네 글자는 sharp, principal, diffuse 및 fundamental을 나타내는데, 이들은 원자 이론이 개발되기 전에 원자 스펙트럼을 설명하는 데 사용되었다.) 분광학적 표기법에서 수소의 바닥 상태는 $1s$로 표기되며, 여기서 $n = 1$의 값이 s 앞에 지정된다. 그림 7.19에서는 이

표기법으로 수소 원자의 준위들을 표시한 것을 보여준다.

그림 7.19에는 원자가 한 상태에서 낮은 상태로 전이할 때 방출될 수 있는 몇 가지 다른 광자들을 나타내는 화살표가 표시되어 있다. 일부 누락된 화살표(예를 들어 4d에서 3s)는 발생이 허용되지 않는 전이를 나타낸다. Schrödinger 방정식을 풀고 해를 사용하여 **전이 확률**(transition probability)을 계산함으로써, 발생 확률이 가장 높은 전이가 l을 하나씩 변경하는 것임을 알게 된다. 이 제한은 **선택 규칙**(selection rule)이라고 하며, 원자 전이의 경우 선택 규칙은 다음과 같다.

$$\Delta l = \pm 1 \tag{7.24}$$

예를 들어, 3s 준위는 2s 준위로 전이하여 광자를 방출할 수 없으며($\Delta l = 0$), 대신에 2p 준위로 가야 한다($\Delta l = 1$). n에 대한 선택 규칙이 없으므로 3p 준위는 2s 혹은 1s로 이동할 수 있다(하지만 2p로는 이동할 수 없다).

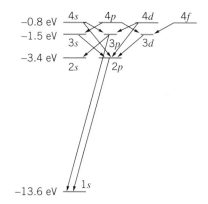

그림 7.19 수소의 일부 에너지 준위 다이어그램으로, 준위의 분광학적 표기법과 $\Delta l = \pm 1$ 선택 규칙을 만족시키는 일부 전이를 보여준다.

7.8 Zeeman 효과*

전자가 스핀이 없고 따라서 스핀 자기 모멘트가 없는 가상의(그리고 덜 흥미로운) 세계를 고려해 보자. 수소 원자를 $2p(l = 1)$ 준위로 준비하고 외부 균일한 자기장 $\vec{\mathbf{B}}$(예를 들어 실험실 전자석에서 제공됨)에 넣었다고 가정해 보자. 그러면 궤도 각운동량과 관련된 자기 모멘트 $\vec{\mathbf{\mu}}_L$은 자기장과 상호 작용하며 이 상호 작용과 관련된 에너지는 다음과 같다.

$$U = -\vec{\mathbf{\mu}}_L \cdot \vec{\mathbf{B}} \tag{7.25}$$

즉, 자기 모멘트가 자기장 방향으로 정렬된 경우가 자기장과 반대로 정렬된 경우보다 낮은 에너지를 갖는다. (자기장이 z 방향으로 되어 있다고 가정하고) 자기 모멘트의 z성분에 대한 식 (7.22)를 사용하면 다음과 같다.

$$U = -\mu_{L,z}B = m_l \mu_B B \tag{7.26}$$

위의 식은 Bohr 마그네톤으로 정의된 식 (7.23)을 사용하여 표현하였다. 자기장이 없을 때, 2p 준위는 특정 에너지 E_0(−3.4 eV)를 갖는다. 자기장이 켜지면 에너지는 $E_0 + U = E_0 + m_l \mu_B B$가 되며, 이는 m_l 값에 따라 세 가지 서로 다른 가능한 에너지 준위가 존재함을 의미한다. 그림 7.20은 이 상황을 설명한다.

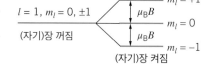

그림 7.20 외부 자기장에서 $l = 1$ 준위의 분열. (전자의 스핀 각운동량의 효과는 무시) 자기장에서의 에너지는 m_l 값에 따라 다르다.

---

* 이 부분은 선택 사항이며 생략해도 내용의 일관성은 유지된다.

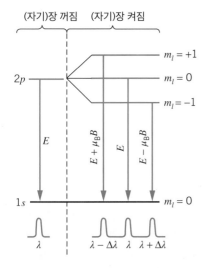

그림 7.21 정상 Zeeman 효과. 자기장이 켜지면 원래 파장 λ가 3개의 별개의 파장으로 나뉜다.

이제 원자가 $2p$ 상태에서 $1s$ 바닥 상태로 전이하면서 광자를 방출하는 상황을 고려해 보자. 자기장이 없을 때 10.2 eV의 에너지와 그에 해당하는 파장이 122 nm인 단일 광자가 방출된다. 자기장이 있을 때 $10.2\,\text{eV} + \mu_B B$, $10.2\,\text{eV}$, $10.2\,\text{eV} - \mu_B B$의 에너지를 가진 세 광자가 방출될 수 있다. 에너지의 작은 변화 ΔE가 파장에 어떻게 영향을 미치는지 알아보기 위해 식 $E = hc/\lambda$를 미분하면 다음과 같다.

$$dE = -\frac{hc}{\lambda^2}\,d\lambda \tag{7.27}$$

미분을 작은 차이로 바꾸고, 절댓값을 취한 후 $\Delta\lambda$에 대해 풀면 다음과 같다.

$$\Delta\lambda = \frac{\lambda^2}{hc}\Delta E \tag{7.28}$$

여기서 ΔE는 자기장이 켜져 있을 때 준위 간의 에너지 분리를 나타낸다($\Delta E = \mu_B B$). 그림 7.21은 세 가지 전이를 설명하며, 방출된 파장의 측정 결과의 예시를 보여준다.

다른 m_l 상태 간의 전이를 분석할 때 종종 두 번째 **선택 규칙**을 사용해야 한다. 발생하는 전이는 m_l을 0, +1 또는 −1만큼만 변경하는 경우이다.

$$\Delta m_l = 0,\ \pm 1 \tag{7.29}$$

2개 이상의 m_l 변경은 허용되지 않는다.

예제 7.11

수소 원자가 2.00 T의 자기장에 놓일 때 $2p \rightarrow 1s$ 광자의 파장 변화를 계산하시오.

풀이

$n = 2$에서 $n = 1$로의 광자의 에너지는 $E = -13.6\,\text{eV}\left(\frac{1}{2^2} - \frac{1}{1^2}\right) = 10.2\,\text{eV}$이며, 이에 대한 파장은 $\lambda = hc/E = (1{,}240\,\text{eV}\cdot\text{nm})/(10.2\,\text{eV}) = 122\,\text{nm}$이다. 준위 간의 에너지 변화 ΔE는 아래와 같이 계산된다.

$$\Delta E = \mu_B B = (9.27 \times 10^{-24}\,\text{J/T})(2.00\,\text{T})$$
$$= 18.5 \times 10^{-24}\,\text{J} = 11.6 \times 10^{-5}\,\text{eV}$$

그리고 식 (7.28)에 의해

$$\Delta\lambda = \frac{\lambda^2}{hc}\Delta E$$
$$= \frac{(122\,\text{nm})^2}{1{,}240\,\text{eV}\cdot\text{nm}}\,11.6 \times 10^{-5}\,\text{eV}$$
$$= 0.00139\,\text{nm}$$

심지어 2 T라는 비교적 큰 자기장에서도 파장의 변화는 매우 작다. 그러나 이는 광학 분광기를 사용하여 쉽게 측정할 수 있다.

우리가 방금 고려했던 실험은 **Zeeman 효과**(Zeeman effect)의 예이다. Zeeman 효과는 방출 원자가 외부 자기장에 놓여 있을 때 단일 파장을 가진 스펙트럼선이 여러 다른 파장을 가진 선으로 분리되는 현상이다. **정상 Zeeman 효과**(normal Zeeman effect)에서는 하나의 스펙트럼선이 3개의 성분으로 분리된다. 이는 스핀이 없는 원자에서만 발생한다. (모든 전자는 물론 스핀을 가지고 있다. 방금 고려한 스핀이 없는 가상의 전자와 달리 여러 전자를 가진 특정 원자에서는 스핀이 결합하여 상쇄되면서 원자가 스핀이 없는 것처럼 행동할 수 있다.) 스핀이 존재하는 경우, 궤도 자기 모멘트뿐만 아니라 스핀 자기 모멘트의 효과도 고려해야 한다. 이에 따라 준위 분리의 무늬가 더 복잡해지며 스펙트럼선은 3개 이상의 성분으로 분리될 수 있다. 이 경우를 **비정상 Zeeman 효과**(anomalous Zeeman effect)라고 한다. 이의 예시가 그림 7.22에 나와 있다.

그림 7.22 나트륨에서의 비정상 Zeeman 효과. (위) 자기장이 없을 때 나타나는 나트륨 D선, 파장이 589.0 nm와 589.6 nm인 근접한 이중선. (아래) 자기장이 있을 때 선이 6개와 4개의 성분으로 나뉘는 모습. 이 사진은 1897년에 Pieter Zeeman에 의해 촬영되었다.

7.9 미세 구조*

수소 원자의 방출선을 주의 깊게 살펴보면 많은 선들이 사실 단일 선이 아닌 매우 가까이에 있는 두 선의 조합임을 알 수 있다. 이번 절에서는 그 효과의 기원인 **미세 구조**(fine structure)에 대해 살펴본다.

이 계산에서 수소 원자를 전자의 기준에서 살펴보는 것이 편리하다. 이 기준에서는 태양이 지구 주위를 돌아다니는 것처럼 양성자가 전자 주위를 도는 것처럼 보인다. 편의상 이 문제를 Bohr 모델의 맥락에서 다루어 효과의 추정치를 얻을 것이다.

그림 7.23a는 양성자의 일반적인 기준에서 원자를 보여준다. 전자는 반시계 방향으로 궤도를 도는 것으로 가정하면 궤도 각운동량 $\vec{\mathbf{L}}$은 z 방향에 있으며, 스핀 $\vec{\mathbf{S}}$도(z 방향으로 위 또는 아래를 가리킬 수 있음) 마찬가지로 z 방향에 있다고 가정한다. 전자의 관점에서 이와 동일한 상황은 그림 7.23b에 나와 있으며, 이제 양성자는 전자 주위의 원 모양의 궤도를 따라 움직인다.

전자 기준에서 궤도의 반지름이 r인 양성자의 움직임은 전류 고리로 간주할 수 있으며, 이로 인해 그림 7.23c처럼 전자 위치에서 자기장 $\vec{\mathbf{B}}$가 발생한다. 이 자기장은 전자의 스핀 자기 모멘트 $\vec{\boldsymbol{\mu}}_S = -(e/m)\vec{\mathbf{S}}$와 상호 작용한다. 자기장 속에서의 자기 모멘트 $\vec{\boldsymbol{\mu}}_S$의 상호 작용 에너지는 다음과 같다.

---

* 이 부분은 선택 사항이며 생략해도 내용의 일관성은 유지된다.

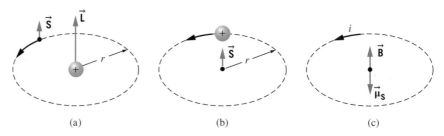

그림 7.23 (a) 수소 원자에서 전자는 양성자 주위를 순환한다. (b) 전자의 관점에서 양성자는 전자 주위를 순환한다. (c) 겉으로는 순환하는 양성자가 전류 i로 표현되며 전자 위치에서 자기장 $\vec{\mathbf{B}}$를 일으킨다.

$$U = -\vec{\boldsymbol{\mu}}_S \cdot \vec{\mathbf{B}} \tag{7.30}$$

$\vec{\mathbf{B}}$의 방향을 z 방향으로 선택하고, $\vec{\boldsymbol{\mu}}_S = -(e/m)\vec{\mathbf{S}}$와 함께 다음을 얻는다.

$$U = \frac{e}{m}\vec{\mathbf{S}} \cdot \vec{\mathbf{B}} = \frac{e}{m}S_z B \tag{7.31}$$

$S_z = \pm\frac{1}{2}\hbar$를 이용하면, 에너지는 다음과 같다.

$$U = \pm\frac{e\hbar}{2m}B = \pm\mu_B B \tag{7.32}$$

그림 7.23에 나타난 상황은 $S_z = +\frac{1}{2}\hbar$이므로 $U = +\mu_B B$이다. 반면에 $\vec{\mathbf{S}}$가 반대 방향을 향할 때는 $U = -\mu_B B$이다. 이 효과는 그림 7.24에서 보듯이, 각각의 준위가 $\vec{\mathbf{L}}$과 $\vec{\mathbf{S}}$가 평행인 높은 상태와 $\vec{\mathbf{L}}$과 $\vec{\mathbf{S}}$가 반대로 배치된 낮은 상태로 나뉘게 된다. 이 두 상태 간의 에너지 차이는 $\Delta E = 2\mu_B B$이다.

이 시점에서 현재 결과는 이전의 Zeeman 효과에 대한 논의와 꽤 유사해 보이지만, 한 가지 중요한 차이점이 있다. 이 경우의 자기장 B는 실험실에서 켜고 끌 수 있는 자기장이 아니라, 언제나 존재하는 자기장으로서 양성자와 전자 간의 상대적인 운동으로 생성된다.

Bohr 모델을 사용하여 이 에너지 분리의 크기를 대략적으로 추정할 수 있다. 반지름 r을 가진 원형 고리가 전류 i를 운반하면 그 중심에 자기장 $B = \mu_0 i/2r$이 형성된다. 이때 전류 i는 고리를 도는 전하(이 경우 $+e$)가 궤도를 한 번 도는 데 걸리는 시간 T로 나눈 값이다. 궤도를 한 번 도는 데 걸리는 시간은 이동 거리($2\pi r$)를 속력 v로 나눈 것이다.

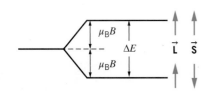

그림 7.24 수소의 미세 구조 분할. $\vec{\mathbf{L}}$과 $\vec{\mathbf{S}}$가 평행인 상태는 $\vec{\mathbf{L}}$과 $\vec{\mathbf{S}}$가 반대 방향인 상태보다 에너지가 약간 더 높다.

$$B = \frac{\mu_0 i}{2r} = \frac{\mu_0}{2r}\frac{e}{T} = \frac{\mu_0}{2r}\frac{ev}{2\pi r} \tag{7.33}$$

상태 간의 에너지 차이는 다음과 같다.

$$\Delta E = 2\mu_B B = \frac{\mu_0 ev}{2\pi r^2}\mu_B = \frac{\mu_0 e^2 \hbar^2 n}{4\pi m^2 r^3} \tag{7.34}$$

마지막 결과는 Bohr의 각운동량 조건[식 (6.26)]인 $v = n\hbar/mr$과 식 (7.23)의 $\mu_B = e\hbar/2m$을 대입함으로써 얻어진다. 마지막으로, Bohr 원자에서 궤도의 반지름에 대한 식 (6.28)을 대체하면 다음과 같은 식을 얻는다.

$$\Delta E = \frac{\mu_0 e^2 \hbar^2 n}{4\pi m^2}\left(\frac{me^2}{4\pi\varepsilon_0 \hbar^2}\frac{1}{n^2}\right)^3 = \frac{\mu_0 m e^8}{256\pi^4 \varepsilon_0^3 \hbar^4}\frac{1}{n^5} \tag{7.35}$$

$c^2 = 1/\varepsilon_0\mu_0$을 상기하고, **미세 구조 상수**(fine structure constant)로 알려진 차원이 없는 상수 α를 사용하면, 위의 식을 다소 간단한 형식으로 다시 작성할 수 있다.

$$\alpha = \frac{e^2}{4\pi\varepsilon_0 \hbar c} \tag{7.36}$$

이는 다음과 같은 식을 준다.

$$\Delta E = mc^2 \alpha^4 \frac{1}{n^5} \tag{7.37}$$

미세 구조 상수 값은 대략 1/137이다. 수소의 $n = 2$ 준위에서 $\vec{L}$과 $\vec{S}$가 평행한 상태와 $\vec{L}$과 $\vec{S}$가 반대 방향인 상태 간의 에너지 차이는 다음과 같을 것으로 예상한다.

$$\Delta E = (0.511\text{ MeV})\left(\frac{1}{137}\right)^4\frac{1}{2^5} = 4.53\times10^{-5}\text{eV}$$

이 값은 Lyman 계열의 첫 번째 선에서 관찰된 분리를 기반으로 한 실험값 4.54×10^{-5} eV와 비교할 수 있다. 우리가 한 가정들, Bohr 모델의 사용, 수소 파동 함수를 사용하지 않은 계산 등을 고려하더라도 실험값과의 일치는 놀랍도록 좋다. [실제로 이 일치는 당혹스러울 정도로 좋아서 전자의 운동에 대한 중요한 **상대론적** 효과를 고려하지 않았는데, 이 효과는 이 절에서 논의한 **스핀-궤도**(spin-orbit) 상호 작용과 거의 동일한 기여도를 행사한다. 실제로 이 계산을 우연히 관측값과 근접한 수치를 주는 **자릿수**(order-of-magnitude) 견적으로 간주해야 한다.]

요약

		절				절
궤도 각운동량	$\|\vec{\mathbf{L}}\| = \sqrt{l(l+1)}\hbar$ $(l = 0, 1, 2, \dots)$	7.2	각 확률 밀도	$P(\theta, \phi) =$ $\|\Theta_{l,m_l}(\theta)\Phi_{m_l}(\phi)\|^2$		7.5
궤도 자기 양자수	$L_z = m_l\hbar$ $(m_l = 0, \pm 1, \pm 2, \dots, \pm l)$	7.2	궤도 자기 쌍극자 모멘트	$\vec{\mathbf{\mu}}_L = -(e/2m)\vec{\mathbf{L}}$		7.6
공간 양자화	$\cos\theta = \dfrac{L_z}{\|\mathbf{L}\|} = \dfrac{m_l}{\sqrt{l(l+1)}}$	7.2	스핀 자기 쌍극자 모멘트	$\vec{\mathbf{\mu}}_S = -(e/m)\vec{\mathbf{S}}$		7.6
각운동량 불확정성 관계식	$\Delta L_z \Delta\phi \geq \hbar$	7.2	스핀 각운동량	$\|\vec{\mathbf{S}}\| = \sqrt{s(s+1)}\hbar =$ $\sqrt{3/4}\hbar$ ($s = \frac{1}{2}$의 경우)		7.6
수소 양자수	$n = 1, 2, 3, \dots$ $l = 0, 1, 2, \dots, n-1$ $m_l = 0, \pm 1, \pm 2, \dots, \pm l$	7.3	스핀 자기 양자수	$S_z = m_s\hbar \ (m_s = \pm\frac{1}{2})$		7.6
수소 에너지 준위	$E_n = -\dfrac{me^4}{32\pi^2\varepsilon_0^2\hbar^2}\dfrac{1}{n^2}$	7.3	분광학적 표기법	$s\,(l=0), p\,(l=1),$ $d\,(l=2), f\,(l=3), \dots$		7.7
수소 파동 함수	$\psi_{n,l,m_l}(r, \theta, \phi) =$ $R_{n,l}(r)\Theta_{l,m_l}(\theta)\Phi_{m_l}(\phi)$	7.3	광자 방출에 대한 선택 규칙	$\Delta l = \pm 1 \ \ \Delta m_l = 0, \pm 1$		7.7, 7.8
지름 확률 밀도	$P(r) = r^2\|R_{n,l}(r)\|^2$	7.4	정상 Zeeman 효과	$\Delta\lambda = \dfrac{\lambda^2}{hc}\Delta E = \dfrac{\lambda^2}{hc}\mu_B B$		7.8
			미세 구조 추정	$\Delta E = mc^2\alpha^4/n^5$ $(\alpha \approx 1/137)$		7.9

질문

1. 수소 원자의 양자역학적 해석은 Bohr 모델과 어떻게 다른가?

2. 양자화된 각운동량 벡터와 고전적 각운동량 벡터는 어떻게 다른가?

3. 양자수 n, l, m_l의 의미는 (a) 양자역학적 계산, (b) 벡터 모델, (c) Bohr (궤도) 모델에 따라 어떻게 다른가?

4. n 및 l의 특정 선택에 대해 변하지 않는 양을 나열하시오. 변하는 양도 나열하시오. 이 목록을 Bohr 모델과 비교하시오.

5. Bohr 모델과 양자역학적 계산 사이에서 궤도 각운동량은 어떻게 다른가?

6. $\vec{\mathbf{L}}$이 z축을 기준으로 세차운동한다는 것은 무엇을 의미하는가? 우리가 이러한 세차운동을 관측할 수 있을까?

7. Bohr 모델에서 각각의 궤도에 대해 퍼텐셜 에너지와 운동 에너지로부터 총에너지를 계산했다. 양자역학적 계산에서는 어떤 양자수 집합에 대해 퍼텐셜 에너지, 운동 에너지, 총에너지는 일정한가?

8. '공간 양자화'라는 용어는 무엇을 의미하는가? 현실에서 공간이 정말 양자화되어 있는가?

9. Bohr 모델의 결점 중 하나는 에너지 준위 간의 전이에서 각운동량 보존 문제이다. 이 문제를 양자역학적 원자의 각운

동량 특성과 관련하여 논하시오. 특히 식 (7.24)의 선택 규칙에 대해 논하시오. 광자는 각운동량 $\hbar$를 운반한다고 볼 수 있다.

10. $2s$ 전자는 $2p$ 전자보다 원자핵에 가까이 있을 확률도 더 높고 더 멀리 떨어져 있을 확률도 더 높다(그림 7.10 참조). 이게 어떻게 가능한가?

11. 표 7.1에 나열된 파동 함수의 경우 확률 밀도 $\psi^*\psi$는 ϕ에 의존하지 않는다. 이것은 무엇을 의미하는가?

12. 만약 원자핵의 전하가 e 대신 Ze로 바뀌면 표 7.1의 파동 함수는 어떻게 변하는가? (6.5절의 Bohr 모델에서 동일한 변경을 어떻게 했는지 상기하시오.) 이것이 지름 확률 밀도 $P(r)$에 어떠한 영향을 미치는가?

13. 바닥 상태의 수소 원자가 적절한 에너지의 광자를 흡수하고 $3d$ 상태로 전이되는 것이 가능한가?

14. 전자를 자전축을 중심으로 자전하는 미세한 전하 구체로 생각하는 것이 **올바른가**? 이것이 **유용한가**? 이 상황은 전자의

궤도 운동을 기술하기 위해 Bohr 모델을 사용하는 것과 유사한가?

15. 광자는 스핀 양자수 1을 가지지만, 스핀 자기 모멘트는 0이다. 설명하시오.

16. Zeeman 분할과 미세 구조 분할 사이의 유사점과 차이점은 무엇인가?

17. Ze의 원자핵 전하와 단일 전자가 있는 원자에서 계산된 미세 구조는 어떻게 다른가?

18. 계산한 미세 구조가 $n=1$ 준위에 어떠한 영향을 미치는가?

19. (a) Zeeman 효과와 (b) 미세 구조가 뮤온 수소 원자에서는 어떻게 다른가? (6장의 연습문제 43번과 44번 참조) 뮤온은 전자와 동일한 스핀을 가지지만 질량은 207배 더 무겁다.

20. 미세 구조 계산이 매우 단순화된 모델을 기반으로 했음에도 불구하고 더 올바른 계산과 유사한 결과를 내놓는다. 미세 구조 분할은 높은 들뜬 상태로 이동할수록 감소한다. 이에 대한 적어도 두 가지 질적인 이유를 제시하시오.

연습문제

7.1 일차원 원자

1. 파동 함수 $\psi(x)=Axe^{-bx}$를 식 (7.2)에 대입하여 $b=1/a_0$일 때에만 해를 얻을 수 있음을 보이고, 바닥 상태 에너지를 구하시오.

2. 일차원 Coulomb 퍼텐셜 에너지의 바닥 상태 해에 대한 확률 밀도가 $x=a_0$에서 최댓값을 갖는다는 것을 보이시오.

3. 바닥 상태의 전자가 일차원 Coulomb 퍼텐셜 에너지에 갇혀 있다. $x=0.99a_0$와 $x=1.01a_0$ 사이의 영역에서 전자가 발견될 확률은 얼마인가?

7.2 수소 원자의 각운동량

4. 전자가 $l=3$인 각운동량 상태에 있다. (a) 전자의 각운동량 벡터의 길이는 얼마인가? (b) 각운동량 벡터가 가질 수 있

는 가능한 z성분은 몇 개인가? 가능한 z성분을 나열하시오. (c) $\vec{L}$ 벡터가 z축과 이루는 각도를 구하시오.

5. $l=2$일 때 $\vec{L}$ 벡터가 z축과 이루는 각도를 구하시오.

7.3 수소 원자 파동 함수

6. 수소의 $n=4$ 준위에 대한 양자수 n, l, m_l의 16가지 가능한 집합을 나열하시오(그림 7.6 참조).

7. (a) $n=6$에 대한 가능한 l의 값은 무엇인가? (b) $l=6$에 대한 가능한 m_l의 값은 무엇인가? (c) l이 4가 되도록 하는 가장 작은 가능한 n 값은 무엇인가? (d) z성분이 $4\hbar$이 되도록 하는 가장 작은 가능한 l은 무엇인가?

8. 표 7.1에 나열된 $(1, 0, 0)$과 $(2, 0, 0)$ 파동 함수가 올바르게 규격화되어 있음을 보이시오.

9. 표 7.1의 $n=2, l=0, m_l=0$과 $n=2, l=1, m_l=0$ 파동 함수를 직접 대입하여 모두 수소의 첫 번째 들뜬 상태에 해당하는 식 (7.10)의 해임을 보이시오.

10. $n=1, l=0, m_l=0$에 해당하는 파동 함수를 직접 대입하여 수소의 바닥 상태 에너지에 해당하는 식 (7.10)의 해임을 보이시오.

11. $r=0.49a_0$와 $0.51a_0$ 사이에 위치한 얇은 구 껍질을 고려하자. 수소의 $n=2, l=1$ 상태에서 극각이 $0.11°$이고 방위각이 $0.25°$인 작은 체적 요소에서 전자가 발견될 확률을 구하시오. 체적 요소의 중심이 (a) $\theta=0, \phi=0$, (b) $\theta=90°, \phi=0$, (c) $\theta=90°, \phi=90°$, (d) $\theta=45°, \phi=0$에 위치한 경우에 대해 계산을 수행하시오. 모든 가능한 m_l 값에 대해 계산하시오.

7.4 지름 확률 밀도

12. $1s$ 준위의 지름 확률 밀도가 $r=a_0$에서 최댓값을 가짐을 보이시오.

13. $n=2, l=0$ 지름 확률 밀도가 최댓값을 가지는 반지름을 구하시오.

14. $n=2, l=1$ 전자를 a_0과 $2a_0$ 사이에서 찾을 확률은 얼마인가?

15. 바닥 상태의 수소 원자에서 전자를 $1.00a_0$과 $1.01a_0$ 사이에서 찾을 확률은 얼마인가? (힌트: 이 문제를 해결하는 데 적분 계산은 필요 없다.)

16. 수소의 바닥 상태와 첫 번째 및 두 번째 들뜬 상태에 대해 운동 에너지가 0보다 작아지는 고전적 반환점을 구하시오. 이 값들은 확률 밀도가 파동 모양(진동)에서 감소하는 지수 함수로 변하는 그림 7.10에서의 위치와 일치하는가?

7.5 각 확률 밀도

17. 수소의 $l=2, m_l=\pm1$ 전자에 대한 각 확률 밀도가 최대 및 최솟값을 갖는 공간상의 방향을 구하시오.

18. 수소의 $l=2, m_l=0$ 전자에 대한 각 확률 밀도가 최대 및 최솟값을 갖는 공간상의 방향을 구하시오.

19. 식 (7.19)에 의해 주어진 xz평면에서의 각 확률 밀도를 (a) $l=2, m_l=0$, (b) $l=2, m_l=\pm1$, (c) $l=2, m_l=\pm2$에 대해 스케치하시오.

7.6 고유 스핀

20. (a) 전자 스핀을 포함하여, 수소의 $n=5$ 에너지 준위의 겹침은 얼마나 되는가? (b) $n=5$에 허용되는 각 l 값에 대한 상태 수를 모두 더하여, (a)에서 얻은 동일한 겹침을 보이시오.

21. 각 l 값에 대해 가능한 상태 수는 $2(2l+1)$이다. 각각의 주양자수에 대한 전체 상태 수가 명시적으로 $\sum_{l=0}^{n-1} 2(2l+1) = 2n^2$이 됨을 보이시오. 이것은 각 에너지 준위의 겹침을 제공한다.

22. 다음과 같은 양자수 집합 (n, l, m_l, m_s)이 수소에 허용되지 않는 이유를 설명하시오. (a) $(2, 2, -1, +1/2)$, (b) $(3, 1, +2, -1/2)$, (c) $(4, 1, +1, -3/2)$, (d) $(2, -1, +1, +1/2)$

7.7 에너지 준위와 분광학적 표기

23. $4p$ 상태가 하향 전이를 수행할 수 있는 들뜬 상태를 (분광학적 표기로) 나열하시오.

24. (a) 수소 원자가 $5g$의 들뜬 상태에 있으며, 이 상태에서 광자를 방출하여 여러 전이를 거쳐 $1s$ 상태로 끝이 난다. 그림 7.19와 비슷한 도표를 그려 전이의 순서를 보이시오. (b) 원자가 $5d$ 상태에서 시작하는 경우 (a)를 반복하시오.

25. (a) $n=7$인 모든 준위를 분광학적 표기로 나열하시오. (b) 전자가 초기에 $n=7, l=2$ 상태에 있다. 허용되는 모든 하위 상태로의 전이를 분광학적 표기로 나열하시오.

7.8 Zeeman 효과

26. $3d$에서 $2p$ 전이에 적용되는 정상 Zeeman 효과를 고려하자. (a) 외부 자기장에서 $3d$와 $2p$ 준위의 분리를 보여주는 에너지 준위 도표를 그리시오. $3d$ 준위의 각 m_l 상태에서 $2p$ 준위의 각 m_l 상태로의 모든 가능한 전이를 나타내시오.

(b) $\Delta m_l = \pm 1$ 또는 0의 선택 규칙을 만족시키는 전이는 무엇인가? (c) 세 가지 다른 전이 에너지만 방출되는 것을 보이시오.

27. 수소 원자 모음이 3.50 T 자기장에 놓여 있다. 전자 스핀의 영향을 무시하고, (a) $3d$에서 $2p$ 전이와 (b) $3s$에서 $2p$ 전이의 세 가지 정상 Zeeman 성분의 파장을 찾으시오.

7.9 미세 구조

28. $2p$ 준위의 미세 구조를 고려하여 Lyman 계열의 첫 번째 선의 성분들의 파장을 계산하시오.

29. 모든 준위의 미세 구조를 고려하여 $3d$에서 $2p$ 전이의 에너지와 파장을 계산하시오. 전이에서 몇 개의 성분 파장이 발생할 수 있을까?

일반 문제

30. 일차원 Coulomb 퍼텐셜 에너지에 대한 Schrödinger 방정식의 해가 파동 함수 $\psi(x) = A(x + cx^2)e^{-bx}$가 됨을 보이시오. 상수 A, b, c를 구하고, 이 해에 해당하는 에너지를 구하시오.

31. $n = 2, l = 0$과 $n = 2, l = 1$ 상태가 핵으로부터 $r = 5a_0$ 이상 떨어질 확률을 구하시오. 어느 쪽이 핵에서 더 멀리 떨어질 확률이 큰가?

32. (a) 수소 원자의 바닥 상태에서 $r = a_0$일 때, 운동 에너지와 퍼텐셜 에너지의 값을 구하시오. (b) 운동 에너지가 음수가 되는 지름 좌표의 값은 무엇인가? (c) 고전적 한계를 넘어서 전자를 찾을 확률은 얼마인가?

33. 반지름 r의 평균 또는 평균값은 $r_{av} = \int_0^\infty r\,P(r)\,dr$에 의해 찾을 수 있다. 수소의 $1s$ 상태에 대한 r의 평균값이 $\frac{3}{2}a_0$임을 보이시오. 이것은 왜 Bohr 반지름보다 큰가?

34. $2s$와 $2p$ 준위에 대한 r_{av}의 값을 구하시오(연습문제 33번 참조).

35. 수소 원자에서 전자의 퍼텐셜 에너지 평균 혹은 평균값은 $U_{av} = \int_0^\infty U(r)\,P(r)\,dr$로부터 찾을 수 있다. $1s$ 상태에서의

U_{av}를 찾고, $n = 1$일 때 Bohr 모델로 계산한 퍼텐셜 에너지와 비교하시오.

36. Stern-Gerlach 실험에서 원자원(source of atom)이 1,000 K의 오븐이라고 가정하자. 자기장 기울기는 10 T/m이며, 자석과 스크린 사이의 자기장이 없는 영역과 자기장 영역의 길이를 각각 1 m로 가정한다. 필요한 다른 가정을 바탕으로 스크린에서 관찰되는 상의 분리를 추정하시오.

37. 수소의 $1s, 2s$ 및 $2p$ 상태에 대해 $(r^{-1})_{av} = 1/n^2a_0$임을 보이시오. 이것은 수소의 모든 상태에 대한 일반적인 결과이다. 이 결과를 기반으로 Bohr 모델이 미세 구조 분리와 순환 전자로 인한 다른 자기 효과에 대해 좋은 추정을 제공하는 이유를 설명하시오.

38. 용수철 상수 k가 모든 방향에서 동일한 등방성 삼차원 조화 진동자의 퍼텐셜 에너지는 직교 좌표계에서 $U(x, y, z) = \frac{1}{2}kx^2 + \frac{1}{2}ky^2 + \frac{1}{2}kz^2$이다. (a) 일차원 조화 진동자와 5장에서의 이차원 무한 우물의 논의를 토대로, 삼차원 진동자의 에너지가 $E_{n_x, n_y, n_z} = (n_x + n_y + n_z + \frac{3}{2})\hbar\omega$임을 보이시오. (b) 바닥 상태와 첫 번째 및 두 번째 들뜬 상태의 양자수와 그에 해당하는 겹침수는 무엇인가? (c) 또한 이 문제를 $U(r) = \frac{1}{2}kr^2$과 $r^2 = x^2 + y^2 + z^2$을 이용하여 구면 극좌표계에서 해결할 수 있다. 이 해는 식 (7.11)의 형태로, 수소 원자와는 다른 지름 함수를 갖지만 동일한 각 함수를 가지고 있다. 에너지는 $E_n = (n + \frac{3}{2})\hbar\omega$이며, l과 m에 무관하다. n과 l의 관계는 수소와 다르게 $l \leq n$이고, n과 l은 둘 다 홀수이거나 둘 다 짝수이다. 바닥 상태와 첫 번째 및 두 번째 들뜬 상태의 겹침이 구면 극좌표의 해에서 어떻게 발생하는지 설명하시오.

39. 표 7.1에 l이 $n-1$의 최댓값을 가질 때의 세 가지 경우 $(n = 1, l = 0; n = 2, l = 1; n = 3, l = 2)$에 대한 지름 함수가 나와 있다. (a) 이러한 세 지름 함수를 체계적으로 조사하여 $n = 4, l = 3$의 지름 함수를 예측하시오(규격화 상수는 제외). (b) 시행 함수를 식 (7.12)에 대입하고 올바른 에너지 값에 대한 해를 생성하는지 보이시오.

40. (a) $1s$ 파동 함수에 대해 원자핵 안에서 전자를 찾을 확률

을 계산하시오. 구의 반지름은 R로 간주한다. (b) 납의 원자핵에 대해 위의 확률을 계산하시오($R = 7.1$ fm). (c) 뮤온 ($m = 207m_e$)이 $1s$ 상태에 있을 때, 납의 원자핵 내부에서 뮤온을 찾을 확률은 얼마인가?

41. (a) Bohr 모델을 사용하여 수소의 $n = 2$ 상태에서 전자의 속도를 (빛의 속도의 비율로) 계산하시오. (b) 이 상태의 에너지에 대한 상대론적 수정을 계산하고 미세 구조로 인한 수정과 비교하시오.

42. 어떤 상황에서는 각운동량 벡터 $\vec{L}$과 $\vec{S}$를 새로운 각운동량 벡터 $\vec{J} = \vec{L} + \vec{S}$로 결합하는 것이 편리하다. 벡터 $\vec{J}$는 표 7.2에 나열된 $\vec{L}$ 및 $\vec{S}$와 유사한 특성을 가지고 있다. (a) 수소의 $3d$ 상태에 대해 벡터 $\vec{J}$와 연관된 양자수 j의 가능한 값은 무엇인가? (b) $\vec{J}$ 체계에서 $3d$ 상태의 겹침수를 계산하고 $\vec{L}$과 $\vec{S}$ 체계에서의 겹침수와 비교하시오. (c) 각각의 자기 모멘트 벡터 $\vec{\mu}_L$과 $\vec{\mu}_S$는 그에 상응하는 각운동량 벡터 $\vec{L}$과 $\vec{S}$와 간단한 기하학적 관계를 가지고 있다. $\vec{J}$와 $\vec{\mu}_J = \vec{\mu}_L + \vec{\mu}_S$ 사이의 유사한 관계를 기대할 수 있는가?

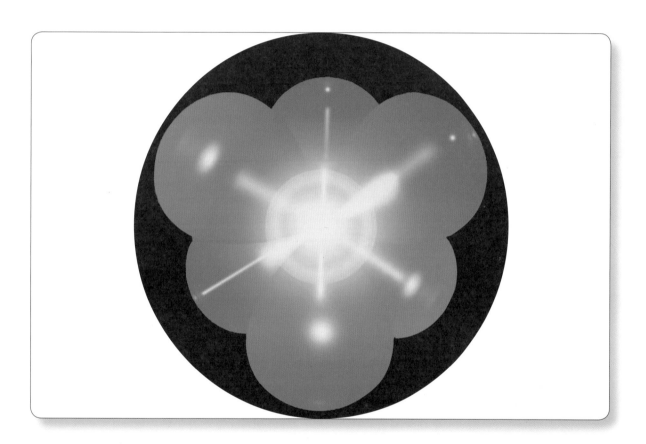

다전자 원자

컴퓨터로 생성된 이 그림은 네온의 원자 구조를 나타내며, 전자의 확률 분포가 중심 핵 주변을 둘러싸고 있다. 밝은 내부 구는 1s 전자를 나타내며, 어두운 외부 구는 2s 전자, 그리고 귓불꼴이 2p 전자들이다. 이는 6장에서 개발된 '행성' 관점보다 원자에 대한 더 현실적인 그림이다. Mehau Kulyk/Science Source

물리학자들은 종종 더 중요한 부분과 덜 중요한 부분을 분리하여 복잡한 문제에 대응한다. 예를 들어 태양계에서 지구의 운동을 분석할 때 태양 이외의 모든 천체를 무시하는 것으로 시작할 수 있다. 이 단순화로 지구가 태양 주위를 타원 궤도로 움직인다는 것을 알 수 있다. 이제 우리는 달의 영향을 계산할 수 있으며, 이는 타원 주위의 작은 '흔들림'을 도입한다. 마지막으로, 다른 행성들의 중력 작용과 같이 훨씬 더 약한 영향을 도입할 수 있다.

이와 유사한 방식으로 둘 이상의 전자를 가진 원자에서 전자의 운동을 이해하기 위해 비슷한 방법을 사용하는 것은 유혹적이다. 그러나 불행하게도 2개 이상의 전자를 가진 원자에서 전자의 운동을 분리하여 덜 중요한 힘과 더 중요한 힘으로 나눌 수는 없다. 예를 들어, 원자 번호가 Z인 중성 원자에서 각각의 전자는 전하가 $+Ze$인 핵과 정전기 힘을 경험하지만, 동시에 전체 전하가 $-(Z-1)e$인 모든 다른 전자와 정전기 힘을 경험한다. 핵의 효과는 모든 다른 전자의 효과와 비슷하며, 이는 작은 수정으로 분석할 수 없다.

따라서 우리는 동시에 핵과 각각의 다른 전자의 효과를 고려해야 한다. 3개 이상의 물체 간의 상호 작용 문제는 물리학자들이 **다체 문제**(many-body problem)라고 부르는 문제의 예이다. 이런 문제에 대한 Schrödinger 방정식의 정확하고 닫힌 형태의 해를 찾을 수 없다. 이 문제에 대한 풀이는 컴퓨터를 사용하여 수치적으로 얻어야 한다. 이 장에서는 다전자 원자에 대한 근사적인 에너지 준위를 고려하고, 이 에너지 준위를 기반으로 원자의 여러 속성(화학, 전기, 자기, 광학 등) 중 일부를 이해하려고 노력한다.

8.1 Pauli 배타 원리

원자 내 Z개의 전자가 원자 에너지 준위를 어떻게 채우는지 고려함으로써 시작해 보자. 첫 번째 추측으로는 모든 Z개의 전자가 결국 가장 낮은 에너지 수준인 $1s$ 상태로 떨어질 것으로 기대할 수 있다. 이것이 맞다면 $Z\pm1$개 전자를 가진 이웃과 비교하여 원자의 특성이 상당히 부드럽게 변할 것으로 예상할 수 있다. 실제로 일부 특성, 예를 들면 방출된 엑스선의 에너지는 이러한 부드러운 변화를 보인다. 그러나 다른 특성들은 이렇게 변하지 않으며, 따라서 모든 전자가 동일한 에너지 준위에 있다는 이 모델과 일치하지 않는다. 예를 들어, 네온($Z=10$)은 **불활성 기체**(inert gas)로, 대부분의 조건에서 실질적으로 반응성이 없으며 화합물을 형성하지 않는다. 그 이웃인 불소($Z=9$)와 나트륨($Z=11$)은 원소 중에서 가장 반응성이 높아 대부분의 조건에서 다른 물질과

Wolfgang Pauli(1900~1958, 스위스). 그의 배타 원리는 원자 구조를 이해하는 기초를 제공하였다. 또한 양자 이론, 핵 베타 붕괴 이론, 물리 법칙에서의 대칭성 이해에도 이바지하였다.

결합하며, 때로는 격렬하게 반응한다. 또 다른 예로 니켈($Z=28$)은 강한 자성(강자성)을 가지고 있으며, 금속 중에서는 특별히 큰 전기 전도성을 갖지 않는다. 다음 원소인 구리($Z=29$)는 우수한 전기 전도체이지만 자성은 없다. 이웃하는 원소들 간의 이러한 특성의 큰 변동은 모든 전자가 동일한 에너지 준위를 차지한다고 가정하는 것이 옳지 않음을 시사한다.

모든 전자가 $1s$ 에너지 준위로 떨어지는 것을 방지하는 규칙은 1925년 Wolfgang Pauli에 의해 제안되었다. 이는 원자의 발광 스펙트럼에서 관측되는 전이와 전이가 예상되지만 관측되지 않는 전이를 연구한 결과이다. 간단히 말하면, **Pauli 배타 원리**(Pauli exclusion principle)는 다음과 같다.

단일 원자 내에서 두 전자는 같은 양자수 집합 (n, l, m_l, m_s)을 가질 수 없다.

Pauli 원리는 원자 구조를 지배하는 가장 중요한 규칙이며, 이 원리를 철저히 이해하지 않고는 원자의 특성에 대한 연구를 시도할 수 없다.

Pauli 원리가 어떻게 작용하는지 설명하기 위해 헬륨($Z=2$)의 구조를 고려해 보자. 헬륨의 첫 번째 전자는 $1s$ 바닥 상태에 있으며, 양자수 $n=1, l=0, m_l=0, m_s=+\frac{1}{2}$ 또는 $-\frac{1}{2}$을 가진다. 두 번째 전자도 동일한 n, l 및 m_l을 가질 수 있지만, 배타 원리를 위반하게 되므로 동일한 m_s를 가질 수 없다. 따라서 첫 번째 $1s$ 전자가 $m_s=+\frac{1}{2}$을 가지는 경우, 두 번째 $1s$ 전자는 $m_s=-\frac{1}{2}$을 가져야만 한다. 이제 리튬($Z=3$) 원자를 고려해 보자. 헬륨과 마찬가지로 처음 두 전자는 양자수 $(n, l, m_l, m_s)=(1, 0, 0, +\frac{1}{2})$과 $(1, 0, 0, -\frac{1}{2})$을 가진다. 배타 원리에 따르면 세 번째 전자는 처음 두 전자와 같은 양자수 집합을 가질 수 없으므로 $n=1$ 준위로 들어갈 수 없다. 왜냐하면 $n=1$ 준위에 가능한 양자수 집합은 오직 2개뿐이며 이미 두 집합을 사용했기 때문이다. 따라서 세 번째 전자는 $n=2$ 준위 중 하나로 들어가야 하며, 실험에 따르면 $2s$ 준위는 다음으로 사용 가능하다. Pauli 원리가 없다면 리튬은 $1s$ 준위에 전자 3개를 가질 것으로 예상된다. 그러나 Pauli 원리를 고려하면 리튬은 $1s$ 준위에 전자 2개와 $2s$ 준위에 전자 1개가 있다고 기대할 수 있다. 리튬의 두 가지 다른 구조는 매우 다른 물리적 특성을 나타내며, 리튬의 물리적 특성은 $2s$ 준위에 전자가 있는 경우가 올바른 것으로 나타난다.

이러한 과정을 베릴륨($Z=4$)으로 계속할 수 있다. 네 번째 전자는 세 번째 전자와 함께 $2s$ 준위에 참여할 수 있지만, 이제 $2s$ 준위의 용량이 가득 찼다. 전자 하나는 양자수 $(n, l, m_l, m_s)=(2, 0, 0, +\frac{1}{2})$을 가질 것이며, 다른 하나는 $(2, 0, 0, -\frac{1}{2})$을 가질 것이다. 이미 할당된 집합을 중복하지 않고 Pauli 원리를 위반하지 않으면서 $2s$ 준위에 추가로 전자가 가질 수 있는 다른 양자수 집합은 없다. $Z=5$인 붕소에 도달하면 다섯 번째 전자는 다른 준위, 즉 $2p$ 준위 중 하나에 들어가야 한다. 따라서 $2p$ 전자가 있는 붕소의 특성은 $2s$ 전자만 있는 리튬이나 베릴륨과 다를 것으로 예상할 수 있다.

이것은 먼저 하나의 준위에 모든 가능한 양자수를 사용한 다음, 그다음 준위에 전자를 배치하는 과정이며, 이로 인하여 원소의 화학적·물리적 특성의 변화가 발생한다.

예제 8.1

어떤 원자는 $3d$ 준위에 6개의 전자를 가지고 있다. (a) 이 6개의 전자가 가질 수 있는 최대 총 m_l은 무엇이며, 그 구성에서 총 m_s는 무엇인가? (b) 이 6개의 전자가 가질 수 있는 최대 총 m_s는 무엇이며, 그 구성에서 가능한 가장 큰 총 m_l은 무엇인가?

풀이

(a) d 상태의 경우 $l=2$이므로 가능한 m_l 값은 $+2, +1, 0, -1$ 및 -2이다. Pauli 원리에 따라 최대 2개의 전자에게 $+2$의 m_l을 할당할 수 있다 (하나는 $m_s=+\frac{1}{2}$, 다른 하나는 $m_s=-\frac{1}{2}$). 마찬가지로, 2개의 전자에게 $+1$의 m_l을 할당할 수 있다 (다시 한번, 하나는 $m_s=+\frac{1}{2}$, 다른 하나는 $m_s=-\frac{1}{2}$). 그리고 나머지 두 전자

에는 0의 m_l을 할당할 수 있다. 이로 인해 m_l의 총합은 $+6$이 되고, 총 m_s는 0이다.

(b) m_s를 최대화하기 위해 최대 5개의 전자에게 ($+2, +1, 0, -1$ 및 -2에 해당하는 m_l 값과 함께) $m_s=+\frac{1}{2}$을 할당할 수 있다. 여섯 번째 전자는 $m_s=+\frac{1}{2}$을 가질 수 없다. 왜냐하면 그것의 m_l 값은 이미 할당된 것과 동일하게 될 것이고, 이는 2개의 전자가 동일한 m_l과 m_s 표지를 가지게 됨으로써 Pauli 원리를 위반하게 되기 때문이다. 여섯 번째 전자는 따라서 $m_s=-\frac{1}{2}$이어야 하며, 이로써 총 m_s는 $+2$가 된다. 첫 5개의 전자는 m_l의 총합이 0이므로, 여섯 번째 전자를 $+2$의 m_l에 할당하면 총 m_l은 $+2$가 된다.

8.2 다전자 원자에서의 전자 상태

그림 8.1은 원자 번호 Z가 증가함에 따라 다전자 원자의 에너지 준위를 채워나가는 순서를 근사적으로 계산한 결과를 보여준다. $1s$ 준위는 항상 가장 낮은 에너지 준위로 채워지며, $2s$와 $2p$ 준위는 에너지가 상당히 근접해 있다. $2s$ 준위는 항상 $2p$ 준위보다 약간 더 낮은 에너지에 위치하므로 $2s$ 준위가 $2p$ 준위보다 먼저 채워진다. (이 다이어그램의 규모에서는 미세 구조 분리가 매우 작다.) $2s$ 준위가 낮은 에너지에 위치하는 이유는 예제 7.7과 그림 7.10을 상기하면 이해할 수 있다. $2s$ 준위의 전자는 $2p$ 준위의 전자보다 작은 반지름에서 발견될 확률이 더 높다. (핵에 더 근접하게 침투하는 $2s$ 전자는

+Ze의 전체 핵 전하에 끌리지만, 2p 전자는 대부분의 시간을 1s 전자의 궤도를 넘어서는 곳, 즉 전체 핵 전하보다 작은 유효 전하에 의해 이끌리는 곳에서 보낸다. 이 효과는 **전자 차폐**라고 불리며 8.3절에서 논의할 것이다.) 이 두 효과, 즉 인접 핵 침투와 차폐는 2p 전자에 비해 2s 전자의 더 강한 결합을 설명한다.

침투하는 궤도(penetrating orbit)의 더 **강한 결합**(tighter binding)의 더 극단적인 예로 n = 3 준위가 있다. 3s 전자는 내부 궤도를 침투하며(작은 r 에서 높은 확률 밀도를 가진다. 그림 7.10 참조), 3p 전자도 거의 동일하게 침투한다. 3d 전자는 무시할 정도의 내부 궤도 침투를 가진다. 결과적으로 3s와 3p 준위는 더 강하게 묶여 있으며, 따라서 3d 준위보다 에너지가 낮다. n = 4 준위에 대해서도 유사한 효과가 발생한다. 4s와 4p 전자의 더 강한 결합으로 인해, 그림 8.1에 나타나는 것처럼 그들의 에너지 준위는 3d 준위와 거의 일치하게 된다. 3d와 4s 준위는 에너지가 매우 근접해 있다. 일부 원자의 경우는 3d 준위가 더 낮고 일부 원자의 경우는 4s가 더 낮다.

침투하는 s와 p 궤도의 더 강한 결합은 또한 5s와 5p 준위를 4d 준위에 가깝게 당기며, 마찬가지로 6s와 6p 준위를 5d와 4f 준위와 대략 같은 에너지에 나타나게 한다.

우리는 수소 원자의 경우에서 n 값이 동일한 궤도는 핵으로부터 대략 동일한 평균 거리에 놓인다는 것을 배웠다. (침투 궤도의 전자들은 일부 시간을 침투하지 않는 궤도와 비교하여 핵에 더 근접하여 보내지만, 일부 시간은 핵으로부터 더 멀리 떨어져서 보낸다. 따라서 침투 궤도의 핵으로부터의 평균 거리는 n 값이 동일한 침투하지 않는 궤도의 평균 거리와 대략 동일하다. 수소 원자에 대한 이 특성의 검증은 7장의 연습문제 34번 참조) 핵으로부터 대략 동일한 평균 거리를 가지는 특정 n 값의 궤도 집합을 원자 **껍질**(shell)이라고 부르며, 다음과 같이 문자로 지정한다.

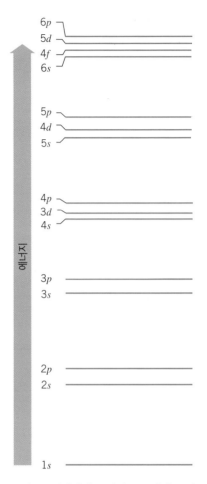

그림 8.1 에너지가 증가하는 순서대로 정렬된 원자 껍질들. 에너지 분류는 정확한 비율이 아니지만, 부껍질의 상대적인 에너지를 나타낸다.

n	1	2	3	4	5
껍질	K	L	M	N	O

특정한 n과 l 값(예를 들어, 2s 또는 3d)을 가지는 준위를 **부껍질**(subshells)이라고 한다. Pauli 원리에 따르면, 각 부껍질에 배치할 수 있는 전자의 최대 수는 $2(2l+1)$이다. 여기서 $(2l+1)$ 인자는 각 l에 대해 서로 다른 m_l 개수에서 나온다. 즉, m_l은 $0, \pm 1, \pm 2, \pm 3, \cdots, \pm l$의 값을 가질 수 있다. 추가적인 2 인자는 두 가지 서로 다른 m_s 값에서 나온다. 각 m_l에 대해 $m_s = +\frac{1}{2}$ 또는 $m_s = -\frac{1}{2}$을 가질 수 있다. 이 체계에 따르면, 1s 부껍질의 용량은 $2(2 \times 0 + 1) = 2$이고, 3d 부껍질의 용량은 $2(2 \times 2 + 1) = 10$이다. (이 용량은 n에 의존하지 않는다. 어떠한 d 부껍질이든 10개의 전자를 수용할 수 있다.) 표 8.1은 부

표 8.1 원자 부껍질의 채움

n	l	부껍질	용량 2(2l+1)
1	0	1s	2
2	0	2s	2
2	1	2p	6
3	0	3s	2
3	1	3p	6
4	0	4s	2
3	2	3d	10
4	1	4p	6
5	0	5s	2
4	2	4d	10
5	1	5p	6
6	0	6s	2
4	3	4f	14
5	2	5d	10
6	1	6p	6
7	0	7s	2
5	3	5f	14
6	2	6d	10

껍질의 순서와 용량을 보여준다.

그림 8.1과 표 8.1이 나타내는 것이 정확히 무엇인지 명심하는 것이 중요하다. 그들은 에너지 준위의 채워지는 순서를 제공하기 때문에 '외각' 또는 원자가 전자만 나타낸다. 예를 들어 첫 18개의 전자는 3p까지의 준위를 채우며, 칼륨($Z=19$)이나 칼슘($Z=20$)의 19번째 전자에 가능한 에너지 준위(부껍질)는 그림 8.1로 잘 설명된다. 그러나 납($Z=82$)과 같은 무거운 원소의 19번째 전자에 대한 적절한 에너지 준위는 매우 다를 것이다. 이 경우에는 모든 $n=3$ 상태(M 껍질)가 함께 그룹화되고 모든 $n=4$ 상태(N 껍질) 등이 함께 그룹화하여 원자를 기술하는 것이 더 정확하다. 엑스선의 경우에서처럼, 원자의 내부에 대해 논의할 때 그림 8.1의 순서는 적절하지 않으며, 8.5절에서와 같이 준위를 껍질로 그룹화하는 것이 더 적절하다.

주기율표

그림 8.2는 화학 원소들을 원자 번호 Z가 증가하는 순서로 나열한 주기율표를 보여준다. 이 표에서는 **그룹**(group)이라 불리는 수직 열에 놓여 있는 원소들은 다소 비슷한 물리적 및 화학적 특성을 가지도록 배열되어 있다. 이 절에서는 전자 부껍질의 채움이 주기율표의 배열을 이해하는 데 어떻게 도움이 되는지를 논의한다. 이후 절에서는 원소들의 물리적 및 화학적 특성 중 일부를 살펴본다.

부껍질과 주기율표의 정렬을 이해하기 위해 전자 부껍질을 채우는 데 다음 두 가지 규칙을 따라야 한다.

1. 각 부껍질의 용량은 $2(2l+1)$이다. (이는 Pauli 배타 원리를 다른 방식으로 재설명한 것이다.)
2. 전자는 가능한 가장 낮은 에너지 상태를 차지한다.

각 원소의 전자 배치를 나타내기 위해서는 부껍질의 식별과 해당 부껍질에 있는 전자 수가 나열된 표기법을 사용한다. 부껍질의 식별은 보통의 방식으로 표기되는데, 부껍질의 전자 수를 해당 부껍질의 위 첨자로 나타낸다. 따라서 수소는 $1s^1$ 배치를 가지며, $1s$ 부껍질에 하나의 전자를 가지고 있다. 헬륨은 $1s^2$ 배치를 가지며, 부껍질($1s$)이 가득 차 주요 껍질(K 껍질)이 모두 채워진 매우 안정적이고 불활성 원소의 특성을 보여준다. 리튬($Z=3$)으로 이동하면 $2s$ 부껍질을 채우기 시작한다. 리튬은 $1s^2 2s^1$ 배치를 가지고 있다. 베릴륨($Z=4$, $1s^2 2s^2$)은 $2s$ 부껍질이 가득 차 있으며, 다음 원소는

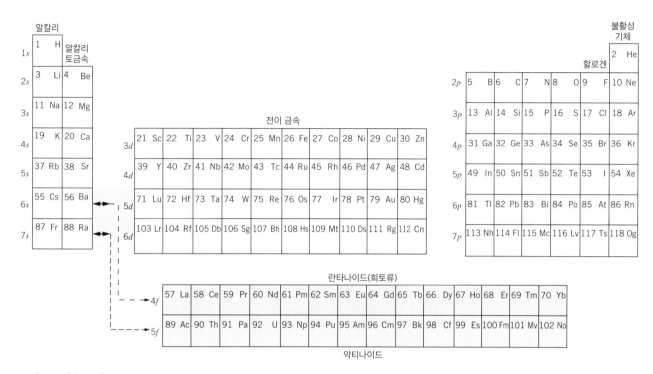

그림 8.2 원소 주기율표.

$2p$ 부껍질을 채워나가야 한다(붕소, $Z=5$, $1s^2 2s^2 2p^1$). $2p$ 부껍질은 6개의 전자를 수용할 수 있으며, 네온($Z=10$, $1s^2 2s^2 2p^6$)에서 $2p$ 부껍질을 모두 채움으로써 L 껍질($n=2$)이 모두 채워진다.

다음 행[또는 **주기**(period)]은 나트륨($Z=11$, $1s^2 2s^2 2p^6 3s^1$)으로 시작하여, $2s$와 $2p$ 부껍질이 채워지는 방식과 유사하게 $3s$와 $3p$ 부껍질을 채워나가며, 불활성 기체 아르곤($Z=18$, $1s^2 2s^2 2p^6 3s^2 3p^6$)에서 끝난다. 세 번째 행(주기)의 원소들은 두 번째 행(주기)의 해당 원소들과 화학적으로 유사하며, 따라서 주기율표상에서 해당 원소 바로 아래에 놓이게 된다. 다음 전자는 $3d$ 준위에 들어갈 것으로 예상된다. 그러나 $4s$ 전자의 고도로 침투하는 궤도로 인해 $4s$ 준위는 일반적으로 $3d$ 준위보다 약간 낮은 에너지에서 나타나므로, $4s$ 부껍질이 일반적으로 먼저 채워진다. 따라서 칼륨($Z=19$)과 칼슘($Z=20$)의 배치는 각각 $1s^2 2s^2 2p^6 3s^2 3p^6 4s^1$과 $1s^2 2s^2 2p^6 3s^2 3p^6 4s^2$이다. 이러한 원소들은 두 번째와 세 번째 주기에서 s 부껍질에 전자가 각각 1개 혹은 2개 있는 해당 원소들과 유사한 특성을 가지므로, 주기율표상에서 해당 원소 바로 아래에 놓이게 된다.

이제 $3d$ 부껍질을 채우기 시작한다. $1d$ 또는 $2d$ 부껍질이 없기 때문에 d 부껍질 배치를 가진 첫 번째 원소는 이전에 배치한 원소들과 다른 화학적 특성을 가질 것으로 예상된다. 따라서 이것은 이전에 언급한 어떠한 그룹(열)에도 나타나지 않아야 하며,

따라서 스칸듐($Z=21$, $1s^2 2s^2 2p^6 3s^2 3p^6 4s^2 3d^1$)으로 새로운 그룹을 시작한다. $3d$ 부껍질은 최종적으로 아연($Z=30$, $1s^2 2s^2 2p^6 3s^2 3p^6 4s^2 3d^{10}$)에서 모두 채워진다. 이 동안에 몇 가지 미세한 변화가 있다. 그중 가장 중요한 것은 구리($Z=29$)이다. 이 경우, $3d$ 준위가 $4s$ 준위보다 약간 낮기 때문에 $3d$ 부껍질이 $4s$보다 먼저 채워지며 결과적으로 배치는 $1s^2 2s^2 2p^6 3s^2 3p^6 3d^{10} 4s^1$이다. 나중에 논의하겠지만, 이 배치는 구리의 높은 전기 전도성을 설명한다.

다음 원소들의 계열에서는 $4p$ 부껍질이 가득 차며, 갈륨($Z=31$)에서 불활성 기체 크립톤($Z=36$)까지 이어진다. 다음 주기로 이동하면, $4d$ 부껍질을 채우기 전에 $5s$ 부껍질을 채우며, 다음으로 $4d$ 부껍질을 채우는 10개의 원소 계열은 $3d$ 부껍질을 채우는 10개의 원소 계열 바로 아래에 놓이게 된다. [은($Z=47$)은 $4d$ 부껍질이 $5s$보다 먼저 채워지는 네 번째 주기의 구리와 정확히 일치한다.] $4d$ 부껍질이 모두 채워지면, $5p$ 부껍질이 채워지기 시작하며, $5p$ 부껍질이 모두 채워진 불활성 기체 제논($Z=54$)으로 끝난다.

다음 주기는 세슘과 바륨이 $6s$ 부껍질을 채우면서 시작된다. 이전 주기와 마찬가지로, $5d$와 $6s$는 거의 동일한 에너지상에 있다. 그러나 $6s$ 및 $5d$와 거의 동일한 에너지상에 있는 또 다른 부껍질이 있는데, 이는 바로 $4f$ 부껍질이다. 이제 란타넘에서 이터븀까지 이 부껍질을 채워나가기 시작한다. **란타나이드**(lanthanide) 또는 **희토류**(rare earth)라고 불리는 이 원소들의 계열은 주기율표에서 일반적으로 별도로 작성되어 있다. 왜냐하면 이전에 배치했던 원소들은 f 부껍질을 가지고 있지 않기 때문이다. $4f$ 부껍질은 14개의 전자를 수용할 수 있으며, 따라서 란타나이드 계열에는 14개의 원소가 있다. $4f$ 부껍질이 모두 채워지면 $5d$ 부껍질을 채우기 시작하며, 이러한 원소들은 해당 $3d$와 $4d$ 원소 아래에 놓이게 된다. 다음으로 $6p$ 부껍질을 채우며 불활성 기체 라돈($Z=86$)에서 여섯 번째 주기를 마무리한다. 일곱 번째 주기는 여섯 번째와 유사하게, $5f$ 부껍질이 차례로 채워지면서 란타나이드 바로 아래에 놓이게 되며, 악티나이드라고 부른다.

이 체계에서 가장 주목할 만한 점은 주기율표의 배열이 원자 이론이 소개되기 훨씬 전에 이미 알려져 있었다는 것이다. Dmitri Mendeleev가 1859년에 물리적 및 화학적 특성에 기반하여 원소들을 그룹과 주기로 정리하였다. 이러한 조직을 원자 준위 관점에서 이해하는 것은 원자 이론에서 커다란 승리이다. 원소를 이렇게 조직하는 방식은 우리에게 그들의 물리적 및 화학적 특성에 대한 훌륭한 통찰력을 제공하며, 이는 다음 절에서 논의할 것이다.

표 8.2에는 일부 원소의 전자 배치가 나열되어 있다.

표 8.2 일부 원소의 전자 배치

H	$1s^1$	Mn	$[Ar]4s^2 3d^5$	La	$[Xe]6s^2 5d^1$
He	$1s^2$	Cu	$[Ar]4s^1 3d^{10}$	Ce	$[Xe]6s^2 5d^1 4f^1$
Li	$1s^2 2s^1$	Zn	$[Ar]4s^2 3d^{10}$	Pr	$[Xe]6s^2 4f^3$
Be	$1s^2 2s^2$	Ga	$[Ar]4s^2 3d^{10} 4p^1$	Gd	$[Xe]6s^2 5d^1 4f^7$
B	$1s^2 2s^2 2p^1$	Kr	$[Ar]4s^2 3d^{10} 4p^6$	Dy	$[Xe]6s^2 4f^{10}$
Ne	$1s^2 2s^2 2p^6$	Rb	$[Kr]5s^1$	Yb	$[Xe]6s^2 4f^{14}$
Na	$[Ne]3s^1$	Y	$[Kr]5s^2 4d^1$	Lu	$[Xe]6s^2 5d^1 4f^{14}$
Al	$[Ne]3s^2 3p^1$	Mo	$[Kr]5s^1 4d^5$	Re	$[Xe]6s^2 5d^5 4f^{14}$
Ar	$[Ne]3s^2 3p^6$	Ag	$[Kr]5s^1 4d^{10}$	Au	$[Xe]6s^1 5d^{10} 4f^{14}$
K	$[Ar]4s^1$	In	$[Kr]5s^2 4d^{10} 5p^1$	Hg	$[Xe]6s^2 5d^{10} 4f^{14}$
Sc	$[Ar]4s^2 3d^1$	Xe	$[Kr]5s^2 4d^{10} 5p^6$	Tl	$[Xe]6s^2 5d^{10} 4f^{14} 6p^1$
Cr	$[Ar]4s^1 3d^5$	Cs	$[Xe]6s^1$	Rn	$[Xe]6s^2 5d^{10} 4f^{14} 6p^6$

각 괄호 [ ] 안의 기호는 해당 원자가 이전 불활성 기체의 구성에 추가된 전자를 가지고 있다는 것을 나타낸다.

예제 8.2

구리는 바닥 상태에서 전자 배치 $[Ar]4s^1 3d^{10}$을 가진다. 구리 원자에 약간의 에너지(약 1 eV)를 추가하면 $3d$ 전자 중 하나를 $4s$ 준위로 옮겨 $[Ar]4s^2 3d^9$ 배치로 변경할 수 있다. 더 많은 에너지(약 5 eV)를 추가하면, $3d$ 전자 중 하나를 $4p$ 준위로 옮겨 $[Ar]4s^1 3d^9 4p^1$ 배치가 될 수 있다. 각각의 배치에 대해 전자의 총 m_s의 최댓값을 결정하시오.

풀이

가득 찬 껍질(Ar 핵심)의 전자는 총 m_s가 0이다. 사실 임의의 가득 찬 부껍질은 $m_s = +1/2$과 $m_s = -1/2$ 상태의 전자 수가 동일하며, 이로 인해 전체 m_s가 0이 된다. $4s^1 3d^{10}$ 배치에서는 $4s$ 전자 1개만이 m_s에 기여하며, 그 최댓값은 $+1/2$이다. $4s^2 3d^9$ 배치에서는 2개의 $4s$ 전자가 전체 m_s를 0으로 만든다. $3d$ 부껍질에는 다섯 가지 다른 m_l 값이 있으므로 $m_s = +1/2$인 전자는 최대 5개까지 가질 수 있다. 나머지 4개의 전자는 $m_s = -1/2$이어야 하므로 전체 m_s는 $5 \times (+1/2) + 4 \times (-1/2) = +1/2$이 된다. $4s^1 3d^9 4p^1$ 배치에서 각각의 부껍질이 최대 $+1/2$의 m_s를 기여하므로, 총 m_s의 최댓값은 $+3/2$이다.

8.3 외각 전자: 차폐 및 광학적 전이

알칼리 원소(주기율표의 첫 번째 열에 속하는 원소들)의 전자 배치는 모두 불활성 기체 핵심 바깥에 하나의 s 전자를 가지는 것으로 나타낸다. 이러한 원소들은 매우 반응성이 높아서 다른 원소에 쉽게 s 전자를 내주어 화학 결합을 형성할 수 있다. 예를 들어, 리튬($1s^2 2s^1$)은 기꺼이 자신의 $2s$ 전자를 내주어 양이온 Li^+을 형성한다.

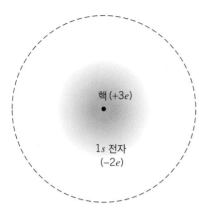

그림 8.3 외각 전자(2s)의 평균 위치에서 바라본 리튬의 전자 구조. 점선은 해당 평균 위치에서의 구면 가우시안 표면을 나타낸다.

처음에는 리튬이 전자를 이렇게 쉽게 내주는 것이 다소 놀라울 수 있다. 리튬의 이온화 에너지는 5.39 eV이다. 식 (6.38)에서 원자 내 전자의 에너지가 Z^2에 비례하여 증가해야 할 것으로 예상됨에도 불구하고, 이는 수소의 이온화 에너지(13.6 eV)보다 더 작다.

이 효과를 그림 8.3의 도표로 이해할 수 있다. 리튬 원자는 대략적으로 1s 전자 2개로 배치된 내부 원자 껍질과 2s 부껍질에 있는 단일 전자로 특징지을 수 있다. 6장과 7장에서 고려했던 단일 전자 원자들과 마찬가지로, 주양자수 n은 핵으로부터의 전자의 평균 거리를 결정한다. 하나의 전자보다 많은 전자를 가진 원자에서 평균 궤도 반지름을 계산할 수 있는 간단한 공식은 없지만, 2s 전자가 1s 전자보다 핵으로부터 훨씬 멀리 위치할 것으로 기대할 수 있다.

2s 전자에 작용하는 순 전기력은 Gauss 법칙을 사용하여 추정할 수 있다. 핵을 중심으로 반지름이 2s 전자의 평균 궤도 반지름과 같은 구 표면을 상상해 보자. 그 거리에서의 전기장은 Gauss 법칙에 따라 구 안에 포함된 알짜 전하에 의해 결정된다. $n=1$ 궤도의 전자들은 거의 100% 확률로 구 안에 존재한다. 따라서 구 안의 알짜 전하는 핵(+3e)과 $n=1$ 전자 2개(−2e)를 합하여 총 알짜 전하는 +e가 된다. 몇몇 응용에서는 리튬 원자를 +e의 유효 전하를 가진 핵과 $n=2$ 궤도의 전자로 이루어진 단일 전자 원자로 아주 훌륭하게 근사할 수 있다. (정전기학에서 전하 분포가 구형 대칭이면 확장된 전하 분포를 구 중심에서의 점전하로 대체할 수 있다.) 식 (6.38)은 유효 핵 전하가 $Z_{eff}e = +e$인 원자에서 $n=2$ 궤도의 이러한 전자의 에너지를 계산하는 데 사용된다.

$$E_n = (-13.6 \text{ eV}) \frac{Z_{eff}^2}{n^2} = -3.40 \text{ eV} \tag{8.1}$$

이 단순한 모델은 중성 리튬 원자의 이온화 에너지가 3.40 eV임을 예측한다. 측정값은 5.39 eV이다. 일치 정도는 그렇게 좋지 않지만, 예상값이 $Z^2 = 9$의 요소보다 훨씬 적게 벗어나므로 계산은 아마도 올바른 방향으로 가고 있을 것이다.

측정값과 예상값 간의 차이는 이미 논의한 효과로 설명할 수 있다. 즉, s 전자가 내부 껍질을 관통하여 가끔 핵 근처에서 발견되곤 한다. 2s 전자는 때때로 자신의 평균 궤도 반지름보다 훨씬 더 가까이 핵 근처에서 발견되며, 때로는 $n=1$ 껍질 내부에 있을 수 있다. 이 경우, Gauss 법칙으로부터 전자가 핵의 +3e 전체 전하를 느끼므로 결합 에너지가 증가한다.

대신 2s 전자가 2p 상태로 이동하는 리튬의 들뜬 상태를 고려해 보자. 2p 전자는 내부 껍질을 거의 관통하지 않는다. 리튬에서 2p 전자의 에너지는 −3.54 eV로, 우리의 단순한 모델이 예측하는 값과 거의 완벽하게 일치한다. 작은 차이는 $2p$ 전자가 일부 $1s$ 확률 분포 내부로 약간 관통할 수 있음을 나타내며, 이로 인해 결합 에너지가 약간 증가한다. 대신 외각 전자를 $3d$ 상태로 이동하면 측정된 에너지는 $-1.51\,\text{eV}$이며, 이는 $n=3$에 대한 식 (8.1)의 예측과 정확히 일치한다. $3d$ 전자는 $1s$ 껍질 내부로 거의 관통하지 않으므로, 그 전자는 $Z_\text{eff}=1$로 매우 잘 기술된다.

이 효과를 **전자 차폐**(electron screening)라고 한다. 외각 전자가 보기에 핵의 전하는 내부 껍질의 전자들에 의해 차폐되거나 가려진다. 이것은 단일 전자 원자에 대해 유도한 에너지 공식을 다전자 원자에서 전자의 에너지를 대략적으로 결정하는 데 사용할 수 있음을 보여준다. 리튬의 외각 전자의 경우, 핵의 세 양전하는 두 내부 전자의 음전하들에 의해 차폐되어 알짜 전하가 1이 된다. 외각 전자의 궤도가 덜 침투될수록 식 (8.1)의 예측이 더 정확해진다. 예를 들어, 리튬에서 $3d$ 궤도는 내부 껍질로 거의 침투하지 않기 때문에 이 공식은 그 전자의 결합을 매우 정확하게 나타낸다. 리튬에서 $2p$ 궤도는 상대적으로 적은 침투를 갖기 때문에, 다시 한번 대략적인 공식은 좋은 예측을 제공한다. 반면, 내부 $1s$ 궤도를 가끔 관통하는 $2s$ 전자에 대해서는 덜 정확하다.

전자 차폐는 또한 원자의 이온화 에너지를 질적인 방법으로 이해하는 데에도 사용될 수 있다. 예를 들어, 헬륨을 고려해 보자. 이온화된 헬륨에서 단일 전자는 그 바닥 상태에서 $-54.4\,\text{eV}$의 에너지를 가진다. 두 번째 전자를 추가하여 중성 헬륨을 만들면(두 전자가 모두 $1s$ 상태에 있음), 이온화 에너지는 $24.6\,\text{eV}$이다. 다른 전자의 일부 확률 분포에 의한 하나의 전자 차폐는 두 번째 전자가 없을 때의 $54.4\,\text{eV}$에서 두 번째 전자가 있을 때의 $24.6\,\text{eV}$로 이온화 에너지를 감소시키는 상황을 설명한다.

▌ 예제 8.3

헬륨의 바닥 상태는 $1s^2$ 배치를 가진다. 전자 차폐 모델을 사용하여 헬륨의 들뜬 상태 (a) $1s^1 2s^1$ (측정값 $-4.0\,\text{eV}$), (b) $1s^1 2p^1$ ($-3.4\,\text{eV}$), (c) $1s^1 3d^1$ ($-1.5\,\text{eV}$)의 에너지를 예측하시오.

풀이

(a) 헬륨의 외각 전자에 대해 $+2e$의 핵 전하는 하나의 $1s$ 전자에 의해 차폐되어 외각 전자가 본 유효 전하는 $+e$이다. 식 (8.1)에 따라 다음을 얻는다.

$$E_n = (-13.6\,\text{eV})\frac{Z_\text{eff}^2}{n^2} = (-13.6\,\text{eV})\frac{1^2}{2^2} = -3.4\,\text{eV}$$

측정값은 $-4.0\,\text{eV}$이며, 이는 $2s$ 전자가 $1s$ 분포를 약간 관통하여 이 단순한 모델이 예측하는 것보다 다소 강한 결합을 경험한다는 것을 시사한다.

(b) 식 (8.1)은 n에만 의존하고 l에는 의존하지 않기 때문에, $2p$ 들뜬 상태에 대한 계산은 $2s$ 들뜬 상태에 대한 계산과 동일한 결과를 준다($-3.4\,\text{eV}$). 이제 일치가 거의 정확하다. 왜냐하면

2p가 2s보다 덜 관통하기 때문이다.

(c) 3d 들뜬 상태에 대해 식 (8.1)은 다음을 제공한다.

$$E_n = (-13.6 \text{ eV}) \frac{Z_{\text{eff}}^2}{n^2} = (-13.6 \text{ eV}) \frac{1^2}{3^2} = -1.5 \text{ eV}$$

다시 일치가 매우 좋아졌으며, 3d 전자가 1s 확률 분포 내부로 거의 관통하지 않음을 시사한다.

광학적 전이

외각 전자 중 하나를 더 높은 에너지 준위로 여기시키거나 혹은 원자로부터 완전히 제거할 때, 결과적으로 생기는 빈 자리는 전자들이 비어 있는 상태로 떨어지면서 채워질 수 있다. 이러한 전자들이 잃어버린 에너지는 일반적으로 가시 스펙트럼의 범위 내에 있는 광자로 방출되어 나타나며, 이를 **광학적 전이**(optical transition)라고 한다. 전형적인 원자에서 외각 전자의 결합 에너지는 수 전자볼트의 크기로, 외각 전자를 이동하여 광학적 전이를 일으키기 위해서는 상대적으로 적은 에너지가 필요하다. 실제로 이러한 외각 전자에 의한 빛의 흡수 및 재방출이 물체의 색깔을 결정한다(고체에서는 전자 에너지 준위가 일반적으로 고립된 원자에서의 준위와 매우 다르다). 엑스선 스펙트럼이 하나의 원소에서 다음으로 천천히 그리고 부드럽게 변하는 것과는 달리, 광학 스펙트럼은 이웃하는 원소 간에 큰 차이를 보일 수 있으며, 특히 채워진 부껍질에 해당하는 경우에 그 차이가 커질 수 있다.

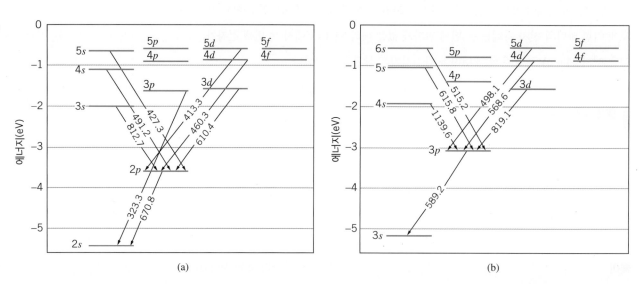

그림 8.4 (a) 리튬의 에너지 준위 도표. 광학적 영역에서의 일부 전이(파장은 nm로 표시)를 나타낸다. (b) 나트륨에 대한 에너지 준위 도표. 미세 구조 분할 때문에 나트륨의 3p 준위는 사실 매우 가까이 떨어진 두 준위의 쌍이다. 따라서 이 준위와 관련된 모든 전이는 밀접하게 떨어진 2개의 파장을 보여준다. 여기에 표시된 파장은 두 값의 평균이다. 나트륨의 다른 준위와 리튬의 모든 준위에 대한 미세 구조 분할은 무시할 만큼 작다.

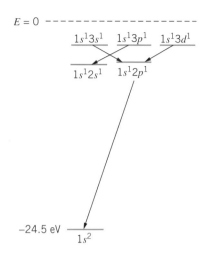

그림 8.5 헬륨에 대한 에너지 준위 도표의 일부분. $\Delta l = \pm 1$ 전이에 주목하라.

수소를 넘어서서 가장 이해하기 쉬운 에너지 준위 도표는 알칼리 금속들의 것이다. 이러한 금속은 불활성 핵심 바깥에 하나의 s 전자를 가지고 있다. 많은 들뜬 상태들은 주로 이 단일 전자의 들뜸에 해당하며, 그 결과 스펙트럼은 수소의 스펙트럼과 매우 유사하다. 왜냐하면 $+Ze$의 핵 전하가 다른 $(Z-1)$ 전자들에 의해 차폐되기 때문이다. 그림 8.4는 리튬과 나트륨의 에너지 준위를 몇 가지 방출 전이와 함께 보여주며, 이들 전이는 수소에서의 전이와 동일한 $\Delta l = \pm 1$ 선택 규칙을 따른다(그림 7.19 참조).

리튬의 바닥 상태 배치는 $1s^2 2s^1$이며, 나트륨의 바닥 상태 배치는 $1s^2 2s^2 2p^6 3s^1$이다. 두 경우의 들뜬 상태는 외각 전자를 더 높은 상태로 이동시킴으로써 얻을 수 있다. 예를 들어, 리튬의 첫 번째 들뜬 상태는 $1s^2 2p^1$이며, $2s$ 전자가 $2p$ 준위로 이동한다. (이를 수행하는 데 필요한 에너지를 얻는 여러 방법이 있는데, 광자의 흡수나 가스 방전관 안의 물질에서 전기 전류를 통과함으로써 얻을 수 있다.) $2p$ 상태의 들뜬 전자는 빠르게 $2s$ 상태로 돌아가면서 파장이 670.8 nm인 광자를 방출한다. 이 불활성 핵심은 이 들뜸이나 방출에 참여하지 않으므로, 알칼리 원소에서의 준위와 전이를 연구할 때 외각 전자를 제외한 모든 것을 무시할 수 있다.

헬륨의 바닥 상태 배치는 $1s^2$이다. 이 중 하나의 전자를 더 높은 에너지 준위로 올려서 들뜬 상태를 생성할 수 있으며, 따라서 일부 가능한 들뜬 상태 배치는 $1s^1 2s^1$, $1s^1 2p^1$, $1s^1 3s^1$ 등이 될 수 있다. 들뜬 전자가 $1s$ 준위로 되돌아갈 때 광자가 방출된다. 전이에 대한 $\Delta l = \pm 1$ 선택 규칙은 다시 한번 가능한 전이들을 제한한다. 그림 8.5는 헬륨에 대한 에너지 준위 도표의 일부를 보여준다.

형광(fluorescence) 현상은 '검은 빛'이라 불리는 자외선 복사원(source)에서의 물체 형상을 담당한다. 인간 눈에는 보이지 않는 자외선 영역의 광자는 가시 영역보다 높은 에너지를 가지고 있으므로, 원자가 자외선 광자를 흡수하면 외각 전자(광학적 전이를 책임지는)가 높은 준위로 여기될 수 있다. 이러한 전자들은 자신의 바닥 상태로 돌아가면서 가시 영역의 광자를 방출한다. 자외선 빛에서 본 물체는 종종 스펙트럼의 끝부분인 파란색 혹은 보라색 색상을 보여주는데, 이러한 색상은 태양 빛에서 물체를 볼 때는 존재하지 않는다. 이 효과를 이해하기 위해 태양 빛의 구성과 그림 8.6에 나와 있는 가상 원자의 광학적 들뜬 상태를 고려할 수 있다. 태양 빛의 강도는 가시 스펙트럼의 중심인 노란색 영역에 집중되어 있으며, 빨간색 또는 파란색 끝에서는 거의 강도가 없다. '노란색' 광자는 그림 8.6에서 보여주는 가상 원자를 준위 1과 2로 여기하는 데 충분한 에너지를 가지고 있지만, 준위 3과 4에 도달하기에는 충분하지 않다. 그러나 더 높은 에너지의 자외선 광자는 더 높은 준위에 도달할 충분한 에너지를 가지고 있으므

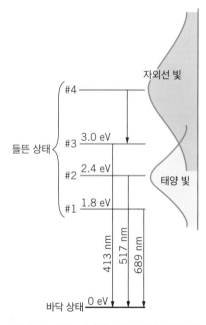

그림 8.6 가상 원자의 들뜬 상태. 태양 빛 노출로 쉽게 도달할 수 있는 들뜬 상태는 1과 2뿐이며, 자외선 빛 노출로 상태 4가 채워지고, 이후에 상태 3이 채워진다. 자외선 빛 아래에서는 태양 빛 아래에서보다 강한 파란색 혹은 보라색(413 nm)이 나타난다.

로, 그 원자가 자외선 빛으로 여기될 때 방출되는 빛은 태양 빛으로 자극될 때보다 강한 파란색 성분을 가진다.

예제 8.4

리튬에서의 $3d$와 $2p$ 상태 간의 에너지 차이를 계산하고, 수소에서의 해당 에너지 차이와 비교하시오.

풀이

그림 8.4에서 $3d$에서 $2p$ 전이에서 방출되는 광자의 파장은 610.4 nm이다. 따라서 에너지 차이는 다음과 같다.

$$\Delta E = \frac{hc}{\lambda} = \frac{1{,}240\,\text{eV}\cdot\text{nm}}{610.4\,\text{nm}} = 2.03\,\text{eV}$$

수소(그림 6.20)에서의 해당 준위 간 에너지 차이는 $E_3 - E_2 = -1.51\,\text{eV} - (-3.40\,\text{eV}) = 1.89\,\text{eV}$이다. 전자 차폐로 인해 리튬의 외각 전자는 수소에서의 전자와 유사하게 행동할 것으로 예상되므로 에너지 차이는 대략 일치한다.

8.4 원소의 특성

이 절에서는 원자 구조에 대한 지식이 원소의 물리적·화학적 특성을 이해하는 데 어떻게 도움이 되는지 간단히 살펴보고자 한다. 우리의 논의는 다음 두 가지 원칙을 기반으로 한다.

1. 채워진 부껍질은 일반적으로 매우 안정된 배치를 가진다. 채워진 껍질을 넘어가는 하나의 전자를 가진 원자는 그 전자를 다른 원자에게 쉽게 내어주어 화학적 결합을 형성한다. 마찬가지로, 채워진 껍질에서 하나의 전자가 부족한 원자는 다른 원자로부터 추가 전자를 쉽게 받아들여 화학적 결합을 형성한다.
2. 채워진 부껍질은 일반적으로 원자의 화학적·물리적 특성에 기여하지 않는다. 완전히 채워지지 않은 부껍질의 전자만 고려해야 한다. (다음 절에서 논의될 엑스선 에너지는 이 규칙에서 예외이다.) 때로는 하나의 외각 전자만이 원소의 물리적 특성에 주요한 영향을 미치기도 한다.

원소들의 다양한 물리적 특성을 고려하고 원자 이론을 기반으로 이러한 특성을 이해하고자 한다.

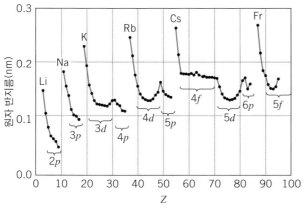

그림 8.7 이온 결정에서의 원자 간 간격에서 결정된 원자 반지름. 이러한 반지름은 자유 원자에 대한 전자 구름의 평균 반지름과는 다르다.

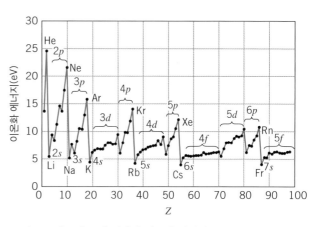

그림 8.8 원소의 중성 원자의 이온화 에너지.

1. **원자 반지름**. 전자 확률 밀도가 원자의 '크기'를 결정하기 때문에, 원자의 반지름은 정확하게 정의된 양이 아니다. 또한 반지름은 실험적으로 정의하기 어려우며, 사실 서로 다른 종류의 실험은 반지름에 대한 서로 다른 값을 제공하기도 한다. 반지름을 정의하는 한 가지 방법은 해당 원소를 포함하는 결정 내의 원자 간 간격을 통해서다. 그림 8.7은 이러한 전형적인 원자 반지름이 Z에 대해 어떻게 변하는지를 보여준다.

2. **이온화 에너지**. 표 8.3은 일부 원소의 이온화 에너지를 보여주며, 그림 8.8은 원자 번호 Z에 대한 이온화 에너지 변화를 보여준다.

3. **전기 저항**. 체적 물질에서 전위차(전압)가 가해질 때 전기 전류가 흐른다. 전류 i와 전압 V는 $V = iR$ 식에 따라 서로 연결되는데, 여기서 R은 물질의 전기 저항이다. 길이 L과 횡단면적 A가 균일한 물질인 경우 저항은 다음과 같다.

$$R = \rho \frac{L}{A} \qquad (8.2)$$

저항(resistivity) ρ는 물질의 종류에 따라 다르며 $\Omega \cdot m$(옴·미터) 단위로 측정된다. 좋은 전기 전도체는 작은 전기 저항을 갖는다(구리의 경우 $\rho = 1.7 \times 10^{-8} \ \Omega \cdot m$). 나쁜 전도체는 큰 전기 저항을 갖는다(황의 경우 $\rho = 2 \times 10^{15} \ \Omega \cdot m$). 원자적 관점에서 볼 때 전류는 비교적 느슨하게 속박된 전자의 이동에 의존하는데, 이때 전자는 가해진 전위차에 의해 원자에서 떨어져 나갈 수 있다. 또한 전류는 한 원자에서 다른 원자로 이동할 수 있는 전자의 능력에도 의존한다. 따라서 최소한으로 속박되고 핵으로부터 가장 멀리 이동하는 s 전자를 갖는 원소가 작은 전기 저항을 가질 것으로 예상된다.

표 8.3 일부 원소의 중성 원자의 이온화 에너지(단위: eV)

H	13.60	Ar	15.76
He	24.59	K	4.34
Li	5.39	Cu	7.72
Be	9.32	Kr	14.00
Ne	21.56	Rb	4.18
Na	5.14	Au	9.22

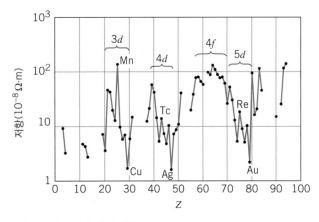

그림 8.9 원소들의 전기 저항.

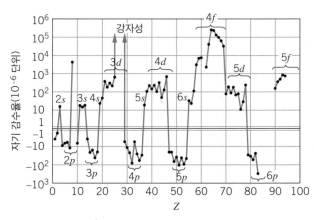

그림 8.10 원소들의 자기 감수율.

그림 8.9는 원자 번호에 따른 전기 저항 변화를 보여준다.

4. **자기 감수율.** 물질이 크기 B의 자기장에 놓이면 물질은 '자화'되어 자기화 M을 얻는다. 많은 물질에 대해 M은 B에 비례한다.

$$\mu_0 M = \chi B \tag{8.3}$$

여기서 χ는 **자기 감수율**(magnetic susceptibility)이라고 불리는 차원이 없는 상수이다. [$\chi > 0$인 물질을 **상자성**(paramagnetic)이라 하고, $\chi < 0$인 물질을 **반자성**(diamagnetic)이라고 한다. B가 제거되어도 영구적으로 자화되어 있는 물질을 **강자성**(ferromagnetic)이라 하며, 이러한 물질에 대해서는 χ가 정의되지 않는다.]

원자적 관점에서 볼 때, 원자의 자성은 완전히 채워지지 않은 부껍질의 전자들의 $\vec{L}$과 $\vec{S}$에 따라 달라진다. 왜냐하면 원자 자기 모멘트 $\vec{\mu}_L$과 $\vec{\mu}_S$는 $\vec{L}$과 $\vec{S}$에 비례하기 때문이다(표 7.2 참조). 이 효과는 상자성 자기 감수율에 영향을 미치며, $\vec{L}$ 또는 $\vec{S}$가 0이 아닌 모든 원자에서 나타난다. 반자성은 다음과 같은 효과로 인해 발생한다. 전자 회로로 둘러싸인 지역에 변동하는 자기장이 발생하면 회로에 **유도 전류**(induced current)가 흐른다. 유도 전류는 자기장을 만들어내는데, 이는 가해진 자기장 변화의 **반대** 방향으로 형성된다(Lenz의 법칙). 원자 물리학의 경우, 이 전기 회로는 순환하는 전자이며, 유도 전류는 자기장이 가해질 때 궤도상에서 약간의 가속 혹은 감속되는 전자들로 이루어져 있다. 이는 가해진 자기장 $\vec{B}$와 반대 방향인 물질의 자기화에 대한 기여를 생성하며, 따라서 χ에 대한 반자성 기여는 음수가 된다.

그림 8.10은 원소들의 자기 감수율을 보여준다.

그림 8.7에서부터 8.10을 검토함으로써 원소들의 특성에서 놀라운 규칙성을 살펴

볼 수 있다. 특히 서로 다른 원소 순서들의 특성이 얼마나 유사한지에 주목하라. 예를 들어, d 부껍질 원소들의 전기 저항 또는 p 부껍질 원소들의 자기 감수율이다. 이제 이러한 특성이 어떻게 원자 구조로부터 발생하는지 살펴보자.

불활성 기체

불활성 기체는 주기율표의 마지막 열을 차지한다. 이들은 완전히 채워진 부껍질만 가지고 있기 때문에 일반적으로 다른 원소와 결합하여 화합물을 형성하지 않는다. 이러한 원소들은 전자를 주거나 받기를 꺼린다. 상온에서 불활성 기체는 단원자 기체이다. 그들의 원자는 쉽게 결합하지 않으므로 끓는점이 매우 낮다(일반적으로 −200℃). 이들의 이온화 에너지는 완전히 채워진 부껍질을 여는 데 필요한 추가 에너지 때문에 이웃한 원소들보다 훨씬 크다.

p 부껍질 원소

주기율표상에서 불활성 기체 바로 옆 열(그룹)에 위치한 원소들은 할로겐(F, Cl, Br, I, At)이다. 이러한 원자들은 완전히 채워진 닫힌 껍질에서 하나의 전자가 부족하며, 배치는 np^5이다. 채워진 p 부껍질은 매우 안정된 배치이기 때문에, 이러한 원소들은 추가 전자를 받고 p 부껍질을 완전히 채울 수 있는 다른 원자들과 결합하여 화합물을 형성한다. 따라서 할로겐은 매우 반응성이 높다.

 p 부껍질이 채워져 나가는 여섯 원소의 계열을 따라 오른쪽으로 이동할 때, 원자 반지름은 감소한다. 이 '축소'는 핵 전하가 증가하고 모든 궤도가 핵에 더 가깝게 견인되기 때문에 발생한다. 그림 8.7에서 확인할 수 있듯이, 할로겐은 각각의 p 부껍질 계열 내에서 가장 작은 반지름을 가지고 있다. (불활성 기체의 이온 결정 반지름은 알려지지 않았다.)

 핵 전하가 증가함에 따라 p 전자들도 더욱 단단히 속박된다. 그림 8.8에서는 p 부껍질이 채워짐에 따라 이온화 에너지가 체계적으로 증가하는 것을 보여준다.

 그림 8.10에서 각각의 p 부껍질 계열이 특징적인 음의 자기 감수율을 가진 반자성임을 확인할 수 있다.

s 부껍질 원소

주기율표상에서 첫 두 열(그룹)의 원소들은 알칼리 금속(ns^1 배치)과 알칼리 토금속(ns^2 배치)으로 알려져 있다. 단일 s 전자는 알칼리 금속의 반응성을 매우 크게 만든다. 마찬가지로 알칼리 토금속도 완전히 채워진 s 부껍질이 있음에도 불구하고 반응성이 크다. 이는 s 전자 파동 함수가 전자가 핵으로부터 멀리 떨어진 곳까지 확장될 수 있기 때문에 발생한다. 여기서 s 전자는 핵 전하로부터 (다른 $Z-2$ 전자들에 의해) 차폐되어 단단하게 속박되지 않는다. (그림 8.7에서 ns^1과 ns^2 배치들이 가장 큰 원자 반지름을 가지며, 그림 8.8에서는 그 배치들이 가장 작은 이온화 에너지를 가지는 것을 확인할 수 있다.) 동일한 이유로, ns^1과 ns^2 원소는 상대적으로 우수한 전기 전도체이다. 그림 8.10에서 이러한 원소들이 상자성임을 확인할 수 있다. $l=0$에 대해서는 자성에 기여하는 반자성 기여가 없다.

전이 금속

d 부껍질이 채워지는 3개의 원소 행(Sc에서 Zn, Y에서 Cd, Lu에서 Hg)은 **전이 금속**(transition metal)이라고 알려져 있다. 그들의 화학적 특성 중 많은 부분은 외각 전자에 의해 결정된다. 그 외각 전자의 파동 함수는 핵으로부터 가장 멀리까지 퍼져 나간다. 전이 금속의 경우, 최외각 전자는 항상 s 전자이며, d 전자보다 큰 평균 반지름을 가지고 있다. (평균 반지름은 주로 n에 의존하므로, 전이 금속의 s 전자는 d 전자보다 큰 n을 가지고 있다. 예를 들어, 전이 금속의 첫 번째 행에서 $3d$ 부껍질이 채워지지만, $4s$ 부껍질은 이미 채워져 있다.) 전이 금속 계열을 따라 원자 번호를 차례로 증가시키면, 하나의 d 전자와 하나의 핵 전하를 차례로 추가하게 된다. 이때 추가적인 d 전자가 추가적인 핵 전하에서 온 s 전자를 차폐하므로 s 전자에 미치는 순 효과는 매우 작다. 전이 금속의 특성은 주로 최외각 전자들에 의해 결정되므로, 반지름과 이온화 에너지의 작은 변동에서 보여주는 것처럼 매우 유사할 수 있다.

전이 금속의 전기 저항은 두 가지 흥미로운 특징을 보여준다. 계열 중앙에서 급격한 상승과 계열 끝 부근의 급격한 하락(그림 8.9)이다. 계열 끝 부근의 급격한 하락은 구리, 은, 금의 작은 저항(큰 전도성)을 나타낸다. 만약 예상된 순서대로 d 부껍질을 채운다면, 구리는 $4s^2 3d^9$ 배치를 가지게 될 것이다. 그러나 완전히 채워진 d 부껍질이 완전히 채워진 s 부껍질보다 안정하므로 하나의 s 전자가 d 부껍질로 이동하여 $4s^1 3d^{10}$ 배치를 만들게 된다. 비교적 자유로운 단일 s 전자 덕분에 구리는 훌륭한 전도체가 된다. 은($5s^1 4d^{10}$)과 금($6s^1 5d^{10}$)도 비슷한 특성을 보인다.

전이 금속 계열의 중앙에서는 전기 저항이 급격하게 증가한다. 절반만 채워진 껍질도 명백히 안정한 배치이므로 Mn($3d^5$), Tc($4d^5$), Re($5d^5$)가 그들의 이웃보다 큰 저항을 갖게 된다. 비슷하게 $4f$ 계열의 중앙에서도 전기 저항이 상승한다.

전이 금속은 유사한 상자성 감수율을 가지는데, 이는 d 전자들의 큰 궤도 각운동량과 스핀 자기 모멘트와 결합할 수 있는 다수의 d 부껍질 전자 때문이다. 이 두 가지 효과는 궤도 운동의 반자성을 이겨내기에 충분히 크다. 또한 철, 니켈, 코발트의 강자성에도 d 전자가 관여하고 있다. 그러나 d 부껍질이 채워질수록 궤도와 스핀 자기 모멘트들은 더는 자기 특성에 기여하지 않게 된다(모든 양수와 음수의 m_l 및 m_s 값이 차지되기 때문에). 이러한 이유로 구리와 아연은 반자성이며, 그들의 전이 금속 이웃과 마찬가지로 상자성이 아니다.

란타나이드(희토류)

란타나이드(또는 희토류) 원소는 La에서 Yb까지의 14개 원소로 구성된 계열에 속하며, 이 계열은 일반적으로 원소 주기율표의 하단에 놓인다. 희토류는 '외각' 부껍질($6s$)이 채워진 후에 '내부' 부껍질($4f$)이 채워진다는 점에서 전이 금속과 다소 유사하다. 위에서 논의한 것과 같은 이유로, 희토류 원소들의 화학적 특성은 주로 $6s$ 전자에 의해 결정되므로 이들은 다소 유사해야 한다. 반지름과 이온화 에너지는 이것이 사실임을 보여준다.

f 부껍질 전자의 큰 궤도 각운동량($l = 3$)과 스핀 자기 모멘트를 정렬할 수 있는 많은 수의 f 부껍질 전자들(최대 14개) 때문에, 희토류의 상자성 감수율은 전이 금속보다 더 크다. 심지어 희토류의 강자성도 철족보다 상당히 강하다. 일반적으로 철을 원소 중에서 가장 자성이 강한 것으로 생각한다. 자화된 철 조각 내부의 자기장은 약 28 T이다. 자화된 홀뮴(희토류) 금속은 800 T의 내부 자기장을 가지고 있어 철의 약 30배에 달한다! 대부분의 다른 희토류도 유사한 자기 특성을 가지고 있다. (희토류 금속은 실온에서 자기 특성을 나타내지 않으며, 낮은 온도로 냉각되어야 한다. 홀뮴은 강자성 특성을 나타내려면 20 K으로 냉각되어야 한다.)

악티나이드

$5f$ 부껍질이 채워지는 악티나이드 계열의 원소들은 일반적으로 주기율표에서 란타나이드 계열 바로 아래에 놓이게 된다. 이러한 원소들은 희토류와 유사한 화학적·물리적 특성을 가져야 한다. 안타깝게도, 대부분의 악티나이드 원소들(우라늄 이후의 것들)은 방사성 물질이며 자연적으로 존재하지 않는다. 이들은 인공적으로 생산된 원소들로, 미시적인 양으로만 사용 가능하다. 따라서 이들의 대부분의 체적 특성을 결정할 수 없다.

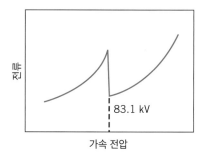

그림 8.11 가속 전압에 따른 수은 증기를 통과하는 전자 전류.

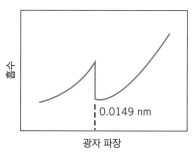

그림 8.12 광자의 파장에 따른 수은 박막에 의한 광자의 흡수.

8.5 내부 전자: 흡수 한계와 엑스선

수은 증기로 채워진 상자를 통과하는 전자 빔을 가속시키는 Franck-Hertz 실험(6.6절 참조)을 한다고 가정해 보자. 10 V 범위의 가속 전압을 사용하는 대신, 10^5 V 범위의 전압을 사용할 것이다. 그림 8.11은 가속 전압에 따른 튜브를 통과하는 전류를 보여준다. 83.1 kV에서 전류가 급격히 감소한다. 낮은 가속 전압은 수은 원자의 외각 전자를 높은 에너지 상태로 밀어 올리는(또는 원자를 이온화시키는) 상호 작용에 해당한다. 83.1 kV에서의 전류 감소는 수은 원자가 전자 빔에서 에너지를 흡수할 때 발생한다. 이때 전자 빔은 단단히 속박된 내부 전자들 중 하나를 떨어뜨리면서 수은 원자를 이온화시킨다. 이 경우 내부 전자의 결합 에너지는 83.1 keV이다.

유사한 실험을 엑스선 빔을 수은 박막에 통과시켜서 광자 강도의 흡수를 측정함으로써 진행할 수 있다. 엑스선의 파장을 변화시킬 수 있다면, 파장에 따른 흡수는 그림 8.12와 같을 것이다. 광자는 광전자 효과에 의해 빔으로 흡수되는데, 이때 전자는 수은 원자에서 떨어져 나간다. 광자의 파장이 증가함에 따라(또는 광자 에너지가 감소함에 따라), 광자가 최소한 하나의 광전자 구성 요소를 생성할 충분한 에너지가 없어지는 지점에 도달하게 되는데, 그때 광자 흡수가 갑자기 감소한다. 이러한 현상이 나타나는 파장은 0.0149 nm로, 에너지는 83.1 keV에 해당하며, 전자 산란에서 유추된 값과 일치한다(그림 8.11).

전자 전류나 광전자 방출이 갑자기 감소하는 현상을 **흡수 한계**(absorption edge)라고 한다. 이는 원자에서 내부 전자의 방출에 해당한다. 수은의 경우, 가장 강하게 속박된 전자($1s$)는 83.1 keV의 결합 에너지를 가진다. 전자 산란 실험에서 빔의 전자 에너지가 83.1 keV를 초과할 때, 전자가 수은 원자와 충돌하여 원자에 83.1 keV의 에너지를 선달하고 $1s$ 전자 하나가 방출된다. 마찬가지로, 광자 에너지가 83.1 keV를 초과하면(또는 파장이 0.0149 nm 미만인 경우), 광자는 $1s$ 준위에서 광전자를 방출할 수 있지만, 광자 에너지가 83.1 keV 미만인 경우에는 그렇지 않다.

8.3절에서 논의한 대로, $n = 1$ 준위는 K 껍질로도 알려져 있다. 지금까지는 수은에서 K 껍질에서 전자 하나가 방출되는 K 흡수 한계에 대해 논의해 왔다. L 껍질($n = 2$)에 덜 단단하게 속박된 전자가 방출되는 것도 가능하며, 이 경우 L 흡수 한계라고 부른다. 수은에서 L 흡수 한계는 약 14 keV이다. (미세 구조 분할 때문에 실제로는 L 껍질에 약간 다른 에너지를 가진 세 가지 다른 상태가 있다.)

그림 8.13은 원소들의 K 흡수 한계를 보여준다. 그림 8.13에 나타난 데이터와 그림

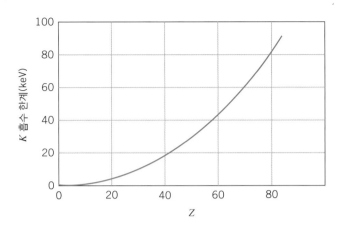

그림 8.13 원소들의 K 흡수 한계.

8.7~8.10에 나타난 데이터 간에 뚜렷한 차이가 있다. K 흡수 한계는 어떠한 껍질 효과에 대한 증거를 보여주지 않는다. 대신, 원소 전체 범위에서 원자 번호에 대한 부드러운 종속성이 있다. 핵 전하가 증가함에 따라 $1s$ 전자는 더 작고 더 단단하게 속박된 궤도로 견인되지만, 이것은 서서히 진행되는 과정으로, 전자가 더 높은 에너지 껍질로 쌓여 들어가는 것에 크게 영향을 받지 않는다. 더 높은 껍질이 채워졌고 더 높은 껍질이 계속해서 채워짐에 따라 $1s$ 특성에 갑작스러운 변화는 없다.

엑스선 전이

3장에서 논의한 것처럼, 엑스선은 대략 0.01~10 nm의 파장(에너지는 100 eV에서 100 keV까지)을 가지는 전자기파이다. 3장에서 가속된 전자에 의해 방출된 **연속적인** 엑스선 스펙트럼에 대해 논의하였다. 이 절에서는 원자에 의해 방출된 **불연속적인** 엑스선 선스펙트럼에 주목하고자 한다.

엑스선은 원자 내에서 더욱 단단하게 속박된 내부 전자 에너지 준위 사이에서 일어나는 전이에서 방출된다. 일반적인 상황에서는 원자의 모든 내부 껍질이 가득 차 있으므로, 이러한 준위 간의 엑스선 전이는 일어나지 않는다. 그러나 내부 전자 중 하나를 제거하면, 예를 들어 전자 산란이나 광전 효과에 의해 K 전자를 빼내면, 높은 부껍질의 전자가 빠르게 전이하여 그 빈 자리를 채우고, 그 과정에서 엑스선 광자가 방출된다. 이때 광자의 에너지는 전이를 일으킨 전자의 초기와 최종 원자 준위 간의 에너지 차이에 해당한다.

$1s$ 전자를 제거하면 K 껍질에 빈 자리가 생긴다. 이 빈 자리를 채우는 과정에서 방출되는 엑스선을 **K 껍질 엑스선**(K-shell X ray), 또는 간단히 **K 엑스선**(K X ray)이라고

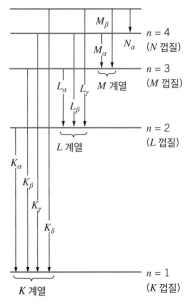

그림 8.14 엑스선 계열.

부른다. (이러한 엑스선은 $L, M, N, \ldots$ 껍질에서 비롯된 전이에서 방출되지만, 그들은 출발한 껍질이 아닌 채워지는 빈 자리에 의해 명명된다.) $n = 2$ 껍질(L 껍질)에서 기인한 K 엑스선은 K_α 엑스선이라고 하며, M 껍질에서 기인한 K 엑스선은 K_β 엑스선이라고 한다. 그림 8.14는 이러한 전이를 보여준다.

만약 충돌하는 전자나 광자가 L 껍질의 전자를 내보낸다면, 더 높은 에너지 준위에 있는 전자들이 이 빈 자리를 채우기 위해 내려오게 된다. 이러한 전이에서 방출되는 광자들은 L 엑스선으로 알려져 있다. L 계열의 가장 낮은 에너지의 엑스선은 L_α로 알려져 있으며, 나머지 L 엑스선들은 그림 8.14에 나타난 것처럼 에너지가 증가하는 순서대로 표지가 지정된다.

K_α 엑스선에 바로 뒤이어 L 엑스선이 방출될 수 있다. K 껍질의 빈 자리는 L 껍질에 기인한 전이로 채워질 수 있으며, K_α 엑스선이 방출된다. 그러나 L 껍질에서 뛰어온 전자가 L 껍질에 빈 자리를 만들고, 이것은 더 높은 껍질의 전자에 의해 채워지면서 L 엑스선이 방출된다.

비슷한 방식으로, 다른 엑스선 계열을 M, N 등으로 표지한다. 그림 8.15는 은에서 방출된 예시 엑스선 스펙트럼을 보여준다.

Moseley의 법칙

K_α 엑스선을 더 자세히 살펴보자. 이는 (그림 8.14에 나와 있는 것처럼) L 껍질의 전자가 K 껍질의 빈 자리를 채우려고 내려올 때 방출된다. L 껍질의 전자는 일반적으로 2개의 $1s$ 전자에 의해 차폐되므로, $Z_{eff} = Z - 2$의 유효 핵 전하를 볼 것이다. $1s$ 전자 중 하나를 제거하면서 K 껍질 빈 자리가 생길 때, 나머지 하나의 $1s$ 전자만 L 껍질을 차폐하므로 $Z_{eff} = Z - 1$이다. (이 계산에서는 외각 전자들에 의한 작은 차폐 효과를 무시하였다.

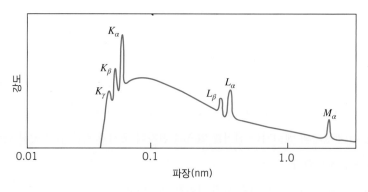

그림 8.15 은의 특성 엑스선 스펙트럼. 이러한 스펙트럼은 은 표적에 충돌하는 30 keV 전자에 의해 생성될 수 있다. 연속적인 분포는 제동 복사 스펙트럼이다.

그들의 확률 밀도는 L 껍질 궤도 내에서 0이 아니지만, 충분히 작아서 Z_{eff}에 미치는 영향을 무시할 수 있다.) 아주 좋은 근사치로, K_α 엑스선을 $Z_{eff} = Z - 1$인 단일 전자 원자에서 $n = 2$ 준위에서 $n = 1$ 준위로 전이되는 것으로 볼 수 있다. Bohr 원자에 대한 식 (6.38)을 사용하여, 원자 번호 Z의 원자에서 K_α 전이 에너지를 다음과 같이 찾을 수 있다.

$$\Delta E = E_2 - E_1 = (-13.6\text{ eV})(Z-1)^2\left(\frac{1}{2^2} - \frac{1}{1^2}\right) = (10.2\text{ eV})(Z-1)^2 \quad (8.4)$$

K 흡수 한계의 경우와 마찬가지로, K_α 엑스선의 에너지는 원자 번호에 따라 부드럽게 변하며 원자 껍질의 효과는 보이지 않는다. 만약 Z에 따른 $\sqrt{\Delta E}$ 함수를 그래프로 나타내면, 기울기가 $(10.2\text{ eV})^{1/2} = 3.19\text{ eV}^{1/2}$인 직선을 얻을 것으로 기대할 수 있다. 그림 8.16은 그러한 그래프의 예시를 보여준다. 측정된 기울기는 $3.22\text{ eV}^{1/2}$로, 식 (8.4)에서 예측된 값과 훌륭한 일치를 보인다. 이 직선은 1에 매우 근접한 지점의 x축에서 교차하는데, 이는 식 (8.4)에서 예상한 대로다.

이 방법은 1913년에 영국 물리학자 Henry Moseley에 의해 처음으로 시연되었으며, 원자의 원자 번호 Z를 결정하는 강력하고 직접적인 방법을 제공하였다. 그는 원소들의 K_α(및 다른) 엑스선 에너지를 측정하여 원자 번호를 결정하였다. 식 (8.4)에 따른 엑스선 에너지의 원자 번호에 대한 의존성은 **Moseley의 법칙**(Moseley's law)으로 알려져 있다. Moseley는 처음으로 그림 8.16에 나타난 선형 관계 형태를 보여준 사람이었으며, 이러한 그래프를 **Moseley 도표**(Moseley plot)라고 한다. 그의 발견은 원소의 원자 번호를 직접 측정하는 첫 번째 방법을 제공하였다. 그 이전에는 원소는 증가하는 질량에 따라 주기율표에 정렬되어 있었다. Moseley는 원자 번호가 더 큰 원소가 더 작은 질량을 가진 경우(예: 코발트와 니켈, 또는 아이오딘과 텔루륨)가 있음을 발견하였다. 또한 아직 발견되지 않은 원소에 해당하는 공백을 발견하였는데, 예를 들어 천연 방사성 원소 테크네튬($Z = 43$)은 자연에 존재하지 않으며 Moseley의 작업 시점에서 알려지지 않았지만, Moseley는 $Z = 43$에서 이러한 공백의 존재를 확인하였다.

그림 8.16의 직선 그래프는 차폐 보정의 정확한 값에 대한 우리의 가정과는 무관하다. 즉, $Z_{eff} = Z - k$로 쓸 수 있는데, 여기서 k는 알려지지 않은 숫자로, 아마도 1에 가까운 값이다. 그래프에서 유일한 변화는 절편이다. 우리는 여전히 동일한 기울기를 가진 직선을 갖게 된다.

Moseley의 연구는 원자 물리학의 발전에 커다란 중요성을 지녔다. Rutherford와 Bohr와 동시대를 살면서, Moseley는 Rutherford-Bohr 모델을 확인할 뿐만 아니라 원자 구조와 주기율표 간의 직접적인 연결을 증명하여, 원래는 다소 임의의 순서로 원

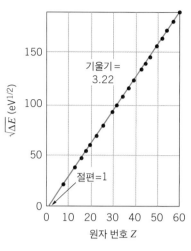

그림 8.16 원자 번호에 따른 K_α 엑스선 에너지의 제곱근의 Moseley 도표.

New York Public Library/Science Source.

Henry G. J. Moseley(1887~1915, 영국). 그의 엑스선 스펙트럼 연구는 화학 주기율표와 원자 물리학 간의 첫 번째 연결고리를 제공하였지만, 그가 제1차 세계대전 전장에서 전사하면서 그의 훌륭한 경력은 짧게 끝나고 말았다.

소들이 정렬되었던 주기율표를 원소들의 전자 배치를 기반으로 한 분류로 바꾸었다.

▌예제 8.5

그림 8.14의 K_α 엑스선은 사실 2개의 매우 가까운 파장으로 구성되어 있다. 두 방사선이 발생하는 원인과 왜 정확히 2개 인지 설명하시오.

풀이

$n=2$ 껍질은 $2s$와 $2p$라는 2개의 부껍질로 구성되어 있다. $2p$ 부껍질은 자체적으로 2개의 상태로 분할되며, 하나는 $\vec{L}$과 $\vec{S}$ 가 평행하고 다른 하나는 $\vec{L}$과 $\vec{S}$가 반평행하다. (7.9절의 미세

구조 논의 참조) 따라서 실제로 L 껍질은 에너지 분할이 매우 작아 그림 8.14의 척도로 표시할 수 없는 3개의 매우 가까운 구성 요소로 이루어져 있다. $2s$ 부껍질의 전자는 K 껍질의 빈 자리를 채울 수 없다. 왜냐하면 $2s \to 1s$ 복사는 $\Delta l = \pm 1$ 선택 규칙에 의해 금지되기 때문이다. $2p$ 상태 중 어느 하나의 전 자는 K 껍질의 빈 자리를 채우게 되며, 이로써 2개의 관측된 파장이 생성된다.

▌예제 8.6

나트륨의 K_α 엑스선의 에너지를 계산하시오($Z=11$).

풀이

에너지는 식 (8.4)의 도움으로 찾을 수 있다.

$$\Delta E = (10.2\ \text{eV})(Z-1)^2 = (10.2\ \text{eV})(10)^2 = 1.02\ \text{keV}$$

측정된 값은 1.04 keV이다. 작은 차이는 Z_{eff}의 차폐 보정에 기인하며, 이 값은 정확하게 1과 같지 않다.

▌예제 8.7

은($Z=47$)에서 측정된 일부 엑스선 에너지는 $\Delta E(K_\alpha)=21.990$ keV와 $\Delta E(K_\beta)=25.145$ keV이다. 은에서 K 전자의 결합 에 너지는 $E(K)=25.514$ keV이다. 이러한 데이터로부터 (a) L_α 엑스선의 에너지와 (b) L 전자의 결합 에너지를 구하시오.

풀이

(a) 그림 8.14에서 에너지는 다음과 같이 관련되어 있다.

$$\Delta E(L_\alpha) + \Delta E(K_\alpha) = \Delta E(K_\beta)$$

또는

$$\Delta E(L_\alpha) = \Delta E(K_\beta) - \Delta E(K_\alpha)$$
$$= 25.145\ \text{keV} - 21.990\ \text{keV} = 3.155\ \text{keV}$$

(b) 다시 그림 8.14에서 볼 수 있듯이,

$$\Delta E(K_\alpha) = E(L) - E(K)$$

또는

$$E(L) = E(K) + \Delta E(K_\alpha)$$
$$= -25.514 \text{ keV} + 21.990 \text{ keV} = -3.524 \text{ keV}$$

따라서 L 전자의 결합 에너지는 3.524 keV이다.

8.6 각운동량 덧셈*

나트륨과 같은 알칼리 원자의 특성은 주로 단일 외각 전자에 의해 결정된다. 만약 그 전자가 양자수 (n, l, m_l, m_s)를 가지고 있다면, 전체 원자는 마치 그와 동일한 양자수를 가진 것처럼 행동한다. 그러나 완전히 채워진 부껍질 바깥으로 여러 전자를 가진 원자에서는 이러한 규칙이 적용되지 않는다. 예를 들어, 탄소($Z=6$)의 전자 배치는 $1s^2 2s^2 2p^2$이다. 탄소의 각운동량을 찾으려면, 2개의 $2p$ 전자의 각운동량을 결합하여 전체 원자를 특징짓는 전체 궤도 각운동량 양자수 L과 전체 자기 양자수 M_L을 찾아야 한다.

우리가 완전히 채워진 부껍질 바깥으로 2개의 전자를 가진 원자를 가지고 있다고 가정하자. 이러한 전자는 각자 양자수 $(n_1, l_1, m_{l1}, m_{s1})$과 $(n_2, l_2, m_{l2}, m_{s2})$를 갖는다. 원자의 전체 궤도 각운동량은 두 전자의 궤도 각운동량 벡터를 합하여 결정한다.

$$\vec{L} = \vec{L}_1 + \vec{L}_2 \tag{8.5}$$

각각의 벡터는 해당하는 각운동량 양자수와 관련이 있다.

$$|\vec{L}| = \sqrt{L(L+1)}\hbar \qquad |\vec{L}_1| = \sqrt{l_1(l_1+1)}\hbar \qquad |\vec{L}_2| = \sqrt{l_2(l_2+1)}\hbar \tag{8.6}$$

이러한 벡터는 보통의 벡터처럼 더해지지 않으며, 양자화된 각운동량과 관련된 특별한 덧셈 규칙을 갖는다. 이러한 규칙을 통해 L과 그와 연관된 자기 양자수 M_L을 찾을 수 있다.

1. 전체 궤도 각운동량 양자수의 최댓값은

$$L_{\max} = l_1 + l_2 \tag{8.7}$$

2. 전체 궤도 각운동량 양자수의 최솟값은

$$L_{\min} = |l_1 - l_2| \tag{8.8}$$

3. 허용되는 L 값은 $L_{\min}$부터 $L_{\max}$까지 정수 간격의 범위를 가진다.

---

* 이 부분은 선택 사항이며 생략해도 내용의 일관성은 유지된다.

$$L = L_{\min}, L_{\min} + 1, L_{\min} + 2, \dots, L_{\max} \tag{8.9}$$

4. 전체 각운동량 벡터의 z성분은 개별 벡터의 z성분의 합으로부터 찾는다.

$$L_z = L_{1z} + L_{2z} \tag{8.10}$$

또는 자기 양자수를 사용하여 표현하면,

$$M_L = m_{l1} + m_{l2} \tag{8.11}$$

허용되는 전체 자기 양자수 M_L의 값은 $-L$에서 $+L$까지 정수 간격의 범위를 가진다.

$$M_L = -L, -L + 1, \dots, -1, 0, +1, \dots, L - 1, L \tag{8.12}$$

같은 규칙이 스핀 각운동량 벡터를 결합하여 전체 스핀 각운동량 $\vec{S}$를 만들기 위해 적용된다. 각각 $s = \frac{1}{2}$인 두 전자에 대해, 전체 스핀 양자수 S는 0 또는 1이 될 수 있다.

완전히 채워진 부껍질은 $L = 0$과 $S = 0$을 갖기 때문에, 원자의 각운동량을 분석할 때 완전히 채워진 부껍질을 고려할 필요가 없다. 이러한 이유로 인해, 일반적으로 완전히 채워진 부껍질은 원자의 자기 특성에 기여하지 않는다.

2개 이상의 전자를 결합할 때, 절차는 먼저 L의 최댓값과 최솟값을 주는 두 전자의 각운동량을 결합하는 것이다. 그런 다음 각각 허용된 L을 세 번째 전자의 각운동량에 결합하여 가장 큰 최댓값과 가장 작은 최솟값을 찾는다. 이러한 과정을 완전히 채워지지 않은 부껍질의 모든 전자에 대해 계속해서 진행한다.

예제 8.8

탄소에 대한 전체 궤도 및 스핀 양자수를 찾으시오.

풀이

탄소는 완전히 채워진 부껍질 바깥으로 2개의 $2p$ 전자를 가지고 있다. 이 전자들은 각각 $l = 1$을 갖는다. 각운동량 덧셈 규칙에 따라 다음과 같은 결과를 얻는다.

$$L_{\max} = 1 + 1 = 2 \qquad L_{\min} = |1 - 1| = 0$$

따라서 $L = 0, 1,$ 또는 2이다. 스핀 각운동량에 대해서는 다음과 같다.

$$S_{\max} = \frac{1}{2} + \frac{1}{2} = 1 \qquad S_{\min} = \left| \frac{1}{2} - \frac{1}{2} \right| = 0$$

따라서 $S = 0$ 또는 1이다. 그러나 Pauli 원리에 의해 일부 L과 S의 조합이 금지될 수 있다. 예를 들어, $L = 2$를 얻기 위해서는 두 전자가 모두 $m_l = +1$을 가져야 한다. 따라서 두 전자는 m_s의 값이 서로 달라야 하므로, $L = 2$일 때 $S = 1$은 허용되지 않는다.

예제 8.9

질소에 대한 전체 궤도 및 스핀 양자수를 찾으시오.

풀이

질소는 완전히 채워진 부껍질 바깥으로 각각 $l=1$인 3개의 $2p$ 전자를 가진다. 처음 두 전자를 더하면, $L_{max}=2$와 $L_{min}=0$이 되며, 예제 8.8과 마찬가지로 $L=0, 1$, 또는 2이다. 이제 세 번째 $l=1$ 전자를 각각 이러한 값에 결합하여 가장 큰 최댓값과 가장 작은 최솟값을 찾는다.

$$L_{max} = 2+1 = 3 \qquad L_{min} = |1-1| = 0$$

따라서 $L=0, 1, 2$, 또는 3이다. 스핀 벡터에 대해서는 다시 처음 2개를 결합하여 $S_{max}=1$과 $S_{min}=0$을 얻는다. 세 번째 $s=1/2$ 전자를 추가하면,

$$S_{max} = 1 + \frac{1}{2} = \frac{3}{2} \qquad S_{min} = \left|0-\frac{1}{2}\right| = \frac{1}{2}$$

따라서 S의 결괏값은 $1/2$과 $3/2$이다(최소에서 최대까지 정수 간격으로). 다시 한번, Pauli 원리에 따라 일부 L과 S의 조합이 금지될 수 있다. $L=3$인 상태는 존재할 수 없다. 왜냐하면 세 전자는 모두 $m_l=+1$을 가져야 하기 때문에, m_s 양자수를 할당하면 두 전자가 동일한 m_l과 m_s를 가지게 되어 Pauli 원리에 의해 금지된다.

탄소의 두 $2p$ 전자는 결합하여 $L=0, 1$ 또는 2, 그리고 $S=0$ 또는 1을 갖는다. 탄소의 바닥 상태는 L과 S의 특정한 조합으로 식별된다. 이러한 조합 중 어떤 것이 바닥 상태가 될 것인지를 어떻게 알 수 있을까? 바닥 상태 양자수를 찾는 규칙은 **Hund 규칙**(Hund's rules)이라고 알려져 있다.

1. 먼저 Pauli 원리와 일치하는 전체 스핀 자기 양자수 M_S의 최댓값을 찾는다. 그러면

$$S = M_{S,max} \tag{8.13}$$

2. 그다음, 해당 M_S에 대해 Pauli 원리와 일치하는 M_L의 최댓값을 찾는다. 그러면

$$L = M_{L,max} \tag{8.14}$$

탄소의 경우, M_S의 최댓값은 2개의 가전자가 모두 $m_s=+1/2$일 때 얻어지는 $+1$이다. 따라서 $S=1$이다. $2p$ 껍질에 전자가 2개뿐이므로, Pauli 원리는 S에 대해 아무런 제약을 가하지 않는다. 사실 $2p$ 껍질의 전자 3개를 모두 $m_s=+1/2$로 할당할 수 있다. 다음 작업은 M_L의 최댓값을 찾는 것이다. 첫 번째 p 전자의 m_l에 대한 최댓값은 $+1$이다. 그러나 두 번째 p 전자는 $m_l=+1$을 가질 수 없다. 왜냐하면 그렇게 되면 두 전자가 동일한 양자수 집합을 가지게 되어 Pauli 원리를 위반하게 되기 때문이다. 두 번째 전자의 m_l의 최댓값은 0이므로 $M_{L,max}=+1$이 되고, 따라서 $L=1$이다. 따라서 탄소의 바닥 상태는 $S=1$과 $L=1$로 특징지어진다.

예제 8.10

Hund 규칙을 사용하여 질소의 바닥 상태 양자수를 구하시오.

풀이

질소의 전자 배치는 $1s^2 2s^2 2p^3$이다. 먼저, 3개의 $2p$ 전자에 대해 전체 M_S를 최대화한다. p 부껍질에 있는 세 전자는 Pauli 원리에 의해 $m_s = +\frac{1}{2}$을 가질 수 있으므로, M_S의 최댓값은 $\frac{3}{2}$이고, 따라서 S는 $\frac{3}{2}$이다. 각각의 세 전자는 양자수 $(2, 1, m_l, +\frac{1}{2})$을 갖는다. M_L을 최대화하기 위해 첫 번째 전자에게 m_l의 최댓값인 $+1$을 할당한다. 두 번째 전자에 남은 m_l의 최댓값 0을 할당하고, 따라서 세 번째 전자는 $m_l = -1$을 가져야 한다. 전체 M_L은 $1 + 0 + (-1) = 0$이므로, L은 0이다. 따라서 질소의 바닥 상태 양자수는 $L = 0$, $S = \frac{3}{2}$이다.

예제 8.11

산소($Z = 8$)의 바닥 상태 L과 S를 구하시오.

풀이

산소의 전자 배치는 $1s^2 2s^2 2p^4$이다. p 부껍질에서 $m_s = +\frac{1}{2}$을 가질 수 있는 전자는 오직 3개뿐이므로, 네 번째 전자는 $m_s = -\frac{1}{2}$을 가져야 한다. 따라서 $M_{S,\text{max}} = \frac{1}{2} + \frac{1}{2} + \frac{1}{2} + (-\frac{1}{2}) = +1$이 되고, 이로부터 $S = 1$이다. L을 찾기 위해, 질소와 마찬가지로, $m_s = +\frac{1}{2}$을 가진 세 전자는 $m_l = +1, 0, -1$을 가지며, M_L을 최대화하기 위해 네 번째 전자에게 $m_l = +1$을 할당한다. 따라서 $M_{L,\text{max}} = +1$이 되고, 이로부터 $L = 1$이다.

이제 헬륨의 에너지 준위를 살펴보자. 헬륨의 바닥 상태 배치는 $1s^2$이다. 두 전자 모두 $l = 0$인 s 전자이므로, 가능한 L의 값은 0뿐이다. 두 전자 모두 $m_l = 0$을 가지고 있기 때문에 Pauli 원리에 따라 두 전자의 스핀이 반대여야 하며, 따라서 하나는 $m_s = +\frac{1}{2}$이고 다른 하나는 $m_s = -\frac{1}{2}$이어야 한다. 따라서 유일하게 가능한 총 M_S 값은 0이므로, 헬륨의 바닥 상태는 $L = 0$과 $S = 0$이다. 첫 번째 들뜬 상태는 $1s^1 2s^1$ 배치를 가진다. 여전히 두 전자는 $l = 0$이기 때문에 다시 한번 $L = 0$이어야 한다. 그러나 이제 전체 스핀 S는 0 또는 1이 될 수 있다. 왜냐하면 Pauli 원리가 이 경우에는 m_s를 제한하지 않기 때문이다. 이미 두 전자는 서로 다른 주양자수 n을 가지고 있기 때문에 같은 m_s를 가지는 것을 막지 못한다. 따라서 헬륨의 '첫 번째 들뜬 상태'는 두 가지가 있으며, 하나는 $L = 0$과 $S = 0$이고, 다른 하나는 $L = 0$과 $S = 1$이다. (이 두 상태는 모두 배치가 $1s^1 2s^1$이다.) $S = 0$인 상태를 **단일항** 상태(singlet state)라고 하며(M_S 값이 하나뿐이기 때문에), $S = 1$인 상태를 **삼중항** 상태(triplet state)라고 한다(M_S 값이 $+1, 0, -1$로 3개이기 때문에).

상태를 단일항과 삼중항으로 분류하는 것은 상태 간의 전이에 대한 **선택 규칙**을 고려할 때 중요하다. 이 선택 규칙은 어떤 전이가 허용되는지(따라서 발생할 가능성이 있는지)와 어떤 것이 허용되지 않는지를 알려준다. L과 S 양자수를 모두 포함하는 선택 규칙은 다음과 같다.

$$\Delta L = 0, \pm 1 \tag{8.15}$$

$$\Delta S = 0 \tag{8.16}$$

(n에 대한 선택 규칙은 없다.) 물론 여전히 **전이를 수행하는 단일 전자**에 대한 $\Delta l = \pm 1$의 선택 규칙이 적용된다. 헬륨의 두 $1s^1 2s^1$ 상태에 대해, Δl 규칙은 두 상태 모두 $1s^2$ 바닥 상태로 전이하도록 허용하지 않는다($2s$에서 $1s$로의 전이는 $\Delta l = 0$이기 때문이다). 또한 ΔS 규칙은 삼중항($S=1$) 상태가 $S=0$ 바닥 상태로 붕괴하는 것을 금지한다. 따라서 이러한 전이는 이러한 선택 규칙을 위반해야만 발생할 수 있다. 그것은 매우 희박한 사건이기 때문에 이러한 전이는 매우 낮은 확률로 발생한다. 붕괴 확률이 낮은 에너지 준위는 붕괴하기 전에 오랜 시간 동안 '살아남아'야 하며, 이러한 상태를 **준안정 상태**(metastable state)라고 한다.

그림 8.17은 헬륨의 에너지 준위와 전이를 보여준다. 단일항과 삼중항 준위들은 $\Delta S = 0$ 선택 규칙을 위반하기 때문에 별도로 그룹화되어 있다.

그림 8.18에서는 탄소의 에너지 준위 도표를 보여준다. 알칼리 금속과 심지어 헬륨

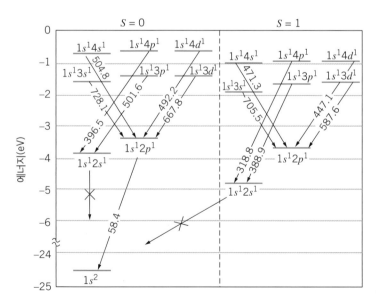

그림 8.17 헬륨의 에너지 준위 도표. 상태들은 단일항($S=0$)과 삼중항($S=1$)으로 그룹화되어 있다. 광학 및 자외선 영역에서의 일부 전이가 표시되어 있다. X로 표시된 전이는 $\Delta l = \pm 1$ 선택 규칙을 위반한다.

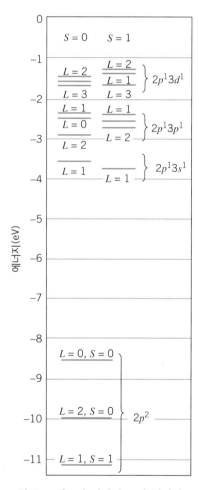

그림 8.18 탄소의 에너지 준위 다이어그램. 각 준위 그룹은 전자 배치로 지정되어 있다. 개별 준위는 총 L과 S로 지정되어 있다.

과 비교할 때 도표가 더 복잡하다는 사실에 주목하자. 이는 l 값이 0이 아닌 두 전자의 결합에서 나오는 것이다. $2p^2$ 배치는 $L=0, 1,$ 또는 2와 $S=0$ 또는 1을 가질 수 있다는 것을 이미 논의하였다. 이 중 하나만이($L=1, S=1$) 탄소의 바닥 상태이며, 나머지는 들뜬 상태이다. 더 많은 들뜬 상태는 $2p$ 전자 중 하나를 더 높은 준위로 진급하여 얻을 수 있으며, 이는 $2p^1 3s^1$ ($L=1, S=0$ 또는 1), $2p^1 3p^1$ ($L=0, 1,$ 또는 2; $S=0$ 또는 1), $2p^1 3d^1$ ($L=1, 2,$ 또는 3; $S=0$ 또는 1) 등의 배치를 제공한다. 희토류 또는 악티늄 같은 최대 14개의 전자를 가질 수 있는 f 부껍질($l=3$)을 가진 원자들의 에너지 준위 도표를 분석하는 어려움을 상상해 보자.

8.7 레이저

원자의 에너지 준위와 상호 작용할 수 있는 복사에는 (그림 8.19에 나와 있는 것처럼) 세 가지 방법이 있다. 우리는 이미 첫 번째와 두 번째에 대해 논의하였다. 첫 번째 유형의 상호 작용에서는 들뜬 상태에 있는 원자가 낮은 상태로 전이하면서 광자를 방출한다. (여기서 고려하는 모든 예에서 광자의 에너지는 두 원자 상태의 에너지 차와 같다.) 이것은 **자발 방출**(spontaneous emission)로, 다음과 같이 표현할 수 있다.

원자* → 원자 + 광자

여기서 별표(*)는 들뜬 상태를 나타낸다.

두 번째 상호 작용인 **유도 흡수**(induced absorption)는 흡수 스펙트럼과 공진 흡수를 담당한다. 바닥 상태의 원자가 (적절한 에너지의) 광자를 흡수하고 들뜬 상태로 전이한다. 기호로는 다음과 같이 표현한다.

원자 + 광자 → 원자*

레이저 작동을 담당하는 세 번째 상호 작용은 **유도**(또는 **자극**) **방출**(induced (or stimulated) emission)이다. 이 과정에서 원자는 초기에 들뜬 상태에 있다. 딱 맞는 에너지(두 준위의 에너지 차와 같음)를 가진 광자가 지나갈 때 원자를 자극하여 광자를 방출하고, 원자를 낮은 상태 혹은 바닥 상태로 전이하도록 유도한다. (물론 원자는 결국 자체적으로 그 전이를 할 것이다. 하지만 지나가는 광자에 의해 자극을 받은 후 더 빨리 전이하게 된다.) 기호로는 다음과 같이 표현한다.

원자* + 광자 → 원자 + 2 광자

중요한 사실은 방출되는 두 광자가 **정확히 같은 방향**으로 이동하며 **정확히 같은 에너지**를 가지고 있고, 관련 전자기파가 **완전히 위상 일치**(결맞음)를 이룬다는 점이다.

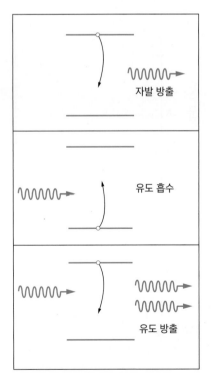

그림 8.19 원자의 에너지 준위와 복사의 상호 작용.

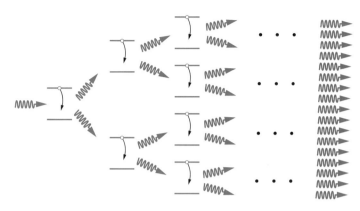

그림 8.20 레이저에서 강렬한 광선의 형성. 각각의 방출된 광자는 들뜬 상태의 원자와 상호 작용하여 2개의 광자를 생성한다.

그림 8.20에 나와 있는 것처럼, 우리가 같은 들뜬 상태에 있는 원자들의 모음을 가지고 있다고 가정하자. 광자가 첫 번째 원자를 통과할 때 유도 방출을 유발하여 2개의 광자를 생성한다. 이 두 광자는 각각 유도 방출 과정을 유발하여 4개의 광자를 생성한다. 각 단계마다 광자의 수가 두 배씩 증가하여, 모두 결맞음을 이루면서 같은 방향으로 이동하는 강렬한 광자 빔을 형성할 때까지 이 과정이 계속해서 진행된다. 가장 간단한 해석에서 이것이 레이저 작동의 기초이다. [레이저(laser)라는 단어는 레이저 방출 광선의 증폭(Light Amplification by Stimulated Emission of Radiation)의 약자이다.]

이 레이저에 대한 간단한 모델은 여러 이유로 작동하지 않는다. 첫째, 원자 모음들이 자극을 받아 광자를 방출할 때까지 (우리는 어떠한 **자발** 방출도 원하지 않는다.) 그들을 들뜬 상태로 유지하는 것이 어렵다. 둘째, 우연히 바닥 상태에 있는 원자는 흡수를 통해 빔에서의 광자를 제거한다.

이러한 문제를 해결하기 위해서는 **밀도 반전**(population inversion)을 달성해야 한다. 즉, 원자 모음에서 높은 상태에 있는 원자들이 낮은 상태에 있는 원자들보다 많아야 한다. 이는 열적 평형의 일반적인 조건에서는 항상 낮은 상태에 더 많은 원자가 존재하기 때문에 '반전'이라고 불리며, 레이저 작동에 필수적이기 때문에 이러한 '반전'은 인공적 수단으로 달성되어야 한다.

1960년 Theodore Maiman에 의해 구축된 첫 번째 레이저는 세 준위 원자(그림 8.21)를 기반으로 한다. 레이저 매질은 고체 루비 막대인데, 막대 안의 크롬 원자들이 레이저의 작용을 담당한다. 원래 바닥 상태에 있던 원자들은 외부 에너지 공급원에 의해 (루비 막대를 둘러싼 플래시 램프에서의 빛 폭발에 의해) 들뜬 상태로 '펌핑'된다. 들뜬 상태는 매우 빠르게 (자발 방출로 인하여) 낮은 들뜬 상태로 붕괴하는데, 이 상태를 준안

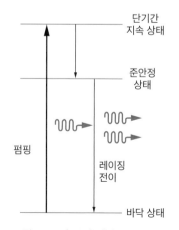

그림 8.21 세 준위 원자.

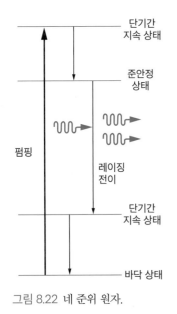

그림 8.22 네 준위 원자.

정 상태라고 한다. 원자는 대략 10^{-3}초로 10^{-8}초의 단수명 상태와 비교하여 상대적으로 긴 시간 동안 그 준위에 머무르게 된다. 준안정 상태에서 바닥 상태로의 전이는 통과하는 광자에 의한 유도 방출로 생기는 '레이저' 전이이다.

펌핑 작용이 성공적인 경우, 준안정 상태에 있는 원자의 수가 바닥 상태보다 많아지며, 밀도 반전을 달성한다. 그러나 레이저 전이가 발생하면서 바닥 상태의 밀도가 증가하여 밀도 반전이 교란된다. 바닥 상태의 밀도 초과는 레이저 전이의 흡수를 허용하여 레이저 작용에 기여할 수 있는 광자를 제거한다.

그림 8.22에 제시된 네 준위 레이저는 이러한 남은 어려움을 해결한다. 바닥 상태는 들뜬 상태로 펌핑되는데, 세 준위 레이저와 마찬가지로 들뜬 상태는 급속하게 준안정 상태로 붕괴한다. 레이저 전이는 준안정 상태에서 다른 들뜬 상태로 진행되며, 이 들뜬 상태는 차례로 바닥 상태로 급속히 붕괴한다. 따라서 **바닥 상태의 원자는 레이저 전이의 에너지를 흡수할 수 없으며**, 우리는 실질적인 레이저를 가지게 된다. 더 낮은 단수명 상태는 항상 준안정 상태의 밀도보다 작으므로 밀도 반전을 유지한다.

네 준위 레이저의 익숙한 예로는 헬륨-네온 레이저가 있다. 이 레이저는 헬륨과 네온 가스의 혼합물(약 90% 헬륨)로 작동한다. 헬륨과 네온의 중요한 에너지 준위는 그림 8.23에 나와 있다. 가스 내의 전기 전류는 바닥 상태의 헬륨을 약 20.6 eV의 들뜬 상태로 '펌핑'한다. 이것은 헬륨의 준안정 상태이다. 원자는 그 상태에서 상당한 시간을 머무르는데, 이는 광자 방출에 의해 $2s$ 전자가 $1s$ 준위로 돌아가는 것을 허용하지 않기 때문이다. 가끔씩 여기된 헬륨 원자가 바닥 상태의 네온 원자와 충돌한다. 이때 20.6 eV의 들뜸 에너지는 네온 원자로 이전될 수 있다. 왜냐하면 네온은 우연히 20.6 eV의 들뜬 상태를 가지면서 헬륨 원자가 바닥 상태로 돌아갈 수 있기 때문이다. 기호로는 다음과 같이 표현한다.

$$\text{헬륨}^* + \text{네온} \rightarrow \text{헬륨} + \text{네온}^*$$

여기서 들뜬 상태는 별표로 표시된다. 네온의 들뜬 상태는 완전히 채워진 $2p$ 부껍질에서 하나의 전자를 제거하여 $5s$ 부껍질로 승격시키는 것에 해당한다. 거기서 $3p$ 준위로 붕괴하고 결국 $2p$ 바닥 상태로 되돌아간다. 그림 8.23은 이러한 사건의 순서와 준위 체계를 보여준다. (점선으로 표시된 준위, 즉 네온 $3s$ 준위는 레이저의 기본 작동에 중요하지 않지만, 네온 바닥 상태로 돌아가기 위한 중간 단계로 필요하다. 왜냐하면 $\Delta l = 0$인 $3p \rightarrow 2p$ 전이는 허용되지 않지만, $3p \rightarrow 3s \rightarrow 2p$ 전이 순서는 허용되기 때문이다.)

어떠한 시점에서 $5s$ 상태의 네온 원자들이 $3p$ 상태에 있는 네온 원자들보다 더 많은데, 이는 네온의 $5s$ 상태가 헬륨의 들뜬 상태와 에너지가 매우 잘 일치하여 네온의

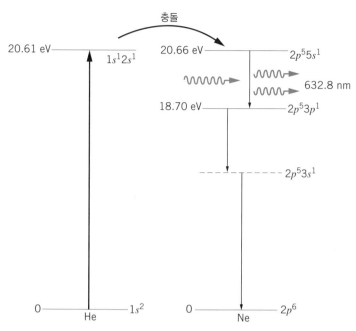

그림 8.23 헬륨-네온 레이저의 전이 순서.

5s 상태가 여기될 높은 확률을 제공하기 때문이다. 반면에 3p 상태는 빠르게 붕괴한다. 이것은 레이저에 필요한 밀도 반전을 제공한다.

헬륨-네온 레이저에서 기체는 좁은 튜브에 밀봉되어 있다(그림 8.24). 때때로 5s 상태의 네온 원자가 튜브 축에 평행한 광자(파장 632.8 nm)를 자발적으로 방출한다. 이 광자는 다른 원자에 의해 자극 방출을 일으키고, 결국 튜브 축을 따라 이동하는 결맞음(위상 일치) 빔 복사를 형성한다. 거울은 튜브의 양 끝에 세심하게 정렬되어, 결맞음 파동의 형성에 도움을 준다. 결맞음 파동은 튜브의 두 끝 사이를 왔다 갔다 하면서 추가적인 자극 방출을 유도한다. 거울 중 하나는 일부만 은박 처리하여 빔 일부가 한쪽 끝

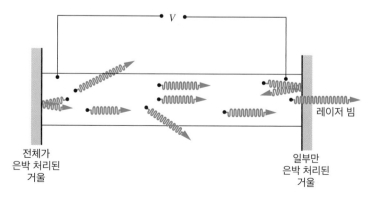

그림 8.24 헬륨-네온 레이저의 구성도.

을 통해 탈출할 수 있도록 한다.

레이저는 특별히 효율적인 장치는 아니다. 실험실이나 시연 실험에 사용되는 소형 헬륨-네온 레이저는 약 수 밀리와트의 광 출력을 가진다. 이런 장치를 작동하는 데 필요한 전기 전력은 10~100 W 정도가 되며, 따라서 이러한 장치의 효율성(출력÷입력)은 약 $10^{-4} \sim 10^{-5}$ 정도이다. 레이저 빔의 **결맞음**(coherence)과 **방향성**(directionality), 그리고 **에너지 밀도**(energy density)가 레이저를 매우 유용한 장치로 만든다. 그 출력은 직경이 몇 밀리미터인 빔에 집중시킬 수 있으며, 작은 레이저라도 100~1,000 W/m^2의 출력을 제공할 수 있다. 현재 대형 레이저는 메가와트(10^6 W) 범위에 있으며, 연구 실험실에서는 특수한 용도로 100테라와트(10^{14} W) 범위의 레이저를 사용하고 있다. 이러한 강력한 레이저는 연속적으로 작동하지 않으며, 대신 100 Hz 정도의 비율로 짧은(약 10^{-9}초) 펄스를 생성한다. (사실 이러한 펄스는 파동 묶음의 훌륭한 예이다.)

요약

		절			절
Pauli 배타 원리	단일 원자 내의 두 전자는 동일한 양자수 (n, l, m_l, m_s)를 가질 수 없다.	8.1	K_α 엑스선에 대한 Moseley의 법칙	$\Delta E = (10.2 \text{ eV})(Z-1)^2$	8.5
원자 부껍질의 채워지는 순서	$1s, 2s, 2p, 3s, 3d, 4s, 3d, 4p,$ $5s, 4d, 5p, 6s, 4f, 5d, 6p, 7s,$ $5f, 6d$	8.2	각운동량 l_1, m_{l1}과 l_2, m_{l2}의 덧셈	$L_{\max} = l_1 + l_2$ $L_{\min} = \|l_1 - l_2\|$ $M_L = m_{l1} + m_{l2}$	8.6
부껍질 nl의 수용능력	$2(2l+1)$	8.2	바닥 상태에 대한 Hund 규칙	먼저 $S = M_{S,\max}$, 그다음 $L = M_{L,\max}$	8.6
차폐된 전자의 에너지	$E_n = (-13.6 \text{ eV}) \dfrac{Z_{\text{eff}}^2}{n^2}$	8.3			

질문

1. 첫 번째 g 부껍질이 채워지기 시작하는 위치는 어디일 것으로 예상하는가? g 부껍질 원소들이 가질 것으로 예상되는 특성은 무엇인가?

2. $4s$와 $3d$ 부껍질들이 서로 다른 주양자수 n에 속하지만, 에너지가 매우 가깝게 나타나는 이유는 무엇인가?

3. 원소 107번이 좋은 전도체인지 나쁜 전도체인지 예상할 수 있는가? 원소 111번은 어떠한가? 원소 112번은 상자성 혹은 반자성일 것으로 예상하는가?

4. 하프늄 금속 내에서 지르코늄이 불순물로 자주 나타나는 이유는 무엇인가?

5. 이터븀(Yb)이 충분히 낮은 온도에서 강자성이 될 것으로 예상하는가? 폴로늄(Po)의 경우 상온에서 어떤 유형의 자성이 예상되는가? 프랑슘(Fr)의 경우는 어떠한가?

6. 전이 금속 혹은 희토류 원소 계열을 거쳐 가면서 d 혹은 f 부껍질에 전자를 추가한다. 화학 화합물에서 이러한 원소들은 종종 +2의 원자가를 나타내는데, 이는 2개의 s 전자를 제거하는 것에 대응된다. 이 모순된 현상을 설명하시오.

7. 희토류(란타나이드) 원소들이 어째서 유사한 화학적 성질을 가지는가? 란타나이드 원자들을 서로 구별하기 위해 어떤 성질을 사용할 수 있는가?

8. Bohr 이론은 광학적 전이를 잘 설명하지 못하지만, 왜 엑스선 전이의 에너지는 잘 예측하는지 설명하시오.

9. $L=0$이고 $S=0$인 원자의 전자 배치에 대해 어떤 결론을 내릴 수 있는가?

10. 바닥 상태에서 각운동량 양자수 L과 S를 가지는 원자를 사용하여 Stern-Gerlach 실험을 수행한다고 가정해 보자. 빔은 몇 개의 구성 요소로 분리되는가? 빔이 균일한 간격으로 나뉘는가?

11. $S=0$을 가지는 총 궤도 각운동량 L의 상태의 겹침은 얼마인가? $L=0$을 가지는 총 스핀 각운동량 S의 상태의 겹침은 얼마인가? L과 S가 모두 0이 아닌 상태의 총겹침은 얼마인가?

12. 원자가 정상 Zeeman 효과를 나타내려면 어떤 L과 S 값을 가져야 할까? 이것은 바닥 상태에만 적용되는 것인가, 아니면 들뜬 상태에도 적용되는가? 원자가 어떤 전이에서는 정상 Zeeman 효과를 나타낼 수 있고, 다른 전이에서는 이상 Zeeman 효과를 나타낼 수 있는가? 같은 원자가 어떤 전이에서는 전혀 Zeeman 효과를 나타내지 않을 수 있는가?

13. 전자 l과 s 값이 결합하여 총 L과 S를 주는 규칙에 따라 완전히 채워진 부껍질이 원자의 자기적 특성에 기여하지 않는 이유를 설명하시오.

14. 원자가 바닥 상태에서 $S=0$을 가진다면, 해당 원자가 짝수 개 혹은 홀수개의 전자를 가지는지 추론할 수 있는가? $L=0$이면 어떻게 되는가?

15. L 원자 껍질은 사실상 3개의 서로 다른 준위를 포함하고 있다. $2s$ 준위와 2개의 $2p$ 준위(미세 구조 이중항)이다. 고해상도로 K_α 엑스선을 살펴보면 3개가 아닌 2개의 다른 구성 요소를 볼 수 있다. 이 불일치를 설명하시오.

16. 식 (8.4)를 이용하여 계산한 K_α 에너지는 $Z=20$에 대해 약 0.1% 낮고, $Z=40$에 대해 1% 낮으며, $Z=80$에 대해 10% 낮다. 단순한 이론이 큰 Z에 대해 실패하는 이유는 무엇인가? 이것은 차폐 효과가 올바르게 처리되지 않았거나 Z_{eff}가 $Z-1$이 아닌 이유일 수 있을까? 그렇지 않다면 다른 이유를 제안할 수 있는가?

17. 나트륨의 첫 번째 들뜬 상태는 미세 구조 이중항이다. 이러한 상태의 붕괴에서 방출되는 파장은 589.59 nm와 589.00 nm이며, 차이는 0.59 nm이다. 나트륨의 $4s^1$ 들뜬 상태(그림 8.4 참조)는 $3p$ 이중항으로 붕괴하며, 방출 복사 파장은 1,138.15 nm와 1,140.38 nm로, 차이는 2.23 nm이다. $3p$ 미세 구조가 어떤 경우에는 0.59 nm의 파장 차이를 주지만, 다른 경우에는 2.23 nm 차이를 주는 이유를 설명하시오.

18. 그림 8.21과 같이, 준안정 상태가 높은 들뜬 상태인 세 준위 원자를 가지고 있다고 가정하자. 그러면 레이저 전이는 상위 전이가 될 것이다. 이 원자가 레이저 전이의 흡수 문제를 해결하는가? 그런 원자는 좋은 레이저가 되는가?

19. 레이저 빔은 점광원과 어떻게 다른가? 레이저와 점광원으로부터의 거리에 따른 빔 강도의 변화를 비교하시오.

20. 밀도 반전은 무엇을 의미하며, 레이저 작동에 필수인 이유는 무엇인가?

21. 레이저 빛이 결맞음되어 있다는 것을 어떻게 보일 수 있는가? 일반 단색 광원을 사용하는 동일한 실험의 결과는 어떠한가? 흰색 광원을 사용할 때는 어떠한가?

연습문제

8.1 Pauli 배타 원리

1. (a) $2p$ 전자의 여섯 가지 가능한 양자수 (n, l, m_l, m_s) 집합을 나열하시오. (b) 탄소처럼 2개의 $2p$ 전자가 있는 원자를 가지고 있다고 가정하자. Pauli 원리를 무시한다면, 두 전자의 양자수의 가능한 조합은 총 몇 가지인가? (c) Pauli 원리를 적용하였을 때 (b)의 가능한 조합 중 제거되는 조합의 개수는 얼마인가? (d) 탄소가 $2p^1 3p^1$ 배치를 가진 들뜬 상태에 있다고 가정하자. Pauli 원리는 전자들의 양자수 선택을 제한하는가? 두 전자의 가능한 양자수 집합은 몇 가지인가?

2. 질소($Z = 7$)는 $2p$ 준위에 3개의 전자를 가지고 있다(또한 $1s$와 $2s$ 준위에 각각 2개의 전자가 있다). (a) Pauli 원리와 일치하도록, 모든 7개의 전자에 해당하는 총 m_s가 가질 수 있는 최댓값은 얼마인가? (b) 총 m_s가 최댓값을 가지게 하는 3개의 2p 전자들의 양자수를 나열하시오. (c) $2p$ 준위의 전자들이 m_s를 최대화하는 상태를 차지하고 있을 때, 총 m_l의 가능한 최댓값은 무엇인가? (d) 3개의 $2p$ 전자들이 m_s를 최대화하지 않는 상태에 있다면, 총 m_l의 가능한 최댓값은 무엇인가?

3. (a) $4f$ 준위의 전자에 대해 서로 다른 양자수 집합 (n, l, m_l, m_s)는 몇 개까지 가능한가? (b) 특정 원자가 $4f$ 준위에 3개의 전자를 가지고 있다고 가정하자. 이 세 전자의 총 m_s의 가능한 최댓값은 얼마인가? (c) 3개의 $4f$ 전자의 총 m_l의 가능한 최댓값은 무엇인가? (d) 원자가 $4f$ 준위에 10개의 전자를 가지고 있다고 가정하자. 10개의 $4f$ 전자의 총 m_s의 가능한 최댓값은 무엇인가? (e) 10개의 $4f$ 전자의 총 m_l의 가능한 최댓값은 무엇인가?

8.2 다전자 원자에서의 전자 상태

4. (a) 베릴륨 원자($Z = 4$)가 (광자 빔으로부터) 에너지를 흡수하여 전자 하나를 들뜬 상태로 보낸다고 가정하자. 만약 이러한 전이가 발생하는 데 필요한 최소한의 광자 에너지가 설정되었다면, 전자는 어떤 부껍질에서 전이하여 어떤 부껍질로 이동하는가? (b) 동일한 실험을 네온($Z = 10$)에서 수행한다고 가정해 보자. 최소 흡수 에너지로부터 전자는 어떤 부껍질에서 전이하여 어떤 부껍질로 이동하는가? (c) 베릴륨의 최소 흡수 에너지가 네온의 최소 에너지보다 더 큰지 혹은 더 작은지 예상할 수 있는가? 설명하시오.

5. (a) p^3 배치를 가진 원소를 모두 나열하시오. (b) d^7 배치를 가진 원소를 모두 나열하시오.

6. (a) P, (b) V, (c) Sb, (d) Pb에 대해 각각의 전자 배치를 제시하시오.

7. (a) Mg, (b) Cu, (c) Ar, (d) Si의 경우에 대해 각각 가능한 첫 번째 들뜬 상태의 전자 배치를 제시하시오.

8. 음이온은 중성 원자에 전자를 추가함으로써 생성될 수 있다. (a) Be⁻, (b) N⁻, (c) Cl⁻, (d) Cu⁻의 경우 각각의 전자 배치는 무엇인가?

9. (a) 그림 8.1은 부껍질의 여섯 가지 군을 보여준다. 7번째 군에는 어떤 부껍질이 포함되는가? (b) 8번째 군에는 어떤 부껍질이 포함되는가? (c) Og 이후의 다음 불활성 기체의 원자 번호는 무엇인가?

10. (a) Fe의 전자 배치는 무엇인가? (b) 바닥 상태에서 전자의 가능한 최대 총 m_s는 무엇인가? (c) 전자가 가능한 최대 총 m_s를 가질 때, 총 m_l의 최댓값은 무엇인가? (d) 만약 d 전자 중 하나가 다음으로 높은 준위로 여기된다면, 가능한 최대 총 m_s는 무엇이며, m_s가 최댓값을 가질 때 총 m_l의 최댓값은 무엇인가?

8.3 외각 전자: 차폐와 광학적 전이

11. 단일 이온화된 리튬($Z = 3$)의 바닥 상태는 $1s^2$이다. 전자 차폐 모델을 사용하여 단일 이온화된 리튬의 $1s^1 2p^1$ 및 $1s^1 3d^1$ 들뜬 상태의 에너지를 예측하시오. 이러한 예측을 측정된 에너지와 비교하시오(각각 -13.4 eV 및 -6.0 eV).

12. 중성 베릴륨($Z=4$)의 바닥 상태는 $1s^2 2s^2$이다. 전자 차폐 모델을 사용하여 다음의 들뜬 상태의 에너지를 예측하시오: $1s^2 2s^1 3p^1$ (측정된 -2.02 eV) 및 $1s^2 2s^1 4d^1$ (-0.90 eV).

13. 그림 8.4에서 제공된 파장을 사용하여 리튬의 $3d$와 $4d$ 상태 간의 에너지 차이를 계산하시오. 나트륨의 경우에 대해서도 같은 계산을 수행하시오. 이러한 값을 수소의 $n=4$에서 $n=3$ 에너지 차이와 비교하시오. 다른 Z 값에도 불구하고 좋은 일치를 보이는 이유는 무엇인가?

14. (a) 그림 8.4에 나와 있는 리튬에 대한 정보를 사용하여 $3p$와 $3d$ 상태의 에너지 차이를 계산하시오. (b) 바닥 상태 위에 놓여 있는 리튬의 $3s$, $4s$, $5s$ 상태의 에너지를 계산하시오. (c) 바닥 상태에서 리튬의 이온화 에너지는 5.39 eV이다. $2p$ 상태의 이온화 에너지는 얼마인가? $3s$ 상태의 이온화 에너지는 얼마인가?

8.4 원소의 특성

15. 그림 8.7과 8.8은 원자 번호 $Z=49$에서 원자 반지름의 소량 증가와 해당 원자 번호에서의 이온화 에너지의 소량 감소를 보여준다. (a) 이러한 변동의 원인을 설명하시오. (b) 비슷한 설명으로 해석 가능한 변동을 가지는 다른 두 원자 번호를 찾으시오.

8.5 내부 전자: 흡수 한계와 엑스선

16. 어떤 원소가 파장이 0.1940 nm인 K_α 엑스선을 방출한다. 해당 원소를 식별하시오.

17. 칼슘($Z=20$), 지르코늄($Z=40$), 수은($Z=80$)의 K_α 엑스선 에너지를 계산하시오. 측정값 3.69 keV, 15.8 keV 및 70.8 keV와 비교하시오(질문 16번 참조).

18. 은의 엑스선 파장을 관찰하기 위한 실험에서 큰 에너지를 가지는 전자를 은 금속의 얇은 표본에 가격하여 그림 8.15와 유사한 엑스선 스펙트럼을 생성하였다. 측정된 파장은 0.0487, 0.0497, 0.0561, 0.370, 0.438, 2.38 nm이다. 이러한 파장을 사용하여 은의 에너지 준위를 결정하고 그림 8.14와 유사한 형식으로 그리시오. 각 준위를 해당 에너지와 주양자수로 표지하시오. 6개의 엑스선 전이를 그들의 에너지와 함께 표지하시오.

19. 그림 8.14에서 L 껍질로 식별된 준위는 실제로 매우 인접한 3개의 준위로 구성되어 있다. (a) 이러한 세 준위의 기원을 설명하시오. (b) 마찬가지로, M 껍질은 여러 개의 매우 가깝게 인접한 준위로 구성되어 있다. 이러한 준위는 몇 개이며, 그 기원은 무엇인가? (c) M 껍질 준위의 에너지 간격이 L 껍질 준위의 에너지 간격보다 크거나 혹은 작을 것으로 예상하는가? 설명하시오.

8.6 각운동량 덧셈

20. 크롬은 불활성 원소인 아르곤 핵 이후로 전자 배치 $4s^1 3d^5$를 가진다. 바닥 상태의 L과 S 값은 무엇인가?

21. Hund 규칙을 사용하여 다음의 바닥 상태 L과 S를 구하시오. (a) Ce, 배치 $[\text{Xe}]6s^2 4f^1 5d^1$, (b) Gd, 배치 $[\text{Xe}]6s^2 4f^7 5d^1$, (c) Pt, 배치 $[\text{Xe}]6s^1 4f^{14} 5d^9$.

22. Hund 규칙을 사용하여 다음의 바닥 상태 L과 S를 구하시오. (a) 플루오린($Z=9$), (b) 마그네슘($Z=12$), (c) 티타늄($Z=22$), (d) 철($Z=26$).

23. 어떤 원자의 특정 들뜬 상태는 배치가 $4d^1 5d^1$이다. 가능한 L과 S 값은 무엇인가?

24. 모든 가능한 총 L과 S 상태의 겹침을 사용하여 탄소의 $2p^1 3p^1$ 들뜬 상태를 포함하는 서로 다른 준위 수를 구하시오(그림 8.18 참조). 이 결과를 연습문제 1(d)에서 개별적으로 m_l과 m_s 값을 세는 결과와 비교하시오(질문 11번 참조).

8.7 레이저

25. 작은 헬륨-네온 레이저는 평균 출력이 3.5 mW이고 지름이 2.4 mm인 빛 광선을 생성한다. (a) 레이저에서 초당 방출되는 광자의 수는 얼마인가? (b) 빛 파동의 전기장의 진폭은 얼마인가? 이 결과를 100 W의 가시광선을 방출하는 백열전구에서 1 m 거리에 있는 전기장과 비교하시오.

일반 문제

26. (a) 산소($Z=8$) 원소에서 4개의 $2p$ 전자에 대한 양자수 집합을 할당하는 데 가능한 서로 다른 방법은 몇 가지인가? (b) 4개의 전자의 총 m_s의 가능한 모든 값을 나열하시오. (c) 4개의 전자의 총 m_l의 가능한 모든 값을 나열하시오. (d) 총 m_s가 가능한 가장 큰 값을 가지는 경우, 총 m_l의 가능한 값은 무엇인가? (e) 총 m_l이 가능한 가장 큰 값을 갖는 경우, 총 m_s의 가능한 값은 무엇인가?

27. (a) 나트륨의 이온화 에너지는 5.14 eV이다. 외각 전자가 본 유효 전하는 얼마인가? (b) 나트륨 원자의 $3s$ 전자를 $4f$ 상태로 이동시키면, 측정된 결합 에너지는 0.85 eV이다. 이 상태의 전자에 의해 보여지는 유효 전하는 얼마인가?

28. 그림 8.16과 유사하게 K_β 엑스선에 대한 Moseley 도표를 그리시오. 다음과 같이 keV 단위로 표시된 에너지를 사용하시오.

Ne	0.858	Mn	6.51	Zr	17.7
P	2.14	Zn	9.57	Rh	22.8
Ca	4.02	Br	13.3	Sn	28.4

기울기를 결정하고 예상된 값과 비교하시오. [식 (8.4)는 K_α 엑스선에만 적용된다. K_β 엑스선에 대한 유사한 방정식을 유도해야 한다.] Z축 절편을 결정하고 그 해석을 제시하시오.

29. 그림 8.16과 유사한 L_α 엑스선에 대한 Moseley 도표를 그리시오. 다음과 같이 keV 단위로 표시된 에너지를 사용하시오.

Mn	0.721	Rh	2.89
Zn	1.11	Sn	3.71
Br	1.60	Cs	4.65
Zr	2.06	Nd	5.72

기울기와 절편에 대한 해석을 제시하시오.

30. $3p$ 상태의 미세 구조 분할로 인해 나트륨의 $3p \rightarrow 3s$ 전이는 실제로 589.00 nm와 589.59 nm 파장의 두 인접한 선으로 구성되어 있다. 1 Bohr 마그네톤의 자기 모멘트를 가정할 때, 나트륨의 $3p$ 상태의 미세 구조 분할을 생성하는 유효 자기장을 찾으시오.

31. (a) 리튬의 흡수 스펙트럼의 가장 긴 파장은 얼마인가? (b) 헬륨의 흡수 스펙트럼의 가장 긴 파장은 얼마인가? 이는 스펙트럼의 어느 부분에 해당하는가? (c) 헬륨과 리튬의 흡수 스펙트럼에서 가장 짧은 파장은 무엇인가? 이는 전자기 스펙트럼의 어느 부분에 해당하는가?

32. 그림 8.17에 제시된 파장을 사용하여 헬륨의 $1s^1 4p^1$와 $1s^1 3p^1$ 단일항($S=0$) 상태 간의 에너지 차이를 계산하시오. 이 에너지 차이를 Bohr 모델을 사용한 예상된 값과 비교하시오. 이때 Bohr 모델에서 s 전자에 의해 차폐된 p 전자를 가정한다. $3d$와 $4d$ 삼중항($S=1$) 상태에 대해 계산을 반복하시오.

33. 그림 8.14에 표시된 K_α 엑스선은 실제로 매우 인접한 파장으로 구성되어 있다. $2p$ 상태에서 미세 구조에 의해 분할된 2개의 별도의 엑스선이 있으며, 이를 $K_{\alpha 1}$과 $K_{\alpha 2}$라고 부른다 (7.9절 참조). 여기에 일부 파장 값이 나와 있다.

원소	Z	$\lambda(K_{\alpha 1})$ (nm 단위)	$\lambda(K_{\alpha 2})$ (nm 단위)
Ca	20	335.82	336.18
Zn	30	143.52	143.90
Zr	40	78.60	79.02
Sn	50	49.06	49.51
Nd	60	33.19	33.65
Yb	70	23.67	24.14
Hg	80	17.51	18.00

(a) 미세 구조 이중항의 에너지 차이의 로그-로그 도표에서 에너지 분할이 원자 번호에 어떻게 의존하는지 구하시오. (b) 7.9절에서의 $Z=1$에 대해 수행된 미세 구조 분할 추정 유도 과정을 검토하고, 임의의 Z에 대한 유도를 적절하게 수정하여 Z에 대한 의존성의 그래프 분석 결과를 정당화하시오.

분자 구조

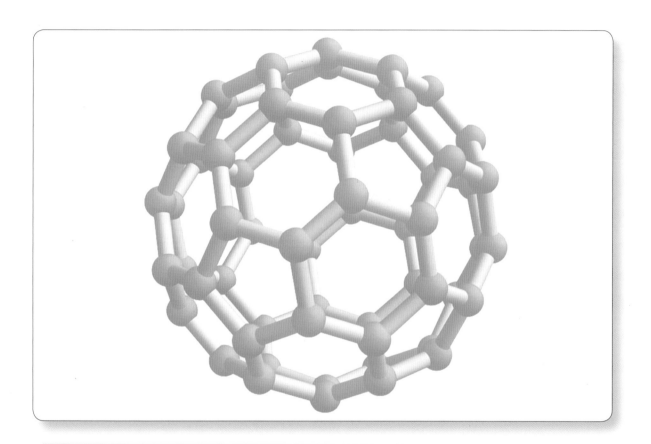

분자는 간단한 두 원자에서부터 DNA와 같은 아주 복잡한 유기 분자까지 다양하다. 사진은 '버키볼'로 알려져 있는 60개의 탄소 원자가 오각형과 육각형으로 구형 정렬을 한 C_{60}의 컴퓨터 모델을 보여준다. Pasieka/Science Source

이 장에서는 원자들이 결합하여 분자를 형성하는 것, 분자의 들뜬 상태, 분자가 빛을 흡수 및 방출하는 과정에 대해서 다룬다. 수많은 실험을 통해 분자 속 원자 사이 거리는 약 0.1 nm이고 원자들의 결합 에너지는 수 eV 정도라는 사실을 알게 되었다. 원자 사이 거리와 결합 에너지는 전자 궤도의 특징으로 볼 수 있고, 이는 분자를 결합시키는 힘은 전자에서 기인한다는 것을 시사한다. 음의 전하를 띠는 전자는 분자를 이루면서 양전하를 띠는 원자핵의 Coulomb 힘을 극복하여 결합하게 만든다.

원자가 모여 분자가 형성되면 전자의 원자 상태는 분자 상태로 변한다. 이 상태들은 각 원자의 낮은 에너지부터 원자가 전자들로 차례대로 채워진다. 채워진 분자 상태의 확률 밀도는 분자 결합의 성질, 분자의 기하학적 모양을 포함한 구조 및 특성을 결정한다.

원자 물리학 부분 공부를 시작할 때 가장 단순한 원자를 살펴본 것처럼 분자 물리학 부분에서도 가장 단순한 분자인 이온화된 수소 분자, H_2^+에서부터 시작할 것이다. 그 이후 H_2, NaCl과 같은 다른 단순한 분자를 살펴보고, 앞 단원에서 공부했던 원자 파동 함수에 대한 지식을 통해서 유기 화학 분야에서의 기본이 되는 분자 상태를 이해해 볼 것이다.

추가로 분자가 전자 들뜸 외에 전자기파를 흡수하고 방출할 수 있는 다른 방법도 살펴보고자 한다. 여기서의 복사는 분자와 그 구조에 대한 독특한 특징을 알려준다. **분자 분광학**(molecular spectroscopy)은 이런 종류의 복사를 연구하는 분야로 대기 오염 물질의 파악 및 우주 공간에서 생명체 탐색과 같은 다양한 분야에 응용된다.

9.1 수소 분자

원자가 안정된 분자로 결합되는 과정의 이해를 위해서 먼저 원자 전자의 파동 함수에 대해서 살펴본다. 음으로 대전된 전자는 양전하를 띠는 원자핵 간의 Coulomb 반발력을 극복할 수 있는 인력을 주게 되지만, 한 원자의 **전자**와 다른 원자의 전자 간에도 Coulomb 반발력이 존재한다는 점을 고려하면 분자가 안정적으로 형성되는 과정은 직관적으로 이해하기 어려울 수 있다. 이것을 이해하는 데 중요한 사실은 7장에서 수소 원자에 대해 계산하고 그림으로 표현했던 원자 오비탈의 공간 확률 밀도이다. 이러한 확률 밀도는 항상 구대칭을 띠는 것은 아니며 특정 공간 방향에 대한 큰 선호도를 가질 수 있다.

전자들이 분자 결합에 미치는 영향에 대해서 완전히 이해하는 것은 원자 구조를 복

그림 9.1 멀리 떨어진 두 수소 원자의 전자 파동 함수.

잡하게 만드는 것과 동일한 이유로 어렵다. 즉, 원자나 분자의 구조를 설명하는 전자가 너무 많아서 관련 방정식을 일일이 쓰고 풀 수 없다는 것이다. 따라서 원자 구조 연구에 사용했던 것과 동일한 전략을 사용하여 분자 구조를 알아보려고 한다. 우선 전자가 하나만 있는 분자에서 시작하자. 시작은 H_2^+, **수소 분자 이온**(hydrogen molecule ion)으로, 보통의 수소 분자 H_2에서 전자 하나를 제거하면 얻을 수 있다.

H_2^+ 분자의 파동 역학적 성질을 논의하기 전에 우선 이 분자를 결합시키는 것이 무엇인지 추측해 보자. 먼저 H_2^+를 수소 원자(양성자와 전자) 하나가 또 다른 양성자에 결합된 것으로 생각하는 것이 옳지 **않**다는 것을 알 수 있다. 수소 원자는 전기적으로 중성이므로 또 다른 양성자를 끌어당기는 정전기적 Coulomb 힘이 없기 때문이다. 따라서 적어도 이런 종류의 분자에서는 전자를 한쪽 또는 다른 쪽 원자에만 독점적으로 소속된 것으로 생각하는 것은 정확하지 않다. **전자는 어떠한 형태로든 두 부분에서 공유되어야 한다.** 전자는 상당한 시간을 두 양성자 사이의 영역에서 보내야 한다. 양자역학 용어로 표현한다면, 전자의 확률 밀도는 두 원자 사이 영역에서 큰 값을 가진다.

7장에서 배웠듯이, 기본 상태의 수소 원자에 있는 전자의 경우 에너지는 -13.6 eV, 파동 함수 $\psi = (\pi a_0^3)^{-1/2} e^{-r/a_0}$, 여기서 a_0는 Bohr 반지름, 그리고 확률 밀도는 ψ^2에 비례한다. 그림 9.1은 서로 멀리 떨어진 2개의 양성자에 결합된 전자의 파동 함수를 보여준다. 두 양성자를 더 가까이 가져올 때 파동 함수는 서로 겹치기 시작하고, 이들은 양자역학 규칙에 따라 결합한다. 즉, 파동 함수를 더하고, 그 결과를 제곱하여 최종 확률 밀도를 구한다. (참고로, 파동 함수를 먼저 제곱하고, 더하는 것과 크게 다르다.)

두 파동 함수는 서로 같은 부호를 가지고 있는지 또는 반대 부호를 가지고 있는지에 따라 서로 다른 두 가지 방식으로 결합할 수 있다. 여기서 파동 함수의 절대 부호는 임의로 줄 수 있다. 실제로 파동 함수의 정규화 상수를 계산할 때는 제곱으로 계산한다. 이때 양수 또는 음수 근을 선택할 수 있는데, 편의상 보통 양의 값을 선택한다. 단일 파동 함수에 대한 확률 밀도 ψ^2를 계산할 때는 부호 선택은 무관하다. 하지만 서로 다른 파동 함수를 결합할 때는 **상대적인 부호가 두 파동 함수가 더해지는지 빼지는지**를 결정하게 되며, 이는 매우 다른 확률 밀도를 줄 수 있다.

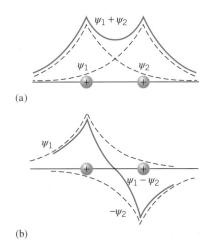

그림 9.2 두 수소 파동 함수의 결합. 두 파동 함수와 그 합은 각각 점선과 실선으로 표시하였다. (a)에서 두 파동 함수는 같은 부호, (b)에서는 반대 부호를 가지고 있다.

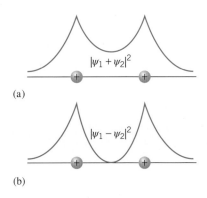

그림 9.3 그림 9.2에서 결합된 각 파동 함수의 확률 밀도.

그림 9.2에 묘사된 것과 같은 두 가지 다른 파동 함수를 생각하자. 첫 번째 경우(그림 9.2a)에는 두 파동 함수가 같은 부호를 가지고 있고, 두 번째 경우(그림 9.2b)에는 다른 부호를 가지고 있다. 이것은 그림 9.3에서 볼 수 있듯이 확률 분포에 상당한 영향을 미친다. $\psi_1 + \psi_2$(그림 9.3a)를 제곱하여 얻은 확률 밀도의 경우 두 양성자 사이의 영역에서 비교적 큰 값을 갖는다. 이는 양성자 사이에 음전하가 집중되어 있음을 시사하며, 이는 Coulomb 인력을 통해 두 양성자를 끌어당겨 안정한 분자를 형성할 수 있게 한다. 하지만 $\psi_1 - \psi_2$(그림 9.3b)의 제곱값의 경우 두 양성자 사이 영역에서 사라지는 확률 밀도를 만들게 되며, 두 양성자 사이의 음전하는 낮은 밀도를 가진다. 이 경우에는 양성자 사이의 Coulomb 반발력을 극복할 만큼 충분한 음전하가 없으며, 결과적으로 이 파동 함수 조합은 안정한 분자의 형성으로 이어지지 않는다.

H_2^+ 분자의 결합 에너지

H_2^+ 분자의 에너지에는 두 가지 기여가 있다. 하나는 양으로 대전된 두 양성자 간의 Coulomb 반발이고 다른 하나는 두 양성자와 음으로 대전된 전자 간의 인력이다. 양성자 간의 Coulomb 반발에 의한 에너지는 양의 값을 가지고, 전자와 양성자 사이의 인력에 의한 에너지는 음의 값을 가진다. 분자가 안정적으로 형성되기 위해 총에너지가 음의 값을 가져야 하므로, 중요하게 고려해야 할 것은 전자가 양성자 간의 반발 에너지를 극복할 수 있을 만큼 충분한 음의 결합 에너지를 제공할 수 있는지 여부이다.

안정한 H_2^+ 이온이 형성되는 데 필요 조건을 알기 위해 두 양성자 사이 떨어진 거리 R에 따라 이온의 에너지를 결정하는 다양한 요소들이 어떻게 변하는지 살펴보자. 양성자들 사이의 반발을 결정하는 Coulomb 퍼텐셜 에너지는 $U_p = e^2/4\pi\varepsilon_0 R$로 주어진다. 해당 함수는 그림 9.4에 묘사되었다. R의 함수에 따른 전자의 에너지를 구하기 위해 먼저 두 양성자가 매우 멀리 떨어져 있는 경우를 고려하자. 이때 전자는 두 양성자 하나를 중심으로 하는 바닥 상태 궤도에 있으며, 이때의 에너지는 -13.6 eV이다. 양성자를 서로 가까이 가져오게 되면 전자는 점점 더 강하게 결합되고(왜냐하면 두 양성자 양쪽과 인력이 작용하므로) 에너지는 더 큰 음수값을 가지게 된다. $R \to 0$일 때 계는 $Z = 2$인 단일 원자에 가까워진다. $\psi_1 + \psi_2$ 파동 함수(그림 9.2a)의 경우, 결합된 파동 함수는 $R = 0$에서 최댓값을 가지며 $Z = 2$인 원자의 바닥 상태 파동 함수와 유사하다. 6장에서 유도했던 수소 형태 원자의 전자 에너지와 비교해 볼 때,

$$E_n = (-13.6 \, \text{eV})\frac{Z^2}{n^2} \tag{9.1}$$

여기서 n은 주양자수, $Z=2$에 해당하는 바닥 상태 전자의 에너지가 −54.4 eV인 것을 알 수 있다. E_+로 표시한 두 파동 함수의 합에 해당하는 에너지는 큰 R 값에서는 −13.6 eV의 값을 가지며 작은 R에서는 −54.4 eV의 값에 접근한다. E_+의 정확한 계산 결과는 그림 9.4에 나와 있다.

두 파동 함수의 차에 해당하는 경우에도 큰 R에서 에너지는 마찬가지로 −13.6 eV이다. $R \to 0$으로 다가갈수록, 결합된 파동 함수는 0에 가까워진다(그림 9.2b). $R=0$ 지점에서의 파동 함수가 0이 되는 가장 낮은 에너지 준위는 $2p$ 상태이며, $Z=2$ 수소 타입 원자에서 에너지는 −13.6 eV이다. 따라서 $\psi_1 - \psi_2$에 해당하는 파동 함수의 에너지 E_-는 R 값이 클 때와 작을 때 모두 −13.6 eV의 값을 가진다. 정확한 계산 결과는 그림 9.4에 나와 있다.

수소 분자 이온의 총에너지는 양성자의 에너지 U_p와 전자의 에너지 E_+ 혹은 E_-의 합이다. 이 두 경우 역시 그림 9.4에 표시했다. $U_p + E_-$의 경우는 최솟값이 없으므로 안정한 결합 상태가 없음을 알 수 있다. 따라서 파동 함수 $\psi_1 - \psi_2$의 경우는 예상대로 안정된 수소 분자 이온을 만들 수 없다.

$U_p + E_+$의 경우는 안정된 이온을 구성할 수 있으며, $U_p + E_+$가 최솟값을 갖는 지점에서 평형을 이룬다. 최소는 원자 간 거리 $R_{eq} = 0.106$ nm, 에너지 −16.3 eV에서 나타난다. H_2^+의 결합 에너지 B는 이온을 H와 H^+로 분리하는 데 필요한 에너지이며 그림 9.4에서 $U_p + E_+$ 퍼텐셜 에너지 최솟값의 깊이에 해당한다.

$$B = E(H + H^+) - E(H_2^+) = -13.6\,\mathrm{eV} - (-16.3\,\mathrm{eV}) = 2.7\,\mathrm{eV} \qquad (9.2)$$

여기서 우리는 분자의 결합 에너지를 분리된 경우(H와 H^+)와 결합된 계(H_2^+) 사이의 에너지 차이로 정의한다.

흥미롭게도, 안정된 상태는 $R_{eq} = 2a_0$에서 이루어진다. 7장에서는 수소 원자의 $1s$ 상태에 대한 확률 밀도가 $r=a_0$ 지점에서 최댓값을 가진다는 점을 배웠다. 따라서 안정된 H_2^+ 이온은 단일 수소 원자의 확률 밀도 최댓값이 정확히 분자 중간에 위치하도록 하는 것이다! 이것은 H_2^+ 이온 형태에 대한 우리의 예상과 일치한다. 즉, 전자는 두 양성자 사이 위치에서 대부분의 시간을 보낸다.

요약하면, 간단한 분자에 대한 공부를 통해서 분자의 결합에 있어서 중요한 특성은 분자의 두 원자가 단일 전자를 **공유**한다는 것을 알 수 있다. 이 공유는 분자의 안정성을 주게 된다. 이제 여기에 두 번째 전자를 추가하여 H_2 분자를 생각해 보자.

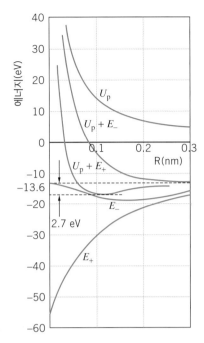

그림 9.4 H_2^+에서 분자 간 거리에 따른 에너지.

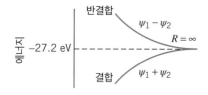

그림 9.5 H_2에서 서로 다른 파동 함수 결합에 따른 에너지.

H_2 분자

아주 멀리 떨어진 2개의 수소 원자를 생각하자. 원자 사이에 아무런 상호 작용이 없을 정도로 멀리 떨어져 있는 경우 각 원자와 관련된 $1s$ 전자 상태는 −13.6 eV의 에너지를 가진다. 원자들을 서로 더 가까이 가져와 H_2 분자를 형성하게 되면, 전자 파동 함수가 서로 겹치기 시작하여 전자가 두 원자 사이에서 '공유'된다. 앞서 이야기한 것처럼, 이 경우에는 두 전자의 파동 함수가 두 양성자 사이의 공간에서 서로 **더해져** 안정한 분자를 형성할 수도 있고 혹은 **빼져서** 안정된 분자가 형성되지 않을 수도 있다. 원자의 개별적이고 독립적인 전자 상태는 이제 **분자** 상태가 된다.

그림 9.5에서 볼 수 있듯이, 원자 간 거리 R이 감소하더라도 상태의 숫자 자체는 변하지 않는다. 원자들이 멀리 떨어져 있을 때 각각 −13.6 eV의 에너지를 가지고 있으므로, $R = \infty$에서 총에너지는 −27.2 eV이다. 거리가 줄어들게 되면 두 상태는 유지되지만 이제 다른 에너지를 가지고 있다. 한 상태는 두 파동 함수의 합에 해당하며 안정한 H_2 분자를 형성하고, 또 다른 상태는 두 파동 함수의 차에 해당하며 이 경우 안정한 분자를 형성하지 않는다. 안정한 분자를 형성하게 하는 분자 상태를 **결합**(bonding) 상태, 안정한 분자를 형성하지 않게 하는 상태를 **반결합**(antibonding) 상태라고 한다.

앞서 H_2^+ 이온의 경우처럼 분자가 형성되기 위해서 전자 확률 분포는 두 양성자 사이의 영역에서 커야 한다. H_2의 경우 이는 두 전자 모두에게 해당하며, Pauli 배타 원리를 생각하면 두 전자 둘 다 중앙 영역에서 큰 확률을 갖도록 하는 **분자** 상태를 가지기 위해서 두 전자의 스핀이 서로 반대 방향을 가져야 한다는 것을 예상할 수 있다. 즉, 하나의 전자는 $m_s = +1/2$, 다른 하나는 $m_s = -1/2$이어야 한다. 두 전자가 서로 반대 스핀을 가지는 한, 두 전자 **모두** 결합 상태를 점유하고 안정된 분자를 형성할 수 있다.

H_2 분자 결합 상태의 에너지는 그림 9.6에 나와 있다. 그림에서 알 수 있듯 $R = 0.074$ nm에서 $E = -31.7$ eV의 최솟값을 가진다. H_2의 **분자 결합 에너지**(molecular binding energy)는 떨어져 있는 중성의 H 원자들의 에너지와 결합된 계의 에너지 차이로 주어진다.

$$B = E(H + H) - E(H_2) = 2(-13.6\,eV) - (-31.7\,eV) = 4.5\,eV \tag{9.3}$$

그림 9.4와 그림 9.6을 비교해 보면 H_2^+에 또 다른 전자를 하나 추가한 효과를 바로 확인할 수 있다. 결합 에너지는 더 커지고(분자가 더 강하게 결합됨) 양성자는 서로 더 가까워진다. 두 가지 효과 모두 두 양성자 사이 영역에서 전자 밀도가 증가한 것이 원인이다.

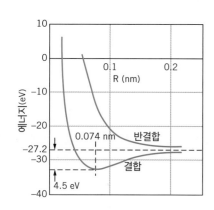

그림 9.6 H_2에서의 결합 및 반결합.

마찬가지로 우리는 왜 He가 He$_2$ 분자를 형성하지 않는지도 알 수 있다. 두 He 원자가 모이게 될 경우에 결합 및 반결합 상태가 H$_2$와 거의 같은 방식으로 형성된다. He$_2$ 분자의 경우 4개의 전자를 가지고, 최대 2개의 전자만이 결합 상태에 있을 수 있으므로 나머지 2개는 반결합 상태에 있어야 한다. 종합적인 효과는 안정한 분자가 형성되지 않는다는 것이다. (반면, He$_2^+$는 안정하며 2개의 결합 전자와 하나의 반결합 전자만을 가지고 있다. He$_2^+$의 결합 에너지는 3.1 eV이고 원자 간 거리는 0.108 nm이며, H$_2^+$의 값과 비교하면 아주 유사하다.)

9.2 분자에서의 공유 결합

H$_2$와 같은 분자에서 전자를 공유한다는 것이 **공유 결합**(covalent bonding)의 기본이다. 이러한 유형의 결합은 일반적으로 2개의 동일 원자를 포함한 분자에서 볼 수 있으며, 이것을 **같은극**(homopolar) 또는 **동핵 결합**(homonuclear bonding)이라고 한다.

공유 결합의 필수적인 특징은 다음과 같다.

1. 두 원자가 서로 가까워질 때, 전자들은 상호 작용하게 되고 구분된 원자 상태 및 에너지 준위가 분자 상태로 바뀐다.
2. 분자 상태 중 하나의 상태에서 전자의 파동 함수는 서로 겹쳐져서 개별 원자에서 보다 낮은 에너지를 가지게 되고, 이것이 안정된 분자를 형성하도록 만드는 결합 상태이다.
3. 또 다른 분자 상태(반결합 상태)는 개별 원자 상태에 비해 높은 에너지를 가지고 있으며 안정된 분자를 만들 수 없다.
4. 원자 상태에서처럼 Pauli 배타 원리는 분자 상태에도 적용된다. 각 분자 상태는 최대 2개의 전자를 가질 수 있고, 이는 서로 다른 방향의 전자 스핀에 해당한다.

하나의 s 전자를 가지는 다른 수소 타입의 원자 역시 공유 결합을 통해 안정한 분자 상을 만들 수 있다. 예를 들어, 2개의 Li 원자($Z=3$, 전자 배치 $1s^22s^1$)는 Li$_2$ 분자를 형성할 수 있다. 4개의 $1s$ 전자(각 원자당 2개)는 $1s$ 결합 및 반결합 상태를 채우고, 남은 2개의 $2s$ 전자는 모두 $2s$ 결합 상태를 점유할 수 있다. Li$_2$의 결합 에너지는 1.10 eV인데, 해당 값은 H$_2$(4.52 eV)의 결합 에너지보다 훨씬 작으며, 분자 내 원자 간의 평형 거리(0.267 nm)는 H$_2$(0.074 nm)보다 훨씬 크다.

s 상태 결합으로 이루어지는 다른 동핵 분자는 표 9.1에 나열되어 있다. 분자 결합

표 9.1 s 상태 결합 분자의 속성＊

분자	해리 에너지(eV)	평형 거리(nm)
H_2	4.52	0.074
Li_2	1.10	0.267
Na_2	0.80	0.308
K_2	0.59	0.392
Rb_2	0.47	0.422
Cs_2	0.43	0.450
LiH	2.43	0.160
LiNa	0.91	0.281
NaH	2.09	0.189
KNa	0.66	0.347
NaRb	0.61	0.359

＊속성값은 *Handbook of Chemistry and Physics*와 *American Institute of Physics Handbook*에서 가져옴.

의 강도는 결합 에너지보다는 **해리 에너지**(dissociation energy)로 표현하는 것이 일반적이다. 이 두 용어는 보통 같은 것을 의미하는데, 분자를 중성 원자로 분해하는 데 필요한 에너지를 말한다. 해리 에너지는 온도에 따라 크게 변하지 않는다. 어떤 경우에는 실온값(표 9.1과 같음)으로 주어진 반면 다른 경우에는 0 K 값이 주어지는데, 실온값은 0 K 값보다 약 $1.5kT = 0.04$ eV 더 높다.

　Z 값이 증가하면서, s 주양자수 n도 증가하며 관련해서 s 전자의 해리 에너지는 감소하게 되고 평형을 이루는 거리는 증가한다. 이는 알칼리 금속 원소에서 n이 증가함에 따른 s 전자의 거동과 비슷하다. 그림 8.7에서 볼 수 있듯이 s 전자 궤도의 반경은 n이 증가함에 따라 커진다.

　두 가지 다른 알카리 금속 원자의 경우 역시 분자 결합을 만들 수 있다. 그중 일부를 표 9.1에 나타내었다. 해리 에너지와 평형 거리는 해당하는 동핵 분자에서의 값과 일치한다. 예를 들면, LiH의 해리 에너지와 평형 거리는 H_2와 Li_2의 중간 값임을 알 수 있다.

　p 궤도 원자가 전자를 갖는 원자의 경우도 공유 결합을 통해 산소와 질소 같은 이원자 분자를 형성할 수 있다. 3개의 원자가 p 상태가 있으므로, 분자에서 p 상태는 여섯 가지가 되며, 에너지 준위를 파악하는 것은 시간이 걸리는 일이지만, p 전자를 갖는 원자로 구성된 분자의 전자 구조는 p 상태의 모양을 통해서 이해할 수 있다.

　7장에서는 수소 원자에서의 Schrödinger 방정식을 풀었고 여러 가지 가능한 전자 파동 함수에 대한 공간적인 확률 분포를 알아보았다. 물론 수소 모형에서의 해가 다른 원자에 대해서 정확하게 일치하지는 **않지만**, 원자 상태의 기본적인 기하학적 특징은 비슷하다. $m_l = -1, 0, +1$에 해당하는 세 가지 다른 p 상태를 알 수 있다. 이러한 m_l 값에 해당하는 확률 분포는 그림 7.11에 나와 있다.

이 경우에 분포는 2개의 큰 확률로 구분되는 로브 형태의 '숫자 8 모양'을 가지고 있다고 볼 수 있다. $m_l = 0$의 경우, 숫자 8은 z축을 따라 긴 축이 정렬되어 있고, 2개의 최대 확률 로브는 $+z$ 및 $-z$ 방향에 나타난다. $m_l = \pm 1$의 경우, 확률 분포는 xy 평면에서 z축을 중심으로 회전한 숫자 8 확률 분포로 볼 수 있고 $m_l = +1$은 반시계 방향, $m_l = -1$은 시계 방향으로 회전한 형태이다. 불확정성 원리 때문에 xy 평면에서 2개의 확률 로브는 관찰할 수 없다. 다만 우리가 관찰할 수 있는 것은 그림 7.11에 나와 있는 것과 같은 '도넛 모양'의 빠져나온 분포로 볼 수 있다.

여기서는 m_l 형태의 표현을 그대로 사용하는 것은 편리하지 않으며, 대신 세 가지 서로 다른 p 상태를 공간에서 최대 확률 로브로 표현하는 형태를 취하는 것이 편리하다. 그래서 p_z는 전자의 확률이 z축을 따라 큰 값을 가지게 되는 상태이고, p_x 및 p_y도 마찬가지로 볼 수 있다. 그림 9.7은 이러한 확률 분포의 개략적인 모양을 보여준다. (p_z 상태는 정확히 $m_l = 0$에 해당하며, p_x와 p_y는 $m_l = +1$과 $m_l = -1$을 섞은 형태이다.) 불확정성 원리가 xy 평면에서 2개의 확률 로브를 관찰하는 것을 허용하지 않듯이, p_x와 p_y 각각의 확률 분포를 관찰하는 것 역시 불가능하다. 그러나 이러한 분포는 (관찰할 수는 없지만) 실제로 존재하며, 두 원자는 이런 전자 구름을 통해 서로 상호 작용하게 된다.

우리는 세 가지 서로 직교하는 p 상태인 p_x, p_y, p_z를 기반으로 한 모델을 통해 p 전자를 포함하는 분자의 구조를 알아볼 것이다. 여기서 이런 종류의 공유 결합의 세 가지 응용인 pp 결합, sp 방향성 결합, sp 혼성 상태에 대해 공부해 본다.

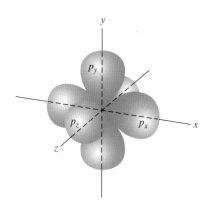

그림 9.7 3개의 서로 다른 p 전자의 확률 분포.

pp 공유 결합

원자 내 전자들의 확률 분포가 그림 9.7과 비슷할 경우에, 2개의 p 전자 껍질을 가지는 원자를 가까이 가져올 때의 상황을 고려해 보자. 원자들이 그림 9.8과 같이 x축을 따라

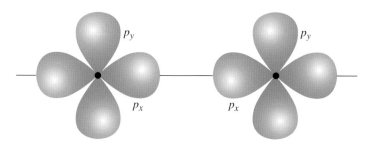

그림 9.8 p 전자를 가지는 두 원자. p_z 확률 분포는 책의 면에 수직이며 여기서는 생략되었다.

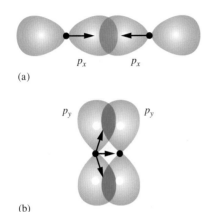

(a)

(b)

그림 9.9 (a) 시그마 결합에서의 p_x 확률 분포. 벡터는 중첩으로 인해 핵에 가해지는 힘을 나타낸다. (b) 파이 결합에서의 p_y 확률 분포. 축을 벗어난 힘은 축 방향으로 더 작은 힘을 주게 된다.

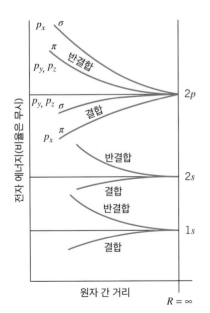

그림 9.10 $2p$ 전자의 결합 및 반결합 상태.

접근한다고 하자. 원자들이 서로 가까워지면 p_x 오비탈이 서로 겹치게 되고(그림 9.9a), (두 파동 함수가 더해질 경우) 두 핵 사이의 전자 전하 밀도가 증가하여 분자 속 원자들의 결합을 만들게 된다. p_y 오비탈(그림 9.9b)과 p_z 오비탈(그림에 없음) 사이의 중첩은 훨씬 더 약하다. p_y 오비탈의 중첩은 핵을 잇는 직선을 따라 생기지 않기 때문에 서로 밀어내는 결합력 성분이 생기며, 결과적으로 훨씬 더 작은 힘이 핵을 연결하는 직선을 따라 작용한다(그림 9.9b). 게다가 p_y 오비탈의 중첩도 적다. 결과적으로 p_y 오비탈(및 p_z 오비탈)은 p_x 오비탈보다 분자 결합에 널 효과적이다.

그림 9.9a와 같이 p 오비탈의 더 큰 직접적인 중첩으로 만들어지는 결합은 **시그마**(σ) 결합이라고 하며, 그림 9.9b와 같이 축을 벗어난 간접적인 중첩에서 기인한 결합은 **파이**(π) 결합이라고 한다. σ 결합은 일반적으로 π 결합보다 강하며, 더 큰 결합 및 반결합 효과를 모두 보인다.

이제 핵 사이의 거리 R의 함수에 따른 분자 상태의 에너지를 생각해 보자. 여기서 채워진 $1s$ 및 $2s$ 상태와 $2p$ 껍질에 원자가 전자를 갖는 2개의 원자를 가정한다. 두 원자의 $1s$ 상태가 겹치면 H_2의 경우와 마찬가지로 $1s$의 결합 및 반결합 분자 상태가 생성된다. 분자에는 총 4개의 $1s$ 전자가 있으며, 각 상태에 2개의 전자가 있어 $1s$ 결합 및 반결합 분자 상태가 채워진다. $2s$ 상태도 마찬가지다. 원자 $2s$의 에너지 준위는 결합 및 반결합 분자 상태를 형성한다. 각 원자는 꽉 찬 $2s$ 껍질을 가지고 있기 때문에 4개의 $2s$ 전자가 결합 및 반결합 분자 상태 모두를 채운다.

원자들은 부분적으로 채워진 $2p$ 전자 껍질을 가지고 있으므로 최종적인 분자 결합은 분자 $2p$ 상태에 크게 의존한다. 각 **원자** p 상태(p_x, p_y, p_z)에는 각 상태에 해당하는 결합 및 반결합 **분자** 상태가 있다. 하지만 그림 9.9에서 볼 수 있듯이 이 상태들의 결합 및 반결합 효과는 모두 같지 않다. 서로 다가가는 직선에 있고 σ 결합을 형성하게 되는 p 상태 분포(p_x)는 접근 선 외부에 위치하고 π 결합을 형성하는 p 상태 분포(p_y 및 p_z)보다 더 큰 효과를 보인다. 따라서 p_x 결합 상태는 p_y 및 p_z 결합 상태보다 에너지가 낮으며, p_x의 반결합 상태는 p_y 및 p_z의 반결합 상태보다 에너지가 높다. 그림 9.10은 분자 상태의 에너지를 나타낸다. 분자의 상대적인 안정성은 결합 및 반결합 상태가 전자로 점유되는 것(각 상태당 2개, 스핀 업 및 스핀 다운 전자)을 통해 결정된다. 다음 예제는 이런 상태들이 어떻게 채워지는지를 나타낸다.

예제 9.1

결합 및 반결합 상태의 채움을 근거로 다음 분자들의 상대적인 안정도를 예상하시오: (a) N_2, (b) O_2, (c) F_2.

풀이

(a) 질소($1s^2 2s^2 2p^3$)는 7개의 전자를 가지고 있다. $1s$ 및 $2s$ 전자 껍질에 각각 2개를 채우고, $2p$ 껍질에 3개의 전자를 채운다. 따라서 N_2 분자는 총 14개의 전자를 가지게 된다. 그림 9.10에서 보면 아래부터 결합 $1s$ 상태에 2개, 반결합 $1s$ 상태에 2개, 결합 $2s$ 상태에 2개, 반결합 $2s$ 상태에 2개를 더하여 총 8개의 전자가 s 상태를 채운다. 결국 $2p$ 분자 상태에 6개의 $2p$ 전자를 남겨둔다. 3개의 가장 낮은 $2p$ 결합 분자 상태에 각각 2개씩 전자를 배치하여 채울 수 있다. 반결합 $2p$ 상태에는 전자가 채워지지 않는다. 즉, N_2는 결합 $2p$ 전자만 가지고 있

으며, 아주 안정한 이원자 분자를 형성하게 된다.

(b) 산소($1s^2 2s^2 2p^4$)는 8개의 전자를 가지고 있으므로 O_2 분자가 될 경우 총 16개의 전자가 존재한다. N_2에서와 같이 첫 8개의 전자가 $1s$ 및 $2s$ 상태를 채워 $2p$ 상태에 추가 8개의 전자를 남기게 되고, 그중 먼저 6개는 3개의 결합 상태를 채우고 남은 2개의 전자는 $2p$ 반결합 상태로 들어가야 한다. 6개의 결합 전자와 2개의 반결합 전자를 가진 O_2는 결합 전자만 가진 N_2보다 안정성이 낮을 것으로 예상된다.

(c) 불소($1s^2 2s^2 2p^5$)는 9개의 전자를 가지고 있으므로 F_2 분자에 있는 18개의 전자 중 10개가 $2p$ 상태를 채우게 된다. 이 중 6개는 결합 상태를, 4개는 반결합 상태를 채우게 되고, 따라서 F_2는 O_2보다 안정성이 낮아야 한다.

우리의 예측과 실제 분자들의 특성은 얼마나 일치할까? N_2는 9.8 eV의 해리 에너지를 가지고 있고 대부분의 상황에서 반응성이 없다. O_2는 더 작은 해리 에너지(5.1 eV)를 가지고 있다. O_2 분자 결합은 비교적 크지 않은 화학 반응, 예를 들면 공기에 노출된 금속의 산화 정도에 의해서 끊어질 수 있다. F_2는 더 작은 해리 에너지(1.6 eV)를 가지고 있다. 불소 가스는 많은 물질과 매우 격렬하게 반응하며, F_2 분자는 가시광선(2~4 eV의 광자 에너지)에 노출될 경우 **광분해**(photodissociation)라는 과정을 통해 분해될 수 있다. 따라서 이 $2p$ 분자의 특성은 결합 및 반결합 상태의 점유도를 기반으로 한 예상과 아주 일치한다. 비슷한 분석은 $3p$, $4p$, $5p$, $6p$ 동핵 분자에서도 마찬가지이다.

sp 분자 결합

종종 s 상태 원자가 전자 하나를 가진 원자와 하나 이상의 p 상태 원자가 전자를 가진 원자가 결합하여 안정된 분자가 형성된다. 예를 들어 HF 분자를 생각해 보자. F 원자는 p 전자 껍질에 5개의 전자를 가지고 있으므로, 3개의 $2p$ 원자 상태 중 2개는 각각 2개의 전자로 채워져 있고, 세 번째는 단일 전자를 가질 것이다. 여기서 분자 결합

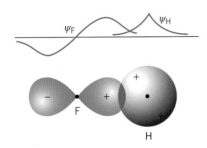

그림 9.11 s와 p 파동 함수의 겹침.

표 9.2 sp 결합 분자의 성질

분자	해리 에너지 (eV)	평형 거리 (nm)
HF	5.90	0.092
HCl	4.48	0.128
HBr	3.79	0.141
HI	3.10	0.160
LiF	5.98	0.156
LiCl	4.86	0.202
NaF	4.99	0.193
NaCl	4.26	0.236
KF	5.15	0.217
KCl	4.43	0.267

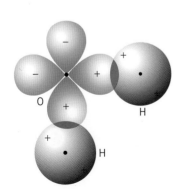

그림 9.12 H_2O에서의 전자 파동 함수의 겹침.

에 큰 영향을 미치지 않는 짝을 이룬 4개의 p 전자를 제외하고, 짝을 이루지 않은 단일 p 전자를 살펴보자. 2개의 로브 형태 확률 분포는 p 상태 파동 함수의 두 로브 형태에 해당하며, ψ의 부호는 각 로브에서 반대이다. H의 $1s$ 파동 함수의 경우는 단 하나의 부호만 가지고 있다(그림 9.11). H 원자와 F 원자가 점점 접근하면서 H의 파동 함수와 F의 파동 함수가 결합하여 두 핵 사이 영역에서 전자 확률을 증가시키게 되며, 따라서 sp **결합**(bonding sp) 상태가 형성된다. H와 F 파동 함수가 서로 반대 부호를 가질 경우는 핵 사이의 전자 확률 밀도는 감소시키게 되고 sp **반결합**(antibonding sp) 상태를 가질 수도 있다.

표 9.2에 일부 sp 결합 이원자 분자의 해리 에너지와 핵 간 거리를 표시하였다.

이제 H_2O 물 분자의 구조를 알아보자. 산소 원자는 8개의 전자를 가지고 있고, 그 중 4개는 $2p$ 전자 껍질을 채우게 된다. 이 전자들은 $2p$ 원자 상태에서 p_x, p_y, p_z 상태를 각각 하나씩 채우고, 네 번째 $2p$ 전자는 처음 3개 중 하나와 짝을 이루게 된다. 따라서 산소 원자는 짝을 이루지 않은 $2p$ 전자가 2개 있으며, 이들 각각은 H의 $1s$ 전자와 결합하여 H_2O 분자를 형성할 수 있다. 그림 9.12에 산소 원자와 H_2O 분자에 대한 전자 확률 분포를 나타내었다. 이런 종류의 분자는 공간에서 고정되어 있고 측정 가능한 방향이 있는 **방향성 결합**(directed bonding)을 가진다. 두 결합 사이의 각도는 90°로 예상되는데, 전기 쌍극자 모멘트 측정 등의 실험을 통해 측정할 수 있으며, 결과적으로 예상보다 약간 큰 104.5°로 알려져 있다. 이 차이는 두 H 원자 간 Coulomb 반발로 인해 결합 각도가 약간 벌어지는 것으로 해석한다.

다른 예로 암모니아 분자(NH_3)를 알아보자. 질소 원자는 원자 번호 Z가 7이므로 3개의 짝을 이루지 않은 p 전자를 가지고 있으며, 각각 p_x, p_y, p_z 상태를 하나씩 점유한다. 이 3개의 전자 각각은 H 원자와 결합하여 NH_3 분자를 형성하게 되며, 서로 수직인 3개의 sp 결합을 예상할 수 있다(그림 9.13). 측정된 결합 각도는 107.3°인데, 이는 역시 H 원자 간의 약간의 반발력을 나타낸다.

표 9.3은 sp 방향성 결합을 가지는 다른 분자의 경우에 측정된 결합 각도이다. 보다시피 많은 경우에서 결합 각도는 실제로 90°에 가깝다. 앞선 논의에 기반해서 중심 원자의 Z가 증가함에 따라 왜 이런 경향이 나타나는지를 설명할 수 있을 것이다.

sp 혼성 결합

지금까지 고려하지 않은 $2p$ 원자의 한 가지 예는 탄소이며, 특별한 이유로 탄소는 다양한 종류의 분자 결합을 형성하게 되며, 결과적으로 탄소를 포함하는 분자의 경우 다양하고 복잡한 타입이 나올 수 있다. 여기서의 다양성이 많은 종류의 유기 분자 (organic molecules)의 기초가 되며, 다양한 형태의 탄소 분자 결합에 기반하고 있다. 따라서 탄소 분자 결합의 물리를 이해하는 것이 분자 생물학에서의 구조 및 과정과 관련된 근본적인 질문들에 대한 이해에 아주 중요하다고 하겠다.

6개의 전자를 가진 탄소의 경우 $1s^2 2s^2 2p^2$의 전자 배치를 가지고 있어서 일반적인 경우에 탄소는 2개의 $2p$ 전자가 구조에 기여하는 2개의 원자가 전자를 생각할 수 있고, 따라서 CH_2와 같은 안정된 원자를 형성하면서, 방향성을 가지는 sp 결합(H_2O와 비슷한)과 $90°$의 결합 각도를 예상할 수 있다. 하지만 실제로는 사면체 구조(그림 9.14)를 가지는 CH_4(메탄)이며, 4개의 동등한 결합을 형성하게 된다. 또 다른 예로, 주기율표 3열 원소(붕소, 알루미늄, 갈륨, …)의 경우는 최외각 전자 배치가 $ns^2 np^1$(붕소는 $n=2$, 알루미늄은 $n=3$ 등)의 형태를 취하고 있고, 이러한 원소들은 마치 하나의 원자가 p 전자를 통해서 화합물을 형성할 것으로 예상할 수 있다. 그러면 BCl 또는 GaF와 같은 할로겐화물, B_2O 또는 Al_2O와 같은 산화물, B_3N 또는 Al_3N과 같은 질화물, BH 또는 GaH와 같은 수소화물 등을 기대할 수 있다. 그러나 붕소, 알루미늄, 갈륨의 경우 보통 마치 3개의 최외각 전자를 가지고 있는 것처럼 결합하여 BCl_3, Al_2O_3, AlN, B_2H_6와 같은 화합물을 형성한다. 또한 3개의 원자가 전자는 서로 동등한 것처럼 보인다. 즉, 2개의 s 원자가 전자와 1개의 p 전자로 구분되지는 않는다. 3개의 전자에 의해 형성된 결합은 $120°$로 모든 결합은 동등한 각도를 만들게 된다.

붕소에서 1이 아닌 3의 원자가를 주고, 탄소에서 2가 아닌 4의 원자가를 주는 것이 **sp 혼성**(sp hybridization) 효과이다. CH_4에서의 4개의 결합은 **동등**(equivalent)하고 **동일**(identical)한데, 이는 2개의 ss 결합과 2개의 sp 결합과는 다른 상황이다. 마찬가지로 BF_3 또는 BCl_3에서의 3개의 결합은 동일하며 이는 2개의 sp 결합과 1개의 pp 결합과는 확실히 다르다.

혼성의 일반적인 의미는 서로 다른 타입의 부모의 결합으로 인한 자손이고, 그 자손은 어느 부모와도 정확히 같지는 않지만 각각의 특징 일부를 가지고 있다. 분자의 경우 혼성화는 s 또는 p 상태와는 다른 상태이며, s 및 p 상태의 혼합이라고 볼 수 있다. sp 혼성체는 일반적으로 다음과 같이 형성된다.

1. $2s^2 2p^n$ 배치를 가지는 원자에서 $2s$ 전자 중 하나는 여기되어 $2p$ 껍질로 이동하고, $2s^1 2p^{n+1}$ 형태를 만든다.
2. 혼성 상태는 $2s$ 상태와 각각의 $2p$ 상태에 해당하는 파동 함수를 똑같이 혼합하여

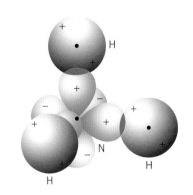

그림 9.13 NH_3에서의 전자 파동 함수의 겹침.

표 9.3 sp 방향성 결합에서의 결합 각도

분자	결합 각도
H_2O	104.5°
H_2S	93.3°
H_2Se	91.0°
H_2Te	89.5°
NH_3	107.3°
PH_3	93.3°
AsH_3	91.8°
SbH_3	91.3°

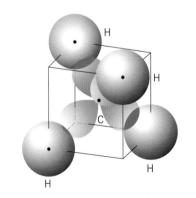

그림 9.14 CH_4 내의 분자 결합의 사면체 구조.

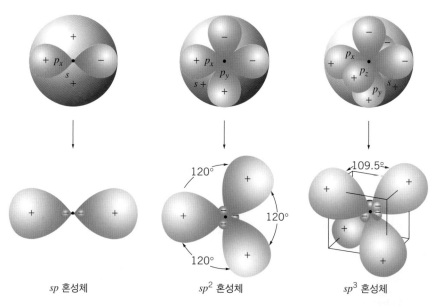

그림 9.15 sp, sp^2, sp^3 혼성체의 확률 분포.

만들 수 있다. 예를 들어 붕소의 경우 $2s^2 2p^1$ 배치는 $2s^1 2p^2$ 형태로 변환된다. $2p$ 상태를 $2p_x$, $2p_y$라고 두면 최종적으로 생성되는 혼성 파동 함수는 ψ_{2s}, ψ_{2p_x}, ψ_{2p_y}으로 만들 수 있는 조합으로 나타낼 수 있으며, 예를 들면 다음과 같다.

$$\psi = \psi_{2s} + \psi_{2p_x} + \psi_{2p_y} \text{ 또는 } \psi = \psi_{2s} - \psi_{2p_x} + \psi_{2p_y} \text{ 또는 } \psi = \psi_{2s} + \psi_{2p_x} - \psi_{2p_y}$$

그림 9.15에 sp, sp^2, sp^3 혼성체에 대한 확률 분포를 나타내었다. 여기 그림은 분자 상태를 나타내는 것이 아니라, 분자의 결합 전자 분포에 있어서 원자 하나가 어떻게 참여하는지를 나타낸다.

CH_4의 사면체 구조는 따라서 탄소의 4개의 sp^3 혼성 상태가 공간에서 대칭적으로 배치되고, 각 혼성 상태가 하나의 H와 결합한 결과이다. 여기서 대칭 사면체의 결합 각도는 $109.5°$이며, 실제 측정한 CH_4 및 표 9.4에 표시된 기타 sp^3 혼성체의 결합 각도와 잘 일치한다.

CH_4 분자에서 탄소 원자의 4개의 원자가 전자는 4개의 동등한 sp^3 혼성 궤도가 되며, 각 혼성 궤도는 수소 원자와 σ 결합을 형성한다. 다른 탄화수소 분자에서는 탄소 원자가 3개의 동등한 sp^2 혼성 궤도를 형성하여 σ 결합에 참여하고, 남은 p 전자는 π 결합에 사용되기도 한다. 그림 9.16에서 에틸렌(C_2H_4) 분자의 결합을 보자. 두 탄소 원자는 이중결합으로 연결되었다. 하나는 혼성화된 σ 결합이고 다른 하나는 비혼성화된 π 결합이다. 한편, 각 탄소-수소 결합의 경우는 혼성화된 σ 결합이다. sp^2 혼성 궤도의

표 9.4 sp^3 혼성체의 결합 각도

분자	결합 각도
CCl_4	$109.5°$
C_2H_6	$109.3°$
C_2Cl_6	$109.3°$
$CClF_3$	$108.6°$
CH_3Cl	$110.5°$
$SiHF_3$	$108.2°$
SiH_3Cl	$110.2°$
$GeHCl_3$	$108.3°$
GeH_3Cl	$110.9°$

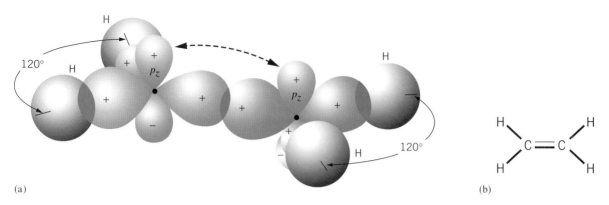

그림 9.16 (a) C_2H_4의 분자 결합. 점선은 혼성을 이루지 않은 p_z의 π 결합을 뜻한다. (b) 도식화 모형. 두꺼운 선은 σ 결합을 나타낸다.

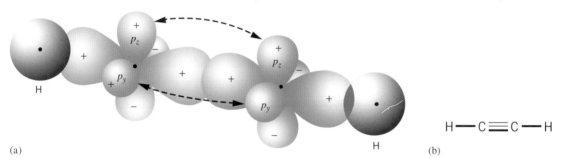

그림 9.17 (a) C_2H_2의 분자 결합. (b) 도식화.

또 다른 예시는 벤젠(C_6H_6)으로, 여기서 6개의 탄소 원자는 육각형, 즉 친숙한 '벤젠 고리'를 형성하며, 각 탄소 쌍은 혼성화된 σ 결합으로 연결되고 교대로 배열된 쌍은 추가적인 π 결합으로 연결된다.

또한 남은 2개의 p 궤도를 π 결합에 사용할 수 있는 sp 혼성체의 형성도 가능하다. 그림 9.17에 아세틸렌(C_2H_2)의 결합이 있다. 두 탄소 원자는 3개의 결합, 혼성화 σ 결합 하나와 비혼성화된 π 결합 2개로 구성되어 있다. 유의할 점은 그림 9.14, 9.16, 9.17에서 혼성화 정도에 관계없이 모든 탄소 원자는 4개의 공유 결합을 이룬다는 것이다.

탄소에 의해서 형성되는 다양한 결합은 우리가 여기서 알아본 간단한 것에서부터 생명체의 기초를 형성하는 복잡한 형태까지 유기 분자가 보이는 다양한 성질의 기초가 된다. 하지만 sp 혼성을 보이는 것은 탄소만이 아니라 다른 원자들도 마찬가지이다. (실제로 NH_3가 예상과 달리 90°의 결합 각도를 보이지 않는 것은 H 원자 간의 반발보다는 sp 혼성에 의한 것으로도 볼 수 있다.) 또한 $3s - 3p$ 혼성(실리콘)과 $4s - 4p$ 혼성(게르마늄) 역시 가능하다. 탄소와 마찬가지로 이런 물질들에서 보이는 4의 원자가 값과 대칭적인 결합 배열은 바로 이러한 혼성에서 기인한 것이며, 이는 11장에서 논의할 반도

그림 9.18 커크 선장과 스팍이 생화학적 구조가 탄소가 아니라 실리콘으로 이루어진 돌을 먹는 생명체인 호르타와 조우하고 있다.

체 물질 Si와 Ge의 유용성에도 기여한다. 또한 탄소(C) 대신 Si 또는 Ge을 기반으로 하는 새로운 타입의 유기 화학 혹은 새로운 생명체의 가능성에 대해 추측하는 것도 흥미로운 주제이다(그림 9.18).

9.3 이온 결합

위에서 본 것처럼 공유 결합에서 결합 전자는 분자 내 특정 원자에 속하지 않고 원자들 간에 공유된다. 하지만 반대 극단 상황인 원자가 전자가 공유되지 않고 분자를 이루는 원자 중 하나 근처에서 모든 시간을 보내는 경우에도 분자를 형성할 수 있다. 이온형 분자인 NaCl을 예로 들어 보자. 다 채워진 전자 껍질과 하나의 전자가 최외각 $3s$ 전자 껍질에 있는 중성 나트륨 원자($1s^22s^22p^63s^1$)와 $3p$ 껍질을 다 채우기 위해서 전자 하나가 모자란 중성 염소 원자($1s^22s^22p^63s^23p^5$)를 생각해 보자. 나트륨의 최외각 전자를 빼기 위해서는 나트륨의 **이온화 에너지**(ionization energy)인 5.14 eV가 필요하며, 이때 양으로 대전된 Na^+ 이온이 된다. 이 전자를 염소 원자에 제공하여 전하를 띤 Cl^- 이온을 만들면 Cl의 **전자 친화도**(electron affinity)인 3.61 eV의 에너지가 **방출**된다. 에너지가 방출되는 이유는 모두 채워진 $3p$ 껍질이 특히 안정한 구조이기 때문이며, 이는 에너지적으로 아주 선호된다. 즉, 나트륨을 이온화하기 위해 5.14 eV를 빌려왔다면, 즉시 염소에 전자를 붙임으로써 3.61 eV를 받는다. 나머지 1.53 eV(= 5.14 eV − 3.61 eV)의 경우 Na^+과 Cl^-를 충분히 가까이 붙임으로써 퍼텐셜 에너지가 −1.53 eV가 되도록 하여 얻을 수 있다. 이 퍼텐셜 에너지에 해당하는 거리는 퍼텐셜 에너지 식인 $U = q_1 q_2 / 4\pi\varepsilon_0 R$에서 구한다.

$$R = -\frac{e^2}{4\pi\varepsilon_0}\frac{1}{U} = \frac{1.44 \text{ eV·nm}}{1.53 \text{ eV}} = 0.941 \text{ nm}$$

즉, Cl^-와 Na^+이 0.941 nm보다 가까워지게 되면, Coulomb 인력은 나트륨의 이온화 에너지와 염소의 전자 친화도의 에너지 차이를 넘어설 수 있는 충분한 에너지를 줄 수 있다. 다른 말로 하면, 0.941 nm 미만 거리로 떨어진 Na^+ 및 Cl^- 이온은 중성의 Na과 Cl 원자보다 더 안정한 구조를 가지고 있다.

하지만 Na^+과 Cl^- 이온은 너무 가까이 다가갈 수 없다. 왜냐하면 두 이온의 채워진 p 전자 껍질이 서로 겹치기 시작하면서 결국 이온 사이에 반발력을 일으키기 때문이다. Pauli 배타 원리에 따르면 양쪽 채워진 p 전자 껍질에는 추가 전자가 들어갈 수 없다. 따라서 두 이온을 더 가까이 밀착시키기 위해서는 겹치는 전자들에게 '공간을 만들어주기' 위해 일부 전자를 $2p$ 또는 $3p$ 전자 껍질에서 더 높은 껍질로 밀어내야 한다. 이것은 에너지를 필요로 하기 때문에 특정 지점 이상으로 이온 간 거리를 가깝게 하려면 $Na^+ + Cl^-$ 계에 에너지를 추가해야 한다. 이 에너지는 우리가 이온들을 가까이 붙일 때 급격히 증가하는 일종의 '반발 퍼텐셜 에너지'로 생각할 수 있을 것이다.

요약하자면, 이온들이 멀리 떨어져 있을 때는 서로 끌어당기고 너무 가까이 있을 때는 서로 밀어내게 된다. 그 사이에는 인력과 척력이 균형을 이루는 평형 위치가 있어야 한다. 이 평형 위치가 이온 분자의 크기를 결정하게 된다.

그림 9.19에는 핵 간 거리에 따른 NaCl 분자의 에너지를 나타내었다. 에너지 기준점을 중성 원자로 설정하면 분자 에너지를 세 가지로 나눌 수 있다. 첫 번째 항은 $\Delta E = 1.53$ eV이며, 이는 이온과 중성 원자 사이 에너지 차이를 나타낸다. 두 번째 항은 이온 간의 Coulomb 인력 에너지(U_C)이고, 세 번째 항은 Pauli '반발'에 해당하는 값 U_R이다. 그림 9.19에서 보이듯 Pauli 반발은 R 값이 작을 때 급격하게 증가하고 이온 반경의 합을 넘어서는 R 값에서는 0으로 수렴하는 형태의 퍼텐셜 에너지로 나타낼 수 있다. 이 지점에서 전자 껍질은 더 이상 겹치지 않으며 Pauli 반발이 발생하지 않게 된다. 여기서 세 가지 항의 합은 NaCl 분자의 에너지를 구성하며, 0.236 nm의 평형이 되는 위치 R_{eq}에서 최솟값을 가진다. 이 거리에서의 에너지는 −4.26 eV이므로 결합 에너

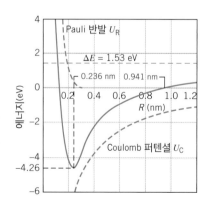

그림 9.19 NaCl의 분자 에너지. 에너지가 0인 값은 중성 Na과 Cl 원자에 해당한다. 실선은 세 가지 분자 에너지 기여 요소의 합에 해당한다.

표 9.5 일부 이온 이원자 분자의 성질

분자	해리 에너지 (eV)	평형 거리 (nm)
NaCl	4.26	0.236
NaF	4.99	0.193
NaH	2.08	0.189
LiCl	4.86	0.202
LiH	2.43	0.160
KCl	4.43	0.267
KBr	3.97	0.282
RbF	5.12	0.227
RbCl	4.64	0.279

지 또는 해리 에너지(분자를 중성 원자로 분리하는 데 필요한 에너지)는 4.26 eV가 된다.

표 9.5는 몇 가지 이온 분자 간의 평형 거리와 해리 에너지를 나타낸다.

여기서는 고체 내에서의 분자 모임이 아니라 분리된 분자를 다루고 있다는 점을 기억해야 한다. 이 절에서 NaCl을 이야기할 때, 우리는 고체의 소금이 아니라 기체의 NaCl 분자에 가까운 상태로 볼 수 있다. 고체 상태의 원자 간 간격은 분자일 경우의 간격과 아주 차이가 날 수도 있다.

예제 9.2

(a) NaCl이 평형 위치에 있을 때 Pauli 반발 에너지의 값은 무엇인가? (b) 0.1 nm 간격에서 Pauli 반발 에너지의 값을 추정하시오.

풀이

(a) 평형 거리에서 Coulomb 에너지는

$$U_C = -\frac{1}{4\pi\varepsilon_0}\frac{e^2}{R_{eq}} = -\frac{1.44 \text{ eV}\cdot\text{nm}}{0.236 \text{ nm}} = -6.10 \text{ eV}$$

그리고 Pauli 반발 에너지는 분자 에너지 E로부터 다음과 같다.

$$U_R = E - U_C - \Delta E$$
$$= -4.26 \text{ eV} - (-6.10 \text{ eV}) - 1.53 \text{ eV} = 0.31 \text{ eV}$$

(b) 그림 9.19에서 $R = 0.1$ nm에서 $E = +4.0$ eV를 추정하였다. $R = 0.1$ nm에서 Coulomb 에너지는 -14.4 eV이고, 반발 에너지는 다음과 같다.

$$U_R = E - U_C - \Delta E$$
$$= +4.0 \text{ eV} - (-14.4 \text{ eV}) - 1.53 \text{ eV} = 16.9 \text{ eV}$$

작은 R 값에서 반발 에너지가 얼마나 빠르게 증가하는지 주목하라.

예제 9.3

8장에서 논의한 것처럼 주양자수는 원자 크기를 결정하는 데 중요하다. 따라서 ns 껍질에 원자가 전자를 가지는 원소와 $n'p$ 껍질에 빈 자리를 가지는 원소가 결합하게 되는 알칼리 염화물의 경우에 주양자수 n과 n'에 따라서 원자 크기가 정해지는 규칙이 있을 것으로 예상할 수 있다. 이 가정을 바탕으로,

표 9.5에서의 값을 이용하여 LiF와 NaBr에서의 평형 거리를 예측하시오.

풀이

LiCl($2s + 3p$)에서 NaCl($3s + 3p$)로 가면서, 거리는 0.236 nm

− 0.202 nm = 0.034 nm만큼 증가한다. 이 값의 변화가 $3s$와 $2s$ 반경에서 오는 차이에만 의존하며 LiF($2s+2p$)와 NaF($3s+2p$) 역시 같은 차이를 가진다고 생각할 경우, LiF에서의 간격은 NaF보다 약 0.034 nm 작을 것이며, 0.193 nm − 0.034 nm = 0.159 nm가 될 것이다. 이것을 $2s$ 분자(LiF 및 LiCl)에서의 $2p-3p$에서의 차이와 $3s$ 분자(NaF 및 NaCl)의 경우를 비교해 볼 수도 있다. 후자의 차이는 0.236 nm − 0.193 nm = 0.043 nm이며, 이를 통해 LiF에서의 간격이 LiCl 의 경우와 0.202 nm − 0.043 nm = 0.159 nm만큼 비교해 볼 수 있고, 이는 처음 추정과 일치한다. 실제 측정된 간격은 0.156 nm이다.

같은 논리로 NaCl과 KCl에서의 $3s-4s$ 차이(0.031 nm)를 사용하여 KBr과 비교할 경우 NaBr의 간격은 0.251 nm가 될 것이라고 예상할 수 있고, NaCl과 비교하여 KCl과 KBr의 $3p-4p$ 차이(0.015 nm)를 통해 역시 NaBr에 대해 0.251 nm 값을 예측할 수 있다. 측정 값은 0.250 nm이다.

공유 결합과 이온 결합은 두 가지 반대 경우의 극단을 나타낸다. 하나는 전자가 두 원자 사이에서 공유되는 경우이고, 다른 하나는 전자가 항상 한 원자에만 속하는 경우이다. 두 원자가 공유 결합으로 결합할지 이온 결합으로 결합할지 어떻게 알 수 있을까? 그 답은 원자들이 전자를 공유하려는 경향, 즉 한 원자가 다른 원자보다 원자가 전자를 모두 가져가려는 정도에 따라 달라진다.

동핵 이원자 분자의 경우 순수 공유 결합이 예상된다. 두 원자가 정확히 같기 때문에 어떤 원자도 우월하지 않고, 전자는 두 원자 사이에서 완전히 공유된다. 하지만 이핵 분자의 경우 상황이 크게 다르다. 순수한 이온 결합이나 순수한 공유 결합은 존재할 수 없다. 두 원자는 원자 번호와 전자 배치가 다르기 때문에 원자가 전자나 결합 전자의 파동 함수는 공유된다고 하더라도 한 원자 근처에서 성질은 다른 원자 근처의 경우와 완전히 같지는 않을 것이다. 따라서 전자는 한 원자 근처에서 다른 원자 근처보다 더 많은 시간을 보내야 한다. 다른 말로, 결합 자체는 공유 결합으로 보이더라도, 한 원자가 약간의 추가 음전하를 가지고 있을 수 있으며 이온 결합의 특성을 약간이지만 가지고 있을 수도 있다는 것을 의미한다. 반대로 '순수' 이온 결합은 역시 약간의 공유 결합 특성을 가지고 있다. 7장에서 배운 것처럼 전자 파동 함수는 갑자기 진폭이 0으로 떨어지는 것이 아니라 지수적으로 감소하면서 0으로 간다. 따라서 NaCl과 같은 이온 분자에서도 Cl⁻ 이온으로 이동한 전자의 파동 함수는 Na⁺ 이온 위치에서 0의 값을 가지지 않는다. 즉, 파동 함수는 실제 Na⁺ 이온에서의 진폭이 아주 작겠지만 0은 아니다. 따라서 전자는 비록 매우 적은 시간이지만 원자들 사이에서 약간의 시간을 공유하고, 거의 이온 결합으로 볼 수 있지만 약간의 공유 특성도 가지게 된다.

분자의 상대적인 이온 특성을 측정하는 경험적인 방법은 분자의 **전기 쌍극자 모멘**

Linus Pauling(1901~1994, 미국). 화학자로 알려져 있지만, 분자 결합에 대한 그의 업적은 전통적인 화학–물리의 경계를 넘어선다. 그는 2개의 노벨상을 단독 수상한 유일한 사람으로, 1954년에 분자 결합에 관한 업적으로 화학상을, 1963년에 핵무기 실험 금지에 대한 노력으로 평화상을 수상하였다.

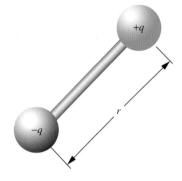

그림 9.20 전기 쌍극자.

트(electric dipole moment)를 기반으로 한다. 그림 9.20과 같이 전기 쌍극자는 r 거리만큼 떨어져 있는 $+q$와 $-q$ 2개의 전하로 구성된다. 이때 전기 쌍극자 모멘트는 다음과 같이 정의한다.

$$p = qr \tag{9.4}$$

순수한 공유 분자에서는 어느 원자에도 추가 전하가 없으므로 실제적으로 $q = 0$이고 쌍극자 모멘트는 0이 될 것으로 예상된다. 반면 이온 분자의 경우 한 원자에는 알짜 양전하, 다른 원자에는 알짜 음전하가 존재하므로 쌍극자 모멘트는 0이 아니다.

만약 NaCl이 순수한 이온 결합 분자라면, 쌍극자 모멘트로 다음 값을 기대할 수 있다.

$$p = qR_{\text{eq}} = (1.60 \times 10^{-19}\,\text{C})\,(0.236 \times 10^{-9}\,\text{m}) = 3.78 \times 10^{-29}\,\text{C} \cdot \text{m}$$

측정된 NaCl 분자의 전기 쌍극자 모멘트는 $3.00 \times 10^{-29}\,\text{C} \cdot \text{m}$이며, 이는 순수한 이온 결합에 해당하는 최댓값의 0.79 또는 79%에 해당한다. NaCl은 부분적으로 이온 결합을 하기 때문에 측정된 쌍극자 모멘트는 이온일 때의 값보다 작다. 측정된 전기 쌍극자 모멘트와 식 (9.4)로 계산된 최댓값 사이의 비율을 통해서 분자 결합의 이온성 비율 값을 정할 수 있다.

$$\text{이온성 비율} = \frac{p_{\text{측정값}}}{qR_{\text{eq}}} \tag{9.5}$$

원자가 서로 이온 결합 또는 공유 결합으로 결합할지를 예측할 수 있는 원자 특성이 있을까? 약간의 예측성을 주는 한 가지 특성은 **전기 음성도**(electronegativity)이고, 해당 값은 대략 화학 결합 형성 시에 원자가 전자를 끌어당기는 경향으로 정의할 수 있다. 원자의 전기 음성도는 전자를 제거하면서 잃은 에너지(이온화 에너지)와 전자를 추가하면서 얻은 에너지(전자 친화도)의 합으로 계산할 수 있다. 표 9.6은 일부 원소의 전기 음성도 값을 보여준다.

표 9.6 일부 원소의 전기 음성도

H	2.20										
Li	0.98	Be	1.57	C	2.55	N	3.04	O	3.44	F	3.98
Na	0.93	Mg	1.31	Si	1.90	P	2.19	S	2.58	Cl	3.16
K	0.82	Ca	1.00	Ge	2.01	As	2.18	Se	2.55	Br	2.96
Rb	0.82	Sr	0.95	Sn	1.96	Sb	2.05	Te	2.10	I	2.66
Cs	0.79	Ba	0.89								

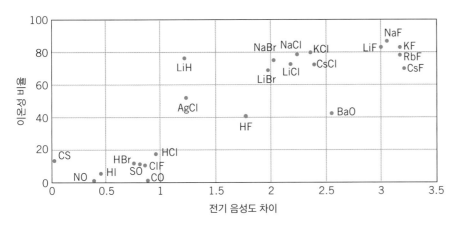

그림 9.21 이원자 분자의 이온성 비율.

분자 내 두 원자의 전기 음성도가 같으면 전자를 끌어당기는 경향이 같기 때문에 공유 결합을 형성해야 한다. 전기 음성도가 크게 차이 나면 한 원자가 전자를 끌어당기는 경향이 더 강해지므로, 결과적으로 한 원자에는 알짜 음전하가, 다른 원자에는 동일한 크기의 알짜 양전하가 생기게 된다. 분자 결합은 최소한 약간의 부분적인 이온 특성을 가지게 된다.

따라서 이온성 비율(측정 전기 쌍극자 모멘트와 최대 예상 값과의 비교를 통해 정해진)과 전기 음성도 차이의 크기 사이에 어느 정도의 관계가 있을 것을 예상할 수 있다. 그림 9.21에 이온성 비율과 전기 음성도 차이에 대한 그래프를 그렸다. 점들은 흩어져 있지만, 두 값 사이에 실제로 직접적인 관계가 있음을 확인할 수 있다. 전기 음성도 차이가 작은 분자는 이온 특성이 작아 공유 결합을 형성하는 반면, 전기 음성도 차이가 큰 분자는 대부분 이온 결합을 형성한다.

9.4 분자 진동

지금까지는 전자의 배치를 통해서 분자의 특성을 살펴보았다. 전자는 대부분 분자 결합의 강도와 공간 분포를 결정한다. 분자는 원자의 경우와 마찬가지로 전자 배치를 바꾸면서 에너지를 흡수 및 방출할 수 있다. 하지만 분자는 훨씬 더 적은 양이지만, 다른 방법으로 에너지를 흡수하거나 방출할 수 있다. 한 가지 방법은 분자 속 원자가 평형 지점에서 진동하는 것으로, 용수철에 연결된 두 물체의 경우와 마찬가지이다. 또 다른 방법은 분자의 질량 중심을 축으로 원자가 회전하는 것이다. 이 절에서는 분자 진동을 생각하고, 다음 절에서는 회전에 대해 알아보고자 한다. 진동과 회전 에너지는 종종 특정 분자의 고유 특성이고, 간단한 분자를 알아내는 '지문' 역할을 한다.

양자역학에서의 진동

질량 m인 물체가 탄성 상수 k인 용수철에서 진동하는 고전적인 진동계는 진동수 $\omega = \sqrt{k/m}$를 가지고 있다. (여기에서 라디안/초 단위로 측정되는 각/원 주파수 $\omega = 2\pi f$를 사용한다.) 진동자는 퍼텐셜 에너지 $U = \frac{1}{2}kx^2$을 가지고, 최대 진폭 x_m를 가질 때 총에너지는 상숫값인 $E = \frac{1}{2}kx_m^2$을 가진다. 고전적인 진동자의 경우, 총에너지 또는 진동자의 주파수에 대해 제약이 없다. 모든 에너지 값이 허용되고 주파수와 에너지는 독립적으로 변화할 수 있다.

5장에서 배운 것처럼, 양자 진동기의 경우는 매우 다르게 작동한다. 특정 에너지 값만 가질 수 있다. 단일 차원으로만 이동하는 진동자의 경우 허용되는 에너지 값은

$$E_N = \left(N + \frac{1}{2}\right)\hbar\omega = \left(N + \frac{1}{2}\right)hf \qquad N = 0, 1, 2, 3, \ldots \tag{9.6}$$

로 주어지며, 여기서 ω는 고전적인 진동자의 진동수이다. 바닥 상태 에너지는 $\frac{1}{2}\hbar\omega = \frac{1}{2}hf$이며 들뜬 상태들은 $\hbar\omega = hf$의 균등한 에너지 차이로 구성되어 있다. 그림 9.22는 일차원 양자 진동자에서의 들뜬 상태를 나타낸다. 바닥 상태가 $E = 0$이 아니라는 점에 주목하라. 이는 불확정성 원리의 결과이다. $E = 0$인 진동자의 경우 정확히 0인 변위와 정확히 0인 운동량을 갖게 되어 불확정성 원리의 위치-운동량 관계를 위반하게 된다. 최소 에너지인 $\frac{1}{2}hf$는 종종 **영점 에너지**(zero-point energy)라고 불리며 관측 가능하다(연습문제 36번 참조).

진동자는 전자기파를 방출하여 낮은 상태로 점프하거나, 빛을 흡수하여 더 높은 상태로 점프할 수 있다. 하지만 이 점프는 임의의 간격으로 일어나지는 않는다. 허용되는 전이는 N을 한 단위만 변화시킨다. 이 제약은 **선택 규칙**(selection rule)이라고 불리며 전자기파의 방출 또는 흡수를 통해 일어나는 전이에만 적용된다.

$$\text{진동 선택 규칙:} \quad \Delta N = \pm 1 \tag{9.7}$$

충돌 등으로 인한 다른 원인에 의한 점프는 이 제약에 적용되지 않는다.

양자 진동자 모델은 과하게 단순화되긴 했지만, 실제 자연에는 이런 종류의 물리를 보이는 많은 계가 있다. 분자에서 각 원자는 질량 중심을 축으로 진동할 수 있다. 12장에서 논의하겠지만, 원자핵은 종종 진동하는 액체 방울로 모형화될 수 있다. 여기서 이야기한 두 계는 모두 양자 진동자와 일치하는 특성을 가지고 있지만, 탄성 상수 k의 경우 일정한 값을 가지지 않으며 여기되는 에너지가 증가함에 따라 탄성을 잃을 수 있

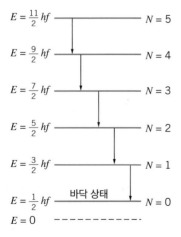

그림 9.22 일차원 양자 진동자에서 몇 개의 에너지 준위와 전이.

다. 고체에서 원자는 종종 삼차원 진동자처럼 행동할 수 있으며, 이때의 특성은 여기에서 고려하는 일차원 진동자와는 다르다. 11장에서는 통계적 관점에서 삼차원 고체의 원자 진동에 대해 논의한다.

진동하는 이원자 분자

2개 이상의 원자로 구성되어 있는 분자는 많은 다양한 방법으로 진동할 수 있기 때문에, 간단하게 두 원자로 구성된 분자만 생각하겠다. 그림 9.23은 이원자 분자 속의 두 원자를 표시하였고, 질량 중심이 고정된 채로 진동하게 된다.

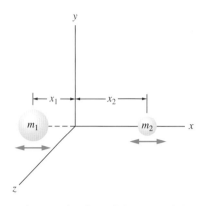

그림 9.23 진동하는 이원자 분자에서의 두 원자. 질량 중심은 좌표계의 원점에 고정되어 있다.

방출 전이에서의 진동수를 계산하기 위해서 질량 m과 유효 탄성 상수 k 값을 알아야 한다. 분자 내 두 원자 모두 진동에 참여하므로, 진동하는 질량은 각각의 질량이 아니라 두 질량의 조합이다. 두 원자의 질량을 m_1과 m_2라고 하자. 둘 다 평형 위치를 지나가므로, 분자의 총에너지는 운동 에너지만 있기 때문에 다음과 같다.

$$E_T = \frac{1}{2}m_1 v_1^2 + \frac{1}{2}m_2 v_2^2 = \frac{p_1^2}{2m_1} + \frac{p_2^2}{2m_2} \tag{9.8}$$

질량 중심이 고정된 좌표계에서, 전체 운동량은 0이며, 즉 $p_1 = p_2$이므로 에너지는 다음과 같이 쓰일 수 있다($p = p_1 = p_2$).

$$E_T = \frac{1}{2}p^2\left(\frac{1}{m_1} + \frac{1}{m_2}\right) = \frac{1}{2}p^2\left(\frac{m_1 + m_2}{m_1 m_2}\right) = \frac{p^2}{2m} \tag{9.9}$$

여기서

$$m = \frac{m_1 m_2}{m_1 + m_2} \tag{9.10}$$

즉, 전체 계의 에너지는 하나의 질량 m을 가지고 p의 운동량으로 움직이는 경우와 같다. 여기서 m은 전체 분자의 유효 질량에 해당하며 **환산 질량**(reduced mass)이라고 한다. 이 질량값이 진동과 관련된 진동수를 계산할 때 써야 되는 값이다. (이전에 우리는 수소 원자를 분석할 때 전자와 양성자의 환상 질량을 썼었다. 6.8절 참조)

동핵 분자처럼 $m_1 = m_2$의 경우에는 $m = m_1/2$의 관계를 가진다. 즉, 유효 질량은 각각 원자의 질량의 절반에 해당한다. 하나의 질량이 다른 쪽보다 훨씬 큰 경우에 환산 질량은 거의 가벼운 질량 값과 같아지게 된다. 이것은 우리가 예상할 수 있는데, 더 무거운 질량의 관성으로 인해 움직이는 경향이 줄어들게 되고, 대부분의 진동 운동은 가벼운 질량에 의해서 일어나게 되기 때문이다.

진동 운동에서 유효 탄성 상수 값의 계산은 다음 예제를 통해 알 수 있다.

예제 9.4

H$_2$에서의 진동수와 광자의 에너지를 구하시오.

풀이

진동수를 구하기 위해서는 탄성 상수 k를 알아야 한다. k 값을 추정하기 위해서 분자가 평형 거리 R_{eq} 근처에서는 단순 조화 진동자처럼 움직인다고 생각하고, 그 근처에서 포물선 형태의 진동 퍼텐셜 에너지 $U = \frac{1}{2}kx^2$로 다룬다. 그림 9.24는 에너지 최소 지점과 그 근처에서 근사된 포물선을 나타낸다. 포물선의 식은 다음과 같다.

$$E - E_{min} = \frac{1}{2}k(R - R_{eq})^2 \qquad (9.11)$$

상수 k는 특정 $E - E_{min}$ 값에 대해서 적용되는 $R - R_{eq}$ 값을 구함으로써 그래프에서 추정할 수 있다. 그림에서 보이는 것처럼, $E - E_{min} = 0.50$ eV인 경우, $R - R_{eq}$ 값은 $\frac{1}{2}(0.034$ nm$) = 0.017$ nm가 된다. 여기에서 k를 구하면 다음을 얻는다.

$$k = \frac{2(E - E_{min})}{(R - R_{eq})^2} = \frac{2(0.50 \text{ eV})}{(0.017 \text{ nm})^2}$$
$$= 3.5 \times 10^3 \text{ eV/nm}^2 = 3.5 \times 10^{21} \text{ eV/m}^2$$

분자 수소의 환산 질량은 수소 원자의 절반이다. 이제 진동수를 구할 수 있다.

$$f = \frac{1}{2\pi}\sqrt{\frac{k}{m}} = \frac{1}{2\pi}\sqrt{\frac{kc^2}{mc^2}}$$
$$= \frac{1}{2\pi}\sqrt{\frac{(3.5 \times 10^{21} \text{ eV/m}^2)(3.00 \times 10^8 \text{ m/s})^2}{(0.5)(1.008 \text{ u})(931.5 \times 10^6 \text{ eV/u})}}$$
$$= 1.3 \times 10^{14} \text{ Hz}$$

해당하는 광자의 에너지는 다음과 같다.

$$E = hf = (4.14 \times 10^{-15} \text{ eV} \cdot \text{s})(1.3 \times 10^{14} \text{ Hz}) = 0.54 \text{ eV}$$

이 빛의 파장은 $2.3\,\mu$m이고, 이것은 스펙트럼에서 적외선 영역에 있다. 분자 진동은 보통 적외선 영역의 광자를 준다.

주의할 점은 포물선은 최솟값보다 약 1 eV 정도 높은 에너지 정도까지만 합리적인 근사치를 제공한다는 점이고, 이는 $N = 2$의 들뜬 상태에 해당한다. 만약 H$_2$ 분자를 바닥 상태보다 1 eV 이상의 에너지로 여기시키면 단순 조화 진동에서 예상되는 거동에서 벗어날 것을 예상할 수 있다. 특히 이 경우 모든 전이는 더 이상 동일한 에너지를 갖지 않으며 $\Delta N = \pm 1$을 벗어나는 변화가 발생할 수 있다. 다른 분자의 경우, 조화 진동자 근사가 더 큰 진동 양자수에 대해서 유효할 수 있지만 충분히 큰 N에 대해서는 결국 벗어나게 된다.

진동 에너지는 종종 분자의 성질로 표기되어 있다. 종종 이 표는 에너지를 cm^{-1} 단위로 표시한다. 이를 eV로 바꾸기 위해서 변환 인자 $hc = 1.24 \times 10^{-4}$ eV·cm를 곱하면 된다.

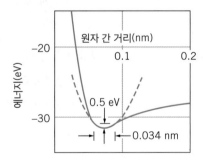

그림 9.24 H$_2$의 최소 에너지를 포물선(점선)으로 근사하기.

이 절에서 분자의 진동 운동에 대한 결론을 요약하자면, 에너지 최솟값 근처의 운동은 단순 조화 진동자가 충분히 설명하며, 방출 및 흡수하는 광자들은 모두 에너지 hf의 시퀀스만큼의 진동 양자수의 변화를 주게 된다. 방출 또는 흡수된 빛은 일반적으로 적외선 영역에 속한다.

예제 9.4의 결과로 볼 때, 실온에서 수소 분자 기체의 평균 병진 운동 에너지인 0.025 eV를 통해서 분자 간 충돌이 한 분자에게 0.54 eV의 에너지를 전달하여 진동을 만들어내는 일이 드물다는 것을 의미한다. 이는 왜 실온에서 수소 분자의 진동 자유도가 '고정'되지 않고, 1장에서 논의했듯이 H_2의 열용량이 7개의 자유도에 해당하는 값과 다른지를 설명한다.

불소(F_2)의 진동 에너지는 0.11 eV이므로, 실온(표 1.1 참조)에서도 불소 기체의 열용량은 5개의 자유도(병신 운동과 회전 운농만 포함)만을 고려한 값보다 증가하기 시작한다. 1,000 K에 이르면 평균 열 에너지가 약 0.075 eV가 되어 F_2의 진동 상태가 쉽게 여기될 수 있으므로 1,000 K에서 F_2의 열용량은 7개의 자유도에 대한 특성을 가진다. 산소(O_2)는 더 큰 진동 에너지(0.20 eV)를 가지고 있으며, 평균 에너지가 0.025 eV에 불과한 기체에서 이만큼의 에너지를 추가하는 것은 어려우므로 300 K에서도 열용량은 5개의 자유도(병진 + 회전)에 대한 특성 값을 유지한다. 산소의 열용량은 1,000 K에서 증가하지만 7개의 자유도에 대한 값에 완전히 도달하지는 않는다. 질소(N_2)는 진동 에너지가 훨씬 더 크기 때문에(0.29 eV) 1,000 K에서도 F_2 또는 O_2보다 열용량이 작다.

9.5 분자 회전

분자가 에너지를 흡수 및 방출하는 두 번째 방법은 질량 중심을 기준으로 한 회전이다. 분자의 회전 운동의 상태는 각운동량을 통해서 묘사될 수 있다. 이 절에서는 양자역학에서의 각운동을 다루는 특별한 방법과 그에 따른 이원자 분자의 회전 상태에 대해서 이야기한다.

양자역학에서의 회전

회전 관성 모멘트 I를 가진 고전적인 강체 회전자에서 회전 운동 에너지는 다음과 같이 주어진다. $K = \frac{1}{2}I\omega^2 = L^2/2I$. 여기서 $L = I\omega$는 회전 각운동량이다. (이 공식을 익숙한 병진 운동 에너지 식, $K = \frac{1}{2}mv^2 = p^2/2m$과 비교해 보면, 선형 운동량 p를 각운동량 L로, 질량 m을 회전 관성 모멘트 I로 대체하면 된다는 점을 알 수 있다.)

양자역학에서 선형 운동량이나 병진 운동 에너지의 양자화에 대한 일반적인 결과는 없기에, 회전 운동을 양자화하는 방법에 대해서는 단서가 없다. 우리는 회전자를 '질

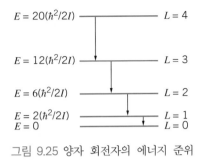

$E = 20(\hbar^2/2I)$ ——————— $L = 4$

$E = 12(\hbar^2/2I)$ ——————— $L = 3$

$E = 6(\hbar^2/2I)$ ——————— $L = 2$

$E = 2(\hbar^2/2I)$ ——————— $L = 1$
$E = 0$ ——————— $L = 0$

그림 9.25 양자 회전자의 에너지 준위와 전이.

량 없는' 길이 r의 막대 끝에 질량 m의 입자가 돌고 있다는 것으로 볼 수 있지만, 양자역학에서는 고정된 평면에서 회전이 없다는 것을 알고 있다(7.2절 불확정성의 회전 형태에 대한 논의 참조). 따라서 강체 회전자의 양자 버전은 반지름 r의 원에서 이차원으로 움직이는 것이 아니라 반지름 r의 구에서 삼차원으로 움직이는 입자로 더 정확히 설명할 수 있다.

삼차원 회전자의 파동 함수에 대한 일반적인 수학적 해는 들뜸 과정을 벗어난다(일부 해는 수소 원자의 파동 함수의 각 모멘텀 부분에서 얻을 수 있음). 하지만 결과적인 에너지 준위는 특별히 간단한 형태를 가지고 있다.

$$E_L = \frac{L(L+1)\hbar^2}{2I} \qquad L = 0, 1, 2, 3, \dots \qquad (9.12)$$

여기서 L은 각운동량 양자수이다. 회전 에너지 준위는 그림 9.25에서처럼 0, $2(\hbar^2/2I)$, $6(\hbar^2/2I)$, $12(\hbar^2/2I)$, $20(\hbar^2/2I)$, …로 나타내진다. 진동 에너지 준위와는 달리 회전 에너지 준위는 등간격이 아니라는 점에 주목하라. 에너지가 증가할수록 간격이 넓어진다.

식 (9.12)는 고전적인 회전 운동 에너지 식에서 고전적인 각운동량을 식 (7.5)에 표시된 양자역학적 결과 $|\mathbf{L}| = \sqrt{L(L+1)}\,\hbar$로 치환하여 얻을 수 있다. (여기서는 입자의 각운동량 양자수를 나타내는 소문자 l 대신 분자와 같은 계의 각운동량 양자수를 나타내는 대문자 L을 사용한다.)

분자와 원자핵의 예시는 양자 회전자에도 적용할 수 있다. 분자와 원자핵의 경우 고정된 결합 길이를 가지는 것이 아니므로, 강체 회전자에서의 간격을 정확히 따르지는 않는다. 각운동량이 증가하면서 계는 더 빠르게 회전하고, 결합 길이가 늘어나 회전 관성 모멘트는 증가되면서 회전에서의 간격을 약간 감소시킨다. 그럼에도 불구하고 회전 간격은 비슷한 행태를 보인다.

회전자의 양자 상태는 전자기 복사의 방출이나 흡수를 통해 변화할 수 있다. 진동 상태와 마찬가지로 빛이 방출되거나 흡수될 때 발생할 수 있는 점프에 대해서 제약을 주는 **선택 규칙**이 있다.

$$\text{회전 선택 규칙:} \quad \Delta L = \pm 1 \qquad (9.13)$$

허용되는 회전 점프는 각운동량 양자수의 한 단위에 해당하는 만큼만 일어날 수 있다. 이 선택 규칙은 아주 절대적인 것은 아니지만, 실제 전자기 전이에서 각운동량 양자수를 한 단위 변화시키는 경우는 다른 L 값의 변화를 주는 경우보다 크기가 몇 자리 더 크다. 그림 9.25에 L 값을 한 단위 바꾸는 전이 몇 개가 묘사되었다. 주목할 점은 진동 들뜸의 경우는 모든 방출 광자가 같은 에너지 값이었지만, 이 경우에 방출되는 광자가 모두 다른 에너지 값을 가진다는 점이다.

회전 이원자 분자

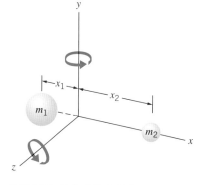

그림 9.26 회전 이원자 분자.

그림 9.26에서의 이원자 분자를 생각하자. 좌표계의 원점은 분자의 질량 중심이고, $x_1 m_1 = x_2 m_2$이다. 분자의 회전 관성은 $I = m_1 x_1^2 + m_2 x_2^2$이다. 이것을 환산 질량 $m = m_1 m_2/(m_1 + m_2)$과 평형 위치 $R_{eq} = x_1 + x_2$를 통해서 다음과 같이 표시할 수 있고,

$$I = mR_{eq}^2 \qquad (9.14)$$

회전 상태의 에너지는 다음과 같다.

$$E_L = \frac{L(L+1)\hbar^2}{2mR_{eq}^2} = BL(L+1) \qquad (9.15)$$

여기에서 회전 상수 B는 이원자 분자의 경우 다음과 같이 정의된다.

$$B = \frac{\hbar^2}{2mR_{eq}^2} \qquad (9.16)$$

방출 혹은 흡수된 광자는 회전 선택 규칙 $\Delta L = \pm 1$을 따라야 하고, 방출된 광자의 에너지는 2개의 인접한 준위 사이의 에너지 차이가 된다.

$$\Delta E = E_{L+1} - E_L = B(L+1)(L+2) - BL(L+1) = 2B(L+1) \qquad (9.17)$$

진동 들뜸에서의 언제나 같은 에너지를 가지는 전이와 비교해서 회전 전이는 그림 9.25에서 볼 수 있듯이 L 값에 의존한다. 방출된 광자는 $2B$, $4B$, $6B$, ...의 에너지를 가진다.

▍ 예제 9.5

H$_2$ 분자에서 방출되는 세 가지 가장 낮은 빛의 에너지와 파장을 계산하시오.

풀이

광자의 에너지는 식 (9.17)에서 주어지는 준위들 사이의 에너지 차이와 같다. 이 에너지를 알기 위해서 먼저 회전 상수 값인 B를 정해야 한다. H$_2$ 분자의 경우 환산 질량 m은 수소 질량의 반이다.

$$
\begin{aligned}
B &= \frac{\hbar^2}{2mR_{eq}^2} = \frac{\hbar^2 c^2}{2mc^2 R_{eq}^2} \\
&= \frac{(197.3 \text{ eV} \cdot \text{nm})^2}{2(0.5 \times 1.008 \text{ u} \times 931.5 \text{ MeV/u})(0.074 \text{ nm})^2} \\
&= 0.0076 \text{ eV}
\end{aligned}
$$

식 (9.17)을 통해 에너지를 바로 구할 수 있고, 해당하는 파장은 $\lambda = hc/\Delta E$에서 구할 수 있다.

$L = 1$에서 $L= 0$: $\Delta E = 2B = 0.0152\ eV$ $\lambda = 81.6\ \mu m$
$L = 2$에서 $L= 1$: $\Delta E = 4B = 0.0304\ eV$ $\lambda = 40.8\ \mu m$
$L = 3$에서 $L= 2$: $\Delta E = 6B = 0.0456\ eV$ $\lambda = 27.2\ \mu m$

방출 광자의 에너지는 상대적인 크기가 1, 2, 3, …인 수열을 형성하고, 방출되는 파장은 반대의 수열인 1, 1/2, 1/3, …을 형성한다.

(진동 전이처럼) 분자의 회전 전이는 적외선 영역에 존재하지만 파장은 진동 전이에서의 파장보다 1~2개의 지수만큼 더 크다. 해당 스펙트럼 영역은 극적외선 및 마이크로파 복사에 해당한다.

최소 에너지가 0.54 eV인 진동 운동과 달리 H_2의 회전 운동 최소 에너지는 0.015 eV에 불과하다. 수소 기체가 평균 병진 운동 에너지 0.025 eV 정도인 상온에서는 두 분자 간의 충돌이 회전을 일으킬 수 있다. 따라서 회전 운동은 상온에서 일어날 수 있고 H_2는 2개의 회전 자유도를 가지고 있는 것처럼 행동한다(1.3절 참조). 수소보다 질량이 큰 분자를 가지는 기체는 회전 에너지가 더 작고 충돌 시 더 쉽게 회전 상태로 여기되므로 대부분의 기체에서는 일반적인 온도에서 회전 자유도가 존재한다.

이 절을 요약하면 분자의 회전 운동의 경우 일정 간격이 아닌 일련의 에너지 준위를 생성한다는 것을 알 수 있었다. 회전 에너지 준위 사이의 간격은 진동 에너지 준위보다 1~2개의 지수만큼 더 가깝다. 방출 복사는 스펙트럼의 극적외선 또는 마이크로파 영역에서 에너지의 증가 수열(또는 파장의 감소 수열)을 형성한다. 이 복사는 회전 양자수 L이 단 한 단위만 변할 수 있도록 제한하는 선택 규칙을 따른다.

예제 9.6

그림 9.27은 한 분자의 회전 운동 관련 흡수 스펙트럼을 보여준다. 이 분자의 회전 관성을 구하시오.

풀이
흡수 스펙트럼에서 각 봉우리는 분자가 한 준위에서 그다음 높은 준위로 해당하는 에너지나 진동수의 에너지를 가진 광자를 흡수하는 것에 해당한다(그림 9.25 참조). 진동수는 식 (9.17)에서 구할 수 있다.

$$f = \frac{\Delta E}{h} = (L+1)\frac{\hbar}{2\pi I}$$

여기서 mR_{eq}^2 값을 회전 관성 I로 치환시키면서 식 (9.14)를 이용하였다. 이 식은 그림 9.27에서 각 봉우리의 진동수 값을 주지만, 우리가 봉우리에서의 L 값을 모르기 때문에 I 값을 찾을 수는 없다. 이 문제는 가까이 있는 L과 $L+1$ 봉우리 사이에서의 진동수 차이 Δf를 구할 경우에 피할 수 있다.

$$\Delta f = (L+2)\frac{\hbar}{2\pi I} - (L+1)\frac{\hbar}{2\pi I} = \frac{\hbar}{2\pi I}$$

혹은 그림 9.27에서 봉우리 사이의 간격 Δf를 6.2×10^{11} Hz로 추정한다면 다음과 같다.

$$I = \frac{\hbar}{2\pi\Delta f} = \frac{1.05\times10^{-34}\ \mathrm{J\cdot s}}{2\pi(6.2\times10^{11}\ \mathrm{Hz})}$$
$$= 2.7\times10^{-47}\ \mathrm{kg\cdot m^2} = 0.016\ \mathrm{u\cdot nm^2}$$

예를 들면, 이 값은 1 u의 환산 질량의 분자(수소가 훨씬 무거운 원자와 결합하는 것에 해당)와 평형 거리 0.13 nm에 해당한다.

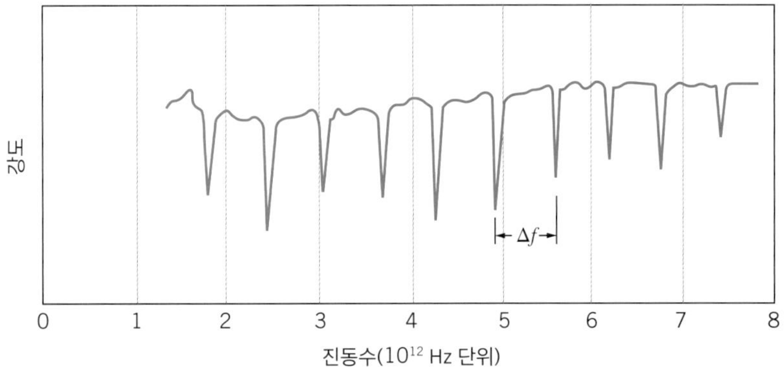

그림 9.27 분자 흡수 스펙트럼.

예제 9.7

회전 들뜬 상태 사이 간격(그림 9.25) 그리고 방출 및 흡수 선의 같은 간격(그림 9.27)은 분자가 강체 회전체임을 전제로 한다. 실제 분자는 얼마나 다를 것이며, 그림 9.25와 9.27에는 어떤 변화가 나타나겠는가?

풀이

분자를 구성하는 두 원자 사이의 결합은 강체와는 다르다. 분자가 더 빠르게 회전할수록 결합은 늘어나 평형 거리와 회전 관성이 증가하게 된다. 따라서 각 상태의 에너지는 완전 강체 회전자의 경우보다는 다소 감소하게 되고, 각운동량이 증가할수록, 더 높은 에너지 상태일수록 에너지 감소는 더 커진다. 이로 인해 각 상태 간의 에너지 차이는 각운동량이 커질수록, 따라서 그림 9.27의 흡수 선들은 각운동량이 증가함에 따라 서로 가까워진다. 예를 들어 NaCl의 경우 $L=8$일 때 선 간격은 약 1% 감소한다.

9.6 분자 스펙트럼

복잡한 분자는 그림 9.28의 에너지 준위 그림에서 알 수 있듯이 다양한 방식으로 에너지를 흡수 및 방출할 수 있다. 흡수 또는 방출되는 에너지는 전자의 상태(원자의 전

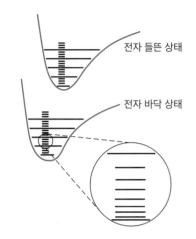

그림 9.28 분자에서 전자, 진동, 그리고 회전 에너지 준위.

자 에너지 준위 변화와 유사)를 바꿀 수 있다. 해당 변화를 일으키는 데 필요한 에너지는 eV 스케일이며, 이는 가시광선 범위 광자에 해당한다. 전자 상태가 에너지 최솟값에 있을 때, 진동 상태와 회전 상태가 존재하게 된다. 진동 상태는 균등한 간격을 가지며, 일반적으로 0.1~1 eV의 에너지 차이를 가지고 있다. 회전 상태의 경우 간격이 균등하지 않고, 일반적으로 0.01~0.1 eV의 더 작은 에너지 차이를 가지고 있다. 회전의 경우 진동보다 에너지 간격이 훨씬 작으므로, 각 진동 상태를 기반으로 일련의 회전 상태가 구성된다고 볼 수 있다. 여기에서는 전자의 들뜬 상태가 아닌, 진동 및 회전 구조만 이야기하도록 한다.

그림 9.29는 회전 및 진동 구조를 자세히 보여준다. 상태들은 진동 양자수 N과 회전 양자수 L로 표시되어 있다. 성질에 따라서 어떤 분자는 진동 구조(그림 9.22와 같은) 혹은 회전 구조(그림 9.25 같은)만을 보여줄 수도 있다. 하지만 많은 분자들의 경우 준위 사이의 전이는 회전 및 진동 선택 규칙을 둘 다 동시에 만족시켜야 한다.

$$|\Delta N| = 1 \quad \text{그리고} \quad |\Delta L| = 1 \tag{9.18}$$

그림 9.29에서의 양자수 $N=1$과 $L=4$ 상태를 생각해 보자. 분자는 다음 낮은 회전 상태($N=1$, $L=3$)로 전이할 수 없다. 왜냐하면 이 경우에는 진동 선택 규칙($|\Delta N|=1$)을 만족시키지 못하기 때문이다. 모든 전이는 두 선택 규칙을 동시에 만족시켜야 한다. 분자는 $N=0$과 $L=3$인 상태 혹은 $N=0$과 $L=5$인 상태로 전이할 수 있다. 흡수 전이 역시 이런 선택 규칙을 만족시켜야 한다.

이제 두 선택 규칙을 모두 만족시키는 전이의 에너지에 대한 일반적인 표현을 구해 보자. 양자수 N과 L 상태의 에너지는 진동 및 회전 항의 합으로 적을 수 있다.

$$E_{NL} = \left(N + \tfrac{1}{2}\right)hf + BL(L+1) \tag{9.19}$$

여기서

$$N = 0, 1, 2, \dots \quad \text{그리고} \quad L = 0, 1, 2, \dots$$

이다. 진동 항은 종종 회전 항보다 훨씬 크기 때문에, 스펙트럼에서 **방출** 파장은 종종 $N \to N-1$, $L \to L \pm 1$이고, **흡수** 파장은 N이 한 단위 증가하는 경우이다.

처음 N, L 상태에서 최종 상태 $N+1$, $L \pm 1$로 갈 경우 가능한 광자 에너지는 다음과 같이 구한다.

그림 9.29 분자의 회전 및 진동 전이 통합 에너지 준위. X 표시된 전이는 선택 규칙을 깨게 되므로 금지되거나 크게 억제된다.

$$\Delta E = E_{N+1, L\pm1} - E_{NL}$$
$$= \left[\left(N + \tfrac{3}{2}\right)hf + B(L \pm 1)(L \pm 1 + 1)\right] - \left[\left(N + \tfrac{1}{2}\right)hf + BL(L+1)\right]$$

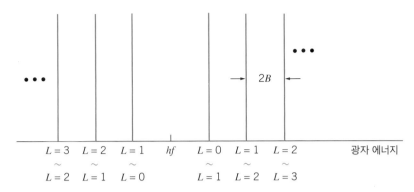

그림 9.30 회전과 진동 상태를 통합한 경우에 흡수 전이의 수열. 각 수직선은 정확하게 정의된 에너지에 해당하는 광자의 흡수를 나타낸다.

$$\Delta E = hf + 2B(L+1) \quad L \rightarrow L+1의\ 경우 \tag{9.20}$$

$$\Delta E = hf - 2BL \qquad L \rightarrow L-1의\ 경우 \tag{9.21}$$

그림 9.30에 예상되는 흡수 광자의 스펙트럼을 표시하였다. 중앙에서 시작해서 오른쪽으로 갈수록 에너지가 식 (9.20)으로 주어지는 광자의 수열을 보여준다.

$$hf + 2B, hf + 4B, hf + 6B, \dots$$

마찬가지로 중앙에서 왼쪽으로 줄어들수록 에너지가 식 (9.21)로 주어지는 광자의 수열을 볼 수 있다.

$$hf - 2B, hf - 4B, hf - 6B, \dots$$

에너지 hf의 광자가 중앙에 없다는 것에 주목하라. 해당하는 광자는 '순수한' 진동 전이에 해당하고, 이것은 선택 규칙을 벗어난다.

이 이상적인 스펙트럼을 그림 9.31의 HCl 분자의 흡수 전이와 관련된 실제 스펙트

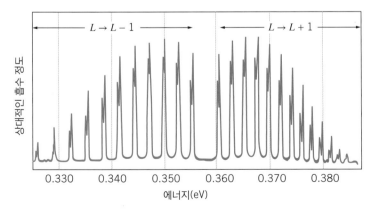

그림 9.31 HCl 분자의 흡수 스펙트럼.

럼과 비교해 보자. 비록 스펙트럼 가운데 지점에 순수한 진동 전이가 없는 것을 포함한 기본 구조는 그림 9.30과 비슷해 보이지만, 많은 차이가 보이는 것을 알 수 있고, HCl 분자 구조에 기반하여 설명할 수 있다.

1. **전이는 모두 등간격이 아니다.** 우리는 스펙트럼의 모든 전이가 같은 $2B$의 에너지로 떨어져 있을 것으로 예상했지만, 보이는 것처럼 그렇지 않다. 선들 사이 간격은 중심에서 오른쪽으로 가면서 줄어드는 것으로 보이고 왼쪽으로 갈수록 늘어나는 것처럼 보인다. 이 현상에 대한 설명은 예제 9.7에 있다. 회전하는 분자의 각속도와 각운동량이 증가하면서, 완벽한 강체가 아닌 결합은 약간 늘어나면서, R_{eq}의 값을 증가시킨다. 식 (9.20)에서 보여지는 것처럼, R_{eq}의 값이 커질수록 광자 에너지는 상대적으로 덜 급격히 증가한다. 이것은 그림 9.31의 $L \rightarrow L+1$에서 확인할 수 있다. 반면에, 증가하는 R_{eq}의 값은 $L \rightarrow L-1$ 에너지를 더 급격히 증가시킨다. 이것은 식 (9.21)을 통해서 확인 가능하고, 그림 9.31의 왼쪽 부분의 라인에서 간격이 증가하는 것으로 보인다. 두 효과 모두 L이 커지면서 더 증가한다.

2. **봉우리의 높이는 크게 다르다.** 봉우리의 높이는 전이의 세기를 보여주고, 어떤 전이든 세기는 전이가 발생하는 특정 준위의 밀도에 비례한다. 특정 준위의 밀도는 에너지가 커지면서 감소하게 되며, 이는 Maxwell-Boltzmann 분포 인자 $e^{-E/kT}$를 따른다. 밀도는 또한 $2L+1$ 인자에 따라서 L이 커지면서 증가하는데, 이는 각 준위에서의 각운동량 겹침을 준다. 실제로 각 준위의 더 많은 상태가 있을수록 밀도가 커진다. 따라서 각 에너지 E_{NL}에서의 밀도를 다음과 같이 쓸 수 있다.

$$p(E_{NL}) = (2L+1)e^{-E_{NL}/kT} = (2L+1)e^{-[(N+1/2)hf+BL(L+1)]/kT} \tag{9.22}$$

여기서는 식 (9.19)에서의 E_{NL} 값을 사용했다.

처음 몇 에너지 준위의 경우 지수 부분이 1에서 크게 변하지 않으므로 L이 커질수록 밀도도 증가한다. 하지만 에너지가 계속 증가하면, 급격하게 감소하는 지수 부분이 중요해지고 따라서 밀도는 감소하게 되어 $L > 10$인 경우에는 거의 없어지게 된다.

최대 밀도의 준위는 스펙트럼에서 가장 강한 봉우리에 해당되고 식 (9.22)에서 $dp/dL = 0$을 통해 최대 지점을 파악함으로써 구할 수 있다. 결과는 다음과 같다.

$$2L+1 = \sqrt{\frac{2kT}{B}} \tag{9.23}$$

상온($kT \cong 0.025$ eV) 및 $2B \cong 0.0026$ eV(그림 9.31에서의 봉우리 사이 거리)에서 측정할 경우, 최대 강한 지점의 봉우리는 $L = 3$임을 얻을 수 있고, 그림 9.31과 일치한다.

3. **각 봉우리는 2개의 아주 가까운 봉우리인 것처럼 보인다.** 염소에는 두 타입의 원소(동위원소)가 있고 질량은 약 35 u와 37 u이다. 질량의 차이는 두 동위원소 간 약간의 진동 및 회전 에너지의 차이를 주어서 더 무거운 원자가 더 작은 에너지를 가진다. 따라서 37 u에 해당하는 Cl의 봉우리는 35 u의 Cl 원자보다 약간 낮은 에너지에서 나타난다. 가벼운 원자는 무거운 원자보다 세 배 정도 더 많으므로, 가벼운 원자에 해당하는 봉우리들이 더 큰 강도를 가진다.

원자 분광법이 특징적인 방출 및 흡수 스펙트럼을 통해서 원자 종류를 알아낼 수 있게 해주는 것처럼, **분자 분광법**(molecular spectroscopy)은 흡수 및 방출하는 빛을 통해서 분자를 판별할 수 있게 한다. 각 분자는 자신만의 특이한 '지문'이 있어서 알아낼 수 있다. 이 방법이 분자의 구성에 대해서, 즉 각 종류의 원자의 수, 동위원소 비율, 혹은 분자의 이온화 상태 등의 정보를 준다는 것은 중요하다. 따라서 CO와 CO_2를, $H^{35}Cl$과 $H^{37}Cl$을, H_2^+와 H_2를 구분할 수 있다.

짐작할 수 있듯이, 이런 정확한 분별 테크닉은 분자의 양을 정확하게 추적해야 할 필요가 있는 분야에서 응용이 가능하다. 두 응용 부문이 특히 흥미롭다. 우리 대기의 흡수 스펙트럼은 서로 다른 종류의 오염을 추적하는 데 사용될 수 있고, 따라서 분자 분광법은 공기의 청정도를 측정하는 데 도움을 준다. 마찬가지로, 성간 먼지의 흡수 스펙트럼은 우주 사이에 존재하는 분자를 판별하는 데 도움을 준다. 이것은 (지금까지) 우리 은하에서 복잡한 분자의 형성과 관련해서 알 수 있는 유일한 테크닉인데, 보통 별은 분자가 존재하기에는 너무 뜨겁기 때문이다.

우리 대기는 아쉽게도 이런 분자들의 스펙트럼을 결정짓는 적외선과 마이크로파의 상당 부분을 흡수하지만, 대기를 벗어난 위성에서 분광 측정을 할 경우에는 해당 복사의 관측이 가능하고, 상대적으로 복잡한 유기 분자를 포함한 다양한 종류의 분자를 판별할 수 있다. 추가적인 장점은, 이런 분광기로 지구를 측정하면 지구에 의해 방출된 적외선이 어떻게 대기 중에서 흡수되는지를 알 수 있고, 다양한 대기 오염원의 존재를 알아낼 수 있다는 점이다.

예제 9.8

(a) HCl의 흡수 스펙트럼을 통해(그림 9.31), 진동 탄성 상수를 결정하시오. (b) 봉우리 사이의 회전 에너지 간격을 결정하고, HCl에서의 예상값과 비교하시오.

풀이

(a) 진동과 관련된 진동수는 그림 9.31의 '없어진' 중앙 전이의 에너지에서 찾을 수 있다. 그림에서 이 에너지는 약 0.358 eV 정도이다.

$$f = \frac{\Delta E}{h} = \frac{0.358 \text{ eV}}{4.14 \times 10^{-15} \text{ eV} \cdot \text{s}} = 8.65 \times 10^{13} \text{ Hz}$$

식 (9.10)을 통해서 HCl의 환산 질량은 $m = 0.98$ u임을 구할 수 있다. 이로써 탄성 상수는 다음과 같다.

$$k = 4\pi^2 m f^2 = 4\pi^2 (0.98 \text{ u})(8.65 \times 10^{13} \text{ Hz})^2$$
$$= 2.89 \times 10^{29} \text{ u} \cdot \text{Hz}^2 = 2.99 \times 10^{21} \text{ eV/m}^2$$

(b) 그림에서 봉우리 사이의 에너지 간격은 0.0026 eV로 추정된다. 예상 간격은 $2B$이고(그림 9.30을 보라), 다음과 같다.

$$2B = \frac{\hbar^2}{m R_{eq}^2} = \frac{(hc)^2/4\pi^2}{(mc^2) R_{eq}^2}$$
$$= \frac{(1{,}240 \text{ eV} \cdot \text{nm})^2/4\pi^2}{(0.98 \text{ u} \times 931.5 \text{ MeV/u})(0.127 \text{ nm})^2} = 0.00265 \text{ u}$$

이 계산은 스펙트럼에서 추정한 값과 아주 잘 맞는다.

요약

		절			절
공유 결합	전자 파동 함수의 공유 및 겹침과 관련된 결합으로 결합 및 반결합 상태를 형성한다.	9.2	환산 질량	$m = \dfrac{m_1 m_2}{m_1 + m_2}$	9.4
이온 결합	서로 다른 전하 이온 사이의 전기적(Coulomb) 인력을 동반한 결합	9.3	회전 에너지	$E_L = \dfrac{L(L+1)\hbar^2}{2m R_{eq}^2} = BL(L+1)$ $L = 0, 1, 2, 3, \ldots$	9.5
이온성 비율	$p_{측정}/q R_{eq}$	9.3	회전 선택 규칙	$\Delta L = \pm 1$	9.5
진동 에너지	$E_N = \left(N + \frac{1}{2}\right)\hbar\omega = \left(N + \frac{1}{2}\right)hf$ $N = 0, 1, 2, 3, \ldots$	9.4	회전-진동 에너지	$E_{NL} = \left(N + \frac{1}{2}\right)hf + BL(L+1)$	9.6
진동 선택 규칙	$\Delta N = \pm 1$	9.4	에너지 준위의 밀도	$p(E_{NL}) = (2L+1)e^{-E_{NL}/kT}$ $= (2L+1)e^{-[(N+1/2)hf + BL(L+1)]/kT}$	9.6

질문

1. 왜 H_2는 H_2^+보다 작은 반경과 큰 결합 에너지를 가지고 있는가?

2. LiH 분자는 간단한 전자 구조를 가지고 있다. H 원자는 전자 하나를 받아서 $1s$ 부껍질을 채우려 하지만, Li 원자 역시 비슷하게 $2s$ 부껍질을 채우려 한다. H와 Li의 원자 구조를 통해 추가 전자를 받는 경향이 더 큰 것이 무엇이 될 것 같은가? 표 9.6에서 전자 음성도 값이 이것과 일치하는가?

3. 알칼리 원자 X(X = Li, Na, K, Rb)가 F 혹은 Cl과 결합하여 XF 혹은 XCl을 형성하는 분자가 있다. XF 분자는 XCl보다 언제나 더 큰 해리 에너지와 더 작은 분자 간 거리를 가지고 있다. 설명하시오.

4. H_2^+는 H_2보다 더 큰 결합 길이(평형 거리)를 가지고 있지만, O_2^+는 O_2보다 더 작은 결합 길이를 가지고 있다. 설명하시오.

5. 일반적으로 ss 결합과 pp 결합 중에 무엇이 더 강할 것으로 생각하는가? 왜 그런가?

6. 왜 중심 원자의 원자 수가 커질수록 sp 방향성 결합의 결합 각도(표 9.3)가 90°에 가까워지는지 설명하시오.

7. 일반 용수철과 분자에서의 탄성 상수 k를 어떻게 비교할 수 있을까? 이 비교를 통해서 어떤 결론을 내릴 수 있는가?

8. 그림 9.26에서의 이원자 분자의 회전을 x축을 기준으로 삼는다는 것이 왜 의미가 없는가? x축 중심으로 돌 때의 회전 관성을 추정하시오. y나 z축 중심으로 돌 때의 일반적인 회전 에너지와 비교하시오.

9. 분자에서 평형 거리를 어떻게 회전 상태에서의 흡수 및 방출 스펙트럼을 측정하여 알 수 있는지 설명하시오.

10. H_2에 비해서 D_2('무거운 수소'의 형태, D의 질량은 H의 두 배이다)의 회전 에너지 간격은 어떨까? 두 경우의 진동 에너지 간격은 어떠한가? 평형 거리는 어떠한가?

11. HCl과 같은 분자에서 첫 두 진동 에너지 준위 사이의 회전 에너지 준위의 수를 추정하시오.

12. 분자의 경우 다양한 들뜸 회전 혹은 진동 상태에서 흡수가 진행되는데, 원자는 왜 바닥 상태에서만 빛을 흡수하는가?

13. 분자들의 모임이 모두 $N = 0$, $L = 0$ 바닥 상태라면, 흡수 스펙트럼에서 라인 수는 몇 개가 나오는가?

연습문제

9.1 수소 분자

1. H_2의 이온화 에너지를 계산하시오.

2. H_2^+의 평형 전자 배치에서 R_{eq}의 지름을 가지는 구대칭 음의 전하가 두 양성자 가운데에 있어서 두 양성자는 구의 표면과 닿아 있는 상태를 생각하자. 이 계가 결합 에너지 2.7 eV를 가지기 위해서 구의 전하는 얼마가 있어야 하는가?

9.2 분자의 공유 결합

3. 결합 강도는 종종 몰당 킬로줄의 단위로 표현된다. 다음 결합 강도로부터 분자 해리 에너지(eV 단위로)를 구하시오. (a) NaCl, 410 kJ/몰, (b) Li_2, 106 kJ/몰, (c) N_2, 945 kJ/몰.

4. 예제 9.1의 방법을 통해서 분자 NO, NF, OF의 해리 에너지를 구하시오. 자료에서의 결합 세기 값과 비교하시오.

5. 다음 분자 쌍들 중에서 더 큰 해리 에너지를 갖는 것을 예측하시오. (a) Li_2와 Be_2, (b) B_2와 C_2, (c) CO와 O_2. 예측값을 자료에서의 결합 세기 혹은 해리 에너지 값과 비교하시오.

6. 다음 분자들 중 더 큰 해리 에너지를 가진 것은 무엇인가? (a) F_2와 F_2^+, (b) N_2와 N_2^+, (c) NO와 NO^+, (d) CN과 CN^+.

예측값을 자료에서의 해리 에너지 값과 비교하시오.

7. C_3H_6에는 두 가지 서로 다른 분자 구조가 가능하다. 하나는 sp^3만 가지고 있는 것이고, 다른 것은 하나의 sp^3와 2개의 sp^2를 가지고 있는 것이다. 이 두 구조의 그림을 그리고 σ와 π 결합을 표시하시오.

8. C_4H_x 분자식의 탄화수소는 4개의 탄소가 선형 띠를 형성하는 형태이다. 다음 각 경우에 구조를 그리고 x의 값을 구하시오. (a) π 결합이 없는 경우, (b) 정확히 하나의 π 결합만 있는 경우, (c) 2개의 π 결합이 각각 서로 다른 C–C로 짝을 이루는 경우, (d) 2개의 π 결합이 같은 C–C에서 짝을 이루는 경우, (e) 3개의 π 결합이 서로 다른 C–C 짝을 이루는 경우, (f) 3개의 π 결합 중에서 2개는 하나의 C–C 짝, 다른 하나는 다른 C–C 짝에 있는 경우.

9.3 이온 결합

9. 평형 거리에서의 KBr의 Coulomb 에너지를 계산하시오.

10. 포타슘의 이온화 에너지는 4.34 eV이다. 요오드의 전자 친화도는 3.06 eV이다. K^+와 I^- 이온을 형성해서 KI 분자를 얻기 위해 Coulomb 에너지를 극복하기 위해서는 얼마나 떨어져 있어야 하는가?

11. (a) 0.193 nm의 간격이라고 가정하고, NaF에서 예상되는 전기 쌍극자 모멘트를 계산하시오. (b) 측정된 쌍극자 모멘트는 27.2×10^{-30} C·m이다. NaF의 이온성 비율은 얼마인가?

12. HI의 평형 거리는 0.160 nm이고 측정된 전기 쌍극자 모멘트는 1.47×10^{-30} C·m이다. HI의 이온성 비율을 구하시오.

13. BaO의 평형 거리는 0.194 nm이고 측정된 전기 쌍극자 모멘트는 26.5×10^{-30} C·m이다. BaO의 이온성 비율을 구하시오.

14. 리튬의 이온화 에너지는 520.2 kJ/몰이고 수소의 전자 친화도는 72.8 kJ/몰이다. (a) Li에서 전자 하나를 제거해서 H에 붙일 수 있는 에너지 지출이 Coulomb 퍼텐셜 에너지와 같아지게 되는 LiH에서의 간격을 구하시오. (b) 분자 LiH에서 측정된 전기 쌍극자 모멘트는 2.00×10^{-29} C·m이다. LiH의 이온성 비율은 얼마인가? (c) Li에서 전자를 제거하여 H에 붙이는 대신, LiH의 형성을 H에서 전자를 제거해서 Li(전자 친화도＝59.6 kJ/몰)에 붙인다고도 생각할 수 있다. 왜 이것을 형성 과정으로 생각하지 않는가?

15. 예제 9.3에서의 방법과 KI의 평형 거리(0.305 nm)를 이용하여, NaI와 RbI에서의 거리를 예측하고, 측정 값과 비교하시오.

9.4 분자 진동

16. CN의 유효 탄성 상수는 1.017×10^4 eV/nm² 이다. (a) 바닥 상태에 대해서 첫 번째 및 두 번째 들뜸 진동 상태의 에너지를 구하시오. (b) 이온화된 CN^+의 탄성 상수는 3.42% 더 약하다. CN^+의 첫 번째 및 두 번째 에너지는 어떻게 되는가?

17. BeO의 진동 전이는 6.724 μm에서 관찰되었다. BeO의 유효 탄성 상수는 얼마인가?

18. 그림 9.32는 NaCl 분자의 에너지 최소점과 그곳 중심으로 포물선을 나타낸다. 예제 9.4에서의 방법을 이용하여 NaCl에서의 유효 진동 탄성 상수, 진동 진동수와 파장, 진동 광자 에너지를 구하시오. 복사되는 빛은 전자기파 스펙트럼 범위에서 어디에 해당하는가? NaCl에서 포물선 근사가 유효할 수 있는 최대 진동 양자수는 얼마인가?

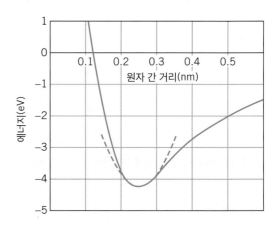

그림 9.32 연습문제 18.

19. CO의 진동 에너지는 분자를 구성하는 요소들이 가장 많은 탄소($m = 12.00$ u)와 산소($m = 16.00$ u)의 동위원소일 때 0.2691 eV이다. (a) 산소가 상대적으로 적은 $m = 18.00$ u 동위원소로 바뀐다면 진동 에너지는 얼마인가? (b) 원래 CO에서의 탄소가 $m = 14.00$ u 방사성 탄소(방사선 탄소 연대 측정에 쓰이는)로 바뀔 경우는 진동 에너지가 얼마인가?

20. 바닥 상태에서 H_2 진동의 진폭을 구하고, 원자 간 평형 거리와 비교하시오.

9.5 분자 회전

21. 입자의 회전 관성의 정의로부터 식 (9.14)를 유도하시오.

22. 예제 9.5의 방법을 따라, NaCl 분자에서 방출되는 3개의 가장 낮은 회전 전이의 에너지와 파장을 계산하시오. 해당 빛은 어떤 전자기 스펙트럼 영역에 해당되는가?

23. CO의 순수 회전 스펙트럼에서, 첫 전이는 2.60 mm의 파장을 가지고 있다. (a) 회전 스펙트럼의 다음 두 전이에 해당하는 파장은 얼마인가? (b) CO의 원자 간 평형 거리는 얼마인가?

24. HCl에서 서로 다른 두 Cl 질량(35 u와 37 u)에 대해서 회전 상수 B 값의 차이를 구하시오.

25. 특정 분자의 회전 전이를 관측할 때 526.6 μm와 658.3 μm의 파장을 가지는 두 광자가 관측되었다. 이 두 값 사이에서 다른 광자는 방출되지 않았다. (a) 이 분자의 회전 상수 B를 결정하고, 회전 전이에서 어떤 수열에서 이 파장이 일어나는지 찾으시오. (b) 이 분자의 다른 실험에서 평형 거리가 0.1172 nm임이 알려져 있다. 이 분자가 탄소를 포함하는 것도 알려져 있다. 또 다른 분자가 무엇인지 결정하시오.

9.6 분자 스펙트럼

26. 그림 9.29는 진동 에너지가 회전 에너지보다 훨씬 큰 경우에 해당하는 회전-진동 구조를 보여준다. 반대 상황인 회전 에너지가 진동 에너지보다 훨씬 큰 상황을 그리시오. $B = 10$

단위와 $hf = 2$단위 스케일을 사용하여, $L = 3$까지의 회전 에너지 준위와 $N = 3$의 진동 에너지 준위를 나타내시오.

27. (a) 그림 9.29와 비슷한 형태로, $N = 0$에서 $N = 1$ 상태로 갈 수 있는 모든 흡수 스펙트럼에 대한 그림을 그리시오. 회전 상태는 $L = 5$까지 포함하시오. (b) $hf = 10$단위와 $B = 0.25$ 단위를 사용하여 (a)에서의 모든 전이를 포함한 흡수 에너지 스펙트럼을 보이시오. 각 전이에 대해서 초기 및 최종 양자수를 표시하시오.

28. 식 (9.19)에 주어진 에너지 준위를 토대로 발산되는 광자의 에너지를 계산하시오.

29. (a) KCl 분자의 환산 질량은 얼마인가? (b) 0.267 nm의 평형 거리의 경우에 회전-진동 스펙트럼의 전이의 간격을 구하시오.

30. 식 (9.22)에서 식 (9.23)을 유도하시오.

31. HCl 분자가 있을 때, 첫 번째 들뜸 진동 상태의 수가 바닥 상태의 1/3이 되는 온도는 얼마인가? (회전 구조는 무시한다.)

32. 상온 CO의 회전-진동 스펙트럼에서 가장 강한 흡수 선은 $L = 7$에서 나타난다. 이것을 계산을 통해서 확인하시오. (CO의 평형 거리는 0.113 nm이다.)

일반 문제

33. 분자 에너지를 나타내는 실험적인 함수는 다음과 같다.

$$E = \frac{A}{R^9} - \frac{B}{R}$$

여기서 A와 B는 양의 상수이다. 평형 거리 R_{eq}와 해리 에너지 E_0를 통해 A와 B를 나타내시오. H_2에 맞는 상수를 고른 후, 해당 함수를 그리시오.

34. 사면체 탄소 구조(그림 9.14)에서 결합 간의 각도가 109.5°임을 보이시오.

35. H_2 분자에서 H 하나 혹은 둘 다 일반 수소보다 두 배의 질량을 가지는 '무거운 수소'인 중수소(D)로 바뀌었을 때 다음 표를 채우시오.

분자	진동의 진동수	R_{eq}	B
H_2	1.32×10^{14} Hz	0.074 nm	0.0076 eV
HD			
D_2			

36. '영점 에너지' 때문에(그림 9.22와 9.28) 분자의 바닥 상태는 분자 에너지 곡선의 최저점이 아니라 최저점보다 $hf/2$만큼 위에 존재한다. 해리 에너지는 해당 상태에서 분자를 떼어내는 데 필요한 에너지이다. (a) H_2의 진동 에너지가 0.54 eV일 때, H_2, HD, D_2의 '영점' 에너지를 구하시오. 중수소('무거운 수소')의 질량은 수소의 두 배로 가정한다. (b) H_2의 해리 에너지가 4.52 eV로 주어질 때, HD와 D_2의 해리 에너지를 구하시오. 더해진 중성자가 분자 에너지 곡선이나 평형 거리를 바꾸지 않는다고 가정한다.

37. 다음 각 경우에 진동 상태 사이의 회전 상태의 수를 구하시오. (a) H_2(예제 9.4 참조), (b) HCl(예제 9.7 참조), (c) NaCl(연습문제 18번과 22번 참조).

38. 그림 9.33은 HBr 분자의 흡수 스펙트럼을 보여준다. 9.6절의 기본 절차를 따라서 다음을 구하시오. (a) '사라진' 전이의 에너지, (b) 유효 탄성 상수 k, (c) 회전 간격 $2B$. HBr에서 예측되는 회전 간격의 값을 추측하고, 스펙트럼에서 얻어진 값과 비교하시오. 왜 HCl의 경우에서처럼 두 라인이 아니라 하나의 라인만 있는가?

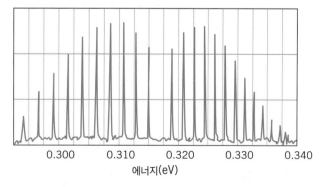

그림 9.33 연습문제 38.

39. (a) 상온에서 H_2 분자들에 있어서, $N=1$ 진동 상태와 $N=0$ 진동 상태의 분자들의 비율은 얼마인가? (이 문제에서 회전

구조는 무시한다.) (b) $N=2$ 상태와 바닥 상태의 숫자 비율은 얼마인가?

40. (a) 상온에서 NaCl 분자들에 있어서, $N=1$ 진동 상태와 $N=0$ 진동 상태의 분자들의 비율은 얼마인가? (이 문제에서 회전 구조는 무시한다.) (b) $N=2$ 상태와 바닥 상태의 숫자 비율은 얼마인가?

41. (a) 상온에서 $N=0$ 진동 상태에 있는 H_2 분자들에 있어서, 바닥 상태와 비교해서 처음 세 회전 들뜬 상태의 상대적인 수를 구하시오. (b) (a)에서의 계산을 30 K 온도에서 하시오. (힌트: 준위의 겹침 상태를 잊지 말 것)

42. (a) 상온에서 $N=0$ 진동 상태에 있는 NaCl 분자들에 있어서, 바닥 상태와 비교해서 처음 세 회전 들뜬 상태의 상대적인 수를 구하시오. (b) (a)에서의 계산을 30 K 온도에서 하시오. (힌트: 준위의 겹침 상태를 잊지 말 것)

43. (a) KBr의 이온성 비율을 그림 9.21을 통해 예상하시오. (b) 이온성 비율을 계산하고 예상 값과 비교하시오.

44. 그림 9.34에는 원적외선 쪽의 CO의 흡수 스펙트럼이 그려져 있다. (a) 회전 라인 간의 간격으로부터 분자의 회전 관성을 결정하시오. (b) CO 분자에서 C와 O 원자의 평형 간격은 0.113 nm이다. 회전 관성의 예상 값을 구하고 회전 스펙트럼에서 결정되는 값과 비교하시오. (c) 약한 흡수 라인의 원인은 무엇인가? 라인의 위치와 강도를 둘 다 포함하여 정량적인 분석을 하시오. (힌트: 연습문제 19 참조)

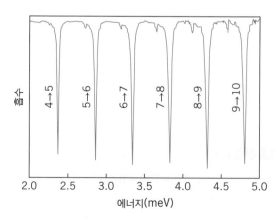

그림 9.34 연습문제 44.

45. CsI 분자에서 원자들 사이 간격은 0.332 nm이다. 흡수 전이는 파장 35.4 mm에서 관측되었다. CsI의 회전 스펙트럼 중 이 전이가 어디서 일어나는지 결정하시오. 에너지와 회전 양자수를 표시하여 회전 상태를 그리고, 관측된 전이가 어디서 일어나는지 보이시오.

46. 1987년 성간 분자의 방출에 대한 연구에서 다음 진동수가 보고되었다. 93.98 GHz, 140.97 GHz, 234.94 GHz. (a) 이 빛들이 이원자 분자들의 회전 상태 사이에서 방출되었다고 가정하면, 이 방출들에 가장 가까운 경우에 해당하는 회전 간격 $2B$는 얼마인가? (b) 이 분자에서 회전 방출의 수열 중에서 어디에 이 전이가 해당하겠는가? (c) 이 방출을 보고한 논문은 해당 현상이 성간 물질에서 인의 최초 검출이라고 주장하였고, 관측된 분자는 PN이라고 하였다. 관측된 회전 방출이 PN과 일치함을 증명하시오.

47. IRC +10216 혹은 CW 레오니스로 알려진 별은 진화의 마지막 단계에 있는 적색 거성이다. 이 별은 핵융합 반응으로 생성된 다양한 화학 물질이 풍부한 먼지 구름에 뒤덮여 있다. 먼지 구름에서 관측된 분자들 중에는 AlCl이 있는데, 이 것은 2개의 가까이 있는 160.312 GHz와 156.547 GHz의 강한 회전 방출로 판별되었다. (a) AlCl의 회전 상태 중에서 이 전이들의 위치를 찾으시오. (b) 이런 회전을 만들기 위해서 AlCl을 여기시키는 데 온도는 얼마나 되어야 하는가?

48. 이산화탄소(CO_2)의 원자는 선으로 배열되어 있고, 가운데에 탄소가, 양 옆으로 산소가 0.116 nm의 거리에 위치한다. (a) 진동이 없을 때, CO_2가 분자의 질량 중심을 중심으로 회전할 때 첫 5개의 회전 상태의 에너지를 계산하시오. (b) CO_2 분자의 반사 대칭이 있어서, 180° 분자를 돌리게 되면 원래 자신으로 돌아온다. 이런 경우에 분자의 파동 함수 ψ는 원래 파동 함수 ψ와 구분 불가능한 회전 버전 ψ_R의 혼합이 된다. 각 파동 함수의 성질(표 7.1에 있는 것과 같은)을 고려할 때, $\psi_R(\theta) = \psi(\theta + \pi) = (-1)^L \psi(\theta)$가 성립하고 분자의 완전한 기술은 $\psi + (-1)^L \psi$ 형태여야 한다. L이 홀수일 경우 어떤 일이 일어나는지, 회전 상태의 스펙트럼에는 어떤 영향을 주는지 설명하시오.

Chapter 10

통계물리

자연의 어떤 과정들은 임의의 사건의 통계적인 분포로 결정된다. 어떤 계의 입자들의 수가 아주 크면 나올 수 있는 결과의 범위는 아주 좁아지고, 과정은 결정론적으로 보이기도 한다. 다른 과정들의 경우 결정론적인 법칙의 결과일지 모르나 결과는 혼란스러워 보이기도 한다. 그런 종류는 프랙탈이라 불리는, 겉으로 보기에는 불규칙적인 기하학적 무늬로 표현되기도 한다. Gregory Sams/Science Source

많은 물리 실험은 마치 상호 작용이 하나의 고립된 사건에서 일어나는 것처럼 분석할 수 있다. 낮은 밀도의 기체에서의 빛의 방출, Rutherford 산란, 그리고 Compton 산란이 이런 방법으로 분석할 수 있는 실험의 예이다. 반면, 통 안의 기체에 온도를 올리면서 에너지를 주는 경우를 생각해 보자. 우리는 원자들의 평균 에너지가 어떻게 변할 것인지는 알지만, 개개 원자의 운동을 분석할 수는 없다.

이런 방법으로 한 계의 많은 부분에서 에너지를 나눠 가지는 것은 하나의 고립된 사건들의 관점에서는 이야기할 수 없다. 그런 **협동적인 현상**의 분석에는 **통계물리**의 방법이 요구되고, 여기에서는 하나의 고립된 사건의 **정확한** 결과를 계산하는 것보다는 가능한 결과의 **통계적인 분포**에 기반하여 많은 협동적인 사건들의 **평균** 결과를 예측하는 데 주목한다.

이 장에서는 통계물리의 법칙에 대해 이야기하고, **고전 통계**에 의해서 결정되는 몇몇 계와 **양자 통계**를 필요로 하는 다른 계에 대해서 이야기한다. 이 통계 개념은 물질의 덩어리 특성을 이해하는 데 도움이 되며, 이것은 이 장에서 간단히 논의한 후에 11장에서 깊이 있게 이야기할 것이다.

10.1 통계 분석

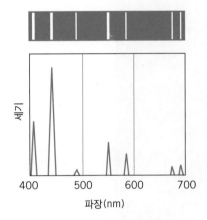

수은 증기와 같은 저밀도 기체를 포함하고 있는 튜브로 전류를 흘려 보내면 빛이 발생한다. 원자의 들뜬 상태로 올려진 전자는 1개 혹은 몇 개의 광자를 분출하면서 바닥 상태로 돌아온다. 수은 증기의 경우, 녹색, 파란색, 오렌지색 등에 해당하는 개개의 광자를 볼 수 있다. 각 광자는 정해진 파장을 가지고 있으며 정해진 두 에너지 준위 사이의 전이에 해당한다. 불확정성 원리의 효과를 제외하면 파장은 '날카롭다'. 회절 격자 등의 고해상 장비로 빛을 분석하면 분광 라인은 날카로운 스펙트럼을 보인다(그림 10.1). 우리는 이 스펙트럼을 개별 수은 분자의 들뜬 상태에 대한 지식으로 이해할 수 있다. 기체의 밀도가 낮은 한 튜브 속 원자들의 수는 관찰되는 스펙트럼에 영향을 주지 않는다. 우리는 원자들의 집합에서 방출되는 빛을 별개의 고립된 방출인 것처럼 다룰 수 있다.

그림 10.1 (위) 회절 격자에 의해 분석될 수 있는 가시광 영역에서의 수은의 선 스펙트럼. (아래) 전이 스펙트럼의 세기.

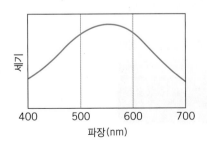

그림 10.2 가시광선 영역대의 백색광원의 연속 스펙트럼.

이제는 대비되는 경우에 해당하는 평범한 백열 전구의 텅스텐 필라멘트를 보자. 그림 10.2가 여기에 해당하는데, 우리가 "백색"광이라고 부르는 연속적인 파장의 분포를 가지고 있다. 셀 수 있는 숫자가 아니라 모든 파장이 존재한다. 독립된 텅스텐 원자는 수은과 마찬가지로 유한개의 분리되고 잘 정의된 파장의 빛을 분출하지만, 고체 텅스텐 필라멘트에서는 다른 주변 원자들의 통합적인 효과로 에너지 준위가 바뀌고 스펙트럼이 연속적이 된다. 비록 수은 증기와 텅스텐 필라멘트가 거의 비슷한 수의 원자를 포함하더라도, 한 경우에는 다른 원자의 효과를 무시할 수 있는 반면, 다른 경우에는 샘플의 다른 많은 혹은 모든 원자들의 상호 작용을 고려해야 한다.

복잡한 계를 분석하는 데는 두 가지 방법이 있다. 첫 번째는 각 원자의 위치나 속도 같은 **미시적인**(microscopic) 성질들의 조합을 정하는 것이다. 약 10^{15}개 정도의 원자를 포함하는 작은 계에서도 이것은 명백히 불가능한 일이다. 두 번째로는 그런 방법은 불가능할 정도로 복잡하다는 사실임과 동시에, 너무 자세한 정보를 필요 이상으로 제공하기 때문에 불필요하다고 받아들이는 것이다. 우리는 많은 입자를 포함하는 계의 행동을 기체의 온도 혹은 압력과 같은 몇 개의 **거시적인**(macroscopic) 성질을 통해서 이해하고 예측할 수 있다. 미시와 거시 성질 간의 관계에 대한 발전은 19세기 물리학의 큰 승리였다. 예를 들면 용기에 들어 있는 기체의 경우 운동 역학은 분자의 미시적인 움직임과 거시적인 온도와 압력 간의 관계를 알려준다.

더 일반적으로 이야기하면, 우리는 계의 미시적인 성질의 서로 다른 정렬의 수를 세어서 **통계적인**(statistical) 분석을 할 수 있다. 예를 들면 4개의 동일하지만 구분 가능한 입자들의 '기체'에 대해서 2단위의 에너지를 배치한다고 하자. 각 입자는 (단순 조화 진동자의 예시처럼) 정수 단위의 에너지만 가질 수 있다. 이 네 입자는 어떻게 2단위의 에너지를 공유할 수 있을까? 한 가지 방법은 한 입자가 모든 2단위를 가지는 것이다. 이 분포를 위해서는 각 4개의 입자 중에서 하나를 골라 두 단위의 에너지를 가지게 하는 네 가지 다른 방법이 있다. 또 다른 방법은 서로 다른 두 입자에 각각 1단위를 분포하는 것이다. 이 분포에는 여섯 가지 방법이 있다(표 10.1). 각 가능한 에너지 분포

표 10.1 간단한 계의 거시 상태

거시 상태	미시 상태(입자의 에너지)			
	입자 1	입자 2	입자 3	입자 4
A	2	0	0	0
	0	2	0	0
	0	0	2	0
	0	0	0	2
B	1	1	0	0
	1	0	1	0
	1	0	0	1
	0	1	1	0
	0	1	0	1
	0	0	1	1

는 **거시 상태**(macrostate)라고 불린다. 이것은 온도처럼 거시적인 성질을 측정함으로써 관찰할 수 있는 계의 상태이다. 우리의 단순한 계에서는 두 가지 거시 상태가 있다. 거시 상태 A는 한 입자가 2단위의 에너지를 가지는 것이고, 거시 상태 B는 두 입자가 각각 1단위의 에너지를 가지는 것이다. 하나의 거시 상태에 해당하는 서로 다른 미시적인 변수의 정렬은 **미시 상태**(microstate)라고 불린다. 우리 계에서는 거시 상태 A에 해당하는 4개의 미시 상태가 있고 거시 상태 B에 해당하는 6개의 미시 상태가 있다. 주어진 거시 상태에 해당하는 미시 상태의 수를 **겹침수**(multiplicity) W라고 부른다. 우리 계에서는 $W_A = 4$와 $W_B = 6$이다.

이런 통계적인 원리의 응용은 계의 자연적인 진화의 방향을 정할 수 있다는 것이다. **열역학 제2법칙**에 의하면, 고립된 계는 실질적으로 겹침수가 증가하는 방향으로 진화한다.[*] 즉, 거시 상태 A에서 계가 출발해서 네 입자가 서로 상호 작용할 때, 나중에 우리는 거시 상태 B의 계를 본다는 점이다. 하지만 계가 거시 상태 B에서 시작할 경우 나중에 거시 상태 A로 계가 옮겨 가지는 않는다. 왜냐하면 B에서 A로 가는 것은 겹침수가 줄어드는 것으로, 잘 일어나지 않는 경우이기 때문이다. 계의 입자 수가 늘어남에 따라서 겹침수의 차이는 더 커지고 겹침수가 줄어드는 방향으로의 변화는 너무나도 일어나기 어렵고 관측이 불가능하다.

이 통계 분석은 다음 가정을 함축하고 있다.

모든 미시 상태는 같은 확률을 가진다.

우리 계의 경우 표 10.1에 표시된 10개의 미시 상태는 같은 확률을 가진다. 이 가정을 바탕으로 거시 상태 B에 더 큰 통계적인 가중치를 줄 수 있다. 계는 B의 6개의 미시 상태 혹은 A의 4개의 미시 상태 모두에서 같은 확률로 발견될 수 있고, 따라서 B의 상대적인 가중치는 $6/4 = 3/2$이다. 많은 수의 같은 계의 경우, A 거시 상태의 40%와 B 거시 상태의 60%의 확률로 발견할 것으로 예상한다.

또 다른 예로, 포커 카드 게임에서 로열 플러시 A♥, K♥, Q♥, J♥, 10♥는 패로서의 가치는 없지만 '특정하여 고른' 조합인 10♠, 8♠, 5♦, 4♥, 2♠와 정확히 같은 확률을 가지고 있다. 로열 플러시가 특별한 이유는 대부분은 가치가 없는 가능한 총 2,598,960개

---

[*] 제2법칙은 종종 **엔트로피**(entropy) S를 통해서 설명된다. 즉, 고립계는 $\Delta S \geq 0$이 되도록 변한다. 오스트리아 물리학자 Ludwig Boltzmann(1844~1906)은 계의 엔트로피와 거시 상태의 겹침수 간의 관계를 발전시켰다. $S = k \ln W$, 여기서 k는 Boltzmann 상수이다. 한 거시 상태에서 다른 상태로 변하면서 계의 엔트로피가 증가하는 것은 따라서 겹침수의 증가에 해당한다.

의 포커패 중에서 로열 플러시는 총 4개뿐이기 때문이다. 비록 로열 플러시가 가치는 없지만 '특정하여 고른' 패와 확률이 같지만, 가치 없는 '모든' 패들보다는 훨씬 덜 나온다. 통계물리의 언어로 표현하면, '가치 없는 패'나 '원 페어'의 거시 상태와 비교했을 때 '로열 플러시'의 거시 상태는 미시 상태의 수가 적다(따라서 나오기가 더 어렵다)고 말할 수 있다.

모든 미시 상태들이 서로 같은 확률을 가진다는 가정을 하면, 계에 대한 계산을 해볼 수 있다. 예를 들어, 표 10.1처럼 무작위로 분포된 미시 상태를 가지는 많은 수의 동일한 계를 생각하자. 각각의 계 안에 들어가서 어떤 입자의 에너지를 잰다고 하자. 입자가 에너지 2단위를 가질 확률은 얼마가 될까? 총 40개의 입자로 구성된 10개의 똑같은 확률을 가지는 미시 상태 중에서 에너지 2단위를 가지고 있는 4개의 입자가 가능하다. 따라서 $p(2) = 4/40 = 0.10$이고 우리의 측정이 $E = 2$ 상태를 가질 확률은 10%로 기대한다. 마찬가지로 $p(1) = 0.30$이고, $p(0) = 0.60$이다.

복잡한 계에 대한 통계적인 분석은 계의 상태와 평균적인 성질, 그리고 시간에 따른 거동을 묘사할 수 있는 방법을 제공한다. 물리학은 종종 이와 관련된 세세한 내용을 다루고 있고, 통계적인 분석은 실제로 아주 유용하다. 이 방법은 입자들의 수가 10^2 정도의 규모를 가지는 핵과 같은 아주 작은 입자 수의 계에서부터 입자 수가 10^{57}개 규모인 태양과 같은 별처럼 아주 큰 계에도 적용할 수 있다. 우리의 다음 작업은 고전역학적인 계와 양자역학적인 계의 통계적인 행동 양식에서 차이점이 있는지 알아보는 것이다.

10.2 고전 및 양자 통계

고전 통계와 양자 통계의 차이를 설명하기 위해 먼저 앞 장에서 본 것과 비슷한 예를 살펴본다. 총 6개의 에너지 단위가 한 단위의 에너지 단위로 5개의 동일하지만 구분 가능한 진동자 비슷한 입자에 분포되어 있고, 그 각각은 한 단위만큼 증가하는 에너지를 흡수할 수 있는 상황을 생각해 보자. 표 10.1과 비슷하게 정리하는 대신 에너지 분포는 그림 10.3에 묘사되어 있다. A부터 J까지로 표기된 10개의 거시 상태가 있다. 각 점은 특정 에너지의 입자를 뜻한다. 예를 들어, 거시 상태 B에는 에너지가 $E = 0$인 3개의 입자, $E = 1$인 하나, 그리고 $E = 5$인 입자가 하나 있다. 각 거시 상태의 겹침수(미시 상태의 수)는 특정 형태가 되고, 이것은 순열의 표준 방법을 통해 바로 계산할 수 있다.

$$W = \frac{N!}{N_0! N_1! N_2! N_3! N_4! N_5! N_6!} \tag{10.1}$$

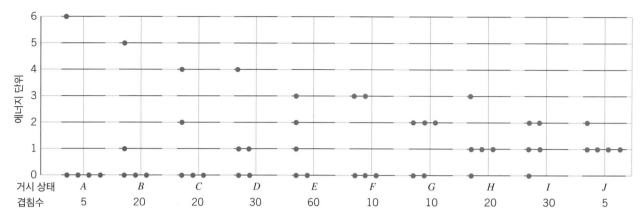

그림 10.3 5개의 동일 입자가 6단위의 에너지를 공유하는 계의 거시 상태.

여기서 N은 입자 전체의 수이고, N_E는 에너지 E에 해당하는 수이다.

이 계산 결과는 N개의 구분 가능한 입자가 정수 Q단위의 에너지를 가지는 경우에 해당하는 다음 식의 예로 볼 수 있다.

$$W_{\text{total}} = \frac{(N + Q - 1)!}{Q!(N - 1)!} \tag{10.2}$$

즉, 우리 경우에 미시 상태의 총개수는 10!/6!4!＝210개가 되고, 이것은 그림 10.3에서 W의 총값과 일치한다.

앞서 한 것과 마찬가지로, 한 입자의 특정 에너지 값을 측정하는 확률을 계산해 보자. 이것은 총 210개의 가능한 미시 상태를 생각하고, 각 에너지가 나타나는 값의 경우를 세어서 가능하다. 표현하자면,

$$p(E) = \frac{\sum_i N_i W_i}{N \sum_i W_i} \tag{10.3}$$

여기서 N_i는 각각의 특정 거시 상태에서 에너지 E를 가지는 입자들의 수를 나타낸다. 합은 모든 거시 상태에 대한 것이다(그림 10.3의 경우에는 10).

표 10.2는 가능한 각 에너지를 측정할 확률을 나타낸다. 에너지가 커짐에 따라서 확률이 줄어드는 것에 주목하라. 확률은 그림 10.4에 그래프로 표시되어 있다. 매끄러운 곡선은 $p \propto e^{-\beta E}$ 형태의 지수 함수이고, 여기서 β 값은 데이터에 잘 맞게 정해진 상수이다. E 값의 증가에 따라서 p 값의 감소는 거의 지수적임을 알 수 있다.

이 예시는 고전 통계의 응용을 보여준다. 비록 많은 입자로 구성된 실제 계는 셀 수 없이 많은 거시 상태와 미시 상태를 가지고 있지만, 에너지가 어떻게 계의 서로 다른 부분으로 분배되는지를 보여주는 분포 함수를 통해서 특성을 분석할 수 있다. 이 장

표 10.2 그림 10.3의 계에 해당하는 각 에너지 확률

에너지	확률
0	0.400
1	0.267
2	0.167
3	0.095
4	0.048
5	0.019
6	0.005

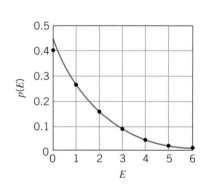

그림 10.4 표 10.2에서의 확률. 실선은 점들의 분포와 일치하는 지수 함수이다.

후반부에서는 기체 분자의 에너지 분포에 고전 통계를 적용하는 방법에 대해서 논의할 것이다. 이 간단한 예제를 가지고 다음과 같은 유용한 정보를 얻을 수 있다: 실제 고전 분포 함수는 $e^{-\beta E}$ 형태의 지수 함수로 나타낼 수 있다. 하지만 금속의 전기 전도도와 열용량, 액체 헬륨의 물리, 열복사와 같은 현상은 고전 통계를 통해서 분석할 수 없다. 이 현상들에 대해서는 **양자 통계학**(quantum statistics)의 방법론을 사용해야 한다.

왜 고전 통계는 양자 통계와 달라야 할까? 이 절의 예제에서 한 2개의 가정은 양자 물리에서의 기본 원리와 일치하지 않는다.

1. **양자 물리에서 동일 입자는 서로 구분되지 않는 것으로 다룬다.** 거시 상태의 겹침수를 계산할 때, 우리는 고전 입자들이 동일하지만 서로 구분 가능하다고 가정했다. 다른 말로, 입자들은 1번부터 5번까지 번호를 붙일 수 있음을 의미한다(아니면 다른 구분할 수 있는 표식이 있거나). 예를 들면, 거시 상태 A에서 1번 입자가 $E=6$인 경우와, 2번 입자가 $E=6$인 경우를 구분할 수 있다는 말이고, 겹침수 5를 결정함에 있어서 각 경우를 구분되는 미시 상태로 센다는 것을 말한다. 만약 입자들을 구분할 수 없는 양자 입자(전자 혹은 광자 같은)로 다룬다면, 이 미시 상태들을 구분할 수 없다. 만약 A의 5개의 미시 상태를 구분된 것으로 관측할 수 없다면, 우리는 구분된 것으로 셀 수 없다. 동일한 양자 입자의 경우, 각 거시 상태의 겹침수는 정확히 1이 된다.

2. **양자역학은 어떤 특정 상태에 해당하는 입자 수의 최대 한계를 정할 수 있다.** 예를 들면, 예제의 입자가 전자라고 하자. Pauli 원리는 하나의 계 안에서 2개의 전자가 같은 운동 상태를 가지는 것(혹은 같은 양자수를 가지는 것)을 금한다. 전자는 스핀 업과 다운 상태를 가질 수 있어서 이 에너지 상태에 해당되는 다른 양자수가 없다면, 각 에너지 상태에는 2개의 전자보다 많이 있을 수 없다. 전자의 경우, 거시 상태 A, B, C, F, G, H, J는 금지되는데, 같은 에너지 상태에 두 입자보다 많은 입자가 있기 때문이다.

확률 $p(E)$ 계산을 두 종류의 양자 입자에 대해서 다시 해볼 수 있다. 광자 혹은 알파 입자의 경우 정수의 스핀을 가지고 있고 Pauli 원리에 의해 제한되지 않는다. 전자 혹은 양성자의 경우 스핀은 $1/2$이고 에너지 상태당 2개 이상은 점유될 수 없다는 Pauli 원리에 의해 제한을 받는다. 첫 번째 경우, 10개의 거시 상태가 같은 겹침수 1을 가질 수 있지만, 두 번째 경우 세 가지 거시 상태(D, E, I)에 같은 겹침수 1을 가지게 된다. 표 10.3은 해당하는 $p(E)$ 값을 준다. 정수 스핀 입자의 확률은 그림 10.5에 그려져 있다.

표 10.3 양자 입자의 에너지 확률

에너지	확률	
	정수 스핀	스핀 $1/2$
0	0.420	0.333
1	0.260	0.333
2	0.160	0.200
3	0.080	0.067
4	0.040	0.067
5	0.020	0.000
6	0.020	0.000

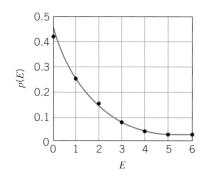

그림 10.5 표 10.3에서 정수 스핀 입자의 확률. 점을 잇는 곡선은 낮은 에너지에서 지수보다 더 크게 증가한다.

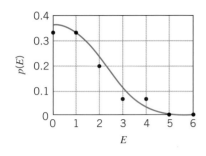

그림 10.6 표 10.3에서 스핀 ½ 입자의 확률. 점을 잇는 곡선은 낮은 에너지에서 거의 평평하게 된다.

곡선은 거의 지수적이지만 낮은 에너지에서 조금 더 급격히 올라가게 된다. $s = \frac{1}{2}$ 입자의 경우는 그림 10.6에 그려져 있다. 형태는 전혀 지수적이지 않다. 오히려 $E = 0$ 근처에서 평형하며 높은 에너지 상태에서 급격히 0으로 떨어지게 된다.

이 절에서 우리가 분석한 예를 통해 알 수 있는 것은 고전 통계와 양자 통계 간에 약간의 차이가 있다는 점이다. 실제 다체계에서의 에너지 분포 함수는 다섯 입자로 이루어진 단순한 계에서 얻은 것과는 다르다.

정수 스핀의 입자는 거의 지수 함수의 형태이지만 낮은 에너지에서 더 빠르게 증가하는 형태의 양자 분포를 가진다. 이 차이가 흥미로운 협동 현상을 주게 된다. Pauli 원리를 따르는 입자들은 그림 10.6에서 볼 수 있듯이, 낮은 에너지에서 평평하게 되는 아주 다른 양자 분포로 기술된다. 이 두 가지 양자 분포 함수는 이 장 후반에서 다시 다룬다.

예제 10.1

5개의 입자가 에너지 6단위를 공유하는 경우에 있어서 에너지 2단위를 가지는 입자를 관측할 확률을 (a) 구분 가능한 고전 입자, (b) 구분 불가능한 정수 스핀의 양자 입자, (c) 구분 불가능한 ½ 스핀의 양자 입자의 경우에 대해 각각 구하시오.

풀이

(a) 구분 가능한 고전 입자의 경우, 그림 10.3에 주어진 10개의 거시 상태에 해당하는 겹침수에 대해 식 (10.3)을 사용할 수 있고, 모든 거시 상태 중에서 2단위의 에너지에 해당하는 확률의 합을 구할 수 있다. 식 (10.3)의 분자는 다음과 같이 구해진다.

$$\sum N_i W_i = 0 \times 5 + 0 \times 20 + 1 \times 20 + 0 \times 30 + 1 \times 60$$
$$+ 0 \times 10 + 3 \times 10 + 0 \times 20 + 2 \times 30 + 1 \times 5$$
$$= 175$$

그러므로 다음과 같이 구해진다.

$$p(2) = \frac{\sum N_i W_i}{N \sum W_i} = \frac{175}{5 \times 210} = 0.167$$

(b) 정수 스핀의 구분 불가능한 양자 입자의 경우, 각 거시 상태의 겹침수는 1이므로, 식 (10.3)의 분자는 다음과 같다.

$$\sum N_i W_i = 0 \times 1 + 0 \times 1 + 1 \times 1 + 0 \times 1 + 1 \times 1$$
$$+ 0 \times 1 + 3 \times 1 + 0 \times 1 + 2 \times 1 + 1 \times 1 = 8$$

따라서 다음과 같다.

$$p(2) = \frac{\sum N_i W_i}{N \sum W_i} = \frac{8}{5 \times 10} = 0.160$$

(c) 반(half)정수의 구분 불가능한 양자 입자의 경우, 같은 값의 에너지를 가지는 두 입자 이상의 상태는 허용되지 않으므로 겹침수는 0이다(A, B, C, F, G, H, J 상태). 나머지 허용되는 상태는 겹침수가 1이다. 합은 다음과 같다.

$$p(2) = \frac{0 \times 1 + 1 \times 1 + 2 \times 1}{5 \times 3} = 0.200$$

예제 10.2

스핀 1을 가지는 두 입자로 구성된 계가 있다. 입자가 (a) 구분 가능한 경우와 (b) 구분 불가능한 경우에 있어서, 전체 스핀의 z성분으로 가능한 값과 각 값에 해당하는 겹침수는 얼마인가?

풀이

각 입자의 경우, 우리는 $m_s = +1, 0, -1$을 가지고 있고, 그 조합은 $M_S = m_{s1} + m_{s2}$가 된다. 여기서 $M_S \hbar$가 전체 스핀 S의 z성분을 준다. 당연히 M_S 값은 최대 $+2$에서 최소 -2까지 가능하다. (a) 구분 가능한 입자의 경우, 가능한 m_s 값은 각 입자당 세 가지이고 최대 $3 \times 3 = 9$개의 조합이 생긴다. 이 조합의 어떤 경우도 금지되지 않는다. (b) 구분 불가능한 입자의 경우, $m_{s1} = +1, m_{s2} = 0$과 $m_{s1} = 0, m_{s2} = +1$을 구분된 미시 상태로 셀 수 없다. 왜냐하면 입자 1과 입자 2를 구분할 수 없기 때문이다. 따라서 입자가 구분 불가능한 경우 미시 상태는 3개 더 적다. 겹침수는 다음과 같다.

구분 가능한 입자의 경우, 가능한 전체 스핀은 $S = 2$(겹침수 5의 경우 $M_S = +2, +1, 0, -1, -2$), $S = 1$(겹침수 3의 경우 $M_S = +1, 0, -1$), $S = 0$(겹침수 1의 경우 $M_S = 0$)이다. 총겹침수는 $5 + 3 + 1 = 9$이다.

구분 불가능한 입자의 경우, $M_S = \pm 2$ 상태가 있기 때문에 $S = 2$ 상태는 존재한다. 5개의 미시 상태($M_S = +2, +1, 0, -1, -2$)를 $S = 2$에 할당할 경우 $M_S = 0$에 해당하는 하나의 미시 상태만 남고, 이는 $S = 0$에 배정된다. 구분 가능한 입자의 경우 $S = 2, 1, 0$이 가능했지만 정수 스핀의 구분 불가능한 양자 입자의 경우에는 $S = 2$ 혹은 0만 가능하다. 이것은 고전역학적인 계와 양자역학적인 계의 통계에 중요한 차이가 있음을 보여준다. 양자역학적인 계의 경우는 통계가 일부 스핀 조합은 허용하지만 다른 조합은 금지한다.

거시 상태	미시 상태		
M_S	m_{s1}, m_{s2}	구분 가능	구분 불가능
+2	+1, +1	1	1
+1	+1, 0	2	1
	0, +1		
0	+1, −1	3	2
	−1, +1		
	0, 0		
−1	0, −1	2	1
	−1, 0		
−2	−1, −1	1	1

10.3 상태 밀도

이전 절에서 특정 상태의 계를 찾을 확률이 그 상태의 겹침수에 의해서 결정되는 것을 알 수 있었다. 이제 이 개념을 더 복잡한 계로 확장해 보자.

많은 입자들이 서로 다른 많은 에너지 상태에 존재할 수 있는 계를 생각해 보자. (고전역학적이든 양자역학적이든 상관 없다.) 입자들이 에너지 E를 가질 상대적인 확률은 **분포 함수**(distribution function) $f(E)$로 주어진다. 예를 들면 이 함수를 통해 계에서 더 작은 에너지를 가진 입자보다 더 큰 에너지를 가진 입자를 발견할 확률이 낮다는 것을 알 수 있다. 예를 들면, 온도 T의 기체계의 경우, 에너지가 kT(k는 Boltzmann 상수)보다 훨씬 큰 에너지를 가지는 분자를 발견할 확률은 아주 작다.

우리의 최종 목표는 임의의 주어진 에너지 E 값에 대해서 입자의 수를 계산하는 것이다. 이 숫자는 부분적으로 분포 함수 $f(E)$에 의해서 정해진다. 하지만 계산에 있어서 에너지 E에 해당하는 많은 상태가 있다는 점 역시 고려해야 한다. 이 추가적인 요소는 우리가 작은 수의 입자계에 대해서 고려했던 미시 상태의 겹침수와 연관된다. 실제로 점유된 상태의 수를 찾으려면, 가능한 상태 수와 각 상태가 점유될 확률을 같이 생각해야 한다.

에너지 E에서 가능한 상태의 수를 계산하는 두 가지 다른 방법이 있다. 만약 에너지 상태가 불연속적이고 각각 관측 가능하다면, 에너지 E에서 가능한 상태 수는 그 에너지에서의 겹침수이다. 예를 들어, 우리 계가 수소 원자로 구성된 낮은 밀도의 기체라면, 주양자수 n에 해당하는 상태의 에너지 E_n의 값을 갖는 상태의 개수는 $2n^2$인데, 바로 이 값이 겹침수이다. 더 높은 들뜬 상태로 가면, 각 상태의 원자 수는 분포 함수 $f(E)$를 따라 줄어들 수도, 겹침수 $2n^2$을 따라 늘어날 수도 있다. 특정 에너지에서의 들뜬 상태에 해당되는 원자들의 실제 수는 두 요소의 결합에 의해 결정된다.

다른 예로, HCl 같은 분자의 회전 들뜬 상태를 생각해 보자. 각운동량 L을 가지는 에너지 E_L에서의 겹침수는 $2L+1$이다. 더 큰 값의 각운동량 값에 해당하는 높은 에너지 상태로 가면서 분포 함수 값은 줄어들고 겹침수는 늘어나게 되므로, 어떤 준위에서든 실제 상태 수는 두 요소의 조합에 의해서 결정된다. 9.6절에서는 어떻게 이 두 요소가 특정 L 값에 대해서 최대 흡수 스펙트럼을 주는지 예를 볼 수 있었다.

겹침수 인자와 분포 함수를 결합해서 그 계에서 특정 에너지 E_n 값에 해당하는 입자들의 수를 구할 수 있다.

$$N_n = d_n f(E_n) \tag{10.4}$$

여기서 d_n은 에너지 준위 E_n의 겹침수이다. 분포 함수 $f(E_n)$는 계의 총 입자 수가 N이 되도록 적절히 정규화되었다.

$$N = \sum N_n = \sum d_n f(E_n) \tag{10.5}$$

여기서 합은 모든 상태에 대해서 구한다. (실제로는 분포 함수 f가 E 값의 증가에 따라서 급격하게 감소하므로 합에 있어서 몇 개의 항만 포함해도 충분히 정확하다.)

한편 에너지 상태가 너무 많고 간격이 너무 작아서 구분된 개별 상태로 관측할 수 없는 경우에 대해서 분석할 수도 있다. 따라서 에너지 E에서의 작은 간격 dE에서의 상태 수, 혹은 에너지 E와 $E + dE$ 사이의 상태 수를 생각해야 한다. 이 방법은 기체 분자의 운동 에너지 분석(1.3절)과 Schrödinger 방정식의 근에서의 확률 분포 분석(5.3절 참조)과 비슷하다.

해당 분석을 위해서 E를 연속 변수로 다룬다. (물론 상태가 불연속적이라는 것을 알지만, 너무 많고 가까이 있어서 이것은 아주 좋은 근사이다.) **상태 밀도**(density of states) $g(E)$를 정의하는 데 $g(E)dE$가 에너지 E에서의 dE 간격(혹은 E와 $E + dE$ 사이)에서 부피당 가능한 상태의 수가 되도록 한다. 해당 간격에서 점유될(populated) 수 있는 상태의 수는 상태 밀도 요소와 분포 함수에 의해서 결정된다.

$$dN = N(E)\,dE = Vg(E)\,f(E)\,dE \tag{10.6}$$

여기서 V는 계의 부피(상태 밀도가 **부피당** 상태의 수이므로 포함되어야 한다)이다. 이번에도 분포 함수가 적절히 정규화되어 전체 입자 수는 N으로 고정된다고 가정한다.

$$N = \int dN = \int_0^\infty N(E)\,dE = V \int_0^\infty g(E)\,f(E)\,dE \tag{10.7}$$

N과 $N(E)$의 차이를 기억하자. 기호 N은 계의 전체 입자 수를 나타내고, $N(E)$는 에너지 E에서의 **단위 에너지 간격당** 숫자를 나타낸다. 즉, N은 순수한 숫자이지만, $N(E)$는 E의 함수이고, (에너지)$^{-1}$의 차원을 가진다.

이 장에서는 고전 통계를 기체 분자에 적용한 경우와 양자 통계를 금속 내 전자, 즉 전자의 '기체 상태'에 해당하는 경우에 적용한 것을 살펴볼 것이다. 또한 양자 통계를 3장에서 처음 소개했던 공동 복사 문제에 적용하는 것을 다루며, 이를 위해 먼저 광자 기체의 상태 밀도에 대한 이해가 필요하다.

입자 기체에서의 상태 밀도

우선 전자나 분자와 같은 입자들의 '기체'에서의 상태 밀도에 대해 알아본다. 이 내용은 많은 경우에 있어서 유용한 개념이다. 예를 들어, 뜨거운 금속 필라멘트 주변의 공간은 방출된 전자 구름으로 가득 차 있다. 구리와 같은 고체 금속 전도체에서 각 원자마다 하나씩 약하게 결합되어 있는 전자를 제공하여 전류를 흐르게 한다. 이 전자들은 각각의 원자에 속하기보다는 전체적으로 물질에 속하기 때문에, 이 경우 전자를 금속 내에서의 기체로 다루는 것은 적절하다고 볼 수 있다. 같은 계산 방법은 질소와 같은 일반적인 분자 기체에도 적용이 가능함을 곧 확인할 것이다.

우리 계산은 기본적으로 입자가 삼차원 공간에, 특히 각 변의 길이가 L인 정방체 안에 있는 경우에서 시작한다. 정방체는 삼차원 퍼텐셜 에너지 우물을 나타낸다. (예를 들어서, 5.4절에서 이차원 퍼텐셜 에너지 우물에 대해서 분석했었다.) 식 (5.41)과 (5.45)를 그대로 확장하면, 무한 삼차원 퍼텐셜 에너지 우물에 대한 파동 함수와 에너지 준위는 다음과 같이 주어지는 것을 알 수 있다.

$$\psi(x, y, z) = A' \sin \frac{n_x \pi x}{L} \sin \frac{n_y \pi y}{L} \sin \frac{n_z \pi z}{L} \tag{10.8}$$

$$E = \frac{p^2}{2m} = \frac{1}{2m}(p_x^2 + p_y^2 + p_z^2) = \frac{h^2}{8mL^2}(n_x^2 + n_y^2 + n_z^2) = \frac{h^2}{8mL^2}n^2 \tag{10.9}$$

여기서 $n^2 = n_x^2 + n_y^2 + n_z^2$이다.

그래서 이제 우리가 상태 밀도를 찾기 위해서 해결해야 할 문제는 다음과 같다. 특정 에너지 E에 해당하는 값을 주는 양자수 n_x, n_y, n_z의 서로 다른 조합 수는 얼마나 많은가? 만약 에너지 준위가 충분히 떨어져 있고 개별로 관측이 가능하다면, 우리는 겹침수를 알아낼 수 있고 상태 밀도 역시 얻을 수 있다. 하지만 이 경우에는, 정방체가 전자의 일반적인 de Broglie 파장보다 너무 커서 작은 간격 dE에 아주 많은 수의 에너지 준위가 있고, 세기에는 너무 많다.

에너지 상태의 수를 알 수 있는 한 방법은 각 축이 n_x, n_y, n_z로 주어진 좌표계를 생각하는 것이다(그림 10.7). 같은 E 값을 가지는 점들은 반지름 $n = \sqrt{n_x^2 + n_y^2 + n_z^2}$인 구면 위에 위치하고, 에너지가 E와 $E + dE$ 사이에 해당하는 에너지에 해당하는 점들은 반지름 n과 $n + dn$ 사이에 있는 구껍질 안에 있게 된다. n_x, n_y, n_z 값은 양수만 가능하므로, 전체 껍질 중에서 1/8만이 해당한다. 전체 껍질은 표면적이 $4\pi n^2$이고 두께가 dn이므로, 여기에 해당하는 점들(여기서 각 점은 같은 값 E를 가지는 n_x, n_y, n_z의 서로 다른 조합을 나타낸다)은 $\frac{1}{8} \times 4\pi n^2 dn$이다.

마지막으로 입자의 스핀이 s인 경우, 좌표계에서 각 점은 서로 다른 가능한 스핀 방향에 해당하는 값을 고려해서 $2s + 1$개의 점으로 볼 수 있다. (자기장이 없는 경우, 각 스

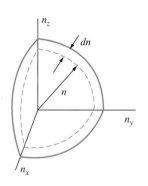

그림 10.7 n_x, n_y, n_z 좌표계에서 반지름이 n이고 두께가 dn인 구면의 1/8 부분.

핀 방향은 같은 에너지 E에서의 서로 다른 상태를 나타낸다.) 예를 들어, 입자가 전자인 경우 서로 다른 스핀 방향($m_s = +^1/_2$과 $m_s = -^1/_2$)이 있고, 전자의 경우는 $2s+1 = 2$가 된다. 상태 밀도는 추가적인 $2s+1$ 요소를 고려해야 한다. 따라서 부피당 상태의 수는 다음과 같다.

$$g(n)\,dn = \frac{1}{8}\frac{2s+1}{V}4\pi n^2\,dn \tag{10.10}$$

이 간격에 포함된 상태의 수는 n 또는 E 어떤 항으로 세어도 같을 것이다. 즉, $g(n)dn = g(E)dE$로 나타낼 수 있다. $E = h^2n^2/8mL^2$이므로, $dE = 2h^2n\,dn/8mL^2$이고, 따라서 정방체의 부피 $V = L^3$을 사용하면 다음과 같다.

$$g(E)\,dE = g(n)\,dn = \frac{4\pi(2s+1)\sqrt{2}m^{3/2}}{h^3}E^{1/2}\,dE \tag{10.11}$$

따라서 입자 기체의 상태 밀도는 다음과 같다.

$$g(E) = \frac{4\pi(2s+1)\sqrt{2}m^{3/2}}{h^3}E^{1/2} = \frac{4\pi(2s+1)\sqrt{2}(mc^2)^{3/2}}{(hc)^3}E^{1/2} \tag{10.12}$$

광자 기체의 상태 밀도

이제는 광자 기체를 생각해 보자. 3.3절에서 다룬 것과 같은 온도 T의 온도 벽을 가진 부피 V의 빈 금속 상자 형태의 공동을 생각해 보자. 각 변의 길이가 L인 정방체 형태의 상자는 에너지 0에서 ∞까지의 값을 가지는 광자(그리고 해당하는 진동수와 파장 범위에 해당하는)로 가득 차 있다.

상자가 전자기 정상파로 가득 차 있다고 하자. 특정 파는 에너지 $E = pc = c\sqrt{p_x^2+p_y^2+p_z^2}$를 가지고 있다. 각 운동량 부분은 특정 파장에 해당하는 정상파 조건을 따라야 하고, 전기장이 벽에서 없어져야 한다는 경계 조건은 삼차원 무한대 퍼텐셜 에너지 우물에서의 분석과 정확히 같은 파장 혹은 파수 조건을 주게 된다(즉, $x=0$과 $x=L$에서 $\psi=0$이고, y와 z도 마찬가지). 예를 들면 x 방향으로 $k_xL = n_x\pi$ 조건을 만족시키는 파수 k_x를 가지며, 이는 $p_x = \hbar k_x = \hbar\pi n_x/L$으로 나타낼 수 있고, y와 z 방향도 마찬가지로 생각할 수 있다. 변수 n_x, n_y, n_z는 서로 독립이고 1에서 ∞까지의 양수 값을 가질 수 있다. 따라서 에너지를 다음과 같이 쓸 수 있다.

$$E = c\sqrt{p_x^2+p_y^2+p_z^2} = c\sqrt{\left(\frac{\hbar\pi n_x}{L}\right)^2 + \left(\frac{\hbar\pi n_y}{L}\right)^2 + \left(\frac{\hbar\pi n_z}{L}\right)^2}$$
$$= \frac{\hbar c\pi}{L}\sqrt{n_x^2+n_y^2+n_z^2} \tag{10.13}$$

이제 그림 10.7에서 보았던 전자 기체와 정확하게 같은 상황을 맞이했다. 구형 껍질의 부분에 해당하는 점의 개수는 이번에도 부피 $\frac{1}{8} \times 4\pi n^2 dn$에 비례한다.

마지막으로 광자에서의 가능한 스핀 상태를 고려해야 한다. 광자는 $s = 1$이므로, 상태 밀도가 $2s + 1 = 3$을 포함해야 한다고 생각할 수 있다. 하지만 $s_z = 0$ 상태는 광자에서 허용되지 않는다. 이는 전자기파가 오른쪽 및 왼쪽의 가능한 두 가지 편광 중에서 하나만을 가질 수 있는 것에 해당한다. 스핀 겹침수에서 상태 밀도에 해당하는 요소는 따라서 2가 되고, 부피당 상태 수는 식 (10.10)에서 $2s + 1$ 대신 2를 넣은 값에 해당한다. $E = \hbar c n / L$에서 $dE = \hbar c \, dn / L$가 되고 마침내 다음과 같은 값을 얻는다.

$$g(E) \, dE = g(n) \, dn = \frac{1}{\pi^2 (\hbar c)^3} E^2 \, dE \tag{10.14}$$

여기서도 역시 공동의 부피는 $V = L^3$로 둔다. 그러면 광자 기체의 상태 밀도는 다음과 같이 된다.

$$g(E) = \frac{1}{\pi^2 (\hbar c)^3} E^2 = \frac{8\pi}{(hc)^3} E^2 \tag{10.15}$$

주목할 점은 상태 밀도가 $E^{1/2}$에 비례했던 입자 기체와는 달리 광자 기체에서 상태 밀도는 E^2에 비례한다는 것이다.

▌예제 10.3

헬륨 기체에 있어서 온도 200 K에서 가장 유력한 분자 에너지인 0.0086 eV 상태에서 0.0002 eV의 좁은 에너지 간격 사이에 가능한 상태의 수는 세제곱 미터당 몇 개인가?

풀이

가능한 상태의 밀도는 $g(E)dE$로 주어지고, 여기서 입자의 $g(E)$는 식 (10.12)에서 헬륨 원자의 경우 $s = 0$ 및 $mc^2 = 3,727$ MeV와 $dE = 0.0002$ eV의 에너지 간격을 넣으면 다음과 같다.

$$
\begin{aligned}
g(E) \, dE &= \frac{4\pi \sqrt{2}(mc^2)^{3/2}}{(hc)^3} E^{1/2} \, dE \\
&= \frac{4\pi \sqrt{2}(3,727 \times 10^6 \text{ eV})^{3/2}}{(1,240 \text{ eV} \cdot \text{nm})^3 (1\text{m}/10^9 \text{ nm})^3} \\
&\quad \times (0.0086 \text{ eV})^{1/2}(0.0002 \text{ eV}) \\
&= 3.9 \times 10^{28} \text{ m}^{-3}
\end{aligned}
$$

m³당 10^{25}개의 기체 원자가 있으므로, 일반적인 기체의 경우 가능한 상태 중 아주 작은 부분만이 점유된다는 것을 알 수 있다.

예제 10.4

별의 내부는 1 MeV의 범위의 에너지를 가진 광자로 가득 차 있다고 생각할 수 있다. 1 MeV에서 10 keV 간격의 에너지에서 광자가 담겨 있는 경우 가능한 상태의 밀도는 얼마인가?

풀이

식 (10.15)를 통해서 다음을 구할 수 있다.

$$g(E)\, dE = \frac{8\pi}{(hc)^3} E^2\, dE = \frac{8\pi(10^9 \text{nm/m})^3}{(1{,}240\text{ eV}\cdot\text{nm})^3}(10^6\text{ eV})^2(10^4\text{ eV})$$
$$= 1.3 \times 10^{35}\text{ m}^{-3}$$

이러한 많은 가능한 상태는 많은 수의 광자를 수용할 수 있다. 이 결과가 광자의 에너지에 크게 영향을 받는다는 점을 기억하자. 가시광선(1 eV 근처의 광자에 해당)의 경우, 비슷한 좁은 에너지 간격에는 m³당 10^{19}개의 에너지 상태를 수용할 수 있다.

10.4 Maxwell-Boltzmann 분포

다음으로 특정 에너지에서 가능한 상태가 얼마나 점유될 수 있는지를 나타내는 분포 함수 $f(E)$의 형태가 어떤지 알아보자. 우선 밀도가 상대적으로 낮은 고전역학적인 계에서 시작하자. 이 말은 실제로는 입자들 사이 거리가 그들의 de Broglie 파장에 비해서 크다는 뜻이다. 각각의 입자는 원자 혹은 분자의 들뜬 상태와 같은 양자화된 에너지 간격을 가질 수 있지만, 전체적인 계는 양자 현상을 보이지 않는다. 이 제약은 일반적인 온도와 압력 조건에서의 기체를 묘사하는 데 아주 잘 작동한다.

이 경우에 적용되는 분포 함수는 **Maxwell-Boltzmann 분포**(Maxwell-Boltzmann distribution)이고, 이는 온도 T에서 열평형을 이루고 있는 계의 경우 다음과 같은 형태로 주어진다.

$$f_{\text{MB}}(E) = A^{-1} e^{-E/kT} \tag{10.16}$$

(여기서 k는 Boltzmann 상수이다.) 에너지가 증가하면서 점유 확률은 지수적으로 떨어진다. 여기서 정규화 상수 A^{-1}를 도입하여, 계의 전체 입자 수가 N으로 고정되게 하였다. (정규화 상수를 단순히 A가 아닌 A^{-1}로 적는 이유는 이 장 후반에 알 수 있다.)

전체 N개의 분자가 있는 부피 V의 통을 채우는 온도 T의 가스에 있어서 E와 $E+dE$ 사이의 에너지 간격의 분자 수를 찾는 데 Maxwell-Boltzmann 분포를 적용해 보자. 식 (10.5)에서 [식 (10.12)의 상태 밀도를 사용하면] 다음을 구할 수 있다.

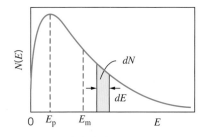

그림 10.8 분자에 대한 Maxwell-Boltzmann 에너지 분포에서 가장 가능한 에너지 $E_p = \frac{1}{2}kT$와 평균 에너지 $E_m = \frac{3}{2}kT$가 주어져 있다. 색칠된 띠 영역은 에너지 E와 $E + dE$ 사이 분자 수인 dN을 나타낸다.

$$dN = N(E)\,dE = Vg(E)f_{\text{MB}}(E)\,dE$$

$$= A^{-1}\frac{4\pi V(2s+1)\sqrt{2}(mc^2)^{3/2}}{(hc)^3}E^{1/2}e^{-E/kT}\,dE \qquad (10.17)$$

정규화 상수는 식 (10.7)을 모든 에너지 구간에 적분해서 얻은 전체 분자 수의 값이 N이 되어야 한다는 조건으로 구할 수 있다.

$$N = \int dN = \int_0^\infty N(E)\,dE$$

$$= A^{-1}\frac{4\pi V(2s+1)\sqrt{2}(mc^2)^{3/2}}{(hc)^3}\int_0^\infty E^{1/2}e^{-E/kT}\,dE \qquad (10.18)$$

해당 정적분은 표준 형태이고, 적분을 진행하면 $A^{-1} = N(hc)^3/V(2s+1)(2\pi mc^2 kT)^{3/2}$ 이 된다. 그러면 기체 분자의 에너지 분포를 다음과 같이 얻을 수 있다.

$$N(E) = Vg(E)f_{\text{MB}}(E) = \frac{2N}{\sqrt{\pi}(kT)^{3/2}}E^{1/2}e^{-E/kT} \qquad (10.19)$$

이 식은 식 (1.23)과 같다. 이 식이 **Maxwell-Boltzmann 에너지 분포**(Maxwell-Boltzmann energy distribution)이다.

이 분포는 그림 10.8에 나타나 있다. 가장 가능한 에너지인 $E_p = \frac{1}{2}kT$에서 최댓값에 도달하고, 에너지가 증가함에 따라서 점차적으로 떨어져서 0으로 가는 점에 주목하라. 이는 에너지가 kT보다 훨씬 더 큰 분자를 찾는 것은 점점 어려워짐을 뜻한다. 너비 dE 의 색칠된 띠 부분은 식 (10.17)에서 주어진 E와 $E + dE$ 사이의 분자 수 $dN = N(E)dE$ 를 나타낸다. 평균 에너지는 식 (1.27)에서 보였듯이 $E_m = \frac{3}{2}kT$이다.

식 (10.19)에서의 정규화 과정에서 Planck 상수는 사라졌다. 따라서 Maxwell-Boltzmann 에너지 분포는 양자 효과가 들어오지 않는 일반적인 분자 기체와 같은 고전 입자의 행동을 묘사한다고 볼 수 있다.

예제 10.5

용기 하나에 온도 375 K 1몰의 아르곤 기체가 들어 있다. 용기 안에서 에너지 0.025 eV와 0.026 eV 사이의 에너지에 해당하는 분자의 분율을 계산하시오.

풀이

0.025 eV와 0.026 eV 사이에서 $N(E)$ 값이 충분히 부드럽게 변화해서 dN을 구할 때 $dN = N(E)dE$를 쓸 수 있다고 가정하자. 그렇게 하면 숫자를 구할 때 적분하는 것을 피할 수 있다.

식 (10.19)에서 $kT = (8.617 \times 10^{-5} \, \text{eV})(375 \, \text{K}) = 0.0323 \, \text{eV}$일 때, 다음과 같이 계산한다.

$$\frac{dN}{N} = \frac{N(E)\,dE}{N} = \frac{2}{\sqrt{\pi}(kT)^{3/2}} E^{1/2} e^{-E/kT} dE$$

$$= \frac{2}{\sqrt{\pi}(0.0323 \, \text{eV})^{3/2}}(0.0255 \, \text{eV})^{1/2}$$
$$\times e^{-0.0255 \, \text{eV}/0.0323 \, \text{eV}}(0.001 \, \text{eV})$$
$$= 0.014 = 1.4\%$$

예제 10.6

(a) 상온 수소 원자 기체의 경우 $E = 10.2 \, \text{eV}$의 첫 들뜬 상태에 있는 원자의 수는 바닥 상태의 숫자에 대한 비율로 나타내면 얼마인가? (b) 어떤 온도에서 첫 들뜬 상태 원자의 수가 바닥 상태 원자 수의 1/10에 해당하겠는가?

풀이

(a) 이 경우 식 (10.4)에 주어진 원자 수에 대한 식의 불연속적인 형태를 사용할 수 있다. 주양자수 n의 상태에 있어서 겹침 인자 d_n은 $2n^2$이다. 상온($T = 293 \, \text{K}$)에서 $kT = 0.0252 \, \text{eV}$이다. 그러면 들뜬 상태($n = 2$)와 바닥 상태($n = 1$)의 비율은 다음과 같다.

$$\frac{N_2}{N_1} = \frac{d_2 e^{-E_2/kT}}{d_1 e^{-E_1/kT}} = \frac{8}{2} e^{-(E_2 - E_1)/kT} = 4e^{-10.2 \, \text{eV}/0.0252 \, \text{eV}}$$
$$= 4e^{-405} = 0.6 \times 10^{-175}$$

하나의 원자가 들뜬 상태에 존재하려면, 약 1.7×10^{175}개의 수소 원자, 다른 말로 3×10^{148} kg, 즉 우주의 질량보다 큰 양의 수소 원자가 필요하다!

(b) $N_2/N_1 = 0.1$이 되어야 하고 T에 대해서 풀면 다음과 같다.

$$0.1 = 4e^{-10.2 \, \text{eV}/kT}$$

여기서 $kT = 2.77 \, \text{eV}$ 혹은 $T = 3.21 \times 10^4 \, \text{K}$이 된다.

예제 10.7

전체 원자 스핀이 $^1/_2$인 원자가 $\mu = 1.2 \, \mu_B$의 자기 모멘트를 가지고 있다. 이런 원자의 모임이 $B = 7.5 \, \text{T}$ 크기의 자기장 속에 놓여 있다. $T = 77 \, \text{K}$(액체 질소의 온도)에서 스핀이 자기장의 방향과 같은 방향으로 있는 경우와 반대 방향으로 있는 경우의 비율은 얼마인가?

풀이

자기장과 반응했을 때의 에너지는 $E = -\vec{\mu} \cdot \vec{B}$이므로, 자기장과 같은 방향으로 정렬되었을 때의 에너지는 $E_1 = -\mu B$이고, 반대 방향의 경우에는 $E_2 = +\mu B$이다. $m_s = +^1/_2$과 $m_s = -^1/_2$ 상태의 겹침수는 같으므로 $d_1 = d_2$이다. $\mu B = 1.2(9.27 \times 10^{-24} \, \text{J/T})$ $(7.5 \, \text{T}) = 8.34 \times 10^{-23} \, \text{J} = 5.21 \times 10^{-4} \, \text{eV}$와 $kT = 0.00664 \, \text{eV}$를 통해서 다음과 같이 구한다.

$$\frac{N_1}{N_2} = \frac{d_1 e^{-E_1/kT}}{d_2 e^{-E_2/kT}} = e^{-(E_1 - E_2)/kT} = e^{2\mu B/kT}$$
$$= e^{2(5.21 \times 10^{-4} \, \text{eV})/0.00664 \, \text{eV}} = 1.17$$

즉, 약 54%의 원자는 자기장에 평행한 방향, 46%는 반대 방향으로 정렬해 있다.

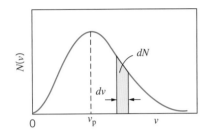

그림 10.9 기체 분자에 대한 Maxwell 속력 분포. 색칠된 띠 영역은 속도 v와 $v+dv$ 사이 분자의 수를 나타낸다.

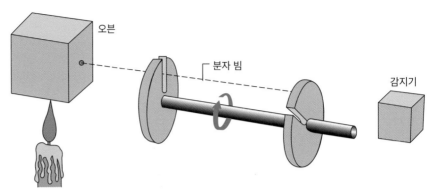

그림 10.10 분자 속력 분포를 측정하는 장비.

분자 속력 분포

실험적인 관점에서 볼 때, 에너지의 분포보다는 속력 분포를 측정하는 것이 더 쉬운 경우가 많다. Maxwell-Boltzmann 분포를 사용해서 기체의 운동 에너지를 통해 실제 실험실에서 테스트해 볼 수 있는 분자 속력의 분포를 구해 보자. 그 말은 속력이 v에서 dv 구간 안에 해당하는 분자(v와 $v+dv$ 사이)들의 수에 대한 표현, 즉 $dN = N(v)dv$를 구하자는 말이다. 에너지 혹은 속력 어떤 것을 이용하더라도, 구간 안의 분자의 수 dN은 같으므로 $dN = N(E)dE = N(v)dv$, 혹은 $N(v) = N(E)dE/dv$이다. $E = \frac{1}{2}mv^2$과 $dE/dv = mv$를 통해서 다음 식을 얻는다.

$$N(v) = N(E)\frac{dE}{dv} = \frac{2N}{\sqrt{\pi}(kT)^{3/2}}\sqrt{\frac{mv^2}{2}}e^{-mv^2/2kT}mv$$

$$= N\sqrt{\frac{2}{\pi}}\left(\frac{m}{kT}\right)^{3/2}v^2e^{-mv^2/2kT} \tag{10.20}$$

Maxwell 속력 분포(Maxwell speed distribution)라고 알려진 이 식은 그림 10.9에 그래프로 그려져 있다. 색칠된 띠는 v에서 dv 간격에 있는 숫자 dN을 나타낸다. 가장 많은 수의 속력은 $v_p = (2kT/m)^{1/2}$에서 나타난다.

분자 속력의 분포를 측정할 수 있는 실험의 예가 그림 10.10에 나타나 있다. 오븐 옆면에 작은 구멍을 통해서 분자 줄기가 빠져나갈 수 있다. 구멍이 아주 작아서 오븐 안의 속력 분포가 바뀌지 않는다고 가정한다. 분자 빔은 각속도 ω로 돌고 있는 축에 붙어 있는 원판의 틈을 통해 지나가게 된다. 축의 다른 쪽에는 두 번째 틈이 있는 원판이 있지만, 틈은 첫 번째 틈에 대해서 각도 θ만큼 돌아가 있다. 2개의 틈을 통과해서 측정기에 충돌하기 위해서, 분자가 길이 L의 축을 따라 진행해 가는 동안 축이 각도 θ만큼 돌아가야 한다. 즉, $L/v = \theta/\omega$이다. L과 θ를 고정하면 ω를 변화시킬 수 있다. 각각의 서로 다른 ω 값에 따라서 측정기에 충돌하는 분자 수를 측정하면 Maxwell 속력 분포를 측정할 수 있다. 이런 실험의 결과들은 그림 10.11에 나타나 있고, 식 (10.20)에 따라서 예측된 값과 측정된 속력 분포가 일치하는 것은 인상적이다.

이 예를 통해, 간격 dv의 중요성 역시 알 수 있다. 우리가 측정하는 것은 언제나 곱인 $N(v)dv$이고, 이 경우 속도의 범위는 주로 디스크 틈의 너비에 의해서 주로 결정되게 된다. dv를 아주 작게 만들어서 v를 '정확하게' 측정하기 위해서는 틈을 아주 작게 만들어서 몇 개의 분자만 통과하도록 만들 필요가 있다. '완벽한' 실험을 위해서 $dv \to 0$을 만들 수 있고, 이때 틈의 너비를 0으로 만들어서 기구를 통과하는 분자가 없도록 함을 뜻한다!

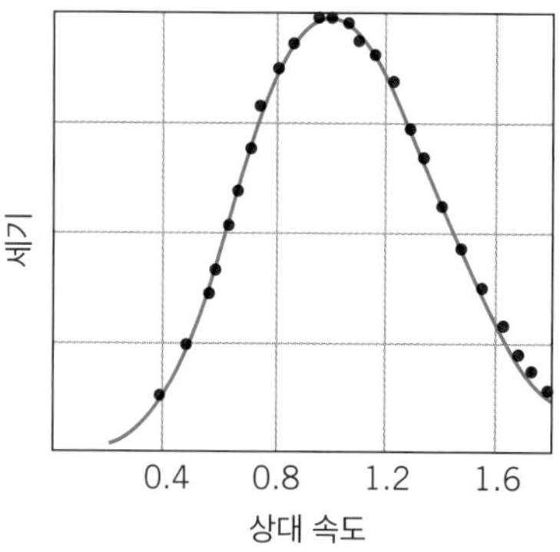

그림 10.11 탈륨 증기의 분자 속력 분포 측정 결과. 파란색 실선은 870 K 온도에서의 Maxwell 속력 분포에서 얻은 값이다.

분광선의 Doppler 확장

정지해 있는 원자들은 아주 날카롭고 좁은 분광선을 발산한다. 이 '자연적인 선 너비'는 보통 불확정성 원리 $\Delta E \Delta t \sim \hbar$에 의해 결정되는데, 유한한 수명으로 인해 원자의 들뜬 상태의 에너지를 어느 정도 불확실하게 만든다. 기체의 원자는 움직이므로 원자에서 발산되는 빛의 진동수 혹은 파장은 Doppler 효과를 겪게 된다[식 (2.22) 참조]. 기체의 용기는 관측자에 대해 정지해 있더라도, 일부 분자들은 관측자를 향해 날아가게 되고 진동수는 증가하고, 다른 분자들은 멀어지고 진동수가 감소한다. 열 운동의 결과로, 분광선은 넓어지고 자연적인 너비보다 훨씬 큰 너비를 가지게 된다.

열 운동으로 말하자면, 빛의 속도보다 훨씬 작은 속도이고, 관측하는 직선에 수직인 운동은 무시할 수 있고, 관측자와 빛의 발산점을 잇는 직선에 평행한 운동만 고려하면 된다. 여기에서는 **속력**(speed) 분포 대신 기체 원자의 **속도**(velocity)의 한 성분, 여기서는 v_x가 온도의 함수로 어떻게 분포하는지를 알 필요가 있다.

속도 분포를 구하기 위해서 입자의 일차원 기체에 대한 상태 밀도에서 시작하자. 그림 10.7에서는 n_x, n_y, n_z로 표시된 축으로 구성된 삼차원 좌표계를 만들었다. v_x에 대한 분포 함수를 구하기 위해서는 n_x축만 있는 일차원 좌표계만 필요하다(그림 10.12). 일차원에서 에너지가 E에서 $E + dE$ 사이에 해당하는 입자에 해당하는 '부피'는 n_x에서 dn_x이다. 그러면 일차원에서 (단위 길이당) 상태 밀도는 다음과 같다.

$$g(n_x)\,dn_x = \frac{2s+1}{L}\,dn_x \tag{10.21}$$

$E = p_x^2/2m = n_x^2 h^2/8mL^2$에서, $v_x = n_x h/2mL$과 $dv_x = (h/2mL)\,dn_x$를 알 수 있고, 다음과 같이 구할 수 있다.

그림 10.12 일차원에서 속도 요소는 v_x와 $v_x + dv_x$ 사이 간격으로 한정되고, 이는 n_x 축에서 dn_x 간격에 해당한다.

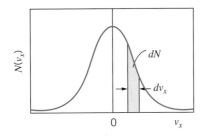

그림 10.13 기체 분자의 Maxwell 속도 분포. 분포의 중심은 $v_x = 0$이다. 색칠된 띠는 속도 부분이 v_x와 $v_x + dv_x$ 사이의 값을 가지는 분자들의 수를 나타낸다.

$$g(v_x)\, dv_x = g(n_x)\, dn_x = \frac{2s+1}{L}\frac{2mL}{h}\, dv_x = \frac{2m(2s+1)}{h}\, dv_x \qquad (10.22)$$

v_x와 $v_x + dv_x$ 사이 속도에 해당하는 입자 수는

$$dN = N(v_x)\, dv_x = Lg(v_x)f(v_x)\, dv_x = A^{-1}\frac{2mL(2s+1)}{h}e^{-mv_x^2/2kT}dv_x \qquad (10.23)$$

이고, 여기서 $E = \frac{1}{2}mv_x^2$와 Maxwell-Boltzmann 분포 함수 $f(E) = A^{-1}e^{-E/kT}$를 이용했다. 정규화 상수 A^{-1}를 구하기 위해서 다시 전체 원자 수가 N이 되는 것을 이용한다.

$$N = \int dN = \int_{-\infty}^{+\infty}N(v_x)dv_x = A^{-1}\frac{2mL(2s+1)}{h}\int_{-\infty}^{+\infty}e^{-mv_x^2/2kT}dv_x \qquad (10.24)$$

속력 분포에서 적분이 0에서 ∞였는데, 이제 적분 구간이 $-\infty$에서 $+\infty$인 것에 주목하라. 적분에서 관측자에게 다가가는 것뿐만 아니라 멀어지는 것도 포함해서 모든 원자를 포함해야 한다. 적분을 하면, $A^{-1} = Nh\sqrt{m/2\pi kT}\,/\,2mL(2s+1)$을 알 수 있고, 이제 **Maxwell 속도 분포**(Maxwell velocity distribution)는 다음과 같다.

$$N(v_x) = N\left(\frac{m}{2\pi kT}\right)^{1/2}e^{-mv_x^2/2kT} \qquad (10.25)$$

이 함수는 그림 10.13에 그려져 있다. 색칠된 띠 부분은 속도 요소가 v_x와 $v_x + dv_x$ 사이에 해당하는 수인 $dN = N(v_x)dv_x$이다. 이것은 **Gauss 분포**(Gaussian distribution) 혹은 **정규 분포**(normal distribution, 혹은 '종모양 곡선')로 잘 알려진 곡선이고, 확률과 통계의 다양한 분야에서 응용된다.

Doppler 확장에 대한 분석을 마치기 위해서 분포 함수를 바꾸어서 진동수나 파장을 알 수 있도록 해야 한다. 즉, f에서 $f + df$까지의 구간에 해당하는 진동수를 방출하는 원자 수를 찾아내어서 $dN = N(f)df$로 쓰고자 한다. 진동수와 속도의 관계는 식 (2.22)에 주어져 있다. 표기를 바꿔서 f_0가 Doppler 편이되지 않은 진동수를, 그리고 f가 관측된 (Doppler 편이된) 진동수를 나타낸다고 하자. 그러면 다음을 얻는다.

$$f = f_0\sqrt{\frac{1 - v_x/c}{1 + v_x/c}} = f_0\frac{1 - v_x/c}{\sqrt{1 - v_x^2/c^2}} \cong f_0(1 - v_x/c) \qquad (10.26)$$

여기서 $v_x \ll c$이므로 분모에서 제곱근을 1로 두었다. v_x에 대해 풀면, $v_x = c(1 - f/f_0)$를 구할 수 있고, 미소량의 크기만 구하면 $|dv_x| = c\, df/f_0$이 된다. 이것을 작은 간격에서의 원자 수에 치환하면

$$dN = N(f)\, df = N(v_x)dv_x = N\left(\frac{m}{2\pi kT}\right)^{1/2}e^{-mc^2(1-f/f_0)^2/2kT}\frac{c\, df}{f_0} \qquad (10.27)$$

이 되고, 진동수 분포 함수는 다음과 같다.

$$N(f) = \frac{Nc}{f_0}\left(\frac{m}{2\pi kT}\right)^{1/2} e^{-mc^2(1-f/f_0)^2/2kT} \tag{10.28}$$

진동수 분포 함수는 그림 10.14에 표시되어 있다. 스펙트럼 선에서 편이 값은 보통 크기가 최댓값에 비해서 양쪽 모두에서 절반이 되는 범위인 너비 Δf로 주어진다. [이것은 절반 최댓값의 총너비 혹은 FWHM(full width at half maximum)으로 알려져 있다.] 식 (10.28)에서 진동수에 의존하는 유일한 부분은 지수 부분이므로, 너비는 지수 부분이(이것은 $f = f_0$에서 1이다) 절반이 되는 진동수에 의해서 결정된다. 즉, $e^{-mc^2(1-f/f_0)^2/2kT} = 1/2$ 혹은 양변에 로그를 취해서,

$$-\frac{mc^2}{2kT}\left(1 - \frac{f}{f_0}\right)^2 = \ln(1/2) \tag{10.29}$$

이것을 풀면 $f = f_0(1 \pm \sqrt{(2\ln 2)kT/mc^2})$이 된다. 2개의 근(각 $+$와 $-$에 해당하는)은 분포가 최댓값의 반이 되는 두 점을 준다. 두 점 사이의 간격은 다음과 같다.

$$\Delta f = 2f_0 \sqrt{(2\ln 2)kT/mc^2} \tag{10.30}$$

파장에 대해서도 $\Delta f/f_0 = \Delta\lambda/\lambda_0$이므로 비슷한 표현을 쓸 수 있다. Doppler 편이는 온도에 직접적으로 연관되어 있어서 스펙트럼 선의 너비를 측정하는 것은 발산되는 원자의 온도를 측정하는 방법 중 하나이다. 이것은 스펙트럼 선의 너비를 관측해서 별의 온도를 구하는 데 쓸 수 있는 강력한 방법이다.

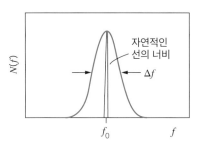

그림 10.14 Doppler 편이가 된 스펙트럼 선. 자연적인 선의 너비는 그림에서 과장되었다. 보통 자연적인 선의 너비는 확장된 선 너비의 10^{-5}에서 10^{-4}를 넘지 않는다.

10.5 양자 통계

10.2절에서 이야기한 것처럼, 양자 물리에서의 구분 불가능한 입자의 분포 함수는 고전 물리학에서의 해당 함수와 다르다. 양자역학적인 계에서의 일반적이지 않은 현상 때문에, (전자와 같이) Pauli 배타 원리를 따르는 입자와 (광자와 같이) Pauli 배타 원리를 따르지 않는 입자에 대해서 구분된 분포 함수를 가지게 된다. 해당 분포 함수를 유도하지는 않겠지만, 형태를 보고 특징과 응용에 대해서 알아보자.

Pauli 배타 원리를 따르지 않는 입자들은 정수 스핀(0, 1, 2, ..., 단위는 $\hbar$)을 가진다. 이 경우 통계적인 성질은 **Bose-Einstein 분포 함수**(Bose-Einstein distribution function)로 정해진다.

$$f_{\text{BE}}(E) = \frac{1}{A_{\text{BE}}e^{E/kT} - 1} \tag{10.31}$$

이 분포로 기술되는 입자들은 전체적으로 **보손**(bosons)이라고 불린다. 상수 A_{BE}는 Maxwell-Boltzmann 분포에서의 A에 해당하는 일종의 정규화 상수 역할을 한다. [이 비교를 통해 왜 식 (10.16)에서 A^{-1}을 사용했는지 알 수 있다.]

반정수 스핀 $\left(\frac{1}{2}, \frac{3}{2}, \cdots\right)$을 가지는 전자나 양성자 같은 입자들은 Pauli 원리를 따르고, **Fermi-Dirac 분포 함수**(Fermi-Dirac distribution function)로 묘사할 수 있다.

$$f_{\text{FD}}(E) = \frac{1}{A_{\text{FD}}e^{E/kT} + 1} \tag{10.32}$$

이런 입자들은 전체적으로 **페르미온**(fermions)이라고 알려져 있다.

f_{BE}와 f_{FD} 사이의 분모에서의 단순한 부호 차이가 분포 함수에서 어떻게 극명한 차이를 주는지는 처음엔 분명하지 않겠지만, 그 차이를 보여주기 위해서는 단순한 상수가 아니라 T에 의존하는 값인 정규화 상수 A_{FD}에 대해서 더 잘 알 필요가 있다. Bose-Einstein 분포의 경우 보통 실제적인 경우에 A_{BE}는 T에 의존하지 않거나 혹은 아주 약하게 의존하게 되어 지수 항 $e^{E/kT}$이 온도 의존도를 주도한다. 하지만 Fermi-Dirac 분포의 경우, A_{FD}가 T에 크게 의존하며, 의존도는 주로 지수적이다. 그래서 A_{FD}는 다음과 같이 쓸 수 있고

$$A_{\text{FD}} = e^{-E_{\text{F}}/kT} \tag{10.33}$$

따라서 Fermi-Dirac 분포는 다음과 같이 된다.

$$f_{\text{FD}}(E) = \frac{1}{e^{(E-E_F)/kT} + 1} \tag{10.34}$$

여기서 E_{F}는 **Fermi 에너지**(Fermi energy)라고 부른다.

낮은 온도에서 f_{BE}와 f_{FD}의 차이를 정성적으로 살펴보자. Bose-Einstein 분포의 경우, 일단 $A_{\text{BE}} = 1$로 가정하고, 작은 온도 T 극한에서 E가 커지면 지수 부분도 커져서, 큰 에너지에 해당되는 상태의 경우 $f_{\text{BE}} \to 0$이 된다. 실제로 점유될 수 있는 가능성이 있는 유일한 에너지 준위는 $E=0$에 해당하는 경우뿐이며, 이 경우 지수 부분은 1에 다가가고, 분모는 아주 작아지므로 $f_{\text{BE}} \to \infty$가 된다. 따라서 T가 작을 때, 계의 모든 입자는 가장 낮은 에너지 상태를 점유하려고 한다. 이 현상은 'Bose-Einstein 응축'으로 알려져 있고, 여기에서 상당히 놀랄 만한 결과가 나오게 됨을 알게 될 것이다.

이 현상은 전자와 같은 페르미온에서는 가능하지 않다. 예를 들어서 원자 내 전자의 경우에 어떤 온도에서도 가장 낮은 에너지 상태를 모두 채우고 있지는 않다는 것

을 알고 있다. Fermi-Dirac 분포 함수에서 이것이 어떻게 허용되지 않는지 살펴보자. f_{FD}의 분모에서 지수 부분은 $e^{(E-E_F)/kT}$이다. $E > E_F$의 값에서, T가 작을 경우 지수 부분은 커지고, f_{FD}는 f_{BE}와 마찬가지로 0으로 간다. 하지만 $E < E_F$의 경우 이야기는 아주 달라져서 $E - E_F$는 음수가 되고, 작은 T 값에서 $e^{(E-E_F)/kT}$는 0으로 가게 되어서 $f_{FD} = 1$이 된다. Pauli 원리에서 요구되던 것처럼, 점유 확률은 양자 상태당 하나가 된다. 아주 낮은 온도에서도 페르미온의 경우는 가장 낮은 에너지 상태로 '응축'되지 않는다.

그림 10.15~10.17에서 3개의 분포 f_{MB}, f_{BE}, f_{FD}가 에너지 E의 함수로 그려져 있다. (그림 10.4~10.6과의 유사점에 주목하라.) 이 그림들을 비교하면 큰 E 값에서는 분포 함수가 0으로 떨어지는 것을 알 수 있다. 즉, $E \gg kT$의 경우에 예제 10.3에서 수소 원자에서의 첫 번째 들뜬 상태에 대해서 f_{MB}를 계산해 본 것처럼, 점유 확률은 아주 작아진다. 작은 E 값에 대해서 f_{MB}가 커지더라도, 그 값은 유한하다. 반면 Bose-Einstein 분포 f_{BE}에서는 $E \to 0$에서 무한대가 된다. 이것은 앞서 이야기했던 '응축' 효과이며, 모든 입자가 가장 낮은 양자 상태를 점유하게 된다.

Pauli 원리를 따르는 입자들에서 아는 것처럼 f_{FD}는 1.0보다 커질 수 없다는 것을 알 수 있다. f_{FD}는 낮은 에너지에서는 1.0을 가지고 있고(모든 상태가 채워져 있음), 높은 에너지에서는 급격히 0으로 떨어진다(모든 상태는 비어 있음). Fermi 에너지 E_F는 분포 함수가 1/2 값을 가지는 지점에 해당한다. 절대 0도에서 E_F보다 낮은 모든 상태는 채워져 있고, E_F보다 높은 모든 상태는 비어 있다.

정규화 상수는 궁극적으로는 계의 입자 수에 의존하며, 분포 함수 $f(E)$를 상태 밀도 $g(E)$와 곱한 뒤에 적분해서 구한다. 입자 수의 변화가 서로 다른 분포에서 정규화를 어떻게 변화시키는지 주목하라. Maxwell-Boltzmann 분포에서 N의 증가는 절편을 높이게 되면서 전체 곡선을 높이게 되고, 넓이를 증가시킨다. Fermi-Dirac 분포의 경우, N을 증가시키면 절편은 1.0에 고정되어 있지만 곡선의 폭을 오른쪽으로 넓힌다 (E_F를 증가시켜).

이제 식 (10.12)로 주어진 상태 밀도 함수 $g(E)$로 기술되어서 $N(E) = Vg(E)f_{FD}(E)$가 되는 전자 기체를 생각하자. 그림 10.18a는 가상의 에너지 준위를 보여주고 $T = 0$에서 (각 양자 상태에 두 전자가) 어떻게 점유되는지를 보여준다. T가 증가하면서, E_F 위쪽 준위가 부분적으로 점유가 되면서($f_{FD} > 0$), E_F 아래 일부 준위가 부분적으로 비워진다($f_{FD} < 1$). 그림 10.18b에 이 에너지 준위가 $T > 0$에서 어떻게 점유되는지 나타나 있다. 더 높은 온도에서 더 많이 분포하게 되지만, 주목할 점은 E_F 근처 상태만 영향을 받는다는 것이다. 훨씬 낮은 에너지는 점유가 되어 있고, 아주 높은 에너지는 빈

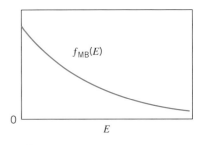

그림 10.15 Maxwell-Boltzmann 분포 함수.

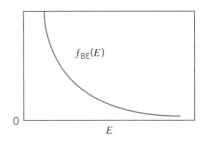

그림 10.16 Bose-Einstein 분포 함수.

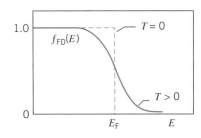

그림 10.17 Fermi-Dirac 분포 함수.

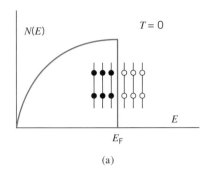

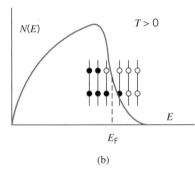

그림 10.18 (a) $T=0$과 (b) $T>0$에서 전자 기체에서 전자의 점유 확률. 검은 동그라미는 채워진 상태, 속이 빈 동그라미는 빈 상태를 나타낸다. 각 에너지 준위는 최대 두 전자가 점유 가능하다(스핀 업과 스핀 다운).

상태가 유지된다.

대부분의 물질에서 Fermi 에너지는 온도에 따라서 아주 조금만 변해서 많은 응용에서 상수로 취급할 수 있다. 10.7절에서 공부하겠지만, 금속 내 전자의 경우 E_F는 물질의 전자 밀도에 의존하고, 이는 온도에 따라 크게 변하지 않는다. 특히 반도체와 같은 일부 물질에서 **전도 전자**(conduction electron)의 밀도는 온도에 따라 크게 변할 수 있고, 이 물질에서 E_F는 온도에 의존한다.

고전 통계의 한계

어떤 경우에 계를 양자역학 법칙을 쓰지 않고 고전역학적으로 다룰 수 있을까? 입자의 de Broglie 파장이 입자들 간의 물리적인 거리보다 훨씬 작을 경우에 양자 현상은 무시할 수 있다. 그 말은, 어떤 입자도 이웃하는 입자의 파동 묶음 안에 들어 있지 않다는 뜻이다. 온도 T에 있는 입자들의 모임에서 한 입자의 운동 에너지를 kT로 표시한다고 하면, $p^2/2m = kT$에서 de Broglie 파장을 다음과 같이 얻을 수 있다.

$$\lambda = \frac{h}{p} = \frac{h}{\sqrt{2mkT}} = \frac{hc}{\sqrt{2mc^2kT}} \tag{10.35}$$

밀도 N/V에서 부피당 입자 수를 얻을 수 있고, 입자들 간의 평균 거리는 약 $(N/V)^{-1/3}$이다. 그렇다면 고전 물리학이 적용되는 조건은 $\lambda \ll d$ 혹은 $\lambda/d \ll 1$이고, 여기서 다음을 얻는다.

$$\frac{\lambda}{d} = \frac{hc/\sqrt{2mc^2kT}}{(N/V)^{-1/3}} = \frac{hc(N/V)^{1/3}}{\sqrt{2mc^2kT}} \ll 1 \tag{10.36}$$

식 (10.18)에서 구한 Maxwell-Boltzmann 분포의 정규화 상수는 다음과 같이 쓸 수 있다.

$$A^{-1} = \frac{N(hc)^3}{V(2s+1)(2\pi mc^2kT)^{3/2}} = \frac{1}{(2s+1)\pi^{3/2}}\left[\frac{hc(N/V)^{1/3}}{\sqrt{2mc^2kT}}\right]^3 \tag{10.37}$$

우변의 괄호 안의 양은 식 (10.36)에서 λ/d임을 알 수 있다. 일의 자릿수 정도의 작은 부분을 제외하면, 식 (10.36)은 Maxwell-Boltzmann 분포에서의 정규화 상수가 작아야 함을 말한다. $A^{-1} \ll 1$ 혹은, 기체 내 **점유된**(occupied) 상태의 수가 **가능한**(available) 상태 수보다 훨씬 작다는 것을 뜻한다.

예제 10.8

서로 열평형을 이루고 있는 두 용기가 같은 수의 기체를 가지고 있다. 한 용기의 기체 분자는 페르미온이고, 다른 쪽에는 보손이 있다. 어떤 용기가 더 큰 기체 압력을 가지고 있는가?

풀이

Bose-Einstein 분포에서 분자들은 작은 에너지를 가지려고

하고, Fermi-Dirac 분포에 의해 지배되는 Pauli 원리는 분자들을 더 높은 에너지로 몰아간다. 페르미온 기체의 분자들은 보손 기체 분자들에 비해서 더 높은 평균 속력으로 벽과 충돌한다. 기체 압력은 기체 분자에 의해서 용기 벽으로 전달된 운동량에 의해서 결정되므로, 페르미온 기체가 더 높은 압력을 가지게 된다.

10.6 Bose-Einstein 통계의 응용

열복사

열복사에 관한 3장에서의 논의와 같이, 전자기 복사로 가득 찬 공동을 생각하자. 이 계산에서는 상자가 광자의 '기체'로 가득 차 있다고 가정한다. 광자는 스핀 1을 가지고 있기 때문에 보손이고, Bose-Einstein 통계를 따른다.

식 (10.34)의 Bose-Einstein 분포에서의 정규화 상수 A_{BE}는 분포에 의해서 기술되는 입자들의 총수에 의존한다. 광자들은 공동의 벽에서 복사가 방출 및 흡수됨에 따라서 끊임없이 생성되고 파괴되기 때문에, A_{BE}는 중요하지 않다. 식 (10.34)에서 $A_{BE}=1$로 두면 해당 기여를 없앨 수 있다.

Bose-Einstein 분포와 식 (10.15)에서의 광자 기체의 상태 밀도를 고려하면 에너지 간격 E에서 $E+dE$ 사이의 광자 수는 다음이 된다.

$$dN = N(E)\,dE = Vg(E)f_{BE}(E)\,dE = V\frac{8\pi}{(hc)^3}E^2\frac{1}{e^{E/kT}-1}\,dE \qquad (10.38)$$

에너지 E와 $E+dE$ 사이의 광자에 의해서 운반되는 복사 에너지는 $EdN=EN(E)dE$이고, 에너지 E를 가지는 광자에 의한 에너지 밀도에 대한 기여(부피당 에너지)는 다음과 같다.

$$u(E)\,dE = \frac{EN(E)\,dE}{V} = \frac{8\pi E^3}{(hc)^3}\frac{1}{e^{E/kT}-1}\,dE \qquad (10.39)$$

여기서 모든 광자 에너지에 대한 총에너지 밀도는

$$U = \int_0^\infty u(E)\, dE = \frac{8\pi}{(hc)^3} \int_0^\infty \frac{E^3\, dE}{e^{E/kT} - 1} = \frac{8\pi(kT)^4}{(hc)^3} \int_0^\infty \frac{x^3\, dx}{e^x - 1} \quad (10.40)$$

여기서 $x = E/kT$이다. 적분은 표준 형태이고 값은 $\pi^4/15$이 되므로, 다음과 같다.

$$U = \frac{8\pi^5 k^4}{15(hc)^3} T^4 \quad (10.41)$$

이것은 Stefan 법칙[식 (3.24)]과 동일한 형태이고, 식 (3.40)의 Stefan-Boltzmann 상수와 $c/4$ 부분만 고려하면 복사의 에너지 밀도에서 복사의 세기 I를 구할 수 있다.

여기서의 에너지 밀도에 관한 표현이 변수 E를 λ로 바꾸게 되면, 공동 복사의 세기에 관한 Planck의 식으로 유도됨을 보일 수 있다. $E = hc/\lambda$와 $|dE| = (hc/\lambda^2)d\lambda$를 대입하면 다음과 같다.

$$u(\lambda)\, d\lambda = u(E)\, dE = \frac{8\pi hc}{\lambda^5} \frac{1}{e^{hc/\lambda kT} - 1}\, d\lambda \quad (10.42)$$

복사 에너지 밀도에서 세기로 바꾸기 위해서 $c/4$를 곱하면, 식 (3.39)에서 주어진 결과를 얻을 수 있다.

즉, 실험 결과를 설명하는 데 아주 성공적이었던 흑체 복사에 관한 Planck 이론은 광자의 Bose-Einstein 분포에서 유도될 수 있다. (하지만 Planck의 처음 연구는 Bose-Einstein 통계의 발전보다 20년 앞섰다.)

액체 헬륨

우리가 실험실에서 탐구할 수 있는 가장 흥미로운 물질 중 하나가 액체 헬륨이다. 여기 몇 가지 성질을 나열한다.

1. 헬륨 기체는 불활성 기체 중에서 가장 활성이 약하다. 일반적인 조건에서 헬륨은 화합물을 형성하지 않고, 어떤 물질보다 낮은 끓는점 4.18 K을 가지고 있다.

2. 끓는점인 4.18 K 바로 아래에서 헬륨은 일반적인 액체처럼 행동한다. 헬륨이 끓게 되면, 빠져나오는 기체는 물이 끓는 솥에서처럼 거품을 형성한다. 액체가 더 냉각되면, 온도 2.17 K에서 갑작스런 전이가 나타난다. 격렬한 끓음은 멈추고, 액체는 절대적으로 고요해진다. (기화는 계속되지만, 표면에서만 일어난다.)

3. 액체가 2.17 K보다 낮은 온도가 되면, 비열과 열전도 둘 다 갑작스럽고 불연속적으로 증가한다. 그림 10.19에서 온도에 따른 비열을 보여준다. 그림의 형태가 그리스 글자 λ를 닮아서, 2.17 K에서의 전이는 **람다 점**(lambda point)으로 알려지게 되

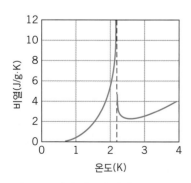

그림 10.19 액체 헬륨의 비열. 2.17 K에서의 불연속점은 람다 점으로 불린다.

그림 10.20 용기 속 액체에서부터 얇은 막이 벽을 타고 올라가 넘쳐 용기 바닥에서 액체 헬륨이 떨어지는 것을 볼 수 있다.

었다. 열전도는 λ 점에서 약 10^6 정도의 자릿수가 증가한다.

4. 약 2.17 K에서 액체 헬륨은 바닥에 구멍 난 플러그가 있는 통에 보관할 수 있다. 액체가 2.17 K보다 낮아지는 순간, 액체는 플러그에서 쉽게 빠져나오기 시작한다.

5. 람다 점 밑에서 액체 헬륨은 중력을 속이는 것처럼 보이는 힘을 가져서, 용기의 벽을 따라 올라가서 넘어간다. 헬륨은 얇은 박막을 형성하는데, 이것이 용기의 벽을 따라서 덮게 된다. 남은 액체는 박막에 의해서 사이펀처럼 당겨져서, 헬륨은 용기의 바닥에서부터 똑똑 떨어지는 것처럼 보일 수 있는데, 그림 10.20에 관련 사진이 나와 있다.

이 모든 이상한 성질은 액체 헬륨이 Bose-Einstein 통계를 따르기 때문에 일어난다. 일반적인 헬륨은 $1s$ 전자 껍질에 2개의 전자가 채우고 있어서, 전자들의 총각운동량은 0이다. 또한 헬륨 핵(알파 입자) 역시 0의 스핀을 가지고 있다. 따라서 원자의 전체 스핀(전자 스핀+ 핵 스핀)은 0이고, 헬륨 원자는 보손처럼 행동한다. 2.17 K에서 헬륨 액체에서 **상변화**(change of phase)가 일어난다. 람다 점 이상에서 헬륨은 일반 액체처럼 행동한다. 람다 점 이하에서 액체 헬륨은 **초유체**(superfluid)가 되기 시작한다. 람다 점에서 절대 온도로 온도가 떨어지면서, 일반 액체의 상대적인 농도가 줄어들고 초유체의 농도는 늘어난다. 액체 헬륨의 특이한 성질은 모두 **양자 액체**(quantum liquid)로도 알려져 있는 초유체 부분에 의해서 일어난다. 헬륨 원자는 Bose-Einstein 통계를 따르기 때문에, Pauli 원리는 같은 양자 상태에 존재하는 것을 막을 수 없다. 이것은 람다 점에서 나타나기 시작한다. 우리는 초유체를 아주 많은 수의 원자들로 구성된 하나의 양자 상태로 생각할 수 있다. 원자들은 협동적인 방식으로 행동하면서 초유체의 특이한 성질을 주게 된다.

비교를 위해 같은 실험을 훨씬 작은 헬륨의 동위 원소인 ^{3}He으로 진행하게 될 경우, 그 양식은 아주 다르다. 비록 ^{3}He 역시 ^{4}He처럼 전자 스핀이 0이지만, 핵에는 4개가 아닌 3개의 입자가 있고, **핵**(nuclear) 스핀은 1/2이다. 전체 원자(전자+ 핵) 스핀은 따라서 1/2이고, ^{3}He은 페르미온처럼 행동하며 Fermi-Dirac 분포를 따른다. Pauli 원리는 어떤 양자 상태든 하나가 넘는 페르미온이 점유하는 것을 허락하지 않으므로, ^{3}He에 대해서는 초유체가 기대되지 않으며, 실제로 ^{3}He 자체가 약 0.002 K까지 냉각되지 않는 한 관측되지 않는다. 이 지점에서 2개의 ^{3}He의 약한 결합으로 보손이 만들어지고, ^{3}He 쌍은 Bose-Einstein 통계를 보일 수 있다. (초전도는 전자 쌍에 대한 비슷한 현상이다. 11.5절 참조)

Bose-Einstein 응축

부피 V에서 보손계의 입자의 총수에 대한 표현을 생각해 보자. 우리는 보손을 전자 기체와 비슷한 양자역학적인 계로 생각할 수 있다. 즉, 부피의 경계에서 사라지는 파동 함수를 가진 입자들로 본다. 상태 밀도는 식 (10.12)로 주어지고(낮은 온도에서 자기장에 의해서 모든 스핀은 한 방향으로 정렬되므로 스핀 관련 인자 $2s+1$은 1로 둔다), 그러면 부피 V 속의 전체 입자 수는 다음과 같다.

$$N = \int dN = \int_0^\infty N(E)\, dE = \int_0^\infty Vg(E)f_{\mathrm{BE}}(E)\, dE$$

$$= \frac{4\pi\sqrt{2}\,Vm^{3/2}}{h^3} \int_0^\infty \frac{E^{1/2}}{A_{\mathrm{BE}}e^{E/kT}-1}\, dE \tag{10.43}$$

이전에 이런 종류의 식의 경우 적분을 먼저 구한 후 남은 식을 상수 A에 대해서 푸는 식의 접근을 했고, 여기서 전체 입자 수를 N으로 두는 정규화를 할 수 있었다. 이 방법은 이번 적분에서는 문제가 있어서 다르게 접근하겠다. 식 (10.43)을 통해서 부피 V에 들어갈 수 있는 **최대** 입자 수에 대해서 알 수가 있다. A_{BE}는 언제나 $+1$보다 같거나 큰 순수한 숫자이므로(그렇지 않으면 f_{BE}의 분모는 음수가 되며, 분포 함수로서 합리적이지 않다), 우리는 이 최댓값을 적분 속의 분모를 최대한 작게 만들면 구할 수 있고, 즉 $A_{\mathrm{BE}}=1$로 둘 수 있다. 이 경우 적분은 $1.306\,\pi^{1/2}(kT)^{3/2}$이 되고, 입자 수의 최댓값은 다음이 된다.

$$N = 2.612V\left(\frac{2\pi mkT}{h^2}\right)^{3/2} \tag{10.44}$$

이 경우 (1) 식 (10.44)에서 허용되는 것보다 더 많은 입자를 부피 V에 투입하거나 혹은 (2) 온도를 낮춰서(그래서 최대 N을 낮춰서) 실제 계의 입자 수가 해당 온도에서 식 (10.44)에서 주어진 최대 한계보다 커지게 된다면, 최대 한계를 넘어설 수 있는 것처럼 보인다. 이 경우 어떻게 '최대' 수라고 말할 수 있을까?

명백해 보이는 이 어려움을 해결하기 위해서 먼저 $E=0$에서 어떤 일이 일어나는지 더 자세히 살펴보자. $A_{\mathrm{BE}}=1$일 때 Bose-Einstein 분포 함수 $f_{\mathrm{BE}}(E)$는 확실히 무한대가 된다. 분자 $E^{1/2}$는 $E=0$에서 0이 되므로 식 (10.43)에서의 적분은 $E=0$에서 발산하지 않는다. 하지만 이 제약에는 잘못된 점이 있는데, $E=0$에서 상태 밀도[식 (10.12)]가 0이 되어야 한다는 점이다. 우리 계는 바닥 상태를 가지고 있고, 최소한 $E=0$에서는 하나의 상태가 있다. 이것은 $g(0)=0$이 되는 계산과 모순된다.

식 (10.44)에서 주어지는 것보다 더 많은 수의 입자를 계에 넣기 위해서는(혹은 우리가 주어진 N에 해당하는 한계 밑으로 온도를 낮추기 위해서), 추가되는 입자는 모두

$E = 0$ 바닥 상태로 갈 수 있고 이것은 N의 최댓값에 대한 제한에 해당되지 않는다. 이것이 Bose-Einstein 응축이다. 모든 추가 입자는 바닥 상태로 '응축'된다. 여기서 '응축'이란 단어를 사용할 때는 기체가 액체로 응축되는 것을 의미하지는 않는다는 것에 주목하자. 입자들은 같은 파동 함수로 묘사될 수 있는 같은 양자 상태로 '응축'되지만, 아직 기체 상태에 있다.

따라서 우리가 실제로 식 (10.44)에서 계산하는 것은 바닥 상태를 제외한 모든 상태, 즉 모든 들뜬 상태의 입자 수에 해당한다. 이 수를 N_{ex}로 하자. Bose-Einstein 분포에 의해서 가질 수 있는 최대 입자 수에 대한 제한은 이 값에 대한 것이다. 바닥 상태에 있는 입자 수 N_0는 제한이 없다. 전체 입자 수는 $N_{total} = N_0 + N_{ex}$이다.

식 (10.44)를 이 응축이 일어날 지점에 해당하는 임계 온도에 대해서 풀어보자.

$$T_{BEC} = \left(\frac{N_{total}/V}{2.612} \right)^{2/3} \frac{h^2}{2\pi mk} \tag{10.45}$$

이 온도 위에서는 모든 입자가 제한 없이 들뜬 상태에 있을 수 있다. 온도가 T_{BEC}로 떨어지면, 들뜬 상태는 모두 채워지고, 추가적으로 온도가 떨어지게 되는 것은 입자들이 들뜬 상태에서 바닥 상태로 변한다는 것을 의미한다. 식 (10.44)에서 계산된 N_{ex}에서 식 (10.45)와 결합해서 $N_{ex}/N_{total} = (T/T_{BEC})^{3/2}$를 구할 수 있고, 다음과 같이 나타낼 수 있다.

$$\frac{N_0}{N_{total}} = 1 - \left(\frac{T}{T_{BEC}} \right)^{3/2} \tag{10.46}$$

이것은 온도가 T_{BEC}와 같거나 낮은 온도에만 해당한다. $T = T_{BEC}$에서, $N_0 = 0$이며 모든 입자는 들뜬 상태에 있다. T가 T_{BEC} 밑으로 떨어지면, N_0/N_{total} 비율이 올라가고 $T \rightarrow 0$에 따라 1을 향한다. 이것이 Bose-Einstein 응축이다.

Einstein은 1925년에 이 현상을 희석 기체에 대해서 처음 예측했는데, 처음 실험이 이뤄진 1995년까지 70년이 걸렸다. 그 이유는 이 현상을 관측하는 데 필요한 온도를 생각하면 명백하다. 우리가 상온에서의 일반적인 기체에서 시작하면(밀도가 2.4×10^{25} 분자/m³), 식 (10.45)는 0.001 K = 1 mK 정도의 온도를 준다. 이것은 응축이 형성되기 시작하는 온도이고, 응축 상태의 충분한 입자 수를 확보하기 위해 이 온도보다 훨씬 낮아져야 한다. 응축을 관측하기 위해서 아주 낮은 온도가 요구되는 것은 분명하다. 하지만 기체 분자들이 아주 약하게 상호 작용하지만, 일반 밀도의 기체는 이 온도에서 액체가 된다. 따라서 아주 낮은 밀도의 기체를 사용할 필요가 있고, 식 (10.45)에서 볼 수 있듯이 밀도를 낮추면, Bose-Einstein 응축을 관측하게 되는 온도는 더 작아진다.

기체가 액체로 응축되는 것을 막기 위해서 분자들이 서로 멀리 떨어져 있을 필요가 있다(아주 낮은 밀도에 해당). 서로 얼마나 떨어져 있어야 할까? 일반 기체의 경우 평균 자유 거리(충돌 사이 평균 거리)는 약 100분자 지름 정도의 자릿수를 가진다. 분자들의 충돌을 피해 서로 달라붙는 것을 막기 위해서(이것은 액체의 형성을 유도한다), 분자간 거리가 일반 기체에서보다 100배 정도 더 크다고 하자. 이것은 밀도가 약 $(10^{-2})^3 = 10^{-6}$ 정도를 뜻한다. 식 (10.45)에서 밀도가 10^{-6} 정도면, T_{BEC}로는 약 $(10^{-6})^{2/3} = 10^{-4}$만큼 작아져야 함을 알 수 있다. 따라서 Bose-Einstein 응축을 관찰하는 데 필요한 온도는 10 mK이 아닌 약 100 nK 정도가 된다.

그렇게 믿기 힘들 정도로 낮은 온도는 만들기 위해서는 아주 특별한 방법이 필요하고, 그렇기에 첫 Bose-Einstein 응축을 관찰하는 데 70년이 걸렸다. 1995년 이후에 몇몇 성공적인 실험이 이루어졌는데, 주로 **레이저 냉각**(laser cooling)과 **증발 냉각**(evaporative cooling)의 조합을 통해 이런 온도를 만들어내는 실험이었다. 레이저 냉각에서 기체 원자의 모임은 원자 흡수 진동수 중 하나로 맞춰진 레이저 광선이 가해진다. 레이저를 향해서 움직이고 있던 기체 원자는 광자를 흡수해서 속도가 줄어든다. 하지만 레이저에서 멀어지는 기체 원자는 광자를 흡수해서 속도가 늘어난다. 그러면 어떻게 이것이 전체적인 기체 원자들의 속도를 줄이는 결과를 주게 될까?

레이저 냉각에서 중요한 점은 기체 원자들의 속도 분포에서 오는 흡수의 Doppler 확장을 이용하는 것이다. 레이저 광선은 확장된 봉우리의 중앙 진동수보다 약간 낮은 진동수, 즉 레이저 광선 쪽으로 움직이는 원자의 중앙 진동수보다 약간 작은 진동수로 조정된다. 해당 원자들은 레이저의 진동수를 흡수할 수 있고 따라서 속도가 줄어든다. 반대 방향으로 움직이는 원자들은 해당 진동수를 흡수할 수 없고(Doppler 편이가 반대 방향이므로) 그래서 영향을 받지 않는다. 역시 중앙 진동수보다 낮게 조정된 두 번째 레이저 광선이 반대편에서 원자를 비춘다면, 양쪽 방향으로 향하는 원자들은 모두 속도가 줄어들고, 따라서 온도가 낮아진다. 실제로 기체는 삼차원에서 원자들의 속도를 낮추기 위해서 모든 여섯 방향에서 레이저가 비춰진다. 광자를 흡수해 이루어진 들뜬 상태는 광자를 방출하면서 다시 바닥 상태로 돌아가지만, 방출은 임의의 방향으로 이루어지고 원자의 속도 분포를 바꾸지 않는다.

레이저 냉각 자체만으로는 Bose-Einstein 응축에 필요한 온도에 도달하기에 충분하지 않다. 여기에는 다른 형태의 냉각이 필요하다. 예를 들어, 우리가 코일을 모아서 생기는 자기장이 있는 공간 안에 원자들을 모아두었다고 가정하자. 원자들은 아주 천천히 움직여서 자기장에 의해서 생기는 퍼텐셜 에너지 장벽을 넘어갈 만큼의 에너지

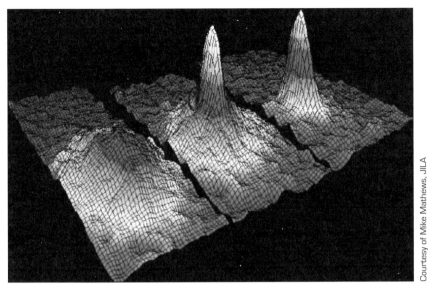

Courtesy of Mike Mathews, JILA

그림 10.21 Rb 원자들의 Bose-Einstein 응축. 그래프는 400 nK(왼쪽), 200 nK(가운데), 그리고 50 nK(오른쪽)에서의 속도 분포를 나타낸다. 400 nK에서는 넓은 Maxwell 타입 분포가 있지만, 온도가 줄어들면서 분자들은 훨씬 좁은 속도 모양으로 나타내지는 하나의 양자 상태로 응축된다.

가 없다고 한다. 이 경우 자기장의 크기가 약간 줄어들면, 에너지가 더 큰 원자들은 탈출할 수 있다. 남아 있는 원자들은 아직도 (더 작은) 자기장에 속박되어 있고, 더 작은 운동 에너지, 따라서 더 낮은 온도를 가진다. 자기장의 크기를 낮출 때마다 더 큰 에너지 원자들은 탈출하고 남은 기체는 차가워진다. 이것은 뜨거운 커피의 증발 냉각과 비슷하다. 더 빨리 움직이는 원자들은 액체 상태에서 벗어나기 더 쉽고, 남은 원자들은 더 작은 평균 운동 에너지를 가지고 이어서 낮은 온도를 가진다.

　Bose-Einstein 응축의 첫 번째 관측은 1995년에 Rb 증기를 이용한 Eric Cornell과 Carl Wieman, 그리고 Na 증기를 이용한 Wolfgang Ketterle에 의해 보고되었다. 그림 10.21은 Rb 증기에서 응축의 형성을 보여주는 속도 분포를 Cornell과 Wieman의 원래 연구에서 가져온 것이다. 온도 400 nK에서 분포는 $v=0$을 중심으로 한 Maxwell 속도 분포에 해당하는 넓은 봉우리를 보여준다. 200 nK에서 $v=0$ 중심 Maxwell 분포에 얇은 봉우리가 겹쳐져 있음을 볼 수 있다. 이것은 모든 원자가 같은 속도로 움직이는 것을 나타내는데, 이는 많은 수의 원자들이 같은 움직임의 상태에 해당되는 응축에서 예상되는 것이다. 더 낮은 온도에서(50 nK), Maxwell 분포는 사라지고 거의 모든 원자들이 식 (10.45)와 일치하는 응축된 바닥 상태에 있다.

　Bose-Einstein 응축에 대한 실험적인 관측으로, Cornell, Wieman, Ketterle은 2001년 노벨 물리학상을 공동 수상하였다.

예제 10.9

^{87}Rb를 이용한 Bose-Einstein 응축 실험에서 원소 Rb는 하나의 s 전자를 가진 알칼리 금속이다. 따라서 전자 스핀은 1/2을 가진다. 반(half)정수 스핀인데도 왜 보손처럼 행동하며 Bose-Einstein 응축을 하는가?

풀이

원자의 총스핀은 두 부분, 전자의 스핀과 핵의 스핀으로 이루어져 있다. ^{87}Rb의 전자 스핀은 실제로 1/2이지만, 핵에서 입자 수가 홀수(87)이므로, ^{87}Rb의 핵 스핀 역시 반(half)정수(즉, 3/2)이다. 2개의 반(half)정수 스핀은 더해서 스핀 2(서로 평행할 경우) 혹은 1(서로 반평행할 경우)인 정수의 총스핀이 된다. 따라서 ^{87}Rb 원자는 정수 스핀의 보손이 된다. 실제로 ^{87}Rb의 바닥 상태의 스핀은 1이고 들뜬 상태의 스핀은 2이다.

10.7 Fermi-Dirac 통계의 응용

이제 Fermi-Dirac 통계의 몇 가지 응용을 생각해 보자. 스핀-1/2 입자로 구성된 몇 가지 다른 계를 알아보고자 한다. 예로, 금속 내 전자, 별에서의 전자와 중성자, 그리고 액체 ^{4}He 속의 ^{3}He가 있다.

금속의 자유 전자 모형

금속에서 원자가 전자는 각 원자에 강하게 결합되지 않고, 따라서 금속 안에서 제법 자유롭게 움직인다. 이런 전자들을 상태 밀도가 식 (10.12)인 Fermi-Dirac 통계를 따르는 '기체'로 다룰 수 있다. 그러면 E와 $E + dE$ 사이의 에너지에서의 전자 수는 다음과 같다.

$$dN = N(E)\, dE = Vg(E)f_{\text{FD}}(E)\, dE$$
$$= V\frac{8\pi\sqrt{2}m^{3/2}}{h^3}E^{1/2}\frac{1}{e^{(E-E_{\text{F}})/kT} + 1}\, dE \qquad (10.47)$$

$N(E)$의 그래프가 그림 10.22에 그려져 있다. 점유된 에너지 상태의 범위에 비해서 에너지 kT는 작은 간격임을 기억하자. 금속의 온도가 0 K에서 300 K(실온)까지 증가할 때, 전자들 중에서 아주 일부만 영향을 받는다. 작은 숫자만 E_{F} 아래 채워진 상태에서 이전에 비어 있던 E_{F} 바로 위쪽으로 이동한다.

　$T = 0$에서 E_{F}에 대한 수치 값은 식 (10.47)에서 샘플이 전체 N개의 자유 전자를 포함한다고 정규화해서 구할 수 있다.

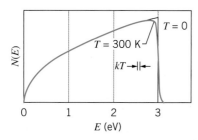

그림 10.22 Fermi-Dirac 분포에 따른 $T=0$과 $T=300$ K에서 전자들의 점유 에너지 준위 수. Fermi 에너지 E_{F}는 3.0 eV로 정했다.

$$N = \int dN = \int_0^\infty N(E)\,dE = \frac{8\pi V \sqrt{2}m^{3/2}}{h^3}\int_0^\infty \frac{E^{1/2}}{e^{(E-E_F)/kT}+1}\,dE \quad (10.48)$$

$T=0$에서 Fermi-Dirac 분포 함수는 $E < E_F$일 때 1이고 $E > E_F$일 때 0이므로, 적분은 다음과 같이 된다.

$$N = \frac{8\pi V \sqrt{2}m^{3/2}}{h^3}\int_0^{E_F} E^{1/2}\,dE = \frac{8\pi V \sqrt{2}m^{3/2}}{h^3}\frac{2}{3}E_F^{3/2} \quad (10.49)$$

E_F에 대해서 풀면 다음을 얻는다.

$$E_F = \frac{h^2}{2m}\left(\frac{3N}{8\pi V}\right)^{2/3} \quad (10.50)$$

또한 전자의 평균 에너지도 다음과 같이 구할 수 있다.

$$E_m = \frac{1}{N}\int_0^\infty EN(E)\,dE \quad (10.51)$$

해당 값은 다음과 같이 되는데, 이는 연습문제로 남겨둔다.

$$E_m = \frac{3}{5}E_F \quad (10.52)$$

예제 10.10

소듐에 대해서 Fermi 에너지 E_F를 구하시오.

풀이

각 소듐 원자는 금속에 하나의 원자가 전자를 주게 되므로, 부피당 전자 수 N/V는 부피당 소듐 원자 수와 같다. 이것은 소듐의 밀도 ρ와 몰질량 M에서 구할 수 있다.

$$\frac{N}{V} = \frac{\rho N_A}{M} = \frac{(0.971\times10^3\,\text{kg/m}^3)(6.02\times10^{23}\,\text{원자/몰})}{0.023\,\text{kg/몰}}$$
$$= 2.54\times10^{28}\,\text{m}^{-3}$$

이제 Fermi 에너지는 식 (10.50)을 통해 구할 수 있다.

$$E_F = \frac{h^2}{2m}\left(\frac{3}{8\pi}\frac{N}{V}\right)^{2/3} = \frac{h^2 c^2}{2mc^2}\left(\frac{3}{8\pi}\frac{N}{V}\right)^{2/3}$$
$$= \frac{(1{,}240\,\text{eV}\cdot\text{nm})^2}{2(0.511\times10^6\,\text{eV})}\left(\frac{3}{8\pi}2.54\times10^{28}\,\text{m}^{-3}\right)^{2/3}$$
$$= 3.15\,\text{eV}$$

최외각 전자의 평균 에너지는 $\frac{3}{5}E_F$, 즉 1.89 eV이다. 절대 0도 온도에서도 전자들은 제법 큰 평균 에너지를 가지고 있다.

그림 10.22에서 알 수 있듯이 $T=0$과 $T=300$ K(실온) 사이 $N(E)$의 변화는 상대적으로 작고, E_F와 E_m은 실온에서도 거의 맞다.

이 숫자들의 의미는 다음과 같다. 개별 에너지 준위를 가진 고립된 원자들 대신, 금속은 아주 많은 수의 에너지 준위를 가진 단일 계로 생각한다(최외각 전자만 생각하는 한). 전자들은 Pauli 원리에 따라서 $E=0$에서 시작하여 이 에너지 준위들을 채우게 된다. 2.54×10^{22}개의 원자가 전자가 소듐 1 cm³에 들어가게 되면, 에너지를 $E_F = 3.15$ eV까지 채우게 된다. E_F보다 낮은 준위는 모두 채워져 있고, E_F보다 높은 준위는 모두 비어 있다. 전자들은 $E=0$에서 $E=E_F$까지 거의 연속적인 에너지 분포를 가지고 있고(준위는 불연속적이지만, 서로 아주 가깝다), 평균 에너지는 1.89 eV이다. $T=300$ K에서 상대적으로 적은 수의 전자가 E_F 아래에서 위쪽으로 여기된다. 전자가 여기되는 범위는 $kT \cong 0.025$ eV 정도의 자릿수를 가지므로, E_F에서 약 0.025 eV 범위 내에 전자만 $T=0$에서 $T=300$ K으로의 변화에 영향을 받는다.

비슷하게, 금속에 적당한 크기의 전기장을 가할 경우, Fermi 에너지 근처에서의 상대적으로 작은 수의 전자의 운동 상태만 영향을 받게 된다. 대부분의 전자는 전기장에 의해서 영향을 받지 않는데, 근처 상태가 이미 다 채워져 있기 때문이다. 11장에서 전자의 Fermi-Dirac 분포에 기초하여 열용량과 전기 전도에 대해서 다룬다.

백색 왜성

태양과 같은 별은 중심(핵융합이 일어나는)에서의 복사로 인한 바깥 방향 압력이 안쪽 방향으로 붕괴하려는 중력과 평형을 이루어서 일정한 반지름을 가지고 있다. 최종적으로 수소 연료가 헬륨으로 바뀌면서 핵융합 반응이 저하되고 중력이 이기게 된다. 태양은 점점 작은 반지름으로 붕괴하여, Pauli 원리에 의해서 멈출 때까지 수축하게 된다. 이것을 별의 진화에서 **백색 왜성**(white dwarf) 단계라고 한다.

같은 수의 양성자(수소 핵)와 전자를 가진 수소로 구성된 질량 M의 별을 고려하자. (별은 원자 상태의 수소를 형성하기에 너무 뜨거우므로, 우리는 별이 양성자의 '기체'와 전자의 '기체'가 같은 구형 부피를 구성한다고 생각한다.) 수소가 헬륨으로 바뀐 후, 별은 N 전자와 $N/2$ 헬륨 핵(알파 입자)을 가진다. 헬륨 핵은 보손이므로, Pauli 원리가 붕괴 과정에서 적용되지 않는다. Pauli 원리에 위배되므로 전자가 더 이상 가까이 올 수 없을 때에야 비로소 붕괴는 멈춘다. 그 지점에서 모든 전자 에너지 준위는 0에서부터 Fermi 에너지까지 채워져 있다. 식 (10.52)에서처럼 전자의 평균 에너지 E_m는 $\frac{3}{5}E_F$ 이므로 N 전자의 총에너지는

$$E_{elec} = NE_m = \frac{3}{5}NE_F = \frac{3}{5}N\frac{h^2}{2m_e}\left(\frac{3N}{8\pi V}\right)^{2/3}$$
$$= \frac{3Nh^2}{10m_e}\frac{1}{R^2}\left(\frac{9N}{32\pi^2}\right)^{2/3} \tag{10.53}$$

여기서 전자는 반지름 R과 부피 $V=\frac{4}{3}\pi R^3$의 구에 골고루 분포한다고 가정한다.

별의 전체 중력 에너지는 헬륨의 질량 분포에서 구할 수 있다. (전자 질량은 헬륨에 비해서 무시할 수 있다.) 간단하게, 별의 밀도가 일정하다고 하자. 결과는 다음과 같다.

$$E_{\text{grav}} = -\frac{3}{5}\frac{GM^2}{R} = -\frac{3}{5}\frac{GN^2 m_\alpha^2}{4R} \qquad (10.54)$$

여기서 $M = (N/2)m_\alpha$이다. 총에너지는 다음과 같이 된다.

$$E = E_{\text{elec}} + E_{\text{grav}} = \frac{3Nh^2}{10m_e}\frac{1}{R^2}\left(\frac{9N}{32\pi^2}\right)^{2/3} - \frac{3GN^2 m_\alpha^2}{20R} \qquad (10.55)$$

별은 에너지가 최솟값을 가질 때까지 붕괴하며, 해당 지점에서의 반지름은 dE/dR을 0으로 두고 식을 풀어서 구할 수 있다. 해당 값은 다음과 같다.

$$R = \frac{h^2}{GN^{1/3}m_e m_\alpha^2}\left(\frac{9}{4\pi^2}\right)^{2/3} \qquad (10.56)$$

질량 2.09×10^{30} kg을 가지는 백색 왜성 시리우스 B를 고려해 보자. 식 (10.56)에서 시리우스 B의 반지름은 7.2×10^6 m로 구해진다. 실제 측정된 반지름은 5.6×10^6 m이다. 계산과 관측 값의 차이는 아마도 전자의 상대론적인 움직임에서 거의 오는 것일 것이다. 우리의 Fermi 에너지 계산에서 전자는 비상대론적으로 움직임을 가정했었다. 시리우스 B의 Fermi 에너지는 약 200 keV이고, 이것은 Fermi 에너지 근처에서의 운동 에너지는 정지 에너지(511 keV)에 비해서 적은 양이 아님을 뜻한다. 또한 우리는 별의 구조가 일정하다고 지나치게 단순화했다[중력 에너지를 얻기 위한 식 (10.54)에서 필요했다]. 그럼에도 불구하고, 아주 개략적인 계산은 백색 왜성의 성질에 대해서 좋은 근사가 되고, Fermi-Dirac 통계가 적용될 수 있는 또 다른 계임을 보여준다.

백색 왜성의 반지름은 지구와 비교할 만하다. 즉, 백색 왜성은 태양의 질량을 가지고 있지만 반지름은 지구에 해당한다. 시리우스 B의 평균 밀도는 약 10^9 kg/m³인데, 이는 지구 물체의 평균 밀도의 백만 배 정도이다. 백색 왜성은 실제 물질의 극한 상태이다!

전자를 상대론적으로 다루게 되면, Pauli 원리를 전자에 적용해도 중력에 의한 붕괴를 막을 수 없는 별의 질량을 추정할 수 있다. **Chandrasekhar 한계**(Chandrasekhar limit)라 불리는 이 값은 태양 질량의 약 1.4배 정도이다. 더 큰 질량의 별들의 경우, 극한의 밀도가 중성자로만 구성된 **중성자별**(neutron star)로 붕괴할 때까지 양성자와 전자를 결합시켜 중성자로 만든다. 중성자는 Pauli 원리를 따르므로, 중성자별의 성질을 분석하는 데 Fermi-Dirac 통계를 적용할 수 있다(연습문제 28번 참조). 백색 왜성에서와 비슷한 계산으로, 중성자별의 에너지가 최소가 되는 반지름을 다음과 같이 구할 수 있다.

$$R = \frac{h^2}{GN^{1/3}m_n^3}\left(\frac{9}{32\pi^2}\right)^{2/3} \tag{10.57}$$

이 식에서 N은 별의 중성자 수를 뜻한다. 1.5 태양 질량의 별의 경우, 반지름은 11 km 이고 밀도는 약 5×10^{17} kg/m³이다.

중성자별은 보통 **펄사**(pulsar) 형태로 관측되는데, 중성자에 의해서 생긴 자기장이 중성자별 외부의 전자를 포획하게 되고, 중성자별의 빠른 회전이 가속된 전자로부터 의 전자기파 빔을 만들어 마치 등대에서 돌아가는 빛처럼 지구를 훑고 지나가게 된다. 6 태양 질량 정도 더 무거운 별의 경우, 중성자에 대한 Pauli 원리조차 중력에 의한 붕 괴를 막을 수가 없고, 별은 초신성 형태로 폭발하거나 블랙홀로 붕괴된다.

⁴He 속 ³He 희석 용액의 열용량

헬륨은 2개의 안정된 동위원소, ³He와 ⁴He가 있다. 동위원소 ³He는 자연적인 He 기체 에서 아주 희귀하다(⁴He에 비해서 약 10^{-6} 정도로 나타난다). 두 동위원소는 화학적으로 는 같고 같은 전자 구조를 가지지만, 원자 질량은 다르다(³He는 약 3 u 그리고 ⁴He는 약 4 u의 질량을 가진다). 차이는 그들의 핵에서 오는데, ³He의 핵은 2 양성자와 1 중성자를 포함하지만, ⁴He의 핵은 2 양성자와 2 중성자를 포함한다. 양성자, 중성자, 그리고 전 자는 모두 $1/2$ 스핀을 가진다. ⁴He에서 2 전자는 합쳐져 전체 스핀이 0이 되며, 이는 2 양성자와 2 중성자도 마찬가지이다. 따라서 ⁴He의 전체 스핀은 0이다. ³He에서는 2 전 자는 합쳐져 스핀 0이 되며 양성자도 마찬가지지만, 1개의 중성자만 있기 때문에 ³He 의 전체 스핀은 $1/2$이다. 결과적으로, ⁴He는 보손처럼, ³He는 페르미온처럼 행동한다.

앞서 이야기했듯, ⁴He는 2.17 K보다 낮은 온도에서 초유체가 되지만, ³He는 아니 다. 2.17 K 이하에서 희석된 혼합 액체 ³He와 ⁴He의 경우에, ⁴He는 대부분 ³He에 대 한 불활성 배경 매질로 작동하게 되고, 우리는 금속을 분석할 때 전자 기체를 다루었 던 것처럼 ³He를 희석된 페르미온의 '기체'로 다룰 수 있다.

⁴He 속 ³He 희석 혼합체의 열용량은 상대적으로 측정하기 쉬우므로 Fermi-Dirac 분포를 통한 ³He의 기술을 통해 열용량을 계산해 보자. $T=0$에서의 페르미온에서 시 작해서, 전체 집합이 온도 T가 될 때까지 에너지를 더한다. E_F 아래의 에너지 상태는 $T=0$에서 채워지므로, 대부분의 입자는 추가적인 에너지를 흡수할 수 없다. E_F보다 훨씬 낮은 에너지를 가지는 입자는 kT 정도 되는 에너지를 흡수할 수 없고, 근처에 빈 상태가 없기 때문에 빈 상태로 움직일 수도 없다. 그림 10.22에서 볼 수 있듯이 E_F에

서 kT 정도의 작은 에너지 근처 안에 있는 입자들만 상태를 바꿀 수 있다. 온도 0에서 T로 가면서, 상대적으로 적은 수의 입자들만 E_F 바로 밑에서 바로 위 상태로 옮기고, 다른 입자들은 같은 에너지 상태에 남아 있다.

그림 10.23은 E_F 근처를 아주 크게 확대해서 보여준다. 온도가 0에서 T로 증가하면서, E_F 바로 아래에 있는 입자들은 움직여서 E_F 바로 위 상태들을 채운다. 특히 E_F 아래의 작은 에너지 $-\varepsilon = E - E_F$에 위치한 dE의 너비를 가지는 좁은 간격에 해당하는 작은 입자 dN을 생각하자. 해당 입자들은 $T=0$에서 상태들을 채우고 있지만, 온도가 T로 증가하면 이동하여 E_F 위쪽 에너지 ε 지점 상태들을 채우게 된다. 따라서 해당 좁은 띠 내 각 입자들은 2ε만큼의 에너지를 얻게 되고, 좁은 간격 입자들이 얻은 총에너지는 $dE_{ex} = 2\varepsilon dN$이다. 해당 띠는 $T=0$에서의 $N(E)$와 T에서의 $N(E)$ 값의 차이로 주어지는 높이 N_{ex}를 가지고 있다.

$$N_{ex} = N(E, T=0) - N(E, T) = Vg(E)[1 - f_{FD}(E)] \qquad (10.58)$$

여기서 우리는 $N(E) = Vg(E)f_{FD}(E)$와 $T=0$에서 $f_{FD} = 1$을 이용했다. 띠의 너비는 dE이므로, 해당 띠에서의 입자 수는 $dN = N_{ex}dE$이다. $-\varepsilon = E - E_F$와 $|d\varepsilon| = |dE|$를 이용해서, 좁은 띠에 해당하는 입자들이 얻는 에너지를 구할 수 있다.

$$dE_{ex} = 2\varepsilon \, dN = 2\varepsilon N_{ex} \, d\varepsilon = 2\varepsilon Vg(E_F - \varepsilon)\left(1 - \frac{1}{e^{-\varepsilon/kT} + 1}\right)d\varepsilon \qquad (10.59)$$

에너지 차이 ε는 E_F 아래 띠에서의 에너지로 정의했고, $E_F(E=0)$에서 $0(E=E_F)$까지 값을 가진다. E_F 아래에서 E_F 위쪽으로 여기된 모든 입자의 전체 여기 에너지는 다음이 된다.

$$E_{ex} = \int dE_{ex} = 2V \int_{E_F}^{0} \varepsilon g(E_F - \varepsilon)\left(1 - \frac{1}{e^{-\varepsilon/kT} + 1}\right) d\varepsilon \qquad (10.60)$$

여기서 $g(E)$가 E_F 근처에서는 f_{FD}에 비해서 아주 천천히 변하는 함수임을 고려하고, 적분은 E_F에서 0까지지만 E_F에 아주 가까운 곳에서만 적분이 0이 아님을 생각하면 계산은 간단해진다. 따라서 $g(E_F - \varepsilon) \cong g(E_F)$로 두고 적분 밖으로 빼낸다. 또한 적분이 아주 좁은 영역에서만 0이 아니므로, 적분의 밑을 ∞로 둘 수 있다.

$$E_{ex} = 2Vg(E_F)\int_{\infty}^{0} \varepsilon\left(1 - \frac{1}{e^{-\varepsilon/kT} + 1}\right) d\varepsilon \qquad (10.61)$$

열용량은 $C = dE_{ex}/dT$로 정의된다. T에 대한 정리는 적분 안으로 넣을 수 있고 다음과 같이 정리된다.

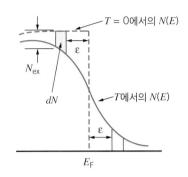

그림 10.23 E_F 근처에서 $T=0$과 T에서의 $N(E)$ 값을 보여준다. 온도가 0에서 T까지 올라가면, 색칠된 부분의 dN 입자들이 E_F 위 해당 부분으로 움직이고, 그 과정에서 에너지는 2ε만큼 증가한다.

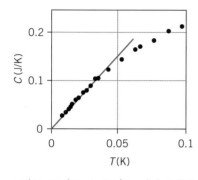

그림 10.24 ^{4}He 속 5% ^{3}He 희석 혼합체 0.5몰의 열용량. 직선은 40 mK 정도 이하에서 선형 부분에 대한 피팅이다.

$$C = \frac{dE_{ex}}{dT} = 2Vg(E_F) \int_\infty^0 \varepsilon \left[\frac{-e^{-\varepsilon/kT}}{(e^{-\varepsilon/kT} + 1)^2} \left(\frac{\varepsilon}{kT^2} \right) \right] d\varepsilon$$

$$= \frac{2Vg(E_F)}{kT^2} (kT)^3 \int_0^\infty \frac{x^2 e^x}{(e^x + 1)^2} dx \tag{10.62}$$

여기서 $x = \varepsilon/kT$이다. 이 적분은 표준형이고 $\pi^2/6$의 값을 가진다. 식 (10.12)와 (10.50)에서 $g(E_F)$ 값에 대입하면, 마침내 다음을 구할 수 있다.

$$C = \frac{\pi^2 k^2 NT}{2E_F} \tag{10.63}$$

이 식은 낮은 온도에서 페르미온의 희석 기체의 열용량은 T에 비례해야 함을 보여준다. 그림 10.24는 ^{4}He 속 5% ^{3}He 희석 혼합체의 저온 열용량을 보여주고, 예측과 잘 맞는 것을 알 수 있다. 실제로 관계는 저온에서 T에 선형이다. 같은 거동은 금속 내에서 저온 열용량에서도 보여지는데, 여기서 전자 역시 페르미온 희석 기체로 다룰 수 있다. 하지만 11장에서 보게 되듯, 열용량에 대한 원자의 기여는 종종 전자의 기여도보다 크다.

식 (10.63)에 의하면 C의 T에 대한 기울기는 $\pi^2 k^2 N/2E_F$가 되며, 그림 10.24에서의 결과(^{4}He 속 5% ^{3}He 희석 혼합체이며 전체 0.5몰의 액체)를 얻은 실험에 적용하면 1.24 J/K^{2}가 된다. 측정된 기울기는 3.11 J/K^{2}이며 예상보다 약 2.5배 정도 차이가 난다. 이 차이는 우리가 ^{3}He 원자를 입자들이 자유롭게 움직일 수 있는 기체로 취급했기 때문이다. 하지만 ^{3}He가 ^{4}He를 통해 움직일 때 점성이 있고 다른 힘들이 원자에 작용한다. 차이를 ^{3}He에 대해서 실제 질량보다 더 큰 '유효 질량'을 정의함으로써 설명할 수 있다. 더 커진 질량은 ^{4}He를 통해서 움직일 때 ^{3}He 원자들의 느릿한 움직임을 묘사한다. 2.5 정도의 같은 인자는 전혀 다른 농도의 실험에서도 나타나므로, ^{3}He 원자들의 다른 ^{3}He 원자들과의 반응과는 상관이 없다. 이것은 또한 ^{3}He-^{4}He 혼합물에서의 열전도 연구와 같은 다른 종류의 실험에서도 나타나므로, 특정 실험보다는 실제 혼합물 자체의 특성을 묘사하는 것으로 보인다.

금속, 백색 왜성, ^{4}He 내 ^{3}He의 희석 혼합물과 같은 다양한 종류의 계에서의 성질을 설명하는 데 Fermi-Dirac 분포 함수의 성공적인 적용은 아주 인상적이다. 11장에서는 어떻게 Bose-Einstein 그리고 Fermi-Dirac 통계가 고체의 다양한 성질을 이해하는 데 도움을 줄 수 있는지 더 자세히 배울 것이다.

		절
에너지 관측 확률	$p(E) = \dfrac{\sum N_i W_i}{N \sum W_i}$	10.2
불연속적 에너지를 가진 입자 수	$N_n = d_n f(E_n)$	10.3
입자 기체의 상태 밀도	$g(E) = \dfrac{4\pi(2s+1)\sqrt{2}(mc^2)^{3/2}}{(hc)^3} E^{1/2}$	10.3
광자 기체의 상태 밀도	$g(E) = \dfrac{1}{\pi^2(\hbar c)^3} E^2 = \dfrac{8\pi}{(hc)^3} E^2$	10.3
Maxwell-Boltzmann 에너지 분포	$N(E) = \dfrac{2N}{\sqrt{\pi}(kT)^{3/2}} E^{1/2} e^{-E/kT}$	10.4
Maxwell 속력 분포	$N(v) = N\sqrt{\dfrac{2}{\pi}} \left(\dfrac{m}{kT}\right)^{3/2} v^2 e^{-mv^2/2kT}$	10.4

		절
Maxwell 속도 분포	$N(v_x) = N\left(\dfrac{m}{2\pi kT}\right)^{1/2} e^{-mv_x^2/2kT}$	10.4
스펙트럼 선에서 Doppler 확장	$\Delta f = 2 f_0 \sqrt{(2\ln 2)kT/mc^2}$	10.4
Bose-Einstein 분포 함수	$f_{\mathrm{BE}}(E) = \dfrac{1}{A_{\mathrm{BE}} e^{E/kT} - 1}$	10.5
Fermi-Dirac 분포 함수	$f_{\mathrm{FD}}(E) = \dfrac{1}{e^{(E-E_{\mathrm{F}})/kT} + 1}$	10.5
Fermi 에너지	$E_{\mathrm{F}} = \dfrac{h^2}{2m}\left(\dfrac{3N}{8\pi V}\right)^{2/3}$	10.7
백색 왜성의 반지름	$R = \dfrac{h^2}{G N^{1/3} m_e m_\alpha^2}\left(\dfrac{9}{4\pi^2}\right)^{2/3}$	10.7

1. 일정한 속도 v로 움직이는 기체로 가득 찬 용기를 생각하자. 정지해 있는 기체로 차 있는 같은 용기에 비해 이런 기체의 경우 Maxwell 속도 분포는 어떻게 다른가?

2. 레이저가 작동하기 위해서 밀도 반전(population inversion)이 필요한데, 이를 종종 '음의 온도'라고 부른다. 음의 온도의 의미는 무엇인가? 물리적으로 어떻게 해석할 수 있는가?

3. 그림 10.25는 분자 속도의 분포를 측정하기 위한 두 가지 서로 다른 실험 정치이다. 그림을 보고 어떻게 각 장치가 작동할지 설명하고, 분자의 분포가 어떻게 측정될지 예측해 보라. 가장 빠른 분자는 어디에 닿게 되는가? 가장 느린 분자는?

4. 기체의 온도가 증가하면 그림 10.13은 어떻게 바뀔 것인가?

5. 온도 T에서 기체의 속력 분포는 온도 $2T$에서의 값과 어떻게 다른가? 에너지 분포의 경우는 어떠한가? 속력과 에너지

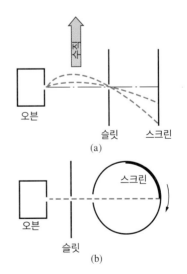

그림 10.25 질문 3.

분포를 두 온도의 경우에 대해서 스케치하시오.

6. 분자량이 m_1이고 $m_2 = 2m_1$인 두 기체 혼합물이 온도 T에서

열평형 상태에 있다. 속력 분포는 어떤 차이가 나는가? 에너지 분포는 어떤 차이가 나는가?

7. 가능하다면 양자 통계를 쓰는 것보다는 Maxwell-Boltzmann 통계를 쓰는 것이 일반적으로 더 편리하다. 어떤 경우에 양자역학적인 계가 Maxwell-Boltzmann 통계로 기술될 수 있는가?

8. 상대적으로 높은 밀도의 수소 원자들이 있다고 하자. 원자들은 페르미온처럼 움직이는가, 보손처럼 움직이는가? 중수소(무거운 수소) 원자 기체는 다르게 움직이는가? (힌트: 수소의 핵 스핀은 $1/2$이고 중수소에서는 1이다.)

9. 초기 우주는 큰 밀도의 뉴트리노(빛의 속도로 움직이는 스핀-$1/2$의 질량이 없는 입자)를 가지고 있었다. 뉴트리노의 성질을 묘사하기 위해서는 어떤 통계가 필요한가?

10. 광전 효과는 금속의 표면 온도에 의존할 것으로 예상하는가? 설명하시오.

11. Maxwell-Boltzmann 통계를 따른다는 가정하에 금속에서 '자유' 전자의 평균 운동 에너지를 추정하시오. Fermi-Dirac 통계에서의 결과와 비교하면 어떤가? 왜 이런 차이가 생기는가?

연습문제

10.1 통계 분석

1. 3개의 상호 작용하지 않는 입자들의 모임이 에너지 3단위를 나눠 가진다. 각 입자는 정수의 에너지 단위만 가질 수 있다. (a) 거시 상태는 몇 개가 있는가? (b) 각 거시 상태에 미시 상태는 몇 개가 있는가? (c) 2단위 에너지를 가진 하나의 입자를 찾을 수 있는 확률은 얼마인가? 0단위 에너지의 경우는 얼마인가?

2. (a) 5개의 동전을 던질 때 앞면과 뒷면의 수를 생각하면 얼마나 많은 거시 상태가 있는가? (b) 5개의 동전을 던질 때 가능한 미시 상태의 총수는 몇 개인가? (c) 각 거시 상태의 미시 상태 수를 구하고, (b)에서의 답과 일치하는지 확인하시오.

3. 스핀 $s = 1$과 스핀 $s = 1/2$의 두 입자로 구성된 계가 있다. (a) 각 입자의 스핀들의 z 방향 성분 정렬로 인한 미시 상태를 생각하면, 두 입자 계의 전체 미시 상태 수는 얼마인가? (b) 두 입자 전체 스핀에 대한 거시 상태 수는 얼마인가? (c) 각 거시 상태에 대한 미시 상태 수를 구하고 전체 수가 (a)에서의 답과 일치하는지 확인하시오.

10.2 고전 및 양자 통계

4. 표 10.2에 표시된 $E = 0, 3, 5$의 경우의 확률을 구하시오.

5. 표 10.3에서 $E = 0$과 $E = 3$의 확률을 (a) 정수 스핀과 (b) 스핀-$1/2$의 경우에 대해서 구하시오.

6. 4개의 진동자와 같은 입자들의 계가 8단위의 에너지를 나눠 가진다(즉, 입자들은 같은 단위의 에너지만 가질 수 있고, 진동자의 에너지 간격은 1단위이다). (a) 거시 상태를 표시하고, 각 거시 상태마다 구분 가능한 고전 입자, 정수 스핀을 가진 구분 불가능한 양자 입자, 반정수 스핀을 가진 구분 불가능한 양자 입자에 대해 미시 상태 수를 구하시오. (b) 서로 다른 세 가지 입자 유형에 대해서 정확히 2단위 에너지를 가진 입자를 찾을 확률을 구하시오.

7. 스핀 $3/2$을 가진 두 입자로 구성된 계가 있다. (a) 구분 가능한 입자의 경우 전체 스핀의 z성분에 대한 거시 상태는 얼마이고, 각 경우의 겹침수는 얼마인가? (b) 전체 스핀 S의 가능한 값은 얼마이고, 격 경우의 겹침수는 얼마인가? 전체 겹침수가 (a)와 맞는지 확인하시오. (c) 이제 입자들이 구분 불가능한 양자 입자처럼 행동한다고 가정하자. 전체 스핀의 z 방향 성분에 대한 각 거시 상태의 겹침수는 얼마인가? (d) 이 양자 입자들이 전체 스핀 $S = 3$ 혹은 1의 조합만 가능함을 보이시오.

10.3 상태 밀도

8. 우주는 빅뱅 이후 남겨진 광자들로 가득 차 있고 지금 평균 에너지는 2×10^{-4} eV(2.7 K의 온도에 해당) 정도이다. 이 광자들이 10^{-5} eV의 간격을 가질 경우 단위 부피당 가능한 에너지 상태의 수는 얼마인가?

9. 특정 반도체에서 전도 영역은 아주 얇은 막으로 제작되어서 전자 기체를 담는 이차원 영역으로 생각할 수 있다. 각 변이 길이 L인 정사각 영역 이차원에서 움직이도록 제한된 질량 m과 스핀 s의 기체 입자의 (단위 면적당) 상태 밀도를 계산 하시오.

10. 각 변이 길이 L인 정사각 모양 이차원 영역에서 움직이도록 제한된 광자들의 (단위 면적당) 상태 밀도를 계산하시오.

11. 구리와 같은 전도체에서 각 원자는 전류 전도에 기여하게 되는 하나의 전자를 제공한다. 전자들이 상온에서 최빈 에 너지가 0.0252 eV를 가진 입자들의 기체처럼 행동할 때, 최 빈 에너지의 1% 정도의 간격에서의 상태 밀도는 얼마인가?

10.4 Maxwell-Boltzmann 분포

12. N 입자로 구성된 계가 2개의 에너지 준위를 채울 수 있다. 바닥 상태는 겹치지 않았고, 들뜬 상태는 겹침수가 3인데 에너지가 바닥 상태보다 0.25 eV 높다. 960 K의 온도에서 바닥 상태와 들뜬 상태에서의 입자들의 수를 구하시오.

13. 겹치지 않은 에너지 준위를 가진 계가 3개의 에너지 상태 를 가지고 있다: $E = 0$ 바닥 상태와, 에너지 0.045 eV와 0.135 eV의 들뜬 상태. 650 K 온도에서 세 상태의 상대적 인 입자 수를 구하시오.

14. Maxwell 속력 분포에서 최빈 속력 v_p는 $(2kT/m)^{1/2}$임을 보 이시오.

15. 헬륨 기체 1몰을 포함하는 용기가 온도 293 K 속에 있다. (a) 분자의 평균 에너지 E_m가 0.0379 eV임을 보이시오. (b) E_m을 중심으로 $0.01E_m$ 에너지 간격 안에 얼마나 많은 분자 들이 있는가?

16. 아르곤 기체 1몰이 온도 293 K 속 정육면체 용기 안에 있다. (a) 얼마나 많은 분자들이 속력 500~510 m/s 사이를 가지 는가? (b) 얼마나 많은 분자들이 속도 500~510 m/s 사이를 가지는가? (a)와 (b)의 차이를 설명하시오.

17. 태양의 광구는 온도 5,800 K이다. (a) 태양의 광구 내 수소 의 Lyman 계열 중에서 첫 번째 전이의 에너지 너비를 구하 시오. (b) 비교를 위해서 10^{-8} s의 수명을 가정하여 자연적 인 너비를 구하시오.

10.5 양자 통계

18. Maxwell-Boltzmann 통계를 이용해서 다음을 분석할 수 있는가? (a) 표준 조건(상온, 1기압)에서의 질소 기체, (b) 상온에서의 액체 형태의 물, (c) 4 K에서의 액체 헬륨, (d) 상온 구리에서의 전도 전자.

19. (a) Maxwell-Boltzmann 통계의 적용이 실패하기 시작하려 면 상온 질소 기체에 얼마의 압력이 가해져야 하는가? (b) Maxwell-Boltzmann 통계의 적용이 실패하기 시작하려면 1기압 질소 기체가 얼마나 낮은 온도로 냉각되어야 하는가?

10.6 Bose-Einstein 통계의 응용

20. (a) 온도 T에서 부피당 광자 수가 $N/V = 8\pi(kT/hc)^3 \times \int_0^\infty x^2 dx/(e^x - 1)$과 같음을 보이시오. (b) 적분 값은 약 2.404이다. $T = 300$ K에서 복사로 가득 찬 공동에 cm^{3}당 광자 수는 얼마인가? $T = 3$ K에서는 어떤가?

21. 온도 2.50×10^3 K에서 흑체가 복사하고 있다. (a) 복사의 총 에너지 밀도는 얼마인가? (b) 1.00 eV와 1.05 eV 사이 간격 에서 얼마의 비율만큼 에너지가 방출되는가? (c) 10.00 eV와 10.05 eV 사이 간격에서는 얼마의 비율만큼 방출되는가?

22. 흑체 에너지 스펙트럼 $u(E)$ 값이 최대가 되는 광자 에너지 값을 구하시오. 이 값을 Wien의 변위 법칙(3장 참조)과 비 교하고 차이를 설명하시오.

23. 그림 10.21에 묘사된 Wieman과 Cornell의 Bose-Einstein 응축 실험에서 ^{87}Rb의 밀도는 약 5×10^{12} 원자/cm^{3}이다. Bose-Einstein 응축이 시작될 것으로 예측되는 온도를 추

정하시오.

10.7 Fermi-Dirac 통계의 응용

24. 구리에서의 Fermi 에너지와 평균 전자 에너지를 계산하시오.

25. 원자당 2개의 자유 전자를 가정하여 마그네슘에서의 Fermi 에너지를 계산하시오.

26. 어떤 금속은 3.00 eV의 Fermi 에너지를 가지고 있다. 5.00 eV와 5.10 eV 사이 에너지에서 부피당 전자 수를 (a) $T = 295$ K, (b) $T = 2,500$ K에서 구하시오.

27. 식 (10.51)에서 식 (10.52)를 유도하시오.

28. 반지름 R의 구와 일정한 밀도를 가진 N개의 중성자(스핀 1/2의 페르미온)로 구성된 중성자별을 생각해 보자. 안쪽 방향 별을 붕괴시키는 중력이 반대 방향의 Pauli 원리에 의해서 중성자가 더 가까워지는 것을 막는 척력과 맞닥뜨려져 별은 평형 상태에 있다. (a) 중성자별의 반지름에 대한 표현을 구하시오. (b) 태양 3개의 질량에 해당하는 별에 대해서 반지름을 구하시오. (c) 별의 밀도는 얼마인가?

29. 태양 두 배의 질량과 같은 중성자별을 생각해 보자. (a) Fermi 에너지를 구하고 분석에서 고전적인 운동학을 써야 하는지 상대론적 운동학을 써야 하는지 결정하시오. (b) Fermi 에너지에서의 중성자의 de Broglie 파장을 구하고 중성자들 간 평균 거리와 비교하시오.

30. 0.5몰의 ^{4}He 속 5.0% ^{3}He 희석 혼합체에 대해서 온도 0.025 mK에서의 열용량을 J/K 단위로 구하고 그림 10.24에 보여지는 데이터와 비교하시오. 이 온도에서 액체 ^{4}He의 밀도는 2.2×10^{28} 원자/m^{3}이다. ^{3}He의 유효 질량은 일반 질량의 2.5배로 가정한다.

일반 문제

31. 2개의 스핀 2를 가진 구분 불가능한 양자 입자로 구성된 계는 전체 스핀이 0, 2, 혹은 4만 가질 수 있음을 보이시오.

32. 에너지 E의 하나의 들뜬 상태만을 가지는 N개의 상호 작용하지 않는 원자의 모임이 있다. 원자들은 Maxwell-Boltzmann 통계를 따르고 바닥 상태와 들뜬 상태는 둘 다 겹치지 않았다. (a) 온도 T에서 들뜬 상태와 바닥 상태에 있는 원자들의 비율은 얼마인가? (b) 이 계에서 원자의 평균 에너지는 얼마인가? (c) 계의 총에너지는 얼마인가? (d) 이 계의 열용량은 얼마인가?

33. 온도 T에서 열평형의 기체가 있다. 기체의 각 분자는 질량 m을 가지고 있다. (a) 지구 표면과 높이 h(퍼텐셜 에너지가 mgh)인 곳에서 분자 수의 비율은 얼마인가? (b) 표면에서의 밀도 ρ_0에 대해서 높이 h인 곳에서의 기체 밀도의 비율은 얼마인가? (c) 이 간단한 모델이 지구 대기에 대해서 적절히 묘사한다고 말할 수 있는가?

34. 세기 5.0 T의 자기장 속에서 상호 작용하지 않는 수소 원자의 집합이 2p 상태에서 유지된다. (a) 상온(293 K)에서 $m_l = +1, 0, -1$ 상태의 원자 비율을 구하시오. (b) 2p 상태가 1s 상태로 전이한다면, 세 가지 표준 Zeeman 상태의 상대적인 세기는 얼마인가? 전자 스핀에 대한 효과는 무시한다.

35. 다음 방법은 아주 무거운 분자에 대해서 몰무게를 측정하는 데 사용된다. 분자들을 포함하는 액체가 원심 분리기 속에서 빠르게 회전하고, 이는 액체 밀도에 변화를 가져온다. 밀도는 빛의 흡수 등으로 측정되고, 분자 무게를 정하게 된다. 가상의 '원심력'이 분자에 가해진다고 하고 밀도가 $\rho = \rho_0 e^{m\omega^2 x^2 / 2kT}$와 같이 변함을 보이시오. 여기서 ω는 원심 분리기의 각속력이고 x는 원심 분리 기관에서 거리를 측정한다.

36. 상온의 소듐 금속에서 Fermi-Dirac 분포 함수가 0.1과 0.9 값을 가지는 점들 사이의 에너지 차이를 계산하시오. 분

포의 예리함(sharpness)에 대해서 어떤 결론을 내릴 수 있는가?

37. 소듐 금속에서(예제 10.10 참조) 상온에서 부피당 전자 수를 평균 에너지 E_m에서 $0.01E_F$ 간격에 대하여 구하시오.

38. 양성자와 중성자는 핵 내에서 스핀-1/2 입자들이다. 92개의 양성자와 143개의 중성자를 가지고 있고 반지름 7.4×10^{-15} m의 구형 모형을 가진 우라늄 원자에서 양성자와 중성자의 평균 에너지를 구하시오.

39. 반지름 r과 밀도 ρ의 물질이 일정하게 구형으로 분포되어 있다. (a) 작은 질량 증가 dm이 무한대에서 반지름 r 위치로 오게 되었다. 구와 작은 질량으로 구성된 계에서 중력 퍼텐셜 에너지의 변화는 얼마인가? (b) 무한대에서 계속해서 작은 질량 증가를 가지고 와서 최종적으로는 가운데 구에 대해서 반지름 r과 두께 dr의 얇은 구껍질을 형성한다고 하자. 이 계의 퍼텐셜 에너지 변화는 얼마인가? (c) 질량 M과 반지름 R의 구를 만드는 데 포함되는 퍼텐셜 에너지의 총 변화는 얼마인가?

40. (a) 태양의 질량과 같은 질량의 백색 왜성에 대해서 Fermi 에너지에서의 전자의 de Broglie 파장을 구하시오. 비상대론적인 운동학을 사용하고, 별은 헬륨 핵(알파 입자)으로 구성되어 있고 일정한 밀도로 가정한다. (b) 전자 간 평균 거리를 추정하고 de Broglie 파장과 비교하시오. 이 비교에서 어떤 결론을 내릴 수 있는가?

41. 핵 자성체의 상대적인 점유를 측정하는 것은 아주 차가운 계의 온도를 측정하는 직접적인 방법으로, 절대적이고 보정이 필요 없는 온도계에 해당한다. ^{60}Co 핵은 스핀이 5이고 자기 모멘트가 $\vec{\mu} = \gamma\vec{S}$인 것처럼 거동한다. 여기서 $\vec{S}$는 핵 스핀이고 γ는 3.64×10^7 $T^{-1}s^{-1}$인 상수이다. Co 원자가 자성을 띠는 철 조각 안에 박혀 있을 때 Co 핵은 $\mathbf{B} = -B\mathbf{k}$의 자기장을 겪게 된다. 여기서 $B = 29.0$ T이고 $\mathbf{k}$는 z 방향 단위 벡터이다. (a) Fe 속의 Co 온도계를 사용하는 특정 실험

에서 가장 낮은 단계와 두 번째로 낮은 단계의 점유율 r의 비율이 $r = 0.419$로 관측되었다. 해당 온도는 얼마인가? (b) 해당 온도에서 가장 낮은 단계에 대한 $m = 0$ 상태의 점유율은 얼마인가?

42. 시아노겐(CN) 분자는 성간 기체운 속에서 찾을 수 있고, 가시광선을 흡수하는 회전 들뜬 상태를 가지고 있다. 회전 상태는 우주가 탄생될 때 남아 있는 우주 배경 복사의 온난 효과로 채워지게 된다. 첫 번째 회전 들뜬 상태($L=1$)의 에너지는 바닥 상태 위 4.71×10^{-4} eV이다. (a) 회전 바닥 상태에서 흡수되는 복사의 세기와 첫 번째 회전 들뜬 상태에서 흡수되는 복사의 세기 비율이 0.421 ± 0.017임을 보이시오. (b) 유도한 온도에 근거하여 바닥 상태와 **두 번째** 회전 상태의 흡수 세기의 비율을 계산하고 관측된 상대 세기 값(0.0121 ± 0.0014)과 비교하시오. 이 배경 복사의 직접적인 관측을 통해서 해당 온도에서 예상되는 열복사 스펙트럼을 알 수 있다(15장 참조).

43. 특정 기체가 분자 회전 상수 $B = 0.917$ meV를 가진다. 이 기체의 상자가 온도 20 K의 온도에 있을 때, 각 회전 상태의 분자 분율을 구하시오. 최소 0.1%의 비율에 대한 모든 상태에 대해서 계산하시오.

44. Bose-Einstein 응축을 이루기 위해서는 아주 낮은 온도(그래서 원자들이 아주 느리게 움직여서 큰 de Broglie 파장을 가질 수 있게)와 낮은 밀도(그래서 원자들이 일반적인 고체로 응축하지 않도록)가 요구된다. 원자들이 하나의 양자 상태에 있는 것처럼 행동하기 위해서, de Broglie 파장은 원자들 사이의 거리와 거의 같아서 파동 묶음이 겹쳐야 한다. (a) 그림 10.21에서 보여지는 Wieman과 Cornell의 실험에서 사용된 밀도인 기체 밀도 5×10^{12} 원자/cm^{3}에서의 원자 간 거리를 계산하시오. (b) ^{87}Rb 기체 분자가 원자 간 거리와 같아지는 de Broglie 파장을 가지게 되는 온도를 계산하시오.

Chapter 11

고체 물리

금속 원소 텅스텐 결정을 보여주는 주사 전자 현미경(scanning electron microscope) 사진. 결정 모양은 체심 입방(body-centered cubic) 구조로 결합된 텅스텐 원자의 구조적 배열에 의해 결정된다. Andrew Syred/Science Source

이 장에서는 원자나 분자가 결합하여 고체를 형성하는 방법에 대해 배울 것이다. 특히 양자역학의 원리가 고체의 성질을 이해하는 데 어떻게 필수적인지 논의할 것이다.

얼핏 생각하기에, 분류하기에는 너무 많은 종류의 고체가 있기 때문에 고체의 성질에 대한 일반적인 규칙을 세우는 것은 불가능해 보인다. 책은 종이와 천으로 만들어져 있고, 한때 액체였지만 지금은 고체인 수지로 이루어진 접착제로 붙여져 있다. 책상은 나무, 금속, 또는 플라스틱으로 만들어져 있을 것이다. 의자는 비슷한 물질로 만들어졌겠지만, 아마도 천, 가죽, 또는 합성소재로 덮여 있을 것이고, 그 안에 섬유나 합성 폼 쿠션을 담고 있을 것이다. 우리 주변에는 많은 책과 종이, 나무와 철과 흑연으로 만들어진 연필, 고무 지우개, 금속과 플라스틱으로 이루어진 펜이 있을 것이다. 계산기나 컴퓨터, 휴대폰, 휴대용 멀티미디어 플레이어 안에는 반도체가 있는데, 이는 플라스틱 본체와 액정 디스플레이로 둘러싸여 있을 것이다. 유리창 너머를 바라보면, 강도, 기능, 또는 미관을 위해 선택된 나무, 벽돌, 콘크리트, 금속으로 이루어진 건물들을 볼 수 있다. 이러한 고체 각각은 고유의 색깔, 질감, 세기, 강도 또는 연성을 가지고 있으며, 측정 가능한 전기 전도도, 열용량, 열 전도도, 자기 감수율, 끓는점을 가지고 있고, 가시광, 적외선, 자외선, 또는 전자기 스펙트럼의 다른 영역에서 고유의 특정 발광 또는 흡광 스펙트럼을 가지고 있다.

이러한 모든 성질이 다음과 같은 물질의 구조의 두 가지 특성에 의존한다고 일반화해도 좋을 것이다. 즉, 물질을 이루는 원자나 분자의 종류나, 원자나 분자가 고체를 형성하기 위해 결합되거나 쌓이는 방법이 그것이다. 물질의 구조와 물리적 또는 화학적 성질의 측정값 사이의 관계를 밝히려고 시도하는 것은 **고체**(또는 **응집 물질**) **물리학자**나 **물리 화학자**에게는 피할 수 없는 일이다.

양자역학은 고체의 성질(역학적, 전기적, 열적, 자기적, 광학적 외)을 결정하는 데 근본적인 역할을 한다. 이 장에서는 열적, 전기적, 자기적 성질을 공부함으로써 양자역학이 고체의 성질을 연구하는 데 어떻게 응용되는지 볼 것이다.

11.1 결정 구조

원자나 분자가 규칙적으로 배열된 물질에 집중해 보자. 이러한 구조는 **격자**(lattice)라고 불리며, 이러한 구조를 가진 물질은 **결정**(crystal)이라고 불린다. 여러 금속, 화학염(chemical salt), 반도체가 결정성 물질에 속한다. **장거리 질서**(long-range order)라는 규칙은 결정을 구분하는 한 가지 성질이다. 한 지점에서 시작해서 격자를 구성해 나간다고 할 때, 우리는 규칙에 의해 멀리 떨어진 원자들의 위치까지도 결정할 수 있다. 이러한 관점에서 생각해 보면, 결정은 벽돌 벽과 같다. 왜냐하면 벽돌은 주기적으로 쌓여 있으며, 한 벽돌의 위치가 멀리 떨어져 있는 벽돌들의 원래 배열에 의해 미리 결정되어 있기 때문이다. [반면, 유리나 종이와 같은 비결정성(amorphous) 물질은 장거리 질서를 가지지 않고, 이 물질의 구조는 벽돌 벽보다는 벽돌 더미와 더욱 비슷하다.]

고체 결정은 결정이 유지되도록 하는 응집력과 격자의 원자들이 이루는 배열의 모양에 의해 분류될 수 있다. 원자들이 결합되어 고체를 이루는 몇 가지 방법에 대해 공부해 보자.

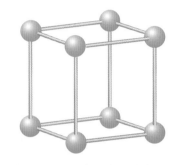

그림 11.1 단순한 입방 결정. 이해하기 쉽게 원자들은 작은 구로 표현되었다. 실제 고체는 원자들이 입방 구조를 이루도록 서로 접촉해 있는 구체로 생각해야 한다.

이온성 고체

9장에서 배운 것처럼, 이온성 분자에서 응집력은 Na^+와 같은 꽉 찬 껍질 이온과 Cl^-와 같은 다른 꽉 찬 껍질 이온 사이의 정전기적 인력에 의해 발생된다. Na^+ 이온 하나는 한꺼번에 수많은 Cl^- 이온을 끌어당겨서 고체 구조를 만들 수 있기 때문에 이온성 물질은 손쉽게 고체를 이룰 수 있다. 그러한 이온들은 정전기력에 의해서 결합되어 있으므로, 우리는 많은 음이온들이 하나의 양이온 주위를 감싸게 되고, 더 안정적이고 강한 고체를 이룰 것이라고 가정할 수 있다. (다른 한편으로는 공유 결합은 특정 전자 파동 함수를 가지고 있으므로 결합에 참여할 수 있는 근처 이웃들의 숫자는 제한되어 있다.)

이온들을 결합시킬 때, 무작위로 배열하는 것보다는 규칙적으로 배열하는 것이 더욱 효율적이므로, 이온성 고체(ionic solids)는 비결정성 대신 결정성을 띠게 된다. (벽돌의 경우도 마찬가지다. 규칙적 배열의 경우, 무작위로 쌓은 벽돌 더미에 비해 단위 부피당 더 많은 벽돌을 쌓을 수 있고, 벽돌 간 평균 거리도 더 작다.)

가장 간단한 결정 격자는 **입방** 격자이다. 입방 격자는 결정을 이루는 정육면체들의 각 꼭짓점에 원자를 놓는 경우에 해당한다. 그림 11.1은 기본적인 입방 구조이다. 정육면체의 각 면의 중심과 정육면체의 한가운데에 큰 빈 공간이 있으므로 이렇게 원자들을 쌓는 것은 가장 효율적인 방법은 아니다. 만약 각 면의 중심과 정육면체 한가운데에 다른 원자를 놓는다면, 단위 부피당 더 많은 원자를 넣을 수 있는 더 좋은 원자 쌓기 방법이 될 것이다. 그림 11.2와 11.3에서 보는 것처럼, 이러한 두 종류의 격자는 **면심 입방**(face-centered cubic, fcc)과 **체심 입방**(body-centered cubic, bcc)이라고 불린다.

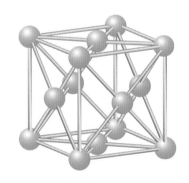

그림 11.2 면심 입방 구조.

fcc 격자는 단위 부피당 더 많은 원자를 넣을 수 있는 더 효율적인 채우기 방법이므로, 보통 더 안정적인 구조를 이룬다. 그러나 원자는 딱딱한 구체와 같이 쌓이지 않으므로, 종종 bcc 구조가 더 선호된다. fcc와 bcc라는 두 결정 종류는 특정 금속과 같은

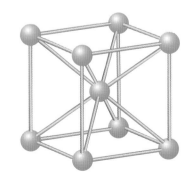

그림 11.3 체심 입방 구조.

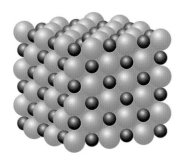

그림 11.4 NaCl의 fcc 결정 안에서 Na(작은 구)와 Cl(큰 구)를 쌓는 방법.

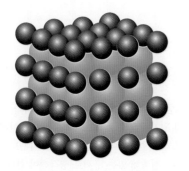

그림 11.5 CsCl의 bcc 결정 안에서 Cs(큰 구)와 Cl(작은 구)를 쌓는 방법.

이온성 고체가 아닌 물질에서도 찾을 수 있다.

fcc 격자 구조를 가지는 대표적인 물질은 NaCl이다. 이러한 이유 때문에 fcc 격자는 때로 NaCl 구조라고 불리기도 한다. 원자들이 다른 하나를 끌어당기도록 하기 위해서, 그림 11.4에서 보이는 것처럼 Na^+ 이온과 Cl^- 이온을 번갈아 가며 배치해야 한다. 이 그림에서와 같이, 원자들이 접촉해 있는 딱딱한 구체처럼 쌓여 있는 것을 볼 수 있을 것이다. 하나의 Na^+ 이온이 하나의 Cl^- 이온에 '속해 있는' 대신, 주변의 6개의 Cl^- 이온 이웃들로 둘러싸여 있는 것에 주목하자. **따라서 이온성 고체를 분자들로 이루어진 것이라고 보는 것은 잘못된 것이다.**

대표적인 bcc 구조는 그림 11.5와 같은 CsCl이다. 이 때문에 bcc 격자는 때로 CsCl 구조라고 불리기도 한다. 이 경우, 각 이온은 8개의 반대 전하를 가진 이웃 이온들에 의해 둘러싸여 있다.

NaCl 구조 안의 Na^+ 이온 각각은 거리 R만큼 떨어져 있고 정전기적 인력을 가하는 6개의 Cl^- 이온에 의해 둘러싸여 있다. 각 Na^+ 이온으로부터 약간 먼 거리인 $R\sqrt{2}$ 위치에는 12개의 Na^+ 이온들이 있고, 이들은 척력을 가한다. 그리고 더 먼 거리인 $R\sqrt{3}$ 위치에는 8개의 Cl^- 이온이 인력을 가한다. 총 Coulomb 퍼텐셜 에너지 U_C를 계산하기 위해서는 이런 식으로 번갈아서 발생하는 인력과 척력을 모두 더해야 한다.

$$U_C = \sum \frac{q_1 q_2}{4\pi\varepsilon_0 r} = \frac{e^2}{4\pi\varepsilon_0}\left(-6\frac{1}{R} + 12\frac{1}{R\sqrt{2}} - 8\frac{1}{R\sqrt{3}} + \cdots\right)$$
$$= -\frac{e^2}{4\pi\varepsilon_0}\frac{1}{R}\left(6 - \frac{12}{\sqrt{2}} + \frac{8}{\sqrt{3}} - \cdots\right) = -\alpha\frac{e^2}{4\pi\varepsilon_0}\frac{1}{R} \tag{11.1}$$

이때 α는 **Madelung 상수**(Madelung constant)라고 불리고, 식 (11.1) 괄호 안에 있는 항으로 다음과 같이 정의된다.

$$\alpha = 6 - \frac{12}{\sqrt{2}} + \frac{8}{\sqrt{3}} - \cdots \tag{11.2}$$

이 물리량은 격자 구조에 의해서만 결정되고, 번갈아 가며 등장하는 양과 음의 값에 의해 천천히 수렴하는 수열의 합으로 계산된다. 그 결과는

$$\alpha = 1.7476 \quad \text{(fcc 또는 NaCl 격자)}$$

이고, bcc 격자에 대해서 비슷한 계산 결과는 다음과 같다.

$$\alpha = 1.7627 \quad \text{(bcc 또는 CsCl 격자)}$$

이온성 분자의 경우에서처럼, 알짜 정전기적 인력은 차 있는 버금 껍질(subshell)이 중첩되는 것을 막는 Pauli 원리에 의한 척력으로 상쇄된다. 척력 퍼텐셜 에너지는 다

음과 같이 근사할 수 있다.

$$U_R = AR^{-n} \tag{11.3}$$

이때 A는 퍼텐셜 에너지의 세기를 결정하고, n은 퍼텐셜 에너지가 작은 R에서 얼마나 빠르게 증가하는지를 결정한다. 대부분의 이온성 결정에서 n은 8~10 사이로 측정된다. 격자에 있는 이온의 총 퍼텐셜 에너지는 Coulomb 퍼텐셜 에너지와 척력 퍼텐셜 에너지의 합으로 다음과 같이 주어진다.

$$U = U_C + U_R = -\alpha \frac{e^2}{4\pi\varepsilon_0} \frac{1}{R} + \frac{A}{R^n} \tag{11.4}$$

총에너지는 그림 11.6에 그려져 있다. 총에너지에는 평형 거리 R_0와 결합 에너지(binding energy)를 결정하는 안정적 최솟값이 존재한다. 이 최솟값을 찾기 위해서는 dU/dR이 0이 되도록 해야 하고, 이는 다음 A를 준다.

$$A = \frac{\alpha e^2 R_0^{n-1}}{4\pi\varepsilon_0 n} \tag{11.5}$$

결정 내 이온의 결합 에너지 B는 최인접 이온 사이의 평형 거리인 $R = R_0$일 때 에너지 우물의 깊이에 해당한다. 식 (11.5)를 식 (11.4)에 대입하고, $R = R_0$일 때 방정식을 풀면 다음 식을 얻을 수 있다.

$$B = -U(R_0) = \frac{\alpha e^2}{4\pi\varepsilon_0 R_0}\left(1 - \frac{1}{n}\right) \tag{11.6}$$

열역학 측정을 통해 고체의 덩어리 **응집 에너지**(cohesive energy)를 결정할 수 있다. 실제로 이온성 고체의 응집 에너지는 고체를 각각의 이온으로 분해하는 데 필요한 에너지로 정의된다. 표 11.1에는 몇몇 물질에 대한 응집 에너지와 최인접 이온 거리 측정값이 나와 있다. 지수 n 값은 압축성(compressibility) 데이터에 의해서 결정되었다.

덩어리 샘플의 응집 에너지는 식 (11.6)에 의해 결정되는 단일 이온의 결합 에너지와 샘플의 이온 숫자를 곱하고, 각 이온을 두 번 세는 경우를 제외하고 얻어진다.* 이온성 고체 1몰당 Avogadro 숫자 N_A의 양이온과 N_A의 음이온이 존재하므로 총 $2N_A$의 이온이 존재한다. 분자의 응집 에너지 E_{coh}와 이온 결합 에너지 B 사이의 관계는

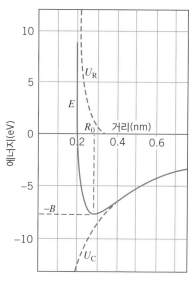

그림 11.6 이온성 결정의 에너지에 대한 기여도. NaCl에 대한 수치 해석 결과.

---

* 이온 A와 B를 생각해 보자. 이온 A의 결합 에너지를 계산하기 위해 식 (11.6)을 사용하면, 그 결과는 이온 B를 포함한 고체 내의 모든 이온과 이온 A의 상호 작용을 포함한다. 마찬가지로, 식 (11.6)을 통해 이온 B의 결합 에너지를 계산한 결과는 B와 A의 상호 작용을 포함한다. 만약 모든 A, B 이온의 결합 에너지를 더해서 고체의 총 결합 에너지를 계산하게 되면, 그 결과는 A와 B의 상호 작용을 두 번 포함하게 된다.

표 11.1 이온성 결정의 성질

구분	최인접 원자 거리(nm)	응집 에너지(kJ/mol)	n	구조
LiF	0.201	1,030	6	fcc
LiCl	0.257	834	7	fcc
NaCl	0.281	769	9	fcc
NaI	0.324	682	9.5	fcc
KCl	0.315	701	9	fcc
KBr	0.330	671	9.5	fcc
RbF	0.282	774	8.5	fcc
RbCl	0.329	680	9.5	fcc
CsCl	0.356	657	10.5	bcc
CsI	0.395	600	12	bcc
MgO	0.210	3,795	7	fcc
BaO	0.275	3,029	9.5	fcc

다음과 같다.

$$E_{\text{coh}} = \tfrac{1}{2}(B)(2N_{\text{A}}) = BN_{\text{A}} \tag{11.7}$$

이때 계수 1/2은 이온을 두 번 세는 문제를 보정하기 위해 등장한다.

다음 예제는 덩어리 고체의 응집 에너지와 이온 쌍당 결합 에너지 사이의 관계를 보여준다.

예제 11.1

(a) 응집 에너지를 이용하여 NaCl 격자에 있는 이온 쌍의 결합 에너지 측정값을 결정하시오. (b) 격자 상수로부터 결합 에너지의 예상치를 계산하시오.

풀이

(a) 식 (11.7)을 이용하면,

$$B = \frac{E_{\text{coh}}}{N_{\text{A}}} = \frac{769 \times 10^3 \text{ J/mol}}{(6.02 \times 10^{23} \text{ 이온/mol}) (1.60 \times 10^{-19} \text{ J/eV})}$$

$$= 7.98 \text{ eV}$$

(b) 식 (11.6)을 통해 이온성 결합 에너지를 계산한 결과는 다음과 같다.

$$B = \frac{\alpha e^2}{4\pi\varepsilon_0 R_0} \left(1 - \frac{1}{n}\right)$$

$$= \frac{(1.7476) (1.44 \text{ eV} \cdot \text{nm})}{0.281 \text{ nm}} (0.889) = 7.96 \text{ eV}$$

실험 결과와 계산 결과는 매우 잘 일치한다.

예제 11.2

NaCl 결정을 쪼개려면 **중성 원자당** 에너지가 얼마나 필요한가?

풀이

1몰의 NaCl에 E_{coh}의 에너지를 공급하면, N_A개의 Na$^+$ 이온과 N_A개의 Cl$^-$ 이온을 얻을 수 있다. 이들을 중성 원자로 바꾸려면 각 Cl$^-$로부터 전자 하나를 제거해야 하고, 이는 Cl의 전자 친화도(electron affinity) 3.61 eV만큼의 에너지를 요구한다. 또한 제거한 전자 하나를 Na$^+$에 붙여야 하므로, Na의 이온화 에너지(5.14 eV)를 발생시킨다. Na와 Cl 원자 한 쌍당 필요한 총에너지는

$$7.98\,\text{eV} + 3.61\,\text{eV} - 5.14\,\text{eV} = 6.45\,\text{eV}$$

이만큼의 에너지가 2개의 중성 원자(Na와 Cl)를 주므로, 원자당 필요한 총에너지는 이 양의 절반, 즉 3.23 eV이다.

NaCl과 같은 이온성 고체의 큰 응집 에너지는 다음과 같은 공통 성질을 유도한다. (이온성 고체는 딱딱하며, 결합을 분해하기 위해 많은 열 에너지가 필요하므로)높은 융해열과 높은 기화열을 가진다. 물 분자의 쌍극자 모멘트가 이온 결합을 분해하는 데 필요한 정전기력을 제공하므로, 이온성 고체는 물과 같은 극성 액체에 녹을 수 있다. 이온성 고체는 자유 전자나 원자가 전자를 가질 수 없다. 이온성 고체는 (광선은 찬 껍질에 있는 전자를 여기시키기에는 에너지가 너무 작으므로)가시광선에 대해 투명하지만, (격자에 있는 원자의 진동 주파수에 해당하는)적외선은 강하게 흡수한다.

공유 결합성 고체

9장에서 논의한 것처럼, 탄소는 sp^3 혼성 궤도에 있는 4개의 바깥 전자의 공유 결합에 의해 분자를 형성한다. 이러한 결합은 강한 **방향성**을 가지므로, 결합 배열의 대칭성을 이용하여 결합 사이의 각도를 계산하는 것이 가능하다는 것을 이전에 배운 바 있다. 다이아몬드 형태를 가지는 고체 탄소는 원자 간 힘이 공유 결합 특성을 가지는 고체의 한 예에 해당한다. 분자에서와 같이 4개의 동일한 sp^3 혼성 상태가 공유 결합에 참여하는데, 각 상태는 동일하므로 각 상태는 서로에 대해 같은 각도를 가진다. 이는 그림 11.7에 나타나 있다. 중심의 탄소 원자는 정육면체의 각 4개의 꼭짓점을 점유하는 다른 4개의 탄소 원자와 공유 결합으로 묶여 있다. 결합 간 각도는 109.5°이고, 이는 공유 결합 분자의 각도와 같다.

그림 11.8은 다이아몬드의 고체 구조 특성이 어떻게 결합에 의해 구성되는지를 보여준다. 각각의 탄소는 공유 결합으로 전자를 공유하는 4개의 이웃을 가지고 있다. 기본 구조는 **사면체**(tetrahedral) 구조라고 불리며, 다른 여러 화합물이 공유 결합으로 인

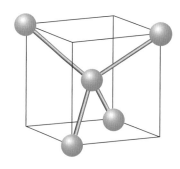

그림 11.7 탄소의 사면체 구조.

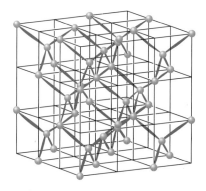

그림 11.8 다이아몬드의 격자 구조.

표 11.2 몇몇 공유 결합성 고체

결정	최인접 원자 거리(nm)	응집 에너지(kJ/mol)
ZnS	0.235	609
C(다이아몬드)	0.154	710
Si	0.234	447
Ge	0.244	372
Sn	0.280	303
CuCl	0.236	921
GaSb	0.265	580
InAs	0.262	549
SiC	0.189	1,185

해 비슷한 구조를 가진다. 표 11.2는 이러한 화합물의 예를 보여준다. 응집력은 고체를 각각의 원자로 분해하는 데 필요한 에너지에 해당한다. 이 구조는 **황화아연**(zinc sulfide)이나 **섬아연석**(zinc blende) 구조로도 불린다.

표 11.2에 있는 몇몇 공유 결합성 고체(covalent solid)는 이온성 고체에 비해 큰 결합 에너지를 가지고 있다. 다이아몬드나 탄화규소(silicon carbide)와 같은 물질은 특히 단단하다. 탄소와 유사한 구조를 가진 다른 공유 결합 고체는 실리콘과 게르마늄이다. 이러한 물질의 고체 구조는 해당 물질이 반도체 성질을 가지도록 한다.

공유 결합성 고체는 이온성 고체에서처럼 같은 유사 특성을 가지지 않으므로 일반화하여 이야기하기 어렵다. 다이아몬드 구조의 탄소는 큰 결합 에너지를 가지고 있으므로 매우 단단하고 가시광선에 대해 투명하다. 반면 게르마늄과 주석은 비슷한 구조를 가지고 있지만, 겉보기에 금속성이고 반사도가 매우 크다. (다이아몬드로서)탄소는 극도로 높은 녹는점(4,000 K)을 가지고 있다. 반면 게르마늄과 주석은 다른 일반 금속과 유사하게 더욱 낮은 온도에서 녹는다. 다이아몬드와 같은 몇몇 물질은 극도로 나쁜 전기 전도도를 가지는 반면, (Si, Ge, Sn과 같은)다른 물질들은 전기가 통하긴 하지만 대부분의 금속만큼 잘 통하지는 않는다. 물론 이러한 차이는 고체의 실제 결합 에너지에 의존하고, 이는 다시 고체가 어떤 종류의 원자로 이루어져 있는지에 달려 있다. 큰 결합 에너지를 가진 고체는 높은 녹는점을 가지고, 나쁜 전기 전도체 및 열 전도체이며, 가시광선에 대해 투명하다. 작은 결합 에너지를 가진 고체는 매우 다른 성질을 가질 수 있다.

금속 결합

금속의 원자가 전자들은 보통 느슨하게 결합되어 있고, 많은 경우 전자 껍질들은 부분적으로 차 있을 뿐이므로, 금속은 공유 결합을 형성하지 않는 경향이 있다. 금속의 기본 구조는 양이온 격자 주변을 둘러싼 거의 자유로운 전자들의 '바다'나 '기체'로 생각할 수 있다. 금속은 각각의 금속 이온과 전자 기체 사이의 인력에 의해 결합되어 있다.

fcc, bcc, 또는 **육방 밀집**(hexagonal close-packed, hcp) 구조라는 결정의 세 번째 종류는 금속성 고체의 가장 흔한 결정 구조이다. hcp 구조는 그림 11.9에 나타나 있다. fcc 구조와 같이 hcp 구조는 원자를 쌓아 올리는 데 특히 효율적인 방법이다. 표 11.3 에는 몇몇 금속과 그 성질에 대해 정리되어 있다. **금속 결합**(metallic bond)의 응집 에너지는 100~400 kJ/mol(원자당 1~4 eV) 범위에 있는 경향이 있으며, 이는 금속들이 이온성 고체나 공유 결합성 고체에 비해 덜 강하게 결합되도록 한다. 그 결과로 많은 금속들이 상대적으로 낮은 녹는점(수백 °C 아래)을 가진다. 금속 안에서 상대적으로 자유로운 전자는 가시광선의 광자와 쉽게 상호 작용하므로 금속은 투명하지 않다. 금속 결합은 어느 특정 전자 공유나 원자 사이의 전자 교환에 의존하지 않으므로, 금속 원자의 정확한 성질은 이온성 고체나 공유 결합성 고체의 경우만큼 중요하지 않다. 따라서 다양한 비율로 서로 다른 금속을 섞음으로써 많은 종류의 금속 합금을 만들 수 있다.

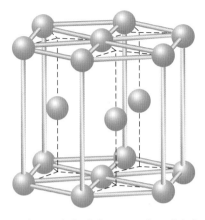

그림 11.9 육방 밀집 구조를 이룬 원자의 배열.

분자성 고체

지금까지 논의한 고체 중 어떤 것도 개별 분자로 이루어져 있다고 생각될 수 없다. 그러나 분자들이 서로에게 힘을 가하여 결합하고 고체를 이루는 것도 가능하다. 분자의 전자는 이미 **분자 결합**(molecular bond)에 의해 공유되고 있으므로, 다른 분자와의 이온

표 11.3 금속 결정의 구조

금속	결정 종류	최인접 원자 거리(nm)	결합 에너지(kJ/mol)
Fe	bcc	0.248	418
Li	bcc	0.304	158
Na	bcc	0.372	107
Cu	fcc	0.256	337
Ag	fcc	0.289	285
Pb	fcc	0.350	196
Co	hcp	0.251	424
Zn	hcp	0.266	130
Cd	hcp	0.298	112

성, 공유 결합성, 또는 금속성 결합에 참여할 여분의 전자는 없다. 게다가 분자는 전기적으로 중성이므로 결합에 참여할 Coulomb 힘도 받지 않는다. 분자성 고체는 일반적으로 분자의 **전기 쌍극자 모멘트**(electric dipole moment)에 의존하는 훨씬 약한 힘에 의해서 뭉쳐 있다. 이러한 힘은 분자를 형성하는 내부 힘들에 비해 훨씬 작으므로, 분자는 분자성 고체(molecular solid) 안에서 각자의 성질을 유지할 수 있다.

한 분자의 전기 쌍극자 모멘트는 다른 분자의 쌍극자 모멘트에 인력을 가할 수 있다. 다른 고체의 응집 에너지를 만드는 Coulomb 힘은 $1/R^2$에 비례하는데, 이에 비해 ($1/R^3$에 비례하는) 쌍극자 응집력은 일반적으로 약하다. 따라서 분자성 고체의 결합을 끊어내는 데 더 적은 열 에너지가 필요하므로, 분자성 고체는 약하게 결합되어 있으며, 이온성, 공유 결합성, 금속성 고체에 비해 더 낮은 녹는점을 가진다.

[**극성 분자**(polar molecule)라고 불리는] 몇몇 분자들은 분자의 한쪽 끝에 양전하가 있고, 반대쪽 끝에 같은 양의 음전하가 있는 영구 전기 쌍극자 모멘트를 가진다. 예를 들어, 물 분자에서 산소 원자는 분자의 모든 전자를 끌어당기는 경향이 있고, 이것이 음의 전하를 띠는 쌍극자의 한끝을 이루는 것처럼 보이고, 반대쪽 끝에는 2개의 '헐벗은' 양성자가 양전하를 띠는 쌍극자의 한끝을 이루는 것처럼 보인다. 물 분자 사이의 쌍극자 힘은 눈꽃의 아름다운 육각형 무늬를 만들어낸다. 물의 경우에서처럼, 이러한 종류의 결합이 수소 원자에서 일어날 경우, **수소 결합**(hydrogen bonding)이라고 불린다.

영구 쌍극자를 가지지 않는 원자나 분자 사이에 가해지는 쌍극자 힘이 존재할 수 있다. 양자역학적 요동*은 한 원자에서 순간적으로 전기 쌍극자 모멘트가 생기도록 하고, 근처 원자를 분극시켜 쌍극자 모멘트를 유도할 수 있다. 그 결과로 **van der Waals 힘**(van der Waals force)이라고 불리는 쌍극자-쌍극자 인력이 발생한다. 이 힘은 특정 분자성 고체의 결합을 만들어낸다. (표면 장력이나 마찰과 같은 물리적 효과도 만든다.) van der Waals 힘에 의해 결합되어 있는 고체의 예로는 불활성 기체로 구성된 고체 (Ne, Ar, Kr, Xe), CH_4와 $GeCl_4$와 같은 대칭성 분자, 할로겐, H_2, N_2, O_2와 같은 다른 기체가 있다.

van der Waals 힘은 R^{-7}에 비례하여 상대적으로 가까운 거리에서도 사라지는 극도로 약한 힘이다. 불활성 기체 결정에서 최인접 거리는 0.3~0.4 nm이지만, 보통 응집

---

* 이러한 요동은 실험실에서 관찰하기에는 너무 빠르다. 측정을 통해서는 요동치는 쌍극자 모멘트의 평균값만을 얻을 수 있는데, 이는 0이다.

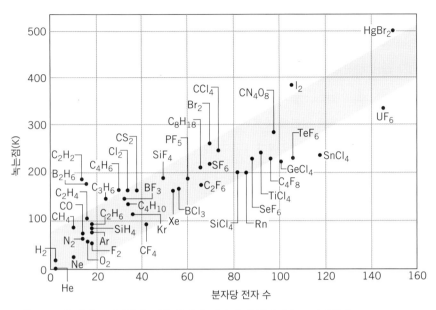

그림 11.10 분자성 고체의 녹는점은 분자당 전자 수에 근사적으로 비례한다.

에너지는 단지 10 kJ/mol 또는 원자당 0.1 eV이다. 이러한 약한 힘에 의해 결합된 고체는 결합을 끊어내기에 작은 열 에너지만 필요로 하므로 낮은 녹는점을 가진다. 사실 원자나 분자의 유도 쌍극자 모멘트는 근사적으로 **총 전자 수**에 비례하므로, 비극성 분자성 고체의 녹는점이 각 분자의 전자 수에 거의 비례해야 할 것이라고 예측할 수 있다. 그림 11.10은 이러한 관계를 보여준다. 고체 각각의 성질들이 각 데이터 포인트들이 상당히 흩어져 있도록 하지만, 녹는점과 전자 수 간의 관계는 거의 우리가 예상한 것과 같게 나온다.

11.2 고체의 열용량

1장에서 기체의 열용량에 대해 논의한 것과 같이, 고체의 열용량은 고전 통계역학의 붕괴와 양자역학에 기초한 더 자세한 이론의 필요성을 보여주는 또 다른 예라고 할 수 있다. (1.3절에서 기체의 열용량에 대한 고전적 계산을 다시 살펴보는 것이 도움이 될 것이다.)

먼저 고체의 열용량을 고전 열역학이 어떻게 예측하는지 살펴보자. 기체의 경우와는 달리, 고체의 원자는 격자의 특정 위치를 점유하고 있으므로 병진 운동은 불가능하다. 그러므로 병진 운동에 대한 자유도는 없다. 원자들은 단지 평형 위치를 중심으로 진동하는 것만 가능하다. 우리는 원자들이 바로 옆의 원자와 스프링으로 연결되어 있는 것처럼 행동하는 것으로 생각할 수 있다. 이는 삼차원 좌표계 방향의 어떤 방향으로도 진동할 수 있으며, 양옆의 2개 원자에 대해서 독립적으로 진동한다. 즉, x, y, z 방향의 스프링의 초기 변위는 독립적으로 정해질 수 있고, 각각의 초기 속도는 다른 원자에 대해 임의로 정해질 수 있다. 결과적으로 이러한 상황에서는 총 6개의 자유도가 있다. 즉, 세 방향에 (진동 퍼텐셜 에너지와 운동 에너지에 대응하는) 각각 2개의 자유도가 존재한다. 등분배 정리에 따르면, 각 자유도당 평균 에너지는 $\frac{1}{2}kT$이고, 원자당 평균 에너지는 $6 \times \frac{1}{2}kT = 3kT$이다. 1몰($N_A$개 원자)이 가지는 총 내부 에너지는 따라서 $E_{\text{int}} = 3N_A kT = 3RT$가 된다. (이때 보편 기체 상수는 $R = N_A k$로 주어진다.) 이에 대응하는 몰 열용량은

$$C = \frac{\Delta E_{\text{int}}}{\Delta T} = 3R = 24.9 \text{ J/mol} \cdot \text{K} \tag{11.8}$$

이는 고전 통계역학에 기초해서 몰 열용량을 예측한 값이고, **Dulong-Petit 법칙**(law of Dulong and Petit)이라고 불린다.

이런 예측이 실험과 얼마나 잘 맞을까? 표 11.4는 상온(약 300 K), 100 K, 25 K에서 몇몇 금속성 물질의 몰 열용량 값을 나타낸 것이다. 상온에서는 Dulong-Petit 법칙과 잘 맞지만, 온도가 낮아질수록 잘 맞지 않는다. (고전적 예측은 온도와 무관하다는 것에 주목하라.)

그림 11.11은 1 K과 100 K 사이 온도에서 Pb, Cu, Cr의 열용량의 온도 의존성을 보여준다. 가장 낮은 온도에서 열용량은 0에 수렴하는 것을 볼 수 있다. 온도가 증가하

표 11.4 일반 금속의 열용량*

금속	T = 300 K		T = 100 K	T = 25 K
	J/kg·K	J/mole·K	J/mole·K	J/mole·K
Al	0.904	23.4	12.8	0.420
Ag	0.235	24.3	20.0	3.05
Au	0.129	23.4	21.1	5.11
Cr	0.461	23.8	10.0	0.199
Cu	0.387	23.9	16.0	0.971
Fe	0.450	24.6	12.0	0.398
Pb	0.128	24.7	23.8	14.0
Sn	0.222	23.8	22.0	6.80

* 열용량 값은 어떤 상황에서 결정되는지에 따라 달라진다. 보통 열용량 측정값은 일정 압력(C_P)에서 측정되는 반면, 계산값은 일정 부피(C_V)에서 더 쉽게 계산된다. 이 표의 첫 번째 열은 실험을 통해 얻은 일정 압력에서의 비열(단위 질량당 열용량)이며, 나머지 열은 모두 일정 부피에서의 몰 열용량이다. 대부분의 경우 C_P는 C_V에 비해 단지 수 % 정도 클 뿐이다.

면, 열용량 또한 증가해서 결국 고온에서는 Dulong-Petit 값에 도달한다. 그러나 증가하는 정도는 금속마다 매우 다르다. Pb는 (100 K쯤에서 Dulong-Petit 값에 도달하며) 빠르게 증가하고, Cu는 더 느리며, Cr은 그보다도 더 느리다.

분명히 고전적 계산으로는 이러한 고체들의 열용량을 계산하지 못한다. 이 문제에 대한 한 가지 해결 방법은 이 금속들 안의 전자에 대한 양자 통계를 적용하는 것이다. 10장에서 페르미온 기체의 열용량에 대해 논의한 바 있다. 이 모델을 ^{4}He 안의 ^{3}He 묽은 액체에 적용했지만, 그 결과는 Fermi-Dirac 통계를 따르는 어떤 입자 계에도 똑같이 적용될 수 있다.

우리는 금속의 전자를 Fermi 기체로 다룰 수 있다. 열용량에 대한 식 (10.63)을 유도할 때, 우리가 한 유일한 가정은 $kT \ll E_F$라는 것이다. 대부분의 금속에서 E_F는 수 eV이고, kT는 상온에서조차 단지 0.025 eV이므로, 이 근사는 꽤 잘 맞는다. 식 (10.63)을 1몰의 물질($N = N_A$)에 대해 다음과 같이 다시 써보자.

$$C = \frac{\pi^2 k^2 N_A T}{2E_F} = \frac{\pi^2}{2} \frac{RkT}{E_F} \tag{11.9}$$

이때 $R = 8.31$ J/mole·K이다. 식 (11.9)는 격자의 각 원자가 전자 기체에 전자 하나씩을 내놓는다고 하여 N(전자의 숫자)이 N_A(원자 1몰의 양)와 같을 때 적용되는 수식이다. 예를 들어, 만약 금속이 2개의 원자가를 가지면, $N = 2N_A$이다.

구리의 경우 E_F는 7.03 eV이고, 식 (11.9)는 상온에서 $C = 0.146$ J/mole·K이다. 이 값은 실험적으로 측정한 값보다 훨씬 작고, 이는 적어도 상온에서는 전자가 열용량에 대해 아주 작은 기여만 한다는 것을 의미한다. 따라서 열용량에 대한 알맞은 설명을 위해서는 전자가 아닌 다른 것을 고려해야만 한다.

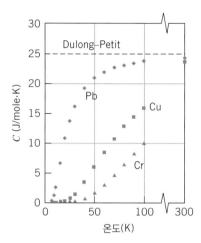

그림 11.11 100 K보다 낮은 온도에서의 Pb(다이아몬드), Cu(사각형), Cr(삼각형)의 몰 열용량. 오른쪽에는 상온에 대한 값이 나와 있다.

열용량에 대한 Einstein 이론

보통의 금속에서 대부분의 물리적 성질은 원자가 전자(valence electron) 또는 원자의 격자 형태에 의해 결정된다. 예를 들어, 전기 전도도는 원자가 전자에 의해 결정되며, 역학적 파동의 전파는 원자의 격자에 의해 결정된다. 고체의 열용량은 격자에 의한 성분과 전도 전자에 의한 성분을 모두 갖지만, 아주 낮은 온도에서는 격자 성분이 열용량을 주도한다.

고체의 열용량에 대한 고전 물리학의 실패에 대한 설명은 Einstein에 의해 처음 제안됐다. Einstein은 고체의 (원자가 아니라) 진동(oscillation)이 Bose-Einstein 통계를 따른다고 가정했다. 전자기파가 Bose-Einstein 통계를 따르는 '입자'(전자기 에너지의 양자, 즉 광자)로 설명되는 것과 마찬가지로, 역학적 파동 또는 음파는 Bose-Einstein 통계를 따르는 '입자'[진동 에너지의 양자, 즉 포논(phonon)]로 설명된다. Einstein은 이러한 모든 포논(진동)이 같은 주파수를 가진다고 단순화한 가정을 했다.

5장에서 양자화된 진동자가 $\hbar\omega(n+\frac{1}{2})$의 에너지를 가진다는 것을 배웠다. n을 더한다는 것은 포논을 더한다는 것을 의미한다. 즉, $\frac{5}{2}\hbar\omega$에서 $\frac{7}{2}\hbar\omega$로 진동 에너지가 이동하려면, $\hbar\omega$만큼의 에너지를 가지는 포논을 '만들어야' 한다. 고체 1몰은 N_A개의 원자를 가지고 있으므로, 그 고체는 $3N_A$개의 진동자를 가지고 있다. 따라서 상태 밀도(단위 부피당 상태의 개수)는 $3N_A/V$이고, 식 (10.7)의 적분은 단일 에너지 $E=\hbar\omega$에서만 계산된다. Bose-Einstein 분포를 이용하면, 포논의 개수 $N=3N_A/(e^{\hbar\omega/kT}-1)$이고, 고체의 총 내부 에너지는 포논의 개수에 각 포논의 에너지를 곱한 값으로 다음과 같다.

$$E_{\text{int}} = N\hbar\omega = 3N_A\hbar\omega \frac{1}{e^{\hbar\omega/kT}-1} \tag{11.10}$$

열용량은 다음과 같이 dE_{int}/dT로부터 계산할 수 있다.

$$C = \frac{dE_{\text{int}}}{dT} = 3N_A\hbar\omega \frac{(e^{\hbar\omega/kT})\,(\hbar\omega/kT^2)}{(e^{\hbar\omega/kT}-1)^2}$$

$$= 3R\left(\frac{\hbar\omega}{kT}\right)^2 \frac{e^{\hbar\omega/kT}}{(e^{\hbar\omega/kT}-1)^2} = 3R\left(\frac{T_E}{T}\right)^2 \frac{e^{T_E/T}}{(e^{T_E/T}-1)^2} \tag{11.11}$$

여기서 우리는 $\hbar\omega/k$를 **Einstein 온도**(Einstein temperature)라고 불리는 매개변수인 T_E로 바꾸어 썼다. 진동 에너지 $\hbar\omega$(즉 Einstein 온도 T_E)는 이론에서 조정 가능한 매개변수이고, 물질에 따라 달라지는 값이다. 보통 T_E는 수백 켈빈 수준이다.

T가 낮을 때 분모의 지수 항이 우세하고, $C \propto e^{-T_E/T}$이므로 C는 낮은 온도 T에서 0에 접근하는데, 이는 실험과 일치한다. 그림 11.12는 Cu의 몰 열용량과 식 (11.11)에서 $T_E=225$ K으로 하여 데이터와 가장 잘 맞는 예측값을 비교한 것이다. 그림에서 볼 수 있듯, 실험과 이론의 일치도는 상당히 좋다. 그러나 이론 곡선의 모양이 데이터의 전체적인 경향과 맞는다고 하더라도, 가장 낮은 온도에서의 거동을 잘 설명하지 못한다. (데이터는 이론이 예측하는 것보다 0을 향해 더욱 천천히 접근한다.)

이 계산에서는 모든 진동자가 같은 진동수를 가진다고 과도하게 단순화했다. 더 나은 계산은 1912년에 Peter Debye*에 의해 처음 이루어졌고, 이 계산은 흑체 복사의 '광자 기체'와 같은 형태의 표현식으로 주어지는 상태 밀도의 진동수 분포를 가정한다. 예측되는 저온 경향은 다음과 같다.

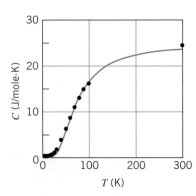

그림 11.12 Cu의 몰 열용량. 실선은 Einstein 이론[식 (11.11)]에 의해 예측되는 온도 의존성을 보여준다.

$$C = \frac{12\pi^4}{5} R \left(\frac{T}{T_D} \right)^3 \qquad (11.12)$$

이때 T_D는 **Debye 온도**(Debye temperature)라고 불리는 이론 매개변수이고, 이 값은 물질에 따라 다른 값으로 주어진다.

그러므로 가장 낮은 온도에서 열용량을 이루는 두 가지 항을 찾을 수 있다. 첫 번째 항은 전자에 의한 것으로, 온도에 따라 선형적인 관계를 가진다[식 (11.9)]. 또 다른 항은 원자의 격자 진동에 의한 것으로, T^3에 비례한다. 이러한 두 항을 조합하면, 저온 열용량이 $C = aT + bT^3$ 형태가 될 것으로 기대할 수 있다. 이때 a는 식 (11.9)에서 T의 계수이고, b는 식 (11.12)에서 T^3의 계수이다. T가 0에 접근하면, T^3 항은 선형 항에 비해 더 빠르게 감소하므로 매우 낮은 온도에서 전자가 더 중요한 역할을 할 것으로 기대할 수 있다. 이 방정식을 선형 그래프로 변환할 수 있고, 기울기 b와 y절편 a를 가지는 직선인 $C/T = a + bT^2$으로 쓰고 C/T를 T^2의 함수로 씀으로써 두 항을 판별할 수 있다. 그림 11.13은 구리의 결과를 보여준다. 데이터는 실제로 직선으로 떨어지고, 이러한 경향은 Debye 이론과 매우 잘 맞는다. 만약 열용량의 전자 성분이 없다면[즉, 만약 식 (11.12)의 격자 성분만 있다면], 직선은 원점을 향해 지날 것이고 y절편도 0일 것이다. 따라서 y절편은 열용량의 전자 기여 성분을 말해준다고 할 수 있다. 직선의 기울기는 격자 성분을 말해줄 것이고 Debye 온도에 의존한다.

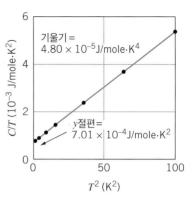

그림 11.13 T^2의 함수로 그려진 C/T로 표현된 Cu의 몰 열용량. 기울기는 격자 성분을, y절편은 전자 성분을 나타낸다.

예제 11.3

(a) 그림 11.13에 있는 직선의 기울기를 통해 구리의 Debye 온도를 결정하시오. (b) 구리의 Fermi 에너지(7.03 eV)를 이용하여 절편의 기댓값을 결정하시오.

풀이

(a) 기울기 b는 식 (11.12)에서의 T^3의 계수와 같으므로, $b = 12\pi^4 R/5T_D^3$이고

$$T_D = \left(\frac{12\pi^4 R}{5b} \right)^{1/3} = \left[\frac{12\pi^4 (8.31 \text{ J/mole·K})}{5(4.80 \times 10^{-5} \text{ J/mole·K}^4)} \right]^{1/3}$$
$$= 343 \text{ K}$$

(b) 절편 a는 열용량의 전자 기여도[식 (11.9)]에서의 T의 계수이다.

$$a = \frac{\pi^2 kR}{2E_F} = \frac{\pi^2 (8.617 \times 10^{-5} \text{ eV/K}) (8.31 \text{ J/mole·K})}{2(7.03 \text{ eV})}$$
$$= 5.03 \times 10^{-4} \text{ J/mole·K}^2$$

---

* Peter Debye(1884~1966)는 네덜란드에서 태어났지만 그의 학문 커리어의 대부분을 (한번은 그가 Schrödinger의 교수로 일했던)독일 대학에서 보냈고 최종적으로 1940년에 미국으로 이주했다. 그는 아마도 1936년 노벨 화학상을 받은 엑스선 회절 무늬(그림 3.8)에 대한 분석으로 가장 유명할 것이다.

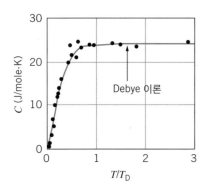

그림 11.14 T/T_D에 대한 여덟 종류의 서로 다른 금속의 열용량. 모든 값은 Debye 이론에 의해 계산된 같은 곡선에 속한다.

그림 11.13에 나타난 것과 같이 자유 전자 모형에 기반한 절편의 기댓값은 실험값과 잘 맞지 않는다. 이는 10장에서 ^{3}He 데이터에 대한 분석이 예측과 맞지 않았던 것과 정확히 같은 이유 때문이다. 즉, 구리 격자를 따라 움직이는 전자는 전자 기체에서의 자유 전자처럼 행동하지 않기 때문이다. 우리는 격자가 전자에 힘을 작용하는 것을 마치 전자가 자유 전자의 질량보다 더 큰 '유효 질량(effective mass)'을 가지는 것으로 생각할 수 있다. 격자를 따라 움직이는 전자의 '느릿한' 행동은 추가적인 질량에 의해 설명된다. 전자의 유효 질량은 Fermi 에너지[식 (10.50)]를 통해 계산에 들어온다. 즉, 전자의 질량을 더 크게 하는 것은 E_F를 더 작게 만들고, 따라서 더 큰 절편 a를 만든다. 구리에서 전자의 유효 질량은 자유 전자의 질량의 약 1.4배이다.

또한 Debye 이론은 고온에서 실험과 더 잘 맞는다. 상온을 제외하면 표 11.4의 데이터는 공통점이 적어 보인다. 100 K에서 열용량은 두 배 이상 차이가 나고, 25 K에서 두 지수 크기만큼 차이가 난다. Debye 이론에서 어떤 물질의 열용량도 T/T_D의 함수로 쓰일 수 있다. 만약 표 11.4의 여덟 가지 금속의 열용량을 T/T_D에 대해 그린다면, 그림 11.14에서 보이듯 서로 다른 금속 간의 큰 차이가 사라질 것이다. 모든 물질에 대한 데이터는 Debye 이론을 통해 계산한 같은 곡선에 속할 것이다. 이렇듯 매우 다양한 물질이 공통된 원리에 기반한다는 것을 이해할 수 있었던 것은 양자 이론과 Bose-Einstein 통계의 적용에 대한 위대한 성공 덕분이다.

11.3 금속의 전자

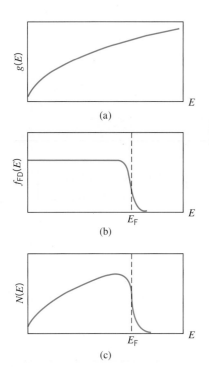

그림 11.15 (a) 전자의 상태 밀도 지수 [식 (10.12)]. (b) Fermi-Dirac 분포 함수 [식 (10.34)]. (c) (a)와 (b)의 곱으로 얻어진 단위 에너지 간격당 점유 상태의 숫자.

금속에서 각각의 원자는 금속을 자유롭게 움직일 수 있는 자유 전자의 '전자 기체(electron gas)'에 1개 이상의 약하게 결합된 전자들을 제공한다. 보통의 분자로 이루어진 기체와 유사하게, 이러한 전자들은 자유롭게 움직이고 격자의 이온 핵에 의해 산란될 때만 힘을 받는다. 일단 점유 전자 상태 분포가 전자 기체의 상태 밀도와 Fermi-Dirac 통계 함수에 의해 결정된다고 가정하자. 전자와 격자 원자의 상호 작용에 대한 더 자세한 분석을 통해 특정 범위의 에너지 영역이 금지된다는 것을 다음 절에서 배울 것이지만, 여기서는 이 효과를 무시할 것이다. 이러한 가정을 통해 전기 전도, 열용량, 열 전도와 같은 금속의 여러 성질을 설명하기 위해 전자 기체 모형을 사용할 수 있다.

그림 11.15는 10장에서 다뤘던 Fermi-Dirac 에너지 분포의 주요 특성을 보여주고, 이는 금속의 전자에도 적용될 수 있다. 점유 전자 상태의 분포는 식 (10.12)의 상태 밀도 지수와 식 (10.34)의 Fermi-Dirac 분포 함수의 곱으로 결정된다. $T = 0$에서 Fermi

에너지 E_F보다 높은 에너지를 가지는 모든 상태는 비어 있고, E_F보다 낮은 모든 상태는 점유되어 있다. 0보다 높은 온도에 대해, E_F는 Fermi-Dirac 지수가 1/2의 값을 가지는 지점을 의미한다. $T=0$과 상온에서의 $N(E)$의 차이는 그림 10.22에 그려져 있다. E_F 근처에 있는 적은 숫자의 전자만이 온도 변화에 영향을 받는다.

모든 에너지에 대한 $N(E)$의 적분은 전체 전자 수 N을 주는 식 (10.49)를 이용해서 $T=0$일 때의 Fermi 에너지를 계산했다. 다음과 같이 임의의 온도에서의 E_F를 찾기 위해 같은 방법이 쓰일 수 있다.

$$N = \int_0^\infty N(E)\,dE = \frac{8\sqrt{2}\pi V m^{3/2}}{h^3} \int_0^\infty \frac{E^{1/2}\,dE}{e^{(E-E_F)/kT}+1} \tag{11.13}$$

기본적으로, 식 (10.50)에서 했던 것처럼 적분을 하면 E_F를 구할 수 있다. 그러나 적분은 닫힌 형식(closed form)으로 쓰일 수 없다. 해는 다음과 같이 근사할 수 있다.

$$E_F(T) \approx E_F(0)\left[1 - \frac{\pi^2}{12}\left(\frac{kT}{E_F(0)}\right)^2\right] \tag{11.14}$$

이때 $E_F(T)$는 온도 T에서의 Fermi 에너지를, $E_F(0)$은 $T=0$에서의 Fermi 에너지를 나타낸다[식 (10.50)]. 상온에서 $kT=0.025$ eV이고 대부분의 금속에서 Fermi 에너지는 수 eV이므로, 0 K과 상온에서의 Fermi 온도 변화는 겨우 $1/10^4$ 정도이다. 그러므로 우리 목적을 위해서는 Fermi 에너지를 상수로 생각할 수 있고, 이를 E_F라고 부를 것이다. 표 11.5는 몇몇 금속에서의 Fermi 에너지를 보여준다.

표 11.5 몇몇 금속의 Fermi 에너지

금속	E_F(eV)
Ag	5.50
Au	5.53
Ba	3.65
Ca	4.72
Cs	1.52
Cu	7.03
Li	4.70
Mg	7.11
Na	3.15

전기 전도

전기장 $\vec{\mathbf{E}}$가 금속에 가해질 때, 전류가 전기장 방향으로 흐른다. 전하의 흐름은 **전류 밀도**(current density) $\vec{\mathbf{j}}$, 즉 단위 단면적당 전류로 쓰일 수 있다. 보통의 금속에서 전류 밀도는 다음과 같이 전기장에 비례한다.

$$\vec{\mathbf{j}} = \sigma\vec{\mathbf{E}} \tag{11.15}$$

이때 비례상수 σ는 물질의 **전기 전도도**(electrical conductivity)이다. 전도도를 물질의 성질의 항으로 이해해 보자.

전자 기체의 자유 전자는 힘 $\vec{\mathbf{F}} = -e\vec{\mathbf{E}}$를 겪고, 이 힘에 의한 가속도는 $-e\vec{\mathbf{E}}/m$이다. 우리는 도체에서 전류가 시간에 따라 일정하다는 것을 안다. 따라서 전기장으로 인한 속도의 증가는 반드시 상쇄되어야 하고, 이 경우 격자와의 충돌이 속도 증가를 상쇄시키는 역할을 한다. 금속에서의 전도 모형은 전자가 짧은 시간 간격 동안만 전기장에 의해 가속되고, 충돌에 의해 감속된다고 본다. 전자가 충돌 사이의 평균 시간 τ만 큰 가속될 때, 최종 결과는 전자가 평균 정상 **유동 속도**(drift velocity) $\vec{v}_d$를 얻는 것으로 나타난다.

$$\vec{v}_d = \frac{-e\vec{E}}{m}\tau \qquad (11.16)$$

전류 밀도의 크기는 전하 수송자의 숫자와 평균 속력에 의해 다음과 같이 결정된다.

$$\vec{j} = -ne\vec{v}_d \qquad (11.17)$$

이때 n은 전도에 참여할 수 있는 전자 밀도를 나타낸다. 유동 속도를 대입하면 다음 결과를 얻는다.

$$\vec{j} = \frac{ne^2\tau}{m}\vec{E} \qquad (11.18)$$

그러므로 전도도는

$$\sigma = \frac{ne^2\tau}{m} \qquad (11.19)$$

식 (11.19)의 미지수는 충돌 간 시간이므로, 다음과 같이 표현할 수 있다.

$$\tau = \frac{l}{v_{av}} \qquad (11.20)$$

이때 l은 전자가 충돌 간 진행하는 평균 거리인 전자의 **평균 자유 경로**(mean free path)이다. v_{av}는 격자를 지날 때의 평균 속력이다. (전기장에 의해 조금 증가하게 되는 유동 속력과 이 속력은 같지 않다는 것에 주의하자.)

이제 이론과 실험에서 측정된 전도도를 비교해 보자.

예제 11.4

충돌과 다음 충돌 사이의 평균 이동 거리가 원자 간 거리와 거의 같다고 가정하여, 상온에서 구리의 전기 전도도를 추정해 보시오.

풀이

구리 격자의 원자 간 최근접 거리는 0.256 nm이다. 만약 전자 기체를 준고전적으로 생각한다면, 전자의 평균 운동 에너지는 $\frac{3}{2}kT$이고, 따라서 상온($kT = 0.0252$ eV)에서의 평균 전자 속도는 다음과 같다.

$$
\begin{aligned}
v_{av} &= \sqrt{\frac{3kT}{m}} \\
&= \sqrt{\frac{3(0.0252 \text{ eV})}{0.511 \times 10^6 \text{ eV}/c^2}} \\
&= 1.15 \times 10^5 \text{ m/s}
\end{aligned}
$$

그러면 충돌 간 평균 시간은

$$
\begin{aligned}
\tau &= l/v_{av} = (0.256 \times 10^{-9} \text{ m})/(1.15 \times 10^5 \text{ m/s}) \\
&= 2.22 \times 10^{-15}\text{초}
\end{aligned}
$$

구리 원자 밀도는

$$n = \frac{\rho N_A}{M} = \frac{(8.96 \times 10^3 \text{ kg/m}^3)(6.02 \times 10^{23} \text{ 원자/몰})}{0.0635 \text{ kg/몰}}$$

$$= 8.49 \times 10^{28} \text{ 원자/m}^3$$

전도도는

$$\sigma = \frac{ne^2\tau}{m}$$

$$= \frac{(8.49 \times 10^{28} \text{ m}^{-3})(1.60 \times 10^{-19} \text{ C})^2(2.22 \times 10^{-15} \text{ s})}{9.11 \times 10^{-31} \text{ kg}}$$

$$= 5.30 \times 10^6 \ \Omega^{-1}\text{m}^{-1}$$

상온에서 구리 전도도의 측정값은 $5.96 \times 10^7 \ \Omega^{-1}\text{m}^{-1}$이므로, 우리 계산과는 한 자 릿수 정도 넘게 차이가 난다. 그러므로 계산에서의 온도 의존성은 틀렸다고 생각할 수 있다. 우리 계산은 전도도가 해당 온도 영역에서 $T^{-1/2}$으로 감소한다고 예측하지만, 측정값은 T^{-1}로 감소한다.

사실 계산에 두 가지 오류가 있는데 두 오류 모두 전도 과정에서의 양자역학적 효과 를 무시했기 때문에 발생한다. 이제 이러한 결점을 어떻게 제거할 수 있는지 살펴보자.

전기 전도에 대한 양자 이론

그림 11.16a는 금속에서의 전자 속도의 Fermi 분포를 보여준다. Fermi 에너지 분포 와 같이, $v = 0$에서 평평하고 Fermi 속도 v_F 근처에서 0으로 떨어진다. 그러나 전자는 양쪽 방향으로 모두 움직일 수 있으므로, (에너지 분포와는 달리) 속도 분포는 음과 양 의 성분을 모두 가진다. 전기장이 가해질 때, 그림 11.16b와 같이 모든 전자는 전체 속 도 분포를 왼쪽으로 이동시키는(전기장의 반대 방향으로) 유동 속도 v_d와 같은 추가 속 도 성분을 얻는다. 전체 분포가 이동했다고 할지라도, 전기장이 가해질 때 얻는 알짜 효과는 v_F 근처에서 크게 벗어나지 않는다. 전기장은 $\vec{E}$ 방향으로의 v_F 근처의 몇몇 전 자 상태가 점유되지 않도록 하고, $\vec{E}$와 반대 방향으로의 v_F 근처의 같은 수의 전자 상 태가 점유되도록 한다.

전기장에 의해 영향을 받는 전자들만이 Fermi 에너지 근처의 좁은 영역에 있을 수 있다. 이러한 전자들은 $v_F = \sqrt{2E_F/m}$ 의 속도로 움직인다. 구리의 경우, $E_F = 7.03 \text{ eV}$ 이고, 따라서 $v_F = 1.57 \times 10^6 \text{ m/s}$이다. 이 속력은 예제 11.4에서 얻었던 속도보다 한 자 릿수 정도 큰 값이고, 이는 더 짧은 충돌 간 평균 시간을 주고, 더 작은 전도도를 준다. 이러한 사실은 이론과 실험을 더 안 맞게 하는 것처럼 보인다! 게다가 Fermi 에너지는 온도에 거의 무관하므로, Fermi 에너지 근처의 전자 속력은 마찬가지로 온도에 따라 서 변하지 않아야 하고, 전도도 또한 변하지 않아야 한다.

이는 평균 자유 거리 l이 우리 계산의 마지막 피난처인 것처럼 보인다. 그러나 완전 하게 정렬된 격자에서 평균 자유 거리는 무한이다! 원자들은 대부분 비어 있는 공간

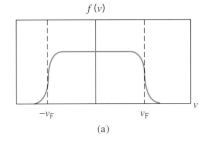

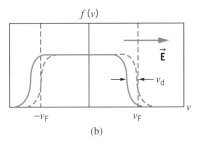

그림 11.16 (a) Fermi-Dirac 속도 분포 함 수. (b) 전기장이 가해질 때 전자들이 전 기장의 반대 방향으로 가속되면서 분포는 이동한다.

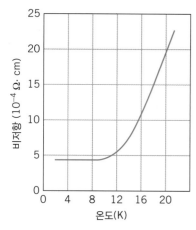

그림 11.17 온도의 함수로 그린 나트륨 금속의 전기 비저항.

이기 때문에, 전자는 격자 이온으로부터의 산란을 겪지 않고 물질을 깨끗한 경로로 지나야 한다. 완전한 격자는 무한한 전도도를 가진다! 실제로는, 전자의 평균 자유 거리가 원자 간 거리의 수백 배라는 것을 알 수 있고, 전자가 격자 이온을 만나는 일은 매우 흔치 않은 일이다.

실제 금속 격자에서 다음 두 가지 효과가 전자 산란에 기여한다. (1) 원자는 (평형 위치로부터 진동하는) 무작위의 열적 움직임을 가지므로 완전하게 배열된 격자의 위치를 정확하게 점유하지 않는다. (2) 격자의 불완전성과 불순물은 이상적인 격자로부터의 차이를 만든다. 첫 번째 효과는 온도에 의존하고, 고온에서 이 효과가 우세할 것이다. 반면 두 번째 효과는 온도에 의존하지 않으므로, 저온에서 이 효과가 우세할 것이다. 사실 (진동 진폭의 제곱에 의존하는) 평균 진동 퍼텐셜 에너지는 온도에 비례하므로, 진동하는 원자가 격자를 따라 움직이는 전자 앞에 나타나는 평균 면적은 또한 T에 비례한다. 그러므로 전도도는 T^{-1}을 따라 감소하며, 이는 실험과 일치하는 결과이다.

그림 11.17은 나트륨 금속의 비저항(전도도의 역수)을 온도의 함수로 그린 것이다. 저온에서의 온도 무관 성분과 (T에 선형적으로 증가하는) 고온에서의 온도 의존 성분을 모두 볼 수 있을 것이다.

금속에서의 전기 전도도를 설명하는 같은 원리가 **열 전도도**(thermal conductivity)도 설명한다. 물질에 들어가는 열은 Fermi 에너지 근처의 작은 구간(폭 kT)의 전자들을 더욱 빠르게 움직이게 하고, 그 전자들은 이온과의 충돌을 통해 격자로 에너지를 전달할 수 있다. 전기 전도와 열 전도의 평균 자유 거리가 같다고 가정하면, 열 전도도와 전기 전도도의 비율은 물질의 종류와 무관해야 하고, (구간 kT가 열 전도에 참여하는 전자의 숫자를 결정하므로) 온도에만 비례해야 한다.

비율 $K/\sigma T$(이때 K는 열 전도도)는 모든 물질과 모든 온도에 대해 같아야 한다. 열 전도도와 전기 전도도가 비례한다는 것은 **Wiedemann-Franz 법칙**(Wiedemann-Franz law)이라고 알려져 있다. 비율 $K/\sigma T$는 전자 기체 모형의 매개변수로 다음과 같이 계산할 수 있다.

$$L = \pi^2 k^2/3e^2 = 2.44 \times 10^{-8} \text{ W} \cdot \Omega/\text{K}^2 \tag{11.21}$$

이는 **Lorenz 수**(Lorenz number)라고 불린다. 그림 11.18은 상온에서의 여러 금속에 대한 비율 $K/\sigma T$ 값을 보여준다. 이 영역에서 열 및 전기 전도도는 거의 두 자릿수 크기만큼 차이가 나지만, 그 비율은 꽤 일정하고 Lorenz 값과 일치한다. 이러한 일치는 고체의 전자 성질을 설명하기 위한 Fermi-Dirac 통계의 또 다른 성공적 적용 사례에 해당한다.

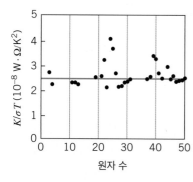

그림 11.18 상온에서 다양한 금속의 Wiedemann-Franz 비율 $K/\sigma T$. 실선은 Lorenz 수이다.

11.4 고체의 띠이론

도체를 자유 전자의 기체로 다루는 모형은 우리가 물질의 성질을 이해하는 데 큰 도움을 주었다. 그러나 더 깊은 이해를 얻기 위해서는 반드시 격자의 원자와 전자의 상호 작용을 고려해야 한다. 아래에서는 이러한 상호 작용이 자유 전자 기체의 전자 에너지(0부터 Fermi 에너지까지 연속적인)와 상호 작용하는 계의 전자 에너지(허용된 에너지 영역과 금지된 에너지 영역들이 번갈아 가며 나타나는 배열) 사이의 깊은 차이를 낳는다는 것을 볼 것이다.

나트륨과 같은 동일한 두 원자가 매우 멀리 떨어져 있을 때, 한 원자의 전자 준위는 다른 원자의 존재에 의해 영향을 받지 않는다. 각 원자의 $3s$ 전자는 원자핵에 대해 단일 에너지를 가진다. 만약 두 원자를 가깝게 하면, 전자 파동 함수는 중첩되기 시작하고, 두 파동 함수가 더해지느냐 빼지느냐에 따라 2개의 서로 다른 $3s$ 준위가 형성된다. 9.2절에서 봤던 것처럼 이 효과는 분자 결합을 만든다. 그림 11.19는 에너지 준위를 보여준다.

더 많은 원자를 한데 모으면 같은 효과가 발생한다. 나트륨 원자가 멀리 있을 때에는 모든 $3s$ 전자는 같은 에너지를 가지고, 그 원자들이 한데 모이면 에너지 준위는 '갈라지기' 시작한다. 5개 원자에 대한 상황이 그림 11.20에 보이고 있다. 이제 5개의 중첩된 전자 파동 함수가 5개의 에너지 준위를 만들어낸다. 원자의 개수가 금속의 작은 조각에 대한 매우 큰 숫자(약 10^{22}개의 원자)로 증가할 경우, 에너지 준위는 매우 많아지고 아주 가까워져서 그림 11.21에서 보여지는 것처럼 각각의 에너지 준위를 더 이상 구분하지 못하게 될 것이다. N개의 원자가 거의 연속적인 에너지 준위의 연속적인 **띠**(band)를 이룬다고 생각할 수 있다. 그러한 준위는 나트륨의 $3s$ 원자 준위로 구분될 수 있기 때문에, 이를 **$3s$ 띠**($3s$ band)라고 한다.

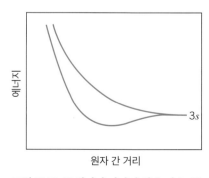

그림 11.19 두 원자가 가까이 있을 때 $3s$ 준위의 갈라짐.

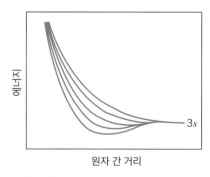

그림 11.20 5개의 원자가 모여 있을 때 $3s$ 준위의 갈라짐.

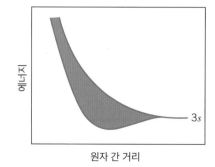

그림 11.21 매우 많은 수의 원자에 의한 $3s$ 띠의 형성.

N개의 원자를 가지는 고체의 각각의 에너지띠는 총 N개의 개별 준위를 가진다. 각 준위는 (2개의 전자 스핀 방향과 2l+1개의 전자 궤도 각운동량에 대응하는) 2(2l+1)개의 전자를 가지므로 각 띠가 수용 가능한 전자 수는 2(2l+1)N개이다.

그림 11.22는 나트륨 금속의 더욱 완전한 에너지띠 그림을 보여준다. 1s, 2s, 2p 띠는 각각 가득 차 있다. 1s와 2s 띠는 각각 2N개의 전자를 가지고 있고, 2p 띠는 6N개의 전자를 가지고 있다. 3s 띠도 2N개의 전자를 수용할 수 있다. 그러나 N개의 원자 각각은 오로지 1개의 3s 전자를 고체에 제공할 수 있고, 따라서 총 N개의 3s 전자가 있다. 그러므로 3s 띠는 반만 차 있다. 3s 띠 위로는 6N개의 전자를 수용할 수 있지만 완전히 비어 있는 3p 띠가 있다.

방금 논의한 상황은 나트륨 금속의 바닥 상태이다. 이 계에 에너지를 더할 때(예를 들어, 열적 또는 전기적 에너지), 전자들은 찬 상태에서 비어 있는 상태 중 어떤 곳으로도 이동할 수 있다. 이 경우, 부분적으로 찬 3s 띠의 전자는 작은 양의 에너지를 흡수하고 3s 띠 안에 있는 비어 있는 3s 상태로 이동하거나, 더 큰 양의 에너지를 흡수하여 3p 띠로 이동한다.

이러한 상황을 Fermi-Dirac 분포를 이용하여 더욱 알맞은 방법으로 서술해 볼 수 있다. $T=0$ K 온도에서 Fermi 에너지 E_F 밑에 있는 모든 전자 준위는 차 있고, Fermi 에너지 위의 모든 준위는 비어 있다. 나트륨의 경우, 그 에너지 아래에 있는 모든 전자 준위가 차 있으므로(그림 11.23) Fermi 에너지는 3s 띠 중간에 있다. 높은 온도에서 Fermi 에너지는 0.5의 점유 확률을 주는 준위를 뜻한다. 즉, Fermi 에너지는 온도가 증가함에 따라 크게 변하지 않는다. 그림 11.24는 전자를 열적으로 들뜨게 하는 것

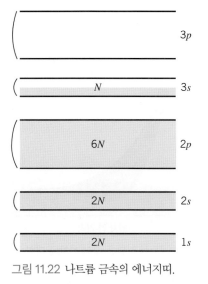

그림 11.22 나트륨 금속의 에너지띠.

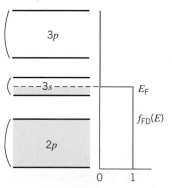

그림 11.23 $T=0$에서 나트륨의 에너지띠(차 있는 1s와 2s 띠는 그리지 않았다). Fermi 에너지는 반만 찬 3s 띠의 가운데에 있다. Fermi-Dirac 분포 함수는 수직 에너지 축에 대해 그려져 있다.

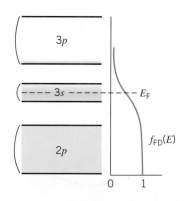

그림 11.24 $T>0$일 때 나트륨의 에너지띠. 2p 띠는 더 이상 완전히 차 있지 않고(꼭대기 근처에 비어 있는 상태가 조금 있다), 3p 띠는 더 이상 완전히 비어 있지 않다.

이 $3p$ 띠에 전자 숫자를 약간 증가시키고, $2p$ 띠에 있는 몇몇 비어 있는 상태를 유도하는 상황을 보여준다.

나트륨은 좋은 전기 도체에 해당하는 물질의 한 예이다. 우리가 1 V 수준의 적당한 퍼텐셜 차이를 가하면, $3s$ 띠에 N개의 비점유 상태가 있고, 그 모두가 약 1 eV 에너지 이내에 있으므로 전자는 에너지를 쉽게 흡수한다. 전압이 가해질 때 전자는 가속됨으로써 에너지를 얻는다. 그러므로 가능한 에너지 범위 안에 있는 많은 비점유 상태가 존재하는 한 전자는 자유롭게 움직일 수 있다. 나트륨에서 N개의 비점유 에너지 상태로 쉽게 움직일 수 있는 N개의 상대적으로 자유로운 전자가 있으므로 나트륨은 좋은 도체이다.

Fermi 준위가 띠 중간에 있는 나트륨의 띠 구조는 좋은 전기 도체가 공유하는 성질이다. Fermi 준위가 두 띠 사이의 틈에 있는 경우, E_F보다 아래에 있는 띠는 완전히 차 있게 되며 위에 있는 띠는 완전히 비어 있게 되므로 상황은 완전히 달라진다. 만약 틈 에너지 E_g가 kT에 비해 충분히 크다면, 온도가 올라감에 따라 Fermi-Dirac 분포가 퍼지게 될지라도 **전도띠**(conduction band)라고 불리는 위쪽 띠의 상태의 전자 숫자를 크게 증가시키거나, **원자가띠**(valence band)라고 불리는 아래쪽 띠의 빈 상태를 충분히 많이 만들 정도로 Fermi-Dirac 분포가 퍼지지 못한다. 이 상황은 그림 11.25에 그려져 있다. 원자가띠의 많은 전자가 전기 전도에 참여하지만, 그들이 움직이기에 비어 있는 상태가 거의 없어서 그들은 전기 전도도에 기여할 수 없다. 전도띠에 많은 빈 상태들이 있지만, 상온에서 전도띠에는 전자가 거의 없어서 전기 전도에 대한 그들의 기여도 매우 작다. 이러한 물질은 **부도체**(insulator)로 분류되고 일반적으로 다음과 같은 두 가지 성질을 가진다. 즉, 원자가띠와 전도띠 사이의 큰 에너지 틈(수 eV)과 띠 사이 틈에 있는 Fermi 준위(즉, 차 있는 원자가띠와 비어 있는 전도띠)가 그것이다.

같은 기본 구조를 가졌지만 훨씬 작은 에너지 틈(1 eV나 그 이하)을 가지는 물질은 꽤나 다른 경향을 보인다. 이러한 물질들은 **반도체**(semiconductor)라고 알려져 있다. 그림 11.26은 보통의 온도에서의 그러한 물질에 대한 도표를 보여준다. 이제 전도띠에 많은 전자가 있고, 물론 전자가 들어갈 수 있는 많은 빈 상태도 존재하므로, 그 전자들은 상대적으로 쉽게 전도될 수 있다. 또한 원자가띠에 많은 빈 상태가 존재하므로, 원자가띠의 몇몇 전자들은 그 상태로 움직임으로써 전기 전도도에 기여할 수 있다. 11.6절에서 전기 전도의 두 가지 메커니즘에 대해 자세히 다루었다. 이제 그림 11.26에 보이는 것처럼 띠 구조와 직접적으로 관계된 반도체의 두 가지 핵심 성질에 주목할 것이다. (1) 틈을 통한 열적 들뜸은 상대적으로 확률이 높으므로, 반도체의 전기 전도도는

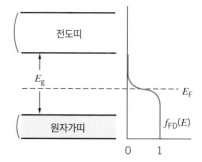

그림 11.25 $E_g \gg kT$일 때 전도띠에는 전자가 없다. 이 상황은 부도체를 기술한다.

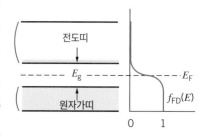

그림 11.26 반도체의 띠 구조. 틈은 부도체에서보다 훨씬 작고, 이제 전도띠에는 작은 수의 전자가 있다.

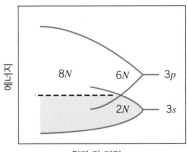

그림 11.27 마그네슘의 띠 구조. 찬 $3s$ 띠와 비어 있는 $3p$ 띠가 중첩하여 부분적으로 찬 단일 띠를 형성한다.

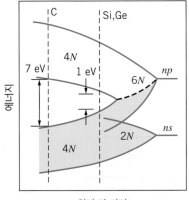

그림 11.28 탄소($n=2$), 실리콘($n=3$), 게르마늄($n=4$)의 띠 구조. 결합된 $ns+np$ 띠가 2개의 띠로 갈라지고, 각각이 $4N$개의 전자를 가질 수 있다. 탄소의 원자 거리에 7 eV 정도의 틈을 주므로 부도체가 된다. 반면, 실리콘과 게르마늄의 큰 원자 간 거리는 1 eV 정도의 더 작은 틈을 주므로 이 물질들은 반도체이다.

부도체나 도체에서보다 훨씬 더 강하게 온도에 의존한다. (2) 매우 낮은 농도의 불순물을 첨가함으로써 Fermi 에너지가 바뀌고, Fermi 에너지가 전도띠 위로 올라가거나, 원자가띠 아래로 내려가는 방식으로 반도체 물질의 구조를 바꾸는 것이 가능하다. **도핑**(doping)이라고 알려진 이 과정은 반도체의 전도도에 큰 영향을 준다.

지금까지 논의한 예들에서, 왜 띠이론이 고체의 성질을 이해하는 데 크게 유용했는지는 명확하지 않다. 예를 들어, 나트륨은 원자의 성질(상대적으로 약하게 결합된 $3s$ 전자)만으로도 좋은 도체임을 예측할 수 있다. 반면, 고체 제논은 가득 찬 원자 껍질을 가지고 있으므로 나쁜 도체이다. 이러한 결론은 단순한 원자 이론으로부터 도출될 수 있지만, 동시에 띠이론으로부터도 도출될 수 있다. 그러나 원자 이론이 잘못된 결과를 주고 띠이론이 알맞은 결과를 주는 많은 경우가 존재한다. 우리는 다음 두 가지 예를 살펴볼 것이다. (1) 마그네슘은 차 있는 $3s$ 껍질을 가지고 있고 원자 이론의 기초만 가지고는 마그네슘이 나쁜 전기 도체가 될 것으로 예측할 수 있다. 그러나 마그네슘은 매우 좋은 전기 도체이다. (2) 탄소의 $2p$ 껍질은 최대 6개의 전자 중 2개만을 가지고 있다. 그러므로 탄소는 상대적으로 좋은 도체여야 한다. 그러나 탄소는 실제로 매우 나쁜 도체이다.

띠 틈이 사라지고 띠가 중첩되도록 원자가 충분히 가까워질 때 이러한 고체의 띠가 가지는 특이한 행동 방법을 이용해서 이러한 두 물질을 이해할 수 있다. 예를 들어 마그네슘에서(그림 11.27), (차 있는) $3s$ 띠와 (비어 있는) $3p$ 띠가 중첩되고, 그 결과로 $2N+6N=8N$개의 준위를 수용할 수 있는 단일 띠가 형성된다. 이들 중 $2N$개만 차 있으므로, 마그네슘은 전자 수용량의 1/4만 차 있는 단일 띠를 가진 물질처럼 행동한다. 따라서 마그네슘은 매우 좋은 도체이다.

탄소에서 가까이 있는 전자 파동 함수의 중첩은 먼저 마그네슘과 비슷한 방법으로 $2s$와 $2p$ 띠의 혼합을 일으킨다. 이때 $8N$개 전자 수용량을 가진 단일 띠가 생성된다(그림 11.28). $2s$ 상태는 $2N$개의 전자에 기여하고, $2p$ 상태는 또 다른 $2N$개의 전자에 기여한다. (수용 가능한 총 전자 수는 $6N$개이다.) 원자들이 점점 가까워지면, 띠는 각각 $4N$개의 전자를 수용할 수 있는 2개의 서로 다른 띠로 갈라진다. 탄소는 4개의 원자가 전자를 가지고 있으므로(2개의 $2s$, 2개의 $2p$), 아래쪽 $4N$ 상태는 완전히 차 있게 되고, 위쪽 전도띠의 $4N$ 상태는 완전히 비게 된다. 그러므로 탄소는 부도체이다. 게르마늄과 실리콘은 탄소와 같은 구조 종류를 가지고 있지만, 원자 간 평형 거리가 더 크다. 따라서 원자가띠와 전도띠 사이의 틈은 약 1 eV 정도로 더 작다. 이러한 특성이 Ge와 Si를 반도체로 만든다.

그래핀

금속, 반도체, 부도체에 더해, 전혀 다른 특징의 띠 구조를 가지는 고체의 다른 종류, 즉 준금속(semimetal)이 있다. 준금속에서는 원자가띠와 전도띠가 만나거나 작은 중첩을 가진다(즉, 0의 띠 틈). 그러나 금속과는 달리 Fermi 준위에서 매우 작은 상태 밀도를 가진다. 비소, 안티모니, 비스무스, 흑연의 형태를 가지는 탄소 원소가 준금속의 예이다.

연필심으로 더 친숙한 흑연은 쌓여 있는 탄소 원자 시트 덩어리로 이루어져 있다. 각 시트에서 탄소 원자는 육각 배열을 이루고 있고, 각 시트는 다른 시트와 약하게 결합되어 있다. 각각의 탄소 원자 시트의 성질은 오랫동안 이론적 연구의 대상이었지만, 여러 해 동안 재료과학자들은 탄소 원자의 단일 원자막을 만드는 기술을 찾을 수 없었다. 연필을 쓸 때 남는 종이의 자국은 흑연 덩어리 여러 장과 분리하기 어려운 단일막의 아주 작은 조각의 혼합체로 이루어져 있다.

탄소 단일막을 만드는 결정적인 혁신이 2004년 영국 맨체스터대학의 Konstantin Novoselov와 Andre Geim이 사용한 '저차원적 기술(low-tech)' 기법을 통해 이루어졌다. 큰 그래핀 조각에 일반 접착 테이프를 붙인 뒤 떼어내면, 여러 층의 얇은 흑연 조각을 얻을 수 있다. 테이프를 여러 층 조각에 반복적으로 붙였다 떼어내는 과정을 반복하면 점점 더 얇은 막을 얻을 수 있고, 결국 어느 순간에는 단일막을 얻게 된다. 결과적으로 얻어지는 물질, 즉 원자 하나 두께의 탄소 원자로 이루어진 이차원 원자 배열이 **그래핀**(graphene)이다. 처음으로 그래핀을 만들고 그 성질을 측정함으로써 Geim과 Novoselov는 2010년 노벨 물리학상을 수상한다.

9장에서는 탄소로 이루어진 분자 구조를 1개의 $2s$ 전자와 3개의 $2p$ 전자의 혼성으로 기술하는 방법에 대해 배웠다. 벤젠의 구조(C_6H_6)가 그림 11.29a에 그려져 있다.

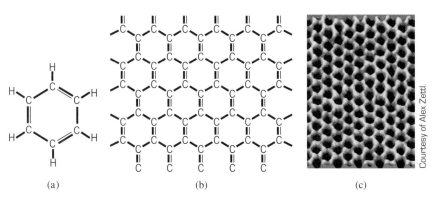

그림 11.29 (a) 벤젠의 분자 구조. 두꺼운 선은 σ 결합을 보여주고, 얇은 선은 π 결합을 보여준다. (b) 그래핀의 구조. (c) 그래핀의 전자 현미경 사진.

1개의 s 전자와 2개의 p 전자는 sp^2 혼성 상태를 형성한다. 결과적으로 얻어진 3개의 σ 결합은 2개의 탄소 이웃과 1개의 수소 원자를 가지는 육각형 고리의 각각의 탄소와 결합한다. 반복되는 탄소 쌍과 결합하는 고리 주변으로 혼성되지 않은 p 전자는 3개의 π 결합을 형성한다. 그러므로 각각의 원자가 4의 탄소는 4개의 공유 결합에 참여한다.

흑연의 단일 탄소 원자막은 유사한 육각형 구조를 가지고 있고, 또한 sp^2 혼성 상태로 기술된다. 이 경우 (그림 11.29b에 나타난 것처럼) 각각의 탄소는 σ 결합에 의해 3개의 이웃 탄소와 결합된다. π 결합이 훨씬 약한 4개의 원자가 전자는 원자막을 통해 전기 전도를 가능하게 한다. 이것은 그림 11.29c의 전자 현미경 사진에서 보이는 그래핀의 구조에도 해당되는 설명이다.

접착 테이프 기법으로 얻어진 그래핀 조각(보통 10 μm 크기)은 몇몇 기본 성질을 측정하기에 충분하지만, 과학과 산업에서 예상되는 여러 응용에 대해서는 충분히 크지 않다. 다른 필름 성장 기법을 이용하면, 그래핀 시트는 10 cm 크기보다 크게 만들 수 있다. 그래핀의 성질은 무척 놀랍다. 단일막 시트는 철보다 강하며, 투명하고, 휘어질 수 있고, 구리보다 100배는 높은 전류 밀도를 수송할 수 있다. (비저항에 대한 보통의 두 가지 요인, 즉 불순물과 격자 진동은 그래핀에서 최소화된다. 탄소 막은 매우 깨끗하므로 불순물이 거의 없고, 격자의 탄소들은 강하게 묶여 있기 때문에 격자 진동도 거의 없다.) 이러한 물질은 무수히 많은 곳에 응용될 수 있다. 예를 들어, 실리콘 기반 전자 소자의 소형화는 곧 한계에 부딪힐 것이지만, 그래핀 기반 전자 소자는 소자의 소형화에 더 큰 가능성을 가지고 있다. 옆으로 붙여진 2개의 그래핀 시트는 하나의 육각형 탄소 단위 셀에 의해 연결될 수 있다. 하나의 단위 셀을 통해 한 시트에서 다른 시트로 흐르는 전류는 전자 게이트를 만들 수 있고, 이는 가장 작게 만들 수 있는 실리콘 게이트보다 훨씬 작고 따라서 더 빠르다.

이상하게도, 그래핀의 전도 전자는 질량이 없는 광자처럼 행동하고, 속력은 운동량과 무관하고, 그러므로 상대론적 입자처럼 다뤄야 하며, Schrödinger 방정식 대신 상대론적 Dirac 방정식을 사용해서 분석해야 한다. 이러한 사실은 그래핀의 특이한 성질에 기여한다. 예를 들어, 상대론적 입자는 퍼텐셜 장벽을 항상 100% 투과하게 된다.

띠이론의 정당화*

고체의 띠이론은 금속, 부도체, 반도체의 성질을 설명하는 데 큰 성공을 거둬왔다. 이

---

* 이 부분은 선택 사항이며 생략해도 내용의 연속성은 유지된다.

번 절에서는 이온 격자를 통해 움직이는 전자의 양자역학에 기초한 띠이론에 대한 다른 접근 방법을 생각해 볼 것이다. 5장에서 논의한 것처럼 퍼텐셜 에너지 우물 안에 있는 전자가 불연속적인 에너지 준위를 가지는 것이 Schrödinger 방정식의 해였고, 이 해와 유사하게 이 절에서는 이온 격자에 의해 주기적인 퍼텐셜 에너지를 받는 전자가 에너지띠를 가질 수 있음을 보일 것이다.

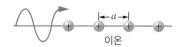

그림 11.30 일차원 Bragg 산란. 가능한 유일한 산란은 반대 방향으로 되튕기는 것이다.

　문제를 단순하게 만들기 위해서 일차원 이온 격자(그림 11.30)를 생각해 볼 것이다. 전자는 격자를 통해 진행하는 de Broglie파로 생각할 것이다. 전자와 격자 사이의 상호 작용은 Bragg 산란(3.1절)과 비슷하게 산란 문제로 생각할 것이다. 산란에 대한 Bragg 조건은 다음과 같다.

$$2d \sin\theta = n\lambda \qquad (n = 1, 2, 3, \dots) \tag{11.22}$$

이때 d는 원자 간 거리이고 θ는 원자 면을 기준으로 하는 입사각이다(수직을 기준으로 하는 입사각이 아니다). 이차원 격자에서 입사파는 반사가 일어나는 평면(그림 3.6을 다시 생각해 보자)에 따라 여러 다른 방향으로 산란될 수 있다. 그러나 일차원에서는 단 한 방향의 반사만 일어날 수 있다. 즉, 입사파는 반대 방향으로 반사된다. 이 경우 Bragg 조건을 써보면, $d = a$(격자의 이온이나 원자 사이의 간격)이고 θ는 $90°$(입사파와 '반사면' 사이의 각도)이다. $2a \sin 90° = n\lambda$이고, $\lambda = 2\pi/k$이므로(k는 파수이다)

$$k = n\frac{\pi}{a} \tag{11.23}$$

　이 조건을 만족시키지 않는 파수에 대해 전자는 격자를 자유롭게 진행하고, 운동 에너지만 가지고 있는 자유 입자처럼 행동한다.

$$E = \frac{p^2}{2m} = \frac{\hbar^2 k^2}{2m} \tag{11.24}$$

k에 대한 제한 조건은 없고, 모든 E 값이 허용된다. 자유 전자의 E와 k에 대한 이 관계는 그림 11.31과 같이 포물선을 형성한다.

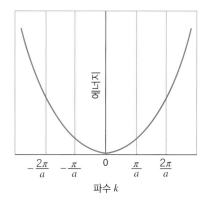

그림 11.31 자유 입자에 대한 에너지와 파수 사이의 포물선 관계.

　Bragg 조건을 만족시키는 파수에 대해, 반사파와 입사파는 더해져서 서로 반대 방향으로 진행하는 같은 파장의 두 파동이 중첩될 때 항상 만들어지는 정상파를 형성한다. 두 파동의 위상 차이에 따라 진폭은 더해질 수도 빼질 수도 있으므로 두 가지 서로 다른 정상파가 만들어지는 것이 가능하다. 그림 11.32에 두 정상파의 확률 밀도가 그려져 있다. 파동 중 하나(ψ_1)에 대해 전자는 양의 이온 가까이에서 더욱 쉽게 찾을 수 있다. 이러한 전자는 격자에 더욱 강하게 결합된다. 따라서 전자의 에너지는 자유 전자의 에너지보다 살짝 낮다. 다른 파동(ψ_2)으로 기술되는 전자는 이온들 사이 영역에서

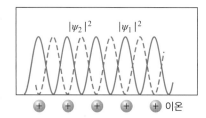

그림 11.32 일차원 격자의 서로 다른 두 가지 정상파에 대한 확률 밀도.

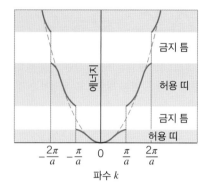

그림 11.33 일차원 격자의 에너지와 파수 사이의 관계. 점선은 자유 입자를 나타내는 포물선이다. 실선은 격자에 의해 산란되는 파를 의미한다.

발견될 것이다. 이 전자들은 덜 약하게 결합되어 있으므로, 이 전자들의 에너지는 (확률 밀도가 평평하므로 어떤 위치에서도 같은 확률로 전자가 발견될 수 있는) 산란되지 않은 전자들의 에너지에 비해 살짝 높다.

파수 k에 대한 전자 에너지의 경향 결과는 그림 11.33에 나타난 것과 같은 S자 곡선 조각 모양으로 그려진다. Bragg 조건에서 멀리 떨어진 파수(즉, k 값이 $n\pi/a$와 가깝지 않은)에 대해, 곡선 조각은 자유 입자를 나타내는 점선 포물선과 중첩된다. 그러나 Bragg 조건을 만족시키는 파수에서는 에너지가 자유 입자의 에너지와 멀어진다. 이때 포물선의 살짝 아래로 갈 경우 이온 근처에서 더 많은 시간을 보내는 더 강하게 결합된 전자가 되고, 포물선에서 살짝 위로 갈 경우 이온 사이에서 더욱 쉽게 발견할 수 있는 덜 강하게 결합된 전자가 된다.

모든 k 값이 가능할지라도, 에너지 값의 특정 허용 띠는 금지 틈으로 분리되어 있는 그림 11.33을 보라. 이 격자를 진행하는 전자는 허용 띠에 해당하는 영역의 에너지만 가질 수 있다. 이는 원자의 주기적 배열이 어떻게 에너지띠를 형성하는지 알려준다.

삼차원에 대한 더 자세한 계산은 허용 띠와 금지 띠에 대한 더 정확한 설명을 주지만, 기본적인 일차원 모델도 주기적 격자와 전자의 상호 작용으로부터 어떻게 띠가 형성될 수 있는지 보여줄 수 있다.

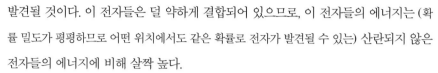

11.5 초전도

낮은 온도에서 금속의 비저항(전도도의 역수)은 거의 일정하다. 물질의 온도가 낮아지면, 비저항에 대한 불순물의 영향은 근사적으로 일정하지만 격자의 영향이 감소하므로, $T = 0\,K$에 가까워지면 비저항은 상수 값으로 수렴한다. 그림 11.17에서와 같이, 정상 금속(normal metal)이라고 알려진 여러 금속은 이와 같이 행동한다.

다른 종류의 금속의 행동은 무척 다르다. 이러한 금속은 온도가 낮아질 때 평범하게 행동하지만, 그림 11.34에서와 같이 (금속의 성질에 의존하는) 특정 임계 온도 T_c에서 비저항이 갑자기 0으로 떨어진다. 이러한 물질은 **초전도체**(superconductor)라고 불린다. 초전도체의 비저항은 T_c 아래의 온도에서 단순히 매우 작은 것이 아니다. 그저 사라진다! 심지어 가해지는 전압이 없을 때에도 이러한 물질은 전류를 흐르게 할 수 있고, i^2R 손실(줄 가열) 없이 전도가 일어난다.

초전도는 상압에서 28개 원소에서 관찰되고, 고압에서는 이 밖에 다른 원소 여럿에서 관찰되며, 수많은 화합물과 합금에서 관찰된다. 1911년 Hg에서의 초전도의 최초

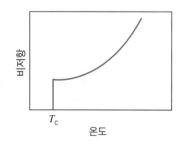

그림 11.34 초전도체의 비저항.

표 11.6 몇몇 초전도 물질

물질	T_c(K)	틈(meV)	연도
Zn	0.85	0.24	1933
Al	1.18	0.34	1937
Sn	3.72	1.15	1913
Hg	4.15	1.65	1911
Pb	7.19	2.73	1913
Nb	9.25	3.05	1930
Nb_3Sn	18.1		1954
Nb_3Ge	23.2		1973
$La_xBa_{2-x}CuO_4$	36		1986
$La_xSr_{2-x}CuO_5$	40		1986
$YBa_2Cu_3O_7$	93		1987
$Tl_2Ba_2Ca_2Cu_3O_{10}$	125		1988
$Hg_{12}Tl_3Ba_{30}Ca_{30}Cu_{45}O_{127}$	138		1994

발견 이후, 임계 온도 밑으로 물질의 온도를 유지하는 데 드는 높은 비용 때문에 초전도를 이용한 대규모 응용이 현재로서는 비실용적이므로, 가능한 한 가장 높은 임계 온도를 가지는 물질을 찾는 것에 연구의 초점이 집중되었다. 표 11.6은 몇몇 초전도 물질과 그들의 임계 값을 정리한 것이다. 1986년 이전 임계 값을 높이는 과정은 매우 느렸지만, 1986년부터 T_c의 드라마틱하고 급격한 상승이 얻어졌다.

눈에 띄는 것은 초전도체 목록에 최고의 금속 도체들(Cu, Ag, Au)이 없는 것이다. 이는 초전도가 좋은 도체를 더 좋게 만들어서 얻어지는 것이 아니라, 물질의 어떤 근본적인 변화가 포함되어야 함을 의미한다. 사실 초전도는 어떤 역설의 결과로 나타난다. 일반 물질은 전자가 격자와 상대적으로 약한 상호 작용을 할 때 좋은 도체가 될 수 있지만, 초전도는 전자와 격자 사이의 **강한** 상호 작용에서 나온다.

격자를 따라 움직이는 전자를 생각해 보자. 전자가 움직일 때, 전자는 양이온을 끌어당기고 물 위를 움직이는 배가 항적을 만드는 것처럼 격자를 헤집어 놓는다. 이러한 흔들림은 격자의 진동으로 진행하고, 이는 다시 다른 전자와 상호 작용한다. 사실 두 전자는 다른 하나와 격자를 매개로 하여 상호 작용한다. 전자는 격자와 상호 작용을 통해 에너지를 잃지 않는 상관된 쌍이 되어 움직인다. (이 쌍은 격자를 통해 함께 진행할 필요는 없다. 그들은 큰 거리로 떨어져 있을 것이다.) 알짜 전류가 없을 때 쌍의 구성 입자는 반대 운동량을 가진다. 알짜 전류가 있을 때 쌍의 두 구성 입자 모두가 같은 방향으로 운동량의 작은 증가폭을 얻고, 이 운동이 전류를 만들어낸다.

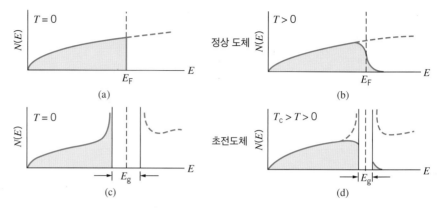

그림 11.35 (a) $T=0$에서 정상 도체, (b) $T>0$에서 정상 도체, (c) $T=0$에서 초전도체, (d) $T_c>T>0$에서 초전도체 상황에서의 찬 전자 상태의 수. (c)에서 폭 E_g의 에너지 틈이 있고, 틈 안에서 이동한 상태들이 틈의 다른 한편에 쌓인다. (d)에서와 같이, 더 높은 온도에서는 틈이 좁아지고 빈 상태들이 틈 아래에 있고 찬 상태들이 틈 위에 있다. 온도가 T_c로 증가하면, 틈의 폭은 0이 되고 초전도체의 점유 상태 분포가 정상 도체의 분포로 접근한다. 그림에서 틈의 폭은 과장되게 그려져 있다. 보통은 $E_g \sim 10^{-3}\,\mathrm{eV}$이다.

초전도를 성공적으로 설명하는 BCS 이론에 따르면,[*] 임계 온도 아래에서 초전도체의 전자 점유 확률에는 작은 에너지 틈 E_g가 있다(그림 11.35). 틈 아래에서 전자는 **Cooper 쌍**(Cooper pair)이라고 알려진 쌍을 형성한다. 하나의 Cooper 쌍이 형성되면, 다른 쌍을 형성하도록 하는 것이 에너지적으로 선호되므로, T_c 위의 정상 상태로부터 T_c 아래의 초전도 상태로의 변화는 무척 갑작스럽게 일어난다. (그림 11.35c에 나타난 것처럼, 밀도는 양자 상태당 1개의 전자가 최대로 들어갈 수 있는 Fermi-Dirac 분포가 정한 한계를 초과할 수 있다. 전자가 쌍을 이룰 때 그들은 더 이상 페르미온처럼 행동하지 않고 각 양자 상태에 하나 이상 들어갈 수 있다.)

초전도체가 T_c 아래로 냉각될 때, 틈이 열리고 Cooper 쌍이 형성되기 시작한다. 물질이 더 냉각되면 틈은 넓어진다. 표 11.6에 나타나 있는 에너지 틈의 값은 $T \to 0$일 때의 극한에 해당한다. Cooper 쌍의 결합 에너지로 나타낼 수 있는 에너지 틈은 크기가 10^{-3} eV 수준으로 매우 작다. $T=0$에서 틈 아래의 모든 상태는 점유되어 있다. $0<T<T_c$일 때, 틈 아래로 몇몇 비점유 상태들이 발생하고, 틈 위의 몇몇 상태들은 정상 (짝 지어지지 않은) 전자에 의해 점유된다.

---

[*] 초전도 이론은 1972년 노벨 물리학상을 받은 John Bardeen, Leon N. Cooper, J. Robert Schrieffer에 의해 1957년에 개발되었다. 또한 Bardeen은 반도체와 트랜지스터 개발에 대한 연구로 1956년 노벨 물리학상을 공동 수상했다.

임계 온도와 에너지 틈 사이에 직접적인 관계가 있어야 한다는 것은 합리적인 것처럼 보인다. 에너지 틈이 커지면, Cooper 쌍을 깨고 초전도를 무너뜨리는 데 더 많은 열에너지가 필요하다. BCS 이론은 다음 관계를 준다.

$$E_g = 3.53kT_c \qquad (11.25)$$

온도가 T_c로 올라가면 틈의 폭이 감소하고, 틈의 폭이 0이 되는 T_c 위에서는 초전도가 사라진다.

1986년부터 이상하게 높은 값의 T_c를 가지는 초전도체의 새로운 종류가 발견되었다. 1911년 초전도체의 발견 이후 1986년까지의 75년 동안 가장 높은 T_c는 4 K에서 약 23 K으로 올라갔다. 1986년에 30~40 K 영역의 T_c를 가지는 수많은 물질이 발견되었다. 1987년에 이는 93 K으로 올라갔고 1994년 138 K으로 상승했다. 77 K의 경계를 넘는 것은 중요한데, 액체 질소에 비해 냉각 비용이 거의 10배 정도 비싼 액체 헬륨 대신 액체 질소로 냉각이 가능하기 때문이다. T_c의 급격한 증가는 상온 초전도체인 물질을 개발하는 것이 가능할지도 모른다는 희망을 갖게 한다. 그런 물질은 저항 손실 없이 먼 거리로 전력을 공급하는 것을 가능하게 할 것이다.

높은 T_c 초전도체는 구리 산화물과 다른 원소의 조합이다. 이 물질은 세라믹인데, 이는 더 잘 부러지게 되므로 전류를 흘리기 위해 선으로 만들기 쉽지 않다는 것을 의미한다. 결정 구조는 다른 원소들의 평면 사이에 구리와 산소의 평면이 있는 형태로 기술된다. 초전도 현상이 구리 산화물 평면에서 일어나는 것이 유력하지만, BCS 이론에서 주어지는 이러한 새로운 초전도체에 대한 완전한 설명은 여전히 불분명하다.

초전도 물질은 저항 손실 없이 전류가 흐를 수 있는 능력을 이용하므로 응용 분야가 다양하다. 큰 전류를 흐르게 할 수 있도록 전자석을 만들 수 있고, 그러므로 (5~10 T 정도 크기의) 큰 자기장을 만들 수 있다. 100 A 정도의 큰 전류가 0.1 mm 지름의 아주 얇은 초전도 도선을 통해 흐를 수 있고, 그런 자석은 일반 도체에 비해 적은 재료를 사용해서 작은 공간에 만들 수 있다. 한번 시작되면, 초전도 도선 고리의 전류는 외부의 전원 없이 여러 해 동안 회전할 수 있다. 초전도 도선은 또한 자기 부상 열차의 자기장, 자기 공명 영상을 위한 자기장, 2008년 운영을 시작한 대형 강입자 충돌기(Large Hadron Collider)와 같은 고에너지 가속기의 입자 빔을 휘게 하는 자기장 등을 만드는 데 사용될 수 있다.

Josephson 효과

부도체 물질로 이루어진 얇은 층이 2개의 동일한 초전도체 사이에 샌드위치되어 있

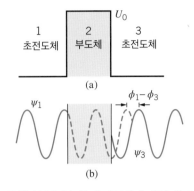

그림 11.36 (a) 두 초전도체에 의해 샌드위치된 얇은 부도체는 전류 흐름에 대해 높이 U_0의 퍼텐셜 에너지 장벽을 제공한다. (b) 초전도체에서 파동 함수 ψ_1와 ψ_3 사이에는 위상차 $\phi_1 - \phi_3$가 있다.

는 상황을 생각해 보자. 부도체 층은 전자 쌍을 한 초전도체에서 다른 초전도체로 터널링시킬 수 있을 만큼 충분히 얇다. 이는 5장에서 논의한 일차원 장벽 투과의 대표적인 예이다.

그림 11.36은 배열을 보여준다. 초전도체에서(영역 1과 3) 전자 쌍은 자유롭게 움직이고, 파동 함수는 자유 입자의 형태를 가진다. 즉, $\psi_1(x) = Ae^{i(kx+\alpha_1)}$이고 $\psi_3(x) = Ae^{i(kx+\alpha_3)}$이다. 이때 α_1과 α_3은 임의의 위상 각도이다. (진폭 A는 실수로 잡는다.) 장벽 양편의 두 경계에서 파동은 $\psi_1 = Ae^{i\phi_1}$이고 $\psi_3 = Ae^{i\phi_3}$이다. 이때 ϕ_1과 ϕ_3은 경계에서의 지수 값을 나타낸다. 높이 U_0의 장벽 안쪽에서 파동 함수는 $\psi_2(x) = Be^{k'x} + Ce^{-k'x}$의 형태를 가진다. 이때 $k' = \sqrt{2mU_0/\hbar^2}$이다. ψ에 대한 두 경계 조건을 적용하면, 결국 다음과 같은 전류 형태를 얻을 수 있다.

$$i = i_0 \sin(\phi_1 - \phi_3) \qquad (11.26)$$

접합을 지나는 이러한 '초전도 전류(supercurrent)'의 존재는 영국 물리학자 Brian Josephson에 의해 1969년 처음 예측되었고, 이 현상은 **Josephson 효과**(Josephson effect)라고 불린다. 이 발견으로 Josephson은 1973년 노벨 물리학상을 공동 수상했다.

Josephson 효과의 한 가지 중요한 응용은 매우 약한 자기장의 측정이다. 그림 11.37과 같이 두 Josephson 접합으로 이루어진 소자를 생각해 보자. 보통의 상황에서는 전류가 두 갈래로 같게 나뉘고, 위상차는 두 접합에 대해 동일하다. 이제 고리의 면에 수직 방향으로 자기장을 가한다고 해보자. 추가적인 전류가 고리에 유도될 것이다. 이 추가적인 전류는 자기장의 방향에 따라 시계 방향이나 반시계 방향일 수 있고, 한 Josephson 접합에 전류를 더하고, 다른 하나에 전류를 빼면서 두 접합 사이에 상대적인 위상 차이 변화를 만들어낸다. 그 전류들이 결합될 때 이중 슬릿 간섭의 최대 및 최소와 비슷한 방법으로 이 전류들의 위상 차이는 고리를 빠져나가는 알짜 전류의 최대와 최소를 만들어낸다. 최대와 최소를 관찰하는 것은 고리의 자기장을 민감하게 측정하는 방법이다. 이 소자는 SQUID(Superconducting QUantum Interference Device, 초전도 양자 간섭 소자)라고 불리고 이는 10^{-17} T보다 더 작은 자기장을 측정할 수 있게 한다. 이런 민감한 소자는 뇌 안의 자기장을 정확하게 그릴 수 있도록 하고, 또한 자기 공명 영상(MRI)과 같은 다른 의학 분야에 사용된다.

다른 응용 분야로, 단일 Josephson 접합에 DC 전압 ΔV가 가해진다. 이 전압은 접합의 한편에 있는 전자 쌍의 에너지를 $2e\Delta V$만큼 변화시킨다. 예를 들어, 만약 영역 1이 영역 3에 비해 더 양의 전하를 가지는 경우 보통의 과정[식 (5.6) 참조]을 이용해서 구하면, 영역 1의 경계에서의 파동 함수는 파동 함수의 시간 항($\omega = E/\hbar = -2e\Delta V/\hbar$일

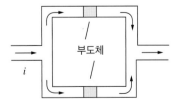

그림 11.37 두 Josephson 접합이 합쳐지면 양자 간섭 소자를 형성할 수 있다.

때 지수 $e^{-i\omega t}$)을 포함하여 $\psi_1 = A e^{i(\varphi_1 + 2e\Delta V t/\hbar)}$이 될 것이다. 접합을 지나는 전류는 따라서 다음과 같이 구해진다.

$$i = i_0 \sin\left(\phi_1 - \phi_3 + \frac{2e\Delta V}{\hbar} t\right) \tag{11.27}$$

접합에 DC 전압을 가하는 것은 AC 전류를 만든다! 주파수는 매우 정밀하게 측정할 수 있기 때문에 이 AC 전류의 주파수 측정은 ΔV를 결정하는 데 쓰일 수 있다. 그 결과로, 1990년 이후 AC Josephson 효과는 볼트(volt)의 국제 표준을 정하는 수단으로 국제도량형총회(General Conference on Weights and Measures)에 의해 승인되었다.

11.6 고유 반도체와 불순물 반도체

반도체는 원자가띠와 전도띠 사이의 에너지 틈 E_g가 1 eV 수준인 물질을 뜻한다. $T = 0$에서 원자가띠의 모든 상태는 가득 차 있고 전도띠의 모든 상태는 비어 있다. Fermi-Dirac 분포가 $T = 0$에서 계단 함수이므로, E_F 밑의 모든 상태에 대해서는 점유 확률이 1이고 E_F 위의 모든 상태에 대해서는 점유 확률이 정확히 0이라는 것을 기억해 보자. 그러나 온도가 증가하면, E_F 위의 몇몇 상태들은 점유되고 E_F 밑의 몇몇 상태들은 비어 있게 된다. 상온에서 Fermi 에너지, 원자가띠와 전도띠, 전자 에너지 분포 사이의 관계는 그림 11.26에 그려진 것과 같을 것이다.

상온 Fermi-Dirac 분포 함수의 값이 전도띠에서는 거의 0이지만, 완전히 0은 아니다. 그림 11.38은 전도띠 아래 근처에서 $f_{FD}(E)$를 크게 확대한 것이다. 만약 E_F가 1 eV 에너지 틈의 중간 근처에 있다면 $E - E_F$ 값은 0.5 eV이고, 상온에서 $kT \sim 0.025$ eV이므로 $E - E_F \gg kT$이다. 그러므로 Fermi-Dirac 분포의 분모의 1은 무시할 수 있고, $f_{FD}(E)$는 그림 11.38에 보이는 것처럼 근사적으로 지수함수적이다.

Fermi 에너지가 틈의 중간 근처에 있다고 가정하면, 전도띠의 바닥 근처의 점유 확률은 $e^{-E_g/2kT} \cong 10^{-9}$ 수준이다. 따라서 10^9개 중 하나의 원자는 전기 전도도에 1개의 전자만큼 기여한다. 이를 모든 원자가 전도도에 전자를 하나씩 기여하는 금속의 경우와 비교해 보자. (한편, 띠 틈이 1 eV인 대신 5 eV 정도인 것을 제외하면 띠 구조가 반도체와 매우 유사한 부도체를 생각해 보자. 에너지 틈 크기의 작은 차이가 상온에서의 전도띠의 점유 확률에 엄청난 영향을 준다. 즉, $e^{-E_g/2kT} \cong 10^{-44}$이다. 그러므로 10^{20}개의 원자를 가진 샘플이 있다면, 반도체인 경우에 10^{11}개의 전도 전자가 있고, 도체인 경우에는 10^{20}개, 부도체인 경우에는 전도 전자가 거의 없다.)

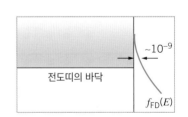

그림 11.38 전도띠 바닥 근처 Fermi-Dirac 분포 함수의 꼬리. 이 그림의 스케일은 매우 확대되어 그려졌다. $f_{FD}(E)$의 1은 오른쪽으로 1,000 km 떨어져 있고, E_F는 이 페이지 모서리의 1 m 아래 정도에 있다.

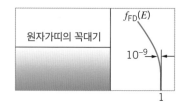

그림 11.39 빈 상태의 작은 비율을 보여주는 원자가띠 꼭대기 근처의 Fermi-Dirac 분포.

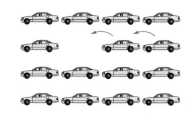

그림 11.40 차 하나가 빈 자리를 채우지만 새로운 빈 자리를 만들며 왼쪽으로 움직인다. 새로운 빈 자리는 왼쪽으로 움직이는 다음 차에 의해 채워진다. 각각 빈 공간을 채우는 차들의 움직임은 왼쪽이고, 이는 빈 공간의 오른쪽 방향 움직임으로 이해할 수 있다.

그림 11.39는 원자가띠 꼭대기 근처의 해당 영역을 보여준다. 만약 전도띠에 차 있는 상태가 조금 있다면, 원자가띠에는 반드시 빈 상태가 조금 있어야 하고, Fermi-Dirac 분포는 단지 1보다 아주 살짝 작게 된다. 사실 Fermi-Dirac 분포는 $1 - e^{(E-E_F)/kT}$로 근사할 수 있다. 전도띠의 전자에 대한 논의에서 이 숫자는 약 $1 \sim 10^{-9}$ 수준이다. (전도띠의 모든 전자가 원래는 원자가띠에서 왔으므로, 전도띠의 전자 수는 원자가띠의 빈 자리 숫자와 정확히 같다. Fermi-Dirac 분포는 그러므로 전도띠와 원자가띠에서 대칭이고, Fermi 에너지는 틈 중앙에 있어야만 한다.)

실제로 원자가띠의 많은 전자 수보다 원자가띠의 상대적으로 작은 빈 자리 수의 행동을 분석하는 것이 훨씬 쉽다. 반도체에 전기장을 가할 때, 전도띠에 전자가 들어갈 수 있는 많은 빈 상태들이 있으므로 전자는 쉽게 움직일 수 있다. 그러나 원자가띠에는 빈 자리가 거의 없다. 전기장의 영향 때문에 원자가띠의 전자는 근처에 들어갈 수 있는 빈 자리가 있을 때에만 움직일 수 있다. 그 전자가 빈 자리로 들어가면, 그 자리에 또 다른 빈 자리를 만들고, 다시 다른 전자에 의해 채워진다. 이런 방식으로 한 방향으로 움직이는 전자는 반대 방향으로의 빈 자리 움직임을 만든다. 이 상황은 1개의 빈 자리가 있는 주차장에서 차들의 움직임과 유사하다(그림 11.40).

원자가띠의 이러한 빈 자리는 **양공**(hole)이라고 불리고, 그들은 마치 양전하를 가진 것처럼 행동한다. 전기장 안에서 전도띠의 전자는 전기장의 반대 방향으로 유동 속도를 얻지만[식 (11.16)], (전자는 음전하를 수송하므로) 전자들은 속도의 반대 방향 전류를 만들어내고 따라서 전류는 전기장과 같은 방향이다[식 (11.17)]. 원자가띠의 양공은 전기장과 같은 방향 속도를 얻고 속도와 같은 방향 전류를 만든다(즉, 전기장 방향과 같다). 전도띠의 전자로 인한 전류는 그러므로 원자가띠의 양공으로 인한 전류와 같은 방향이다.

그러므로 반도체의 전류는 전도띠의 음전하를 가지는 전자와 원자가띠의 양전하를 가지는 양공으로 이루어진 두 성분으로 구성된다. 전도띠의 전자 숫자가 원자가띠의 양공 숫자와 같더라도, 전도띠의 전자가 원자가띠의 전자에 비해 더 쉽게 움직일 수 있으므로 전류에 대한 두 성분의 기여도는 일반적으로 같지 않다. 보통은 전류에 대한 전자의 기여도는 상온에서 양공의 기여도 대비 약 두 배에서 네 배 정도이다.

지금까지 설명한 물질은 **고유 반도체**(intrinsic semiconductor)에 해당하고 다음 몇 가지 특징으로 분류될 수 있다. (1) 전도띠의 전자 수는 원자가띠의 양공 수와 같다. (2) Fermi 에너지는 틈의 중간에 있다. (3) 전자는 전류에 큰 기여를 하지만, 양공 또한 중요하다. (4) 10^9개 중 1개의 전자만이 전도에 기여한다.

10⁹개 중 1개의 전자만이 고유 반도체의 전도도에 기여하므로, 불순물의 존재는 쉽게 제어할 수 없을지도 모르는 방법으로 반도체의 전도도를 크게 바꿀 수 있다. 그러나 만약 알려진 성질을 가진 불순물이 **신중하게** 제어된 양으로 계획적으로 반도체에 들어오면, 전도도에 대한 불순물의 기여도는 정확히 결정될 수 있다. 10^6 또는 10^7분의 1만큼의 불순물 농도에서 전도도에 대한 불순물의 기여도는 반도체의 고유 기여도보다 훨씬 크다.

이러한 물질은 **불순물 반도체**(impurity semiconductor)라고 불리고, 불순물을 넣는 과정을 **도핑**(doping)이라고 한다. 불순물 반도체는 두 가지 종류가 있을 수 있다. 하나는 불순물이 전도띠에 추가적인 전자를 제공하는 것이고 다른 하나는 불순물이 원자가띠에 추가적인 양공을 제공하는 것이다.

혼성 오비탈에 4개의 원자가 전자를 가지고 있는 실리콘이나 게르마늄과 같은 물질을 살펴보자. 띠이론 관점에서 이들은 원자가띠의 $4N$ 상태들을 채운다. 원자 관점에서 각각의 Ge나 Si 원자가 4개의 이웃과 전자를 하나 공유하므로 모든 전자가 공유 결합에 참여하는 방식(그림 11.41a)으로 격자가 구성된다. 이제 Si나 Ge 원자 중 하나를 5개의 원자가 전자를 가지고 있는 원자, 예를 들어 인, 비소, 또는 안티몬으로 교체한다고 해보자. 5개의 전자 중 4개는 근처의 Si나 Ge 원자와 공유 결합을 형성하지만, 다섯 번째 전자는 불순물 원자에 상대적으로 약하게 결합되고 이들은 쉽게 떨어져서 전도도에 기여할 수 있다(그림 11.41b). 반대로, Si나 Ge 원자 중 하나를 3개의 원자가 전자를 가진 물질, 예를 들어 보론, 알루미늄, 갈륨, 또는 인듐으로 교체할 수 있다. 3개의 원자가 전자는 근처의 Si나 Ge와 공유 결합을 형성하고(그림 11.41c), 주변 원자 중 하나는 짝 지어지지 않은 전자 하나를 가진다. 공유 결합의 네 쌍을 완성하는 것은 에너지적으로 매우 선호되므로, 전자는 격자의 대칭성을 완성하기 위해 쉽게 붙잡힌다. 이는 원자가띠에 양공 하나를 만들고, 따라서 전도도에 기여한다.

에너지 준위 도표에서 불순물 원자의 전자 에너지는 전도띠의 바로 아래(그림 11.42a) 또는 원자가띠 바로 위(그림 11.42b)와 같이 에너지 틈 안의 불연속적인 에너지 준위로 나타난다. 이들 전자를 전도띠로 들여보내기 위한 에너지 또는 원자가띠의 전자를 더 아래에 놓인 빈 상태로 채우기 위한 에너지는 Ge에서 약 0.01 eV, Si에서 약 0.05 eV 등으로 상대적으로 작다. 결과적으로, 심지어 상온에서($kT \sim 0.025$ eV) 이러한 들뜸은 쉽게 일어난다.

전자들이 원자가 전도띠로 '기부'되므로 원자가-5 불순물에 의해 형성된 에너지 준위는 **주개 상태**(donor state)라고 불리고, 불순물은 **주개**(donor)라고 불린다. 주개 불

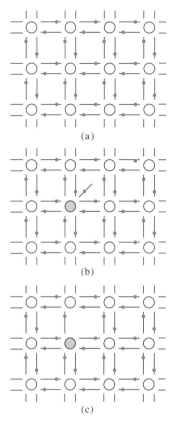

그림 11.41 (a) Si나 Ge의 공유 결합. 각각의 원자는 주변 원자와 공유 결합을 형성하기 위해 4개의 전자를 제공한다. (b) Si나 Ge 원자가 원자가-5 원자(회색 영역)로 교체될 때, 공유 결합에 참여하지 않는 추가적인 전자 하나가 생긴다. (c) Si나 Ge 원자가 원자가-3 원자(회색 영역)로 교체될 때, 주변 원자의 전자 하나가 공유 결합에 참여하지 않고 남게 된다.

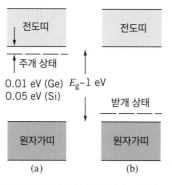
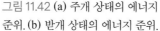

그림 11.42 (a) 주개 상태의 에너지
준위. (b) 받개 상태의 에너지 준위.

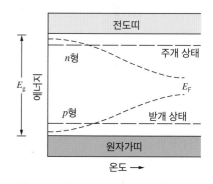

그림 11.43 반도체에서 Fermi 에너지는 온도
가 증가하면 틈의 가운데를 향해 움직인다.

순물에 의해 도핑된 반도체는 전도도가 대부분 음 전자에 의해 발생되므로 n형 반도
체라고 불린다.

원자가-3 불순물에 의해 형성된 에너지 준위는 원자가띠로부터 전자를 '받으므로'
받개 상태(acceptor state)라고 불린다. 받개 불순물로 도핑된 물질은 전도도가 대부분
양전하를 띤 양공에 의해 발생되므로 p형 반도체라고 불린다. (n형과 p형 물질은 모두
중성 원자로 만들어졌으므로 전기적으로 중성임을 주의하자. n과 p 표시는 단지 전하 수송자만
을 의미하고 물질 자체를 의미하지는 않는다. 우리가 전자를 넣는지 빼는지에 따라 n형과 p형
물질은 음 또는 양으로 대전될 수 있다.)

$T=0$에서 n형 반도체의 Fermi 에너지는 주개 상태들과 전도띠 사이에 있다. (E_F
보다 아래의 모든 상태는 차 있고 E_F보다 위의 모든 상태는 비어 있음을 주의하자. $T=0$에
서 주개 상태는 모두 점유되어 있다.) p형 반도체에서 $T=0$에서의 Fermi 에너지는 원자
가띠와 받개 상태들 사이에 있다. 온도가 증가하면, (고유 반도체에서와 같이) 원자가띠
에서 전도띠로의 전자의 열적 들뜸은 Fermi 에너지를 그림 11.43에서와 같이 에너지
틈 가운데로 움직이게 한다. 충분히 높은 온도와 낮은 도핑 수준에서 물질은 고유 반
도체처럼 행동한다.

11.7 반도체 소자

p-n 접합

p형 반도체가 n형 반도체와 맞닿을 때(그림 11.44) 전자는 평형을 이룰 때까지 n형 물
질에서 p형 물질로 흐른다. 두 물질의 Fermi 에너지가 같아질 때 평형이 된다.

결과적으로 에너지 준위 도표는 그림 11.45와 같다. 전하 수송자가 다소 줄어들기

때문에 두 물질 사이의 영역은 **결핍 영역**(depletion region)이라고 불린다. n형 물질의 주개 상태로부터 온 전자는 p형 물질의 받개 상태의 양공을 채운다. 이 영역에서 주개 상태는 전도띠에 전자를 **주지 않고** 받개 상태는 원자가띠에 양공을 **주지 않는다**.

사실 이러한 소자는 서로 다른 두 물질을 접촉해서 만들어지지 않고, 물질의 한쪽에만 도핑을 해서 n형이 되도록 하고 나머지 한쪽에 p형이 되도록 해서 만들어진다. 도핑은 정밀하게 제어되고, 보통 결핍층은 $1\,\mu m$ 정도 두께를 가진다.

p형 물질로 들어간 여분의 전자는 결핍층의 한쪽에 음전하를 주고, n 영역에서 온 추가적인 전자를 밀어내는 경향을 보인다. (p 영역으로 잃어버린 전하 때문에) n 영역에 대응되는 양전하가 발생한다. 이러한 전하는 그 영역의 고정된 이온들과 관계가 있다. p 영역의 받개 원자는 전자를 하나 얻고 음으로 대전된 고정된 위치가 되고, n 영역의 주개 원자는 전자를 잃고 양으로 대전된 고정된 위치가 된다.

평형에서 음전하가 전자의 흐름을 멈출 만큼 충분히 쌓인다. 전자에 (반대 방향으로) 힘을 주는 결핍 영역의 알짜 전기장 $\vec{\mathbf{E}}_0$가 전하의 추가적인 흐름을 막으면서 발생한다. 즉, n형 영역과 p형 영역 사이에 퍼텐셜 차이 ΔV_0가 발생하는 것과 같다. n 영역에서 p 영역으로 흐르는 전자는 높이 $e\Delta V_0$만큼의 에너지 장벽을 올라야 한다.

n 영역의 전도띠 안의 전자 Fermi 분포의 꼬리에는, 에너지 장벽을 올라서 p 영역으로 들어가 양공과 재결합하기에 충분한 에너지를 가진 적은 수의 전자가 있을 수 있다(즉, 그 전자들은 p 영역의 전도띠에서 원자가띠의 p 영역으로 '떨어진다'). 이는 p 영역에서 n 영역으로 향하는 전류의 **확산**(diffusion) 또는 **재결합**(recombination) 성분을 만든다(전류 방향은 항상 전자 흐름의 반대 방향이다).

양공이 p 영역에서의 전도에 대해 가장 큰 기여를 하더라도, 전류에 작은 기여를 하는 전자들이 있다. p 영역의 원자가띠에서 전자들이 열적으로 들뜨게 되고, 이 전자들은 전기장에 의해 가속되어 n 영역으로 이동한다. 이는 전류에 **유동**(drift) 또는 **열적**(thermal) 성분을 준다. 평형에서 전류의 이러한 두 성분은 서로 상쇄되고, 그림 11.45에서 보이는 것처럼 알짜 전류는 0이 된다.

p형 물질을 n형 물질에 비해 더 양으로 대전하기 위해 접합을 가로질러 외부 전압 ΔV_{ext}를 거는 상황을 생각해 보자. 즉, 배터리의 + 단자를 접합의 p쪽 편에 연결하고 배터리의 − 단자를 n쪽 편에 연결하는 것이다(그림 11.46). 배터리의 효과는 에너지 언덕을 $e\Delta V_{ext}$만큼 낮추는 것이다. (수직축은 전자 에너지를 보여주고, ΔV_{ext}의 퍼텐셜 차이는 전자 에너지 $-e\Delta V_{ext}$를 준다.) 이 상황은 **순방향 전압**(forward voltage) 또는 **순방향 바이어스**(forward biasing)라고 불린다. 배터리가 전자를 p 영역으로 끌어당기고 다시 전

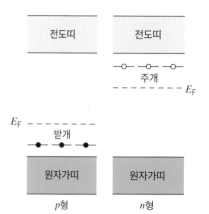

그림 11.44 접촉하기 전의 n형 반도체와 p형 반도체.

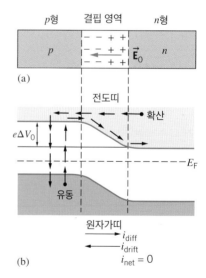

그림 11.45 (a) p-n 접합. 결핍 영역의 전기장은 전자의 추가적인 흐름을 막는다. (b) p-n 접합의 에너지 준위. Fermi-Dirac 분포의 꼬리에 있는 에너지가 높은 전자들은 확산 전류에 기여하고, 열적 들뜸은 크기가 같은 반대 방향의 유동 전류를 만든다.

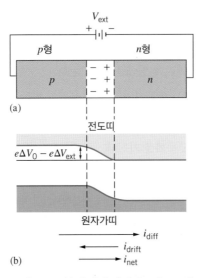

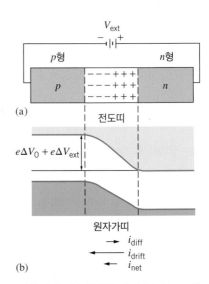

그림 11.46 (a) 순방향 바이어스된 p-n 접합. (b) 에너지 준위 도표. 퍼텐셜 에너지 언덕은 작고, 확산 전류는 커지며, 알짜 순방향 전류가 발생한다.

그림 11.47 (a) 역방향 바이어스된 p-n 접합. (b) 에너지 준위 도표. 퍼텐셜 에너지 언덕은 크고, 확산 전류는 작아지며, 작은 역방향 전류가 발생한다.

를 n 영역으로 주입하기 때문에 순방향 바이어스는 결핍층을 더 좁게 만든다. 에너지 언덕이 낮아지면, 더 많은 전자가 n 영역에서 p 영역으로 확산할 수 있고, 확산 전류는 크게 증가한다. (즉, p 영역의 전도띠 바닥 위의 에너지의 Fermi 분포 꼬리에 있는 n 영역에 더 많은 전자가 생긴다.) 그러나 유동 전류는 배터리의 존재나 언덕의 높이에 영향을 받지 않는다. 이제 접합을 가로질러 순방향으로 흐르는 알짜 전류가 생긴다.

이제 배터리 연결을 반대로 뒤집어보자(그림 11.47). 이 상황은 **역방향 전압**(reverse voltage) 또는 **역방향 바이어스**(reverse biasing)라고 불리는 상황이다. 이는 언덕을 $e\Delta V_{ext}$만큼 높이고, (배터리가 n 영역에서 더 많은 전자를 끌어당기고 이를 p 영역으로 주입하기 때문에) 결핍 영역을 **넓히**고, 확산 전류를 **감소**시킨다. 유동 전류는 다시 변하지 않고, 이제 역방향으로는 상대적으로 작은 알짜 전류가 생긴다.

그림 11.48은 n형 영역의 전도띠로 뻗어나가는 전자의 Fermi-Dirac 분포의 위쪽 꼬리를 보여준다. p형 영역의 전도띠 바닥의 에너지 E_c 위에 있는 꼬리 성분에 있는 이 전자들만이 p형 영역을 가로질러 되돌아 흐를 수 있고, 이 전자들이 확산 전류를 만든다. 에너지 E_c 위의 꼬리에 있는 전자 수는 근사적으로 다음과 같다.

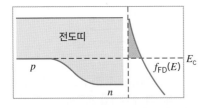

그림 11.48 확산 전류는 p형 물질의 전도띠 바닥의 에너지 E_c 위에 있는 Fermi-Dirac 분포의 꼬리 안의 전자 상태 숫자에 의존한다.

$$N_1 = ne^{-(E_c - E_F)/kT} \tag{11.28}$$

이때 n은 비례 지수이고, Fermi-Dirac 함수를 분모의 1을 무시하는 지수함수로 근사했다. ($E_c - E_F \geq 1 \, \text{eV}$이고 $kT = 0.025 \, \text{eV}$이므로 이는 꽤 괜찮은 근사이다.) 확산 전류(diffusion current)는 N_1에 비례하고, 유동 전류와 확산 전류는 같으므로 유동 전류는 N_1에 비례한다. ΔV_{ext}을 가하면 준위 E_c가 $E_c - e\Delta V_{ext}$로 변하고, $E_c - e\Delta V_{ext}$ 위의 꼬리에 있는 전자의 수는 다음과 같다.

$$N_2 = ne^{-(E_c - e\Delta V_{ext} - E_F)/kT} \qquad (11.29)$$

확산 전류는 이제 N_2에 비례한다. 바이어스를 가해도 유동 전류가 변하지 않고, 이는 여전히 N_1에 비례한다. 차이에 의한 알짜 전류는 다음과 같다.

$$i \propto N_2 - N_1 = ne^{-(E_c - E_F)/kT}(e^{e\Delta V_{ext}/kT} - 1) \qquad (11.30)$$

이 수식을 다음과 같이 다시 쓸 수 있다.

$$i = i_0(e^{e\Delta V_{ext}/kT} - 1) \qquad (11.31)$$

이 함수가 그림 11.49에 그려져 있고, 왜 **다이오드**(diode)라고 불리는 이러한 p-n 접합이 변화하는 전류를 **정류하는**(rectifying) 성질을 가지는지 바로 명확해진다. 전압이 접합에 순방향 바이어스로 가해질 때, 큰 순방향 전류가 흐를 수 있다($\Delta V_{ext} = 1 V$, $i = 2 \times 10^{17} i_0$일 때). 전압이 접합에 역방향 바이어스로 가해질 때 아주 작은 전류만이 흐를 수 있다($\Delta V_{ext} = -1 V$, $i \cong -i_0$일 때). 매우 작은 순방향 전압도 큰 순방향 전류를 만들 수 있다. 반대로, 매우 큰 역방향 전압은 매우 작은 역방향 전류만을 만든다.

터널 다이오드

p 영역과 n 영역이 강하게 도핑되어 있을 때, 결핍층은 10 nm 정도로 매우 좁아지고, 에너지 도표는 그림 11.50과 같게 된다. 작은 순방향 바이어스가 걸릴 때, 전류에 대한 세 번째 기여 성분이 생긴다. 즉, n 영역의 전도띠의 전자가 금지 영역을 직접 뚫고 p 영역의 원자가띠로 '터널링'할 수 있다. 이러한 과정은 전자의 파동성에 의존하므로 이전에 5.6절에서 논의한 장벽 투과 유형의 한 예라고 할 수 있다. 이 과정은 좁은 결핍층 때문에 가능하다. Fermi 표면 근처의 전자의 파장은 약 1 nm 정도이고, 만약 결핍층의 두께가 이보다 몇 승 수준으로 훨씬 두껍다면 터널링은 거의 일어나지 않을 것이다.

　순방향 전압이 증가하면 퍼텐셜 언덕은 낮아지고, 전자가 금지 영역을 가로질러 직접 터널링하는 것은 곧 불가능해진다. 수십 볼트의 전압에서 터널링 전류는 0이 된다. 이 순간, 터널 다이오드(tunnel diode)는 일반 다이오드처럼 행동한다. 그림 11.51은 특

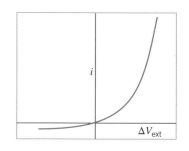

그림 11.49 이상적인 p-n 접합의 전류–전압 특성.

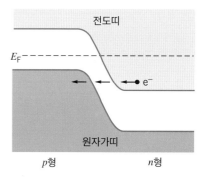

그림 11.50 강하게 도핑된 p-n 접합의 에너지 준위 도표. 전자는 좁은 틈을 지나 터널링할 수 있다.

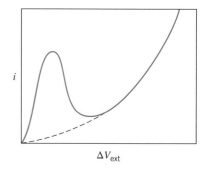

그림 11.51 터널 다이오드의 전류–전압 특성. 점선은 일반 p-n 접합 다이오드의 특성을 보여준다.

징적인 터널 다이오드의 전류 – 전압 관계를 보여준다.

터널 다이오드 소자의 특성이 바이어스 전압이 바뀜에 따라 급격하게 바뀔 수 있기 때문에 터널 다이오드는 고속 소자로서 전기 회로에 유용하게 쓰인다. 이 소자는 스위치로도 쓰일 수 있다. 만약 특성 곡선의 꼭짓점에 위치하도록 터널 다이오드에 전류를 흘려준다면, 전류의 작은 증가를 통해 전압이 매우 큰 값으로 갑자기 점프하도록 할 수 있다.

광 다이오드

광 다이오드(photodiode)는 빛의 방출이나 흡수와 관계된 작동 원리를 가지는 p-n 접합이다. 이러한 소자는 기본적으로 일반 원자와 비슷하게 작동한다. 원자가띠의 전자가 광자를 흡수하고 전도띠로 전이할 수 있다. 가시광선의 광자는 2~3 eV 정도의 에너지를 가지고, 1 eV 수준의 틈을 가지는 반도체는 이러한 전이에 알맞다. 역으로, 전도띠에서 들뜬 전자는 원자가띠로 되돌아 떨어지며, 이 과정에서 광자를 방출할 수 있다.

가시광선을 방출하는 일반적인 소자는 LED, 즉 발광다이오드(light-emitting diode)이다. 외부의 전류가 전도띠로 전자를 들뜨게 하는 데 필요한 에너지를 공급하고, 전자가 양공과 재결합하여 다시 떨어질 때 빛이 방출된다. 에너지는 물론 전자 상태의 에너지 차이와 같다. 화학적 조성을 변화시키면 가시광선의 어떤 색이라도 낼 수 있는 LED를 만드는 것이 가능하다. LED는 텔레비전과 컴퓨터를 포함한 비디오 디스플레이의 표시등으로 널리 쓰인다. 백색광을 방출하는 넓은 스펙트럼 LED는 조명으로 쓰일 수 있다.

입사하는 광자가 결핍층에서 흡수되고 전자 – 양공 쌍을 만드는 식으로 광 다이오드를 역으로 작동시키는 것도 가능하다. 전기장이 전자 – 양공 쌍을 움직이게 하고 전기 신호를 만들어낸다. 이러한 소자는 (실리콘 태양 전지에서처럼) 전류를 만드는 데 쓰이거나, (카메라나 우수 탐사용 엑스선 또는 감마선 검출기의 광도계에서처럼) 광자의 숫자를 세는 데 쓰일 수 있다.

그림 11.52는 반도체에 의한 빛 방출이 다이오드 레이저(diode laser) 또는 반도체 레이저(semiconductor laser)에 응용되는 경우를 보여준다. 반도체 물질의 얇은 막이 다소 큰 에너지 틈을 가지는 n형과 p형 영역에 샌드위치된다. 외부 회로를 통해 n형 물질로 전자가 주입되고, 이들은 중간층으로 확산한다. 전자들은 퍼텐셜 장벽에 의해 p형 층으로 확산되는 것이 막히므로, 전자들은 중간층으로 모이는 경향이 있다. 비슷한 방식으로, 양공이 p형 층으로 주입되고 다시 중간층으로 모인다. 이는 8.7절에서 레이저

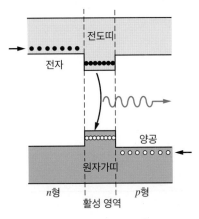

그림 11.52 다이오드 레이저의 에너지 띠. 양쪽의 n형 및 p형 영역보다 활성층은 더 작은 틈을 가진다.

에 대해 배운 것과 비슷하게 밀도 반전을 일으킨다. 광자의 방출과 함께 전자가 원자 가띠로 떨어진다. 이 광자는 다시 다른 전이를 유도하고, 레이저를 발생시키는 광자 사태(photon avalanche)를 만든다.

일반적인 다이오드 레이저의 물리적 구조는 그림 11.53에 나와 있다. 레이징 물질은 GaAs의 좁은 층(0.2 μm)이고, p형 및 n형 층은 수 μm 두께의 GaAlAs이다. 이 물질의 양 끝은 활성층에서 유도 방출을 강화할 수 있도록 광선의 일부를 반사시킬 수 있는 거울과 같은 표면이 되도록 깎인다. 이 소자는 근적외선 영역의 840 nm 파장을 방출한다. 이 파장의 다이오드 레이저는 주로 광섬유를 통해 신호를 보내는 통신에 사용된다. 레이저의 물질을 바꾸면, 어떤 색의 가시광선을 발생시키도록 하는 것도 가능하다. 다이오드 레이저는 바코드 스캐너와 CD 및 DVD 플레이어에 흔히 쓰인다. 또한 레이저 수술과 같은 여러 의학적 목적으로도 사용된다.

다이오드 레이저는 소형이며 매우 적은 전력을 소비한다. (일반 HeNe 레이저는 수 W 정도를 소비하는 데 비해 다이오드 레이저는 보통 10 mW를 소비한다.) 따라서 다이오드 레이저는 일반 배터리로 작동될 수 있다. 광신호는 반도체의 특성에 따른 스위칭 시간(<100 ps) 안에 켜지거나 꺼질 수 있고, 따라서 광선을 빠르게 조절하는 장치를 만들 수 있다. 일반 레이저가 다이오드 레이저와 여러 같은 기능을 가질 수 있지만, 다이오드 레이저가 가진 작은 사이즈, 저비용, 저전력 작동, 빠른 스위칭 시간은 대부분의 저전력 응용 분야에 대해 다이오드 레이저를 최고의 선택으로 만든다.

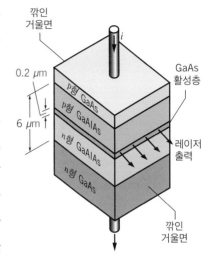

그림 11.53 다이오드 레이저. 레이저 작동은 얇은 GaAs 층에서 이루어진다.

11.8 자성 물질

고체에 대한 양자 물리 응용의 마지막 예는 물질의 자성에 관한 것이다. 원자의 자기 감수율은 8.4절에서 간단히 설명한 바 있다(그림 8.10 참조). 대부분의 원자는 전자의 스핀이나 궤도 각운동량 둘 중 하나에 의해(또는 둘 모두에 의해) 영구적인 자기 쌍극자 모멘트를 가진다. 보통은 이러한 자기 모멘트는 무작위 방향을 가리키므로, 물질 샘플의 총 자기 쌍극자 모멘트는 0이다. 그러나 자기장이 가해질 때, 자기 모멘트는 부분적으로 또는 완전히 가해진 자기장에 대해 정렬될 수 있고, 쌍극자 모멘트의 벡터 합은 물질에 알짜 자기화량(magnetization)을 준다. 구체적으로, 다음과 같이 총자기화량 $\vec{\mathbf{M}}$ 은 각 원자의 단위 부피당 자기 쌍극자 모멘트 $\vec{\boldsymbol{\mu}}_i$의 합으로 정의된다.

$$\vec{\mathbf{M}} = \frac{\sum\limits_{i=1}^{N} \vec{\mathbf{\mu}}_i}{V} \tag{11.32}$$

이때 수식에서 물질 안의 N개의 모든 개별 입자(예를 들어 원자)에 대해 합이 이루어진다.

꽤 넓은 범위의 자기장을 가할 때, 많은 물질에서 알짜 자기화량이 가해진 자기장 $\vec{\mathbf{B}}_{app}$에 바로 비례한다는 것을 알 수 있다. 즉, 자기장을 더 강하게 걸 때, 더 많은 개별 자기 쌍극자가 장 방향으로 정렬한다. (자기장에 따라 결국 모든 쌍극자가 정렬하게 될 것이고, 추가적인 자기장의 증가는 영향을 거의 주지 않거나, 아예 영향을 줄 수 없기 때문에 분명히 이 비례성은 장이 강해짐에 따라 끊임없이 지속될 수 없다.)

자기화량과 가해진 자기장 사이의 비례 상수는 **자기 감수율**(magnetic susceptibility) χ라고 불리며, 다음과 같다.

$$\mu_0 \vec{\mathbf{M}} = \chi \vec{\mathbf{B}}_{app} \tag{11.33}$$

많은 물질에서 χ는 작고($10^{-5} \sim 10^{-1}$) 양수이다. 이 물질들은 **상자성**(paramagnetic)이라고 불린다. 다른 물질에서 χ는 음수로 관찰된다(즉, 알짜 자기화량의 방향이 가해진 자기장의 방향에 대해 반대이다). **반자성**(diamagnetic)이라고 불리는 이러한 물질은 보통 짝지은 전자들만을 가질 수 있기 때문에(예를 들어 불활성 기체) 영구적인 원자 자기 모멘트를 가지지 않는다. 반자성은 보통 -10^{-5}에서 -10^{-4} 수준의 감수율을 가지는 매우 약한 효과이다. (반자성을 만드는 효과인 전자의 궤도 운동의 변화는 상자성 물질에서도 일어날 수 있지만, 일반적으로 상자성에 비해 훨씬 약하다. 그러나 구리와 같은 몇몇 물질에서 상자성은 매우 약해서 반자성이 두드러질 수 있다.) 다른 물질에서는 가해진 자기장이 없어진 다음에도 자기화량이 유지된다. 이는 **강자성**(ferromagnetic) 물질을 포함하며, 강자성 자석에 대해 감수율은 정의되지 않는다.

보통 자기 효과는 온도에 강하게 의존한다. 사실 물질은 온도가 증가함에 따라 강자성에서 상자성으로 변화할 수 있다.

전자 기체의 상자성

전자 기체의 자성 행동에 대해 분석해 보자. 전자 기체에 자기장을 가할 때, 장 안의 전자의 에너지는 $E = -\vec{\mathbf{\mu}}_s \cdot \vec{\mathbf{B}}_{app}$이다. 이때 $\vec{\mathbf{\mu}}_s = -(e/m)\vec{\mathbf{s}}$는 전자의 스핀 자기 모멘트이다. 그러면 (자기장이 z 방향으로 주어질 때) 자기장에 대한 전자의 상호 작용 에너지는 다음과 같다.

$$E = -\vec{\mu}_s \cdot \vec{B}_{app} = \frac{e}{m}\vec{s} \cdot \vec{B}_{app} = \frac{e}{m}s_z B_{app} = \frac{e}{m}m_s \hbar B_{app} = \pm \mu_B B_{app} \qquad (11.34)$$

이때 $m_s = \pm 1/2$이다. 기호 μ_B는 Bohr 마그네톤 $e\hbar/2m$를 뜻한다[식 (7.23) 참조]. $m_s = +1/2$의 전자는 $\mu_B B_{app}$의 에너지를 얻고 $m_s = -1/2$의 전자는 같은 양의 에너지를 잃는다.

그림 11.54는 스핀-업과 스핀-다운 전자에 대해 서로 다른 밀도를 가지는 전자 상태의 Fermi-Dirac 분포를 보여준다(전자는 각 그룹에 반반씩 속한다). 스핀-업 전자 모두는 $\mu_B B_{app}$만큼 에너지가 증가하고 스핀-다운 전자는 아래로 내려간다. 전자의 두 그룹이 접촉하고 있기 때문에 스핀-업을 가지는 그림자 영역의 높은 에너지 전자는 스핀을 뒤집고, 두 그룹의 Fermi 에너지가 같아질 때까지 스핀-다운 그룹의 빈 에너지 상태를 채운다. 그 결과로 폭 $\Delta E = 2\mu_B B_{app}$의 띠 안의 스핀-다운 전자의 숫자가 더 많아지게 된다. 띠 안의 전자 숫자는 $\Delta N = \frac{1}{2}Vg(E)f_{FD}(E)\Delta E$이다. 이때 계수 $1/2$은 스핀-업과 스핀-다운 분포 각각이 총 전자 숫자의 $1/2$이기 때문에 앞에 붙인다. 그림 11.54는 과장되게 그려져 있다. 띠는 E_F에 비해 매우 좁고, $E = E_F$의 상태 밀도를 계산할 수 있도록 Fermi-Dirac 분포가 꽤 날카롭도록 낮은 온도에 있다고 가정하고 $f_{FD} = 1$로 생각할 수 있다.

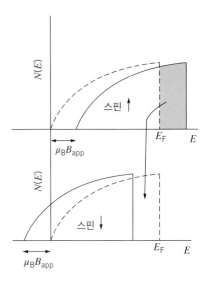

그림 11.54 점선은 스핀-업(위)과 스핀-다운(아래)에 대해 각각 그려진 Fermi-Dirac 분포의 전자 숫자를 보여준다. 자기장이 가해질 때, 스핀-업 전자의 에너지는 증가하고, 스핀-다운 전자의 에너지는 감소한다. 자기장이 있을 때 같은 Fermi 에너지를 유지하기 위해, 어둡게 표시된 띠 영역의 스핀-업 전자는 스핀을 뒤집고 스핀-다운 전자의 해당 영역으로 이동한다.

$$\Delta N = N(\downarrow) - N(\uparrow) = Vg(E_F)\mu_B B_{app} \qquad (11.35)$$

식 (11.32)에서 자기화량의 z성분은 $V^{-1}\sum \mu_{iz} = V^{-1}\mu_B \Delta N$이고, 따라서 다음과 같이 쓸 수 있다.

$$\chi = \frac{\mu_0 M}{B_{app}} = \mu_0 \mu_B^2 \, g(E_F) = \frac{3\mu_0 \mu_B^2}{2E_F}\frac{N}{V} \qquad (11.36)$$

이때 $g(E_F) = 3N/2VE_F$를 사용한다. 이 계산은 처음 Wolfgang Pauli에 의해 이루어졌고, 이 결과는 종종 **Pauli 자기 감수율**(Pauli paramagnetic susceptibility)이라고 불린다. 이 방정식에서 N/V가 단위 부피당 자유 전자 수이고, 이는 원자당 1개의 원자가 전자 이상을 가지는 물질의 단위 부피당 원자 수와는 다를 수 있다는 것을 주의하자.

식 (11.36)은 전자가 페르미온 기체와 같이 행동하는 물질의 감수율 값을 계산할 때 사용될 수 있다. 그러나 여러 다른 단위가 사용되기 때문에 계산된 감수율 값과 실험 값을 비교하는 것은 종종 어렵다. 표면에서 감수율은 차원이 없는 물리량으로 드러나지만, 사실 이는 여러 다른 방법으로 계산될 수 있다. 즉, [식 (11.36)에서와 같이] 단위

표 11.7 몇몇 고체의 Pauli 자기 감수율

원소	측정된 감수율($\times 10^{-6}$)		계산된 감수율($\times 10^{-6}$)
	cgs, 몰당	SI, 부피당	
Al	16.5	20.7	15.7
K	20.8	5.8	6.2
Mg	13.1	11.8	12.2
Na	16	8.5	8.2

부피당 감수율이나 단위 질량당, 또는 단위 몰당 감수율 등이다. 게다가 이는 cgs 단위나 SI 단위(우리가 쓰는 것) 모두로 표현될 수 있다. 문헌에서 표로 정리된 값은 종종 cgs 단위의 몰 감수율로 주어진다. ρ가 고체의 밀도이고 M이 몰 질량이라고 할 때, 변환 과정은 $\chi^{\text{SI}}_{\text{volume}} = 4\pi \chi^{\text{cgs}}_{\text{volume}} = 4\pi(\rho/M)\chi^{\text{cgs}}_{\text{molar}}$으로 쓸 수 있다. (이를 자기화량과 혼동하지 말자!) 이러한 방식으로 변환해서 쓰면, ρ와 M은 cgs 단위로 쓰여야 한다.

이러한 점을 염두에 두고 식 (11.36)이 어떻게 실험과 비교될 수 있는지 살펴보자. 표 11.7은 계산값과 측정값의 일부를 보여준다. 특히 반자성 보정을 포함한 여러 중요한 효과를 계산에서 생략했다는 점을 생각하면 둘은 꽤 잘 일치한다. 여러 금속에서 반자성 기여도는 Pauli 상자성보다 크고, 그 결과로 감수율은 음수이다(구리와 금이 그 예이다). Pauli 감수율이 매우 작으므로 반자성 기여도는 중요하다(Fermi 에너지 근처의 적은 수의 전자들만이 기여한다). 곧 논의할 것처럼, 염의 금속 이온은 보통 여러 지수만큼 크기가 큰 상자성 감수율(paramagnetic susceptibility)을 가진다.

식 (11.36)이 이들 물질의 감수율이 온도에 무관해야 한다고 예측하는 것 또한 흥미로운 사실이다. 온도를 증가시키면 스핀-업과 스핀-다운 분포 모두 같은 양만큼 넓어져야 하고(그림 11.54), 이는 감수율에 무시할 수 있는 영향만 준다. 대신, 이러한 금속의 감수율은 온도에 매우 약한 의존성을 가진다. 예를 들어 나트륨의 경우, 상온(300 K)과 액체 헬륨 온도(4 K) 사이에서 감수율은 단지 몇 퍼센트만큼만 변한다.

예제 11.5

(a) Mg의 Pauli 자기 감수율을 계산하시오. (b) 몰 감수율의 측정값은 cgs 단위계에서 13.1×10^{-6}이다. SI 단위에서 부피 감수율 값은 무엇인가?

풀이

(a) (원자가 2의) Mg에 대해

$$\frac{N}{V} = \frac{2\rho N_{\text{A}}}{M}$$

$$= \frac{2(1.74 \times 10^3 \text{ kg/m}^3)(6.02 \times 10^{23} \text{ 원자/몰})}{0.0243 \text{ kg/몰}}$$

$$= 8.62 \times 10^{28} \text{ m}^{-3}$$

감수율은

$$\chi = \frac{3\mu_0\mu_B^2}{2E_F}\frac{N}{V}$$

$$= \frac{3(4\pi \times 10^{-7} \text{ T}\cdot\text{m/A})(9.27 \times 10^{-24} \text{ J/T})^2(8.62 \times 10^{28} \text{ m}^{-3})}{2(7.13 \text{ eV})(1.602 \times 10^{-19} \text{ J/eV})}$$

$$= 12.2 \times 10^{-6}$$

어떻게 단위가 상쇄되는지 보기 위해서 자기 모멘트가 J/T이

나 A·m²의 단위를 가지는 것을 보는 것이 도움이 된다. (후자는 넓이 A의 고리에 흐르는 전류 i의 자기 모멘트에 대한 정의 $\mu = iA$에서 온다.)

(b)
$$\chi_{\text{volume}}^{\text{SI}} = 4\pi\frac{\rho}{M}\chi_{\text{molar}}^{\text{cgs}}$$

$$= 4\pi\frac{1.74 \text{ g/cm}^3}{24.3 \text{ g/몰}}(13.1 \times 10^{-6})$$

$$= 11.8 \times 10^{-6}$$

변환을 위해 밀도와 몰 질량이 cgs 단위로 쓰여 있다는 것을 주의하자.

원자와 이온의 상자성

자유 전자 대신 상자성에 대한 원자나 이온의 기여를 생각해 보자. 각 원자의 유효 전자 스핀을 J라고 표기하자. 이는 원자 안 전자의 총 고유 스핀 S나 총 궤도 각운동량 L, 또는 둘 모두의 조합을 나타낼 수도 있다. (핵의 자기 효과는 전자의 자기 효과에 비하면 무시할 수 있기 때문에 핵 스핀은 제외된다.) 원자의 전자 수에 의존해서, J는 정수이거나 반정수일 수 있다.

각운동량 J는 양자 각운동량의 보통의 성질 모두를 가진다. 이는 z성분 $J_z = m_J\hbar$를 가진다. 이때 m_J는 $-J$에서 $+J$ 사이의 정수이다. 어떤 J에 대해 $2J+1$개의 가능한 m_J 값이 있다. 예를 들어, 만약 $J = 3/2$이라면, $m_J = -3/2, -1/2, +1/2, +3/2$이다. 이 각운동량과 관련해서 유효 자기 모멘트 $\vec{\mu} = -g_J\mu_B\vec{J}$가 발생한다. 이때 g_J는 스핀과 궤도 각운동량이 어떻게 조합되어 J를 만드는지를 설명하는 크기 1 근처의 차원이 없는 지수이다. 자기장의 방향이 z 방향이라고 하면, 자기장에 대한 자기 쌍극자의 상호 작용 에너지는 $E = -\vec{\mu}\cdot\vec{B}_{\text{app}} = g_J\mu_B m_J B_{\text{app}}$이다.

원자나 이온이 서로에 대해 무관하여 Maxwell-Boltzmann 통계로 기술될 수 있다고 하자. 자기 버금상태 m_J가 겹쳐 있지 않기 때문에, 각 자기 버금상태의 원자 수를 식 (10.4)의 형태로 쓸 수 있다. 즉, $N_{m_J} = A^{-1}e^{-E/kT} = A^{-1}e^{-g_J\mu_B m_J B_{\text{app}}/kT}$이다. 이때 A^{-1}은 Maxwell-Boltzmann 분포의 규격화 상수(normalization constant)이다. 규격화 조건은 모든 버금상태에서 N이 총 원자 수가 되도록 한다. 즉, $N = \sum_{m_J=-J}^{+J} N_{m_J} = A^{-1}\sum_{m_J=-J}^{+J}e^{-g_J\mu_B m_J B_{\text{app}}/kT}$이다. 그러므로 다음과 같이 쓸 수 있다.

$$N_{m_J} = \frac{Ne^{-g_J\mu_{\mathrm{B}}m_J B_{\mathrm{app}}/kT}}{\sum\limits_{m_J=-J}^{+J} e^{-g_J\mu_{\mathrm{B}}m_J B_{\mathrm{app}}/kT}} \tag{11.37}$$

그러므로 자기화량의 z성분은

$$M = V^{-1}\sum_{\mathrm{all\ atoms}}\mu_z = -V^{-1}\sum_{m_J=-J}^{+J}N_{m_J}g_J\mu_{\mathrm{B}}m_J$$

$$= -\frac{NV^{-1}g_J\mu_{\mathrm{B}}\sum\limits_{m_J=-J}^{+J}m_J e^{-g_J\mu_{\mathrm{B}}m_J B_{\mathrm{app}}/kT}}{\sum\limits_{m_J=-J}^{+J} e^{-g_J\mu_{\mathrm{B}}m_J B_{\mathrm{app}}/kT}} \tag{11.38}$$

자기 감수율은

$$\chi = \frac{\mu_0 M}{B_{\mathrm{app}}} = -\frac{\mu_0 NV^{-1}g_J\mu_{\mathrm{B}}\sum\limits_{m_J=-J}^{+J}m_J e^{-g_J\mu_{\mathrm{B}}m_J B_{\mathrm{app}}/kT}}{B_{\mathrm{app}}\sum\limits_{m_J=-J}^{+J} e^{-g_J\mu_{\mathrm{B}}m_J B_{\mathrm{app}}/kT}} \tag{11.39}$$

$J = {}^1\!/_2$인 가장 간단한 경우에 χ의 형태를 생각해 보자. 이때 $J = {}^1\!/_2$이 가장 간단한 것은 합에서 두 항($m_J = -{}^1\!/_2$과 $+{}^1\!/_2$)만 가지고 있기 때문이다. 식 (11.39)는 다음과 같이 된다.

$$\chi = \frac{-\mu_0 Ng_J\mu_{\mathrm{B}}[(-1/2)e^{g_J\mu_{\mathrm{B}}B_{\mathrm{app}}/2kT} + (+1/2)e^{-g_J\mu_{\mathrm{B}}B_{\mathrm{app}}/2kT}]}{VB_{\mathrm{app}}(e^{g_J\mu_{\mathrm{B}}B_{\mathrm{app}}/2kT} + e^{-g_J\mu_{\mathrm{B}}B_{\mathrm{app}}/2kT})}$$

$$= \frac{\mu_0 Ng_J\mu_{\mathrm{B}}}{2VB_{\mathrm{app}}}\tanh(g_J\mu_{\mathrm{B}}B_{\mathrm{app}}/kT) \tag{11.40}$$

그림 11.55는 고온 영역이 그래프의 왼편에 있고 저온 영역이 오른편에 있도록 스핀-${}^1\!/_2$ 원자의 감수율을 $1/T$의 함수로 그린 것을 보여준다. 저온 영역에서 자기 모멘트는 완전히 정렬되고, 추가적인 냉각이나 자기장의 증가는 자기화량을 더 이상 바꿀 수 없게 된다. 고온 영역에서 그래프는 거의 직선에 가깝게 되고, 이는 감수율이 $1/T$에 대해 선형이라는 것을 의미한다. (이러한 선형 행동을 관찰하기 위해서는 얼마나 높은 온도가 필요할까? 1 T의 꽤 큰 자기장에 대해 물리량 $\mu_{\mathrm{B}}B_{\mathrm{app}}$은 0.060 meV이다. T가 10 K일 때, kT는 0.862 meV이다. 그러므로 우리가 논의하는 상황에서는 적당히 큰 자기장을 가하는 경우라고 해도 '고온'은 약 10 K 위를 넘어가지 않는다. 낮은 자기장을 가할 때 '고온 영역'은 1 K 아래로 내려갈 것이다.)

고온 영역에서 식 (11.39)의 지수는 작고, 작은 x에 대해 $e^x \cong 1+x$인 근사를 사용할 수 있다(이때 $x = g_J\mu_{\mathrm{B}}m_J B_{\mathrm{app}}/kT$).

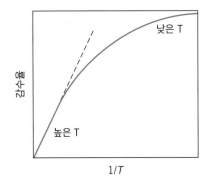

그림 11.55 스핀-${}^1\!/_2$ 물질에 대한 온도의 역수의 함수로 쓰인 자기 감수율. 고온에서의 선형 행동에 주목하자.

$$\chi = -\frac{\mu_0 N V^{-1} g_J \mu_{\rm B} \sum\limits_{m_J=-J}^{+J} m_J (1 - g_J \mu_{\rm B} m_J B_{\rm app}/kT)}{B_{\rm app} \sum\limits_{m_J=-J}^{+J} (1 - g_J \mu_{\rm B} m_J B_{\rm app}/kT)} \qquad (11.41)$$

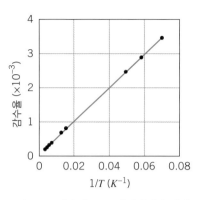

그림 11.56 상온과 14 K 사이에서의 상자성 구리 황화물($CuSO_4 \cdot 5H_2O$)의 감수율.

m_J 이외에 다른 물리량들은 합 밖으로 나올 수 있고, 3개의 합만 계산하면 된다.

$$\sum_{m_J=-J}^{+J} 1 = 2J + 1 \qquad \sum_{m_J=-J}^{+J} m_J = 0 \qquad \sum_{m_J=-J}^{+J} m_J^2 = \frac{1}{3}J(J+1)(2J+1) \quad (11.42)$$

이를 대입하고 항을 정리하면, 다음을 얻을 수 있다.

$$\chi = \frac{\mu_0 N g_J^2 \mu_B^2 J(J+1)}{3VkT} \qquad (11.43)$$

이는 그림 11.55의 고온 영역에서 관찰됐던 감수율의 $1/T$에 대한 선형 의존성을 보여준다. 이 결과는 **Curie의 법칙**(Curie's law)[*]이라고 불리고, $\chi = C/T$ 형태로 표현된다. 이때 C[식 (11.43)의 지수들의 조합]는 **Curie 상수**(Curie constant)라고 불린다. (사실 이는 다른 물질에 대해 다른 값을 가지므로 상수가 아니지만, 하나의 물질에 대해서는 상수이다.) 그림 11.56은 약 14 K의 온도까지 예측되는 선형 경향을 보여주는 상자성 구리 황화물 염의 감수율을 보여준다.

▌ 예제 11.6

그림 11.56의 그래프 기울기는 0.0499 K이다. 상자성이 구리 이온에 존재한다고 가정하여 구리 황화물의 $g_J^2 J(J+1)$ 값을 계산하시오.

풀이

먼저 구리 황화물의 밀도($2.28 \times 10^3 \, \text{kg/m}^3$)와 몰 질량(0.250 kg/mole)으로부터 N/V 값

$$
\begin{aligned}
\frac{N}{V} &= \frac{\rho N_A}{M} \\
&= \frac{(2.28 \times 10^3 \, \text{kg/m}^3)(6.02 \times 10^{23} \, \text{원자/몰})}{0.250 \, \text{kg/몰}} \\
&= 5.49 \times 10^{27} \, \text{원자/m}^3
\end{aligned}
$$

구리 황화물의 분자 각각은 하나의 Cu 이온을 가지고 있으므로, 이 숫자는 또한 Cu 이온의 밀도를 준다. 따라서 다음과 같은 관계를 얻을 수 있다.

---

[*] 물리학자 Pierre Curie(1859~1906)는 Marie Curie의 남편이다. 그들은 방사능에 대한 연구로 1903년 노벨 물리학상을 공동 수상했다. Pierre Curie는 자성에 대한 연구에도 기여했다.

$$C = \frac{\mu_0 N \mu_B^2}{3Vk} g_J^2 J(J+1)$$
$$= (4\pi \times 10^{-7} \text{ T}\cdot\text{m/A})(5.49 \times 10^{27} \text{ m}^{-3})$$
$$\times (9.27 \times 10^{-24} \text{ J/T})^2 g_J^2 J(J+1)$$
$$\times [3(1.38 \times 10^{-23} \text{ J/K})]^{-1}$$
$$= (0.0143 \text{ K}) g_J^2 J(J+1) = 0.0499 \text{ K}$$

결과적으로, $g_J^2 J(J+1) = 3.49$이다. 이러한 실험은 다른 방법으로는 얻기 힘든 결정 내 이온의 행동에 대한 중요한 정보를 얻을 수 있게 해준다. 이 경우, 구리 이온을 기술하는 유효 스핀 J 값에 대해 알 수 있다.

구리 황화물에서 2가 구리 이온 Cu^{++}는 $3d^9$의 바깥 전자 배열을 가진다(중성 Cu 원자가 $3d^{10}4s^1$ 배열을 가진다는 것을 생각해 보자). 원자의 총 S와 L을 찾는 법칙에 따라 (8.6절 참조), Cu^{++}의 9개의 $3d$ 전자들은 $S = 1/2$(총 M_S가 최대로 가능한 값)과 $L = 2$(총 M_L 값이 최대로 가능한 값)를 가진다. 그러나 예제 11.6에서의 $g_J^2 J(J+1)$ 측정값 3.49는 (2.40이나 12.60의 값을 주는) $S = 1/2$과 $L = 2$를 포함하는 어떤 상황보다도 (3.00의 값을 주는) $S = 1/2, L = 0$인 상황과 더욱 일치한다.

이는 ($3d$ 껍질이 차 있는) 전이 금속을 포함하는 상자성 결정에서 공통적으로 관찰되는 사실이다. 선호되는 단일 방향을 가지는 (보통 이를 z 방향으로 잡는) 자기장이 가해질 때, 이 방향으로의 궤도 각운동량의 성분 L_z는 고정되고, 다른 성분(L_x와 L_y)은 평균적으로 0이 된다. 그러나 결정에서는 3개의 동등한 방향을 가질 수 있는 강한 자기장이 있고, $\vec{L}$의 모든 3개 성분은 평균적으로 0이 된다. 결과적으로, 이온은 $L = 0$을 가지는 것처럼 행동하고(궤도 각운동량이 '억제'되었다고 이야기한다), 총 S만이 자기 모멘트에 기여한다. 반대로, 희토류 원소는 많은 상자성 결정을 형성하지만, L과 S 모두 J에 기여한다. 희토류에서 차 있지 않은 $4f$ 껍질의 전자는 결정의 전기장과 가장 강한 상호 작용을 하는 차 있는 $5s$ 및 $5p$ 껍질들에 의해 보호받는다(이러한 궤도의 평균 반지름이 더 크기 때문에). '내부의' $4f$ 전자들은 결정 전기장에 의해 크게 영향받지 않게 되고, 그들의 큰 궤도 각운동량은 이온의 총 J에 기여하게 된다.

강자성

몇몇 물질에서 외부 자기장이 없을 때에도 이온의 개별 자기 쌍극자가 다른 쌍극자들과 함께 정렬될 수 있다. 이 경우, 알짜 자기화량 M은 B_{app}이 0일 때에도 존재하고, 이런 물질에서 감수율은 분명하게 정의되지 않는다. 이런 경향에 대한 가장 친숙한 예는 같은 방향으로 주변의 모든 쌍극자들이 정렬하는 **강자성**(ferromagnetism)이다. [주변 쌍극자와 반대 방향으로 정렬하는 **반강자성**(antiferromagnetic) 물질 또한 가능한 한 예이다.]

한 쌍극자가 주변 쌍극자를 정렬하게 하는 자기력을 가하기 때문에 자기장 때문에 강자성을 만드는 상호 작용이 발생한다고 생각하고 싶어질 수 있다. 그러나 이웃 쌍극자 간 강자성 배열을 만들 수 있을 만큼 강한 상호 작용을 설명하기에는 쌍극자–쌍극자 상호 작용은 너무 약하다. 대신, 전자의 스핀에 의존하는 공유 결합과 비슷하게, 이웃 원자의 전자의 파동 함수의 중첩으로 인해 강자성 효과가 발생한다. 이 효과는 스핀 간 상호 작용에 매우 민감하며, 또한 이웃 이온 간 거리에도 매우 민감하다.

Fe, Co, Ni에서 원자 간 거리 값은 이웃 스핀이 평행할 때 최소 에너지를 형성하게 되고, 이러한 물질은 상온에서 강자성이다. (그러나 열 에너지 kT가 상호 작용 에너지를 초과하는 충분히 높은 온도에서 이 물질들은 상자성이 된다.) (몇몇 희토류 원소와 같은) 다른 물질에서는 상호 작용은 더 약하고, 따라서 열 에너지 kT가 상호 작용 에너지보다 작아지는 지점으로 냉각될 때까지 강자성 경향을 보이지 않는다. 여전히 다른 경우에서는 순수한 원소의 원자 간 거리는 강자성을 허용하지 않지만, 그 원소들을 포함하는 특정 화합물의 다른 원자 간 거리는 스핀이 정렬되도록 하는 중첩 상호 작용을 허락한다. 예를 들어, Cr은 상온에서 약한 상자성이지만, (자기 기록 테이프를 만들 때 쓰이는) CrO_2는 강자성이다.

띠이론은 강자성 행동을 설명하는 틀을 제공한다. $3d^6 4s^2$의 전자 배열을 가지는 철의 경우를 생각해 보자. 부분적으로 차 있는 $3d$ 띠는 하나는 스핀–업, 다른 하나는 스핀–다운을 가지는 2개의 버금띠(subband)로 갈라진다. 중첩 상호 작용이 없을 때, 띠들은 같은 에너지에 있고 각각의 띠는 그림 11.57a와 같이 (총 5개의 전자 수용량 중) 원자당 3개의 전자를 가진다. 중첩 상호 작용의 효과는 (그림 11.57b와 같이) Fermi 에너지에 대한 한 띠의 에너지를 증가시키고, 다른 한 띠의 에너지를 낮추는 것이다. 이제 스핀–업 버금띠에는 원자당 약 4개의 전자가 있게 되고, 스핀–다운 버금띠에는 2개의 전자가 있게 되며, $3d$ 띠의 원자당 약 2개의 전자 차이는 철의 알짜 자기화량을 설명한다.

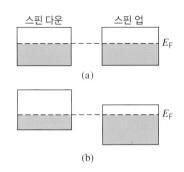

그림 11.57 철의 $3d$ 띠. (a) 상호 작용이 없을 때, 스핀–업과 스핀–다운 버금띠에는 원자당 3개의 전자가 있다. (b) 상호 작용은 스핀–업 띠의 상대 에너지를 낮추고, 이제 스핀 업에는 원자당 4개의 전자가, 스핀 다운에는 원자당 2개의 전자가 있게 된다.

요약

		절
결정의 이온의 결합 에너지	$B = \dfrac{\alpha e^2}{4\pi\varepsilon_0 R_0}\left(1 - \dfrac{1}{n}\right)$	11.1
결정의 응집 에너지	$E_{coh} = BN_A$	11.1
열용량의 전자 기여도	$C = \dfrac{\pi^2 k^2 N_A T}{2E_F} = \dfrac{\pi^2}{2}\dfrac{RkT}{E_F}$	11.2
Einstein 열용량	$C = 3R\left(\dfrac{T_E}{T}\right)^2 \dfrac{e^{T_E/T}}{(e^{T_E/T}-1)^2}$	11.2
Debye 열용량	$C = \dfrac{12\pi^4}{5}R\left(\dfrac{T}{T_D}\right)^3$	11.2
자유 전자 기체의 전도도	$\sigma = ne^2\tau/m$	11.3
Lorenz 수	$L = \pi^2 k^2/3e^2$ $= 2.44\times10^{-8}\ \text{W}\cdot\Omega/\text{K}^2$	11.3

		절
초전도체의 BCS 틈 에너지	$E_g = 3.53kT_c$	11.5
p-n 접합 다이오드의 전류	$i = i_0(e^{e\Delta V_{ext}/kT} - 1)$	11.7
Pauli 자기 감수율	$\chi = \dfrac{3\mu_0\mu_B^2}{2E_F}\dfrac{N}{V}$	11.8
원자의 자기 감수율	$\chi = -\mu_0 NV^{-1}g_J\mu_B$ $\times \displaystyle\sum_{m_J=-J}^{+J} m_J e^{-g_J\mu_B m_J B_{app}/kT}$ $\times \left(B_{app}\displaystyle\sum_{m_J=-J}^{+J} e^{-g_J\mu_B m_J B_{app}kT}\right)^{-1}$	11.8
Curie의 법칙	$\chi = \dfrac{\mu_0 Ng_J^2 \mu_B^2 J(J+1)}{3VkT} = \dfrac{C}{T}$	11.8

질문

1. 이온성 고체(표 11.1)의 평형 거리와 결합 에너지를 대응되는 이온성 분자(표 9.5)의 것과 비교하시오. 체계적 차이를 설명하시오.
2. MgO와 BaO에 적용되려면 식 (11.7)은 어떻게 고쳐져야 하는가?
3. 그림 11.11에서 납의 Einstein 온도를 추산하시오. [힌트: $T = T_E$일 때 식 (11.11)을 생각해 보자.]
4. (그림 11.13과 유사한) 고체 아르곤의 C/T 대 T^2 그래프는 원점을 지난다. 즉, y절편은 0이다. 왜 그런지 설명하시오.
5. 다른 성질들이 온도에 따라 변하지 않는다고 가정할 때, 탄소가 어떤 온도에서 반도체처럼 행동할 것으로 예상하는가?
6. Wiedemann-Franz 법칙이 반도체에 적용될 것으로 예상하는가? 부도체에는 어떤가?
7. (a) 왜 온도가 증가함에 따라 금속의 전기 전도도가 증가하는가? (b) 온도에 따라 반도체의 전도도는 어떻게 될 것으로 예상하는가?
8. 왜 E_F 근처의 전자만이 전기 전도도에 기여하는가?
9. 충분히 낮은 온도에서 실리콘은 부도체처럼 행동할 것으로 예상하는가? 충분히 높은 온도에서는 도체처럼 행동하는가?
10. 금속의 유동 속도를 결정하는 것은 무엇인가? Fermi 속도는 무엇이 결정하는가?
11. 반도체 원소들은 공통된 특정 전자 구조나 배열이 있는가?
12. 세 가지 다른 물질이 차 있는 원자가띠와 빈 전도띠, 틈 중

간에 있는 Fermi 에너지를 가진다. 각 물질의 틈 에너지는 10 eV, 1 eV, 0.01 eV이다. 상온과 3 K에서 이 물질들의 전기적 성질을 분류하시오.

13. 어떤 방법으로 *p-n* 접합이 축전기처럼 행동하는가?

14. 반도체는 왜 종종 '비옴식(non-ohmic)' 물질로 불리는가?

15. 10^9의 모원자(host atom)당 1개의 불순물 정도로 반도체가 도핑된다면, 불순물 원자 간 평균 거리는 무엇인가?

16. 순방향 바이어스된 *p-n* 접합의 전류가 만들어지는 과정을 설명하시오. 역방향 바이어스 접합에 대해서도 설명하시오.

17. 외부 전압이 변할 때 *p-n* 접합의 반응 시간 한계는 무엇인가? 왜 터널 다이오드는 같은 한계를 가지지 않는가?

18. 에너지 틈 E_g는 Ge에 대해 0.72 eV이고 Si에 대해 1.10 eV

이다. Ge와 Si은 어떤 에너지에서 빛 복사에 대해 투명한가? 또한 어떤 파장에서 빛을 강하게 흡수하기 시작하는가?

19. 왜 태양전지나 광자 검출기와 같은 응용 분야에서 반도체가 도체보다 나은가? 부도체의 경우는 더 좋아질 수 있을까?

20. 왜 전자 기체의 자기 감수율이 온도에 거의 무관한가?

21. 상자성 물질 샘플이 자석의 N극에 의해 끌어당겨지거나 밀리겠는가? S극에 대해서는 어떠한가? 반자성 물질 샘플의 경우는 어떠한가? 강자성 물질의 경우는 어떠한가?

22. 상온에서 양의 자기 감수율을 가지는 물질이 더 높은 온도에서 음의 감수율을 가지는 것이 가능한가?

연습문제

11.1 결정 구조

1. 그림 11.1의 단순 입방 구조로 딱딱한 공을 채우는 상황을 생각해 보자. 정육면체 모서리에 공의 중심을 두고, 최인접 이웃과 접촉해 있는 8개의 공을 생각해 보자. (a) 각각의 공의 부피 비율이 어떨 때 공들이 정육면체의 부피 내부에 있을 수 있는가? (b) r이 각각의 공의 반지름이고 a가 정육면체의 한 변의 길이일 때 a를 r의 항으로 표현하시오. (c) 정육면체의 부피 중 공에 의해 점유되는 비율은 무엇인가? 이 비율은 **채우기 비율(packing fraction)**이라고 불린다.

2. (a) fcc 구조(그림 11.2)와 (b) bcc 구조(그림 11.3)의 채우기 비율(연습문제 1 참조)을 계산하시오. 어떤 구조가 공간을 가장 효과적으로 채우는가?

3. 식 (11.5)와 식 (11.6)을 유도하시오.

4. CsCl 격자의 이온의 정전기 퍼텐셜 에너지를 구성하는 세 가지 성분을 계산하시오.

5. (a) 응집 에너지로부터 CsCl의 이온 쌍당 결합 에너지를 계산하시오. (b) 식 (11.7)로부터 CsCl의 이온 쌍당 결합 에너지를 계산하시오. (c) CsCl의 원자당 결합 에너지를 계산하시오. Cs의 이온화 에너지는 3.89 eV이다.

6. (a) 응집 에너지로부터 LiF의 이온 쌍당 결합 에너지를 계산하시오. (b) 식 (11.7)로부터 LiF의 이온 쌍당 결합 에너지를 계산하시오. (c) LiF의 원자당 결합 에너지를 계산하시오. Li의 이온화 에너지는 5.39 eV이고 F의 전자 친화도는 3.45 eV이다.

7. 평형 거리일 때 NaCl의 Coulomb 에너지와 척력 에너지를 계산하시오.

8. 나트륨의 밀도는 0.971 g/cm³이고 몰 질량은 23.0 g이다. bcc 구조에서 나트륨 원자 간 거리는 무엇인가?

9. 구리의 밀도는 8.96 g/cm³이고 몰 질량은 63.5 g이다. fcc 구조에서 구리 원자 간 중심-중심 거리는 무엇인가?

10. 금속성 Na와 Cu의 원자당 결합 에너지를 계산하시오.

11.2 고체의 열용량

11. 어떤 온도에서 구리의 격자 열용량과 전자 열용량이 같아지는가? 이때 $T_D = 343$ K, $E_F = 7.03$ eV라고 하자. 이 온도보다 높아지면 어떤 성분이 더 커지는가? 이 온도보다 낮아지면 어떻게 되는가?

12. (a) 2.00 K의 온도에서 고체 아르곤의 열용량은 2.00×10^{-2} J/mole·K이다. 고체 아르곤의 Debye 온도는 몇인가? (연습문제 4 참조) (b) 3.00 K의 온도에서 열용량이 몇이 되기를 기대하는가?

13. 칼륨에 대해 C/T를 T^2에 대해 그릴 때, 그래프는 기울기 2.57×10^{-3} J/mole·K^{4}의 직선이 된다. 칼륨의 Debye 온도는 몇인가?

14. 4 K의 온도에서 은의 열용량은 0.0134 J/mole·K이다. 은의 Debye 온도는 225 K이다. (a) 4 K에서 열용량의 전자 성분은 무엇인가? (b) 2 K에서 격자 성분, 전자 성분, 총열용량은 몇인가?

11.3 금속의 전자

15. (a) 상온에 놓인 구리에서 Fermi-Dirac 함수가 0.1이 되는 전자 에너지는 무엇인가? (b) 어떤 에너지 영역에서 구리의 Fermi-Dirac 분포 함수가 0.9에서 0.1로 감소하는가?

16. 에너지 E_F를 가진 구리 안의 전자의 de Broglie 파장을 계산하고, 이 값을 구리의 원자 간 거리 값과 비교하시오.

17. 상온(293 K)에서 Fermi 에너지 위의 0.10 eV와 0.11 eV 사이 에너지를 가지는 전자에 대한 나트륨의 단위 부피당 점유 상태 수는 무엇인가?

18. 상온에서 구리의 전기 전도도는 $5.96 \times 10^7 \Omega^{-1} \text{m}^{-1}$이다. 전자 산란 간 평균 거리를 계산하시오. 이 값은 격자 간격의 몇 배인가?

19. 어떤 온도에서 금의 Fermi 에너지가 1%로 감소하는가? 이 값을 금의 녹는점(1,337 K)과 비교하시오. Fermi 에너지를 온도와 무관한 상수로 가정하는 것은 합리적인가?

20. 0.50 mm 지름의 구리선에 2.5 mA의 전류가 흐른다. 전기 전도에 기여하는 구리 전자의 비율은 얼마인가?

21. Wiedemann-Franz 비율을 사용해서 상온에서 구리의 열 전도도를 계산하시오. 전기 전도도는 $5.96 \times 10^7 \Omega^{-1} \cdot \text{m}^{-1}$이다.

11.4 고체의 띠이론

22. 상온(293 K)에서 (부도체인) 탄소와 (반도체인) 실리콘의 전도띠 안에 있는 전자 농도의 비율을 계산하시오. 탄소의 에너지 틈은 5.5 eV이고 실리콘의 에너지 틈은 1.1 eV이다. Fermi 에너지가 틈 가운데에 있다고 가정하자.

23. 게르마늄($E_g = 0.66$ eV)과 실리콘($E_g = 1.12$ eV)의 전도띠 안에 있는 전자 수의 비율을 계산하시오. Fermi 에너지가 틈 가운데에 있다고 가정하자.

24. Si의 원자가띠는 12 eV의 폭을 가지고 있다. 한 변이 1.00 mm 인 Si 정육면체에서 (a) 원자가띠의 총 상태 수와 (b) 상태 간 평균 거리를 계산하시오. 나트륨의 밀도는 2.33 g/cm^{3}이다.

11.5 초전도

25. (a) 지르코늄(Zirconium) 금속은 0.61 K의 초전도 전이 온도를 가지고 있다. BCS 이론이 맞다고 가정할 때, Zr의 에너지 틈은 얼마인가? (b) 광자 빔이 초전도 Zr에 입사할 때, Cooper 쌍을 끊어내기에 충분한 광자의 파장은 무엇인가? 이 광자는 전자기 스펙트럼의 어떤 영역에 있는가?

26. 초전도 탄탈럼(tantalum) 금속이 광자 빔에 의해 조사될 때, 0.91 mm 파장까지의 광자가 초전도 상태를 붕괴시키기에 충분했다. BCS 이론에 따라 Ta의 에너지 틈과 임계 온도를 계산하시오.

27. Josephson 접합에 1.25 μV의 전압 차가 가해질 때 전류의 주파수를 계산하시오.

11.6 고유 반도체와 불순물 반도체

28. 고유 실리콘 샘플의 온도가 상온(293 K)에서 100 K 증가한다. 이 온도 상승으로 인한 전도도의 증가를 계산하시오.

실리콘의 틈 에너지는 1.1 eV이다.

29. (a) 상온과 100 K의 온도에서 전도띠로 들뜰 수 있는 고유 실리콘의 원자가띠의 전자 비율을 계산하시오. 실리콘의 틈 에너지는 1.1 eV로 한다. (b) 같은 온도 간격에서 금속의 전도도는 몇 배나 변하는가?

30. 상온(293 K)에서 고유 게르마늄의 전도 전자 밀도가 고유 실리콘의 전자 밀도와 같아지는 온도를 계산하시오. Si의 틈 에너지는 1.12 eV이고 Ge는 0.66 eV이다.

31. (a) 실리콘 원자를 인 원자로 교체할 때, 인의 바깥 전자가 가려져서 인 원자는 $Z_{eff} \cong 1$인 단일 전자 원자처럼 행동한다. 전자에 의한 전기장을 효과적으로 감소시킬 수 있도록 실리콘이 12의 유전 상수를 가진다고 가정하여 전자의 에너지를 계산하시오. (b) Si의 추가적인 전자는 자유 전자 질량에 비해 0.43배의 유효 질량을 가진다. 이 보정 항이 전자 에너지를 어떻게 바꾸는가?

32. 고유 실리콘의 에너지 틈이 1.1 eV이고 Fermi 에너지가 틈 중간에 있다고 가정할 때, 293 K에서 (a) 전도띠 바닥에 있는 상태의 점유 확률과 (b) 원자가띠 꼭대기에 있는 상태의 점유 확률을 계산하시오.

33. 상온(293 K)에서의 게르마늄 샘플에서 전도띠의 전자 밀도를 세 배 증가시키기 위해서는 어떤 비율로 Ge 원자가 주개 원자로 교체되어야 하는가? 모든 주개 원자가 이온화되어 있다고 가정하고, Ge의 에너지 틈은 0.66 eV라고 하자.

11.7 반도체 소자

34. (a) 상온에서의 p-n 접합에서 2.00 V의 순방향 바이어스일 때 전류와 1.00 V의 순방향 바이어스일 때 전류의 비율은 무엇인가? (b) 400 K 온도에서 해당 비율을 계산하시오.

35. 특정 조건에서 순방향 전류가 0.25 V 가해질 때 상온에서 p-n 접합에 흐르는 전류가 1.5 mA로 관찰되었다. 만약 역방향 바이어스가 접합에 가해지면 얼마만큼의 전류가 흐르겠는가?

36. 인화갈륨(gallium phosphide)($E_g = 2.26$ eV)과 아연 셀렌화물(zinc selenide)($E_g = 2.87$ eV)은 LED를 만들 때 보통 사용되는 물질이다. 이러한 소자에서 가장 주된 발광 파장은 무엇이고, 빛의 색은 어떤 색인가?

37. 색이 다른 LED는 GaN($E_g = 3.4$ eV)과 InN($E_g = 0.7$ eV)을 다른 비율로 섞어서 만들어진다. (a) 녹색 빛(550 nm)과 (b) 보라색 빛(400 nm)을 방출하는 LED를 만들기 위한 GaN과 InN의 상대적인 양을 계산하시오.

11.8 자성 물질

38. (그림 11.54와 같이) 나트륨에서 스핀을 뒤집어서 Pauli 상자성에 기여하는 스핀-업 전자의 비율을 계산하시오. 자기장은 1 T라고 가정하자.

39. 황화구리에서 Cu^{++} 이온은 $g_J = 2$를 만드는 $J = 1/2$을 가지는 것처럼 행동한다. 0.25 T의 자기장을 겪을 때, (a) 300 K과 (b) 4.2 K에서 $m_J = +1/2$과 $m_J = -1/2$ 상태에 있는 구리 이온의 상대적인 숫자를 계산하시오.

40. (a) Li과 (b) Ba의 Pauli 자기 감수율을 계산하시오. 이를 각 물질의 실험값인 14.2×10^{-6}과 20.6×10^{-6}(cgs 단위에서 몰당)과 비교하시오.

41. (a) 금의 전자들이 자유 전자 기체처럼 행동한다고 가정하여 예상되는 금의 자기 감수율을 계산하시오. (b) 상온에서의 cgs 몰 감수율 측정값은 -28.0×10^{-6}이다. 감수율이 반자성 성분과 상자성 성분만으로 이루어져 있다고 가정하여 금의 감수율에 대한 반자성 성분의 기여도를 계산하시오.

42. (a) 상온(293 K)에서 $MnCl_2$의 상자성 감수율 측정값은 cgs 단위에서 몰당 $14,350 \times 10^{-6}$이다. Mn^{++} 이온의 $g_J^2 J(J+1)$ 값은 무엇인가? (b) Mn^{++} 이온에 대해 예상되는 전자 배열은 무엇인가? 전자의 S가 총 M_S를 최대화하도록 대응된다고 가정할 때, 이 배열에서 Mn^{++}의 S 값은 무엇인가? (c) $J = L + S$에 대해 감수율 측정값을 따르는 g_J 값은 무엇인가?

일반 문제

43. 인력 및 척력 Coulomb 퍼텐셜 에너지에 대한 기여 성분을 더하여, 양이온과 음이온이 번갈아 배치된 일차원 '격자'에 대한 Madelung 상수가 $2\ln 2$임을 보이시오.

44. 끓는점(*Handbook of Chemistry and Physics* 참조)에 대한 이온성 결정의 응집 에너지(표 11.1과 다른 데이터 참조)를 그리시오. 응집 에너지와 끓는점 사이에 상관관계가 있는가?

45. 끓는점(*Handbook of Chemistry and Physics* 참조)에 대한 금속성 결정의 응집 에너지(표 11.3과 다른 데이터 참조)를 그리시오. 응집 에너지와 끓는점 사이에 상관관계가 있는가?

46. (a) 격자 이온의 총 퍼텐셜 에너지를 미분해서 이온에 가해지는 힘에 대한 표현을 구하시오. (b) $R = R_0 + x$가 되도록 이온이 평형 위치로부터 작은 거리 x만큼 벗어났다고 가정하자. 작은 x 값에 대해 힘이 $F = -kx$로 쓰일 수 있음을 보이시오. k를 결정의 다른 매개변수들로 표현하시오. (c) NaCl의 k 값을 찾고, 나트륨 이온의 진동 주파수를 계산하시오. (d) 격자의 나트륨 이온이 이 주파수의 광자를 흡수했고 진동하기 시작했다고 가정하자. 이 광자는 어떤 전자기 스펙트럼 영역에 있는가?

47. 쌍극자의 전기장은 $1/r^3$에 비례한다. 분자 B의 유도 쌍극자 모멘트가 분자 A의 쌍극자 전기장에 비례한다고 가정하여, van der Waals 힘이 r^{-7}에 비례함을 보이시오. (힌트: 쌍극자 A에 의해 유도된 전기장 안에 있는 쌍극자 B의 퍼텐셜 에너지가 r^{-6}에 비례함을 보이시오.)

48. (a) 1 K과 100 K 사이에서 알루미늄의 열용량에 대한 데이터를 찾으시오(*Handbook of Chemistry and Physics* 참조). 데이터를 그리고, 시행착오를 통해 데이터와 가장 잘 맞는 Einstein 온도 값을 찾으시오. (b) 10 K 아래의 온도에서 데이터를 C/T 대 T^2의 형태로 그리고, 기울기와 절편을 결정하고, ($E_F = 11.7$ eV를 사용하여) Al의 Debye 온도와 유효 질량을 구하시오.

49. (a) 1 K과 100 K 사이에서 금의 열용량에 대한 데이터를 찾으시오(*Handbook of Chemistry and Physics* 참조). 데이터를 그리고, 시행착오를 통해 데이터와 가장 잘 맞는 Einstein 온도 값을 찾으시오. (b) 10 K 아래의 온도에서 데이터를 C/T 대 T^2의 형태로 그리고, 기울기와 절편을 결정하고, ($E_F = 5.53$ eV를 사용하여) Au의 Debye 온도와 유효 질량을 구하시오.

50. (a) 초전도체의 Cooper 쌍은 틈 에너지 E_g 수준의 에너지 불확정성을 가지는 속박 상태(bound state)로 생각할 수 있다. 이러한 쌍이 Fermi 에너지 근처에 존재한다고 가정하여 Cooper 쌍의 크기에 대한 좋은 어림값인 Cooper 쌍의 위치의 불확정성을 찾으시오. (b) 알루미늄($E_F = 11.7$ eV)의 Cooper 쌍 크기를 추정하고 이를 알루미늄의 격자 간격(0.286 nm)과 비교하시오.

51. 게르마늄과 같은 물질이 광자 검출기로 쓰일 때, 들어오는 광자는 여러 상호 작용을 일으키고 원자가띠와 전도띠 사이의 틈을 통해 여러 전자를 들뜨게 한다. (a) ^{137}Cs는 662 keV의 감마선을 방출한다. 얼마나 많은 전자가 감마선을 흡수함으로써 0.66 eV 틈의 게르마늄에서 들뜰 수 있는가? (b) 문제 (a)에서 계산한 수 N을 통계적 요동 $\sqrt{N}$에 넣는다. N의 변화와 N의 변화 비율을 계산하시오. (c) 이에 대응되는 측정된 감마선의 에너지 변화는 얼마인가? 이 결과는 검출기의 측정 해상도에 해당한다.

52. 하나의 그래프에 $J = {}^1/_2, 1, {}^3/_2$에 대한 원자 자기 감수율을 온도의 역수의 함수로 그리시오. 다른 계수(N/V, g_J, B_{app})는 세 가지 경우에 대해 모두 같다고 가정한다. 스핀의 최댓값에 대한 감수율의 비율을 그리고, 세 가지 스핀의 경우 포화 값으로 접근하는 변화를 계산할 수 있을 것이다.

53. 자기 쌍극자 μ에서 발생하는 거리 r에서의 자기장은 $B = \mu_0 \mu / 2\pi r^3$이다. 철의 강자성을 설명하기에는 쌍극자-쌍극자 상호 작용 에너지가 가장 낮은 온도에서도 너무 작음을 보이시오. 원자당 유효 자기 쌍극자 모멘트가 $2.2\mu_B$라고 가정한다.

54. (a) 산소 기체는 상온에서 상자성이지만, 질소 기체는 반자성이다. 이를 O_2와 N_2에서 $2p$ 오비탈의 결합과 반결합의 채우기를 이용하여 설명하시오. (힌트: 예제 9.1 참조) (b) NO 기체는 상자성일지 반자성일지 예측하시오.

Chapter 12

핵 구조와 방사능

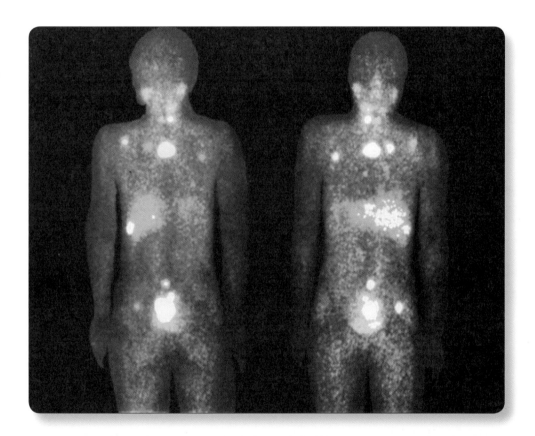

방사성 동위원소는 의학 진단을 위한 가치 있는 도구임이 입증되어 왔다. 사진은 방사성 원소 치료를 받는 환자에게서 나오는 감마선 방출을 보여준다. 방사능이 감마선 스캔에서 밝은 영역으로 보이는 활성 암 종양이 있는 위치에 집중된다. 이 환자의 암은 전립선에서 시작되어 신체의 여러 다른 부위로 퍼져 나가 있다. GJLP, CNRI/Science Source

핵은 원자 중심에 위치하며, 전체 부피의 10^{-15}만을 점유하고 있지만 원자를 한데 묶어주는 전기력을 제공한다. 핵은 Z의 양전하를 가진다. 이 전하들이 날아가지 않게 하기 위해 핵력이 전기적 척력을 극복하도록 반드시 인력을 공급해 주어야 한다. 이 핵력은 알려진 힘 중 가장 강한 힘이다. 이는 원자 결합 에너지보다 수만 배 강한 핵의 결합 에너지를 준다.

원자 구조와 핵 구조는 많은 유사성을 가지고, 이는 핵의 성질에 대한 논의를 어느 정도 익숙하게 만들어준다. 핵은 양자 물리의 법칙을 따른다. 그들은 바닥 상태와 들뜬 상태를 가지고, 들뜬 상태 간 전이에서 광자를 방출한다. 원자 상태에서와 같이, 핵 상태는 각운동량에 의해 분류될 수 있다.

그러나 원자의 성질과 핵의 성질 사이에는 두 가지 중요한 차이점이 존재한다. 원자 물리에서 전자는 외부 요인, 즉 핵에 의한 힘을 겪는다. 핵 물리에서는 외부 요인이 없다. 전자의 상호 작용을 전자와 핵 사이의 주된 상호 작용에 대한 섭동으로 생각할 수 있는 원자 물리와 반대로, 핵 물리는 핵의 구성 요소의 쌍방 상호 작용이 핵력을 주는 것이다. 즉, 핵 물리에서는 이러한 복잡한 다체 문제(many-body problem)를 일체 문제(single-body problem)에 대한 보정으로 생각할 수 없다. 그러므로 우리는 원자의 경우와는 반대로, 핵의 경우에 발생하는 수학적 어려움을 피할 수 없다.

원자 물리와 핵 물리의 두 번째 차이점은 핵력을 Coulomb 힘과 같은 단순한 형태로 쓸 수 없다는 것이다. 핵 구성 요소의 쌍방 힘을 기술할 수 있는 닫힌 형식의 해석적 표현이 없다.

이러한 어려움에도 불구하고, 다른 핵 간 상호 작용, 핵의 방사성 붕괴, 몇몇 핵 구성 요소의 성질을 공부함으로써 핵의 성질에 대한 중요한 내용을 배울 수 있다. 이 장과 다음 장에서 이러한 내용을 기술하고 이로부터 어떻게 우리가 핵에 대해 배울 수 있는지 볼 것이다.

Historical / Getty Images

Enrico Fermi(1901~1954, 이탈리아-미국). 그가 이론이나 실험으로 참여하지 않은 현대 물리학 분야는 거의 없다. 그는 스핀-1/2 입자에 대한 통계 법칙을 만들었고, 오늘날에도 여전히 쓰이는 베타 붕괴 이론을 1930년대에 제안했다. 그는 중성자 폭격에 의한 원소의 변환을 처음 보였고(이 연구로 그는 1938년 노벨상을 수상한다), 또한 최초의 핵 반응로 건설을 지휘했다.

12.1 핵의 구성 요소

1911년과 1920년 사이 Rutherford, Bohr, 그리고 그들과 동시대인들의 연구는 원자의 중심에 위치한 매우 작은 핵 영역에 원자의 양전하가 집속되어 있고, 원자 번호 Z의 원자핵은 $+Ze$의 전하를 가지고, 핵은 원자 질량의 대부분(99.9%)을 차지함을 보였다. 또한 (원자 질량 단위로 측정한) 원자의 질량은 정수에 매우 가깝다는 것이 알려졌다. 부록 D를 살펴보면 이 측정 결과를 확인할 수 있고, 보통 0.1% 이내 범위 안에서 정수이다.

이 정수 A를 **질량수**(mass number)라고 부를 것이다. 그러므로 1 u에 매우 가까운 질량을 가지는 더 근본적인 단위의 숫자 A로 핵이 구성되어 있다고 하는 것이 합리적일 것이다. 1 u에 가까운 질량을 가진다고 그 당시 알려진 유일한 입자는 양성자(proton, 질량 1.0073 u와 전하 $+e$를 가지는 수소 원자의 핵)였기 때문에 질량수 A의 원자핵이 A개의 양성자를 가진다고 가정되었다(뒤에서 살펴볼 것이지만, 이는 잘못된 가정이다).

그러한 핵은 Ze 대신 Ae의 핵 전하를 가질 것이다. 수소보다 무거운 모든 원자에 대해 $A > Z$이므로, 이 모형은 핵에 너무 많은 양전하를 준다. 핵이 $(A - Z)$개의 전자를 가진다고 (다시 잘못) 가정한 **양성자-전자 모형**에 의해 이러한 한계는 제거되었다. 이렇게 가정하면 핵 질량은 양성자 질량의 약 A배가 되고(전자의 질량은 무시할 수 있으므로), 핵의 전하는 실험에서 측정된 것과 같이 $A(+e) + (A - Z)(-e) = Ze$가 될 것이다. 그러나 이 모형은 여러 한계에 부딪히게 된다. 첫째로, 4장에서 논의한 것처럼(예제 4.9 참조), 핵 내부 전자의 존재는 전자가 비합리적으로 큰 운동 에너지(~19 MeV)를 가져야 하는 불확정성 원리의 결과와 일관적이지 않다.

더 심각한 문제는 핵의 총 **고유 스핀**(intrinsic spin)에 관한 것이다. [초미세 갈라지기(hyperfine splitting)라고 불리는]원자 전이에 대한 핵 자기 모멘트의 매우 작은 효과에 대한 측정으로부터 우리는 양성자가 전자와 같이 $1/2$의 고유 스핀을 가진다는 것을 알고 있다. 종종 '무거운 수소'라고 불리는 중수소(deuterium) 원자를 생각해 보자. 중수소는 일반 수소처럼 $+e$의 핵 전하를 가지지만, 일반 수소의 두 배의 질량을 가진다. 양성자-전자 핵 모형은 중수소 핵이 2개의 양성자와 1개의 전자를 가져서 두 단위의 알짜 질량과 하나의 알짜 전하를 가지도록 요구한다. 이 세 입자 각각은 $1/2$의 스핀을 가지고, 양자역학의 각운동량 덧셈 법칙은 중수소의 스핀이 $1/2$이나 $3/2$ 중 하나가 되도록 한다. 그러나 측정된 중수소의 총스핀은 1이다. 이런 이유와 또 다른 이유로 인해, 전자가 핵의 구성 요소라는 가정은 폐기되어야 한다.

이 딜레마에 대한 해결 방법은 양성자와 같은 질량을 가지지만(사실 약 0.1% 정도 더 무겁다) 전하를 가지지 않는 **중성자**(neutron)의 1932년 발견으로부터 왔다. 양성자-중성자 모형에 따르면, 핵은 Z개의 양성자와 $(A - Z)$개의 중성자로 이루어져 있고, 총 Ze의 전하를 가지며, 양성자 질량과 중성자 질량은 거의 같기 때문에 핵은 양성자 질량의 약 A배의 총질량을 가진다.

전하를 제외하면 양성자와 중성자는 매우 비슷하고, 이들은 모두 **핵자**(nucleon)로 분류된다. 두 핵자의 몇몇 성질은 표 12.1에 나와 있다.

어떤 원소의 화학적 성질은 원자 번호 Z에 의존하지만, 질량수 A에는 의존하지 않

표 12.1 핵자의 성질

이름	기호	전하	질량	정지 에너지	스핀
양성자	p	$+e$	1.007276 u	938.28 MeV	$\frac{1}{2}$
중성자	n	0	1.008665 u	939.57 MeV	$\frac{1}{2}$

는다. 같은 Z를 가지지만 다른 A를 가지는 서로 다른 두 핵도 가능하다(즉, 같은 양성자 수와 다른 중성자 수를 가지는 핵을 말한다). 이러한 핵의 원자는 모든 화학적 성질이 같고, 질량만 다르므로 질량에 의존하는 성질만 다르다. 같은 Z와 다른 A의 핵은 **동위핵**(isotope)이라고 불린다. 예를 들어 수소는 3개의 동위원소를 가진다. 즉, 일반 수소($Z=1, A=1$), 중수소($Z=1, A=2$), 삼중수소($Z=1, A=3$)가 이에 해당한다. 이들 모두는 원소 기호 H로 기술된다. 핵의 성질에 대해 논할 때, 다른 동위원소를 구분하는 것은 중요하다. 원소 기호, 원자 번호 Z, 질량수 A, **중성자 수** $N=A-Z$를 다음과 같은 형식을 취하여 동위원소를 지칭할 수 있다.

$$^A_Z X_N$$

이때 X는 임의의 원소 기호이다. 원소 기호와 원자 번호 Z는 같은 정보를 주므로, 동위원소 표시에서 둘 모두를 쓰는 것은 불필요하다. 또한 만약 Z를 특정하면 N과 A 모두를 특정할 필요가 없다. 원소 기호와 A만을 주는 것으로 충분하다. 수소의 세 가지 동위원소는 $^1_1 H_0$, $^2_1 H_1$, $^3_1 H_2$로 표기되고, 더 간단하게는 $^1 H$, $^2 H$, $^3 H$로 표기된다. 부록 D에서 동위원소의 목록과 일부 성질에 대해 찾아볼 수 있다.

▌예제 12.1

다음 경우에 대한 기호를 쓰시오. (a) 질량수 4인 헬륨의 동위원소, (b) 66개의 중성자를 가진 주석의 동위원소, (c) 143개의 중성자를 가진 질량수 235의 동위원소.

풀이

(a) 주기율표로부터 헬륨이 $Z=2$임을 알 수 있다. $A=4$일 때, $N=A-Z=2$이다. 그러므로 기호는 $^4_2 He_2$ 또는 $^4 He$이다.

(b) 다시 주기율표로부터 주석(Sn)이 $Z=50$임을 알 수 있다. 주어진 $N=66$에 대해 $A=Z+N=116$이다. 기호는 $^{116}_{50} Sn_{66}$ 또는 $^{116} Sn$이다.

(c) $A=235$와 $N=143$이 주어졌을 때, $Z=A-N=92$임을 알 수 있다. 주기율표로부터 이 원소가 우라늄임을 알 수 있고, 이 동위원소의 알맞은 기호는 $^{235}_{92} U_{143}$ 또는 $^{235} U$이다.

12.2 핵의 크기와 모양

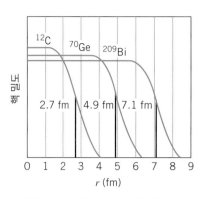

그림 12.1 핵 전하 밀도의 지름 의존성.

원자와 같이 핵은 딱딱한 표면이나 쉽게 정의될 수 있는 반지름을 가지지 않는다. 사실 여러 종류의 실험은 같은 핵에 대해 종종 다른 반지름 값을 준다.

다양한 실험으로부터 핵 밀도의 몇 가지 일반적인 특징을 알 수 있다. 핵 반지름에 대한 핵 밀도의 변화는 그림 12.1에 나타나 있다. 핵력은 가장 강한 힘이므로 이 강한 힘이 양성자와 중성자를 핵의 중심에 모여 있도록 하여 중심 영역에서 밀도가 증가할 것으로 생각할 수 있다. 그러나 그림 12.1은 그렇지 않다는 것을 보여준다. 밀도는 꽤 균일하게 유지된다. 이는 우리가 12.4절에서 논의할 핵력의 짧은 범위에 대한 몇 가지 중요한 단서를 준다.

그림 12.1의 또 다른 흥미로운 특징은 핵의 밀도가 질량수 A에 의존하지 않는 것처럼 보인다는 것이다. ^{12}C와 같이 매우 가벼운 핵은 ^{209}Bi와 같은 매우 무거운 핵과 거의 같은 중심 밀도를 가진다. 다른 식으로 말하면, 단위 부피당 양성자 수와 중성자 수는 핵의 전체 범위에 대해 다음과 같이 근사적으로 일정하다.

$$\frac{\text{중성자와 양성자 수}}{\text{핵의 부피}} = \frac{A}{\frac{4}{3}\pi R^3} \cong \text{상수}$$

이때 핵이 반지름 R의 구라고 가정한다. 그러므로 $A \propto R^3$이고, 이는 핵 반지름 R과 질량수의 1/3승 사이에 비례 관계가 있음을 암시한다. 즉, $R \propto A^{1/3}$이다. 비례상수 R_0를 정의하면,

$$R = R_0 A^{1/3} \tag{12.1}$$

상수 R_0은 실험에 의해 결정되어야 하고, 대표적인 실험은 핵으로부터 대전된 입자(예를 들어, 알파 입자 또는 전자)를 산란하게 하고, 산란 입자의 분포로부터 핵의 반지름을 추론하는 것일 것이다. 이러한 실험으로부터 우리는 R_0 값이 약 1.2×10^{-15} m임을 알 수 있다. (원자 물리에서와 같이 정확한 값은 반지름을 어떻게 정의하는지에 의존하고, R_0 값은 보통 1.0×10^{-15} m에서 1.5×10^{-15} m 범위에 있다.) 길이 10^{-15} m는 1 펨토미터(fm)이지만, 물리학자들은 이탈리아계 미국인 물리학자 Enrico Fermi의 이름을 따서 이 길이를 1 페르미(fermi)라고 부르기도 한다.

예제 12.2

탄소($A=12$), 게르마늄($A=70$), 비스무스($A=209$) 각각의 핵 반지름의 근삿값을 계산하시오.

풀이

식 (12.1)을 이용해서 다음을 얻을 수 있다.

탄소: $R = R_0 A^{1/3} = (1.2\text{ fm})(12)^{1/3} = 2.7\text{ fm}$

게르마늄: $R = R_0 A^{1/3} = (1.2\text{ fm})(70)^{1/3} = 4.9\text{ fm}$

비스무스: $R = R_0 A^{1/3} = (1.2\text{ fm})(209)^{1/3} = 7.1\text{ fm}$

그림 12.1에서 볼 수 있는 것처럼, 이 값은 중심 밀도의 절반으로 밀도가 감소하는 평균 반지름으로 정의된다.

예제 12.3

보통 핵의 밀도를 계산하고, 1 cm의 반지름을 가지는 핵을 만들 수 있다면 그 질량은 얼마나 될지 계산해 보시오.

풀이

핵 질량 m이 양성자 질량의 약 A배라고 대략 추산해 보면,

$$\rho = \frac{m}{V} = \frac{Am_p}{\frac{4}{3}\pi R^3} = \frac{Am_p}{\frac{4}{3}\pi R_0^3 A}$$

$$= \frac{1.67 \times 10^{-27}\text{ kg}}{\frac{4}{3}\pi(1.2 \times 10^{-15}\text{ m})^3} = 2 \times 10^{17}\text{ kg/m}^3$$

1 cm 반지름을 가지는 가상의 핵의 질량은 다음과 같아야 한다.

$$m = \rho V = \rho \left(\frac{4}{3}\pi R^3 \right)$$

$$= (2 \times 10^{17}\text{ kg/m}^3)\left(\frac{4}{3}\pi \right)(0.01\text{ m})^3$$

$$= 8 \times 10^{11}\text{ kg}$$

이는 보통 물질로 이루어진 1 km 구의 질량 정도에 해당한다.

예제 12.3의 결과는 물리학자들이 **핵 물질**(nuclear matter)이라고 부르는 것의 엄청난 밀도를 보여준다. 이러한 큰 덩어리의 핵 물질을 가지는 예가 지구상에서는 발견되지 않지만(큰 건물 크기의 핵 물질 샘플은 지구 전체에 해당하는 질량을 가질 것이다), 특정 거대 별에서는 찾을 수 있다. 즉, 그러한 특정 거대 별에서는 중력이 양성자와 전자를 중성자로 합치게 되어, 하나의 거대한 원자 핵인 중성자별(neutron star, 10.7절 참조)을 만들 수 있다!

핵의 크기를 측정하는 한 가지 방법은 Rutherford 산란 실험에서와 같이 알파 입자와 같은 대전된 입자를 산란시키는 것이다. 알파 입자가 핵 바깥에 있는 한 Rutherford 산란 공식은 여전히 유효하지만, 최인접거리가 핵 반지름보다 작아질 때 Rutherford 공식에서 차이가 발생한다. 그림 12.2는 그러한 차이가 관찰되는 Rutherford 산란 실

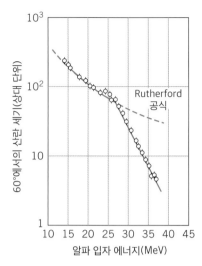

그림 12.2 27 MeV 이상의 에너지를 가지는 알파 입자가 ^{208}Pb에 의해 산란될 때 Rutherford 공식에서 벗어나는 정도.

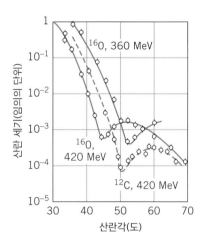

그림 12.3 ^{12}C와 ^{16}O 핵에 의한 360 MeV 및 420 MeV 전자의 회절.

험 결과를 보여준다. (연습문제 36번은 이러한 데이터로부터 핵 반지름 값을 어떻게 추산하는지 보여준다.)

　다른 산란 실험 또한 핵 반지름을 측정하는 데 쓰일 수 있다. 그림 12.3은 에너지를 가진 전자가 핵에 의해 산란되어 생기는 '회절 무늬'의 일종을 보여준다. 이 경우, 첫 번째 회절 최소가 분명하게 보인다. (그림 12.1에서와 같이 핵 밀도는 날카로운 테두리를 가지지 않으므로 회절 무늬의 최소 세기는 0으로 떨어지지 않는다.) 지름 D의 원판에 의한 파장 λ를 가지는 복사의 산란에 대해 첫 번째 회절 최소는 $\theta = \sin^{-1}(1.22\,\lambda/D)$의 각도에서 나타나야 한다(이 계산의 다른 예는 예제 4.3 참조). 에너지 420 MeV의 전자를 산란시킬 때, ^{16}O와 ^{12}C에 대해 측정된 최솟값은 ^{16}O이 2.6 fm의 반지름을, ^{12}C가 2.3 fm의 반지름을 가진다고 알려주며(연습문제 37번 참조), 이는 식 (12.1)에서 계산했던 3.0 fm 및 2.7 fm와 일관적이다.

12.3 핵의 질량과 결합 에너지

정지한 양성자와 전자가 큰 거리만큼 떨어져 있다고 해보자. 이 계의 총에너지는 두 입자의 총 정지 에너지, 즉 $m_p c^2 + m_e c^2$이다. 이제 두 입자가 가까워져서 바닥 상태에 있는 수소 원자를 형성한다고 해보자. 이 과정에서 13.6 eV의 총에너지를 가지는 여러 개의 광자가 방출된다. 이 계의 총에너지는 수소 원자의 정지 에너지, 즉 $m(\mathrm{H})c^2$과 총 광자 에너지 13.6 eV이다. 각각의 고립된 입자계의 총에너지가 원자와 광자의 총 에너지 합과 같아야 에너지가 보존된다. 즉, $m_p c^2 + m_e c^2 = m(\text{H})c^2 + 13.6$ eV이다. 이는 다음과 같이 쓸 수 있다.

$$m_e c^2 + m_p c^2 - m(\text{H})c^2 = 13.6 \text{ eV}$$

즉, 결합된 계(수소 원자)의 정지 에너지는 각 구성 요소(전자와 양성자)의 정지 질량보다 13.6 eV만큼 작다. 이 에너지 차이는 원자의 **결합 에너지**(binding energy)이다. 결합 에너지를 구성 요소로부터 원자를 조립할 때 얻을 수 있는 '추가' 에너지로 생각할 수 있고, 또한 원자를 구성 요소로 분해할 때 우리가 공급해 줘야 하는 에너지로도 생각할 수 있다.

핵 결합 에너지는 비슷한 방법으로 계산할 수 있다. 예를 들어, 양성자 하나와 중성자 하나로 이루어진 중수소의 핵 $_1^2\text{H}$을 생각해 보자. 중수소의 핵 결합 에너지는 각 구성 요소의 총 정지 에너지와 결합체의 정지 에너지의 차이로 다음과 같이 주어진다.

$$B = m_n c^2 + m_p c^2 - m_D c^2 \tag{12.2}$$

이때 m_D는 중수소 핵의 질량이다. 이 계산을 마무리하기 위해 핵 질량 m_p와 m_D를 대응되는 **원자** 질량으로 다음과 같이 바꿀 수 있다. 즉, $m(^1\text{H})c^2 = m_p c^2 + m_e c^2 - 13.6$ eV 이고 $m(^2\text{H})c^2 = m_D c^2 + m_e c^2 - 13.6$ eV이다. 이를 식 (12.2)에 대입하면,

$$
\begin{aligned}
B &= m_n c^2 + [m(^1\text{H})c^2 - m_e c^2 + 13.6 \text{ eV}] - [m(^2\text{H})c^2 - m_e c^2 + 13.6 \text{ eV}] \\
&= [m_n + m(^1\text{H}) - m(^2\text{H})]c^2
\end{aligned}
$$

계산에서 전자 질량이 상쇄되는 것에 주의하라. 중수소의 경우 다음을 얻을 수 있다.

$$B = (1.008665 \text{ u} + 1.007825 \text{ u} - 2.014102 \text{ u}) (931.5 \text{ MeV/u}) = 2.224 \text{ MeV}$$

이때 질량 단위를 에너지 단위로 변환하기 위해 $c^2 = 931.5$ MeV/u를 사용했다.

이 과정을 Z개의 양성자와 N개의 중성자를 가진 질량수 A의 핵 X의 결합 에너지를 계산하는 것으로 일반화해 보자. m_X가 이 핵의 질량을 나타낸다고 하자. 그러면 핵의 결합 에너지는 식 (12.2)와 유사하게 핵의 정지 에너지와 구성 요소(N개의 중성자와 Z개의 양성자)의 총 정지 에너지의 차이이다.

$$B = N m_n c^2 + Z m_p c^2 - m_X c^2 \tag{12.3}$$

이 계산에서 표로 정리된 원자 질량을 사용하기 위해 핵 질량 m_X를 대응되는 원자 질량으로 다음과 같이 바꿔야 한다. $m({}_Z^A X_N)c^2 = m_X c^2 + Z m_e c^2 - B_e$. 이때 B_e는 원자 안에 있는 모든 전자의 총 결합 에너지를 뜻한다. 핵의 정지 에너지는 $10^9 \sim 10^{11}$ eV 수준이다. 전자의 총 정지 에너지는 $10^6 \sim 10^8$ eV 수준이고, 전자의 결합 에너지는 $1 \sim 10^5$ eV 수준이다. 그러므로 다른 두 항에 비해 B_e는 매우 작고, 이 계산을 위해 필요한 정확도 안에서 안전하게 이 항을 무시할 수 있다.

원자 질량을 핵 질량 m_p와 m_X에 대입하면, 임의의 핵 ${}_Z^A X_N$에 대한 총 결합 에너지 표현식을 다음과 같이 얻을 수 있다.

$$B = [N m_n + Z m({}_1^1 H_0) - m({}_Z^A X_N)]c^2 \tag{12.4}$$

우변은 (총 Z개의 전자를 가지고 있는) Z개의 수소 원자의 질량과 (마찬가지로 Z개의 전자를 가지고 있는) 원자 번호 Z의 원자 사이의 차이이므로, 전자 질량은 이 방정식에서 상쇄된다. 식 (12.4)에 등장하는 질량은 **원자 질량**이다.

예제 12.4

${}_{26}^{56} Fe_{30}$과 ${}_{92}^{238} U_{146}$에 대해 총 결합 에너지 B와 핵자당 평균 결합 에너지 B/A를 찾으시오.

풀이

$N = 30$, $Z = 26$인 ${}_{26}^{56} Fe_{30}$에 대해 식 (12.4)로부터 다음을 얻을 수 있고,

$$\begin{aligned} B &= [30(1.008665 \text{ u}) + 26(1.007825 \text{ u}) \\ &\quad - 55.934936 \text{ u}](931.5 \text{ MeV/u}) \\ &= 492.3 \text{ MeV} \end{aligned}$$

$$\frac{B}{A} = \frac{492.3 \text{ MeV}}{56} = \text{핵자당 } 8.790 \text{ MeV}$$

${}_{92}^{238} U_{146}$에 대해서는

$$\begin{aligned} B &= [146(1.008665 \text{ u}) + 92(1.007825 \text{ u}) \\ &\quad - 238.050787 \text{ u}](931.5 \text{ MeV/u}) \\ &= 1{,}802 \text{ MeV} \end{aligned}$$

$$\frac{B}{A} = \frac{1{,}802 \text{ MeV}}{238} = \text{핵자당 } 7.570 \text{ MeV}$$

예제 12.4는 핵 구조에 대한 중요한 사실을 알려준다. B/A의 값은 ^{56}Fe의 핵이 ^{238}U의 핵에 비해 **상대적으로** 더 강하게 결합되어 있음을 보여준다. **핵자당 평균 결합 에너지**는 ^{56}Fe이 ^{238}U에 비해 크다. 다시 말하면, 이 계산은 양성자와 중성자가 많을 때 이러한 핵자가 ^{56}Fe의 핵과 결합할 때 ^{238}U와 결합할 때에 비해 더 많은 에너지를 방출

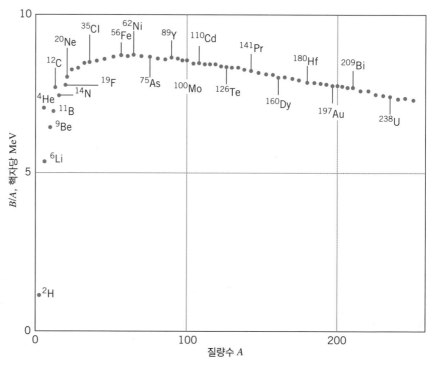

그림 12.4 핵자당 결합 에너지.

한다는 것을 보여준다.

이 계산을 핵의 전체 종류에 대해 반복하면, 그림 12.4에 나타난 것과 같은 결과를 얻는다. 핵자당 결합 에너지는 작은 값(양성자와 중성자의 경우 0, 중수소의 경우 1.11 MeV)에서 시작해서, ^{62}Ni의 경우 최대 8.795 MeV까지 증가하고, 무거운 핵의 경우 7.5 MeV 근처 값으로 떨어진다.

핵자당 결합 에너지는 꽤 넓은 종류의 핵에 대해 거의 일정하다. $A = 60$ 근처 영역부터 가벼운 핵에 대해 날카롭게 감소한다. 이는 표면에서 약하게 결합된 양성자와 중성자의 상대적인 비율이 감소하기 때문에 일어나는 일이다. 양성자의 Coulomb 척력에 의해 더 무거운 핵에 대해서는 점차적으로 감소하는 경향이 보인다.

그림 12.4는 핵에서 에너지를 두 가지 방법으로 방출시킬 수 있음을 보여준다. 만약 무거운 핵(예를 들어 $A > 200$)을 2개의 가벼운 핵으로 쪼개면, 핵자당 결합 에너지가 원래의 핵보다 2개의 가벼운 핵에서 더 크기 때문에 에너지가 방출된다. 이 과정은 **핵분열**(nuclear fission)이라고 불린다. 반대로, 2개의 가벼운 핵(예를 들어 $A < 10$)을 더 무거운 핵으로 결합할 수 있다. 마찬가지로, 2개의 원래 핵보다 결과물 핵에서 핵자당 결합 에너지가 더 크므로 에너지는 방출된다. 이 과정은 **핵융합**(nuclear fusion)이라고

불린다. 13장에서 핵분열과 핵융합에 대해 더 자세히 다룰 것이다.

양성자 분리 에너지와 중성자 분리 에너지

수소 원자에 이온화 에너지 E_i(13.6 eV)를 가하면, 수소 이온 H^+와 자유 전자를 얻는다. 이 과정은 입자의 정지 질량의 항으로 $E_i + m(H)c^2 = m(H^+)c^2 + m_e c^2$라고 쓸 수 있다. 임의의 원소 X에 대해 일반화하면, $E_i + m(X)c^2 = m(X^+)c^2 + m_e c^2$ 또는

$$X \rightarrow X^+ + e^- : \quad E_i = m(X^+)c^2 + m_e c^2 - m(X)c^2 = [m(X^+) + m_e - m(X)]c^2$$

원소 X의 경우, 이온화 에너지는 원자에서 전자를 제거하기 위해 필요한 최소 에너지이고, 그림 8.8에서 볼 수 있듯, 이온화 에너지가 원자의 성질에 대한 중요한 정보를 어떻게 주는지를 알 수 있다.

핵에 대해, 이온화와 유사한 과정은 핵으로부터 가장 약하게 결합된 양성자나 중성자를 제거하는 것으로 이루어져 있다. 가장 약하게 결합된 양성자를 제거하는 데 필요한 에너지는 **양성자 분리 에너지**(proton separation energy) S_p라고 불린다. S_p의 에너지를 $^A_Z X_N$에 더하면, $^{A-1}_{Z-1} X'_N$의 핵과 자유 양성자를 얻는다. 원자의 경우와 비슷하게, 분리 에너지를 원자 질량을 이용해서 다음과 같이 쓸 수 있다.

$$^A_Z X_N \rightarrow ^{A-1}_{Z-1} X'_N + p : \quad S_p = [m(^{A-1}_{Z-1} X'_N) + m(^1H) - m(^A_Z X_N)]c^2 \quad (12.5)$$

유사한 방법으로, **중성자 분리 에너지**(neutron separation energy) S_n을 $^A_Z X_N$ 핵에 가하면, 다음과 같이 $^{A-1}_Z X_{N-1}$의 핵과 자유 중성자를 얻는다.

$$^A_Z X_N \rightarrow ^{A-1}_Z X_{N-1} + n : \quad S_n = [m(^{A-1}_Z X_{N-1}) + m_n - m(^A_Z X_N)]c^2 \quad (12.6)$$

양성자 분리 에너지와 중성자 분리 에너지는 보통 5~10 MeV 범위에 있다. 이 에너지가 핵자당 평균 결합 에너지와 거의 같은 것은 우연이 아니다. 핵의 총 결합 에너지 B는 핵을 Z개의 자유 양성자와 N개의 자유 중성자로 나누는 데 필요한 에너지이다. 이 에너지는 A의 양성자 분리 에너지와 중성자 분리 에너지의 합이다.

예제 12.5

핵자당 결합 에너지에 기반하여, ^{48}Cr의 핵을 2개의 ^{24}Mg 핵으로 쪼개는 것과 3개의 ^{16}O 핵으로 쪼개는 것 중 어떤 것이 더 많은 에너지를 필요로 하는가?

풀이

그림 12.4는 ^{24}Mg가 ^{16}O에 비해 더 강하게 결합되어 있음을 보여주고(^{24}Mg가 더 큰 핵자당 결합 에너지를 가진다), 둘 다 ^{48}Cr에 비해 더 작은 핵자당 결합 에너지를 가진다는 것을 보여준다. 핵자당 결합 에너지의 변화는 ^{48}Cr에서 ^{16}O로 갈 때가 ^{48}Cr에서 ^{24}Mg로 갈 때에 비해 더 크므로, 3개의 ^{16}O로 쪼개는 데 더 많은 에너지가 필요하다.

▍ 예제 12.6

^{125}Te의 양성자 분리 에너지와 중성자 분리 에너지를 구하시오.

풀이

양성자 분리 ^{125}Te $\rightarrow$ ^{124}Sb + p를 위해 식 (12.5)를 사용하면, 양성자 분리 에너지는 다음과 같이 구할 수 있다.

$$S_p = [m(^{124}\text{Sb}) + m(^1\text{H}) - m(^{125}\text{Te})]c^2$$
$$= (123.905936\ \text{u} + 1.007825\ \text{u}$$
$$- 124.904430\ \text{u})\ (931.50\ \text{MeV/u})$$
$$= 8.692\ \text{MeV}$$

중성자 분리, ^{125}Te $\rightarrow$ ^{124}Te + n의 경우, 중성자 분리 에너지는 [식 (12.6)으로부터]

$$S_n = [m(^{124}\text{Te}) + m_n - m(^{125}\text{Te})]c^2$$
$$= (123.902817\ \text{u} + 1.008665\ \text{u}$$
$$- 124.904430\ \text{u})\ (931.50\ \text{MeV/u})$$
$$= 6.569\ \text{MeV}$$

핵에서 양성자 분리 에너지와 중성자 분리 에너지는 원자에서 이온화 에너지와 비슷한 역할을 한다. 그림 12.5는 $Z = 36$에서 $Z = 62$로 갈 때 '원자가' 중성자를 가지는 (그리고 원자가 양성자가 없는) 핵의 중성자 분리 에너지 그래프를 보여준다. 중성자 수

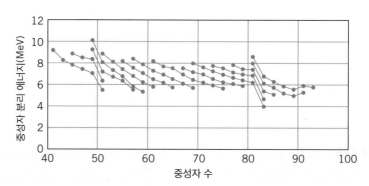

그림 12.5 중성자 분리 에너지. $Z = 36$인 왼편에서 시작하여 $Z = 62$인 오른편에서 끝나는 선들은 홀수의 중성자를 가지는 같은 원소의 동위원소들을 잇는다.

가 증가하면, 중성자 분리 에너지는 분리 에너지가 갑자기 감소하는 $N=50$과 $N=82$ 근처를 제외하고는 부드럽게 감소한다. 원자 물리와 유사하게(그림 8.8 참조), 이러한 급격한 감소는 껍질의 채움과 관련되어 있다. 핵에서 중성자와 양성자의 움직임은 원자 껍질과 유사하게 껍질 구조의 항으로 기술된다. 그리고 중성자나 양성자가 덜 약하게 결합되어 있는 새로운 껍질에 위치할 때 분리 에너지는 감소한다. 중성자 분리 데이터는 $N=50$과 $N=82$에 닫힌 중성자 껍질이 있음을 보여준다. 그림 12.5에 나타난 것과 같은 관계는 핵의 껍질 구조에 대한 중요한 정보를 제공한다.

12.4 핵력

원자 구조에 대한 통찰을 얻기 위해 가장 단순한 원자인 수소를 사용했던 것에 대한 성공적인 경험으로부터, 핵력이 작동하는 가장 단순한 계인 1개의 양성자와 1개의 중성자로 이루어진 중수소 핵으로부터 핵력에 대한 연구를 시작해야 할 것이라고 생각할 수 있다. 예를 들어, 이 핵의 들뜬 상태 사이의 전이에서 발생되는 광자로부터 핵력에 대한 무언가를 알 수 있을 것으로 기대할 수 있다. 하지만 불행하게도, 중수소는 들뜬 핵 상태를 가지지 않으므로 이 전략은 잘 먹히지 않는다. 양성자와 전자를 1개씩 모아서 수소 원자를 형성할 때, 전자들이 바닥 상태로 떨어지면서 많은 광자들이 방출된다. 이 스펙트럼으로부터 들뜬 상태의 에너지를 알 수 있다. 양성자와 중성자를 1개씩 모아서 중수소 핵을 형성할 때, 계가 바닥 상태로 직접 떨어지면서, (2.224 MeV의 에너지를 가진) 단 하나의 광자만이 방출된다.

　중수소의 들뜬 상태를 사용할 수 없다고 하더라도, 양성자에 중수소를 산란시키거나 더 무거운 핵을 가진 다양한 종류의 실험을 함으로써 양성자−중수소 계의 핵력에 대해 알 수 있다. 이러한 실험으로부터 다음과 같은 핵력의 성질에 대해 알 수 있다.

1. 핵력은 알려진 힘 중 가장 강한 힘이므로, **강력**(strong force)이라고도 불린다. 핵의 인접한 2개의 양성자에 대해, 핵 상호 작용은 전자기 상호 작용에 비해 10배에서 100배 더 강하다.
2. 강한 핵력은 약 10^{-15} m로 제한된 거리의 매우 짧은 범위를 가진다. 이러한 결론은 핵 물질의 일정한 중심 밀도로부터 알 수 있다(그림 12.1). 핵에 핵자를 추가하면, 추가된 핵자 각각은 핵 안의 다른 핵자 모두로부터 힘을 받는 것이 아니라 가장 가까운 이웃으로부터만 힘을 받는다. 이러한 관점에서 각각의 원자가 가장 가까운

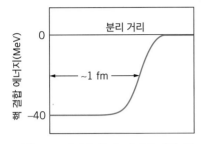

그림 12.6 핵자의 분리 거리에 대한 핵 결합 에너지의 의존성.

이웃과 주로 상호 작용하고 추가된 원자가 결정을 크게 만들 수는 있어도 밀도는 바꾸지 않는 결정과 같이 핵은 행동한다. 그림 12.4로부터 단거리 강력에 대한 다른 단서를 찾을 수 있다. 핵자당 결합 에너지가 거의 일정하기 때문에 총 핵 결합 에너지는 A에 거의 비례한다. 장거리 힘인 경우(무한대의 범위를 가지는 중력과 정전기력과 같이), 결합 에너지는 상호 작용하는 입자의 수의 제곱에 비례한다. (예를 들어, 핵 안의 Z개의 양성자 각각이 다른 $Z-1$개의 양성자로부터 척력을 겪으므로, 핵의 총 정전기 에너지는 $Z(Z-1)$에 비례하고, 큰 Z에 대해 이는 Z^2으로 생각할 수 있다.)

그림 12.6은 핵자 간 분리 거리에 대한 핵 결합 에너지의 의존성을 보여준다. 결합 에너지는 약 1 fm 이하의 경우 분리 거리에 대해 거의 일정하고, 1 fm보다 분리 거리가 멀어지는 경우 0이 된다.

3. 어떤 두 핵자 간 핵력은 그 핵자가 양성자인지 중성자인지와 무관하다. n-p 핵력은 n-n 핵력과 같고, 이는 다시 p-p 힘의 핵력 성분과 같다.

단거리 힘의 원인에 대한 성공적인 모형은 **바꿈힘**(exchange force)이다. 핵 안에서 중성자 하나와 양성자 하나가 옆에 있다고 해보자. 중성자는 강한 인력이 작용하는 입자를 방출한다. 양성자는 그 입자를 흡수할 수 있을 정도로 충분히 강한 힘을 입자에 작용시킨다. 양성자는 다시 중성자에 의해 흡수될 수 있는 입자를 방출한다. 양성자와 중성자는 각각 바꿈 입자에 대해 강력이 작용하고, 따라서 그들은 서로에 대해 강력이 작용하는 것처럼 보인다. 상황은 스프링으로 각각 연결된 공을 주고받는 놀이를 하는 두 사람의 모습과 같은 그림 12.7과 유사하다. 각자가 공에 힘을 가하고, 그 효과는 각자가 서로에 대해 힘을 가하는 것과 같다.

에너지 보존에 위배되지 않으면서 정지 에너지 $m_n c^2$의 중성자가 어떻게 정지 에너지 mc^2의 입자를 방출하고 중성자로 남아 있을 수 있을까? 이 질문에 대한 답은 불확정성 원리, 즉 $\Delta E \Delta t \sim \hbar$로부터 찾을 수 있다. 우리가 측정하지 않는 한 에너지가 보존되는지 알 수 없고, 우리는 이를 시간 간격 Δt 동안 ΔE의 불확정성보다 더 정확하게 측정할 수 없다. 그러므로 최소의 시간 간격 $\Delta t = \hbar/\Delta E$에 대해 ΔE만큼의 에너지 보존을 위반한다. 바꿈힘 모형에서 에너지 보존을 위반하는 양은 바꿈 입자의 정지 에너지 mc^2이다. 그러므로 이 입자는 (실험실 틀에서의) 짧은 시간 간격 동안만 존재할 수 있다.

그림 12.7 끌어당기는 바꿈힘.

$$\Delta t = \frac{\hbar}{mc^2} \tag{12.7}$$

입자가 광속보다 빠를 수는 없으므로 Δt 동안 이 입자가 진행할 수 있는 최대 거리는 $x = c\Delta t$이다. $x = c\Delta t = c\hbar/mc^2$이므로 바꿈힘의 최대 범위와 바꿈 입자의 정지 에너지 사이의 관계를 다음과 같이 알 수 있다.

$$mc^2 = \frac{\hbar c}{x} \tag{12.8}$$

이 표현식을 핵력의 10^{-15} m, 즉 1 fm 범위의 추산식에 대입하면, 바꿈 입자의 정지 에너지를 다음과 같이 추산할 수 있다.

$$mc^2 = \frac{\hbar c}{x} = \frac{200 \text{ MeV} \cdot \text{fm}}{1 \text{ fm}} = 200 \text{ MeV}$$

바꿈이 이루어지는 동안 바꿈 입자를 관측하는 것은 에너지 보존에 위배되므로 바꿈 입자는 실험실에서 관측될 수 없다. 그러나 외부 원천(예를 들어, 핵이 광자를 흡수하게 함으로써)으로부터 핵자에 에너지를 제공하면, '빌린' 에너지를 갚을 수 있고 입자는 관측될 수 있다. 이러한 실험을 하면, 핵은 140 MeV의 정지 에너지를 가지는 파이 중간자 (pi mesons), 즉 파이온(pions)을 방출하게 되고, 이 에너지는 우리의 추산값인 200 MeV 와 꽤 비슷하다. 관찰 가능한 핵력의 여러 성질이 파이온의 교환에 기초한 모형에 의해 성공적으로 설명되어 왔다. 파이온의 성질은 14장에서 다룰 것이다. 다른 바꿈 입자는 핵력의 다른 측면에 기여한다. 예를 들어, 바꿈 입자는 핵의 중심으로 핵이 붕괴하는 것을 막는 매우 짧은 범위에서의 힘의 척력 성분을 설명한다(연습문제 13번 참조).

12.5 핵의 양자 상태

이상적인 경우 핵의 퍼텐셜 에너지를 이용해서 Schrödinger 방정식을 풀고자 할 것이다. 만약 이것이 가능하다면, 이 계산 과정은 (원자에서 전자의 에너지 준위에서와 같이) 실험과 비교할 수 있는 양성자와 중성자의 에너지 준위 세트를 줄 것이다. 불행하게도, 여러 이유 때문에 이 과정을 거칠 수 없다. 핵의 퍼텐셜 에너지는 간단한 해석적 형태로 쓰일 수 없고, 근사를 이용하지 않고는 핵의 다체 문제를 풀 수 없다.

그럼에도 불구하고, 이 책에서 이미 소개된 기법을 사용하여 핵의 성질과 구조를 분석하기 위한 몇 가지 단순화 과정을 거칠 수 있다. 핵 퍼텐셜 에너지를 핵의 반지름과 같은 반지름 R의 유한한 퍼텐셜 우물로 생각할 수 있다. 이는 핵자들을 핵 크기의 영역에 집속하고 그 영역 안에서 핵자들이 자유롭게 움직일 수 있게 한다.

예제 12.6에서 분석했던 ^{125}Te의 경우(핵 범위 중앙에 매우 가까운 핵)를 생각해 보자.

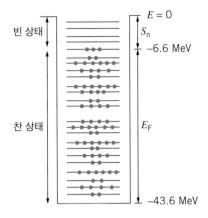

그림 12.8 ^{125}Te의 73개 중성자에 대한 퍼텐셜 에너지 우물의 중성자 상태들.

퍼텐셜 에너지 우물의 너비는 식 (12.1)에서 얻었던 $R = (1.2\ \text{fm})(125)^{1/3} = 6.0\ \text{fm}$, 즉 핵의 반지름과 같다. 우리가 알아야 하는 두 번째 물리량은 퍼텐셜 에너지 우물의 깊이이다. 중성자와 양성자를 분리해서 생각해 보자. ^{125}Te에 있는 73개의 중성자는 퍼텐셜 에너지 우물의 에너지 준위 시리즈를 채울 것이다. 우물의 꼭대기는 $E = 0$에 해당한다(이 위로는 중성자가 자유로워진다). 우물의 바닥은 음의 에너지 $-U_0$이다. 예제 12.6에서 본 것처럼, 중성자는 $-U_0$에서 시작하여 0의 에너지가 아닌 $-6.6\ \text{MeV}$의 에너지에서 끝나는 우물의 에너지 준위를 채운다. 즉, 가장 약하게 묶인 중성자를 우물 바깥으로 들어 올리고 이를 자유 중성자로 바꾸기 위해서는 최소 6.6 MeV의 에너지를 가해야 한다.

우물의 바닥과 가장 높은 찬(filled) 상태 사이의 에너지 차이를 구하기 위해서는 핵을 Fermi-Dirac 분포(10장)에 의해 기술되는 에너지를 가지는 중성자와 양성자 '기체'로 생각할 수 있다. 통계적 분포는 많은 수의 입자로 이루어진 계를 기술하기 위함이지만, 73개의 중성자로 이루어진 '기체'에 대한 대략적이지만 합리적인 근사여야 한다. 가장 높은 찬 상태의 에너지를 알려면 중성자의 Fermi 에너지가 필요하다[^{125}Te 핵의 부피를 $V = \frac{4}{3}\pi R^3 = 900\ \text{fm}^3$라 하고 식 (10.50)을 사용하면].

$$E_\text{F} = \frac{h^2}{2m}\left(\frac{3N}{8\pi V}\right)^{2/3} = \frac{h^2 c^2}{2mc^2}\left(\frac{3N}{8\pi V}\right)^{2/3}$$

$$= \frac{(1{,}240\ \text{MeV}\cdot\text{fm})^2}{2(940\ \text{MeV})}\left[\frac{3(73)}{8\pi(900\ \text{fm}^3)}\right]^{2/3} = 37.0\ \text{MeV}$$

그림 12.8은 결과로 얻어진 중성자의 퍼텐셜 에너지 우물을 보여준다. 우물의 깊이는 중성자 분리 에너지 S_n과 Fermi 에너지의 합이다. 즉, $U_0 = S_\text{n} + E_\text{F} = 6.6\ \text{MeV} + 37.0\ \text{MeV} = 43.6\ \text{MeV}$.

^{125}Te의 52개의 양성자에 대한 비슷한 계산은 $E_\text{F} = 29.5\ \text{MeV}$를 준다. 양성자에 대해, $S_\text{p} + E_\text{F} = 8.7\ \text{MeV} + 29.5\ \text{MeV} = 38.2\ \text{MeV}$이고, 이는 중성자 우물에 대해 결정했던 깊이보다 훨씬 작다. 중성자 우물과 양성자 우물의 깊이 차이는 중성자에 비해 양성자가 덜 강하게 결합하게끔 하는 양성자의 Coulomb 척력 에너지로 인한 것이다. 그림 12.9는 퍼텐셜 에너지 우물의 양성자 상태를 보여준다.

양자 상태와 방사능 붕괴

그림 12.10은 퍼텐셜 에너지 우물 꼭대기 근처에서의 양성자와 중성자를 보여준다. 양성자 또는 중성자 분리 에너지보다 작은 에너지를 핵에 추가할 수 있음에 주의하라. $E = -S_\text{n}$ 또는 $-S_\text{p}$와 $E = 0$ 사이의 영역에는 점유되지 않은 핵의 들뜬 상태들이 있는

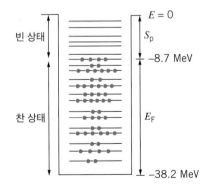

그림 12.9 ^{125}Te의 52개 양성자에 대한 퍼텐셜 에너지 우물의 양성자 상태들.

데, 양성자 또는 중성자는 에너지를 흡수하여 바닥 상태에서 이 상태들 중 하나로 갈 수 있다. 원자의 경우에서와 같이, 핵은 광자 방출을 통해 들뜬 상태에서 보다 낮은 들뜬 상태 또는 바닥 상태로 전이할 수 있다. 핵의 경우, 방출되는 광자는 **감마선**(gamma ray)이라고 불리고 보통 0.1 MeV에서 수 MeV의 에너지를 가진다.

그림 12.10에 나타난 것과 같이 다른 핵변환(nuclear transformation)도 가능하다. 이 핵은 자발적으로 양성자나 중성자를 방출하는 것은 분명 불가능하다. 이는 결합된 양성자 또는 중성자를 자유 상태로 만들기 위해 큰 양의 MeV가 필요하다는 것을 봤기 때문이다. 그러나 동시에 2개의 양성자와 2개의 중성자를 알파 입자($_2^4$He$_2$)로 합쳐지도록 변화시키는 것은 가능하다. 알파 입자의 형성 과정에서 얻는 에너지(결합 에너지 28.3 MeV)가 4개의 분리 에너지의 합보다 크다면, 이 과정에서 알짜 에너지 이득이 있을 것이다. 이 에너지는 핵에 의해 방출되는 알파 입자의 운동 에너지로 나타난다. 이 과정은 **핵 알파 붕괴**(nuclear alpha decay)라고 불린다. 중성자와 양성자 분리 에너지로부터 이 과정이 ^{125}Te에서는 일어나지 않는다는 것을 알 수 있다.

다른 종류의 변환은 중성자가 양성자로 변하고 낮은 에너지의 빈 양성자 상태들 중 하나로 떨어지는 특정 상황에서 일어난다. 양성자 준위가 높고 중성자 준위가 낮은 다른 상황에서는 양성자는 중성자로 변환되고 빈 중성자 상태들 중 하나로 떨어질 수 있다. 이 과정은 **핵 베타 붕괴**(nuclear beta decay)라고 불린다. 중성자를 양성자로 바꾸는 것이 핵의 총 Coulomb 에너지를 증가시키며 모든 양성자 상태들의 에너지를 증가시키므로, 그림 12.10과 같은 도표에서 이러한 종류의 변환이 일어나게 될지는 항상 자명하지 않다. 중성자-양성자 변환 또는 양성자-중성자 변환 모두 ^{125}Te에서는 일어날 수 없다.

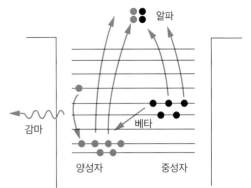

그림 12.10 ^{125}Te에서 우물 꼭대기 근처의 양성자와 중성자 상태. 알파 붕괴는 음의 에너지를 가진 결합 상태에서 양의 에너지를 가진 자유 상태로 가속되고 알파 입자를 형성하게 되는 2개의 양성자와 2개의 중성자로 표현된다. 베타 붕괴는 중성자가 양성자로 변환되는 것으로 표현된다. 감마 붕괴는 가장 높은 양성자 상태와 중성자 상태 이상의 빈 상태들 중 하나에서 일어난다.

12.6 방사능 붕괴

그림 12.11은 모든 알려진 핵의 그래프이고, 안정된 핵을 파란색 점으로 표현한 것이다. 가벼운 안정된 핵의 경우, 중성자 수와 양성자 수는 거의 같다. 그러나 무거운 안정된 핵의 경우, Coulomb 척력 에너지의 $Z(Z-1)$ 항은 급격하게 증가하고, 안정성을 위해 추가적인 결합 에너지를 공급하도록 추가적인 중성자가 필요하다. 이러한 이유에서 모든 무거운 안정된 핵은 $N > Z$를 가진다.

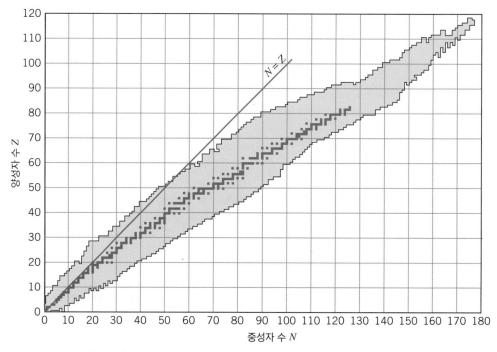

그림 12.11 안정된 핵은 파란 점으로 보여진다. 알려진 방사능 핵은 회색 그림자로 표시되어 있다.

그림 12.11에 나타난 대부분의 핵은 불안정하다. 이는 **알파 붕괴**(alpha decay, ^{4}He 의 방출) 또는 **베타 붕괴**(beta decay, 중성자를 양성자로 바꾸거나 양성자를 중성자로 바꾸 거나)를 통해 Z와 N을 변화시켜 불안정한 핵이 더 안정된 핵으로 변환된다는 것을 의 미한다. 핵은 들뜬 상태에서 불안정하고, 이는 **감마 붕괴**(gamma decay, 광자의 방출)를 통해 바닥 상태로 전이될 수 있다. 이 세 가지 붕괴 가정(알파, 베타, 감마 붕괴)은 **방사 능 붕괴**(radioactive decay)의 일반적 주제에 대한 예시이다. 이 절의 나머지 부분에서 는 방사능 붕괴의 기본 성질 몇 가지를 기술하고, 다음 절에서는 알파, 베타, 감마 붕 괴를 따로 다룰 것이다.

물질 샘플에서 불안정 방사능 핵 붕괴가 일어나는 비율을 샘플의 **활성도**(activity)라 고 부른다. 활성도가 클수록 초당 더 많은 핵 붕괴가 일어난다. (활성도는 붕괴의 **종류**나 샘플에 의해 방출되는 방사의 **종류**, 또는 방출되는 방사의 **에너지**와 아무런 관련이 없다. 활성 도는 단지 초당 붕괴 수에 의해서만 결정된다.)

활성도를 측정하기 위한 기본 단위는 **퀴리**(curie)이다.* 원래 퀴리는 라듐(radium)

---

* 1896년 방사능을 발견한 프랑스 과학자 Henri Becquerel의 이름을 따서 활성도의 SI 단위는 베크렐 (becquerel, Bq)이다. 1 베크렐은 초당 1회의 붕괴를 의미하고, 1 Ci $= 3.7 \times 10^{10}$ Bq이다.

1그램의 활성도로 정의된다. 이 정의는 다음과 같이 더 편리한 것으로 대체되었다.

$$1 \text{ 퀴리(Ci)} = 3.7 \times 10^{10} \text{ 붕괴/초}$$

1 퀴리는 꽤 큰 활성도를 나타내고, 보통 10^{-3} Ci와 같은 밀리퀴리(mCi)와 10^{-6} Ci 와 같은 마이크로퀴리(μCi)를 자주 쓴다. 10^{23}개 수준의 원자를 가진 수 그램의 질량을 가진 샘플을 생각해 보자. 만약 활성도가 1 Ci만큼 크다면, 매초 샘플 안에 있는 약 10^{10}개의 핵이 붕괴할 것이다. 어떤 하나의 핵이 매초 붕괴할 확률이 약 $10^{10}/10^{23}$ 또는 10^{-13}이라고 말할 수 있다. 초당 핵당 붕괴 확률은 (λ로 표현되는) **붕괴 상수**(decay constant)로 불린다. λ가 작은 수이고 어떤 특정 물질에 대해 시간에 대해 λ가 일정하다(즉, 어떤 한 핵의 붕괴 확률은 샘플의 나이에 의존하지 않는다)고 가정할 수 있다. 다음과 같이 활성도 a는 샘플 안 방사능 핵의 개수 N에 의존하고, 또한 각 핵이 붕괴할 확률 λ에도 의존한다.

$$a = \lambda N \tag{12.9}$$

이는 '붕괴/s = 핵당 붕괴/s × 핵의 수'와 같다.

a와 N 모두 시간 t의 함수이다. 샘플이 붕괴하면 더 적은 숫자의 방사능 핵이 남게 되므로 N은 확실히 감소한다. 만약 N이 감소하고 λ가 일정하다면, a는 또한 반드시 시간이 지남에 따라 감소해야 하고, 초당 붕괴 수는 시간이 지남에 따라 작아진다.

a를 단위 시간당 방사능 핵의 수의 변화로 생각할 수 있다. 즉, 초당 더 많은 핵 붕괴가 일어나면 a가 더 크다.

$$a = -\frac{dN}{dt} \tag{12.10}$$

dN/dt가 음수이므로(N이 시간이 지남에 따라 감소한다), 음의 부호는 반드시 있어야 하고, a는 양수이기를 원한다. 식 (12.9)와 (12.10)을 결합하면 $dN/dt = -\lambda N$이고, 즉,

$$\frac{dN}{N} = -\lambda\, dt \tag{12.11}$$

이 방정식은 직접 적분이 가능하고, 이는 다음을 낳는다.

$$N = N_0 e^{-\lambda t} \tag{12.12}$$

이때 N_0는 $t = 0$에서 처음 존재했던 방사능 핵의 개수를 나타낸다. 식 (12.12)는 **방사능 붕괴의 지수 법칙**(exponential law of radioactive decay)이고, 이는 샘플이 가진 방사능 핵의 개수가 시간에 따라 어떻게 감소하는지를 말해 준다. N을 측정하기는 쉽지 않지만, 양변에 λ를 곱해서 다음과 같이 더 유용한 형식으로 이 방정식을 바꿀 수 있다.

$$a = a_0 e^{-\lambda t} \tag{12.13}$$

Marie Curie(1867~1934, 폴란드-프랑스). 라듐과 다른 원소의 자연 방사능에 대한 선구적 연구로 두 번의 노벨상을 수상했다. 한 번은 방사능의 발견으로 1903년 물리학상을(남편 Pierre 그리고 Henri Becquerel과 공동 수상), 다른 한 번은 순수한 라듐을 만드는 방법으로 1911년 화학상을 단독 수상했다. 그녀는 방사능 물질의 의학적 사용에 대한 연구를 계속했다. 그녀의 딸 Irene은 인공 방사능의 발견으로 1935년 노벨 화학상을 수상했다.

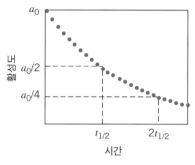

그림 12.12 시간의 함수로 그린 방사능 샘플의 활성도.

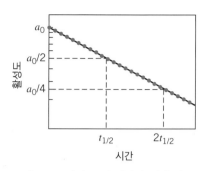

그림 12.13 활성도 대 시간에 대한 반로 그 그래프.

이때 a_0은 초기 활성도($a_0 = \lambda N_0$)이다.

(붕괴로 인해 발생되는 방사를 1초 동안 측정함으로써) 1초 동안 샘플의 붕괴 수를 셀 수 있다고 해보자. 측정을 반복해서 그림 12.12와 같이 활성도 a를 시간의 함수로 그릴 수 있다. 이 그래프는 식 (12.13)에 의해 예측되는 지수함수적 의존성을 보여준다.

그림 12.13과 같이 반로그(semilog) 스케일에서 a를 t의 함수로 그리는 것이 종종 더 유용하다. 이러한 종류의 그래프에서 식 (12.13)은 기울기 $-\lambda$의 직선으로 나타난다.

붕괴의 **반감기**(half-life) $t_{1/2}$은 그림 12.12에서 보이는 것과 같이 활성도가 절반으로 감소하기까지 걸리는 시간이다. 즉, $t = t_{1/2}$일 때, $a = \frac{1}{2}a_0 = a_0 e^{-\lambda t_{1/2}}$이고, 이로부터 다음을 알 수 있다.

$$t_{1/2} = \frac{1}{\lambda}\ln 2 = \frac{0.693}{\lambda} \tag{12.14}$$

또 다른 유용한 파라미터는 **평균 수명**(mean lifetime) τ이다(연습문제 40번 참조).

$$\tau = \frac{1}{\lambda} \tag{12.15}$$

$t = \tau$일 때, $a = a_0 e^{-1} = 0.37 a_0$이다.

예제 12.7

^{198}Au의 반감기는 2.70일이다. (a) ^{198}Au의 붕괴 상수는 무엇인가? (b) 1초당 ^{198}Au 핵이 붕괴할 확률은 몇인가? (c) 1.00 μg의 ^{198}Au 샘플을 가지고 있다고 하자. 활성도는 얼마인가? (d) 샘플을 만든 지 1주일이 지났을 때 초당 얼마나 많은 붕괴가 일어났겠는가?

풀이

(a)
$$\lambda = \frac{0.693}{t_{1/2}} = \frac{0.693}{2.70\ \text{d}}\ \frac{1\ \text{d}}{24\ \text{h}}\ \frac{1\ \text{h}}{3{,}600\ \text{s}}$$
$$= 2.97 \times 10^{-6}\ \text{s}^{-1}$$

(b) 초당 붕괴 확률은 단순히 붕괴 상수이고, ^{198}Au 핵이 1초

동안 붕괴할 확률은 2.97×10^{-6}이다.

(c) 샘플의 원자 수는 Avogadro 수 N_A와 몰 질량 M으로부터 다음과 같이 결정된다.

$$N = \frac{mN_A}{M}$$
$$= \frac{(1.00\times10^{-6}\,\text{g})\,(6.02\times10^{23}\,\text{원자/몰})}{198\,\text{g/몰}}$$
$$= 3.04\times10^{15}\,\text{개 원자}$$

$$a = \lambda N = (2.97\times10^{-6}\,\text{s}^{-1})\,(3.04\times10^{15})$$
$$= 9.03\times10^{9}\,\text{Bq} = 0.244\,\text{Ci}$$

(d) 식 (12.13)에 의해 활성도는 다음과 같이 감소한다.

$$a = a_0 e^{-\lambda t}$$
$$= (9.03\times10^{9}\,\text{Bq})e^{-(2.97\times10^{-6}\,\text{s}^{-1})(7\,\text{d})(86,400\,\text{s/d})}$$
$$= 1.50\times10^{9}\,\text{Bq}$$

예제 12.8

^{235}U의 반감기는 7.04×10^8 y이다. 4.55×10^9년 전 지구와 함께 고체가 된 바위 샘플은 N개의 ^{235}U 원자를 가지고 있다. 바위가 고체가 되었을 당시 얼마나 많은 ^{235}U 원자가 바위에 있었겠는가?

풀이

바위의 나이는 다음에 대응된다.

$$\frac{4.55\times10^9\,\text{y}}{7.04\times10^8\,\text{y}} = 6.46\,\text{반감기}$$

각 반감기마다 N은 1/2만큼 감소하므로, N의 전체 감소는 $2^{6.46}=88.2$이다. 그러므로 원래의 바위는 $88.2\,N$개의 ^{235}U 원자를 가지고 있었을 것이다.

방사능 붕괴의 보존 법칙

지금까지 방사능 붕괴와 핵 반응에 대해 공부한 것은 자연이 붕괴나 반응의 산출물을 임의로 선택하지 않고, 가능한 산출물을 결정하는 특정 법칙이 있다는 것을 보여준다. 이러한 법칙을 **보존 법칙**(conservation laws)이라고 부르고, 이 법칙들이 자연의 근본적인 작용에 대한 중요한 통찰력을 줄 것으로 믿을 수 있다. 이러한 여러 보존 법칙은 방사능 붕괴 과정에 적용된다.

1. **에너지 보존**   에너지 보존은 아마도 가장 중요한 보존 법칙일 것이고, 이는 어떤 붕괴가 에너지적으로 가능한지를 알려주고, 에너지 보존 법칙을 통해 붕괴 산출물의 정지 에너지나 운동 에너지를 계산할 수 있게 해준다. 핵 X는 더 가벼운 X′로 붕괴하고, 1개나 그 이상의 입자를 방출한다. 방출되는 이러한 입자를 통틀어 x라

고 부르고, 이 붕괴는 X의 정지 에너지가 X' + x의 총 정지 에너지보다 클 때만 가능하다. 초과되는 정지 에너지는 X → X' + x 붕괴의 **Q 값**(Q value)이라고 불린다.

$$Q = [m_X - (m_{X'} + m_x)]c^2 \qquad (12.16)$$

m은 핵 질량(nuclear mass)을 나타낸다. 붕괴는 Q 값이 양수일 때만 가능하다. 초과 에너지 Q는 붕괴 산출물의 운동 에너지로 나타난다. (X가 처음 정지해 있다고 가정하면)

$$Q = K_{X'} + K_x \qquad (12.17)$$

2. **선운동량 보존** 붕괴하는 핵이 처음 정지해 있었다면, 모든 붕괴 산출물의 총선운동량을 합치면 0이 되어야 한다.

$$\vec{p}_{X'} + \vec{p}_x = 0 \qquad (12.18)$$

보통 방출된 입자 또는 입자들 x가 남은 핵 X'보다 훨씬 덜 무겁고, **되튐 운동량**(recoil momentum) $p_{X'}$은 매우 작은 운동 에너지 $K_{X'}$을 만든다.

단 하나의 입자 x만 있다면, 식 (12.17)과 (12.18)은 $K_{X'}$과 K_x에 대해 동시에 풀수 있다. x가 2개나 그 이상의 입자들을 나타낸다면, 방정식보다 미지수가 많아지므로 단일한 해를 얻는 것은 불가능하다. 이 경우, 붕괴 산출물에 대해 어떤 최솟값부터 어떤 최댓값 사이의 범위만 얻을 수 있다.

3. **각운동량 보존** 붕괴하기 전 초기 입자의 총 스핀 각운동량은 붕괴 이후 모든 산출물 입자들의 총각운동량(스핀과 궤도)과 같아야 한다. 예를 들어, 중성자(스핀 각운동량=$1/2$) 붕괴가 양성자와 전자를 낳는 것은 각운동량 보존에 의해 금지된다. 양성자와 전자의 스핀은 각각 $1/2$이고 이 둘을 더하면 총 0 또는 1이므로, 둘 중 어떤 것도 중성자의 초기 각운동량과 같지 않기 때문이다. 궤도 각운동량의 정수 단위를 전자에 더하는 것은 붕괴 과정에서 각운동량 보존을 복원하지 않는다.

4. **전하량 보존** 이것은 모든 붕괴와 반응 과정의 가장 근본적인 부분이고 더 자세히 이야기할 필요가 없다. 붕괴 전의 총 알짜 전하량은 붕괴 후의 알짜 전하량과 같아야만 한다.

5. **핵자 수 보존** 몇몇 붕괴 과정에서 붕괴가 일어나기 전에는 존재하지 않았던 입자(예를 들어 광자나 전자)를 만들 수 있다. (이는 물론 가능한 에너지 내에서 이루어진다. 즉, 전자를 만들기 위해서는 0.511 MeV가 필요하다.) 그러나 특정 붕괴 과정에서 중성자를 양성자로 변환하거나 양성자를 중성자로 변환할 수는 있어도, 자연은

양성자와 중성자를 만들거나 없애는 것을 허용하지는 않는다. 총 핵자 수 A는 붕괴나 반응 과정에서 변하지 않는다. 몇몇 붕괴 과정에서는 Z와 N이 변하지 않으므로 A는 일정하다. 다른 과정에서는 Z와 N의 합이 일정하게 유지되며 Z와 N 모두 변한다.

12.7 알파 붕괴

알파 붕괴에서 다음과 같이 불안정한 핵은 더 가벼운 핵과 알파 입자(^{4}He의 핵)로 분해된다.

$$^A_Z X_N \rightarrow \, ^{A-4}_{Z-2} X'_{N-2} + \, ^4_2 He_2 \tag{12.19}$$

X와 X′은 다른 핵을 뜻한다. 예를 들어, $^{226}_{88} Ra_{138} \rightarrow \, ^{226}_{86} Rn_{136} + \, ^4_2 He_2$.

초기 핵에 비해 붕괴 산출물이 더 강하게 결합되어 있으므로 붕괴 과정은 에너지를 방출한다. 알파 입자와 '딸' 핵 X′의 운동 에너지로 나타나는 방출 에너지는 식 (12.16)에 따라 관련된 핵의 질량으로부터 다음과 같이 구할 수 있다.

$$Q = [m(X) - m(X') - m(^4He)]c^2 \tag{12.20}$$

결합 에너지 계산에서 했던 것처럼, 전자 질량이 식 (12.20)에서 상쇄되는 것을 보일 수 있고, 따라서 **원자 질량**을 사용할 수 있다. 이 에너지 Q는 붕괴 산출물의 운동 에너지로 다음과 같이 나타난다.

$$Q = K_{X'} + K_\alpha \tag{12.21}$$

이때 기존 원자 X가 정지해 있는 기준틀을 선택한다. 그림 12.14에서 볼 수 있는 것과 같이 선운동량 또한 붕괴 과정에서 보존되므로,

$$p_\alpha = p_{X'} \tag{12.22}$$

보통 실험실에서 딸 핵(daughter nucleus)을 관찰하지는 않으므로 식 (12.21)과 (12.22)로부터 $p_{X'}$와 $K_{X'}$을 제거할 수 있다. 보통의 알파 붕괴 에너지는 수 MeV 수준이다. 그러므로 알파 입자와 핵의 운동 에너지는 그 입자들의 정지 에너지보다 훨씬 작고, 다음을 계산하기 위해서 비상대론적 역학을 사용할 수 있다.

$$K_\alpha \cong \frac{A-4}{A} Q \tag{12.23}$$

그림 12.14 핵 X의 알파 붕괴. 이는 핵 X′과 알파 입자를 낳는다.

예제 12.9

알파 붕괴 과정 $^{226}\text{Ra} \rightarrow {}^{222}\text{Rn} + {}^4\text{He}$에서 방출되는 알파 입자의 운동 에너지를 구하시오.

풀이

식 (12.20)에 의해 Q 값은 다음과 같다.

$$Q = [m(^{226}\text{Ra}) - m(^{222}\text{Rn}) - m(^4\text{He})]c^2$$
$$= (226.025409 \text{ u} - 222.017576 \text{ u}$$
$$- 4.002603 \text{ u})(931.5 \text{ MeV/u})$$

$$= 4.872 \text{ MeV}$$

식 (12.23)에 의해 운동 에너지는 다음과 같다.

$$K_\alpha = \frac{A-4}{4}Q = \left(\frac{222}{226}\right)(4.872 \text{ MeV})$$
$$= 4.786 \text{ MeV}$$

표 12.2는 몇몇 샘플의 알파 붕괴와 반감기를 보여준다. 이 표에서 붕괴 에너지의 작은 변화(계수 2 정도)가 반감기의 어마어마한 변화(10^{23}배 수준)를 만든다는 것을 볼 수 있다! 예를 들어, ^{232}Th와 ^{230}Th 동위원소에 대해(이들은 같은 Z를 가지므로 알파 입자와 생성되는 핵 사이의 Coulomb 상호 작용이 같다), 반감기가 약 10^5배만큼 변하는 동안 운동 에너지는 0.68 MeV(약 15%)만큼만 변한다. 알파 붕괴 확률을 정확히 계산하기 위해서는 반드시 붕괴 에너지에 대한 이러한 민감도를 고려해야 한다.

표 12.2 몇몇 샘플의 알파 붕괴 에너지와 반감기

동위원소	K_α(MeV)	$t_{1/2}$	$\lambda(\text{s}^{-1})$
^{232}Th	4.01	1.4×10^{10} 년	1.6×10^{-18}
^{238}U	4.20	4.5×10^9 년	4.9×10^{-18}
^{230}Th	4.69	7.5×10^4 년	2.9×10^{-13}
^{241}Am	5.54	433 년	5.1×10^{-11}
^{230}U	5.89	20.8 일	3.9×10^{-7}
^{210}Rn	6.04	2.4 시간	8.0×10^{-5}
^{220}Rn	6.29	56 초	1.2×10^{-2}
^{222}Ac	7.01	5 초	0.14
^{215}Po	7.39	1.8 ms	3.9×10^2
^{218}Th	9.67	$0.12\,\mu\text{s}$	6.3×10^6

알파 붕괴의 양자 이론

알파 붕괴는 5장에서 논의한 것과 같은 양자역학적 장벽 투과의 한 예이다. 그림 12.10 과 같이 2개의 중성자와 2개의 양성자가 알파 입자를 형성하는 것이 에너지적으로는 가능하다고 해보자. 알파 입자는 Coulomb 에너지로 인한 장벽에 의해 핵 안에 갇힌다. 이 장벽의 높이 U_B는 반지름 R에 있는 알파 입자와 딸 핵의 Coulomb 퍼텐셜 에너지이다.

$$U_B = \frac{1}{4\pi\epsilon_0}\frac{q_1 q_2}{r} = \frac{2(Z-2)e^2}{4\pi\epsilon_0 R} \tag{12.24}$$

이는 보통의 무거운 핵에 대해 30~40 MeV를 준다. 여기서 $q_1 = 2e$는 알파 입자의 전하량이고, $q_2 = (Z-2)e$는 붕괴 후의 핵이 가지는 전하량이고, 이것이 Coulomb 힘을 만들어낸다.

그림 12.15는 알파 입자가 핵의 내부($r < R$)를 벗어나려고 시도할 때 만나는 퍼텐셜 에너지 장벽을 보여준다. 알파 입자의 에너지는 보통 4~8 MeV 범위에 있고, 알파 입자가 장벽을 타고 넘는 것은 불가능하다. 즉, 알파 입자가 탈출하는 유일한 방법은 장벽을 '터널링'하는 것뿐이다. 장벽을 터널링하는 알파 입자 파동 함수는 그림 12.15b에 그려져 있다.

알파 입자가 단위 시간 λ당 실험실에서 측정될 확률은 장벽을 투과할 확률과 1초당 알파 입자가 탈출하려고 장벽을 두드리는 횟수의 곱과 같다. 만약 알파 입자가 반지름 R인 핵 안을 속력 v로 움직인다면, 알파 입자는 핵 내부에서 시간 간격 $2R/v$로 앞뒤로 튕기며 장벽을 두드릴 것이다. $R \sim 6$ fm의 무거운 핵에서 α 입자는 핵의 '벽'을 초당 약 10^{22}회 두드릴 것이다!

알파 입자가 장벽을 투과할 확률은 그림 12.15에 나타난 것과 같은 퍼텐셜 에너지에 대한 Schrödinger 방정식을 풀어서 얻어진다. 이 과정을 단순화하기 위해 그림 12.16에서와 같이 Coulomb 장벽을 '평평한' 장벽으로 교체할 수 있다. 5장에서 논의한 것처럼, 퍼텐셜 에너지 장벽을 투과할 확률은 지수 계수 e^{-2kL}에 의해 결정된다. 이때 L은 장벽의 두께이고, U_0는 장벽의 높이, 입자 에너지 E, $k = \sqrt{(2m/\hbar^2)(U_0 - E)}$이다. 그러면 붕괴 확률은 다음과 같이 추산할 수 있다.

$$\lambda = \frac{v}{2R}e^{-2kL} \tag{12.25}$$

이는 입자가 장벽을 두드리는 비율과 장벽을 투과할 확률 모두를 포함하고 있다. 장벽의 두께와 높이에 대한 알맞은 근사를 함으로써(연습문제 44번 참조), 표 12.2에 주어진

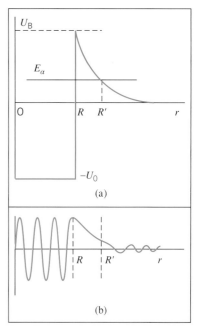

그림 12.15 (a) 알파 입자의 퍼텐셜 에너지 장벽. (b) 알파 입자의 파동 함수에 대한 표현.

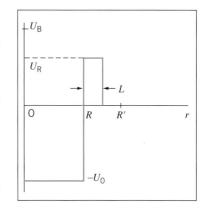

그림 12.16 알파 붕괴에 대해 Coulomb 장벽을 장벽 높이 U_R을 가진 평평한 장벽으로 교체하는 과정.

것과 같은 붕괴 확률 값의 범위를 얼추 얻을 수 있을 것이다.

붕괴 확률에 대한 정확한 계산은 Coulomb 장벽을 Coulomb 장벽과 가능한 한 가깝게 근사할 수 있도록 연속된 얇고 평평한 장벽들로 교체함으로써 이루어질 수 있다. 이 계산은 1928년 George Gamow에 의해 처음 이루어졌고, 이는 양자 이론의 성공적인 첫 적용 사례들 중 하나이다.

몇몇 핵은 불안정해서 다른 입자들이나 입자들의 집합을 방출한다. 양성자를 아주 많이 가진 핵들(그림 12.11의 회색 그림자 영역의 왼편 경계에 있는 핵들)은 알파 붕괴와 유사한 드문 과정을 통해 양성자를 방출할 수 있다. 이런 방법으로 그들은 양성자 초과분을 감소시켜 안정화되어 간다. 이 과정의 예는 $^{151}_{71}\text{Lu}_{80} \rightarrow {}^{150}_{70}\text{Yb}_{80} + \text{p}$이다.

최근에 알려진 바에 따르면, 다른 핵들이 ^{12}C, ^{14}C, 또는 ^{20}Ne와 같은 입자 클러스터를 방출할 수 있다고 한다. 다음 예제는 이 과정을 보여준다.

예제 12.10

^{226}Ra 핵은 알파 방출을 통해 1,600년의 반감기를 가지며 붕괴한다. 이는 또한 ^{14}C를 방출하며 붕괴한다. ^{14}C 방출에 대한 Q 값을 찾고 이를 알파 방출에 대한 Q 값과 비교하시오(예제 12.9 참조).

풀이

^{226}Ra가 6개의 양성자와 8개의 중성자를 가진 ^{14}C를 방출하면, 결과로 얻는 핵은 ^{212}Pb이고, 붕괴 과정은 $^{226}\text{Ra} \rightarrow {}^{212}\text{Pb} + {}^{14}\text{C}$이다. 식 (12.16)을 이용해서 Q 값을 얻을 수 있는데, 계산 과정에서 전자 질량은 상쇄되므로 원자 질량을 다시 사용할 수 있다.

$$Q = [m(^{226}\text{Ra}) - m(^{212}\text{Pb}) - m(^{14}\text{C})]c^2$$
$$= (226.025409 \text{ u} - 211.991896 \text{ u} - 14.003242 \text{ u})$$
$$(931.5 \text{ MeV/u})$$
$$= 28.197 \text{ MeV}$$

이 Q 값이 알파 붕괴의 Q 값(4.872 MeV)보다 훨씬 크지만, 알파 붕괴에 비해 ^{14}C 붕괴의 Coulomb 장벽은 약 세 배 정도 높고 두껍다[식 (12.24)에서 $q_1 q_2$를 $6(Z-6)e^2$로 바꾸시오.] 결과적으로, ^{14}C 붕괴 확률은 알파 붕괴 확률에 비해 약 10^{-9} 정도 수준임을 알 수 있다. 즉, ^{226}Ra는 10^9개의 알파 입자를 방출하는 동안 ^{14}C는 1개만 방출한다. 상대적인 붕괴 확률에 대한 계산은 연습문제 45번을 참조하자.

12.8 베타 붕괴

베타 붕괴에서 핵의 중성자는 양성자로 바뀐다(또는 양성자가 중성자로 바뀐다). 즉, Z와 N 각각의 변화는 한 단위로 이루어지지만, A는 바뀌지 않는다. 1898년 처음 관찰되었을 때 베타 입자라고 불렸던 방출 입자들은 곧 전자로 밝혀졌다. 가장 기본적인 베타 붕괴 과정에서 자유 중성자는 양성자와 전자로 붕괴한다. 즉, n → p + e이다. (이에 더해 뒤에서 소개할 세 번째 입자가 나온다.)

방출되는 전자는 원자의 궤도 전자 중 하나가 아니다. 이전에 본 것처럼(예제 4.9) 불확정성 원리는 핵 안에 존재할 수 있는 관찰된 에너지를 가지는 전자를 금지하기 때문에 이는 이전에 핵 안에 있었던 전자도 아니다. 전자는 가능한 에너지를 초과해서 핵에 의해 '만들어진다'. 만약 핵들 사이의 정지 에너지 차이가 최소 $m_e c^2$라면, 이는 가능할 것이다.

1910년대와 1920년대에 베타 붕괴 실험은 두 가지 어려움에 부딪혔다. 첫째로, n → p + e$^-$의 붕괴 과정은 12.6절에서 논의한 각운동량 보존 법칙을 어기는 것으로 나타났다. 둘째로, 방출된 전자의 에너지 측정은 그림 12.17에 나타난 것처럼 0부터 특정 최댓값 K_{max}까지 연속적인 전자 에너지 스펙트럼을 보여줬다. 정확히 같은 에너지를 가지는 붕괴 과정 n → p + e$^-$에 의해 모든 전자가 만들어져야 하기 때문에, 이는 겉보기에 에너지 보존 위배임을 뜻한다. 대신, 모든 전자가 더 작은 에너지를 가지지만, 변화하는 양으로 나타난다.

예를 들어, n → p + e$^-$의 붕괴 과정에서 Q 값은 다음과 같다.

$$Q = (m_n - m_p - m_e)c^2 = 0.782 \text{ MeV} \tag{12.26}$$

양성자의 되튐 에너지를 기술하는 아주 작은 보정을 제외하면, 이 모든 에너지는 전자의 운동 에너지로 나타나야 하고, 모든 방출 전자는 **정확히** 이 에너지를 가져야 한다. 그러나 1920년대의 실험은 모든 방출 전자들이 이 에너지보다 작은 에너지를 가짐을 보여줬다. 방출 전자들은 0 ~ 0.782 MeV 연속적인 에너지 범위를 가졌다.

'잃어버린' 에너지 문제는 Wolfgang Pauli가 각운동량 보존과 에너지 보존 모두의 겉보기 위배에 대한 독창적인 해결방법을 찾은 1930년 이전까지 이해하기가 어려웠다. 그는 베타 붕괴에서 세 번째 입자의 존재를 제안했다. 전하는 양성자와 전자에 의해 이미 보존되므로, 이 새로운 입자는 전하를 가질 수 없다. 만약 이 입자가 1/2의 스핀을 가진다면, 세 붕괴 입자의 스핀을 조합해서 1/2이 되도록 하면 붕괴하는 초기 중성자의 스핀과 일치하므로 각운동량 보존을 만족시킬 것이다. '잃어버린' 에너지는 이 세 번째 입자에 의해 전달될 수 있고, 에너지 스펙트럼이 0.782 MeV까지 뻗어 있다는 관측 결과는 이 입자가 매우 작은 질량을 가질 것으로 제안했다.

이 새로운 입자는 **중성미자**(neutrino)라고 불리고(이탈리아어로 '매우 작은 것'을 의

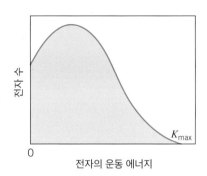

그림 12.17 베타 붕괴에서 방출되는 전자의 스펙트럼.

미), ν로 표기한다. 14장에서 논의하는 것처럼, 모든 입자는 **반입자**(antiparticle)를 가지고, 중성미자의 반입자는 **반중성미자**(antineutrino) $\bar{\nu}$이다. 사실 중성자 베타 붕괴에서 방출되는 것은 반중성미자이다. 그러므로 완전한 붕괴 과정은 다음과 같다.

$$\text{n} \rightarrow \text{p} + \text{e}^- + \bar{\nu} \tag{12.27}$$

Z개의 양성자와 N개의 중성자를 가진 핵이 $Z+1$개의 양성자와 $N-1$개의 중성자를 가진 핵으로 붕괴하는 중성자 붕괴도 일어날 수 있다.

$$^A_Z\text{X}_N \rightarrow {}^{A}_{Z+1}\text{X}'_{N-1} + \text{e}^- + \bar{\nu} \tag{12.28}$$

이 붕괴의 Q 값은 다음과 같다.

$$Q = [m(^A\text{X}) - m(^A\text{X}')]c^2 \tag{12.29}$$

Q를 계산할 때 전자 질량이 상쇄된다는 것을 보일 수 있으므로(연습문제 26번), 식 (12.29)에서 나타나는 것은 **원자** 질량이다. 반중성미자의 질량이 무시할 수 있을 정도로 작기 때문에(원자 질량이 10^3 MeV/c^2 수준으로 측정되는 것과 비교하면, 반중성미자는 eV/c^2 수준이다.) 반중성미자는 Q 값 계산에서 나타나지 않는다.

붕괴에서 방출되는 에너지(Q 값)는 반중성미자의 에너지 E_ν, 전자의 운동 에너지 K_e, 핵 X'의 작은(보통은 무시할 수 있는) 되튐 운동 에너지로 다음과 같이 나타난다.

$$Q = E_\nu + K_e + K_{\text{X}'} \cong E_\nu + K_e \tag{12.30}$$

반중성미자가 무시할 수 있을 정도로 작은 에너지를 가질 때 전자(정지 에너지에 비해 운동 에너지가 작지 않으므로 상대론적으로 다뤄야 하는)는 최대 운동 에너지를 가진다. 그림 12.17은 보통의 음의 베타 붕괴에서 방출되는 전자의 에너지 분포를 보여준다. 전자와 중성미자는 붕괴 에너지 Q를 공유한다. ($Q - E_\nu$와 같은) 전자의 운동 에너지는 0 (중성미자가 최대 운동 에너지를 가질 때, 즉, $E_\nu = Q$)에서 Q ($E_\nu = 0$일 때)의 범위를 가진다.

또 다른 베타 붕괴 과정은

$$\text{p} \rightarrow \text{n} + \text{e}^+ + \nu \tag{12.31}$$

이 과정에서 **양의 전자**(positive electron), 즉 **양전자**(positron)가 방출된다. 양전자는 전자의 반입자이다. 이는 전자와 같은 질량을 가지지만 반대 부호의 전하를 가진다. 이 과정에서 방출되는 중성미자는 중성자 베타 붕괴에서 방출되는 반중성미자의 반입자와 유사하다.

양성자 베타 붕괴는 음의 Q 값을 가지고, 자유 양성자에 대해 양성자 붕괴는 자연에서 관측되지 않는다. (이는 정말 다행이다. 만약 자유 양성자가 베타 붕괴를 할 수 있도록 불안정하다면, 우주의 기본 물질인 안정된 수소 원자는 존재할 수 없다!) 그러나 몇몇 핵에서 양성자는 다음과 같이 이 붕괴 과정을 겪을 수 있다.

$$_{Z}^{A}\mathrm{X}_N \rightarrow \,_{Z-1}^{A}\mathrm{X}'_{N+1} + \mathrm{e}^+ + \nu \qquad (12.32)$$

이 과정의 Q 값은(연습문제 26번)

$$Q = [m(^A\mathrm{X}) - m(^A\mathrm{X}') - 2m_\mathrm{e}]c^2 \qquad (12.33)$$

이때 질량은 **원자 질량**이다. 이 경우, 양전자와 중성미자는 붕괴 에너지 Q를 공유한다 (마찬가지로 핵 X'의 작은 되튐 에너지를 무시한다). 그림 12.18은 보통의 양의 베타 붕괴에서 방출되는 양전자의 에너지 분포를 보여준다.

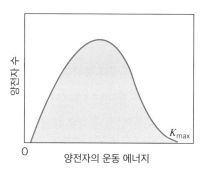

그림 12.18 베타 붕괴에서 방출되는 양전자의 스펙트럼.

양전자 방출과 경쟁하는 핵 붕괴 과정은 **전자포획**(electron capture)이다. 기본적인 전자 포획 과정은 다음과 같다.

$$\mathrm{p} + \mathrm{e}^- \rightarrow \mathrm{n} + \nu \qquad (12.34)$$

이때 양성자가 궤도에 있는 원자의 전자를 포획하고 이를 중성자와 중성미자로 변환한다. 이 과정에서 필요한 전자는 원자의 내부 궤도 전자 중 하나이고, 이 포획 과정을 포획된 전자가 오는 껍질로 구분할 수 있다. 즉, K-껍질 포획, L-껍질 포획 등이 있다. (핵에 가까이 오거나 심지어 투과하는 전자 궤도는 높은 포획 확률을 가진다.) 핵에서 이 과정은

$$_{Z}^{A}\mathrm{X}_N + \mathrm{e}^- \rightarrow \,_{Z-1}^{A}\mathrm{X}'_{N+1} + \nu \qquad (12.35)$$

원자 질량을 이용해서 Q 값은

$$Q = [m(^A\mathrm{X}) - m(^A\mathrm{X}')]c^2 \qquad (12.36)$$

이 경우, 전자의 작은 초기 운동 에너지와 핵의 되튐 에너지는 무시할 수 있고, 뉴트리노는 가능한 최종 에너지 전부를 가져간다.

$$E_\nu = Q \qquad (12.37)$$

다른 베타 붕괴와는 달리, 전자 포획에서는 **단일 에너지**(monoenergetic)의 중성미자가 방출된다.

표 12.3은 몇 개의 대표적인 베타 붕괴 과정과 Q 값 및 반감기를 보여준다.

표 12.3 대표적인 베타 붕괴 과정

붕괴	종류	Q(MeV)	$t_{1/2}$
$^{19}\mathrm{O} \rightarrow\, ^{19}\mathrm{F} + \mathrm{e}^- + \bar{\nu}$	β^-	4.82	27초
$^{176}\mathrm{Lu} \rightarrow\, ^{176}\mathrm{Hf} + \mathrm{e}^- + \bar{\nu}$	β^-	1.19	3.8×10^{10}년
$^{25}\mathrm{Al} \rightarrow\, ^{25}\mathrm{Mg} + \mathrm{e}^+ + \nu$	β^+	4.28	7.2초
$^{15}\mathrm{O} \rightarrow\, ^{15}\mathrm{N} + \mathrm{e}^+ + \nu$	β^+	2.75	122초
$^{124}\mathrm{I} + \mathrm{e}^- \rightarrow\, ^{124}\mathrm{Te} + \nu$	EC	3.16	4.2일
$^{170}\mathrm{Tm} + \mathrm{e}^- \rightarrow\, ^{170}\mathrm{Er} + \nu$	EC	0.31	129일

예제 12.11

자유 중성자의 베타 붕괴의 반감기는 약 10분이다. 핵에서 중성자-양성자 붕괴는 1초보다 훨씬 짧은 시간부터 여러 해까지, 심지어는 안정된 핵에 대해 무한대까지의 범위를 가지는 반감기를 가지면서 일어난다. 만약 붕괴할 수 있는 양자 상태가 거의 없거나 아예 없다면, 어떻게 중성자 붕괴가 핵에서 지연될 수 있는지 이해하는 것은 어렵지 않다. 그러나 어떻게 자유 중성자에서 자유 양성자로 붕괴하는 것보다 결합된 중성자가 결합된 양성자로 더 빠르게 붕괴할 수 있는가?

풀이

베타 붕괴의 붕괴 확률은 양성자에게 가능한 양자 상태에만 의존하지 않고 방출된 전자가 에너지를 흡수할 수 있는 여러 다른 방법에도 의존한다. 이는 10장에서 논의한 상태 밀도와 관계되어 있다. 전자에게 더 많은 에너지나 운동량 상태가 가능할수록 붕괴는 더 빨라진다. 베타 붕괴 전자가 상대론적으로 다뤄져야 하기 때문에, 전자들은 입자 기체[식 (10.12)]보다는 광자 기체[식 (10.15)]와 더 비슷하다. 핵에서 베타 붕괴 Q 값은 보통 5~10 MeV 범위인 반면, 자유 중성자의 베타 붕괴는 0.78 MeV의 Q 값을 가진다. 베타 에너지의 10의 지수 증가는 상태 밀도에 큰 영향을 주고, 따라서 붕괴 반감기에 영향을 준다.

예제 12.12

^{23}Ne은 음의 베타 방출에 의해 ^{23}Na로 붕괴한다. 방출 전자의 최대 운동 에너지는 무엇인가?

풀이

이 붕괴는 식 (12.28)에 의해 주어진 형태 중 하나, 즉 ^{23}Ne → ^{23}Na + e$^-$ + $\bar{\nu}$이다. Q 값은 원자 질량을 이용해서 식 (12.29)로부터 다음과 같이 얻을 수 있다.

$$Q = [m(^{23}\text{Ne}) - m(^{23}\text{Na})]c^2$$
$$= (22.994467 \text{ u} - 22.989769 \text{ u})(931.5 \text{ MeV/u})$$
$$= 4.376 \text{ MeV}$$

되튐 핵의 운동 에너지에 대한 작은 보정을 무시하면, 전자의 최대 운동 에너지는 (중성미자가 무시할 수 있는 에너지를 가질 때 일어나는) 이 값과 같다.

예제 12.13

^{40}K는 음의 베타 방출, 양의 베타 방출, 전자 포획에 의해 붕괴할 수 있는 특이한 동위핵이다. 이러한 붕괴들의 Q 값을 찾으시오.

풀이

음의 베타 방출 과정은 식 (12.28)에 의해 주어진다. 즉, ^{40}K → ^{40}Ca + e$^-$ + $\bar{\nu}$이다. 원자 질량을 사용해서 식 (12.29)로부터 다

음과 같이 Q 값을 찾을 수 있다.

$$Q_{\beta^-} = [m(^{40}\mathrm{K}) - m(^{40}\mathrm{Ca})]c^2$$
$$= (39.963998 \text{ u} - 39.962591 \text{ u}) (931.5 \text{ MeV/u})$$
$$= 1.311 \text{ MeV}$$

식 (12.32)는 양의 베타 방출의 붕괴 과정을 기술한다. 즉, $^{40}\mathrm{K}$ $\rightarrow ^{40}\mathrm{Ar} + e^+ + \nu$이다. 식 (12.33)에 의해 Q 값은 다음과 같이 주어진다.

$$Q_{\beta^+} = [m(^{40}\mathrm{K}) - m(^{40}\mathrm{Ar}) - 2m_e]c^2$$
$$= [39.963998 \text{ u} - 39.962383 \text{ u} - 2(0.000549 \text{ u})]$$
$$\times (931.5 \text{ MeV/u})$$
$$= 0.482 \text{ MeV}$$

전자 포획에 대해 $^{40}\mathrm{K} + e^- \rightarrow ^{40}\mathrm{Ar} + \nu$이고, 식 (12.36)으로부터 다음을 얻을 수 있다.

$$Q_{ec} = [m(^{40}\mathrm{K}) - m(^{40}\mathrm{Ar})]c^2$$
$$= (39.963998 \text{ u} - 39.962383 \text{ u}) (931.5 \text{ MeV/u})$$
$$= 1.504 \text{ MeV}$$

12.9 감마 붕괴와 핵의 들뜬 상태

알파 붕괴 또는 베타 붕괴를 겪은 뒤 최종 핵은 들뜬 상태에 머무른다. 원자의 경우와 마찬가지로 핵은 핵 감마선으로 알려진 1개나 그 이상의 광자를 방출한 뒤 바닥 상태에 도달한다. 각 광자의 에너지는 초기 핵 상태와 최종 핵 상태 사이의 에너지 차이와 무시할 수 있을 정도로 작은 핵의 되튐 운동 에너지 보정 항을 뺀 만큼과 같다. 방출되는 감마선은 보통 100 keV에서 수 MeV의 범위의 에너지를 가진다. 원자 상태에 의한 공명 흡수와 유사한 과정으로, 핵은 마찬가지로 적절한 에너지의 광자를 흡수함으로써 바닥 상태에서 들뜬 상태로 여기될 수 있다.

그림 12.19는 보통의 들뜬 핵 상태의 에너지 준위 도표와 방출될 수 있는 몇몇 감마선 전이를 보여준다. 특정한 경우 들뜬 상태의 반감기가 몇 시간, 며칠, 심지어는 몇 년에 이르기도 하지만, 들뜬 상태의 반감기는 보통 $10^{-9} \sim 10^{-12}$초이다.

감마선 광자가 방출될 때, 핵은 운동량을 보존하기 위해 되튀어야 한다. 광자는 E_γ의 에너지, $p_\gamma = E_\gamma/c$의 운동량을 가진다. 핵은 p_R의 운동량을 가지고 되튄다. 만약 핵이 처음 정지 상태였다면, 운동량 보존은 운동량의 크기가 $p_R = p_\gamma$이기를 요구한다. (그리고 감마선과 반대 방향으로 핵은 되튀어야 한다.) 되튐 운동 에너지 K_R은 작으므로, (질량 M의) 핵에 대해 비상대론적 방정식을 쓸 수 있다.

$$K_R = \frac{p_R^2}{2M} = \frac{p_\gamma^2}{2M} = \frac{E_\gamma^2}{2Mc^2} \tag{12.38}$$

$A = 100$의 중간 질량의 핵과 1 MeV의 큰 감마선 에너지에 대해 되튐 운동 에너지는

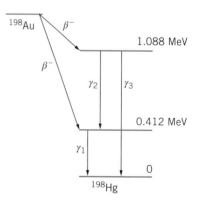

그림 12.19 베타 붕괴에 따라 방출되는 감마선.

단 5 eV이다. 에너지 E_i의 초기 상태에서 에너지 E_f의 최종 상태로 핵이 올라갈 때, 감마선이 방출된다고 하자. 에너지 보존은 따라서 $E_i = E_f + E_\gamma + K_R$를 주고, 방출되는 감마선의 에너지는 다음과 같다.

$$E_\gamma = E_i - E_f - K_R \cong E_i - E_f \qquad (12.39)$$

핵의 되튐 운동 에너지는 무시할 수 있을 정도로 작으므로 감마선 에너지는 초기 에너지 상태와 최종 에너지 상태의 차이와 같다.

방사능 붕괴에서 방출되는 알파 입자와 베타 입자의 에너지를 계산할 때 감마선이 방출되지 않는다고 가정했다. 만약 감마선이 방출된다면, 다음 예제에서 볼 수 있듯 가능한 에너지(Q 값)는 다른 입자와 감마선 사이에서 공유되어야 한다.

예제 12.14

^{12}N은 ^{12}C의 들뜬 상태로 베타 붕괴하고, 이는 곧 4.43 MeV 감마선을 방출하며 바닥 상태로 떨어진다. 방출된 베타 입자의 최대 운동 에너지는 무엇인가?

풀이

이 붕괴에 대한 Q 값을 결정하기 위해, 먼저 들뜬 상태에 있는 산출물 핵인 ^{12}C의 질량을 찾아야 한다. 바닥 상태에서 ^{12}C는 12.000000 u의 질량을 가지고, (^{12}C*로 표시되는) 들뜬 상태의 질량은 다음과 같다.

$$m(^{12}C^*) = 12.000000\ u + \frac{4.43\ MeV}{931.5\ MeV/u}$$
$$= 12.004756\ u$$

이 붕괴에서 양성자는 중성자로 변환되고 이는 양전자 붕괴의 한 예여야 한다. 식 (12.33)을 따라 Q 값은 다음과 같다.

$$Q = [m(^{12}N) - m(^{12}C^*) - 2m_e]c^2$$
$$= [12.018613\ u - 12.004756\ u - 2(0.000549\ u)]$$
$$\times (931.5\ MeV/u)$$
$$= 11.89\ MeV$$

(들뜬 상태로의 붕괴는 훨씬 작은 가용 에너지를 가지므로 먼저 바닥 상태로의 붕괴에 대한 Q 값, 즉 16.32 MeV를 찾고, 4.43 MeV의 들뜸 에너지를 빼서 Q 값을 쉽게 찾을 수 있음에 주의하자.)

^{12}C 핵의 되튐 운동 에너지에 대한 작은 보정 항을 무시하면 최대 전자 운동 에너지는 11.89 MeV이다.

핵의 들뜬 상태

핵 물리학자들에게 있어 핵 감마 방출 연구는 중요한 도구이다. 감마선 에너지는 아주 높은 정밀도로 측정될 수 있고, 이는 핵의 들뜬 상태 에너지를 추정하기 위한 강력한 방법이 된다. 이러한 종류의 **핵 분광학**(nuclear spectroscopy)은 9장에서 논의한 분자 분광학 방법과 매우 유사하다. 사실 핵의 들뜬 상태는 다음과 같이 분자의 들뜬 상태와 매우 유사한 방식으로 형성된다.

1. **양성자 또는 중성자 여기**   핵의 들뜬 상태는 그림 12.8과 12.9에 나타난 것처럼 양성자나 중성자가 찬 상태에서 빈 상태들 중 하나로 들뜰 때 형성될 수 있다. 이는 분자에서 전자가 낮은 상태에서 빈 분자 오비탈들 중 하나로 올라갈 때 들뜬 상태를 형성할 수 있는 것과 같다. 양성자나 중성자가 들뜬 상태에서 낮은 상태로 떨어질 때 감마선 광자가 방출된다. 광자의 에너지는 (핵의 작은 되튐 운동 에너지를 무시하면) 상태 간 에너지 차이와 같다. 이러한 종류의 여기에 대한 평균 에너지를 추산하기 위해, 그림 12.8을 보면 73개의 중성자가 37.0 MeV의 에너지를 점유하고 있고, 찬 준위들의 평균 간격은 (37.0 MeV)/73 = 0.5 MeV임에 주목하자. 감마선이 방출되는 빈 상태들 간 간격은 거의 같아야 한다.

2. **핵 진동**   핵은 흔들리는 물방울처럼 진동할 수 있다. 그림 9.22에 나타난 분자의 진동 상비압축성 유체처럼 진동한다. 예를 들어, 만약 '적도'가 바깥으로 튀어나온다면, '극'은 밀도를 일정하게 유지하기 위해 안쪽으로 이동해야 한다. 같은 간격으로 벌어진 진동 상태 간 거리는 약 0.5~1 MeV 정도이다. 그림 12.20은 몇몇 진동 핵의 들뜬 상태의 예를 보여준다. 핵에서의 광자 방출에 대한 선택 규칙은 분자에서와 같이 강하게 제약되어 있지 않지만, 높은 진동 상태의 핵은 보통 진동 양자 수를 한 단위씩 바꿔가며 낮은 진동 상태로 이동하고, 이 과정에서 감마선 광자를 방출한다.

3. **핵 회전**   핵은 분자에서와 같이(그림 9.25 참조), $L(L+1)$의 간격을 보이며 회전할 수 있다. 그림 12.21은 회전 핵의 들뜬 상태의 예를 보여준다. 회전 바닥 상태와 첫 번째 회전 들뜬 상태 간 간격은 보통 0.05~0.1 MeV이다. (분자에서와 같이 핵에서는 회전 상태 간격이 일반적으로 진동 상태 간격에 비해 훨씬 작다.) 높은 회전 상태에 있는 핵은 감마선 광자를 방출하며 낮은 회전 상태로 이동한다. 분자는 강하게 따라야 하는 회전 양자수를 한 단위씩 바꾼다는 선택 규칙은 핵의 경우 강하게 적용되지 않는다. 핵 회전 상태 간 전이에서 감마선 광자가 방출되며, 핵에서는 회전 양자수가 일반적으로 한 단위 또는 두 단위씩 변한다.

핵 공명*

원자계를 연구하는 한 가지 방법은 **공명**(resonance) 실험을 하는 것이다. 이러한 실험에서 들뜬 상태에 있는 원자 집단으로부터 나오는 빛이 바닥 상태에 있는 동일한 원

---

* 이 부분은 선택 사항이며 생략해도 내용의 연속성은 유지된다.

그림 12.20 ^{120}Te 핵의 진동 상태. 상태들은 진동 양자수 N에 의해 표기된다. 진동에 대해 예상되는 것과 같이, 상태들이 거의 같은 간격으로 벌어져 있음에 주의하라.

그림 12.21 ^{165}Ho 핵의 회전 상태의 예. 상태들은 회전 양자수 L에 의해 표기된다. 에너지는 예상되는 $L(L+1)$ 간격에 가깝게 따른다.

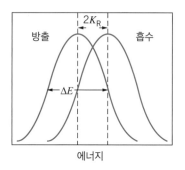

그림 12.22 원자계의 발광 및 흡수
에너지의 예.

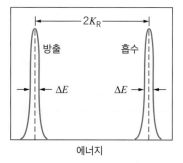

그림 12.23 핵계의 발광 및 흡수 에
너지의 예.

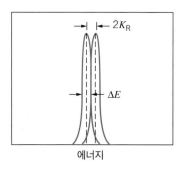

그림 12.24 결정 격자에 결합된 핵
의 발광 및 흡수 에너지.

자 집단으로 들어간다. 바닥 상태 원자는 광자를 흡수하여 대응되는 들뜬 상태로 여기
된다. 그러나 앞에서 본 것처럼, 방출 광자 에너지는 전이 에너지보다 되튐 운동 에너
지 K_R 만큼 작다. 게다가 **흡수하는** 원자 또한 반드시 되튀어야 하기 때문에 공명을 위
한 광자 에너지는 $2K_R$ 만큼 작다. 들뜬 상태가 '정확한' 에너지를 가지지 않으므로 흡
수 실험은 여전히 가능하다. 즉, 평균 수명 τ의 상태가 불확정성 관계 $\Delta E \tau \sim \hbar$에 의해
에너지 불확정성 ΔE를 가진다. 이는 해당 상태가 평균적으로 τ의 시간 동안 살아 있
고, 그 시간 간격 동안 ΔE 이하 정확도로 에너지를 결정할 수 없다는 것을 의미한다.
보통의 원자 상태에 대해 $\tau \sim 10^{-8}$ 초이고, $\Delta E \sim 10^{-7}$ eV이다. 10^{-10} eV 수준의 K_R이
폭 ΔE보다 훨씬 작으므로, 되튐에 의해 발생되는 '이동'은 크지 않고, 발광하고 흡수
하는 원자 상태의 폭은 흡수 과정이 발생하는 데 충분한 중첩을 일으킨다. 그림 12.22
는 이러한 경우를 보여준다.

핵 감마선에 대해 상황은 달라진다. 보통 수명은 10^{-10}초 정도이므로, 폭은 $\Delta E \sim$
10^{-5} eV 수준이다. 광자 에너지는 보통 100 keV = 10^5 eV이고, K_R은 1 eV 수준이다.
이 상황은 그림 12.23에 표현되어 있고, K_R이 폭 ΔE에 비해 훨씬 크므로 발광체와 흡
수체의 중첩은 가능하지 않고, 공명 흡수는 일어날 수 없다.

1958년에 발광체와 흡수체 중첩이 방사능 핵과 흡수성 핵을 결정으로 만들면 가능
해진다는 것이 발견되었다. 결정 결합 에너지는 K_R에 비해 크고, 각 원자는 결정 격자
에서 각자의 위치에 강하게 결합되므로 자유롭게 되튈 수 없다. 만약 어떤 되튐이 일
어나면 전체 결정이 되튀어야 한다. 이 효과는 식 (12.38)의 질량 M이 원자 질량이 아
니라 원자 질량에 비해 약 10^{20}배 큰 전체 결정의 질량이 되게 한다. (유사한 상황으로,
야구 방망이로 벽돌을 치는 것과 벽을 치는 것의 차이를 상상해 보자!) 다시 한번 되튐 운
동 에너지는 작아지고, 공명 흡수가 일어날 수 있다(그림 12.24). 이 발견으로 Rudolf
Mössbauer는 1961년 노벨 물리학상을 수상하고, 결정 격자에 발광 핵과 흡수 핵을
넣는 방식으로 핵 공명을 얻는 과정은 **Mössbauer 효과**(Mössbauer effect)라고 불린다.

발광 에너지나 흡수 에너지를 Doppler 편이를 일으킴으로써 완전히 중첩되게 하
여 발광 에너지와 흡수 에너지 사이에 남아 있는 작은 차이를 제거할 수 있다. 속력 v
로 광원이 관측자를 향해 움직일 때 Doppler 편이 주파수는 식 (2.22)에 의해 주어진
다. 즉, $f' = f(1 + v/c)$이고 이때 $v \ll c$이므로 $\sqrt{1 - v^2/c^2}$ 항은 무시할 수 있다. 광자 에
너지가 $E = hf$임을 이용하여 다음을 얻을 수 있다.

$$E' = E(1 + v/c) \tag{12.40}$$

만약 광자 에너지를 얼마나 Doppler 편이시킬 수 있는지에 대한 지표로 폭 ΔE를 생각

한다면, $E' \cong E + \Delta E$이고, $E + \Delta E \cong E + E(v/c)$이다. v에 대해 풀면,

$$v \cong c\frac{\Delta E}{E} \tag{12.41}$$

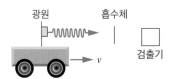

광원   흡수체

검출기

그림 12.25 Mössbauer 효과 장치. 광자 에너지를 Doppler 편이시키기 위해 감마선 광원이 움직일 수 있게 되어 있다. 흡수체를 투과하는 복사의 세기는 광원의 속력의 함수로 측정된다.

$\Delta E \sim 10^{-5}\,\text{eV}$(상태의 폭)이고 $E \sim 100\,\text{keV}$(광자 에너지)라고 추산하면, 다음을 얻는다.

$$v \cong (3 \times 10^8\,\text{m/s})\frac{10^{-5}\,\text{eV}}{10^5\,\text{eV}} = 3\,\text{cm/s}$$

이러한 느린 속력은 실험실에서 쉽고 정확하게 만들어질 수 있다.

그림 12.25는 Mössbauer 효과를 측정하기 위한 장치의 도표를 보여준다. 공명 흡수는 흡수체를 투과하는 감마선 수의 감소를 통해 측정할 수 있다. 공명이 일어나면, 더 많은 감마선이 흡수되고 투과 세기는 감소한다. 대표적인 결과가 그림 12.26에 있다.

Mössbauer 효과는 광자의 에너지의 작은 변화를 측정하는 극도로 정밀한 방법이다. 한 가지 특정 응용 사례로, (원자가 아닌) 핵 상태의 Zeeman 갈라지기가 측정될 수 있다. 핵이 자기장에 놓일 때, Zeeman 효과는 원자의 경우와 비슷하게 핵 상태의 에너지 갈라지기를 일으킨다. 그러나 핵 자기 모멘트는 원자 자기 모멘트에 비해 약 2,000배 작고, 보통의 에너지 갈라지기는 약 $10^{-6}\,\text{eV}$이다. 이러한 효과를 직접 측정하기 위해서는 광자 에너지를 $1/10^{11}$의 비율로 측정해야 하지만($10^5\,\text{eV}$의 광자 에너지가 $10^{-6}\,\text{eV}$만큼 이동한다), Mössbauer 효과를 이용하면 이는 어렵지 않다.

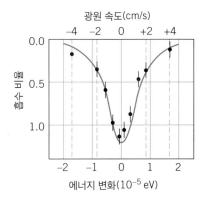

광원 속도(cm/s)

에너지 변화(10^{-5} eV)

그림 12.26 Mössbauer 효과 실험의 대표적인 결과. 2 cm/s의 속도는 비공명 방출 및 흡수 에너지를 이동시키기에 충분하도록 감마선의 Doppler 편이를 일으킨다.

15장에서 극도로 정밀한 이 기법의 또 다른 응용 사례에 대해 배울 것이다. Einstein의 일반 상대성 이론의 예측 중 하나를 시험하기 위해 광자가 지구 중력장에 의해 몇 미터 '떨어질' 때 얻는 에너지를 측정할 때 이 기법이 사용된다.

12.10 자연 방사능

가장 가벼운 원소(수소와 헬륨) 이상의 모든 원소는 별 내부에서 핵반응을 통해 생성될 수 있다. 이러한 반응은 안정된 원소만 만드는 것이 아니라, 방사능 원소도 만든다. 대부분의 방사능 원소는 지구의 나이(약 4.5×10^9년)보다 훨씬 짧은 반감기를 가지고, 지구가 만들어졌을 때부터 있었을지도 모르는 이러한 방사능 원소는 안정된 원소로 붕괴했을 것이다. 그러나 아주 오래 전에 만들어졌던 방사능 원소 일부는 지구의 나이보다 많거나 훨씬 큰 반감기를 가지고 있다. 이러한 원소들은 여전히 방사능 붕괴를 겪으며 관찰되고, 우리 주변에 있는 **자연 방사능**(natural radioactivity) 배경의 일

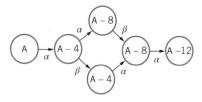

그림 12.27 방사능 붕괴 사슬 가설의 예.

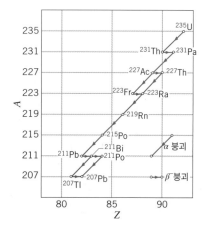

그림 12.28 ^{235}U 붕괴 사슬. 대각선은 α 붕괴를 나타내고, 수평선은 β 붕괴를 나타낸다.

부 원인이 된다.

방사능 붕괴 과정은 핵의 질량수 A를 네 단위씩 바꾸거나(알파 붕괴) A를 전혀 바꾸지 않는다(베타 붕괴나 감마 붕괴). 질량수 A의 방사능 원소가 질량수 A나 질량수 $A-4$의 다른 방사능 원소로 바뀐다면, 방사능 붕괴 과정은 연속적인 붕괴의 일부일 수 있다. 이러한 붕괴 과정의 연속은 안정된 원소로 모두 바뀔 때까지 계속된다. 그림 12.27에 이러한 연속된 붕괴 과정 가설이 그려져 있다. 감마 붕괴는 Z나 A를 바꾸지 않기 때문에 여기서는 보이지 않는다. 그러나 대부분의 알파 및 베타 붕괴는 감마선 방출을 동반한다.

이러한 붕괴 사슬(decay chain)의 A 값은 4의 배수(가능한 배수에 0을 포함해서)로 달라지고 네 가지 가능한 붕괴 사슬을 예상할 수 있다. 즉, n이 정수일 때, A 값이 $4n$, $4n+1$, $4n+2$, $4n+3$인 경우가 그것이다. 자연스럽게 일어나는 방사능 붕괴 시리즈의 넷 중 하나가 그림 12.28에 그려져 있다. 각 시리즈는 상대적으로 긴 구성 요소에서 시작되고, 매우 짧은 반감기를 가지는 여러 α 및 β 붕괴를 겪고, 결과적으로 안정된 동위핵에서 끝난다. 이러한 시리즈 중 셋은 지구의 나이와 비슷한 반감기를 가지는 동위핵에서 시작되고, 오늘날에도 여전히 관찰된다. 넵투늄(neptunium) 시리즈($4n+1$)는 지구의 생성으로부터 4.5×10^9 y보다 훨씬 작은 '단' 2.1×10^6 y의 반감기를 가지는 ^{237}Np에서 시작된다. 따라서 오래전에 존재했던 모든 ^{237}Np는 ^{209}Bi로 붕괴했다.

예제 12.15

^{238}U $\rightarrow$ ^{206}Pb 붕괴 사슬의 Q 값을 계산하고, 우라늄 1그램당 에너지 생성률을 구하시오.

풀이

A가 32만큼 변하므로 사슬에서 8번의 알파 붕괴가 일어나야 한다. 이러한 8번의 알파 붕괴는 Z를 92에서 76으로 16단위만큼 줄이도록 한다. 그러나 최종 Z는 82가 되어야 하므로, 사슬에서 6번의 베타 붕괴 또한 있어야 한다. β^- 붕괴에 대해 Q 값 계산에서 전자 질량은 핵 질량과 결합되므로 원자 질량을 사용할 수 있다. 그러므로 전체 붕괴 사슬에 대해

$$Q = [m(^{238}\text{U}) - m(^{206}\text{Pb}) - 8m(^4\text{He})]c^2$$
$$= [238.050787 \text{ u} - 205.974465 \text{ u} - 8(4.002603 \text{ u})]$$
$$\times (931.5 \text{ MeV/u})$$
$$= 51.7 \text{ MeV}$$

붕괴의 반감기는 4.5×10^9 y이고, 원자당 붕괴 확률 λ는 다음과 같다.

$$\lambda = \frac{\ln 2}{t_{1/2}} = \frac{0.693}{(4.5 \times 10^9 \text{ y})(3.16 \times 10^7 \text{ s/y})}$$
$$= 4.9 \times 10^{-18} \text{ s}^{-1}$$

1그램의 ^{238}U은 $\frac{1}{238}$몰이므로 $\frac{1}{238} \times 6 \times 10^{23}$개의 원자를 담고

있다. ^{238}U의 붕괴율(활성도)은 단위 시간당 원자당 붕괴 확률에 원자의 개수를 다음과 같이 구해서 얻을 수 있다.

$$a = \lambda N$$
$$= \left(4.9 \times 10^{-18} \frac{\text{붕괴}}{\text{원자} \cdot \text{s}} \right) \left(\frac{1}{238} \times 6 \times 10^{23} \text{원자} \right)$$
$$= 12,000 \text{ 붕괴/s}$$

각 붕괴는 51.7 MeV를 방출하고 에너지 생성률은 다음과 같다.

$$12,000 \frac{\text{붕괴}}{\text{s}} \times 51.7 \frac{\text{MeV}}{\text{붕괴}} \times 10^6 \frac{\text{eV}}{\text{MeV}} \times 1.6 \times 10^{-19} \frac{\text{J}}{\text{eV}}$$
$$= 1.0 \times 10^{-7} \text{ W}$$

이는 매우 작은 에너지 방출률인 것처럼 보이지만, 그 에너지가 열 에너지로 나오고 다른 방법(예를 들어, 복사나 다른 물질로의 전도)으로 손실되지 않는다면 1 g의 ^{238}U 샘플은 1년에 25°C만큼 열이 상승할 것이고 한 세기 수준 안에서 녹아버리고 기화될 것이다. 이 계산은 행성의 내부 열 중 일부를 자연 방사능 과정으로 설명할 수도 있을지도 모른다는 것을 암시한다.

만약 우라늄이 박힌 바위 샘플을 조사한다면, ^{206}Pb에 대한 ^{238}U의 비율을 알 수 있을 것이다. 만약 모든 ^{206}Pb가 우라늄 붕괴에 의해 생성되었다고 가정하고, 바위가 형성되었을 때 어떤 ^{206}Pb도 없었다고 가정한다면(이론적으로든 실험적으로든 모두 조심스레 조사되어야 하는 가정), 이 비율은 다음 예제에서 볼 수 있듯, 샘플의 나이를 찾는 데 사용될 수 있을 것이다.

예제 12.16

세 가지의 서로 다른 바위 샘플이 ^{206}Pb 원자에 대한 ^{238}U 원자의 비율을 0.5, 1.0, 2.0으로 다르게 가지고 있다. 이 세 바위의 나이를 계산하시오.

풀이

우라늄 시리즈의 다른 종류 모두가 ^{238}U의 반감기(4.5×10^9 y)보다 훨씬 짧은 반감기를 가지기 때문에, 사이에 일어난 붕괴를 무시하고 ^{238}U 붕괴만 고려할 수 있다. N_0를 ^{238}U의 최초 원자 수라고 하면, $N_0 e^{-\lambda t}$는 지금 여전히 남아 있는 원자 수이고, $N_0 - N_0 e^{-\lambda t}$는 붕괴된 원자 수이며 ^{206}Pb로 현재 관찰되는 원자 수이다. ^{206}Pb 원자에 대한 ^{238}U 원자의 비율 R은 그

러므로

$$R = \frac{^{238}\text{U의 수}}{^{206}\text{Pb의 수}}$$
$$= \frac{N_0 e^{-\lambda t}}{N_0 - N_0 e^{-\lambda t}} = \frac{1}{e^{\lambda t} - 1}$$

이를 t에 대해서 풀고 $\lambda = 0.693/t_{1/2}$임을 이용하면, 다음을 얻을 수 있다.

$$t = \frac{t_{1/2}}{0.693} \ln \left(\frac{1}{R} + 1 \right) \qquad (12.42)$$

그러면 R의 세 가지 값에 대응되는 t 값을 다음과 같이 얻을 수 있다.

$$R = 0.5 \qquad t = 7.1 \times 10^9 \text{ 년}$$
$$R = 1.0 \qquad t = 4.5 \times 10^9 \text{ 년}$$
$$R = 2.0 \qquad t = 2.6 \times 10^9 \text{ 년}$$

비슷한 방법으로 연대가 추정된, 지구에서 가장 오래된 바위는 약 4.5×10^9 y의 나이를 가진다. 위에서 분석한 첫 번째 바위의 나이는 7.1×10^9 y이고, 이는 바위가 외행성에서 왔거나 초기 ^{206}Pb 값에 대한 가정이 틀렸다는 것을 의미한다. 세 번째 바위의 나이는 그것이 2.6×10^9 y 전에 고체화되었다는 것을 의미한다. 그 시기 전에 바위는 녹았고 붕괴 산출물 ^{206}Pb은 ^{238}U으로부터 '증발'되었을 수 있다.

표 12.4 자연에서 발생되는 방사능 동위핵의 예

동위원소	$t_{1/2}$
^{40}K	1.25×10^9년
^{87}Rb	4.8×10^{10}년
^{92}Nb	3.5×10^7년
^{113}Cd	8.0×10^{15}년
^{115}In	4.4×10^{14}년
^{138}La	1.0×10^{11}년
^{176}Lu	3.8×10^{10}년
^{187}Re	4.3×10^{10}년
^{232}Th	1.40×10^{10}년

무거운 원소의 붕괴 사슬의 일부가 아닌 다른 자연 방사능 동위핵이 여럿 있다. 표 12.4에 그 일부에 대한 목록이 나와 있다. 이들 중 몇몇은 방사능 연대 측정에 사용될 수 있다.

다른 방사능 원소는 공기 분자와 '우주선(cosmic ray)'으로 알려진 고에너지 입자 간 핵 반응의 결과로 지구 대기 중에서 지속적으로 만들어지고 있다. 가장 잘 알려져 있고 유용한 것은 ^{14}C이고, 이 원소의 베타 붕괴의 반감기는 5,730년이다. 살아 있는 식물이 대기로부터 CO_2를 흡수하면, 작은 비율(10^{12}분의 1)의 탄소 원자는 ^{14}C이고, 나머지는 안정한 ^{12}C(99%)와 ^{13}C(1%)이다. 식물이 죽으면, ^{14}C의 흡수는 중단되고 ^{14}C는 붕괴한다. 지구 대기의 조성과 우주선의 유입이 최근 수천 년간 크게 변하지 않았다고 가정하면, 유기 물질 시료의 나이는 시료가 가진 ^{14}C/^{12}C 비율과 살아 있는 식물의 ^{14}C/^{12}C 비율을 비교함으로써 알 수 있다. 다음 예제는 이러한 **방사성 탄소 연대 추정**(radiocarbon dating) 기법이 어떻게 사용될 수 있는지를 보여준다.

예제 12.17

(a) 대기 중의 이산화탄소 기체 샘플이 295 K 온도에서 2.00×10^4 Pa(1 Pa = 1 N/m^2, 약 10^{-5} atm)의 압력으로 부피 200.0 cm^{3}의 통을 채우고 있다. 모든 ^{14}C 베타 붕괴를 셀 수 있다고 가정하면, 1주일 동안 얼마나 많은 붕괴 수가 있을 것인가? (b) 나무의 오래된 샘플을 태우고 나온 이산화탄소가 동일한 통에 같은 압력과 온도로 채워져 있다. 1주일 뒤에 1,420회의 붕괴 횟수가 누적되었다. 이 샘플의 나이는 얼마인가?

풀이

(a) 이상 기체 법칙을 사용해서, 먼저 통 안에 있는 원자의 수를 구해야 한다.

$$N = \frac{PV}{kT} = \frac{(2.00 \times 10^4 \text{ N/m}^2)(2.00 \times 10^{-4} \text{ m}^3)}{(1.38 \times 10^{-23} \text{ J/K})(295 \text{ K})}$$
$$= 9.82 \times 10^{20} \text{개 원자}$$

^{14}C 원자의 비율이 10^{-12}라면, ^{14}C는 9.82×10^8개가 있을 것이다. 활성도는

$$a = \lambda N = \frac{0.693}{(5{,}730 \text{ y})(3.16 \times 10^7 \text{ s/y})} 9.82 \times 10^8$$

$$= 3.76 \times 10^{-3} \text{ 붕괴/s}$$

1주일 동안의 붕괴 수는 2,280이다.

(b) 1,420회를 주는 동일한 샘플은 원래의 활성도의 1,420/2,280

의 활성도를 가질 만큼 오래되어야 한다. $1{,}420 = 2{,}280 e^{-\lambda t}$임을 이용해서 다음을 얻을 수 있다.

$$t = \frac{1}{\lambda} \ln\left(\frac{2{,}280}{1{,}420}\right) = \frac{5{,}730 \text{ y}}{0.693} \ln\left(\frac{2{,}280}{1{,}420}\right) = 3{,}920년$$

요약

		절			절
핵 반지름	$R = R_0 A^{1/3}, R_0 = 1.2 \text{ fm}$	12.2	방사능 붕괴 법칙	$N = N_0 e^{-\lambda t}, a = a_0 e^{-\lambda t}$	12.5
핵 결합 에너지	$B = [N m_n + Z m(^1_1 H_0) - m(^A_Z X_N)]c^2$	12.3	$X \to X' + x$ 붕괴의 Q 값	$Q = [m_X - (m_{X'} + m_x)]c^2$	12.6
양성자 분리 에너지	$S_p = [m(^{A-1}_{Z-1}X'_N) + m(^1 H) - m(^A_Z X_N)]c^2$	12.3	알파 붕괴의 Q 값	$Q = [m(X) - m(X') - m(^4 He)]c^2$	12.7
중성자 분리 에너지	$S_n = [m(^A_Z X_{N-1}) + m_n - m(^A_Z X_N)]c^2$	12.3	알파 입자의 운동 에너지	$K_\alpha \cong Q(A-4)/A$	12.7
바꿈 입자 범위	$mc^2 = \hbar c / x$	12.4	베타 붕괴의 Q 값	$Q_{\beta^-} = [m(^A X) - m(^A X')]c^2,$ $Q_{\beta^+} = [m(^A X) - m(^A X') - 2 m_e]c^2$	12.8
활성도	$a = \lambda N, \lambda = \ln 2 / t_{1/2} = 0.693 / t_{1/2}$	12.5	감마 붕괴의 되튐	$K_R = E_\gamma^2 / 2Mc^2$	12.9

질문

1. 중수소 핵의 자기 쌍극자 모멘트는 약 0.0005 Bohr 마그네톤이다. 이것이 양성자–전자 모형이 요구하는 핵 안의 전자의 존재에 대해 무엇을 의미하는가?

2. 20개의 양성자와 20개의 중성자를 가지고 있다고 하자. 만약 이들을 하나의 ^{40}Ca 핵이나 2개의 ^{20}Ne 핵으로 합친다면 더 많은 에너지를 방출시킬 수 있을까?

3. 원자 질량은 보통 원자 질량 단위(u)에서 소숫점 약 6자리의 정밀도로 주어진다. 불확정성 원리가 수명 Δt의 원자가 정지 에너지 불확정성을 $\hbar/\Delta t$만큼 가지도록 할지라도, 이는 안정된 핵과 방사능 핵 모두에 대해 참이다. 핵 붕괴의 일반적인 수명을 이용하면, 이러한 정밀도로 원자 질량을 표현하는 것을 정당화할 수 있는가? 어떤 수명이 이러한 정밀도를 정당화할 수 없게 하는가?

4. 두 안정된 핵만이 $Z > N$를 만족시킨다. (a) 이러한 핵은 무엇인가? (b) 왜 더 많은 핵이 $Z > N$를 만족시킬 수 없는가?

5. 중수소 핵에서 양성자와 중성자의 스핀은 평행이거나 반평행이다. 중수소 핵의 총스핀으로 가능한 값은 무엇인가? (다른 궤도 각운동량을 고려하는 것은 필요하지 않다.) 중

수소 핵의 자기 쌍극자 모멘트는 0이 아닌 것으로 측정된다. 가능한 스핀 중 어떤 것이 이 측정값을 통해 제거될 수 있는가?

6. 왜 핵자당 결합 에너지는 상대적으로 일정한가? 왜 낮은 질량수에 대해서 일정한 값에서 벗어나는가? 높은 질량수에 대해서는 어떠한가?

7. 전하를 가지지 않는 중성자는 자기 쌍극자 모멘트를 가진다. 어떻게 이것이 가능한가?

8. 전자기 상호 작용은 광자가 바꿈 입자라고 하여 바꿈힘으로 해석할 수 있다. 식 (12.8)이 이러한 힘의 범위에 대해 무엇을 암시하는가? 이는 전자기력에 대한 기존 해석과 일치하는가? 중력을 수송하는 바꿈 입자의 정지 에너지에 대해 무엇을 예측할 수 있는가?

9. 붕괴 상수 λ가 시간에 무관한 상수라고 가정하는 것은 무엇을 의미하는가? 이는 이론의 요구 사항인 공리인가, 아니면 실험적 결론인가? 어떤 상황에서 λ가 시간이 지남에 따라 변할 수 있는가?

10. 방사능 샘플의 특정 핵에 주의를 기울인다면, 핵이 붕괴하기 전에 얼마나 오래 존재할 수 있을지 정확히 알 수 있는가? 샘플 핵의 어느 쪽 절반이 한 반감기 동안 붕괴하게 될지 예측할 수 있는가? 양자 물리의 어떤 부분이 이에 대해 원인을 제공하는가?

11. 특정 방사능 샘플이 10초에 10,000회의 붕괴를 겪는 것으로 관찰되었다. 만약 (a) $t_{1/2} \gg 10$ s, (b) $t_{1/2} = 10$ s, (c) $t_{1/2} \ll 10$ s일 때, $a = 1,000$붕괴/s라고 결론 내릴 수 있는가?

12. 나이가 t라고 추정되는 샘플의 방사능 연대 측정을 하고 싶다고 하자. 반감기가 (a) $\gg t$, (b) $\sim t$, (c) $\ll t$인 동위핵 중 어떤 것을 골라야 하는가?

13. 알파 입자는 특히 강하게 결합된 핵이다. 이러한 사실에 기반해서 왜 무거운 핵은 알파 붕괴하고 가벼운 핵은 그러지 못하는지 설명하시오.

14. 지구 대기를 이루는 헬륨 기체의 기원으로 가능한 것이 무엇인지 제안해 보시오.

15. 알파 붕괴 이후 남은 핵의 되튐 운동 에너지를 추산하시오. (이 에너지는 특정 방사능 원천에 남은 핵들이 반응을 일으킬 수 있을 정도로 충분히 크다. 만약 남은 핵이 스스로 방사능을 가진다면, 방사능 물질을 주변에 흩뿌릴 수 있는 가능성이 있을 것이다. 이를 막기 위해서는 원천 주위를 얇게 감싸는 것이 필요하다.)

16. 왜 전자 에너지 스펙트럼(그림 12.17)이 낮은 에너지에서 양전자 에너지 스펙트럼(그림 12.18)과 달라 보이는가?

17. 양전자 베타 붕괴 때 전자 포획은 에너지적으로 가능할 것인가? 양전자 포획 때 양전자 베타 붕괴는 에너지적으로 항상 가능한가?

18. 세 가지 베타 붕괴 과정 모두 중성미자(또는 반중성미자)의 방출을 포함한다. 어떤 과정에서 중성미자가 연속적인 에너지 스펙트럼을 가지는가? 어떤 과정에서 뉴트리노가 단일 에너지(monoenergetic)를 가지는가?

19. 중성미자는 항상 전자 포획 붕괴 과정과 함께 나타난다. 어떤 종류의 복사가 전자 포획과 항상 함께 나타나는가? (힌트: 이는 핵복사가 아니다.) 어떤 다른 종류의 비핵복사가 덩어리 샘플에서 β^- 또는 β^+ 붕괴와 함께 나타나는가?

20. ^{15}O의 양전자 붕괴는 ^{15}N의 바닥 상태로 바로 이동한다. ^{15}N의 어떤 상태도 들뜰 수 없고, 베타 붕괴에 의해 감마선도 나오지 않는다. 그러나 ^{15}O 원천은 0.51 MeV 에너지를 가진 감마선을 방출하는 것으로 밝혀졌다. 이 감마선은 어디서 나오는지 설명하시오.

21. ^{92}Nb는 방사능 연대 측정을 통해 지구의 나이를 결정하기에 편리한 동위핵인가? (표 12.4 참조) ^{113}Cd는 어떤가?

22. 자연 붕괴 사슬 $^{238}_{92}$U → $^{206}_{82}$Pb는 A를 4, Z를 2씩 감소시키는 여러 번의 알파 붕괴와 Z를 1씩 감소시키는 음의 베타 붕괴를 포함한다(예제 12.15 참조). 그림 12.27과 12.28에서 볼 수 있듯, 붕괴 사슬은 종종 다른 과정을 통해 이루어진다. 이 사슬에서 알파 붕괴와 베타 붕괴의 수는 이 과정에 의존하는가?

23. 지진이 일어나기 직전에 공기 중 라돈 기체($Z = 86$) 비율이

증가한다고 알려져 있다. 라돈은 어디에서 오는가? 어떻게 생성되는가? 어떻게 방출되는가? 어떻게 검출되는가?

24. 이 장에서 논의된 붕괴 과정 중 어떤 것이 방사능 샘플의 화학 상태에 대해 가장 민감할 것으로 예상되는가?

25. 그림 12.26에서 공명 상태일지라도 1%의 감마 세기만이 흡수된다. 완전한 공명에 대해 100% 흡수를 기대해야 한다. 어떤 요인이 이러한 작은 흡수에 기여하는가?

연습문제

12.1 핵의 구성 요소

1. 다음 경우에 대해 적당한 동위핵 기호를 쓰시오. (a) 질량수 19인 불소의 동위핵, (b) 120개의 중성자를 가진 금의 동위핵, (c) 질량수 107과 60개의 중성자를 가진 동위핵.

2. 주석은 어떤 다른 원소보다 안정적인 동위핵이다. 주석은 114, 115, 116, 117, 118, 119, 120, 122, 124의 질량수를 가진다. 이들 동위핵에 대한 기호를 쓰시오.

3. 홀수 $N = Z$를 가지는 네 가지 안정된 동위핵이 있다. 동위핵 기호를 쓰시오.

12.2 핵의 크기와 모양

4. (a) 2개의 ^{16}O 핵이 맞닿아 있을 때 Coulomb 척력을 계산하시오. (b) 같은 계산을 2개의 ^{238}U에 대해 해보시오.

5. 다음 핵의 반지름을 구하시오. (a) ^{197}Au, (b) ^4He, (c) ^{20}Ne.

6. 납의 이온 반지름은 0.180 nm이다. ^{208}Pb 핵에 의해 점유된 납 원자의 부피 비율을 계산하시오.

12.3 핵의 질량과 결합 에너지

7. 다음에 대한 핵자당 결합 에너지와 총 결합 에너지를 계산하시오. (a) ^{208}Pb, (b) ^{133}Cs, (c) ^{90}Zr, (d) ^{59}Co.

8. 다음에 대한 핵자당 결합 에너지와 총 결합 에너지를 계산하시오. (a) ^4He, (b) ^{20}Ne, (c) ^{40}Ca, (d) ^{55}Mn.

9. ^3He와 ^3H의 총 핵 결합 에너지를 계산하시오. ^3He의 추가 양성자의 Coulomb 상호 작용을 고려해서 둘의 차이를 설명하시오.

10. (a) ^{17}O, (b) ^7Li, (c) ^{57}Fe에 대한 중성자 분리 에너지를 계산하시오.

11. (a) ^4He, (b) ^{12}C, (c) ^{40}Ca에 대한 양성자 분리 에너지를 계산하시오.

12. ^{13}C 핵은 6개의 양성자와 7개의 중성자를 가지고, ^{13}N 핵은 7개의 양성자와 6개의 중성자를 가진다. 각 핵에 대해 핵자당 결합 에너지를 계산하고, 이 결과에 기초해서 어떤 것이 다른 하나로 붕괴할지 예측하시오.

12.4 핵력

13. 핵의 인력은 매우 짧은 거리에서 핵자들이 너무 가까이 뭉쳐 있지 않도록 척력으로 바뀐다. 0.25 fm의 거리에서 척력에 기여하는 바꿈 입자의 질량은 무엇인가?

14. 약한 상호 작용(베타 붕괴를 일으키는 힘)은 약 80 GeV의 질량을 가진 바꿈 입자에 의해 생성된다. 이 힘의 범위는 무엇인가?

12.5 핵의 양자 상태

15. (a) ^{16}O, (b) ^{235}U에 대해 양성자와 중성자 퍼텐셜 에너지 우물의 깊이를 구하시오.

16. ^{160}Dy와 ^{164}Dy의 2개 중성자 분리 에너지는 각각 15.4 MeV와 13.9 MeV이고, ^{158}Dy와 ^{162}Dy의 2개의 양성자 분리 에너지는 각각 12.4 MeV와 14.8 MeV이다. 이 데이터만 가지고 알파 붕괴가 ^{160}Dy와 ^{164}Dy에 대해 에너지적으로 가능할지 판단하시오.

12.6 방사능 붕괴

17. (a) 두 반감기, (b) 네 반감기, (c) 10 반감기 이후 샘플에는 초기 핵의 숫자 대비 얼마나 많은 비율이 남아 있겠는가?

18. $t = 0$에서 특정 방사능 물질이 초당 548회의 비율로 붕괴한다. $t = 48$분일 때 붕괴 횟수는 초당 213회로 떨어진다. (a) 이 방사능의 반감기는 무엇인가? (b) 붕괴에서 일정한 것은 무엇인가? (c) $t = 125$분에서 붕괴율은 무엇인가?

19. 반감기가 5.0 h인 물질의 핵자당 초당 붕괴 확률은 무엇인가?

20. 질량수 3인 수소의 동위핵인 삼중수소는 12.3년의 반감기를 가진다. 50.0년 이후 샘플에 남아 있는 삼중수소 원자의 비율은 무엇인가?

21. 방사능 ^{131}I($t_{1/2} = 8.04$ d) 2.00 mCi을 담고 있는 샘플이 있다. (a) 이 샘플에서 얼마나 많은 초당 붕괴가 일어나겠는가? (b) 4주 뒤 샘플에서는 얼마나 많은 초당 붕괴가 일어나는가?

22. 보통 칼슘은 1.3×10^9 y의 반감기를 가진 자연 방사능 동위핵 ^{40}K를 0.012% 가지고 있다. (a) 1.0 kg의 칼슘의 활성도는 얼마인가? (b) 4.5×10^9년 전 자연 칼슘 안에 있는 ^{40}K의 비율은 얼마나 되었겠는가?

12.7 알파 붕괴

23. 식 (12.21)과 (12.22)로부터 식 (12.23)을 구하시오.

24. 다음 중 어떤 핵에서 알파 붕괴가 가능한가? (a) ^{210}Bi, (b) ^{203}Hg, (c) ^{211}At.

25. ^{234}U의 붕괴에서 발생되는 알파 입자의 운동 에너지를 구하시오.

12.8 베타 붕괴

26. 식 (12.29), (12.33), (12.36)을 유도하시오.

27. ^{11}Be의 음의 베타 붕괴에서 방출되는 전자의 최대 운동 에너지를 구하시오.

28. ^{75}Se는 전자 포획에 의해 ^{75}AS로 붕괴한다. 방출되는 중성미자의 에너지를 구하시오.

29. ^{15}O는 양전자 베타 붕괴에 의해 ^{15}N으로 붕괴한다. (a) 이 붕괴의 Q 값은 무엇인가? (b) 양전자의 최대 운동 에너지는 무엇인가?

12.9 감마 붕괴와 핵의 들뜬 상태

30. ^{198}Hg 핵은 0.412 MeV와 1.088 MeV의 들뜬 상태를 가진다. ^{198}Au가 ^{198}Hg로 베타 붕괴한 뒤 세 가지 감마선이 방출된다. 세 감마선의 에너지를 구하시오.

31. 질량 200 정도의 핵이 (a) 5.0 MeV의 알파 입자를 방출할 때와 (b) 5.0 MeV의 감마선을 방출할 때 되튐 에너지를 비교하시오.

32. 특정 핵이 다음 회전 상태 E_L(에너지는 keV 단위로 표기)을 가진다: $E_0 = 0$, $E_1 = 100.1$, $E_2 = 300.9$, $E_3 = 603.6$, $E_4 = 1,010.0$. 방출되는 감마선이 회전 양자수의 한 단위 또는 두 단위의 변화에 의해서만 나온다고 가정할 때, 이러한 상태로부터 방출될 수 있는 가능한 모든 광자 에너지를 구하시오. 가능한 전이를 보여주는 들뜬 상태를 그리시오.

12.10 자연 방사능

33. ^{232}Th의 방사능 붕괴는 결국 ^{208}Pb를 만든다. 특정 바위를 검사하면 3.65 g의 ^{232}Th와 0.75 g의 ^{208}Pb을 가지고 있다고 나온다. 모든 Pb가 Th의 붕괴를 통해 만들어진다고 가정하면, 이 바위의 나이는 무엇인가?

34. $^{232}_{90}$Th의 $4n$ 방사능 붕괴의 연속은 $^{208}_{82}$Pb로 끝난다. (a) 이 사슬에서 얼마나 많은 알파 붕괴가 일어나는가? (질문 22번 참조) (b) 얼마나 많은 베타 붕괴가 일어나는가? (c) 전체 사슬에서 얼마나 많은 에너지가 방출되는가? (d) 1.00 kg의 ^{232}Th($t_{1/2} = 1.40 \times 10^{10}$ y)에 의해 얼마나 많은 방사능 일률이 생성되는가?

35. 최근에 나무로부터 잘린 나무조각은 분당 12.4회의 ^{14}C 붕괴를 겪는다. 수천 년 전에 나무에서 잘린 같은 크기의 샘플은 초당 3.5회 붕괴한다. 이 샘플의 나이는 어떻게 되는가?

일반 문제

36. 그림 12.2는 Rutherford 산란 공식이 K가 약 28 MeV일 때 60° 산란에 대해 맞지 않음을 보여준다. 6장에서 얻은 결과를 이용해서 이 경우에 알파 입자와 핵의 최인접 거리를 구하시오. ^{208}Pb의 핵 반지름과 이를 비교하시오. 어떤 차이에 대해 가능한 이유를 제안해 보시오.

37. 핵이 원판처럼 회절한다고 가정하고, 그림 12.3에 나타난 데이터를 이용해서 ^{12}C와 ^{16}O의 핵 반지름을 구하시오. 360 MeV에서 420 MeV로 전자 에너지를 변화시키는 것이 ^{16}O의 반지름에 어떻게 영향을 주겠는가? (힌트: 2장에서 상대론적 근사 극한을 사용해서 de Broglie 파장을 구하기 위해 전자 에너지와 운동량을 연관 지으시오.)

38. 복사 검출기는 3.0 cm의 원판 모양이다. 복사 원천으로부터 25 cm 떨어져 있을 때, 검출기는 초당 1,250회 검출한다. 검출기가 들어오는 모든 복사를 기록한다고 가정하면, 이 샘플의 활성도는 (퀴리 단위로) 무엇인지 구하시오.

39. $T = 300$ K와 5.0×10^5 Pa(약 5 atm) 압력의 삼중수소(^{3}H, $t_{1/2} = 12.3$ y) 125 cm^{3}를 담은 컨테이너의 활성도는 무엇인가?

40. 방사능 샘플이 처음 N_0의 원자를 가지고 있을 때, 붕괴 후 t_1의 시간에서의 숫자 N_1을 측정하고 t_2에서의 숫자 N_2를 측정하고, 이를 반복하는 식으로 핵의 평균 수명 τ를 측정할 수 있다.

$$\tau = \frac{1}{N_0}(N_1 t_1 + N_2 t_2 + \cdots)$$

(a) 이것이 $\tau = \lambda \int_0^\infty e^{-\lambda t} t\, dt$와 같음을 보이시오. (b) $\tau = 1/\lambda$임을 보이시오. (c) τ가 $t_{1/2}$보다 길겠는가, 짧겠는가?

41. 다음 붕괴 과정을 완성하시오.
(a) ^{27}Si $\rightarrow$ ^{27}Al $+$
(b) ^{74}As $\rightarrow$ ^{74}Se $+$
(c) ^{228}U $\rightarrow$ $\alpha +$
(d) ^{93}Mo $+ e^- \rightarrow$
(e) ^{131}I $\rightarrow$ ^{131}Xe $+$

42. ^{239}Pu는 알파 방출을 통해 반감기 2.41×10^4 y로 붕괴한다. 1.00 g의 ^{239}Pu에서 나오는 출력을 와트로 계산하시오.

43. ^{228}Th는 ^{224}Ra로 알파 붕괴하고, 다시 217 keV 광자 방출을 하며 바닥 상태로 떨어진다. 알파 입자의 운동 에너지를 구하시오.

44. 알파 붕괴에서의 Coulomb 장벽을 알파 입자가 투과할 수 있도록 Coulomb 장벽의 절반 두께인 $L = \frac{1}{2}(R' - R)$와 알파 입자의 에너지보다 높은 Coulomb 장벽의 절반 높이 $U_0 = \frac{1}{2}(U_B + K_\alpha)$를 가진 평평한 장벽(그림 12.16 참조)으로 교체해서 ^{232}Th와 ^{218}Th의 붕괴 반감기를 추산하고, 이를 표 12.2에 나와 있는 측정값과 비교하시오. (힌트: 핵 안의 알파 입자의 속력을 계산할 때 우물의 깊이가 30 MeV라고 가정한다.) 이 거친 계산 결과가 측정값과 잘 맞지 않더라도, 이 계산은 어떻게 장벽 투과가 관측된 반감기의 거대한 범위를 설명할 수 있는지 보여준다. 이 계산을 어떻게 측정값과 더 잘 맞도록 개선할 수 있겠는가?

45. (a) 연습문제 44번에서와 같은 교체를 이용해서 알파 방출과 ^{14}C 방출에 대한 ^{226}Ra의 붕괴 확률을 추산하시오(예제 12.9와 12.10 참조). (b) (a)의 결과를 이용해서 ^{226}Ra 원천에 의해 방출되는 알파 입자의 수에 대한 방출되는 ^{14}C의 수를 추산하시오.

46. (a) 전자가 최대 에너지를 가질 때와 (b) 중성미자가 최대 에너지를 가질 때, 중성자 베타 붕괴에서의 되튐 양성자 운동 에너지를 계산하시오.

47. ^{24}Na의 베타 붕괴에서 전자는 2.15 MeV의 운동 에너지를 가진다고 관찰된다. 같이 나오는 중성미자의 에너지는 무엇인가?

48. ^{57}Fe의 첫 번째 들뜬 상태가 141 ns의 평균 수명을 가지는 14.4 keV 광자의 방출과 함께 바닥 상태로 떨어진다. (a) 이 상태의 폭 ΔE은 무엇인가? (b) 14.4 keV의 광자를 방출하는 ^{57}Fe 원자의 되튐 운동 에너지는 무엇인가? (c) 원자를 고체 격자에 놓음으로써 되튐 운동 에너지를 무시할 수 있게 만들면 공명 흡수가 일어날 것이다. 공명이 일어나지 않

도록 방출된 광자를 Doppler 이동시키는 데 필요한 속도는 무엇인가?

49. 대기 CO_2 안의 ^{14}C 원자가 한 번 숨을 쉬는 동안 폐 안에서 붕괴할 확률은 무엇인가? 대기는 약 0.03%의 CO_2를 포함한다. 한 번 숨을 쉴 때 약 0.5 L의 공기를 마시고 3.5초 뒤에 내뱉는다고 가정한다.

50. (a) $^{163}Dy \rightarrow {}^{163}Ho$의 음의 베타 붕괴에 대한 Q 값을 계산하고, 이 붕괴가 가능한지 판단하시오. (b) 베타 붕괴에 대한 표현식을 구할 때, 식 (12.3)에서 (12.4)로 갈 때 했던 것처럼 전자 결합 에너지를 무시했다. Dy와 Ho 원자의 총 전자 결합 에너지의 차이를 포함해서 (핵 질량의 차이로부터 시작해서) 베타 붕괴의 Q 값의 표현식을 구하시오. (c) Dy와 Ho에 대해 결합 에너지 차이는 $B_{Ho} - B_{Dy} = 12.9$ keV이다. 이 보정을 포함한 새로운 Q 값은 무엇인가? 이 붕괴가 가능하도록 하는가? (d) 만약 Dy의 중성 원자 대신 완전히 이온화된 Dy(모든 전자가 제거된)를 사용하면 붕괴가 가능하겠는가? 만약 자유 입자 대신 베타 붕괴 전자가 Ho의 결합 상태로 직접 주입된다면 이는 가능하겠는가? (Ho의 K 전자 결합 에너지는 65.1 keV이다.)

51. 핵 ^2H는 회전 들뜬 상태를 가지지 않는다. 첫 번째 회전 들뜬 상태가 가져야 하는 에너지를 계산해서 이 관찰 결과를 설명하시오.

52. 몇몇 '안정된' 핵이 **이중 베타 붕괴**라고 불리는 과정을 통해 2개의 전자를 동시에 방출하면서 붕괴하는 것

은 이론적으로 가능하다. 식 (12.28)과 비슷하게, 붕괴는 $^A_Z X_N \rightarrow {}^A_{Z+2} X'' + 2e^- + 2\bar{\nu}$이고, 이는 X의 베타 붕괴가 중간 핵 $^A_{Z+1} X'$으로 이루어지는 것이 허용되지 않을 때조차도 가능하다. 즉, 이 과정은 2개의 연속적인 베타 붕괴로 이루어지지 않는다. 2개의 전자가 단일 붕괴 과정에서 방출된다. (a) 이 과정의 Q 값이 $Q = [m(^A X) - m(^A X'')]c^2$으로 주어짐을 보이시오. (b) 다음 중 어떤 안정된 핵에서 이중 베타 붕괴가 가능한가? ^{82}Se, ^{120}Sn, ^{130}Te, ^{132}Xe.

53. ^{209}Bi는 보통 안정된 핵으로 여겨지지만, 2004년도에 연구자들은 이것의 알파 붕괴를 관찰했다. (a) 붕괴 Q 값이 무엇인가? (b) 표 12.2의 데이터를 이용해서 Q 값에 대한 알파 붕괴 반감기의 log-log 그래프를 그리고, 예측되는 ^{209}Bi의 반감기에 대한 추산치를 구하시오. (장벽 투과 확률은 또한 핵의 Z 값에 의존하지만, 그 의존성은 Q 값의 의존성에 비해 매우 약하고 거친 추산 과정에서 이를 무시할 수 있다.) (c) 연구자들은 93 g의 Bi 샘플을 사용했고 5일간 128회의 붕괴를 관찰했다. 반감기는 무엇인가?

54. ^{52}Fe 중성 원자는 반감기 8.275 ± 0.008 h의 β^+와 전자 포획의 혼합에 의해 붕괴한다. 그러나 완전히 이온화된 ^{52}Fe의 반감기는 12.5 h이고, 이는 11.3 h에서 14.0 h의 범위를 가진 실험적 불확정성을 가진다. ^{52}Fe 중성 원자에 대해 β^+와 전자 포획 붕괴의 상대적인 비율은 무엇이고, 비율의 불확정성의 범위는 무엇인가?

Chapter 13

핵반응 및 응용

핵반응로는 다양한 물질에 대한 방사선 노출의 영향을 측정하는 데 사용될 수 있는 강력한 중성자 빔을 생성한다. 또한 의학 및 산업 응용에서 사용할 수 있는 희귀한 방사성 동위원소도 생성한다. 이 사진은 중성자 감속재로 작용하는 물에 잠긴 핵반응로의 핵심을 보여준다. 빛은 방사성 붕괴에서 나온 전자가 Cerenkov 복사를 통해 빛의 속도보다 빠른 속도로 물속에서 방출된다. Argonne National Laboratory/Science Source

방사성 붕괴를 통해 얻을 수 있는 핵 관련 지식은 제한적이다. 이는 자연상태에서는 특정 방사성 과정만 발생하며, 그 과정에서는 특정 동소체만 생성되며, 방사성 붕괴를 따르는 특정한 핵의 들뜬 상태만 연구할 수 있기 때문이다. 그러나 핵반응은 어떤 핵종이든 들뜬 상태를 선택 조절할 수 있는 방법을 제공한다.

이 장에서는 여러 가지 핵반응을 논하며 해당 반응들의 특성을 논의한다. 특히 중요한 핵반응은 핵분열과 핵융합이다. 이 두 현상이 어떻게 에너지원으로서 유용한지(또는 더 정확하게는 어떻게 핵 에너지를 열 에너지 또는 전기 에너지로 **전환**하는지) 살펴본다.

아울러 핵물리학이 다양한 영역에 어떻게 적용될 수 있는지 소개한다.

13.1 핵반응의 종류

전형적인 핵반응 실험에서는 어떤 유형의 입자 빔 x가 핵 X를 포함한 표적에 입사된다. 반응 후, 나가는 입자 y가 관측되며 잔류핵 Y가 남는다. 기호로는 이 반응을 다음과 같이 표기할 수 있다.

$$x + X \rightarrow y + Y$$

그중 한 예는

$$^2_1 H_1 + {}^{63}_{29}Cu_{34} \rightarrow n + {}^{64}_{30}Zn_{34}$$

화학 반응과 마찬가지로, 핵반응도 균형을 이루어야 한다. 반응 전후 전체 양성자 수는 동일해야 하며, 중성자의 총수도 동일해야 한다. 위의 예시에서는 양쪽에 각각 30개의 양성자와 35개의 중성자가 있다. (핵 베타 붕괴에 의해 중성자가 양성자로 변하거나 양성자가 중성자로 변할 수 있지만, 이러한 힘은 일반적으로 최소 10^{-10}초의 시간 척도에서 작용한다. 투사체와 표적에 있는 핵들은 핵력 범위 내에서 최대 약 10^{-20}초 동안만 존재하므로 양성자-중성자 전환이 일어날 충분한 시간이 없다.) 양성자와 중성자는 반응 후 재배열될 수는 있지만, 그 수는 변할 수 없다.

핵반응은 투사체와 표적 계 내부 힘의 영향을 받아 일어난다. 외부 힘이 없다는 것은 반응 전후 에너지, 선형 운동량 및 각운동량이 보존된다는 것을 의미한다.

대부분의 실험에서는, 일반적인 경우 나가는 입자 y만을 관측하고, 무거운 잔류핵 Y는 모든 운동 에너지를 잃어버리고 (다른 원자와의 충돌에 의해) 표적 내에서 정지하게 된다.

정지 상태에 있는 표적 핵종 X를 운동 에너지 K_x의 포격입자(bombarding particle) x로 충돌하여 반응을 일으킨다고 가정해 보자. 이때 나타나는 입자들은 운동 에너지를

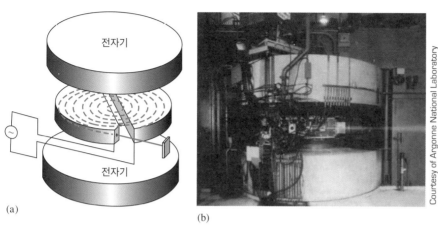

(a)

(b)

그림 13.1 (a) 사이클로트론 가속기의 개략적인 도표. 자기장 속에서 전하 입자는 원형 경로로 휘어지며, 갭을 통과할 때마다 전기장에 의해 가속된다. (b) 사이클로트론 가속기. 위아래 큰 실린더에 자석이 있다. 입자 빔은 사이클로트론을 떠나 공기 분자와 충돌한다.

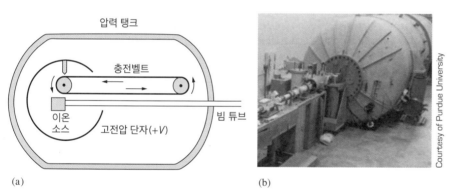

(a)

(b)

그림 13.2 (a) Van de Graaff 가속기의 도표. 이온 소스에서 나온 입자들이 고전압 단자에서 지면까지 가속된다. (b) 전형적인 Van de Graaff 가속기 실험실. 이온 소스와 고전압 단자는 큰 압력 탱크 안에 있다.

공유하게 되며, 초기와 최종 핵종의 정지 에너지 차이에서 나오는 추가 에너지가 더해지거나 빼지게 된다. (핵반응에서의 에너지는 13.3절에서 다룬다.)

포격입자 x는 핵 가속기에서 가속된 전하 입자이거나, 원자로에서 나온 중성자일 수 있다. 전하 입자를 가속하는 가속기는 그림 13.1과 13.2에 나와 있는 것처럼 두 가지 기본 유형이 있다. 사이클로트론(cyclotron)에서 입자는 자기장에 의해 원형 궤도를 보이며, 한 바퀴 돌 때마다 전기장에 의해 작은 '킥'을 받는다. 입자는 약 100바퀴를 돌고 전하당 대략 10~20 MeV의 운동 에너지를 얻게 된다. Van de Graaff 가속기에서는 입자가 단 한 번 고전압 단자에서 가속되며, 이때 얻는 전위는 최대 2,500만 볼트 정도이다. 그 후 입자의 운동 에너지는 전하당 약 25 MeV 정도가 된다.

핵반응 실험에서는 일반적으로 입자 y의 두 가지 기본적인 특성을 측정한다. 바로 입자의 에너지와 특정 각도에서 일정한 에너지로 나타날 확률이다. 이 두 종류의 측정에 대해 간략히 살펴보자.

1. **입자의 에너지 측정** 잔류핵 Y나 나가는 입자 y가 들뜬 상태가 아니라면, 에너지와 운동량의 보존 법칙을 통해 특정 각도에서 측정된 y의 에너지를 정확히 계산할 수 있다. 그러나 핵 Y가 들뜬 상태로 남아 있는 경우, y의 운동 에너지는 대략 바닥 상태와 들뜬 상태의 에너지 차이만큼 감소한다. 왜냐하면 여전히 두 입자 Y와 y는 총에너지 합이 일정해야 하기 때문이다. 핵 Y의 들뜬 상태의 에너지를 알면 입자 y의 감소된 에너지를 알 수 있고, 입자 y의 에너지를 측정하면 핵 Y의 들뜬 상태의 에너지를 알 수 있다. 그림 13.3은 실험 결과와 해당 잔류핵의 유도된 들뜬 상태를 보여준다. 그림 13.3의 각 피크는 y의 특정 에너지와 Y의 특정 들뜬 상태에 해당한다. 즉, 9.0 MeV의 에너지를 가진 입자가 관측되면, 핵 Y는 1.0 MeV의 들뜬 상태에 남아 있다.

2. **반응 확률 측정** 그림 13.3에서 피크들의 높이가 다르다는 것에 주목하자. 이런 실험 결과는 들뜬 상태 중 하나가 다른 들뜬 상태로 가는 확률보다 높다는 것을 말해준다. 이는 반응 확률의 한 예로, 입자 y의 두 번째 특성이다. 예를 들어, 그림 13.3은 Y가 두 번째 들뜬 상태(1.0 MeV)에 있는 확률이 첫 번째 들뜬 상태에 갈 확률의 약 두 배임을 보여준다. 핵 퍼텐셜 에너지와 함께 Schrödinger 방정식을 풀면, 이러한 반응 확률을 계산하고 실험 결과와 비교할 수 있다. 아쉽게도 이 다체

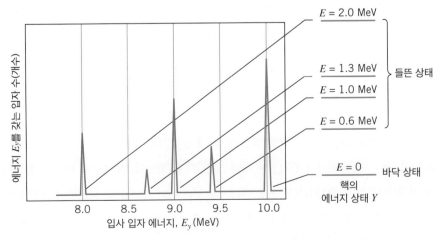

그림 13.3 나가는 입자 y의 에너지와 그에 해당하는 Y의 들뜬 상태의 샘플 스펙트럼.

(many-body) 문제를 제대로 풀 수 없기 때문에, 반응 확률을 측정한 후 핵력의 몇 가지 특성을 추론해야 한다.

반응 단면적

반응 확률은 대개 **단면적**(cross section)으로 표현되는데, 이는 입자 x가 충돌 대상 핵과 특정 반응을 나타내는 일종의 유효 면적으로, 나가는 입자 y의 가능한 에너지와 방향에 대해 고려한다. 반응 확률이 클수록 단면적이 크다. 일반적으로 단면적은 입사 입자의 에너지 K_x에 의존한다.

단면적 σ는 면적 단위로 표현되지만, 이때 면적은 매우 작은 편이며 대략 10^{-28} m^{2}의 크기인데, 이를 핵물리학자들은 편리하게 단면적 측정 단위로 사용하며, **반**(barn)이라고 한다. 즉, 1 barn = 10^{-28} m^{2}이다. 하나의 중성핵 디스크의 면적이 약 1 barn 정도임에 주목하자. 그러나 반응 단면적은 종종 1 barn보다 훨씬 크거나 작을 수 있다. 예를 들어, 이웃 원소인 아이오딘과 제논의 특정 동위원소를 포함하는 반응의 단면적을 고려해 보면

$$I + n \rightarrow I + n \quad \text{(비탄성 산란)} \qquad \sigma = 4 \text{ b}$$
$$Xe + n \rightarrow Xe + n \text{ (비탄성 충돌)} \qquad \sigma = 4 \text{ b}$$
$$I + n \rightarrow I + \gamma \quad \text{(중성자 포획)} \qquad \sigma = 7 \text{ b}$$
$$Xe + n \rightarrow Xe + \gamma \text{ (중성자 포획)} \qquad \sigma = 10^6 \text{ b}$$

위에 보듯, I와 Xe의 중성자 비탄성 산란 단면적은 비슷하지만, 중성자 포획 단면적은 매우 다르다. 이런 측정 결과는 Xe 핵의 특성에 관한 흥미롭고 예외적인 정보를 알려준다.

입자 빔이 면적 S를 가진 얇은 표적에 입사되고, 해당 표적에 총 N개의 핵이 포함되어 있는 상황을 가정하자. 각 핵의 유효 면적은 단면적 σ이므로, 표적 내 모든 핵의 총 유효 면적은 (그림자 효과를 무시한 경우) σN이다. 이를 표적 면적의 분수로 나누면 $\sigma N/S$이며, 이게 작다면 그림자 효과는 무시할 수 있다. 그리고 이 비율은 반응이 발생할 확률이다.

가령 입사 입자가 초당 I_0개의 입자로 표적에 충돌하고, 나가는 입자 y가 초당 R개의 속도로 방출된다고 가정해 보자. (이는 생성된 핵 Y의 속도이다.) 그러면 반응 확률은 y의 방출 비율을 x의 방출 비율로 나눈 것, R/I_0으로 나타낼 수 있다. 반응 확률에 대한 두 식을 서로 같게 설정하면 $\sigma N/S = R/I_0$이 되거나, 또는

$$R = \frac{\sigma N}{S} I_0 \qquad (13.1)$$

이는 반응 단면적과 y의 방출 속도 간의 관계를 알려준다.

원자로에서 중성자의 강도는 **중성자 다발**(neutron flux, ϕ, 중성자/cm^2/s)로 표현하며, 이는 중성자가 빔의 수직 단위 면적을 통과하는 속도로 나타내진다. 이때 단면적은 σ이며(제곱 센티미터당 각 핵당 입사 중성자), 속도 R은 또한 대상 핵의 수에 따라 달라진다. 충돌 대상의 질량을 m이라고 가정하면 대상 핵의 수는 $N = (m/M)N_A$이고, 여기서 M은 몰 질량이고 N_A는 Avogadro 상수(몰당 6.02×10^{23}개의 원자)이다. 따라서 중성자 유발 반응의 경우, 식 (13.1)을 사용하여 다음과 같은 식을 얻을 수 있다.

$$R = \phi \sigma N = \phi \sigma \frac{m}{M} N_A \qquad (13.2)$$

예제 13.1

p + ^{56}Fe → n + ^{56}Co 반응에서 양성자가 특정 에너지를 갖고 입사하고 그때 단면적이 0.40 b라 하자. 만약 1.0 cm^2 크기의 두께가 1.0 μm인 철 포일(foil)로 된 표적에 3.0 μA의 전류를 가진 양성자 빔을 충돌시키고, 빔이 표적의 전체 표면에 균일하게 분포된다면, 중성자가 어떤 속도로 생성되는지 계산하시오.

풀이

먼저 표적 내의 핵 수를 계산하면, 표적의 부피는 $V = (1.0 \text{ cm})^2$ $(1.0 \mu m) = 1.0 \times 10^{-4} \text{ cm}^3$이며, (철의 밀도인 7.9 g/cm^{3}를 사용하여) 그 질량은 $m = \rho V = (7.9 \text{ g/cm}^3)(1.0 \times 10^{-4} \text{ cm}^3) = 7.9 \times 10^{-4}$ g이다. 따라서 원자(또는 핵)의 수는 다음과 같다.

$$N = \frac{mN_A}{M} = \frac{(7.9 \times 10^{-4} \text{ g})(6.02 \times 10^{23} \text{ 원자/몰})}{56 \text{ g/몰}}$$
$$= 8.5 \times 10^{18} \text{개 원자}$$

이제 입사 빔의 초당 입자 수를 계산하자. 전류가 3.0×10^{-6} A $= 3.0 \times 10^{-6}$ C/s로 주어지고, 각 양성자가 1.6×10^{-19} C의 전하를 가질 때 빔의 강도는 다음과 같다.

$$I_0 = \frac{3.0 \times 10^{-6} \text{ C/s}}{1.6 \times 10^{-19} \text{ C/입자}} = 1.9 \times 10^{13} \text{ 입자/s}$$

식 (13.1)을 이용하면 R은

$$R = \frac{N\sigma I_0}{S}$$
$$= (8.5 \times 10^{18} \text{ 핵})(0.40 \times 10^{-24} \text{ cm}^2/\text{핵})$$
$$\times (1.9 \times 10^{13} \text{ 입자/s})(1 \text{ cm}^2)^{-1}$$
$$= 6.5 \times 10^7 \text{ 입자/s}$$

대략 초당 10^8개의 중성자가 표적에서 방출된다.

예제 13.2

저에너지에서는 중성자에 의해 유발된 반응의 단면적이 중성자 에너지가 증가하면 감소하는 경향이 있다. 반면, 중성자에 의해 유발된 반응의 단면적은 양성자 에너지가 증가하면 따라서 증가하는 경향이 있다. 이를 설명하시오.

풀이

중성자에 의한 반응 단면적은 중성자의 운동 에너지가 증가하

면 중성자와 대상 핵이 서로 간의 핵력 범위에 덜 머무르게 되어 반응 확률이 감소하고, 이에 따라 단면적이 감소한다. 양성자에 대해서도 동일한 효과가 나타나지만, 양성자에 대한 단면적에 주요한 영향을 미치는 것은 Coulomb 장벽(Coulomb barrier)의 투과력이다. 에너지가 높아지면 Coulomb 장벽이 얇아져 투과가 더 쉬워지므로 단면적이 증가한다.

13.2 핵반응에서의 방사성 동위원소 생성

방사성 동위원소는 핵반응을 통해 생성된다. 이 과정에서 안정된 (비방사성) 동위원소 X가 입자 x로 조사되어 방사성 동위원소 Y를 형성하게 된다. 나가는 입자 y는 관측되지 않는다. 이 경우 반응에서 생성되는 개별 입자 Y를 관측하지는 않는다. 대신 목표물을 조사한 뒤 몇 개의 방사성 Y 핵이 목표물 내에 남아 있는지 확인하게 된다. 조사 후에는 핵 Y의 방사성 붕괴를 관측한다.

이제 노출 시간 동안 특정 양의 입자 x에서 생성된 동위원소 Y의 활동을 계산한다. R은 Y가 생성되는 고정된 속도를 나타내고, 이 양은 식 (13.1)에서 보였듯 단면적 및 x 빔의 강도와 관련이 있다. 시간 간격 dt 동안 생성된 Y 핵의 수는 $R\,dt$이다. 동위원소 Y는 방사성이므로 dt 간격 동안 붕괴하는 Y 핵의 수는 $\lambda N\,dt$이다. 여기서 λ는 붕괴 상수($\lambda = 0.693/t_{1/2}$)이고 Y 핵의 수는 N이다. Y 핵 수의 순 변화 dN은 다음과 같다.

$$dN = R\,dt - \lambda N\,dt \qquad (13.3)$$

또는

$$\frac{dN}{dt} = R - \lambda N \qquad (13.4)$$

이 미분 방정식의 해는

$$N(t) = \frac{R}{\lambda}(1 - e^{-\lambda t}) \qquad (13.5)$$

그리고 활성도(activity)는

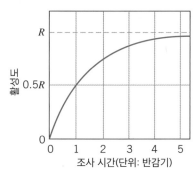

그림 13.4 핵반응에서의 활성도 형성 과정.

$$a(t) = \lambda N = R(1 - e^{-\lambda t}) \tag{13.6}$$

시작 시 Y 유형의 핵이 없으므로 $t=0$에서 $a=0$임에 주목하자. 큰 조사 시간 $t \gg t_{1/2}$이 되면 이 식이 상수 값 R에 수렴한다. t가 반감기 $t_{1/2}$보다 작을 때 활성도는 시간에 비례하여 선형적으로 증가한다.

$$a(t) = R[1 - (1 - \lambda t + \cdots)] \cong R\lambda t \qquad (t \ll t_{1/2}) \tag{13.7}$$

그림 13.4는 $a(t)$와 t 간의 관계를 보여준다. 보다시피 약 두 반감기 이상 조사하면 큰 활동 획득이 없다.

예제 13.3

금 30 mg이 1.0분 동안 3.0×10^{12} 중성자/cm²/s의 중성자 다발에 노출될 때, 금의 중성자 포획 단면적은 99 b이다. ^{198}Au의 활성도는?

풀이

부록 D의 자료를 참조하자. 금의 안정 동위원소의 질량수는 $A=197$이며, 방사성 동위원소인 ^{198}Au는 반감기가 2.70일 $(3.88 \times 10^3$분$)$이다. 식 (13.2)를 사용하면

$$R = \phi \sigma \frac{m}{M} N_A$$

$$= \left(3.0 \times 10^{12} \frac{\text{중성자}}{\text{cm}^2 \cdot \text{s}}\right) \left(99 \times 10^{-24} \frac{\text{cm}^2}{\text{중성자} \cdot \text{핵}}\right)$$

$$\times \left(\frac{0.030 \text{ g}}{197 \text{ g/몰}}\right)(6.02 \times 10^{23} \text{ 원자/몰})$$

$$= 2.7 \times 10^{10} \text{ s}^{-1}$$

$t \ll t_{1/2}$일 때 식 (13.7)을 이용하면 활성도는 다음과 같다.

$$a = R\lambda t = (2.7 \times 10^{10} \text{ s}^{-1}) \left(\frac{0.693}{3.88 \times 10^3 \text{ min}}\right)(1.0 \text{ min})$$

$$= 4.8 \times 10^6 \text{ s}^{-1} = 130 \ \mu\text{Ci}$$

예제 13.4

방사성 동위원소 ^{61}Cu(반감기=3.41시간)는 ^{59}Co 입자 반응을 통해 만들어진다. 1.5 cm × 1.5 cm 크기와 2.5 μm 두께의 코발트 박막이 알파 입자 빔(세기 12.0 μA)에 놓이고, 빔은 균일하게 표적을 덮는다. 알파 에너지에 대해 반응의 단면적은 0.640 b이다. (a) ^{61}Cu가 생성되는 비율은? (b) 2.0시간 동안 조사됐을 때 ^{61}Cu의 활성도는?

풀이

(a) 관계된 핵반응은 ^{59}Co + ^{4}He → ^{61}Cu + 2n이다. 표적의 질량은 $m = \rho V = (8.9 \text{ g/cm}^3)(1.5 \text{ cm})^2(2.5 \times 10^{-4} \text{ cm}) = 5.0 \times 10^{-3} \text{ g}$ 이고 표적 원자 수는

$$N = \frac{mN_A}{M} = \frac{(5.0 \times 10^{-3} \text{ g})(6.02 \times 10^{23} \text{ 원자/몰})}{58.9 \text{ g/몰}}$$

$$= 5.12 \times 10^{19} \text{개 원자}$$

빔이 표적에 도달하는 비율은

$$I_0 = \frac{12.0 \times 10^{-6} \text{ A}}{2 \times 1.60 \times 10^{-19} \text{ C/입자}} = 3.75 \times 10^{13} \text{ 입자/s}$$

^{61}Cu이 생성되는 비율은 식 (13.1)을 적용하면

$$R = \frac{N\sigma I_0}{S}$$
$$= (5.12 \times 10^{19} \text{원자})(0.640 \times 10^{-24} \text{ cm}^2)$$
$$\times (3.75 \times 10^{13} \text{ s}^{-1})(1.5 \text{ cm})^{-2}$$
$$= 5.5 \times 10^{8} \text{ s}^{-1}$$

(b) 식 (13.6)을 통해 활성도를 계산하면 다음과 같다.

$$a = R(1 - e^{-\lambda t})$$
$$= (5.5 \times 10^{8} \text{ s}^{-1})(1 - e^{-(0.693)(2.0 \text{ h})/(3.41 \text{ h})})$$
$$= 1.8 \times 10^{8} \text{ s}^{-1} = 4.9 \text{ mCi}$$

13.3 저에너지 반응 운동학

이 절에서는 속도가 충분히 작은 핵 입자를 비상대론적으로 다룰 수 있다고 가정한다. 그림 13.5에 나타냈듯이, 운동량 $\vec{\mathbf{p}}_x$와 운동 에너지 K_x를 가진 투사체 x를 고려해 보자. 표적은 정지해 있고, 생성물은 각각 운동량 $\vec{\mathbf{p}}_y$ 및 $\vec{\mathbf{p}}_Y$와 운동 에너지 K_y 및 K_Y를 갖는다고 하자. 그리고 입자 y 및 Y는 빔의 방향과 각각 θ_y 및 θ_Y의 각도로 방출된다. 핵 Y가 실험실에서 관측되지 않는다고 가정하자(만약 핵이 무거우면 비교적 느리게 움직이며 통상 표적 내에서 멈춘다).

방사성 붕괴와 마찬가지로, 이 반응의 Q 값 계산에 에너지 보존을 사용하면(X가 초기에 정지해 있다고 가정)

초기 에너지 = 최종 에너지

$$m_N(x)c^2 + K_x + m_N(X)c^2 = m_N(y)c^2 + K_y + m_N(Y)c^2 + K_Y \quad (13.8)$$

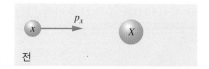

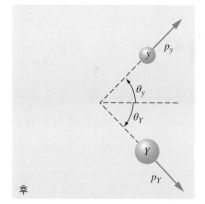

그림 13.5 반응 전(위)과 후(아래) 입자들의 운동량.

식 (13.8)에서 m은 반응하는 입자들의 핵의 질량이다. 이때 앞서 언급한 대로, 핵반응에서는 양성자의 수가 균형을 이루어야 한다.

$$Z_x + Z_X = Z_y + Z_Y \quad (13.9)$$

식 (13.8)의 각 변에 동일한 수의 전자 질량을 추가해도 등식은 바뀌지 않는다. 전자 결합 에너지를 무시하면 핵 질량은 추가 보정이 필요하지 않은 원자 질량이 된다. 식 (13.8)을 다시 쓰면

$$[m(x) + m(X) - m(y) - m(Y)]c^2 = K_y + K_Y - K_x \quad (13.10)$$

초기 입자와 최종 입자 간의 정지 에너지 차이는 반응의 Q 값으로 정의되고

$$Q = (m_i - m_f)c^2 = [m(x) + m(X) - m(y) - m(Y)]c^2 \qquad (13.11)$$

식 (13.10)과 (13.11)을 결합하면 Q 값이 최종 입자와 초기 입자 간의 운동 에너지 차이와 같아진다.

$$Q = K_y + K_Y - K_x \qquad (13.12)$$

▌예제 13.5

(a) 핵반응 $^2\text{H} + ^{63}\text{Cu} \rightarrow \text{n} + ^{64}\text{Zn}$에 대한 Q 값을 계산하시오.

(b) 12.00 MeV 에너지를 갖는 중수소가 ^{63}Cu 표적에 입사하고, 운동 에너지 16.85 MeV를 갖는 중성자가 관측된다. ^{64}Zn의 운동 에너지는?

풀이

(a) 식 (13.11)과 부록 D에 나와 있는 질량 값을 이용하면 Q 값은

$$\begin{aligned} Q &= [m(^2\text{H}) + m(^{63}\text{Cu}) - m(\text{n}) - m(^{64}\text{Zn})]c^2 \\ &= (2.014102 \text{ u} + 62.929597 \text{ u} - 1.008665 \text{ u} \\ &\quad - 63.929142 \text{ u})(931.5 \text{ MeV/u}) \\ &= 5.488 \text{ MeV} \end{aligned}$$

(b) 식 (13.12)를 적용하면

$$\begin{aligned} K_Y &= Q + K_x - K_y \\ &= 5.488 \text{ MeV} + 12.00 \text{ MeV} - 16.85 \text{ MeV} \\ &= 0.64 \text{ MeV} \end{aligned}$$

▌예제 13.6

중수소끼리 충돌할 때 두 가지 반응이 가능하다: $^2\text{H} + ^2\text{H} \rightarrow ^3\text{He} + \text{n}(Q = 3.27 \text{ MeV})$ 및 $^2\text{H} + ^2\text{H} \rightarrow ^3\text{H} + \text{p}(Q = 4.03 \text{ MeV})$. ^3He와 ^3H의 결합 에너지에 대해 Q 값은 어떤 의미를 갖는가?

풀이

^3H를 생성하는 반응이 0.76 MeV 더 많은 에너지를 방출하므로 ^3H의 결합 에너지가 ^3He보다 더 강하다. (이는 ^3He의 두 양성자 간의 Coulomb 척력 때문으로 예상된다.) 결합 에너지의 차이는 약 0.76 MeV이며, 핵 1개당 0.25 MeV이다.

$Q > 0$인 반응은 핵 에너지를 변환하는 반응으로, 이들은 **발열 반응**(exothermic reactions)이다. $Q < 0$인 반응은 x의 운동 에너지 형태로 에너지를 흡수하며 이는 핵의 결합 에너지로 변환된다. 이러한 반응은 **흡열 반응**(endothermic reactions)이다.

흡열 반응에서는 최소한의 운동 에너지가 있어야 한다. 운동 에너지는 최솟값 또는 **문턱값**(threshold)이 있어야만 반응이 일어날 수 있다. 이 운동 에너지의 문턱값은 생성물의 정지 에너지뿐만 아니라 생성물의 운동 에너지도 제공하게 된다. 에너지가 최솟값일 때는 생성물은 정지 상태가 될 수 없다. 왜냐하면 선형 운동량이 보존되지 않

기 때문이다. 충돌 전 운동량이 p_x인데 충돌 후 생성물이 정지 상태라면 충돌 전후 운동량과 같지 않기 때문이다.

이러한 문제는 질량 중심 기준틀에서 더 쉽게 분석할 수 있다. 반응 전 실험실 기준틀에서 질량 중심은 속도 $v = m(x)v_x / [m(x) + m(X)]$로 움직인다. 만약 이 속도로 이동하여 반응을 관측한다면, x가 속도 $v_x - v$로 움직이고, X가 속도 $-v$로 움직인다고 할 수 있다(그림 13.6 참조). x가 정확히 운동 에너지 문턱값을 가지고 있다면, 질량 중심 기준틀에서 반응 생성물 y와 Y는 정지 상태이다.

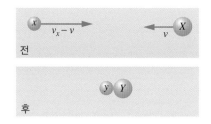

그림 13.6 질량 중심 기준 기준틀에서의 반응 전후 상황.

반응에서는 상대론적 에너지 총량 $K + mc^2$을 보존해야 한다. 속도 $v \ll c$인 경우만 생각하면, 비상대론적 에너지 표현을 사용할 수 있고 질량 중심 기준틀에서의 에너지 보존은 다음과 같다. 이때 v_x는 실험실 기준틀에서의 속도의 문턱값(최솟값)이다.

$$\frac{1}{2}m(x)(v_x - v)^2 + \frac{1}{2}m(X)(-v)^2 + m(x)c^2 + m(X)c^2 = m(y)c^2 + m(Y)c^2 \quad (13.13)$$

실험실 기준틀에서의 v 값을 변환하여 계산하면 운동 에너지 문턱값은 다음과 같다.

$$K_{th} = -Q\left(1 + \frac{m(x)}{m(X)}\right) \quad (13.14)$$

예제 13.7

(a) 양성자가 정지한 ^{3}H에 충돌하는 경우와 (b) ^{3}H(트리톤)이 정지한 양성자에 충돌하는 경우의 $p + {}^3H \rightarrow {}^2H + {}^2H$의 운동 에너지 문턱값을 계산하시오.

풀이

Q 값은

$$Q = [m(^1H) + m(^3H) - 2m(^2H)]c^2$$
$$= (1.007825\ u + 3.016049\ u - 2 \times 2.014102\ u)$$
$$\times (931.5\ MeV/u)$$
$$= -4.033\ MeV$$

(a) 양성자가 ^{3}H에 충돌하는 상황은 $x = {}^1H$, $X = {}^3H$라 놓을 수 있고, 따라서

$$K_{th} = -Q\left(1 + \frac{m(^1H)}{m(^3H)}\right)$$
$$= (4.033\ MeV)\left(1 + \frac{1.007825\ u}{3.016049\ u}\right) = 5.381\ MeV$$

(b) ^{3}H가 양성자에 충돌하는 상황은 (a)에서의 x와 X를 바꾸게 되고, 따라서

$$K_{th} = -Q\left(1 + \frac{m(^3H)}{m(^1H)}\right)$$
$$= (4.033\ MeV)\left(1 + \frac{3.016049\ u}{1.007825\ u}\right) = 16.10\ MeV$$

이 예제의 계산 결과는 가벼운 입자가 무거운 표적에 충돌할 때의 에너지는 무거운 입자가 가벼운 표적에 충돌할 때의 에너지보다 작음을 의미한다.

13.4 핵분열

가속기에서 적절한 탄도체와 표적 간의 충돌을 통해서 무거운 핵 ^{254}Cf($Z=98$)을 만들 수 있다. 이 핵은 초신성 폭발에서도 만들어지며, 별에서 원소의 형성을 이해하는 데 도움이 된다. 이는 이 장 후반부에서 다룬다. ^{254}Cf는 반감기가 60.5일인 방사성 동위원소로, 양성 및 음성 베타 붕괴의 Q 값이 모두 음수이므로 해당 붕괴 모드는 사용할 수 없다. 알파 붕괴는 에너지적으로는 가능하지만 Coulomb 장벽이 매우 높아 해당 붕괴 모드는 일어날 확률이 낮다. 대신 ^{254}Cf는 2개의 작은 질량 조각으로 분해되는 붕괴 모드를 통해 붕괴된다. 예를 들면,

$$^{254}_{98}\text{Cf}_{156} \rightarrow {}^{140}_{54}\text{Xe}_{86} + {}^{110}_{44}\text{Ru}_{66} + 4\text{n}$$

이러한 붕괴 모드가 **핵분열**(nuclear fission)이다. 핵분열은 (1) 적은 수의 무거운 핵에 대한 자발적인 방사성 붕괴 과정으로 발생하거나, (2) 추가된 에너지로 불안정해진 핵이 다른 핵으로 변하면서 유도될 수 있다. 2개의 분열 조각 외에도 핵분열 과정에서는 일반적으로 몇 개의 중성자가 방출된다.

핵은 양성자와 중성자의 혼합물로 간주할 수 있으며, 이들의 상호 작용은 (1) 서로의 핵력에 의한 상호 인력과 (2) 양성자의 경우 Coulomb 힘에 의한 상호 척력이다. 이런 상호 작용은 종종 외부 힘을 받지 않고 자유롭게 떠다니는 액체 방울과 유사한 구 형태로 비유된다. 평형 형태는 거의 구형에 가깝게 가정할 수 있으며, 핵이 왜곡되면 (예를 들어 한 방향으로 늘리는 경우) 평형 형태 주변에서 진동할 수 있으며 최종적으로는 일종의 늘어진 스프링이나 다른 탄성계가 처음의 구성으로 돌아가는 것과 비슷하게 구 형태로 돌아갈 것이다. 그림 13.7은 왜곡에 따른 에너지 감소를 개략적으로 보여준다.

다른 경우는 평형 형태가 구형이 아니라 이미 왜곡되어 있다. 이때 표면은 장축을 기준으로 회전된 타원과 같다. 이러한 핵은 주축이 작은 축보다 30~50% 더 길 수 있다. 이때는 핵이 약간 늘어지고 나면 대개 왜곡된 평형 형태로 되돌아가게 된다. 그러나 충분히 크게 늘어나면, 애초의 균형 상태로 돌아가지 않고 그림 13.8에서처럼 2개로 분리될 수 있다.

2개로의 분리는 핵력과 Coulomb 척력 간의 꽤나 미세한 균형 때문에 발생한다. 충분히 크게 늘어날 때 핵력이 주는 총인력은 감소한다(평균적으로 양성자와 중성자는 상호 작용할 '근처 이웃'이 적어지기 때문). 그러나 Coulomb 힘은 먼 거리까지 미치기 때문

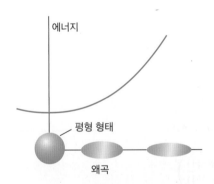

그림 13.7 구형 평형 형태를 가진 핵의 에너지는 왜곡이 심할수록 증가한다.

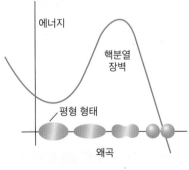

그림 13.8 비구형 평형 형태를 가진 핵의 에너지. 충분한 에너지가 추가되면 핵은 핵분열 장벽을 터널링하여 두 조각으로 나뉠 수 있다.

에 크게 감소하지 않는다. 왜곡된 형태의 중심이 '압축'될 수 있으며, 핵력과 Coulomb 힘 간의 미묘한 균형이 교란된다. 그럼으로써 Coulomb 힘은 두 조각을 힘들게 이격시킬 수 있다.

그림 13.8은 왜곡된 평형 형태와 분열된 핵 사이 일종의 '장벽'을 보여준다. 이 분열 장벽의 높이는 대략 6 MeV 정도이고, 이것을 터널링할 가능성이 있다. 따라서 핵은 더 적은 활성화 에너지로 분열할 수 있다. 핵이 가장 두꺼운 부분을 터널링하는 것은 거의 불가능하지만, 활성화 에너지가 증가함에 따라 장벽은 덜 두꺼워지고 분열은 좀 더 가능해진다. ^{254}Cf 방사성 붕괴의 경우, 분열 장벽을 관통할 확률(99.7%)이 알파 붕괴의 장벽을 관통할 확률(0.3%)보다 크다.

^{254}Cf처럼 핵이 두 조각으로 나뉠 때 생성된 최종 핵들이 항상 동일하지는 않는다. 다양한 과정이 가능하며 실제 결과는 통계적 확률에 따라 결정된다. ^{254}Cf의 경우 한 조각이 대략 $A = 110$가량의 질량을 가지고 다른 조각이 대략 $A = 140$가량의 질량을 가질 확률이 가장 높지만, 다른 질량 분포도 발생할 수 있다. 그림 13.9는 ^{254}Cf와 ^{235}U의 분열에서 나온 조각의 질량 분포를 보여준다.

핵분열에서 방출되는 중성자 수도 다양할 수 있다. ^{254}Cf의 경우, 하나의 분열당 평균 약 3.9개의 중성자가 방출된다.

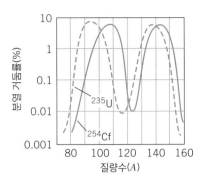

그림 13.9 ^{254}Cf(실선)와 ^{235}U(점선)의 핵분열 조각의 질량 분포도.

핵분열에서 방출되는 에너지

^{254}Cf의 각 핵에 대한 결합 에너지는 약 7 MeV이다(그림 12.4). 만약 ^{254}Cf 핵이 $A = 127$인 2개의 핵으로 분열된다면, 최종 생성된 각 핵의 결합 에너지는 약 8 MeV이다. 따라서 254개의 중성자 및 양성자 각각의 결합 에너지는 약 7 MeV에서 약 8 MeV로 증가하게 되며, 이는 핵의 총 결합 에너지가 약 250 MeV 정도 증가한 것이다. 이는 최종 핵이 더 강하게 결합되어 있으면, 동등한 양의 에너지가 다른 형태로 방출됨을 의미한다.

연소와 같은 화학 과정이 보통 원자당 몇 eV 정도의 에너지를 방출하는 것에 비하면, 핵에 의한 에너지 방출은 엄청난 양이다. 핵분열에서 방출되는 에너지는 화학 과정의 10^8배에 이른다!

이 에너지는 어디로 갈까? ^{254}Cf가 갑자기 반으로 쪼개져서 2개의 핵으로 $Z = 49$ 및 $A = 127$이 표면에 딱 닿게 된다고 상상해 보자. 이때 핵 각각의 반지름은 $1.2(127)^{1/3} = 6.0$ fm이고, 이 두 핵 간의 Coulomb 척력은 $U = (49e)^2/4\pi\varepsilon_0(2R) = 286$ MeV이다. 이 값은 결합된 핵이 방출하는 에너지 추정과 꽤 근접한 값이다. 두 전하를 가진 물체는 서로 밀어내기 때문에 Coulomb 에너지가 빠르게 운동 에너지로 전환된다. 핵분열

Lise Meitner(1878~1968, 독일-스웨덴). 방사능 연구로 잘 알려져 있으며, 프로탁티늄(protactinium, $Z = 91$)이라는 방사능 원소를 발견하고 베타 붕괴의 특성을 연구한 최초의 연구자 중 한 명이다. 그녀의 가장 중요한 업적 중 하나는 중성자가 우라늄을 때릴 때 관측된 결과에 대한 해석이다. 그녀는 우라늄이 두 조각으로 나뉠 수 있다고 제안하였고, 이 과정에 대해 '분열(fission)'이라는 용어를 제안했다. 109번 원소는 그녀의 이름을 따서 명명되었다.

에서 방출된 에너지 대부분은 다음과 같이 생성된다.

핵 결합 에너지

↓

핵 조각들의 Coulomb 퍼텐셜 에너지

↓

조각들의 운동 에너지

핵분열 시 에너지는 약 80%가 이 형태로 방출된다. 조각들은 원자 충돌을 통해 운동 에너지가 소멸되기 전에는 멀리 이동하지 않으며, 이것은 통상 물질의 온도 상승으로 관측된다. 발전소에서는 이 온도 상승을 통해 생산된 증기가 터빈을 구동하여 전기를 생산하는 데 사용된다. 방출된 에너지의 나머지 20%는 높은 방사능 조각들의 붕괴 생성물(베타와 감마)과 분열 중에 방출될 수도 있는 중성자들의 운동 에너지로 나타난다.

유도분열

^{254}Cf의 방사성 붕괴는 추가 에너지 없이 분열 장벽을 터널링할 수 있을 만큼 충분히 불안정한 자발적인 핵분열의 한 예이다. 그러나 ^{254}Cf는 자연에서는 발생하지 않고 인공적으로 생성되는데, 핵분열하는 동안 방출된 에너지로 생성된다. 핵분열이 되는 핵은 자연발생의 경우와 자발적으로 분열하지 않되 인공적으로 생성되는 경우가 있다. 이러한 핵은 일부 에너지가 추가되어야 분열할 수 있으며, 이는 광자를 흡수하는 형태가 될 수 있지만 중성자의 흡수에 의해 더 자주 발생한다. 이 경우 에너지 입력은 분열 과정에서 방출되는 에너지와 비교할 때 매우 작다. ^{235}U는 그러한 핵 중 하나이며, 중성자를 흡수하여 ^{236}U를 생성한 후 다음과 같이 분열할 수 있다.

$$^{235}_{92}U_{143} + n \rightarrow \, ^{93}_{37}Rb_{56} + \, ^{141}_{55}Cs_{86} + 2n$$

자발적 분열처럼 결과는 다양하며, 조각들의 질량의 통계적 분포가 있다. ^{235}U의 분열에서 가장 가능성이 높은 결과는 질량 번호가 $A = 90$과 $A = 140$ 주변인 조각이 생성되는 것이며(그림 13.9와 같이), 평균 중성자 수는 약 2.5이다. 쉽게 생성될 수 있는 분열 가능한 핵의 예로는 ^{239}U의 베타 붕괴로 얻어지는 ^{239}Pu(^{238}U가 중성자를 흡수하여 만들어진 ^{239}U로부터)와 ^{232}Th에서 유사한 방법으로 얻어지는 ^{233}U가 있다.

대량 샘플의 우라늄에서는 각 분열에서 방출된 중성자가 다른 ^{235}U 핵에 흡수되어 다른 분열 과정을 유도할 수 있으며, 이로 인해 더 많은 중성자가 방출되어 더 많은 분열이 일어난다. 평균적으로 새로운 분열을 유발할 수 있는 중성자의 수가 반응당 1 클 경우, 분열의 수는 시간이 지남에 따라 증가한다. 이런 방식으로 약 200 MeV의 에너지를 방출하는 각 분열 사건의 **연쇄 반응**(chain reaction)이 발생할 수 있는데, 이는 매우 빠르고 제어되지 않은 상태의 핵무기에서 일어날 수도 있고, 느리고 신중하게 제어된 조건의 핵반응기에서 일어날 수도 있다.

핵분열 전력 발전

핵분열에서 방출된 열 에너지를 사용하여 물을 끓이는 과정을 통해 전기 에너지를 생성할 수 있다. 그러나 일반적인 우라늄은 몇 가지 이유로 인해 반응기의 연료로 사용될 수 없다. 그중에서도 특히 두드러지는 세 가지 이유는 농축(enrichment), 중성자 속도 조절(moderation), 그리고 제어(control)이다.

농축 분열 반응에서 일정한 에너지를 생산하려면 각 분열에서 하나의 중성자가 또 다른 분열을 유발할 수 있어야 한다. 일반적으로 평균 중성자 수는 1보다 크다. 그러나 중성자는 여러 가지 방식으로 반응에서 손실될 수 있다(예: 우라늄 연료에서 ^{238}U에 의한 비분열 흡수). 자연에서 우라늄 함량은 ^{235}U이 약 0.7%, ^{238}U는 99.3%인데, 이는 대부분의 우라늄 핵이 분열 과정에 참여하지 않고 중성자를 다른 분열로 유발할 수 없다는 것을 의미한다. 이 문제를 해결하기 위해 ^{235}U의 함량을 자연값 0.7% 이상으로 증가시킨 **농축** 우라늄을 사용해야 한다. 대부분의 원자로에서는 3~5% ^{235}U로 농축된 우라늄을 사용한다. ^{235}U와 ^{238}U가 화학적으로 동일하여 농축 문제는 어려울 수 있다. 이는 두 동위원소 간 소량의 질량 차이를 고려함으로써 가능한데(예: 기체 상태의 우라늄을 다량체로 강제 이동시켜 더 무거운 ^{238}U 원자가 더 느리게 확산되도록 하는 다공성 장벽을 통과시킴), 이는 어려운 과정이다.

중성자 속도 조절 분열에서 생성된 중성자들은 일반적으로 몇 MeV의 운동 에너지를 가진다. 이러한 고에너지 중성자들은 중성자 에너지가 증가함에 따라 분열 단면적이 급격히 감소하므로 새로운 분열을 유발할 확률이 비교적 낮다. 따라서 이 중성자들의 분열 가능성을 높이기 위해 느리게 하거나 **감속**(moderate)해야 한다. 분열 가능한 물질은 **감속재**(moderator)에 둘러싸여 있으며, 중성자들은 감속재의 원자들과의 충돌에서 에너지를 잃는다. 중성자가 우라늄과 같은 무거운 핵에서 튕겨져 나올 때 중성자의 에너지는 거의 변하지 않지만, 매우 가벼운 핵과 충돌할 때 중성자는 상당한 에너지를 잃을 수 있다. 가장 효과적인 감속재는 원자가 중성자와 대략 동일한 질량을 가진 것이므로 수소가 첫 번째 선택이 된다. 수소 원자와의 충돌이 중성자를 느리게 하는 데 매우 효과적이기 때문에 물이 종종 감속재로 사용된다. 그러나 중성자는 반응 $p + n \rightarrow {}^2_1H_1 + \gamma$에 따라 상당한 확률로 물에 흡수될 수 있다. 수소 대신 중수소로 대체한 '중수(heavy water)'는 중성자의 흡수 단면적이 거의 없어서 더 유용하다. 더 많은 중성자를 사용할 수 있는 중수 반응기는 일반 (농축되지 않은) 우라늄을 연료로 사용할 수 있다. 일반 물을 감속재로 사용하는 반응기는 중성자를 덜 사용할 수 있기 때문에 핵에 더 많은 ${}^{235}U$가 필요하다.

탄소는 가벼우면서도 고체이고, 안정적이고 풍부하며 상대적으로 작은 중성자 흡수 단면적을 가진 물질이다. Enrico Fermi와 그의 동료들은 1942년 시카고 대학교에서 최초의 원자로를 건설했다. 이 원자로는 감속재로 탄소, 즉 흑연 블록 형태의 그래파이트를 사용했다.

제어 원자로가 안정적이려면 각 분열 반응에서 다음 세트의 분열 반응을 만들 수 있는 중성자의 평균 수가 정확히 1과 동일해야 한다. 만약 이 값이 1보다 조금이라도 크면 반응 속도가 지수적으로 제어를 벗어나게 된다. 반응 속도의 제어는 보통 중성자 흡수, 그리고 분열 과정에서 이를 제거하는 큰 흡수 단면적을 가진 카드뮴으로 만든 제어봉을 원자로 코어에 삽입하여 이루어진다. 그러나 반응 속도의 작은 변동은 제어봉을 이동시켜 분열 반응에서 방출된 중성자 수를 조절하기에는 너무 빠르게 발생한다. 어떠한 기계적 장치도 이러한 작은 변동을 제어할 만큼 충분히 빠르지 않다.

다행스럽게도, 위 문제는 자연적인 해결 방법이 있다. 분열에서 방출되는 중성자 중 약 1%는 즉시 분열이 일어날 때가 아닌, 방사능 붕괴 후 어느 정도 시간이 지난 후 생성되는 **지연 중성자**(delayed neutrons)이다. 예를 들어, ${}^{235}U$의 분열에서 생성될 수 있는 ${}^{93}Rb$는 반감기가 6초인 ${}^{93}Sr$로 베타 붕괴하며, 때때로(전체 붕괴 중 약 1%) 매우 높은 에너지로 생성되어 중성자 방출에 불안정한 상태가 된다. 이 중성자는 베타 붕괴의 6초 반감기로 나오는 것처럼 보인다. 이 짧은 지연 시간은 제어봉을 조절하여 일정한 반응 속도를 유지하는 데 충분하다. 원자로는 중성자 복제율이 즉각적인 중성자에 대해 1보다 작고 즉각적인 중성자+지연 중성자에 대해 정확히 1이 되도록 설계되어 있어 제어봉이 효과적으로 작동할 수 있다.

그림 13.10은 핵분열에서 발생할 수 있는 과정을 일부 요약한 것이다. ${}^{235}U$ 핵은 중성자를 포획하고 2개의 무거운 조각과 2개의 중성자 조각으로 분열된다. 이 중 하나

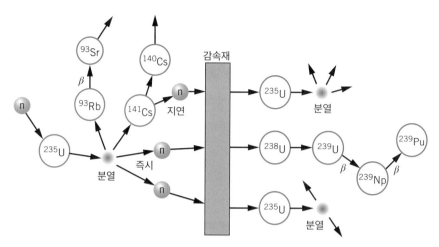

그림 13.10 핵분열의 일반적인 과정. ^{235}U 핵이 중성자를 흡수하고 분열하는 과정에서 중성자 2개가 즉각 생기며 지연 중성자 하나가 방출된다. 감속재 이후에는 중성자 2개가 새로운 핵분열을 일으키고 세 번째 중성자는 ^{238}U에 흡수되어 결국 ^{239}Pu를 생성한다.

의 조각은 지연 중성자를 방출한다. 3개의 중성자는 감속재를 통과하여 느려지게 된다. 이 중 2개의 중성자는 새로운 분열을 일으키고, 세 번째 중성자는 ^{238}U에 포획되어 결국 화학적으로 회수할 수 있는 분열 가능한 ^{239}Pu를 형성한다. 이 도표에는 일어날 수 있는 다른 과정들이 표시되어 있지 않다. 이러한 과정에는 원자로 표면을 통해 중성자의 이탈, 감속재에서의 포획, 그리고 빠른(감속되지 않은) 중성자에 의한 ^{238}U의 분열이 포함된다.

핵분열로

핵분열 원자로는 연료에서 생성된 열을 추출하여 전기 에너지를 생성한다. 열 추출은 안전상의 이유로도 해야 한다. 이는 열이 코어를 녹일 수 있고 심각한 사고를 일으킬 수 있기 때문이다. 이러한 이유로 원자로에는 열 추출 장치가 실패할 경우 코어가 과열되지 않도록 하는 비상 코어 냉각 장치가 포함되어 있다.

원자로 코어에서 분열 에너지 추출은 여러 가지 다른 기술을 통해 이루어질 수 있다. 그림 13.11에서처럼 **가압수형원자로**(pressurized water reactor)에서는 열을 두 단계로 추출한다. 먼저 물이 코어를 순환할 때 수증기로 기화하지 않게 하기 위해 고압을 유지한다. 이 가열된 물은 다시 두 번째 장치에 들어 있는 물을 가열하며, 이 장치가 터빈에 증기를 공급한다. 수증기는 원자로 코어에 들어가지 않으므로 방사성이 없고, 따라서 터빈 근처에는 방사성 물질이 없다.

미국의 원자로는 대부분 연료로 농축된 우라늄을 사용하고 감속재로 일반 물을 사

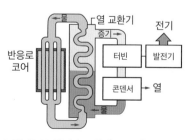

그림 13.11 압력수로원자로 구성.

용하는 가압수형원자로 형태이다. 캐나다도 가압수형원자로를 사용하지만 중성자를 느리게 하는 감속재로 중수와 천연 우라늄을 사용한다. 다른 방식은 가압수형원자로를 나트륨과 같은 액체 금속으로 대체하는 것인데, 나트륨은 물보다 훨씬 높은 온도에서 액체 상태를 유지하면서 물보다 더 큰 열 전도성을 가지고 있다. 또 다른 방식은 코어를 통해 가스를 흐르게 하여 열을 추출하는데, 이 가열된 가스는 그 후 증기를 생성하는 데 사용된다. 영국의 원자로는 가스 냉각 및 흑연 감속재를 사용한다.

최근 원자로 설계는 이제 공장에서 짓고 시험할 수 있는 소형 모듈형 원자로에 집중되어 있다. 이는 현재의 전력 원자로 세대와는 달리 현장에서 짓지 않고도 공장에서 제작 및 시험할 수 있는 형태이다. 1,000 MW 발전소는 100 MW 모듈식 유닛 10개로 구성될 수 있으며, 각각의 모듈은 수리 및 유지보수를 위해 개별적으로 분리 수리될 수 있고, 시설의 전력 수준에 주요한 영향을 미치지 않는다.

원자력과 관련된 기술적 문제는 현재 활발한 논의와 조사 대상이다. 분열 조각 중 일부 방사성 동위원소는 연 단위의 매우 긴 반감기를 가지고 있다. 원자로에서 발생한 방사성 폐기물은 환경으로 유출되지 않는 방식으로 저장되어야 한다. 많은 사람들은 원자로의 안전성에 대해 우려하고 있으며, 이는 적절한 설계와 운영뿐만 아니라 지진과 같은 자연 재해 또는 테러 또는 악의적인 행위에 대한 내성도 포함한다.

1986년에 구소련의 체르노빌에 위치한 흑연 감속 원자로는 코어 냉각 장치가 마비되어 심각한 사고를 겪었다. 이 장치는 원자로 코어에서 생성된 강력한 열을 추출하도록 설계되어 있었다. 온도 상승으로 흑연 감속재가 발화되고 원자로 격리 용기가 폭발하여 방사성 분열 생성물을 방출하여 해당 지역 주민들에게 치명적인 방사선 투과량을 노출시켰다. 미국에서 사용되는 물 감속재 파워 원자로는 이러한 종류의 사고를 겪을 수 없다.

2011년에 일본의 후쿠시마 지진에 의한 쓰나미는 원자로가 자연 재해에 취약함을 극명하게 보여주었다. 원자로 건물이 침수되어 냉각수를 공급하는 펌프가 고장 났다. 결국 방사성 붕괴로 인해 원자로 코어가 과열되었으며 연료봉 일부의 멜트다운이 발생했다. 이때의 방사능 유출로 인해 일본 시골 지역이 넓게 오염되었다.

마지막으로, 모든 열 기관과 마찬가지로 배기 또는 폐열(주로 증기가 물로 재응결되는 과정에서 발생)의 처리는 상당한 열 오염을 생성한다. 원자력 발전소는 일반적으로 화석 연료를 태우는 발전소에 비해 연료를 전기로 변환하는 효율이 낮다. 왜냐하면 원자력 발전소는 보통 더 낮은 온도에서 작동하기 때문이다. 화석 연료 발전소의 효율은 40% 정도까지 될 수 있지만, 원자력 발전의 효율은 통상 30~35%의 범위에 있다.

30% 효율로 작동하는 발전소는 40% 효율로 같은 양의 전력을 생성하는 발전소보다 열 오염을 50% 더 많이 생성한다.

자연발생하는 핵분열로

자연적인 핵분열에 대한 예시로 이 절을 마무리하려 한다. 지구에서 최초로 지속된 핵분열 원자로는 1942년 Fermi가 시카고에서 건설한 것이 아니라, 아프리카에 있는 자연 핵분열 반응로이다. 이 반응로는 약 20억 년 전에 몇십만 년 동안 작동한 것으로 추정된다. 물론 이 원자로는 천연 우라늄을 연료로, 천연 물을 감속재로 사용했다.

현재는 이러한 원자로를 건설하는 것이 불가능하다. 왜냐하면 물속 양성자에 의한 중성자 포획으로, ^{235}U의 0.7%만 있는 우라늄에서 연쇄 반응을 유지하기에는 중성자가 충분하지 않아서이다. 그러나 20억 년 전에는 천연 우라늄이 현재보다 훨씬 더 많은 ^{235}U를 포함하였다. ^{235}U와 ^{238}U 모두 방사성 동위원소이지만, ^{235}U의 반감기는 ^{238}U의 반감기의 약 6분의 1 정도이다. 우리가 약 20억 년 전으로 돌아가면, 즉 ^{238}U의 반감기의 절반인 2×10^9년 동안에는 현재보다 약 40% 더 많은 ^{238}U가 있었지만, ^{235}U는 8배나 더 많았다. 따라서 천연 우라늄은 그때 약 3%가 ^{235}U이었으며, 이 정도 농축에서는 일반 물이 효과적인 감속재로 작용할 수 있었다.

우라늄 매장량이 충분하고 감속재로 작용할 수 있는 지하수가 존재한다면 '임계질량'에 도달하여 반응을 시작할 수 있다. 이 반응은 물의 끓임에 의해 제어될 수 있었는데, 충분한 열이 생성되어 일부 물이 증발할 때 반응이 감소하고 아마도 멈추게 되었을 것이다. 왜냐하면 감속재가 부족하기 때문이다. 우라늄이 충분히 식어서 더 많은 액체 상태의 물이 모이게 되면 원자로는 다시 시작될 것이다. 이 주기는 원리적으로는 ^{235}U가 충분히 소진되거나 지질적인 변화로 물이 제거될 때까지 계속될 수 있었다.

이런 원자로는 아프리카 지역에서 채굴되는 우라늄에 ^{235}U가 너무 적게 포함되어 있다는 관측에서 발견되었다. 일반적인 0.7202%에 비해 0.7171%의 ^{235}U를 포함할 만큼 차이가 매우 작았다. 그러나 이 작은 차이는 연구자들의 호기심을 자극하기에 충분했다. 그들은 ^{235}U의 소모로 이어지는 유일한 메커니즘이 핵분열 과정일 것이라 추측했고, 이 추측은 핵분열 생성물의 방사성 붕괴에서 나오는 안정 동위원소를 광석에서 찾음으로써 검증되었다. 이러한 동위원소가 발견되고 특히 '자연적인' 광물 광맥에서 예상되는 것과 매우 다른 농축도로 발견되면서 자연발생 원자로의 존재가 확인되었다.

13.5 핵융합

에너지는 핵융합 과정에서도 방출될 수 있다. 이 과정에서는 가벼운 두 핵이 결합하여 더 무거운 핵을 형성한다. 이 과정에서 방출되는 에너지는 더 무거운 핵의 고리결합 에너지가 더 가벼운 핵과 비교하여 더 큰 값이다. 그림 12.4에서 볼 수 있듯이, 최종 핵이 대략 $A = 60$보다 더 가벼운 경우에는 핵융합이 에너지를 방출할 수 있다.

다음 반응을 고려해 보자.

$$_1^2H_1 + {}_1^2H_1 \rightarrow {}_1^3H_2 + {}_1^1H_0$$

이때 Q 값은 4.03 MeV이며, 이 핵반응은 핵당 약 1 MeV를 방출한다. 이 반응은 중수소 빔이 중수소 표적을 때릴 때 발생할 수 있다. 이런 반응을 관측하려면 사건과 표적 중수소를 충분히 가까이 가져가서, 두 입자가 핵력 범위 안에 있어 Coulomb 척력을 극복할 수 있을 정도가 되어야 한다. 두 중수소가 딱 닿았을 때의 Coulomb 척력을 계산함으로써 이 Coulomb 척력을 추정할 수 있다. 중수소의 반경은 약 2 fm이며, 약 4 fm 떨어져 있는 두 전하 사이의 정전기 퍼텐셜 에너지는 약 0.4 MeV이다. 0.4 MeV의 운동 에너지를 가진 중수소는 Coulomb 척력을 극복하고 4.4 MeV의 에너지(0.4 MeV의 운동 에너지와 4 MeV의 Q 값)를 방출할 수 있다.

전형적인 가속기에서 이 반응은 일반적으로 마이크로암페어(μA) 정도의 빔 전류로 소량의 에너지만 생성된다(약 수 와트 정도). 핵융합에서 상당한 양의 에너지를 얻으려면 훨씬 더 많은 양의 중수소를 사용해야 한다. 예를 들어, 일반 물 1리터(이 중에 0.015% D_2O가 포함되어 있음)에서의 중수소로부터 얻는 핵융합 에너지는 약 300리터의 휘발유를 태우는 것과 동등하다.

더 좋은 접근 방식은 중수소 가스를 충분히 높은 온도로 가열하여 각 중수소 원자가 약 0.2 MeV의 열 운동 에너지를 가지도록 하는 것이다[따라서 **열핵**(thermonuclear) 융합이라는 이름이 붙었다]. 그러면 두 중수소 원자 간의 충돌에서 나오는 0.4 MeV 정도의 운동 에너지는 Coulomb 척력을 극복하는 데 충분하다.

중수소 가스를 충분히 가열하는 것은 어렵다. 가스 분자의 열 운동 에너지에 대한 식 $\frac{1}{2}kT$로부터 0.2 MeV의 에너지가 대략 10^9 K의 온도에 해당한다고 계산할 수 있다. (아마도 계산된 온도의 1/10에 해당하는 낮은 운동 에너지로도 Coulomb 장벽을 관통할 수 있다고 가정하더라도) 이러한 온도 조건을 만드는 방법은 상상하기 힘들다. 그러나 별 내부에서는 이러한 온도 조건이 존재하며, 별은 핵융합 반응을 통해 에너지를 생성한다. 이는 지구상의 모든 생명체에 에너지를 제공할 수 있는 정도이다. 전기발전용 핵융합 과정을 개발하려는 과학자와 엔지니어들은 별의 내부 조건을 짧은 순간 동안이지만 훨씬 작은 규모로 복제하기 위해 도전하고 있다.

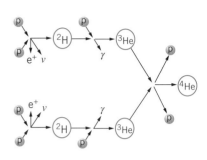

그림 13.12 양성자 → 헬륨 생성 반응 개략도.

별에서의 핵융합 과정

별에서 일어나는 핵융합 과정(우리 태양을 포함)에서는 양성자 4개가 결합하여 ^{4}He가 만들어진다. 별은 중수소가 아니라 보통 수소로 구성되어 있어 수소를 중수소로 전환해야 한다. 반응

$$^1_1H_0 + {}^1_1H_0 \rightarrow {}^2_1H_1 + e^+ + \nu$$

에 의해 양성자가 중성자로 전환되고, 이는 12장에서 논의된 베타 붕괴 과정과 유사하다. ^{2}H(중수소)를 얻은 다음에 발생할 수 있는 반응은 다음과 같다.

$$^2_1H_1 + {}^1_1H_0 \rightarrow {}^3_2He_1 + \gamma$$

$$^3_2He_1 + {}^3_2He_1 \rightarrow {}^4_2He_2 + 2{}^1_1H_0$$

맨 처음 두 반응이 두 번 발생해야 ^{3}He를 만들어서 세 번째 반응을 일으킬 수 있다. 그림 13.12의 개략적인 도표를 참조하라. (최종 결과에 입각한)전체 과정은 다음과 같이 쓸 수 있다.

$$4{}^1_1H_0 \rightarrow {}^4_2He_2 + 2e^+ + 2\nu + 2\gamma$$

원자 질량의 Q 값 계산을 위해서 좌변에 전자 4개를 추가한 중성 수소를 취하자. 좌우변 전하가 같아야 하니, 우변에도 전자 4개를 추가한다. 오른쪽 전자 중 2개는 ^{4}He 원자와 연관되어 있고, 나머지 전자 2개는 반응 $e^+ + e^- \rightarrow 2\gamma$에 따라 두 양성자에 결합될 수 있어 감마 광선을 만드는 에너지로 사용된다. 양성자 2개는 이 과정에서 소멸하며, 남아 있는 질량은 수소 **원자** 4개와 헬륨 **원자** 하나이므로

$$Q = (m_i - m_f)c^2 = [4m(^1H) - m(^4He)]c^2$$
$$= (4 \times 1.007825 \text{ u} - 4.002603 \text{ u})(931.5 \text{ MeV/u}) = 26.7 \text{ MeV}$$

각 핵융합 반응은 약 26.7 MeV의 에너지를 방출한다.

이런 반응은 태양에서 어느 정도의 속도로 일어날까? 지구 표면당 입사하는 태양 에너지는 약 1.4×10^3 W/m²이다. 태양-지구 간 거리는 약 1.5×10^{11} m이며, 에너지는 $4\pi r^2 = 28 \times 10^{22}$ m²의 표면적을 가진 구에 분포되어 있다. 따라서 태양의 출력은 약 4×10^{26} W이며, 이는 약 2×10^{39} MeV/s에 해당한다. 각 핵융합 반응은 약 26 MeV를 방출하므로, 초당 약 10^{38}번의 핵융합 반응이 일어나고 약 4×10^{38}개의 양성자가 소

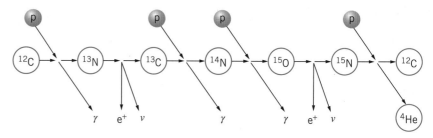

그림 13.13 탄소 사이클 연속 반응.

비된다. (양성자가 바닥날 걱정은 하지 않아도 된다. 태양의 질량은 약 2×10^{30} kg이며, 이는 양성자 약 10^{57}개로, 앞으로 몇십억 년 동안 연소하기에 충분한 양이다.)

위의 연속 반응은 **양성자-양성자 사이클**(proton-proton cycle)이라고 하며, 태양의 에너지원을 잘 나타낸다. 그러나 많은 별에서는 이 연속 반응이 핵융합 에너지의 주요 요인은 아닐 수 있다. 왜냐하면 첫 번째 반응(두 양성자가 중수소를 형성하는 반응)은 베타 붕괴와 유사한 반응으로, 매우 오랜 시간에 걸쳐 일어나기 때문에(다음 장에서 논의) 발생 가능성이 매우 낮다. 보다 더 가능성 있는 연속 반응은 다음의 **탄소 사이클**(carbon cycle)이다.

$$^{12}C + {}^{1}H \rightarrow {}^{13}N + \gamma$$
$$^{13}N \rightarrow {}^{13}C + e^+ + \nu$$
$$^{13}C + {}^{1}H \rightarrow {}^{14}N + \gamma$$
$$^{14}N + {}^{1}H \rightarrow {}^{15}O + \gamma$$
$$^{15}O \rightarrow {}^{15}N + e^+ + \nu$$
$$^{15}N + {}^{1}H \rightarrow {}^{12}C + {}^{4}He$$

그림 13.13은 이 과정들을 개괄적으로 나타낸다. ^{12}C가 촉매 역할을 하는 것에 주목하자. 이 연속 반응으로 ^{12}C가 만들어지거나 없어지지는 않지만, 탄소의 존재로 인해 앞서 언급한 양성자-양성자 사이클보다 훨씬 빠른 속도로 진행된다. 전체 반응은 여전히 $4{}^{1}H \rightarrow {}^{4}He$로 설명되고 Q 값은 동일하다. H와 C 간의 Coulomb 척력은 두 H 핵 간의 Coulomb 척력보다 크기 때문에 탄소 사이클에는 더 많은 열 에너지와 이에 상응하는 높은 온도가 필요하다. 탄소 사이클은 아마도 온도가 약 20×10^6 K인 경우에 중요해지는데, 태양의 내부 온도는 '단' 15×10^6 K이다.

핵융합로

핵융합로는 몇 가지 반응을 사용할 수 있다.

$$^2\text{H} + {}^2\text{H} \rightarrow {}^3\text{H} + {}^1\text{H} \qquad Q = 4.0 \text{ MeV}$$
$$^2\text{H} + {}^2\text{H} \rightarrow {}^3\text{He} + n \qquad Q = 3.3 \text{ MeV}$$
$$^2\text{H} + {}^3\text{H} \rightarrow {}^4\text{He} + n \qquad Q = 17.6 \text{ MeV}$$

세 번째 반응인 D-T(중수소-삼중수소) 반응은 가장 큰 에너지를 방출하며, 핵융합로에 가장 적합한 후보일 수 있다. 중수소 가스(또는 중수소-삼중수소 혼합물)가 높은 온도로 가열되면서 이온화되는 원자들이 생성되는데, 이 뜨거운 이온화된 입자 가스를 **플라스마**(plasma)라 한다. 플라스마에서 이온들 간의 충돌 확률을 증가시키려면 세 가지를 충족해야 한다: (1) 입자들이 충돌할 확률을 높여주는 높은 밀도 n, (2) 입자들이 상호 Coulomb 장벽을 관통할 확률을 증가시킬 10^8 K의 높은 온도 T, (3) 높은 온도와 밀도를 유지해야 하는 긴 가두기 시간 τ. 첫 번째와 세 번째 매개변수는 플라스마를 가열하는 데 필요한 전력(밀도 n에 비례)과 플라스마에서의 핵융합에서 얻은 전력($n^2\tau$에 비례)에 기반하여 잘 조절할 수 있다. 핵융합 전력이 입력 전력을 초과하려면 $n\tau$의 곱이 특정 최솟값보다 커야 하는데, 이를 **Lawson의 기준**(Lawson's criterion)이라 하며 다음과 같다.

$$n\tau \geq 10^{20} \text{ s} \cdot \text{m}^{-3} \tag{13.15}$$

플라스마가 핵융합을 통해 에너지를 생성하는 능력은 해당 Lawson 매개변수 $n\tau$ 값과 온도 T로 표현된다.

플라스마에서 이온화된 입자들 간의 전기적 척력은 이온들을 서로 밀어내고 그들을 용기 벽 가까이로 이끌어 내려가게 한다. 거기서는 냉각된 벽의 원자들과 충돌하면서 에너지를 잃게 된다. 밀도와 온도를 유지하기 위해 두 가지 기술이 개발되고 있다. **자기 속박**(magnetic confinement)에서는 강한 자기장이 입자들의 움직임을 가두어 벽으로 흘러 나가는 것을 방지하며, **관성 속박**(inertial confinement)에서는 플라스마가 빠르게 가열되고 압축되어 연료가 팽창하고 냉각되기 전에 핵융합이 발생한다.

자기 속박

자기장은 하전 입자들의 나선 운동으로 플라스마를 가둘 수 있다. 그림 13.14는 토로이드 형태의 자기 속박 상황을 보여준다. 자기장에는 토로이드 축을 따라 나가는 것과 축 주변으로 나가는 것 두 가지가 있다. 이 두 필드의 결합으로 토로이드 축을 따라 나가는 나선형 자기장이 형성되며, 전하를 띤 입자들은 이 자기장 주위를 나선처럼 돌면서 속박된다. 이 유형의 장치를 **토카막**(tokamak, 'toroidal magnetic chamber'의 러시아어 두문자어)이라고 부른다. 플라스마를 통과시킨 전류는 플라스마를 가열하고 자기장 성분을 만들어낸다. 그림 13.15는 프린스턴 대학교의 토카막 융

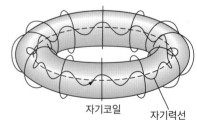

자기코일 자기력선

그림 13.14 플라스마 속박을 만드는 토로이드 형상. 이온화된 원자들은 자기장에 갇혀 고리 주위를 돌아다닌다. 코일은 토로이드 축을 따라 자기장을 생성하며(점선으로 표시), 플라스마 내의 축을 따라 전류가 추가적인 필드 성분을 만들어낸다. 두 필드 성분은 헬리컬 필드(화살표)를 생성한다.

Courtesy of Dietmar Krause / Princeton Plasma Physics Laboratory

그림 13.15 토카막 융합 원자로 내부. 사진의 왼편 기술자를 통해 토로이드 챔버의 크기를 추정할 수 있다.

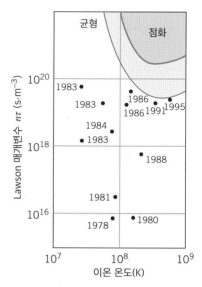

그림 13.16 융합 반응기에서 Lawson의 매개변수와 온도의 관계도. 균형 및 점화 조건이 표시되어 있다.

합 원자로(Tokamak Fusion Test Reactor)를 보여주며, 이 장치는 1982년부터 1997년까지 운영되었으며 이온 온도가 5.1×10^8 K이고 융합 출력이 10.7 MW에 이르는 성과를 거뒀다. 이 장치는 플라스마 밀도가 $n = 10^{20}$ 입자/m³(일반적인 기체보다 십만 배 작음)이고 속박 시간(confinement time)이 $\tau = 0.2$초인 Lawson의 기준에 거의 도달했다.

자기 속박 장치의 개발은 Lawson의 매개변수 $n\tau$과 온도를 증가시켜 자기 유지형 융합 반응기로 꾸준히 진보하였다. 그림 13.16에 나타난 것처럼 '균형'에 가까운 장치들은 융합 반응으로 생성되는 전력이 플라스마를 가열하는 데 필요한 전력과 동일한 경우를 의미한다. 진정한 자기 유지형 원자로(self-sustaining reactor)는 융합 반응으로 생성된 전력이 외부 에너지 공급 없이도 반응기를 유지하게끔 '점화(ignition)'가 되어야 한다. 다음 세대의 융합 반응기 개발은 ITER(원래는 국제 열핵 실험 반응기)로, 현재 35개 국가 간의 협력으로 프랑스에서 건설 중이며 2025년에 운영을 시작할 예정이다. ITER는 플라스마를 가열하기 위한 50 MW(이는 '균형' 상태의 10배에 해당한다.)로 500 MW의 융합 전력을 생산할 계획이다.

관성 속박 관성 속박은 자기 속박과는 반대로 연료를 매우 짧은 지속 시간 동안 고밀도로 압축한다. 그림 13.17에서처럼 소형 D-T 연료봉(pellet)이 강렬한 레이저 빔으로 여러 방향으로 때리면 연료봉을 먼저 기화시키고 플라스마로 변환한 다음, 융합이 발

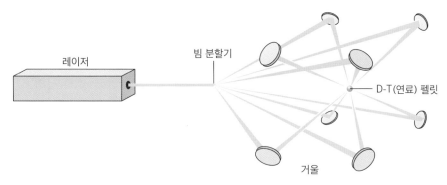

그림 13.17 레이저 빔으로 구현되는 관성 속박 핵융합.

생할 수 있을 정도로 가열 및 압축한다. 레이저 펄스는 매우 짧게 1 ns 정도로 가해주어, Lawson의 기준을 맞출 밀도 10^{29} 입자/m³ 이상을 만들어낸다. 그러나 레이저와 기타 손실의 비효율성 때문에 자기 유지형 레이저 융합로는 이 최솟값을 약 2∼3배 정도 초과해야 할 것으로 추측된다. 그림 13.18은 로렌스 리버모어 국립 연구소의 National Ignition Facility의 표적 챔버이다. 2010년 처음 가동된 이 시설은 D-T의 2 mm 직경의 연료봉을 동시에 때리는데, 이 과정에서 192개의 레이저 빔이 약 1 MJ의 에너지를 몇 나노초 동안 전달, 연료봉을 연속으로 100배 압축할 것으로 예상된다.

핵융합로 설계

D-T 융합 반응에서 대부분의 에너지는 중성자에 의해 전달된다(핵분열 반응에서는 에너지의 일부만 중성자로 전달되었던 것을 상기하자). 이 때문에 에너지 회수 및 전기 에너

그림 13.18 직경 10 m의 표적 챔버 안에서 작업하는 근로자들의 모습. 원형 포트를 통해 들어오는 192개의 레이저 빔이 우측 위치 조절 암에 의해 고정된 표적을 때린다.

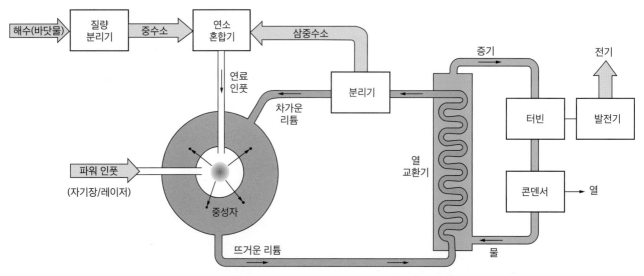

그림 13.19 핵융합로 설계도.

지로의 변환이 어려워진다. 그림 13.19는 핵융합 설계의 예를 보여준다. 반응 영역 주위를 리튬이 둘러싸며, 리튬은 중성자를 다음 반응으로 포획한다.

$$^6_3Li_3 + n \rightarrow {}^4_2He_2 + {}^3_1H_2$$

반응 생성물의 운동 에너지는 빠르게 열로 분산되며, 액체 리튬의 열 에너지는 전기를 만들기 위한 물–증기 변환에 사용될 수 있다. 이 반응은 핵융합로의 연료로 필요한 삼중수소(^{3}H)를 만들 수 있는 이점이 있다.

D-T 융합 과정의 난관은 반응에서 방출되는 중성자의 수가 많다는 것이다. 핵융합로는 핵분열 반응처럼 방사성 폐기물을 생성하지는 않지만, 중성자는 원자로 주변의 지역을 방사성으로 만들고, 중성자의 대량 노출로 물질의 구조적 손상은 원자로 용기를 약화시킬 수 있다. 여기에서 다시 한번 리튬의 도움을 받는데, 1 m 두께의 리튬이 본질적으로 모든 중성자를 차단하는 데 충분할 것으로 예상된다.

핵융합은 미국과 전 세계의 많은 연구소에서 활발히 연구되고 있다. 연구자들은 다양한 기술적 문제를 고민하면서도, 20년 안에 해결책을 찾을 수 있기를 희망한다. 이러한 노력을 통해 핵융합은 우리의 전기 에너지 수요를 충족하는 데 기여할 수 있을 것으로 기대된다.

13.6 핵합성

별은 수소가 융합 반응으로 헬륨으로 변환되고, 중력 수축에 의해서 별의 내부 온도를 약 10^7 K에서 약 10^8 K으로 올릴 수 있다. 이때 열에 의한 운동 에너지는 충분히 헬륨 핵 간의 Coulomb 척력을 극복할 정도가 되며, 헬륨 융합이 시작된다. 이 과정에서 ^{4}He 3개가 두 단계의 과정을 통해 ^{12}C로 변환된다.

$$^4\text{He} + {}^4\text{He} \to {}^8\text{Be}$$
$$^8\text{Be} + {}^4\text{He} \to {}^{12}\text{C}$$

첫 번째 반응은 Q 값이 92 keV인 흡열 반응이다. ^{8}Be 핵은 불안정하며 약 10^{-16}초의 시간 안에 알파 입자 2개로 붕괴한다. 그렇지만 10^8 K에서의 Boltzmann 인자 $e^{-\Delta E/kT}$를 고려하면 ^{8}Be의 농도가 작을 것이다. 두 번째 반응은 큰 단면적을 가지며, ^{8}Be의 신속한 붕괴에도 불구하고 ^{12}C를 형성할 수 있다. 이 과정의 총 Q 값은 7.3 MeV, 핵마다 약 0.6 MeV로, 수소 연소로 생성되는 핵 1개당 6.7 MeV보다 훨씬 적다.

별 내부에서 ^{12}C가 충분히 만들어지면 알파 입자 반응이 가능해진다. 예를 들면

$$^{12}\text{C} + {}^4\text{He} \to {}^{16}\text{O}$$
$$^{16}\text{O} + {}^4\text{He} \to {}^{20}\text{Ne}$$
$$^{20}\text{Ne} + {}^4\text{He} \to {}^{24}\text{Mg}$$

이러한 반응은 몇 MeV의 에너지를 방출하며 별의 에너지 생산에 기여한다. 온도가 더 높아지면(10^9 K), 탄소 연소와 산소 연소가 다음과 같이 시작된다.

$$^{12}\text{C} + {}^{12}\text{C} \to {}^{20}\text{Ne} + {}^4\text{He}$$
$$^{16}\text{O} + {}^{16}\text{O} \to {}^{28}\text{Si} + {}^4\text{He}$$

이런 일련의 반응 끝에 ^{56}Fe에 도달하면 융합에 의한 에너지는 더 이상 만들어지지 않는다(그림 12.4).

만약 원소 형성에 대한 위 설명이 옳다면 다음 특징을 기대해 볼 수 있다.

1. 가벼운 원소 중 Z가 짝수인 원소가 상대적으로 많다. Z가 홀수인 원소가 상대적으로 적다.
2. He와 C 사이의 원소(Li, Be, B)는 양이 적고, 반응에서 생성되지 않는다.
3. 융합 동안 최종 생성물인 Fe가 상대적으로 많다.

그림 13.20은 태양계 내 가벼운 원소들의 상대적 존재 비율(abundance)을 보여주며, 이는 위의 세 가지 기대에 모두 부합한다. 각각의 Z가 짝수인 원소는 Z가 홀수인 이웃 원소보다 10배에서 100배 정도 더 많으며, 특히 Fe의 피크는 독특하다. $Z > 30$인 무거운 원소들은 C에서 Zn까지의 원소보다 존재 비율이 낮으며, Li, Be, B 세 원소는 C에서 Zn까지의 원소들보다 훨씬 더 적게 존재한다.

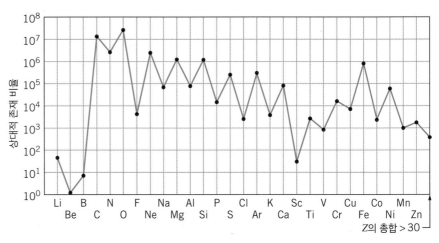

그림 13.20 태양계에서 헬륨 이후의 원소들의 상대적 존재 비율(중량 기준).

Z가 홀수인 가벼운 원소들은 다른 융합 생성물 간의 대체 반응에 의해 생성될 수 있고, 그 예는 다음과 같다.

$$^{12}C + {}^{12}C \rightarrow {}^{23}Na + {}^{1}H$$
$$^{16}O + {}^{16}O \rightarrow {}^{31}P + {}^{1}H$$

질소의 존재 비율은 그 이웃인 탄소(C) 및 산소(O)와 거의 동일하며, 이는 수소(H)와 헬륨(He) 이후의 원소 중 존재 비율이 가장 높다. 질소는 Z가 홀수인 원소 중에서도 가장 많이 존재하며, $Z > 8$인 Z가 짝수인 모든 원소보다도 많다. 따라서 별에서 질소 형성은 비교적 흔한 과정일 것이다. 원소 B는 희귀하기 때문에, 원소 B의 알파 입자 반응을 통한 가능성은 낮을 것이다. 질소를 만드는 가장 가능성 높은 반응은 다음과 같다.

$$^{12}C + {}^{1}H \rightarrow {}^{13}N + \gamma \qquad\qquad {}^{16}O + {}^{1}H \rightarrow {}^{17}F + \gamma$$
$$^{13}N \rightarrow {}^{13}C + e^{+} + \nu \quad 그리고 \quad {}^{17}F \rightarrow {}^{17}O + e^{+} + \nu$$
$$^{13}C + {}^{1}H \rightarrow {}^{14}N + \gamma \qquad\qquad {}^{17}O + {}^{1}H \rightarrow {}^{14}N + {}^{4}He$$

안정적인 동위원소인 ^{13}C와 ^{17}O는 자연에서 탄소와 산소에서 1.1%와 0.04%의 빈도를 가지므로 이러한 반응이 실제로 발생하는 것으로 보인다.

우리가 지금까지 나열한 반응에서는 중성자가 만들어지지 않았으나, 철 이후의 원소 생성에는 중성자가 필요하다. 중성자는 중성자가 과잉인 핵과의 반응에서만 방출될 가능성이 높기 때문이다. ^{13}C, ^{17}O 또는 ^{21}Ne와 같은 무거운 동위원소가 충분히 형성되면 다음과 같은 반응으로 중성자를 생성할 수 있다.

$$^{13}C + {}^4He \rightarrow {}^{16}O + n$$
$$^{17}O + {}^4He \rightarrow {}^{20}Ne + n$$
$$^{21}Ne + {}^4He \rightarrow {}^{24}Mg + n$$

무거운 원소는 어떻게 중성자를 포획하여 만들어질까? ^{56}Fe의 중성자 포획의 효과를 고려해 보자.

$$^{56}Fe + n \rightarrow {}^{57}Fe \quad (\text{안정적})$$
$$^{57}Fe + n \rightarrow {}^{58}Fe \quad (\text{안정적})$$
$$^{58}Fe + n \rightarrow {}^{59}Fe \quad (t_{1/2} = 45\text{일})$$

다음 단계는 사용 가능한 중성자 수에 달려 있다. 이 수가 적다면 ^{59}Fe가 ^{59}Co로 **붕괴** 전에 중성자를 만날 확률이 낮으므로 다음과 같은 과정이 계속될 수 있다.

$$^{59}Fe \rightarrow {}^{59}Co + e^- + \bar{\nu}$$
$$^{59}Co + n \rightarrow {}^{60}Co \quad (t_{1/2} = 5\text{년})$$
$$^{60}Co \rightarrow {}^{60}Ni + e^- + \bar{\nu}$$

한편 중성자가 매우 많으면, 다른 단계 반응도 가능하다.

$$^{59}Fe + n \rightarrow {}^{60}Fe \quad (t_{1/2} = 3 \times 10^5\text{년})$$
$$^{60}Fe + n \rightarrow {}^{61}Fe \quad (t_{1/2} = 6\text{개월})$$
$$^{61}Fe \rightarrow {}^{61}Co + e^- + \bar{\nu}$$
$$^{61}Co \rightarrow {}^{61}Ni + e^- + \bar{\nu}$$

만약 중성자의 밀도가 낮아 평균적으로 중성자와 만날 확률이 45일에 한 번 미만이라면, 첫 번째 과정이 우세할 것이며, ^{60}Ni가 생성될 것이다. 만약 중성자와의 만남이 평균적으로 몇 분에 한 번 정도라면 두 번째 과정이 우세할 것이며, ^{60}Ni가 생성되지 않을 것이다.

첫 번째 유형의 과정은 천천히 진행되어 핵이 베타 붕괴할 시간이 충분하여, **s 과정** (s process, slow의 s, 느린 과정)으로 알려져 있다. 두 번째 과정은 매우 빠르게 진행되어 **r 과정**(r process, rapid의 r, 빠른 과정)으로 알려져 있다.

그림 13.21은 ^{56}Fe에서 r 및 s 과정이 어떻게 진행될 수 있는지 보여준다. s 과정은 안정된 핵의 지역에서 멀리 떠나지 않으며, r 과정은 많은 중성자 과잉을 가진 많은 핵을 생성할 수 있다. 중성자가 많을수록 이러한 핵의 반감기가 짧아진다. 결국 반감기가 매우 짧아져 다음 더 높은 Z로 가는 베타 붕괴가 일어나기 전에는 중성자가 포획되지 않는다. r 과정에서 생성된 모든 핵은 베타 붕괴를 통해 안정된 핵으로 붕괴되는데, 일반적으로 A 질량 번호의 대각선을 따라 이루어진다.

일부 안정된 핵은 s 과정을 통해서만 생성되고, 다른 것들은 r 과정을 통해서만 생

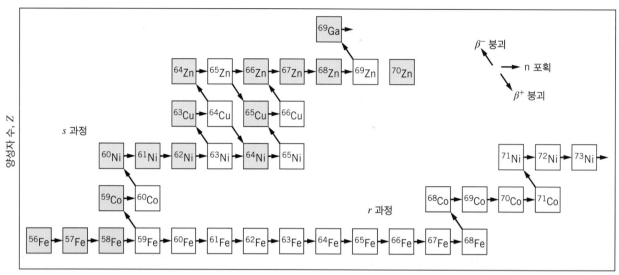

그림 13.21 ^{56}Fe로부터의 s 및 r 과정 경로를 보여주는 핵 도표(그림 12.11)의 일부. 색칠된 사각형은 안정적인 핵을 나타내며, 그렇지 않은 사각형은 방사성 핵을 나타낸다. 많은 r 과정 경로가 가능하며, 그중 하나만 표시되었다. r 과정 경로의 모든 핵은 불안정하며 안정된 핵 쪽으로 베타 붕괴할 수 있다.

성되며, 어떤 것들은 두 과정을 통해서 생성될 수 있다. s와 r의 상대적 빈도는 종종 원소의 동위원소의 자연 존재 비율에서 추측할 수 있다. 그림 13.21에서 볼 수 있듯이 안정 동위원소 ^{70}Zn은 반감기가 너무 짧아서(56분) s 과정에서 생성될 수 없다. r 과정이 중요한 다른 동위원소들로는 ^{76}Ge, ^{82}Se, ^{86}Kr, ^{96}Zr, ^{122}Sn이 있다. 동시에, ^{64}Ni 동위원소는 s 과정(그림 13.21 참조)이나 r 과정(예: ^{64}Fe를 시작으로 하는 베타 붕괴를 통해)을 통해 생성될 수 있다. 반면에, ^{64}Zn(아연의 가장 풍부한 동위원소)은 s 과정을 통해서만 생성되는데 이는 r 과정 베타 붕괴가 안정된 ^{64}Ni에서 멈추기 때문이다.

s 과정 중성자 포획으로 생성될 수 있는 가장 무거운 원소는 ^{209}Bi이며, ^{209}Bi 이상의 동위원소의 반감기는 s 과정이 계속되는 데 충분하지 않다. 주기율표 Bi 근처에서는 토륨이나 우라늄과 같은 더 무거운 원소들이 자연에서 발견된다는 점은 r 과정이어야 함을 시사한다.

r 과정은 초신성 폭발 중에 발생하는 것으로 보이는데, 이는 핵융합 연료를 소진한 항성의 붕괴와 내부 폭발로 인해 일어난다. 매우 짧은 시간 동안(초 단위)의 항성 내부 폭발은 엄청난 중성자 다발을 생성한다(약 10^{32} n/cm^2/s). 그리고 모든 원소를 $A = 260$ 정도까지 만들어낸다. 최종 폭발이 발생하면 이러한 원소들은 우주로 튀어나가 새로운 항성계의 일부가 된다. 지구를 이루고 있는 무거운 원자들은 이러한 폭발에서 생성된 것일 수 있다.

13.7 핵물리 응용

이 장에서는 핵분열 및 핵융합 반응이 전기발전에 어떻게 활용될 수 있는지에 대해 논의했으며, 이전 장에서는 다양한 동위원소의 방사성 붕괴가 해당 동위원소를 포함한 물질의 역사적 기원의 연대를 측정할 수 있는 방법에 대해 논의했다. 이는 핵물리학 기술이 실용적인 문제 해결에 어떻게 적용될 수 있는지에 대한 몇 가지 방법 중 일부에 불과하다. 이 절에서는 핵물리학 기술의 기타 응용에 대해 간단히 논의한다.

중성자 활성 분석

화학 원소는 감마선 스펙트럼으로 식별될 수 있다. 예를 들어 안정 동위원소인 ^{59}Co (코발트의 유일한 안정 동위원소)가 중성자 다발(로 반응기의 핵심 근처에서 발견됨)에 놓이면 중성자 흡수로 인해 방사성 동위원소 ^{60}Co가 생성되며, 이 동위원소는 반감기가 5.27년인 베타 붕괴를 일으킨다. 베타 붕괴 이후, ^{60}Ni는 에너지가 각각 1.17 MeV와 1.33 MeV이고 동일한 강도의 두 감마선을 방출한다. 조성을 잘 모르는 물질이 중성자에 노출된 후 동일한 강도와 에너지 1.17 MeV 및 1.33 MeV의 감마선 2개가 관측되면 해당 물질에 코발트가 포함되어 있을 가능성이 높다. 실제로 감마 방출 속도를 통해 ^{59}Co의 중성자 포집 단면적과 중성자 다발을 알고 있다면 물질이 포함하고 있는 코발트의 양을 정확하게 유추할 수 있다. 이 기술은 **중성자 활성 분석**(neutron activation analysis)으로 알려져 있으며, 원소의 양이 너무 적어서 화학적 식별이 불가능할 때 사용되었다. 일반적으로 중성자 활성 분석은 10^{-9} g 정도의 양의 원소를 식별하는 데 사용될 수 있으며, 민감도가 종종 10^{-12} g에 이를 수 있다.

이처럼 민감하고 정밀한 기술은 화학적 조성이 미량이거나 비파괴 분석이 필요한 분야에서 다양하게 응용되고 있다. 예를 들어 다양한 종류의 도자기의 화학 조성은 그들이 만들어진 진흙의 지리적 기원을 추적하는 데 도움이 될 수 있으며, 이러한 도자기 조각의 분석을 통해 선사시대 사람들의 무역 경로를 추적할 수 있다. 한편 지난 4세기 동안의 약료 생산 기술 변화를 통해 변화한 색소에 함유된 불순물 수준을 통해서, 그림의 화학 조성 분석으로 그림 위조품 감지도 할 수 있다. 또한 페인트, 총알 잔류물, 토양 또는 머리카락과 같은 소량 물질의 화학 분석은 범죄 조사에서 중요한 증거를 제공할 수 있다. 머리카락 샘플의 중성자 활성 분석을 통해 몇 세기 전 인물인 Napoleon 이나 Newton과 같은 역사적 인물이 어떤 화합물에 노출되었는지도 밝혀내었다. 그림 13.22는 머리카락 샘플의 중성자 활성 분석 연구의 예를 보여준다.

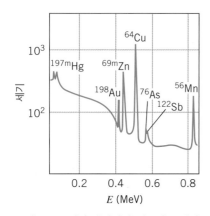

그림 13.22 인간 머리카락 샘플의 중성자 활성화 후 감마선 스펙트럼. 이 샘플에는 수은, 금, 아연, 구리, 비소, 안티모니, 망간의 흔적이 나타난다. [From D. DeSoete et al., *Neutron Activation Analysis* (Wiley Interscience, 1972).]

의학방사물리

핵물리학의 가장 중요한 응용 분야 중 하나는 의료용 진단 및 치료 목적 분야이다. 의료 진단을 위해 엑스선을 사용하는 것은 잘 알려져 있지만 엑스선의 용도는 제한적이다. 엑스선은 뼈의 명확하고 상세한 상은 보여주지만, 일반적으로 연조직의 상을 만드는 데는 그다지 유용하지 않다. 방사성 동위원소는 뼈나 갑상샘과 같은 특정 기관에 친화력이 있는 화합물 형태로 몸속에 투입될 수 있다. 감지기('감마선 카메라'라고도 함)는 기관에 농축된 동위원소로부터 나오는 방사선을 관찰하고 환자의 신체 내에서 활동 분포를 보여주는 상을 생성할 수 있다. 이러한 감지기는 각 감마선 광자가 환자 신체 어디서 발생했는지 결정할 수 있다. 그림 13.23은 환자에게 방사성 동위원소 ^{99}Tc(반감기 = 6시간)를 주입한 후의 뇌 사진이며 뇌에서 활동이 농축된 지역을 명확하게 보여준다. 일반적으로 뇌는 혈액으로부터 불순물을 흡수하지 않으므로, 이러한 농축은 종종 종양이나 기타 이상을 나타낼 수 있다.

풍부한 정보를 제공하는 또 다른 기술은 **양전자 방출 단층 촬영**(positron emission tomography, PET)이다. 이 기술은 환자 몸에 쉽게 흡수하는 양전자 방출 동위원소를 주입한다. 사용되는 동위원소는 ^{15}O(반감기 = 2분), ^{13}N(반감기 = 10분), ^{11}C(반감기 = 20분), ^{18}F(반감기 = 110분) 등이 있다. 이 동위원소들은 사이클로트론에서 생성되며, 반감기가 짧기 때문에 진단 시설이 사이클로트론 현장에 있어야 한다. 양전자 방출 동위원소가 붕괴하면 양전자가 전자와 빠르게 상쇄되어 511 keV 감마선 2개를 생성하며 반대 방향으로 이동한다. 환자 주위를 감지기 여러 개가 둘러싸면 붕괴가 발생한 정확한 위치를 결정할 수 있으며, 많은 시행으로 의사는 환자 내의 방사성 동위원소 분포를 재구

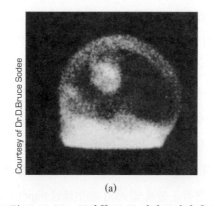
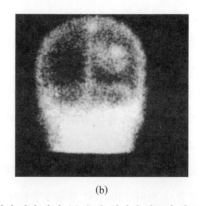

(a)　　　　　　　　　　　　　　　(b)

그림 13.23 20 mCi의 ^{99m}Tc를 정맥 주사한 후의 뇌의 섬광 사진. (a) 측면: 환자의 얼굴이 왼쪽에 위치해 있다. (b) 뒷면: 밝은 원모양의 지점은 혈액이 집중된 부분으로, 종양 가능성을 나타낸다. 다른 밝은 영역은 두피와 주요 정맥을 나타낸다.

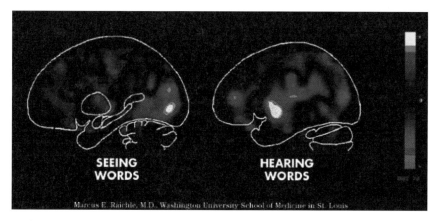

그림 13.24 PET 스캔 사진. 듣기와 단어 읽기에 따른 뇌의 활성 영역 차이를 보여준다.

성하는 상을 생성할 수 있다. PET 스캔의 장점 중 하나는 CT(컴퓨터 단층 촬영술) 스캔과 같은 엑스선 기술과 달리 동적인 상을 생성할 수 있다는 것이다. 그림 13.24는 포도당에 표시된 ^{18}F를 주입한 뇌 스캔을 보여주는데, 뇌의 활동 영역이 포도당을 더 빨리 대사하므로 ^{18}F가 더 집중되어 다양한 정신 활동과 관련된 뇌 영역을 관찰할 수 있다.

　방사선 치료는 방사선의 효과를 이용하여 신체 내의 원치 않는 조직을 파괴하는 데 활용된다. 예를 들어, 암 세포나 과도하게 활성화된 갑상샘은 몸을 통과하는 방사선의 영향을 받는다. 방사선 통과의 효과는 종종 원자를 이온화하는 것인데, 이렇게 이온화된 원자들은 생물학적 기능 변경 또는 세포 파괴, 유전 물질의 수정 등으로 이어질 수 있는 화학 반응에 기여할 수 있다. 예를 들어, 갑상샘 과활동은 종종 환자에게 방사성 ^{131}I를 투여함으로써 치료된다. 이 동위원소는 갑상샘에 모이며, 이후 베타 방출은 갑상샘 세포를 손상시켜 결국 세포 파괴로 이어진다. 일부 암은 라듐이나 다른 방사성 물질을 포함하는 바늘이나 와이어를 이식함으로써 치료될 수 있다. 이러한 방사성 동위원소의 붕괴는 암 세포에 국부적인 손상을 일으킨다.

　신체 내부 종양에 핵반응을 유발하는 입자 빔을 사용하여 다른 종류의 암을 치료할 수 있다. 이를 위해 파이온(pion)과 중성자가 사용된다. 파이온이나 중성자가 원자핵에 흡수되면 핵반응이 발생하며, 이후 반응 생성물에 의한 입자 방출이나 붕괴는 다시 종양 부위에서 국소적인 손상을 일으켜 종양 부위에 최대한의 손상을 가하면서 주변 건강한 조직에는 최소한의 손상만을 입힌다.

Rosalyn Yalow(1921~2011, 미국). 핵물리학 박사 학위 취득 후, 방사성 동위원소의 의학적 응용을 연구하였다. 방사성 추적자를 사용하여 혈액이나 다른 체액의 소량 물질을 측정하는 방법인 방사성 면역분석 기술을 개발한 공로로 1977년 노벨 의학상을 수상하였다.

알파 입자 산란 응용 분야

알파 입자를 방출하는 방사성 원소는 다양한 응용 분야에서 사용되었다. 대부분은 방사성 붕괴의 지속성을 활용하는 데 있다. 붕괴는 어떤 위치에서든 일정한 속도로 발생할 수 있기 때문에 이를 활용한다.

방사성 붕괴로부터 나온 알파 입자의 에너지는 열전환을 통해 전기로 변환될 수 있다. 큰 전력은 아니지만(물질당 약 1 W 정도, 연습문제 33번 참조), 심박조율 조절기부터 목성, 토성 및 천왕성을 촬영한 Voyager 우주 탐사선과 같은 여러 장치를 구동하는 데는 충분하다.

방사성 물질로부터 발생한 알파 입자의 산란은 이온화형 연기 감지기(smoke detector)의 작동 원리이다. ^{241}Am의 붕괴로부터 나온 알파 입자는 연소로 인해 이온화된 원자에 산란된다. 연기 감지기가 알파 입자의 계수가 감소하는 것을 감지하면(입자 중 일부가 감지기에서 멀어져 산란되기 때문) 경보가 작동한다.

알파 입자 산란의 다른 응용은 물질 분석이다. **Rutherford 후방 산란**(Rutherford backscattering)에서 알파 입자가 180°로 산란될 때 나타나는 알파 입자의 에너지 감소를 이용한다. 6장에서 다룬 Rutherford 산란에 대한 토론은 표적 핵이 무한히 무거워서 산란에서 에너지를 획득하지 않는다고 가정했지만, 실제로는 작은 양의 에너지가 심지어 무거운 핵에도 주어진다. 표적 핵이 튀어오르도록 허용함으로써 180°로 산란되는 알파 입자의 에너지 손실 ΔK를 구할 수 있다(연습문제 31번 참조).

$$\Delta K = K\left[\frac{4m/M}{(1 + m/M)^2}\right] \tag{13.16}$$

여기서 m은 알파 입자의 질량이고, M은 표적 핵의 질량이다. 무거운 핵의 경우($m/M = 0.02$), 에너지 손실은 약 0.5 MeV 정도로 측정 가능하다. 그림 13.25는 구리, 은, 금을 포함하는 얇은 포일과 알파 입자 간의 후방 산란 스펙트럼의 샘플을 보여준다. Rutherford 산란의 산란 확률에 대한 Z^2 의존성과 구리의 두 자연발생 동위원소에 대한 민감성에 주목해 보자(그러나 은의 두 동위원소는 구분할 수 없다). 달에 착륙한 Surveyor 우주선과 화성에 착륙한 Viking 착륙선은 Rutherford 후방 산란 실험을 통해 이러한 천체 표면의 화학 조성을 분석했다.

초중량 원소

우라늄($Z = 92$)보다 원자 번호가 높은 원자들은 모두 지구 나이와 비교하여 짧은 반감기를 가진 방사성 원자들이다. 따라서 이 원자들은 지구에서 발견되지 않지만 연

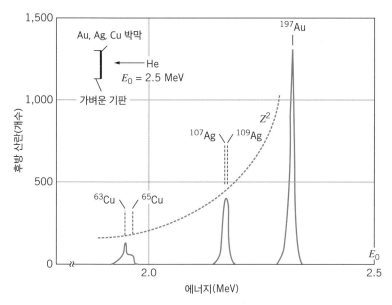

그림 13.25 구리, 은, 금 박막에서의 2.5 MeV 알파 입자의 후방 산란 스펙트럼. 점선은 Rutherford 공식에 의한 산란 단면적의 Z^2 특성을 보여준다. 구리의 두 동위원소의 모습에 주목하자. [From M.-A. Nicolet, J. W. Mayer, and I. V. Mitchell, *Science* **177**, 841 (1972). Copyright ©1972 by the AAAS.]

구실에서 만들 수 있다. 넵투늄($Z=93$)에서 시작되는 원소들의 연속체인 **초우라늄**(transuranic) 원소들이 만들어지는 과정은 13.6절에서 개관한 것과 동일하게 중성자 포획에 이어 베타 붕괴가 이루어진다. 유사한 기술을 사용하여 연구자들은 $Z=100$(페르미움)까지의 원소를 생산했다. 이 지점 이후에는 새로운 원소의 존재를 나타내기에는 너무 적은 양의 원자가 생성된다. 대신 가속된 전하를 가진 입자들과의 반응이 사용된다.

초우라늄 원소들은 반감기가 몇 분 또는 몇 초에 불과하여 이런 원소들을 생산하고 식별하려면 세심한 실험 노력이 필요하다. 이 동위원소들은 종종 몇 개의 원자로만 생성된다! 이런 원소 중 대부분은 화학적 특성을 연구하기에 충분한 양이 생성되지 않지만, 그들이 주기율표에서 어떤 위치에 있을지는 $Z=118$까지의 불활성 기체까지 그림 13.26이 보여준다.

초우라늄 원소들의 불안정성은 Z가 증가함에 따라 핵 양성자 간의 Coulomb 척력이 증가하기 때문이다. 이 원소들은 알파 붕괴 또는 자발 분열로 붕괴한다. 지금까지 발견된 $Z=113$에서 118 사이의 원소들의 대부분의 동위원소는 밀리초 범위의 반감기를 가지고 있다. 그러나 $Z=114$, $N=184$ 주변의 원소들이 알파 붕괴, 베타 붕괴 및 자발 분열에 대해 안정적일 것으로 예상하는 강력한 이론적 근거가 있다. 이렇게 114 주

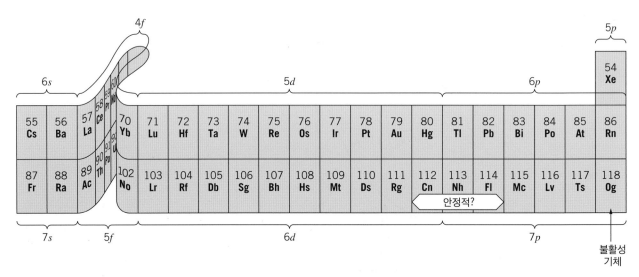

그림 13.26 주기율표에 새로 추가된 초중량 원소들.

변의 지역을 종종 '안정의 섬(island of stability)'이라고 부른다.

지금까지 생성된 Fl(Z = 114)의 가장 무거운 동위원소는 176개의 중성자를 가지며, 이는 상대적으로 안정이 기대되는 영역에서는 상당히 떨어진 수치이다. 이는 이러한 핵을 생산하는 반응에서 충돌하는 입자들이 안정 지역에 도달하는 데 필요한 N/Z 값보다 작기 때문이다. 양성자의 전기적 척력으로 인한 안정성을 달성하려면 중성자 수는 양성자 수보다 더 빠르게 증가해야 한다.

이와 같은 **초중량**(superheavy) 원소들의 생성 및 관측은 즉각적 응용은 기대하기 힘들지만 주기율표의 이해를 테스트하는 재미가 있으며, 이러한 원소의 화학적 및 물리적 특성을 5d 및 6p 원소와 비교함으로써 원소의 주기성을 테스트할 수 있다. 이미 인공적으로 생산된 초우라늄 원소들은 연구 및 기술 분야에서 응용되었다. ^{238}Pu 및 ^{239}Pu의 알파 붕괴는 우주선의 전력원으로 사용되었으며, ^{241}Am은 연기 감지기의 알파원으로 사용된다. 방사성 동위원소 ^{254}Cf는 자발 분열을 통해 붕괴한다. 붕괴에서 방출된 중성자는 의료 및 물질 분석을 포함한 여러 응용 분야에서 사용된다.

요약

		절
반응속도/ 반응률	$R = \sigma N I_0 / S$ 또는 $R = \phi \sigma N = \phi \sigma m N_A / M$	13.1
반응에서 활성도	$a(t) = \lambda N = R(1 - e^{-\lambda t})$ $\cong R \lambda t \quad (t \ll t_{1/2})$	13.2
반응 Q 값 $(x + X \rightarrow y + Y)$	$Q = (m_i - m_f)c^2$ $= [m(x) + m(X) - m(y) - m(Y)]c^2$ $= K_y + K_Y - K_x$	13.3
문턱 운동 에너지	$K_{th} = -Q[1 + m(x)/m(X)]$	13.3

		절
^{235}U 분열 반응(예시)	$^{235}_{92}$U$_{143}$ + n $\rightarrow$ $^{93}_{37}$Rb$_{56}$ + $^{141}_{55}$Cs$_{86}$ + 2n	13.4
D-T 융합 반응	^{2}H + ^{3}H $\rightarrow$ ^{4}He + n	13.5
Lawson 기준	$n\tau \geq 10^{20}$ s $\cdot$ m^{-3}	13.5
알파(α) 후방 산란	$\Delta K = K \left[\dfrac{4m/M}{(1 + m/M)^2} \right]$	13.7

질문

1. 일반적으로 양성자에 의한 반응은 양성자의 운동 에너지가 증가하면 산란 단면적도 증가하고, 중성자에 의한 반응은 중성자 운동 에너지가 증가하면 산란 단면적이 감소한다. 이를 설명하시오.

2. 열 중성자(K는 중성자의 에너지이고 주위의 온도, T를 나타냄)에 의한 반응의 단면적은 종종 빠른 중성자에 의한 반응의 단면적보다 여러 단위 크기가 크다(K는 MeV 정도). 열 중성자와 빠른 중성자가 표적 핵 주변에서 보내는 시간을 비교하여 이 차이를 설명하시오.

3. 두 핵이 핵반응에서 서로 가까워질 때, 그들 사이에는 Coulomb 반발력이 작용한다. 이 위치 에너지는 반응의 운동학에 영향을 미치는가? 반응 단면적에 영향을 미치는가?

4. 대기 중 가장 풍부한 성분은 ^{14}N이다. 우주선이 충분한 고에너지 양성자와 중성자를 공급한다고 가정할 때, 방사성 동위원소 ^{14}C와 ^{3}H가 어떻게 형성될 수 있는가?

5. 광분열 반응 $A + \gamma \rightarrow B + C$를 고려해 보자. A, B, C의 결합 에너지 관점에서 이 반응에 필요한 것은? 가벼운 핵($A < 56$) 과 무거운 핵($A > 56$) 중 어디에서 광분열을 더 쉽게 관측할 수 있을 것으로 예상되는가?

6. 무거운 핵에 대해 알파 입자의 방사 포획 반응 $X + \alpha \rightarrow X' + \gamma$를 관측할 것으로 예상되는가?

7. 광분열(질문 5번 참조)은 어떤 의미에서 방사 포획(질문 6번 참조)의 역반응인가? 광자 에너지는 어떻게 관련되어 있는가?

8. 다음 진술에 대한 의견을 밝히시오. "핵분열 반응은 분열 후 방출되는 중성자에 큰 운동 에너지가 주어지기 때문에 에너지 생산에 유용하다."

9. ^{238}U는 MeV 에너지 정도의 중성자로만 핵분열이 가능하다. ^{238}U가 적절한 원자로 연료가 되지 못하는 이유를 설명하시오.

10. 느린 중성자(slow neutron)와 지연 중성자(delayed neutron)의 차이는 무엇인가? 또한 빠른 중성자(fast neutron)와 즉시(방출) 중성자의 차이는 무엇인가?

11. 전형적인 핵분열 반응에서 어떤 파편(무거운 것인지 가벼

운 것인지)이 더 큰 운동 에너지, 더 큰 운동량, 더 큰 속력을 갖는가?

12. 전하를 가진 입자가 매질에서 빛보다 빠른 속도로 운동할 때 Cerenkov 복사가 일어난다. 이것이 원자로 주변 물이 푸른색으로 반짝이는 이유이다. 이 전하 입자들의 정체는 무엇일까? Cerenkov 복사를 발생시키기 위해서는 어떤 속도와 운동 에너지가 필요한가? (물의 굴절률은 1.33이다.)

13. 일반적으로 핵분열 생성물이 양전자 베타 붕괴 또는 전자 베타 붕괴를 겪을 것으로 예상되는지, 그 이유는 무엇인지 설명하시오.

14. 원자로 연료 핵분열 생성물 중에는 중성자 포획 단면적이 매우 큰 제논이 포함되어 있다(13.1절 참조). 이러한 제논의 축적이 원자로 운전에 어떤 영향을 미치는지 설명하시오.

15. 헬륨은 실질적으로 중성자 흡수 단면적이 없다. 작지만 0이 아닌 단면적을 가진 탄소보다 헬륨이 원자로 감속재로 더 나은지 설명하시오.

16. 에너지 전환 효율이 30%라고 가정할 때, 1,000 MW 원전에서 초당 몇 번의 핵분열이 일어나야 하는지 추정하시오.

17. 열 중성자에 대한 ^{235}U의 핵분열 단면적은 ^{238}U의 약 10^6배이다. 그러나 고속 중성자에 대해서는 ^{235}U와 ^{238}U의 핵분열 단면적이 대략 비슷하다. 이러한 효과에 대해 설명하시오.

18. 우라늄 핵분열로 생성된 2개의 파편의 원자 번호를 Z와 $92 - Z$라고 하자. 이들의 질량수를 원자 번호의 2.5배로 추정할 때, 두 파편이 맞닿아 있을 때의 Coulomb 퍼텐셜 에너지를 나타내는 식을 유도하고, 이 식이 두 파편이 동일할 때 최댓값을 갖는다는 것을 보이시오. 그렇다면 왜 핵분열 생성물의 질량수 분포(그림 13.9)가 $A = 118$에서 최대가 아닌지 그 이유를 설명하시오.

19. ^{235}U가 질량수 90과 145의 2개의 파편으로 분열된다고 가정하자. 각 파편의 Z/A 비율은 대략 ^{235}U와 같다고 하자. 이를 바탕으로 핵분열 시 중성자가 방출되는 이유를 설명하시오.

20. 양성자–양성자 핵융합 사이클의 첫 번째 단계에서 양성자를 중성자로 전환해야 하는 이유는 무엇인가? 2개의 양성자가 직접 융합할 수 없는 이유는 무엇인가?

21. 융합로에서 높은 입자 밀도, 높은 온도, 긴 속박 시간이 필요한 이유를 설명하시오.

22. Lawson 기준 식[식 (13.15)]을 유도하는 과정에서, 플라스마를 가열하는 데 필요한 전력은 입자 밀도 n에 비례하고, 핵융합에서 얻어지는 전력은 n^2에 비례한다고 했었다. 이 두 가지 비례 관계에 대해 설명하시오.

23. 방사성 붕괴 전력원에서 알파 방출체를 베타 방출체보다 선호하는 이유는 무엇인가?

연습문제

13.1 핵반응 종류

1. 다음 반응의 빈칸을 채우시오.
   (a) ^{4}He $+ ^{14}$N $\rightarrow ^{17}$O $+ \square$ (b) ^{9}Be $+ ^4$He $\rightarrow ^{12}$C $+ \square$
   (c) ^{27}Al $+ ^4$He $\rightarrow$ n $+ \square$ (d) ^{12}C $+ \square \rightarrow ^{13}$N $+$ n

2. 특정 핵반응에서 16.2 MeV, 14.8 MeV, 11.6 MeV, 8.9 MeV, 6.7 MeV 에너지를 가진 방출 양성자가 관측되었다. 16.2 MeV보다 높은 에너지는 관측되지 않았다. 생성된 핵의 에너지 준위 도표를 그리시오.

3. 중성자 흡수 단면적을 결정하기 위해 직경이 3.0 mm이고 두께가 1.81 μm인 얇은 금 포일을 중성자로 조사하여 반응 n $+ ^{197}$Au $\rightarrow ^{198}$Au $+ \gamma$를 생성한다. 감마선 탐지기에서 나가는 감마 광자를 관측하여 금이 초당 5.37×10^6개의 소멸을 일으킴을 밝혔다. 독립적인 측정으로 중성자 다발을 7.25×10^{10} 중성자/cm^2/s로 결정했을 때, 이 반응의 단면

적 값은 얼마인가?

4. 원소 코발트는 반응 $n + {}^{59}Co \rightarrow {}^{60}Co + \gamma$를 통해 중성자 빔의 강도를 측정하는 데 일반적으로 사용된다. ${}^{60}Co$의 방사성 붕괴를 관측함으로써 반응에서 생성되는 속도를 추정할 수 있다. 이 반응의 단면적은 37.0 b이다. 질량이 46 mg이고 지름이 1.00 cm인 Co–Al 합금의 얇은 디스크는 무게의 0.44%에 해당하는 코발트를 포함하고 있다. 중성자가 포일 표면 전체에 균일하게 분포되어 있다고 가정하면, ${}^{60}Co$가 초당 1.07×10^{12}개 생성된다는 결론을 내릴 수 있다. 표적에 도달하는 중성자의 속도는 얼마인가?

5. 20.0 μA의 양성자 빔이 두께가 4.5 μm인 ${}^{107}Ag$ 표적의 2.0 cm²에 입사하여 반응을 일으킨다. 반응은 다음과 같다: $p + {}^{107}Ag \rightarrow {}^{105}Cd + 3n$. 중성자의 속도는 초당 8.5×10^6로 관측된다. 이 에너지의 양성자에 대한 이 반응의 단면적은 얼마인가?

6. 알파 입자 빔이 ${}^{63}Cu$ 표적에 입사되어 다음 반응이 발생한다: $\alpha + {}^{63}Cu \rightarrow {}^{66}Ga + n$. 특정 알파 에너지에 대한 단면적을 1.25 b로 가정한다. 표적은 두께가 2.5 μm인 포일 형태이다. 빔은 지름이 0.50 cm인 원형 단면을 가지며 전류는 7.5 μA이다. 중성자 방출률은 얼마인가?

13.2 핵반응에서 방사성 동위원소 생성

7. 반감기 $t_{1/2}$의 방사성 동위원소가 핵반응에서 생성되었다. 가능한 최대 활성도의 몇 %가 (a) $t_{1/2}$, (b) $2t_{1/2}$, (c) $4t_{1/2}$의 조사 시간 동안 생성되는지 구하시오.

8. 가볍고 안정적인 입사핵(질량수 4 이하)이 무겁고 안정한 표적 핵에 입사하여 방사성 핵종 ${}^{56}Co$를 생성할 수 있는 5가지 핵반응을 열거하시오.

9. 식 (13.5)는 식 (13.4)의 해임을 보이시오.

10. 방사성 동위원소 ${}^{15}O$(반감기 122초)는 호흡 기능 측정에 사용된다. 환자는 이 기체를 흡입하는데, 이 기체는 질소 기체를 중수소(${}^2H$)로 조사하여 만든다. 한 변의 길이가 1.24 cm인 정육면체 셀에 질소 기체가 2.25 기압, 293 K의 조건으로

들어 있다고 가정해 보자. 정육면체 한 면에 균일하게 2.05 A의 중수소 빔이 조사된다. 중수소 에너지에서 반응 단면적은 0.21 b이다. (a) 셀에서 ${}^{15}O$가 생성되는 속도는 얼마인가? (b) 60.0초 동안 조사한 후 셀에서 ${}^{15}O$의 방사능은 얼마인가?

11. 나트륨에서 중성자 포획 반응의 단면적은 0.53 b이며, 이 반응은 방사성 동위원소 ${}^{24}Na$(반감기 = 15시간)을 생성한다. 1.0 μg의 Na을 중성자 다발 2.5×10^{13} 중성자/cm²/s에 4.0시간 동안 노출시켰을 때 생성되는 ${}^{24}Na$의 방사능은 얼마인가?

13.3 저에너지 반응 운동학

12. 식 (13.13)에서 식 (13.14)를 유도하시오.

13. 다음 반응의 Q 값을 구하시오.
    (a) $p + {}^{55}Mn \rightarrow {}^{54}Fe + 2n$
    (b) ${}^3He + {}^{40}Ar \rightarrow {}^{41}K + {}^2H$

14. 다음 반응의 Q 값을 구하시오.
    (a) ${}^6Li + n \rightarrow {}^3H + {}^4He$
    (b) $p + {}^2H \rightarrow 2p + n$
    (c) ${}^7Li + {}^2H \rightarrow {}^8Be + n$

15. 반응 ${}^2H + {}^3He \rightarrow p + {}^4He$에서 5.000 MeV 에너지를 가진 중수소 입자가 정지 상태의 ${}^3He$에 입사한다. 생성된 양성자와 알파 입자 모두 입사 중수소 입자와 같은 방향으로 운동한다. 양성자와 알파 입자의 운동 에너지를 구하시오.

16. (a) $p + {}^4He \rightarrow {}^2H + {}^3He$ 반응의 Q 값은 무엇인가? (b) 정지된 ${}^4He$에 양성자가 입사할 때의 반응 문턱 에너지는 얼마인가? (c) 정지된 양성자에 ${}^4He$가 입사할 때의 반응 문턱 에너지는 얼마인가?

13.4 핵분열

17. (a) ${}^{254}Cf \rightarrow {}^{127}In + {}^{127}In$의 분열 붕괴의 Q 값을 구하시오.
    (b) 확률이 더 높은 분열 과정 ${}^{254}_{98}Cf_{156} \rightarrow {}^{140}_{54}Xe_{86} + {}^{110}_{44}Ru_{66} + 4n$의 Q 값을 구하시오. 질량은 $m({}^{127}In) = 126.917449u$,

$m(^{140}\text{Xe}) = 139.921646$ u, $m(^{110}\text{Ru}) = 109.914039$ u이다.

18. 우라늄 1.00 kg이 ^{235}U 동위원소로 3.0% 풍부해진 상태에서 분열할 때 방출되는 에너지를 구하시오.

19. 다음 계산을 통해 ^{235}U는 왜 쉽게 핵분열이 되고 ^{238}U는 그렇지 않은지 이해할 수 있다. (a) ^{235}U + n과 ^{236}U 사이의 에너지 차이를 구하시오. 이를 ^{236}U의 '들뜸 에너지'로 볼 수 있다. (b) ^{238}U + n과 ^{239}U에 대해서도 같은 계산을 반복하시오. (c) (a)와 (b)의 결과를 비교하여, ^{235}U가 매우 낮은 에너지의 중성자로도 핵분열이 되는 반면, ^{238}U는 1~2 MeV 정도의 고에너지 중성자가 필요한 이유를 설명하시오. (d) 유사한 계산을 통해 ^{239}Pu가 낮은 에너지 또는 높은 에너지의 중성자로 핵분열되는지 예측하시오.

20. ^{235}U + n $\rightarrow$ ^{93}Rb + ^{141}Cs + 2n의 분열 반응에서의 Q 값(따라서 방출되는 에너지)을 구하시오. $m(^{93}\text{Rb}) = 92.922039$ u와 $m(^{141}\text{Cs}) = 140.920045$ u를 사용한다.

13.5 핵융합

21. (a) 탄소 핵융합의 6가지 반응 또는 붕괴의 Q 값을 계산하시오. (b) 전자 질량을 고려하여 탄소 사이클의 총 Q 값이 양성자–양성자 사이클과 동일함을 보이시오.

22. D-T(중수소–삼중수소) 융합 반응이 17.6 MeV 에너지를 방출함을 보이시오.

23. D-T 핵융합 반응에서 ^{2}H와 ^{3}H의 운동 에너지는 전형적인 핵 결합 에너지에 비해 작다. (왜 그럴까?) 방출된 중성자의 운동 에너지를 구하시오.

24. (a) 중수소 2개가 핵융합하여 ^{4}He와 감마선이 생성될 때 방출되는 에너지를 계산하시오. (b) 중수소가 보통의 열 에너지에서 충돌한다고 가정할 때 ^{4}He의 에너지는 얼마인가?

25. (a) 토카막 핵융합 반응로가 0.60초의 속박 시간을 달성할 수 있다면 최소 입자 밀도는 얼마나 되어야 하는가? (b) 반응로가 (a)에서 구한 밀도의 10배를 달성할 수 있다면, 자기 유지형 핵융합 반응을 위한 최소 플라스마 온도는 얼마인가?

13.6 핵합성

26. 알파 입자 3개가 결합하여 ^{12}C가 형성될 때 방출되는 에너지는 얼마인가?

27. 헬륨 가스가 Coulomb 장벽을 극복하고 핵융합 반응이 시작되려면 어느 온도까지 가열되어야 하는가?

28. 안정적인 동위원소인 ^{63}Cu로부터 안정 동위원소인 ^{75}As까지의 중성자 포획 및 베타 붕괴 과정을 통해 s 과정 경로를 추적하시오.

29. 안정적인 ^{81}Br로부터 안정적인 ^{95}Mo까지의 s 과정이 어떻게 진행되는지 보이시오.

30. 다음 동위원소 중 s 과정을 통해서만 형성되는 것, r 과정을 통해서만 형성되는 것, s 과정과 r 과정 모두 가능한 것을 밝히시오. (a) ^{70}Ge, (b) ^{76}Se, (c) ^{82}Se, (d) ^{98}Mo, (e) ^{100}Mo, (f) ^{102}Ru, (g) ^{104}Pd, (h) ^{110}Pd, (i) ^{114}Cd.

13.7 핵물리의 응용

31. 질량 m인 알파 입자가 정지 상태의 질량 M을 가진 원자와 탄성 충돌을 할 때, 알파 입자의 운동 에너지 감소가 식 (13.16)에 의해 주어진다는 것을 보이시오.

32. (a) 구리, 은, 금 원자로부터 후방 산란된 2.50 MeV 알파 입자의 에너지 손실을 계산하시오. 계산된 값과 그림 13.22의 피크 에너지를 비교하시오. (b) 구리 동위원소 2개와 은 동위원소 2개 피크 사이의 예상 에너지 차이를 계산하시오. 은 피크가 구리 피크보다 더 가까운 이유를 설명하시오. 그림으로부터 두 구리 동위원소의 상대적 존재 비율을 추정할 수 있는가?

33. 방사성 원자로는 ^{238}Pu의 알파 붕괴로부터 전기를 생산하는 데 사용될 예정이다(반감기 = 88년). (a) 붕괴의 Q 값은? (b) 변환 효율이 100%라고 가정하면, 1.0 g의 ^{238}Pu 붕괴로 얼마나 많은 전력을 얻을 수 있는가?

34. 다음 반응 및 붕괴 연쇄 순서는 매우 무거운 원소를 식별하기 위해 사용된다. (1) ^{249}Cf + ^{48}Ca $\rightarrow$ A + 3n, (2) A $\rightarrow$ B + α, (3) B $\rightarrow$ C + α, (4) C $\rightarrow$ D + α. 동위원소 A, B, C, D는?

일반 문제

35. 작은 페인트 샘플을 2.5분 동안 3.0×10^{12} 중성자/cm²/s의 중성자 다발에 노출시켰다. 그 후 샘플의 방사능은 ^{51}Ti(반감기 $= 5.8$분)가 105 붕괴/s, ^{60}Co(반감기 $= 5.27$년)가 12 붕괴/s로 측정되었다. 원래 샘플에 포함된 티타늄과 코발트의 양(그램 단위)을 다음 정보를 이용하여 구하시오. 코발트는 순수한 ^{59}Co로 단면적이 19 b이고, 티타늄은 ^{50}Ti가 5.25%로 단면적이 0.14 b이다.

36. 구리 2.0 mg 샘플(^{63}Cu 69%, ^{65}Cu 31%)을 5.0×10^{12} 중성자/cm²/s의 중성자 다발이 있는 원자로에 10.0분 동안 노출시켰다. 그 결과 ^{64}Cu(반감기 $= 12.7$시간)의 방사능이 72 μCi, ^{66}Cu(반감기 $= 5.1$분)의 방사능이 1.30 mCi가 되었다. ^{63}Cu와 ^{65}Cu의 중성자 포획 단면적은?

37. (a) 강도 I를 가진 중성자 빔이 면적 A, 두께 dx, 밀도 ρ, 원자량 M인 얇은 물질 조각에 입사할 때, 중성자 흡수 단면적을 σ라 하면 이 빔의 강도 손실 dI는 얼마인가? (b) 원래 강도 I_0인 빔이 이 물질의 두께 x를 통과한다고 하자. 빔의 출력 강도 I가 $I = I_0 e^{-n\sigma x}$임을 보이시오. 여기서 n은 단위 부피당 흡수체 핵의 수이다. (c) 구리에 입사하는 중성자의 총단면적이 5.0 b라고 가정하면, 두께가 1.0 mm, 1.0 cm, 1.0 m인 구리를 통과한 후 중성자 빔의 강도는 각각 몇 %씩 손실되는가?

38. 두 입자가 결합하여 단일 들뜬 핵을 형성한 후 이 핵이 광자를 방출하며 바닥 상태로 떨어지는 반응을 **방사 포획**(radiative capture)이라고 한다. 정지 상태의 ^{7}Li에 운동 에너지가 매우 작은 알파 입자가 입사할 때 방사 포획 반응에서 방출되는 감마선의 에너지를 구하시오.

39. ^{7}Li을 삼중수소(^{3}H)와 ^{4}He로 분리시키는 데 필요한 에너지(감마선 광자의 형태)는 얼마인가? 이 반응을 **광분열**(photodisintegration)이라고 한다.

40. ^{113}Cd 핵이 열 중성자($K = 0.025$ eV)를 포획하여 들뜬 상태의 ^{114}Cd를 생성한다. 이 들뜬 상태의 ^{114}Cd는 광자를 방출하며 바닥 상태로 내려온다. 방출되는 광자의 에너지를 구하시오.

41. 정지 상태의 원자와 정면으로 충돌할 때, 중성자가 잃는 운동 에너지 비율은 식 (13.16)에 의해 주어진다. (a) 중성자가 수소, 중수소, 탄소 원자와 정면 충돌 시 에너지 손실 비율은 각각 얼마인가? (b) 처음 에너지가 2.0 MeV인 중성자가 탄소 원자와 몇 번의 정면 충돌을 해야 에너지가 열 운동 범위(0.025 eV)로 낮아지는가? (c) (b)의 결과는 실제 중성자를 '열화'시키는 데 필요한 충돌 횟수를 과소평가한 것인지 과대평가한 것인지 설명하시오.

42. 100.0 cm³의 물이 있고, 그중 0.015%가 중수소(D_2O)라고 가정하자. (a) 모든 중수소가 ^{2}H $+ ^2$H $\rightarrow ^3$H $+$ p 반응에서 소모된다면 얻을 수 있는 에너지를 계산하시오. (b) 대안으로, 중수소의 2/3가 ^{3}H를 형성하는 데 사용되고, 남은 1/3과 반응하여 D-T 반응이 일어난다고 할 때 방출되는 에너지를 계산하시오.

43. (a) ^{4}He $+ ^4$He $\rightarrow ^8$Be 반응의 Q 값을 구하시오. (b) 온도 10^8 K의 ^{4}He 기체에서 존재하는 ^{8}Be의 상대적인 양을 추정하시오.

44. 핵반응을 다음 두 단계로 진행되는 것으로 분석하는 것이 때때로 편리하다. (1) 입사체와 표적이 결합하여 중간 상태인 **복합핵**(compound nucleus)을 형성하고, (2) 복합핵이 2개(또는 그 이상)의 생성물 입자로 분열한다. (a) ^{56}Fe $+ \alpha \rightarrow ^{59}$Ni $+$ n 반응에서 복합핵은 무엇인가? (b) 정지 상태의 Fe에 3.357 MeV 에너지의 알파 입자가 입사할 때, 복합핵의 들뜬 에너지는 얼마인가? (c) 복합핵이 질량수 4 이하의 생성물 하나와 다른 생성물로 분열할 수 있는 6가지 방법을 제시하시오. (d) 입사체의 질량수가 4 이하인 반응으로 동일한 복합핵을 생성할 수 있는 6가지 반응을 제시하시오.

45. 초중량 원소 Fl($Z = 114$)의 핵을 형성하는 한 가지 방법은 $Z = 57$인 원소 La의 핵 2개를 충돌시켜 융합시키는 것이다. (a) La 핵 2개가 표면에 맞닿아 있을 때의 Coulomb 장벽은 얼마인가? (b) 생성되는 Fl 핵의 중성자 대 양성자 비율은 얼마인가? (c) 실제로 Fl을 생성하는 데 사용된 반응은 ^{48}Ca 입자를 ^{244}Pu 표적에 충돌시키는 것이다. 이 반응에 대

해 Coulomb 장벽과 생성되는 핵의 중성자 대 양성자 비율을 계산하시오.

46. n + ^{7}Be → p + ^{7}Li 반응에서 4.500 MeV 에너지의 중성자가 정지 상태의 Be에 입사하고, 생성된 ^{7}Li가 입사 중성자 방향으로 176.1 MeV/c의 운동량을 갖고 운동한다. (a) 방출된 양성자의 운동량과 에너지를 구하시오. (b) 양성자, 중성자, ^{7}Li의 질량이 알려져 있다면, 이 결과를 사용하여 ^{7}Be의 질량을 어떻게 결정할 수 있는가?

Chapter 14

입자 물리

CERN의 대형 강입자 충돌 가속기(LHC)에서의 고에너지 양성자와 납 이온의 충돌로 인한 입자 궤적. 충돌로 수천 개의 생성 입자가 발생하고, 충돌 중심축에서 바깥쪽으로 이동하면서 잃는 에너지와 자기장 속에서의 경로 곡률로 입자를 식별할 수 있다. 이 실험의 목표는 빅뱅 이후 몇 마이크로초 동안 우주를 특징짓는 것으로 여겨지는 쿼크와 글루온들로 이루어진 '수프'를 생성하는 것이다. Courtesy of CERN

자연의 기본 구성 요소를 찾는 노력은 그리스에서 원자론 개념을 소개한 지 2,500년이 지난 지금까지 계속되어 왔다. 복잡한 구조물을 주의 깊게 살펴보면, 그들이 어떻게 조립되었는지를 결정하는 법칙을 이해하는 데 도움이 되는 기본 대칭과 규칙을 발견할 수 있다. 예를 들어 결정 구조의 규칙성은 결정을 구성하는 원자들이 특정한 규칙을 따라 배열하고 결합해야 한다는 것을 보여준다. 더 깊게 들여다보면, 자연은 모든 물질 객체를 대략 100가지의 다른 종류의 원자로 만들었지만, 우리는 이러한 원자들을 전자, 양성자, 중성자의 세 가지 입자로 이해할 수 있다. 전자 내부를 더 깊게 살펴보려는 시도는 실패했으며, 전자는 내부 구조 없이 기본 입자인 것으로 보인다. 그러나 높은 에너지에서 핵자들이 충돌한 결과는 엄청 복잡하다. 이러한 반응의 산물로 수백 개의 새로운 입자가 나타날 수 있다. 수백 개의 기본 구성 요소가 있다면 그들의 행동에 대한 기본적인 운동 법칙을 발견하기는 어려울 것으로 보인다. 그러나 실험은 **쿼크**(quarks)라 불리는 몇 가지 기본 입자들을 기준으로 설명할 수 있는 새로운 기본 규칙성을 보여준다.

이 장에서는 물리학에서의 많은 입자들의 특성, 그들의 행동을 지배하는 법칙, 그리고 이러한 입자들을 분류해 본다. 또한 쿼크 모델을 통해 입자의 일부 특성을 어떻게 이해하는지 알아본다.

14.1 네 가지 기본 힘

자연계의 모든 힘은 네 가지 기본 힘으로 분류될 수 있다. 세기가 약한 것부터 순서대로 **중력, 약한 상호 작용, 전자기력,** 그리고 **강한 상호 작용**이 있다.

1. **중력** 중력은 일상 생활에서 매우 중요하지만, 초미세 입자 세계에서는 전혀 중요하지 않다. 힘의 크기에 대해 수치적으로 비교하자면, 두 양성자가 접촉한 경우 중력은 양성자 간 강한 상호 작용의 약 10^{-38} 정도이다. 중력과 다른 상호 작용의 주요 차이점은, 일상 생활에서 중력은 누적되며 크기가 무한하다는 것이다. 지구의 원자 하나가 우리 몸의 원자 하나에게 가하는 힘과 같은 작은 중력은 관측 가능한 효과를 일으킨다. 다른 힘들은 미시적인 수준에서는 중력보다 훨씬 강하지만, 큰 규모의 물체에는 영향을 미치지 않는다. 이는 상호 작용이 미치는 범위가 짧거나 (강한 상호 작용과 약한 상호 작용), 또는 상호 작용의 효과가 차단되는 경우가 있기 때문이다(전자기력).

2. **약한 상호 작용(약력)** 약한 상호 작용은 핵 베타 붕괴(12.8절 참조)와 다른 기본 입자가 참여하는 유사한 붕괴 과정에 관여한다. 이 힘은 핵의 결합에 주요한 역할을 하지 않는다. 이웃한 양성자 간의 약력은 그들 간의 강력의 약 10^{-7} 정도이며, 약력의 범위는 0.001 fm 정도 규모이다. 그럼에도 불구하고 약력은 기본 입자의 행동을 이해하는 데 중요하며, 우주의 진화를 이해하는 데 핵심적인 역할을 한다.

3. **전자기 상호 작용** 전자기력은 기본 입자들의 구조와 상호 작용에서 중요한 역할을 한다. 예를 들어, 어떤 입자들은 전자기력을 통해 주로 상호 작용하거나 붕괴한다. 전자기력의 범위는 무한하지만, 일반적으로 물체에 의한 차단 효과로 인해 그 효과가 대부분의 물체에서 감소한다. 여러 가지 흔히 겪는 크기가 큰 힘들(마찰, 공기 저항, 저항, 장력과 같은)은 궁극적으로 원자 수준에서의 전자기력에 기인한다. 원자 내부에서는 전자기력이 우세하다. 핵 내 이웃하는 양성자 간의 전자기력은 강력의 약 10^{-2} 정도이지만, 핵 내부에서는 차단이 없기 때문에 전자기력의 작용이 누적될 수 있다. 결과적으로 전자기력은 핵의 안정성과 구조를 결정하는 데서 강력과 경쟁할 수 있다.

4. **강한 상호 작용(강력)** 핵을 결합시키는 강한 상호 작용은 대부분의 기본 입자들의 반응과 붕괴에서 주된 역할을 한다. 그러나 앞으로 살펴볼 것처럼 일부 입자들(예: 전자)은 이 힘을 전혀 느끼지 않는다. 이 힘은 상대적으로 미치는 범위가 짧으며, 대략 1 fm 정도이다.

힘이 작용하는 시간 규모는 해당 힘의 상대적 강도에 따라 결정된다. 두 입자를 충분히 가깝게 가져가서 이 중 어떤 힘이 작용하도록 하면, 약력이 강력보다 붕괴나 반응을 일으키기 위해 더 오랜 시간이 필요하다. 앞으로 볼 것처럼, 붕괴 과정의 평균 수명은 종종 해당 과정을 지배하는 상호 작용 유형의 신호가 된다. 여기서 강력은 시간 규모가 가장 짧으며(종종 10^{-23}초까지), 표 14.1은 네 가지 힘과 그들의 일부 특성을 요약한 것이다.

입자들의 붕괴 및 반응에서는 기본적인 힘 중 어느 것이든 상호 작용할 수 있다. 표 14.1은 각각의 네 가지 힘을 통해 어떤 입자가 상호 작용할 수 있는지를 나타낸다. 모든 입자는 중력과 약력을 통해 상호 작용할 수 있다. 일부는 전자기력을 통해 상호 작용할 수 있다(예: 뉴트리노는 이 범주에서 제외됨). 그리고 그중에서도 더 작은 일부는 강력을 통해 상호 작용할 수 있다. 강하게 서로 상호 작용하는 두 입자가 강력 범위 내에

표 14.1 네 가지 기본 힘

유형	범위	상대적 세기	특성 시간	대표 입자
강한 상호 작용(강력)	1 fm	1	$< 10^{-22}$초	π, K, n, p
전자기력	∞	10^{-2}	$10^{-14} \sim 10^{-20}$초	e, μ, π, K, n, p
약한 상호 작용(약력)	10^{-3} fm	10^{-7}	$10^{-8} \sim 10^{-13}$초	전부
중력	∞	10^{-38}	연	전부

있을 때, 우리는 종종 붕괴 및 반응 과정에서 약력과 전자기력의 효과를 무시할 수 있다. 왜냐하면 강력보다 상대적인 강도가 훨씬 작은 힘들의 효과는 강력에 의한 효과보다 훨씬 작기 때문이다. (그러나 이러한 힘이 항상 무시될 수는 없다. 예를 들어, 별에서 발생하는 핵융합 과정 중에 중성자 간의 약한 상호 작용은 더 중요하다.)

비록 양성자가 강하게 상호 작용하는 입자이지만, 양성자와 전자는 강력을 통해 상호 작용하지 **않는다**. 전자는 양성자의 강력을 무시하고 약력이나 전자기력에만 반응할 수 있다.

네 가지 힘 각각은 상호 작용을 전달하는 입자의 방출 또는 흡수로 나타낼 수 있다. 마치 우리가 핵 내의 핵자 간의 힘을 파이온의 교환을 통해 나타내는 것과 같이(12.4절 참조), 각 힘 유형에는 해당 입자에 의해 전달되는 장(field)이 연결되어 있고, 이는 표 14.2에 나와 있다.

- 쿼크 간의 **강력**(strong force)은 글루온(gluons)이라 불리는 입자에 의해 전달되며, 직접적이지 않은 간접적인 관측으로 확인되었다.
- 입자 간의 **전자기력**(electromagnetic force)은 광자(photon)의 방출과 흡수로 나타낼 수 있다.
- **약력**(weak force)은 약력 보손(weak bosons) $W^{\pm}$와 Z^0에 의해 전달되며, 이들은 핵

표 14.2 장 입자

힘	장 입자	기호	전하(e)	스핀(h)	정지 에너지(GeV)
강한 상호 작용(강력)	글루온	g	0	1	0
전자기력	광자	γ	0	1	0
약한 상호 작용(약력)	약력 보손	W^+, W^- Z^0	± 1 0	1 1	80.4 91.2
중력	중력(입)자		0	2	0

베타 붕괴와 같은 과정에 관여한다. 가령 중성자의 베타 붕괴(약한 상호 작용)는 다음과 같이 나타낼 수 있는데

$$n \rightarrow p + W^- \quad \text{다음 반응} \quad W^- \rightarrow e^- + \bar{\nu}_e$$

$n \rightarrow p + W^-$ 붕괴의 경우는 에너지 보존을 위배하기에 W^-는 불확정성 원리에 그 존재가 제한받으며, 그 범위는 파이온의 경우와 유사한 방식으로 결정될 수 있다[식 (12.8) 참조].

- **중력**(gravitational force)은 **중력자**(graviton)에 의해 전달되며, 중력 이론에 기반한 이론으로는 예측되었지만 아직 실험적으로는 관측되지 않았다.

14.2 입자의 분류

기본 입자를 연구하는 방법 중 하나는 입자들을 다양한 범주로 분류한 다음, 분류 간의 유사성이나 공통된 특성을 찾는 것이다. 표 14.1에서 상호 작용하는 힘의 유형에 따라 입자를 분류했다. 또 다른 방법은 질량에 따라 분류하는 것이다. 입자 물리학 초기에는 가장 가벼운 입자(전자, 뮤온, 뉴트리노를 포함)가 한 범주, 가장 무거운 그룹(양성자와 중성자를 포함)이 다른 범주에 들어가며, 중간 그룹(파이온과 카온과 같은)이 여전히 범주로 분류됨이 관찰되었다. 이러한 그룹의 이름은 그리스어로 가벼운 것, 중간 것, 무거운 것을 뜻한다. 가벼운 입자에는 **렙톤**(lepton, 경입자), 중간 그룹에는 **메손**(meson, 중간자), 무거운 입자에는 **바리온**(baryon, 중입자)이라는 이름이 주어졌다. 비록 현재는 질량에 따른 분류가 더 이상 사용되지 않지만(양성자나 중성자보다 더 무거운 렙톤과 메손이 발견되었다) 원래의 명명법을 유지하고 있다. 이는 비슷한 특성을 가진 입자의 그룹이나 **패밀리**를 나타내는 것이다. 입자를 분류하는 첫 두 가지 방법을 비교하면 흥미로운 결과를 얻을 수 있다. 렙톤은 강력과 상호 작용하지 않지만, 메손과 바리온은 강력과 상호 작용한다는 것이다.

입자는 내재적인 스핀에 따라서도 분류할 수 있다. 모든 입자는 내재적인 스핀을 가지고 있다. 전자는 $\frac{1}{2}$의 스핀을 가지고 있으며, 양성자와 중성자도 마찬가지다. 렙톤은 모두 $\frac{1}{2}$의 스핀을, 메손은 모두 정수 스핀$(0, 1, 2, \ldots)$을 가지고 있으며, 바리온은 모두 반(half)정수 스핀$\left(\frac{1}{2}, \frac{3}{2}, \frac{5}{2}, \ldots\right)$을 가졌다.

반입자

반입자(antiparticle)*의 성격은 입자를 분류하는 데 사용된다. 모든 입자는 질량과 수명과 같은 특성에서는 동일하지만, 전하의 부호(그리고 나중에 논의할 특정한 다른 속성의 부호)에서는 입자와 다른 반입자를 갖는다. 전자의 반입자는 양전자 e^+이며, 이는 1930년대 우주선(cosmic ray)에 의한 반응에서 발견되었다. 양전자는 $+e$의 전하를 가지고 있으며(전자의 전하와 반대), 정지 에너지는 0.511 MeV로(전자의 것과 동일) 동일하다. 반양성자 $\bar{p}$는 1956년에 발견되었으며(예제 2.21 참조), 전하는 $-e$, 정지 에너지 938 MeV를 갖는다. 안정된 반(anti)수소 원자는 양전자와 반양성자로 구성될 수 있으며, 이 반수소 원자의 특성은 일반 수소와 동일할 것이다.

안정적인 입자들의 반입자(예: 양성자와 반양성자)는 그 자체로 안정적이다. 그러나 입자와 해당 반입자가 만날 때는 **소멸 반응**(annihilation reaction)이 발생할 수 있다. 이 소멸 반응에서는 입자와 반입자가 모두 사라지고, 대신 2개 이상의 광자가 생성될 수 있다. 입자의 운동 에너지를 무시하면, 에너지와 운동량 보존 법칙 때문에 방출되는 광자 2개 각각의 에너지가 해당 입자의 정지 에너지와 동일해야 한다. 소멸 반응의 예시는 다음과 같다.

$$e^- + e^+ \rightarrow \gamma_1 + \gamma_2 \qquad (E_{\gamma_1} = E_{\gamma_2} = 0.511 \text{ MeV})$$
$$p + \bar{p} \rightarrow \gamma_1 + \gamma_2 \qquad (E_{\gamma_1} = E_{\gamma_2} = 938 \text{ MeV})$$

우리가 접하는 물질을 **물질**(matter)이라고 부르고, 다른 종류의 물질을 **반물질**(antimatter)이라고 부른다. 사실 반물질로 이루어진 은하가 존재할 수 있지만, 일반적인 천문학적 기술로는 판단할 수 없다. 왜냐하면 **빛**(light)과 **반빛**(antilight)은 **동일**하기 때문이다! 다르게 말하면 광자와 반광자는 동일한 입자이기 때문에 물질과 반물질은 동일한 광자를 방출한다. 물질과 반물질의 차이를 알아볼 수 있는 유일한 방법은 물질의 일부를 먼 은하로 보내고 해당 물질이 광자 방출과 함께 소멸되는지 여부를 확인하는 것이다. (원리적으로는 가능하지만 **가능성이 매우 낮으며**, 다른 은하로 여행하는 첫 번째 우주 비행사가 그런 일을 겪을 가능성은 매우 낮다! 첫 번째 은하 간의 만남은 정말로 큰 사건이 될 것이다!)

---

* 반입자 표기는 두 가지 방식을 사용한다. e^+ 및 e^- 또는 μ^+ 및 μ^-처럼 때때로 입자의 기호가 전하와 함께 쓰여 입자 또는 반입자를 나타낸다. 다른 경우는 ν와 $\bar{\nu}$ 또는 p와 $\bar{p}$처럼 입자 기호 위에 바를 표기하여 반입자를 표시한다.

입자 분류 체계에서 입자와 반입자를 구별하는 것은 일반적으로 쉽다. 먼저 일반 물질이 이루어진 것으로 **입자**(particles)를 정의하는데, 이는 전자, 양성자, 중성자 등을 포함한다. 뉴트리노는 물질을 구성하지 않으므로 뉴트리노와 안티뉴트리노를 구별할 기준이 없지만, 베타 붕괴 과정에서의 보존 법칙은 **안티뉴트리노**(antineutrino)를 음의 베타 붕괴와 관련된 입자로 정의하고 **뉴트리노**(neutrino)를 양전자 붕괴와 전자 포획과 관련된 입자로 정의하는 것이 가능하다. Λ(람다)와 같은 무거운 바리온의 경우, 방사능 붕괴를 활용하여 최종적으로 일반 양성자와 중성자로 이루어진 것으로 정의한다. 즉, Λ는 n으로 붕괴하는 입자이며, 그러므로 $\overline{\Lambda}$(안티람다)는 $\overline{n}$으로 붕괴한다. 마찬가지로 렙톤의 경우, μ^-와 μ^+는 서로의 반입자이다. μ^-는 일반 e^-로 붕괴하며(전자와 많은 특성을 공유), 따라서 이는 입자이고, μ^+는 반입자이다.

3개의 입자 가계도

표 14.3은 입자의 가계도를 요약 정리한 것이다.

렙톤(경입자)　렙톤은 약한 상호 작용이나 전자기력을 통해서만 상호 작용한다. 현재까지 어떤 실험도 렙톤의 내부 구조를 밝히지 못했다. 렙톤은 더 작은 입자로 분할될 수 없는 진정한 기본 입자로 보인다. 알려진 모든 렙톤은 $\frac{1}{2}$의 스핀을 가지고 있다.

표 14.4는 지금까지 알려진 여섯 렙톤을 세 쌍으로 범주화하였다. 각 쌍에는 (e^-, μ^-, τ^-)

표 14.3 입자 가계도

가계도	구조	상호 작용	스핀	예
렙톤	기본	약한 상호 작용, 전자기력	반(half)정수	e, ν
메손	합성	약한 상호 작용, 전자기력, 강한 상호 작용	정수	π, K
바리온	합성	약한 상호 작용, 전자기력, 강한 상호 작용	반(half)정수	p, n

표 14.4 렙톤(경입자) 가계도

입자	반입자	입자 전하(e)	스핀(h)	정지 에너지 (MeV)	평균 수명 (s)	전형적인 붕괴 생성물
e^-	e^+	-1	$\frac{1}{2}$	0.511	∞	
ν_e	$\overline{\nu}_e$	0	$\frac{1}{2}$	< 2 eV	∞	
μ^-	μ^+	-1	$\frac{1}{2}$	105.7	2.2×10^{-6}	$e^- + \overline{\nu}_e + \nu_\mu$
ν_μ	$\overline{\nu}_\mu$	0	$\frac{1}{2}$	< 0.19	∞	
τ^-	τ^+	-1	$\frac{1}{2}$	1,776.9	2.9×10^{-13}	$\mu^- + \overline{\nu}_\mu + \nu_\tau$
ν_τ	$\overline{\nu}_\tau$	0	$\frac{1}{2}$	< 18	∞	

와 무전하 입자인 중성 뉴트리노(ν_e, ν_μ, ν_τ)가 포함되어 있다. 각 렙톤은 반입자를 가지고 있다. 이미 베타 붕괴와 관련하여 전자 뉴트리노와 안티뉴트리노에 대해 논의했으며(12.8절 참조), 우주선(cosmic ray) 뮤온의 붕괴는 특수 상대성 이론의 시간 팽창(time dilation) 효과를 확인하는 데 사용되었다(2.4절 참조). 뉴트리노의 질량은 매우 작지만 0은 아니다. 표 14.4에 표시된 정지 에너지 상한(upper bound)은 직접 측정을 시도한 결과이지만, 천문학과 우주론에서 얻은 간접적인 증거는 모든 세 뉴트리노의 정지 에너지가 1 eV 미만임을 시사한다.

메손 메손은 강한 상호 작용을 하며 정수 스핀을 가진 입자이다. 일부 메손은 표 14.5에 나와 있다. 메손은 강한 상호 작용을 통해 생성되며, 강한 상호 작용, 전자기력 또는 약한 상호 작용을 통해 다른 메손이나 렙톤으로 붕괴한다. 예를 들어, 파이온은 중성자의 반응에서 생성될 수 있다.

$$p + n \rightarrow p + p + \pi^- \quad \text{또는} \quad p + n \rightarrow p + n + \pi^0$$

그리고 파이온은 다음과 같이 붕괴할 수 있다.

$$\pi^- \rightarrow \mu^- + \overline{\nu}_\mu \quad \text{(평균 수명} = 2.6 \times 10^{-8} \text{초)}$$

$$\pi^0 \rightarrow \gamma + \gamma \quad \text{(평균 수명} = 8.5 \times 10^{-17} \text{초)}$$

표 14.5 일부 메손(중간자) 특성

입자	반입자	전하*(e)	스핀(h)	기묘도*	정지 에너지 (MeV)	평균 수명 (s)	전형적인 붕괴 생성물
π^+	π^-	+1	0	0	140	2.6×10^{-8}	$\mu^+ + \nu_\mu$
π^0	π^0	0	0	0	135	8.5×10^{-17}	$\gamma + \gamma$
K^+	K^-	+1	0	+1	494	1.2×10^{-8}	$\mu^+ + \nu_\mu$
K^0	$\overline{K}^0$	0	0	+1	498	0.9×10^{-10}	$\pi^+ + \pi^-$
η	η	0	0	0	548	5.1×10^{-19}	$\gamma + \gamma$
ρ^+	ρ^-	+1	1	0	775	4.4×10^{-24}	$\pi^+ + \pi^0$
η'	η'	0	0	0	958	3.4×10^{-21}	$\eta + \pi^+ + \pi^-$
D^+	D^-	+1	0	0	1,870	1.0×10^{-12}	$K^- + \pi^+ + \pi^+$
J/ψ	J/ψ	0	1	0	3,097	7.1×10^{-21}	$e^+ + e^-$
B^+	B^-	+1	0	0	5,279	1.6×10^{-12}	$D^- + \pi^+ + \pi^-$
Υ	Υ	0	1	0	9,460	1.2×10^{-20}	$e^+ + e^-$

* 입자의 전하와 기묘도(strangeness). 반입자는 입자 값의 반대 부호를 가진다. 입자와 해당 반입자의 스핀, 정지 에너지, 그리고 평균 수명은 같다.

첫 번째 붕괴는 약한 상호 작용에 의해 생기며(평균 수명 및 붕괴 생성물 중 중성 뉴트리노의 존재로 확인), 두 번째는 전자기 상호 작용에 의해 생긴다(평균 수명 및 광자로 나타남).

일상 물질에서는 메손이 관측되지 않기 때문에 입자와 반입자 분류는 어느 정도 임의적이다. 물질의 일부가 아닌 π^+ 및 π^- 또는 K^+ 및 K^-와 같은 전하를 가진 메손의 경우, 양성 및 음성 입자는 서로의 반입자이지만 어느 것이 물질이고 어느 것이 반물질인지 선택할 수 있는 방법이 없다. 일부 중성 메손(π^0 및 η와 같은)의 경우 입자와 반입자는 동일하지만, 다른 메손(예: K^0 및 $\overline{K}^0$)의 경우에는 구별될 수 있다.

바리온 바리온은 강한 상호 작용을 하며 반(half)정수 스핀($\frac{1}{2}, \frac{3}{2}, \frac{5}{2}, \ldots$)을 갖는 입자이다. 일부 바리온은 표 14.6에 나와 있다. 렙톤과 마찬가지로 바리온도 독특한 반입자를 가지고 있다. 메손과 마찬가지로 바리온도 중성자와 강한 상호 작용을 통한 반응에서 생성될 수 있다. 예를 들어, 다음 반응에서 Λ^0이 생성될 수 있다.

$$p + p \rightarrow p + \Lambda^0 + K^+$$

그런 다음 Λ^0은 다음과 같이 약한 상호 작용을 통해 붕괴한다.

$$\Lambda^0 \rightarrow p + \pi^- \qquad (\text{평균 수명} = 2.6 \times 10^{-10} \text{초})$$

표 14.6 일부 바리온(중입자) 특성

입자	반입자	전하*(e)	스핀(h)	기묘도*	정지 에너지 (MeV)	평균 수명 (s)	전형적인 붕괴 생성물
p	$\overline{p}$	+1	$\frac{1}{2}$	0	938	∞	
n	$\overline{n}$	0	$\frac{1}{2}$	0	940	880	$p + e^- + \overline{\nu}_e$
Λ^0	$\overline{\Lambda}^0$	0	$\frac{1}{2}$	-1	1,116	2.6×10^{-10}	$p + \pi^-$
Σ^+	$\overline{\Sigma}^+$	+1	$\frac{1}{2}$	-1	1,189	8.0×10^{-11}	$p + \pi^0$
Σ^0	$\overline{\Sigma}^0$	0	$\frac{1}{2}$	-1	1,193	7.4×10^{-20}	$\Lambda^0 + \gamma$
Σ^-	$\overline{\Sigma}^-$	-1	$\frac{1}{2}$	-1	1,197	1.5×10^{-10}	$n + \pi^-$
Ξ^0	$\overline{\Xi}^0$	0	$\frac{1}{2}$	-2	1,315	2.9×10^{-10}	$\Lambda^0 + \pi^0$
Ξ^-	$\overline{\Xi}^-$	-1	$\frac{1}{2}$	-2	1,322	1.6×10^{-10}	$\Lambda^0 + \pi^-$
Δ^*	$\overline{\Delta}^*$	+2, +1, 0, -1	$\frac{3}{2}$	0	1,232	5.6×10^{-24}	$p + \pi$
Σ^*	$\overline{\Sigma}^*$	+1, 0, -1	$\frac{3}{2}$	-1	1,385	1.8×10^{-23}	$\Lambda^0 + \pi$
Ξ^*	$\overline{\Xi}^*$	-1, 0	$\frac{3}{2}$	-2	1,533	7.2×10^{-23}	$\Xi + \pi$
Ω^-	$\overline{\Omega}^-$	-1	$\frac{3}{2}$	-3	1,672	8.2×10^{-11}	$\Lambda^0 + K^-$

*입자의 전하와 기묘도. 반입자는 입자 값의 반대 부호를 가진다. 입자와 해당 반입자의 스핀, 정지 에너지, 그리고 평균 수명은 같다.

비록 이 붕괴 과정에서 뉴트리노는 생성되지 않지만 입자 수명은 약한 상호 작용을 통해 진행됨을 나타낸다. 표 14.6에는 강한 상호 작용, 전자기력 또는 약한 상호 작용을 통해 붕괴하는 다른 바리온들도 나와 있다.

14.3 보존 법칙들

보존 법칙은 가령 소행성 입자의 붕괴와 반응에서 어떤 과정이 발생하는지와 다른 과정은 발생할 것 같음에도 불구하고 왜 관측되지 않는지를 이해하는 방법을 제공한다. 여러 물리 현상에서 에너지, 선형 운동량, 그리고 각운동량의 보존을 빈번하게 사용한다. 보존 법칙은 공간과 시간의 기본적인 속성과 깊게 연결되어 있다. 이런 보존 법칙을 절대적이고 위배할 수 없는 것으로 믿는다.

다른 종류의 보존 법칙도 사용되는데,

$$2H_2 + O_2 \rightarrow 2H_2O$$

수소 + 산소 → 물 같은 화학 반응에서는 물 분자는 10개의 전자를 포함하고 있으므로, 분자를 이루는 원자도 마찬가지로 10개의 전자를 포함해야 한다. 이 관점에서 이 반응을 전자 개수 보존으로 볼 수 있다.

핵 과정에서는 전자가 아니라 양성자, 중성자와 관련이 있다. 핵의 알파 붕괴에서는 다음과 같이 양성자와 중성자 개수가 균형을 이룬다.

$$^{235}_{92}U_{143} \rightarrow ^{231}_{90}Th_{141} + ^{4}_{2}He_2$$

또는 다음과 같은 반응에서도 양성자 수와 중성자 수가 균형을 이룬다.

$$p + ^{63}_{29}Cu_{34} \rightarrow ^{63}_{30}Zn_{33} + n$$

양성자 수와 중성자 수가 보존된다고 결론지을 수 있을 것 같지만, 베타 붕괴에서는 이 별도의 보존 법칙이 만족되지 않는다. 예를 들어,

$$n \rightarrow p + e^- + \bar{\nu}_e$$

이런 베타 붕괴는 중성자 수나 양성자 수를 보존하지 않는다. 그러나 이는 붕괴 전후 전체 중성자 수와 양성자 수를 보존하며, 이 값은 붕괴 전후 1과 일치한다. (양성자 수와 중성자 수의 개별적인 보존 법칙은 총 핵자 수 보존 법칙의 특수한 경우이다.)

Emmy Noether(1882~1935, 독일-미국). 수학자이자 이론 물리학자로서, 물리학에서 보존 법칙을 연구하였다. 어떤 현상을 나타내는 방정식의 대칭성마다 하나의 보존량이 존재한다는 Noether 정리를 발견하였다. 예를 들어, 시간에 대한 병진 대칭성은 에너지 보존, 공간에 대한 병진 대칭성은 선 운동량 보존이 나타난다.

경입자 수 보존

음 베타 붕괴에서는 항상 안티뉴트리노가 방출되며, 뉴트리노는 나오지 않는다. 반면 양 베타 붕괴에서는 항상 뉴트리노가 방출된다. 각 입자에 **렙톤 수**(lepton number) L을 할당하면서 이 과정들을 설명할 수 있다. 전자와 뉴트리노는 렙톤 수가 각각 +1, 양전자와 안티뉴트리노에는 렙톤 수가 −1이다. 모든 중간자(메손)와 중입자(바리온)의 렙톤 수는 0이다. 그런 다음 양 및 음의 베타 붕괴에서의 렙톤 수 보존은 다음과 같이 적용한다.

$$n \rightarrow p + e^- + \bar{\nu}_e$$
$$L: \quad 0 \rightarrow 0 + \quad 1 \quad + (-1)$$

$$p \rightarrow n + e^+ + \nu_e$$
$$L: \quad 0 \rightarrow 0 + (-1) + \quad 1$$

붕괴 전후 전체 렙톤 수가 0임을 볼 수 있다. 이것으로 음 베타 붕괴에서는 안티뉴트리노가, 양 베타 붕괴에서는 뉴트리노가 나타남을 설명할 수 있다.

렙톤 수 보존 법칙을 따르면 다음 과정은 일어날 수 없다.

$$e^- + p \rightarrow n + \bar{\nu}_e$$
$$L: \quad 1 + 0 \rightarrow 0 + (-1)$$

$$p \rightarrow e^+ + \gamma$$
$$L: \quad 0 \rightarrow -1 + 0$$

렙톤 수를 따질 때는, 각각의 렙톤 유형(e, μ, τ)을 별도로 세어야 하고, 이는 다양한 실험에 기반한다. 예를 들어, 전자 유형 렙톤과 뮤온 유형 렙톤 간의 차이는 뮤온 유형 안티뉴트리노의 빔이 입사할 때 명확하게 나타난다.

$$\bar{\nu}_\mu + p \rightarrow n + \mu^+$$

만약 전자 유형과 뮤온 유형 렙톤 간 차이가 없다면 다음 반응이 가능했을 것이다: $\bar{\nu}_\mu + p \rightarrow n + e^+$. 그러나 이런 반응은 결코 관측되지 않으며, 이는 두 종류 렙톤 간의 구별과 각 유형에 대해 별도로 고려해야 함을 말한다.

렙톤 유형 간 차이의 또 다른 예는 $\mu^- \rightarrow e^- + \gamma$ 붕괴를 관측하지 못하는 것이다. 만약 렙톤 유형 구분이 필요 없었다면, 이 붕괴는 가능했을 것이다. 이 붕괴를 관측하지 못하는 것은 (뮤온 유형과 전자 유형 렙톤 수를 모두 보존하는 일반적인 $\mu^- \rightarrow e^- + \bar{\nu}_e + \nu_\mu$ 붕괴와 비교하여) 다양한 종류의 렙톤 수가 필요함을 시사한다. 이러한 렙톤 수를 L_e, L_μ, L_τ로 나타내며, 렙톤 수에 대한 보존 법칙은 다음과 같다.

어떤 과정에서도 전자 유형 렙톤, 뮤온 유형 렙톤, 그리고 타우 유형 렙톤에 대한 렙톤 수는 각각 보존되어야 한다.

다음은 이런 렙톤 수 보존 법칙을 만족시키는 반응들이다.

$$\bar{\nu}_e \ + \ p \ \rightarrow \ e^+ \ + \ n$$
$$L_e : \ -1 \ + \ 0 \ \rightarrow \ -1 \ + \ 0$$

$$\nu_\mu \ + \ n \ \rightarrow \ \mu^- \ + \ p$$
$$L_\mu : \ 1 \ + \ 0 \ \rightarrow \ 1 \ + \ 0$$

$$\mu^- \ \rightarrow \ e^- \ + \ \bar{\nu}_e \ + \nu_\mu$$
$$L_e : \ 0 \ \rightarrow \ 1 \ + \ (-1) \ + \ 0$$
$$L_\mu : \ 1 \ \rightarrow \ 0 \ + \ 0 \ + \ 1$$

$$\pi^- \ \rightarrow \ \mu^- \ + \ \bar{\nu}_\mu$$
$$L_\mu : \ 0 \ \rightarrow \ 1 \ + \ (-1)$$

이런 예들을 보면서 왜 뉴트리노가 나오고 안티뉴트리노가 나오는지를 이해할 수 있다.

바리온 수 보존

바리온에도 보존 법칙이 있다. 모든 바리온의 바리온 수는 $B = +1$이고, 모든 안티바리온은 바리온 수가 $B = -1$이다. 바리온이 아닌 입자들(메손 및 렙톤)은 바리온 수가 $B = 0$이다. 바리온 수 보존 법칙은 다음과 같다.

어떤 과정에서도 총 바리온 수는 일정해야 한다.

(핵자 수 A의 보존은 바리온 수의 보존의 특별한 경우이며, 모든 바리온은 핵자이다. 입자 물리학에서는 모든 바리온을 포함한 핵자를 나타내기 위해 A 대신 B를 사용하는 것이 관례이다.) 바리온 수 보존 법칙의 위배는 아직 관측되지 않았으나, 대통일 이론(Grand Unified Theories, 14.8절 참조)은 어떤 방식으로는 바리온 수 보존을 위반할 수 있는 양성자의 붕괴를 제안한다.

바리온 수 보존의 예로서 반양성자의 발견과 관련된 반응을 고려해 보자.

$$p + p \rightarrow p + p + p + \bar{p}$$

왼쪽의 총 바리온 수는 $B = +2$이고, 오른쪽은 $B = +1$인 바리온이 3개 있고, $B = -1$인 안티바리온이 하나 있으므로 오른쪽의 총 바리온 수는 $B = +2$가 된다. 반면 반응 $p + p \rightarrow p + p + \bar{n}$은 바리온 수 보존을 위반하므로 일어나지 않는다.

기묘도 보존

중간에 생성되거나 파괴되는 메손의 수는 렙톤이나 바리온 수 보존 법칙의 영향을 받지 않는다. 예를 들어 파이온이 만들어지는 다음 반응에서는

$$p+p \rightarrow p+n+\pi^+ \qquad p+p \rightarrow p+n+\pi^++\pi^0$$
$$p+p \rightarrow p+p+\pi^0 \qquad p+p \rightarrow p+p+\pi^++\pi^-$$

반응을 일으키는 에너지만 충분하다면 어떤 수의 파이온이든 생성될 수 있다.

K 메손 생성을 시도하면 다른 유형의 행동이 관측된다. $p+p \rightarrow p+n+K^+$와 $p+p \rightarrow p+p+K^0$는 일어나지 않는다. 비록 에너지가 충분해도 입자를 생성하지 않는다. 그러나 $p+p \rightarrow p+n+K^++\overline{K}^0$와 $p+p \rightarrow p+p+K^++K^-$ 같은 반응은 파이온 2개를 생성하는 반응과 매우 유사하지만 일어난다. 왜 파이온 반응은 어떤 수의 파이온(홀수 또는 짝수)이든 일어나지만, K 메손을 생성하는 반응에서는 그것들이 항상 쌍으로 나타날까?

다른 독특한 예를 살펴보자. $\pi^-+p \rightarrow \pi^++\Sigma^-$은 전하와 바리온 수를 보존하지만 일어나지 않는다. 대신 다음이 쉽게 관측된다: $\pi^-+p \rightarrow K^++\Sigma^-$. 예상되는 반응인데 관측되지 않거나 붕괴 과정이 있을 때는 전하나 바리온 수와 같은 일부 보존 법칙을 위반하는지를 검토한다. 반응이 일어나지 않도록 금지하는 새로운 보존되는 양은 없을까?

입자들이 불완전하여 나타나는 붕괴 과정도 있다. 무전하인 η와 π^0 메손은 매우 빠르게(10^{-16}~10^{-18}초) 광자 2개로 붕괴한다. 메손의 체계적인 행동을 감안하면, K^0도 비슷한 빠르기로 광자 2개로 붕괴될 것으로 예상할 수 있다. 그러나 실제로 K^0의 붕괴는 훨씬 더 느리게 진행되며(10^{-10}초), 더욱이 붕괴 생성물은 광자가 아니라 π 메손과 렙톤이다. K^0의 붕괴를 제한하는 새로운 보존 법칙이 있는가?

새로운 보존 법칙이 필요한 결정적인 예로, 상호 작용을 잘하는 무거운 양전하 메손은 매우 짧은 수명 동안 강한 상호 작용을 통해 가벼운 메손으로 붕괴될 것으로 예상할 수 있다. 예를 들어, 붕괴 $\rho^+ \rightarrow \pi^++\pi^0$은 약 10^{-23}초의 시간 동안 발생한다. 그러나 $K^+ \rightarrow \pi^++\pi^0$은 10^{-8}초의 시간 동안 매우 느리게 일어나며, 실제로 $K^+ \rightarrow \mu^++\nu_\mu$와 같은 다른 붕괴 모드가 일어날 것이다. K 메손의 붕괴 시간을 10^{15} 정도로 느리게 만드는 요인은 무엇일까?

이러한 독특한 현상들은 새로운 보존량 도입으로 설명된다. 이 양은 **기묘도**(strangeness, S)로 불리며, K-메손의 붕괴 특성을 설명하는 데 사용된다. K^0와 K^+는 기묘도가 $S=+1$이며, π 메손과 렙톤은 기묘도가 $S=0$이다. $K^0 \rightarrow \gamma+\gamma$는 (광자로 매개되는) 전자기적 상호 작용이 기묘도를 보존하기 때문에 금지된다(왼쪽은 $S=+1$, 오른쪽

은 $S=0$). $K^+ \rightarrow \pi^+ + \pi^0$ 붕괴는 전형적인 강한 상호 작용 시간 스케일인 10^{-23}초에 발생하지 않는다. 왜냐하면 기묘도는 강한 상호 작용에 의해 바뀌지 않기 때문이다. 이 붕괴는 전형적인 약한 상호 작용에 의해 10^{-8}초 시간 스케일에서 일어나며(그에 상응하는 약한 상호 작용 붕괴 $K^+ \rightarrow \mu^+ + \nu_\mu$도 동일하게 발생) 약한 상호 작용은 기묘도를 보존하지 않는다. 약한 상호 작용에 의한 붕괴는 반응 후 기묘도가 $1(\Delta S=1)$만큼 바뀐다.

종합하면 **기묘도 보존 법칙**(law of conservation of strangeness)은 다음과 같다.

모든 붕괴 과정은 (약한 상호 작용이든 강한 상호 작용이든) 기묘도를 보존한다. 약한 상호 작용에 의한 붕괴는 기묘도가 바뀌지 않거나 1만큼 바뀐다.

표 14.5와 표 14.6은 메손과 바리온의 기묘도 양자수를 보여준다. 반입자의 기묘도는 해당 입자의 기묘도와는 반대 부호를 가지고 있다.

강한 상호 작용에서의 기묘도 보존은 왜 양성자 – 양성자 충돌에서 K 메손이 항상 쌍으로 생성되는지를 설명해 준다. 양성자와 중성자는 기묘도가 0이므로($S = 0$), K 메손을 만드는 충돌에서 기묘도를 보존하려면, $S=+1$과 $S=-1$ 입자가 쌍으로 생성되어야 한다.

바리온 또한 기묘한 종류와 비기묘한 종류로 나뉜다. 표 14.6의 수명을 보면, Λ^0는 $p + \pi^-$로 약 10^{-10}초의 수명으로 붕괴한다. 그러나 강하게 상호 작용하는 입자는 다른 강입자로 붕괴할 때 약 10^{-23}초 정도의 수명을 가질 것으로 예상된다. 만약 Λ^0의 기묘도가 $S=-1$이라면, 이러한 붕괴는 S가 변하기 때문에 강한 상호 작용에서는 금지되고, 약한 상호 작용으로 인해 붕괴하며, 10^{-10}초라는 특징적인 수명이 나타난다. 기묘도 위반은 또한 왜 전자기적 붕괴인 $\Lambda^0 \rightarrow n + \gamma$가 발생하지 않는지도(반면 $\Sigma^0 \rightarrow \Lambda^0 + \gamma$는 전자기적 수명인 10^{-19}초로 붕괴함) 설명한다. 또한 $\pi^- + p \rightarrow \pi^+ + \Sigma^-$ 반응이 다른 모든 보존 법칙에서는 허용되지만 관측되지 않는 이유도 밝혀준다. 초기 상태는 $S=0$이고, 최종 상태는 $S=-1$이므로, 이 반응은 기묘도 보존 법칙을 위반하기 때문이다.

약한 상호 작용은 기묘도를 최대 한 단위만($\Delta S=1$) 바꿀 수 있다. 그 결과, $\Xi^0 \rightarrow n + \pi^0(S=-2 \rightarrow S=0)$와 같은 반응은 약한 상호 작용에서 일어나지 않는다.

예제 14.1

Ω^- 바리온의 기묘도는 $S=-3$이다. (a) K^- 빔이 양성자와 충돌하여 Ω^-를 생성하려면 이 반응에서 어떤 다른 입자들이 생성되는가? (b) Ω^-는 어떻게 붕괴될 수 있는가?

풀이

(a) 이 반응은 기묘도를 보존하는 강한 상호 작용을 통해서만 진행된다. 다음 반응인데

$$K^- + p \rightarrow \Omega^- + ?$$

왼쪽은 $S=-1$, $B=+1$, 전하 $Q=0$이다. 오른쪽은 $S=-3$, $B=+1$, 전하 $Q=-1$이다. 따라서 오른쪽에는 $S=+2$, $B=0$, $Q=+1$인 입자를 추가해야 한다. 메손과 바리온의 표를 찾아 보면 K^+와 K^0로 이러한 조건을 충족할 수 있으므로 가능한 반응 중 하나는 다음과 같다.

$$K^- + p \rightarrow \Omega^- + K^+ + K^0$$

(b) Ω^-는 강한 상호 작용을 통한 붕괴가 불가능한데, 반응 후의 최종 상태가 $S=-3$일 수 없기 때문이다. 따라서 S를 한 단위 변경할 수 있는 약한 상호 작용을 통해 $S=-2$인 입자들로 붕괴해야 하고, 바리온 수를 보존하기 위해 그 입자 중 하나는 바리온이어야 한다. 두 가지 가능성이 있다.

$$\Omega^- \rightarrow \Lambda^0 + K^-, \quad \Omega^- \rightarrow \Xi^0 + \pi^-$$

14.4 입자 상호 작용과 붕괴

이번 절에서는 기본 입자들의 특성과 이것이 어떻게 측정되는지 간략히 살펴본다.

원자와 분자는 상대적으로 쉽게 분해될 수 있어 구조를 연구할 수 있다. 그러나 대부분이 불안정하며 자연에 존재하지 않는 기본 입자들은 격렬한 충돌에 의해서 만들어질 수 있다. (입자 이론가 Richard Feynman은 이 과정을 "정교한 스위스 시계를 부수고 충돌에서 나오는 조각들을 살펴보는 것"으로 비유했다.) 이를 위해서는 입자들의 고에너지 빔과 적절한 기본 입자 표적이 필요하다.

입자 빔으로는 통상 양성자를 이용한다. 안정적인 입자로서 오랜 기간 동안 가속하고 저장할 수 있다. 전기와 자기장을 사용하여 양성자 빔을 매우 높은 에너지로 가속하고 모양을 조절할 수 있다. 일부 고에너지 가속기는 양성자 빔을 고정된 양성자 표적에 충돌시키며, 이때 종종 액체 수소 형태의 양성자를 사용하여 더 높은 밀도를 제공한다. 다른 가속기는 LHC(Large Hadron Collider, 대형 강입자 충돌 가속기, 그림 14.1 참조)와 같이 반대 방향으로 이동하는 양성자 빔이 정면 충돌하도록 한다. 일부 가속기는 고에너지 전자를 이용한 충돌을 통해 새로운 종류의 입자를 생성하려고 한다. 여기에는 전자-양전자 정면 충돌이 포함될 수 있다.

이런 입자 물리 실험의 한 유형은 다음과 같이 나타낼 수 있다.

$$p + p \rightarrow \text{입자 생성}$$

만들어진 입자들 중에는 다양한 메손 또는 핵자 패밀리의 더 무거운 입자들이 포함

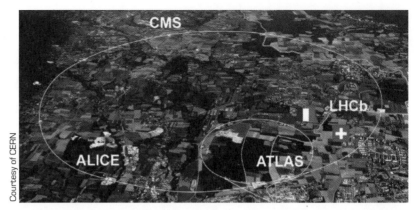

그림 14.1 유럽 원자핵 과학 연구소(CERN)의 LHC는 프랑스와 스위스 국경에 위치해 있다. 지름 27 km의 큰 링은 지하 100 m 이상에 위치한다. 7 TeV에 가속된 양성자 빔이 반대 방향으로 순환하고 감지기 위치에서 충돌하도록 만들어졌다.

Richard Feynman(1918~1988, 미국). 이론 물리학에 대한 탁월한 통찰력과 초등 물리학을 가르치는 독특한 방법으로 유명하다. 양자역학과 전자기학을 결합한 양자 전기역학 이론에 대한 연구로 노벨상을 수상했으며, 그의 저서와 영상인 '물리학 강의(Lectures on Physics)'는 학부생들에게 다양한 기본 물리학 분야에 대한 독특한 시각을 제공한다.

될 수 있다. 핵자는 가장 가벼운 구성원인 핵자들의 일종이다. 이러한 입자들의 성격과 특성을 연구하는 것이 입자 물리학의 목표이다.

보존 법칙은 많은 사안에서 생성 입자의 성격을 결정한다. 아울러 많은 다른 유형의 빔을 사용할수록 좋다. 그림 14.2에서 하나를 보여준다. 어떤 종류의 표적인지는 중요하지 않다. Feynman의 스위스 시계 부품 비유처럼 다양한 입자가 나타난다. 적절한 초점 조절과 운동량 선택을 통해 반응에서 생성된 이차 입자들의 빔을 추출할 수 있다. 입자는 두 번째 표적으로 전달되기 전까지 충분한 시간 동안 존재해야 한다. 이는 해당 입자가 빛의 속도로 이동하더라도 약 10^{-7}초가 걸린다는 말이다. 평범한 기준에서는 매우 짧은 시간 간격이지만, 원자 입자의 시간 척도에서는 매우 긴 시간이다. 실제로 중성자를 제외한 불안정한 메손이나 바리온은 이 시간 척도 동안 살아남지 못한다.

이차 빔을 만드는 게 헛수고 같지만, 매우 중요한 사항을 잊고 있다. 입자의 수명은 해당 입자의 정지 프레임에서 측정되는 반면, 우리는 입자가 물체와 거의 동일한 속도로 이동하는 실험실 프레임에서 입자의 비행을 관찰하고 있다는 사실이다. **시간 팽창**(time dilation)으로 인해 우리의 기준에서 관찰된 수명은 해당 입자의 **적절한 수명보다** 수백 배나 길어질 수 있다. 이는 10^{-10}초와 같이 짧은 수명을 가진 입자에 대한 이차 빔의 범위를 확장시켜 다음과 같은 반응을 연구하는 데 사용할 수 있게 한다.

$$\pi + p \rightarrow \text{입자들}$$
$$K + p \rightarrow \text{입자들}$$

비록 π와 K의 적절한 수명이 $10^{-10} \sim 10^{-8}$초의 범위에 있지만 이차 빔을 만들 시간은 충분하다.

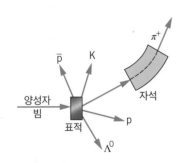

그림 14.2 이차 입자 빔의 생성. 원하는 입자의 질량과 운동량을 결정하는 데 자석이 도움이 된다.

검출 입자

수십 개의 고에너지 전하와 비전하 입자를 포함하는 반응의 생성물에 대한 관측은 실험적으로 극복해야 할 기술적 문제가 크다. 감지기는 반응 후 입자가 어떤 방향으로 이동하든 간에 기록될 수 있도록 반응 영역을 완전히 둘러싸야 한다. 입자는 감지기에서 가시적인 궤적을 만들어야 하므로 그들의 존재와 이동 방향을 결정할 수 있다. 감지기는 입자를 멈추고 그들의 에너지를 측정할 수 있을 만한 질량을 제공해야 한다. 자기장으로 전하 입자의 휘어진 궤적을 통해 운동량과 전하의 부호를 결정할 수 있어야 한다. 그림 14.3은 초미세한 거품이 생성되는 액화 수소로 채워진 큰 탱크인 **거품 상자**(bubble chamber)에 남겨진 궤적을 보여주며, 그림 14.4는 입자의 궤적을 표시하고 에너지를 측정하는 데 사용되는 대형 감지 장치를 보여준다. 그림 14.5는 이런 유형의 감지기로 얻은 결과이다.

그림 14.3 또는 14.5와 같은 입자의 궤적을 주의 깊게 분석함으로써 질량, 선형 운동량 및 에너지와 같은 원하는 양을 추론할 수 있다. 또 다른 중요한 특성은 생성물 입자의 감쇠 시간이다. 이는 많은 생성물이 종종 불안정하기 때문이다. 입자의 속도를 알면 거품 상자 사진에서 궤적의 길이를 간단히 관찰함으로써 입자의 수명을 찾을 수

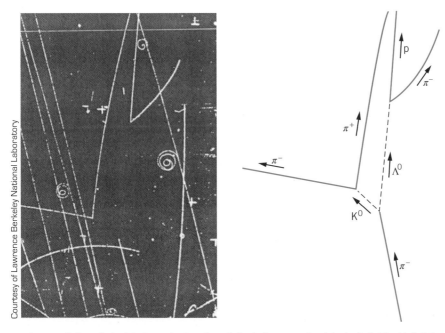

그림 14.3 입자들 간의 반응을 보여주는 거품 상자 사진. 오른쪽은 반응에 참여하는 입자들을 나타내는 도표이다. 파이온이 액체 수소 내의 양성자와 충돌하여 K^0와 Λ^0를 생성하며, 두 입자 모두 그 뒤 붕괴한다.

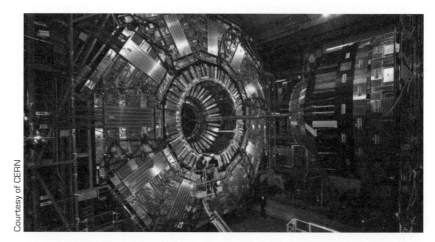

그림 14.4 LHC 검출 장치 중 하나. 양성자 빔은 검출기의 축을 따라 이동하고 내부에서 충돌한다. 일련의 동심원 모양의 검출기가 충돌 영역을 둘러싸고 충돌에서 나오는 입자들의 방향과 에너지를 기록한다.

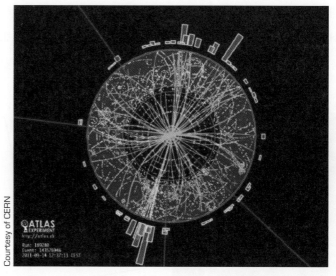

그림 14.5 LHC 검출기에서의 입자 트랙 샘플. 자기장이 트랙을 휘게 하여 입자의 운동량을 측정한다. 양전하와 음전하는 반대 방향으로 휘어진다.

있다. (궤적을 남기지 않는 중성 입자의 경우에도 그림 14.3에서 볼 수 있듯, 궤적의 길이를 상당히 명확하게 정의하는 2개의 전하 입자로의 중성 입자의 후속 감쇠를 사용하여 이 방법을 사용할 수 있다.)

이 방법은 입자 수명이 10^{-10}초 정도인 경우 잘 작동한다. 이 수명은 입자가 측정 가능한 궤적을 남길 만큼 충분히 긴 길이(mm에서 cm)이다. 신중한 실험 기술과 똑똑한 데이터 분석을 통해 이를 10^{-6} m 정도의 궤적 길이까지 확장할 수 있으므로, 이 방법으로 10^{-16}초 정도의 수명을 측정할 수 있다. 그러나 입자 중 많은 것들은 10^{-23}초 정도의 수명을 가지며, 심지어 빛의 속도로 이동하는 입자도 그 시간 동안 원자핵의 지름만큼만 이동한다! 이러한 수명을 어떻게 측정할 수 있을까? 게다가 이러한 입자가 실제로 존재하는지 어떻게 알 수 있을까?

$$\pi + p \rightarrow \pi + p + x$$

위와 같은 반응에서 x는 약 10^{-23}초의 수명을 가지며 x → $\pi + \pi$로 분해되는 알려지지 않은 입자인 경우, 위 반응을 어떻게 실제로 관찰된 실험실에서 관찰되는 입자와 구별할 수 있을까?

$$\pi + p \rightarrow \pi + p + \pi + \pi$$

실험 결과는 이런 유형의 반응에서 π 메손 2개가 순간적으로(10^{-23}초) 결합하여 명확한 질량, 전하, 스핀, 수명 등 입자의 모든 특성을 가진 개체를 형성할 수 있음을 시사한다. 이러한 상태를 **공명 입자**(resonance particles)라고 하며, 이러한 존재를 추론하는 간접적인 증거를 살펴보자.

친구로부터 우편으로 소포를 받는다고 가정해 보자. 열어보니 유리 조각들이 작고 불규칙하게 여러 조각 들어 있다 치자. 친구가 유리 꽃병을 보내다가 운송 중에 깨진 건지 아니면 짓궂은 장난으로 깨진 유리를 소포로 보낸 건지 어떻게 알 수 있을까? 조각을 맞춰본다! 조각이 서로 잘 맞으면 꽃병이 한때 온전했을 가능성이 크다. 하지만 단순히 맞아떨어진다는 것으로는 그것이 한때 온전했다는 것을 **증명**할 수 없다. **우리의 경험에 기반한** 가장 간단한 가정일 뿐일 수 있다. (조각들이 따로 제조되어 우연히 서로 맞아떨어진 것이라는 대안적 가정은 가능성이 매우 희박하다.)

그렇다면 수명이 10^{-23}초인 '입자'를 어떻게 감지할까? 그 입자의 (실험실에서 볼 수 있을 정도로 충분한 시간 동안 살아남는) 부가 생성물을 살펴보고, 그 부가 생성물들을 다시 모아봄으로써 그것이 한때 완전한 입자였을지도 모른다고 추론한다.

예를 들어 실험실에서 그림 14.6에 나와 있는 것과 같이 π 메손 2개가 방출되는 것을 관찰했다고 가정해 보자. 그림에 나와 있는 것처럼 π 메손들의 이동 방향과 선형 운동량을 측정한다. 두 번째와 세 번째 사건은 각각 같은 방식으로 π 메손 2개를 생성한다. 이 세 사건이 동일한 공명 입자의 존재와 일치하는 것일까?

그림에서처럼 각각의 경우에 속도를 모르는 입자가 입자 2개로 붕괴했다고 가정해 보자. 각 붕괴는 에너지 E_1과 운동량 $\vec{p}_1$을 가진 입자와 에너지 E_2와 운동량 $\vec{p}_2$를 가진 입자로 나뉜다. 각 붕괴는 에너지와 운동량을 보존하므로 붕괴 정보를 사용하여 붕괴 입자의 에너지 $E = E_1 + E_2$와 운동량 $\vec{p} = \vec{p}_1 + \vec{p}_2$를 얻을 수 있으며, 다음과 같이 입자

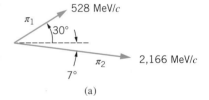

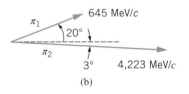

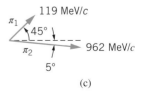

그림 14.6 알려지지 않은 입자의 세 가지 가능한 π 메손으로의 붕괴. 각 π 메손의 방향과 운동량이 표시되어 있다.

의 정지 에너지를 얻을 수 있다. $mc^2 = \sqrt{E^2 - c^2\vec{\mathbf{p}}^2} = \sqrt{(E_1 + E_2)^2 - c^2(\vec{\mathbf{p}}_1 + \vec{\mathbf{p}}_2)^2}$ 계산을 수행하면 그림 14.6의 (a)는 $mc^2 = 764$ MeV, (b)는 $mc^2 = 775$ MeV이다. 따라서 이 두 이벤트가 동일한 입자의 붕괴 결과일 수 있다. 그림 (c)는 $mc^2 = 498$ MeV이며, (a), (b)와는 상당히 다르다.

물론 이 두 사건만으로는 770 MeV 범위의 정지 에너지를 가진 공명 입자라고 결론 내는 데는 충분하지 않다. 단순한 우연일 수 있으며, 그냥 깨진 유리 조각 2개가 우연히 맞물리는 것과 같다. 에너지와 운동량을 결합하여 유추된 공명 입자의 질량이 항상 동일한 여러 (통계적으로 유의한) 사건이 많이 필요하다. 그림 14.7은 그러한 결과의 예이다. 백그라운드에는 전자의 베타 붕괴와 같은 연속적인 에너지 분포가 있다. 이는 그림 14.6(c)에서 나온다. 또한 775 MeV에서 매우 두드러진 피크가 존재한다. 이 에너지를 공명 입자의 정지 에너지로 식별한다. 공명 입자는 ρ(로우) 메손이다. (이것이 메손인 이유는 붕괴가 매우 빠르므로 강한 상호 작용을 하는 입자여야 한다. 따라서 가능한 경우는 짝수 스핀을 가진 메손 또는 절반 정수 스핀을 가진 바리온뿐이다. 파이 메손은 짝수 스핀을 가지며, 2개의 짝수 스핀은 다른 짝수 스핀만을 만들 수 있으므로 이것은 메손이어야 한다.)

한편 그림 14.7에서처럼 입자의 수명을 추론할 수 있다. 입자는 약 10^{-23}초 동안만 살아 있으며, 정지 에너지를 측정하기 위한 시간은 10^{-23}초밖에 없다. 그러나 불확정성 원리에 따르면 시간 간격 Δt에서의 에너지 측정은 대략 $\Delta E \simeq \hbar \Delta t$만큼 불확실하다. 이 에너지 불확정성 ΔE는 그림 14.7의 피크의 폭으로 관찰된다. 항상 ρ 메손의 정

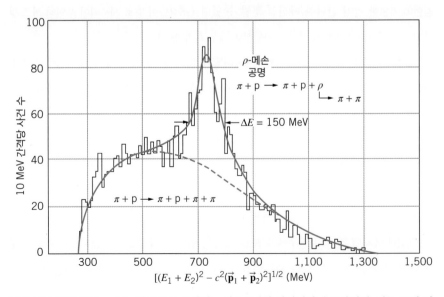

그림 14.7 공명 입자 ρ 메손. 가로축은 붕괴된 π 메손 2개의 에너지와 운동량이며, 이는 공명 입자의 질량과 동등하다.

지 에너지에 대해 동일한 값인 775 MeV를 유추하지 않는다. 때로는 우리의 값이 약
간 더 크고 때로는 약간 더 작을 수 있다. 공진 피크의 폭은 입자의 수명을 알려준다. (폭
은 정확하게 정의되지 않지만, 물리학자들은 그림 14.7에 나와 있듯 일반적으로 공진의 높이
가 배경보다 최댓값의 절반인 두 점 사이의 간격을 폭으로 취한다.) $\Delta E = 150$ MeV의 폭은
ρ 메손의 수명이 $\Delta t = \hbar / \Delta E = 4.4 \times 10^{-24}$초임을 나타낸다.

▌예제 14.2

K⁻ 메손이 양성자에 충돌할 때, 반응 확률은 그림 14.7과 같은
여러 피크를 보인다. 그러나 K⁺ 메손이 양성자에 충돌할 때,
반응 확률은 부드럽고 피크가 없다. 이를 설명해 보자.

온 공진에 의한 것이다. K⁻와 마찬가지로 이러한 공진은 기묘
도가 −1이다. K⁺ 메손은 기묘도가 +1이고, 기묘도가 +1인
바리온은 없으므로 K⁺ + p 스펙트럼에는 바리온 공진이 나타
나지 않는다.

풀이

K⁻ + p 스펙트럼의 피크들은 Λ 및 Ξ 바리온에 해당하는 바리

▌14.5 입자 붕괴 과정에서의 에너지와 운동량

기본 입자들의 붕괴와 반응 분석에는 핵붕괴와 반응에 사용한 것과 동일한 법칙을 적
용한다. 에너지, 선형 운동량 및 총각운동량은 보존되어야 하며 전하, 렙톤 수 및 바
리온 수 같은 양자 수의 총합(이전에 우리가 핵수로 부르던 것)은 붕괴 또는 반응 전후
에 동일해야 한다. 종종 기본 입자 반응에서는 새로운 종류의 입자 생성에 관심을 둔
다. 이러한 입자를 제조하는 데 필요한 에너지는 반응 성분(보통 충돌 입자)의 운동 에
너지에서 나온다. 이 에너지는 일반적으로 매우 크다[이런 연구에 대해 **고에너지 물리학**
(high-energy physics)이라는 이름이 붙은 이유이다]. 따라서 에너지와 운동량을 **상대론적**
으로 다뤄야 한다.

　기본 입자들의 붕괴는 핵의 붕괴와 유사한 방식으로 분석되며, 두 가지 기본 규칙
을 동일하게 따른다.

1. 붕괴 전 입자와 붕괴에서 생성되는 입자들 간의 정지 에너지 차이가 붕괴에 사용
   가능한 에너지이다. 핵 붕괴의 연구와 유사하게 이를 Q 값이라고 한다.

$$Q = (m_i - m_f)c^2 \tag{14.1}$$

여기서 $m_i c^2$은 붕괴 전 입자의 정지 에너지이고 $m_f c^2$은 모든 최종 생성 입자들의 총 정지 에너지이다. (물론 Q가 양수인 경우에만 붕괴가 발생한다.)

2. 사용 가능한 에너지 Q는 선형 운동량을 보존한다. 핵 붕괴의 경우와 마찬가지로, 정지한 입자의 붕괴가 2개의 최종 입자로 이루어질 경우, 입자들은 같은 크기의 반대 방향 운동량을 가지며, 두 최종 입자의 에너지 고유 값이 결정된다. 3개 이상의 입자로 붕괴하는 경우, 각 입자는 0부터 최댓값까지의 에너지 스펙트럼 또는 분포를 가진다(핵 베타 붕괴의 경우와 마찬가지로).

예제 14.3

정지 상태에서 Λ^0가 붕괴하여 얻어지는 양성자와 π 메손의 에너지를 계산하시오.

풀이

붕괴 과정은 $\Lambda^0 \rightarrow p + \pi^-$이다. 표 14.5와 표 14.6의 정지 에너지를 사용하여 다음과 같이 계산한다.

$$Q = (m_{\Lambda^0} - m_p - m_{\pi^-})c^2$$
$$= 1{,}116 \text{ MeV} - 938 \text{ MeV} - 140 \text{ MeV}$$
$$= 38 \text{ MeV}$$

따라서 붕괴 생성물의 총 운동 에너지는 다음과 같다.

$$K_p + K_\pi = 38 \text{ MeV}$$

상대론적 운동 에너지 공식을 사용하면

$$K_p + K_\pi = \left(\sqrt{c^2 p_p^2 + m_p^2 c^4} - m_p c^2 \right)$$
$$+ \left(\sqrt{c^2 p_\pi^2 + m_\pi^2 c^4} - m_\pi c^2 \right) = 38 \text{ MeV}$$

운동량 보존 법칙에 의해 $p_p = p_\pi$이고 위의 방정식에 운동량을 대입하면 해는 다음과 같이 구할 수 있다.

$$p_\pi = p_p = 101 \text{ MeV}/c$$

운동량을 상대론적 공식에 대입하면 운동 에너지를 구할 수 있다.

$$K_\pi = 33 \text{ MeV}, \quad K_p = 5 \text{ MeV}$$

예제 14.4

뮤온 붕괴 $\mu^- \rightarrow e^- + \bar{\nu}_e + \nu_\mu$에서 생성되는 전자의 최대 운동 에너지는 얼마인가?

풀이

이 붕괴의 Q 값은 $Q = m_\mu c^2 - m_e c^2 = 105.2$ MeV이다. 뉴트리노들의 질량은 무시할 정도로 작아 정지 에너지를 무시한다. 만약 μ^-가 정지 상태라면, 이 에너지는 전자와 뉴트리노로 나뉜다: $Q = K_e + E_{\bar{\nu}_e} + E_{\nu_\mu}$이다. 전자가 최대 운동 에너지를 가질 때, 두 뉴트리노는 최소 에너지를 갖는데, 이 최솟값은 0이 될 수 없다. 왜냐하면 그렇게 되면 운동량 보존에 위배되기 때문이다. 전자의 운동량이 뉴트리노들의 운동량을 상쇄시키지 못한다(μ^-가 정지 상태이므로 $\sum \vec{p}_i = \sum \vec{p}_f = 0$이다). 전자가 최대 에너지를 가질 때 뉴트리노는 전자 방향과 정확히 반대 방향으로 방출될 때를 가정한다. 그렇지 않으면 뉴트리노는 수평 운동량 성분을 갖게 되어 전자의 에너지가 적어지게 된다. 뉴트리노가 에너지와 운동량을 가지고 있는지는 중요하지 않으며(심지어 비율에 따라 분할될 수도 있음), 전자의 에너지와 운동량을 E_v와 p_v로 나타내자. 뉴트리노는 무시할 정도로 질량이 작으므로(거의 광속으로 이동하므로) $E_v \approx cp_v$이다. 전자의 에너지와 운동량을 E_e와 p_e라 하면, 선형 운동량 보존에 따라 전자에 대한 방정식은 다음과 같다.

$$p_e - p_v = 0$$

그리고 전자는 $E_e = \sqrt{c^2 p_e^2 + m_e^2 c^4}$. 이 식들을 결합하면

$$Q = K_e + E_v = E_e - m_e c^2 + cp_v = E_e - m_e c^2 + cp_e$$
$$= E_e - m_e c^2 + \sqrt{E_e^2 - m_e^2 c^4}$$

해를 구하면 $E_e = Q/2m_\mu c^2 + m_e c^2$이므로,

$$K_e = E_e - m_e c^2 = Q^2/2m_\mu c^2 = 52.3 \text{ MeV}$$

μ^-의 초기 정지 에너지는 전자와 두 뉴트리노에 거의 동등하게 나뉜다: $(K_e)_{max} = (E_v)_{max} \cong Q/2$. 이 과정이 중성자의 베타 붕괴와 얼마나 다른지 살펴보자. 중성자의 베타 붕괴에서는 붕괴로 생성된 무거운 양성자가 상당한 반동 운동량을 흡수할 수 있어 매우 적은 에너지가 전자에게 주어지고, $(K_e)_{max} \cong Q$이다.

예제 14.5

$K^+ \rightarrow \pi^0 + e^+ + \nu_e$의 붕괴에서 생성되는 양전자와 π 메손의 최대 에너지는 얼마인가?

풀이

이 붕괴의 Q 값은

$$Q = (m_K - m_\pi - m_e)c^2 = 494 \text{ MeV} - 135 \text{ MeV} - 0.5 \text{ MeV}$$
$$= 358.5 \text{ MeV}$$

에너지는 3개의 생성물로 나뉜다.

$$Q = K_\pi + K_e + E_v$$

뉴트리노 에너지를 무시할 정도가 되면, 전자와 π 메손은 에너지가 최대가 된다: $Q = K_\pi + K_e$. 그리고 이 경우 운동량 보존(뉴트리노가 무시할 정도로 운동량이 작은 경우)은 $p_\pi = p_e$이 된다. 상대적인 운동 에너지를 사용하면

$$Q = K_\pi + K_e = \sqrt{(pc)^2 + (m_\pi c^2)^2} - m_\pi c^2$$
$$+ \sqrt{(pc)^2 + (m_e c^2)^2} - m_e c^2$$

여기서 $p = p_e = p_v$이다. 수치를 대입하면

$$494 \text{ MeV} = \sqrt{(pc)^2 + (135 \text{ MeV})^2} + \sqrt{(pc)^2 + (0.5 \text{ MeV})^2}$$

2개의 제곱근을 없애는 과정에서 상당히 많은 계산이 필요하지만 식을 자세히 보면 문제를 단순화할 수 있다. pc 값은 100 MeV보다 커야 한다. (그렇지 않으면 두 항의 합은 500 MeV에 이를 수 없다.) 따라서 $(pc)^2 \gg (0.5 \text{ MeV})^2$이며, 두 번째 제곱근에 있는 전자의 정지 에너지는 무시할 수 있다. 이렇게 방정식을 단순화하면

$$494 \text{ MeV} = \sqrt{(pc)^2 + (135 \text{ MeV})^2} + pc$$

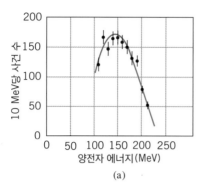
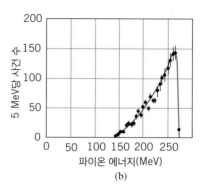

그림 14.8 K^+ 메손 붕괴에서 생성되는 양전자와 π 메손의 스펙트럼.

$pc = 229$ MeV이므로, $(E_e)_{max} = 229$ MeV와 $(E_\pi)_{max} = 266$ MeV 이다. 그림 14.8은 K^+ 붕괴로부터 관측된 e^+와 π^0의 에너지 스펙트럼 결과이며, 에너지 최댓값은 계산된 값과 일치한다. [에너지 분포의 형태는 핵 베타 붕괴의 경우와 마찬가지로 통계적인 요인에 의해 결정된다. e^+와 π^0의 통계적 요인은 다르다. 왜냐하면 e^+는 정지해 있고 ν가 반동 운동량(recoil momentum)을 가질 때 π^0도 최대 에너지를 가지기 때문이다.]

이 계산을 반복하면 (1) $K_e = 0(E_e = m_e c^2)$일 때 π^0는 최대 에너지를 갖고, (2) e^+는 $K_\pi = 0$일 때 최대 에너지를 갖지 **않음**을 확인할 수 있다.

14.6 입자 상호 작용에서의 에너지와 운동량

입자 물리학의 기본 실험은 고에너지로 가속된 입자와 정지한 표적 입자 간의 충돌로 발생하는 생성 입자를 연구하는 것이다. 반응 과정에서는 일반적으로 입자의 운동 에너지가 정지 에너지와 비슷하거나 더 크기 때문에 상대론적 공식을 사용하여 분석되어야 한다. 이 절에서는 2장에서 얻은 상대론적 운동 공식을 사용하여 이러한 반응을 분석하는 데 필요한 일부 관계를 도출한다. 이러한 반응의 중요한 목적 중 하나는 새로운 종류의 입자를 생성하는 것이므로, 입자를 생성하는 데 필요한 문턱 에너지를 계산하는 데 초점을 맞추었다. (13장에서 다룬 **비상대론적** 반응 문턱값에 대한 논의를 복습하는 것이 도움이 될 수 있다.)

다음 반응을 고려해 보자.

$$m_1 + m_2 \rightarrow m_3 + m_4 + m_5 + \cdots$$

여기서 m은 입자와 그들의 질량을 나타내고, 최종 상태에서 어떤 수의 입자도 생성될 수 있다. 여기서 입자 1의 질량 m_1은 총에너지 E_1, 운동 에너지 $K_1 = E_1 - m_1 c^2$, 운동량 $cp_1 = \sqrt{E_1^2 - m_1^2 c^4}$ 을 가진다. 표적 입자 m_2은 실험실 기준 정지해 있다. 그림 14.9

는 실험실 기준 프레임에서 반응을 보여준다. 붕괴의 경우처럼, 생성 입자가 2개인 경우 각각 고유한 에너지 값을 가지며, 생성 입자가 3개 이상인 경우 0부터 최댓값까지 연속적인 에너지 분포를 갖는다.

핵 반응의 경우처럼, 초기와 최종 정지 에너지의 차이로 Q 값이 정의된다.

$$Q = (m_i - m_f)c^2 = [m_1 + m_2 - (m_3 + m_4 + m_5 + \cdots)]c^2 \qquad (14.2)$$

만약 Q가 양수이면, 정지 에너지가 운동 에너지로 바뀐다. 따라서 생성 입자 m_3, m_4, m_5, …는 초기 입자 m_1과 m_2보다 더 많은 결합된 운동 에너지를 갖는다. 만약 Q가 음수이면, 초기 입자 m_1의 일부 운동 에너지가 정지 에너지로 바뀐다.

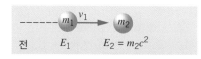
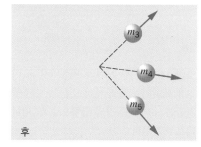

그림 14.9 실험실 프레임(실험실 관성좌표계)에서의 입자 반응.

예제 14.6

다음 두 반응에서의 파이온(π) 에너지 스펙트럼을 정성적으로 비교하시오.

$$p + p \rightarrow \pi + p + n \quad \text{그리고} \quad p + p \rightarrow \pi + d$$

풀이

첫 번째 반응은 베타 붕괴처럼 최종 상태에 입자 3개가 생성되므로 파이온들은 양성자의 입사 에너지에 따라 0에서 최대치까지 연속적인 에너지로 나타날 수 있다. 두 번째 반응은 최종 상태에 입자 2개가 생성되므로 파이온들은 단일 에너지로 나타난다. 두 번째 반응에서 파이온의 에너지는 중수소 결합 에너지로 인해 첫 번째 반응에서의 최대 에너지보다 약간 더 커질 것이다.

예제 14.7

다음 반응들의 Q 값을 계산하시오. (a) $\pi^- + p \rightarrow K^0 + \Lambda^0$, (b) $K^- + p \rightarrow \Lambda^0 + \pi^0$.

풀이

(a) 표 14.5와 14.6의 정지 에너지를 이용하면,

$$\begin{aligned} Q &= [m_{\pi^-} + m_p - (m_{K^0} + m_{\Lambda^0})]c^2 \\ &= 140 \text{ MeV} + 938 \text{ MeV} - 498 \text{ MeV} - 1{,}116 \text{ MeV} \\ &= -536 \text{ MeV} \end{aligned}$$

이 반응은 $Q < 0$이며, 외부에서 에너지가 주어져야 최종 입자를 생성할 수 있다.

(b) $$\begin{aligned} Q &= [m_{K^-} + m_p - (m_{\Lambda^0} + m_{\pi^0})]c^2 \\ &= 494 \text{ MeV} + 938 \text{ MeV} - 1{,}116 \text{ MeV} - 135 \text{ MeV} \\ &= 181 \text{ MeV} \end{aligned}$$

$Q > 0$은 초기 입자에서 최종 입자를 생성하는 데 충분한 정지 에너지가 있음을 나타낸다. 실제로 Λ^0 및 π^0의 운동 에너지에 사용할 181 MeV의 에너지(추가로 충돌 입자의 운동 에너지)가 남아 있다.

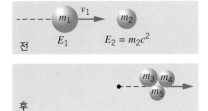

그림 14.10 그림 14.9의 반응에서 m_1이 경계 에너지를 가질 때의 모습. 생성된 입자들은 초기 운동량의 방향으로 한 덩어리로 이동한다.

문턱 에너지

Q 값이 음수인 경우, 반응을 시작하기 위해 m_1이 가져야 하는 최소한의 운동 에너지가 있다. 비상대론적 핵물리학의 경우와 마찬가지로, 이 **문턱 운동 에너지**(threshold kinetic energy) K_{th}는 Q보다 커야 한다. Q 값은 생성되는 추가 질량을 만드는 데 필요한 에너지이다. 그러나 운동량 보존을 위해 생성 물질은 정지 상태에서 형성될 수 없으므로 문턱 에너지는 추가 입자를 생성할 뿐만 아니라 운동량이 반응에서 보존되도록 충분한 운동 에너지도 제공해야 한다.

만약 그림 14.9에서의 반응이 $Q < 0$이라면, 명백히 반응은 문턱 운동 에너지에서 이루어지고 있지 않다. 그림에 그려진 반응에는 새로운 입자들이 생성되는 것뿐만 아니라, 초기 운동량을 보존하기 위해 필요한 전진 운동량(그림에서 오른쪽으로)도 제공되었다. 또한 반사되는 운동량도 제공되었다. 이런 반사되는 운동량은 운동량을 보존하기 위해 합쳐져야 하지만, 입자를 생성하거나 운동량 보존을 충족하는 데 필요한 것은 아니다. 최소 또는 문턱 조건에서 이러한 반사 운동량은 영이다.

문턱 상태에서 최적의 운동량을 제공하는 가장 효율적인 방법은 그림 14.10에서 보듯, 최종 입자가 모두 같은 속도로 이동하는 것이다. (이는 초기 운동량이 영인 **프레임/관성좌표계**에서 충돌을 살펴볼 때 동일한 속도로 입자를 생성하는 것과 동일하다. 이 관성좌표계는 두 입자의 정면 충돌과 같은 경우다.) 최종 입자를 전체 질량 M으로 표현해 보자. 그런 다음 운동량 보존($p_{initial} = p_{final}$)은 $p_1 = p_M$, 총 상대적 에너지 보존($E_{initial} = E_{final}$)은 $E_1 + E_2 = E_M$으로 주어진다. 여기서 p_M과 E_M은 최종 입자들의 운동량 및 총 상대적 에너지를 나타내고, 이는 다음과 같다.

$$\sqrt{(p_1 c)^2 + (m_1 c^2)^2} + m_2 c^2 = \sqrt{(p_M c)^2 + (m_M c^2)^2} = \sqrt{(p_1 c)^2 + (m_M c^2)^2} \quad (14.3)$$

양변을 제곱하고 풀면,

$$\sqrt{(p_1 c)^2 + (m_1 c^2)^2} = \frac{(Mc^2)^2 - (m_1 c^2)^2 - (m_2 c^2)^2}{2 m_2 c^2} \quad (14.4)$$

m_1의 문턱 운동 에너지는

$$\begin{aligned} K_{th} = E_1 - m_1 c^2 &= \sqrt{(p_1 c)^2 + (m_1 c^2)^2} - m_1 c^2 \\ &= \frac{(Mc^2)^2 - (m_1 c^2)^2 - (m_2 c^2)^2}{2 m_2 c^2} - m_1 c^2 \\ &= \frac{(Mc^2 - m_1 c^2 - m_2 c^2)(Mc^2 + m_1 c^2 + m_2 c^2)}{2 m_2 c^2} \end{aligned} \quad (14.5)$$

$Q = m_1 c^2 + m_2 c^2 - M c^2$과 $M = m_3 + m_4 + m_5 + \cdots$를 이용하면,

$$K_{\text{th}} = (-Q)\frac{m_1 + m_2 + m_3 + m_4 + m_5 + \cdots}{2m_2} \qquad (14.6)$$

이는 다음과 같이 생각할 수 있다.

$$K_{\text{th}} = (-Q)\frac{\text{반응에 관여된 입자들의 총질량}}{2 \times \text{표적 입자의 질량}} \qquad (14.7)$$

속도가 작아지면 상대론적 문턱 공식은 13장에서 유도된 비상대론적 핵반응 공식이 된다(연습문제 22번 참조).

▌ 예제 14.8

$p + p \rightarrow p + p + \pi^0$ 반응에서 π 중간자를 만들 수 있는 문턱 운동 에너지를 계산하시오.

풀이

Q 값은

$$Q = m_p c^2 + m_p c^2 - (m_p c^2 + m_p c^2 + m_\pi c^2)$$
$$= -m_\pi c^2 = -135 \text{ MeV}$$

식 (14.7)을 사용하면 문턱 운동 에너지를 구할 수 있다.

$$K_{\text{th}} = (-Q)\frac{4m_p + m_\pi}{2m_p}$$
$$= (135 \text{ MeV})\frac{4(938 \text{ MeV}) + 135 \text{ MeV}}{2(938 \text{ MeV})} = 280 \text{ MeV}$$

이런 고에너지 양성자는 전 세계 여러 가속기에서 생산되며, 이로 인해 π 중간자의 특성을 신중하게 연구할 수 있다.

▌ 예제 14.9

1956년 버클리에서는 반양성자를 탐지하기 위한 실험이 다음 반응을 통해 수행되었다: $p + p \rightarrow p + p + p + \bar{p}$. 이 반응에서 양성자의 문턱 에너지는 얼마인가?

풀이

반양성자의 정지 에너지는 양성자와 같다(938 MeV). 따라서 Q 값은

$$Q = m_p c^2 + m_p c^2 - 4(m_p c^2) = -2m_p c^2$$
$$K_{\text{th}} = (2m_p c^2)\frac{6m_p c^2}{2m_p c^2} = 6m_p c^2 = 5{,}628 \text{ MeV}$$
$$= 5.628 \text{ GeV}$$

이 반응에서 생성된 반양성자를 발견한 공로를 인정받아 Owen Chamberlain과 Emilio Segrè는 1959년 노벨 물리학상을 수상했다.

반응들의 '효율성'을 계산하는 것은 흥미로운데. 즉 초기 운동 에너지 중 실제로 최종 입자를 생성하는 데 얼마나 많이 사용되고 반응 생성물의 실험실 운동 에너지에 얼마나 많이 '낭비'되는지를 나타낸다. 첫 번째 예에서, 280 MeV의 운동 에너지를 공급하여 135 MeV의 정지 에너지를 생성하였다. 따라서 효율성은 약 50%다. 두 번째 예에서는 $6m_pc^2$의 운동 에너지가 $2m_pc^2$의 정지 에너지를 생성하는 데 사용되어 효율성은 약 33%다. 생성물 입자의 정지 에너지가 커질수록 효율성이 감소하며, 상대적으로 더 많은 에너지가 필요하다. 예를 들어, 어떤 입자의 정지 에너지가 50 GeV인 경우, 양성자−양성자 충돌에서 약 1,250 GeV의 초기 운동 에너지를 공급해야 한다. 공급된 에너지의 약 4%만이 새로운 입자를 생성하는 데 사용되며, 나머지 96%는 초기 입자의 큰 운동량을 유지시키기 위해 생성물의 운동 에너지가 되어야 한다. 100 GeV 입자를 생성하기 위해서는 두 배가 아닌 네 배의 에너지가 필요하다. 이는 입자 물리학자들이 더 많은 입자를 생성하기 위해서 점점 더 강력한 가속기를 필요로 하는 고통스러운 상황을 명백히 보여준다.

이런 어려움을 극복하는 한 가지 방법은 운동량이 같고 방향이 반대인 두 입자의 정면 충돌을 실험하는 것이다. 사실 중심 질량(CM) 프레임에서 이 실험을 수행하게 되는데, 여기서 문턱값에서 새로운 입자의 생성 효율은 100%일 정도로 효율적이다. 초기 운동 에너지 중 어느 것도 생성물의 운동 에너지로 이동하지 **않으며**, 생성물은 CM 프레임에서 정지 상태로 생성된다. 따라서 50 GeV의 입자는 25 GeV의 운동 에너지만으로 두 양성자 간의 정면 충돌에 의해 생성될 수 있다. 물론 이러한 충돌에는 기술적인 어려움과 큰 비용이 든다.

현재 운영 중인 **충돌 빔**(colliding beam) 가속기에서는 전자나 양성자 같은 입자 빔이 가끔씩 충돌하게 된다. 스위스와 프랑스 국경에 위치한 대형 강입자 충돌 가속기(LHC)는 2009년에 가동을 시작했다. 이 충돌기는 2개의 양성자 빔을 각각 7 GeV의 에너지로 충돌시켜 새로운 입자를 더 높은 범위의 안정 에너지로 탐색한다. 다른 충돌 빔 가속기는 50~100 GeV의 에너지로 전자와 양전자를 함께 충돌시킨다. 각각의 경우에 사용 가능한 에너지가 모두 새로운 입자 생성에 사용된다.

14.7 중간자와 바리온의 쿼크 구조

100개가 넘는 화학 원소의 구조를 주기율표 없이 이해하는 것은 불가능할 것이다. 주기율표에서 화학적 및 물리적 성질이 유사한 그룹(예: $3d$ 전이 금속, 알칼리 금속, 할로겐, 불활성 기체)은 단순화할 수 있는 기본 구조가 있다고 생각하게 만든다. 이제 우리는 이러한 기본 구조를 세 가지 기본 구성 요소인 양성자, 중성자, 전자로 이룰 수 있음을 알고 있다.

기본 입자들의 기본 구조에 대해 유사하게 이해할 수 있다. 그들을 이차원 다이어그램에 나타내어 기묘도를 y축으로, 전하를 x축으로 놓자. 그림 14.11과 14.12는 스핀-0 중간자와 스핀-$\frac{1}{2}$ 바리온의 도표를 보여준다.

1964년, Murray Gell-Mann과 George Zweig는 독립적으로 동시에 이러한 규칙적인 반복적 형태들이 입자의 기본적인 구조가 있는 증거라고 인식했다. 그들은 중간자와 바리온이 3개의 기본 입자로 구성되었다면 이러한 반복적 형태를 재현할 수 있다는 것을 보였으며, 이후 이 기본 입자들은 **쿼크**(quark)로 알려지게 되었다. 이 3개의 쿼크는 위(up), 아래(down), 그리고 기묘(strange)라고 불리며, 표 14.7에 열거된 속성을 갖고 있다. 우리는 이제 모든 알려진 중간자와 바리온을 설명하기 위해 6개의 쿼크가 필요하다고 믿고 있으며, 이에 대해서는 나중에 논의한다.

쿼크 모델이 스핀-0 중간자에 어떻게 작동하는지 살펴보자. 쿼크는 스핀-$\frac{1}{2}$을 갖고 있으므로, 스핀-0 중간자를 형성하는 가장 간단한 방법은 그들의 스핀이 서로 반대 방향을 향하도록 2개의 쿼크를 결합하는 것이다. 그러나 중간자들은 바리온 수 $B=0$을 갖고 있으며, 2개의 쿼크를 결합한 경우 바리온 수는 $B=\frac{1}{3}+\frac{1}{3}=\frac{2}{3}$가 될 것이다. 반면에, 쿼크와 안티쿼크의 결합은 $B=0$을 갖게 된다. 왜냐하면 안티쿼크의 바리온 수는 $B=-\frac{1}{3}$이기 때문이다.

예를 들어, u 쿼크와 $\bar{\text{d}}$ ('안티다운') 쿼크를 결합하여 u$\bar{\text{d}}$ 조합을 얻는다. 이 조합은 스핀 0과 전하 $\frac{2}{3}e+\frac{1}{3}e=+e$를 갖는다. (안티다운 쿼크의 전하는 $-\frac{1}{3}e$이기 때문에 $\bar{\text{d}}$는 전하 $+\frac{1}{3}e$를 갖는다.) 이 조합의 특성은 π^+ 중간자와 동일하며, 따라서 u$\bar{\text{d}}$ 조합을 π^+ 중간자로 정의한다. 이와 같은 방식으로 계속하면, 원래 표 14.7의 세 가지 쿼크 중 하나와 표 14.8의 안티쿼크에서 아홉 가지 가능한 조합을 찾을 수 있다. 이 조합들을 기

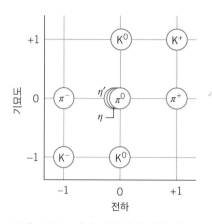

그림 14.11 스핀-0 중간자의 전하-기묘도 관계.

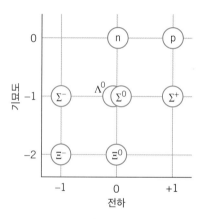

그림 14.12 스핀-$\frac{1}{2}$ 바리온의 전하-기묘도 관계.

표 14.7 3개 쿼크의 성질

명칭	기호	전하(e)	스핀(h)	바리온 수	기묘도	안티쿼크
위	u	$+\frac{2}{3}$	$\frac{1}{2}$	$+\frac{1}{3}$	0	$\bar{\text{u}}$
아래	d	$-\frac{1}{3}$	$\frac{1}{2}$	$+\frac{1}{3}$	0	$\bar{\text{d}}$
기묘	s	$-\frac{1}{3}$	$\frac{1}{2}$	$+\frac{1}{3}$	-1	$\bar{\text{s}}$

쿼크의 전하, 바리온 수, 그리고 기묘도 값이 표시되었다. 안티쿼크인 경우 모두 반대 부호를 가진다.

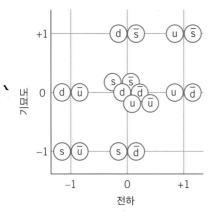

그림 14.13 스핀-0 쿼크-안티쿼크 조합.
그림 14.11과 비교해 보자.

표 14.8 쿼크-안티쿼크 조합

조합	전하(e)	스핀(h)	바리온 수	기묘도
$u\bar{u}$	0	0, 1	0	0
$u\bar{d}$	+1	0, 1	0	0
$u\bar{s}$	+1	0, 1	0	+1
$d\bar{u}$	−1	0, 1	0	0
$d\bar{d}$	0	0, 1	0	0
$d\bar{s}$	0	0, 1	0	+1
$s\bar{u}$	−1	0, 1	0	−1
$s\bar{d}$	0	0, 1	0	−1
$s\bar{s}$	0	0, 1	0	0

묘도 대 전하 그래프에 표시하면 그림 14.13을 얻으며, 이는 그림 14.11과 동일하다.

바리온은 $B=+1$이고, 스핀이 $\frac{1}{2}$ 또는 $\frac{3}{2}$인데, 이는 바리온이 쿼크 3개로 구성됨을 암시한다. 바리온의 스핀은 스핀 3개가 모두 같은 방향일 때 $\frac{3}{2}$, 2개는 같은 방향이고 하나는 반대 방향일 때 $\frac{1}{2}$을 갖는다. 쿼크 3개가 가질 수 있는 조합은 표 14.9에 나와 있으며, 스핀-$\frac{1}{2}$의 조합은 그림 14.14에 나온 반복적 형태로 이해할 수 있고, 이는 그림 14.12와 동일한 반복적 형태이다.

쿼크 모델을 사용하여 기본 입자의 붕괴와 반응을 분석할 때 다음 두 규칙을 기반으로 할 수 있다.

표 14.9 3개 쿼크 조합

조합	전하(e)	스핀(h)	바리온 수	기묘도
uuu	+2	$\frac{3}{2}$	+1	0
uud	+1	$\frac{1}{2}, \frac{3}{2}$	+1	0
udd	0	$\frac{1}{2}, \frac{3}{2}$	+1	0
uus	+1	$\frac{1}{2}, \frac{3}{2}$	+1	−1
uss	0	$\frac{1}{2}, \frac{3}{2}$	+1	−2
uds	0	$\frac{1}{2}, \frac{3}{2}$	+1	−1
ddd	−1	$\frac{3}{2}$	+1	0
dds	−1	$\frac{1}{2}, \frac{3}{2}$	+1	−1
dss	−1	$\frac{1}{2}, \frac{3}{2}$	+1	−2
sss	−1	$\frac{3}{2}$	+1	−3

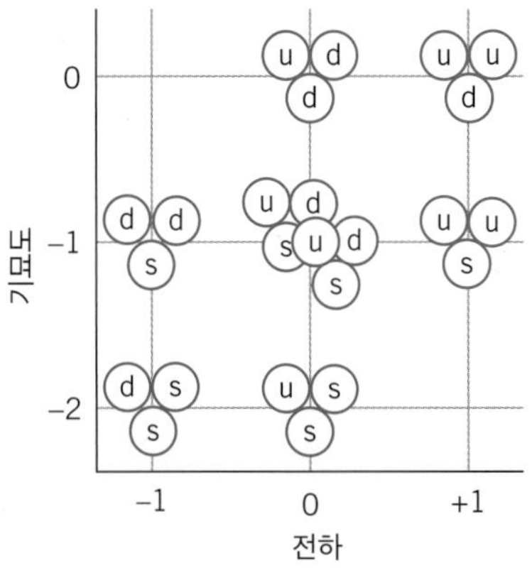

그림 14.14 스핀-$\frac{1}{2}$인 쿼크 3개의 조합.
그림 14.12와 비교해 보자.

1. 에너지 양자로부터 쿼크-안티쿼크 쌍을 생성하거나 반대로 소멸시킬 수 있다. 예를 들어,

$$\text{에너지} \rightarrow u + \bar{u} \quad \text{또는} \quad d + \bar{d} \rightarrow \text{에너지}$$

   이 에너지는 감마선의 형태로 나타날 수 있으며(예: 전자-양전자 소멸), 붕괴 또는 반응에 참여하는 다른 입자로부터 이동할 수도 있다.

2. 약한 상호 작용은 W^+ 또는 W^- 보손을 방출 또는 흡수하여 쿼크를 다른 종류의 쿼크로 변환시킬 수 있다(예: $s \rightarrow u + W^-$). 그 후 W 보손은 약한 상호 작용 과정을 통해 붕괴한다(예: $W^- \rightarrow \mu^- + \bar{\nu}_\mu$ 또는 $W^- \rightarrow d + \bar{u}$). 강한 상호 작용과 전자기 상호 작용은 쿼크를 다른 종류의 쿼크로 변환시킬 수 없다는 점을 유의하자.

예제 14.10

(a) 그림 14.12와 14.14에 나와 있는 스핀-$\frac{1}{2}$ 바리온들에 대해 쿼크 3개의 결합이 하나의 입자를 구성하는지 설명하시오. 단, uds 조합을 갖는 두 입자는 제외한다. (b) 스핀-$\frac{3}{2}$ uds 조합에 대해서도 같은 현상을 기대할 수 있는가?

풀이

(a) uds 결합을 제외한 모든 쿼크 3개의 결합은 동일한 쌍의 쿼크를 포함한다. Pauli 배타 원리에 따르면 동일한 쿼크는 반대 스핀을 가져야 하며 $S=0$으로 결합된다. 이 조합에 세 번째 쿼크 스핀이 결합하면 총스핀 $\frac{1}{2}$을 얻는 방법은 하나뿐이다. uds 같은 3개의 다른 쿼크 조합은 스핀을 두 가지 다른 방법으로 결합할 수 있다. u와 d가 평행하게 결합되면 $S=1$이고, s가 반대로 결합되어 $S=\frac{1}{2}$이 된다. 그리고 u와 d가 반대로 결합되면 $S=0$이 되며 s와 결합하여 $S=\frac{1}{2}$이 된다. (b) $S=\frac{3}{2}$을 이루는 uds 조합은 모든 쿼크 스핀이 평행하며, 이러한 구성은 오직 하나만 있다. (쿼크 3개가 모두 다르기 때문에 Pauli 배타 원리가 적용되지 않는다.)

예제 14.11

입자를 이루는 쿼크의 관점에서 (a) $\pi^- + p \rightarrow \Lambda^0 + K^0$ 반응과 (b) $\pi^+ \rightarrow \mu^+ + \nu_\mu$ 붕괴를 분석해 보자.

풀이

(a) $\pi^- + p \rightarrow \Lambda^0 + K^0$ 반응은 아래와 같이 다시 쓸 수 있다.

$$d\bar{u} + uud \rightarrow uds + d\bar{s}$$

양변에 u 쿼크와 d 쿼크 2개가 공통이다. 양변의 '관측자' 쿼크를 소거하면 남은 변환은 다음과 같다.

$$\bar{u} + u \rightarrow s + \bar{s}$$

u와 $\bar{u}$는 소멸하고, 그 에너지로 s와 $\bar{s}$가 생성된다.

(b) π^+는 $u\bar{d}$ 쿼크로 구성되어 있다. $\mu^+ + \nu_\mu$를 만드는 쿼크는 없다. 따라서 $u\bar{d}$ 쿼크가 소멸하는 반응이 있어야 한다. 한 가

지 방법은 u 쿼크가 u → d + W$^+$를 통해 d 쿼크로 바뀌는 것
이다. 그 순 과정은 아래와 같이 쓸 수 있다.

$$u\bar{d} \rightarrow d + \bar{d} + W^+$$

그리고 이어지는 다음 과정을 통해 최종 입자를 만들어낸다.

$$d + \bar{d} \rightarrow 에너지 \quad 그리고 \quad W^+ \rightarrow \mu^+ + \nu_\mu$$

표 14.5에 나열된 일부 무거운 중간자들은 표 14.8에 나열된 쿼크-안티쿼크 조합에 포함되지 않는다. 이런 입자들은 어떤 체계에 속하는 걸까?

1974년, 새로운 중간자 J/ψ가 3.1 GeV의 정지 에너지에서 발견되었다(경쟁 중인 두 실험 그룹에 의해 발견되었고, 각각 J와 ψ라고 명명함). 이 중간자는 강한 상호 작용이 미치는 약 10^{-23}초 안에 더 가벼운 중간자들로의 붕괴가 예상되었으나, 실제 수명은 3개의 자릿수로 늘어난 약 10^{-20}초였고, 붕괴 생성물은 전형적인 전자기 과정인 e$^+$와 e$^-$였다. 이 입자에 대한 더 빠른, 강한 상호 작용으로 인한 붕괴 경로가 일어나지 않았을까? 이에 대한 설명으로 J/ψ가 새로운 쿼크 c, 즉 **맵시 쿼크**(charm quark)와 그것의 안티쿼크 $\bar{c}$로 구성되어 있다고 가정하였다. c 쿼크의 존재는 이전에 알려진 법칙을 위반하지는 않지만 관측되지 않는 $K^0 \rightarrow \mu^+ + \mu^-$의 붕괴를 설명하기 위한 방법으로 4년 전에 예측되었다.

c 쿼크의 전하는 $+\frac{3}{2}e$이며, 맵시라는 특성을 가지고 있어 약간은 낯설게 행동한다. c 쿼크에 매력 양자수 $C = +1$을 할당한다(안티쿼크 $\bar{c}$는 $C = -1$이다). 다른 모든 쿼크는 $C = 0$이다. c 쿼크가 안티쿼크 $\bar{u}, \bar{d}, \bar{s}$와 결합하거나, 안티쿼크 $\bar{c}$가 쿼크 u, d, s와 결합하여 새로운 중간자 집합을 구성할 수 있다. 9개의 스핀-0인 중간자 대신 이제는 16개가 있으며, 그림 14.11과 14.13의 이차원 그래프를 제3의 차원인 C축까지 확장하여 나타내야 한다(그림 14.15). 모든 새로운 중간자를 D라 부르며, 고에너지 충돌 실험에서 관측되었다. 이 새로운 쿼크를 포함하는 바리온도 발견되었는데, 이는 Λ, Σ, Ξ, Ω 입자와 유사하지만 s 쿼크가 c 쿼크로 대체된 것이다.

1977년에는 또 다른 중간자인 ϒ(업사일론)에 대해 동일한 일련의 사건이 반복되었다. 정지 에너지는 약 9.5 GeV였으며, 다시 한번 그 붕괴가 약 10^{-20}초로 느려지고 중간자가 아닌 e$^+$와 e$^-$를 생성했다. 새로운 쿼크를 가정하였는데, 쿼크 b(bottom, 바닥)였으며, 새로운 양자 '하단성(bottomness)' 수 $B = -1$과 전하는 $-\frac{1}{3}e$이다. (B는 바리온 수와 하단성을 나타내기 위해 사용된다. 문맥상 어떤 것을 의미하는지 놓치지 말자.) ϒ은 b$\bar{b}$의 조합이다. b 쿼크를 포함한 새로운 입자들이 발견되었는데, 안티쿼크 $\bar{b}$와 짝을 이루는 B 중간자, 그리고 b가 s를 대체한 Λ, Σ, Ξ와 유사한 바리온이다.

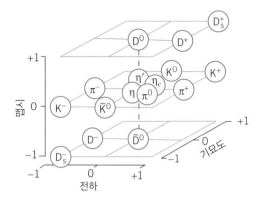

그림 14.15 스핀-0 중간자들의 전하,
기묘도, 맵시 간의 관계도.

1994년 Fermilab의 양성자–반양성자 충돌에서 여섯 번째 쿼크가 발견되었다. 이 충돌은 새로운 쿼크와 안티쿼크를 만들었고, (그림 14.5와 같이)둘 다 이차 입자들의 소나기로 붕괴되었다. 실험자들은 이차 입자들의 에너지와 운동량을 측정함으로써 새로운 쿼크의 질량을 172 GeV로 결정할 수 있었다(대략 텅스텐 원자의 질량과 유사함). 이 새로운 쿼크는 t(top, 꼭대기)로 알려져 있으며 양자수 $T = +1$을 가진 새로운 관련 속성인 '상단성(topness)'을 갖고 있다.

지금은 단순화에서 벗어난 것처럼 보일 수 있고(그림 14.15에 '하단성' 축을 추가하려면 사차원 공간을 묘사해야 한다!), 복잡한 입자 배열을 똑같이 복잡한 쿼크 배열로 대체하려는 것처럼 보일 수 있다. 그러나 근본적인 쿼크가 6개 이상은 없다고 믿는 이유가 있다. 다음 절에서는 실제로 우리가 기본 입자에 대한 간단한 설명으로 향하고 있음을 논의한다.

표 14.10은 6개 쿼크의 성질을 나타낸다. 쿼크의 질량은 자유 쿼크가 아직 관측되지 않았기 때문에 직접 결정할 수 없다. 표 14.10에 나와 있는 정지 에너지는 다양한

표 14.10 쿼크의 성질

유형	기호	반입자	전하(e)	스핀(h)	바리온 수	정지 에너지 (MeV)	성질 C	S	T	B
위	u	$\bar{u}$	$+\frac{2}{3}$	$\frac{1}{2}$	$+\frac{1}{3}$	330	0	0	0	0
아래	d	$\bar{d}$	$-\frac{1}{3}$	$\frac{1}{2}$	$+\frac{1}{3}$	330	0	0	0	0
맵시	c	$\bar{c}$	$+\frac{2}{3}$	$\frac{1}{2}$	$+\frac{1}{3}$	1,500	+1	0	0	0
기묘	s	$\bar{s}$	$-\frac{1}{3}$	$\frac{1}{2}$	$+\frac{1}{3}$	500	0	−1	0	0
상단	t	$\bar{t}$	$+\frac{2}{3}$	$\frac{1}{2}$	$+\frac{1}{3}$	172,000	0	0	+1	0
하단	b	$\bar{b}$	$-\frac{1}{3}$	$\frac{1}{2}$	$+\frac{1}{3}$	4,700	0	0	0	−1

입자에 결합되어 있을 때 쿼크가 갖는 '겉보기' 질량에 근거한 추정치이다. 예를 들어, 관측된 양성자의 정지 에너지는 양성자를 구성하는 3개의 쿼크 정지 에너지의 합에서 쿼크 결합 에너지를 뺀 값이다. 결합 에너지를 모르기 때문에 자유 쿼크의 정지 에너지를 알 수 없다. 표 14.10에 나타난 정지 에너지는 보통 '구성 쿼크'의 에너지로 불린다.

쿼크 모델은 그림 14.15와 같은 입자들의 기하학적 배열을 허용하는 것 이상의 역할을 한다. 입자의 질량, 자기 모멘트와 같은 많은 관측된 성질을 설명하고, 그들의 붕괴 수명과 반응 확률을 설명하는 데 사용될 수 있다. 그럼에도 자유 쿼크는 그들을 찾기 위한 영웅적인 실험에도 불구하고 아직 관측되지 않았다. 그렇다면 어떻게 그들이 존재한다고 확신할 수 있을까? 고에너지 전자를 양성자에 산란시키는 실험에서 양성자의 전기 전하가 그 부피 전체에 고르게 분포되어 있다면 예상되는 것보다 큰 각도로 산란된 입자를 더 많이 관측하게 된다. 그리고 산란된 전자들의 분포 분석을 통해 양성자 내부에 그 산란을 일으키는 3개의 점 모양 무엇인가가 있다고 결론 낼 수 있다. 이 실험은 정확히 Rutherford 산란 실험과 유사하다. Rutherford 실험에서 예상보다 큰 각도로 산란된 알파 입자들의 분포를 통해 원자 내부에 압축된 핵의 존재가 드러났다. Rutherford 실험과 마찬가지로, 관측된 산란 단면적은 산란을 일으키는 것의 전기 전하에 의존한다. 그리고 이 실험들로부터 그 점 모양 무엇인가의 전하가 $\frac{1}{3}e$와 $\frac{2}{3}e$임을 추론할 수 있다. 이 실험들은 양성자 내부에 쿼크가 존재한다는 명확한 증거를 제공한다.

하지만 아직 왜 자유 쿼크가 관측되지 않았을까? 아마도 쿼크가 질량이 너무 커서 지금까지 만들어진 어느 가속기도 쿼크를 해방시킬 만큼 충분한 에너지를 가지고 있지 않아서일 수도 있다. 아니면 쿼크 사이의 힘이 거리에 따라 증가하는지도 모른다 (전자기력이나 중력과는 반대로 거리가 멀어질수록 **감소**한다). 그렇다면 쿼크를 핵자로부터 분리하기 위해서는 무한한 에너지가 필요할 것이다. 또는 (현재 널리 믿어지는 것처럼) 아마도 쿼크 구조의 기본 이론이 자유 쿼크의 존재 자체를 금지하고 있을 수도 있다.

쿼코늄

물리학자들은 종종 새로운 발견을 이해하기 위해 유사한 계와 비교한다. 메손의 쿼크 구조의 경우, 쿼크와 반쿼크의 메손 크기 조합인 **쿼코늄**(quarkonium)의 성질과 다른 입자-반입자 조합인 원자 크기의 전자-양전자 구조인 **포지트로늄**(positronium) 사이에 큰 유사성이 있는 것으로 밝혀졌다. 포지트로늄의 구조는 수소 원자의 경우와 마찬가지로 정확히 Schrödinger 방정식을 풀어 주양자수 n으로 표시되는 일련의 에너지 준위로 분석할 수 있다. 더 자세한 미세구조를 고려하여, 전자와 양전자의 스핀이 합쳐져 전체 스핀이 $S=1$(평행 조합) 또는 $S=0$(반평행 조합)이 되는지에 따라 작은 에너지 보정을 찾을 수 있다. 이는 헬륨의 두 전자의 단일항 상태와 삼중항 상태(그림 8.17)와 유사한 방식이며, 또한 스핀과 궤도 운동량이 어떻게 결합하여 다른 전체 운동량 값을 갖는지에 대해서도 알 수 있다.

가벼운 쿼크(u, d, s)의 쿼크-안티쿼크 조합은 이러한 비교에 사용할 수 없다. 왜냐하면 결합 에너지와 결합 상태에서의 운동 에너지가 그들의 질량에 비해 크기 때문에 상대론적 효과가 준위에 큰 영향을 미칠 것으로 예상되기 때문이다. 보다 질량이 큰 쿼크(c, b, t)의 경우에는 결합 에너지가 정지 에너지에 비해 작기 때문에 적어도 시작점으로서는 비상대론적 접근법을 사용할 수 있다.

그림 14.16은 포지트로늄의 에너지 준위와 두 가지 쿼코늄 조합인 차모늄(c$\bar{c}$)과 보토모늄(b$\bar{b}$)의 측정된 준위를 비교한다. (큰 질량 때문에 상단 쿼크는 생성하기가 매우 어렵고 빨리 붕괴되므로, t$\bar{t}$ 상태는 관측되지 않았다.) 포지트로늄과 마찬가지로, 쿼코늄 상태는 전체 스핀($S=0$ 또는 $S=1$), 조합의 궤도 운동량($L=0$과 $L=1$ 상태가 표시됨), 그리고 주양자수 n으로 표시될 수 있다. 쿼코늄에서 가장 낮은 $S=1$, $L=0$ 상태는 표 14.5

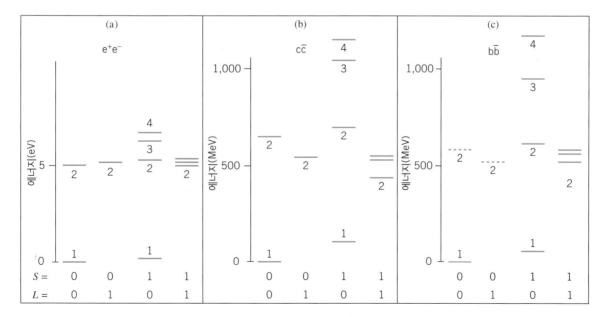

그림 14.16 (a) 포지트로늄(e$^+$e$^-$), (b) c$\bar{c}$ 쿼코늄, (c) b$\bar{b}$ 쿼코늄의 에너지 준위. 이 원자 유사 상태들은 주양자수 n의 값으로 표시된다. 에너지 축의 영점은 c$\bar{c}$의 경우 2,980 MeV, b$\bar{b}$의 경우 9,389 MeV이다. b$\bar{b}$에서 $n=2$ 상태 중 $S=0$, $L=0$과 $S=0$, $L=1$인 상태는 아직 발견되지 않았으며, (c)에서 점선으로 표시되어 있다.

에 나열된 스핀 1 메손 J/ψ와 Υ이며, 이들 또한 포지트로늄(과 수소)과 마찬가지로 더 큰 주양자수를 가진 들뜬 상태를 갖는다. $S = 1$과 $L = 1$을 가진 삼중항 상태는 이러한 각운동량을 결합하여 총합이 0, 1 또는 2가 되는 세 가지 방식에 해당한다. 에너지 스케일이 10^8배 차이가 나지만, 포지트로늄과 쿼코늄의 에너지 준위 사이에는 큰 유사성이 있다. c̄c와 b̄b 상태 사이의 유사성은 놀라운데, 이는 Schrödinger 방정식에서 예상되는 에너지 준위가 계의 환산 질량에 의존하기 때문이다. 그리고 b̄b 조합은 c̄c보다 약 세 배 정도 더 무겁다.

다음 단계는 Schrödinger 방정식에 의한 쿼코늄 스펙트럼을 재현해 보는 것이다. 포지트로늄 상태와의 대략적인 유사성은 퍼텐셜 에너지의 $1/r$ 성향인데, 전하가 있는 두 쿼크 사이의 전기 퍼텐셜 에너지는 전형적인 0.5 fm 메손 크기에서 약 1 MeV 정도로 그림 14.16의 수백 MeV의 들뜬 상태 분리를 설명하기에는 너무 작다. 게다가 $1/r$ 퍼텐셜 에너지는 거리가 멀어질수록 약해지지만, 자유 쿼크를 생성할 수 없다는 것은 거리가 멀어질수록 상호 작용이 강해져야 함을 시사한다. 이러한 기준을 만족시키는 가장 간단한 퍼텐셜 에너지는 다음과 같을 것이다.

$$U(r) = -\frac{a}{r} + br \tag{14.8}$$

이 퍼텐셜 에너지에 대한 Schrödinger 방정식을 수치적으로 풀어서 실험과 가장 잘 맞는 상수 a와 b를 조정한다. 상수 b의 값은 약 1 GeV/fm인 것으로 밝혀졌다. 이 값은 매우 커서 자유 쿼크를 관측하지 못함을 의미한다. 메손 내의 쿼크를 원자 크기 거리로 분리시키려면 약 10^5 GeV의 에너지가 필요한데, 이는 어떤 가속기의 빔 에너지보다도 훨씬 크다.

14.8 표준 모형

일반 물질은 양성자와 중성자로 이루어져 있으며, 이는 다시 u와 d 쿼크로 구성되어 있다. 일반 물질은 또한 전자로 이루어져 있다. 일반 물질의 방사성 붕괴 과정에서 전자 형태의 뉴트리노가 방출된다. 따라서 우리 세계 전체는 4개의 스핀-$\frac{1}{2}$ 입자(그리고 그들의 반입자)로 구성되어 있다고 볼 수 있으며, 이는 한 쌍의 렙톤과 한 쌍의 쿼크로 묶일 수 있다.

$$(e, \nu_e)\text{와 } (u, d)$$

각 쌍 내에서 두 입자의 전하는 1만큼 차이가 난다: -1과 0, $+\frac{2}{3}$와 $-\frac{1}{3}$.

고에너지 가속기 실험을 할 때, 새로운 종류의 입자인 뮤온과 뮤온 중력자, 그리고 기묘도와 매력 등의 새로운 성질을 가진 메손과 바리온이 발견된다. 이러한 입자들의 구조를 또 다른 한 쌍의 렙톤과 한 쌍의 쿼크로 설명할 수 있다.

$$(\mu, \nu_\mu) \text{와} \quad (c, s)$$

다시 한번, 입자들은 전하가 1단위만큼 차이 나는 쌍을 이룬다.

더 높은 에너지에서는 새로운 세대의 입자들, 즉 또 다른 한 쌍의 렙톤(타우와 타우 중력자)과 새로운 한 쌍의 쿼크(꼭대기와 바닥)가 발견된다. 이를 통해 기본 입자들을 쌍으로 대칭적으로 배열할 수 있다.

$$(\tau, \nu_\tau) \text{와} \quad (t, b)$$

더 많은 쌍의 렙톤과 쿼크가 발견될 가능성이 있을까? 현재로서는 "아니요"라고 굳건히 믿고 있다. 지금까지 발견된 모든 입자는 이 6개의 렙톤과 6개의 쿼크 체계에 포함될 수 있다. 게다가 렙톤 세대의 수는 가장 무거운 입자들의 붕괴율로부터 결정될 수 있으며, 이 실험에서 한계는 3개라고 할 수 있다. 마지막으로 현재 이론에 따르면 중력자의 종류가 3개 이상이었다면 우주 자체의 진화 과정이 달라졌을 것이다. 이러한 이유로 일반적으로 입자의 세대는 3개를 넘지 않는 것으로 믿어지고 있다.

쿼크 사이의 강력은 **글루온**(gluon)이라고 불리는 교환 입자에 의해 전달되며, 이것이 메손과 바리온 내에서 쿼크를 결합시키는 '글루(접착제)' 역할을 한다(실제로는 이 모델에 8개의 서로 다른 글루온이 있다). **양자 색역학**(quantum chromodynamics)이라는 이론이 쿼크와 글루온 교환의 상호 작용을 설명한다. 이 이론에 따르면, 양성자 내부 구조는 교환된 글루온의 '바다 속을 헤엄치는' 3개의 쿼크로 이루어져 있다. 쿼크와 마찬가지로 글루온 또한 직접 관측될 수 없지만, 다양한 실험에서 그 존재에 대한 간접적인 증거가 있다.

지금까지 설명한 기본 입자의 구조에 관한 이론을 **표준 모형**(Standard Model)이라고 한다. 이것은 6개의 렙톤과 6개의 쿼크(그리고 그들의 반입자)로 이루어져 있으며, 여기에 다양한 힘을 전달하는 장 입자(광자, 3개의 약력 보손, 8개의 글루온)가 더해진다(그림 14.17). 이 이론은 기본 입자의 성질을 설명하는 데 매우 성공적이지만, 완전한 이론에서 기대할 수 있는 힘의 통일적 취급이 부족하다.

통일을 향한 첫걸음은 1967년 Stephen Weinberg와 Abdus Salam에 의해 **전기-약작용 이론**(electroweak theory)이 개발되면서 시작되었다. 이 이론에서 약력과 전자기력 상호 작용은 전기력과 자기력이 구분되지만 전자기 현상의 한 부분인 것처럼, 동일한 기본력(전자약력)의 별개 측면으로 간주된다. 이 이론은 W와 Z 입자의 존재를 예측

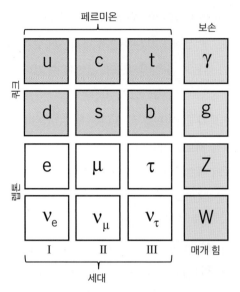

그림 14.17 표준 모형에서의 기본 입자들.

했으며, 1983년 발견되었다.

다음 단계의 통일은 강력과 약력을 단일 상호 작용으로 결합하는 것이다. 이런 이론들을 **대통일 이론**(Grand Unified Theory, GUT)이라고 한다. GUT는 렙톤과 쿼크를 단일 이론으로 통합함으로써 많은 관측 현상을 설명한다. 쿼크의 분수 전하, 각 세대 내 쿼크와 렙톤 쌍 사이의 1만큼의 전하 차이 등이다. GUT는 또한 쿼크가 렙톤으로 전환되는 등의 새로운 현상을 예측하는데, 이는 지금까지 절대적으로 안정한 입자로 가정되었던 양성자가 최소 10^{31}년의 수명을 가지고 가벼운 입자로 붕괴할 수 있음을 의미한다. 양성자 붕괴 탐색(대량의 물질에서 붕괴 증거를 찾음, 그림 14.18 참조)은 지금까지 성공하지 못했고, 양성자 수명의 하한을 최소 10^{34}년으로 제한했다. 이는 더 작은 수명을 예측하는 몇몇 가능한 GUT를 배제한다.

전기-약 작용 이론은 그 외에는 성공적이었지만, 한 가지 심각한 결함이 있다. 전자기력을 전달하는 장 입자(광자)와 약력을 전달하는 입자(W 및 Z 보손)가 모두 질량이 없을 것이라고 예측한 것이다. 물론 광자는 질량이 없지만, W와 Z의 질량은 중간 크기 원자 정도로 상당히 크다. 이 문제를 해결하기 위해 1964년 영국 물리학자 Peter Higgs는 전기약력 전달체의 질량 대칭성이 전체 우주(진공 상태에서조차)를 가로지르는 새로운 힘의 장에 의해 깨질 수 있다고 제안했다. 이론에 따르면 이 장과의 상호 작용은 W와 Z 보손에 질량을 부여할 뿐만 아니라 쿼크와 렙톤에도 질량을 부여한다. 입자가 특정 질량 값을 갖는 이유에 대한 의문은 실험실에서 검증 가능한 문제로 전환되

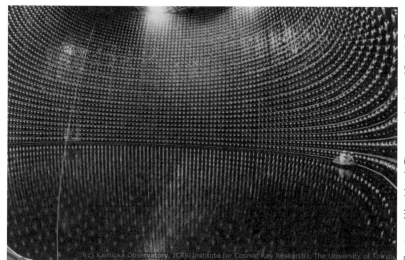

Courtesy of Kamiokande Observatory, Institute of Cosmic Ray Research, The University of Tokyo

그림 14.18 양성자 붕괴를 탐색하기 위해 설계된 일본의 수퍼카미오칸데 검출 장치. 직경 40 m, 지하 1,000 m 깊이에 위치한 물탱크에는 5만 톤의 물이 담겨 있다. 이 탱크는 1만 개가 넘는 광증배기 검출기로 둘러싸여, 물속 양성자 중 하나가 붕괴할 때 방출되는 빛의 섬광을 감지할 수 있다. 여기서 기술자들(보트 안)이 광증배기를 정비할 수 있도록 탱크의 물을 부분적으로 비웠다.

었다. 즉, 입자와 Higgs 장과의 상호 작용 강도를 결정하는 것이다. 마치 점성 매체를 통과하는 입자처럼, 다양한 렙톤과 쿼크는 Higgs 장과 다르게 상호 작용하여 고유한 질량을 갖게 된다. 다른 힘의 장과 마찬가지로, Higgs 장 또한 자신의 보손에 의해 전달되어야 한다. 약 50년 가까이 Higgs 보손의 존재 여부는 입자 물리학의 주요 미해결 문제 중 하나였다. 2012년 대형 강입자 충돌 가속기(LHC)에서 질량이 125 GeV/c^2이고 스핀과 붕괴 성질이 예측된 Higgs 보손의 성질과 일치하는 입자가 발견될 때까지 주요 입자 가속기에서 Higgs 보손 탐색은 실패했다. 이 질량 획득 메커니즘을 예측한 공로로 Peter Higgs와 1964년 이 효과를 독립적으로 예측한 벨기에 물리학자 François Englert는 2013년 노벨 물리학상을 공동 수상했다.

표준 모형의 또 다른 단점은 무질량 중력자에 기반하고 있다는 점이다. 전자 중력자의 질량 상한(표 14.4 참조)은 매우 작지만(2 eV), 다른 중력자 질량의 상한은 훨씬 크다. 13장에서 설명한 핵융합 반응에서 생성되어 지구로 도달하는 중력자 플럭스를 측정한 결과, 크게 부족한 것이 일관되게 관측되었다. 지구에서 관측된 전자 중력자의 강도는 태양 내부에서 핵융합 반응이 일어나는 모델에 기초한 예측치의 약 $\frac{1}{3}$에 불과하다. 최근 측정 결과, 태양에서 오는 전자 중력자의 강도는 예상치의 $\frac{1}{3}$에 불과하지만, 태양에서 지구로 도달하는 모든 중력자(뮤온 및 타우 중력자 포함)의 총강도는 예측된

비율과 일치하는 것으로 밝혀졌다. 이는 매우 의아한 일이다. 왜냐하면 태양 내부의 핵
융합 반응에서는 전자 중력자만 생성되어야 하기 때문이다. 태양 내부의 반응 입자는
뮤온이나 타우 렙톤을 생성할 만큼 에너지가 충분하지 않다. 이 수수께끼는 태양 내부
에서 예상대로 전자 중력자가 생성되지만, 태양에서 지구로 가는 동안 순수 전자 중력
자가 전자, 뮤온, 타우 중력자의 거의 동일한 비율의 혼합체로 변한다고 가정함으로써
설명될 수 있다. 이렇게 하면 태양에서 오는 전자 중력자의 비율이 예상치의 약 $\frac{1}{3}$밖에
되지 않는 이유를 잘 설명할 수 있다(나머지 $\frac{2}{3}$의 전자 중력자가 뮤온 또는 타우 중력자로
변환되었기 때문이다). 이러한 **중력자 진동 현상**(neutrino oscillation, 한 유형에서 다른 유
형으로 진동하는 현상)은 중력자가 질량을 가질 때만 발생할 수 있다. 필요한 질량은 매
우 작지만 실험 한계 내에 있으며, 중력자 질량이 확실히 0은 아니다. 표준 모형은 0이
아닌 중력자 질량을 포함하도록 확장되어야 하며, 렙톤 수 보존 법칙은 한 유형의 중
력자가 다른 유형으로 변환될 수 있도록 수정되어야 한다.

기본 입자에 대한 일관된 설명을 찾는 과정에서 물리학자들은 색다른 이론을 다루
게 되었다. **끈 이론**(string theory)에서는 입자 대신 아주 작은(10^{-33} cm) 끈이 있으며,
이 끈의 진동이 우리가 입자로 관측하는 성질을 나타낸다. 이러한 이론은 10차원 이상
의 시공간에 존재하며, 현재로서는 어떤 실험적 검증도 불가능해 보인다. 표준 모형의
또 다른 확장으로 **초대칭 이론**(supersymmetry)이 있다. 이 이론은 스핀-$\frac{1}{2}$ 입자(쿼크,
렙톤 등)와 정수 스핀 입자 사이에 더 높은 대칭성이 있다고 제안하므로, 이 이론에 따
르면 스핀 0의 전자와 쿼크, 스핀 $\frac{1}{2}$의 W와 Z 입자 및 광자가 있어야 한다. 이러한 초대
칭 입자의 질량은 일반적인 파트너보다 훨씬 클 것으로 추정되며, 아마도 100 GeV/c^2
범위일 것이다. 하지만 이 범위라면 대형 강입자 가속기(LHC)에서 현재 계획된 실험
을 통해 관측 가능할 것이다.

지금까지 어떤 대통일 이론도 확실한 검증을 받지 못했으며, 남아 있는 중력을 통
일 이론에 포함시킨 성공적인 이론 또한 없다. 통일 이론을 향한 탐구와 그에 대한 실
험적 검증은 입자 물리학 분야의 활발한 연구 주제로 남아 있다.

요약

		절
힘	강한 상호 작용, 전자기력, 약한 상호 작용, 중력	14.1
장 입자	글루온(g), 광자(γ), 약력 보손(W$^\pm$, Z^0), 중력자	14.1
렙톤	e$^-$, ν_e, μ^-, ν_μ, τ^-, ν_τ	14.2
메손(중간자)	$\pi^\pm$, π^0, K$^\pm$, K^0, $\overline{K}^0$, η, $\rho^\pm$, η', D$^\pm$, ψ, B$^\pm$, Υ, ...	14.2
바리온	p, n, Λ^0, $\Sigma^{\pm,0}$, $\Xi^{-,0}$, Ω^-, ...	14.2
렙톤 수 L 보존	어떤 과정에서도 L_e, L_μ, L_τ은 상수	14.3

		절
바리온 수 B 보존	어떤 과정에서도 B는 상수	14.3
기묘도 S 보존	강한 상호 작용과 전자기력에 의한 반응, S는 상수; 약한 상호 작용에 의한 반응, $\Delta S = 0, \pm 1$	14.3
붕괴/반응에서의 Q 값	$Q = (m_i - m_f)c^2$	14.5, 14.6
반응에서의 문턱 에너지	$K_{th} = -Q(m_1 + m_2 + m_3 + m_4 + m_5 + \cdots)/2m_2$	14.6
쿼크	u, d, c, s, t, b	14.7

질문

1. 일부 보존 법칙은 자연의 기본 속성에 기반하며, 다른 일부는 붕괴와 반응의 체계에 기반하고 아직까지 근본적인 기초가 없다. 다음 보존 법칙들을 이루는 기초를 기술하시오: 에너지, 선형 운동량, 각운동량, 전기 전하, 바리온 수, 렙톤 수, 기묘도.

2. 입자 붕괴 생성물 중 뉴트리노가 존재한다는 것은 항상 약한 상호 작용이 붕괴를 담당한다는 것을 의미하는가? 모든 약한 상호 작용 붕괴에는 붕괴 생성물 중에 뉴트리노가 포함되는가? 어떤 붕괴 생성물이 전자기력에 의한 붕괴를 나타내는가?

3. 모든 강한 상호 작용 입자들은 약한 상호 작용을 느끼는가?

4. 만약 전자보다 더 가벼운 렙톤 가계도의 다른 구성원이 있다면 물리학은 어떻게 달라질까? 만약 타우보다 더 무거운 다른 렙톤이 있다면?

5. 고속으로 움직이는 양성자가 있다고 가정해 보자. 이럴 경우에는 $E \gg mc^2$가 된다. 이런 상황에서 양성자가 중성 파이 중 하나인 π^+로 붕괴할 수 있을까? 혹은 양성자가 중성 파

이 중 하나인 π^0로 붕괴할 수 있을까?

6. 안티지구 행성에서 반중성자는 베타 붕괴를 통해 반양성자로 붕괴된다. 이 붕괴 과정에서는 뉴트리노 대 안티뉴트리노 중 무엇이 방출되는가?

7. 반중성자를 중성자와 구별할 수 있는 몇 가지 실험을 나열해 보자. 거기에는 다음과 같은 것들이 있다: (a) 핵의 중성자 포획, (b) 베타 붕괴, (c) 중성자 빔에 대한 자기장의 효과.

8. Σ^0는 기묘도를 변경하지 않고 Λ^0로 붕괴할 수 있기 때문에 전자기 상호 작용에 의해 붕괴된다. 반면, 전하를 띠는 $\Sigma^\pm$는 특징적인 수명이 10^{-10}초인 약한 상호 작용에 의해 p 또는 n으로 붕괴된다. 그렇다면 왜 $\Sigma^\pm$가 강한 상호 작용에 의해 훨씬 더 짧은 시간 안에 Λ^0로 붕괴되지 않는가?

9. Ω^- 입자는 $\Lambda^0 + K^-$으로 붕괴한다. 왜 $\Lambda^0 + \pi^-$로 붕괴하지 않는가?

10. 왜 중간자 반응과 붕괴에서 '중간자 수(메손 수)'를 렙톤 수나 바리온 수처럼 고려하지 않는지 설명하시오.

11. 렙톤과 바리온 모두 보존 법칙을 따르는 페르미온이다. 메

손은 보존 법칙을 따르지 않는 보손이다. 메손이 아니면서 정수 스핀을 가지며 무한히 많은 수의 입자가 방출되거나 흡수될 수 있는 또 다른 입자를 생각할 수 있는가?

12. 바리온과 메손 사이의 반응에서 안티바리온이 생성될 수 있는가?

13. 광자와 뉴트리노 특성의 유사점과 차이점을 나열해 보자.

14. 공명의 질량이 20%의 불확실성을 가질 때, 이런 진동을 명확한 입자로서 설명하는 것이 합리적인가?

15. 왜 대부분의 입자 물리학 반응이 흡열 반응($Q<0$)인가?

16. 전하가 2인 바리온은 발견되었지만, 전하가 2인 메손은 아직 발견되지 않았다. 만약 $+2e$의 전하를 가진 메손이 발견된다면 쿼크 모델에 미치는 영향은 무엇일까? 이러한 메손을 쿼크 모델 내에서 어떻게 해석할 수 있을까?

17. 모든 쿼크 변환은 전하 변화를 포함해야 한다. 예를 들어, u → d가 허용되나(W^-의 방출과 함께) s → d는 허용되지 않는다. s 쿼크를 d로 변환하는 두 단계 과정을 제안할 수 있는가?

18. $K^+ \to \pi^+ + e^+ + e^-$의 붕괴는 $K^+ \to \pi^0 + e^+ + \nu_e$의 붕괴보다 최소 다섯 배 이상 확률이 낮다. 질문 17을 기반으로 이를 설명할 수 있는가?

19. D 중간자는 10^{-13}초의 수명을 가지고 π와 K 중간자로 붕괴한다. (a) 수명이 전형적인 강한 상호 작용의 수명보다 훨씬 느린 이유는 무엇인가? 붕괴 과정에서 양자수가 보존되지 않는가? (b) 이 붕괴를 촉발하는 상호 작용은 무엇인가?

20. Δ^* 바리온은 +2, +1, 0, −1의 전하를 갖는다. 쿼크 모델에 따르면 왜 전하가 −2인 Δ^* 바리온은 존재하지 않는가?

21. 고에너지 입자(예: 전자)의 산란에 대한 간접적인 증거로서, 중성자 안의 쿼크의 관찰은 중요하다. 전자의 de Broglie 파장이 중성자의 크기(약 1 fm)보다 훨씬 작을 때, 전자는 중성자보다 훨씬 작고 질량이 있는 밀집 물체에서 산란되는 것으로 나타낸다. 이것은 어떤 현상과 유사한가? 산란을 통해 맞은 물체의 질량을 추론할 수 있는가? 산란은 맞은 물체의 전하에 어떻게 의존하는가? 전하가 e인 입자와 $\frac{2}{3}e$인 입자로부터 산란하는 것의 차이점은 무엇인가?

연습문제

14.1 네 가지 기본 힘

1. 다음 붕괴 반응에 핵심적인 상호 작용은 무엇인가? (괄호 안 숫자는 반감기 근삿값)

(a) $\Delta^* \to p + \pi (10^{-23}$초$)$ (b) $\eta \to \gamma + \gamma$ $(10^{-18}$초$)$

(c) $K^+ \to \mu^+ + \nu_\mu (10^{-8}$초$)$ (d) $\Lambda^0 \to p + \pi^- (10^{-10}$초$)$

(e) $\eta' \to \eta + 2\pi (10^{-21}$초$)$ (f) $K^0 \to \pi^+ + \pi^- (10^{-10}$초$)$

2. 양성자 및 중성자와 약한 상호 작용을 하는 W^- 입자의 범위는?

14.2 입자 분류

3. 다음 중간자가 나타나는 붕괴 반응은?

(a) π^- (b) ρ^- (c) D^- (d) $\overline{K}^0$

4. 다음 안티바리온이 나타나는 붕괴 반응은?

(a) $\bar{n}$ (b) $\overline{\Lambda}^0$ (c) $\overline{\Omega}^-$ (d) $\overline{\Sigma}^0$

5. 다음 입자를 방출하는 K^0 중간자가 관여된 붕괴 반응은?

(a) ν_e (b) $\bar{\nu}_e$ (c) ν_μ (d) $\bar{\nu}_\mu$

K^0 붕괴 모드 중에 ν_τ나 $\bar{\nu}_\tau$ 방출이 가능한가?

14.3 보존 법칙

6. 다음 반응에서 어떤 보존 법칙이 위배되는가?

(a) $\pi^+ \to e^+ + \gamma$ (b) $\Lambda^0 \to p + K^-$

(c) $\Omega^- \to \Sigma^- + \pi^0$ (d) $\Lambda^0 \to \pi^- + \pi^+$

(e) $\Lambda^0 \to n + \gamma$ (f) $\Omega^- \to \Xi^0 + K^-$

(g) $\Xi^0 \to \Sigma^0 + \pi^0$ (h) $\mu^- \to e^- + \gamma$

7. 다음 반응에서 최소 한 가지 이상의 보존 법칙이 위배되었다. 위배된 보존 법칙은?

   (a) $\nu_e + p \rightarrow n + e^+$

   (b) $p + p \rightarrow p + n + K^+$

   (c) $p + p \rightarrow p + p + \Lambda^0 + K^0$

   (d) $\pi^- + n \rightarrow K^- + \Lambda^0$

   (e) $K^- + p \rightarrow n + \Lambda^0$

8. 다음 반응의 빈칸을 채우시오.

   (a) $K^- \rightarrow \pi^0 + e^- + \square$

   (b) $K^0 \rightarrow \pi^0 + \pi^0 + \square$

   (c) $\eta \rightarrow \pi^+ + \pi^- + \square$

9. 다음 반응의 빈칸을 채우시오.

   (a) $p + p \rightarrow p + \Lambda^0 + \square$ (b) $p + \bar{p} \rightarrow n + \square$

   (c) $\pi^- + p \rightarrow \Xi^0 + K^0 + \square$ (d) $K^- + n \rightarrow \Lambda^0 + \square$

   (e) $\bar{\nu}_\mu + p \rightarrow n + \square$ (f) $K^- + p \rightarrow K^+ + \square$

14.4 입자 상호 작용과 붕괴

10. 그림 14.6에 나온 세 가지 붕괴에서의 mc^2 값을 계산하시오.

11. 다음 입자들의 에너지 불확정성 또는 폭을 구하시오: (a) η, (b) η', (c) Σ^0, (d) Δ^*.

14.5 입자 붕괴에서의 에너지와 운동량

12. 특정 반응에서 Σ^- 바리온이 3,642 MeV의 운동 에너지로 생성되었다. 이 입자가 평균 수명 후에 붕괴한다면, 검출기에 남길 수 있는 최대 궤적 길이는 얼마인가?

13. 예제 14.5에서 π 메손이 운동 에너지가 0인 경우에 대해 계산을 다시 해보고, 이 경우 전자 에너지가 최댓값보다 작음을 보이시오.

14. 다음 붕괴 과정의 Q 값을 구하시오.

   (a) $\pi^0 \rightarrow \gamma + \gamma$ (b) $\Sigma^+ \rightarrow p + \pi^0$

   (c) $D^+ \rightarrow K^- + \pi^+ + \pi^+$

15. 다음 붕괴 과정의 Q 값을 구하시오.

   (a) $\pi^- \rightarrow \mu^- + \bar{\nu}_\mu$ (b) $K^0 \rightarrow \pi^+ + \pi^-$

   (c) $\Sigma^0 \rightarrow \Lambda^0 + \gamma$

16. 다음 붕괴 과정에서 두 생성 입자 각각의 운동 에너지를 구하시오(붕괴 입자가 정지해 있다고 가정한다).

   (a) $K^0 \rightarrow \pi^+ + \pi^-$ (b) $\Sigma^- \rightarrow n + \pi^-$

17. 다음 붕괴 과정에서 두 생성 입자 각각의 운동 에너지를 구하시오(붕괴 입자가 정지해 있다고 가정한다).

   (a) $\Omega^- \rightarrow \Lambda^0 + K^-$ (b) $\pi^+ \rightarrow \mu^+ + \bar{\nu}_\mu$

18. 운동 에너지가 0.250 GeV인 Σ^-가 $\pi^- + n$으로 붕괴하고, π^-는 Σ^-의 원래 운동 방향과 90° 각도로 움직인다. π^-와 n의 운동 에너지와 n의 운동 방향을 구하시오.

19. 운동 에너지가 276 MeV인 K^0가 운동 중에 π^+와 π^-로 붕괴한다. π^+와 π^-는 K^0의 원래 운동 방향과 같은 각도로 움직인다. π^+와 π^-의 에너지와 운동 방향을 구하시오.

20. (a) $\Omega^- \rightarrow \Lambda^0 + K^-$ 붕괴를 일으키는 상호 작용은 무엇인가? (b) 정지 상태에서 Ω 붕괴 시 생성되는 입자들의 운동 에너지를 구하시오. (힌트: 두 생성 입자에 사용 가능한 총 운동 에너지를 확인하여 비상대론적 운동론을 사용하는 것이 좋은 근사인지 판단한다.)

21. (a) 실험실 관성좌표계에서 정지해 있던 Σ^0가 $\Lambda^0 + \gamma$로 붕괴할 때, Λ^0의 운동 에너지와 감마선의 에너지는 각각 얼마인가? (b) 이 감마선의 에너지를 측정한다면, 피크의 폭이 어느 정도일 것으로 예상되는가? 이 피크는 뾰족한 것으로 간주될까, 아니면 넓은 것으로 간주될까?

14.6 입자 반응에서의 에너지와 운동량

22. 식 (14.6)은 비상대론적 근사에서 식 (13.14)가 됨을 보이시오.

23. 다음 반응의 Q 값을 구하시오.

   (a) $K^- + p \rightarrow \Lambda^0 + \pi^0$

   (b) $\pi^+ + p \rightarrow \Sigma^+ + K^+$

   (c) $p + p \rightarrow p + \pi^+ + \Lambda^0 + K^0$

24. 다음 반응의 Q 값을 구하시오.

(a) $\gamma + n \rightarrow \pi^- + p$

(b) $K^- + p \rightarrow \Omega^- + K^+ + K^0$

(c) $p + p \rightarrow p + \Sigma^+ + K^0$

25. 다음 반응의 문턱 운동 에너지를 구하시오. 각 경우 첫 번째 입자는 운동 중이고 두 번째 입자는 정지해 있다.

(a) $p + p \rightarrow n + \Sigma^+ + K^0 + \pi^+$

(b) $\pi^- + p \rightarrow \Sigma^0 + K^0$

26. 다음 반응의 문턱 운동 에너지를 구하시오. 각 경우 첫 번째 입자는 운동 중이고 두 번째 입자는 정지해 있다.

(a) $p + n \rightarrow p + \Sigma^- + K^+$

(b) $\pi^+ + p \rightarrow p + p + \bar{n}$

27. 반응 $p + p \rightarrow n + \Lambda^0 + K^+ + \pi^+$에 대하여 다음 경우의 문턱 에너지를 구하시오: (a) 정지 표적인 양성자에 양성자 빔을 입사시키는 경우, (b) 같은 운동량을 가진 2개의 양성자 빔이 정면으로 충돌하는 경우.

14.7 메손과 바리온의 쿼크 구조

28. 다음 반응을 입자들의 쿼크 구성 측면에서 분석하고, 이를 쿼크들 간의 기본 과정으로 환원시켜 보시오.

(a) $K^- + p \rightarrow \Omega^- + K^+ + K^0$

(b) $\pi^+ + p \rightarrow \Sigma^+ + K^+$

(c) $\gamma + n \rightarrow \pi^- + p$

29. 다음 반응을 입자들의 쿼크 구성 측면에서 분석하고, 이를 쿼크들 간의 기본 과정으로 환원시켜 보시오.

(a) $K^- + p \rightarrow \Lambda^0 + \pi^0$

(b) $p + p \rightarrow p + \pi^+ + \Lambda^0 + K^0$

(c) $\gamma + p \rightarrow D^+ + \bar{D}^0 + n$

30. 다음 붕괴를 입자의 쿼크 구성을 기준으로 분석하고, 쿼크를 포함한 기본 과정으로 나타내시오.

(a) $\Omega^- \rightarrow \Lambda^0 + K^-$ (b) $n \rightarrow p + e^- + \bar{\nu}_e$

(c) $\pi^0 \rightarrow \gamma + \gamma$ (d) $D^+ \rightarrow K^- + \pi^+ + \pi^+$

31. 다음 붕괴를 입자의 쿼크 구성을 기준으로 분석하고, 쿼크를 포함한 기본 과정으로 나타내시오.

(a) $K^0 \rightarrow \pi^+ + \pi^-$ (b) $\Delta^{*++} \rightarrow p + \pi^+$

(c) $\Sigma^- \rightarrow n + \pi^-$ (d) $\bar{D}^0 \rightarrow K^+ + \pi^-$

32. 그림 14.15에 기반하여, 6개의 D 중간자의 쿼크 구성은 어떻게 되는가?

33. (a) 표 14.6에 나열된 10개의 스핀-$\frac{3}{2}$ 바리온을 그림 14.11 및 14.12와 유사하게 기묘도 대 전기 전하 도표로 배열하시오. (b) 표 14.9에 나열된 스핀-$\frac{3}{2}$짜리 10개의 세 쿼크 조합으로 비슷한 도표로 배열하시오.

34. (a) 그림 14.12 또는 14.14의 스핀-$\frac{1}{2}$ 바리온 도표에 평면을 추가한다고 가정하자(그림 14.15에서와 같이). 얼마나 많은 입자가 이 평면에 있으며 그들의 쿼크 구성은 어떻게 되는가? (힌트: 세 가지 다른 쿼크의 조합에 연관된 입자 수에 대한 예제 14.10을 검토하라.) (b) 기묘도가 두 배가 되는 바리온이 평면 위에 몇 개가 있는가? 그들의 쿼크 구성은 어떻게 되는가? (c) 최근 LHC에서 $+2e$의 전하를 가진 기묘도가 2인 바리온 Ξ_{cc}^{++}가 발견되었다. 그것의 쿼크 구성은 어떻게 되는가?

14.8 표준 모형

일반 문제

35. K^+ 메손의 가장 가능성 있는 붕괴 모드를 표 14.5에 나열하였다. 다른 가능한 붕괴는 예제 14.5에 있다. 보존 법칙에 의해 허용되는 다른 네 가지 가능한 붕괴를 나열하시오.

36. Λ^0 입자의 빔으로 양성자와의 반응을 연구하고자 한다. 표적에 충돌하여 발생된 Λ^0 입자가 2.0 m 떨어진 다른 표적으로 가야만 하는 상황이라 하자. 이때 원래 Λ^0 에너지의 절반이 빔에 남아 있어야 한다고 하면, 이를 위한 Λ^0의 속도와 운동 에너지는 어떻게 되는가?

37. 가능한 모든 보존 법칙을 고려하여, 표 14.6에 나온 반응과 다른 붕괴 모드를 (a) Ω^-, (b) Λ^0, (c) Σ^+에 대해 구하시오.

38. 예제 14.8에서 논의된 반응 $p + p \rightarrow p + p + \pi^0$를, 두 양성자가 서로 동일한 속도로 정면 충돌하는 기준 좌표계에서 바라보자. (a) 이 좌표계의 문턱값에서 생성된 입자들은 정지

상태로 형성된다. 이 경우 양성자의 속도를 구하시오. (b) 두 양성자 중 하나가 정지 상태인 실험실 좌표계로 전환하고, 다른 양성자의 속도를 찾으려면 Lorentz 속도 변환을 사용하시오. (c) 실험실 좌표계에서 입사 양성자의 운동 에너지를 찾아 예제 14.8에서 찾은 값과 비교하시오.

39. D_s^+ 중간자(정지 에너지 = 1,969 MeV, $S = +1$, $C = +1$; 그림 14.15 참조)의 수명은 0.5×10^{-12}초이다. (a) 이 붕괴에 관여하는 상호 작용은? (b) 가능한 붕괴 모드 중에는 $\phi + \pi^+$, $\mu^+ + \nu_\mu$, $K^+ + \overline{K}^0$가 있다. 이 세 가지 붕괴 모드에서 S 및 C 양자수는 어떻게 변하는가? (ϕ 메손의 스핀은 1, 정지 에너지는 1,020 MeV이고, $s\bar{s}$로 구성되어 있다.) (c) 세 가지 붕괴 모드를 붕괴 전후 쿼크 구성 요소에 따라 분석하시오. (d) $K^+ + \pi^+ + \pi^-$ 붕괴는 일어나는 반면, $K^- + \pi^+ + \pi^+$로의 붕괴는 왜 금지되는가?

40. $K^+ \rightarrow \pi^+ + \pi^+ + \pi^-$ 붕괴에서, 반응 전 K 중간자가 정지 상태인 경우, 파이 중간자의 최대 운동 에너지는 얼마인가?

41. $0.9980c$의 속도로 이동하는 π^- 중성자 빔이 정지한 양성자 표적에 입사한다. 이 반응은 2개의 입자를 생성하며, 그중 하나는 K^0 메손으로 운동량은 1,561 MeV/c이고 20.6° 방향에서 관측된다. (a) 두 번째 생성 입자의 운동량과 방향은? (b) 해당 입자의 에너지는? (c) 두 번째 입자의 정지 에너지는? 해당 입자가 무엇인지 추론하시오.

42. (a) LHC는 양성자를 에너지 7 TeV(7×10^{12} eV)로 가속시킨다. 이 양성자의 속도는 얼마인가? 결과를 양성자 속도와 빛의 속도와의 차이로 표현하시오. (b) 이 빔이 고정된 양성자 표적과 충돌하여 반응 $p + p \rightarrow p + p + X$를 얻는다고 가정해 보자. 여기서 X는 반응에서 생성된 하나 이상의 새로운 입자를 나타낸다. 새로운 입자를 생성하기 위해 사용 가능한 최대 에너지는 얼마인가? (c) LHC에서는 7 TeV 양성자 빔이 서로 정면 충돌하므로 입자 X에 사용 가능한 에너지는 14 TeV이다. 새로운 입자를 생성하기 위해 고정된 표적과 충돌하는 양성자 빔이 14 TeV를 사용할 수 있도록 하려면 얼마나 많은 에너지가 필요한가?

43. (a) 운동량이 1,140 MeV/c인 π 중간자가 정지한 양성자에 충돌하는 반응에서, 중성자가 매우 작은 운동량으로 π의 진행 방향과 같은 방향으로 이동한다고 관측된다. (왜 중성자 운동량이 작을 것으로 예상하는가?) π^0는 짧은 시간 내에 π의 진행 방향과 같은 각도로 2개의 광자로 붕괴된다. 그 각도는? (b) 동일한 반응이 π^0 대신 다른 입자 y를 생성할 수 있다. 입자 y도 2개의 광자로 붕괴되며, 이 광자들은 28.6°의 원래 입자의 이동 방향과 같은 각도를 이룬다. 입자 y의 질량을 구하고 무엇인지 추측해 보시오.

Chapter 15

우주론: 우주의 기원과 운명

오늘날 우리는 매우 짧은 것(엑스선과 감마선)에서부터 매우 긴 것(라디오파)까지 모든 파장에서 하늘을 탐색하고 있다. 이러한 파장에서 새롭고 예상치 못한 발견들이 있었다: 퀘이사, 펄사, 초신성, 블랙홀. 이 모든 것들은 우주가 한때 믿었던 것처럼 정적이고 영원한 것이 아니라 활동적이고 진화하며 방사능으로 넘쳐나는 존재임을 시사한다. 반 고흐의 '별이 빛나는 밤'은 이러한 시각을 정확히 제시하지만, 이 그림은 이러한 발견이 이루어지기 훨씬 전인 1889년에 그려졌다. SuperStock/Getty Images

수백 년간의 짧은 시간 동안 천문학의 발전으로 지구와 인류가 우주의 중심이라는 믿음은 깨졌다. 16세기 이전에는 행성, 태양, 달과 별들이 지구 주위를 공전한다는 것이 널리 믿어졌다. 그러나 20세기 초에는 천문학자들이 우리가 은하계 안의 엄청난 수의 소규모 별 중 하나에 살고 있으며, 우주에는 또한 엄청난 수의 다른 은하가 존재한다는 것을 발견했다.

중력은 현재 우주의 구조를 결정하는 힘이지만, Newton 이론은 천체의 운동에 관한 많은 관측을 설명하기에는 충분하지 않다. 이를 위해 우리는 Albert Einstein이 1916년에 제안한 다른 이론, 즉 **일반 상대성 이론**(general theory of relativity)이 필요하다. 이 이론의 수학적인 난이도는 이 교재 수준을 벗어나지만, 그것의 일부 특징을 요약하고 실험적 예측과 그 확인을 논할 수 있다. 특수 상대성 이론과 마찬가지로, 일반 상대성 이론은 우리에게 공간과 시간에 대한 새로운 사고 방식을 제시한다.

이 장에서는 우주의 기원, 진화 및 미래를 포함한 대규모의 우주를 연구하는 **우주론** (cosmology) 분야를 간단히 살펴본다. 이 연구를 위해서는 상대성 이론(특수 상대성 이론과 일반 상대성 이론)과 양자 이론뿐만 아니라 원자 및 분자 물리학, 통계 물리학, 열역학, 핵 물리학 및 입자 물리학의 기본 결과에도 의존해야 한다.

우주에 대한 우리의 개념을 근본적으로 바꾸었던 세 가지 발견으로 시작한다: 우주는 팽창 중이며, 전자기 복사로 가득 차 있고, 대부분의 질량은 우리의 시야에서 신비롭게 숨겨져 있다. 이러한 발견이 일반 상대성 이론의 결과를 사용하여 빅뱅 이론 (Big Bang theory)이라고 알려진 우주의 기원 이론으로 통합되는 방식을 보여준다. 그 다음 이 이론을 지지하는 다른 측정들을 살펴보고, 우주의 미래에 대한 일부 추측으로 마무리한다.

15.1 우주 팽창

우주의 팽창에 대한 증거는 먼 은하에서 방출된 빛의 파장 변화로부터 나온다. 2장에서는 상대적 Doppler 편이[식 (2.22)]를 통한 효과를 분석했다. 이를 파장으로 표현하면 다음과 같다.

$$\lambda' = \lambda \sqrt{\frac{1 + v/c}{1 - v/c}} = \lambda \frac{1 + v/c}{\sqrt{1 - v^2/c^2}} \tag{15.1}$$

v는 빛의 광원과 관찰자 사이의 상대 속도를 나타낸다. λ'은 지구에서 측정하는 파장이고, λ는 이동하는 별이나 은하에서 자체 안정 상태에서 방출되는 파장이다.

태양과 같은 별에서 방출되는 빛은 연속 스펙트럼을 가지고 있다. 빛이 별의 대기를 통과하면 대기 가스에 의해 일부가 흡수되어 연속적인 **방출**(emission) 스펙트럼에 몇 개의 어두운 **흡수**(absorption)선이 겹쳐진다(그림 6.15 참조). 이러한 선들의 알려진 파장(지구 위의 정지한 관측자가 측정한)과 Doppler 편이가 일어난 파장 간의 비교를 통해 별의 속도를 식 (15.1)에서 추론할 수 있다.

우리 은하의 별들 중 일부는 우리를 향해 움직이고 있으며, 그들의 빛은 단파장(청색) 쪽으로 이동해 있고, 다른 일부는 우리로부터 멀어지고 있으며, 그들의 빛은 장파장(적색) 쪽으로 이동해 있다. 이러한 별들의 평균 속도는 우리 기준으로 약 30 km/s (10^{-4} c)이다. 이 별들의 파장 변화는 매우 작다. 우리의 '지역' 그룹에 속하는 인근 은하들로부터 오는 빛은 다시 약간의 청색 편이 또는 적색 편이를 보여준다.

하지만 우리가 먼 은하로부터 오는 빛을 보면, 그것이 체계적으로 적색 편이되어 있는 것을 알 수 있다. 그리고 그 변화 정도가 크다. 이러한 측정 결과의 일부는 그림 15.1에 나와 있다. 우리 은하들이 무작위로 움직이고 있다면 기대되는 만큼의 적색 편이와 청색 편이를 볼 수 없다. 우리의 지역 그룹을 넘어선 모든 은하는 우리로부터 멀어지고 있는 것 같다.

우주론적 원리(cosmological principle)는 우주가 어느 관점에서나 동일해 보여야 한다고 주장한다. 따라서 우리는 우주의 다른 관찰자들도 같은 결론을 내릴 것이라고 결론 내릴 수 있다. 즉 "은하들은 우주의 모든 지점에서 멀어지고 있는 것으로 관찰될 것이다."

Hubble의 법칙

1920년대에 천문학자 Edwin Hubble은 캘리포니아의 윌슨산에 있는 100인치 망원경을 사용하여 희미한 성운을 연구했다. 성운 내 개별 별을 분해함으로써, Hubble은 이들이 수많은 별로 구성된 은하라는 것을 보여줄 수 있었다. 또한 Hubble은 멀리 있는 은하 내부의 변광성의 밝기 변화를 관찰할 수 있었는데, 이를 통해 1908년 천문학자 Henrietta Swan Leavitt이 개발한 주기와 밝기의 관계 척도를 사용해 먼 은하의 거리를 추정할 수 있었다. 마지막으로 추정된 거리와 적색 편이에서 측정된 후퇴 속도를 제도(plotting)하여 Hubble은 거리와 속도 사이의 경험적 관계인 **Hubble의 법칙**(Hubble's law)을 확립했다.

$$v = H_0 d \qquad (15.2)$$

여기서 비례 상수 H_0는 **Hubble 상수**(Hubble parameter)이다.

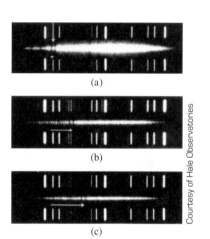

(a)

(b)

(c)

Courtesy of Hale Observatories

그림 15.1 은하의 적색 편이. (a) 중앙의 수평 띠는 연속 스펙트럼을 나타내며, 그 위에 칼슘에 의한 2개의 어두운 선이 겹쳐져 있다(왼쪽 근처의 수직 화살표). 흡수 스펙트럼 위아래에는 검은 선을 보정하기 위한 방출 스펙트럼이 있다. 이 은하(우리 지역군에 속함)의 후퇴 속도는 1,200 km/s이므로, 적색 편이는 매우 작다. (b) 후퇴 속도가 15,000 km/s인 은하의 흡수 스펙트럼. 2개의 칼슘 선의 적색 편이(수평 화살표로 표시)가 상당하다. (c) 후퇴 속도가 22,000 km/s인 은하의 적색 편이.

그림 15.2 (a) 은하의 후퇴 속도와 지구로부터의 거리 사이의 선형 관계를 보여주는 Hubble의 원래 데이터. (b) Hubble 우주 망원경을 이용해 먼 은하의 초신성을 관측한 데이터를 기반으로 한 Hubble 법칙. 실선은 Hubble 상수 72 km/s/Mpc을 나타내며, 점선은 ±7 km/s/Mpc 한계를 보여준다. [Data from W. L. Freedman et al., *Astrophysical Journal* **553**, 47 (2001).]

그림 15.2a는 Hubble의 데이터이다. 데이터 포인트들이 상당히 분산되어 있기는 하지만(주로 거리 측정의 불확실성 때문), 선형 관계가 뚜렷이 나타난다. (Hubble의 거리 교정이 잘못되었기 때문에 가로축은 실제 은하까지의 거리와는 일치하지 않는다.) 그림 15.2b는 먼 은하에서 관측된 초신성을 바탕으로 한 더 최근의 데이터이다. 여기서도 선형 관계가 뚜렷이 나타나며, 직선의 기울기로부터 Hubble 상수의 값은 약 72 km/s/Mpc[*]이다. 이 값은 약 ±10% 범위 내에 있다. Hubble 상수는 다양한 우주론적 실험으로부터도 결정될 수 있는데, 이 값들은 초신성 데이터와 일치한다. 현재 가장 좋은 값은 다음과 같다.

$$H_0 = 72 \, \frac{\text{km/s}}{\text{Mpc}}$$

이 값의 불확실성은 약 ±4% 수준이다.

Hubble 상수의 차원은 시간의 역수이다. 나중에 보이겠지만, H_0^{-1}은 우주 나이의 대략적인 척도이다. H_0의 최선의 값은 우주 나이를 14×10^9년으로 준다. 만약 후퇴 속도가 변해왔다면, 실제 나이는 H_0^{-1}보다 더 적을 수 있다.

Hubble 법칙은 어떻게 우주 팽창을 보여줄까? 그림 15.3a에 나타난 삼차원 좌표계

Edwin Hubble(1889~1953, 미국). 대형 망원경을 사용한 관측 작업은 은하의 존재를 밝혀내었고, 그들의 크기와 거리를 처음으로 측정했다. 그의 선구적인 연구는 인간에게 은하를 넘어 우리 우주의 광대함을 느끼게 해주었다.

[*] 파섹(pc)은 우주 규모에서의 거리 단위로, 시차가 1각도에 해당하는 거리다. 시차는 지구가 태양 주위를 공전하기 때문에 발생하며, 시차각 2α는 지구 궤도 지름 $2R$를 별이나 은하까지 거리 d로 나눈 값이다. 따라서 $\alpha = R/d$ 라디안이 되며, 이를 통해 1 pc = 3.26광년 = 3.084×10^{13} km이다. 1 메가파섹(Mpc)은 10^6 파섹이다.

로 표현된 특별한 우주를 살펴보자. 각 점은 하나의 은하를 나타낸다. 원점에 지구가 있다면 각 은하까지의 거리 d를 결정할 수 있다. 만약 이 우주가 팽창한다면, 모든 점이 더 멀어지게 되어 그림 15.3b와 같이 될 것이다. 각 은하까지의 거리는 d'로 증가할 것이다. 팽창이 시간 t 동안 모든 차원을 일정한 비율 k만큼 증가시킨다고 가정하면, $x' = kx$와 같은 관계가 성립할 것이다. 따라서 $d' = kd$이며, 주어진 은하는 시간 t 동안 $d' - d$만큼 멀어져 보이게 된다. 즉, 관측되는 후퇴 속도는

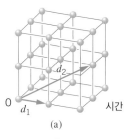

$$v = \frac{d' - d}{t} = d\frac{k - 1}{t} \qquad (15.3)$$

두 은하 1과 2를 비교하면

$$\frac{v_1}{v_2} = \frac{d_1}{d_2} \qquad (15.4)$$

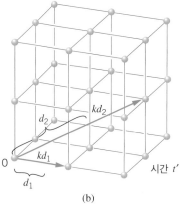

그림 15.3 좌표 공간의 확장에서 후퇴 속도는 거리에 따라 달라진다. d_2가 d_1보다 크며, d_2는 d_1보다 더 빠르게 증가한다.

Hubble 법칙, 식 (15.2)와 동일한 관계가 성립한다. 따라서 팽창하는 우주에서는 멀리 있는 은하일수록 더 빨리 멀어지는 것이 자연스러운 현상이다.

　그림 15.3에서 알 수 있듯, 이는 어떤 점을 원점으로 선택하든 성립한다. 그림 15.3의 '우주' 안 어느 점에서든 다른 점들은 식 (15.4), 즉 Hubble 법칙을 만족시키며 멀어지는 것으로 관측될 것이다. 두 가지 유사 사례를 더 보여줄 수 있다. 만약 풍선에 점을 붙여 팽창시키면(그림 15.4), 각 점에서 다른 모든 점들이 멀어지는 것으로 관측된다. 그리고 점과 점 간의 거리가 멀수록 분리 속도도 더 빠르다. 삼차원 유사 사례로, 오븐에서 팽창하는 포도 식빵 덩어리(그림 15.5)를 생각해 볼 수 있다. 빵이 팽창하면서 각 포도알은 다른 포도알들과 멀어지며, 그 후퇴 속도는 거리에 비례하여 증가한다.

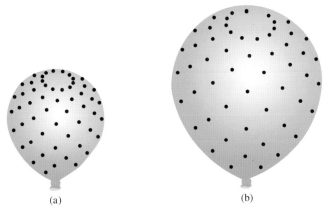

그림 15.4 풍선이 팽창함에 따라 표면의 모든 관측자는 Hubble 법칙 형태의 속도-거리 관계를 경험한다.

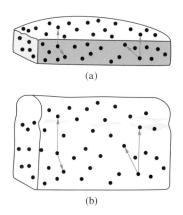

그림 15.5 Hubble 법칙이 유효한 또 다른 계.

George Gamow(1904~1969, 미국). 핵 물리학(알파 붕괴, 베타 붕괴, 핵 구조 이론), 천체 물리학(핵합성, 별 구조) 및 우주론(대폭탄 이론)에 중요한 기여를 한 최고의 과학자 중 한 명. Gamow는 또한 가장 성공한 인기 있는 과학 작가 중 한 명이었으며, 독특하고 재미있는 시각을 가져왔다.

우주적 적색 편이의 올바른 해석에는 **일반** 상대성 이론의 기술이 필요하다. 이는 이 장 뒤에서 논의할 것이다. 일반 상대성 이론에 따르면, 파장 변화는 전체 시공간 구조의 팽창에 의해 발생한다. 고무판에 작은 은하 사진들을 붙였다고 상상해 보자. 판이 늘어나면 은하 간 거리가 증가하지만, 물리학적으로 말하는 의미의 '운동'은 없다. 그러나 은하 간 공간 팽창으로 인해 한 은하에서 나온 빛 신호의 파장은 다른 은하에 도달하기 전에 팽창된 만큼 증가하게 된다. 이는 Doppler 공식[식 (15.1)]의 일반적인 해석과는 매우 다르다. (실제로 일부 은하의 경우 파장 변화가 너무 커서 특수 상대성 이론의 Doppler 공식을 적용하면 빛 속도보다 더 큰 후퇴 속도가 나오기도 한다!) 저속에서는 Doppler 해석(Doppler 공식으로 계산한 속도를 Hubble 법칙에 적용)이 시공간 팽창에 기반한 결과와 일치한다. 그러나 매우 큰 우주론적 적색 편이에 대해서는 팽창 모델에 기반한 더 정확한 분석이 필요하다.

$$\frac{\lambda'}{\lambda} = \frac{R_0}{R} \tag{15.5}$$

여기서 R_0는 현재 시간의 '크기' 또는 거리 척도 인자이고, R은 빛이 방출될 때의 유사한 인자이다.

Hubble의 1920년대 발견 이후 우주 팽창은 널리 인정받고 있다. 그러나 이러한 팽창에 대한 두 가지 해석이 있다. (1) 은하들이 서로 멀어지고 있다면, 과거에는 더 가까이 있었어야 한다. 따라서 과거에는 우주가 훨씬 더 밀집되어 있었으며, 충분히 뒤로 거슬러 올라가면 무한 밀도의 단일 지점을 찾을 수 있다. 이것이 1948년 George Gamow와 그의 동료들이 제안한 '빅뱅' 가설이다. (2) 우주는 현재와 거의 똑같은 밀도를 항상 가지고 있었다. 은하들이 멀어지면서 은하 사이의 빈 공간에 지속적으로 새로운 물질이 생성되어 밀도를 대략 일정하게 유지하고 있다. 이것이 1948년 천문학자 Fred Hoyle이 제안한 '정상 상태(Steady State)' 가설이다. 이렇게 생성된 새로운 은하들로 인해 우주는 모든 관점에서뿐만 아니라 현재와 미래의 **모든 시간**에서도 동일해 보일 것이다. (밀도를 일정하게 유지하려면 매 10억 년마다 입방미터당 수소 원자 하나 정도만 생성되면 된다.)

두 가설 모두 지지자들이 있었고, 1940년대와 1950년대 실험적 증거로는 어느 쪽도 압도적으로 우세하지 않았다. 그러나 1960년대 새로운 분야인 전파 천문학(radio astronomy)이 마이크로파 영역에서 우주 배경 복사를 발견했고, 이것이 빅뱅의 잔여 복사로 여겨지면서 빅뱅 이론이 주도적인 우주론 모델로 부상하게 되었다.

15.2 마이크로웨이브 우주 배경 복사

기체가 단열적으로 팽창하면 냉각되는 것과 마찬가지로, 우주 팽창 또한 냉각을 동반한다. 시간을 거슬러 올라갈수록 우주는 더 뜨겁고 밀집된 상태였다. 충분히 과거로 거슬러 올라가면, 우주는 안정적인 물질이 형성될 수 없을 만큼 뜨거웠을 것이다. 그때는 입자와 광자로 이루어진 '기체' 상태였다. 불안정한 입자들은 결국 안정적인 입자들로 붕괴되었고, 이 안정적인 입자들이 모여 물질을 형성하게 되었다. 우주를 가득 채웠던 광자들은 계속되는 팽창으로 인해 파장이 늘어났지만, 여전히 우주 전체에 균일하게 퍼져 있다. 이제 그 광자들의 온도는 훨씬 낮아졌다.

이 광자들의 파장 스펙트럼은 특정 시간의 우주 온도 T로 열복사를 방출하는 고립된 물체(흑체)의 스펙트럼과 같다. 파장은 우주 팽창에 따라 변하지만, 복사는 시간에 따라 감소하는 온도의 이상적인 열 스펙트럼을 유지한다. 1940년대 빅뱅 우주론자들(Gamow 등)은 이 '불꽃' 복사가 현재 약 $5 \sim 10\,\mathrm{K}$의 온도를 가질 것으로 예측하였다. 이러한 광자들의 전형적인 에너지 kT는 약 10^{-3} eV 정도이며, 파장은 약 1 mm 정도의 마이크로파 영역이다.

이 배경 복사의 특성은 10.6절에서 개발한 열복사 공식을 사용하여 설명할 수 있다. 에너지 간격 dE에서 에너지 E(즉, E와 $E+dE$ 사이의 에너지)를 갖는 광자 수 dN은 식 (10.38)로 주어진다. 이 식을 단위 부피당 수로 표현하면 다음과 같다.

$$\frac{N(E)\,dE}{V} = \frac{8\pi E^2}{(hc)^3} \frac{1}{e^{E/kT} - 1}\,dE \tag{15.6}$$

모든 에너지의 광자 수 합계를 구하려면 식 (15.6)을 에너지에 대해 적분해야 한다.

$$\frac{N}{V} = \frac{1}{V}\int_0^\infty N(E)\,dE = \frac{8\pi}{(hc)^3}\int_0^\infty \frac{E^2\,dE}{e^{E/kT}-1} = \frac{8\pi}{(hc)^3}(kT)^3\int_0^\infty \frac{x^2\,dx}{e^x-1} \tag{15.7}$$

이때 $x = E/kT$로 치환하여 적분한다. 정적분은 대략 2.404의 값을 가지는 표준 형태이다. 식 (15.7)은 단위 부피당 총 광자 수가 온도의 세제곱에 비례함을 보여준다. 상수를 대입하면 다음과 같다.

$$N/V = (2.03 \times 10^7 \ \text{광자}/\mathrm{m}^3 \cdot \mathrm{K}^3)T^3 \tag{15.8}$$

마찬가지로 에너지 밀도 U(단위 부피당 에너지)에 대한 식 (10.41)은 다음과 같이 쓸 수 있다.

$$U = \frac{8\pi^5 k^4}{15(hc)^3}T^4 = (4.72 \times 10^3 \ \mathrm{eV}/\mathrm{m}^3 \cdot \mathrm{K}^4)T^4 \tag{15.9}$$

그리고 온도 T에서의 평균 광자 에너지는 식 (15.9)와 (15.8)의 비로 구할 수 있다.

$$E_{\mathrm{m}} = \frac{U}{N/V} = (2.33 \times 10^{-4} \text{ eV/K})T \tag{15.10}$$

이제 이 마이크로파 복사의 존재와 온도 결정을 위한 실험적 증거를 살펴보자. 식 (10.42)에 따르면, 어떤 파장에서든 복사 에너지 밀도를 측정하면 온도 T를 결정할 수 있다. 다만 실제로 이 복사가 이상적인 열 스펙트럼을 갖는다는 것을 증명하려면 다양한 파장 범위에서 측정해야 한다.

이 복사에 대한 최초의 실험적 증거는 1965년 Arno Penzias와 Robert Wilson의 실험에서 얻어졌다. 그들은 파장 7.35 cm의 마이크로파 안테나를 사용했는데, 이 안테나에서 제거할 수 없는 '잡음'이 계속 들렸다. 이 '잡음'을 제거하기 위해 노력한 끝에 그들은 이것이 어떤 특정 출처에서 나오는 것이 아니라 사방에서 계속 안테나에 들어오고 있음을 알아냈다. 그 파장에서의 복사 에너지로부터 그들은 온도 3.1 ± 1.0 K을 계산해 냈고, 이 복사가 빅뱅 '불꽃'의 현존 잔류물이라는 결론에 도달했다. 이 실험으로 Penzias와 Wilson은 1978년 노벨 물리학상을 받았다.

이 최초 실험 이후에도 많은 추가 연구가 이루어졌다. 0.05~100 cm 범위의 다양한 파장에서 측정된 결과, 모두 대략 같은 온도를 보여주었다. 가장 자세한 스펙트럼 측정은 1989년 지구 궤도에 발사된 우주 배경 탐사기(COBE) 위성과 2001년 태양 궤도에 발사된 Wilkinson 마이크로파 비등방성 탐사선(WMAP) 위성에 의해 수행되었다. 이전에는 지상 관측에서 1 cm 미만의 파장에 대한 정밀 데이터를 대기 흡수 때문에 얻을 수 없었다. COBE와 WMAP 위성은 1 cm에서 0.05 cm(0.0001 eV에서 0.0025 eV) 범위의 배경 복사 강도에 대해 매우 정밀한 데이터를 얻을 수 있었다. 2009년 유럽 우주국이 발사한 Planck 위성은 보다 높은 해상도로 배경 복사를 매핑하고 온도 변화와 편광에 대한 더 자세한 정보를 얻었다.

그림 15.6은 COBE 위성의 측정 결과를 요약한 것이다. 데이터 포인트들은 온도 $T = 2.725$ K으로 계산된 실선과 정확하게 일치한다. 이 눈부시게 아름다운 데이터에 대해 실험가 John Mather와 George Smoot가 2006년 노벨 물리학상을 수상하였다.

다른 실험에서는 이 복사가 모든 방향으로 균일한 강도를 가짐을 보여준다. 이 복사는 특정한 출처에서 오는 것이 아니라, 빅뱅 직후 초기 우주에서와 마찬가지로 현재 우주 전체를 채우고 있다.

2.7 K의 온도로부터 식 (15.8)~(15.10)을 이용하면 다음을 계산할 수 있다. 공간 1 세제곱미터당 약 4.0×10^8개의 광자가 있다. 이들 광자가 우주에 기여하는 에너지

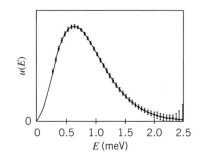

그림 15.6 마이크로파 배경의 에너지 밀도. 데이터 포인트는 COBE 위성에서 가져온 것이며, 오차 막대는 보이도록 400배로 곱해졌다. 실선은 2.725 K의 온도에 대한 예상된 열복사 스펙트럼[식 (10.39)] 이다. (Data from Legacy Archive for Microwave Background Data Analysis, NASA Office of Space Science.)

밀도는 약 2.5×10^5 eV/m³이다(전자 정지 에너지의 약 절반). 각 광자의 평균 에너지는 약 0.00063 eV이다. 광자의 수는 특히 중요한데, 마지막 약 14×10^9년 동안 핵자(양성자와 중성자)와 광자의 비율이 거의 일정했기 때문이다. 이는 빅뱅 우주론에 중요한 결과를 가져다준다.

15.3 암흑물질

그림 15.7은 우리 은하와 유사한 나선형 은하이다. 이러한 은하에는 약 10^{11}개의 별이 중력으로 결합되어 있다. 전형적인 은하의 직경은 $10{\sim}50$ kpc($0.3{\sim}1.5 \times 10^{18}$ km) 정도이다. 많은 은하가 이러한 나선 구조를 가지고 있는데, 밝은 중심 영역(은하 질량의 대부분 포함)과 평평한 원반 형태의 여러 나선 팔로 이루어져 있다. 전체 구조는 원반 평면에 수직인 축을 중심으로 회전한다. 우리 은하의 나선 팔 중 하나에 있는 태양은 중심에서 8.5 kpc 떨어져 있으며(원반 반지름의 약 2/3), 접선 속도가 220 km/s이다. 이 속도로 완전한 회전을 하는 데는 약 2.4억 년이 걸리며, 태양계의 수명인 약 45억 년 동안 태양은 약 20회 회전해 왔다.

은하 내의 별들은 중력으로 결합되어 있으므로, 우리는 Kepler 법칙을 사용하여 그 운동을 분석할 수 있다. 태양에 작용하는 중력은 주로 은하 중심 영역의 밀집된 물질에 의한 것이라고 가정한다. 나선 팔의 다른 별들의 총질량은 중심 질량에 비해 훨씬 작아 태양에 작용하는 힘에 무시할 수 있을 정도로 작은 기여만 한다. Kepler 제3법칙은 궤도의 주기 T와 반경 r 사이의 관계를 나타낸다.

Courtesy of Dr.John S.Mulchaey

그림 15.7 은하수와 유사한 나선 은하를 두 가지 다른 관점에서 본 모습. 하나는 평면에 수직으로 보이고, 다른 하나는 평면을 따라 본 모습이다.

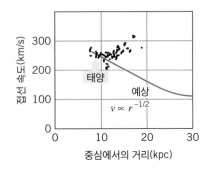

그림 15.8 빛의 Doppler 편이를 통해 결정된 우리 은하의 별들의 접선 속도. 실선은 Kepler의 제3법칙[식 (15.12)]에 기반한 예측을 나타낸다.

$$T^2 = \left(\frac{4\pi^2}{GM}\right) r^3 \qquad (15.11)$$

$T = 2\pi r/v$로 놓으면(이때 v는 접선 속도이다)

$$v = \sqrt{\frac{GM}{r}} \qquad (15.12)$$

여기서 M은 반경 r 내에 포함된 질량을 나타낸다. 태양의 접선 속도는 태양 궤도 내에 10^{11} 태양 질량에 해당하는 질량이 있다는 것을 시사한다.

이 모델에 따르면, 태양을 넘어 있는 별들의 접선 속도는 $r^{-1/2}$와 같이 반지름이 증가함에 따라 감소할 것으로 예상된다. (태양계의 행성들은 이 예상을 매우 높은 정밀도로 따른다.) 그러나 우리는 은하의 회전에서 태양을 넘어 있는 별들의 접선 속도 v가 일정하거나 아주 약간 증가한 것을 관측한다(그림 15.8).

다른 나선 은하들도 같은 현상을 보여준다. 멀리 있는 은하의 별들의 접선 속도는 그들의 빛 Doppler 편이를 측정하여 알 수 있다. 만약 은하 평면 방향으로 관측한다면, 한쪽은 항상 우리 쪽으로 움직이고 다른 쪽은 항상 멀어지고 있을 것이다. 은하 양쪽에서 오는 빛의 Doppler 편이 차이를 통해 은하 전체의 순 운동과 무관하게 그 회전 속도를 알 수 있다. 이 측정을 통해 은하의 접선 속도가 중심으로부터의 거리에 따라 어떻게 변하는지 알 수 있다. 그림 15.9는 전형적인 결과를 보여준다. 여기서도 속도가 예상 관계를 따르지 않고 은하 가시 부분 전체에서 일정하게 유지된다.

이러한 결과는 각 별이 은하 중심을 향해 끌리는 큰 중심 질량에 기반한 Kepler 법칙과 일치하지 않는다. 오히려 반경에 따른 일정한 속도를 설명하려면 질량 M이 r에 비례해 증가해야 한다[식 (15.12) 참조]. 그러나 이 설명은 대부분의 빛, 따라서 대부분의 질량이 중심 영역에 집중되어 있다는 시각적 관측과 일치하지 않는다.

이 딜레마를 해결하기 위해 은하에는 보이지 않는 거대한 양의 물질, 즉 중력을 공급하지만 빛(또는 다른 전자기 복사)을 내지 않는 물질이 존재한다고 생각할 수 있다. 요구되는 중력을 공급하려면 이 **암흑물질**(dark matter)의 질량이 가시 물질 질량의 최소 10배는 되어야 한다. 즉, 은하의 90% 이상 물질이 알 수 없는 보이지 않는 형태로 존재한다. 이 암흑물질은 은하가 차지하는 공간을 관통하며 은하를 둘러싸는 형태로 존재할 수 있다.

관측에 따르면 약 100개 구성원으로 이루어진 중력적으로 결합된 은하 군집이 존재한다. 이 군집의 크기는 약 1 Mpc로, 일반적인 은하 크기의 약 100배이다. 이 군집이 공통 중심을 중심으로 회전하므로, 개별 은하의 경우와 유사한 방법으로 회전 속도와 중심으로부터의 거리 관계를 측정할 수 있다. 그림 15.9에 나타난 것처럼, 이 군집들도

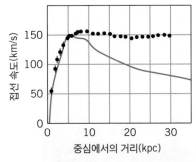

그림 15.9 원격 은하의 중심에서의 거리에 따른 접선 회전 속도. 실선은 중심 별들의 중심 이상의 거리에 대한 예상된 $r^{-1/2}$ 속성을 보여준다.

개별 은하와 마찬가지로 그 관계를 따르는데, 이는 은하들만으로는 설명할 수 없는 더 많은 물질이 군집에 존재한다는 것을 시사한다. 따라서 암흑물질은 은하 군집 주변에도 존재한다고 결론 내릴 수 있다.

암흑물질의 존재에 대한 증거는 먼 은하의 빛이 지구로 오는 도중 은하 군집을 지나면서 관찰되는 '중력 렌싱(gravitational lensing)' 효과에서 찾을 수 있다. 빛의 휘어짐 정도를 통해 군집 내 물질량을 추정할 수 있는데, 이 결과 발광 물질만으로는 설명할 수 없는 훨씬 더 많은 물질이 존재한다는 것을 보여준다. 이 효과를 극적으로 보여주는 사례가 2006년에 분석된 'Bullet 은하단'인데, 이곳에서는 일반 물질(발광 성간 기체로 드러남)과 암흑물질(중력 렌싱 효과로 드러남)의 분포가 다르다.

이 암흑물질을 구성하는 것은 무엇일까? 그 본질에 대한 추측은 대략 두 가지 범주로 나뉜다. MACHO(Massive Compact Halo Objects)와 WIMP(Weakly Interacting Massive Particles). MACHO 후보로는 거대 블랙홀, 중성자별, 소진된 백색 왜성, 갈색 왜성(별이 되기에는 질량이 너무 작은 목성 크기 천체) 등이 있다. WIMP 후보로는 중성미자, 자기 단극자, 빅뱅 시 생성된 기타 안정적 기본 입자 등이 있다. 이 두 유형의 차이는 MACHO는 바리온(양성자, 중성자로 이루어진 보통 물질)으로, WIMP는 다른 종류의 비(non)바리온 물질로 이루어져 있다는 것이다. 현재 이론에 따르면 대부분의 암흑물질이 비바리온 형태이지만, 중성미자를 제외하고는 아직 지구상 어떤 실험실에서도 이런 물질이 발견되지 않았다.

Vera Rubin(1928~2016, 미국). 관측 천문학자로, 별과 은하의 운동에 관한 선도적인 발견을 하였다. 은하 별들의 Doppler 편이를 관측하여 그들의 회전 속도가 은하 중심의 대량 농도에 의한 단순한 인력만으로는 일치하지 않는다고 추론하였다. Rubin의 연구는 우주 암흑물질의 존재와 양을 이해하는 데 기여한 주요 연구 중 하나였다. 1993년 미국 과학 훈장을 수상하였다.

15.4 일반 상대성 이론

우리 우주에 대한 관측 데이터 해석은 1911년부터 1915년 사이에 Albert Einstein의 중력에 관한 일반 상대성 이론을 사용해야 한다. 이 이론의 수학적 수준은 이 교재 수준을 넘어서지만, 이 이론이 어떻게 우주의 구조와 진화를 이해하는 데 도움이 되는지 알아볼 것이다.

특수 상대성 이론은 Einstein이 생각한 광선을 따라가는 실험에서 비롯되었다. 일반 상대성 이론 또한 사고 실험에서 비롯되었다. Einstein의 말을 들어보자.

베른의 특허청 사무실에 앉아 있을 때 문득 이런 생각이 떠올랐습니다. 사람이 자유 낙하하면 자신의 무게를 느끼지 못할 것이다. 이 단순한 생각이 내게 깊은 인상을 주었습니다. 이것이 내게 중력 이론을 향한 동기를 부여했습니다.

그림 15.10 자유 낙하의 효과는 (a) 지구의 중력에서와 (b) 성간 공간에서의 실내에서 동일하게 나타난다.

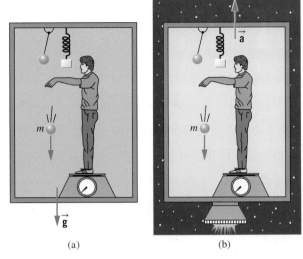

그림 15.11 그 효과는 실내가 (a) 균일한 중력장 내에 정지해 있을 때와 (b) 성간 공간에서 가속하고 있을 때 동일하게 나타난다

그림 15.10은 두 상황에서의 자유 낙하하는 사람을 보여준다: 지구 중력 아래와 중력장이 무시할 만큼 작은 우주 공간. 두 경우 모두 사람은 격리된 방 안에 있어 외부 물체로부터 방의 움직임을 알 수 없다. 방 안에서는 두 경우가 완전히 동등하게 보인다. 방 안에서 작동하는 어떤 측정 기기도 두 경우를 구분할 수 없다. 중력장 $\vec{g}$ 아래의 가속도 $\vec{a} = \vec{g}$는 무시할 만한 중력장에서의 가속도 0과 동등하다.

가속도가 중력장의 효과를 '상쇄'할 수 있는 것으로 보인다. 더 나아가 가속도가 중력장의 효과를 만들어낼 수 있는지 생각해 보자. 그림 15.11의 두 상황을 고려해 보자. 한 경우는 지구 근처의 정지 관측자이고, 다른 경우는 무시할 만한 중력장의 우주 공간에 있지만 로켓 엔진이 발사되어 방이 $\vec{a} = -\vec{g}$의 가속도를 받고 있다. 이 방 안에서 여러 실험을 수행하면 관측자의 무게(실제로는 저울에 의해 가해지는 수직항력), 공의 낙하, 질량이 늘어나는 스프링, 진자의 진동 등 모든 실험 결과가 두 방에서 동일하다. 또다시 방 안에는 이 두 경우를 구분할 수 있는 실험이 없다.

이것이 **등가 원리**(principle of equivalence)로 이어진다.

가속 좌표계와 균일 중력장에서의 국소적 실험 결과는 구분할 수 없다.

'국소적'이란 실험이 격리된 방 안에서 이루어져야 하며, 방의 크기가 충분히 작아 중력장이 균일해야 함을 의미한다. 예를 들어 지구 표면 근처에서는 방 안의 $\vec{g}$ 벡터들이 모두 평행하지 않다. 그들은 지구 중심을 향하므로 방의 반대편에서는 약간의 각도 차이가 있다. 그러나 방을 충분히 작게 만들면 이 효과는 무시할 수 있으며, 방 내부의 $\vec{g}$ 벡터들은 가속 방의 $\vec{a}$ 벡터처럼 서로 평행하게 된다.

등가 원리는 **관성 질량**(inertial mass)과 **중력 질량**(gravitational mass)의 등가성으로 표현되는 초보 물리학 버전으로도 나타난다. 즉, $F=ma$에 나오는 질량 m과 $F=GMm/r^2$에 나오는 질량 m은 동일하다. 이 등가 원리 형태에 따르면 질량에 상관없이 모든 물체가 지구 중력 아래 같은 가속도로 낙하한다. Galileo가 최초로 시험한 피사의 사탑 실험이 이를 보여주었다(비록 일화일 수도 있지만). 근래 더 정밀한 실험으로 중력 질량과 관성 질량의 등가성이 약 10^{11}분의 1까지 확인되었다.

Einstein은 등가 원리가 기계적 실험뿐만 아니라 모든 실험, 심지어 전자기파 실험에도 적용됨을 깨달았다. 그림 15.12의 배치를 생각해 보자. 방 위에서 광원이 주파수 f의 파장을 방출한다. H만큼 떨어진 거리의 방 아래에서 검출기가 광파를 관측하고 그 파장을 측정한다. 가속된 방 안에서 방출된 빛은 속도 v(c에 비해 작다고 가정)로 출발한다. 탐지되었을 때, 비행 후 $t \approx H/c$ 후에 바닥 속도가 $v+at$이므로 상대 속도 $\Delta v=at$에 의해 Doppler 편이가 있다[식 (2.22)].

그림 15.12 광원 S는 빛을 방출하고, 이는 위로 가속하는 실내의 감지기 D에 의해 기록된다.

$$f' = f\sqrt{\frac{1+\Delta v/c}{1-\Delta v/c}} \approx f(1+\Delta v/c) \tag{15.13}$$

이를 주파수 차이 $\Delta f=f'-f$로 나타내면,

$$\frac{\Delta f}{f} = \frac{\Delta v}{c} = \frac{at}{c} = \frac{aH}{c^2} \tag{15.14}$$

이제 균일 중력장 g 아래 정지한 방에서의 실험과 비교해 보자. 등가 원리에 따라 두 실험 결과가 동일해야 한다. 식 (15.14)에서 $a=g$로 놓으면

$$\frac{\Delta f}{f} = \frac{gH}{c^2} \tag{15.15}$$

등가 원리를 통해 지구 중력에 의한 빛의 주파수 변화를 예측한다.

1959년, R. V. Pound와 G. A. Rebka는 ^{57}Co 방사성 붕괴로 발생한 14.4 keV 광자가 하버드 탑에서 22.6 m 떨어진 곳에 떨어지는 실험을 하였다. 예상되는 주파수 변화 $\Delta f/f=gH/c^2$는 2.46×10^{-15}였다. 이 효과를 관측하려면 탑 아래쪽 광자의 주파수나 에너지를 1부터 10^{15}까지 측정해야 했다! Mössbauer 효과(12.9절)를 이용해 이런 정밀도를 달성할 수 있었고, 실측값은 $\Delta f/f = (2.57 \pm 0.26)\times10^{-15}$로 등가 원리와 일치하였다. 위성에서 방출된 주파수와 지상에서 수신된 주파수 비교 실험에서도 약 10^4분의 1 수준의 정밀도로 등가 원리가 확인되었다.

최근 지구 표면의 높이 차 1/3미터에서 행해진 초정밀 원자시계 실험에서는 4×10^{-17}의 정밀도로 Einstein의 예측을 검증하였다.

GPS(위성 항법 시스템)는 궤도 위성에서 지표면으로 보내는 주파수 측정에 의존하는데, 일반 상대성 이론이 예측한 중력 주파수 이동에 대한 보정이 필요하다. 이 보정이 없으면 매일 약 10 km의 오차가 누적될 것이다.

식 (15.15)에서 주파수 변화는 선원과 검출기의 중력 퍼텐셜 차이 ΔV에 비례한다.

$$\Delta V = \frac{\Delta U}{m} = \frac{(mgH - 0)}{m} = gH \tag{15.16}$$

위성의 경우에 중력장이 균일하지 않더라도 같은 결론이 성립한다. 주파수 변화는 광원과 관측자 간의 중력 퍼텐셜 차이에 따라 달라진다. 예를 들어, 질량 M, 반지름 R인 별 표면에서 나오는 빛을 고려해 보자. 표면에서의 중력 퍼텐셜은 $V = -GM/R$이다. 지구상에서 관측되면 중력 주파수 이동은

$$\frac{\Delta f}{f} = \frac{\Delta V}{c^2} = -\frac{GM}{Rc^2} \tag{15.17}$$

별 중력장에서 올라오는 광자는 에너지를 잃어 적색 편이를 일으킨다. 이 효과는 두 가지 이유로 관측하기 어렵다. (1) 별의 운동에 의한 Doppler 편이가 일반적으로 더 크고, (2) 별 표면 부근 원자의 열운동에 의해 스펙트럼선이 Doppler 폭이 된다(10.4절 참조). 하지만 이 효과는 태양 등 일부 별에서 확인되었다.

예제 15.1

(a) 세 가지 적색 편이(Doppler, 중력, 우주론적) 중 광원과 관측자의 상대 속도에 의존하는 것은? (b) 광원과 관측자 사이의 거리에 의존하는 것은? (c) 광원과 관측자의 질량에 의존하는 것은?

풀이

(a) Doppler 적색 편이만 속도에 의존한다. 중력 및 우주론적 적색 편이는 광원과 관측자가 상대 정지 상태에서도 존재한다. Hubble 법칙의 속도는 실제 운동 속도가 아니며, 우주 팽창에 따른 은하 간 거리 변화를 나타낸다. 정지 우주의 두 먼 은하를 상상해 보자. 은하 1에서 빛이 방출된 후 우주가 팽창하기 시작하고, 은하 2가 그 빛을 관측하기 전에 팽창이 멈춘다. 빛이 방출되고 관측될 때 두 은하는 정지해 있지만, 여전히 적색 편이(우주론적이며 Doppler가 아님)가 있다. (b) 우주론적 적색 편이만 거리에 의존한다. 빛이 팽창 우주에서 더 멀리 이동할수록 파장이 더 늘어난다. (c) 중력 적색 편이만 광원과 관측자의 질량에 의존한다.

예제 15.2

수소 스펙트럼에서 Lyman α 라인의 파장은 121.5 nm이다. 중력 이동으로 인한 태양 스펙트럼에서 이 선의 파장 변화 값을 구하시오.

풀이

식 (15.17)에서

$$\frac{\Delta\lambda}{\lambda} = -\frac{\Delta f}{f} = \frac{GM}{Rc^2}$$

$$= \frac{(6.67 \times 10^{-11} \text{ N} \cdot \text{m}^2/\text{kg}^2)(1.99 \times 10^{30} \text{ kg})}{(6.96 \times 10^8 \text{ m})(3.00 \times 10^8 \text{ m/s})^2}$$

$$= 2.12 \times 10^{-6}$$

파장의 변화는

$$\Delta\lambda = (2.12 \times 10^{-6})(121.5 \text{ nm})$$
$$= 0.257 \text{ pm}$$

이 파장 변화는 태양의 회전에 의한 Doppler 편이 및 태양 스펙트럼 선의 열적 확산보다 작다(연습문제 6번 참조).

일반 상대성 이론에서의 시공간

특수 상대성 이론에 의하면 물리 법칙이 모든 관성 좌표계에서 동일해야 하며, 관측자의 절대 속도를 결정할 수 있는 특정 관성 좌표계는 없다. 이 관점에서는, 가속 좌표계(비관성 좌표계)는 특정/선호되는 좌표계로 보이는데, 그 이유는 절대 가속도를 결정할 수 있기 때문이다. 일반 상대성 이론에서 Einstein은 이런 제한을 없애고자 했다. 그래서 운동은 가속 관측자를 포함한 모든 관측자에 대해 상대적이다. 가속과 중력장을 구별할 수 없다는 등가 원리로 가속도의 특권적 역할이 없어진다.

궁극적으로 일반 상대성 이론은 기하학 이론이다. 입자의 운동은 이동하는 공간과 시간 좌표의 특성에 의해 결정된다. 상대성 이론에서 공간과 시간은 밀접하게 결합되어 있기 때문에(예를 들어, 2.5절의 Lorentz 변환 참조), 우리는 **시공간**(spacetime)이라고 부르며 공간 시간계가 결합된 좌표계로 간주한다.

가속 운동과 중력의 등가성은 시공간 좌표계와 중력 사이의 관계를 나타낸다. 고전적 기술에 따르면, 물질의 존재가 중력장을 형성하고 이 중력장이 물체의 운동을 결정한다. 그러나 일반 상대성 이론에 따르면, 물질(및 에너지)의 존재가 시공간을 휘게 하거나 구부리며, 입자의 운동은 이 좌표계의 형상에 따라 결정된다. 때로는 "기하학이 물질에게 어떻게 움직여야 하는지 말해주고, 물질이 기하학에게 어떻게 구부러져야 하는지 말해준다"고 표현한다. 일반 상대성 이론은 질량과 에너지의 구성으로부터 시공간의 곡률을 계산하는 절차를 제공하며, 입자나 광선의 운동은 이에 따라 직접 결정된다.

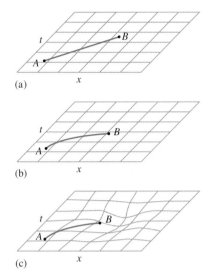

그림 15.13 (a) 평평한 시공간에서의 등속 운동 입자 움직임 경로. (b) 평평한 시공간에서의 가속 입자 움직임 경로. (c) 휘어진 시공간에서의 입자 움직임 경로.

일차원에서만 움직이는 입자의 간단한 경우를 생각해 보자. 예를 들어, 마찰 없이 곧은 철사 위를 미끄러지는 구슬을 생각해 볼 수 있다. 우리는 구슬의 운동을 구슬의 이차원 시공간인 x-t 좌표계에 나타낼 수 있다. 예를 들어, 구슬이 일정한 속도로 철사 위를 움직여 시간 t_A에서 위치 x_A에서 시간 t_B에서 위치 x_B로 이동한다면, 시공간에서의 운동은 그림 15.13a에 표시된 직선으로 나타낼 수 있다.

이제 중력은 없고 가속하는 실내에 수직으로 설치된 철사를 생각해 보자. 실내 관찰자에게는 구슬이 실내가 위로 가속될 때 아래로 가속하는 것처럼 보일 것이다. 이 경우, 시공간에서의 경로는 이제 그림 15.13b에 제시된 것처럼 곡선으로 나타난다.

가속이 동등한 중력장으로 대체되면 실내에서의 구슬 운동은 정확히 동일하게 나타나며, 구슬은 아래로 가속하는 것처럼 보인다. 일반 상대성 이론은 이 상황을 시공간의 형태 변화로 설명한다. 물질의 존재(고전적으로는 중력장의 원천으로 설명될 것)가 그림 15.13c에서 나타난 것처럼 x-t 시공간을 왜곡한다. 시공간 좌표계를 고무 시트에 놓인 격자로 상상하면, 중력 물질이 시트를 늘리고 입자는 곡선 시공간에서 가장 직접적인 경로를 따라 A에서 B로 이동한다.

이차원 시공간에서 두 사건 간의 분리(예: 연속적인 지점을 통과하는 입자)를 나타내는 **시공간 간격**(spacetime interval) ds를 다음과 같이 정의하는 것이 편리하다.

$$(ds)^2 = (c\,dt)^2 - (dx)^2 \tag{15.18}$$

이 양은 Lorentz 변환하에서 불변임을 증명할 수 있다. 이를 증명하려면 식 (2.23)에서 dx'와 dt'를 대입하면 된다. 시공간에서 입자의 궤적은 무한소 간격들의 집합으로 간주될 수 있다. 입자는 단순히 시공간의 윤곽을 따라가기 때문에 이 간격은 궤적을 정의하고 시공간의 형태를 나타내는 데 사용된다. 삼차원 공간으로 확장하면 간격은 다음과 같다.

$$(ds)^2 = (c\,dt)^2 - (dx)^2 - (dy)^2 - (dz)^2 \tag{15.19}$$

'휘어진' 사차원 시공간을 특징짓기 위해 간격을 다음과 같이 쓸 수 있다.

$$(ds)^2 = g_0(c\,dt)^2 - g_1(dx)^2 - g_2(dy)^2 - g_3(dz)^2 \tag{15.20}$$

여기서 4개의 계수 g_i는 시공간의 곡률과 Euclid 성질에서의 이탈을 설명한다(Euclid 성질에서는 모든 $g_i = 1$이다).

식 (15.19)의 간격은 우리가 익숙한 Euclid 공간의 특징을 나타내며, 이를 '평탄'하다고 부른다. 그림 15.14는 그 공간의 몇 가지 특성을 요약하고 있다. 직선은 두 점 사이의 가장 짧은 거리, 삼각형 내각의 합은 180°, 평행선은 절대 만나지 않음, 원의 둘레와 지름의 비율은 π 등이다.

그림 15.15는 구의 표면이라는 곡선 비(non)Euclid 기하학을 보여준다. 여기서 두 점 사이의 가장 짧은 거리는 대원의 호이며, 삼각형의 각도 합은 180°보다 크고, 평행선은 만날 수 있으며, 원의 둘레와 지름의 비율은 π보다 작다. 그림 15.16에 나타난 안장 모양의 기하학은 다른 종류의 곡률을 가지며, 이 경우 원의 둘레와 지름의 비율은 π보다 크다.

곡선 시공간의 중요성을 이해하기 위해 그림 15.17에 설명된 실험을 고려해 보자. 빛이 방출되어 챔버를 가로질러 반대쪽 벽으로 이동한다. 챔버가 관성 프레임에 있고 중력장이 없는 경우, 빛은 챔버를 수평으로 가로질러 이동하여 바닥에서 소스와 같은 높이의 반대쪽 벽에 도달한다. (이는 챔버가 일정한 속도로 움직일 때도 성립하며, 이는 특수 상대성 이론을 사용하여 증명할 수 있다.) 챔버 안팎의 관찰자들은 이 결론에 동의한다.

챔버가 가속하면 상황이 달라진다. 챔버가 특정 관성 프레임에 대해 정지해 있을 때 빛이 방출된다고 가정해 보자. 이 경우 빛은 이 프레임에서 횡단 속도 성분이 없으며 수평으로 이동한다. 챔버가 가속하면 빛은 횡단 속도 성분을 얻지 않지만 챔버의 속도는 증가한다. 관성 관찰자에게는 빛이 수평의 직선을 따라 이동하지만, 챔버는 앞

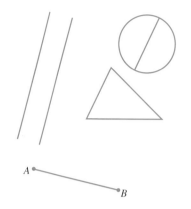

그림 15.14 평평한 시공간과 Euclid 기하학의 성질.

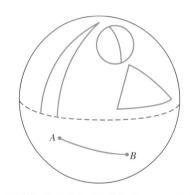

그림 15.15 휘어진 시공간과 비Euclid 기하학의 성질.

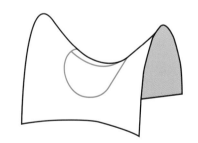

그림 15.16 또 다른 비Euclid 기하학의 휘어진 시공간.

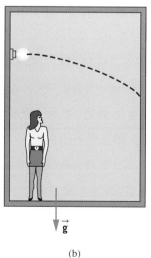

(a)   (b)

그림 15.17 (a) 가속 운동하는 챔버의 관찰자에게 빛은 곡선 경로를 따른다. (b) 균일한 중력장 안의 정지된 관찰자에게 빛은 같은 곡선 경로를 따른다.

으로 가속하여 빛이 소스보다 낮은 높이에서 반대쪽 벽에 도달한다. 챔버 안의 관찰자에게는 빛이 그림 15.17a에 표시된 곡선을 따라 이동하여 소스보다 낮은 높이에서 벽에 도달하는 것처럼 보인다.

등가 원리에 따르면, 챔버가 균일한 중력장 내에 정지해 있는 경우에도 챔버 안의 관찰자는 동일한 결과를 얻어야 한다(그림 15.17b). 일반 상대성 이론은 중력장을 형성하는 질량 근처의 시공간 곡률을 통해 이 관찰을 설명한다. 빛은 단지 곡선 시공간에서 가능한 가장 짧은 경로를 찾고 있을 뿐이며, 이는 그림 15.15의 구면 표면 위의 선을 따라 기어가는 개미와 같다. 곡선 시공간의 모든 경로는 곡선이다.

그림 15.17b에 나타난 결과에 대한 다른 설명이 있지 않을까? 예를 들어, 빛의 광선 내 각 광자가 유효 질량 $m = E/c^2$을 가진다고 가정하고, 이를 질량 m을 가진 고전 입자의 궤적처럼 중력장에서 계산할 수 있다. 그러나 다음 절에서 논의할 것처럼, 이 방법은 중력장 내에서 광자의 경로에 대한 관찰 결과와 일치하지 않는다. 올바른 설명을 제공하는 시공간의 곡률은 등가 원리의 피할 수 없는 결과이다.

일반 상대성 이론에서는 공간의 곡률과 공간 내 질량 및 에너지 밀도 간의 관계가 다음과 같이 표현된다.

$$공간의 곡률 = \frac{8\pi G}{c^4} \ (질량-에너지 밀도) \tag{15.21}$$

이 식은 중력(Newton의 상수 G)과 특수 상대성 이론(빛의 속도 c)을 포함하고 있다는 점에 주목하라. 물질이나 에너지가 존재하지 않으면 식의 오른쪽은 0이 되고, 그 결과 곡률도 0이 되어 공간은 평평해진다. 고전 역학의 극한($c \to \infty$)과 약한 중력장($G \to 0$)의 극한에서 공간은 거의 평평해지며, 우리는 안전하게 Newton의 중력 이론을 사용할 수 있다. 이는 마치 그림 15.15의 구에서 작은 영역을 취하거나 반경을 충분히 크게 늘렸을 때 거의 Euclid 기하학을 따르는 것과 같다. 고전 역학이 **특수** 상대성 이론의 극한인 경우(저속일 때)로 간주될 수 있듯이, 고전 중력도 **일반** 상대성 이론의 극한인 경우(약한 중력장일 때)로 간주될 수 있다. 지구 위성의 궤도나 화성으로 향하는 우주 탐사선의 궤적을 계산할 때 Newton 이론은 완전히 만족스러운 결과를 제공한다. 하지만 태양 근처나 밀도가 높은 별 근처에서는 공간의 곡률이 관측 가능한 효과를 초래할 수 있으며, 이에 대해 다음 절에서 논의할 것이다.

15.5 일반 상대성 이론 테스트

Newton의 중력 이론과 Einstein의 일반 상대성 이론의 예측은 각각 실험 검증 가능하지만, 대부분의 경우 두 예측 사이의 차이는 극히 미미하다. 지구 표면에서는 공간이 10억분의 1 정도로만 휘어져 있으며, 심지어 태양 표면에서도 곡률은 100만분의 1에 불과하다.

그럼에도 불구하고 평탄한 시공간과 휘어진 시공간의 차이를 감지할 수 있을 만큼 정밀한 실험을 수행할 수 있다. 이 절에서는 이러한 실험 중 몇 가지를 논의한다.

별빛의 휨

별에서 나오는 빛이 태양 근처를 지나갈 때 그것은 원래의 방향에서 굴절되며, 이는 그림 15.18에 나와 있다. 별은 실제 위치에서 θ 각도로 이동한 것처럼 보인다.

이는 Newton 중력과 특수 상대성 이론을 사용하여 분석할 수 있다. 빛의 광자에 유효 질량 $m = E/c^2$를 할당하고, Newton 중력에 의해 굴절된다고 가정하는 것이다. 그러면 실험은 Rutherford 산란과 매우 유사해지며, Rutherford 산란 공식(연습문제 9번 참조)을 참조하여 굴절각을 계산할 수 있다(라디안 단위).

$$\theta = \frac{2GM}{Rc^2} \tag{15.22}$$

여기서 M은 태양의 질량이고, R은 태양의 반지름이다. 수치를 대입하면, 특수 상대성 이론과 Newton 중력에 의한 예측값으로 $\theta = 0.87''$가 나온다.

일반 상대성 이론은 다른 관점을 제공한다. 태양 근처의 시공간은 휘어져 있으며, 광선은 휘어진 시공간에서 가장 직접적인 경로를 따른다. (그림 15.19는 이 효과의 이차원 표현이다.) 일반 상대성 이론에 따른, 예상되는 굴절 각도는 $1.74''$로 이는 Newton 이론 예측치의 정확히 두 배이다.

이 효과를 측정하려면 태양 가장자리를 지나가는 별빛과 같은 빛의 광선을 관찰해야 한다. 태양 근처의 별빛은 오직 개기일식 동안에만 관측할 수 있다. Einstein이 그의 일반 상대성 이론을 완성하고 몇 년이 지난 1919년에 영국 천문학자들의 두 탐험대가 개기일식을 관찰하고 태양에 닿은 별들의 빛이 보이는 위치 변화를 측정하기 위해 아프리카와 남아메리카로 여행을 떠났다. 그들의 결과로 나온 굴절각, $1.98'' \pm 0.18''$와 $1.69'' \pm 0.45''$는 일반 상대성 이론을 강력히 지지했다. 그 이후로 이 실험은 거의 모든 개기일식 때 반복되었으며, 일반 상대성 이론과의 전반적인 일치는 10% 이내였

그림 15.18 태양을 지나는 빛의 굴절. 지구의 관찰자에게는 A에 있는 별이 B에 있는 것으로 보인다.

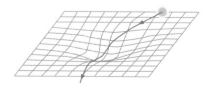

그림 15.19 휘어진 시공간을 지나는 별빛의 경로.

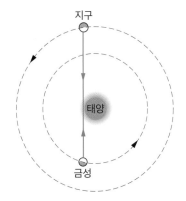

그림 15.20 금성과 지구 상합 위치에서 이동하는 전자기파.

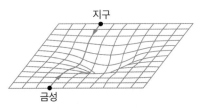

그림 15.21 금성과 지구 사이의 휘어진 공간을 이동하는 전자기파.

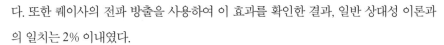

다. 또한 퀘이사의 전파 방출을 사용하여 이 효과를 확인한 결과, 일반 상대성 이론과의 일치는 2% 이내였다.

이 실험 결과들은 Newton 중력(특수 상대성 이론을 포함하더라도)과 일반 상대성 이론 사이의 명확한 차이를 보여준다.

레이더 반사의 지연

지구와 다른 행성(예를 들어 금성)을 잇는 선이 태양을 통과할 때, 이 상황을 '상합(superior conjunction)'이라고 하며, 그림 15.20에 그려져 있다. 지구와 금성의 궤도를 기반으로, 지구에서 보내진 레이더 신호가 금성에서 반사되어 지구로 돌아오는 데 걸리는 시간을 계산할 수 있는데, 이는 약 20분이다. 상합에 가까워질 때 신호는 태양 가까이를 지나가게 되며, 따라서 일반 상대성 이론에 따르면 이 신호는 Euclid 직선 경로를 따라 이동하지 않고, 곡선화된 시공간을 통과하는 경로를 따른다(그림 15.21 참조). 이 때문에 신호가 왕복하는 데 걸리는 시간이 예상보다 조금 더 길어지며, 이는 신호가 태양 가까이를 지날 때 경로를 따라 이동하는 데 걸리는 시간이 길어지기 때문이다. 이 시간 지연은 약 10^{-4}초 정도로 예상되며, 몇 퍼센트의 오차 내에서 확인되었다(금성의 표면에 대한 불확실성, 즉 신호가 산에서 반사되었는지 계곡에서 반사되었는지 알 수 없는 점이 정확도의 한계였다). 1970년대 후반에 지구와 화성에 착륙한 바이킹 착륙선 간에 보내진 신호를 사용한 더 정밀한 실험이 진행되었고, 그 결과는 약 0.1%의 오차 내에서 일반 상대성 이론과 일치했다. 2004년에 토성 주위 궤도에 진입한 NASA의 Cassini 우주선에서 보내진 신호는 시간 지연에 대한 가장 민감한 테스트를 제공했으며, 그 결과는 일반 상대성 이론의 예측과 0.002% 이내로 일치했다.

수성 근일점의 세차운동

그림 15.22에 나타난 것처럼, 태양과 같은 질량 M의 항성 주위를 도는 단일 행성으로 구성된 간단한 행성계를 고려해 보자. Newton 중력 이론에 따르면, 궤도는 항성이 한 초점에 위치한 완벽한 타원이며, 타원의 방정식은 다음과 같다.

$$r = r_{min} \frac{1 + e}{1 + e \cos \phi} \qquad (15.23)$$

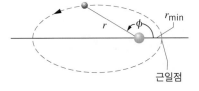

그림 15.22 항성 주위를 도는 별의 타원 궤도.

여기서 r_{min}은 행성과 항성 사이의 최소 거리이고, e는 궤도의 **이심률**이다(타원이 원형에서 벗어난 정도. 원의 경우 $e = 0$). $r = r_{min}$일 때, 행성은 **근일점**(perihelion)에 있다. 이는 $\phi = 0, 2\pi, 4\pi, \ldots$일 때마다 정확히 같은 공간상의 지점에서 규칙적으로 발생한다.

일반 상대성 이론에 따르면, 궤도는 완전히 닫힌 타원이 아니다. 항성 근처의 휘어진 시공간으로 인해 근일점 방향이 약간 **세차운동**(precession)을 하게 되는데, 이는 그림 15.23에 나타나 있다. 한 번의 궤도를 완성한 후 행성은 r_{min}으로 돌아오지만 약간 다른 ϕ에 위치한다. 이 차이 $\Delta\phi$는 일반 상대성 이론에 따라 계산될 수 있으며, 이에 따른 궤도는 다음과 같다.

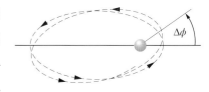

그림 15.23 근일점의 세차운동(과장되게 표현). 한 궤도를 돌 때마다 근일점은 $\Delta\phi$만큼 이동한다.

$$r = r_{min}\frac{1+e}{1+e\cos(\phi-\Delta\phi)} \qquad (15.24)$$

$$\Delta\phi = \frac{6\pi GM}{c^2 r_{min}(1+e)} \qquad (15.25)$$

태양의 경우, $6\pi GM/c^2 = 27.80$ km이며, 따라서 r_{min}의 가장 작은 값(수성의 경우 46×10^6 km)에 대해서도 $\Delta\phi$는 대략 10^{-6} rad 정도로, 극히 적은 양이다. 하지만 이 효과는 **누적**된다. 즉, 궤도를 돌 때마다 쌓여서 N번의 궤도 후에는 근일점이 $N\Delta\phi$만큼 전진하게 된다. 보통 이 세차운동을 1세기당(100 지구연당) 총세차량으로 표현하며, 대표적인 값이 표 15.1에 나와 있다.

예상되는 세차운동은 매우 작아서 한 세기당 각(arc) 초 단위 정도이지만, 그럼에도 불구하고 매우 정확하게 측정되었다. 태양에 가장 가까운 3개의 행성과 소행성 이카루스의 경우, 측정된 값은 일반 상대성 이론의 예측과 일치하며, 가장 좋은 경우에는 약 1% 이내로 일치한다.

이 실험들은 매우 어렵다. 수성이나 이카루스를 제외하면 이심률이 작고 근일점을 정확히 찾기가 어렵기 때문이다. 더 심각한 문제는 일반 상대성 이론과 관련되지 않은 다른 효과들도 근일점의 세차운동을 일으킨다는 것이다. 수성의 경우, 실제로 관측된

표 15.1 근일점의 세차운동

항성	N(공전 수/세기)	e	$r_{min}(10^6$ km)	$N\Delta\phi$(arc초/세기) 일반 상대성 이론	$N\Delta\phi$(arc초/세기) 관측
수성	415.2	0.206	46.0	43.0	43.1 ± 0.5
금성	162.5	0.0068	107.5	8.6	8.4 ± 4.8
지구	100.0	0.017	147.1	3.8	5.0 ± 1.2
화성	53.2	0.093	206.7	1.4	
목성	8.43	0.048	740.9	0.06	
이카루스	89.3	0.827	27.9	10.0	9.8 ± 0.8

세차운동은 세기당 약 5,601″이지만, 그중 5,026″는 지구의 분점 세차운동(회전하는 지구의 고전적 Newton 효과) 때문에 발생하고, 532″는 다른 행성들이 수성에 미치는 중력(이 역시 고전적 Newton 효과) 때문이다. 오직 43″만이 일반 상대성 이론에 의한 것이다.

중력 복사

가속된 전하가 빛의 속도로 이동하는 전자기 복사를 방출하는 것처럼, 가속된 질량은 중력 복사를 방출하며 이것 역시 빛의 속도로 이동한다. 중력파는 시공간의 진동으로 전파된다. 전자기력과 중력의 힘 크기 차이는 엄청나기 때문에 중력파는 매우 미약하고 탐지하기가 어렵다. 지구상의 물체나 우리 태양계 내의 행성들에서는 더욱 그렇다. 초신성 폭발, 은하 충돌과 같은 우주의 격변적인 사건이나, 매우 가속된 계 밀집 쌍성 등이 관측 가능한 중력파를 만들어낼 수 있다.

1974년에 한 쌍성계가 발견되었는데, 그중 하나는 펄사(pulsar)였다(15.6절 참조). 펄사는 지구에서 관측했을 때 매우 정확하고 안정적인 펄스 신호를 방출하는 중성자별이다. 이 중성자별이 동반성과 공전할 때, 구심 가속도에 의해 중력파가 방출된다. 방출된 에너지는 궤도 에너지에서 나오며, 펄사가 지구를 향해 다가가거나 멀어질 때 나타나는 Doppler 효과를 관측함으로써 궤도 속도를 추론할 수 있다. 비록 중력파가 직접 탐지된 것은 아니지만, 8시간의 공전 주기 동안 67나노초만큼 궤도 주기가 감소하는 것이 일반 상대성 이론에 기반한 계산과 정확히 일치했다. 이 쌍성 펄사의 발견과 중력 연구에 대한 기여(여기에는 시공간의 곡률로 인한 펄스의 지연과 궤도의 세차운동을 포함한 다른 일반 상대성 이론 테스트도 포함됨)로 발견자인 Joseph Taylor와 Russell Hulse는 1993년 노벨 물리학상을 수상했다.

중력파를 직접 탐지하는 것은 일반 상대성 이론을 위한 또 다른 중요한 검증이 될 것이다. 이를 위해 레이저 간섭계 중력파 관측소(LIGO)가 건설되었고, 2002년에 운영을 시작했다. 이 간섭계는 Michelson 간섭계(2.2절 참조)와 유사한 개념으로, 4 km 길이의 서로 직각으로 배치된 2개의 팔로 구성되어 있다(그림 15.24). 진공 상태에서 레이저 빔은 거울에 의해 수백 번 반사된 후 간섭을 일으킨다. 일반적으로 레이저 빔은 상쇄 간섭을 일으키도록 설정된다. 지나가는 중력파가 시공간을 늘리거나 줄이면, 중력파의 방향과 편광에 따라 하나 또는 두 팔의 길이가 변하고, 이로 인해 상쇄 간섭이 깨져서 원래 어두웠던 지점에서 빛 신호가 발생하게 된다. 이 장치는 매우 미약한 중력파를 탐지해야 하기 때문에 놀라울 정도로 민감하다. 팔 중 하나의 길이가 10^{-18} 미

Courtesy of Laser Interferometer Gravitational wave Observatory

그림 15.24 워싱턴주 핸포드 근처에 있는 LIGO 시설.

터만큼 변화해도 신호를 감지할 수 있다! LIGO 탐지기는 두 곳에 위치해 있으며, 하나는 워싱턴주 핸포드 근처에, 다른 하나는 루이지애나주 리빙스턴 근처에 있다. 이와 유사한 세 번째 탐지기인 VIRGO는 이탈리아에서 운영 중이다. 3개의 탐지기로 이루어진 네트워크는 한 관측소에서 발생할 수 있는 잘못된 신호를 방지하는 데 도움이 된다. 모든 탐지기가 동시에 신호를 기록하면, 세 장소가 삼각측량을 통해 신호의 근원을 찾아낼 수 있다.

LIGO는 2002년부터 2010년까지 처음 운영되었으나 신호를 감지하지 못했다. 이후 민감도를 높이기 위한 수정 작업을 거친 후 2015년에 다시 운영을 시작했고, 거의 즉시 신호를 감지하였다. 이 신호는 두 블랙홀이 합쳐지면서 발생한 것으로 확인되었다. 2016년과 2017년에도 여러 사건이 관측되었으며, 그중에는 감마선 및 광학 관측소에서도 확인된 두 중성자별의 충돌 사건도 포함되었다. 중력파 관측소의 지속적인 운영은 일반 상대성 이론에 대한 흥미로운 새로운 검증을 제공할 뿐만 아니라, 우주의 격변적인 천체 물리학적 사건을 탐지할 수 있는 창이 될 것이다. LIGO 개발을 주도한 캘리포니아공과대학교의 Barry Barish와 Kip Thorne, MIT의 Rainer Weiss는 2017년 노벨 물리학상을 수상했다.

15.6 항성 진화와 블랙홀

태양의 강한 중력장이 일반 상대성 이론을 검증하는 데 여러 좋은 사례를 제공했지만, 가장 엄밀한 검증은 더 강한 중력장에서 이루어진 측정에서 나온다. 이때는 시공간의 곡률이 훨씬 더 크다. 이런 강한 중력장은 별이 백색 왜성, 중성자별, 또는 블랙홀 같은 더 밀집된 천체로 붕괴한 후에 발생할 수 있다.

10.7절에서 태양과 같은 일반적인 별이 백색 왜성으로 붕괴하는 과정을 Fermi-Dirac 통계의 적용 예로 다룬 바 있다. 별 안의 수소가 점차 소진되기 시작하면, 중력 붕괴에 대항하는 복사 압력이 줄어들어 별은 수축하게 된다. 결국 Pauli 원리가 전자에 적용되어 더 이상의 붕괴를 막는 안정된 백색 왜성 단계에 도달할 수 있다. 시리우스 B와 같은 백색 왜성의 평균 밀도는 약 10^9 kg/m³로, 이는 태양의 평균 밀도보다 약 100만 배 정도 크다.

별의 질량이 약 1.4 태양 질량[**Chandrasekhar 한계**(Chandrasekhar limit)]보다 크다면, 중력이 전자의 Pauli 반발력을 이기고 그 이상의 붕괴가 일어날 수 있다. 이 정도 질량의 별에서는 전자의 Fermi 에너지가 0.30 MeV[식 (10.50)]이다. Fermi-Dirac 분포의 고에너지 전자는 역(inverse)베타 붕괴 반응을 일으킬 만큼 충분한 에너지를 가진다.

$$e^- + p \rightarrow n + \nu_e$$

이 반응의 문턱 에너지는 0.782 MeV로, Fermi 에너지보다 약간 높다. 이 반응을 통해 일부 전자가 별에서 사라지며 Pauli 반발 효과가 줄어들고, 별은 조금 더 붕괴하게 된다. Fermi 에너지가 증가하면서 더 많은 전자가 0.782 MeV 문턱값을 넘게 되고, 더 많은 전자가 사라지면서 이러한 과정이 계속된다. 결국 모든(또는 거의 모든) 전자가 사라지면, 별은 양성자와 전자가 아닌 중성자로 구성된다. 이제 전자의 Pauli 반발력은 중력 붕괴를 막을 수 없으며, 별은 계속 수축하게 된다. 그러다가 **중성자**에 적용된 Pauli 원리(중성자도 Fermi-Dirac 통계를 따름)에 의해 더 이상의 붕괴가 막힌다. 10.7절에서 계산한 바에 따르면, 1.5 태양 질량의 중성자별은 반경이 11 km, 밀도는 약 5×10^{17} kg/m³일 것이다.

이 중성자별들이 단순히 물리학자들의 상상 속 산물일 뿐일까, 아니면 실제로 존재할까? 1967년, 케임브리지대학교의 전파 천문학자들은 관측 중에 특이한 신호를 발견했다. 그것은 주기가 1.34초인 규칙적인 펄스였는데, 이는 그림 15.25에 나타낸 것과 같은 주기였다. 이전까지 알려진 천체 중에서 이렇게 날카롭고 규칙적인 펄스를 생성할 수 있는 것은 없었고, 처음에 케임브리지 연구팀은 외계 문명으로부터의 신호일 가

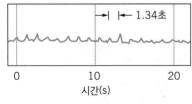

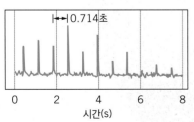

그림 15.25 2개의 다른 펄사로부터 온 라디오 신호. 위쪽 신호는 처음 발견된 펄사의 기록.

능성을 의심하기도 했다. (이 신호를 처음에는 LGM-1이라고 불렀는데, LGM은 '작은 초록 외계인'을 의미한다.) 하지만 이 가설은 결국 버려졌고, 이 천체는 **펄사**로 알려지게 되었다. 1967년 이후, 수백 개의 다른 펄사들이 발견되었으며, 이들은 모두 주로 0.01~1초 범위의 매우 규칙적인 주기를 가지고 있다.

펄사와 중성자별의 연관성은 발견 후 얼마 지나지 않아 밝혀졌다. 회전하는 별이 중성자별로 붕괴되면, 중성자별은 훨씬 빠르게 회전하게 된다. 붕괴 과정에서 각운동량은 보존되기 때문에(연습문제 11번 참고), 회전 관성이 줄어들면서 회전 각속도는 증가한다. 원래 별의 비교적 느린 회전 속도가 중성자별에 이르면 매우 빠른 회전 속도로 변할 수 있다.

이렇게 빠르게 회전하는 중성자별의 강력한 자기장은 방출된 하전 입자를 가두고, 특히 자기 극 부근에서 이들을 고속으로 가속시킨다. 그 결과, 입자들이 방사선을 방출하게 된다(그림 15.26). 별이 회전할 때 이 방사선은 마치 서치라이트나 등대처럼 주변을 휩쓸며, 이 빔이 지구를 통과할 때마다 우리는 방사선의 펄스를 관측하게 된다. 이 펄스 간격은 중성자별의 회전 주기를 나타낸다.

이 펄사가 회전하는 중성자별이라는 설명이 맞다면, 방출된 에너지가 중성자별의 회전 운동 에너지가 감소하면서 보상되므로 펄사의 회전 속도가 다소 느려지는 현상을 관측할 수 있어야 한다. 이 효과는 거의 모든 펄사에서 관측되었으며, 하루에 약 10억분의 1 정도의 속도 감소를 보인다.

현재 펄사는 광학, 엑스선, 감마선, 라디오 등 여러 파장에서 관측되고 있으며, 시간 측정의 정밀도가 매우 높아 하루에 10억분의 1 정도의 감속도 쉽게 관측할 수 있다.

별이 중성자별로 붕괴되는 정확한 메커니즘은 아직 완전히 이해되지 않았지만, **초신성**(supernovas)이라고 알려진 격렬한 폭발이 중성자별을 남기는 것으로 추정한다. 1054년 중국의 천문학자들은 수일 동안 낮에도 보였던 초신성 폭발[그들은 이를 '객성(guest star)'이라고 불렀다]을 관측했다. 오늘날에는 그 폭발의 확장된 껍질을 게 성운(그림 15.27)으로 보고 있다. 게 성운의 중심에는 30 Hz의 주기로 회전하는 펄사가 있다. 놀랍게도, 1967년 이전에 촬영된 수많은 게 성운의 사진에는 0.033초마다 깜빡이는 이 펄사가 전혀 나타나지 않았다. 이 사진들은 모두 긴 노출 시간 동안 촬영되었기 때문에 펄사의 펄스를 관측할 수 없었던 것이다. 그러나 신중한 측정을 통해 이 깜빡이는 효과를 아주 명확하게 볼 수 있다(그림 15.28). 이는 적어도 이 경우에 펄사가 초신성의 잔해로 확인될 수 있음을 시사한다.

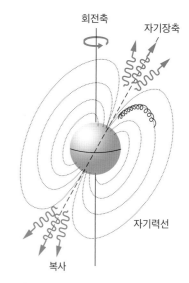

그림 15.26 중성자별의 자기장 선에 갇힌 입자들은 자기 극 근처에서 큰 가속을 받으며, 그로부터 방향성 방사선 빔이 방출된다. 중성자별이 회전할 때 이 방사선 빔이 지구를 가로지르면, 우리는 이를 방사선 펄스로 관측하게 된다.

회전축

자기장축

자기력선

복사

NASA

그림 15.27 게 성운. 1054년에 관측된 초신성의 잔해.

그림 15.28 게 성운의 가시적인 펄사. 두 장의 사진은 다른 별들과 비교하여 펄사가 깜빡이는 모습을 보여준다.

블랙홀

중성자별은 거대한 별이 붕괴하는 궁극적인 운명은 아니다. 질량이 태양의 2~3배 이하인 별들은 아마도 백색 왜성이나 중성자별로 끝날 것이다. 하지만 더 무거운 별들은 중력에 의해 Pauli 원리를 적용해도 중성자를 이길 수 없을 만큼 강한 힘을 받게 되고, 결국 별 내부의 물질이 공간의 한 지점으로 완전히 붕괴하게 된다. 중력 붕괴를 이해하려면 다시 일반 상대성 이론을 살펴봐야 한다.

Einstein이 1916년에 일반 상대성 이론을 발표한 지 1년 만에, Karl Schwarzschild는 구 대칭 질량 M 근처의 시공간 곡률 방정식에 대한 해를 도출했다. 구면 좌표계 (r, θ, ϕ)에서 이 해에 대한 시공간 간격은 다음과 같다.

$$(ds)^2 = c^2 \left[1 - \frac{2GM}{c^2 r} \right] (dt)^2 - \frac{(dr)^2}{\left[1 - \frac{2GM}{c^2 r} \right]} - r^2 (d\theta)^2 - r^2 \sin^2\theta (d\phi)^2 \quad (15.26)$$

[참고로, 고전적인 한계와 중력이 없는 한계인 $c \to \infty$ 및 $G \to 0$일 때, 대괄호 안의 두 요소가 사라지면서 이 간격은 데카르트 좌표계에서 표현된 삼차원 간격의 정확한 유사체가 된다. 이는 식 (15.19)와 같다.] 이 해의 반경 부분(dr 항)은 심각한 문제로 보일 수 있다. 분모에 있는 요소가 특정한 r 값에서 0이 되어 그 항이 무한대로 '폭발'하는 문제가 발생한다. 이는 r이 다음과 같을 때 발생한다.

$$r_S = \frac{2GM}{c^2} \quad (15.27)$$

이를 **Schwarzschild 반지름**(Schwarzschild radius)이라고 한다. 실제로 물리적 좌표가 $r = r_S$에서 '폭발'하는 일은 없으며, M을 향해 떨어지는 물체는 Schwarzschild 반지름을 넘어서도 자신의 운동에서 아무런 변화를 느끼지 못한다.

외부 관찰자들이 낙하하는 물체를 바라볼 때 상황은 매우 다르게 보인다. 물체가 낙하함에 따라 일반 상대성 이론은 그 물체의 시계가 점점 더 느리게 돌아가는 것처럼 보이다가, 물체가 r_S에 도달하면 완전히 멈추게 될 것이라고 예측한다. 물체는 그 위치에서 영원히 정지된 것처럼 보인다! 물체가 낙하하는 동안 그것이 방출하는 빛은 점점 더 적색 편이되며, $r = r_S$에서 적색 편이는 무한대가 되어 물체는 시야에서 사라진다! 외부 관찰자는 물체가 Schwarzschild 반경을 통과하면 그 물체에 대한 어떠한 정보도 얻을 수 없다. 이러한 이유로, Schwarzschild 반경은 종종 **사건의 지평선**(event horizon)이라고 불린다. 어떤 외부 관찰자도 그 지평선 안을 볼 수 없다.

낙하하는 물체는 r_S에서 한 가지 위기를 맞게 된다. r_S를 통과하기 전 어느 시점에서든, 물체는 낙하를 되돌리고 M의 중력으로부터 탈출할 수 있다. 예를 들어, 로켓을 발사할 때 r_S를 통과하면 탈출은 불가능하다. r_S 내부에서는 탈출 속도가 빛의 속도를 초과하며, 어떤 것도(빛조차도) 탈출할 수 없다. r_S 내부에서 외부 세계로의 여행이나 통신은 허용되지 않는다. 그러나 r_S 내부의 물체는 여전히 외부 물체에 중력을 행사하거나, 일반 상대성 이론의 언어로 말하자면 r_S 너머의 시공간을 휘게 할 수 있다.

질량 M이 완전히 반경 r_S 내에 있는 물체를 **블랙홀**(black hole)이라고 한다. 이러한 물체를 형성하려면 물질이 예외적인 밀도로 압축되어야 한다. 표 15.2는 대표적인 물체들의 r_S 값이다. 지구가 블랙홀이 되려면 반경 1 cm 미만의 구로 압축되어야 하고, 태양은 3 km 반경으로 압축되어야만 블랙홀이 될 것이다! 그럼에도 불구하고 블랙홀은 대질량 별의 붕괴의 최종 산물일 수 있으며, 초기 우주의 극단적인 밀도와 압력으로 인해 아주 작은 (원자 크기의) 블랙홀이 형성되었을 수 있다고 추측되어 왔다.

블랙홀에서 멀리 떨어진 곳에서는 중력장이 Newton의 중력 이론과 비슷하게 작용하며, 시공간의 곡률 효과는 미미하고 블랙홀은 다른 중력체와 구별되지 않는다. 하지

표 15.2 블랙홀 사건 지평선

물체	질량(kg)	궤도 반경(m)	r_s (m)
^{238}U 핵	4×10^{-25}	7×10^{-15}	6×10^{-52}
물리학 교과서	1	0.1	1.5×10^{-27}
지구	6×10^{24}	6×10^{6}	8.9×10^{-3}
태양	2×10^{30}	7×10^{8}	3×10^{3}
은하	$\sim 2 \times 10^{41}$	$\sim 10^{20}$	3×10^{14}
우주	$\sim 10^{51}$	$10^{26}(?)$	$\sim 10^{24}$

만 블랙홀 가까이에서는 (또는 다른 질량이 큰 압축된 물체 근처에서는) 시공간 곡률 효과가 상당히 커질 수 있다. 따라서 거대한 블랙홀의 발견은 일반 상대성 이론의 예측을 시험할 수 있는 또 다른 '실험실'을 제공해 줄 수 있으며, 태양 근처에서보다 훨씬 더 큰 효과를 관찰할 수 있다.

많은 별은 쌍성계에 속해 있는데, 이는 2개의 별이 서로의 질량 중심을 공전하는 계이다. 많은 경우, 보이는 별이 보이지 않는 동반성과 함께 공전하는 것처럼 보이며, 이때 보이는 별에서 나온 가스가 보이지 않는 동반성으로 가속되면서 강렬한 엑스선을 방출한다. 이러한 쌍성계의 보이지 않는 동반성들이 바로 블랙홀이라고 여겨진다. 우리 은하에서도 이러한 계가 많이 관측되었다.

은하의 회전 운동을 관찰함으로써 은하 중심의 질량을 추정할 수 있다. 일부 은하의 경우, 이 질량이 태양 질량의 10억 배 이상인 경우도 있다. 블랙홀 외에는 이렇게 큰 질량이 작은 영역에 집중될 수 있는 현상은 알려져 있지 않다. 회전 운동으로부터 유추된 유사한 증거는 우리와 가까운 안드로메다 은하에도 수백만 태양 질량의 블랙홀이 중심에 있을 가능성을 제시한다. 우리 은하 중심에서의 전파 방출 역시 수백만 태양 질량의 블랙홀 존재를 암시한다.

1974년 블랙홀 이론에서 놀라운 발전이 일어났다. Stephen Hawking이 블랙홀이 입자를 방출할 수 있다는 것을 증명한 것이다. 양자역학에 따르면, 입자-반입자 쌍이 자발적으로 나타날 수 있는데, 이는 그 쌍이 불확정성 원리를 위반하지 않을 만큼 짧은 시간 동안 존재하는 경우에 가능하다. 즉, 입자들이 $2mc^2$의 에너지를 '빌릴' 수 있으며, 이 빛을 일정 시간 $\Delta t \sim \hbar/2mc^2$ 내에 갚으면(입자들이 사라지면) 불확정성 원리를 어기지 않는다는 것이다. 만약 입자-반입자 쌍이 블랙홀의 사건의 지평선 바로 바깥에서 발생하면, 블랙홀의 중력이 이 에너지를 제공하여 입자와 반입자가 실제로 존재하게 할 수 있다. 일반적으로는 이 입자와 반입자가 다시 블랙홀로 떨어져 에너지 균형을 맞추지만, 그중 하나가 충분한 에너지를 가지고 외부 세계로 탈출할 수 있다. 따라서 블랙홀이 입자를 방출하는 것처럼 보이게 된다. 이 과정에서 블랙홀은 질량을 잃게 된다. 질량 손실 속도는 블랙홀의 질량에 반비례한다. 별의 붕괴로 생긴 거대한 블랙홀은 너무 낮은 속도로 입자를 방출하여 관측되지 않지만, 초기 우주의 진화 과정에서 형성된 원자나 핵 크기의 작은 블랙홀은 매우 밝은 복사원일 수 있다.

블랙홀은 이론적 상상력을 자극하는 동시에 실험가들에게는 도전 과제가 되는 흥미로운 주제다. 블랙홀에 빨려 들어간 물질이 다른 시간과 장소, 혹은 다른 우주에서 다시 나타날 수 있다는 제안도 있다. 이 가설이 맞다면 블랙홀은 시간 여행이나 다른

Stephen Hawking(1942~2018, 영국). 점점 악화되는 운동 신경 질환에도 불구하고 영국 케임브리지대학교에서 존경받는 교수이자 연구자로 활동하였다. 그는 한때 Isaac Newton이 맡았던 교수직을 지냈으며, 특히 블랙홀을 포함한 우주론과 일반 상대성 이론에 대한 연구로 국제적인 명성과 여러 상을 받았다. 또한 그는 대중을 위한 책도 저술했으며, 그중 《시간의 역사(A Brief History of Time)》는 베스트셀러가 되었다.

우주로 이동하는 데 사용될 수 있다는 뜻이다. 또 다른 제안은 블랙홀을 에너지원으로 활용하는 것이다. 만약 블랙홀이 실제로 거대한 별의 진화 끝에 남은 결과물이라면, 우리 은하에만 약 10억 개의 거대한 블랙홀이 있을 수 있다고 추정된다. 이는 많은 블랙홀이 우리의 관측 범위 안에 있을 가능성을 높여준다. 또는 언젠가는 미니 블랙홀이 방사선을 방출하며 소멸하는 순간을 관측할 수도 있을 것이다. 우리가 가시광선, 엑스선, 감마선 파장에서 하늘을 관측하는 능력을 계속해서 향상한다면, 블랙홀은 중요한 연구 대상이 될 것이다.

15.7 우주론과 일반 상대성 이론

일반 상대성 이론은 우주 전체의 성질을 계산하는 데 적용된다. 이 경우, 식 (15.21)에 있는 질량-에너지 밀도 항은 우주 전체를 설명해야 한다. 우리는 은하 크기 규모의 '국부적인' 밀도 변화에는 관심이 없고, 은하 사이의 거리에 비해 큰 거리에서 평가된 우주 전체의 평균 밀도에 관심을 둔다. (비슷하게, 고체의 밀도를 말할 때도 원자 규모의 변화를 고려하지 않고, 원자 사이의 거리에 비해 큰 거리에서 평가된 전체 물질의 평균 밀도에 관심을 둔다.) 우주의 밀도는 일정하지 않고, 우주가 팽창함에 따라 시간이 지나면서 변한다.

일반 상대성 이론을 이용해 우주의 대규모 구조를 설명하는 방정식을 풀면, Friedmann 방정식이라고 알려진 다음과 같은 결과를 얻는다.

$$\left(\frac{dR}{dt}\right)^2 = \frac{8\pi}{3}G\rho R^2 - kc^2 \tag{15.28}$$

여기서 $R(t)$는 시간 t에서 우주의 크기 또는 거리 스케일 인자를 나타내며, ρ는 같은 시간에 해당하는 총 질량-에너지 밀도를 의미한다. (밀도는 kg/m³와 같은 질량 단위로 표현되며, 복사 에너지를 나타낼 때도 이 단위가 사용된다.)

식 (15.28)에 등장하는 상수 k는 우주의 전체 기하학적 구조를 나타낸다. 우주가 평평할 경우 $k=0$, 우주가 곡률을 가지며 닫힌 구조일 경우 $k=+1$, 우주가 곡률을 가지며 열린 구조일 경우 $k=-1$이다. $k=+1$일 때는 거리 인자 $R(t)$가 우주의 크기 또는 '반지름'과 직접적으로 관련 있지만, $k=0$ 또는 $k=-1$일 때는 의미가 그리 명확하지 않다. 이 두 경우에는 우주가 무한하므로, $R(t)$는 공간의 팽창을 나타내는 스케일 인자로 이해되어야 한다. 이 경우 R의 절대적인 크기는 중요하지 않으며, 오직 시간이 지나면서 어떻게 변하는지만이 중요해진다. 왜냐하면 은하 간의 거리와 같은 특정한 길이도 시간에 따라 R과 같이 변하기 때문이다.

식 (15.28)을 풀기 위해서는 상수 k를 지정해야 한다. 대규모에서 우리 우주는 거의 평평한 것으로 보이며(15.10절에서 논의), 따라서 $k = 0$을 사용한다. 이는 수학적으로 더 간단하며, $k = \pm 1$을 사용한 결과와 크게 다르지 않으므로 대략적인 추정에는 이 계산이 적합하다.

식 (15.28)에서 밀도 ρ는 우주에 존재하는 물질과 복사를 모두 포함해야 한다. 현재 우주는 물질이 지배하고 있으며, 복사가 차지하는 비율은 매우 미미하다. 우주가 팽창함에 따라 물질의 양은 일정하게 유지되지만, 부피는 R^3 비율로 증가한다. 따라서 물질 밀도 ρ_m는 R이 증가할수록 $\rho_m \propto R^{-3}$에 따라 감소한다. 이 결과를 식 (15.28)에 대입하고 적분하면, 다음과 같은 결과를 얻는다.

$$R(t) = At^{2/3} \tag{15.29}$$

여기서 A는 상수이다. 이 결과를 이용해 식 (15.28)에서 R을 제거하면,

$$t = \frac{1}{\sqrt{6\pi G\rho_m}} \tag{15.30}$$

식으로 나타낼 수 있다.

반면, 초기 우주는 복사가 지배적이었고, 물질의 질량 밀도는 무시할 수 있었다. 식 (10.42)에 따르면, 복사의 에너지 밀도는 $d\lambda/\lambda^5$에 따라 달라진다. 모든 파장은 R에 따라 스케일링되므로, $d\lambda \propto R$이고 $\lambda^5 \propto R^5$이다. 따라서 복사 에너지 밀도 ρ_r는 R이 증가할수록 $\rho_r \propto R^{-4}$에 따라 감소한다. 이 결과를 식 (15.28)에 대입하고 적분하면 다음과 같은 결과를 얻는다.

$$R(t) = A't^{1/2} \tag{15.31}$$

A'는 상수이고, 따라서

$$t = \sqrt{\frac{3}{32\pi G\rho_r}} \tag{15.32}$$

Hubble 상수는 스케일 인자의 시간 변화로 정의될 수 있다.

$$H = \frac{1}{R}\frac{dR}{dt} \tag{15.33}$$

우주가 진화하면서 Hubble 상수 H는 변하게 된다. 현재 Hubble 상수 H_0는 Hubble 법칙[식 (15.2)]을 통해 실험적으로 밝혀졌다.

우주가 일정한 속도($R \propto t$)로 팽창했다면 H^{-1}은 우주의 나이를 나타낸다. 위에서 도출한 두 가지 경우 모두 우주의 나이는 H^{-1}보다 작다. 물질이 지배하는 우주가 $t = 0$부터 팽창했다면 그 나이는 $\frac{2}{3}H^{-1}$이며, 복사가 지배하는 우주의 나이는 $\frac{1}{2}H^{-1}$이다.

두 경우 모두 H^{-1}를 어느 시점에서든 우주의 나이를 대략적으로 추정하는 척도로 사용할 수 있다.

따라서 우주는 여러 매개변수로 특성화할 수 있다. 첫 번째는 우주가 평평한지 곡률을 가지는지, 열려 있는지 닫혀 있는지를 나타내는 형태 매개변수 k다. 두 번째는 시간에 따른 우주의 크기를 측정하는 반지름 또는 스케일 인자 $R(t)$이다. 세 번째는 물질과 에너지를 나타내는 밀도 ρ이며, 이는 시간의 함수다. 네 번째는 우주의 팽창 속도에 비례하는 Hubble 상수 H다. 마지막으로, 팽창 속도가 얼마나 느려지는지를 나타내는 감속 매개변수 q도 있다(연습문제 12번 참조). 관측 천문학자는 이 매개변수들의 값을 얻기 위해 별과 은하의 분포 및 운동에 대한 데이터를 분석하는 도전에 직면해 있다.

15.8 빅뱅 우주론

현재의 우주는 상대적으로 낮은 온도와 낮은 입자 밀도로 특징지어지며, 그 구조와 진화는 중력에 의해 지배된다. 우주가 팽창하고 냉각되었기 때문에, 먼 과거에는 더 높은 온도와 더 큰 입자 밀도로 특징지어졌을 것이다. 만약 우주의 시계를 거꾸로 돌려 별과 은하가 형성되기 이전의 시점까지 거슬러 올라가 본다면, 어느 시점에서는 우주의 온도가 원자를 이온화할 만큼 충분히 높았을 것이다. 그 시점에서 우주는 전자와 양이온으로 이루어진 플라스마 상태였으며, 전자기력이 우주의 구조를 결정하는 데 중요한 역할을 했다. 더 이른 시기로 돌아가면, 온도가 충분히 높아서 이온 간의 충돌로 인해 개별 핵자들이 분리되었을 것이며, 이때 우주는 전자, 양성자, 중성자, 그리고 복사로 이루어져 있었다. 이 시기에는 강한 핵력이 우주의 진화를 결정하는 데 중요한 역할을 했다. 그보다 더 이른 시기에는 약한 상호 작용이 중요한 역할을 했다.

더 과거로 돌아가면, 우주의 물질은 쿼크와 렙톤으로만 이루어졌던 시점에 도달하게 된다. 우리는 자유 쿼크를 관측한 적이 없기 때문에 그들의 개별 상호 작용에 대해 많이 알지 못하고, 그래서 이 매우 초기의 우주 상태를 정확히 설명할 수 없다. 만약 언젠가 우리가 자유 쿼크의 상호 작용을 이해하게 된다면, 이 장벽을 넘어서 더 이른 시점을 탐구할 수 있을 것이다. 결국 우리는 우주의 나이가 10^{-43}초였던 시점인 **Planck 시간**(Planck time)에 이르는 근본적인 장벽에 도달하게 된다(연습문제 26번 참조). 이 시점 이전에는 양자 이론과 중력이 복잡하게 얽혀 있으며, 현재의 이론으로는 우주의 구조에 대해 어떤 단서도 제공하지 못한다.

Planck 시간 이후이지만, 여전히 덩어리 물질이 응축되기 전의 우주는 입자, 반입자, 복사로 이루어져 있었으며, 대략적으로 열평형 상태에 있었다. 이 시기의 우주는 복사가 지배하는 상태였으며, 복사의 에너지 밀도가 물질의 에너지 밀도를 초과했다. 복사로 지배되는 우주에서는 온도와 나이 사이의 관계를 식 (15.32)를 사용해 구할 수 있다. 식 (15.9)에서 복사 밀도를 삽입하고, $\rho_r = U/c^2$로 변환하여 모든 수치적 요소를 계산하면 다음 식을 얻는다.

$$T = \frac{1.5 \times 10^{10} \text{ s}^{1/2} \cdot \text{K}}{t^{1/2}} \tag{15.34}$$

여기서 온도 T는 켈빈(K) 단위이고, 시간 t는 초 단위이다. 이 방정식은 초기 우주의 나이와 온도 간의 관계를 나타낸다.

초기 우주의 복사는 고에너지 광자로 이루어졌으며, 온도 T에서의 평균 에너지는 대략적으로 kT로 추정될 수 있다. 여기서 k는 Boltzmann 상수이다. 복사와 물질 간의 상호 작용은 두 가지 과정으로 나타낼 수 있다.

$$\text{광자} \rightarrow \text{입자} + \text{반입자}$$
$$\text{입자} + \text{반입자} \rightarrow \text{광자}$$

즉, 광자는 쌍생성에 참여하여 그 에너지가 입자-반입자 쌍의 정지 에너지로 변할 수 있고, 또는 입자와 반입자가 소멸하여 광자로 변할 수 있다. 두 경우 모두, 광자의 에너지는 입자와 반입자의 정지 에너지 이상이어야 한다.

예제 15.3

(a) 우주의 열복사가 핵자와 반핵자를 생성할 만큼 충분한 에너지를 가지는 온도는 얼마인가? (b) 우주가 그 온도로 식을 때 우주의 나이는 얼마인가?

풀이

(a) 광자에 의해 양성자-반양성자 또는 중성자-반중성자 쌍이 형성되는 과정을 고려해 보자.

$$\gamma + \gamma \rightarrow \text{p} + \bar{\text{p}} \quad \text{그리고} \quad \gamma + \gamma \rightarrow \text{n} + \bar{\text{n}}$$

이 반응을 일으키려면 광자는 최소한 핵자의 정지 에너지, 즉 약 940 MeV의 에너지를 가져야 한다. 따라서 광자의 온도는 다음과 같이 계산된다.

$$T = \frac{E}{k} = \frac{mc^2}{k}$$
$$= \frac{940 \text{ MeV}}{8.6 \times 10^{-5} \text{ eV/K}} = 1.1 \times 10^{13} \text{ K}$$

(b) 식 (15.34)를 사용하여 광자의 온도가 이 정도일 때 우주의 나이를 계산할 수 있다.

$$t = \left(\frac{1.5 \times 10^{10} \text{ s}^{1/2} \cdot \text{K}}{T} \right)^2$$

$$= \left(\frac{1.5 \times 10^{10} \text{ s}^{1/2} \cdot \text{K}}{1.1 \times 10^{13} \text{ K}} \right)^2 = 2 \times 10^{-6} \text{ 초}$$

즉, 2 μs 이전의 우주는 광자가 핵지‑반핵자 쌍을 형성할 만큼 충분히 뜨거웠지만, 2 μs 이후에는 광자가 핵자‑반핵자 쌍을 생성할 만큼 충분한 에너지를 가지지 못했다. 소멸 반응은 계속 일어나지만, 이 시점 이후로는 핵자‑반핵자 쌍의 생성

은 중단된다.

이 계산에서는 평균적인 광자 에너지를 사용했다. 열 스펙트럼의 고에너지 영역에 있는 광자는 2 μs 이후에도 여전히 핵자‑반핵자 쌍을 생성할 수 있지만, **평균적으로는 광자의 에너지가 부족하다.** 보다 정확하게 말하자면, 핵자‑반핵자 쌍 생성률은 약 2 μs에서 급격히 감소하며, 그 이후로는 무시할 수 있을 정도로 줄어든다.

이제 우주 진화의 주요 발전 중 일부를 살펴보자.

$t = 10^{-6}$초 이야기는 1 μs 시점에서 시작된다. 식 (15.34)를 사용하면, $T = 1.5 \times 10^{13}$ K 또는 $kT = 1{,}300$ MeV임을 알 수 있다. 우주의 현재 크기에 대한 적색 편이를 기준으로 우주의 스케일 인자는 현재 우주보다 작으며, 2.7 K/1.5×10^{13} K $= 1.8 \times 10^{-13}$이다. 우주가 닫혀 있고 유한하다면, 그 반경은 현재 관측 가능한 반경(10^{26} m)보다 이 비율만큼 더 작을 것이다. 따라서 그 당시 우주의 크기는 대략 현재 태양계의 크기(10^{13} m) 정도이다. 1 μs 시점에서 우주는 양성자(p), 반양성자($\bar{\text{p}}$), 중성자(n), 반중성자($\bar{\text{n}}$), 전자(e^-), 양전자(e^+), 뮤온(μ^-), 반뮤온(μ^+), 중성파이온(π^0), 음전하파이온(π^-), 양전하파이온(π^+) 등의 입자들과 광자, 중성미자, 반중성미자로 이루어져 있다. 입자 쌍생성과 소멸이 모두 발생할 수 있기 때문에, 각 입자 종마다 입자와 반입자의 수는 거의 동일하다. 또한 광자의 수는 대략 핵자의 수와 같고, 이는 다시 전자의 수와도 거의 동일하다. 중성자와 양성자의 상대적인 수는 다음 세 가지 요인에 의해 결정된다.

1. **Boltzmann 인자** $e^{-\Delta E/kT}$. 양성자는 중성자보다 정지 에너지가 적으므로, 주어진 온도에서 양성자가 더 많이 존재한다. 에너지 차이 ΔE는 $(m_n - m_p)c^2 = 1.3$ MeV이므로, 중성자‑양성자 비율은 $e^{-1.5 \times 10^{10}/T}$로 나타낼 수 있으며, 여기서 T의 단위는 켈빈이다. $T \sim 10^{13}$ K일 때 이 비율은 거의 1에 가깝지만, 온도가 10^{10} K에 가까워지면 이 비율은 1과 달라진다.

2. **핵 반응.** 반응 예시로 $n + \nu_e \rightleftarrows p + e^-$와 $n + e^+ \rightleftarrows p + \bar{\nu}_e$ 같은 반응들이 있으며, 전자(e^-), 양전자(e^+), 중성미자(ν_e), 반중성미자($\bar{\nu}_e$)가 충분히 있을 때는 중성자가 양

성자로 또는 양성자가 중성자로 변하는 것이 용이하다.

3. **중성자 붕괴.** 중성자의 반감기는 약 10분이므로, 이는 나중에 중요한 역할을 하겠지만 $t < 1$초에서는 아직 충분한 시간이 지나지 않아 중성자의 붕괴가 눈에 띄게 일어나지는 않았다.

$t = 1\,\mu s$ 시점에서 이 세 가지 요인은 중성자와 양성자의 비율이 1에 가깝다.

$t = 10^{-2}$초 10^{-6}초와 10^{-2}초 사이에 온도는 1.5×10^{13} K($kT = 1,300$ MeV)에서 1.5×10^{11} K($kT = 13$ MeV)으로 떨어지고, 거리 스케일 인자는 100배 증가한다. 광자의 평균적인 에너지는 13 MeV이며, 이는 파이온과 뮤온을 생성하기에 너무 적은 에너지다. 파이온과 뮤온의 수명은 10^{-2}초보다 훨씬 짧기 때문에, 이들은 전자, 양전자, 중성미자로 붕괴되었다. 핵자와 반핵자의 쌍생성은 더 이상 일어나지 않지만, 핵자 − 반핵자 소멸은 계속된다. 나중에 논의하겠지만, 반물질보다 물질이 아주 약간 더 많은 비율 존재하는데, 이는 대략 10^9분의 1 정도로 추정된다. 이 시간 동안 모든 반물질과 대부분(99.9999999%)의 물질이 소멸되었다. 전자와 양전자의 쌍생성은 여전히 가능하므로, 우주는 양성자(p), 중성자(n), 전자(e^-), 양전자(e^+), 광자, 중성미자로 이루어져 있다. 중성자와 양성자의 비율은 여전히 1에 가깝게 유지된다.

$t = 1$초 10^{-2}초에서 1초 사이에 온도는 1.5×10^{10} K($kT = 1.3$ MeV)으로 떨어진다. 이 구간에서 중성자와 양성자의 비율을 결정하는 Boltzmann 인자는 1과 다르게 되며, $t = 1$초가 되었을 때 핵자는 약 73%의 양성자와 27%의 중성자로 구성된다. 이 기간 동안 중성미자의 영향은 점점 줄어든다. 반중성미자를 포획하여 양성자를 중성자로 변환시키는 반응($\bar{\nu}_e + p \rightarrow n + e^+$)에는 최소 1.8 MeV의 반중성미자가 필요한데, 이 온도에서 평균 중성미자 에너지는 그 이하인 1.3 MeV이다. 이때부터 '중성미자 탈결합' 시기가 시작되며, 물질과 원시 중성미자의 상호 작용은 더 이상 일어나지 않는다. 이때부터 중성미자는 우주를 가득 채우며, 우주의 팽창과 함께 냉각된다. 현재 이 원시 중성미자는 대략 마이크로파 광자와 비슷한 밀도를 가지지만, 온도는 약간 더 낮아 약 2 K 정도이다.

$t = 6$초 1초에서 6초 사이($T = 6 \times 10^9$ K 또는 $kT = 0.5$ MeV)에 평균 광자 에너지는 감소하여 전자 − 양전자 쌍을 생성하기에 부족해진다. 전자 − 양전자 소멸이 계속되고, 그

결과 모든 양전자와 거의 모든 전자(99.9999999%)가 소멸된다. 전자는 양성자를 중성자로 변환할 만큼의 에너지를 가지지 못하고($e^- + p \rightarrow n + \nu_e$ 반응은 더 이상 일어나지 않음), 따라서 양성자와 중성자의 상대적 수에 영향을 미치는 유일한 약한 상호 작용 과정은 중성자의 방사성 붕괴이다. 중성자의 반감기는 약 10분이기 때문에 이 시점에서 눈에 띄게 발생하지는 않는다. 핵자는 이제 약 84%의 양성자와 16%의 중성자로 구성되며, 양성자가 중성자보다 약 다섯 배 더 많다.

6초 후 우주의 구성은 N개의 양성자, 같은 수의 N개의 전자, 약 $0.2N$개의 중성자로 이루어져 있다. 남아 있는 양전자나 반핵자는 없다. 입자–반입자 소멸이 핵자의 수를 상당히 줄인 반면, 광자의 수는 안정적으로 유지되었기 때문에 약 $10^9 N$개의 광자(그리고 거의 같은 수의 중성미자)가 존재한다.

예제 15.4

$t = 1$초에서 핵자들 중 중성자와 양성자의 상대적인 수를 추정하시오.

풀이

이 시점에서 온도는 1.5×10^{10} K이다. 중성자 대 양성자의 비율은 Boltzmann 인자 $e^{-\Delta E/kT}$에 의해 결정되며, 여기서 ΔE는 중성자–양성자의 정지 에너지 차이다. Boltzmann 인자의 지수는

$$\frac{\Delta E}{kT} = \frac{1.3 \text{ MeV}}{(8.62 \times 10^{-5} \text{ eV/K})(1.5 \times 10^{10} \text{ K})} = 1.0$$

따라서 중성자–양성자 비율은

$$\frac{N_n}{N_p} = e^{-\Delta E/kT} = e^{-1.0} = 0.37$$

양성자의 상대 비율은

$$\frac{N_p}{N_p + N_n} = \frac{1}{1 + N_n/N_p} = \frac{1}{1 + 0.37} = 0.73$$

핵자는 73%의 양성자와 27%의 중성자로 구성된다.

15.9 핵과 원자의 형성

$t = 6$초까지의 빅뱅 우주론의 전개 과정을 정리해 보자. (1) 모든 종류의 광자와 기본 입자로 가득 찬 뜨겁고 밀도가 높은 우주는 10^{10} K 이하로 냉각되었다. (2) 대부분의 불안정한 입자들이 붕괴되었다. (3) 원래의 반물질과 대부분의 원래 물질이 서로 소멸하여 소수의 양성자와 같은 수의 전자, 그리고 약 5분의 1에 해당하는 중성자만 남았다. (4) 광자와 거의 같은 밀도를 가진 중성미자는 약 1초에 소멸하였고, 우주의 팽창

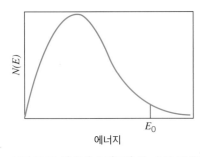

그림 15.29 열 복사 스펙트럼. $E_0 = 2.22$ MeV 이상의 에너지를 가진 광자는 충분한 에너지를 가지고 있어 중수소 핵을 분해할 수 있다.

에 따라 계속 냉각될 것이다.

중성자와 양성자가 서로 충돌하면 중수소(^{2}H) 핵이 형성될 수 있다.

$$n + p \rightarrow {}^2H + \gamma$$

하지만 광자의 높은 밀도는 다음과 같은 역반응을 일으킬 수 있다.

$$\gamma + {}^2H \rightarrow n + p$$

12장에서 배운 바와 같이, 중수소의 결합 에너지는 2.22 MeV이다. 중수소가 형성되려면 먼저 광자가 냉각되어 에너지가 2.22 MeV 이하로 떨어져야 한다. 그렇지 않으면 중수소는 형성되자마자 다시 분해된다. 2.22 MeV는 온도 2.5×10^{10} K에 해당하므로, 온도가 이 값 이하로 떨어지면 중수소가 형성될 것으로 예상할 수 있다. 하지만 실제로는 그렇지 않다. 복사는 단일 에너지를 가지지 않으며, 대신 열 스펙트럼을 가진다. 열 스펙트럼의 일부 광자는 2.22 MeV 이상의 에너지를 가지며, 이러한 광자는 중수소를 지속적으로 분해한다(그림 15.29)

물질-반물질 소멸이 일어나기 전에는 광자와 핵자의 수가 비슷했지만, $t = 0.01$초 이후에는 핵자 대 광자 비율이 약 10^{-9}이며, 중성자의 약 $\frac{1}{6}$이 남아 있다. 만약 2.22 MeV 이상의 에너지를 가진 광자의 비율이 $\frac{1}{6} \times 10^{-9}$보다 크다면, 중성자 하나당 적어도 하나의 고에너지 광자가 있게 되어 중수소 형성을 효과적으로 방해한다. 다음 작업은 광자가 냉각되어 2.22 MeV 이상의 에너지를 가진 광자의 수가 $\frac{1}{6} \times 10^{-9}$보다 적을 때까지의 온도를 계산하는 것이다.

열 광자의 수 밀도는 식 (15.6)에 의해 주어진다. 온도가 2.5×10^{10} K보다 훨씬 낮을 것으로 예상되므로, $E \gg kT$일 때의 분포로 접근하며, 이는 대략적으로 다음과 같다.

$$\frac{N(E)\,dE}{V} = \frac{8\pi E^2}{(hc)^3} e^{-E/kT}\,dE \tag{15.35}$$

E_0 이상의 에너지를 가진 총 수 밀도는 $N_{E>E_0}/V = \int_{E_0}^{\infty} N(E)dE/V$이며, 이는 다음과 같이 된다.

$$\frac{N_{E>E_0}}{V} = \frac{8\pi}{(hc)^3}(kT)^3 e^{-E_0/kT}\left[\left(\frac{E_0}{kT}\right)^2 + 2\left(\frac{E_0}{kT}\right) + 2\right] \tag{15.36}$$

식 (15.8)은 광자의 총밀도를 주며, 따라서 E_0 이상인 비율 f는 $(N_{E>E_0}/V)/(N/V)$이며, 이는 다음과 같이 계산된다.

$$f = \frac{N_{E>E_0}/V}{N/V} = 0.42 e^{-E_0/kT}\left[\left(\frac{E_0}{kT}\right)^2 + 2\left(\frac{E_0}{kT}\right) + 2\right] \tag{15.37}$$

식 (15.37)에서 $f = \frac{1}{6} \times 10^{-9}$일 때, $E_0/kT = 28$이다. $E_0 = 2.22$ MeV일 때, 필요한 온도

는 약 9×10^8 K이다. 온도가 9×10^8 K을 초과하면 $E > 2.22$ MeV를 가진 광자의 수가 중성자 수보다 많아지며, 중수소 형성이 방해된다. 온도가 9×10^8 K 이하로 떨어지는 시점은 약 $t = 250$초이다.

6초에서 250초 사이에는 우주의 팽창과 그에 따른 온도 감소 외에는 거의 아무 일도 일어나지 않지만, $t = 250$초 이후에는 매우 빠르게 일어난다. 중수소가 형성되면 많은 양성자와 중성자와 반응하여 다음 반응을 일으킨다.

$$^2H + p \rightarrow \,^3He + \gamma \quad \text{그리고} \quad ^2H + n \rightarrow \,^3H + \gamma$$

이 반응에서 각각의 핵 형성 에너지는 5.49 MeV와 6.26 MeV로, 중수소 형성 문턱값 2.22 MeV를 훨씬 초과한다. 광자가 중수소를 분해할 수 없으면 ^3He와 ^3H도 분해할 수 없다. 무거운 핵 형성의 마지막 단계는 다음과 같다.

$$^3He + n \rightarrow \,^4He + \gamma \quad \text{그리고} \quad ^3H + p \rightarrow \,^4He + \gamma$$

질량수 $A = 5$인 안정적인 핵이 없기 때문에 이러한 종류의 추가 반응은 불가능하다. 마찬가지로, ^8Be가 매우 불안정하기 때문에 $^4He + \,^4He$ 반응도 일어날 수 없다. (안정적인 ^6Li와 ^7Li를 형성할 가능성은 있지만, 이들은 수소와 헬륨에 비해 매우 적은 양으로 생성된다. Li으로부터 추가 반응이 가능하긴 하다. 예를 들어 $^7Li + \,^4He \rightarrow \,^{11}B$ 같은 반응이 있지만, 이러한 반응은 더 적은 양으로 발생한다.) 핵반응 시대가 끝난 후에는 생성된 ^2H와 헬륨, 그리고 남아 있는 양성자가 우주 핵의 약 99.9999%를 차지한다.

250초가 되었을 때, 6초 시점에 존재했던 중성자의 16%는 베타 붕괴를 통해 약 12%로 줄어들었고, 양성자는 88%로 남아 있었다. 대부분의 ^2H, ^3H, ^3He는 더 무거운 원자핵으로 융합되었기 때문에, 우주는 주로 ^1H와 ^4He 원자핵으로 구성되었을 것으로 추정된다. 250초 시점에 존재하는 N개의 핵자 중 12%($0.12N$)는 중성자이고, $0.88N$은 양성자였다. $0.12N$ 중성자는 $0.12N$ 양성자와 결합하여 $0.06N$ ^4He를 형성하였고, $0.88N - 0.12N = 0.76N$ 양성자가 남았다. 따라서 우주는 $0.82N$개의 원자핵으로 구성되었으며, 그중 $0.06N$(7.3%)는 ^4He, $0.76N$(92.7%)는 양성자였다. 헬륨은 수소보다 약 네 배 더 무거우므로, 우주의 질량 중 약 24%가 헬륨이다.

이 시점에서 우주는 오랜 기간 동안 큰 사건 없이 냉각되는 과정을 거쳤으며, 이 과정에서 **강한** 상호 작용은 더 이상 중요한 역할을 하지 않게 되었다.

원시 우주의 진화에서 마지막 단계는 ^1H, ^2H, ^3He, ^4He 핵과 자유 전자로부터 중성 수소와 헬륨 원자가 형성되는 것이다. 수소의 경우, 광자의 에너지가 13.6 eV 이하로 떨어질 때 형성된다. 그렇지 않으면 형성된 원자는 곧바로 방사선에 의해 이온화된다. 여전히 양성자 1개당 약 10억 개의 광자가 존재하므로, 13.6 eV 이상의 에너지를 가진 광자의 비율이 약 10^{-9} 이하가 될 때까지 방사선이 냉각되기를 기다려야 한다. 식 (15.37)을 $f = 10^{-9}$로 풀면 $E_0/kT = 26$이 된다. 여기서 $E_0 = 13.6$ eV이므로, 이에 해당하는 온도는 $T = 6{,}070$ K이고, 이 온도는 시간 $t = 6.1 \times 10^{12}$초 $= 190{,}000$년에서 발생한다. 이 최종 추정치는 완전히 정확하지는 않은데, 이는 우주에 존재하는 방사선의 에너지 밀도만을 고려해 왔기 때문이다. 우주가 냉각되면서, 물질이 총에너지 밀도에 기여하는 비율이 더 커지기 때문에 온도는 우리가 예상했던 것보다 더 천천히 떨어진다. 이로 인해 이 시간이 약 두 배 증가하여 약 380,000년이 되고, 방사선 온도는 약 두 배 감소하여 $T = 4{,}300$ K이 된다.

중성 원자가 형성된 후, 우주에는 사실상 남은 전하 입자가 거의 없었고, 방사선 장은 원자를 이온화할 만큼의 에너지가 충분하지 않았다. 이 시점은 방사선 장이 물질과 분리되는 '탈결합'의 시기이며, 이제 네 가지 기본 힘 중 세 번째인 전자기력이 우주의 진화를 형성하는 데 더 이상 중요한 역할을 하지 않게 되었다. 이 시점부터 우주의 대규모 발전은 오직 중력에 의해 지배된다.

$t = 380{,}000$년 이후는, 적어도 우주론의 관점에서 볼 때 비교적 사건이 적은 시기였다. 수소와 헬륨의 밀도 변동은 은하 형성을 촉발했고, 그 후 1세대 별들이 태어났다. 이러한 별들에서 발생한 초신성 폭발은 2세대 천체계의 형성을 가능하게 했으며, 그중 행성들은 암석 파편에서 형성되었다.

한편, 중력에 의한 물질의 이동에 영향을 받지 않은 채 탈결합된 방사선 장은 오랜 여정을 시작했고, 결국 다시 1,600배 더 냉각되어 20세기 지구의 전파 망원경에 도달하게 되었다.

빅뱅 우주론의 세부 사항은 그림 15.30에 요약되어 있다. 이는 놀라운 이야기이며, 그 대부분을 우리가 이해할 수 있다는 점에서 더욱 주목할 만하다. 초기 순간을 제외하고는, 대부분의 세부 사항을 현대 물리학의 기본 이론만으로 설명할 수 있으며, 이는 우리가 지구의 실험실에서 소규모로 연구할 수 있는 것이다.

15.10 실험우주론

우주론은 먼 과거나 불확실한 미래에 대한 추측만을 다루는 학문이 아니라, 최근 수십 년 동안 지상 및 우주에서의 고해상도 관측소를 통한 관측 결과와 우주 현상에 대한 통찰을 제공하는 핵 및 입자 특성에 대한 실험실 측정치를 포함하는 정밀한 실험 과학이 되었다. 다음은 몇 가지 관측과 그 의미들이다.

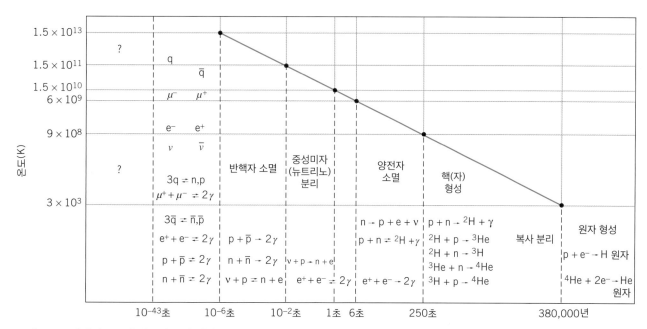

그림 15.30 빅뱅 우주론에 따른 우주의 진화. 파란 선은 탈결합 이전의 방사선 지배 시대 동안의 온도와 시간을 보여준다. 각 시대에서 가장 중요한 반응들이 표시되어 있다.

물질과 반물질

초기 우주에서 각 광자에 대해 대략 하나의 핵자와 하나의 반핵자가 존재했다. 만약 핵자와 반핵자의 수가 정확히 같았다면, 완전한 상호 소멸이 일어나거나 물질과 반물질이 각각의 은하와 반은하로 응집되었을 것이다. 우리의 망원경은 물질로 이루어진 은하와 반물질로 이루어진 은하를 구분할 수 없지만(두 은하 모두 동일한 빛을 방출하기 때문), 우주에 많은 양의 반물질이 존재했다면 우리는 가끔 물질과 반물질의 충돌로 인해 발생하는 은하와 반은하의 충돌을 관측했을 것이다. 그런 충돌은 하늘을 밝힐 것이다. 우리는 이웃과 충돌 중인 많은 은하를 관측하지만, 물질–반물질 충돌을 나타낼 강렬한 소멸 방사선은 나타나지 않는다. 우리의 결론은 우주가 물질로 이루어져 있으며, 의미 있는 농도의 반물질은 존재하지 않는다는 것이다. 초기 우주에서 10억 개의 핵자당 9억 9,999만 9,999개의 반핵자가 있었고, 소멸 후 모든 반핵자가 사라져 현재의 우주는 원래의 10억 개 핵자 중 1개로 구성되었다.

초기 우주의 물질–반물질 소멸 이후 남은 핵자와 광자의 비율은 약 10^{-9}였다. 이 숫자는 소멸 시대 이후 변하지 않았으며, ^{2}H와 ^{3}He의 상대 밀도의 측정에서 유도된 것이다. 이러한 원자는 '1세대' 별이나 성간 가스와 같은 장소에서 발견되며, 그곳에서는 이러한 원자들이 핵융합에 의해 추가적으로 생성되지 않았다. 관측된 이 원자들의 상대적 존재 비율은 핵자와 광자의 비율을 $5 \sim 7 \times 10^{-10}$ 범위로 나타낸다.

초기 우주에서 물질이 반물질보다 10^{-9}만큼 초과한 이유는 무엇일까? 우리는 아직 이 질문에 대한 답을 알지 못하지만, 입자 물리학 실험에서 모은 증거가 단서를 제공할 수 있다. 물질과 반물질 사이의 비대칭에 대한 첫 번째 징후는 1964년 중성 K 메손의 붕괴를 연구한 실험에서 나타났다. 이 실험은 약한 상호 작용에서 1 대 1,000 수준의 차이를 보여주며, 강한 상호 작용에 대해 10^{-10} 수준에서의 차이를 보였다. (J. W. Cronin과 V. L. Fitch는 이 실험으로 1980년 노벨 물리학상을 수상했다.) b 쿼크가 발견된 후, B^0 메손에서도 유사한 효과가 나타날 것이라고 가정되었고, 미국과 일본에 B^0를 대량으로 생성할 수 있는 가속기가 건설되었다. 2001년경부터 이 가속기에서 과학자들은 K^0 붕괴에서 이전에 관찰된 물질-반물질 비대칭을 확인하는 결과를 발표했다.

물질과 반물질의 구분은 우주의 진화 초기, 쿼크-반쿼크 시대에 발생했다. 대통합 이론(GUTs)은 쿼크와 반쿼크 간의 이 비대칭을 자연스럽게 포함하지만, K^0와 B^0 실험에 대한 설득력 있는 설명을 제공하는 GUT의 수용된 버전은 아직 없다.

헬륨 존재 비율

우주의 대부분의 물질은 형성되고 재형성되었기 때문에 빅뱅의 '기억'을 잃었다고 할 수 있다. 그러나 별과 은하에는 '1세대' 물질이 존재하며, 이는 물질 형성 당시의 약 24% 헬륨 비율을 보여야 한다.

여러 실험에 따르면 우주에서 헬륨의 비율은 질량 기준으로 23%에서 27%로, 우리의 대략적인 24% 추정치와 잘 일치한다. 이러한 실험에는 별 근처의 가스 구름에서 나오는 가시광선과 성간 가스에서 발생하는 라디오파가 포함되며, 이를 통해 존재하는 수소와 헬륨의 양을 비교할 수 있다. 또한 별의 형성 과정은 초기 수소와 헬륨 농도에 따라 달라지며, 현재 이론은 별의 관측된 특성으로부터 그 비율을 추정할 수 있게 해준다. 24%의 헬륨 비율은 우주 전역에서 상당히 일정한 것으로 보이며, 이는 빅뱅에 의해 미리 결정된 것이라 예상할 수 있다. (지난 140억 년 동안 별에서 핵융합으로 생성된 헬륨의 양이 이 비율을 크게 변화시킬 만큼 충분하지 않다.)

사실 초기 헬륨 비율은 10^{-6}초 이전의 조건에 따라 결정된다. 이 시점에는 쿼크와 렙톤이 우주를 가득 채우고 있었다. 이 시대의 진화 속도는 반응에 참여할 수 있는 다양한 종류의 쿼크와 렙톤의 수에 달려 있다. 헬륨 비율은 세 가지 이상의 쿼크와 렙톤 세대가 존재하는 것과 일치하지 않을 가능성이 크다고 계산되었다. 관측할 수 없는 우주 상태에 대한 외삽이 물질의 기본 구조에 대한 통찰력을 제공할 수 있다는 점은 매우 놀랍다고 할 수 있다.

지평선 문제

우리의 망원경으로 어느 방향으로든 약 100억 광년 떨어진 곳까지 볼 수 있다. 어떤 방향을 보더라도 우주(우리가 100억 년 전의 모습으로 보고 있는)는 거의 동일하게 보인다. 같은 종류의 은하와 같은 온도의 배경 복사가 나타난다. 이는 우리가 반대 방향에서 관측하는 지역은 200억 광년 떨어져 있고, 우주는 겨우 140억 년밖에 되지 않는다는 점을 감안하면 매우 놀라운 일이다. 만약 우주가 역사 내내 균일한 속도로 팽창해 왔다면, 그 반대편 하늘의 지역들은 어떤 신호로도 연결될 수 없었고, 따라서 우리가 지금 관찰하는 공통된 특성을 가질 방법이 없었을 것이다. (만약 우리가 무작위로 모인 구리 원자로 조립된 구리 덩어리를 발견한다면, 그 덩어리의 모든 부분이 동일한 온도라면, 열 에너지가 그 부피 전체로 퍼질 만큼 오랜 시간이 존재했었다고 결론 낼 수 있다. 만약 덩어리가 조립된 이후 시간이 그 열 전파 시간보다 짧았다면, 이렇게 짧은 시간 안에 열평형을 달성한 이유를 설명하기가 매우 어려울 것이다.)

이 역설은 '인플레이션'이라는 가설로 해결된다. 이 가설은 초기 우주에서 균일한 팽창 속도 대신, 10^{-35}초와 10^{-32}초 사이의 짧은 시간 동안 갑작스럽고 빠른 성장(아마도 50배의 크기 차이)이 있었다고 제안한다. 인플레이션 이전에는 우주의 크기가 빅뱅 이후 먼 부분들이 에너지를 교환할 수 있는 거리보다 작았기 때문에 우주의 모든 부분이 공통의 특성을 달성할 수 있었다. 인플레이션 이후에는 우주의 크기가 최대 신호 통신 범위를 초과했지만, 이미 동질적인 특성은 달성된 상태였을 것이다. 따라서 인플레이션 가설은 수평 문제를 깔끔하게 해결하게 된다.

평탄성 문제

평평한 우주($k=0$)의 경우, 식 (15.28)과 (15.33)을 결합하여 다음과 같은 임계 밀도를 구할 수 있다.

$$\rho_{cr} = \frac{3H^2}{8\pi G} = 0.97 \times 10^{-26} \text{ kg/m}^3 \tag{15.38}$$

이것은 평평한 우주에 해당하는 임계 밀도다. 밀도가 이 임계 값을 초과하면 우주는 닫힌 상태가 되고, 이 값보다 작으면 우주는 열린 상태가 된다. 우주의 밀도를 논의할 때, 실제 밀도와 이 임계 값 사이의 비율을 정의하는 것이 유용하다.

$$\Omega = \frac{\rho}{\rho_{cr}} \qquad (15.39)$$

우주가 팽창함에 따라 구성 요소 간의 중력 상호 작용이 팽창 속도를 늦추게 된다. 만약 $\Omega > 1$이라면, 중력 상호 작용이 결국 팽창을 멈추고 반전시킬 것이다. $\Omega < 1$일 경우, 팽창은 계속되어 구성 요소들이 무한한 거리로 분리될 것이다. Ω가 정확히 1이라면, 팽창은 영원히 계속되지만, 구성 요소들은 마지막 운동 에너지를 잃기 직전에 무한히 분리된다.

WMAP 위성과 다른 실험들이 마이크로파 배경의 온도 변화를 정밀하게 측정한 결과, Ω는 1에 매우 가까운 값, 아마도 1% 이내에 있을 거라는 결론을 내렸다. Ω가 정확히 1(평평한 우주)에 해당하는지, 아니면 1에 매우 가까운 값(열린 우주 또는 닫힌 우주)을 가지는지는 중요한 문제가 되었다.

비유적으로, 지구 표면에서 위로 던져진 발사체를 생각해 보자(태양과 다른 모든 물체의 중력은 무시한다). 매개변수 Ω는 중력 잠재 에너지와 운동 에너지의 비율을 측정한다. $\Omega = |U_{grav}|/K$. 만약 초기 Ω 값이 1보다 크다면, 중력 에너지가 운동 에너지를 초과하므로 발사체는 최대 높이에 도달한 후 다시 지구로 떨어질 것이다. 최대 높이에 도달했을 때, $K = 0$이므로 Ω는 무한대가 된다. 상승하는 동안 Ω 값은 운동 에너지가 더 빠르게 감소하기 때문에 증가한다. 만약 발사체가 $\Omega < 1$로 발사된다면, 지구의 중력을 극복할 수 있는 충분한 운동 에너지가 있어 발사체는 지구의 끌림을 벗어날 것이다. 무한히 분리될 때 $\Omega = 0$이 되고, 발사체의 외부 여정 동안 Ω는 초깃값에서 감소하여 0에 접근한다. $\Omega = 1$이 되도록 초기 속도를 선택하면, 탈출에 필요한 에너지가 정확히 있어 발사체는 운동 에너지가 0이 될 때 무한히 분리된다. 전체 여정 동안 Ω는 정확히 1로 유지된다.

발사체와 우주의 진화에 대한 결론은 동일하다. 초기에 $\Omega = 1$이라면, 항상 정확히 1로 유지되지만, $\Omega > 1$ 또는 $\Omega < 1$인 경우, 1과 점점 더 멀어진다. 만약 초기 우주가 $\Omega = 1.000001$이었다면, 140억 년이 지난 후 Ω는 매우 커질 것이다. 비슷하게, 초기 Ω 값이 0.999999였다면 지금쯤은 0에 매우 가까워질 것이다. 오늘날 Ω가 1 이내에 있으려면, 초기에는 1 ± 10^{-62} 범위에 있어야 한다고 계산되었다. 여기서도 인플레이션 가설이 필수적이다. 인플레이션 시대 이전에 우주는 열린, 평평한, 또는 닫힌 형태일 수 있었고, 어떤 Ω 값을 가졌을 것이다. 인플레이션 동안 우주는 여러 배수로 성장하여 곡률이 평평해졌고, 이는 마치 풍선이 여러 배수로 부풀어 오를 때 표면이 거의 평평해지는 것과 같다. 그 결과, 인플레이션 직후 Ω는 1에 매우 가까워졌고, 오늘날에도

여전히 Ω가 1에 가까운 값을 보이고 있다.

우주의 구성과 나이

지난 20년 동안 연구자들은 우주의 구성과 나이를 알아내는 엄청난 진전을 이루었다. 이는 주로 우주 마이크로파 배경 복사의 특성, 특히 기하학적 분포와 편광 특성의 측정에 기반한다. 가장 상세한 실험 중에는 WMAP 위성(2001), Planck 위성(2009), 그리고 남극에서의 부메랑 풍선 비행(1998, 2003)이 있다. 이러한 실험들과 다른 연구들은 우주가 거의 평평하다는 것을 나타내며, 즉 $\Omega = 1$, 따라서 약 1% 이내의 오차로 $\rho = \rho_{cr}$이다. 또한 우주 질량-에너지 구성 요소의 상대적 밀도를 측정할 수 있다. 일반 바리온 물질은 임계 밀도의 약 4.9%를 기여하고, 암흑(비바리온)물질은 27%를 기여한다. 두 종류의 물질이 합쳐져서 임계 밀도의 31%를 차지한다. 만약 우주의 밀도가 임계 밀도와 같다면, 나머지 69%는 무엇으로 구성되어 있을까?

1998년경부터 두 팀의 연구자들이 Hubble 법칙을 조사하면서 먼 은하에서의 초신성 폭발을 연구하고 있었다(이들은 큰 적색 편이를 가지며 $\Delta\lambda/\lambda$가 0.9에 가깝다). 두 팀은 Hubble 법칙에서 체계적이고 일관된 편차를 발견했다. 이 먼 은하의 초신성들은 예상보다 어두웠고, 이는 은하들이 Hubble 법칙이 예측하는 것보다 10~15% 더 멀리 떨어져 있다는 것을 의미한다. 연구 그룹은 우주의 팽창을 가속화하는 신비한 힘이 존재한다고 결론지었다. 일반적으로 우리는 중력 상호 작용 때문에 팽창이 느려질 것으로 기대했지만, 팽창 속도를 증가시킬 수 있는 것은 무엇일까?

이 알려지지 않은 상호 작용은 '암흑 에너지'라고 불리며, 이는 우주의 구성에서 누락된 69%를 나타낸다. 암흑 에너지의 본질에 대한 여러 이론이 있지만, 그 기원이나 물리적 세계에서의 역할에 대한 설득력 있는 설명은 없다. 암흑 에너지의 밀도가 우주가 팽창하면서 감소하지 않는다고 제안되었으며, 바리온 물질과 비바리온 물질의 밀도가 팽창하면서 감소하게 되면 결국 암흑 에너지가 지배하게 되고 팽창을 가속화한다고 한다. 우리는 이 가속화가 지배적인 시대에 살고 있으며 (약 50억 년 동안) 이러한 현상이 지속되고 있다.

우주 배경 복사의 관찰을 바탕으로 한 또 다른 발견은 우주의 나이다. 현재 우주의 나이는 138억 년(약 1%의 불확실성을 포함)이라는 것이 일반적인 합의이다. 가속된 팽창은 Hubble 나이와 관련된 문제를 해결한다. 물질이 지배적인 우주(우리 우주가 대부분의 존재 기간 동안 그랬다)에서 현재 Hubble 나이는 $\frac{2}{3}H_0^{-1}$여야 하며, 이는 약 90억 년이다. 만약 팽창이 가속화되고 있다면, 실제 나이는 Hubble 나이보다 많을 수 있으며, 아마도 그런 것 같다고 이야기된다.

이 이야기가 처음 시작된 곳, 즉 Einstein으로 돌아가보자. Einstein이 1916년에 일반 상대성 이론을 발표했을 때(Hubble의 작업보다 10년 전), 우주는 정적이라고 널리 믿어졌다. 일반 상대성 방정식이 정적 해를 허용하기 위해 Einstein은 방정식에 '우주 상수'라는 추가 항을 도입했다. Hubble의 우주 팽창 발견을 알고 나서 Einstein은 우주 상수를 도입한 것을 자신의 '최대 실수'라고 부르기도 했다. 이제 우주 상수가 암흑 에너지를 설명하는 가능한 하나의 해석으로 보이며, 이 항은 방정식에 다시 추가되었다.

암흑 에너지가 점점 더 중요한 역할을 한다는 것은 슬픈 우주 운명을 암시한다. 열린 우주는 영원히 팽창하겠지만, 가속된 열린 우주에서는 각 관찰자의 수평선이 점점 더 빨리 줄어들 것이다. 가장 먼 은하들은 빛의 속도보다 빠른 속도로 우리와 분리될 것이며(이는 특별 상대성 이론의 위반이 아니다. 왜냐하면 신호가 교환되지 않기 때문이다), 이 먼 은하들로부터 오는 빛은 우리에게 도달하지 못하게 될 것이다. 결국 이 은하들은 서서히 사라질 것이다. 미래의 천문학자들은 지역 은하들만 관찰할 수 있을 것이며, 우주의 팽창이나 특성에 대해 아무것도 배우지 못할 수도 있다!

요약

		절
Hubble의 법칙	$v = H_0 d$	15.1
광자 수 밀도	$N/V = (2.03 \times 10^7 \text{광자}/\text{m}^3 \cdot \text{K}^3) T^3$	15.2
광자 에너지 밀도	$U = (4.72 \times 10^3 \text{ eV}/\text{m}^3 \cdot \text{K}^4) T^4$	15.2
중력에 의한 주파수 변화	$\Delta f / f = gH/c^2$	15.4
별빛 굴절	$\theta = 2GM/Rc^2$	15.5
근일점 세차	$\Delta\phi = \dfrac{6\pi GM}{c^2 r_{\min}(1+e)}$	15.5
Schwarzschild 반지름	$r_S = 2GM/c^2$	15.6

		절
물질 지배적인 우주 나이	$t = 1/\sqrt{6\pi G \rho_{\mathrm{m}}}$	15.7
복사 지배적인 우주 나이	$t = \sqrt{3/32\pi G \rho_{\mathrm{r}}}$	15.7
나이 t에서 우주의 온도	$T = \dfrac{1.5 \times 10^{10} \text{ s}^{1/2} \cdot \text{K}}{t^{1/2}}$	15.8
E_0 이상의 광자 비율	$f = 0.42 e^{-E_0/kT} \times \left[\left(\dfrac{E_0}{kT}\right)^2 + 2\left(\dfrac{E_0}{kT}\right) + 2\right]$	15.9
임계 우주 밀도	$\rho_{\mathrm{cr}} = \dfrac{3H^2}{8\pi G} = 0.97 \times 10^{-26} \text{ kg/m}^3$	15.10

질문

1. 만약 중력 질량과 관성 질량의 동등성을 측정한다면, $m_{관성} = m_{중력}$이라는 것을 보여줄 것인가, 아니면 단지 $m_{관성} \propto m_{중력}$이라는 것만 보여줄 것인가?

2. 조석 효과가 Newton 중력과 곡률이 있는 시공간을 구별할 수 있는가? 곡률이 있는 시공간에서 경로를 따르는 액체 방울의 형태는 어떻게 되는가? 이러한 방울이 균일한 중력장과 균일한 가속도를 구별할 수 있는가?

3. 만약 1905년, 특수 상대성 이론이 도입된 후이지만 1916년, 일반 상대성 이론이 도입되기 전이었을 때 태양의 일식 중 별빛의 굴절을 최초로 측정했다면, 이 측정이 특수 상대성 이론에 어떠한 영향을 미쳤을까?

4. 태양과 달의 빛을 정밀하게 비교할 수 있다면, 달빛은 태양 빛에 비해 적색 편이인가, 청색 편이인가, 아니면 변하지 않는가?

5. Pound와 Rebka 실험에서 중력 적색 편의를 측정할 때, 출처나 흡수체의 온도가 변할 경우 어떤 어려움이 발생할 수 있는가?

6. 리튬(Li), 베릴륨(Be), 붕소(B)의 존재 비율이 이렇게 작은 이유는 무엇인가?

7. 우리가 먼 우주를 바라볼 수 있는가, 아니면 과거를 바라보지 않고는 그럴 수 없는가?

8. Hubble 상수는 상수(constant)인가? 그것은 넓은 거리의 공간에서 변하는가? 긴 시간 간격에서도 변하는가?

9. 우주의 나이는 H^{-1}보다 작아야 하는 이유를 설명하시오.

10. Hubble 상수의 정확한 값을 얻기 어려운 이유는 무엇인가?

11. 모든 자연 과정은 엔트로피가 증가해야 한다는 규칙에 따라 이루어지며, 우주가 '고갈'되면서 엔트로피의 증가는 시간의 방향을 정의한다. 만약 우주가 수축하기 시작하고 따라서 열이 증가한다면, 자연 과정의 엔트로피는 감소할 것인가? 그 우주의 거주자들은 시간이 거꾸로 흐르고 있다고 느낄 것인가?

12. 우주에 있는 수소는 소량의 중수소를 포함하고 있다. 중수소가 빅뱅에서 유래했다고 가정할 때, 우리는 중수소의 존재 비율을 측정함으로써 빅뱅의 어떤 시대에 대해 알 수 있는가? 이 측정을 지구의 수소를 사용하여 할 수 있는가? 우리는 중수소의 어떤 특성을 사용하여 은하의 먼 지역에서 그 존재를 확인할 수 있는가?

13. $t = 1$초와 $t = 6$초 사이에 중성자 비율이 27%에서 8%로 떨어져야 하지만, 실제로는 약 16%로 떨어진다. 이 시대에 더 많은 중성자가 양성자로 변하지 않는 이유는 무엇인가? 양성자가 중성자로 변하는 것도 그렇게 어려운가?

14. 만약 우리가 초기 우주의 중성미자를 관찰할 수 있다면, 그들은 Planck 분포에 의해 결정된 스펙트럼을 가질 것인가?

연습문제

15.1 우주의 팽창

1. Hubble 법칙을 사용하여 590.0 nm 나트륨 선이 관측된 파장을 다음 거리에서 추정하시오: (a) 1.0×10^6 광년, (b) 1.0×10^9 광년.

2. 특정 은하에서 오는 빛의 적색 편이가 발생하여 특정 스펙트럼 선의 파장이 두 배로 관측되었다. Hubble 법칙이 유효하다고 가정할 때, 이 은하까지의 거리를 계산하시오.

15.2 우주 마이크로파 배경 복사

3. (a) $N(E)$를 식 (15.6)에서 정의된 열복사의 에너지 밀도

$u(E) = EN(E)$로 설정하고, 복사 에너지 스펙트럼이 최대가 되는 에너지를 구하기 위해 미분하시오. (b) 2.7 K의 마이크로파 배경의 최고 광자 에너지를 계산하시오.

4. 식 (15.7)과 (10.41)을 시작으로, 식 (15.8)과 (15.9)에서 나타나는 수치 상수를 어떻게 계산하는지 보여주시오.

15.3 암흑물질

5. 먼 은하의 관측자가 태양이 자신에게 직접 다가오는 동안 태양에서 나오는 빛을 관측한다고 가정하자. 두 은하 사이에 상대적인 순 운동이 없다고 가정하고, 우리 은하의 회전으로 인해 121.5 nm Lyman 계열 선의 파장 변화량을 계산하시오.

15.4 일반 상대성 이론

6. 예제 15.2에서 중력 적색 편이에 따른 Lyman 알파(α) 선의 파장 변화를 계산하였다. 이 값을 (a) 태양의 회전에 의한 특수 상대론적 Doppler 효과와 (b) 열적 Doppler 확장[식 (10.30) 참고]과 비교하시오. 태양의 반지름은 6.96×10^8 m, 회전 주기는 26일이며, 표면 온도는 6,000 K이다.

7. 한 위성이 고도 150 km에서 궤도를 돌고 있다. 이 위성과 주파수 10^9 Hz의 라디오 신호를 사용하여 통신하려고 한다. 지상 기지국과 위성 간 중력에 의한 주파수 변화는 얼마인가? (중력 가속도 g는 크게 변하지 않는다고 가정한다.)

8. Pound와 Rebka 실험에서 관찰된 주파수 변화 크기를 측정하기 위해 필요한 최소 시간을 불확정성 원리를 통해 추정하면 얼마인가?

15.5 일반 상대성 이론의 검증

9. Coulomb 힘 법칙과 중력 법칙의 유사성을 통해, Rutherford 산란에서의 편향을 구하는 식 (6.8)을 사용하여 광자의 편향을 구하는 식 (15.22)를 유도하시오. 이때 광자의 질량은 $m = E/c^2$로 가정한다. [힌트: 식 (6.8)을 입자의 속도를 사용하여 표현한다.]

10. PSR 1913 + 16이라고 알려진 두 중성자별에서 2개의 중성자는 고도의 타원형 궤도를 따라 서로의 질량 중심을 돌고 있다. 이 운동의 궤도 매개변수를 찾아, 표 15.1에 일반 상대성 이론에 따른 세차각을 추가하시오. [힌트: 식 (15.25)에서 M은 궤도 몸체와 중심 몸체의 총질량이다.]

15.6 별의 진화와 블랙홀

11. (a) 식 (10.58)에서 질량 M의 중성자별 반지름을 나타내는 식을 $R = (12.3 \text{ km})(M/M_\odot)^{-1/3}$로 쓸 수 있음을 보이시오. 여기서 $M_\odot$은 태양의 질량이다. (b) 태양보다 1.5배 질량이 큰 별이 현재 태양의 반지름과 같은 7×10^5 km의 반지름을 가지고, 축을 따라 1년에 한 번 회전한다고 가정하자. (이는 상당히 느린 회전 속도이다. 태양은 약 한 달에 한 번 회전한다.) 만약 별의 붕괴가 각운동량을 보존한다고 가정할 때, 최종 각속도는 얼마인가? 별이 균일한 밀도의 구형으로 나타날 수 있다고 가정하고, 회전 관성 $I = \frac{2}{5} MR^2$을 사용한다.

15.7 우주론과 일반 상대성 이론

12. 우주의 팽창 속도의 변화율은 감속 매개변수 $q = -R(d^2R/dt^2)/(dR/dt)^2$으로 표현할 수 있다. (a) 물질이 지배하는 우주[식 (15.29)]와 복사가 지배하는 우주[식 (15.31)]에 대해 q를 계산하시오. (b) 식 (15.28)을 미분하여 물질이 지배하는 우주에서 $q = 4\pi G\rho_m/3H^2$임을 보이시오. (힌트: $\rho_m \propto R^{-3}$을 사용하여 $d\rho_m/dt$를 dR/dt로 연관 짓는다.)

15.8 빅뱅 우주론

13. 식 (15.34)를 유도하시오.

14. 우주가 (a) 핵자 생성 문턱 온도 이하로, (b) 파이 중간자 생성 문턱 온도 이하로 냉각된 나이는 언제인가?

15. (a) 광자가 K 중간자($mc^2 = 500$ MeV)를 생성할 수 있을 만큼 우주가 뜨거웠던 온도는 얼마인가? (b) 이 온도를 가졌던 우주의 나이는 얼마인가?

15.9 원자핵과 원자의 형성

16. 식 (15.36)과 (15.37)을 유도하시오.

17. 초기 우주에서 물질과 반물질의 차이가 10^9분의 1이 아니라 10^8분의 1이었다고 가정하자. (a) 중수소가 생성되기 시작하는 온도를 계산하시오. (b) 이것이 발생한 나이는 언제인가? (c) 수소 원자가 형성되었을 때 방사선이 분리된 온도와 해당 시간을 계산하시오.

18. 핵자가 60%의 양성자와 40%의 중성자로 구성되었던 우주의 나이는 얼마인가?

15.10 실험 우주론

19. 우주의 밀도가 임계 값과 같고, 우주의 4.9%가 바리온 물질이라고 가정할 때, 우주에서 1세제곱미터당 평균 바리온(핵자) 수를 계산하시오.

20. (a) 우주의 바리온 물질이 태양 질량(2.0×10^{30} kg)을 가진 별들로 균일하게 분포되어 있다고 가정하자. 별들 사이의 평균 간격은 얼마인가? 답을 광년 단위로 표현하시오. (b) 대신에 바리온 물질이 은하수 질량(1.2×10^{42} kg)을 가진 은하들로 균일하게 분포되어 있다고 가정하자. 은하들 사이의 평균 거리를 광년 단위로 표현하시오.

21. 비바리온 암흑물질이 전적으로 중성미자로 구성되어 있다고 가정하자. 이 우주의 질량을 차지하는 중성미자의 평균 정지 에너지는 얼마인가? 대략적인 추정으로 중성미자 밀도가 현재의 광자 밀도와 동일하다고 가정한다.

일반 문제

22. 가시광선의 광자는 약 2 eV에서 3 eV의 에너지를 가지고 있다. (a) 2.73 K 배경 복사에서 이 범위 내의 광자의 수 밀도를 계산하시오. (가시광선 영역을 $E = 2.5$ eV, $dE = 1.0$ eV 로 가정해도 충분하다.) (b) 눈이 약 100 광자/cm³를 감지할 수 있다고 가정할 때, 배경 복사가 눈에 보일 온도는 얼마인가? 이 온도가 발생했을 때 우주의 나이는 얼마였는가?

23. 우주가 5,000 K일 때를 고려하자. (a) 이 온도가 발생한 시기의 우주의 나이는 얼마였으며, 어떤 진화 단계였는가? (b) 그 시점에서의 평균 광자 에너지를 계산하시오. (c) 핵자당 10^9개의 광자가 있다고 가정할 때, 그 시점에서 방사선 밀도와 질량 밀도의 비율을 계산하시오.

24. 초기 우주는 방사선이 지배적이었으며, 현재 우주는 물질이 지배적이다. (a) 방사선과 물질 밀도가 동일했던 온도는 얼마인가? (b) 이 현상이 발생했을 때의 우주의 나이는 얼마였는가?

25. 질량이 2.00 태양 질량인 중성자별이 초당 1.00회 회전하고 있다. (a) 이 중성자별의 반경은 얼마인가? (연습문제 11번 참조) (b) 이 별의 회전 운동 에너지를 계산하시오. (c) 회전 속도가 하루에 10^9분의 1만큼 느려진다면, 하루 동안 손실되는 회전 운동 에너지를 계산하시오. (d) 에너지 손실이 모두 복사로 변환된다고 가정할 때, 복사 전력을 계산하시오. (e) 이 별이 지구로부터 10^4광년 떨어져 있다고 가정할 때, 이 별의 에너지가 좁은 빔이 아닌 우주 전체에 균일하게 분포되었다면, 면적이 10 m²인 안테나에 수신되는 평균 전력은 얼마인가?

26. 중력의 양자 이론을 아직 갖고 있지 않기 때문에, Planck 시간(약 10^{-43}초) 이전의 우주 특성을 분석할 수 없다. 그 시기의 우주 특성이 양자 이론, 상대성 이론, 중력에 의해 결정되었다고 가정하면, Planck 시간은 이 세 가지 이론의 기본 상수인 h, c, G로 특징지어져야 한다. 따라서 $t \propto h^i c^j G^k$ 로 쓸 수 있으며, 여기서 i, j, k는 결정해야 할 지수이다. (a) 차원 분석을 통해 i, j, k를 결정하시오. (b) 비례 상수가 일차원이라고 가정하고 t를 계산하시오. (c) Planck 시간에 관찰 가능한 우주의 크기는 얼마였는가?

27. 식 (15.18)에 의해 주어진 시공간 간격이 Lorentz 변환에 대해 불변임을 보이시오. 즉, $(ds)^2 = (ds')^2$를 보이시오. 여기서 $(ds')^2 = (c \, dt')^2 - (dx')^2$이다.

28. 그림 15.31에서 별 S에서 온 빛이 은하 L에서 거리 b만큼 떨어져 지나가면서 각도 α만큼 굴절되어 관측자 O에 도달하며, O는 별의 상을 I에서 보게 된다. (간단히 하기 위

해, 중력에 의한 굴절이 단일 지점에서 발생한다고 가정하고, 그림의 모든 각도가 매우 작다고 가정한다.) 은하(질량 M)는 관측자로부터 거리 d_L에 있으며, 별은 관측자로부터 거리 d_S에 있다. (a) 작은 각도에 대해 $\theta d_S = \beta d_S + (4GM/\theta d_L c^2)(d_S - d_L)$를 보이시오. [힌트: 굴절 각도 α에 대해 식 (15.22)를 사용하여 충격 매개변수가 R이 아닌 b일 때의 값을 구하되, 특수 상대성 이론과 일반 상대성 이론의 예측 차이를 고려하여 값을 두 배로 한다.] (b) 결과로 나온 이차 방정식을 풀어 θ를 구하고, 두 상의 위치가 $\Delta\theta = \sqrt{\beta^2 + 4\theta_E^2}$ 만큼 다르다는 것을 보이시오. 여기서 Einstein 각도 θ_E는 $\sqrt{4GM(d_S - d_L)/c^2 d_S d_L}$이다. 이는 일반 상대성 이론의 효과인 중력 렌즈 현상의 예로, 중간에 위치한 은하에 의해 휘어진 시공간을 통해 빛이 여행할 때 먼 천체가 여러 상으로 보이는 현상이 관찰된 것이다. (c) 별, 렌즈 역할을 하는 은하, 관측자가 단일 선상에 놓여 있을 때 두 개의 상 외에 다른 것이 나타난다. $\beta = 0$일 때의 대칭을 고려하면 이 경우 무엇이 관찰될 것이라고 예상되는가?

29. 1974년, Stephen Hawking은 블랙홀이 열복사를 방출할 때 이를 결정하는 특유의 온도를 가져야 한다고 제안하였다. 블랙홀의 온도를 연습문제 26번에서 했던 것과 유사한 차원 분석을 통해 추정할 수 있다. 블랙홀의 열 에너지(kT)가 양자역학(h), 특수 상대성 이론(c), 중력(GM, 단 M은 블랙홀의 질량)과 관련이 있다고 가정한다. (a) 이러한 매개변수들의 조합으로 kT의 차원을 도출하는 차원 분석을 하시오. (b) 일반 상대성 이론을 사용한 완전한 분석에서는 열 방정식에 필요한 상수는 $(16\pi^2)^{-1}$가 된다. 태양 질량 하나를 가진 블랙홀과 지구 질량 하나를 가진 블랙홀의 온도를 계산하시오. (c) 우주의 열적 배경 복사로부터 흡수하는 양보다 더 많은 복사를 방출하는 블랙홀의 질량은 얼마일까?

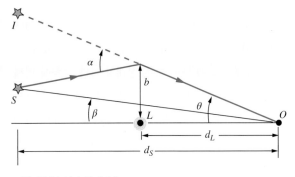

그림 15.31 연습문제 28.

Appendix A

Constants and Conversion Factors*

CONSTANTS

Speed of light	c	2.99792458×10^8 m/s
Charge of electron	e	$1.60217662 \times 10^{-19}$ C
Boltzmann constant	k	1.380685×10^{-23} J/K $= 8.617330 \times 10^{-5}$ eV/K
Planck's constant	h	$6.62607004 \times 10^{-34}$ J·s $= 4.13566766 \times 10^{-15}$ eV·s
	$\hbar = h/2\pi$	$1.054571800 \times 10^{-34}$ J·s $= 6.58211951 \times 10^{-16}$ eV·s
	hc	1239.8420 eV·nm (or MeV·fm)
	$\hbar c$	197.326979 eV·nm (or MeV·fm)
Gravitational constant	G	6.67408×10^{-11} N·m^2/kg^2
Avogadro's constant	N_A	6.0221409×10^{23} mole^{-1}
Universal gas constant	R	8.314460 J/mole·K
Stefan–Boltzmann constant	σ	5.670367×10^{-8} W/m^2·K^4
Rydberg constant	R_∞	$1.097373156851 \times 10^7$ m^{-1}
Hydrogen ionization energy	$|E_1|$	13.6056925 eV (calculated from Bohr model)
Bohr radius	a_0	$5.291772107 \times 10^{-11}$ m
Bohr magneton	μ_B	$9.2740100 \times 10^{-24}$ J/T $= 5.78838180 \times 10^{-5}$ eV/T
Nuclear magneton	μ_N	$5.0507837 \times 10^{-27}$ J/T $= 3.15245126 \times 10^{-8}$ eV/T
Fine structure constant	α	1/137.03599914
Electric constant	$e^2/4\pi\varepsilon_0$	1.4399645 eV·nm (or MeV·fm)

SOME PARTICLE MASSES

	kg	u	MeV/c^2
Electron	$9.1093836 \times 10^{-31}$	$5.485799091 \times 10^{-4}$	0.51099895
Proton	$1.67262190 \times 10^{-27}$	1.0072764669	938.272081
Neutron	$1.67492747 \times 10^{-27}$	1.0086649159	939.565413
Deuteron	$3.3435837 \times 10^{-27}$	2.0135532127	1875.61293
Alpha	$6.6446572 \times 10^{-27}$	4.001506179	3727.3794

*The number of significant figures given for the numerical constants indicates the precision to which they have been determined; there is an experimental uncertainty, typically of a few parts in the last or next-to-last digit, except for the speed of light (which is exact).

CONVERSION FACTORS

$$1 \text{ eV} = 1.60217662 \times 10^{-19} \text{ J}$$
$$1 \text{ u} = 931.49410 \text{ MeV}/c^2$$
$$= 1.66053904 \times 10^{-27} \text{ kg}$$
$$1 \text{ y} = 3.156 \times 10^7 \text{s} \cong \pi \times 10^7 \text{ s}$$

$$1 \text{ barn (b)} = 10^{-28} \text{ m}^2$$
$$1 \text{ curie (Ci)} = 3.7 \times 10^{10} \text{ decays/s}$$
$$1 \text{ light-year} = 9.46 \times 10^{15} \text{ m}$$
$$1 \text{ parsec} = 3.26 \text{ light-year}$$

UNITS

Unit	Abbreviation	Quantity Measured	Unit	Abbreviation	Quantity Measured
gram	g	mass	coulomb	C	electric charge
meter	m	length	ampere	A	electric current
second	s	time	volt	V	electric potential
newton	N	force	ohm	Ω	electric resistance
joule	J	energy	tesla	T	magnetic field
watt	W	power	atomic mass unit	u	mass
electron-volt	eV	energy	curie	Ci	activity
hertz	Hz	frequency	barn	b	cross section
kelvin	K	temperature			

PREFIXES OF UNITS

Prefix	Abbreviation	Value	Prefix	Abbreviation	Value
atto	a	10^{-18}	centi	c	10^{-2}
femto	f	10^{-15}	kilo	k	10^3
pico	p	10^{-12}	mega	M	10^6
nano	n	10^{-9}	giga	G	10^9
micro	μ	10^{-6}	tera	T	10^{12}
milli	m	10^{-3}	peta	P	10^{15}

Appendix   B

Complex Numbers

The imaginary number i is defined as $\sqrt{-1}$. A *complex number or function* can be represented as having a real part, which does not depend on i, and an imaginary part, which depends on i. We can write a complex variable as $z = x + iy$, where the real part x and the imaginary part y are both real numbers or real functions. A complex wave function ψ can be written in terms of its real and imaginary parts as $\psi = \text{Re}(\psi) + i\text{Im}(\psi)$.

The complex conjugate of a complex number is obtained by substituting $-i$ for i, as in $z^* = x - iy$ or $\psi^* = \text{Re}(\psi) - i\text{Im}(\psi)$.

The squared magnitude of a complex number is defined as the product of the number and its complex conjugate, as in $|z|^2 = zz^*$ or $|\psi|^2 = \psi\psi^*$, and is equal to the sum of the squares of its real and imaginary parts:

$$|z|^2 = x^2 + y^2 \quad \text{or} \quad |\psi|^2 = [\text{Re}(\psi)]^2 + [\text{Im}(\psi)]^2$$

The complex exponential $e^{i\theta}$ can be represented in terms of real trigonometric functions as

$$e^{i\theta} = \cos\theta + i\,\sin\theta \quad \text{and} \quad e^{-i\theta} = \cos\theta - i\,\sin\theta$$

The squared magnitude of the complex exponential is equal to 1:

$$|e^{i\theta}|^2 = e^{i\theta}e^{-i\theta} = (\cos\theta + i\,\sin\theta)(\cos\theta - i\,\sin\theta) = \cos^2\theta + \sin^2\theta = 1$$

We can write the ordinary trigonometric functions in terms of these complex functions:

$$\sin\theta = \frac{1}{2i}(e^{i\theta} - e^{-i\theta}) \quad \text{and} \quad \cos\theta = \frac{1}{2}(e^{i\theta} + e^{-i\theta})$$

It is sometimes convenient to write the wave function in terms of a complex exponential as

$$\psi = |\psi|e^{i\alpha}$$

where $|\psi|$ gives the magnitude of the wave function and α is its phase.

C Appendix

Periodic Table of the Elements

1 IA																	18 VIIIA
1 **H** Hydrogen 1.00794	2 IIA											13 IIIA	14 IVA	15 VA	16 VIA	17 VIIA	2 **He** Helium 4.00260
3 **Li** Lithium 6.941	4 **Be** Beryllium 9.01218											5 **B** Boron 10.81	6 **C** Carbon 12.011	7 **N** Nitrogen 14.0067	8 **O** Oxygen 15.9994	9 **F** Fluorine 18.9984	10 **Ne** Neon 20.180
11 **Na** Sodium 22.9898	12 **Mg** Magnesium 24.305	3 IIIB	4 IVB	5 VB	6 VIB	7 VIIB	8 VIIIB	9 VIIIB	10 VIIIB	11 IB	12 IIB	13 **Al** Aluminium 26.9815	14 **Si** Silicon 28.0855	15 **P** Phosphorus 30.9738	16 **S** Sulfur 32.065	17 **Cl** Chlorine 35.453	18 **Ar** Argon 39.948
19 **K** Potassium 39.0983	20 **Ca** Calcium 40.08	21 **Sc** Scandium 44.9559	22 **Ti** Titanium 47.867	23 **V** Vanadium 50.9415	24 **Cr** Chromium 51.996	25 **Mn** Manganese 54.9380	26 **Fe** Iron 55.845	27 **Co** Cobalt 58.9332	28 **Ni** Nickel 58.693	29 **Cu** Copper 63.546	30 **Zn** Zinc 65.38	31 **Ga** Gallium 69.723	32 **Ge** Germanium 72.64	33 **As** Arsenic 74.9216	34 **Se** Selenium 78.96	35 **Br** Bromine 79.904	36 **Kr** Krypton 83.798
37 **Rb** Rubidium 85.4678	38 **Sr** Strontium 87.62	39 **Y** Yttrium 88.9059	40 **Zr** Zirconium 91.224	41 **Nb** Niobium 92.9064	42 **Mo** Molybdenum 95.96	43 **Tc** Technetium (98)	44 **Ru** Ruthenium 101.07	45 **Rh** Rhodium 102.906	46 **Pd** Palladium 106.42	47 **Ag** Silver 107.868	48 **Cd** Cadmium 112.41	49 **In** Indium 114.82	50 **Sn** Tin 118.71	51 **Sb** Antimony 121.76	52 **Te** Tellurium 127.60	53 **I** Iodine 126.904	54 **Xe** Xenon 131.29
55 **Cs** Caesium 132.905	56 **Ba** Barium 137.33	57-71 Lanthanoids	72 **Hf** Hafnium 178.49	73 **Ta** Tantalum 180.948	74 **W** Tungsten 183.84	75 **Re** Rhenium 186.207	76 **Os** Osmium 190.2	77 **Ir** Iridium 192.22	78 **Pt** Platinum 195.08	79 **Au** Gold 196.967	80 **Hg** Mercury 200.59	81 **Tl** Thallium 204.383	82 **Pb** Lead 207.2	83 **Bi** Bismuth 208.980	84 **Po** Polonium (209)	85 **At** Astatine (210)	86 **Rn** Radon (222)
87 **Fr** Francium (223)	88 **Ra** Radium (226)	89-103 Actinoids	104 **Rf** Rutherfordium (265)	105 **Db** Dubnium (268)	106 **Sg** Seaborgium (271)	107 **Bh** Bohrium (272)	108 **Hs** Hassium (270)	109 **Mt** Meitnerium (276)	110 **Ds** Darmstadtium (281)	111 **Rg** Roentgenium (280)	112 **Cn** Copernicium (285)	113 **Nh** Nihonium (286)	114 **Fl** Flerovium (289)	115 **Mc** Moscovium (286)	116 **Lv** Livermorium (293)	117 **Ts** Tennessine (294)	118 **Og** Oganesson (294)

57 **La** Lanthanum 138.906	58 **Ce** Cerium 140.12	59 **Pr** Praseodymium 140.908	60 **Nd** Neodymium 144.24	61 **Pm** Promethium (145)	62 **Sm** Samarium 150.36	63 **Eu** Europium 151.96	64 **Gd** Gadolinium 157.25	65 **Tb** Terbium 158.925	66 **Dy** Dysprosium 162.50	67 **Ho** Holmium 164.930	68 **Er** Erbium 167.26	69 **Tm** Thulium 168.934	70 **Yb** Ytterbium 173.05	71 **Lu** Lutetium 174.967
89 **Ac** Actinium (227)	90 **Th** Thorium 232.038	91 **Pa** Protactinium 231.036	92 **U** Uranium 238.029	93 **Np** Neptunium (237)	94 **Pu** Plutonium (244)	95 **Am** Americium (243)	96 **Cm** Curium (247)	97 **Bk** Berkelium (247)	98 **Cf** Californium (251)	99 **Es** Einsteinium (252)	100 **Fm** Fermium (257)	101 **Md** Mendelevium (258)	102 **No** Nobelium (259)	103 **Lr** Lawrencium (262)

* Atomic mass values are averaged over isotopes according to the percentages that occur on the earth's surface. For unstable elements, the mass number of the most stable known isotope is given in parentheses. Electron configurations of elements above 103 are tentative assignments based on the corresponding elements in the 6th row (period).
Source: IUPAC Commission on Atomic Weights and Isotopic Abundances, 2001.

Appendix D

Table of Atomic Masses

The table gives the atomic masses of some isotopes of each element. All naturally occurring stable isotopes are included (with their natural abundances shown in italics in the last column). Some of the longer-lived radioactive isotopes of each element are also included, with their half-lives. Each element has many other radioactive isotopes that are not included in this table. More complete listings can be found in the 2016 atomic mass evaluation at the Atomic Mass Data Center, //www-nds.iaea.org/amdc.

In the half-life column, $My = 10^6$ years.

	Z	A	Atomic mass (u)	*Abundance* or Half-life
H	1	1	1.0078250	*99.985%*
		2	2.014102	*0.015%*
		3	3.016049	12.3 y
He	2	3	3.016029	*0.000137%*
		4	4.002603	*99.999863%*
Li	3	6	6.015123	*7.59%*
		7	7.016003	*92.41%*
		8	8.022486	0.84 s
Be	4	7	7.016929	53.2 d
		8	8.005305	0.07 fs
		9	9.012183	*100%*
		10	10.013535	1.5 My
		11	11.021661	13.8 s
B	5	8	8.024607	0.77 s
		9	9.013330	0.85 as
		10	10.012937	*19.9%*
		11	11.009305	*80.1%*
		12	12.014353	20.2 ms
C	6	10	10.016853	19.3 s
		11	11.011433	20.4 m
		12	12.000000	*98.93%*
		13	13.003355	*1.07%*
		14	14.003242	5730 y
		15	15.010599	2.45 s
N	7	13	13.005739	9.96 m
		14	14.003074	*99.63%*
		15	15.000109	*0.37%*
		16	16.006102	7.1 s
		17	17.008449	4.2 s
O	8	14	14.008597	70.6 s
		15	15.003066	122 s
		16	15.994915	*99.76%*
		17	16.999132	*0.038%*
		18	17.999160	*0.200%*
		19	19.003578	26.9 s
		20	20.004075	13.5 s
F	9	17	17.002095	64.5 s
		18	18.000937	1.83 h
		19	18.998403	*100%*
		20	19.999981	11 s
		21	20.999949	4.2 s
Ne	10	18	18.005709	1.7 s
		19	19.001881	17.2 s
		20	19.992440	*90.48%*
		21	20.993847	*0.27%*
		22	21.991385	*9.25%*
		23	22.994467	37.2 s
		24	23.993611	3.4 m

	Z	A	Atomic mass (u)	*Abundance* or Half-life
Na	11	21	20.997655	22.5 s
		22	21.994437	2.60 y
		23	22.989769	*100%*
		24	23.990963	15.0 h
		25	24.989954	59 s
		26	25.992635	1.1 s
Mg	12	22	21.999571	3.88 s
		23	22.994124	11.3 s
		24	23.985042	*78.99%*
		25	24.985837	*10.00%*
		26	25.982593	*11.01%*
		27	26.984341	9.46 m
		28	27.983877	20.9 h
Al	13	25	24.990428	7.18 s
		26	25.986892	0.72 My
		27	26.981538	*100%*
		28	27.981910	2.24 m
		29	28.980453	6.56 m
Si	14	26	25.992334	2.25 s
		27	26.986705	4.15 s
		28	27.976927	*92.22%*
		29	28.976495	*4.68%*
		30	29.973770	*3.09%*
		31	30.975363	2.62 h
		32	31.974151	153 y
P	15	29	28.981800	4.14 s
		30	29.978313	2.50 m
		31	30.973762	*100%*
		32	31.973908	14.3 d
		33	32.971726	25.3 d
S	16	30	29.984907	1.18 s
		31	30.979557	2.55 s
		32	31.972071	*94.99%*
		33	32.971459	*0.75%*
		34	33.967867	*4.25%*
		35	34.969032	87.4 d
		36	35.967081	*0.01%*
		37	36.971126	5.05 m
Cl	17	33	32.977452	2.51 s
		34	33.973762	1.53 s
		35	34.968853	*75.77%*
		36	35.968307	0.30 My
		37	36.965903	*24.23%*
		38	37.968010	37.2 m
		39	38.968008	56.2 m

	Z	A	Atomic mass (u)	*Abundance* or Half-life
Ar	18	34	33.980270	0.844 s
		35	34.975258	1.78 s
		36	35.967545	*0.334%*
		37	36.966776	35.0 d
		38	37.962732	*0.063%*
		39	38.964313	269 y
		40	39.962383	*99.60%*
		41	40.964501	1.82 h
		42	41.963046	32.9 y
K	19	37	36.973376	1.23 s
		38	37.969081	7.64 m
		39	38.963706	*93.26%*
		40	39.963998	1.25 Gy
		41	40.961825	*6.73%*
		42	41.962402	12.3 h
		43	42.960735	22.3 h
Ca	20	38	37.976319	0.44 s
		39	38.970711	0.86 s
		40	39.962591	*96.94%*
		41	40.962278	0.099 My
		42	41.958618	*0.647%*
		43	42.958766	*0.135%*
		44	43.955482	*2.09%*
		45	44.956186	163 d
		46	45.953688	*0.0035%*
		47	46.954541	4.54 d
		48	47.952523	*0.187%*
		49	48.955663	8.72 m
Sc	21	43	42.961151	3.89 h
		44	43.959403	3.97 h
		45	44.955908	*100%*
		46	45.955168	83.8 d
		47	46.952403	3.35 d
		48	47.952223	43.7 h
Ti	22	44	43.959690	60 y
		45	44.958121	3.08 h
		46	45.952627	*8.25%*
		47	46.951758	*7.44%*
		48	47.947941	*73.72%*
		49	48.947865	*5.41%*
		50	49.944786	*5.18%*
		51	50.946610	5.76 m
		52	51.946892	1.7 m
V	23	48	47.952251	16.0 d
		49	48.948511	329 d
		50	49.947156	*0.250%*
		51	50.943957	*99.750%*
		52	51.944773	3.74 m
		53	52.944336	1.54 m

	Z	A	Atomic mass (u)	*Abundance* or Half-life
Cr	24	48	47.954029	21.6 h
		49	48.951333	42.3 m
		50	49.946041	*4.35%*
		51	50.944765	27.7 d
		52	51.940505	*83.79%*
		53	52.940647	*9.50%*
		54	53.938878	*2.36%*
		55	54.940837	3.50 m
		56	55.940649	5.94 m
Mn	25	52	51.945564	5.59 d
		53	52.941288	3.7 My
		54	53.940356	312 d
		55	54.938043	*100%*
		56	55.938903	2.58 h
		57	56.938286	85.4 s
Fe	26	52	51.948115	8.72 h
		53	52.945306	8.51 m
		54	53.939608	*5.85%*
		55	54.938291	2.74 y
		56	55.934936	*91.75%*
		57	56.935392	*2.12%*
		58	57.933274	*0.28%*
		59	58.934874	44.5 d
		60	59.934070	2.6 My
		61	60.936746	6.0 m
Co	27	57	56.936290	272 d
		58	57.935751	70.8 d
		59	58.933194	*100%*
		60	59.933816	5.27 y
		61	60.932476	1.65 h
Ni	28	56	55.942128	6.08 d
		57	56.939792	35.6 h
		58	57.935342	*68.08%*
		59	58.934346	0.076 My
		60	59.930785	*26.22%*
		61	60.931055	*1.14%*
		62	61.928345	*3.63%*
		63	62.929669	101 y
		64	63.927966	*0.93%*
		65	64.930085	2.52 h
Cu	29	61	60.933457	3.33 h
		62	61.932595	9.67 m
		63	62.929597	*69.17%*
		64	63.929764	12.7 h
		65	64.927790	*30.83%*
		66	65.928869	5.12 m
		67	66.927730	61.8 h

	Z	A	Atomic mass (u)	*Abundance* or Half-life		Z	A	Atomic mass (u)	*Abundance* or Half-life
Zn	30	62	61.934334	9.19 h	Br	35	77	76.921379	57.0 h
		63	62.933211	38.5 m			78	77.921146	6.46 m
		64	63.929142	*49.2%*			79	78.918338	*50.69%*
		65	64.929241	244 d			80	79.918530	17.7 m
		66	65.926034	*27.7%*			81	80.916288	*49.31%*
		67	66.927128	*4.0%*			82	81.916802	35.3 h
		68	67.924844	*18.5%*			83	82.915175	2.40 h
		69	68.926550	56 m	Kr	36	76	75.925911	14.8 h
		70	69.925319	*0.61%*			77	76.924670	74.4 m
		71	70.927720	2.45 m			78	77.920366	*0.35%*
							79	78.920083	35.0 h
Ga	31	67	66.928202	3.26 d			80	79.916378	*2.28%*
		68	67.927980	67.7 m			81	80.916590	0.229 My
		69	68.925574	*60.11%*			82	81.913481	*11.58%*
		70	69.926022	21.1 m			83	82.914127	*11.49%*
		71	70.924703	*39.89%*			84	83.911498	*57.00%*
		72	71.926367	14.1 h			85	84.912527	10.8 y
		73	72.925175	4.86 h			86	85.910611	*17.30%*
							87	86.913355	76.3 m
Ge	32	68	67.928095	271 d	Rb	37	83	82.915114	86.2 d
		69	68.927965	39.0 h			84	83.914375	32.8 d
		70	69.924249	*20.5%*			85	84.911790	*72.17%*
		71	70.924952	11.4 d			86	85.911167	18.6 d
		72	71.922076	*27.5%*			87	86.909181	*27.83%*
		73	72.923459	*7.8%*			88	87.911316	17.8 m
		74	73.921178	*36.5%*	Sr	38	82	81.918400	25.3 d
		75	74.922858	82.8 m			83	82.917554	32.4 h
		76	75.921403	*7.8%*			84	83.913419	*0.56%*
		77	76.923550	11.3 h			85	84.912932	64.8 d
							86	85.909261	*9.86%*
As	33	73	72.923829	80.3 d			87	86.908877	*7.00%*
		74	73.923929	17.8 d			88	87.905612	*82.58%*
		75	74.921595	*100%*			89	88.907451	50.6 d
		76	75.922392	26.3 h			90	89.907731	28.9 y
		77	76.920648	38.8 h	Y	39	87	86.910876	79.8 h
							88	87.909501	106.6 d
Se	34	72	71.927141	8.4 d			89	88.905841	*100%*
		73	72.926755	7.1 h			90	89.907145	64.1 h
		74	73.922476	*0.86%*			91	90.907298	58.5 d
		75	74.922523	120 d	Zr	40	88	87.910221	83.4 d
		76	75.919214	*9.2%*			89	88.908882	78.4 h
		77	76.919914	*7.6%*			90	89.904699	*51.45%*
		78	77.917309	*23.7%*			91	90.905640	*11.22%*
		79	78.918499	0.33 My			92	91.905035	*17.15%*
		80	79.916522	*49.8%*			93	92.906471	1.61 My
		81	80.917993	18.5 m			94	93.906313	*17.38%*
		82	81.916700	*8.8%*			95	94.908040	64.0 d
		83	82.919119	70.1 s			96	95.908278	*2.80%*
							97	96.910957	16.7 h

	Z	A	Atomic mass (u)	*Abundance* or Half-life
Nb	41	91	90.906990	680 y
		92	91.907189	35 My
		93	92.906373	*100%*
		94	93.907279	20,300 y
		95	94.906831	35.0 d
Mo	42	90	89.913931	5.56 h
		91	90.911745	15.5 m
		92	91.906807	*14.6%*
		93	92.906809	4000 y
		94	93.905084	*9.2%*
		95	94.905837	*15.9%*
		96	95.904675	*16.7%*
		97	96.906017	*9.6%*
		98	97.905404	*24.3%*
		99	98.907707	65.9 h
		100	99.907468	*9.7%*
		101	100.910338	14.6 m
Tc	43	95	94.907652	20.0 h
		96	95.907867	4.3 d
		97	96.906361	4.2 My
		98	97.907211	4.2 My
		99	98.906250	0.211 My
		100	99.907653	15.5 s
Ru	44	94	93.911343	51.8 m
		95	94.910404	1.64 h
		96	95.907589	*5.5%*
		97	96.907546	2.83 d
		98	97.905287	*1.86%*
		99	98.905930	*12.8%*
		100	99.904211	*12.6%*
		101	100.905573	*17.1%*
		102	101.904340	*31.6%*
		103	102.906315	39.3 d
		104	103.905425	*18.6%*
		105	104.907746	4.44 h
Rh	45	101	100.906159	3.3 y
		102	101.906834	207 d
		103	102.905494	*100%*
		104	103.906645	42.3 s
		105	104.905688	35.4 h

	Z	A	Atomic mass (u)	*Abundance* or Half-life
Pd	46	100	99.908520	3.63 d
		101	100.908285	8.47 h
		102	101.905632	*1.02%*
		103	102.906111	17.0 d
		104	103.904030	*11.14%*
		105	104.905080	*22.33%*
		106	105.903480	*27.33%*
		107	106.905128	6.5 My
		108	107.903892	*26.46%*
		109	108.905951	13.7 h
		110	109.905173	*11.72%*
		111	110.907690	23.4 m
Ag	47	105	104.906526	41.3 d
		106	105.906664	24.0 m
		107	106.905092	*51.84%*
		108	107.905950	2.37 m
		109	108.904756	*48.16%*
		110	109.906111	24.6 s
Cd	48	104	103.909856	57.7 m
		105	104.909464	55.5 m
		106	105.906460	*1.25%*
		107	106.906612	6.50 h
		108	107.904184	*0.89%*
		109	108.904987	461 d
		110	109.903008	*12.5%*
		111	110.904184	*12.8%*
		112	111.902764	*24.1%*
		113	112.904408	*12.2%*
		114	113.903365	*28.7%*
		115	114.905437	53.5 h
		116	115.904763	*7.5%*
		117	116.907226	2.49 h
In	49	111	110.905107	2.80 d
		112	111.905539	15.0 m
		113	112.904060	*4.29%*
		114	113.904916	71.9 s
		115	114.903879	*95.71%*
		116	115.905260	14.1 s

	Z	A	Atomic mass (u)	*Abundance* or Half-life			Z	A	Atomic mass (u)	*Abundance* or Half-life
Sn	50	110	109.907845	4.11 h		Xe	54	122	121.908368	20.1 h
		111	110.907741	35.3 m				123	122.908482	2.08 h
		112	111.904825	*0.97%*				124	123.905892	*0.095%*
		113	112.905176	115.1 d				125	124.906394	16.9 h
		114	113.902780	*0.66%*				126	125.904297	*0.089%*
		115	114.903345	*0.34%*				127	126.905183	36.4 d
		116	115.901743	*14.54%*				128	127.903531	*1.91%*
		117	116.902954	*7.68%*				129	128.904781	*26.40%*
		118	117.901607	*24.22%*				130	129.903509	*4.07%*
		119	118.903311	*8.59%*				131	130.905084	*21.23%*
		120	119.902202	*32.58%*				132	131.904155	*26.91%*
		121	120.904243	27.0 h				133	132.905911	5.24 d
		122	121.903444	*4.63%*				134	133.905393	*10.44%*
		123	122.905725	129 d				135	134.907232	9.14 h
		124	123.905278	*5.79%*				136	135.907214	*8.86%*
		125	124.907786	9.64 d				137	136.911558	3.82 m
		126	125.907659	0.23 My						
Sb	51	119	118.903946	38.2 h		Cs	55	131	130.905465	9.69 d
		120	119.905080	15.9 m				132	131.906438	6.48 d
		121	120.903810	*57.21%*				133	132.905452	*100%*
		122	121.905168	2.72 d				134	133.906719	2.06 y
		123	122.904214	*42.79%*				135	134.905977	2.3 My
		124	123.905936	60.1 d				136	135.907312	13.0 d
		125	124.905253	2.76 y						
Te	52	118	117.905854	6.00 d		Ba	56	128	127.908342	2.43 d
		119	118.906407	16.1 h				129	128.908681	2.23 h
		120	119.904060	*0.09%*				130	129.906321	*0.106%*
		121	120.904942	19.2 d				131	130.906941	11.5 d
		122	121.903043	*2.55%*				132	131.905061	*0.101%*
		123	122.904270	*0.89%*				133	132.906007	10.5 y
		124	123.902817	*4.74%*				134	133.904508	*2.42%*
		125	124.904430	*7.07%*				135	134.905689	*6.59%*
		126	125.903311	*18.84%*				136	135.904576	*7.85%*
		127	126.905226	9.35 h				137	136.905827	*11.23%*
		128	127.904461	*31.74%*				138	137.905247	*71.70%*
		129	128.906597	69.6 m				139	138.908841	83.1 m
		130	129.906223	*34.08%*						
		131	130.908522	25.0 m						
I	53	125	124.904629	59.4 d		La	57	136	135.907630	9.87 m
		126	125.905623	12.9 d				137	136.906451	60,000 y
		127	126.904472	*100%*				138	137.907118	*0.090%*
		128	127.905809	25.0 m				139	138.906359	*99.910%*
		129	128.904984	15.7 My				140	139.909483	1.68 d
		130	129.906670	12.4 h				141	140.910969	3.92 h

	Z	A	Atomic mass (u)	*Abundance* or Half-life
Ce	58	134	133.908928	76 h
		135	134.909161	17.7 h
		136	135.907129	*0.185%*
		137	136.907763	9.0 h
		138	137.905989	*0.251%*
		139	138.906658	137.6 d
		140	139.905446	*88.45%*
		141	140.908284	32.5 d
		142	141.909250	*11.11%*
		143	142.912392	33.0 h
		144	143.913653	285 d
Pr	59	139	138.908943	4.41 h
		140	139.909084	3.39 m
		141	140.907658	*100%*
		142	141.910050	19.1 h
		143	142.910823	13.6 d
Nd	60	140	139.909544	3.37 d
		141	140.909615	2.49 h
		142	141.907729	*27.2%*
		143	142.909820	*12.2%*
		144	143.910093	*23.8%*
		145	144.912579	*8.3%*
		146	145.913123	*17.2%*
		147	146.916106	11.0 d
		148	147.916899	*5.7%*
		149	148.920155	1.73 h
		150	149.920902	*5.6%*
		151	150.923840	12.4 m
Pm	61	143	142.910938	265 d
		144	143.912596	363 d
		145	144.912756	17.7 y
		146	145.914702	5.53 y
		147	146.915145	2.62 y
		148	147.917481	5.37 d
		149	148.918342	53.1 h
Sm	62	142	141.915205	72.5 m
		143	142.914635	8.75 m
		144	143.912006	*3.1%*
		145	144.913417	340 d
		146	145.913047	103 My
		147	146.914904	*15.0%*
		148	147.914829	*11.2%*
		149	148.917191	*13.8%*
		150	149.917282	*7.4%*
		151	150.919939	90 y
		152	151.919739	*26.7%*
		153	152.922104	46.3 h
		154	153.922216	*22.7%*
		155	154.924647	22.3 m

	Z	A	Atomic mass (u)	*Abundance* or Half-life
Eu	63	149	148.917937	93.1 d
		150	149.919707	36.9 y
		151	150.919857	*47.81%*
		152	151.921751	13.5 y
		153	152.921237	*52.19%*
		154	153.922986	8.59 y
		155	154.922900	4.75 y
		156	155.924763	15.2 d
Gd	64	150	149.918664	1.79 My
		151	150.920355	124 d
		152	151.919799	*0.20%*
		153	152.921757	240 d
		154	153.920873	*2.18%*
		155	154.922630	*14.80%*
		156	155.922131	*20.47%*
		157	156.923968	*15.65%*
		158	157.924112	*24.84%*
		159	158.926396	18.5 h
		160	159.927062	*21.9%*
		161	160.929677	3.66 m
Tb	65	157	156.924032	71 y
		158	157.925420	180 y
		159	158.925354	*100%*
		160	159.927175	72.3 d
		161	160.927577	6.91 d
Dy	66	154	153.924429	3.0 My
		155	154.925758	9.9 h
		156	155.924284	*0.06%*
		157	156.925470	8.1 h
		158	157.924415	*0.10%*
		159	158.925746	144.4 d
		160	159.925203	*2.3%*
		161	160.926939	*18.9%*
		162	161.926804	*25.5%*
		163	162.928737	*24.9%*
		164	163.929181	*28.2%*
		165	164.931709	2.33 h
Ho	67	163	162.928740	4570 y
		164	163.930240	29 m
		165	164.930328	*100%*
		166	165.932290	26.8 h
		167	166.933139	3.0 h

	Z	A	Atomic mass (u)	*Abundance* or Half-life			Z	A	Atomic mass (u)	*Abundance* or Half-life
Er	68	160	159.929077	28.6 h		W	74	178	177.945886	21.6 d
		161	160.930003	3.21 h				179	178.947080	37.0 m
		162	161.928787	*0.14%*				180	179.946713	*0.12%*
		163	162.930040	75.0 m				181	180.948219	121 d
		164	163.929207	*1.60%*				182	181.948206	*26.5%*
		165	164.930733	10.4 h				183	182.950225	*14.3%*
		166	165.930299	*33.50%*				184	183.950933	*30.6%*
		167	166.932054	*22.87%*				185	184.953421	75.1 d
		168	167.932376	*26.98%*				186	185.954365	*28.4%*
		169	168.934596	9.39 d				187	186.957161	24.0 h
		170	169.935471	*14.91%*						
		171	170.938036	7.52 h		Re	75	183	182.950821	70.0 d
								184	183.952528	35.4 d
Tm	69	167	166.932857	9.25 d				185	184.952958	*37.40%*
		168	167.934178	93.1 d				186	185.954989	3.72 d
		169	168.934218	*100%*				187	186.955752	*62.60%*
		170	169.935807	128.6 d				188	187.958114	17.0 h
		171	170.936435	1.92 y						
						Os	76	182	181.952110	21.8 h
Yb	70	166	165.933874	56.7 h				183	182.953120	13.0 h
		167	166.934953	17.5 m				184	183.952493	*0.02%*
		168	167.933889	*0.13%*				185	184.954046	93.6 d
		169	168.935182	32.0 d				186	185.953838	*1.6%*
		170	169.934767	*3.0%*				187	186.955750	*2.0%*
		171	170.936332	*14.1%*				188	187.955837	*13.2%*
		172	171.936387	*21.7%*				189	188.958146	*16.2%*
		173	172.938216	*16.1%*				190	189.958446	*26.3%*
		174	173.938868	*32.0%*				191	190.960928	15.4 d
		175	174.941282	4.19 d				192	191.961479	*40.8%*
		176	175.942575	*13.0%*				193	192.964150	30.1 h
		177	176.945264	1.9 h						
						Ir	77	189	188.958723	13.2 d
Lu	71	173	172.938936	1.37 y				190	189.960543	11.8 d
		174	173.940343	3.3 y				191	190.960592	*37.3%*
		175	174.940777	*97.41%*				192	191.962603	73.8 d
		176	175.942692	*2.59%*				193	192.962924	*62.7%*
		177	176.943764	6.65 d				194	193.965076	19.3 h
Hf	72	172	171.939450	1.87 y		Pt	78	188	187.959398	10.2 d
		173	172.940510	23.6 h				189	188.960849	10.9 h
		174	173.940049	*0.16%*				190	189.959950	*0.012%*
		175	174.941512	70 d				191	190.961676	2.83 d
		176	175.941410	*5.26%*				192	191.961043	*0.78%*
		177	176.943230	*18.60%*				193	192.962985	50 y
		178	177.943709	*27.28%*				194	193.962684	*32.86%*
		179	178.945826	*13.62%*				195	194.964794	*33.78%*
		180	179.946560	*35.08%*				196	195.964955	*25.21%*
		181	180.949111	42.4 d				197	196.967343	19.9 h
								198	197.967897	*7.36%*
Ta	73	179	178.945939	1.82 y				199	198.970597	30.8 m
		180	179.947468	*0.012%*						
		181	180.947999	*99.988%*						
		182	181.950155	115 d						

	Z	A	Atomic mass (u)	*Abundance* or Half-life
Au	79	195	194.965038	186 d
		196	195.966571	6.17 d
		197	196.966570	*100%*
		198	197.968244	2.696 d
		199	198.968767	3.14 d
Hg	80	194	193.965449	444 y
		195	194.966706	10.5 h
		196	195.965833	*0.15%*
		197	196.967214	64.1 h
		198	197.966769	*10.0%*
		199	198.968281	*16.9%*
		200	199.968327	*23.1%*
		201	200.970303	*13.2%*
		202	201.970644	*29.9%*
		203	202.972872	46.6 d
		204	203.973494	*6.9%*
		205	204.976073	5.1 m
Tl	81	201	200.970820	72.9 h
		202	201.972109	12.3 d
		203	202.972344	*29.52%*
		204	203.973863	3.78 y
		205	204.974427	*70.48%*
		206	205.976110	4.20 m
Pb	82	202	201.972152	53,000 y
		203	202.973391	51.9 h
		204	203.973043	*1.4%*
		205	204.974482	17.3 My
		206	205.974465	*24.1%*
		207	206.975897	*22.1%*
		208	207.976652	*52.4%*
		209	208.981090	3.23 h
Bi	83	207	206.978471	31.6 y
		208	207.979742	0.368 My
		209	208.980399	*100%*
		210	209.984120	5.01 d
		211	210.987269	2.14 m
Po	84	207	206.981593	5.80 h
		208	207.981246	2.90 y
		209	208.982430	124 y
		210	209.982874	138.4 d
At	85	209	208.986170	5.41 h
		210	209.987147	8.1 h
		211	210.987496	7.21 h
Rn	86	211	210.990601	14.6 h
		222	222.017576	3.82 d

	Z	A	Atomic mass (u)	*Abundance* or Half-life
Fr	87	212	211.996225	20.0 m
		223	223.019734	22.0 m
Ra	88	223	223.018501	11.43 d
		224	224.020211	3.63 d
		225	225.023611	14.9 d
		226	226.025409	1600 y
Ac	89	225	225.023229	10.0 d
		226	226.026097	29.4 h
		227	227.027751	21.77 y
Th	90	228	228.028740	1.91 y
		229	229.031761	7932 y
		230	230.033132	75,400 y
		231	231.036303	25.52 h
		232	232.038054	*100%*
		233	233.041580	21.8 m
Pa	91	230	230.034540	17.4 d
		231	231.035883	32,800 y
		232	232.038590	1.31 d
		234	234.043306	6.70 h
U	92	233	233.039634	0.1592 My
		234	234.040950	0.2455 My
		235	235.043928	*0.720%*
		236	236.045566	23.42 My
		237	237.048728	6.75 d
		238	238.050787	*99.274%*
		239	239.054292	23.5 m
Np	93	236	236.046570	0.154 My
		237	237.048172	2.14 My
		238	238.050945	2.117 d
Pu	94	238	238.049558	87.74 y
		239	239.052162	24,100 y
		240	240.053812	6561 y
		241	241.056850	14.3 y
		242	242.058741	0.375 My
Am	95	241	241.056827	432 y
		242	242.059547	16.0 h
		243	243.061380	7370 y
Cm	96	246	246.067222	4706 y
		247	247.070353	15.6 My
		248	248.072349	0.348 My
Bk	97	247	247.070306	1380 y
Cf	98	251	251.079587	898 y
		254	254.087324	60.5 d

	Z	A	Atomic mass (u)	*Abundance* or Half-life		Z	A	Atomic mass (u)	*Abundance* or Half-life
Es	99	252	252.082980	472 d	Mt	109	266	266.137370	1.7 ms
Fm	100	257	257.095105	100.5 d	Ds	110	270	270.144580	0.1 ms
Md	101	258	258.098430	51.5 d	Rg	111	272	272.153270	4 ms
No	102	259	259.100998	58 m	Cn	112	281	281.167150	97 ms
Lr	103	260	260.105500	3.0 m	Nh	113	285	285.180070	4.2 s
Rf	104	261	261.108770	68 s	Fl	114	289	289.190620	1.9 s
Db	105	262	262.114070	35 s	Mc	115	290	290.196350	0.65 s
Sg	106	261	261.115948	0.18 s	Lv	116	293	293.204690	57 ms
Bh	107	262	262.122970	22 ms	Ts	117	294	294.210970	51 ms
Hs	108	264	264.128360	0.8 ms	Og	118	294	294.214130	0.69 ms

Appendix

Some Milestones in the History of Modern Physics

1887 Albert A. Michelson and Edward W. Morley fail to detect ether.

1896 Henri Becquerel discovers radioactivity.

1900 Max Planck introduces quantum theory to explain thermal radiation.

1905 Albert Einstein proposes the special theory of relativity.

1905 Albert Einstein introduces the concept of the photon to explain the photoelectric effect.

1911 Heike Kamerlingh Onnes discovers superconductivity.

1911 Ernest Rutherford proposes the nuclear atom, based on experiments of Hans Geiger and Ernest Marsden.

1913 Niels Bohr introduces theory of atomic structure.

1913 William H. Bragg and William L. Bragg (father and son) study X-ray diffraction from crystals.

1914 James Franck and Gustav Hertz show evidence for quantized energy states of atoms.

1914 Henry G. J. Moseley shows relationship between X-ray frequency and atomic number.

1915 Albert Einstein proposes the general theory of relativity.

1916 Robert A. Millikan measures photoelectric effect to confirm Einstein's photon theory.

1919 Ernest Rutherford produces first nuclear reaction that transmutes one element into another.

1919 Sir Arthur Eddington and other British astronomers measure gravitational deflection of starlight and confirm predictions of Einstein's general theory of relativity.

1921 Otto Stern and Walter Gerlach demonstrate spatial quantization and show necessity to introduce intrinsic magnetic moment of electron.

1923 Arthur H. Compton demonstrates change in X-ray wavelength following scattering from electrons.

1924 Louis de Broglie postulates wave behavior of particles.

1925 Wolfgang Pauli proposes the exclusion principle.

1925 Samuel Goudsmit and George Uhlenbeck introduce the concept of intrinsic angular momentum (spin).

1926 Erwin Schrödinger introduces wave mechanics (quantum mechanics).

1926 Max Born establishes statistical, probabilistic interpretation of Schrodinger's wave functions.

1927 Werner Heisenberg develops principle of uncertainty.

1927 Clinton Davisson and Lester Germer demonstrate wave behavior of electrons; G. P. Thomson independently does the same.

1928 Paul A. M. Dirac proposes a relativistic quantum theory.

1929 Edwin Hubble reports evidence for the expansion of the universe.

1931 Carl Anderson discovers the positron (antielectron).

1931 Wolfgang Pauli suggests existence of neutral particle (neutrino) emitted in beta decay.

1932 James Chadwick discovers the neutron.

1932 John Cockcroft and Ernest Walton produce the first nuclear reaction using a high-voltage accelerator.

1932 Ernest Lawrence produces first cyclotron for studying nuclear reactions.

1934 Irène and Frédéric Joliot-Curie discover artificially induced radioactivity.

1935 Hideki Yukawa proposes existence of medium-mass particles (mesons).

1938 Otto Hahn, Fritz Strassmann, Lise Meitner, and Otto Frisch discover nuclear fission.

1938 Hans Bethe proposes thermonuclear fusion reactions as the source of energy in stars.

1940 Edwin McMillan, Glenn Seaborg, and colleagues produce first synthetic transuranic elements.

1942 Enrico Fermi and colleagues build first nuclear fission reactor.

1945 Detonation of first fission bomb in New Mexico desert.

1946 George Gamow proposes big-bang cosmology.

1948 John Bardeen, Walter Brattain, and William Shockley demonstrate first transistor.

1952 Detonation of first thermonuclear fusion bomb at Eniwetok atoll.

1956 Frederick Reines and Clyde Cowan demonstrate experimental evidence for existence of neutrino.

1958 Rudolf L. Mössbauer demonstrates recoilless emission of gamma rays.

1960 Theodore Maiman constructs first ruby laser; Ali Javan constructs first helium–neon laser.

1964 Allan R. Sandage discovers first quasar.

1964 Murray Gell-Mann and George Zweig independently introduce three-quark model of elementary particles.

1965 Arno Penzias and Robert Wilson discover cosmic microwave background radiation.

1967 Jocelyn Bell and Antony Hewish discover first pulsar.

1967 Steven Weinberg and Abdus Salam independently propose a unified theory linking the weak and electromagnetic interactions.

1974 Burton Richter and Samuel Ting and coworkers independently discover first evidence of fourth quark (charm).

1974 Joseph Taylor and Russell Hulse discover first binary pulsar.

1977 Leon Lederman and colleagues discover new particle showing evidence for fifth quark (bottom).

1981 Gerd Binnig and Heinrich Rohrer invent scanning tunneling electron microscope.

1983 Carlo Rubbia and coworkers at CERN discover W and Z particles.

1986 J. Georg Bednorz and Karl Alex Müller produce first high-temperature superconductors.

1994 Investigators at Fermilab discover evidence for sixth quark (top).

1995 Eric Cornell and Carl Wieman produce first Bose–Einstein condensation.

1998 Discovery of neutrino oscillations shows that neutrinos have small but nonzero mass.

1998 Supernova data reveal accelerated expansion of the universe.

2003 WMAP satellite data reveal age and composition of universe.

2004 Discovery of graphene by Andre Geim and Konstantin Novoselov.

2012 Discovery of Higgs boson at Large Hadron Collider.

2015 First detection of gravity waves at LIGO.

연습문제 해답

Chapter 1

1. 4.527×10^6 m/s
3. (a) -7.79×10^5 m/s
   (b) 1.008×10^{-13} J, 3.995×10^{-13} J
5. (a) 2.13×10^6 m/s (b) 1.28×10^6 m/s
7. 4.34×10^{-5}
9. $1.8 \times 10^{-2} N$
11. $35.3°$, $v/\sqrt{2}$, $v/\sqrt{6}$
13. 2.47×10^6 m/s, -0.508×10^6 m/s
15. (a) 0.0104 eV (b) 2550 m
17. 4.61×10^{12} rad/s

Chapter 2

1. 101 km/h at $62°$ east of south
3. 7×10^4 m/s
5. 2.6×10^8 m/s
7. (a) 384 ns (b) 109 m (c) 34.2 m
11. $0.317c$
13. 5.0×10^7 m/s
15. 100 times larger
19. $+0.926c$, $-0.575c$
21. (a) $+0.570\mu s$ (b) -81.0 m
23. (a) 2:00 pm (b) 3:00 pm
    (c) 1:00 pm and 3:00 pm
25. 8 y
27. (b) Bob by 4 y
29. (a) $K'_i = K'_f = 0.512mc^2$
    (b) $K_i = K_f = 0.458mc^2$
31. $0.934c$
33. $v < 0.115c$
37. (a) 498 MeV/c^2 (b) 991 MeV
39. 4.4×10^{-16} kg
41. $p_e = 12.5$ MeV/c, $K_e = 12.0$ MeV
    $p_p = 150.5$ MeV/c, $K_p = 12.0$ MeV
43. (a) 6.26 MeV (b) 20.8 MeV
45. 8.6 MeV
47. 498 MeV, $0.529c$

49. $64.38 \ \mu s$
51. (a) $0.99875c$ (b) 400.5 y
53. -0.89 km, $2.06 \ \mu s$
55. (a) $0.648 \ \mu s$ (b) 335 m
57. (a) $E' = mc^2 / \sqrt{(1 - u^2/c^2)(1 - v^2/c^2)}$

$$p' = \frac{m\sqrt{u^2 + v^2 - u^2 v^2/c^2}}{\sqrt{(1 - u^2/c^2)(1 - v^2/c^2)}}$$

(b) $m^2 c^4$
59. (a) 3.1 MeV (b) 7.8 MeV
61. $0.508c$
63. (a) $0.5000c$ (b) $0.9391c$, 206.0 MeV/c, 248.9 MeV
    (c) 139.5 MeV/c^2

Chapter 3

1. 1.23 mm
3. (a) 0.403 nm (b) $15.6°$
5. (a) 1.00×10^7 eV/c, 5.33×10^{-21} kg·m/s
   (b) 2.5×10^4 eV/c, 1.3×10^{-23} kg·m/s
   (c) 1.2 eV/c, 6.6×10^{-28} kg·m/s
   (d) 6.2×10^{-7} eV/c, 3.3×10^{-34} kg·m/s
7. (a) 0.124 nm (b) 1.24×10^{-3} nm
   (c) 1.8 eV to 3.5 eV
9. 0.561 V
11. (a) 4.88 eV (b) < 254 nm
19. 1.1 mm, 1.1×10^{-3} eV
21. 0.64 W
23. (a) 1.96×10^5 W/m^2 (b) 0.27%
25. (a) 11.19 keV (b) 0.13 keV
31. 6.9×10^4 eV/c, 1.3×10^{-2} eV
33. 0.99 eV
35. 2.28 eV, 4.10×10^{-15} eV/s
37. (a) $2.19 \ \mu m$ (b) 0.405
39. 2.724 K

41. (a) 5.79×10^{-10} W/m^2, 1.91×10^{-11} W/m^2
    (b) 1.81×10^8/s, 2.97×10^7/s
43. 4.1 m/s
49. (b) 1.28 MeV

Chapter 4

1. (a) 11 fm (b) 0.028 fm (c) 0.54 nm
3. (a) $0.157c$ (b) -11.9 MV
5. (a) $+0.0067$ V (b) $+163$ V (c) $+1.0 \times 10^9$ V
7. (a) 88 MeV (b) 4.2 MeV (c) 1.1 MeV
9. 33 nm
11. $15.2°$ ($n = 1$), $31.8°$ ($n = 2$), $52.2°$ ($n = 3$)
15. (a) 150 cm (b) 0.11 cm
17. 10^{-5} s
19. 5.8 nm
21. 33 MeV
23. 3.1×10^{-7} eV
25. 0.052 MeV
35. $34.4°$
37. 4.41 keV, 19.1 eV
39. (a) 2.0×10^{-5} eV/c (b) 1.2×10^{-15} eV
41. (a) 990 eV/c (b) 2.4×10^{-5} eV (c) 0.33 J
43. 7.3 meV

Chapter 5

1. (b) $-(B/m)\sqrt{2H/g}$, $H(1 + B/mg)$
3. 1.4 eV
5. 98 eV, 391 eV, 881 eV
7. (a) $c = a^2 b^2$, $d = a(b + 1)$
   (b) $w = a(2b + 1)$
9. $U(x) = -\hbar^2 b/mx$, $E = -\hbar^2 b^2/2m$
11. (a) $(2b^3)^{1/2}$ (b) $b^{1/2}$
13. (a) 69.5 eV
    (b) 32.4 eV, 55.6 eV, 23.2 eV, 37.0 eV, 13.9 eV
17. (a) 2.63×10^{-5} (b) 0.0106 (c) 5.42×10^{-3}
19. $5.00E_0$, $10.00E_0$
21. $3E_0, 6E_0, 9E_0, 11E_0, 12E_0, \ldots$
23. (b) $\sqrt{3\hbar\omega_0/k}$, $\sqrt{5\hbar\omega_0/k}$
25. (a) 0 (b) $\hbar\omega_0 m/2$
27. $A^2 dx$, $0.368A^2 dx$
29. $0, \pm(5/2a)^{1/2}$
31. $B = D = -A\sqrt{E/(U_0 - E)}$
35. (a) 2160 eV (b) 4.70×10^4 eV/c
    (c) 4.2×10^{-3} nm
39. (b) $h^2 n^2/4L^2$
41. 0.157
43. (a) $0.71b$ (b) $0.69b$

Chapter 6

3. (a) 6.57×10^{15} Hz, 45.7 nm
   (b) 3.48×10^{15} Hz, 86.2 nm
5. (a) 18.2 fm (b) 43.9 fm
   (c) 5.18 MeV, 1.07 MeV
7. 11.3 fm
9. 2.84
11. 0.0044 MeV
13. 59 s^{-1}
15. 121.51 nm, 102.52 nm, 97.21 nm
17. 2279 nm
19. 7.3×10^5 m/s, -3.02 eV, 1.51 eV
23. 1876 nm, 1282 nm, 1094 nm, 1005 nm
25. (a) 1.51 eV (b) 13.6 eV (c) 7.65 eV
27. 30.4 nm, 22.8 nm
29. 1.19×10^{29} m, 2.0×10^{-78} eV
31. 4 V, 7 V, 8 V, 9 V, 11 V, ...
33. 11.5 eV
35. (a) 6.58×10^{12} Hz, 7.72×10^{12} Hz
    (b) 6.58×10^9 Hz, 6.68×10^9 Hz
37. (a) 15 (b) 5 (c) 1
39. 7×10^{-8} eV
41. 48.23 nm
43. (a) 0.440 nm (b) 11.3%
45. (a) 8.4 MeV (b) 1.61 fm
    (c) 6.00 fm (d) 8.3×10^{-6}
47. 3.281 μm, 12.367 μm, 7.499 μm, 5.906 μm

Chapter 7

1. $-me^4/32\pi^2\varepsilon_0^2\hbar^2$
3. 0.0108
5. $35°, 66°, 90°, 114°, 145°$
7. (a) 0, 1, 2, 3, 4, 5
   (b) $+6$ to -6 in integer steps
   (c) 5 (d) 4
11. (a) 0, 0 (b) 0, 3.2×10^{-11}
    (c) 0, 3.2×10^{-11}
    (d) 1.1×10^{-11}, 2.2×10^{-11}
13. $(3 \pm \sqrt{5})a_0$
15. 0.0054
17. Minima: $0°, 90°, 180°$
    Maxima: $45°, 135°$
23. $3s, 2s, 1s, 3d$
25. (a) $7s, 7p, 7d, 7f, 7g, 7h, 7i$
    (b) $6p, 6f, 5p, 5f, 4p, 4f, 3p, 2p$
27. (a) 656.112 nm, 656.182 nm, 656.042 nm
29. 1.89 eV $\pm 2.55 \times 10^{-5}$ eV, 1.89 eV $\pm 1.95 \times 10^{-5}$ eV
31. 0.651, 0.440
35. $U_{av} = -e^2/4\pi\varepsilon_0 a_0$
41. (a) $0.00365c$ (b) 3.39×10^{-5} eV

Chapter 8

1. (2,1,+1,+1/2), (2,1.+1,−1/2), ...
   (b) 36 (c) 30 (d) 36
3. (a) 14 (b) +3/2 (c) +8
   (d) +2 (e) +10
5. (a) N, P, ...
   (b) Co, Rh, ...
7. (a) $[Ne]3s^13p^1$ (b) $[Ar]3d^{10}4p^1$
9. (a) $7s, 5f$, ...
11. −13.6 eV, −6.0 eV
13. 0.66 eV, 0.67 eV
17. 3.68 keV, 15.5 keV, 63.7 keV
21. (a) 5,1 (b) 2,4 (c) 2,1
23. 0,1,2,3,4; 0,1
25. (a) 1.12×10^{16} photons/s (b) 763 V/m
27. (a) 1.84 (b) 1.00
29. $1.40 eV^{1/2}$, 6.4
31. (a) 670.8 nm (b) 58.4 nm
   (c) 230 nm, 50.6 nm
33. $\Delta E \propto Z^{4.4}$

Chapter 9

1. 15.4 eV
3. (a) 4.25 eV/molecule
   (c) 9.80 eV/molecule
5. (a) Li_2 (c) CO
9. 5.11 eV
11. (a) 30.9×10^{-30} C·m (b) 88%
13. 42.7%
15. 0.274 nm, 0.317 nm
17. 4.689×10^3 eV/nm^2
19. (a) 0.2626 eV (b) 0.2579 eV
23. (a) 1.30 mm, 0.87 mm (b) 0.113 nm
25. (a) 2.36×10^{-4} eV
29. (a) 1.73×10^4 MeV/c^2 (b) 3.16×10^{-5} eV
31. 3780 K
33. $A = E_0 R_{eq}^9/8$, $B = 9E_0 R_{eq}/8$
35. $f_{HD} = 1.14 \times 10^{14}$ Hz, $B_{HD} = 0.0057$ eV
37. (a) 9 (b) 17 (c) 34
39. (a) 5.15×10^{-10} (b) 2.65×10^{-19}
41. (a) 1.64, 0.822, 0.189
   (b) 8.38×10^{-3}, 1.09×10^{-7}, 3.33×10^{-15}
43. (a) 60 to 80% (b) 77%
45. 5 → 6
47. (a) 11 → 10 (b) 46 K

Chapter 10

1. (a) 3 (b) 3, 6, 1 (c) 20%, 40%
3. (a) 6 (b) 2 (c) 4, 2

7. (a) +3 (1), +2 (2), +1 (3), 0 (4), ...
   (b) 3 (7), 2 (5), 1 (3), 0 (1)
   (c) +3 (1), +2 (1), +1 (2), 0 (2), ...
9. $2\pi(2s+1)m/\hbar^2$
11. 2.7×10^{23} m^{-3}
13. 0.65, 0.29, 0.06
15. (a) 0.0379 eV (b) 2.78×10^{21}
17. (a) 554 μev (b) 0.066 μeV
19. (a) 10^3 atm (b) 2.9 K
21. (a) 1.84×10^7 eV/m^3
   (b) 0.035 (c) 2.3×10^{-17}
23. 54×10^{-9} K
25. 7.12 eV
29. (a) 140 MeV (b) 2.4 fm
33. (a) $e^{-mgh/kT}$ (b) $\rho_0 e^{-mgh/kT}$
37. 2.95×10^{28} m^{-3}
39. (a) $dU = -4\pi G\rho r^2 dm/3$ (b) $dU = -16\pi^2 G\rho^2 r^4 dr/3$
   (c) $-3GM^2/5R$
41. (a) 0.00925 K (b) 0.0128
43. 0.445, 0.458, 0.0912, 0.0053, 0.000095

Chapter 11

1. (a) 1/8 (b) $a = 2r$ (c) 0.5236
5. (a) 6.82 eV (b) 6.45 eV (c) 3.27 eV
7. −8.96 eV, 1.00 eV
9. 0.255 nm
11. 3.23 K
13. 91.1 K
15. (a) 7.09 eV (b) 0.11 eV
17. 2.3×10^{24} m^{-3}
19. 7080 K
21. 426 W/K·m
23. 790
25. (a) 0.20 meV (b) 6.3 mm
27. 603 MHZ
29. (a) 1.9×10^{-28}, 3.5×10^{-10}
31. (a) −0.094 eV (b) −0.040 eV
33. 4.2×10^{-6}
35. 6.8×10^{-5} mA
37. (a) 57% and 43% (b) 89% and 11%
39. (a) 0.4997, 0.5003 (b) 0.480, 0.520
41. (a) 10.8×10^{-6} (b) -45.3×10^{-6}
49. (a) 135 K (b) 165 K, $1.40m_e$
51. (a) 1.00×10^6 (b) 1.00×10^3, 1.00×10^{-3}
   (c) 0.662 keV

Chapter 12

1. (a) $^{19}_9F_{10}$ (b) $^{199}_{79}Au_{120}$ (c) $^{107}_{47}Ag_{60}$
3. ^2H (Z = 1), ^6Li (Z = 3), ...

5. (*a*) 7.0 fm (*b*) 1.9 fm (*c*) 3.3 fm
7. (*a*) 1636.4 MeV, 7.868 MeV
   (*b*) 1118.5 MeV, 8.410 MeV
9. 7.718 MeV, 8.482 MeV
11. (*a*) 19.814 MeV (*b*) 15.958 MeV
13. 790 MeV
15. (*a*) 45.4 MeV, 49.1 MeV (*b*) 35.1 MeV, 43.4 MeV
17. (*a*) 1/4 (*b*) 1/16 (*c*) 1/1024
19. 3.9×10^{-5} s^{-1}
21. (*a*) 7.40×10^7 s^{-1} (*b*) 6.62×10^6 s^{-1}
25. 4.776 MeV
27. 11.510 MeV
29. (*a*) 1.732 MeV (*b*) 1.732 MeV
31. (*a*) 0.10 MeV (*b*) 67 eV
33. 4.2×10^9 y
35. 1.04×10^4 y
37. ^{12}C: 2.32 fm ^{16}O: 2.54 fm, 2.63 fm
39. 5.39×10^{13} Bq = 1460 Ci
41. (*a*) e$^+$ + ν (*c*) ^{224}Th (*e*) e$^-$ + $\bar{\nu}$
43. 5.210 MeV
45. (*a*) 1.5×10^{-11} s^{-1}, 1.4×10^{-20} s^{-1} (*b*) 1.1×10^{-9}
47. 3.37 MeV
49. 5.0×10^{-5}
53. (*a*) 3.14 MeV (*b*) 9×10^{17} y (*c*) 2×10^{19} y

Chapter 13

1. (*a*) $^1_1$H$_0$ (*c*) $^{30}_{15}$P$_{15}$
3. 98 b
5. 8.6×10^{-4} b
7. (*a*) 0.5 (*b*) 0.75 (*c*) 0.9325
11. 1.58 μCi
13. (*a*) −10.312 MeV (*b*) 2.315 MeV
15. 12.201 MeV, 11.152 MeV or
    22.706 MeV, 0.647 MeV
17. (*a*) 235.1 MeV (*b*) 202.1 MeV
19. (*a*) 6.546 MeV (*b*) 4.807 MeV
21. (*a*) 1.943 MeV, 1.199 MeV, 7.551 MeV, …
23. 14.1 MeV
25. (*a*) 1.67×10^{20} m^{-3} (*b*) 1.5×10^8 K
27. 5.8×10^9 K
33. (*a*) 5.594 MeV (*b*) 0.56 W
35. Ti: 1.47 μg, Co: 33 μg
37. (*c*) 4.2%, 34.6%, 100%
39. 2.4680 MeV
41. (*a*) 100%, 89%, 28% (*b*) 55
43. (*a*) −0.092 MeV (*b*) 1.12×10^{-5}
45. (*a*) 377 MeV (*b*) 1.44 (*c*) 277 MeV, 1.56

Chapter 14

1. (*a*) Strong (*b*) Electromagnetic (*c*) Weak
7. (*a*) L_e (*b*) S
11. (*a*) 1.29 keV (*b*) 0.21 MeV (*c*) 8.9 keV
    (*d*) 118 MeV
13. 179.4 MeV
15. (*a*) 34 MeV (*b*) 218 MeV
17. (*a*) 43 MeV, 19 MeV (*b*) 30 MeV, 4 MeV
19. 387 MeV, 34.9°
21. (*a*) 2.5 MeV (*b*) 8.9 keV
23. (*a*) 181 MeV (*b*) −605 MeV
25. (*a*) 2205 MeV (*b*) 903 MeV
27. (*a*) 1981 MeV (*b*) 407 MeV
29. (*b*) energy → d + $\bar{\text{d}}$ + s + $\bar{\text{s}}$
31. (*a*) $\bar{\text{s}} \to \bar{\text{u}} + W^+$ and $W^+ \to u + \bar{\text{d}}$
41. (*a*) 925 MeV/*c*, 36.4° (*b*) 1509 MeV
    (*c*) 1192 MeV
43. (*a*) 6.8° (*b*) 549 MeV/*c*^{2}

Chapter 15

1. (*a*) 590.0 nm (*b*) 637.1 nm
3. (*b*) 6.64×10^{-4} eV
5. 0.089 nm
7. 1.6×10^{-2} Hz
11. (*b*) 128 rev/s
15. (*a*) 5.8×10^{12} K (*b*) 6.7×10^{-6} s
17. (*a*) 1.0×10^9 K (*b*) 225 s
    (*c*) 6600 K, 1.6×10^5 y
19. 0.28 m^{-3}
21. 3.0 eV
23. (*a*) 2.9×10^5 y (*b*) 1.17 eV (*c*) 1.24
25. (*a*) 9.76 km (*b*) 3.01×10^{39} J
    (*c*) 6.02×10^{30} J (*d*) 6.98×10^{25} W
    (*e*) 6.21×10^{-14} W
29. (*a*) $kT \propto hc^3/GM$
    (*b*) 6.18×10^{-8} K, 2.06×10^{-2} K
    (*c*) 4.55×10^{22} kg

찾아보기